医薬データ解析のための
ベイズ統計学

Emmanuel Lesaffre and Andrew B.Lawson 著

宮岡悦良 監訳

遠藤　輝・安藤英一・鑓田政男・中山高志
グラクソ・スミスクライン株式会社
バイオメディカルデータサイエンス部 訳

共立出版

Bayesian Biostatistics
by Emmanuel Lesaffre and Andrew B. Lawson

This edition first published 2012
© 2012 John Wiley & Sons, Ltd

All Rights Reserved. Authorised translation from
the English language edition published by John Wiley & Sons Limited.
Responsibility for the accuracy of the translation rests solely
with Kyoritsu Shuppan Co., Ltd. and is not the responsibility of
John Wiley & Sons Limited.

No part of this book may be reproduced in any form without
the written permission of the original copyright holder,
John Wiley & Sons Limited.

Japanese language edition published by KYORITSU SHUPPAN CO., LTD.

訳者前書き

　本書は，Emmanuel Lesaffre, Andrew B. Lawson の "Bayesian Biostatistics" の翻訳である．近年，医薬統計の分野ではベイズ統計学が急速に注目されてきている．反面，その内容は初学者や専門外の人には，敷居が高く取りつき難い面もある．本書は，その点が非常にわかりやすく書かれている．また，医薬統計の分野の例題を適切に用い，医薬統計家や研究者に役に立つものとなっている．

　ベイズ統計学を実際に適用するには，ソフトウェアの知識が不可欠であるが，本書は，Rを利用したWinBUGSやSASの利用についても詳細にふれている．

　本書は，医療関係者，技術者のみならず，これからベイズ統計学を利用しようと考えている人や，学習したいと考えている人にとって，非常に有益であり，手元に置いておく必要のある本だと考えられる．第1部では，具体的な例を用いて，ベイズ統計学の基本的な考え方から，マルコフ連鎖モンテカルロ法 (MCMC) など計算方法を概説している．第2部では，ベイズ統計モデル，そして，第3部ではバイオアッセイ，測定誤差，生存時間解析，経時データ解析，空間統計などの応用について述べていて，実務家にもすぐに役に立つ内容になっている．

　翻訳にあたり，張方紅さん，本間剛介さんに，多大な貢献をしていただき，心より感謝いたします．また，共立出版株式会社編集制作部の吉村修司氏には大変お世話になり，心より感謝します．

平成28年春

〈翻訳者〉　遠藤　輝・安藤　英一・鎗田　政男
　　　　　　中山　高志
　　　　　　（以上 グラクソ・スミスクライン株式会社
　　　　　　　　　バイオメディカルデータサイエンス部）
〈監訳者〉　宮岡　悦良（東京理科大学）

目　次

第 I 部　ベイズ法の基本概念　　*1*

1　統計的推測の方法　　*3*

- 1.1　頻度論的アプローチ：批判的な考察 *4*
  - 1.1.1　古典的な統計アプローチ *4*
  - 1.1.2　エビデンスの指標としての P 値 *5*
  - 1.1.3　エビデンスの指標としての信頼区間 *9*
  - 1.1.4　2 つの頻度論の理論的枠組みの歴史的背景* *9*
- 1.2　尤度関数にもとづく統計的推測 *12*
  - 1.2.1　尤度関数 *12*
  - 1.2.2　尤度原理 *13*
- 1.3　ベイズ流アプローチ：基本的考え方 *16*
  - 1.3.1　はじめに *16*
  - 1.3.2　ベイズの定理——離散型の単純な例 *18*
- 1.4　展望 *22*
- 演習問題 *23*

2　ベイズの定理：事後分布の計算　　*25*

- 2.1　はじめに *25*
- 2.2　ベイズの定理：2 値の場合 *25*

- 2.3 ベイズ統計学における確率 26
- 2.4 ベイズの定理：離散値の場合 28
- 2.5 ベイズの定理：連続値の場合 28
- 2.6 2項分布の場合 30
- 2.7 正規分布の場合 37
- 2.8 ポアソン分布の場合 43
- 2.9 $h(\theta)$ の事前分布と事後分布 48
- 2.10 ベイズ流アプローチと尤度論的アプローチ 48
- 2.11 ベイズ流アプローチと頻度論的アプローチ 49
- 2.12 ベイズ流アプローチでのいくつかの流儀 49
- 2.13 ベイズ流アプローチの歴史 51
- 2.14 終わりに 53
- 演習問題 53

3 ベイズ推測入門　　55

- 3.1 はじめに 55
- 3.2 確率による事後分布の要約 56
- 3.3 事後分布の要約量 56
  - 3.3.1 事後分布の位置とばらつきの特徴付け 56
  - 3.3.2 事後区間推定 59
- 3.4 予測分布 62
  - 3.4.1 頻度論的アプローチによる予測 62
  - 3.4.2 ベイズ流アプローチによる予測 63
  - 3.4.3 応用 64
    - 3.4.3.1 正規分布の場合 64
    - 3.4.3.2 2項分布の場合 66
    - 3.4.3.3 ポアソン分布の場合 68
- 3.5 交換可能性 69
- 3.6 事後分布に対する正規近似 72
  - 3.6.1 尤度の正規近似にもとづくベイズ流の解析 72
  - 3.6.2 事後分布の漸近的性質 74
- 3.7 事後分布に対する数値計算 75
  - 3.7.1 数値積分 76

	3.7.2	事後分布からのサンプリング 78
		3.7.2.1　モンテカルロ積分 78
		3.7.2.2　汎用サンプリングアルゴリズム 80
	3.7.3	事後要約量の選択 86
3.8	ベイズ流仮説検定 86	
	3.8.1	信用区間にもとづく推論 87
	3.8.2	ベイズファクター 88
	3.8.3	ベイズ流仮説検定と頻度論の仮説検定 91
		3.8.3.1　P 値, ベイズファクター, 事後確率 91
		3.8.3.2　Jeffreys-Lindley-Bartlett のパラドックス ... 93
		3.8.3.3　検定と推定 94
3.9	終わりに 94	
演習問題 95		

4　複数のパラメータ　　99

4.1	はじめに 99	
4.2	同時事後分布と周辺事後分布での推測 100	
4.3	μ と σ^2 が未知の正規分布 101	
	4.3.1	μ と σ^2 に関する事前の知識がない場合 101
	4.3.2	過去のデータが利用可能な場合 104
	4.3.3	専門家の知識が利用可能な場合 106
4.4	多変量分布 107	
	4.4.1	多変量正規分布と関連する分布 107
	4.4.2	多項分布 108
4.5	ベイズ推測の頻度論的な性質 111	
4.6	事後分布からのサンプリング：合成法 112	
4.7	ベイズ流線形回帰モデル 116	
	4.7.1	線形回帰の頻度論的アプローチ 116
	4.7.2	無情報ベイズ流線形回帰モデル 117
	4.7.3	線形回帰分析の事後要約量 118
	4.7.4	事後分布からのサンプリング 119
	4.7.5	情報のあるベイズ流線形回帰モデル 120
4.8	ベイズ流一般化線形モデル 120	

- 4.9 より複雑な回帰モデル *122*
- 4.10 終わりに *122*
- 演習問題 *123*

5 事前分布の選択 *125*

- 5.1 はじめに *125*
- 5.2 ベイズの定理の逐次利用 *125*
- 5.3 共役事前分布 *128*
  - 5.3.1 1変量分布 *128*
  - 5.3.2 正規分布 — 平均と分散が未知 *131*
  - 5.3.3 多変量分布 *132*
  - 5.3.4 条件付き共役と準共役事前分布 *134*
  - 5.3.5 超事前分布 *134*
- 5.4 無情報事前分布 *136*
  - 5.4.1 はじめに *136*
  - 5.4.2 無情報 *137*
  - 5.4.3 無情報事前分布選択の一般的原理 *138*
    - 5.4.3.1 Jeffreys 事前分布 *138*
    - 5.4.3.2 データ変換尤度原理 *141*
    - 5.4.3.3 無情報事前分布を選択するための形式的ルール . . *143*
  - 5.4.4 非正則事前分布 *143*
  - 5.4.5 弱情報/漠然事前分布 *145*
- 5.5 情報のある事前分布 *145*
  - 5.5.1 はじめに *145*
  - 5.5.2 データにもとづく事前分布 *146*
  - 5.5.3 事前知識の抽出 *147*
    - 5.5.3.1 抽出テクニック *147*
    - 5.5.3.2 識別可能性の問題 *150*
  - 5.5.4 典型的な事前分布 *152*
    - 5.5.4.1 懐疑的事前分布 *153*
    - 5.5.4.2 熱狂的事前分布 *155*
- 5.6 回帰モデルにおける事前分布 *156*
  - 5.6.1 正規線形回帰 *156*

		5.6.1.1　無情報事前分布	*156*
		5.6.1.2　共役事前分布	*156*
		5.6.1.3　過去のデータと専門家知識にもとづく事前分布 . .	*158*
	5.6.2	一般化線形モデル	*158*
		5.6.2.1　無情報事前分布	*158*
		5.6.2.2　共役事前分布	*159*
		5.6.2.3　過去のデータと専門家知識にもとづく事前分布 . .	*160*
	5.6.3	ベイズ法のソフトウェアでの事前分布の特定	*162*
5.7	事前分布のモデル化		*162*
5.8	その他の回帰モデル		*165*
5.9	終わりに		*165*
演習問題			*165*

6　マルコフ連鎖モンテカルロサンプリング　　*169*

6.1	はじめに	*169*
6.2	ギブス・サンプラー	*170*
	6.2.1　2 変量ギブス・サンプラー	*170*
	6.2.2　一般的なギブス・サンプラー	*177*
	6.2.3　備考*	*183*
	6.2.4　ギブス・サンプリングのまとめ	*184*
	6.2.5　スライス・サンプラー*	*185*
6.3	メトロポリス（・ヘイスティングス）・アルゴリズム	*187*
	6.3.1　メトロポリス・アルゴリズム	*188*
	6.3.2　メトロポリス・ヘイスティングスアルゴリズム	*192*
	6.3.3　備考*	*193*
	6.3.4　メトロポリス（・ヘイスティングス）・アルゴリズムのまとめ	*195*
6.4	MCMC 法の正当性*	*197*
	6.4.1　MH アルゴリズムの特徴	*199*
	6.4.2　ギブス・サンプラーの特徴	*200*
6.5	サンプラーの選択	*201*
6.6	リバーシブルジャンプ MCMC アルゴリズム*	*204*
6.7	終わりに	*209*
演習問題		*209*

7 マルコフ連鎖の収束の評価と改善　　213

- 7.1 はじめに 213
- 7.2 マルコフ連鎖の収束の評価 214
  - 7.2.1 マルコフ連鎖に対する収束の定義 214
  - 7.2.2 マルコフ連鎖の収束の判定 215
  - 7.2.3 収束を評価するためのグラフを用いた方法 215
  - 7.2.4 形式的な診断法 (formal diagnostic test) 219
  - 7.2.5 モンテカルロ標準誤差の計算 227
  - 7.2.6 形式的な診断法の実際の経験 229
- 7.3 収束の加速 230
  - 7.3.1 はじめに 230
  - 7.3.2 加速の方法 231
- 7.4 収束の評価と加速のための実践的な手引き 237
- 7.5 データ拡大 239
- 7.6 終わりに 246
- 演習問題 246

8 ソフトウェア　　249

- 8.1 WinBUGS と関連ソフトウェア 250
  - 8.1.1 最初の解析 250
  - 8.1.2 サンプラーに関する情報 254
  - 8.1.3 収束の診断と加速 255
  - 8.1.4 ベクトルと行列の操作 257
  - 8.1.5 バッチモード 260
  - 8.1.6 トラブルシューティング 261
  - 8.1.7 有向非巡回グラフ 262
  - 8.1.8 モジュールの追加：GeoBUGS と PKBUGS 264
  - 8.1.9 関連ソフトウェア 264
- 8.2 SAS を用いたベイズ解析 265
  - 8.2.1 GENMOD プロシジャを用いた解析 266
  - 8.2.2 MCMC プロシジャを用いた解析 269
  - 8.2.3 その他のベイズ解析用プログラム 273
- 8.3 その他のベイズ解析用ソフトウェアとその比較 274

	8.3.1	その他のベイズ解析用ソフトウェア	274
	8.3.2	ベイズ解析用ソフトウェアの比較	275
8.4	終わりに		276
演習問題			276

第 II 部　統計モデルのためのベイズ法　　　279

9　階層モデル　　　281

9.1	はじめに		281
9.2	ポアソン・ガンマ階層モデル		283
	9.2.1	はじめに	283
	9.2.2	モデルの指定	284
	9.2.3	事後分布	286
	9.2.4	パラメータの推定	287
	9.2.5	事後予測分布	293
9.3	完全ベイズ流アプローチと経験ベイズ流アプローチ		295
9.4	正規階層モデル		296
	9.4.1	はじめに	296
	9.4.2	正規階層モデル	297
	9.4.3	パラメータの推定	298
	9.4.4	事後予測分布	301
	9.4.5	完全ベイズ流アプローチと経験ベイズ流アプローチの比較	301
9.5	混合モデル		302
	9.5.1	はじめに	302
	9.5.2	線形混合モデル	302
	9.5.3	一般化線形混合モデル	307
	9.5.4	非線形混合モデル	314
	9.5.5	さらなる拡張	317
	9.5.6	変量効果と事後予測分布の推定	317
	9.5.7	レベル 2 の分散の事前分布の選択	319
9.6	事後分布の適切性		322
9.7	収束の評価と加速		323
9.8	ベイズ流と頻度論的階層モデルの比較		326

        9.8.1　レベル2分散の推定 326
        9.8.2　ML推定, REML推定とベイズ推定の比較 326
   9.9　終わりに 328
   演習問題 328

10　モデル構築とモデル評価　　　　　　　　　　　　　　　　331

   10.1　はじめに 331
   10.2　モデル選択に関する指標 332
      10.2.1　ベイズファクター 332
         10.2.1.1　モデル選択における利用 332
         10.2.1.2　ベイズファクターの計算 335
         10.2.1.3　ベイズファクターの賛否 336
         10.2.1.4　様々なベイズファクター：擬似ベイズファクター . 338
      10.2.2　モデル選択のための情報量理論の指標 340
         10.2.2.1　AICとBIC 340
         10.2.2.2　デビアンス情報量規準 345
         10.2.2.3　モデル選択の情報量規準の評価と最近の発展 . . . 353
      10.2.3　予測損失関数にもとづくモデル選択 356
   10.3　モデル評価 358
      10.3.1　はじめに 358
      10.3.2　モデル評価の手法 360
         10.3.2.1　頻度論のモデル評価 360
         10.3.2.2　ベイズ流の外れ値の検出 360
      10.3.3　感度分析 366
      10.3.4　事後予測確認 373
      10.3.5　モデルの拡張 384
         10.3.5.1　はじめに 384
         10.3.5.2　分布の仮定の一般化 384
         10.3.5.3　リンク関数の一般化 385
         10.3.5.4　線形性の仮定の緩和 386
   10.4　終わりに 392
   演習問題 393

11 変数選択   *397*

- 11.1 はじめに *397*
- 11.2 古典的な変数選択 *399*
  - 11.2.1 変数選択法 *399*
  - 11.2.2 頻度論における正則化 *401*
- 11.3 ベイズ流変数選択：概念と課題 *403*
- 11.4 ベイズ流変数選択入門 *406*
  - 11.4.1 小さな K に対する変数選択 *406*
  - 11.4.2 大きい K に対する変数選択 *411*
- 11.5 Zellner の g-事前分布にもとづく変数選択 *414*
- 11.6 リバーシブルジャンプ MCMC にもとづく変数選択 *419*
- 11.7 スパイク・スラブ事前分布 *422*
  - 11.7.1 確率的探索変数選択 *423*
  - 11.7.2 ギブス変数選択 *427*
  - 11.7.3 SSVS を用いた従属変数選択 *429*
- 11.8 ベイズ流正則化 *430*
  - 11.8.1 ベイズ流 LASSO 回帰 *430*
  - 11.8.2 エラスティックネットとベイズ流 LASSO のさらなる拡張 ... *435*
- 11.9 多数の回帰変数がある場合 *437*
- 11.10 ベイズ流モデル選択 *442*
- 11.11 ベイズ流モデル平均化 *443*
- 11.12 終わりに *447*
- 演習問題 *448*

第 III 部   ベイズ法の応用   *451*

12 バイオアッセイ   *453*

- 12.1 バイオアッセイの要点 *453*
  - 12.1.1 細胞アッセイ *453*
  - 12.1.2 動物アッセイ *454*
- 12.2 一般的な in vitro の例 *458*
- 12.3 エイムス・サルモネラ変異原性分析 *460*

12.4 マウスリンフォーマ試験 (L5178Y TK+/-)	462
12.5 終わりに	463

13 測定誤差   *465*

13.1 連続型の測定誤差	465
13.1.1 変数の測定誤差	466
13.1.2 線形モデルと非線形モデルの予測子における2種類の測定誤差	467
13.1.3 予測子の測定誤差の調整	469
13.1.3.1 hdl-ldlの例の解析	470
13.1.4 非加法誤差 (nonadditive error) とその他の拡張	473
13.2 離散型の測定誤差	473
13.2.1 誤分類の原因	473
13.2.2 2値予測因子の誤分類	474
13.2.2.1 例：IRAS多施設共同試験	476
13.2.3 2値応答変数の誤分類	478
13.2.3.1 例: Signal-Tandmobiel® 研究における虫歯の既往を得点化する際の誤分類誤差	478
13.3 終わりに	481

14 生存時間解析   *483*

14.1 基本用語	483
14.1.1 生存時間の分布	484
14.1.2 打ち切り	485
14.1.3 変量効果の特定	486
14.1.4 一般的なハザードモデル	487
14.1.5 比例ハザードモデル	488
14.1.6 変量効果を含むコックス回帰モデル	488
14.2 ベイズモデル	488
14.2.1 ワイブル生存時間モデル	489
14.2.2 ベイズ加速モデル	490
14.3 応用例	492
14.3.1 胃がん試験	492
14.3.2 Louisiana 州における前立腺がん研究：空間加速モデル . . .	496

14.4 終わりに *501*

15 経時的解析 *503*

15.1 固定期間 *504*
15.1.1 はじめに *504*
15.1.2 古典的な成長曲線の例 *505*
15.1.2.1 線形構造 *506*
15.1.2.2 共分散構造 *507*
15.1.2.3 事前分布 *509*
15.1.2.4 ラットデータへの適用 *509*
15.1.3 その他のデータモデル *510*
15.1.3.1 てんかんの例 *511*
15.2 ランダムなイベント時間 *514*
15.3 欠測データの対応 *518*
15.3.1 はじめに *518*
15.3.2 応答欠測 *519*
15.3.3 欠測メカニズム *520*
15.3.3.1 完全なランダム欠測 (MCAR, missing completely at randam) *520*
15.3.3.2 ランダム欠測 (MAR, missing at random) *521*
15.3.3.3 非ランダム欠測 (MNAR, missing not at random) *522*
15.3.4 ベイズ流の検討 *523*
15.3.5 予測子の欠測 *523*
15.4 経時応答と生存時間応答の同時モデリング *523*
15.4.1 はじめに *523*
15.4.2 例題 *524*
15.4.2.1 経時モデル *525*
15.4.2.2 生存モデル *526*
15.4.2.3 結合モデル *526*
15.4.2.4 結果 *527*
15.5 終わりに *528*

16 空間データへの応用：疾病地図と画像解析　　　　529

16.1 はじめに 529
16.2 疾病地図 529
16.2.1 一般的な空間疫学的な問題 530
16.2.1.1 相対リスク 530
16.2.1.2 標準化 531
16.2.1.3 交絡因子と貧困指標 532
16.2.2 いくつかの空間統計学的な問題 532
16.2.3 カウントデータモデル 533
16.2.4 応用分野：疾病地図・リスク推定 534
16.2.5 応用分野：疾病クラスタリング 539
16.2.5.1 フォーカスドクラスタリング 539
16.2.5.2 ノンフォーカスドクラスタリング 540
16.2.5.3 フォーマルモデル 544
16.2.6 応用分野：生態学的解析 545
16.3 画像解析 546
16.3.1 fMRI のモデル化 549
16.3.1.1 空間モデル 549
16.3.1.2 時間的な (temporal) モデル 556
16.3.1.3 時空間 (spatio-temporal) モデル 557
16.3.2 ソフトウェアについての注意 558

17 最終章　　　　561

17.1 本書で取り上げたもの 561
17.2 さらなる発展 561
17.2.1 医学における意思決定 561
17.2.2 臨床試験 562
17.2.3 ベイジアンネットワーク 563
17.2.4 バイオインフォマティクス 563
17.2.5 欠測データ 563
17.2.6 混合分布モデル 564
17.2.7 ノンパラメトリックなベイズ法 564
17.3 他の著書 565

付録：確率分布　　　567

A.1 はじめに　．．．．．．．．．．．．．．．．　567
A.2 1変量連続型分布　．．．．．．．．．．．．　568
A.3 1変量離散型分布　．．．．．．．．．．．．　584
A.4 多変量分布　．．．．．．．．．．．．．．．　588

参考文献　　　591

索　引　　　623

前書き

　生物統計学の成長は近年目を見張るものがあり，方法論とコンピュータ上の実用性における技術革新がかなり際立っている．著しい成長を遂げた領域の1つは，ベイズ法である．ベイズ流の枠組みが科学的発見の考え方に合致するとして評価する実務者が増えていることが，この成長の一因と考えられる．さらに，ここ10年のコンピュータの進歩によって，より複雑なモデルが日常的に現実のデータセットに当てはめられるようになったことも，この成長につながっている．

　本書では，非常に豊富な医学的な応用分野を通してベイズ流アプローチをみていく．基本の概念からより先進のモデル化まで，疫学，探索的臨床研究，健康促進研究，臨床試験からの様々な応用を用いて，ベイズ法を例証する．

　本書は第一著者が何年もの間，(特に) ベルギーにある Hasselt 大学と Leuven 大学での (生物) 統計学の修士課程で教えてきた講座が基盤である．その講座の教材は本書の3部構成のうちの2つのもととなっている．それゆえ，本書の対象とする読者は (生物) 統計学の修士課程の学生であるが，相応の統計学の背景をもつ実用研究者にも本書が役立つことを望んでいる．本書の構成は，大学学部または大学院修士レベルのベイズ法の講座のための教材として使えるようになっている．本書のねらいは読者にベイズ統計の方法をスムーズに紹介し，後半の章になるにつれて，複雑さのレベルを徐々に上げていくことにある．本書は3部からなる．最初の2部は第一著者が主に担当した章であり，最後の5章は主に第二著者が担当した．

　第I部では，最初に，有意性検定とそれに関連する P 値の基礎概念について復習する．そして頻度論の方法が，長い間極めて便利であるとされてきたが，概念的な欠陥がないわけではないことを示す．尤度論的アプローチや，より重要なベイズ流アプローチなど別の方法が存在することを説明する．そして，基本的なベイズの定理を紹介する．第2章では，ベイズ定理の一般的な式を導き出し，2項分布，正規分布，ポアソン

分布の場合の事後分布への，広範囲な解析的計算を説明する．このため，簡単な教科書的例題を用いる．第 3 章では，様々な事後要約量と予測分布を紹介する．サンプリングが現代のベイズ流アプローチの基本となるので，サンプリングアルゴリズムをこの章で紹介・例示する．これらのサンプリング手順は実務での有用性をまだ示していないかもしれないが，比較的単純なサンプリング法を早めに紹介する方が，後の章で見られる先進のアルゴリズムに対して読者がより一層準備できると確信している．この章では，ベイズ流の仮説検定へのアプローチを扱い，そしてベイズファクターを紹介する．第 4 章では，1 変量問題を扱った最初の 3 章で見てきた概念と計算を，多変量の場合に拡張し，ベイズ流回帰分析も紹介する．その後，一般的に事後分布を導く解析的方法はないこと，また古典的な数値的アプローチでも十分でないことを見ていく．したがって，新しいアプローチが必要になる．その問題への解決方法を述べる前に，第 5 章で事前分布の選択を扱う．事前分布はベイズ方法論の要である．それにもかかわらず，事前分布の適切な選択はノンベイジアンとベイジアンの間だけでなく，ベイジアンの間でも大きな議論の的となってきた．この章では，事前知識の様々な指定方法を広く取り扱う．第 6 章，第 7 章ではマルコフ連鎖モンテカルロの基礎を取り扱う．第 6 章では，ギブス・サンプラーとメトロポリス・ヘイスティングス・サンプラーを様々な医学的な例を用いて紹介する．第 7 章はマルコフ連鎖の収束の評価と加速にあてる．さらに，EM アルゴリズムのベイズ法への拡張についてふれる．すなわち，データ拡大アプローチを例示する．その後，ベイズ解析が実際の場でどのように行われるのかを見ていく．そのため，第 8 章ではベイズ法のソフトウェアについて概説する．特に 2 つのパッケージに焦点をあてる．最も有名な WinBUGS と最近リリースされたベイズ流 SAS® プロシジャである．どちらの場合も，単回帰分析をこれらのパッケージを利用するために役立つガイド的な例として用いる．この章は，OpenBUGS, JAGS, 様々な特定の解析を実施するために書かれた R パッケージのような，他のベイズソフトウェアの概説で締めくくる．

　第 II 部では，統計的モデリングのためのベイズ法を見ていく．第 9 章で階層モデルの概説から始める．考えをまとめるために，最初に 2 つの単純な 2 レベル階層モデルに焦点をあてる．1 つは，旧東ドイツでの口唇がん事例に関して空間データセットに適用されるポアソン・ガンマ・モデルである．この例題は，階層的モデリングの概念を説明するのに役立つ．それから，より一般的な混合モデルへの導入として，正規階層モデルを取り上げるとともに，様々な混合モデルを調べ，多くの例を用いる．また，この章における頻度論者とベイジアンの解析の比較は，読者に 2 つのアプローチの違いがわかるようにするねらいがある．モデル構築とモデル評価は第 10 章の話題である．この章の目的は統計モデリングがどのようにベイズ流の枠組みで完全に実施でき

るのかを見ていくことである．このためには，2つの統計モデルの間で選択を行うベイズファクター (とその変形) を再度紹介する．ベイズファクターはモデル選択における重要な手段であるが，重大な計算上の問題も存在する．その後，デビアンス情報量基準 (deviance information criterion, DIC) の話へと続く．この有名なモデル選択基準をより理解するために，古典的なモデル選択基準 (すなわち AIC と BIC) を詳細に導入して，それらと DIC の関係を見ていく．モデル評価のところでは，モデル構築と評価の古典的な方法を説明する．例えば外れ値や影響力のある観測値のための残差評価，応答と共変量の正しいスケール，正しいリンク関数の選択などである．この章では，適合度検定のための一般的なツールとしての事後予測評価についても詳しく述べる．第 II 部の最後の章である第 11 章では，ベイズ法の変数選択について扱う．これは急速に発展している話題で，バイオインフォマティクスの発展から大きな刺激を受けてきた．変数選択やモデル選択アプローチとそれに関連するソフトウェアの広範な概要を示す．前の 2 章では WinBUGS ソフトウェアと SAS® プロシジャを主に扱ったが，この章では R のパッケージに焦点をあてる．

　第 III 部では，ベイズ流モデリングの応用を扱う．ここでは，実際的な生物統計学の見地から最も重要な応用分野を扱う．第 12 章では，バイオアッセイをみていく．そこで，次の前臨床検査方法を考える．すなわちエイムス (Ames) 試験とマウスリンフォーマ (Mouse Lymphoma) 試験管内分析と有名な甲虫 LD50 毒性分析である．第 13 章では，生物統計学研究における測定誤差，さらには誤分類の重要な問題を検討する．Berkson と古典的な同時モデル，例えば減衰や誤分類の形の離散的な偏りを議論する．第 14 章では，ベイズ的見地からの生存時間解析にふれる．この章では，基本的な生存時間モデルとリスク集合にもとづくアプローチにふれ，ハザード内の状況効果を考慮するために，モデルを拡張する．第 15 章では，経時的解析を比較的詳細に検討する．パラメータについて相関のある事前分布や時間的に相関している誤差を検討する．欠測メカニズムを議論し，非ランダムな欠測の例を調べる．第 16 章では，2 つの重要な空間生物統計学的な応用を検討する．すなわち疾患地図と画像解析である．疾患地図では，基本的なポアソン畳み込みモデルは，空間的に構造化された変量効果を含んでおり，これらのリスクの推定について調べる．それと同時に画像解析においては，相関のある事前分布を用いたベイズ流 fMRI 解析を提示する．

　第 17 章では本書で取り上げなかった話題についての短い概説で本書を締めくくり，参考文献としていくつかの重要な文献を示す．最後に，付録としてベイズ解析で用いられる最も有名な分布の性質について概説を与える．

　本書を通して，多数の例を取り上げている．第 I 部および第 II 部では，例題に関連したプログラムを明示的に示す．これらのプログラムは，ウェブサイト

www.wiley.com/go/bayesian_methods_biostatistics にある．第 III 部で使われるプログラムも，このウェブサイトにある．

謝辞

　前半の章を執筆中に，第一著者は Leuven, Hasselt, Leiden の修士学生らとの議論から多くの利益を得た．彼らは多くの誤植と曖昧さを本書の初期の段階で指摘してくれた．さらに，KU Leuven の L-Biostat と Rotterdam の Erasmus MC 生物統計学部の同僚と過去そして現在の博士課程の学生に感謝したい．彼らは実例となる議論，批判的な意見，ソフトウェアへの手助けを与えてくれた．

　この点で，Susan Bryan, Silvia Cecere, Luwis Diya, Alejandro Jara, Arnošt Komárek, Marek Molas, Mukendi Mbuyi, Timothy Mutsvari, Veronika Rockova, Robin Van Oirbeek, Sten Willemsen に心から感謝する．

　ソフトウェアのサポートを次の方々から受けた．R パッケージの `glmBfp` については Sabanés Bové から，ベイズ流 SAS プログラムについては Fang Chen，R プログラム `monomvn` については Robert Gramacy，R プログラム RJMCMC については David Hastie と Peter Green，WinBUGS の Jump インターフェースについては David Lunn，また，Elizabeth Slate, Karen Vines である．本書のためにデータを提供してくれた方々，あるいはデータの使用を許可してくれた，Steven Boonen, Elly Den Hondt, Jolanda Luime, the Signal-Tandmobiel® チーム，Bako Topal と Vincent van Weel に感謝する．著者らはまた興味深い議論について，特に Leuven, Rotterdam, Charleston の同僚である Dipankar Bandyopadhyay, Paul Eilers, Steffen Fieuws, Mulugeta Gebregziabher, Dimitris Rizopoulos と Elizabeth Slate にも感謝したい．

　最後に，George Casella, James Hodges, Helmut Küchenhoff, Paul Schmitt との洞察力にあふれる会話にとても感謝する．

　最後になるが，第一著者は妻の Lieve Sels にこの「本」の準備だけでなく，仕事すべてに対する忍耐に特に感謝したい．我が子の Annemie と Kristof に，多くの時間父は存在していたが，「いなかった」ことに謝罪したい．

Emmanuel Lesaffre (Rotterdam and Leuven)
Andrew B. Lawson (Charleston)

2011 年 12 月

表記法，用語，本書を読み進めるための指針

表記法と用語

　この節では，本書で使われる表記法について説明する．ここでは一般原則の要点を述べるに留めることとする．正確な定義については本文を参照せよ．

　最初に，確率変数とその実現値は両方とも本書では y と表記される．共変量ベクトルはほとんどの場合 x と表記される．離散型確率変数 y だけでなく連続型確率変数の確率密度関数も特に明記しない限り，$p(y)$ で表される．本文中では2つの意味のどちらが適用されているかは明確にする．標本 $y_1,\ldots,y_n$ は y と表記し，d 次元ベクトルもまた太字で，すなわち y と表記される．文脈から意味していることを明確にする．さらに，独立で同一の分布に従う確率変数は i.i.d と示される．パラメータベクトル θ に依存している分布 (密度) は $p(y\,|\,\theta)$ のように示される．y と z の同時分布は $p(y,z\,|\,\theta)$ のように表記され，z が与えられたもとでの y の条件付き分布は $y\,|\,z,\theta \sim p(y\,|\,z,\theta)$ と表記される．別の方法として，$p(y\,|\,z,\theta)$ という表記も使う．あるイベントが発生する確率は場合によっては P と表記されることがある．

　特定の分布については2通りの方法で述べられる．例えば，$y \sim \mathrm{Gamma}(\alpha,\beta)$ は確率変数 y がパラメータ α と β のガンマ分布に従うということを示している．そこで，y の分布であることを示す場合には $\mathrm{Gamma}(y\,|\,\alpha,\beta)$ という表記を用いる．パラメータがほとんど同じ記号で与えられているとき，例えば $\beta_0, \beta_1, \beta_2$ のような場合には，表記 β_* が使われる．ここで，$*$ は 0,1,2 の添え字が入ることを表す．

　正規分布の場合，ベイズ法の教科書によっては「精度 (precision)」の表記を用いるが，他では「分散」(variance) という表記を使っている．より具体的には，もし，y が平均 μ，分散 σ^2 の正規分布に従うなら，$y \sim \mathrm{N}(\mu,\sigma^2)$ (古典的表記法) の代わりに表記 $y \sim \mathrm{N}(\mu,\tau^{-1})$ (あるいは $y \sim \mathrm{N}(\mu,\tau)$) が使われることがある．ここで，精度 $\tau = \sigma^{-2}$ である．この代替表記法は，ベイズ統計学ではいくつかの主要な結果は分散よりも精度という用語で表現される方がより良いという事実に端を発している．これは，WinBUGS でも用いられている表記法である．本書では，古典的な頻度論統計学を頻繁に引用する．したがって精度の使用は啓蒙的というよりは混乱を招くであろう．さらに，統計解析の結果を要約する際には，標準偏差が精度よりもより良い手段となる．これらの理由から，本書では分散表記を主として用いた．しかし，本書を通して(特に後半の章では)，一つの表記から別の表記へ変更していることもある．

　最後に，いくつかの一般に認められている標準的な表記を用いる．例えば x は常に列ベクトルを示し，$|A|$ は行列 A の行列式，$\mathrm{tr}(A)$ は行列 A のトレース，そして A^T は行列 A の転置を示す．$\{y_1,y_2,\ldots,y_n\}$ の標本平均は $\overline{y}$ と表され，その標準偏差は

s, s_y または単に SD と表す.

本書を読むうえでのガイド

　本書を読むのに特別なガイドは必要ない．本書の流れは自然であり，ベイズ流概念の基本から始まり，徐々により複雑な話題を紹介する．本書は基本的にパラメトリックなベイズ法のみを取り扱う．これは，ここに出てくるすべての確率変数は有限個のパラメータである特定の分布をもつと仮定されていることを意味する．ベイズ法の世界では，古典統計学よりももっと多くの分布が用いられる．したがって，古典的な読者 (これがどのような意味かは別として) にとって，本書で扱う分布の多くは新しいものかもしれない．これらの分布の簡単な特徴は，グラフ表示とともに，本書の付録に示す．

　最後に，「*」で記されたいくつかの節は技術的で，初めて読む際には飛ばしても構わない．

第Ⅰ部　ベイズ法の基本概念

第1章　統計的推測の方法

　統計学の中心的役割は推測である．統計的推測は，(収集した) データから情報を引き出し，そのデータに関してだけでなく，母集団や将来へ，観測された結果を一般化することを目的としている手順あるいは活動である．統計的推測は，研究者が科学的仮説を提案したり確証することを助けたり，意思決定者の決定を改善することを助けたりする．推測は，収集されたデータそのものとデータを生成したと仮定された確率モデルに依存する．しかし，既知 (データ) から未知 (母集団) へと一般化するためのアプローチにも依存する．ここで，2つの主流となっている統計的推測を導き出すための見方あるいは枠組みを区別する．すなわち，頻度論的アプローチ (frequentist approach) とベイズ流アプローチ (Bayesian approach) である．また，これらの2つの枠組みの中間にあるのが，(純粋な) 尤度論的アプローチ ((pure) likelihood approach) である．

　実験にもとづいた研究の多くは，特に，医学研究では間違いなく，科学的な結論は古典的な P 値を用いた「有意な結果」によって支持される必要がある．このような有意性検定は，頻度論の枠組みに属している．しかしながら，頻度論的アプローチは1つの統一された理論から成り立っているわけでなく，2つのアプローチの組み合わせである．すなわち，帰無仮説，P 値，有意水準を導入したフィッシャーの帰納的アプローチと，対立仮説と検出力の概念を導入したネイマンとピアソンの演繹的アプローチである．まず，頻度論の有意性検定を概説し，一般的な P 値に焦点をあてることにする．具体的には，P 値の値に注目する．次に，古典的な有意性検定を含まない，純粋に尤度関数にもとづくアプローチを論じる．このアプローチは2つの基本的な尤度原理にもとづいており，これらはベイズ流の考え方でも重要になる．最後に，ベイズ流アプローチの原理を紹介し，ベイズ流アプローチが統計家に何をもたらすことができるのかを概観する．しかし，ベイズ理論を完全に網羅するためには，少なくとも3つ以上の章が必要になる．

1.1 頻度論的アプローチ：批判的な考察

1.1.1 古典的な統計アプローチ

　古典的な統計アプローチについてというまとめ方は，おそらく話題として簡素化し過ぎではある．それでも，この言葉で古典的な P 値，有意水準，検出力，信頼区間にもとづく統計的推測を行う方法を意味することにする．考えをまとめるために，ランダム化比較臨床試験 (randomized controlled clinical trial, RCT) でこの統計的方法を例示する．実際，RCT は古典的統計学の推測の道具を用いた優れた試験デザインである．ここで，読者は推測統計の主な概念は知っているものと仮定する．

　RCT を経験したことがない人のために，ここで簡単に説明しておく．臨床試験は，2つ (あるいはそれ以上) の医学的な治療を，ヒトで，多くの場合は患者で，比較するための実験研究である．対照群 (control group) が含まれているとき，その試験はコントロールである (controlled) と呼ばれる．並行群間デザイン (parallel group design) では，患者の1つのグループがある治療を受け，他のグループは他の治療を受ける．そして，すべてのグループが治療の効果を測定するために，適切な時期まで追跡される．ランダム化試験では，患者は治療にランダム (無作為) に割り付けられる．治療効果の評価での偏りを最小限にするために，患者，医療介助者は盲検化される．患者だけが盲検化されているとき，単盲検試験 (single-blinded trial) と呼び，患者と医療介助者 (さらに試験に関与するすべての人) が盲検化されているとき，二重盲検試験 (double-blinded trial) と呼ぶ．さらに，複数の施設 (例えば病院) が関与しているとき，多施設 (multicenter) 試験と扱われる．

例 I.1：足指の爪 RCT：頻度論的アプローチを使った足指の爪の感染に対する2つの経口治療の評価

　足指の爪の感染に対する2つの経口治療の有効性を比較するために，ランダム化二重盲検並行群間多施設試験が計画された (De Becker et al. 1996)．この試験では，2つの群で各群 189 例が登録され，それぞれ 12 週間の治療を受け，48 週間追跡された (Lamisil：治療 A, Itraconazol：治療 B)．有意水準は $\alpha = 0.05$ と設定した．もともとの試験の主要評価項目 (被験者数のもとになっている) は，菌類学的に陰性かどうか，すなわち顕微鏡検査で陰性かつ培養で陰性かどうかである．ここでは，他の評価項目に着目してみる．すなわち，足の親指の爪が対象であった患者での 48 週時に影響を受けていない爪の部分の長さである．この比較には，治療 A を受けた 131 例と，治療 B を受けた 133 例が用いられる．なお，試験終了時点で中止していない患者だけが対象である．48 週時に観察された平均の長さ (標準偏差) は，治療 A と B に対してそれ

ぞれ 9.07 (4.92) mm と 7.70 (5.33) mm であった．治療 A の (母集団) 平均を μ_1，治療 B の平均を μ_2 とする．したがって，帰無仮説は $H_0: \Delta = \mu_1 - \mu_2 = 0$ であり，両側有意水準 $\alpha = 0.05$ の t 検定で評価できる．試験終了時で，治療効果の推定値は $\hat{\Delta} = 1.38$ で，t 統計量の値は $t_{\text{obs}} = 2.19$ である．これは，$\alpha = 0.05$ に対応する棄却域に入っており，(有意水準 0.05 で) 統計学的に有意な結果である．ネイマン・ピアソン (Neyman-Pearson) (NP) アプローチによると，A と B の有効性が同じであるということを棄却することができる．

2 つの治療の有効性が同じであるという仮説に反するエビデンス (証拠，根拠) の強さを示すために，P 値も報告することが一般的である．ここでは，両側 P 値は 0.030 であり，これはフィッシャー (Fisher) 流の H_0 に反するエビデンス (証拠，根拠) の強さの指標である． □

1.1.2 節では，P 値が研究者にとって何を意味するかを検討する．また P 値にあると思われているが，実は持ってはいない性質を示す．

1.1.2 エビデンスの指標としての P 値

フィッシャーは，手計算をしなければならない時代に，良く計画され限定された農業実験の分野で P 値を開発した．今日，様々な医療研究が，その多くは探索的な目的で実施され，何百，何千もの P 値が評価されている．P 値は，帰無仮説に対しての直観的な指標であるが，いつも正しく理解されているわけではない．ここで，P 値の使い方や間違った使い方についてさらに詳しく述べる．

P 値は H_0 が真である (真でない) 確率ではない　よくある間違いは，P 値を H_0 が真である (真でない) 確率として解釈することである．P 値は H_0 のもとで，観察された結果の極端さを測っているだけである．H_0 が真である確率は形式的には $p(H_0 \,|\, \text{data})$ であり，これは後で述べる観測値が与えられたときの帰無仮説の事後確率と呼ぶべきである．この確率は，ベイズの定理にもとづいており，H_0 が真である確率に依存する．

P 値は仮想データに依存する　P 値は，観察された結果が，H_0 のもとで発生する確率を表しているわけではなく，H_0 のもとで，今回の結果あるいはより極端な結果が観察される確率を表している．これは，P 値の計算が観察された結果だけでなく，(観察されていない) 仮想のデータにももとづいていることを意味している．

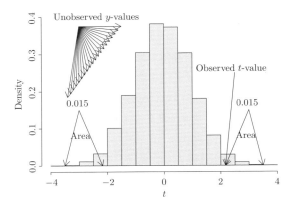

図 1.1 帰無仮説のもとでのシミュレーションによる P 値のグラフ表現

例 I.2: 足指の爪 RCT：P 値の意味

P 値は，帰無仮説が真の場合に，検定統計量が観測された値より極端となる確率に等しい．P 値の計算は確率法則を用いるが，シミュレーション実験によっても示すことができる．例えば，足指の爪の感染についての試験で，P 値は H_0 のもとで，例えば，仮想的に 10000 回試験を行ったときに，t 値が $t_{\mathrm{obs}} = 2.19$ より極端な値を示した試験の割合にほぼ等しい．図 1.1 に，観測した結果とともに仮想的な結果のヒストグラムを示す． □

P 値は標本空間に依存する　　上記のシミュレーション実験は，P 値が「長期での頻度」(long-run frequency) に基づいた定義を使った確率として計算されることを示している．これは，事象 A の確率が，実験の総回数に対する，事象 A が発生した実験の最終的な割合として定義されることを意味している．P 値に関しては，事象 A は棄却域に入る t 値に対応する．つまり，P 値が仮想試験の選び方，つまり，標本空間にも依存していることは明らかである．例 I.3 で説明するように，特定の選択が驚くような影響を与えることがある．

例 I.3: RCT における中間解析の考察

2 つの治療を比較するランダム化比較試験が計画され，有効性に対する 4 回の中間解析が計画されていたとする．有効性に対する中間解析 (interim analyses for efficacy) は，試験治療が対照治療より優れているかを調べるために，試験の終了前に行う治療群間の統計的比較である．可能であれば試験を早くやめることが目的である．複数の比較が計画されているとき，頻度論的アプローチでは多重検定 (multiple testing) に対

表 1.1 Kaldor らのケース・コントロール研究 (Kaldor et al. 1990)：化学療法への曝露の有無による，ケースとコントロールの例数．

Treatment	Controls	Cases
No chemo	160	11
Chemo	251	138
Total	411	149

する修正が必要である．多重検定に対する古典的な修正は，「Bonferroni の方法」であり，これはそれぞれの比較の有意水準 (「名目有意水準 (nominal significance level)」) をより厳しくすることが求められる．つまり，全体の (すべての比較を通しての) 第 1 種の過誤確率を α 以下にするために，検定の回数が k であるとき有意水準を α/k にする．Bonferroni の方法は近似的であり，第 1 種の過誤確率の正確な調整は，群逐次デザイン (group sequential design) から得られる (Jennison and Turnbull 2000)．Pocock の群逐次法で 5 回の解析 (4 回の中間と最終解析) がある場合，全体の有意水準を 0.05 とするためには，それぞれの解析で有意水準を 0.016 とする．したがって，試験が最後まで行われ，最終解析で P 値が 0.02 であったとき，Pocock の方法では有意性を主張することはできない．しかし，もし中間解析を計画しないで同じ結果が得られた場合は，この試験の結果は有意である．このように 2 つの同一の結果が存在するときに，片方では帰無仮説に反するエビデンスを主張することができず，他方では 2 つの治療は異なる効果があると結論することになる． □

統計学的には，例 I.3 の 2 つの RCT での治療効果に対する異なるエビデンスは，2 つのシナリオの標本空間の違いによるものである．例 I.4 でこれをさらに説明する．

例 I.4: Kaldor らのケース・コントロール研究：標本空間の説明

ホジキン病の白血病に対する化学療法の影響を調べることが目的である 149 例のケース (白血病患者) と 411 例のコントロールからなるマッチングしたケース・コントロール研究 (Kaldor et al. 1990) がある．ホジキン病 (リンパ節のがん) の 5 年生存率はおよそ 80% であるが，生存者は固形がん，白血病，リンパ腫を発症するリスクが高い．表 1.1 では，ケースとコントロールを，化学療法への曝露の有無によって分割している．

マッチングを無視すると，2×2 分割表のピアソン χ^2 検定の結果は $P = 7.8959 \times 10^{-13}$ で，χ^2 値は 51.3 である．フィッシャーの正確検定では，P 値は 1.487×10^{-14} である．オッズ比の推定値は 7.9971 で 95% 信頼区間は $[4.19, 15.25]$ である． □

χ^2 検定とフィッシャーの正確検定の標本空間は異なっている．標本空間は，検定統計量の帰無分布を計算するために考慮される，標本が取りうる値の空間である．χ^2 検定に対する標本空間は，同じ総サンプルサイズ (n) の 2×2 分割表にもとづいている．一方，フィッシャーの正確検定に対しては，標本空間は行，列の周辺合計が同じである 2×2 分割表の部分集合にもとづいている．2 つの標本空間の違いは，2 つの検定結果の違いを部分的に説明していることになる．例 I.3 では，それが 2 つの RCT からのエビデンスの違いに対する唯一の理由である．つまり，科学的な実験の結論は，その実験の結果だけではなく，起こらなかった，さらに起こり得ない実験の結果にも依存している．この知見は，統計家の間でたくさんの論争の引き金になった (Royall 1997)．

P 値は絶対的な指標ではない 小さい P 値は必ずしも 2 つの治療間の大きな違いや，変数間の強い関連を意味していない．実際のところ，エビデンスの指標として，P 値は試験のサイズを考慮していない．小さな P 値を試験のサイズの関数としてどのように解釈すべきかについては活発に議論がなされている (Royall 1997)．

P 値はすべてのエビデンスを考慮していない Ashby et al. (1993) でも議論されている次の例で示す．

例 I.5: Merseyside 登録の結果

Ashby et al. (1993) はホジキン病の生存者での化学療法と白血病の関連性を確認するために，(Kaldor らのケース・コントロール研究の後に引き続く) 英国での登録試験で得られたデータを報告した．Merseyside 登録の予備的結果は Ashby et al. (1993) の論文で報告されており，表 1.2 に再現する．連続補正した χ^2 検定で得られる P 値は 0.67 であった．したがって，形式上は，ホジキン病生存者において化学療法が白血病を引き起こすかもしれないという懸念はない．もちろん，たぶんどの疫学者もこの試験のサイズが小さ過ぎるので，この研究からは化学療法と白血病の関連を発見するのは難しいと考えるだろう．Merseyside 登録のデータを単に解析するだけでは，関連性のエビデンスを確立することはできない． □

Merseyside 登録の結果を，すでに行われた Kaldor et al. (1990) の研究を参照せずに，独立に解析することは合理的であるか？ 言い換えれば，過去のデータを忘れ，過去からは何も学べないと仮定すべきであろうか？ 答えは，特定の環境に依存するが，データ解析において過去は何の役割も果たさないかどうかは明らかではない．

表 1.2 Merseyside 登録簿：化学療法への曝露に応じて分割した症例と対照の分割表

Treatment	Controls	Cases
No chemo	3	0
Chemo	3	2
Total	6	2

1.1.3 エビデンスの指標としての信頼区間

P 値は多くの統計家に批判されているが，批判の的となっている P 値の (誤) 使用は多い．しかし，P 値を 95% 信頼区間で置き換えようとする傾向も見られる．

例 I.6: 足指の爪 RCT (ランダム化臨床試験)：95% 信頼区間の例
Δ に対する 95%CI は $[0.14, 2.62]$ であった．理論的には，そのような区間を何回もくり返し作ったときに，その 95% がパラメータの真値を含むということしか言えない (95%CI は確率の長期における頻度の定義にもとづいている)．この RCT に関しては，95%CI は真のパラメータを含んでいるか否か (確率 1 で) のどちらかである！しかし，統計家でない人に話をするときは，理論的な CI の定義は決して用いない．むしろ，95%CI が $[0.14, 2.62]$ ということは，Δ の真値に関する不確かさを表し，0.14 と 2.62 の間に (0.95 の確率で) ありそうであると説明する． □

95%CI は関心のあるパラメータの不確かさを表現し，それ自体は P 値よりも得られた結果に関してより良い洞察を与えると考えられている．しかしながら，「95%」という形容詞は区間を構成するための手続きについて言及していて，区間そのものに言及しているわけではない．統計家でない人に対してする解釈は，第 2 章で見るようなベイズ流の趣がある．

1.1.4 2 つの頻度論の理論的枠組みの歴史的背景*

この節では，2 つの頻度論の理論的枠組みの違いと，それらが実際上どのように，一見して 1 つの統一的アプローチのように統合していったのかを見てみる．この節は本書の残り部分に対して本質的ではないので読み飛ばしてもよい．Hubbard and Bayani (2003) や Goodman の論文 (1993, 1999a, 1999b) や Royall (1997) では，この話題をより掘り下げている．

フィッシャー流と NP (Neyman-Pearson) アプローチは，本質的には異なるが現在の統計的な実践においては 1 つに統合されている．統計的推測に対するフィッシャー

の見解は彼の 2 冊の本に詳しく述べられている．*Statistical Methods for Research Workers* (Fisher 1925) と *The Design of Experiments* (Fisher 1935) である．彼は新しい仮説を生成する帰納的推論を強く提唱した．フィッシャーの帰納的推論へのアプローチは，帰無仮説すなわち $H_0 : \Delta = 0$ の棄却を通して行われる．彼の有意性検定は，$\Delta = 0$ が成立することを仮定して得られた標本分布に従う検定統計量にもとづく統計的手順からなる．彼は H_0 のもとで検定統計量の観測された値またはそれより極端な観測値を得られる確率を P 値と呼んだ．フィッシャーにとって，P 値が小さければ小さいほど，$\Delta = 0$ を否定するより大きなエビデンスを示唆するという意味で，P 値は，帰納的推論のための実用的な道具であった．さらに，フィッシャーによれば，帰無仮説は P 値が小さいとき「棄却」されるべきである．つまり，事前に設定した「有意水準」と呼ばれる閾値 $\alpha = 0.05$ よりも小さいならば，H_0 を棄却する．したがってフィッシャーのルールは $P \leq 0.05$ のときに，H_0 を棄却する．しかし，彼は「棄却」には次の 2 つの意味があることを認識していた (Fisher 1959)．例外的にまれな機会が起きたか，あるいは (帰無仮説に従った) 理論が真実ではないか，である．

統計的検定へのアプローチにおいて，Neyman and Pearson (NP)(1928a, 1928b, 1933) は対立仮説 (alternative hypothesis (H_a))，すなわち $\Delta \neq 0$ が必要であった．データが観測されたら，調査者 (治験責任者) は 2 つの行動から決定する必要がある．つまり，H_0 を棄却 (H_a を採択) するか，H_0 を採択 (H_a を棄却) するかである．NP はこの手続きを仮説検定と呼んだ．彼らのアプローチは決定論的趣がある．つまり，意思決定者は次の 2 つの「過誤」を犯す可能性がある．(1) 実際に H_0 が真であるときに棄却される第 1 種の過誤で，確率 P(第 1 種の過誤) $= \alpha$(第 1 種の過誤割合) と，(2) 実際に H_a が真であるときに棄却される第 2 種の過誤で，確率 P(第 2 種の過誤) $= \beta$(第 2 種の過誤割合) である．

この観点から，彼らは対立仮説 $H_a : \Delta = \Delta_a$ に対して $1 - \beta$ である検定の検出力を導入した．NP は，統計的検定は誤った決定を下す確率を最小化しなければならないと主張し，有名な尤度比検定がある決められた値 α に対して β を最小化することを証明した (Neyman and Pearson 1933)．NP アプローチは実際，演繹的で，一般的事柄から特定の事柄へ推論し，それによって，特定の事柄から長い目で見たときのみ一般的な事柄を主張する．NP はあまりに頻繁に過ちを犯すべきではないと主張してきた．言い換えれば彼らはむしろ「帰納的行動」を提唱した．フィッシャーはこの観点を強く嫌い，両派は終わりのない論争に陥ることになった．

2 つのアプローチの提案者間の強い歴史的対立にもかかわらず，最近では 2 つの哲学が混合され，統一の方法論として提示されている．Hubbard and Bayarri (2003)(そ

ここでの参考文献も参照) はこの統一がもたらすであろう混乱，特に P 値が第 1 種の過誤率であると間違って解釈される危険性について警告した．実際，P 値は帰無仮説に対するデータの極端さの指標として，フィッシャーによって導入された．これは事後的に決定される確率である．P 値が事前に決められた過誤率として与えられるとき，問題が生じる．例えば有意水準 $\alpha = 0.05$ が事前に選択されたとする．したがって，試験の完了時に $P = 0.023$ を得れば，H_0 が水準 0.05 で棄却されると言える．しかし，H_0 が水準 0.025 で棄却されるとは言えない．それは，この α が事実のあとで選択され，P 値があたかも事前に指定された水準ということになってしまっているからである．医薬論文では P 値はしばしば事前に指定される水準として与えられる．例えば有意な結果が $P < 0.05$ に対して '*'，$P < 0.01$ には '**'，$P < 0.001$ には '***' の星印で示されているとき，'**' に対しては，結果は 0.01 の水準で有意であると主張できるという印象を与える．Carl Popper (Popper 1959) と同様に，フィッシャーは帰無仮説は決して採択することはできず，反証することだけが可能であると主張した．対照的に NP アプローチによれば仮説検定では，2 つの可能な行動がある．一つは帰無仮説を「棄却」(そして対立仮説を採択) するか，その逆である．これは 2 つのアプローチの新たな衝突を作り出した．すなわち，もし NP アプローチが統計的推測の基本原理とするなら，帰無仮説を採択することは原理的には問題はない．しかしながら，古典的な統計的実践の基本的原理の一つは，フィッシャーの有意性検定の精神のように，有意でない結果の場合，H_0 を決して採択しないということである．臨床試験において標準的なアプローチは NP アプローチであるが，帰無仮説を採択することは重大な間違いあるとされている．

上述のような P 値に関する困難さと古典的な統計的推測は首尾一貫していないという主張のため，Goodman (1993, 1999a, 1999b) などはベイズファクターのようなベイズ推測の道具を用いることを提唱した．そうは言っても，状況によっては P 値は依然として便利な道具としてみなされている．例えば Hill (1996) は次のように書いている：「特に多くの有意義な治療の比較をスクリーニングする際に，他の多くの人と同様に，私は古典的 P 値を便利な診断の道具としてみなすようになった.」さらに，いくつかの場合では，(片側仮説検定の) P 値とベイズ推測は同様になる (3.8.3 節参照)．最後に Weinberg (2001) は次のように主張している：「道具を非難するのはそろそろやめて，それらを間違って使っている研究者たちに注意を向けるときが来ている.」

1.2 尤度関数にもとづく統計的推測
1.2.1 尤度関数

尤度 (likelihood) の概念は Fisher (1922) により導入された．確率モデルのパラメータの関数として，観測されたデータの尤もらしさを表している．パラメータの関数として，尤度は尤度関数と呼ばれている．尤度関数にもとづく統計的推測は基本的に P 値にもとづく推測とは異なるが，どちらのアプローチも帰納的推論の道具としてフィッシャーによって進展された．考えをわかりやすくするために2項標本の尤度関数を見ていく．次の例では Cornfield (1966) にさかのぼるが，外科的実験の観点からに言い換えた．

例 I.7: 手術実験

ある病院で新規ではあるが失敗の危険もある，少々複雑な手術手法が開発されたと仮定する．その手法の可能性を評価するために，主任執刀医は $n = 12$ 人の患者に新手法の手術をすると決める．そして，12回の手術のうち，$s = 9$ 回の成功が報告されたとする．ここで，i 番目手術の結果を成功なら $y_i = 1$，失敗なら $y_i = 0$ と表す．この手術結果は，n 回の独立した2値の観測値 $\{y_1, \ldots, y_n\} \equiv \boldsymbol{y}$ で s 回の成功からなる標本とみなせる．成功確率は手術を通して一定，すなわち $p(y_i) = \theta \, (i = 1, \ldots, n)$ と仮定する．すると観測された成功回数の確率は2項分布 (binomial distribution) で表される．つまり，n 回の試行のうち s 回成功が起こる確率は，それぞれの試行での成功確率が θ であるとき，

$$f_\theta(s) = \binom{n}{s} \theta^s (1-\theta)^{n-s} \quad \text{ここで } s = \sum_{i=1}^{n} y_i \tag{1.1}$$

で与えられる．ここで $f_\theta(s)$ は (s の関数としての) 離散型分布の確率関数で $\sum_{s=0}^{n} f_\theta(s) = 1$ の性質がある．

s が固定され θ が変化するとき，$f_\theta(s)$ は θ の連続関数になり，2項尤度関数 (binomial likelihood function) と呼ばれる．尤度関数はデータが与えられたときの θ の尤もらしさを表現しているとみることができ，$L(\theta \mid s)$ と表される．$s = 9, n = 12$ に対する2項尤度関数のグラフを図 1.2(a) に示す．図からは，θ の値が0か1に近いことは，$n = 12$ 回の手術のうちの9回の成功という観測結果からは支持されないことがわかる．一方，θ の値が0.5より上で0.9より下であることは，データから比較的よく支持され，特に，$\theta = 9/12 = 0.75$ で最もよく支持されていることが示されている．

$L(\theta \mid s)$ を最大にする θ の値は最尤推定値 (maximum likelihood estimate, MLE)

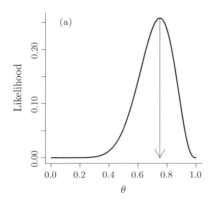
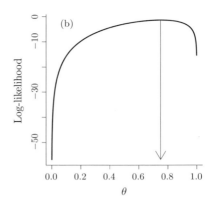

図 1.2 手術実験：尤度 (a) と対数尤度関数 (b). 例 I.7 の $n=12$ で $s=9$ の成功の場合

と呼ばれ, $\widehat{\theta}$ と表す. $\widehat{\theta}$ を求めるには $L(\theta\,|\,s)$ を θ に関して最大化する. これは, $\ell(\theta\,|\,s)$ と表す対数尤度 (log likelihood) と呼ばれる $L(\theta\,|\,s)$ の対数に対して最大化しても同じことである.

例 I.7：（続き）

手術実験に対する対数尤度は以下で与えられる

$$\ell(\theta\,|\,s) = c + [s\log\theta + (n-s)\log(1-\theta)] \tag{1.2}$$

ここで c は定数である. θ に関する 1 次導関数は式 $\frac{s}{\theta} - \frac{(n-s)}{(1-\theta)}$ となる. この式を 0 とすることにより MLE は s/n に等しくなり, すなわち ($s=9$, $n=12$ に対して) $\widehat{\theta}=0.75$ で, 標本割合に等しい. 図 1.2(b) に θ の関数としての $\ell(\theta\,|\,s)$ を示す. □

1.2.2 尤度原理

尤度関数による推測は, 2 つの尤度原理 (likelihood principles, LP) にもとづいている (Berger and Wolpert 1984).

1. 尤度原理 1： θ を未知の量とみなし, 実験から得られたすべてのエビデンス (証拠, 根拠) は, 与えられたデータに対する θ の尤度関数に含まれる.
2. 尤度原理 2： θ に関する 2 つの尤度関数は, それらがお互いに比例している場合, θ に関して同じ情報を含んでいる.

最初の尤度原理は, 未知のパラメータの 2 つの値の間の選択は, それらの値が評価された尤度関数をもとにして行われることを意味する. これは標準化尤度 (standardized

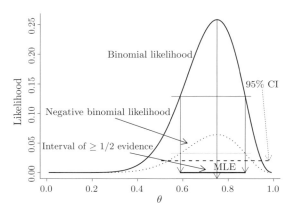

図 1.3 手術実験：MLE と 0.5 以上の最大のエビデンス区間と，古典的両側 95%CI を示した 2 項尤度関数と負の 2 項 (パスカル) 尤度関数．

likelihood) とエビデンス区間 (interval of evidence) への話へつながる．以下の例 1.7(続き) でこれらを紹介する．

例 I.7：(続き)

$s = 9$ と $n = 12$ に対する 2 項尤度は $\widehat{\theta} = 0.75$ で最大である．頻度論では，θ に対する事前に設定された値，例えば 0.5 に対して観察された割合を検定することができ，θ の 95%CI が算出できる．

尤度関数によれば，$\theta = 0.75$ で最大のエビデンスとなる．$\theta = 0.5$ および $\theta = 0.75$ の尤度関数の比は，与えられたデータに対して，2 つの仮説を支持するエビデンスの相対的な尺度として用いることができる．この比は，尤度比 (likelihood ratio) と呼ばれ，ここでは 0.21 となる．関数 $L(\theta|s)/L(\widehat{\theta}|s)$（ここでは $L(\theta|s)/L(0.75|s)$）は標準化尤度と呼ばれる．標準化尤度のスケールでは，$\theta = 0.5$ に対するエビデンスは最大のエビデンスの 1/5 程度であると読み取ることができる．この比較は，仮想データではなく，観測データだけを用いていることに注意する．

尤度比は，また最大のエビデンスに対するある割合を示すパラメータ値の区間を構築することができる．例えば，(少なくとも最大値の半分である) エビデンスの区間は，少なくとも $L(\widehat{\theta}|s)$ の半分に対応するような θ の値から構成される．すなわち，少なくとも 0.5 の標準化尤度である (図 1.3 を参照)．この区間は関心のあるパラメータの直接のエビデンスを提供しており，3.3.2 節で紹介する最高事後密度区間に関係している．同じ図の中に古典的な 95%CI [0.505, 0.995] を示してある．一般に 95%CI は尤度関数が対称であるときのみ，エビデンスの区間を表している． □

2番目の尤度原理は，2つの θ に対する尤度関数が，もし互いに比例関係であるならば，そのパラメータに関して同じ情報をもっていると述べている．これは相対尤度原理 (relative likelihood principle) と呼ばれる．したがって，2つの実験条件のもとで，尤度が比例関係であるとき，結果が得られた方法に関係なく，未知のパラメータについての情報は同じでなければならない．例 I.8 ではこの観点から，頻度論と尤度論の視点の違いを比較する．

例 I.8: もうひとつの手術実験

別の病院の主任執刀医が例 I.7 で紹介されたものと同じ手術手法を評価するために，k 回の失敗が起こるまで手術をすると決定したとする．観測された成功数の確率はここでは負の 2 項 (Pascal) 分布で表される．再び θ を 1 回の実験での成功確率とすると負の 2 項分布は以下で与えられる．

$$g_\theta(s) = \binom{s+k-1}{s} \theta^s (1-\theta)^k \tag{1.3}$$

$s + k = n$ が総標本サイズを表すので，$g_\theta(s)$ は $f_\theta(s)$ とは 2 項係数だけが異なる．主任執刀医は k を 3 と設定したとする．再び 9 回の成功が実現したと仮定すると，結果的に，主任執刀医は，9 回の成功と 3 回の失敗を観測したが，実験をやめる仕組み (停止ルール) が異なっていたことになる．ここで，頻度論的アプローチとは対照的に，停止ルールが尤度にもとづく推測に影響を及ぼさないことを示す (例 I.8(続き) を参照).
最初の執刀医に対しては，合計 $s = \sum_{i=1}^{n} y_i$ は 2 項分布に従う．したがって s が観測されたもとでの尤度関数は以下で与えられる．

$$L_1(\theta \mid s) = \binom{n}{s} \theta^s (1-\theta)^{(n-s)} \tag{1.4}$$

それに対して 2 番目の執刀医にとって尤度は，

$$L_2(\theta \mid s) = \binom{n-1}{s} \theta^s (1-\theta)^{(n-s)} \tag{1.5}$$

となる．

2つの手術実験に対して $s = 9$ と $k = 3$ であるので，$L_1(\theta \mid 9) = \binom{12}{9}\theta^9(1-\theta)^3$ は係数だけが $L_2(\theta \mid 9) = \binom{11}{9}\theta^9(1-\theta)^3$ と異なる．したがって 2 番目の尤度原理によれば，2つの実験は θ については同じ情報を与えなければならない．これは図 1.3 にあるように 2 項尤度と負の 2 項尤度は，同じ MLE と同じエビデンスの区間となるということを示している． □

しかし，停止ルールは以下で見るように頻度論の推論には影響する．

例 I.8:（続き）

帰無仮説 $H_0 : \theta = 0.5$ を対立仮説 $H_a : \theta > 0.5$ に対して頻度論の方法で検定するとする．有意性検定は検定統計量の帰無分布に依存し，ここでは成功の数が検定統計量になる．2項実験では，H_0 のもとで以下を得る．

$$p(s \geq 9 \mid \theta = 0.5) = \sum_{s=9}^{12} \binom{12}{s} 0.5^s (1-0.5)^{12-s} \tag{1.6}$$

これは正確な片側 P 値 0.0730 を与える．一方，負の2項実験では H_0 のもとで以下となる．

$$p(s \geq 9 \mid \theta = 0.5) = \sum_{s=9}^{\infty} \binom{s+2}{s} 0.5^s (1-0.5)^3 \tag{1.7}$$

これより，$P = 0.0337$ を与える．このように $\theta = 0.5$ の検定の有意性は，9回の成功と3回の失敗以外に，他にどのような結果となりうるかにも依存する． □

この例は停止ルールを扱う際の尤度論的アプローチと頻度論的アプローチの基本的な違いを示している．尤度関数は2つの理論的枠組みにおいて中心的な概念である．しかし，尤度論的アプローチにおいては尤度関数のみが利用されていて，一方で頻度論的アプローチでは尤度関数は有意性検定を構成するのに使われている．最終的に，2項実験に対する古典的な尤度比検定は負の2項実験のそれと一致する (演習 1.1 を参照)．

1.3 ベイズ流アプローチ：基本的考え方

1.3.1 はじめに

例 I.7 と例 I.8 では，執刀医は新たに開発された手術手法の実用性を決定するために，手術の真の成功割合，すなわち θ を推定することに関心があった．過去に最初の執刀医が，同等の難しさである別の手法を実施し，最初の20例が最も困難であったと経験したとする (学習曲線)．その場合，最終的な結論を出すために暗黙的または明示的にこの事前情報と現在の実験の結果を組み合わせるということは考えうる．つまり，9/12 という得られた割合を，過去の経験から調整することが考えられる．これが，ベイズ流の考え方の例である．

研究は，単独では行われない．乳がん治療のための標準治療と新しい治療法を比較する第 III 相 RCT を計画するとき，2つの治療に関する多くの背景情報をいろいろと

収集する．この情報は，試験の実施計画書 (protocol) に組み込まれているが，その後の古典的な統計解析には明示的に使用されていない．例えば，小規模な臨床試験が予期せず肯定的な結果を示すとき，例えば $P < 0.01$ で新治療法が支持されるとき，(確かに製薬会社の) 最初の反応は「素晴らしい！」かもしれない．しかし，過去にそのような薬のどれも大きな効果はなく，その新薬は生物学的に標準薬に似ているなら，強力な効果を主張することをためらうかもしれない．ベイズ流アプローチでは，第 5 章で見るような事前の懐疑的な見方を正式に組み込むことができる．

別の例として，ある新規の口内洗浄液が市場に導入され，その効果を示すための研究が準備されているとする．その研究では，歯磨き前の新規口内洗浄液の日常使用が水道水のみの使用に比べて歯垢を減らすかどうかを評価しなければならない．結果は新規口内洗浄液が 25% (95% 信頼区間=[10%, 40%]) で歯垢を減らすというものであった．これは素晴らしい結果に見える．しかし，同様の製品の以前の試験では総合的な歯垢の減少は 5% から 15% で，専門家たちは口内洗浄液による歯垢減少はおそらく 30% を超えないと主張している．ではどのように結論付けるか？

自然なやり方で，過去の経験 (事前知識と呼ぶ) と現在の実験結果を合わせるようなアプローチが必要になる．これはベイズの定理にもとづくベイズ流アプローチによって達成できる．この節では，基本的な (離散型の場合の) 定理を紹介する．一般的なベイズ流統計的推測と尤度論的アプローチとのつながりは次の章で扱う．

ベイズ流アプローチの主要な考え方は，「あなたの」事前知識 (事前確率) と尤度 (データ) を結合し，確率を更新することである (事後確率)．「あなたの」という形容詞は，事前知識は個人ごとに異なり得るし，主観的な趣を持っている可能性があることを示している．確率は，頻度論的アプローチに見られるような長期的な頻度としての解釈を必ずしも必要とはしなくなる．

ベイズの基本定理を述べる前に，私たちの日常生活に，ベイズ流思考方法が自然に組み込まれていることを説明する．

例 I.9: 日常生活におけるベイズ流理由付けの例

日常生活の中だけでなく，専門性の高い活動においても，私たちはしばしばベイズの原則に従って理由付けし，行動している．

最初の例として，初めてベルギーを訪れると仮定する．ベルギーは西欧に位置する小さな国である．過去にベルギー人に全く会ったことがないというのは十分にあり得る．それゆえ，訪問に先立ち，あなたのベルギー人についての情報 (事前知識) は，情報なしか，例えばベルギー人は素晴らしいビールとチョコレートを生産するという旅行案内本から集めた情報ぐらいかもしれない．訪問中にあなたはベルギー人 (データ) に会

い，帰国後にはベルギーの人々がどのようであるか改訂された印象 (事後知識) をもつことになる．その結果，ベルギー人の個人的印象はおそらく変わっているであろう．

次の例として，ある会社がエネルギードリンクを初めて売り出したいとする．製品の立ち上げを担当しているマーケティングの取締役は，別会社での前職からエネルギードリンクの何年もの経験があるとする．彼はそのドリンクが成功すると信じている (事前信念)．しかし，彼の事前の信念を裏付けするために，彼は小さな現場実験を実施する (データ)．すなわち，対象のグループに飲み物の無料サンプルを提供するために商店街にブースを設置し，反応をみる．この限定した実験後に，その製品における彼の事前信頼はその実験の結果によって強化されるか，弱められることになる．

脳血管障害 (cerebral vascular accident, CVA) は生命にかかわる事象である．CVAの原因の一つは血栓によって誘発された脳動脈のブロックである．この事象は，虚血性脳卒中と呼ばれる．生涯性機能不全を防ぐための，虚血性脳卒中患者の適切な治療は，困難な作業である．一つの可能性は，血栓溶解剤によって，血栓を溶解することである．しかし，薬剤の正しい用量を選択することは簡単ではない．高用量になると血栓溶解の効力が上がるが，出血事故のリスクも高くなる．最悪の場合では，虚血性脳卒中は，脳内の大量出血の原因となる出血性脳卒中に変化する．新しい血栓溶解剤が開発され，動物モデルからいくつかのエビデンスがあると仮定すると，他の血栓溶解剤の経験から患者の 20% (事前知識) が新薬により重篤な出血事故 (severe bleeding accident, SBA) を患うかもしれない．小規模パイロット試験では，患者の 10% が SBA という結果となった (データ)．現在のエビデンスを過去のエビデンスと結合することによって，SBA の真の割合 (事後知識) に対し，どんな結論を出せるのか．ベイズの定理によってこのような事前-事後の質問に対処できるようになる． □

1.3.2 ベイズの定理 —— 離散型の単純な例

ベイズの定理の最も簡単なケースは 2 つの事象の場合である．例えば，A と B の事象があり，それぞれ発生するかしないかという場合である．典型的な例は，A が診断検査の陽性を，B は病気を表すとする．事象が発生しない場合，B^C (患者は病気ではない) かまたは A^C (診断検査は陰性) と示される．ベイズの定理は，B が起きたもとでの A が生じる (あるいは生じない) 確率と A が起きたもとでの B が生じる (あるいは生じない) 確率の関係を表す．

ベイズの定理は確率論における次の初歩的な性質にもとづいている．

$$p(A, B) = p(A) \cdot p(B \mid A) = p(B) \cdot p(A \mid B)$$

ここで $p(A), p(B)$ は周辺確率 (marginal probability) で $p(A \mid B), p(B \mid A)$ は条件

付き確率 (conditional probability) である．これは以下で与えられるベイズの定理 (Bayes theorem)(ベイズ規則 (Bayes rule) とも呼ばれる) の基本形となる．

$$p(B \mid A) = \frac{p(A \mid B) \cdot p(B)}{p(A)} \tag{1.8}$$

全確率の法則 (Law of Total Probability)

$$p(A) = p(A \mid B) \cdot p(B) + p(A \mid B^C) \cdot p(B^C) \tag{1.9}$$

により，ベイズの定理を次のように書くことができる．

$$p(B \mid A) = \frac{p(A \mid B) \cdot p(B)}{p(A \mid B) \cdot p(B) + p(A \mid B^C) \cdot p(B^C)} \tag{1.10}$$

式 (1.8) と式 (1.10) は $p(B \mid A) \propto p(A \mid B)$ とも読める．ここで $\propto$ は「〜に比例して」を意味する．このようにベイズの定理は $p(A \mid B)$ から逆確率 $p(B \mid A)$ を計算することを可能にし，逆確率の定理 (theorem on inverse probability) とも呼ばれる．

例 I.10 で式 (1.10) が式 (1.8) よりも有用であることを示す．この例では感度 (sensitivity) と特異度 (specificity) から診断検査の陽性 (positive) と陰性 (negative) の的中率 (predictive value) を導出する．感度 (S_e) は患者が真に病気であるときに，診断検査で陽性である確率である．特異度 (S_p) は患者が真に病気ではないときに，診断検査で陰性である確率である．「病気である」という事象を B で表すと，「病気でない」という事象は B^C となる．同様に「陽性の診断検査」は A で表すと，「陰性の診断検査」という事象は A^C で表される．よって感度 (特異度) は確率 $p(A \mid B)$ ($p(A^C \mid B^C)$) に等しい．陽性 (陰性) の的中率は，逆に，その人が検査で陽性 (陰性) であったもとでの病気である (病気でない) 確率となる．したがって確率用語を用いると，陽性 (陰性) 的中率は $p(B \mid A)$ ($p(B^C \mid A^C)$) に等しく，pred+ (pred−) と表すとする．実際には，診断の的中率が必要である．なぜならそれらは陽性 (もしくは陰性) 検査であったもとで，患者が病気である (でない) 確率を表現しているからである．2×2 分割表で結果が提供されると，pred+ と pred− はすぐに計算できる．しかしながら，的中率が新しい母集団の中で必要になることが非常によくあり，その場合にはベイズの定理が必要となる．実際，ベイズの定理は陽性 (陰性) 的中率を，感度と特異度，そして，B が起きるという周辺確率の関数として表現している．この周辺確率は疾患の有病率 (prevalence) として知られていて，prev と略記する．それゆえベイズの定理はある母集団での有病率がわかると，その集団での的中率を計算する手段を提供してくれる．この計算では，感度と特異度は診断検査の固有の性質であり，母集団によって変わらないことを前提としている (例 V.6 を参照)．例 I.10 で，$p(A \mid B)$ から $p(B \mid A)$ の確率の計算の仕組みを説明する．

表 1.3 ホリン・ウ血液検査：Boston City 病院で診察された 580 患者に実施された糖尿病を検出する診断テスト (Fisher and van Belle 1993). 真の病状と診断テストの結果にもとづいた分割表

検査	糖尿病あり	糖尿病なし	合計
+	56	49	105
−	14	461	475
合計	70	510	580

例 I.10: 感度，特異度，有病率とそれらの的中率との関係

Fisher and van Belle (1993) は，Boston City 病院で診察された患者に対して行われた糖尿病のスクリーニング検査，ホリン・ウ血液検査の結果を説明した．医学コンサルタントによる団体は，真の病気の状態がわかるような，ゴールド・スタンダードとなる基準を確立した．表 1.3 に 580 例が与えられたときの結果を示す．この表から，$S_e = 56/70 = 0.80, S_p = 461/510 = 0.90$ である．Boston City 病院で記録されたその疾患の有病率は $prev = 70/580 = 0.12$ である．しかし異なる集団に対しての的中率が必要である．糖尿病の世界規模の有病率は約 3% くらいである．式 (1.10) は，的中率と，検査の固有な性質や糖尿病の有病率と関連付けるような式に簡単に変形することができる．糖尿病を患っているときを D^+，患っていないときを D^-，スクリーニング検査陽性を T^+，陰性を T^- と表すと，ベイズの定理は以下のように変形できる．

$$p(D^+ \mid T^+) = \frac{p(T^+ \mid D^+) \cdot p(D^+)}{p(T^+ \mid D^+) \cdot p(D^+) + p(T^+ \mid D^-) \cdot p(D^-)} \quad (1.11)$$

感度，特異度，有病率を用いると，ベイズの定理は以下のように読み取れる．

$$\text{pred}+ = \frac{S_e \cdot prev}{S_e \cdot prev + (1 - S_p) \cdot (1 - prev)} \quad (1.12)$$

ある集団に対する的中率は，式 (1.12) でのその集団における有病率を代入することにより得られる．有病率 $p(B) = 0.03$ に対して陽性の (陰性の) 的中率は 0.20 (0.99) に等しい． □

上述の計算は単にベイズの定理の仕組みを示したに過ぎない．これからベイズの定理が一般開業医 (general practitioner, GP) の医院で，どのように機能するのかを示す．高齢の患者が検査を受けるために主治医を訪問したとする．主治医はその患者が糖尿病を患っているかいないかを検査するが，その主治医は自分の病院での年配の患者の糖尿病有病率はだいたい 10% とわかっている．したがってその患者が糖尿病を患っているかの事前確率は 0.10 である．主治医はホリン・ウ血液検査を実施し，陽性

結果が表れたとする．この診断検査の結果はデータである．ベイズの定理からその医者は事前の情報と診断検査から得られたデータを組み合わせ，0.47 の陽性的中率を得る（事後確率）．結論としては，患者は糖尿病を患っている十分な可能性があり，結果の確実性のために，その患者にさらなる検査が必要となる．上記の例では事前確率はデータにもとづいていたが，これは必須ではないことに注意する．事前確率は主治医のいままでの診察からの推測であったり，直感，信念などをもとにすることもある．その場合，事前と事後確率は長期の頻度的解釈ができない．

ベイズの定理のもう一つ別の例でこの節を終わることにする．この例は医薬品の公表された研究結果の質について評価している．この例では P 値が伝えることと確率 $p(H_a | \text{data})$ （すなわち，実験での処置に対する肯定的な結果の確率）の違いにも注目する．

例 I.11：出版された研究成果のベイズ流解釈

多くの医療研究の成果が後になって間違いであることが証明され，そのような誤報についての懸念が増大している．Ioannidus (2005) は現在の医学研究での出版状況を検討した．具体的には，彼はベイズの定理を使用して，肯定的な結果（陽性）が誤って報告されている確率を計算した．

古典的な有意性検定が有意水準 $\alpha (= P$ (第 1 種の過誤)），第 2 種の過誤の確率が β で行われると仮定する．さらに，目的は，いわゆるリスク因子（ライフスタイル，遺伝子配列など）と特定の病気との関係を見つけることとする．もし真の関連性が 1 つだけであるが，それを調べるのに，（場合により非常に大きい）G 個の同様の関係がある場合，$1/G$ を真の研究結果を発見する事前確率としてみることができる．$R = 1/(G-1)$ を事前オッズとすると，独立に調べられる c 個の関連性に対しては，平均 $c(1-\beta)R/(R+1)$ は「真に陽性 (true positive)」となる．その一方で，「偽陽性 (false positive)」である結果の平均数は $c\alpha/(R+1)$ に等しい．ベイズの定理を用いると，「陽性発見 (positive finding)」に対する「陽性の的中率 (positive predictive value)」の結果は，

$$\frac{(1-\beta)R}{(1-\beta)R + \alpha} \tag{1.13}$$

に等しくなる．

$(1-\beta)R > \alpha$ であると，真の関係を見つける事後確率は 0.5 より大きくなる．真の関係を発見する確率が比較的高いときは，肯定的な（陽性の）結果を発見する検出力は $0.05/R$ より高い必要がある．これは G が大きいときには不可能である．Ioannidus (2005) はその後，科学的な結果の確率に対する偏りのある報告の影響を定量化することを続け，医学研究における現在の報告方法の危険性を強調した． □

1.4 展望

ベイズの定理は，統計的実践において利用できる形で第2章でさらに展開する．第一歩は，この章で見られるような例を再解析することである．そこでは仮想データを用いることなく推測が行われ，必要であればパラメータに関する事前情報を組み込む．しかし，これはあくまで第一歩である．応用の点から，古典的な頻度論解析よりもベイズ解析で行えることは何かを問うことは妥当である．ただし，どのようなベイズ流アプローチが実務者に新たな道具として提供できるかを示すために，少なくともあと6章は必要になる．ベイズ方法論がここ10年でやっと一般的になったというのは理由がないわけではない．最初の230年間，ベイジアンは基本的にただ自分たちの考えだけを提供し，実際的な道具を提供して来なかった．最近ではこの状況は変化してきている．ベイズ法は，古典的アプローチよりもはるかに複雑な問題を扱える．

すでに少しふれたベイズ法の可能性を読者に味わってもらうために，ここで例I.1の足爪データを再解析する．解析がどのようになされるかは後で明確になる．

例 I.12: 足指の爪ランダム化臨床試験：ベイズ解析

足爪データを，よく使われているWinBUGSソフトを用いて再解析する．目的は，どのように結果が得られたかの詳細に入り込むことなく，ベイズ流のいくつかの可能性を示すことである．プログラムは 'chapter 1 toenail.odc' にある．最初の解析では，単に元の解析を再実行する．WinBUGSの典型的な出力を図1.4(a)に示す．（事後）分布はデータが与えられた後で，Δ に対してどのようなエビデンスがあるのかを示している．

例えば，正のx軸上の曲線下面積(area under the curve, AUC)はΔが正であるという我々の「信念(belief)」を表している．これはここでは0.98である．古典的解析では，μ_1/μ_2 に関する検定をするのはさらに難しいが，ベイズ解析では，差をみるのと同じくらい簡単である．その比率の事後分布は図1.4(b)に示されており，区間$[1, \infty)$ の曲線下面積(AUC)は簡単に決めることができる．ベイズ解析では，モデルのパラメータに関する事前情報を取り込むことができる．Δが正であることに疑いがあって，その値は-0.5の近く（もちろん，いくらかの不確実性をもっているが）であるとの事前情報を信じていたとすると，この情報を解析に組み込むことができる．同様に，分散パラメータについての情報も含めることもできる．例えば，過去のすべての試験で σ_2^2 が σ_1^2 よりも大きく，比率は2の前後で変化しているとすると，その知見はベイズ推定の手続きに組み込むことができる．図1.4(c)で，上述した事前情報を考慮すると Δ が正であるというエビデンスを示す．図1.4(d)は，分散に関する事前

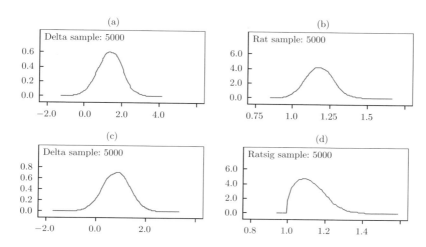

図 1.4 足指の爪ランダム化比較試験：(a) Δ の事後分布，(b) μ_1/μ_2 の事後分布，事前分布を考慮したときの (c) Δ の事後分布，(d) σ_2/σ_1 の事後分布

情報を考慮した場合の σ_2/σ_1 の比を示している．

この例では，ベイズ流アプローチでできることの一部分を示している．後の章ではベイズ法とソフトウェアの柔軟性を示す．

演習問題

演習 1.1 2項分布に対する尤度比検定が，それに対応する負の2項分布に対する尤度比検定と一致することを示せ．

演習 1.2 $A =$ 「検定は水準 α で有意である」と $B =$ 「関連性は真である」に対して，式 (1.13) を示せ．

第2章 ベイズの定理：事後分布の計算

2.1 はじめに

この章では，一般的なベイズの定理を導き，様々な応用例を用いて説明する．ベイズ統計学の概念を理解するため，ベイズ統計学と頻度論，尤度論との比較を行う．実際，ベイズ統計学の枠組みにおいて，推測は古典的統計学と全く異なることになり，確率でさえ異なる特色が与えられる．

2.2 ベイズの定理：2値の場合

ここでは，ベイズの定理を統計モデルに適用する．まず，式 (1.11) の記号を変更する．疾病の有無である D^+ と D^- を，パラメータ θ が2つの値をとることで表す．すなわち，$\theta = 1$ を D^+ と，$\theta = 0$ を D^- と対応させる．また，データ (data) y で診断テストの結果を記録する．すなわち，陽性結果 T^+ を $y = 1$，陰性結果 T^- を $y = 0$ と記録する．よって，式 (1.11) は以下のように書き換えられる．

$$p(\theta = 1 \,|\, y = 1) = \frac{p(y = 1 \,|\, \theta = 1)p(\theta = 1)}{p(y = 1 \,|\, \theta = 1)p(\theta = 1) + p(y = 1 \,|\, \theta = 0)p(\theta = 0)} \qquad (2.1)$$

式 (2.1) において，$p(\theta = 1)$ ($p(\theta = 0)$) が例 I.10 の文脈でいう疾病の有病率 (1-有病率) を表すが，一般的に，これは，$\theta = 1$ ($\theta = 0$) の事前 (prior) 確率と呼ばれる．確率 $p(y = 1 \,|\, \theta = 1)$ は $\theta = 1$ が与えられたときの診断検査の結果が陽性である確率を表す．これは，θ の関数として，陽性の検査結果での $\theta = 1$ の尤度である．同様に，確率 $p(y = 1 \,|\, \theta = 0)$ は，陽性の検査結果での $\theta = 0$ の尤度である．したがって，$p(y = 1 \,|\, \theta = 1)$ と $p(y = 1 \,|\, \theta = 0)$ で θ に対する尤度は完全に定義される．最後に，$p(\theta = 1 \,|\, y = 1)$ は陽性の検査結果が観察された人が疾病を有する確率を表す．この確率は事後 (posterior) 確率と呼ばれ，事前情報と観察データとを結合して得られる．

古典確率論より，式 (2.1) はその分母が $p(y)$ となり，簡単な表記として

$$p(\theta\,|\,y) = \frac{p(y\,|\,\theta)p(\theta)}{p(y)} \qquad (2.2)$$

となる．ただし，θ は $\theta = 0$，または，$\theta = 1$ を表すとする．y がカテゴリカル変数であっても連続型変数であっても式 (2.2) は適用できる．ただし，y が連続型変数の場合，$p(y\,|\,\theta)$ は確率密度関数を表す．

ベイズの定理は確率論からすぐ導くことができるため，Cornfield (1967) は「実はベイズの結果は確率論の定義と関係する概念から直接的に得られ，定理と言えるほどのものではないかもしれない」と言及した．しかし，これを独創的な結果に対する批判と解釈すべきではない．式 (2.1) と式 (2.2) から見れるように，250 年も前にこの独創的なベイズの発想は，パラメータに確率的な性質をもたせている．最初は，これは奇妙に見えるかもしれない．なぜなら，古典統計学では，パラメータは固定値と仮定している．しかし，ベイズの方法論では，パラメータは確率的である．ただし，2.3 節で述べているように，「確率的 (stochastic)」という言葉には，かならずしも古典的な意味が含まれているわけではない．

2.3　ベイズ統計学における確率

公正なコインを投げる実験に 2 種類の確率を考えることができる．まず，コインを投げて表が出る古典的な確率が存在する．公正なコインの場合，この確率は 0.5 である．これは，コイン投げの実験を続けていくと，表が出る数の割合が 0.5 に収束するというものである．この場合，確率は長期的頻度 (long-run frequency) の意味がある．次に 1 回だけコインを投げ，しかし，結果を隠してあなたに表が出る確率を聞くとする．もしあなたが，コインが公正でないと信じるならこの確率を 0.6 とするかもしれない．この種の確率は，この実験の結果に対するあなた個人の信念を表し，ベイズ流確率 (Bayesian probability) の典型的な例である．

医学の例として，糖尿病のスクリーニング検査を考える．ある人が糖尿病を罹患している確率は，この人の属する集団における糖尿病の有病率と等しい．検査結果が陽性のもとで，この人が糖尿病を罹患している確率は，検査結果が陽性である人たちの部分集団における糖尿病の有病率と等しい．この 2 つの確率は長期的頻度の解釈をもつ．いま，ある医師が一人の患者に対して糖尿病検査を行うとする．スクリーニング検査を行う前，この人の糖尿病の罹患率は集団全体における有病率と等しい．しかし，陽性の検査結果が出た後，この確率は部分集団の有病率に変わる．一個人に適用すると，これらの確率は医師がその人の健康状態に対する信念の表現となる．これはベイズ流確率の例である．

したがって，我々が確率と言うとき，2つの意味がある．実際に行われたかまたは仮想的な実験における事象が発生する割合の極限と表すことができ，これは，客観 (objective) 確率と呼ばれる．一方，事象の発生に対する信念と表すことができ，これは，主観 (subjective) 確率と呼ばれる．主観確率は，日常生活における不確実性を確率の用語を用いて表現している．通常，我々は日常生活の物事に対して確信がない．一般的に，これらの不確実性は，広範囲に渡り，また，時や人によっても変わる．例えば，ツール・ド・フランス (Tour de France) の勝者について，たくさんの予想が存在する．ある特定の競技者のファンによるある競技者が優勝する事前の意見は，明らかにスポーツジャーナリストや賭の胴元，または，競技者本人自身の事前の見解とは異なる．さらに，これらの見解は，レースの展開で変化し，山岳ステージに入ると明らかになってくる．別の例として，過去には，地球温暖化が発生するかどうかに関しての予想があった．現在では，地球温暖化に関して疑いの余地はほとんどない．いまの予想は，地球温暖化がどれだけ早く，どの程度で，もっと重要なことにはどのように我々の生活に影響するかに関するものである．これらの予想は，依然として個人間，または時間の変化に伴い，かなり変化する．

したがって，主観確率は不確実性に対する確率的な表現である．主観確率を用いた計算を可能にするには，頻度によって定義した古典確率と同様な性質をもたせなければならない．これは，主観確率も確率の公理系を満たす必要があることを意味する．特に，互いに排反な事象 $A_1, A_2, \ldots, A_K$ と，それらの事象の全体事象 S (A_1 or A_2 or $\cdots$ or A_K) に対して，主観確率 p は，以下のような性質をもつべきである．

- $A_1, A_2, \ldots, A_K$ から得られる任意の事象 A に対して，$0 \leq p(A) \leq 1$ である．
- すべての確率の和は 1: $p(S) = p(A_1 \text{ or } A_2 \text{ or } \cdots \text{ or } A_K) = 1$．
  また，$p(A_i \text{ or } A_j \text{ or } \cdots \text{ or } A_k) = p(A_i) + p(A_j) + \cdots + p(A_k)$ である．
- 事象 A が起こらない確率 (事象 A^C の確率) は $1 -$ 事象 A が起こる確率：
  $p(A^C) = 1 - p(A)$．
- $B_1, B_2, \ldots, B_L$ が S に対する別の分割とすると，
$$p(A_i \mid B_j) = \frac{p(A_i, B_j)}{p(B_j)}$$
ただし，$p(A_i, B_j)$ は事象 A_i と B_j が同時に起こる確率であり，$p(A_i \mid B_j)$ は，事象 B_j が起こったという条件のもとで事象 A_i が起こる条件付き確率である．

要するに，主観確率は確率の一致した体系を構成している．純粋数学者にとっては，この確率の体系の記述は単純すぎるかもしれない．確率システムに対するより数学的な記述や別の公理系については，Press (2003) を参照されたい．

不確実性に対する理解について，Lindley (2006) は，確率は距離とはまったく異なる概念であると主張している．2つの点の間の距離は，すべての人にとっても同じであるが，事象の確率にはそれは当てはまらない．事象の確率はその人の世界観に依存する．したがって，Lindley は，ある絶対的な確率 (the probability) というより，ある個人的な確率 (your probability) という言い方を好んでいる．

2.4　ベイズの定理：離散値の場合

被験者が $K\ (>2)$ の診断クラスに属しているとする．$K\ (>2)$ 個の診断クラスは θ の K 個の値，$\theta_1, \theta_2, \ldots, \theta_K$ に対応している．y が L 個の値 $y_1, y_2, \ldots, y_L$ をとるとすると，ベイズの定理は以下のように一般化される．

$$p(\theta_k \,|\, y) = \frac{p(y \,|\, \theta_k)p(\theta_k)}{\sum_{m=1}^{K} p(y \,|\, \theta_m)p(\theta_m)} \tag{2.3}$$

ただし，y は L 個の取りうる値 $\{y_1, \ldots, y_L\}$ のうちの1つの値を表す．

式 (2.3) において，パラメータは離散型であり，データ y は離散型でも連続型でも可能である．観測データが多次元の場合，確率変数 y は確率ベクトル $\boldsymbol{y}$ である．式 (2.3) で示しているように，ベイズの定理は，被験者を K 個の診断クラスへと分類する規則を与えている．この分類規則は，この被験者がある診断クラスに属する事前の信念と観察データにもとづいている．分類モデルを開発することは，統計学の1つの広い研究領域であり，応用も広範に渡る．多くの分類方法はベイズの定理にもとづいており，例えば，Lesaffre and Willems (1988) は，基本的に式 (2.3) にもとづき，心電図を用いて心臓関連疾患を予測する方法を研究している．事前確率は集団における診断クラスの相対割合から得られた．

2.5　ベイズの定理：連続値の場合

1次元の連続パラメータの場合を考える．θ に関する事前情報と収集したデータにもとづき，どのようにパラメータ θ について学ぶかを見てみる．データ y は，離散型でも連続型でも可能である．データの型に応じて，$p(y\,|\,\theta)$ は確率関数または確率密度関数を表す．ベイズ統計においては，パラメータは確率変数である．ここでは，θ は連続型確率変数とする．$\boldsymbol{y}$ は互いに独立に同一の分布からの n 個の観測値の標本を表している．この標本の同時分布は $p(\boldsymbol{y}\,|\,\theta) = \prod_{i=1}^{n} p(y_i\,|\,\theta)$ で与えられ，$L(\theta\,|\,\boldsymbol{y})$ とも表すことにする．

離散型パラメータに対して，事前分布は離散型確率分布で表されるが，連続型パラメータに対しては，特定する必要がある．θ がある区間にあると事前に考えるのは自

2.5 ベイズの定理：連続値の場合

然であり，これにより θ に対して確率密度関数 $p(\theta)$ が導かれる.

ベイズの定理はこれまでと同様に導かれる．すなわち，データとパラメータは確率変数であり，同時分布 $p(\boldsymbol{y},\theta)$ は，$p(\boldsymbol{y}\,|\,\theta)p(\theta)$，または，$p(\theta\,|\,\boldsymbol{y})p(\boldsymbol{y})$ とできる．これにより以下のような連続型パラメータに対するベイズの定理となる.

$$p(\theta\,|\,\boldsymbol{y}) = \frac{L(\theta\,|\,\boldsymbol{y})p(\theta)}{p(\boldsymbol{y})} = \frac{L(\theta\,|\,\boldsymbol{y})p(\theta)}{\int L(\theta\,|\,\boldsymbol{y})p(\theta)\mathrm{d}\theta} \tag{2.4}$$

式 (2.4) は次のように解釈できる．パラメータに関する事前情報を表す分布 $p(\theta)$ を観測データと組み合わせると，情報は更新され，事後分布 $p(\theta\,|\,\boldsymbol{y})$ で表される．図 2.3 では，事前分布がデータ $\boldsymbol{y}$ が観察された後に事後分布に変化していることを示している．式 (2.4) は，事前分布と尤度の両方があるパラメータ θ を支持するのであれば，この θ が事後分布も支持される．しかし，θ が事前分布または尤度，あるいはどちらにも支持されないのであれば，その θ は事後分布も支持されない．最後に，ベイズの定理の分母は，$p(\theta\,|\,\boldsymbol{y})$ が確率分布であることを保証している．また，式 (2.4) は，事後分布が尤度と事前分布との積に比例することを示している．すなわち，

$$p(\theta\,|\,\boldsymbol{y}) \propto L(\theta\,|\,\boldsymbol{y})p(\theta)$$

となる．これは，式 (2.4) の分母が観測データのみに依存していて，ベイズ流アプローチの中では観測データは固定していると仮定しているためである.

式 (2.4) の分母は平均尤度 (averaged likelihood) と呼ばれる．これは，$L(\theta\,|\,\boldsymbol{y})$ に対して，θ の取りうる値における事前分布 $p(\theta)$ を重みとする重み付き平均であるからである．また，式 (2.4) は，式 (2.3) のパラメータの取りうる値が無限に増加するときの極限とみなすことができる.

最後に，誤解のないようにしておきたい．ベイズの枠組みにおいても，パラメータの真の値 θ_0 は存在すると仮定することもできる．実際，真の値はわからないため，θ を確率変数とみなし，そして，θ_0 に対する信念を表現している．ベイズ解析の最終目的は，事前情報とデータを結合して，真の値 θ_0 に対する良い見解を得ることである.

これからより詳細なベイズの定理の構造を示す 3 つの場合，すなわち，2 項分布，正規分布，ポアソン分布の場合を例示する．各分布に対して，医療における例を利用する．(a) 2 項分布を用いた例として脳卒中臨床試験，(b) 正規分布を用いた食事に関する横断的研究，(c) ポアソン分布を仮定した虫歯に関する歯科研究である．本書では以後，事前分布と事後分布を，それぞれ単に，事前 (prior) と事後 (posterior) と略して用いることもある．それぞれの例において，事前分布は過去の研究にもとづいており，場合によっては専門家の知識と併せて用いられる.

2.6 2項分布の場合

以下の脳卒中の例では，データが離散型でパラメータが連続型のベイズの定理の構造を説明する．

例 II.1: 脳卒中試験：虚血性脳卒中に投与される血栓溶解剤の安全性モニタリング調査

脳卒中 (stroke or cerebrovascular accident, CVA) 患者は，虚血のため脳細胞の死滅やひどい損傷を受ける (虚血性脳卒中)，または，出血により脳の局部機能が損害を受ける (出血性脳卒中)．およそ 70% の脳卒中は虚血性であり，起因は血管がアテローム性プラークまたは別の血管からの塞栓による閉塞である．虚血性脳卒中は血栓溶解剤で治療され，できるだけ閉塞された血管を再還流させる．発症から 6 時間以内のストレプトキナーゼを投与する早期治療は，死亡や出血合併症が増加したため，中止となった (Donnan et al. 1996)．遺伝子組換え型組織プラスミノゲン活性化因子 (rt-PA) は，最近の血栓溶解剤での治療として，プラセボ対照ランダム化比較試験，ECASS 1 試験 (Hacke et al. 1995) と ECASS 2 試験 (Hacke et al. 1998) で期待できる結果を得た．しかし，すべての血栓溶解剤に対して，重要な出血合併症は，神経機能の低下に伴う大脳内の出血と定義された症候性脳内出血 (symptomatic intercerebral hemorrhage, SICH) である．第 3 の ECASS 研究，ECASS 3 試験は 2008 年に終わるように設定され (Hacke et al. 2008)，症状を発生してから 3 から 4.5 時間の間に rt-PA を投与された急性虚血性脳卒中患者での有効性と安全性をさらに検証しようとした．この試験は，821 人の患者 (rt-PA：418 人，プラセボ：403 人) が登録されて，終了した．結果は統計的に有意 ($p = 0.04$) であり，rt-PA 群がプラセボ群よりも多く，患者で良好な結果 (90 日無障害) を得た (52.4% vs. 45.2%)．ここでは，実施された試験の統計的な観点に焦点をあてる．ただし，データは仮想なものである．実際，この試験は統計的方法論の開発の動機としてのみの役割を果たすことになる．

致命的な病気に対する臨床試験では，ほとんどの場合，臨床家と統計家からなる委員会がある．この委員会はデータ安全性モニタリング委員会 (data and safety monitoring board, DSMB) と呼ばれ，定期的に試験をモニターする．この点において，治療の安全性の中間解析報告が DSMB により評価される．ECASS 3 試験において，SICH の発生率をモニターすることが必要となった．ECASS 1 試験と ECASS 2 試験からの事前データがあり．また，他の試験から SICH に対するメタアナリシスで事前情報が得られた．例えば，ECASS 2 試験で rt-PA 治療を受けた 409 例において，SICH の発生率は 8.8% であった．

ECASS 3 試験の DSMB が，rt-PA 治療を受けた脳卒中患者に対して，ECASS 2 試

験の結果を踏まえ，SICH に重点をおいた中間結果を検討するようにと要求されるとする．説明しやすくするため，ECASS 2 試験において，rt-PA 治療を受けた 100 人中，SICH が発生したのは 8 人であったとする．また，ECASS 3 試験の第 1 回目の中間解析で，rt-PA 治療を受けた 50 人中，SICH が発生したのは 10 人と仮定する．DSMB は SICH の発生リスクを正確に把握することを望んでいるが，第 1 回目の中間解析の結果を，ECASS 2 試験の結果と区別することもできる．しかし，形式的または非形式的にも 2 つの結果を結合することは合理的である．すなわち，この試験を継続するか中止するかという決定 (中止基準) は，ECASS 2 試験と ECASS 3 試験の結果を結合して行う．

まず，ECASS 3 試験の第 1 回目の中間解析における SICH の発生率を推定するため，異なるアプローチ (頻度論的，尤度論的，ベイズ流) を比較する．次に，ベイズの定理を用い事後分布を計算する方法を説明する．最後に，異なる事前分布を利用して，様々なベイズ解析を比較する．

rt-PA 治療を受けた後の SICH の発生率を θ で表す．$y_1, y_2, \ldots, y_n$ は n 個の互いに独立な同一の分布からのベルヌーイ確率変数からなる標本で，i 番目の患者に SICH が発生すれば $y_i = 1$ で，発生しなければ $y_i = 0$ となる．したがって，確率変数 $y = \sum_{i=1}^{n} y_i$ は 2 項分布 $\text{Bin}(n, \theta)$ に従い，その確率関数は $p(y \mid \theta) = \binom{n}{y} \theta^y (1-\theta)^{(n-y)}$ となる．

尤度論的アプローチと頻度論的アプローチ

データからの θ に関する情報は尤度関数で表される．尤度論的アプローチ (likelihood approach) では，θ の望ましい値は，その θ の値での尤度関数を調べることにより求める．(仮想的な) ECASS 3 試験の第 1 回目の中間解析における SICH の発生率の最尤推定値 (maximum likelihood estimate, MLE) $\widehat{\theta}$ は，$y/n = 10/50 = 0.20$ となる．2 項尤度関数と MLE を図 2.1 に示している．'0.05 Interval of evidence'，すなわち，少なくとも 0.05 の標準化尤度 (1.2.2 節) をもつようなパラメータ θ の区間は，$[0.09, 0.36]$ となる．

頻度論的アプローチ (frequentist approach) では，2 項検定または Z 検定を用いて，$\theta = 0.08$ かどうかという仮説を検定する．ここでの値 0.08 は ECASS 2 試験の結果から得られたものである．漸近正規分布にもとづく $\widehat{\theta}$ の古典的 95% 信頼区間 (confidence interval, CI) は $[0.089, 0.31]$ となる．

ベイズ流アプローチ：ECASS 2 試験から得られる事前分布

1. ECASS 2 試験からの事前分布の特定

ECASS 2 試験で収集したデータは価値のある情報を与えているので，その情報

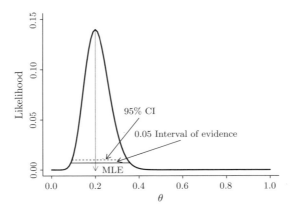

図 2.1 脳卒中試験：仮想の ECASS 3 試験の 1 回目の中間解析における 2 項尤度

を無視するのは良くない．前述のように，(仮想的な) ECASS 2 試験の rt-PA 群の 100 人 $(= n_0)$ 中，SICH が発生したのは 8 人 $(= y_0)$ であった．対応する尤度は，$L(\theta \mid y_0) = \binom{n_0}{y_0} \theta^{y_0} (1-\theta)^{n_0 - y_0}$ である．これにもとづいて，θ の尤もらしい値として $\widehat{\theta}_0 = y_0/n_0 = 0.08$ が得られる．図 2.2 は，ECASS 2 試験のデータが区間 $[0.02, 0.18]$ 外の SICH 発生率をあまり支持しないことを示している．実際，ECASS 2 試験の尤度は ECASS 3 試験を開始する前の研究にもとづく θ に関する見解を表している．ECASS 2 試験の尤度は ECASS 3 試験における θ に関する事前信念を表すものとして利用できる．θ の関数としての尤度関数は，$L(\theta \mid y_0)$ の曲線下面積 (area under the curve, AUC) が 1 でないため，分布ではない．しかし，この曲線下面積を 1 にすることは容易である．例えば，$\int L(\theta \mid y_0) d\theta = a$ とするとき，$p(\theta) \equiv L(\theta \mid y_0)/a$ (図 2.2 の 'proportional to likelihood' は，事前分布であるための条件を満足する．AUC の計算は一般的に数値的手法が必要であるが，ここでは，解析的な計算ができるため，それを示す．

ECASS 2 試験における 2 項尤度のカーネル $\theta^{y_0}(1-\theta)^{n_0 - y_0}$ は，定数を除けば，ベータ密度 (beta density) の表現となる．すなわち，

$$p(\theta) = \frac{1}{B(\alpha_0, \beta_0)} \theta^{\alpha_0 - 1}(1-\theta)^{\beta_0 - 1} \qquad (2.5)$$

ただし，

$$B(\alpha, \beta) = \frac{\Gamma(\alpha)\Gamma(\beta)}{\Gamma(\alpha + \beta)} = \int \theta^{\alpha - 1}(1-\theta)^{\beta - 1} d\theta$$

であり，$\Gamma(\cdot)$ はガンマ関数である．もし式 (2.5) で α_0 を $y_0 + 1$ で，β_0 を $n_0 - y_0 + 1$ で置き換えると，ECASS 2 試験の尤度は定数を除いて得られる．言い換えれば，事前

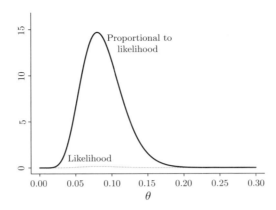

図 2.2 脳卒中試験：ECASS 2 試験から得られる 2 項尤度と再スケール化 (rescaled) 尤度 (尤度に比例) の Beta$(\theta \mid 9, 93)$

尤度を θ の分布へ変えるのは，2 項係数の代わりに，$1/B(\alpha_0, \beta_0)$ を利用する必要がある．図 2.2 が示しているベータ分布は，$\alpha_0 = 9, \beta_0 = 100 - 8 + 1 = 93$ である．

パラメータ α と β をもつベータ分布 Beta(α, β) は，区間 [0, 1] で定義されている柔軟な分布族である．

2. 事後分布の構築

DSMB の役割は ECASS 3 試験に参加している患者の安全性を守ることである．したがって，薬の安全性に関する情報のすべてを考慮する必要がある．一方，DSMB は中間解析で収集された統計情報の自然な変動にも気を配るべきである．特に，中間解析の早期において，収集した情報は限られており，大きく変動する傾向がある．したがって，ECASS 2 試験で得られた事前情報は ECASS 3 試験の第 1 回目の中間解析に有用である．その事前情報が中間解析から得られたデータと結合して安全性に対する推定を更新することになる．

式 (2.4) をこの状況に適用するのに必要なものは次である：(a) 事前分布，ここでは ECASS 2 試験から得られる；(b) 尤度 $L(\theta \mid y)$，ここでは ECASS 3 試験の rt-PA 治療を受けた患者に対する中間解析 $(y = 10, n = 50)$ から得られる；(c) 平均尤度 $\int L(\theta \mid y) p(\theta) \mathrm{d}\theta$．ベイズの定理の分子は事前分布と尤度の積であり，以下となる．

$$L(\theta \mid y) p(\theta) = \binom{n}{y} \frac{1}{B(\alpha_0, \beta_0)} \theta^{\alpha_0 + y - 1} (1 - \theta)^{\beta_0 + n - y - 1}$$

平均尤度 $\int L(\theta \mid y) p(\theta) \mathrm{d}\theta$ は，$\theta^{\alpha_0 + y - 1} (1 - \theta)^{\beta_0 + n - y - 1}$ がパラメータ $\alpha_0 + y$ と $\beta_0 + n - y$ をもつベータ分布のカーネルであることに気付けばすぐに得られる．した

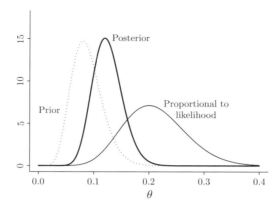

図 2.3 脳卒中試験：ベータ事前分布，2 項尤度とベータ事後分布

がって，以下のようになる．

$$p(y) = \binom{n}{y} \frac{B(\alpha_0 + y, \beta_0 + n - y)}{B(\alpha_0, \beta_0)}$$

式 (2.4) によると，θ に対する事後分布が以下のように得られる．

$$p(\theta \,|\, y) = \frac{1}{B(\overline{\alpha}, \overline{\beta})} \theta^{\overline{\alpha}-1} (1-\theta)^{\overline{\beta}-1} \tag{2.6}$$

ただし，$\overline{\alpha} = \alpha_0 + y, \overline{\beta} = \beta_0 + n - y$ である．事後分布 (2.6) は，再びベータ分布，Beta$(\overline{\alpha}, \overline{\beta})$ に対応する．ここで，$\overline{\alpha} = 19, \overline{\beta} = 133$ となる．ECASS 3 試験の第 1 回目の中間解析に関して，ベータ事前分布，2 項尤度 (AUC = 1 にスケール化) とベータ事後分布を図 2.3 に示す．

3. 事後分布の性質

いままでの計算結果と図 2.3 は事後分布の以下の性質を説明している．

- 事後分布は事前分布と尤度関数の中間に位置しており，両者の調和したものとみることができる (図 2.3)．これは次のように数値的にもみることができる．事前分布は n_0 回試行中 y_0 回成功するという 2 項分布から得られるとする．事前分布を最大化させる値，すなわち，θ に対する「一番尤もらしい」(most plausible) 値は $\theta_0 = y_0/n_0$ である．一方，尤度に対しては，最尤推定値 $\widehat{\theta} = y/n$ である．事後分布 $p(\theta \,|\, y)$ を最大化させる値は，$\widehat{\theta}_M = (\overline{\alpha} - 1)/(\overline{\alpha} + \overline{\beta} - 2) = (y + y_0)/(n + n_0)$ となる．したがって，以下となる．

$$\widehat{\theta}_M = \frac{n_0}{n_0 + n} \widehat{\theta}_0 + \frac{n}{n_0 + n} \widehat{\theta} \tag{2.7}$$

これは，一番尤もらしい事後分布の値は，一番尤もらしい事前分布の値とデータから計算した一番尤もらしい値の重み付き平均となることを示している．これは縮小 (shrinkage) 推定で，$y_0/n_0 \leq y/n$ のとき，θ_0 ($\widehat{\theta_0} \leq \widehat{\theta}_M \leq \theta$) へ縮小する．また，$y/n \leq y_0/n_0$ のとき，逆の不等式が成り立つ．

- 事前分布や尤度関数よりも，事後分布は，関心のあるパラメータに関するより多くの情報を含む．それは，事後分布が事前分布や尤度関数よりもっと集中している (concentrated) からである．結果として，パラメータ θ に関する事後の見解は，事前の見解と尤度関数で表している情報より精確である．しかし，事前分布と尤度関数が「矛盾する」場合，事後ベータ分布は事前ベータ分布より集中していない場合もある (演習 2.1)．事前分布や尤度関数が θ に対してかなり異なる値を支持するときに，矛盾が起こる．

- $\overline{\alpha}$ と $\overline{\beta}$ の式から，試験のサイズ (n と y) が増加するとき，事前パラメータ (α_0 と β_0) の事後分布に対する影響が減少することがわかる．この結果は，古典的に「大標本のとき，尤度が事前分布を支配する」と言われる．

- 事後分布が事前分布と同じ型 (ベータ) の分布である．この性質は共役 (conjugacy) と呼ばれ，第 5 章でより一般的に取り扱われる．

最後に，脳卒中の例において，事前分布が事前データにもとづいており，θ に対する事後最大値，$(y+y_0)/(n+n_0)$ は，実際の試験 (ECASS 2 試験のデータと ECASS 3 試験の中間解析データ) を併合した場合の最尤推定値である．これは，ECASS 2 試験と ECASS 3 試験の実施条件が同じという暗黙の仮定を反映している．したがって，これは実際過去のデータと現在のデータが交換可能 (exchangeable) であると仮定していることとなる．交換可能性について，さらなる説明は第 3 章にある．

4. 事前情報と追加データの同等性

前述の理由で，事前分布 $\text{Beta}(\alpha, \beta)$ は $\alpha + \beta - 2$ 回試行中 $\alpha - 1$ 回成功するという 2 項試行と同値であることがわかる．さらに，スケール化尤度 (scaled likelihood) が分布 $\text{Beta}(y+1, n-y+1)$ と等しく，事前分布 $\text{Beta}(\alpha_0, \beta_0)$ をデータに追加すると，分布 $\text{Beta}(\alpha_0+y, \beta_0+n-y)$ が導かれる．簡単に言えば次のようになる．事前分布は，観察データに対して，$\alpha_0 - 1$ 回成功，$\beta_0 - 1$ 回失敗という別のデータを追加することと同等である．事前情報と「仮想」(imaginary) データが同等ということを，事前分布を構築するのに利用できる．このように構築した事前分布は，尤度とうまく結合し，頻度論を用いたソフトウェア (frequentist software) でさえもベイズ推定に利用することが可能となる (第 3 章とその後の章を参照)．

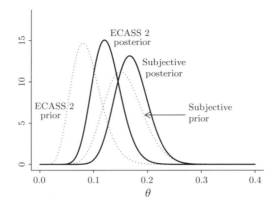

図 2.4 脳卒中試験：ECASS 2 試験データ，または，事前信念にもとづく事前分布と事後分布

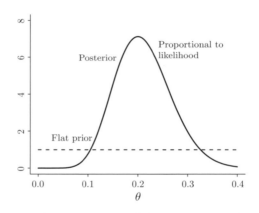

図 2.5 脳卒中試験：フラット事前分布，2 項尤度と事後分布

ベイズ流アプローチ：主観事前分布

ECASS 3 試験を開始するとき，DSMB の神経専門医は SICH の発生率が 5% と 20% の間にあると考えていたとする．神経専門医の事前信念が ECASS 2 試験のデータから得られた事前密度と一致するのであれば，すべての事後的推測はこれまでと同じとなる．実際，事前情報をどのように収集すべきかについては，ベイズの定理自体は述べていない．

神経専門医は事前分布を構築するために，彼らの事前信念と ECASS 2 試験から得られるデータを結合することができる．例えば，ECASS 3 試験の対象集団が ECASS 2 試験より平均的に 5 歳上とする．この場合，図 2.4 で示しているように，ECASS 2 試験から得られた事前分布を神経専門医がより高い発生率の方へ調整するかもしれない．

ベイズ流アプローチ：利用できる事前情報がない場合

事前情報がほとんどない，または，事前知識があっても使いたくない場合，事前分布はその事前情報がないことを示す必要がある．そのような事前分布は無情報 (non-informative, NI) 事前分布と呼ばれる．文献上では，弱情報 (weakly informative)，漠然 (vague)，拡散 (diffuse) など，他の呼び方がある．

θ に対するよく用いられる無情報事前分布の1つは一様分布であり，フラット事前分布 (flat prior distribution) とも呼ばれる．θ が $[0,1]$ にある場合，単位区間 $[0,1]$ における一様分布を用い，θ に対する特定の望ましい値がないということを表す．なぜフラット事前分布が良い選択かを，フラット事前分布と ECASS 3 試験から得られたデータと結合する場合で見てみる．式 (2.4) を利用すると，事後分布がスケール化尤度に等しくなることがわかる (図 2.5 を参照)．事後分布が尤度だけに依存するので，フラット事前分布が知識の欠如をうまく表していると言える．この場合，事後分布はデータだけに依存し，事前分布に依存しないことがわかる．ここで，一様分布はパラメータ $\alpha = \beta = 1$ をもつベータ分布であることに注意する．

2.7 正規分布の場合

2項尤度とベータ事前分布と結合して，ベータ事後分布が得られる．正規分布も同様な共役性 (conjugacy) をもつ．すなわち，正規尤度と正規事前分布と結合して，正規事後分布が得られる．2.6 節と同様に動機付けとなる例，約20年前ベルギーで行われた食事調査を用いて結論を導く．

例 II.2: 食事研究：ベルギーにおける食事行動モニタリング調査

生活習慣を改善する意識が高まってきている．西ヨーロッパでは，過去10年，禁煙と飽和脂肪の日常消費を減らすという健康的な食事など様々なキャンペーンが行われてきた．結果として，血清コレステロールを減少するため食事性コレステロールの摂取量を減らす傾向がある．1990年頃，ベルギー，特に Flanders の異なった地域での食事摂取を比較することを目的としたベルギー銀行従業員に対する地域間栄養調査 (Inter-regional Belgian Bank Employee Nutrition Study, IBBENS) (Den Hond *et al.* 1994) が計画された．

IBBENS 調査は，ある銀行の8つの支店で行われた．8つの支店中，7つは北部のオランダ語圏の都市，1つは南部のフランス語圏の都市にあった．年齢は平均38.3歳で，371人の男性と192人の女性の食習慣に関して，3日間の食事を記録し，また追加インタビューを実施した．その結果，脂肪の摂取量には地域差があった．

ここでは，コレステロールの摂取量を見てみる．まず，IBBENS 調査から得られた結果を述べる．このデータは IBBENS-2 調査に対する事前分布を作るのに使われる．IBBENS-2 調査は，ベルギー人集団の食事行動の変化を観察するため，IBBENS 調査の 1 年後に計画された仮想の食事調査である．

ベイズ流アプローチ：IBBENS 調査から得られる事前分布

1. IBBENS 調査から事前分布の特定

図 2.6(a) は，563 人の銀行従業員の食事性コレステロール ($chol$) のヒストグラムを示している (単位：mg/day)．$chol$ が近似的な正規分布からわずかに右へ歪んでいる分布に従っていることを示している．問題を簡単にするため，$chol$ が正規分布に従うと仮定する．この仮定は，以下に示しているように症例数が大きい場合，それほど重要ではない．$chol$ の標本平均は 328 mg/day で，標本標準偏差は 120.3 mg/day である．

確率変数 y が平均 μ，標準偏差 σ の正規分布に従うとする．その確率密度関数は以下のようになる．

$$\frac{1}{\sqrt{2\pi}\sigma} \exp\left[-(y-\mu)^2/2\sigma^2\right] \qquad (2.8)$$

$y \sim N(\mu, \sigma^2)$，または，$N(y\,|\,\mu, \sigma^2)$ と表す．問題を簡単にするため，ここでは σ は既知とする．互いに独立に同一の分布である正規確率変数の標本 $\boldsymbol{y} \equiv \{y_1, \ldots, y_n\}$ に対する同時尤度は以下のようになる．

$$L(\mu\,|\,\boldsymbol{y}) = \frac{1}{(2\pi)^{n/2}\sigma^n} \exp\left[-\frac{1}{2\sigma^2}\sum_{i=1}^{n}(y_i-\mu)^2\right] \qquad (2.9)$$

$\overline{y}$ を標本平均とし，$\sum(y_i-\mu)^2 = \sum(y_i-\overline{y})^2 + \sum(\overline{y}-\mu)^2$ であるため，式 (2.9) は以下のように書き換えられる．

$$L(\mu\,|\,\boldsymbol{y}) \propto L(\mu\,|\,\overline{y}) \propto \exp\left[-\frac{1}{2}\left(\frac{\mu-\overline{y}}{\sigma/\sqrt{n}}\right)^2\right] \qquad (2.10)$$

式 (2.10) は平均 $\overline{y}$，分散 σ^2/n の正規分布のカーネルである．たとえ y が正規分布に従わなくても，古典的な中心極限定理 (central limit theorem, CLT) に従い，標本サイズが大きい場合，尤度は近似的に正規分布に従う．

IBBENS-2 調査の事前情報として IBBENS データを利用するため，記号を若干変更する必要がある．IBBENS 調査に食事性コレステロールの摂取量を表す確率変数を y_0 とし，サイズ n_0 の標本を $\boldsymbol{y}_0 \equiv \{y_{0,1}, \ldots, y_{0,n}\}$，標本平均を $\overline{y}_0$ とする．

式 (2.10) と上述の変更した記号を利用すると，定数を除けば，尤度は正規分布 $N(\mu\,|\,\mu_0, \sigma_0^2)$ で与えられることがわかる (図 2.6(b) を参照)．ただし，$\mu_0 = \overline{y}_0$ であり，

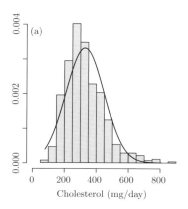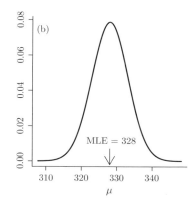

図 2.6 食事研究：(a) IBBENS 調査から得られる食事性コレステロールのヒストグラムと近似正規分布．(b) 母平均に対する正規尤度

$\sigma_0 = \sigma/\sqrt{n_0}$ は標本平均の標準誤差である．IBBENS 調査の場合，$\sigma_0 = 120.3/\sqrt{563} = 5.072$ である．したがって，IBBENS 調査の事前分布は

$$p(\mu) = \frac{1}{\sqrt{2\pi}\sigma_0} \exp\left[-\frac{1}{2}\left(\frac{\mu - \mu_0}{\sigma_0}\right)^2\right] \tag{2.11}$$

となり，図 2.6(b) と同じ形状をもつ．ただし，$\mu_0 = \overline{y}_0$ である．

2. 事後分布の構築

ベルギーにおける食事行動，特にコレステロールの摂取量をモニタリングするため，ある新しい食事調査 (IBBENS-2 調査) が計画され，IBBENS 調査の 1 年後に終了したとする．また，研究費の制限のため，新しい調査は小規模 ($n = 50$) で，平均コレステロール摂取量は 318 mg/day，標準偏差は 119.5 mg/day，95%CI = [284.3, 351.9] mg/day であったとする．

95%CI の幅が大きいのは，標本サイズが小さいためである．ここでいくつかの疑問が生じる．この CI は，IBBENS-2 調査のデータだけを利用しており，本当にそれが妥当であるか？ 過去のデータ，IBBENS 調査をベルギーのコレステロール平均摂取量に関して，全く利用できないか？ これは，頻度論的/尤度論的アプローチの結果である．一方，ベイズ流アプローチでは，過去のデータから得られる情報が現在のデータに対する事前分布として利用できると考える．

IBBENS-2 調査の事後分布を得るため，IBBENS 調査の事前正規分布と IBBENS-2 調査の正規尤度を結合する．$\boldsymbol{y}$ で n 個の IBBENS-2 調査のコレステロール摂取値を表し，標本平均を $\overline{y}$ とすると，IBBENS-2 調査の尤度は $L(\mu\,|\,\overline{y})$ となる．さらに，事前分布がどのように構築されたかは無視して，その確率分布が $N(\mu\,|\,\mu_0, \sigma_0^2)$ であるこ

とのみを利用する．事後分布は $p(\mu)L(\mu\,|\,\overline{y})$ に比例する．したがって，以下となる．

$$p(\mu\,|\,\boldsymbol{y}) \propto p(\mu\,|\,\overline{y}) \propto \exp\left\{-\frac{1}{2}\left[\left(\frac{\mu-\mu_0}{\sigma_0}\right)^2 + \left(\frac{\mu-\overline{y}}{\sigma/\sqrt{n}}\right)^2\right]\right\} \quad (2.12)$$

次のステップでは，式 (2.12) が確率密度関数になるような定数を探す．直接この問題を処理する代わりに，できる限り簡単にするため，式 (2.12) をもっとよく調べることにする．実際，式の指数部分は，μ の 2 次形式であり，($\overline{y}$ と σ_0 の関数となる) 定数項を除けば，$[(\mu-\overline{\mu})/\overline{\sigma}]^2$ へと帰着する．ただし，$\overline{\mu}$ と $\overline{\sigma}$ は以下のように定義する (演習 2.6)．したがって，IBBENS-2 調査の観察データが得られた後，IBBENS 調査を事前分布として利用すると，μ に対する事後分布は以下のような正規分布となる (式 (2.8) の記法)．

$$p(\mu\,|\,\boldsymbol{y}) = \mathrm{N}(\mu\,|\,\overline{\mu}, \overline{\sigma}^2)$$

ただし，

$$\overline{\mu} = \frac{\frac{1}{\sigma_0^2}\mu_0 + \frac{n}{\sigma^2}\overline{y}}{\frac{1}{\sigma_0^2} + \frac{n}{\sigma^2}},\ \overline{\sigma}^2 = \frac{1}{\frac{1}{\sigma_0^2} + \frac{n}{\sigma^2}} \quad (2.13)$$

である．図 2.7 に，IBBENS 調査の正規事前分布，IBBENS-2 調査の正規 (スケール化) 尤度と IBBENS-2 調査の正規事後分布が示されている．正規事後分布は平均 $\overline{\mu} = 327.2$ と標準偏差 $\overline{\sigma} = 4.79$ をもつ．

3. 事後分布の性質

事後分布は以下の性質をもつ．

- 事後分布は事前分布と尤度関数の中間とみなすことができ，両者の「妥協 (compromise)」である (図 2.7 を参照)．
  2 項分布の場合と同じで，事前平均への縮小 (shrinkage) となる．すなわち，事後平均 $\overline{\mu}$ は，以下のように，事前平均と標本平均の重み付き平均となる．

$$\overline{\mu} = \frac{w_0}{w_0+w_1}\mu_0 + \frac{w_1}{w_0+w_1}\overline{y} \quad (2.14)$$

ただし，

$$w_0 = \frac{1}{\sigma_0^2},\ w_1 = \frac{1}{\sigma^2/n} \quad (2.15)$$

ベイズ統計学において，分散の代わりに，通常，分散の逆数を扱う．分散の逆数は精度 (precision) と呼ばれる．したがって，重み w_0 は事前精度 (prior precision)，重み w_1 は標本精度 (sample precision) と呼ばれる．

2.7 正規分布の場合

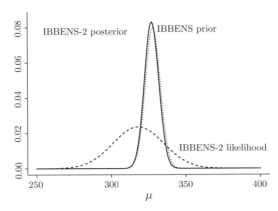

図 2.7 食事研究：IBBENS 調査の正規事前分布，IBBENS-2 調査の正規 (スケール化) 尤度と IBBENS-2 調査の正規事後分布

- 事後精度 (posterior precision) は，以下のように事前精度と標本精度の和となる．

$$\frac{1}{\sigma^2} = w_0 + w_1 \qquad (2.16)$$

これは，事後分布が事前分布や尤度関数より尖っていることを示し，事後分布が事前分布や尤度関数よりも μ に関して多い情報を含んでいることを意味する．この性質は，たとえ事前分布と尤度関数が「矛盾する」場合でも成立する (2 項ベータ分布の場合と異なる)．これは，矛盾な情報が存在する場合，より不確実な事後分布が得られやすいという直感に反する．この性質は，σ が既知という特別な場合でのみ成立し，現実的でないことに留意する (例 IV.2 を参照)．

- 式 (2.13) は，n が大きいとき，明らかに $p(\mu \mid \boldsymbol{y}) \approx \mathrm{N}(\mu \mid \bar{y}, \sigma^2/n)$ となる．これは，標本サイズが増加するとき，尤度が事前分布を支配することを示す．標本サイズが固定され，$\sigma_0 \to \infty$ のとき，同じ結果が得られる．

- 事後分布は事前分布と同じ型の分布 (正規分布) である．言い換えれば，ここでも共役性が成り立つ．

脳梗塞の例と同様に，μ の事後推定値は，併合調査 (IBBENS 調査のデータと IBBENS-2 調査のデータ) の最尤推定値である．これは，前述と同様に，IBBENS 調査と IBBENS-2 調査の実施条件が同じという仮定を反映している．注意する必要があるのは，ベイズ統計学の文献では，正規分布 $\mathrm{N}(\mu, \sigma^2)$ はよく $\mathrm{N}(\mu, 1/\sigma^2)$ で表記される．この記法は，最もよく利用されているソフトウェア WinBUGS でも使用されている．これは，ベイズの世界では，少なくとも現在までは，分散よりも精度の方がよく使われていること

を反映している．しかし，本書では，頻度論の結果と比較するときの混乱を避けるため，伝統的な記法を用いる．

4. 事前情報と追加データの同等性

事前分布の分散 σ_0^2 がデータの分散 σ^2 と等しいと仮定する場合，単位情報 (unit-information) 事前分布が得られる．このとき，事後分布の分散は $\overline{\sigma}^2 = \sigma^2/(n+1)$ となり，事前分布は 1 個の観測値を標本に追加することに対応する．この結果は一般化することができる．事前分布の分散 σ_0^2 は σ^2/n_0 で表すことができる．ここで，n_0 は必ずしも整数ではない．したがって，分散 σ_0^2 の事前分布は，データセットに n_0 個のデータ点を追加することに対応する．したがって，事後平均と分散は以下のように表すことができる．

$$\overline{\mu} = \frac{n_0}{n_0 + n}\mu_0 + \frac{n}{n_0 + n}\overline{y} \tag{2.17}$$

$$\overline{\sigma}^2 = \frac{\sigma^2}{n_0 + n} \tag{2.18}$$

再び，この結果より，事前分布が仮想データにもとづくとし，標準的な頻度論のソフトウェアでもベイズ流のパラメータ推定に利用することが可能となる．

ベイズ流アプローチ：主観事前分布

IBBENS 調査の事前分布は事後分布に大きな影響を及ぼす．σ_0^2 を 25 (IBBENS 調査の事前分散) から例えば 100 へ増加させ，事前分布の影響を減少させる．IBBENS 調査から得られた情報が割り引かれているため，結果として得られる事前分布は「割り引かれている (discounted)」と呼ばれる (図 2.8(a) を参照)．

さらに，例えば，IBBENS-2 調査がベルギー南部のみで行われる場合のように，IBBENS 調査の事前分布はその調査に完全には適切ではないとする．事前分布をさらに修正することにより，このような事前知識をより良く反映できる．図 2.8(b) において，ベルギー南部の人がやや多めに飽和脂肪，よってより多くのコレステロールを摂取していることを事前の信念に近づくように，事前平均が $\mu_0 = 340\,\text{mg/day}$ へと修正されている．

主観事前分布に対して「間違った」選択を行ったとき，例えば，エビデンスにより支持されないとき，ベイズ解析の妥当性は低くなる．幸いなことに，2 項ベータ分布の場合と同様，事前分布の影響は標本サイズが増大するとき減少する．

ベイズ流アプローチ：利用できる事前情報がない場合

IBBENS-2 調査がアジアで計画される場合，IBBENS 調査の事前分布はたとえ「割

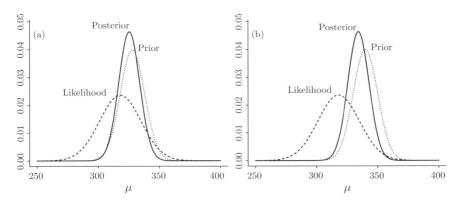

図 2.8 食事研究：(a) 割り引かれた IBBENS 調査の正規事前分布（分散：100）と IBBENS-2 調査の正規（スケール化）尤度．(b) 修正された IBBENS 調査の正規事前分布（分散：100）と IBBENS-2 調査の正規（スケール化）尤度

り引かれている」としても不適切である．その場合，事前情報が存在しない状況となる．では，どのように知識欠如を表すか？ 言い換えれば，ここで，無情報または漠然事前情報とは何か？ この問題に対する回答は式 (2.13) から見つけることができる．実際，前述のように，$\sigma_0^2 \to \infty$ のとき，事後分布は

$$\mathrm{N}(\mu\,|\,\overline{y}, \sigma^2/n) \tag{2.19}$$

となり，事前情報と独立とみることができる．したがって，大まかに言うと，正規分布の場合，無情報事前分布は，非常に大きな分散をもつことになる．2 項分布の場合，フラット事前分布を用いて事前知識のないことを表している．正規分布の場合，フラット事前分布は，分散が無限大に近づくときの極限として得られる．

図 2.9 に，平均 328 と分散 10000 の正規事前分布と尤度との結合を示している．この事前分布は，尤もらしい μ の値の区間において比較的フラットである．得られた事後分布はスケール化尤度よりわずかに尖っている．事後平均は 318.3 であり，標本平均の 318 に近く，事後分散は 277.6 であり，観察された平均の標準誤差の 2 乗 285.6 より少し小さい．事前分布の事後推定に対する影響をさらに減少させる必要があるなら，事前分散をさらに大きくすべきである．

2.8 ポアソン分布の場合

$y_i\ (i = 1, \ldots, n)$ は n 個の独立な計数（カウント）データとする．計数データの例としては，てんかん患者の 1 ヶ月でのてんかん発作回数，ある病院 1 年での医療ミスの回数，国勢調査地域における疾病数などがある．ポアソン (Poisson) 分布は計数デー

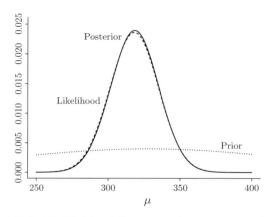

図 2.9 食事研究：無情報正規事前分布 (分散：100000) と IBBENS-2 調査の正規 (スケール化) 尤度

タの分布を記述する最もよく用いられるモデルである．

$$p(y\,|\,\theta) = \frac{\theta^y e^{-\theta}}{y!} \tag{2.20}$$

式 (2.20) をもつ確率変数 y は，パラメータ θ のポアソン分布と呼ばれ，Poisson(θ) と表す．ポアソン分布の平均と分散は θ であることはよく知られている．注意する必要があるのは，上の例にある y_i が単位時間，例えば，1年，1ヶ月などで観測した度数である．被験者間で観測期間が異なる場合，例えば，y_i が期間 t_i で観測された場合，ポアソンモデルは以下のように拡張される．

$$p(y\,|\,\theta) = \frac{(\theta t_i)^y e^{-\theta t_i}}{y!} \tag{2.21}$$

虫歯のある乳歯の数に対するポアソンモデルにもとづくベイズ解析を例 II.3 で示す．

例 II.3: 虫歯研究：Flanders における虫歯研究

Signal-Tandmobiel® (ST) 研究は口腔内健康に関する経時的な介入研究で，4468人の児童が参加した．層別クラスター無作為サンプリングを用いて小学校を無作為に選び，その小学校1年生全員が研究に参加した．これによって，Flanders で 1989 年に生まれた児童の7% である標本を抽出したことになる．1996 年，この児童たちは訓練を受けた 16 名の歯医者 (検査員) の検査を受け，その後，年に1回の検査が6年間続けられた．また，虫歯 (過去または現在) 状態，口腔衛生，食事習慣に関するデータが年に1回のアンケート調査で得られた．ここで，試験の1年目の乳歯の虫歯データを見てみる．すなわち，ここでは7歳児のデータを評価する．乳歯の虫歯は伝統的に dmft 指数で測

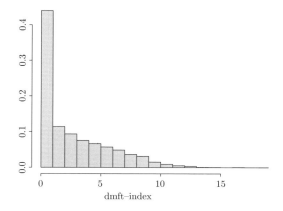

図 2.10 虫歯研究：dmft 指数のヒストグラム

定されている．このスコアはそれぞれ，腐食した (decayed (d))，虫歯が理由で抜歯して歯が無くなった (missing (m))，虫歯で詰め物をした (ffilled (f)) 乳歯の数である．スコアは，0 (虫歯なし) から 20 (すべての乳歯が虫歯) の値をとる．4351 名の児童の dmft 指数データが得られ (図 2.10 を参照)，虫歯情報だけではなく，口腔衛生，食事習慣に関しても記録された．ST 研究の詳細は Vanobbergen *et al.* (2000) を参照する．

dmft 指数が従うポアソン尤度は，式 (2.20) で与えられる項 $p(y_i\,|\,\theta)$ の積であり，以下のようになる．

$$L(\theta\,|\,\boldsymbol{y}) = \prod_{i=1}^{n} p(y_i\,|\,\theta) = \prod_{i=1}^{n}(\theta^{y_i}/y_i!)e^{-n\theta} \tag{2.22}$$

θ に関する関数 (2.22) を最大化すると，θ の MLE，$\widehat{\theta} = \overline{y}$ が得られる．ST 試験においては，$\widehat{\theta} = 2.24$ となる．尤度にもとづく頻度論的 θ の 95%CI は $[2.1984, 2.2875]$ となる．

ベイズ流アプローチ：過去のデータから得られる事前分布

1. ST 研究に対する事前分布の特定

ポアソン尤度と利用可能な事前情報を結合をしたいが，ST 研究前，Flanders の 7 歳児の虫歯に関する利用可能な情報は限られていた．レビュー論文 Vanobbergen *et al.* (2001) では，dmft 指数について，2 つの研究が報告されている．1 つは，1983 年 Liège で行った 109 名の 7 歳児の試験で，dmft 指数の平均値は 4.1 であった．もう 1 つは，1994 年 Ghent で行った 200 名の 5 歳児の試験で，得られた dmft 指数の平均値は 1.39 であった．さらに，近年 Flanders の児童の口腔衛生状況がかなり改善して

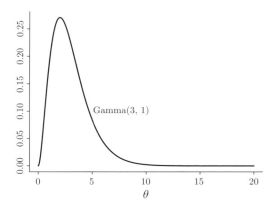

図 2.11 虫歯研究：Gamma$(3,1)$ の事前分布

いることも報告されている．したがって，平均 dmft 指数に対して 10 くらいの値を上限とすることは，本質的な制限ではない．θ に関する適切な事前分布は，前述のすべての事前知識を反映する必要がある．原則的には，事前知識を反映する任意の確率分布は利用可能である．しかし，2 項尤度と正規尤度の場合と同様に，ここで事後分布を導きやすい事前分布を求めることにする．ポアソン尤度の場合，これはガンマ分布であり，Gamma(α, β) と表すことにする．α は形状パラメータで，β は尺度パラメータの逆数である．

したがって，事前分布として，$\theta \sim$ Gamma(α_0, β_0), $E(\theta) = \alpha_0/\beta_0$, var$(\theta) = \alpha_0/\beta_0^2$ を仮定する．$\alpha_0 = 3, \beta_0 = 1$ のとき，ST 研究に対する事前知識を適切に反映しているように見える (図 2.11 を参照)．

2. 事後分布の構築

Gamma(α_0, β_0) 事前分布は θ の関数として以下のようになる．

$$p(\theta) = \frac{\beta_0^{\alpha_0}}{\Gamma(\alpha_0)} \theta^{\alpha_0 - 1} e^{-\beta_0 \theta} \tag{2.23}$$

事後確率密度は $L(\theta \mid \boldsymbol{y})p(\theta)$ に比例する．したがって，以下のように導く．

$$\begin{aligned} p(\theta \mid \boldsymbol{y}) &\propto e^{-n\theta} \prod_{i=1}^{n} (\theta^{y_i}/y_i!) \frac{\beta_0^{\alpha_0}}{\Gamma(\alpha_0)} \theta^{\alpha_0 - 1} e^{-\beta_0 \theta} \\ &\propto \theta^{(\sum y_i + \alpha_0) - 1} e^{-(n + \beta_0)\theta} \end{aligned} \tag{2.24}$$

式 (2.24) は，ガンマ分布 Gamma$(\sum y_i + \alpha_0 - 1, n + \beta_0)$ のカーネルである．したがって，事後確率密度は以下になる．

$$p(\theta \mid \boldsymbol{y}) \equiv p(\theta \mid \bar{y}) = \frac{\bar{\beta}^{\bar{\alpha}}}{\Gamma(\bar{\alpha})} \theta^{\bar{\alpha} - 1} e^{-\bar{\beta}\theta} \tag{2.25}$$

ただし，$\overline{\alpha} = \sum y_i + \alpha_0, \overline{\beta} = n + \beta_0$ である．ST 研究に対しては，$\overline{\alpha} = 9758 + 3 = 9761$，$\overline{\beta} = 4351 + 1 = 4352$ となる．明らかにここでは，事前分布の事後分布に対する影響は小さい．

3. 事後分布の性質

   事後分布は以下の性質をもつ．

   - 事後分布はやはり事前分布と尤度関数の「妥協 (compromise)」となる (演習 3.6 を参照)．
   - ST 研究において，事後分布は事前分布と尤度関数より尖っている．しかし，2 項分布の場合と同様に，場合によっては，ガンマ事前分布がガンマ事後分布より集中していることがある (演習 3.7)．
   - 標本サイズが大きいとき，尤度が事前分布を支配する．
   - 事後分布が事前分布と同じ分布族 (ガンマ) に属している．これは共役性のもう一つの例である．

4. 事前情報と追加データの同等性

   スケール化ポアソン尤度 (AUC = 1) は θ の関数として，ガンマ分布 Gamma($\sum y_i + 1, n$) と等しい．事前分布 Gamma(α_0, β_0) は，大きさ β_0，度数の和が $\alpha_0 - 1$ の試験に対応する．ST 試験に適用すると，事前分布は，大きさが 1 で，度数が 2 の試験に対応する．

ベイズ流アプローチ：利用できる事前情報がない場合

ポアソン分布の平均パラメータに関する利用できる事前情報がないとき，知識が欠如していることを反映する必要がある．スケール化ポアソン尤度と事後分布を比較すると，$\alpha_0 \approx 1$ と $\beta_0 \approx 0$ が尤度にほとんど追加 (事前) データがないことを示唆している．

ポアソン分布は，通常，計数データの分布を記述するときに，最初に選択されるモデルであるが，医学における応用では，しばしば最善の選択ではない．ポアソン分布では，度数とは，平均で一定に発生する独立なイベントの合計数である．dmft 指数は 20 本乳歯に虫歯ができることを表す 2 値変数の和である．しかし，同じ口の中の虫歯には相関がある．これは (ポアソン) 過分散，すなわち，分散が平均よりもずっと大きくなるという現象をもたらす．ここでは，var(dmft)/mean(dmft) = 3.53 となる．より適切なモデルは第 10 章で紹介する．

2.9　$h(\theta)$ の事前分布と事後分布

h をパラメータ θ に対する単調関数とする．すなわち，$h(\theta) \equiv \psi$ は新しいパラメータを定義する．θ が確率変数であるため，ψ も確率変数で，事前分布と事後分布が存在する．確率変数変換の公式に従い，ψ の確率密度関数は以下になる．

$$p(h^{-1}(\psi)) \left(\left| \frac{\mathrm{d} h^{-1}(\psi)}{\mathrm{d}\psi} \right| \right) \tag{2.26}$$

ここで，$p(\theta) = p(h^{-1}(\psi))$ はパラメータ θ の事前分布または事後分布である．式 (2.26) は θ から ψ への変換のヤコビアンが含まれている．

例 II.4: 脳卒中試験：$\log(\theta)$ の事後分布

SICH が発生する確率を，対数尺度 (またはロジット尺度) でモデル化することができる．変換式 (2.26) より，パラメータ $\psi = \log(\theta)$ の事後分布は式 (2.6) から以下のように得られる．

$$p(\psi \mid \boldsymbol{y}) = \frac{1}{B(\overline{\alpha}, \overline{\beta})} [\exp(\psi)]^{\overline{\alpha}-1} [1 - \exp(\psi)]^{\overline{\beta}-1}$$

ここで，$\overline{\alpha} = 19$ と $\overline{\beta} = 133$ である．図 3.2 は ψ に対する事後分布を示している．□

2.10　ベイズ流アプローチと尤度論的アプローチ

ベイズ流アプローチは相対尤度原理 (2 番目の尤度原理 (likelihood principle) を満たす．実際，2 つの比例する尤度，すなわち，$L_2(\theta \mid \boldsymbol{y}) = cL_1(\theta \mid \boldsymbol{y})$ を考えると，以下のようになる．

$$\begin{aligned} p_2(\theta \mid \boldsymbol{y}) &= L_2(\theta \mid \boldsymbol{y}) p(\theta) / \int L_2(\theta \mid \boldsymbol{y}) p(\theta) \mathrm{d}\theta \\ &= cL_1(\theta \mid \boldsymbol{y}) p(\theta) / \int cL_1(\theta \mid \boldsymbol{y}) p(\theta) \mathrm{d}\theta \\ &= p_1(\theta \mid \boldsymbol{y}) \end{aligned}$$

ベイズ流アプローチは，試験の結果に対して結論付けるために，帰無仮説のもとで仮想データを生成する必要がないという意味で 1 番目の尤度原理も満たしている．しかし，尤度論的アプローチとは対照的に，ベイズ流アプローチでは，パラメータを確率変数とみなしている．実際，尤度論的アプローチはパラメータ変換に対して不変であるが，ベイズ流アプローチでは不変でない．例えば，狭義単調関数 h の場合，θ から $h(\theta)$ への変換では，尤度論的アプローチは不変であるが，式 (2.26) からわかるように，$h(\theta)$ の事前分布と事後分布はともに変化する．結果として，パラメータ θ の代わりに $h(\theta)$ に対してフラット事前分布を利用した場合，ベイズ解析の結果は変わる (第 5 章も参照)．

2.11 ベイズ流アプローチと頻度論的アプローチ

　頻度論的アプローチでは，パラメータに関する推測は要約量に対する反復サンプリングにもとづくものであり，一方，仮説検定は H_0 のもとでの検定統計量に対する反復サンプリングに依存する．ベイズ流アプローチでは，確率は，観察データが与えられたもとでのパラメータに関する不確実性を表現している．つまり，頻度論的統計学では，パラメータは固定されていると考え，推測は反復サンプリングにもとづいている．一方，ベイズ統計学では，パラメータは確率変数であり，推測は観察データが与えられたもとで行われる．2つのアプローチは，パラメータの「真」の値を見つけることを目的としている．しかし，その目的を達するために異なる道筋を取っている．取る道筋が異なる結果，統計的な推測における計算は重要な点で異なる．実際，多くの頻度論的アプローチは漸近理論に頼っている．例えば，ロジスティック回帰における変数選択はワルド，スコアと尤度比統計量の漸近分布にもとづいて行っている．対照的に，ベイズ推測は，任意の標本サイズでの事後分布のみにもとづいて推測を行うことができる．推測手法の違いについて決定的なことは，ベイズ流アプローチにおいては中心極限定理は重要でないことである．また，計算手法についても2つのアプローチは著しく異なっている．すなわち，頻度論的統計学では，最大化が統計的推測の鍵であり（例えば，尤度比検定統計量），一方，ベイズ流アプローチでは，積分が中心となる．

　ベイズ流と頻度論的アプローチは，基本原理と計算の側面で異なるが，一方，2つのアプローチはほぼ同じ数値結果を導くことができる．例えば，4.3.1節は，正規分布の伝統的な信頼区間が特別な事前分布を選択したときのベイズ信用区間と一致することを示す．しかし，場合によっては，2つのアプローチは，全く異なる結論を導く．例えば，中止基準に尤度論的アプローチと同様にベイズ流アプローチが組み入れられるとき，全く異なる結論を導くことが可能である．

　2つのアプローチに相違点があるにもかかわらず，ベイズ流アプローチはいくつかの場面で頻度論の考え方を利用している．例えば，マルコフ連鎖モンテカルロを評価する方法は，頻度論的アプローチにもとづいている．加えて，多くのベイジアンは，ベイズの解が長期頻度での性質で評価されるべきであると信じている．第1章でみたように，P 値とベイズ推測の和解の可能性さえ存在する．

2.12 ベイズ流アプローチでのいくつかの流儀

　ベイズ流アプローチは，確率の主観性を認めることにより，主観主義を（医学）研究に取り入れているため，よく批判されている．しかし，研究が客観的であるという概

念は神話に過ぎない．客観性が，多くの主観的な判断を隠しているという主張もある (Good (1978) とその参考文献を参照)．実際に，研究者は，過去の科学的な所見，背景知識，直感などによって動かされている．賢明なやり方で組み合わせれば，偉大な科学的な発見につながる可能性がある．Press and Tanur (2001) は，Newton, Kepler, Mendel のような偉大な科学者の発見について述べており，主観的な判断がどのように彼らの発見と理論につながったのかを述べている．当然，主観性は結果の改ざんや不正行為と混同すべきではない．研究の目的は真実に向かうことであるが，真実までの道のりが主観的な道筋を通っている．主観性は全く別の方法で研究に関与している．医学 (と他の科学) の研究結果は，様々な関係者，医学研究の同僚，政策作成者，患者などに広がる．それぞれ関係者はその研究結果について自身の信念を持っている．したがって，研究結果に対する評価は個人によって違ってくる．人が事前信念 (と過去の結果) と現在の実験から得られた結果と結合して，事後の信念を生成する．ベイズ流アプローチは，人のこのような行動を真似ている．Spiegelhalter et al. (2004) は「ベイズ法は，ある解析の結論が誰がそれを行っているかと，利用可能なエビデンスと彼らの考え方に依存する可能性を，明らかに許容している」と述べている．もし利用可能な情報が少なく，あるいは全くない場合は，ベイズ解析は頻度論的アプローチによる結果と似たようなものを生み出す可能性がある．

　ベイジアンの間でもは，どのように事前情報を扱うかについての考え方では異なっている．主観ベイジアン (subjective Bayesian) では，事前情報はつねに個人の考え方を反映している．この考え方は，ある一個人や，またはあるグループの信念を表現している．事後分布の適切性，つまり結論の信頼性は事前分布の適切さに大きく依存する．客観ベイジアン (objective Bayesian) は，対象に関する知識の欠如を表すという形式の規則に従って事前分布を選択する．そのような事前分布は，デフォルト事前分布 (default prior) と呼ばれる．このアプローチは，例えば第 III 相比較試験で必要とされる客観性を保っている．ベイジアンは多くの他の基本原理について互いに意見が合わないこともあり得る．Good (1982) は少なくとも 46,656 種類のベイジアンがあると考えている．現在，多くのベイジアンが実用的なベイジアン (pragmatic Bayesian) に分類される．彼らは，科学的問題を解決することを目的としており，主観ベイズ流や客観ベイズ流アプローチと頻度論的考えを結合することを受け入れている．もう一つのグループ，これはおそらく最も大きいグループになるのだが，問題を解決するためにベイズ統計ソフトウェアを使用するだけの人々である．しかし，彼らすべてをベイジアンと呼ぶべきかどうかは明らかではない．

2.13 ベイズ流アプローチの歴史

　ベイズ流アプローチの基礎はベイズの定理 (Bayes theorem) である．これは，発案者であるトーマス・ベイズ (Thomas Bayes) にちなんで名付けられた．1701 年前後に生まれ（正確にはわからない），1761 年に亡くなったトーマス・ベイズは，長老派の牧師で，論理学と神学をエジンバラ大学で学び，数学に強い関心があった．ベイズの死後すぐに，彼の友人である Richard Price がベイズの数学論文を調べるように依頼された．結果として，Richard Price は個人的なコメントと自身の拡張を加えた後で，論文 *An Essay toward a Problem in the Doctrine of Chances* を，1763 年に *Philosophical Transactions of the Royal Society* に投稿した．オリジナル論文のコピーを Press (2003) でみることができる．

　ベイズは最初に逆確率 (inverse probability) 問題を定式化した人であると思われる．実際に，18 世紀に数学（統計学という用語は当時使われていない）は大幅な進歩がみられた．例えば，ド・モアブル (1667–1754) が 1733 年に 2 項分布の正規近似を導出した．しかし，当時の多くの数学者は（直接）確率を計算する方法を開発していた．すなわち彼らは，例えば，50 歳の死亡率がわかればある年に 100 人の 50 歳の中で 7 人が死亡することを予測できた．しかし，彼らは，逆確率，すなわち，100 人の中で 7 人が死亡したという観察データにもとづいて 50 歳の死亡率を求めることはできなかった．そこで，ベイズは，この逆確率を導くことを始めた．また彼は，2 段階サンプリング実験での 2 項分布のパラメータの分布を導出し，その結果，ベータ分布を発見した．

　1950 年まで，ベイズの定理は逆確率の定理 (the theorem of inverse probability) と呼ばれていた．しかし，この基本定理がベイズ一人に帰属すると考えるのは妥当ではない．ベイズ理論の基礎は実際にはラプラス (1749–1827) によるものである．ラプラスもまた他の多くの功績を残している．当時の数学者は逆確率と直接確率の両方を利用しており，便利と思われる方を利用した．ベイズ流と頻度論的アプローチの明確な区別はなかった．したがって，現在頻度論と呼ばれる枠組みに入る手法は，後にベイズの文脈で利用されることもあり，逆も同様であった．例えば，ラプラスは最初に，逆確率に対する中心極限定理と呼ばれている，事後分布の漸近正規性を証明した（定理 3.6.1 を参照）．この結果から，古典的な中心極限定理が導出されている．

　当初，ラプラスは事前確率は，理由不十分原理 (principle of insufficient reason) または均等原理 (principle of indifference) として呼ばれる，一様分布を仮定した．後に，彼は，事前分布が一様分布であるという仮定を緩め，ベイズの定理の一般式 (2.3) を導出した．これによって，ラプラスは仮説とパラメータに確率的な変動を割り当て，観測値と同じ立場に置いた（もちろんベイズもしていたが，形式的ではなかった）．逆確

率原理で，パラメータに分布が与えられたことは，19世紀のポアソンのような多くの影響力の大きい統計家には苦痛の種であった (特に Hald (2007) の 11 章を参照). しかし，ベイジアンに対して最も強く反対したのは，フィッシャーとジャージー・ネイマン (Jerzy Neyman) であった.

フィッシャーは現在の (古典的と呼ばれる) 統計理論の基礎を築き，おそらく最も影響力のある統計家である. しかし，フィッシャーもベイズの定理の最も強烈な反対者の一人だった. 彼の (および他の反対者の) 主な反論は，無情報を表現するためにフラット事前分布を使用することであった. 彼は，多くの現実の場面で無情報を表現するためにフラット事前分布は適切ではないと論じたが，フラット事前分布には別の面倒な問題もあった. すなわち，フィッシャーは逆確率の推定がモデルの選択したパラメータ化に依存することを示した. 実際に 2.9 節で示したように，フラット事前分布を，θ の代わりに，$h(\theta)$ と仮定したとき，θ に対する事後分布が変わり，θ についての推測も変化する. どの尺度に対して一様事前分布を指定すべきかが明らかではないので，フィッシャーはベイズ流アプローチは恣意的な結論につながり，よって完全に受け入れられないと結論付けた. 帰納的な推測に対して，フィッシャーの道具は尤度関数だった. しかし，彼はフィドゥーシャル推測 (fiducial inference) の理論を用い，ベイズ流アプローチを真似ようと試みたがそれほど大きな成功もなかった. いつ，どのように，フィッシャーが逆確率から尤度に移行したかの歴史については，Edward (1997) を参照のこと.

フィッシャー，ネイマン，ピアソンらは強くベイズの枠組みを否定したが，上で見たように，彼らはまたお互いの見解に対しても強く反対した. 統計学の実践に対する彼らの影響は非常に大きく，多くの応用統計家がベイズ流のアプローチを長い間，無視することになった. Fisher 統計学と Neyman-Pearson 統計学が発展していたと同時に，ベイズ理論に重要な理論的な進展が，de Finetti, Jeffreys, Savage, Lindley によってなされた. 例えば，Bruno de Finetti (1906–1985) によって，1931 年に証明された表現定理 (representation theorem) は，多くのベイジアンによって，ベイズ理論の最も基本的な結果の 1 つであるとみなされている (3.5 節参照). 他の例は，Harold Jeffreys (1891–1989) による発展である. 彼は無情報事前分布を定義する手順 (5.4.3 節参照) を提案した. また，ベイズ仮説検定とモデル選択のための基本的な道具であるベイズファクター (3.8.2 節参照) も提案した. 残念なことに，当初これらの発展が実際の応用に対する影響は限定的であった. なぜなら，ベイズ流アプローチは，計算が大変で，現実の問題の解決が不可能だったからである. 主な障害はベイズの定理の分母の計算であった. ベイズ流アプローチが実務者に利用可能になったのは，1980 年代後半に統計学に (マルコフ連鎖モンテカルロのような) 高速な計算方法が導入され，1989

年に BUGS パッケージとその Windows 版 WinBUGS が実装された後にすぎない.

今日でさえ,統計家全員がベイズ流アプローチに対して強い関心をもつわけではない.しかし頻度論者とベイジアンが互いに激しい対立する時代は終わった (特に頻度論者からベイジアンに対する).頻度論者とベイジアンの対立を知るためには,Lindley and Smith (1972) の影響力の大きい論文の考察部分,特に Kempthorne のコメントと著者からの回答を参照のこと.現在,多くのベイジアンが,単に現実の問題を解決する実用主義者として彼ら自身を分類している.

この歴史に対する注記を締めくくるために,読者に McGrayne (2011) による *"The theory that would not die. How Bayes rule cracked the enigma code, hunted down Russian submarines & emerged triumphant from two centuries of controversy"* を読むことを強く勧める.この本は素晴らしく,最も楽しい「ベイジアンの生き方」の話であり,ほとんど探偵恋愛小説を読んでいるようである.

2.14 終わりに

この章では,読者にベイズの定理の一般的な表現を紹介した.また単純な状況で,事後分布をどのように計算することができるかを示した.さらに,異なる事前分布を選択することによる事後分布への影響を説明し,ベイズ流アプローチでの議論の多くが事前分布が引き起こしているを指摘した.第 3 章では引き続き,基本的なベイズの概念を紹介するが,実際の問題に取り組むまでには第 6 章までかかる.

演習問題

演習 2.1 2 項尤度とベータ事前分布が矛盾しているとき,事後分布の分散が事前分布の分散より大きくなる実例を示せ.

演習 2.2 図 2.1 を再現し,95% のエビデンスの区間を計算するする R プログラムを書け.

演習 2.3 図 2.3 を再現する R プログラムを書け.また,FirstBayes を用いてこの例を解析せよ (プログラムは http://tonyohagan.co.uk/1b/ からダウンロードできる).

演習 2.4 図 2.7 を再現する R プログラムを書け.FirstBayes を用いこの例を解析せよ.

演習 2.5 ECASS 3 試験において,$1/\theta$, θ^2 などの事後分布を計算せよ.これらのパラメータの事後分布のグラフを示せ.

演習 2.6 式 (2.13) を証明せよ．ヒント：2 つの μ の平方から 1 つの μ の完全平方を作る．

演習 2.7 Signal-Tandmobiel 研究において，事後分布に大きな影響を及ぼすようなガンマ事前分布を提案せよ．R プログラムまたは FirstBayes を用いて結果を導くこと．

演習 2.8 負の 2 項分布

$$p(y\,|\,\theta, r) = \binom{y+r-1}{r-1} \theta^r (1-\theta)^y, \ y = 0, 1, \ldots \quad (0 < \theta < 1)$$

は，r 回成功するまでの，失敗の数の分布を表している．ベータ事前分布と負の 2 項尤度を結合すると，ベータ事後分布となることを示せ．

演習 2.9 指数分布は正の確率変数 y の分布の候補となる．ガンマ事前分布と指数尤度を結合するとガンマ事後分布となることを示せ．

演習 2.10 ガンマ・ポアソン分布の場合，以下となることを示せ．

$$\frac{\overline{\alpha}}{\overline{\beta}} = \frac{w_0}{w_0 + w_1} \frac{\alpha_0}{\beta_0} + \frac{w_1}{w_0 + w_1} \frac{\sum y_i}{n}$$

ここで，$w_0 > 0, w_1 > 0$ である．

第 3 章　ベイズ推測入門

3.1　はじめに

　本章では，統計的推測のためのベイズ流の方法を紹介する．ここでは，概念に集中し，複雑な計算の問題を最小限に抑えるため，パラメータが 1 つだけのモデルを扱う．複数のパラメータをもつモデルへの拡張は，第 4 章で扱うが，実際，それが本書の残りの章においての題材でもある．

　事後分布には，関心のあるパラメータについてのすべての情報が含まれている．それでもなお，事後の情報を簡潔に要約することが望ましい．本章では，(a) 事後分布の中心とばらつきの要約量 (summary measure)；(b) 関心のあるパラメータの区間推定量；(c) 将来の観測値を予測するための事後予測分布 (posterior predictive distribntion, PPD) を導く．

　また，ベイズ流の理論的枠組みの土台である交換可能性の概念についても紹介する．さらに，事後分布が正規分布によって近似できる条件を詳細に説明する．これは，ベイズ流での中心極限定理 (central limit theorem, CLT) である．本章では，サンプリング手法も紹介しており，サンプリングは事後分布を探索するための解析的手段の代わりになることを示す．第 4 章で合成法 (method of composition) などのより複雑なサンプリング手順を説明し，その後の章ではマルコフ連鎖モンテカルロ (Markov chain Monte Carlo, MCMC) を扱う．本章の終わりに，第 1 章で紹介した話題，すなわち仮説検定の話に戻る．ここでは，ベイズ流の P 値とベイズ流仮説検定における重要な手段であるベイズファクター (Bayes factor) を扱う．

3.2 確率による事後分布の要約

事後分布の情報を特徴付ける簡便な方法は，a と b の様々な値に関して確率 $P(a < \theta < b \,|\, \boldsymbol{y})$ を計算することである．これを例 II.1 の脳卒中試験を用いて例示する．

例 III.1: 脳卒中試験：SICH の発症率

ECASS 3 の最初の中間解析でデータが観察された後の θ (symptomatic intercerebral hemorrhage (SICH) を発症する確率) の事後分布は，ベータ分布 Beta(19, 133) である．これにより，特定の a と b の2つの値に関して，確率 $P(a < \theta < b \,|\, \boldsymbol{y})$ を計算することができる．例えば，最初の中間解析で観察された発症率 0.20 より発症率が大きい確率を計算することができる．区間 $[0.2, 1]$ の曲線下面積 (area under the curve, AUC) は，標準的なソフトウェアを利用して容易に計算でき，0.0062 となる．したがって，発症率が 0.20 を超えることは疑わしい．同様に，$P(\theta < 0.088 \,|\, \boldsymbol{y}) = 0.072$ なので，θ が ECASS 2 試験で観測された値 0.088 を下回ることもありえそうもない． □

確率 $P(a < \theta < b \,|\, \boldsymbol{y})$ による事後分布の要約は有用である．しかし，さらなる検討が必要である．頻度論的アプローチにおいて，ほとんどの統計解析の結果は，パラメータの推定値とともにその標準誤差や 95% 信頼区間 (confidence interval, CI) を含んでいる．ベイズの枠組みにおいても，同様の報告が有用である．

3.3 事後分布の要約量

本節では，最も頻繁に使用される事後分布の要約量を概説する．言うまでもなく，これらの要約量は事前分布についても計算される．その場合，「事前」という形容詞を用いる．

3.3.1 事後分布の位置とばらつきの特徴付け

位置 (中心)(location) とばらつき (variability) を代表する値によって事後分布を要約することが，ここでのねらいである．事後分布 $p(\theta \,|\, \boldsymbol{y})$ の3つの位置の指標には，(a) 事後最頻値 (モード)，(b) 事後平均，(c) 事後中央値が使用される．

事後最頻値 (posterior mode) は次のように定義される．

$$\widehat{\theta}_M = \arg\max_\theta p(\theta \,|\, \boldsymbol{y}) \tag{3.1}$$

つまり，$p(\theta \,|\, \boldsymbol{y})$ を最大化する θ の値である．事後最頻値には次の特性がある．

3.3 事後分布の要約量

- 事後最頻値に必要なのは最大化のみである．それ故，$\widehat{\theta}_M$ を計算するのに，$L(\theta\,|\,\boldsymbol{y})p(\theta)$ だけが関与する．
- フラット事前分布 (つまり，$p(\theta) \propto c$) に関しては，$p(\theta\,|\,\boldsymbol{y}) \propto L(\theta\,|\,\boldsymbol{y})$ なので，事後最頻値は尤度関数の最尤推定値 (MLE) に等しい．
- 一般に，単調変換 h のもとでの事後最頻値の値は，変換後のパラメータの事後最頻値とはならない．つまり，$\psi = h(\theta)$ に関して，$\widehat{\psi}_M \neq h(\widehat{\theta}_M)$．

2つ目の位置の指標は事後平均 (posterior mean) であり，ベイズ推定値 (Bayesian estimate) とも呼ばれ，次のように定義される．

$$\overline{\theta} = \int \theta\, p(\theta\,|\,\boldsymbol{y})\,\mathrm{d}\theta \tag{3.2}$$

事後平均には次の特性がある．

- 事後平均は平方損失 (squared loss) を最小化する．つまり，すべての推定量 $\widehat{\theta}$ に対して，以下を最小化する．

$$\int (\theta - \widehat{\theta})^2 p(\theta\,|\,\boldsymbol{y})\,\mathrm{d}\theta \tag{3.3}$$

  $\overline{\theta}$ は，事後分布によって重み付けられる2次の損失関数 $L(\theta, \phi) = (\theta - \phi)^2$ を指標として，θ に最も近い値である．
- 事後平均を計算するためには，2回の積分が必要である．つまり，(a) 事後分布に関してと，(b) 式 (3.2) に関してである．
- 一般に，単調変換 h のもとでの事後平均の像は，変換後のパラメータの事後平均ではない．つまり，$\overline{\psi} \neq h(\overline{\theta})$．

3つ目の事後分布の位置の指標は事後中央値 (posterior median) $\overline{\theta}_M$ であり，次の式で定義される．

$$0.5 = \int_{\overline{\theta}_M} p(\theta\,|\,\boldsymbol{y})\,\mathrm{d}\theta \tag{3.4}$$

事後中央値には次の特性がある．

- 式 (3.3) における2次の損失関数を $a\,|\theta - \widehat{\theta}|$ で置き換えると，事後中央値が得られる．ただし，$a > 0$ である．
- 事後中央値の計算には，1回の積分と積分方程式を解く必要がある．
- 単調変換 h のもとでの事後中央値の値は，変換後のパラメータの事後中央値である．つまり，$\overline{\psi}_M = h(\overline{\theta}_M)$．

- 単峰型の左右対称の事後分布の場合，事後中央値は事後平均および事後最頻値に等しい．

3つの事後分布の要約量は，関心のあるパラメータの事後分布を把握するのに有用である．これらの要約量のどれを使うかの選択は，計算上の検討や事後分布の形状に依存する．

最も普及しているばらつきの指標は，事後分散 (posterior variance) である．

$$\overline{\sigma}^2 = \int (\theta - \overline{\theta})^2 p(\theta \mid \boldsymbol{y}) \, \mathrm{d}\theta \tag{3.5}$$

その平方根である事後標準偏差 (posterior standard deviation) $\overline{\sigma}$ は関心のあるパラメータについて事後分布の不確実性を示すための一般的な指標である．事後分散および事後標準偏差を計算するには，3回の積分が必要である．

例 III.2: 脳卒中試験：事後分布の要約量

ECASS 3 試験の最初の中間解析のデータにもとづくと，50人中 $(=n)$ 10人 $(=y)$ の患者が SICH を発症しており，さらにパイロット試験から得られた事前の観測値を利用すると，θ (SICH を発症する確率) の事後分布は $\mathrm{Beta}(\theta \mid \overline{\alpha}, \overline{\beta})$ である．ここで，$\overline{\alpha}(=\alpha_0+y)=19$ で，$\overline{\beta}(=\beta_0+n-y)=133$ である (例 II.1 を参照のこと)．

事後最頻値は，θ に関して $(\overline{\alpha}-1)\log(\theta) + (\overline{\beta}-1)\log(1-\theta)$ を最大化し，$\widehat{\theta}_M = (\overline{\alpha}-1)/(\overline{\alpha}+\overline{\beta}-2)$ として得られる．ここでは，$\widehat{\theta}_M$ は 18/150=0.12 である．

事後平均は積分を伴い，$\frac{1}{B(\overline{\alpha},\overline{\beta})}\int_0^1 \theta \theta^{\overline{\alpha}-1}(1-\theta)^{\overline{\beta}-1}\mathrm{d}\theta = B(\overline{\alpha}+1,\overline{\beta})/B(\overline{\alpha},\overline{\beta}) = \overline{\alpha}/(\overline{\alpha}+\overline{\beta})$ となる．脳卒中の例では，$\overline{\theta} = 19/152 = 0.125$ である．

事後中央値を計算するためには，$0.5 = \frac{1}{B(\overline{\alpha},\overline{\beta})}\int_{\theta_M}^1 \theta^{\overline{\alpha}-1}(1-\theta)^{\overline{\beta}-1}\mathrm{d}\theta$ を θ に関して解かなければならない．R の関数 *qbeta* を用いると，脳卒中の例では事後中央値 0.122 を得る．

$\mathrm{Beta}(\overline{\alpha},\overline{\beta})$ の分散は $\overline{\alpha}\overline{\beta}/\left[(\overline{\alpha}+\overline{\beta})^2(\overline{\alpha}+\overline{\beta}+1)\right]$ に等しい．$\overline{\alpha}=19$ と $\overline{\beta}=133$ に対して，事後標準偏差はしたがって $\overline{\sigma} = 0.0267$ となる．

最初の中間解析の前にパイロット試験を行っていないなら，2項パラメータ θ に関して過去の事実が利用できず，無情報が好まれるかもしれない．無情報の事前分布として $[0,1]$ の一様分布を用いた場合，事後最頻値は $y/n = 0.20$ となる．事後平均は $(y+1)/(n+2) = 0.211$ となり，事後中央値は 0.208 となる．θ に関する要約量として事後最頻値を選択した場合，最尤推定量に等しいので，頻度論による解析結果が再現されることなる． □

例 III.3: 食事研究：事後分布の要約量

第2章において，事前分布が正規分布で，正規分布に従う尤度と結合したとき，平均パラメータに関する事後分布が正規分布であることをみた．この場合，$\widehat{\mu}_M \equiv \overline{\mu} \equiv \overline{\mu}_M$ である．ベルギー銀行従業員に対する地域間栄養調査 (Inter-regional Belgian Bank Employee Nutrition Study)，IBBENS 調査に関して，事前分布は IBBENS-2 調査のデータと結合し，コレステロール摂取量の事後平均は $\overline{\mu} = 327.2\,\mathrm{mg/day}$ となる．事後分散も正規分布の分散なので簡単に得られる．IBBENS-2 調査に関しては，$\overline{\sigma}^2 = 22.99$ と $\overline{\sigma} = 4.79$ を得る． □

3.3.2 事後区間推定

事後分布より，確率 $(1-\alpha)$ で事後的に尤もらしいパラメータ θ の値の範囲 (ほとんどの場合，区間) を決めることができる．ただし，通常 α は 0.05 をとる．そのような区間を，95%信用区間 (credible (or credibility) interval) と呼ぶ．略して，95%CI と書く．形式的には，$P(a \leq \theta \leq b \mid \boldsymbol{y}) = 1 - \alpha$ のとき，$[a,b]$ は θ に関する $100(1-\alpha)$% 信用区間である．累積分布関数 (cumulative distribution function, cdf) を $F(\theta)$ と表記すると，$100(1-\alpha)$% 信用区間 $[a,b]$ は次を満たす．

$$P(a \leq \theta \leq b \mid \boldsymbol{y}) = 1 - \alpha = F(b) - F(a) \tag{3.6}$$

式 (3.6) は一意に信用区間を定義しない．次の2種類の信用区間，(a) 等裾確率信用区間と (b) 最高 (事後) 密度区間，が最もよく用いられている．

$100(1-\alpha)$% 等裾確率 (equal tail) 信用区間 $[a,b]$ は，次の2つの特性を満たす．$P(\theta \leq a \mid \boldsymbol{y}) \equiv F(a) = \alpha/2$ と $P(\theta \geq b \mid \boldsymbol{y}) \equiv 1 - F(b) = \alpha/2$ である．等裾確率 CI においては，θ のある値は，区間の外の値よりも小さい $p(\theta \mid \boldsymbol{y})$ をとることがある．そこで，2つ目の信用区間が定義される．

$100(1-\alpha)$% 最高事後密度 (highest posterior density, HPD) 区間 $[a,b]$ は次の式を満たす $100(1-\alpha)$% 信用区間である．

$$\text{全ての } \theta_1 \in [a,b] \text{ および全ての } \theta_2 \notin [a,b] \text{ に対して } p(\theta_1 \mid \boldsymbol{y}) \geq p(\theta_2 \mid \boldsymbol{y}) \tag{3.7}$$

したがって，HPD 区間は事後的に尤もらしい θ の値を含んでいる．つまり，HPD 区間内のすべての θ に関して，$p(\theta \mid \boldsymbol{y})$ は区間外の値に比べて高い．グラフで見ると，HPD 区間は事後確率密度関数に水平線を引いた交点によって決定される．その2つの交点の x 座標が HPD 区間を定義する．HPD 区間は AUC が $(1-\alpha)$ となるまで水平線の高さを調整することによって正しい大きさを得る．これが HPD 区間を数値的

に決定するための基本である (演習問題 3.8 を参照). HPD 区間が尤度ではなく事後分布によって決定される「エビデンス区間」のようなものであることは明らかである. 等裾確率 CI は累積分布関数のみを必要とするのに対し, HPD 区間は明示的に確率密度関数を必要とする. 次に挙げる特性は有用である.

- $100(1-\alpha)\%$HPD 信用区間は $p(a \leq \theta \leq b | \boldsymbol{y})$ を満たす最小の区間である (証明は Press (2003, p.211)).
- 例えば FirstBayes などのソフトウェアでは, 事前分布か事後分布かどちらかを計算するとき, HPD 区間を最高密度区間と呼んでいる.
- 単調変換 h のもとでの等裾確率 CI の像は, やはり等裾確率 CI だが, 一般に HPD 区間に関してはこの特性は保持されない. 例として, 例 III.5 と演習問題 3.9 を参照されたい.
- 単峰の左右対称な事後分布に関して, 等裾確率 CI と対応する HPD 区間は等しい.
- 一般的な累積分布関数 (ベータ, ガンマなど) について, 例えば R などのソフトウェアは簡単に等裾確率 CI を計算できる. しかし, HPD 区間は数値的な最適化が必要である. 例 III.5 を参照する.

頻度論における信頼区間とは異なり, 95%CI は自然な解釈が可能である. 実際, 特定のデータ $\boldsymbol{y}$ に関する 95% 信頼区間は, 真値を含んでいたり, または含んでいなかったりするが, 95%CI は事後的にパラメータの尤もらしい値の 95% を含んでいる. 頻度論の理論的枠組みにおいて, 形容詞としての 95% は単に長い過程においてのみ意味をなす. よく言われているように, 実用において頻度論の信頼区間はしばしばベイズ流の解釈を利用している. 歴史的に CI と信頼区間は, ほとんど同時期に開発された. 1812 年にすでにラプラスは 2 項パラメータに関して大標本の場合の CI と信頼区間は一致することを導出している (Hald 2007).

ここでは, 第 2 章で紹介した例を用いて, ベイズ流の区間推定を例示する.

例 III.4: 食事研究：食事摂取量の区間推定

平均コレステロール摂取量の事後分布は, $N(\overline{\mu}, \overline{\sigma}^2)$ に従う. ここで, $\overline{\mu}$ と $\overline{\sigma}^2$ は式 (2.13) により定義される. 95% 信用区間は, 明らかに次のようになる.

$$[\overline{\mu} - 1.96\overline{\sigma}, \overline{\mu} + 1.96\overline{\sigma}] \tag{3.8}$$

正規分布は左右対称なので, 式 (3.8) により定義される 95% 信用区間は等裾確率信用区間であり, HPD 区間でもある. IBBENS 調査の事前分布を踏まえると, 式 (3.8) より IBBENS-2 調査における μ の 95% 信用区間は $[317.8, 336.6]$ mg/day となる.

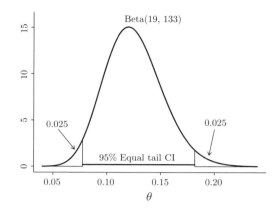

図 3.1 脳卒中試験：95% 等裾確率信用区間

事前分布に平均 328，分散 10000 の正規分布を用いた場合，μ の 95% 信用区間は $[285.6, 351.0]$ mg/day となる．一方で，頻度論における 95% 信頼区間 $[\bar{y}-1.96\,\text{SD}, \bar{y}+1.96\,\text{SD}]$ は $[284.9, 351.1]$ mg/day となる．したがって，信頼区間は実質的に信用区間と等しくなり，この 2 つは事前分布の分散がさらに増大すれば視覚的に区別がつかなくなる．しかし，2 つの区間の解釈は根本的に異なる． □

例 III.5: 脳卒中試験：SICH の発症率の区間推定

θ (rt-PA により SICH を発症する確率) の 95% 等裾確率信用区間はベータ分布 Beta(19, 133) より計算される．これは R の関数 qbeta によって簡単に実行でき，$[0.077, 0.18]$ となる．図 3.1 を参照のこと．

95%HPD 区間は数値的最適化のアルゴリズムが必要である．実際，95%HPD 区間は $F(a+h) - F(a) = 0.95$ かつ $f(a+h) = f(a)$ からなる区間 $[a, a+h]$ である．ここで，f は事後確率密度関数であり，F は事後累積確率分布関数である．R の関数 optimize により a と h を算出する．結果は，図 3.2 に示すとおり，$[0.075, 0.18]$ となる．95% 信用区間の内側にある θ では，区間の外側に比べて高い事後尤度を有することが示されている．

HPD 区間は (単調) 変換に対し不変ではない．例えば，$\log(\theta)$ に関心があるとする．θ の 95%HPD 区間が $[a, b]$ のとき，$\log(\theta) \equiv \psi$ の 95%HPD 区間は $[\log(a), \log(b)]$ でない．これは図 3.2 に描かれている．言い換えれば，事後の ψ に関して 95% で尤もらしい値は，θ の 95% で尤もらしい値に対応するものではない．これは，ψ の事後分布が θ の事後分布により決定されるとき，ヤコビアンが導入されるためである (2.9 節を参照のこと)． □

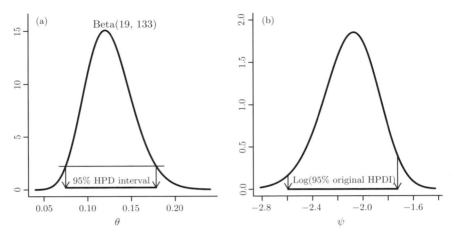

図 3.2 脳卒中試験：(a) θ の 95%HPD 区間, (b) ψ スケールにおける対数を取った θ の 95%HPD 区間

3.4 予測分布

$p(y\,|\,\theta)$ を y の分布とし，互いに独立で同一の分布に従う標本 $\boldsymbol{y} \equiv \{y_1, \ldots, y_n\}$ が利用可能であるとする．将来の観察値 $\tilde{y}$ あるいはいくつかの観察値 $\tilde{\boldsymbol{y}}$ を予測したい．より形式的には，観察された標本と同じ母集団分布に属する $\tilde{y}$ の分布（つまり $\tilde{y} \sim p(y\,|\,\theta)$）を知りたいということである．ここで，$\theta$ を与えたもとで $\boldsymbol{y}$ の独立性を仮定する．$\tilde{y}$ の分布は予測分布 (predictive distribution) と呼ばれる．θ の真値は未知なので，y を与えたもとで θ の不確実性を考慮した，$\tilde{y}$ の分布を予測することが目的となる．

予測はすべての応用において重要な問題であるが，モデル（多くの場合に回帰モデル）が患者の正確な予後診断を明らかにすることを期待しているので，特に医療では重要である．さらに，予測値と観察値を比較することはモデル評価の定番である．この節では，予測分布を導出するベイズ流アプローチを紹介する．第 4 章では，この考えを複数のパラメータをもつモデルに発展させる．第 10 章では，MCMC において予測分布の有用性を紹介する．

頻度論における予測とベイズ流アプローチを対比させて説明する．ここでは，3 つのケース，(a) 正規分布，(b) 2 項分布，(c) ポアソン分布の場合を考える．

3.4.1 頻度論的アプローチによる予測

θ の推定値，例えば最尤推定値 $\widehat{\theta}$ にもとづいた，新たな観察値 $\tilde{y}$ の予測分布は $p(\tilde{y}\,|\,\widehat{\theta})$ に従う．この分布より，平均や分散など $\tilde{y}$ の性質を特徴付けるすべてを決定すること

ができる．$\widetilde{y}$ の性質は $100(1-\alpha)$% 予測区間 (predictive interval, PI) によっても明らかにできる．これは，将来の観察値の $100(1-\alpha)$% を含む区間である．より一般的な呼び名は，Krishnamoorthy and Mathew (2009) で広く扱われた $100(1-\alpha)$% 許容区間 (tolerance interval) である．頻度論の統計学においては，予測分布自体をみるのは稀で，予測平均と 95% 予測区間に重点を置いている．これはベイズ流のアプローチとは対照的である．

上記のアプローチは，$\widehat{\theta}$ の標本分布のばらつきを考慮していないので，単純なものである．したがって，$p(\widetilde{y}|\widehat{\theta})$ にもとづく 95% 予測区間は短過ぎる．より現実的なアプローチは $\widehat{\theta}$ の標本分布を考慮するが，正規分布の場合を除いて，$\widehat{\theta}$ の標本分布を考慮した予測分布の導出は複雑である．

3.4.2 ベイズ流アプローチによる予測

ベイズ流の枠組みにおける将来の観察値の予測はパラメータの不確実性を直接考慮している．2 項分布の場合に将来のイベント確率を求める予測分布はラプラスに遡ることができる．

はじめに，予測分布の直感的導出を与え，その後，より形式的な議論を続ける．観察値 y を得た後でそれぞれの θ のエビデンスを事後分布 $p(\theta|\boldsymbol{y})$ で重み付けする．$p(\theta|\boldsymbol{y})$ のすべての確率が事後中央値 $\widehat{\theta}_M$ に集中するとき，$p(\theta|\boldsymbol{y})$ の分布は，実際 $p(\widetilde{y}|\widehat{\theta}_M)$ である．事後分布の確率が θ の有限個の値 $\theta^1, \dots, \theta^K$ に集中するとき，妥当なアプローチは，予測分布に対して可能な分布の重み付き和をとることである．つまり，$\widetilde{y}$ の分布に関する推定量として，$\sum_{k=1}^{K} p(\widetilde{y}|\theta^k) p(\theta^k|\boldsymbol{y})$ を用いる．連続型の場合，和を積分に置き換える．したがって，$\widetilde{y}$ の分布は，観察値 $\boldsymbol{y}$ を与えたもとで，以下のようになり，事後予測分布 (posterior predictive distribution) と呼ばれる．

$$p(\widetilde{y}|\boldsymbol{y}) = \int p(\widetilde{y}|\theta) p(\theta|\boldsymbol{y}) \,\mathrm{d}\theta \quad (3.9)$$

$p(\widetilde{y}|\boldsymbol{y})$ という記号は未知パラメータ θ が積分により消されることを反映している．実際，一度 θ に関する不確実性を考慮されると，導かれる式はその後 θ に依存しない．PPD は，将来の y の分布を表している．

式 (3.9) は初等の積分法則を用いて，形式的に導出できる．ここで，パラメータに特定の値を与えたもとで将来の観測値の周辺確率密度として $p(\widetilde{y}|\boldsymbol{y})$ と表し，データが与えられたもとで事後分布に従い，そのパラメータを積分により消すことを考える．つまり，

$$p(\widetilde{y}|\boldsymbol{y}) = \int p(\widetilde{y},\theta|\boldsymbol{y}) \,\mathrm{d}\theta = \int p(\widetilde{y}|\theta,\boldsymbol{y}) p(\theta|\boldsymbol{y}) \,\mathrm{d}\theta \quad (3.10)$$

となる.

　式 (3.10) は，はじめの仮定を用いることで式 (3.9) を導き，階層的独立 (hierarchical independence) と呼ばれる．つまり，

$$p(\widetilde{y}\,|\,\theta, \boldsymbol{y}) = p(\widetilde{y}\,|\,\theta) \tag{3.11}$$

である.

　階層的独立とは，モデルのパラメータの真値を与えたもとでは，過去のデータは将来のデータの分布について何も寄与しないことを意味している．言い換えれば，θ を与えたもとでの将来のデータと過去のデータの独立性を仮定している.

　パラメータと同じように，将来の観察値 $\widetilde{y}$ に関する信用区間を定義することができる．より具体的には，$P(a \leq \widetilde{y} \leq b \mid \boldsymbol{y}) = 1 - \alpha$ のとき，区間 $[a, b]$ は $100(1-\alpha)\%$ 事後予測区間 (posterior predictive interval, PPI) である．より一般的な呼び名は，ベイズ流許容区間 (Bayesian tolerance interval) である．事後予測区間には2つの特別な場合，(a) 等裾 PPI, (b) 最高密度 PPI, がある．どちらもパラメータの場合と同様に定義される．離散的な PPD の場合は，PPI を事後予測集合 (posterior predictive set, PPS) と置き換える必要がある.

　最後に，データが逐次観測される場合を考える．最初の時点では，事前情報以外に利用できるデータはない．事前情報のみを与えたもとで，式 (3.10) における $p(\theta\,|\,\boldsymbol{y})$ を $p(\theta)$ で置き換える．これにより事前予測分布 (prior predictive distribution) $p(\widetilde{y}) = \int p(\widetilde{y}\,|\,\theta)p(\theta)\mathrm{d}\theta$ が導出される．明らかに，事前予測分布は観察値 $\widetilde{y}$ に関する平均尤度であり，ベイズの定理における式 (2.4) の分母である．平均尤度は積分が必要なので，$p(\widetilde{y})$ は積分尤度 (integrated likelihood) あるいは周辺尤度 (marginal likelihood) と呼ばれる.

3.4.3　応用

　3つのケース，(a) σ^2 を既知と仮定する正規分布，(b) 2項分布，(c) ポアソン分布についての予測を例示する．最初の2つの例において，頻度論による予測から始める．そして，正規分布の場合は別として，パラメータを推定する際のばらつきの考慮は容易でないことを示す.

3.4.3.1　正規分布の場合

　診断スクリーニング検査は，多くの場合血液や尿から測定される医学的検査あるいは臨床検査にもとづき，健常人と患者を識別することを目標としている．ほとんどの

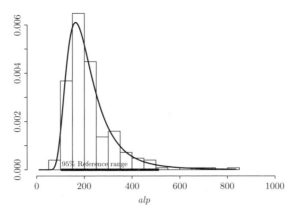

図 3.3 血清アルカリフォスファターゼ研究：血清アルカリフォスファターゼ (alp) の測定値のヒストグラム，$100/\sqrt{alp}$ の正規性を仮定した当てはめと 95% 参照区間

医学的検査は連続量の測定値である．どれくらいの値が病気であると識別されるかを知るためには，健常人集団における測定値のばらつきを知る必要がある．この目的で，健常人における値の中心の測定値の 95% を含む参照区間を利用する．この 95% 参照区間はしばしば (95%) 正常範囲 (normal range) と呼ばれる．ここで言う 'normal' は正規分布のことではなく，標本において正常 'normal' と考えられる人が含まれるという意味である．臨床検査値が正規分布に従わない場合，しばしば正規分布に従うよう変換が行われる．

例 III.6: 血清アルカリフォスファターゼ研究：95% 参照区間

胆石を有する患者における総胆管石の発生を予測する後ろ向き試験を行った後，Topal et al. (2003) は前向きに 250 人の健常人の血清アルカリフォスファターゼ (alkaline phosphatase, alp) を測定した．

(a) 頻度論のアプローチ

図 3.3 は 250 個の alp の測定値のヒストグラムを示している．$y_i = 100/\sqrt{alp_i}$ ($i = 1, \ldots, 250$) は近似的に正規分布に従うとした．既知の正規分布 $N(\mu, \sigma^2)$ に関して，変換したスケールでの将来の観測値 $\tilde{y}$ の 95% 参照区間は，$[\mu - 1.96\sigma, \mu + 1.96\sigma]$ で与えられる．95% 参照区間を決定する簡単な方法は，前述の式における μ を $\overline{y}$，σ を s で置き換えることである．$\overline{y} = 7.11$，$s = 1.4$ なので，alp の尺度での 95% 参照区間は $[104.45, 508.95]$ となる．しかし，この区間は μ を推定するときのばらつきを無視している．上記の計算では，$\sigma = 1.4$ とした．

より現実的な方法は, $\widetilde{y}$ の標本分布を考慮することである. 正規分布に関しては, $(\widetilde{y}-\overline{y})/\sqrt{\sigma^2(1+1/n)}$ はピボタル量 (パラメータに依存しない確率変数) なので, これは比較的に容易に行える. つまり, $\widetilde{y}-\overline{y} \sim \mathrm{N}[0,\sigma^2(1+1/n)]$ である. したがって, μ の推定を考慮した 95% 参照区間は次のようになる.

$$[\overline{y}-1.96\sigma\sqrt{1+1/n},\ \overline{y}+1.96\sigma\sqrt{1+1/n}]$$

これにより, y のスケールで 95% 参照区間は $[4.43, 9.79]$ であり, alp のスケールに 95% 参照区間を戻すと, $[104.33, 510.18]$ となる. 図 3.3 では, 区間を図示している.

(b) ベイズ流のアプローチ

ここでも再び, alp の測定値に変換を施し (y スケール), 正規分布 $\mathrm{N}(\mu,\sigma^2)$ を仮定する. μ の事前分布に正規分布を仮定すると, 式 (2.13) は事後分布もまた正規分布に従うことを示している. 事後分布の導出のときと同様の手段を用いることによって, PPD も正規分布であることを示す.

$$\widetilde{y}\,|\,\boldsymbol{y} \sim \mathrm{N}(\overline{\mu},\sigma^2+\overline{\sigma}^2) \tag{3.12}$$

同様に, 事前予測分布は $\mathrm{N}(\mu_0,\sigma^2+\sigma_0^2)$ である.

PPD は, 95%PPI を導き, 自動的に等裾 PPI と最高 PPI とは等しくなる.

$$[\overline{\mu}-1.96\sqrt{\sigma^2+\overline{\sigma}^2},\ \overline{\mu}+1.96\sqrt{\sigma^2+\overline{\sigma}^2}] \tag{3.13}$$

事前分散 σ_0^2 が大きいとき, $\overline{\mu} \approx \overline{y}$, $\overline{\sigma}^2 \approx \sigma^2/n$ であり, 式 (3.12) は近似的に $\widetilde{y}\,|\,\boldsymbol{y} \sim \mathrm{N}[\overline{y},\sigma^2(1+1/n)]$ となる. 結果として, 事前分布が無情報のとき, ベイズ流の 95% 参照区間は数値的に, 頻度論の 95% 参照区間に等しくなる. ただし, パラメータの不確実性を違う方法で考慮している. □

ベイズ流許容区間は, 1 変量正規分布に対して Aitchson (1964, 1966) により最初に導出された. しかしながら医学分野ではほとんど使われなかったようである. ほんのわずかだけ本質的な文献が存在し, もっとも重要なものは 1975 年に公表されている (Kraunse et al. 1975). さらに, 最新の出版である Krishnamoorthy and Mathew (2009) がベイズ流許容区間のトピックとして 16 ページだけ割いている.

3.4.3.2　2 項分布の場合

新しいランダム化比較臨床試験の設定に先立ち, 様々なシナリオを反映させることは慣習となっている. 例えば, 新しい試験における組み入れ基準や除外基準の選択

に多くの考えを取り入れる．したがって，最も有望なシナリオの選択は予測確率を伴う．例えば，ECASS 3 試験に先立ち，SICH を患う rt-PA で治療された患者数に興味があるかもしれない．より具体的には，もし ECASS 2 試験と同様の患者が組み入れられるとき，最初の中間解析における rt-PA で治療された患者の数の予測に興味がある．

例 III.7: 脳卒中試験：中間解析における SICH 発症の予測

(a) 頻度論的アプローチ

(仮想的な) ECASS 2 試験に関して，SICH を発症する確率 θ の最尤推定値 (MLE) は，$8/100 = 0.08$ である．簡単な方法として，2 項分布 $\mathrm{Bin}(50, 0.08)$ は，将来の標本サイズ 50 において SICH 患者数である $\widetilde{y}$ の予測分布として，よく表していると仮定する．2 項分布は離散的なので，正確な 95% 予測集合を得ることはできない．$\theta = 0.08$ の仮定のもとで，$\{0, 1, \ldots, 7\}$ は 94% の将来の数を含んでいる．したがって，50 人中 10 例の SICH 患者がいたら，この (仮想的な) 観察値について，いくらか心配すべきである．しかし，$\widehat{\theta}$ のばらつきを考慮していないので，この方法は単純過ぎる．

$\widehat{\theta}$ のばらつきを組み入れることは，古くからの問題であり，1920 年にカール・ピアソン (Karl Pearson) がすでに定式化している．この問題は次のように要約される．θ が与えられたもとで，y と $\widetilde{y}$ はそれぞれ独立に $\mathrm{Bin}(n, \theta)$ と $\mathrm{Bin}(m, \theta)$ に従うとする．このとき，y を与えたもとでの $\widetilde{y}$ の条件付き分布はどうなるであろうか？ピボタル量がないので，正規分布のときに比べて，2 項分布に関して解くのは難しい．Pawitan (2001, pp.430–433) では，$\widetilde{y}$ のプロファイル尤度を用いることを提案している．すなわち，$L(\widetilde{y}) = \max_\theta L(\theta, \widetilde{y})$ である．ここで，$L(\theta, \widetilde{y})$ は観察値 y にもとづくパラメータと将来の観測値の結合尤度である．結果として，$\widetilde{y}$ の分布は以下で紹介するベイズ流の解と非常に似たものが与えられる．n が大きいときは，(もし，標準誤差の式における $\widehat{\theta}$ を定数と仮定できるなら) 別の可能性として $\widehat{\theta}$ の対称な正規分布を利用して，予測正規分布を導くこともある．これは，近似的に $\widehat{\theta}$ のばらつきを考慮していることになる．

(b) ベイズ流アプローチ

ECASS 2 試験にもとづく θ の事後分布はベータ分布 $\mathrm{Beta}(9, 93)$ に従う．標本サイズ $m = 50$ において，PPD は将来の rt-PA で治療された SICH 患者数 $\widetilde{y}$ の分布を表す．式 (3.9) の $p(\widetilde{y} \mid \theta)$ を 2 項分布 $\mathrm{Bin}(m, \theta)$ で置き換え，$p(\theta \mid \boldsymbol{y})$ をベータ分布

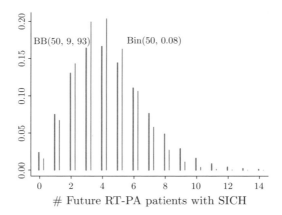

図 3.4 脳卒中試験：2 項分布 Bin(50, 0.08) とベータ 2 項分布 BB(50, 9, 93) による中間解析時に rt-PA 治療中の 50 人における SICH 患者の予測数．2 項分布は細線，ベータ 2 項分布は太線．

Beta(α, β) で置き換えると，次が導かれる．

$$\begin{aligned} p(\widetilde{y} \mid \boldsymbol{y}) &= \int_0^1 \binom{m}{\widetilde{y}} \theta^{\widetilde{y}}(1-\theta)^{(m-\widetilde{y})} \frac{\theta^{\alpha-1}(1-\theta)^{\beta-1}}{B(\alpha, \beta)} \, d\theta \\ &= \binom{m}{\widetilde{y}} \frac{B(\widetilde{y}+\alpha, m-\widetilde{y}+\beta)}{B(\alpha, \beta)} \end{aligned} \quad (3.14)$$

これはラプラスによって最初に導出されたベータ 2 項分布 (beta-binomial distribution) BB(m, α, β) である．図 3.4 は，ベータ 2 項分布 BB$(m, \overline{\alpha}, \overline{\beta})$ が頻度論的アプローチで得られる 2 項分布 Bin$(m, \overline{\theta})$ よりもばらついていることを示している．94.4% 最高 PPS は $\{0, 1, \ldots, 9\}$ であり，50 例中 10 例の SICH 患者がいたら，今度は，(a) よりは少し極端でないと言える．事前予測分布もまたパラメータ α_0 と β_0 をもつベータ 2 項分布である．□

3.4.3.3 ポアソン分布の場合

ここでは，ベイズ流アプローチだけを考える．ポアソン尤度は，ガンマ事前分布と結合し，事後分布がガンマ分布に従うことを示した．したがって，PPD は，θ に関する重みとして，ポアソン分布 Poisson$(\widetilde{y} \mid \theta)$ とガンマ分布 Gamma(α, β) を重み付けして結合したものである．式 (3.9) を当てはめ，$p(\widetilde{y} \mid \theta) \equiv \theta^{\widetilde{y}} e^{-\theta}/\widetilde{y}!$ と $p(\theta \mid \boldsymbol{y}) \equiv \frac{\beta^\alpha}{\Gamma(\alpha)} \theta^{\alpha-1} e^{-\beta\theta}$ を利用すると次が導かれる．

$$p(\widetilde{y} \mid \boldsymbol{y}) \equiv \frac{\Gamma(\alpha+\widetilde{y})}{\Gamma(\alpha)\widetilde{y}!} \left(\frac{\beta}{\beta+1}\right)^\alpha \left(\frac{1}{\beta+1}\right)^{\widetilde{y}} \quad (3.15)$$

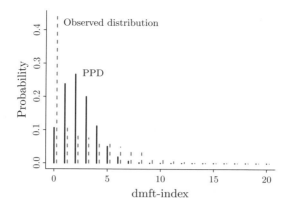

図 3.5 虫歯研究：dmft 指数の観測値の分布と事後予測分布 (NB(9761, 4352))

これは，負の 2 項分布 (negative binomial distribution) であり，NB(α, β) と表す．この分布は Pólya 分布とも呼ばれる．これは，式 (1.3) で $\tilde{y}$ が s の役割をもち，式 (1.3) における k を正の実数 α とすることにより，負の 2 項分布を一般化する．1 回の試行による成功確率は，$\theta = 1/(\beta + 1)$ である．

例 III.8: 虫歯研究：虫歯発生の PPD

ガンマ事後分布 Gamma(9761, 4532) を用いて，将来のカウント $\tilde{y}$ の PPD は負の 2 項分布 NB(9761, 4352) より得られる．図 3.5 は，dmft 指数の観察値の分布と PPD を示している．2 つの分布を比較すると，明らかに，dmft 指数に関してポアソン分布を仮定することが適切でないことがわかる． □

第 10 章では，観察された分布と PPD の比較が，当てはめの適合度検定の元となっていることをみる．

3.5 交換可能性

標本 $\{y_1, y_2, \ldots, y_n\}$ における独立性の仮定は，$P(y_1, y_2, \ldots, y_n \mid \theta) = \prod_{i=1}^{n} p(y_i \mid \theta)$ と書ける．したがって，独立性とは θ で条件付けて定義され，独立であるならば，$y_1, y_2, \ldots, y_n$ の結合分布は周辺分布の積に分解される．

実際には，θ は未知であるが，ベイズの枠組みにおいては，事前分布 $p(\theta)$ が与えられる．θ に関する不確実性で平均することによって，$\{y_1, y_2, \ldots, y_n\}$ の周辺または条

件付きでない結合分布は次のように得られる.

$$\begin{aligned}p(y_1, y_2, \ldots, y_n) &= \int_\theta p(y_1, y_2, \ldots, y_n \mid \theta) p(\theta)\, d\theta \\ &= \int_\theta \prod_{i=1}^n p(y_i \mid \theta) p(\theta)\, d\theta\end{aligned} \quad (3.16)$$

式 (3.16) より,次を導く.

$$p(y_1, y_2, \ldots, y_n) = p(y_{\pi(1)}, y_{\pi(2)}, \ldots, y_{\pi(n)}) \quad (3.17)$$

ここで,π は集合 $\{1, 2, \ldots, n\}$ の置換である.上記の等式が成り立つとき,確率変数 $y_1, y_2, \ldots, y_n$ は交換可能 (exchangeable) と呼ぶ.式 (3.16) における積と積分は計算順序の交換可能ではないので,交換可能性は独立性を意味しないが,同じ周辺分布をもつ確率変数の独立性は交換可能性を意味する.頻度論の枠組みでも,θ が定数ではなく,確率変数のとき,同様の現象が起こる.独立ではないが交換可能性がある確率変数の例として,確率ベクトル $(y_1, y_2, \ldots, y_n)$ が,平均 0,すべての相関が ρ (共分散行列が正定値であるためには $\rho \geq -1/(n-1)$) の多変量正規分布をもつ場合がある.しかし,一般的に $(y_1, y_2, \ldots, y_n) \sim N_n(\boldsymbol{\mu}, \boldsymbol{\Sigma})$ の場合,$y_1, y_2, \ldots, y_n$ は交換可能でない.交換可能性と独立性の違いについての基礎的な確率の例に関しては例 3.16 を参照のこと.

交換可能性とは,同様な (similar) 確率変数ということに近いが,あくまでも,実験の枠組みから導かれる仮定である.臨床試験において,被験者が順次組み入れられるとする.このとき,組み入れられた被験者に時間的傾向があると信じる理由がなければ,被験者は交換可能である.実践においては,被験者は交換可能でないとみなされるたくさんの理由が考えられる.例えば,被験者の性別や年齢の違いなどである.被験者が「同様」かどうかの決定は研究の目的次第である.いくつかの研究での問題に関しては,性別は重要でないかもしれないし,別の試験では男性と女性とで異なる分布に従うかもしれない.さらに,交換可能性は明らかに,研究者が問題をどれくらいよく知っているかにも依存する.研究者がその問題について極めて精通しているとき,研究者は被験者は交換可能と判断しにくい傾向がある.この詳細は,Draper *et al.* (1993) を参照のこと.

交換可能性は予測においては重要となる.3.4 節では,過去のデータ $\{y_1, \ldots, y_n\}$ と「同様」と仮定される将来の観察値 $\tilde{y}$ の分布を求めた.$\tilde{y}$ と $\{y_1, \ldots, y_n\}$ との条件付きの独立性を仮定するが,θ の真値は未知なので,$\{\tilde{y}, y_1, \ldots, y_n\}$ の条件付きでない分布は交換可能だが,独立ではない.このような従属性は過去のデータから学ぶこ

とができる．もし θ がわかっているとき過去のデータは条件付き独立なので，$\tilde{y}$ の分布を決定するのに役立たない．

交換可能性は，より形式的な方法で，de Finetti (1937, 1974) によって導入された．de Finetti は式 (3.17) の条件を有限交換可能性 (finite exchangeability) と呼んだ．彼は，それぞれの有限な部分列が交換可能なとき，確率変数の無限列に関して，無限交換可能性 (infinite exchangeability) を定義した．上述したように，条件付き独立な確率変数から始めると，式 (3.16) を満たす交換可能な確率変数は条件付きでなくなる．de Finetti はまた定理 3.5.1 に示す逆の結果も証明した．

定理 3.5.1 (表現定理，representation theorem) $y_1, y_2, \ldots, y_n$ を累積分布関数 F，確率密度 p をもつ無限交換可能な 2 値確率変数の列とする．このとき累積分布関数 Q が存在し，

$$p(y_1, y_2, \ldots, y_n) = \int_0^1 \prod_{i=1}^n \theta^{y_i}(1-\theta)^{1-y_i} \mathrm{d}Q(\theta)$$

ここで，$Q(\theta) = \lim_{n\to\infty} F(s_n/n \le \theta)$，$s_n = y_1 + y_2 + \cdots + y_n$，$\theta = \lim_{n\to\infty} s_n/n$ である． □

証明は，Bernardo and Smith (1994, pp.172–173) を参照のこと．上述の定理は，$y_1, y_2, \ldots, y_n$ が交換可能なとき，事前分布 $Q(\theta)$ が与えられたもとで，パラメータ θ のベルヌーイ確率変数 $\mathrm{Bern}(\theta)$ と y_i は独立であると仮定することに同値である．あるいは，$p(y_1, y_2, \ldots, y_n \mid \theta) = \prod_{i=1}^n \theta^{y_i}(1-\theta)^{1-y_i}$ を意味する．言い換えれば，交換可能性とは，超パラメータが事前に与えられた単純な階層モデルと同値である (第 9 章参照)．したがって，確率変数に関する自然な仮定が事前分布と尤度を結合するベイズモデルを導くという意味で，表現定理はベイズ流アプローチの合理性を示しているとベイジアンから見られている．

表現定理は多項分布と実数値をとる確率変数へ拡張されている．その定理とその証明は Bernardo and Smith (1994) の第 4 章に記載されている．

交換可能でないと考えられるときでも，被験者は部分集団内では交換可能と考えることができる．例えば，女性と男性は別々に交換可能であるかもしれない．別の例としては，降圧治療の効果は，年齢や性別によって異なるが，それぞれの年齢と性別内においては交換可能かもしれない．このとき，部分または条件付きの交換可能性 (partial or conditional exchangeability) と呼ぶ．一般的には，2 人の被験者 i と j の応答 y_i と y_j が，それぞれ共変量 x_i と x_j で条件付けて交換可能なとき，共変量 x を与えた

条件付きの交換可能 (conditional exchageable) と呼ぶ．第 9 章では，階層モデルへ交換可能性をさらに拡張する．

3.6 事後分布に対する正規近似

上記のすべての例において，事前分布の選択は，事後分布と事後分布の要約量を解析的に導出することが可能であった．他の事前分布が選択されていた場合，必要な事後分布の情報を得るために数値計算が必要となる．ベイズの定理における分母の積分を数値的に計算する必要があるので，特に複数のパラメータがある場合に，これは複雑となる．

しかし，問題が数値的に複雑のときでさえ，大標本に関する事後分布の正規近似を用いることにより，ベイズ流の解析はかなり単純化することができる．

3.6.1 尤度の正規近似にもとづくベイズ流の解析

θ の最尤推定量は，大標本に関して近似的に正規分布に従う．最尤推定量は漸近的に十分統計量なので，データの尤度は最尤推定量の正規尤度によってよく近似される．正規尤度が事前正規分布と結合すると，結果として，事後分布も正規分布となることがわかっている．

例 III.9 において，例 I.3 で紹介したケース・コントロール研究を Ashby *et al.* (1993) と同様の方法で解析する．これまでの例と同様に，まず頻度論的アプローチから始める．

例 III.9: Kaldor's *et al.* (1990) のケース・コントロール研究：正規近似を用いた事後分布の推測

表 1.1 に Kaldor *et al.* (1990) によって行われたケース・コントロール研究の結果が要約されている．Ashby *et al.* (1993) にあるとおり，ケース・コントロール・デザインでのマッチングの特性はここでは無視されている．

コントロール (ケース) において危険因子を有する確率を θ_0 (θ_1) とし，コントロール (ケース) の総数を n_0 (n_1)，危険因子 (化学療法) をもつコントロール (ケース) の数を r_0 (r_1) とする．オッズ比は危険因子と疾患との関連を表すが，推定上，通常はオッズ比の対数を用いる．

$$\gamma = \log\left[\frac{\theta_1/(1-\theta_1)}{\theta_0/(1-\theta_0)}\right]$$

3.6 事後分布に対する正規近似

γ の最尤推定量は次のようになる.

$$\widehat{\gamma} = \log\left[\frac{r_1\,(n_0 - r_0)}{r_0\,(n_1 - r_1)}\right]$$

これは,平均 γ,分散が次のようになる正規分布に近似的に従う.

$$\mathrm{var}(\widehat{\gamma}) \equiv \sigma_{\widehat{\gamma}}^2 = \frac{1}{r_0} + \frac{1}{n_0 - r_0} + \frac{1}{r_1} + \frac{1}{n_1 - r_1}$$

イベント数が少ないときは,各セルの頻度に 0.5 を足すと,正規近似が改善する (Agresti 1990).

(a) 頻度論的アプローチ

$\widehat{\gamma} \sim \mathrm{N}(\gamma, \sigma_{\widehat{\gamma}}^2)$ にもとづき,γ に関する近似的な有意性検定および 95%CI が得られる.これによりオッズ比 e^{γ} に関しても有意検定および 95%CI が与えられる.ここでは,$\widehat{\gamma} = 2.08$ で,$e^{\widehat{\gamma}} = 8.0\ (P < 0.0001)$ である.95%CI は γ に関しては $[1.43, 2.72]$ であり,オッズ比 e^{γ} に関しては $[4.2, 15.2]$ である.

(b) ベイズ流アプローチ

ベイズ流のアプローチでは,γ についての推論に大標本を必要としないが,大標本は $\widehat{\gamma}$ の計算を簡便化する.2.7 節より,γ に関する事前正規分布 $\mathrm{N}(\gamma_0, \sigma_0^2)$ は $\widehat{\gamma}$ の正規尤度と結合し,事後正規分布 $\mathrm{N}(\overline{\gamma}, \overline{\sigma}^2)$ を生成する.

$$\begin{aligned}
\overline{\gamma} &= \left(\frac{\widehat{\gamma}}{\sigma_{\widehat{\gamma}}^2} + \frac{\gamma_0}{\sigma_0^2}\right) \times \overline{\sigma}^2 \\
\overline{\sigma}^2 &= \left(\frac{1}{\sigma_{\widehat{\gamma}}^2} + \frac{1}{\sigma_0^2}\right)^{-1}
\end{aligned}$$

図 3.6(a) は,弱い情報のある (weakly informative) 事前分布 ($\gamma_0 = \log(5), \sigma_0 = 10000$) を選んだときのオッズ比の事前分布と事後分布を示している.事後分布の要約量は対数オッズ比のスケール (正規分布を仮定) で求められ,その後,オッズ比のスケールに戻される.γ の事後分布の要約量は,(実質的に) 上述の頻度論の解析から得られた結果と同一である.つまり,事後最頻値,事後中央値,事後平均は γ の最尤推定値に等しく,95% 信用区間は対応する信頼区間に等しい.オッズ比の尺度において,事後中央値は e^{γ} の最尤推定値に等しいが,事後平均と事後最頻値は異なる.図 3.6(a) は対数オッズ比のスケールにおける 95%HPD 区間がオッズ比のスケールにおける HPD 区間ではないことを例示している (3.3.2 節参照).

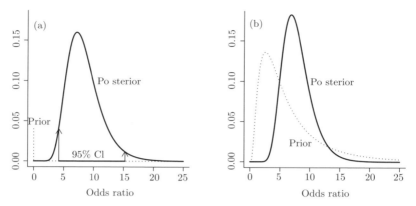

図 3.6 Kaldor らの症例対照研究：(a) γ の事前分布 $N(1.6, 10000^2)$ にもとづく e^γ の事後分布と (b) γ の事前分布 $N(1.6, 0.82^2)$ にもとづく e^γ の事後分布

　臨床家は，化学療法は常にリスクを増大すると想定していた (Ashby *et al.* 1993)．彼らの e^γ に関する「最良の推量 (best guess)」(中央値) は 5，オッズ比に関する 95% 事前信用区間は $[1, 25]$ であった．したがって，大雑把に言うと，専門家は，γ に関して $N(1.6, 0.82^2)$ に 95% の信念を与えていた．図 3.6(b) にオッズ比の事前分布と事後分布を示している．γ の事後中央値は，それよりも少し低く，7.5 であり，データから得られたものより幾分リスクは低いという専門家の信念を反映している．95%CI は $[4.1, 13.6]$ である．　　　□

3.6.2　事後分布の漸近的性質

　標本数が大きいときには，正規分布でない事前分布と尤度が結合する場合でも，正規事後分布の利用は正当化される．1785 年にラプラスは，逆確率に関する中心極限定理を証明した．つまり，古典的な中心極限定理が証明される以前に，事後分布の漸近正規性は証明されていた！しかし，事後分布は一様事前分布の場合，定数を除けば，2 つの結果は密接に互いに関係する．現在では，事後分布の漸近正規性は，大標本のとき尤度は事前分布を優越するということで，古典的な漸近理論の結果から得られる．だがしかし，... 歴史的には逆のことが起こった (Hald 2007)．パラメータが 1 つの場合のベイズ流の中心極限定理を以下に示す．複数のパラメータの場合も同様に一般化される．

定理 3.6.1　　$\boldsymbol{y}$ を n 個の互いに独立な同一の分布 $p(\boldsymbol{y}|\theta) \equiv L(\theta|\boldsymbol{y})$ に従うランダム標本とし，$p(\theta) > 0$ を θ の事前分布とする．適切な正則条件のもと，$n \to \infty$ のと

き，事後確率 $p(\theta \mid \boldsymbol{y})$ は正規分布 $N(\widehat{\theta}, \sigma_{\widehat{\theta}}^2)$ に収束する．ここで，$\widehat{\theta}$ は θ の最尤推定量で，$\sigma_{\widehat{\theta}}^2 = -\left(\frac{d^2 \log L(\theta \mid \boldsymbol{y})}{d\theta^2}\mid_{\theta=\widehat{\theta}}\right)^{-1}$ である． □

実際には，正則条件は通常満たされる．例えば，正則条件の 1 つは事前分布の台 (support) に最尤推定値が含まれているべきということである．Gelman $et\ al.$ (2004, pp.108–111) は正則条件の影響について詳しく説明している．

頻度論の枠組みにおいて，中心極限定理は中心的な役割を占めている．実際には，漸近理論に依存する必要があるように，多くの頻度論の検定は小標本では扱いにくい．これは，正確なベイズ流の推論は常に単純な事後分布の探索によって得られるので，ベイズ流アプローチには当てはまらない．定理 3.6.1 は，この探索が n が大きいときに簡単になることを述べている．

例 III.10：虫歯研究：事後平均 (dmft 指数)

小標本に関しても事後分布の正規近似が妥当であることを示すために，最初の 10 人の子供の dmft 指数を選択する．ガンマ事前分布 Gamma(3, 1) と尤度 ($\sum_i^{10} y_i = 26$) は，θ の事後分布として Gamma(29, 11) を与える．事後分布の正規近似 (定理 3.6.1 によって計算される) は，一般に，平均 $\widehat{\theta} = \overline{y}$，分散 $\sigma_{\widehat{\theta}}^2 = \overline{y}/n$ である．したがって，$\overline{y} = 2.6$，$\sigma_{\widehat{\theta}}^2 = 0.26$ をそれぞれ得る．ここでは示さないが，正規近似は非常に良い．また，研究全体に適用するとき，正規近似は真の事後分布と重なる． □

定理 3.6.1 は，大標本については，事前分布の選択は重要ではないということと，事後分布が完全に尤度によって決定されることを意味している．しかし，小標本や中程度の標本については，これに頼ることはできず，事後分布は明示的に計算する必要がある．事後分布を解析的に解くことは，共役事前分布に関して可能である．事前分布の別の選択においては，数値計算が必須である．3.7 節では，いろいろな事前分布に関する事後分布を計算するためのいくつかの比較的単純な数値計算の手法を概説する．

3.7 事後分布に対する数値計算

この節では，事後分布と事後分布の要約量に対する 2 つの数値計算手法を簡単に概説する．最初の手法は，必要な積分を直接近似する数値積分手法である．第 2 の手法は，積分を事後分布からサンプリングすることによって置き換えるものである．サンプリングが，多くのことを提供できることを示す．また，第 6 章からは，すべての事後分布の計算は，より複雑なアルゴリズムを使用するものの，サンプリングを介して

行われる．本章では，1 次元の問題に焦点をあてるが，原理的にはすべての手法は，パラメータ θ がベクトル $\boldsymbol{\theta}$ となる多次元問題にも適用できる．

3.7.1 数値積分

数値的に積分を近似するための手法は多数存在する．ここでは初歩的手法から始め，近年変量効果モデルにおいてよく使用される手法で締めくくる (Verbeke and Molenberghs 2000 も参照のこと)．$f(\theta)$ を，場合によっては無限区間である $[a,b]$ 間で積分する滑らかな関数とする (無限区間のとき，閉区間は開区間または半開区間によって置き換えられる)．この関数は，$t(\theta)$ を要約量とすると，$t(\theta)p(\theta|\boldsymbol{y})$ または $t(\theta)p(\boldsymbol{y}|\theta)p(\theta)$ である．後者の式において，$t(\theta)=1$ のとき，ベイズの定理の分母の計算である．

最も単純な積分の手法は，$\delta = \theta_m - \theta_{m-1}$ となる等間隔の格子点の $a \equiv \theta_0 < \theta_1 < \cdots < \theta_{M+1}$ を考える．積分 $\int_{\theta_{m-1}}^{\theta_m} f(\theta)\mathrm{d}\theta$ を計算するための最初の単純な手法は，底辺 δ と高さ $f(\theta_m^*)$ の長方形によって m 番目の部分区間における関数 $f(\theta)$ を近似することである．ここで，$\theta_m^* = (\theta_{m-1} + \theta_m)/2$ で，m 番目の部分区間の中点である．これにより，$\int_{\theta_{m-1}}^{\theta_m} f(\theta)\mathrm{d}\theta \approx \delta f(\theta_m^*)$ である．全区間での積分は，すべての部分区間での合計によって得られる．したがって，次のとおりである．

$$\int_a^b f(\theta)\mathrm{d}\theta \approx \sum_{m=1}^{M+1} w_m f(\theta_m^*) \qquad (3.18)$$

ここで，$w_m = \delta$ である．台形法 (trapezoidal rule) では，その区分的に定数関数は $f(\theta_{m-1})$ と $f(\theta_m)$ を通る線形関数によって置き換えられる．よく知られているシンプソンの公式 (Simpson's rule) は，区分的に 2 次多項式を用いることによりさらに改良している．$f(\theta)$ が，θ に関する多項式と正規密度関数の積によって，近似されるとき，効率的な積分計算は，ガウス求積法 (Gaussian quadrature) を通して行われる．Naylor and Smith (1982) はベイズ流の計算に関してこの手法を導入した．ガウス求積法において，(無限区間 $(-\infty, \infty)$ における) 求積点 (quadrature point) と呼ばれる M 個の格子点 (等間隔ではない) は，M 次エルミート多項式 (Hermite polynomial) の零点である．重み w_m は，m 番目の格子点において評価される $(M-1)$ 次エルミート多項式の関数である．ガウス求積法の重要な特性は，上述の多項式の次元が $2M-1$ のとき，積分が正確に再生成されることである．ガウス求積法には，非適応型 (nonadaptive) と適応型 (adaptive) の 2 つのバージョンがある．非適応型において，求積点は $f(\theta)$ に依存しない．適応型においては，求積点は事後最頻値を中心とし，事後最頻値での事後密度関数の曲率を利用して，求積点間の間隔を決める．概して，適応型ガウス求積法

は非適応型に比べて少ない求積点で，同程度の精度を達成する．これはロジスティック変量効果モデルの枠組みで Lesaffre and Spiessens (2001) によって示されている．

1つの求積点に関して，適応型ガウス求積法はラプラスの積分公式 (Laplace method for integration) あるいはラプラス近似 (Laplace approximation) に帰着する．これは数値近似および解析的導入のどちらにおいても重要な手段である．ラプラス近似を実行するため，式 (3.18) における積分を次のように書き直す．

$$\int \exp[h(\theta)] \, d\theta$$

ここで，$h(\theta) = \log f(\theta)$ であり，滑らかな単峰有界関数である．多くの場合，$h(\theta)$ は標本の対数尤度関数か事前分布の対数尤度の積である (詳細は 11.4.2 節を参照のこと)．この手法は $h(\theta)$ のテイラー級数展開にもとづき，次の近似を導く．

$$\int \exp[h(\theta)] \, d\theta \approx (2\pi)^{d/2} |A|^{1/2} \exp[h(\widehat{\theta}_M)] \tag{3.19}$$

ここで，$\widehat{\theta}_M$ は $h(\cdot)$ (あるいは $f(\cdot)$) が最大となる点の値であり，A は $\widehat{\theta}_M$ における h の2次導関数 (Hessian) の逆数の負数である．ラプラス法の別の公式と改良については，Tanner (1996, pp.44–47) を参照のこと．

例 III.11 において，Signal-Tandmobiel® 研究の dmft 指数に関して，ガンマ事前分布を対数正規事前分布に置き換える．これにより，解析的に事後分布を計算できないという点で問題の複雑性は劇的に増大する．つまり，ベイズの定理の分母 $\int p(\boldsymbol{y} \mid \theta) p(\theta) d\theta$ は，事後要約量と同様に数値的に評価する必要がある．

例 III.11：虫歯研究：対数事前分布に関する事後分布

例 III.10 において，事前分布としてガンマ分布を対数正規分布に置き換えたとき，事後分布は複雑な関数となり事後分布の要約量は簡単には求まらない．より具体的には，θ の事前分布に以下を仮定する．

$$p(\theta) = \frac{1}{\theta \sigma_0 \sqrt{2\pi}} e^{-\left(\frac{\log(\theta) - \mu_0}{2\sigma_0}\right)^2} \quad (\theta > 0) \tag{3.20}$$

すると，事後分布は次に比例する形になる．

$$\theta^{\sum_{i=1}^n y_i - 1} e^{-n\theta - \left(\frac{\log(\theta) - \mu_0}{2\sigma_0}\right)^2} \quad (\theta > 0) \tag{3.21}$$

上の事後分布は極めて複雑である．Press (2003, p.175) は，AUC は未知であり，事後分布に関して解析的には求められないことを示している．したがって，数値計算に頼らざるをえない．

$\mu_0 = \log(2)$, $\sigma_0 = 0.5$ とする事前対数正規分布に対して,図3.9における実線を生成するため10000個の等間隔の格子点をもつ中点方法を用いた.明らかに,これはあまり効率的でない手法だが,ここでの目的には役立つ.格子アプローチにより,事後要約量も求めることができ,事後平均は2.52,事後分散は0.22であった. □

3.7.2 事後分布からのサンプリング

モンテカルロ法は,最近のベイズ統計では重要な位置を占めている.これからの章でこれを明らかにしていく.モンテカルロ法では,期待値はシミュレーションで生成された確率変数の標本平均によって近似される.

まず,サンプリングされた値から求められた平均によって,積分の代わりとするモンテカルロ積分を扱う.正規分布,ベータ分布,ガンマ分布などの標準的な事後分布からのサンプリングは,標準的なソフトウェア (S+, R, SAS®, STATA® など) を用いて実行可能である.以下に見られるように,他の事後分布は汎用サンプラーが必要となるかもしれないので,一般的なサンプラーの手法を概説する.逆累積分布関数 (inverse cumulative distribution function, ICDF) 法,採択・棄却アルゴリズム (acceptance-rejection algorithm) と重点サンプリング (importance sampling) である.なお,サンプリングのさらなる潜在価値は,第6章で明らかにする.

3.7.2.1 モンテカルロ積分

事後分布の要約量 $\int t(\theta) p(\theta \mid \boldsymbol{y}) d\theta$ は分布 $p(\theta \mid \boldsymbol{y})$ のもとでの $t(\theta)$ の期待値 $E[t(\theta) \mid \boldsymbol{y}]$ である.$p(\theta \mid \boldsymbol{y})$ からの K 個の独立にサンプリングされた値 $\{\theta^1, \ldots, \theta^K\}$ があるとする.そして,K が大きいとき,大数の強法則に従い,次のようになる.

$$\int t(\theta) p(\theta \mid \boldsymbol{y}) d\theta \approx \bar{t}_K = \frac{1}{K} \sum_{k=1}^{K} t(\theta^k)$$

不偏推定量 $\bar{t}_K$ を $E[t(\theta) \mid \boldsymbol{y}]$ のモンテカルロ推定量 (Monte Carlo estimator) と呼ぶ.離散的な θ に関しては,積分は和に置き換えられる.上の結果は,確率,総和と積分はモンテカルロ法によって近似が可能ということである.さらに,経験分布関数と標本値のヒストグラムは,$K \to \infty$ のとき,真の事後分布に収束する.

古典的な中心極限定理 (CLT) によれば,真の要約量の推定精度は古典的な 95%CI によって定量化される.

$$[\bar{t}_K - 1.96 \, s_t/\sqrt{K}, \, \bar{t}_K + 1.96 \, s_t/\sqrt{K}] \tag{3.22}$$

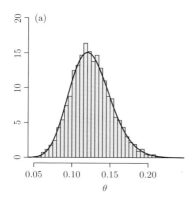 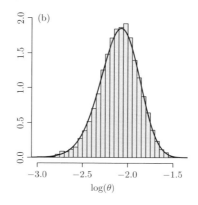

図 3.7 脳卒中試験：(a) θ と (b) $\log(\theta)$ に関する真の事後分布とサンプリングされた事後分布

ここで，s_t はサンプリングされた値 $t(\theta^k)$ から求めた標準偏差であり，$s_t/\sqrt{K}$ をモンテカルロ誤差 (Monte Carlo error) と呼ぶ．最初の標準偏差は，事後標準偏差の近似値であり，それに対し 2 つ目は，推定された事後平均の不確かさの推定値である．式 (3.22) の区間は，サンプリング手順が真の事後平均を決定する際の精度を示す．95% 等裾確率 CI は，事後分布からサンプリングされた値の 2.5% 点と 97.5% 点で近似することができる．サンプリングされた値にもとづく最高事後密度区間 (HPD 区間) に関しては，例 III.12 を解析するために R プログラムで実装されている Tanner (1993, pp.70–71) の手順を用いる ('chapter 3 sample from beta distribution stroke study. R').

例 III.12: 脳卒中試験：事後分布からのサンプリング

rt-PA 治療患者に関して SICH の発症率の事後情報はベータ分布 Beta(19, 133) で要約される (例 II.1 参照)．R の関数 *rbeta* を用いて，Beta(19, 133) から θ の値を 5000 個サンプリングした．図 3.7(a) より，サンプルのヒストグラムは真の事後分布と極めて近いことがわかる．

$\log(\theta)$ の事後分布は，ヤコビアンの計算を要するが，実際には簡単である．しかし，$\log(\theta)$ のヒストグラムを得るために，R プログラムにもう 1 行加えることでより簡単にサンプルを得ることができる．図 3.7(b) は，$\log(\theta)$ のサンプルのヒストグラムは真の事後分布と極めて近いことを示している．加えて，ベータ分布の標本要約値は実質的に真の要約値と等しい．

R の関数 *quantile* により，θ の 95% 等裾確率 CI を構成すると [0.0780, 0.181] となり，真の事後分布から得られる値と視覚的に等しくなっている．Tanner (1993, pp.70–

71) による提案にもとづくと，θ の近似 95%HPD 区間は $[0.0747, 0.178]$ である．Chen and Shao (1999) は，Tanner (1993) の手法を改良したものを提案しており，これは R パッケージの CODA (または BOA) で実装されている． □

　サンプリングの利点は，わずかな追加作業により，$\log(\theta)$, $\theta/(1-\theta)$ などの要約値を得ることができることである．対応する事後分布の解析的な式を導出することは，より大きな (ときに骨が折れる) 労力を必要とする．

3.7.2.2　汎用サンプリングアルゴリズム

　多くの古典的な分布では，特定のアルゴリズムが確率変数を生成するために提案されている (Ripley 1987; Gentle 1998 参照)．(事後) 分布に利用できる特定のサンプリング技法がない場合は，専用の手順を開発する必要があるか，または汎用アルゴリズムを使用することができる．最初の一般的なアプローチは逆累積分布関数 (ICDF) 法である．その後，補助分布 (instrumental distribution) を利用する 2 つのサンプリング手法を紹介する．

(a) 逆累積分布関数 (ICDF) 法

　確率変数 x が連続な累積分布関数 F をもつとする．このとき，$F(x) \sim \mathrm{U}(0,1)$ である．F^{-1} が存在するとすると，$x = F^{-1}(u), u \sim \mathrm{U}(0,1)$ によって F からサンプリングする手法が提案される．これを ICDF 法と名付ける．ICDF 法の離散値版もあり，離散パラメータに関して WinBUGS によって利用されている．

(b) 採択・棄却アルゴリズム

　採択・棄却 (accept-reject, AR) アルゴリズムにおいて，はじめに補助分布 (instrumental distribution) $q(\theta)$ よりサンプリングする．次に，$p(\theta\,|\,\boldsymbol{y})$ からのサンプルとするため，いくつかのサンプリングされた値は棄却される．分布 $q(\theta)$ は提案分布 (proposal distribution) と呼ばれ，これに関連して，$p(\theta\,|\,\boldsymbol{y})$ は目標分布 (target distribution) と呼ばれる．AR アルゴリズムでは，$p(\theta\,|\,\boldsymbol{y})$ は $q(\theta)$ の定数倍で上に有界であると仮定する．つまり，すべての θ に関して $p(\theta\,|\,\boldsymbol{y}) < Aq(\theta)$ となるような定数 $A < \infty$ が存在する．したがって，分布 q は包絡分布 (envelope distribution) とも呼ばれる．A は包絡定数 (envelope constant) であり，Aq は包絡関数 (envelope function) である．サンプリングは 2 段階で行われる．まずは，一様分布 $\mathrm{U}(0,1)$ から得られる u とは独立に，$\tilde{\theta}$ が $q(\theta)$ から抽出される．第 2 段階で，$\tilde{\theta}$ は採択するか棄却するかを次の規則

に従って決定する.

- 採択：$u \leq p(\widetilde{\theta} \,|\, \boldsymbol{y})/Aq(\widetilde{\theta})$ のとき，$\widetilde{\theta}$ は $p(\theta \,|\, \boldsymbol{y})$ からの値として採択される.
- 棄却：$u > p(\widetilde{\theta} \,|\, \boldsymbol{y})/Aq(\widetilde{\theta})$ のとき，$\widetilde{\theta}$ は棄却される.

いま，このサンプリングアルゴリズムが J 回繰り返されるとき，$p(\theta \,|\, \boldsymbol{y})$ からのサンプル $\{\theta^1, \ldots, \theta^K\}$ が発生できる ($K \leq J$). これを証明するために，次の式を示す必要がある.

$$P(\widetilde{\theta} \leq \theta \,|\, \widetilde{\theta} \text{ を採択}) = P(\widetilde{\theta} \leq \theta \,|\, \boldsymbol{y})$$

これは次の式より導かれる.

$$
\begin{aligned}
P(\widetilde{\theta} \leq \theta \,\&\, \widetilde{\theta} \text{ を採択}) &= \int_{-\infty}^{\theta} P(\widetilde{\theta} \text{ を採択} \,|\, \widetilde{\theta})\, P(\widetilde{\theta})\, \mathrm{d}\widetilde{\theta} \\
&= \int_{-\infty}^{\theta} q(\widetilde{\theta}) \frac{p(\widetilde{\theta} \,|\, \boldsymbol{y})}{A\, q(\widetilde{\theta})} \mathrm{d}\widetilde{\theta} = \int_{-\infty}^{\theta} \frac{p(\widetilde{\theta} \,|\, \boldsymbol{y})}{A} \mathrm{d}\widetilde{\theta}
\end{aligned}
$$

また，

$$P(\widetilde{\theta} \text{ を採択}) = \int_{-\infty}^{\infty} \frac{p(\widetilde{\theta} \,|\, \boldsymbol{y})}{A} \mathrm{d}\widetilde{\theta} = \frac{1}{A}$$

この証明より，たとえ積 $p(\theta)p(\boldsymbol{y} \,|\, \theta)$ だけが利用可能でも，AR アルゴリズムは事後分布からのサンプルを生成する. この特性は非常に有用である (第 6 章参照). しかし，AR アルゴリズムは $p(\theta \,|\, \boldsymbol{y})$ の台が $q(\theta)$ の台に含まれるとき，つまり，もし $p(\theta \,|\, \boldsymbol{y}) > 0$ で $q(\theta) > 0$ のときのみ，適切に働く. AR アルゴリズムの効率は $\widetilde{\theta}$ が採択された確率によって測ることができ，これは $1/A$ に等しい. したがって，A が 1 に近付くほど，AR アルゴリズムの効率は高くなる.

一般に，包絡分布を見つけることは容易ではない. 対数凹分布に関して，Gilks and Wild (1992) は，適応的に区分的に線形な包絡関数を生成することをねらいとする適応型棄却サンプリング (adaptive rejection sampling, ARS) アルゴリズムを提案した. 加えて，$p(\theta \,|\, \boldsymbol{y})$ への区分的下限は，圧搾関数 (squeezing function) と呼ばれ，適応的に構成される. 2 つの有名な ARS アルゴリズム，ARS の接線法 (tangent method) と ARS の導関数を用いない方法 (derivative-free method) がある. まず，最初のアプローチに焦点をあてる. サンプリングの概略は次のとおりである. 事後分布の対数をとり，$\log p(\theta \,|\, \boldsymbol{y}) \equiv lp(\theta)$ とする. $lp(\theta)$ は上に凸であり，その台上で，微分可能であると仮定する. $lp(\theta)$ はすでに $\theta_1, \theta_2, \theta_3$ で評価されているとする. 包絡関数は，これら 3 つの点に関して図 3.8(a) にある接線をつなげることによって決定される. 圧搾関数は，$(\theta_1, lp(\theta_1))$，$(\theta_2, lp(\theta_2))$，$(\theta_3, lp(\theta_3))$ の点をつなげることによって決定され，図 3.8(a) における境界点となる. 指数をとり，AUC $= 1$ となるように標準化さ

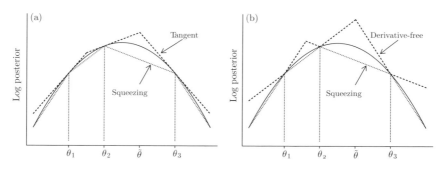

図 3.8 ARS アルゴリズム：(a) 接線法 ARS と (b) 導関数を用いない ARS の包絡関数と圧搾関数

れた包絡関数と圧搾関数を，それぞれ q_U と q_L と呼ぶことにする．そして，q_L からの $\tilde{\theta}$ と U(0,1) から独立に u を取り出す．もし，$u \leq q_L$ であれば，$\tilde{\theta}$ を採択する．したがって，圧搾関数は対数尤度の評価を避けることができる．もし，$u > q_L$ であれば，$lp(\tilde{\theta})$ を評価し，上述の一般的な AR アルゴリズムで行ったように $\tilde{\theta}$ を採用する．もし，最初のステップにおいて，$\tilde{\theta}$ が棄却されるのであれば，格子に $\tilde{\theta}$ を加え，その点と更新された q_U と q_L で接線を計算する．この AR アルゴリズムの利点は，サンプリングされた値よりもはるかに少ない $lp(\theta)$ の評価が必要ということである．つまり，K 個のサンプリングされた点に関して，およそ $K^{1/3}$ の評価が必要である．一般に，5 から 10 の格子点が，ARS アルゴリズムで良い性能を示すのに必要である．図 3.8(b) において，導関数を用いない ARS アルゴリズムの包絡関数と圧搾関数を示した．これは，接線法の ARS における包絡関数とは異なっている．導関数を用いない ARS は WinBUGS で実装されており，パッケージの最も重要なサンプラーでもある．最後に，ARS アプローチは，対数が上に凸でない事後分布に応えるためメトロポリス (Metropolis)・サンプリングアルゴリズム (第 6 章参照) と結合されている (Gilks and Tan 1995). これは ARMS アルゴリズムと呼ばれており，いくつかの SAS® のベイズプロシジャに実装されている．

重点サンプリングと SIR アルゴリズム

ここでは，補正法とともに補助分布 (instrumental distribution) からのサンプリングは必要であるが，包絡関数を見つける必要のない 2 つのサンプリングの手順を紹介する．両方の手法とも，事後分布は定数を除けば既知であるとする．

重点サンプリング (importance sampling) は，補助分布 $q(\theta)$ からのサンプリングによって分布の要約量を推定するために分散減少法として，Kahn and Marshall (1953)

によって最初に提案された．Kloek and van Dijk (1978) はこの手法をベイジアンの世界に導入した．$p(\theta\,|\,\boldsymbol{y})$ の台 (support) が $q(\theta)$ の台の一部であるとする．要約量 $t(\theta)$ の事後平均に興味があるとすると，以下のとおりである．

$$\begin{aligned} E\left[t(\theta)\,|\,\boldsymbol{y}\right] &= \int t(\theta) p(\theta\,|\,\boldsymbol{y})\,\mathrm{d}\theta \\ &= \int \left[t(\theta)\frac{p(\theta\,|\,\boldsymbol{y})}{q(\theta)}\right] q(\theta)\,\mathrm{d}\theta \\ &= E_q\left[t(\theta)\frac{p(\theta\,|\,\boldsymbol{y})}{q(\theta)}\right] \end{aligned} \quad (3.23)$$

式 (3.23) は次のサンプリングアルゴリズムを考えることができる．$q(\theta)$ からのサンプル $\theta^1,\ldots,\theta^K$ を与えられたもとで，$E[t(\theta)\,|\,\boldsymbol{y}]$ の推定量は次のようになる．

$$\frac{1}{K}\sum_{k=1}^{K}\frac{t(\theta^k)p(\theta^k\,|\,\boldsymbol{y})}{q(\theta^k)} \equiv \frac{1}{K}\sum_{k=1}^{K} t(\theta^k) w(\theta^k) \quad (3.24)$$

ここで，重点重み (importance weight) $w(\theta^k) = p(\theta^k\,|\,\boldsymbol{y})/q(\theta^k)$ である．重点重みの期待値は 1 である．しかし，重みの実現値ではそうはならない．したがって，正規化された重みにもとづく式は次のように与えられる．

$$\widehat{t}_{I,K} = \frac{\sum_{k=1}^{K} t(\theta^k) w(\theta^k)}{\sum_{k=1}^{K} w(\theta^k)} \quad (3.25)$$

正規化された推定量 $\widehat{t}_{I,K}$ は，事後分布が定数を除いて既知であるとき利用できるという利点をもつ．$\widehat{t}_{I,K}$ は，基本的にいかなる $q(\theta)$ に関して $E[t(\theta)\,|\,\boldsymbol{y}]$ に収束するが，以下の条件を満たさないと値のばらつきは大きくなる．

$$\int \left[t^2(\theta)\frac{p^2(\theta\,|\,\boldsymbol{y})}{q^2(\theta)}\right] q(\theta)\,\mathrm{d}\theta = \int \left[t^2(\theta)\frac{p^2(\theta\,|\,\boldsymbol{y})}{q(\theta)}\right]\mathrm{d}\theta < \infty$$

この条件は，$q(\theta)$ の裾が $p(\theta\,|\,\boldsymbol{y})$ の裾よりも重くなければならないことを意味する．

明らかに，重点サンプリングは真の事後分布からの要約値を推定するために，事後分布からの標本を発生するのではなく，$q(\theta)$ から発生させたサンプルを利用する．一方，重み付きサンプリング・リサンプリング法 (weighted sampling-resampling method) は，Rubin (1998) による SIR (sampling/importance resampling) と呼ばれ，事後分布からのサンプルを生成する．このアルゴリズムは以下のとおりである．

- 第 1 段階： $q(\theta)$ からの J 個の独立な値 $\boldsymbol{\theta} \equiv \{\theta^1,\ldots,\theta^J\}$ を抽出し，上述の重み $w_j \equiv w(\theta^j)$ を計算する．これはサンプリングされた θ をカテゴリーと対応する確率 $w = (w_1, w_2, \ldots, w_J)$ をもつ多項分布を定義する．

- 第 2 段階: $\boldsymbol{\vartheta}$ から，$K \ll J$ 個のサンプルを取り出す．つまり，多項分布 $\mathrm{Mult}(K, w)$ から抽出する．

ここで，SIR アルゴリズムが最終的に正しい事後分布からサンプリングすることの証明を示す．サンプリングされた $\tilde{\theta}$ が θ 以下である確率は次に等しい．

$$\sum_{j:\,\theta^j \le \theta}^{J} w_j = \frac{\sum_j [p(\theta^j \mid \boldsymbol{y})/q(\theta^j)]\,\mathrm{I}(\theta^j \le \theta)}{\sum_j p(\theta^j \mid \boldsymbol{y})/q(\theta^j)}$$

$J \to \infty$ のとき，極限を求めると，θ の範囲を確率 $q(\tilde{\theta})\mathrm{d}(\tilde{\theta})$ の小区間に分割することで和は積分となる．

$$\frac{\int_{-\infty}^{\theta} [p(\tilde{\theta} \mid \boldsymbol{y})/q(\tilde{\theta})]\mathrm{I}(\tilde{\theta} \le \theta) q(\tilde{\theta})\,\mathrm{d}\tilde{\theta}}{\int_{-\infty}^{\infty} [p(\tilde{\theta} \mid \boldsymbol{y})/q(\tilde{\theta})] q(\tilde{\theta})\,\mathrm{d}\tilde{\theta}} = \frac{\int_{-\infty}^{\theta} p(\tilde{\theta} \mid \boldsymbol{y})\,\mathrm{d}\tilde{\theta}}{\int_{-\infty}^{\infty} p(\tilde{\theta} \mid \boldsymbol{y})\,\mathrm{d}\tilde{\theta}} = P(\tilde{\theta} \le \theta \mid \boldsymbol{y})$$

どちらの重点サンプリングアプローチも様々な実に多くの応用において極めて有用であることが示されている．例えば，第 10 章において，影響のある観察値を見つける際のこのサンプリングの有用性を例示する．ここでは，例 III.11 の事後分布に関する AR アルゴリズムと SIR アルゴリズムを例示する．

例 III.13: 虫歯研究：対数正規事前分布をもつ事後分布からのサンプリング

ガンマ分布を対数正規分布に置き換えると解析的に難しくなるが，事後分布と要約量はサンプリングを通して簡単に得ることができる．

(a) 採択・棄却アルゴリズム

対数正規分布は，$\log(\theta)$ が μ_0 に等しいとき，最大化される．これにより，次のようになる．

$$Aq(\theta) = \theta^{\sum_{i=1}^{n} y_i - 1} e^{-n\theta}$$

$Aq(\theta)$ の式は，定数を除いてガンマ分布 $\mathrm{Gamma}(\sum_i y_i, n)$ の形である．したがって，AR アルゴリズムを適用するために，単純に確率変数 $\tilde{\theta}$ をガンマ分布から発生させ，さらに独立な一様分布からの確率変数 u を発生させ，$u \le p(\tilde{\theta} \mid \boldsymbol{y})/Aq(\tilde{\theta})$ かどうかを評価する．

例 III.11 と同様の設定で，AR アルゴリズムを適用し，生成したのが図 3.9 にあるヒストグラムである．1000 個の θ をサンプリングしたが，アルゴリズムが 160 個の値を棄却したため，ヒストグラムは 840 個のサンプリングされた θ にもとづいている．サンプリングされた値から，簡単に事後分布の要約量を導出することができる．事後

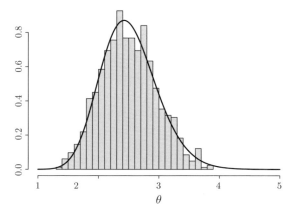

図 3.9 虫歯研究 (最初の 10 人の子供の部分サンプル)：事後分布 (対数正規事前分布-ポアソン尤度) から AR アルゴリズム (サイズ = 840) によって得られたランダムサンプルのヒストグラム．実線は事後分布からの数値近似

平均 (事後中央値) は 2.50 (2.48)，事後分散は 0.21，95% 等裾確率 CI は $[1.66, 3.44]$ である．

(b) 重み付きサンプリング・リサンプリング・アルゴリズム

別のアプローチは，最初にガンマ事前分布とポアソン尤度の結合によって得られるガンマ事後分布からサンプリングを行う．次に，適切な重みを用いて，これらのサンプルから (リ) サンプリングする．この場合，補助分布 q は別の事前分布にもとづく事後分布である．このアプローチは Smith and Gelfand (1992) によって提案された．しかし，q は尤度部分とは異なることもありうる．より具体的には，最初の事後分布が次のようであり，

$$p_1(\theta \mid \boldsymbol{y}) = \frac{L_1(\theta \mid \boldsymbol{y}) p_1(\theta)}{p_1(\boldsymbol{y})}$$

2 つ目の事後分布は

$$p_2(\theta \mid \boldsymbol{y}) = \frac{L_2(\theta \mid \boldsymbol{y}) p_1(\theta)}{p_2(\boldsymbol{y})}$$

であり，このとき，

$$p_2(\theta \mid \boldsymbol{y}) \propto \frac{L_2(\theta \mid \boldsymbol{y}) p_2(\theta)}{L_1(\theta \mid \boldsymbol{y}) p_1(\theta)} p_1(\theta \mid \boldsymbol{y}) = \nu(\theta) p_1(\theta \mid \boldsymbol{y})$$

である．

ここで，SIR 法は $p_1(\theta \mid \boldsymbol{y})$ から (大きな) サンプル $\theta^1, \ldots, \theta^J$ をとることから始まる．第 2 段階で，$K (\ll J)$ 個の θ を重み $w_j = \nu(\theta^j) / \sum_{i=1}^{J} \nu(\theta^i)$ $(j = 1, \ldots, J)$

でリサンプリングし，$p_2(\theta \mid \boldsymbol{y})$ からのランダムサンプルを得る．最初に，ガンマ分布 Gamma$(3,1)$ を事前分布 $p_1(\theta)$ とし，ポアソン尤度と結合して得られるガンマ分布 Gamma$(29,11)$ からサイズ $J = 10000$ のランダムサンプルをとる．次に，上に示す重みと上で定義した対数正規事前分布 $p_2(\theta)$ を用いて，このサンプルからサイズ $K = 1000$ のランダムサンプルを取り出す．図 3.9 と極めて類似した図なので，サンプリングされた値のヒストグラムは示さない．事後要約値もまた AR アルゴリズムを用いて得られたものと極めて類似していた． □

前の例において 2 つ目の適用は，ベイズ流の感度分析において，魅力的である．そのため，重み $w_j = L(\theta^j \mid \boldsymbol{y}_{(i)})/L(\theta^j \mid \boldsymbol{y})$ を用いて単純にリサンプリングすることによって解析から観察値を除外する効果を評価できる．それゆえ，$L(\theta \mid \boldsymbol{y}_{(i)})$ は，i 番目以外のすべての観測にもとづく尤度である．もし i 番目の観測値の要約量 $t(\theta)$ への効果が興味の対象であれば，上で定義した重み w_j を用いて推定量 $\hat{t}_{I,J}$ をそれぞれの観測値 $i(= 1, \ldots, n)$ に関して順に計算できる．

3.7.3 事後要約量の選択

最近では，事実上すべてのベイズ解析はサンプリングにもとづいている．この章では，ある分布から独立したサンプルを生成するサンプリングを概説したが，第 6 章では，独立でないサンプルの生成手法を扱う．しかし，事後要約量が計算される方法は，概してサンプリング法とは独立している．ほとんどの文献で報告されている事後要約量は，平均，中央値，標準偏差である．これは，これらの指標がサンプリングによって簡単に得られるからであり，最も有名なベイズのソフトウェアである WinBUGS の標準的な出力である．最頻値は，直接 WinBUGS から得ることができず，したがって，ほとんど報告されていない．しかし，第 9 章で事後最頻値も有用かもしれないことを示す．例えば，事後分散の報告に関して，ベイズ法と頻度論の結果を比較するときなどである (最尤推定量はフラット事前分布に関して事後最頻値と等しいため)．区間推定については，それが WinBUGS の標準的出力の一部であるため，等裾確率 CI がやはり最も頻繁に用いられている．HPD 区間は，R パッケージ CODA と BOA によって計算される．

3.8 ベイズ流仮説検定

この節では，2 つのベイズ流の仮説検定の方法を扱う．ベイズ流のアプローチにおいて，パラメータ θ は確率変数である一方で，パラメータの真値は仮定する．これは，

ベイズ流の枠組みにおいても形式的な仮説検定の利用を正当化する．

3.8.1 信用区間にもとづく推論

帰無仮説を $H_0 : \theta = \theta_0$ とする．この仮説は，信用区間を用いて，直ちに検証することができる．これを行うために，2 つの方法がよく利用されている．最初のアプローチでは，θ の 95%CI を計算する．θ_0 が区間の中に含まれていないとき，ベイズ流の方法において，帰無仮説は棄却されたとみなせる．このアプローチは，例えば，ベイズ流回帰モデルにおける回帰係数の評価などのときに，よく用いられる．

帰無仮説に対する事後のエビデンスは，等高確率 (contour probability) p_B を通しても表すことができる．この確率は，θ_0 を含む最小 HPD 区間から計算される．つまり，この区間の外側に θ があるという事後確率は，データに照らし合わせたとき θ_0 の値がどれくらい極端かの事後的な信念を表している．定式化すると，等高確率 p_B は次のように定義される．

$$P(p(\theta \mid \boldsymbol{y}) > p(\theta_0 \mid \boldsymbol{y})) \equiv 1 - p_B$$

図でみると，p_B は帰無仮説の値を含む最小 HPD(最高事後密度) 区間によって受け入れられる AUC の補集合である．もし，p_B が小さいなら，帰無仮説 $H_0 : \theta = \theta_0$ は事後的に支持されない．

等高確率は，Box and Tiao (1973, p.125) によって最初に提案され，頻度論における両側 P 値のベイズ流のそれに対応するものだとみなすことができる．したがって，観察されたデータと事前分布のみにもとづくことに留意して，p_B をベイズ流の P 値とみなすことができる．しかし，論文などでは，ベイズ流の P 値は事後予測評価から得られた確率を言及しているものもある (第 10 章参照)．

例 III.14: クロスオーバー試験：ベイズ流仮説検定における信用区間の利用

収縮期高血圧である $30 (= n)$ 例の患者が 2 つの降圧治療 A と B を無作為に割り付けられた．1 ヶ月間治療した後，収縮期血圧の低下が測定された．無治療 (ウォッシュアウト) 期間の後，最初の期間に治療 $A(B)$ だった患者は治療 $B(A)$ で次の期間は治療された．治療終了後，$y = 21$ の患者で治療 A が治療 B に比べて収縮期血圧の低下を示した．θ を A が B よりも収縮期血圧の低下が優れている確率を表すものとする．時期効果がない場合，$H_0 : \theta = \theta_0 (= 0.5)$ を両側 2 項検定に用いることができる．これにより，A の方が B よりも血圧低下が良かったことがわかった ($P = 0.043$)．

ベイズの枠組みにおいて，事前分布 (ここでは一様分布) と 2 項尤度とを結合する．30 人の患者のうち 21 人が成功 (A は B よりも良い) は，ベータ分布 Beta(22, 10) と

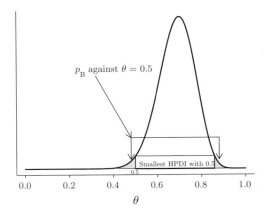

図 3.10 クロスオーバー試験：帰無仮説 $\theta = 0.5$ に関する等高確率

して得られる．

θ の 95%HPD 区間は $[0.53, 0.84]$ であり，0.5 を含んでいない．したがって，帰無仮説に反するエビデンスがある．図 3.10 では，$\theta = 0.5$ を含む最小 HPD 区間は，$p_B = 0.0232$ に対応して示されている．したがって，ベイズ流の観点からも帰無仮説に対しての強い疑いがある． □

事後分布がサンプリング手法によって得られるとき，p_B は正確には求めることができない．しかし，事後サンプル $\{\theta^1, \ldots, \theta^K\}$ を用いて，$1 - \widehat{p}_B$ によって等高確率は近似することができる．ここで，$\widehat{p}_B$ は，$p(\theta^k \,|\, \boldsymbol{y}) \geq p(\theta_0 \,|\, \boldsymbol{y})\,(k = 1, \ldots, K)$ となる回数の観測された割合である．

3.8.2 ベイズファクター

Jeffreys のベイズ統計に対する主要な貢献の 1 つであるベイズファクター (Bayes factor) は，仮説を支持する事前から事後へのオッズの変化を測るものであり，ベイズ統計における尤度比検定に相当する．観察されたデータ $\boldsymbol{y}$ が与えられたもとで，特定の仮説 H が真である事後確率に興味があるとする．この確率を $p(H \,|\, \boldsymbol{y})$ と表記する．ベイズの定理を用いてこの確率を比較するため，仮説のもとでの平均尤度が必要である．つまり，仮説 H のもとで，θ に関する事前確率を $p(\theta \,|\, H)$ とし，$p(\boldsymbol{y} \,|\, H) = \int p(\boldsymbol{y} \,|\, \theta)p(\theta \,|\, H)\mathrm{d}\theta$ である．そして，3.8.1 節の設定のもとで，H_0 を真とする事後確率を計算する．

$$p(H_0 \,|\, \boldsymbol{y}) = \frac{p(\boldsymbol{y} \,|\, H_0)p(H_0)}{p(\boldsymbol{y} \,|\, H_0)p(H_0) + p(\boldsymbol{y} \,|\, H_a)p(H_a)} \tag{3.26}$$

これは，ベイズの定理から直接導かれる．上式は，もし $p(H_0 | \boldsymbol{y}) > 0.5$ なら，帰無仮説に対する強い事後信念が与えられ，帰無仮説が選択されることを示している．つまり，帰無仮説は対立仮説よりも真であると考えられる．しかし，頻度論の枠組みにおいては，そのような結論は受け入れられない．

H_a は H_0 の補集合なので，$p(H_a) = 1 - p(H_0)$，$p(H_a | \boldsymbol{y}) = 1 - p(H_0 | \boldsymbol{y})$ となり，次のようになる．

$$\frac{p(H_0 | \boldsymbol{y})}{1 - p(H_0 | \boldsymbol{y})} = \frac{p(\boldsymbol{y} | H_0)}{p(\boldsymbol{y} | H_a)} \times \frac{p(H_0)}{1 - p(H_0)} \tag{3.27}$$

式 (3.27) は仮説 H_0 に関する事前オッズが，項 $p(\boldsymbol{y} | H_0)/p(\boldsymbol{y} | H_a)$ で乗算することにより，事後オッズに変わるところを示している．この項はベイズファクターと呼ばれ，$BF(\boldsymbol{y})$ と表記される．ベイズファクターは仮説 H_0 と H_a のもとでの尤度比であり，0 から ∞ の値をとる．$BF(\boldsymbol{y})$ が 1 より大きいとき (小さいとき)，H_0 に関する事後オッズは事前オッズより大きい (小さい) ことを示し，H_0 の事後確率は事前確率よりも大きくなる (小さくなる)．ゆえに，ベイズファクターは H_0 のオッズに対するデータの影響を表している．伝統的に，ベイズファクターの分子は帰無仮説に関係していて，値が小さいとき H_a が支持される．つまり，古典的 P 値が小さいときと同様の見方である．Jeffreys (1961, p.432) はベイズファクターを次のように分類している (H_a に対して H_0 を支持)：「明白 (decisive)」($BF(\boldsymbol{y}) > 100$)，「とても強い (very strong)」($32 < BF(\boldsymbol{y}) \leq 100$)，「強い (strong)」($10 < BF(\boldsymbol{y}) \leq 32$)，「かなり (substantial)」($3.2 < BF(\boldsymbol{y}) \leq 10$)，「特筆に値するほどではない (not worth more than a bare mention)」($1 < BF(\boldsymbol{y}) \leq 3.2$)．頻度論の有意水準 0.05 のように，ベイズファクターのこの分類は恣意的である．特定の $BF(\boldsymbol{y})$ の影響の見解をみるために，H_0 の事前確率が 0.10 とすると，$BF(\boldsymbol{y}) = 3.2$ のとき，H_0 の事後確率は 0.26 となり，比較的小さな変化しか表さない．一方，$BF(\boldsymbol{y}) = 100$ のとき，この事後確率は 0.92 に増加し，劇的に変化する．

例 III.15 で，3 つの古典的仮説検定のシナリオにおける，ベイズファクターの利用を議論する．

例 III.15: クロスオーバー試験：ベイズファクターの利用

パラメータ θ に関して，次の 3 つのシナリオを考える．

- $H_0 : \theta = 0.5$ 対 $H_a : \theta = 0.8$ (0.5 と 0.8 のみがあり得る)
- $H_0 : \theta \leq 0.5$ 対 $H_a : \theta > 0.5$
- $H_0 : \theta = 0.5$ 対 $H_a : \theta \neq 0.5$

これまでと同様に，H_0 と H_a はそれぞれ帰無仮説と対立仮説である．それぞれ3つのシナリオに対して，ベイズファクターを導出する．

シナリオ1：$H_0 : \theta = 0.5$ 対 $H_a : \theta = 0.8$

このシナリオにおいて，θ は2つの値のみを取りえる離散値である．それぞれの仮説に事前の好みはないと仮定し，等しい重みを両仮説に与える：$p(H_0) = p(H_a) = 0.5$．H_0 および H_a のもとでの尤度は，それぞれ次のようになる．

- $p(y = 21 \mid H_0) = \binom{30}{21} 0.5^{21} 0.5^9 = 0.0133$
- $p(y = 21 \mid H_a) = \binom{30}{21} 0.8^{21} 0.2^9 = 0.0676$

$BF(21)$ はほぼ0.2となり，(Jeffreys によれば) $\theta = 0.5$ よりも $\theta = 0.8$ を支持する「かなり」のエビデンスがある．等しい事前確率を与えた場合，ベイズファクターは2つの事後確率の比に等しくなる．

このシナリオにおいては，ベイズファクターは正確に古典的な尤度比に一致する．けれども，頻度論とは異なり，推論は観察されたデータのみにもとづいている．

シナリオ2：$H_0 : \theta \leq 0.5$ 対 $H_a : \theta > 0.5$

このシナリオにおいて，θ は連続量である．$p(H_0 \mid y)$，$p(H_a \mid y)$，ベイズファクターの計算に関して，$p(y \mid H_0)$ が必要である．この尤度は，区間 $[0, 0.5]$ における θ の事前分布によって与えられる重みを用いた $p(y \mid \theta)$ に対する重み付き平均である．同様の計算により $p(y \mid H_a)$ を得る．一様分布 $p(\theta \mid H_0)$ と $p(\theta \mid H_a)$ による等しい事前確率を与えた場合，H_0 および H_a のもとでの平均尤度は，それぞれ次のようになる．

- $p(y = 21 \mid H_0) = \int_0^{0.5} \binom{30}{21} \theta^{21}(1-\theta)^9 \, 2 \, d\theta = 2\binom{30}{21} B(22, 10) 0.01472$
- $p(y = 21 \mid H_a) = \int_{0.5}^{1} \binom{30}{21} \theta^{21}(1-\theta)^9 \, 2 \, d\theta = 2\binom{30}{21} B(22, 10)(1 - 0.01472)$

上述の計算において，$0.01472 = \frac{1}{B(22,10)} \int_0^{0.5} \mathrm{Beta}(\theta \mid 22, 10) d\theta$ である．このシナリオでは，$BF(21)$ はだいたい0.015となる．Jeffreys に従うと，$\theta \leq 0.5$ よりも $\theta > 0.5$ を支持する「かなり」のエビデンスがある．

このシナリオにおいて，ベイズファクターは古典的な尤度比とは等しくない．実際，もし異なる事前分布 $p(\theta \mid H_0)$ と $p(\theta \mid H_a)$ を選んでいたら，異なるベイズファクターを得る．Goodman (1999b) は，パラメータに特定の事前分布を特定することは仮説の特定の一部であり，したがって，推測に影響を与えると論じている．

3つ目のシナリオは，「シャープな (sharp)」帰無仮説として知られているものであり，実践において最も一般的な仮説検定である．

シナリオ 3： $H_0 : \theta = 0.5$ 対 $H_a : \theta \neq 0.5$

このシナリオにおいて，「シャープな (sharp)」あるいは「単純な (simple)」帰無仮説を検定する．ここでは，H_0 と H_a の事前確率をどのように割り当てるかはすぐにわかるようなものではない．前者は単純仮説であるが，後者は複合仮説だからである．実際，連続な事前分布を用いると $\theta = 0.5$ の事後分布は 0 である．この概念的な難点を回避するため，論争がないわけではないが，H_0 に「まとまりになった (lump)」事前分布を割り当てる．例えば，0.5 である．この場合，H_0 のもとでの尤度と，一様分布 $p(\theta \,|\, H_a)$ を用いた H_a のもとでの平均尤度は（したがって，$p(\theta)$ もまた），それぞれ次のようになる．

- $p(y = 21 \,|\, H_0) = \binom{30}{21} 0.5^{21} 0.5^9 = 0.0133$
- $p(y = 21 \,|\, H_a) = \int_0^1 \binom{30}{21} \theta^{21} (1-\theta)^9 \mathrm{d}\theta = \binom{30}{21} B(22, 10)$

$BF(21)$ は約 0.41 であり，$\theta = 0.5$ よりも $\theta \neq 0.5$ を支持している．しかし，Jeffreys の分類に従えば，「特筆に値するほどではない」エビデンスである．

尤度比検定統計値 Z は $\frac{0.5^{21} 0.5^9}{(21/30)^{21} (9/30)^9} = 0.0847$ となり，P 値は 0.026 で再び対立仮説を支持する．比較すると，ベイズファクターを用いて得られたものより帰無仮説を否定する強い証拠が得られている． □

ベイズファクターはベイズ統計の中心的役割を担っており，ベイズ流のモデル選択と変数選択において不可避なものである．このことは，10.2.1 節と第 11 章で示す．しかし，ベイズファクターの実践での利用は計算上の難しさによって阻まれている．10.2.1 節で，ベイズファクターを利用する利点と欠点を詳細に述べる．

最後に，P 値との関係に関する議論をもって，ベイズファクターの概説を終える．この文脈において，Jeffreys-Lindley-Bartlett のパラドックス (Jeffreys-Lindley-Bartlett's paradox) も議論する．

3.8.3 ベイズ流仮説検定と頻度論の仮説検定

3.8.3.1 P 値，ベイズファクター，事後確率

P 値はデータが H_0 を支持しないエビデンスを表しているが，H_0 が真（あるいは偽）である確率を表しているわけではない．したがって，P 値が例えば 0.049 のとき，H_0 が真である確率が約 0.05 であるということにはならない．しかし，それがこの結果の一般的な解釈であり，Goodman (1999a, 1999b) はこれを P 値の誤謬 (P-value fallacy) と呼んでいる．ベイズ流のアプローチだけが，$p(H_0 \,|\, \boldsymbol{y})$ やベイズファクター

を用いて，このように述べることができる．しかし，ある場合においては，頻度論の P 値もそのように述べても大きく違わないことがある．

Casella and Berger (1987) は上記のシナリオ 2，つまり $H_0 : \theta \leq 0$ 対 $H_a : \theta > 0$ の場合を調べ，P 値と $p(H_0 \,|\, \boldsymbol{y})$ を比較した．いろいろな実践的な計算において，$p(H_0 \,|\, \boldsymbol{y})$ は対立仮説の設定，仮説の事前確率，症例数に依存する．そのため各々の特定の場合における P 値と $p(H_0 \,|\, \boldsymbol{y})$ との比較は，むしろ問題を複雑化させ，混乱を引き起こす．そこで，別のアプローチが必要となる．これまでは，仮説検定において，$p(\theta)$ (あるいは $p(\theta \,|\, H_0)$ と $p(\theta \,|\, H_a)$) の選択が必要であることをみてきた．したがって，P 値と $p(H_0 \,|\, \boldsymbol{y})$ との間の意味ある比較のためには，この事前分布を特定しなければならない．特定の $p(\theta)$ を調べる代わりに，Casella and Berger (1987) は事前分布のクラスを調べた．彼らは，$p(\theta)$ が両方の仮説に等しい重みを与えて，妥当な事前分布のクラス (例えば，単峰で対称) に属するのであれば，以下のようになることを示している．

$$\min p(H_0 \,|\, \boldsymbol{y}) = P(\boldsymbol{y})$$

ここで，最小値は，上述の事前確率のクラスの中で考えられ，P 値がデータに依存することは明確にされている．実用的に言えることは，小さい P 値が得られたとき，妥当な事前確率 $p(\theta)$ を用いていたならば，ベイズ流の考えにおいても，小さい P 値は H_0 に関する低いエビデンスを表しているということである．

単純な仮説 (シナリオ 3) に関しては，状況は異なる．Goodman (1999b) は，対立仮説を様々に変えたとき，帰無仮説を支持する最小のベイズファクターとして，最小ベイズファクター $BF_{\min}(\boldsymbol{y})$ を定義した．正規分布の場合において，Goodman (1999b) は $BF_{\min}(\boldsymbol{y}) = \exp(-0.5z^2)$ であることを示した．ただし，z は $P(\boldsymbol{y})$ を算出する観察された検定統計値である．これは次の簡単な場合において，容易にみることができる．σ^2 は既知とし，$y \sim \mathrm{N}(\theta, \sigma^2)$ を仮定し，標本のサイズは n とする．$H_0 : \theta = \theta_0$ と $H_a : \theta \neq \theta_0$ とすると，次のようになる．

$$\frac{p(\overline{y} \,|\, \theta = \theta_0, \sigma)}{p(\overline{y} \,|\, \theta = \overline{y}, \sigma)} = \frac{\exp\left[-0.5 \left(\frac{\overline{y} - \theta_0}{\sigma/\sqrt{n}}\right)^2\right]}{\exp\left[-0.5 \left(\frac{\overline{y} - \overline{y}}{\sigma/\sqrt{n}}\right)^2\right]} = \exp(-0.5z^2)$$

この場合，$P(\boldsymbol{y}) = 0.05$ は $BF_{\min}(\boldsymbol{y}) = 0.15$ に対応しており，それに対応する最小事後確率は，(H_0 と H_a に等しい事前確率を与えたもとで) 0.204 である．これは，観察された P 値が示唆するものより，H_0 を支持しないエビデンスがかなり少ないことを示している．Casella and Berger (1987) と Berger and Sellke (1987) は，この結果を一般化し，さらに少ない結果を得た．これは，単純な仮説検定では，P 値は H_0 を支持し

ないとのエビデンスを誇張するという，(ベイジアンの間で) いまでは広く認められた考えを導いている．より実用的に魅力的なものにするために，Berger and Sellke (1987) と Sellke et al. (2001) は薬剤研究を用いて，「P 値が 0.049」という文に含まれているエビデンスについて例示した．彼らは，$P \approx 0.05$ となる研究に関して，少なくとも 23% (通常は 50% に近い) の薬剤は，取るに足らない効果しかもたないことを実証した．このため，P 値はベイズ流のエビデンスの指標に言い直されるべきであることを意味する P 値の補正 (calibrate the P-value) が提案された．Held (2010) は近年，事前確率と P 値を最小事後確率に変換するグラフィカルなアプローチを提案した．

最後に，頻度論の P 値と同様に，等高確率も「誇張」の問題を抱えている．しかし，多変量の場合，重要な効果を見つけ出すのに，等高確率は大変有用である (1.1.4 節)．P 値との類似性は，医療研究者がベイズ流のアプローチを受け入れることを活性化するかもしれない (何人かは「誤った理由で」正当に考えている)．同じことは，推定に 95%CI を提供する習わしに関しても当てはまり，頻度論の CI でも同じようである．

3.8.3.2　Jeffreys-Lindley-Bartlett のパラドックス

Lindley (1957) と Bartlett (1957) は，ベイズファクターが H_0 を支持するのに対して，頻度論の解析では小さい P 値で帰無仮説を棄却してしまう見かけ上のパラドックスを報告している．これを Lindley のパラドックスと呼ぶだけでなく，Bartlett のパラドックスや Lindley-Bartlett のパラドックス，Lindley-Jeffreys のパラドックスなどとも呼ぶ．このパラドックスは，両方の理論的枠組みにおける仮説検定の哲学の違いにより生じる．ベイズ流のアプローチでは平均尤度を比較するのに対し，頻度論的アプローチにおいては，仮説検定は最大尤度を比較することによって行われる (尤度比検定)．このパラドックスを説明するために Press (2003, pp.222–225) で与えられる次の理論的な例を用いることにする．

例 III.16: Lindley のパラドックスの例示

互いに独立な同一分布からの標本 $\boldsymbol{y} = \{y_1, \ldots, y_n\}$ にもとづき，$H_0 : \theta = \theta_0$ と $H_a : \theta \neq \theta_0$ の検定をしたいとする．ただし，$y_i \sim \mathrm{N}(\theta, \sigma^2)$，$\sigma$ は既知とする．大標本検定統計量は次によって与えられる．

$$z = \frac{\overline{\boldsymbol{y}} - \theta_0}{\sigma/\sqrt{n}}$$

P 値は $p = P(|z| > |z_{\mathrm{obs}}|) = 2[1 - \Phi(z_{\mathrm{obs}})]$ で，z_{obs} は観察された z 統計値である．ベイズファクターの計算では，H_0 と H_a に 0.50 の事前確率を割り当て，$p(\theta) =$

$N(\theta\,|\,\theta_0, \sigma^2)$ を仮定する.H_a のもとでの $\overline{y}$ の周辺分布は $N(\theta_0, (1+\frac{1}{n})\sigma^2)$ となり,標本平均 $\overline{y}$ (と検定統計値 z_{obs}) が与えられたもとでの H_0 の事後確率はそのとき $p(H_0\,|\,\overline{y}) = 1/\{1 + \frac{1}{\sqrt{(1+n)}}\exp[z_{\text{obs}}^2/2(1+1/n)]\}$ になる.これにより,検定統計量 z に関して異なる観察値の事後確率 $p(H_0\,|\,\overline{y})$ が計算可能となり,$z_{\text{obs}} = 1.96$ (両側 P 値 0.05) に関して,標本サイズが 5 から 1000 に増えるとき,$p(H_0\,|\,\overline{y})$ が 0.33 から 0.82 に増える.したがって,比較的小さい P 値に関して,H_0 は比較的高い確率でベイズ流検定で採択され,これを Lindley のパラドックスと呼ぶ.これは,H_a のエビデンスを弱めるような θ の非現実的な多数 (無限) の値を用いて,対立仮説のもとでの尤度の平均化をすることによる結果である. □

Goodman (1999b) は,ベイズファクターが $p(\theta)$ の選択に依存すること,つまり Lindley のパラドックスは,対立仮説の定義における事前分布の不確かさを反映していると論じている.したがって,Lindley のパラドックスを避ける方法は $p(\theta\,|\,H_a)$ に広過ぎない分布を与えることである.これはベイズ流の変数選択において,極めて重要なこととなる (第 10 章参照).

3.8.3.3 検定と推定

上記の計算は,また,頻度論とは異なり,推定と検定がベイズ流のアプローチでは相補的でないことをはっきりと示している (Kass and Raftery 1995).推定では,$\theta = \theta_0$ に確率 0 を割り当てるだろうが,検定ではベイジアンはそのようなシャープな仮説に対し正の確率をおく.推定においては,事前分布はしばしば事後的な結論に大きな影響を与えないが,ベイズファクターに事前分布がかなりの影響を与えるベイズ流の検定においてはそうではない.これに関するさらなる例に関しては,10.2.1 節を参照のこと.最後に,検定では平均尤度だけが計算されるのに対して,推定ではモデルはデータに当てはめられる.

3.9 終わりに

本章では,基本的なベイズ流「言葉遣い」を概説した.概念に焦点をあてるため,パラメータが 1 つの場合に制限した.関心のある実践的な状況では,ほとんどの場合,複数のパラメータが必要である.これは第 4 章の話題であり,本書のその後の章でも扱っているものである.そこでも,そのわかりやすさにかかわらず,ベイズ流のアプローチは,数値的な問題があることがわかる.

演習問題

演習 3.1 以下を示せ. (a) 事後平均が式 (3.3) を最小化する, (b) 事後中央値が式 (3.3) を最小化する. ただし, 2次損失関数は $a > 0$ なる $a|\theta - \widehat{\theta}|$ によって置き換える. (c) 誤った値を選択したときの罰則が 1, 正しい値を選択したときは罰則をなしとすると, 事後最頻値は式 (3.3) を最小化する.

演習 3.2 FirstBayes を用いて, 例 III.2 と例 III.3 の事後要約量を求めよ.

演習 3.3 例 II.3 で得られた事後分布にもとづき, FirstBayes を用いて, Signal-Tandmobiel 研究の事後要約量を導出せよ.

演習 3.4 2項分布の場合, 事後平均は事前平均と最尤推定値の重み付き平均であることを示せ.

演習 3.5 2項分布の場合, ある状況では, 事後分布の分散が事前分布の分散よりも大きくなることを示せ. なお, この背景の一般的な結果については, Pham-Gia (2004) を参照のこと.

演習 3.6 事前ガンマ分布の分散に関する事後ガンマ分布の分散との関係性を, ポアソン分布の場合で検討せよ.

演習 3.7 ガンマ・ポアソン分布に関して, 事後最頻値と事後平均の縮小 (shrinkage) があることを示せ.

演習 3.8 脳卒中試験に関する例 II.5 において, HPD 区間を決定する R の関数を書け. そして, FirstBayes の結果と比較せよ. この演習を Signal-Tandmobiel 研究の dmft 指数についても繰り返せ.

演習 3.9 オッズ比 (OR) に関する HPD 区間は, 表 1.1 の 2 つの行の入れ替えによるグループの交換において, 不変でないことを示せ. より具体的には, もし $[a,b]$ が最初の設定でのオッズ比の HPD 区間として, 交換した行に関するオッズ比に関して $[1/b, 1/a]$ は HPD 区間ではないことを示せ. しかし, この特性が頻度論における信頼区間には保持される. $\gamma = \log(OR)$ に関して, このような難しさが生じないことに注意されたい.

演習 3.10 正規事前分布と結合した正規尤度の PPD が式 (3.12) によって導かれることを示せ.

演習 3.11 R プログラムを利用することによってデータセット 'alp.txt' を用いて例 III.6 の解析を繰り返せ.

演習 3.12 FirstBayes を用いて, 例 III.7 と例 III.8 の解析を繰り返せ.

演習 3.13 平均に関してガンマ事前分布をもつポアソン分布より，n 個の互いに同一で独立なカウントの合計の PPD を導出せよ．

演習 3.14 式 (3.9) の離散型の場合を証明せよ．つまり，n 個の「原因」を C_i とし，A_1 と A_2 を 2 つの条件付き独立な事象で，

$$P(A_1 A_2 \mid C_i) = P(A_1 \mid C_i) P(A_2 \mid C_i) \quad (i = 1, \ldots, n)$$

であり，$P(C_i) = 1/n$ とする．そのとき，次を示せ．

$$P(A_1 \mid A_2) = \sum P(A_2 \mid C_i) P(C_i \mid A_1)$$

演習 3.15 ベータ分布と組み合わせて，負の 2 項尤度に関する PPD を導出せよ (例 2.8 参照)．

演習 3.16 (Cordani and Wechsler 2006 を参照のこと．) 赤 10，白 5 のビー玉の入っている壺からの非復元のランダムサンプリングを考える．ビー玉は 1 つずつ選ばれ，R_i が i 番目に選ばれたビー玉が赤である事象とし，W_i が i 番目に選ばれたビー玉が白である事象とする．$R_1, R_2, \ldots, R_{15}$ ($W_1, W_2, \ldots, W_{15}$) は交換可能であるが，独立な確率変数ではないことを示せ．つまり，$P(R_1) = P(R_2) = \cdots = P(R_{15}), P(R_1 \& R_2) = P(R_2 \& R_3) = \cdots$ であるが，$P(R_1, R_2, \ldots, R_{15}) \neq \prod_{i=1}^{15} P(R_i)$ である．また，復元サンプリングの場合，$R_1, R_2, \ldots, R_{15}$ ($W_1, W_2, \ldots, W_{15}$) は交換可能で独立であることを示せ．

演習 3.17 例 III.9 で専門家が化学療法は潜在的に有害であることを前提としていたとする．オッズ比尺度でのそれらの事前信念はオッズ比の中央値が 5，95%CI が $[1, 25]$ で要約されるとする．例 III.9 における解析を繰り返せ．

演習 3.18 GUSTO-1 試験は，急性心筋梗塞患者の治療として，ストレプトキナーゼ (streptokinase, SK) と rt-PA の 2 つの血栓溶解剤を比較する大規模ランダム化比較試験である．試験の結果は 30 日間死亡率で，治療された患者が 30 日後に死亡しているかどうかを表す 2 値の指示変数である．この試験では，15 ヵ国の 1081 ヵ所の病院で 1990 年 12 月から 1993 年 2 月までで 41021 人の急性心筋梗塞患者が組み入れられた．基礎的解析は The GUSTO Investigators (1993) で報告されており，SK に比べて，rt-PA は 30 日間死亡率が統計学的有意に低いことがわかった．Brophy and Joseph (1995) は GUSTO-1 試験を，rt-PA と SK の両方の治療を受けた患者を除外して，ベイズ流の視点から再解析を行った．事前情報に関しては，2 つの先行する試験 (GISSI-2 試験，ISIS-3 試験) を利用した．表 3.1 では，GUSTO-1 試験と 2 つのヒストリカルな試験からのデー

タを与えている．著者らは，2 群の観察割合の違いで SK と rt-PA を比較した．死亡，非致死的な脳卒中，死亡と非致死的な脳卒中の複合エンドポイントの絶対値のリスク減少 (ar) を用いた．下記の計算においては，ar の正規近似を利用した．

表 3.1　ストレプトキナーゼと rt-PA の比較に関する GUSTO-1，GISSI-2，ISIS-3 試験のデータ．

試験	薬剤	患者数	死亡数	非致死的な脳卒中数	複合イベント
GUSTO	SK	20173	1473	101	1574
	rt-PA	10343	652	62	714
GISSI-2	SK	10396	929	56	985
	rt-PA	10372	993	74	1067
ISIS-3	SK	13780	1455	75	1530
	rt-PA	13746	1418	95	1513

問題

1. (a) GISSI-2 試験，(b) ISIS-3 試験，(c) GISSI-2 試験と ISIS-3 試験の両試験，からのデータにもとづき，ar に関して事前正規分布を決定せよ．
2. 上記の事前分布と無情報正規事前分布にもとづき，GUSTO-1 試験における ar の事後分布を決定せよ．
3. 上で導出した事後分布にもとづき，SK か rt-PA のどちらが良いかに関する事後信念を決定せよ．
4. 2 群における割合を比較して，ベイズ解析と頻度論解析を比較せよ．結論はどのようなものか？
5. 結果をグラフ化して示せ．

演習 3.19　サンプリングのアプローチを用いて，例 III.12 を再解析せよ．また，$\theta/(1-\theta)$ のヒストグラムを示せ．

演習 3.20　事前平均 0.5，事前標準偏差 0.05 の正規事前分布を用いて，例 III.12 を再解析せよ．

演習 3.21　$y = 5$ とし，例 III.14 を再解析せよ．また，θ に関する事前分布を (別のベータ分布に) 変更せよ．例えば，より集中的な事前分布などを用いて，ベイズファクターの変化を評価せよ．

第4章 複数のパラメータ

4.1 はじめに

多くの統計モデルには複数のパラメータが含まれており，その最も典型的な例は正規分布 $N(\mu, \sigma^2)$ である．この章では，複数の (未知) パラメータが含まれた統計モデルによる多変量のベイズ推測を概説する．ただしデータは 1 変量でも多変量でもよい．連続データに対しては多変量正規モデル (と関連するモデル)，カテゴリカルデータに対しては多項モデルを扱う．最後にベイズ流線形回帰モデルとベイズ流一般化線形モデル (Bayesian generalized linear model, BGLIM) を扱う．より複雑なモデルは後の章で説明する．

この章では，複数のパラメータが含まれているときの計算の複雑さを説明する．ベイズ統計の計算では，常に積分の問題が生じる．ベイズの定理によって多変量の事後分布が得られるが，推測はそれぞれのパラメータについて別々に行う方が簡単である．そのためには周辺事後分布が必要になるので再度積分しなければならない．適切な事前分布を設定した正規モデルでは，これらすべての計算を解析的に行うことができる．多項モデルでも同様である．しかし，わずかでも異なる事前分布を設定すると，解析的な導出はほとんど不可能である．このような状況は例えば，正規モデルの平均と分散のパラメータに対する事前情報が別々に与えられるときに起きる．

さらに，ある限定されたクラスの多変量分布からのサンプリングを可能にする，合成法 (method of composition) と呼ばれるサンプリング法を扱う．ただし，サンプリングの一般的な方法は第 6 章で説明する．

この章はこれまでの章に比べてやや専門的であるが，解析的な導出については Box and Tiao (1973)，O'Hagan and Forster (2004)，Gelman *et al.* (2004, 第 3 章) を参照している．この章の目的は導出の背後にある考え方を中心に，計算の複雑さを説明

することである．後の章では，ベイズ流アプローチで実際の問題を対処するためには，別の手段が必要になることが明らかになる．

4.2 同時事後分布と周辺事後分布での推測

$\boldsymbol{y}$ を d 次元のパラメータベクトル $\boldsymbol{\theta} = (\theta_1, \theta_2, \ldots, \theta_d)^T$ で特徴付けられる統計モデルに従う n 個の互いに独立で同一の分布に従う確率変数からなるランダム標本とする (1 変量でも多変量でもよい)．対応する尤度を $L(\boldsymbol{\theta} \mid \boldsymbol{y})$ とすると，ベイズの定理は以下のようになる．

$$p(\boldsymbol{\theta} \mid \boldsymbol{y}) = \frac{L(\boldsymbol{\theta} \mid \boldsymbol{y})p(\boldsymbol{\theta})}{\int L(\boldsymbol{\theta} \mid \boldsymbol{y})p(\boldsymbol{\theta})\mathrm{d}\boldsymbol{\theta}} \tag{4.1}$$

ここで，$p(\boldsymbol{\theta})$ は多変量の事前分布である．式 (4.1) は同時事後分布を定義している．第 3 章のように，事後分布の最頻値 $\widehat{\boldsymbol{\theta}}_M$ と事後分布の平均 $\overline{\boldsymbol{\theta}}$ を定義することができる．ただし，事後分布の中央値は高次元では一意に定義できないことに注意する．Niinima and Oja (1999) にいくつかの提案が示されている．最高事後密度 (HPD) 区間を，d 次元に一般化することは簡単である．すなわち，$\boldsymbol{\theta}$ のパラメータ空間にある領域 R を，(a) $P(\boldsymbol{\theta} \in R \mid \boldsymbol{y}) = 1 - \alpha$ で，かつ (b) $\boldsymbol{\theta}_1 \in R$ と $\boldsymbol{\theta}_2 \in /R$ に対して $p(\boldsymbol{\theta}_1 \mid \boldsymbol{y}) \geq p(\boldsymbol{\theta}_2 \mid \boldsymbol{y})$ であるとき，$(1-\alpha)$ の HPD 領域 (HPD region of content $(1-\alpha)$) と呼ぶ．

実際に推測を行うには，低次元の方が簡単である．すなわち，もし $\boldsymbol{\theta} = \{\boldsymbol{\theta}_1, \boldsymbol{\theta}_2\}$ であれば，以下で定義される $\boldsymbol{\theta}_1$ の周辺事後分布を扱う方が簡単である．

$$p(\boldsymbol{\theta}_1 \mid \boldsymbol{y}) = \int p(\boldsymbol{\theta}_1, \boldsymbol{\theta}_2 \mid \boldsymbol{y})\mathrm{d}\boldsymbol{\theta}_2 \tag{4.2}$$

θ_1 が 1 次元であれば，周辺事後分布のグラフを示すことは簡単で，$p(\theta_1 \mid \boldsymbol{y})$ にもとづく事後分布の要約量は有用である．ちなみに $\boldsymbol{\theta}$ の事後平均は周辺事後分布の平均で構成されるが，これは事後最頻値では成り立たない．

式 (4.2) は以下のように書き直すことができる．

$$p(\boldsymbol{\theta}_1 \mid \boldsymbol{y}) = \int p(\boldsymbol{\theta}_1 \mid \boldsymbol{\theta}_2, \boldsymbol{y})p(\boldsymbol{\theta}_2 \mid \boldsymbol{y})\mathrm{d}\boldsymbol{\theta}_2$$

この式は，$\boldsymbol{\theta}_1$ の周辺事後分布が，$\boldsymbol{\theta}_2$ の周辺事後分布による重み関数を使い，$\boldsymbol{\theta}_2$ が与えられたもとでの $\boldsymbol{\theta}_1$ の条件付き事後分布を平均をとることで得られることを示している．もし $\boldsymbol{\theta}_2$ が局外母数ならば，$\boldsymbol{\theta}_1$ の周辺事後分布を求めることは，$\boldsymbol{\theta}_1$ の事後分布による推測を行う際の局外母数を消去する方法とみることができる．言い換えると，$\boldsymbol{\theta}_2$ に関する不確実性を考慮することで，$\boldsymbol{\theta}_1$ についての推測が行われる．プロファイル尤度 (profile likelihood) を使った尤度アプローチで局外母数を消去する方法との違いに注意する (Pawitan 2001)．$\boldsymbol{\theta} = \{\boldsymbol{\theta}_1, \boldsymbol{\theta}_2\}$ で，その同時尤度を $L(\boldsymbol{\theta})$ とすると，プ

ロファイル尤度は $pL(\boldsymbol{\theta}_1) = \max_{\boldsymbol{\theta}_2} L(\boldsymbol{\theta}_1, \boldsymbol{\theta}_2)$ と定義される．前述のように，ベイズ流アプローチは積分によって不確実性を扱うが，一方で古典的な方法では最大化が標準的なアプローチである．

4.3　μ と σ^2 が未知の正規分布

ここで，平均と分散のパラメータが両方とも未知である正規分布の同時事後分布を，3つの異なる事前分布にもとづいて導出する．$\boldsymbol{y} = \{y_1, \ldots, y_n\}$ を $N(\mu, \sigma^2)$ からのランダム標本とする．$\boldsymbol{y}$ が与えられたもとでの (μ, σ^2) の同時尤度は以下のとおりである．

$$L(\mu, \sigma^2 \mid \boldsymbol{y}) = \frac{1}{(2\pi\sigma^2)^{n/2}} \exp\left[-\frac{1}{2\sigma^2} \sum_{i=1}^{n}(y_i - \mu)^2\right] \tag{4.3}$$

$\sum_{i=1}^{n}(y_i - \mu)^2 = [(n-1)s^2 + n(\bar{y} - \mu)^2]$ であるので，上の式は標本平均 $\bar{y}$ と標本分散 s^2 の関数として書き直すことができる．この結果は，$\bar{y}$ と s^2 が μ と σ^2 の十分統計量であることを意味している．事後分布は事前分布 $p(\mu, \sigma^2)$ を特定することで得られる．ここで3つの場合を考える．すなわち，(a) μ と σ^2 に関する事前の知識がない場合，(b) 過去の試験から μ と σ^2 の尤もらしい値が得られる場合，(c) μ と σ^2 に専門家の知識が利用できる場合，である．

4.3.1　μ と σ^2 に関する事前の知識がない場合

正規モデルの平均と分散のパラメータについて事前の知識がない場合，無情報同時事前分布を $p(\mu, \sigma^2) \propto \sigma^{-2}$ とすることが多い．この事前分布の性質は5.4.3節で議論する．この事前分布を選択すると，事後分布は以下のとおりとなる．

$$p(\mu, \sigma^2 \mid \boldsymbol{y}) \propto \frac{1}{\sigma^{n+2}} \exp\left\{-\frac{1}{2\sigma^2}\left[(n-1)s^2 + n(\bar{y} - \mu)^2\right]\right\} \tag{4.4}$$

図4.1は例IV.1から得られた n, s, $\bar{y}$ による事後分布のグラフである．事前分布では正規分布のパラメータ μ と σ^2 は独立だが，事後分布では独立でないことに注意する．

それぞれのパラメータごとに，事後分布の情報を報告することは有用である．これには周辺事後分布 $p(\mu \mid \boldsymbol{y})$ と $p(\sigma^2 \mid \boldsymbol{y})$ が必要になる．これらは，データと事前に利用可能な情報が与えられたもとで，それぞれのパラメータについてわかることを別々に表している．両方の周辺事後分布とも，求めるにはさらに積分が必要になる．例えば，

$$p(\mu \mid \boldsymbol{y}) = \int p(\mu, \sigma^2 \mid \boldsymbol{y}) d\sigma^2 = \int p(\mu \mid \sigma^2, \boldsymbol{y}) p(\sigma^2 \mid \boldsymbol{y}) d\sigma^2$$

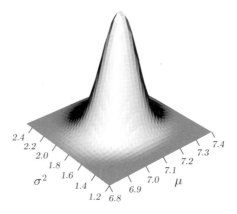

図 4.1 血清アルカリフォスファターゼ研究 (無情報事前分布)：$y_i = 100/\sqrt{alp_i}$ $(i = 1, \ldots, 250)$ とした同時事後分布 $p(\mu, \sigma^2 \mid \boldsymbol{y})$

である．上記の周辺事後分布は，重みを $p(\sigma^2 \mid \boldsymbol{y})$ とした条件付き事後分布 $p(\mu \mid \sigma^2, \boldsymbol{y})$ の重み付き平均である．したがって，μ の周辺事後分布には，σ^2 に関する不確実性が考慮されている．大規模な試験や事前情報が強い場合では，σ^2 は高い精度で既知である．そのような場合には，σ^2 を事後分布の最頻値として，$p(\mu \mid \boldsymbol{y}) \approx p(\mu \mid \sigma^2, \boldsymbol{y})$ である．一方で，σ^2 の真の値が不確かなときに，この不確実性を扱うためにベイズ流アプローチでは平均をとることである．同じ方法で，σ^2 の周辺事後分布の計算でも μ に関する不確実性を考慮する．

通常の積分の方法を事後分布 (4.4) に適用すると，以下の結果が得られる．

- $p(\mu \mid \sigma^2, \boldsymbol{y})$ は $\mathrm{N}(\overline{y}, \sigma^2/n)$ で，式 (2.19) と等しい．
- $p(\mu \mid \boldsymbol{y})$ は $t_{n-1}(\overline{y}, s^2/n)$ 分布である．これは μ が $\overline{y} + t(s/\sqrt{n})$ で分布していることを意味する．ここで t は標準的な t_{n-1} 分布に従う．この結果は，$\boldsymbol{y}$ が与えられたもとで μ が以下のようになることを意味する．

$$\frac{\mu - \overline{y}}{s/\sqrt{n}} \sim t_{n-1} \tag{4.5}$$

- $p(\sigma^2 \mid \boldsymbol{y})$ はスケール化逆カイ 2 乗分布 (scaled inverse chi-squared distribution) であり，Inv-$\chi^2(n-1, s^2)$ と書く．
  $\boldsymbol{y}$ が与えられたもとで，

$$\frac{(n-1)s^2}{\sigma^2} \sim \chi^2(n-1) \tag{4.6}$$

である．X^2 が $\chi^2(n-1)$ に従うとすると，これは $\sigma^2 = (n-1)s^2/X^2$ と同じ

である．上記の分布は，逆ガンマ分布 (inverse gamma distribution) IG(α, β) で $\alpha = (n-1)/2$, $\beta = 1/2$ とした特別な場合である．

$p(\mu, \sigma^2 \,|\, \boldsymbol{y}) = p(\mu \,|\, \sigma^2, \boldsymbol{y})p(\sigma^2 \,|\, \boldsymbol{y}) = \mathrm{N}(\mu \,|\, \overline{y}, \sigma^2/n)\mathrm{Inv}\text{-}\chi^2(\sigma^2 \,|\, n-1, s^2)$ であるので，同時事後分布は正規スケール化逆カイ2乗分布 (normal-scaled-inverse chi-squared distribution) と呼ばれ，これを N-Inv-$\chi^2(\overline{y}, n, (n-1), s^2)$ と書く．この分布の詳細は 5.3.2 節で説明する．上記の解析的な結果によって，μ と σ^2 の事後要約量の正確な数学的表現が可能になる．

- μ の周辺事後分布は対称で，中心に関するすべての事後要約量は $\overline{y}$ に等しい．事後分布の分散は $\frac{(n-1)}{n(n-2)} s^2$ である．95% 等裾確率信用区間と 95%HPD 信用区間は以下のとおりである．

$$[\overline{y} - t(0.025; n-1)s/\sqrt{n},\, \overline{y} + t(0.025; n-1)s/\sqrt{n}] \qquad (4.7)$$

ここで $t(0.025; n-1)$ は t_{n-1} 分布の 97.5% 点である．

- σ^2 の事後分布の平均，最頻値，中央値はそれぞれ，$\frac{(n-1)}{(n-3)}s^2$, $\frac{(n-1)}{(n+1)}s^2$, $\frac{(n-1)}{\chi^2(0.5, n-1)}s^2$ である．ここで $\chi^2(0.5, n-1)$ は $\chi^2(n-1)$ 分布の中央値である．事後分布の分散は $\frac{2(n-1)^2}{(n-3)^3(n-5)}s^4$ である．95% 等裾確率信用区間は以下のようになる．

$$\left[\frac{(n-1)s^2}{\chi^2(0.975, n-1)},\, \frac{(n-1)s^2}{\chi^2(0.025, n-1)}\right] \qquad (4.8)$$

ここで $\chi^2(0.025, n-1)$, $\chi^2(0.975, n-1)$ はそれぞれ $\chi^2(n-1)$ 分布の 2.5% 点と 97.5% 点である．95%HPD 信用区間は 3.3.2 節で説明した方法を用いて数値計算によって求められる．

式 (4.7) と式 (4.8) の信用区間は対応する古典的な 95% 信頼区間と同じである．これは適切な事前分布を設定すれば，ベイズ統計の解析結果が頻度論の結果と同じになることを示している．

ここで，($\boldsymbol{y}$ と同じ正規分布からの) 将来の観測値 $\widetilde{y}$ の分布を知ることに関心があるとする．言い換えると，事後予測分布 (posterior predictive distribution, PPD) を知りたいとする．PPD は μ と σ^2 が未知であるということを考慮し，以下のようになる．

$$p(\widetilde{y} \,|\, \boldsymbol{y}) = \int\int p(\widetilde{y} \,|\, \mu, \sigma^2)p(\mu, \sigma^2 \,|\, \boldsymbol{y})\mathrm{d}\mu \mathrm{d}\sigma^2 \qquad (4.9)$$

これは $t_{n-1}\left[\overline{y}, s^2\left(1 + \frac{1}{n}\right)\right]$ 分布に等しい．

例 III.6 で紹介した血清アルカリフォスファターゼのデータを，上記の結果を説明するために例 IV.1 で利用する．

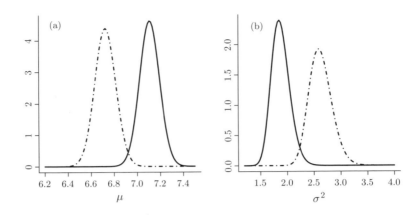

図 4.2 血清アルカリフォスファターゼ研究：無情報事前分布 (実線) とデータにもとづく事前分布 (点線) での (a) μ と (b) σ^2 の周辺事後分布

例 IV.1：血清アルカリフォスファターゼ研究：無情報事前分布

例 III.6 では，250 人の「健康な」患者のデータにもとづいて，血清アルカリフォスファターゼ (alp) の正常範囲を導出した．しかし，その計算では σ^2 の不確実性を無視したので，その範囲はおそらく狭い．

$y_i = 100/\sqrt{alp_i}$ ($i = 1, \ldots, 250$) を与えたときの μ と σ^2 の同時事後分布を図 4.1 に示す．μ と σ^2 の周辺事後分布を図 4.2 に示す．

導出した式にもとづくと，μ の事後分布の位置パラメータは $\overline{\mu} = \widehat{\mu}_M = \overline{\mu}_M = 7.11$ で，分散は $\overline{\sigma}_\mu^2 = 0.0075$ である．95%(等裾確率および HPD) 信用区間は $[6.94, 7.28]$ である．σ^2 の事後分布の要約値は $\overline{\sigma}^2 = 1.88$ (平均)，$\widehat{\sigma}_M^2 = 1.85$ (最頻値)，$\overline{\sigma}_M^2 = 1.87$ (中央値)，$\overline{\sigma}_{\sigma^2}^2 = 0.029$ (分散) である．σ^2 に対する 95% 等裾確率信用区間は $[1.58, 2.24]$ で，95%HPD 区間は $[1.56, 2.22]$ である．

将来の観測値の分布は $t_{249}(7.11, 1.37)$ 分布となる．したがって，y の 95% 正常範囲は $[4.11, 9.80]$ であり，alp の 95% 正常範囲は $[104.1, 513.2]$ となる．これは例 III.6 の範囲よりわずかに広い． □

4.3.2 過去のデータが利用可能な場合

過去のデータの事後分布を，現在のデータの尤度に対する事前分布として利用することができる．4.3.1 節で行ったように，過去のデータと無情報事前分布を合わせると，現在のデータに対する事前分布 N-Inv-$\chi^2(\mu_0, \kappa_0, \nu_0, \sigma_0^2)$ が得られる．ここでのパ

ラメータの値は過去のデータから決定する．すなわち，

$$\mu \,|\, \sigma^2 \sim \mathrm{N}(\mu_0, \sigma^2/\kappa_0)$$
$$\sigma^2 \sim \text{Inv-}\chi^2(\nu_0, \sigma_0^2)$$

ここで $\mu_0 = \overline{y}_0$, $\kappa_0 = n_0$, $\nu_0 = n_0 - 1$, $\sigma_0^2 = s_0^2$ で，$\overline{y}_0$, s_0^2, n_0 はそれぞれ標本平均，標本分散，過去のデータのサイズである．この事前分布は，専門家の知識を上記の事前分布を利用して指定するときにも使われることがある．両方の場合とも，μ_0 は μ の事前平均，κ_0 は事前情報のサンプルサイズ，ν_0 は σ^2 の事前平均と考えることができる．したがって，$\kappa_0 = 1$ のとき，事前情報のサンプルサイズは 1 つの観測値による情報と等しい．この事前分布と式 (4.3) の尤度を合わせると，事後分布 N-Inv-$\chi^2(\overline{\mu}, \overline{\kappa}, \overline{\nu}, \overline{\sigma}^2)$ となる．ここで，

$$\overline{\mu} = \frac{\kappa_0 \mu_0 + n\overline{y}}{\kappa_0 + n} \tag{4.10}$$

$$\overline{\kappa} = \kappa_0 + n \tag{4.11}$$

$$\overline{\nu} = \nu_0 + n \tag{4.12}$$

$$\overline{\nu}\overline{\sigma}^2 = \nu_0 \sigma_0^2 + (n-1)s^2 + \frac{\kappa_0 n}{\kappa_0 + n}(\overline{y} - \mu_0)^2 \tag{4.13}$$

である．式 (4.10) は事後平均が事前平均と標本平均の重み付き平均となっており，式 (2.14) と似ている．したがって，ここでも事前平均の方向への縮小 (shrinkage) が起こっている．式 (4.13) は事後分散が事前分散，標本分散，標本平均と事前平均の距離を併合したものであることを示している．

次に周辺事後分布を導出する．

$$p(\mu \,|\, \sigma^2, \boldsymbol{y}) = \mathrm{N}(\mu \,|\, \overline{\mu}, \sigma^2/\overline{\kappa}) \tag{4.14}$$

$$p(\mu \,|\, \boldsymbol{y}) = t_{\overline{\nu}}(\mu \,|\, \overline{\mu}, \overline{\sigma}^2/\overline{\kappa}) \tag{4.15}$$

$$p(\sigma^2 \,|\, \boldsymbol{y}) = \text{Inv-}\chi^2(\sigma^2 \,|\, \overline{\nu}, \overline{\sigma}^2) \tag{4.16}$$

$\kappa_0 = \nu_0 = 0$ のとき，前述の事前分布の正規スケール化逆 χ^2 分布は無情報事前分布 σ^{-2} となり，周辺事後分布は 4.3.1 節で導出したものに帰着する．

式 (4.13) と式 (4.15) から，μ の事後分布の精度は事前情報と標本データを併合しても，2.7 節で述べたこととは違って，自動的に増加することはない．むしろ，もし事前平均が標本平均とかけ離れていると，事後分布の精度は減少するかもしれない．結果として，標本データと合わない情報のある事前分布を用いたとき，μ の事後分布の分散は無情報事前分布から得られる分散より大きくなる可能性がある．これを例 IV.2 で説明する．

事後予測分布 (PPD) を得るためにはさらなる積分が必要である．最終的に PPD は $t_{\overline{\nu}}\left[\overline{y}, s^2\left(1+\frac{1}{\kappa_0+n}\right)\right]$ 分布となる．

例 IV.2: 血清アルカリフォスファターゼ研究：共役事前分布

前向き研究に先立って，Topal et al. (2003) によって後ろ向き研究が実施され，65 人の健康な被験者から alp のデータが得られた．その後ろ向き研究から得られた $y = 100/\sqrt{alp}$ の平均と分散はそれぞれ 5.25 と 1.66 であり，共役事前分布は N-Inv-$\chi^2(5.25, 65, 64, 2.76)$ となる．この事前分布にもとづいて前向き研究のデータを併合すると，事後分布は N-Inv-$\chi^2(6.72, 315, 314, 2.61)$ となる．事後平均 (中央値と最頻値も) 6.72 は，事前平均 5.25 と標本平均 7.11 の重み付き平均である．μ の事後分散は $\overline{\sigma}_\mu^2 = 0.0083$ であり，これは例 IV.1 で求めた無情報事前分布から得られた μ の事後分散 0.0075 より大きい．この奇妙な結果は，事前平均 5.25 が標本平均から比較的離れていることによる．μ の 95%(等裾および HPD) 信用区間は $[6.54, 6.90]$ である．σ^2 の事後平均は $\overline{\sigma}^2 = 2.62$ ($\widehat{\sigma}_M^2 = 2.59$, $\overline{\sigma}_M^2 = 2.61$) であり，事後分散は $\overline{\sigma}_{\sigma^2}^2 = 0.044$ である．95% 等裾確率信用区間は $[2.24, 3.07]$ で，95%HPD 区間 $[2.23, 3.04]$ に近い．

将来の観測値の分布は $t_{314}(6.72, 1.62)$ 分布である．このことから y の 95% 正常範囲は $[3.54, 9.91]$ で，対応する alp の 95% 正常範囲は $[101.9, 796.7]$ である．これは無情報事前分布で計算した範囲よりかなり広い．

事前情報は，事後分布の不確実性を縮小することに関して，期待していた影響はなかった．これは，前向きに集められたデータと後ろ向きのデータが乖離していたためである．図 4.2 に例 IV.1 から得られた事後分布と，この例での事後分布を対比させている．
□

4.3.3 専門家の知識が利用可能な場合

専門家の知識が利用可能である場合でも，一般的にはそれぞれのパラメータごとにそれが利用可能なことが多い．正規分布であれば，これは μ と σ^2 について別々に情報があるということを意味する．情報のある事前分布の選択肢として，以下のものがある．

- $\mu \sim \text{N}(\mu_0, \sigma_0^2)$
- $\sigma^2 \sim \text{Inv-}\chi^2(\nu_0, \tau_0^2)$

ここで，μ_0, σ_0^2, ν_0, τ_0^2 は μ と σ^2 に対して別々に専門家から引き出した事前情報によって得られたものである．もし μ と σ^2 についての事前情報が独立に得られたら，

事前分布を $p(\mu)$ と $p(\sigma^2)$ の積とすることが合理的である．すなわち，

$$N(\mu_0, \sigma^2)\text{Inv-}\chi^2(\nu_0, \tau_0^2) \tag{4.17}$$

である．しかし，この事前分布は正規スケール化逆カイ2乗分布ではない．実際，4.3.1 節で (5.3.2 節と 5.3.4 節でも) 見たように，同時事前分布 $\text{N-Inv-}\chi^2(\mu_0, \kappa_0, \nu_0, \sigma_0^2)$ は μ の事前分布が σ^2 に依存していることを意味している．これは積の形である事前分布 (4.17) と合致しない．したがって，式 (4.17) の事前分布では事後分布を解析的に導出することはできないが，次のような結果が利用可能である (Gelman *et al.* 2004, pp.81–82)．すなわち，

$$p(\mu \mid \sigma^2, \boldsymbol{y}) = N(\overline{\mu}, \overline{\sigma}^2)$$

である．ここで，

$$\begin{aligned}\overline{\mu} &= \frac{\frac{1}{\sigma_0^2}\mu_0 + \frac{n}{\sigma^2}\overline{y}}{\frac{1}{\sigma_0^2} + \frac{n}{\sigma^2}} \\ \overline{\sigma}^2 &= \frac{1}{\frac{1}{\sigma_0^2} + \frac{n}{\sigma^2}}\end{aligned} \tag{4.18}$$

であり，$\overline{\mu}$ と $\overline{\sigma}^2$ は両方とも σ とともに変化する．

σ^2 の周辺事後分布は解析的に求めることができない．すなわち定数が未知であるが，以下の式が成り立つ (Gelman *et al.* 2004)．

$$p(\sigma^2 \mid \boldsymbol{y}) \propto \overline{\sigma}\, N(\overline{\mu}, \sigma_0^2)\text{Inv-}\chi^2(\sigma^2 \mid \nu_0, \tau_0^2) \prod_{i=1}^{n} N(y_i \mid \overline{\mu}, \sigma^2) \tag{4.19}$$

事後分布の解析的な結果がないにもかかわらず，事後分布は格子上で数値的に近似できる．また他の方法として事後分布からのサンプリングがあり，これは 4.6 節で説明する．

4.4　多変量分布

応答変数が多変量のときの多変量モデルを考える．連続型データの場合は，多変量正規分布，多変量スチューデント t 分布，ウィッシャート分布を扱い，離散型データの場合は多項分布を扱う．

4.4.1　多変量正規分布と関連する分布

p 次元の連続型データ $\boldsymbol{y}$ に対する最も一般的な多変量分布は，おそらく多変量正規分布 (multivariate normal (MVN) distribution) である．平均ベクトルを $\boldsymbol{\mu}$，分散

共分散行列を $\boldsymbol{\Sigma}$ とし，これを $N(\boldsymbol{\mu}, \boldsymbol{\Sigma})$ と書く．MVN 分布の次元を表したいときには，$N_p(\boldsymbol{\mu}, \boldsymbol{\Sigma})$ と表記する．確率ベクトル $\boldsymbol{y}$ に対する MVN 密度関数は以下のとおりである．

$$p(\boldsymbol{y} \mid \boldsymbol{\mu}, \Sigma) = \frac{1}{(2\pi)^{p/2}|\boldsymbol{\Sigma}|^{1/2}} \exp\left[-\frac{1}{2}(\boldsymbol{y}-\boldsymbol{\mu})^T \boldsymbol{\Sigma}^{-1}(\boldsymbol{y}-\boldsymbol{\mu})\right] \quad (4.20)$$

MVN 分布のすべての周辺分布と条件付き分布が，やはり正規分布になることはよく知られている．$y_1, \ldots, y_p$ のすべての線形結合も同様である．

多変量スチューデント t 分布は，MVN 分布に比べて裾が重くなっている．この分布はベイズ回帰モデル (4.7 節を参照) での事後分布となるが，データの分布としても使われる．確率ベクトル $\boldsymbol{y}$ に対する多変量 t 分布 $T_\nu(\boldsymbol{\mu}, \boldsymbol{\Sigma})$ は以下のとおりである．

$$p(\boldsymbol{y} \mid \nu, \boldsymbol{\mu}, \boldsymbol{\Sigma}) = \frac{\Gamma[(\nu+p)/2]}{\Gamma(\nu/2)(k\pi)^{p/2}} |\boldsymbol{\Sigma}|^{-1/2} \left[1 + \frac{1}{\nu}(\boldsymbol{y}-\boldsymbol{\mu})^T \boldsymbol{\Sigma}^{-1}(\boldsymbol{y}-\boldsymbol{\mu})\right]^{-(\nu+p)/2} \quad (4.21)$$

これは自由度 ν の t 分布の多変量への拡張である．

χ^2 分布は標準正規分布に従う独立な確率変数の 2 乗和の分布である．具体的には，$S^2 = \sum_{i=1}^n (y_i - \overline{y})^2$ とすると $S^2/\sigma^2 \sim \chi^2(n-1)$ である．S^2 を行列 $\mathbf{S} = \sum_{i=1}^n (\boldsymbol{y}_i - \overline{\boldsymbol{y}})(\boldsymbol{y}_i - \overline{\boldsymbol{y}})^T$ で置き換えると，自由度 $\nu = n - 1$ でスケール行列 (scale matrix) $\boldsymbol{\Sigma}$ のウィッシャート分布 (Wishart distribution) が得られる．これによって，ウィッシャート分布は χ^2 分布の多変量への拡張とみることができる．この分布は John Wishart (1898–1956) に因んで名付けられ，Wishart($\boldsymbol{\Sigma}, \nu$) と書く．密度関数の式は以下のとおりである．

$$p(\mathbf{S} \mid \nu, \boldsymbol{\Sigma}) = c |\boldsymbol{\Sigma}|^{-\nu/2} |\mathbf{S}|^{(\nu-p-1)/2} \exp\left[-\frac{1}{2}\text{tr}(\boldsymbol{\Sigma}^{-1}\mathbf{S})\right] \quad (4.22)$$

ここで，$c^{-1} = 2^{\nu p/2} \pi^{p(p-1)/4} \prod_{j=1}^p \Gamma\left(\frac{\nu+1-j}{2}\right)$ で，$\text{tr}(\mathbf{A})$ は行列 $\mathbf{A}$ のトレースである．関連する分布として逆ウィッシャート分布 (inverse Wishart distribution) がある．もし $R^{-1} \sim \text{Wishart}(\boldsymbol{\Sigma}, \nu)$ ならば，R は精度行列 (precision matrix) $\boldsymbol{\Sigma}$ である逆ウィッシャート分布 $\text{IW}(\boldsymbol{\Sigma}, \nu)$ に従う．

これらの分布の応用などは，本書の以降の節で多くのところに登場する．多変量ベイズモデルの扱いの詳細や証明は Rowe (2003) を参照する．

4.4.2 多項分布

この節では，2 × 2 分割表で行の因子と列の因子の関連を検討するために多項分布を適用することを考える．2 つ目の例では，Kaldor *et al.* (1990) のケース・コントロール研究を再解析する．

4.4 多変量分布

表 4.1 青年調査：喫煙と飲酒量の度数分布表

	喫煙	
飲酒量	なし	あり
なし～軽度	180	41
中度～重度	216	64
合計	396	105

$\boldsymbol{y} = (y_1, \ldots, y_k)^T$ を k 個のカテゴリーにおける度数を表すベクトルとする．このとき，多項分布 (multinomial distribution) $\mathrm{Mult}(n, \theta)$ は以下のとおりである．

$$p(\boldsymbol{y} \mid \boldsymbol{\theta}) = \frac{n!}{y_1! \, y_2! \cdots y_k!} \prod_{j=1}^{k} \theta_j^{y_j} \tag{4.23}$$

ここで，$n = \sum_{j=1}^{k} y_i$, $\boldsymbol{\theta} = (\theta_1, \ldots, \theta_k)^T$, $\theta_j > 0$ $(j = 1, \ldots, k)$, $\sum_{j=1}^{k} \theta_j = 1$ である．2項分布は，多項分布で $k = 2$ の特別な場合である．また，y_j の周辺分布は2項分布 $\mathrm{Bin}(n, \theta_j)$ である．さらに $y_S = \{y_m : m \in S\}$ を与えたときの y_j $(j \in S, S$ は $\{1, \ldots, k\}$ の部分集合$)$ の条件付き分布は，$\mathrm{Mult}(n_S, \theta_S)$ である．ここで，$n_S = \sum_{m \in S} y_m$, $\theta_S = \{\theta_j / \sum_{m \in S} \theta_m : j \in S\}$ である．

ここで，青年の喫煙と飲酒の関連を検討するために多項モデルを使用する．

例 IV.3: 青年調査：喫煙と飲酒の関連

表 4.1 に青年のライフスタイルの調査結果を示す．この調査では，喫煙と飲酒量の関連を知ることに関心があった．2×2 分割表は，パラメータ $\boldsymbol{\theta} = \{\theta_{11}, \theta_{12}, \theta_{21}, \theta_{22} = 1 - \theta_{11} - \theta_{12} - \theta_{21}\}$ の多項モデルと考えることができる．パラメータの添字はそれぞれ表の行と列を示している．より具体的に言うと，観測したセル度数 $\boldsymbol{y} = \{y_{11}, y_{12}, y_{21}, y_{22}\}$ に対して，$\sum_{i=1}^{2} \sum_{j=1}^{2} y_{ij} = n$ とすると多項尤度は以下のとおりである．

$$\mathrm{Mult}(n, \boldsymbol{\theta}) = \frac{n!}{y_{11}! \, y_{12}! \, y_{21}! \, y_{22}!} \theta_{11}^{y_{11}} \theta_{12}^{y_{12}} \theta_{21}^{y_{21}} \theta_{22}^{y_{22}}$$

5.3.3 節で，多項分布の共役事前分布が以下のディリクレ (Dirichlet) 分布 $\mathrm{Dir}(\boldsymbol{\alpha})$ で与えられることを示す．

$$\boldsymbol{\theta} \sim \frac{1}{B(\boldsymbol{\alpha})} \prod_{i,j} \theta_{ij}^{\alpha_{ij} - 1}$$

ここで $B(\boldsymbol{\alpha}) = \prod_{i,j} \Gamma(\alpha_{ij}) / \Gamma\left(\sum_{i,j} \alpha_{ij}\right)$ で，$\boldsymbol{\alpha}$ はすべての α パラメータを表している．これを多項尤度と結合すると，事後分布は $\mathrm{Dir}(\boldsymbol{\alpha} + \boldsymbol{y})$ となる．詳細は第5章を参照する．

喫煙と飲酒量の関連は，以下の交差積比 (cross-ratio) によって表すことができる．

$$\psi = \frac{\theta_{11}\theta_{22}}{\theta_{12}\theta_{21}}$$

セル度数の観測値が与えられたもとでの ψ の事後分布を解析的に導出することは難しいが，サンプリングによる方法を使うことができる．W_{ij} $(i,j = 1,2)$ が独立に Gamma$(\alpha_{ij}, 1)$ に従い，$T = \sum_{ij} W_{ij}$ とすると，$Z_{ij} = W_{ij}/T$ が Dir$(\boldsymbol{\alpha})$ に従うことを示すことができる (演習 4.1)．

この分割表の解析で，すべてのパラメータが 1 であるディリクレ分布を無情報分布として用いると，事後分布は Dir$(180+1, 41+1, 216+1, 64+1)$ となった．上記で述べたサンプリング方法を使って，この事後分布から 10000 個の ψ の値を生成した．サンプリングされた値から ψ の事後分布の中央値は 1.299 で，95% 等裾確率信用区間は $[0.839, 2.014]$ であった．結果として，正の関連があるという確かなエビデンスはない．また，上記の推定値は頻度論による推定値と小数点以下 2 桁まで等しかった．□

ディリクレ分布の 1 次元の周辺事後分布は，すべてベータ分布 Beta$(\alpha_{ij}, \sum_{k,l}\alpha_{kl} - \alpha_{ij})$ になることを示すことができる (演習 5.8)．また無情報事前分布 Dir$(1,1,1,1)$ は近似的に $\log(\psi)$ の事前分布を平均 0，標準偏差 2.6 の正規分布とすることに対応する (演習 4.2)．この事前分布は $\log(\psi)$ の拡散事前分布となる．

例 IV.4：Kaldor's et al. (1990) のケース・コントロール研究：例 III.9 の再解析

ホジキン病の生存時間データで，ケースとして，化学療法を受けた患者での比率 $(251/411)$ とコントロールでの比率 $(138/149)$ を比較するために，少し異なるアプローチを用いて再解析する．コントロールとケースで化学療法を受ける確率をそれぞれ θ_1 と θ_2 とし，コントロールとケースに対して 2 項尤度を仮定する．全患者に対する尤度は 2 項尤度の積で与えられる．すなわち，

$$L(\theta_1, \theta_2 \mid \boldsymbol{y}) \propto \theta_1^{251}(1-\theta_1)^{160}\theta_2^{138}(1-\theta_2)^{11}$$

であり，$\boldsymbol{y}$ は $\{251, 160, 138, 11\}$ を表す．仮説 $H_1: \theta_2 \leq \theta_1$ と $H_2: \theta_1 < \theta_2$ を検定するために，$p(\theta_2 - \theta_1 \mid \boldsymbol{y})$ の事後分布を評価する．感度分析の一環として，事前分布を以下のように変化させた．

- θ_1 と θ_2 に対して一様事前分布
- Jeffreys 事前分布 (第 5 章を参照)：$p(\theta_1, \theta_2) \propto \theta_1^{-1/2}(1-\theta_1)^{-1/2}\theta_2^{-1/2}(1-\theta_2)^{-1/2}$

- Haldane 事前分布：$p(\theta_1, \theta_2) \propto \theta_1^{-1}(1-\theta_1)^{-1}\theta_2^{-1}(1-\theta_2)^{-1}$

上記の事前分布はベータ分布の積である．これらの事前分布を尤度と結合したとき，事後分布もやはりベータ分布の積となる．したがって，θ_1 と θ_2 の事後分布は独立である．$p(\theta_2 - \theta_1 \mid \boldsymbol{y})$ の事後分布を得るために最も簡単な方法は，$p(\theta_2 \mid \boldsymbol{y})$ と $p(\theta_1 \mid \boldsymbol{y})$ からサンプリングし，それぞれのサンプリングした値の差をとることである．1000個のサンプリングした値にもとづく，$\theta_2 - \theta_1$ の95%等裾確率信用区間は，3種類の事前分布に対してそれぞれ $[0.249, 0.373]$, $[0.251, 0.379]$, $[0.259, 0.381]$ であった． □

上記の解析は，2つの独立な2項分布の比率を比較する問題を扱ったHoward (1998)のアプローチに従っている．彼は，様々な事前分布を用いると，古典的な頻度論の検定 (フィッシャーの直接確率検定やカイ2乗検定など) をベイズ統計の検定によって「再現」することができることを示した．しかし，Howard (1998) はここで用いた独立な事前分布よりむしろ，独立でない事前分布 $p(\theta_1, \theta_2)$ を主張をしている．

4.5 ベイズ推測の頻度論的な性質

試験が繰り返された場合のベイズ統計の推定量の性質を知ることは，ベイジアンにとっては主要な関心ではない (実際，試験が繰り返されることは，現実にはほとんどない)．しかし，どのようなときにベイズ統計の推定量が平均的に正しい推測を与えるのかを確認することは重要かもしれない．実際に，ベイズ流アプローチを繰り返し行ったときの性質を調べることの動機は，事前分布とモデルの選択がしばしば正しくないことを考慮した上で，ベイズ流アプローチがどのくらいの頻度で，科学的な問題に妥当な回答を与えるかを主張することにある．ここでは客観的事前分布に焦点をあて，ベイズ流アプローチを繰り返し適用した場合に，実際にはどのように機能するのかを知ることに関心がある．まず，ベイズ統計における中心極限定理によって，事後分布の指標 (平均，最頻値，中央値) が漸近的に正規分布に従うことに注意する．区間推定では，その被覆確率が正しいのかを知ることに関心がある (Rubin 1984)．これは頻度論からみても関心がある．すなわち，ベイズ統計のアプローチは推定量の漸近的な性質に関係しない別の区間推定量を与えている．したがって，これらの推定量の性質を頻度論の枠組みで評価することは関心があるかもしれない．そして，小標本では頻度論の推定量よりも被覆確率が良くなることが期待される．

しかし，少なくとも小標本の場合には $100(1-\alpha)$% 信用区間を構成するのに，期待される頻度論の被覆確率を保証するものは何もない．大標本では，ベイズ統計の中心極限定理によって有限個のパラメータの場合には漸近的に被覆確率が正しいことが証

明されている.そうは言うものの,4.3.1 節では同時無情報事前分布から得られた信用区間が古典的な 95% 信頼区間と全く同じであることを示した.したがってこの場合は,ベイズ統計の区間推定の被覆確率は保証されている.もちろん,強い主観的事前分布を用いるときは,$100(1-\alpha)\%$ の被覆確率を期待すべきではない(しかしおそらく事前分布の選択が良ければ,被覆確率は $100(1-\alpha)\%$ より大きくなるだろう).

ベイズ流アプローチでの正しい被覆確率の例が,これ以降の章で登場する.例えば,2×2 分割表で比率を比較するときに,Agresti and Min (2005) は比率の差 $\pi_1 - \pi_2$,比 π_1/π_2,オッズ比 $[\pi_1/(1-\pi_1)]/[\pi_2/(1-\pi_2)]$ についての様々な無情報事前分布を検討した.彼らの結論は,リスク差については,無情報事前分布と考えられるすべてで正しい頻度論の被覆確率となったが,リスク比とオッズ比については,一様事前分布では,被覆確率が(頻度論の解析に対して)低かった.彼らは,頻度論の意味で正しい被覆確率を目指すときには,2項分布のパラメータに対しては Jeffreys 事前分布を使うことを推奨した.Rubin (2004) はベイズ統計の $100(1-\alpha)\%$ 信用区間が,事前分布の選択が間違っていても少なくとも $100(1-\alpha)\%$ の被覆確率を与えるような例を示した.

今日では,新しく提案されるベイズ流アプローチに対して頻度論的な性質を調べることが一般的に行われている.(第5章も参照する.)

4.6 事後分布からのサンプリング:合成法

合成法 (method of composition) は,多変量分布から独立なランダム標本を生成する,一般的な段階的アプローチである.この方法は,同時分布を1つの周辺分布と1つあるいは複数の条件付き分布に分解することにもとづいている.d 個のパラメータに対して,同時事後分布は以下のように分解できる.

$$p(\theta_1,\ldots,\theta_d \,|\, \boldsymbol{y}) = p(\theta_d \,|\, \boldsymbol{y})p(\theta_{d-1} \,|\, \theta_d, \boldsymbol{y}) \ldots p(\theta_1 \,|\, \theta_d, \ldots, \theta_2, \boldsymbol{y})$$

この分解によって同時事後分布からサンプリングするための自然な手順ができる.実際には,まず $p(\theta_d \,|\, \boldsymbol{y})$ から $\tilde{\theta}_d$ をサンプリングし,次に $p(\theta_{(d-1)} \,|\, \tilde{\theta}_d, \boldsymbol{y})$ をサンプリングし,ということをすべてのパラメータがサンプリングされるまで行う.K 回繰り返したときに,同時事後分布からのサイズ K の独立な標本が得られる.原理上はパラメータの順番は重要ではないが,ある順番によって積分が簡単になったり,より簡潔なサンプリング方法になるときには,その順番が他よりも好ましいことがある.特定の周辺事後分布の標本を得ることは難しいが,別の周辺事後分布と関連する条件付き事後分布からのサンプリングは簡単であるときには,合成法は特に有用である.最終

的に，このサンプリング法は事後予測分布からのサンプリングをするための自然で簡潔な方法にもなる．

3.7.2 節で示したように，サンプリングは事後分布とその要約量を得るための解析的な計算に置き換わる．しかしその代償として，事後分布とその要約量は近似的にしか求められない．近似の質は古典的な 95% 信頼区間である式 (3.22) によって評価することができる．もしモンテカルロ (標準) 誤差が大き過ぎると判断した場合，望ましい精度が得られるまで単にサンプリングを続ければよいということが，サンプリングの魅力的な特徴である．

ここでは，事後分布が正規分布 $p(\mu, \sigma^2 \mid \boldsymbol{y})$ の場合についての合成法を説明する．μ と σ^2 について利用可能な事前知識について再度 3 つの場合を考える．すなわち，(a) 事前知識がない場合，(b) 過去のデータが利用可能な場合，(c) 専門家の知識が利用可能な場合，である．

ケース 1：μ と σ^2 の事前知識がない場合

$p(\mu, \sigma^2 \mid \boldsymbol{y})$ からサンプリングするために，最初に $p(\sigma^2 \mid \boldsymbol{y})$ からサンプリングした後，$p(\mu \mid \sigma^2, \boldsymbol{y})$ からサンプリングする．$p(\sigma^2 \mid \boldsymbol{y})$ からサンプリングするために，まず $\chi^2(n-1)$ 分布から $\tilde{\nu}^k$ をサンプリングし，$(n-1)s^2/(\tilde{\sigma}^2)^k = \tilde{\nu}^k$ を $(\tilde{\sigma}^2)^k$ について解く．次のステップで，$N(\overline{y}, (\tilde{\sigma}^2)^k/n)$ 分布から $\tilde{\mu}^k$ をサンプリングする．標本 $\tilde{\mu}^1, \ldots, \tilde{\mu}^K$ は自動的に，μ の周辺事後分布である $t_{n-1}(\overline{y}, s^2/n)$ 分布からの独立なランダム標本となる．逆に，最初に $p(\mu \mid \boldsymbol{y})$ から $\tilde{\mu}$ をサンプリングし，その後 $p(\sigma^2 \mid \mu, \boldsymbol{y})$ から $\tilde{\sigma}^2$ をサンプリングするという，逆の順番で行うことも可能である．しかし，後者の順番よりも前者の方が非常に簡単である (演習 4.5 を参照)．

事後予測分布 $p(\tilde{y} \mid \boldsymbol{y})$ からサンプリングするためには，$t_{n-1}\left[\overline{y}, s^2\left(1 + \frac{1}{n}\right)\right]$ 分布から直接サンプリングするか，合成法を使うことができる．合成法を使って事後予測分布から K 個の値をサンプリングするためには，$k = 1, \ldots, K$ に対して以下の 3 つのステップを繰り返す．

1. $\text{Inv-}\chi^2(\sigma^2 \mid n-1, s^2)$ から $(\tilde{\sigma}^2)^k$ をサンプリングする
2. $N(\mu \mid \overline{y}, (\tilde{\sigma}^2)^k/n)$ から $\tilde{\mu}_k$ をサンプリングする
3. $N(y \mid \tilde{\mu}_k, (\tilde{\sigma}^2)^k)$ から $\tilde{y}_k$ をサンプリングする

上記のサンプリング手順を，例 IV.1 で解析的な結果を使って解析した alp データに適用する．

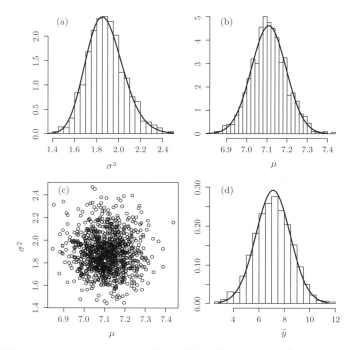

図 4.3 血清アルカリフォスファターゼ研究 (無情報事前分布)：(a) σ^2, (b) μ, (c) μ と σ^2, (d) 将来の観測値 $\tilde{y}$ のサンプリングによる事後分布．実線は真の事後分布．

例 IV.5：血清アルカリフォスファターゼ研究：事後分布のサンプリングー無情報事前分布

同時事後分布からのサンプリングを合成法で行うことができる．図4.3に，$K = 1000$ のサンプリングによる事後分布を示している．この標本による事後平均 (95% 信用区間) の推定値は $\mu : 7.11$ ([7.106, 7.117]) であり，$\sigma^2 : 1.88$ ([1.869, 1.890]) である．信用区間をみると，これらの事後分布の要約量は高い精度で求められていることがわかる．より高い精度が必要であれば，単に K を増やせばよい．

μ に対する 95% 等裾確率信用区間は [6.95, 7.27] で，σ^2 に対しては [1.58, 2.23] である．区間推定量の推定値は，真の事後分布の区間に非常に近い．サンプリングを使った事後予測分布の導出については演習 4.5 を参照する． □

ケース 2：過去のデータが利用可能な場合

合成法は，事後分布のパラメータを適切に変更することで，無情報事前分布の場合と全く同じように行われる (例 IV.6 も参照)．

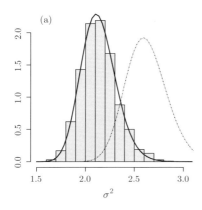
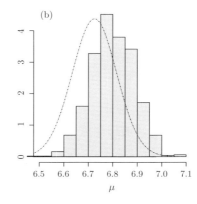

図 4.4 血清アルカリフォスファターゼ試験 (情報のある共役な周辺事前分布の積): (a) σ^2 と (b) μ のサンプリングされた周辺事後分布. 実線は式 (4.19) の標準化したものに対応する. 破線は対応するパラメータによる共役な同時分布である正規スケール化逆カイ 2 乗事前分布に対応する.

ケース 3：専門家の知識が利用可能な場合

先の 2 つの場合と同じサンプリング手順に従う. しかし $p(\sigma^2 \mid \boldsymbol{y})$ は, 共役な事前分布ではないので未知の分布である. したがって, 通常の手順を使ってサンプリングすることはできない. 式 (4.19) を使うと, 例 III.12 のサンプリングアルゴリズムが利用できる. $\tilde{\sigma}^2$ を与えると, 式 (4.18) を使って直接 $\tilde{\mu}$ をサンプリングできる.

例 IV.6: 血清アルカリフォスファターゼ試験：事後分布のサンプリング-情報のある事前分布の積

4.3.3 節では過去の alp データにもとづく事前分布を設定した. つまり, $y = 100/\sqrt{alp}$ の事前分布は,
$$\mu \sim \mathrm{N}(\bar{y}_0, s_0^2/n_0), \quad \sigma^2 \sim \text{Inv-}\chi^2(n_0 - 1, s_0^2)$$
である. 4.3.3 節の記号法で, $\mu_0 = \bar{y}_0 = 5.25$, $\nu_0 = n_0 - 1 = 64$, $\sigma_0 = s_0^2/n_0 = 0.042$, $\tau_0^2 = s_0^2 = 2.75$ である.

合成法を適用するためには, 式 (4.19) を利用するためのサンプリング手順が必要になる. 1 つの可能性は, 3.7.2 節の重み付きリサンプリング法を使うことである. この方法では式 (4.19) の近似分布が必要である. このため, 式 (4.19) をグリッド上で評価し, 平均と分散を計算した. 良い近似分布 $q(\sigma^2)$ は同じ平均と分散をもつスケール化逆カイ 2 乗分布, すなわち Inv-$\chi^2(\sigma^2 \mid 294.2, 2.12)$ である. 図 4.4 に σ^2 と μ のサンプリングによる周辺事後分布を示す. 両方のパラメータに対して, この周辺事後分布を共役な周辺事後分布と対比させている.

図 4.4 に示す事後分布の違い (独立な事前分布と共役事前分布) から,同じ過去の
データにもとづいていても 2 つの事前分布が全く違うことは明らかである.

事後予測分布は $N(\widetilde{\mu}, \widetilde{\sigma}^2)$ から $\widetilde{y}$ をサンプリングすることで得られる. $\widetilde{y}$ の分布から
y の 95% 正常範囲は $[4.05, 9.67]$ であり,alp の正常範囲は $[106.84, 609.70]$ である.
□

4.7 ベイズ流線形回帰モデル

4.7.1 線形回帰の頻度論的アプローチ

正規線形回帰モデル (normal linear regression model) は応答 y と d 個の説明変数 $x_1, x_2, \ldots, x_d$ の間に線形関係を仮定している.n 人の標本に対して,このモデルは次のようになる.

$$y_i = \boldsymbol{x}_i^T \boldsymbol{\beta} + \varepsilon_i \quad (i = 1, \ldots, n) \tag{4.24}$$

ここで,$\boldsymbol{\beta}^T = (\beta_0, \beta_1, \ldots, \beta_d)$,$\boldsymbol{x}_i^T = (1, x_{i1}, \ldots, x_{id})$ であり,$\varepsilon_i \sim N(0, \sigma^2)$ である.行列形式で書くと,正規線形回帰モデルは以下のようになる.

$$\boldsymbol{y} = \boldsymbol{X}\boldsymbol{\beta} + \boldsymbol{\varepsilon} \tag{4.25}$$

ここで $\boldsymbol{y}$ は $n \times 1$ の反応変数ベクトル,$\boldsymbol{X}$ は行が $\boldsymbol{x}_i^T$ である $n \times (d+1)$ のデザイン行列である.$\boldsymbol{\varepsilon}$ は $n \times 1$ の誤差ベクトルで $N(\boldsymbol{0}, \sigma^2 \boldsymbol{I})$ に従うと仮定する.$\boldsymbol{I}$ は $n \times n$ の単位行列である.これらの仮定のもとでの尤度は次のとおりである.

$$L(\boldsymbol{\beta}, \sigma^2 \mid \boldsymbol{y}, \boldsymbol{X}) = \frac{1}{(2\pi\sigma^2)^{n/2}} \exp\left[-\frac{1}{2\sigma^2}(\boldsymbol{y} - \boldsymbol{X}\boldsymbol{\beta})^T(\boldsymbol{y} - \boldsymbol{X}\boldsymbol{\beta})\right] \tag{4.26}$$

$\boldsymbol{\beta}$ の古典的な (頻度論的) 推定値は最尤推定値 (maximum likelihood estimate, MLE) $\widehat{\boldsymbol{\beta}} = (\boldsymbol{X}^T\boldsymbol{X})^{-1}\boldsymbol{X}^T\boldsymbol{y}$ である (最小 2 乗推定値 (least-squares estimate, LSE) とも等しい).さらに,応答変数の当てはめ値に対する観測値の残差変動は $S = (\boldsymbol{y} - \boldsymbol{X}\boldsymbol{\beta})^T(\boldsymbol{y} - \boldsymbol{X}\boldsymbol{\beta})$ で表される.これは残差平方和と呼ばれる.平均残差平方和は $s^2 = S/(n-d-1)$ である.

例 IV.7: 骨粗しょう症研究:頻度論の線形回帰分析

骨粗しょう症の決定要因を探すために,老年病病院の 245 人の健康な年配の女性を調べる横断研究が計画された (Boonen et al. 1996).骨粗しょう症は骨のミネラル密度が減少する疾患で,そのため骨がもろくなる.この試験での女性の平均年齢は 75 歳で,その範囲は 70 歳から 90 歳であった.

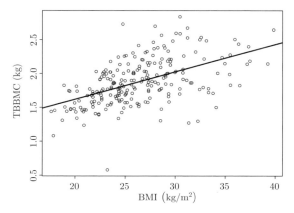

図 4.5 骨粗しょう症研究：TBBMC と BMI の散布図と頻度論の回帰分析から得られた回帰直線

骨粗しょう症のマーカーは総体骨ミネラル容量 (TBBMC; kg) であり，二重エネルギー X 線吸収法により 234 人の女性で測定された．オリジナルの解析では回帰モデルに多くの説明変数が含まれており，その多くは決定要因として知られているものであった．ここでの目的はベイズ流回帰モデルの説明をすることである．したがって，説明変数として BMI (Body-Mass Index; kg/m^2) だけを含む単回帰モデルを考える．古典的な頻度論の回帰分析による推定値 (SE) は $\widehat{\beta}_0 = 0.813\,(0.12)$, $\widehat{\beta}_1 = 0.0404\,(0.0043)$ となり，両方とも明らかに有意である．また $s^2 = 0.29$ で $n - d - 1 = 232$ である．図 4.5 にこの関係を図示する．$\widehat{\beta}_0$ と $\widehat{\beta}_1$ の相関係数の推定値は -0.99 で，これは明らかに共線性の問題があることを示している． □

4.7.2 無情報ベイズ流線形回帰モデル

ベイズ流線形回帰モデルでは回帰パラメータと残差分散に関する事前情報と，前述の正規回帰尤度を結合する．事前情報は情報のあるものばかりではなく無情報かもしれない．ここではまず無情報の場合を扱う．

$(\boldsymbol{\beta}, \sigma^2)$ の無情報事前分布としてよく選ばれるのは $p(\boldsymbol{\beta}, \sigma^2) \propto \sigma^{-2}$ である．理由は 5.6 節を参照する．すべてのモデルはデザイン行列 $\boldsymbol{X}$ について条件付けられるので，事後分布の表記では $\boldsymbol{X}$ を省略する．同時事後分布の次元は $(d+2)$ である．$(d+1)$ 次元が回帰パラメータ $\boldsymbol{\beta}$ に関連し，1 次元が残差分散 σ^2 に対応する．無情報事前分布として上記を選ぶと，事後分布は以下のとおりである (数学的な導出は Box and

Tiao (1973) を参照する).

$$p(\boldsymbol{\beta}, \sigma^2 \,|\, \boldsymbol{y}) = \mathrm{N}_{d+1}\left[\boldsymbol{\beta} \,|\, \widehat{\boldsymbol{\beta}}, \sigma^2(\boldsymbol{X}^T\boldsymbol{X})^{-1}\right] \times \text{Inv-}\chi^2(\sigma^2 \,|\, n-d-1, s^2) \quad (4.27)$$

$$p(\boldsymbol{\beta} \,|\, \sigma^2, \boldsymbol{y}) = \mathrm{N}_{d+1}\left[\boldsymbol{\beta} \,|\, \widehat{\boldsymbol{\beta}}, \sigma^2(\boldsymbol{X}^T\boldsymbol{X})^{-1}\right] \quad (4.28)$$

$$p(\sigma^2 \,|\, \boldsymbol{y}) = \text{Inv-}\chi^2(\sigma^2 \,|\, n-d-1, s^2) \quad (4.29)$$

$$p(\boldsymbol{\beta} \,|\, \boldsymbol{y}) = T_{n-d-1}\left[\boldsymbol{\beta} \,|\, \widehat{\boldsymbol{\beta}}, s^2(\boldsymbol{X}^T\boldsymbol{X})^{-1}\right] \quad (4.30)$$

ここで $\widehat{\boldsymbol{\beta}}$ は回帰パラメータの最小 2 乗推定値 (LSE) のベクトルである．$\boldsymbol{\beta}$ の周辺事後分布は自由度 $(n-d-1)$ の $(d+1)$ 次元の t 分布で，平均ベクトルは $\widehat{\boldsymbol{\beta}}$，尺度行列 $s^2(\boldsymbol{X}^T\boldsymbol{X})^{-1}$ である．その j 番目の周辺分布は，1 変量の t_{n-d-1} 分布で，その位置パラメータは $\widehat{\beta}_j$，尺度パラメータは $s(\boldsymbol{X}^T\boldsymbol{X})_{jj}^{-1/2}$ である．

4.7.3 線形回帰分析の事後要約量

式 (4.27) の $(d+2)$ 次元の事後分布の要約量は，(a) 回帰パラメータ $\boldsymbol{\beta}$ と (b) 残差変動のパラメータ σ^2 に関するものに分割される．σ^2 に対しては，第 3 章の事後要約量を使うことができ，それは式 (4.29) から導出される．回帰パラメータそれぞれに別々に関心があるときは，周辺事後分布の要約量を式 (4.30) から導出される周辺 t 分布から計算できる．一方で，回帰パラメータのベクトル全体に関心があるとき，多変量事後分布の要約量は式 (4.30) の $(d+1)$ 次元の周辺事後分布にもとづく．その場合，多変量事後分布の要約量が必要になる．

無情報事前分布 $p(\boldsymbol{\beta}, \sigma^2) \propto \sigma^{-2}$ の場合，前述の周辺事後分布から以下の 1 変量事後分布の要約量を導出することができる (Box and Tiao 1973).

- β_j $(j=0,\ldots,d)$ の周辺事後平均 (最頻値，中央値) は古典的な MLE(LSE) $\widehat{\beta}_j$ に等しい．β_j の 95%HPD 区間は $\widehat{\beta}_j \pm s(\boldsymbol{X}^T\boldsymbol{X})_{jj}^{-1/2} t(0.025, n-d-1)$ $(j=0,\ldots,d)$ である．ここで $t(0.025, n-d-1)$ は t_{n-d-1} 分布の 97.5% 点である．
- σ^2 の周辺事後分布の最頻値は $\frac{n-d-1}{n-d+1}s^2$ であり，σ^2 の MLE とは異なる．σ^2 の事後平均は $\frac{n-d-1}{n-d-3}s^2$ である．σ^2 の 95%HPD 区間は Inv-$\chi^2(n-d-1, s^2)$ 分布から数値計算のアルゴリズムを使って求める．

$\boldsymbol{\beta}$ についての多変量事後分布の要約量は周辺事後分布 (4.30) にもとづく．

- $\boldsymbol{\beta}$ の事後平均 (最頻値) は LSE $\widehat{\boldsymbol{\beta}}$ に等しい．
- $100(1-\alpha)$%HPD 領域は $100(1-\alpha)$%HPD 区間の多変量への一般化であり，

ここでは以下の領域に対応する.

$$C_\alpha(\boldsymbol{\beta}) = \left\{\boldsymbol{\beta} : (\boldsymbol{\beta} - \widehat{\boldsymbol{\beta}})^T(\boldsymbol{X}^T\boldsymbol{X})(\boldsymbol{\beta} - \widehat{\boldsymbol{\beta}}) \leq ds^2 F_\alpha(d+1, n-d-1)\right\} \quad (4.31)$$

ここで $F_\alpha(d+1, n-d-1)$ は $F_{d+1, n-d-1}$ 分布の $100(1-\alpha)\%$ 点である.

- 3.8.1 節で紹介した，1 つのパラメータに対する等高確率 (contour probability) はパラメータベクトルの場合に一般化できる. $H_0 : \boldsymbol{\beta} = \boldsymbol{\beta}_0$ とすると，稜線上に $\boldsymbol{\beta}$ の HPD 領域を求めることができる. その HPD 領域の確率が $1 - \alpha_0$ のときは，$\boldsymbol{\beta}_0$ の等高確率は α_0 に等しい.

共変量ベクトル $\widetilde{\boldsymbol{x}}$ による将来の観測値 $\widetilde{y}$ の事後予測分布は，位置パラメータ $\widetilde{\boldsymbol{x}}^T\widehat{\boldsymbol{\beta}}$，尺度パラメータ $s^2[1 + \widetilde{\boldsymbol{x}}^T(\boldsymbol{X}^T\boldsymbol{X})^{-1}\widetilde{\boldsymbol{x}}]$ の t_{n-d-1} 分布である. これは $\boldsymbol{y}$ が与えられたとき，以下のように表される.

$$\frac{\widetilde{y} - \widetilde{\boldsymbol{x}}^T\widehat{\boldsymbol{\beta}}}{s\sqrt{1 + \widetilde{\boldsymbol{x}}^T(\boldsymbol{X}^T\boldsymbol{X})^{-1}\widetilde{x}}} \sim t_{n-d-1} \quad (4.32)$$

デザイン行列 $\widetilde{\boldsymbol{X}}$ による将来の観測値 $\widetilde{\boldsymbol{y}}$ のベクトルに対して，事後予測分布は，平均 $\widetilde{\boldsymbol{X}}^T\widehat{\boldsymbol{\beta}}$，尺度行列 $s^2\left[\boldsymbol{I} + \widetilde{\boldsymbol{X}}(\boldsymbol{X}^T\boldsymbol{X})^{-1}\widetilde{\boldsymbol{X}}^T\right]$ の T_{n-d-1} 分布である.
一方，σ^2 が与えられたときの $\widetilde{\boldsymbol{y}}$ の条件付き分布は正規分布となり，平均 $\widetilde{\boldsymbol{X}}^T\widehat{\boldsymbol{\beta}}$，分散 $\sigma^2\left[\boldsymbol{I} + \widetilde{\boldsymbol{X}}(\boldsymbol{X}^T\boldsymbol{X})^{-1}\widetilde{\boldsymbol{X}}^T\right]$ となる. この結果は合成法で将来の観測値をサンプリングするために用いることができる.

ここでの話は，頻度論の結果とベイズ統計の結果が，もちろん解釈は明らかに異なるが，一致する 1 つの例でもあった. したがって，無情報事前分布の場合は線形回帰モデルの信用区間の被覆確率は正しい.

4.7.4 事後分布からのサンプリング

式 (4.27), 式 (4.28), 式 (4.29) によって，同時事後分布 (4.27) からのサンプリングに合成法を使うことが可能になる. 回帰係数の周辺事後分布からのサンプリングに対する合成法は非常に便利である. 実際に，$p(\boldsymbol{\beta} \mid \boldsymbol{y})$ は多変量 t 分布であるので，(mvtnorm のような R 関数は存在するが) この分布からのサンプリングはかなり複雑である.

骨粗しょう症研究を使った，ベイズ流線形回帰モデルからのサンプリングを以下に説明する.

例 IV.8: 骨粗しょう症研究：合成法を使った事後分布からのサンプリング
例 IV.7 で紹介した回帰分析の問題を考える. 合成法は 2 つのステップからなる. まず，式 (4.29) から $\widetilde{\sigma}^2$ をサンプリングする. 次に，式 (4.28) で σ^2 を得られた $\widetilde{\sigma}^2$ で

置き換えた式から $\widetilde{\boldsymbol{\beta}}$ をサンプリングする．この方法で，β_0 と β_1 の周辺事後分布から 1000 個の観測値をサンプリングした．図 4.6(a) と (b) にサンプリングされた値のヒストグラムを示す．サンプリングされた回帰係数ベクトルの平均は $(0.816, 0.0403)$ であり，これは真の事後平均に非常に近い．95% 等裾確率信用区間は，β_0 に対して $[0.594, 1.040]$ で，β_1 に対して $[0.0317, 0.0486]$ である．$H_0 : \boldsymbol{\beta} = \mathbf{0}$ の等高確率はサンプリングと非常に小さい確率 (< 0.001) の結果のすべてを使って求めることができる (演習 4.9 も参照する)．

図 4.6(c) では，(β_0, β_1) の周辺事後分布が尾根のようになっていることがわかる．すなわち，β_0 と β_1 の事後分布は相関が強く，それは例 IV.5 で計算したように回帰係数の最小 2 乗推定値の相関係数が -0.99 であったことを反映している．

BMI = 30 での将来の観測値の分布を別のサンプリングによって生成することができる．すなわちサンプリングされた $\widetilde{\sigma}^2$, $\widetilde{\beta}_0$, $\widetilde{\beta}_1$ にもとづき，将来の観測値 $\widetilde{y}$ は $N(\widetilde{\mu}_{30}, \widetilde{\sigma}_{30}^2)$ からのサンプリングによって得られる．ここで $\widetilde{\mu}_{30} = \widetilde{\boldsymbol{\beta}}^T(1, 30)$，$\widetilde{\sigma}_{30}^2 = \widetilde{\sigma}^2[1 + (1, 30)(\boldsymbol{X}^T\boldsymbol{X})^{-1}(1, 30)^T]$ である．図 4.6(d) にサンプリングされた値のヒストグラムを示す．サンプリングされた平均と標準偏差はそれぞれ，2.033 と 0.282 である． □

モンテカルロ標本にもとづく同時 HPD 領域は，Held (2014) の方法を使って導出することができる．

4.7.5 情報のあるベイズ流線形回帰モデル

過去の試験からの情報を事前分布に定式化することができる．正規分布の場合については 4.3.2 節で示した．同様の方法で，過去のデータから正規逆ガンマ事前分布 (5.3.2 節参照) を推定することができる．事前分布の情報源として他には「専門家の知識」がある．しかしながら，回帰モデルに関する専門家の知識を合理的な事前分布に変換することは簡単ではない．例えば，1 つの回帰係数 β_j についての事前情報を引き出すことは無意味である．なぜなら β_j の値は，モデルの他の説明変数に依存するからである．5.5.3 節では，専門家の知識を共役事前分布にまとめるために考えられる方法を説明する．

4.8 ベイズ流一般化線形モデル

一般化線形モデル (generalized linear model, GLIM) は，線形回帰モデルを回帰モデルの広いクラスに拡張するものである．形式上，GLIM は (1) 分布，(2) リンク関

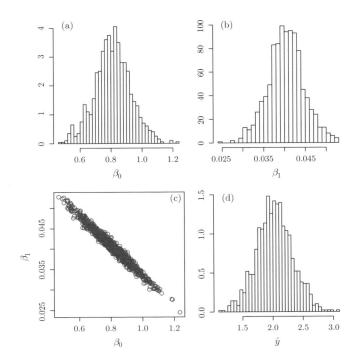

図 4.6 骨粗しょう症研究 (無情報事前分布):(a) β_0, (b) β_1, (c) β_0 と β_1, (d) BMI $= 30$ での将来の観測値 $\tilde{y}$, に対するサンプリングによる事後分布

数, (3) 分散関数, の 3 つの部分から構成されている. 古典的な記法 (McCullagh and Nelder 1989) では GLIM の 3 つの部分は以下のようになる.

- 分布 (distribution part):y を確率変数とし, その確率密度が以下のとおりであるとする.
$$p(y\,|\,\theta;\phi) = \exp\left[\frac{y\theta - b(\theta)}{a(\phi)} + c(y;\phi)\right] \tag{4.33}$$
ここで, $a(\cdot)$, $b(\cdot)$, $c(\cdot)$ は既知の関数である. w を事前の重みとして $a(\phi) = \phi/w$ とすることが多い. ϕ を既知, $w = 1$ とすると, 以下のようになることを示すことができる.
  - $E(y) = \mu = \frac{db(\theta)}{d\theta}$
  - $\mathrm{var}(y) = a(\phi)V(\mu)$. ここで $V(\mu) = \frac{d^2 b(\theta)}{d^2\theta}$ である.

- リンク関数 (link function):平均 μ は単調な (微分可能な) 関数 g によって共変量と関連付けられている. すなわち, $g(\mu) = \eta = \boldsymbol{x}^T\boldsymbol{\beta}$ である. $\eta = \theta$ のとき, リンク関数は正準 (canonical) という. また, リンク関数の逆関数 $h = g^{-1}$ に

着目することもある．2値反応モデル，すなわちロジスティックモデルあるいはプロビット回帰モデルでは，h は累積分布関数を表している．

- 分散関数 (variance function)：パラメータ ϕ は，$\text{var}(y) = a(\phi)V(\mu)$ の中で「過」分散あるいは「尺度」パラメータの役割を担っている．この式は，分散が μ を通じて共変量に依存する可能性があることも示している．

5.3.1 節とは違う記法を使っているが，GLIM の分布は正準 (canonical) パラメータで表される 1 パラメータの指数型分布族 (5.1) の一例である．

独立な観測値 y_i ($i = 1, \ldots, n$) に対して，GLIM は $p(y_i | \theta_i; \phi)$，$E(y_i) = \mu_i$，$g(\mu_i) = \boldsymbol{x}_i^T \boldsymbol{\beta}$ で定義される．GLIM の例は (a) 正規分布 $y_i \sim N(\mu_i, \sigma^2)$，恒等リンク ($g(\mu_i) = \mu_i$)，$\phi = 1$，既知の分散 $V(\mu_i) = \sigma^2$ の正規線形回帰モデル，(b) ポアソン分布 $y_i \sim \text{Poisson}(\mu_i)$，対数リンク ($g(\mu_i) = \log(\mu_i)$)，$\phi = 1$，$V(\mu_i) = \mu_i$ のポアソン回帰モデル，(c) ベルヌーイ (あるいは 2 項) 分布 $y_i \sim \text{Bern}(\mu_i)$，ロジスティックリンク ($g(\mu_i) = \text{logit}(\mu_i)$)，$\phi = 1$，$V(\mu_i) = \mu_i(1 - \mu_i)$ のロジスティック回帰モデル，である．

2 値反応モデル，特にロジスティック回帰モデルは医学分野の応用では GLIM の中で最も重要であり，本書でも最も注目している．

ベイズ流一般化線形モデル (Bayesian generalized linear model, BGLIM) は GLIM のすべてのパラメータに事前分布を与えることで得られるが，GLIM の事前分布の議論は第 5 章で扱う．また GLIM のベイズ解析の数値例も後の章で述べる．

4.9 より複雑な回帰モデル

BGLIM は重要な回帰モデルであるが，実際面で必要なすべてのモデルを網羅するのに決して十分ではない．打ち切り，切断，変量効果などを扱うモデルが必要である．事後要約量の計算ができるような事後分布に対する解析的な解は，ほとんど存在しない．Gelman $et\ al.$ (2004) はそのような様々な数値計算の方法を検討したが，実際に適用するためにはより一般的な方法論が必要である．

4.10 終わりに

応用統計家の関心をひく，すなわち重要な統計学的な問題に取り組む前に，この章を終わりにする．その理由は，強力な数値計算の枠組みなしに，ベイズ流の統計モデルを実行することは実際には不可能だからである．現在利用可能な，ほとんど唯一のアプローチは，第 6 章で扱うマルコフ連鎖モンテカルロ法による複雑なサンプリング方法によるものである．

演習問題

演習 4.1 W_{ij} $(i, j = 1, 2)$ が独立に $\text{Gamma}(\alpha_{ij}, 1)$ に従い，$T = \sum_{i,j} W_{ij}$ であるとき，$Z_{ij} = W_{ij}/T$ が $\text{Dir}(\boldsymbol{\alpha})$ 分布であることを示せ.

演習 4.2 無情報ディリクレ事前分布 $\text{Dir}(1, 1, 1, 1)$ は，$\log(\psi)$ に対する平均 0 で SD = 2.6 である正規分布の事前分布にほぼ対応することをサンプリングによって示せ.

演習 4.3 サンプリングを使って例 IV.4 の $H_0 : \theta_1 = \theta_2$ に対する等高確率を求めよ.

演習 4.4 合成法を用いて次の分布からのサンプリングを行え. (a) 正規分布の混合分布，(b) 正規分布からのサンプリングによる t 分布. 手順は R のプログラムを用いて書け.

演習 4.5 血清アルカリフォスファターゼ研究：'alp.txt' にあるデータにもとづいて，R プログラムを用いて，合成法による無情報事前分布にもとづく事後分布からサンプリングせよ. また事後予測分布からもサンプリングせよ.

演習 4.6 血清アルカリフォスファターゼ研究：演習 4.5 のサンプリングの順序を逆にせよ. すなわち，最初に μ をサンプリングしその後 σ^2 をサンプリングせよ.

演習 4.7 血清アルカリフォスファターゼ研究：例 IV.2 で述べたように，合成法を用いて過去のデータを使った事前分布にもとづく事後分布からサンプリングせよ. 'alp.txt' のデータと R プログラムを使うこと.

演習 4.8 骨粗しょう症研究：'osteop.txt' のデータにもとづいて，応答変数が TBBMC，説明変数が BMI と年齢の回帰分析について，4.7.3 節の解析的な結果を適用せよ.

演習 4.9 骨粗しょう症研究：演習 4.8 で特定した回帰モデルから合成法を用いてサンプリングせよ. 回帰パラメータが 0 に等しいという等高確率をサンプリングによって求めよ.

演習 4.10 骨粗しょう症研究：$\overline{\text{BMI}}$ を BMI の標本平均とし，TBBMC と BMI $-\overline{\text{BMI}}$ の回帰モデルでの β_0 と β_1 が独立であることを示せ.

演習 4.11 血清アルカリフォスファターゼ研究：例 IV.1 で計算した正常範囲が例 III.6 で得られたものよりも広い理由を説明せよ.

第5章 事前分布の選択

5.1 はじめに

　統計解析に事前知識を組み込むことは，実践研究のためのベイズ流アプローチを魅力的なものにする優れた特徴である．一方，事前分布を指定する必要があることは，主観性が入り込む可能性があるため研究を不適切にしているとの批判がある．この意見の対立は，数十年前まで極めて支配的で，現在でもなお議論の的になっており，今後も続きそうである．このことは，これまでの章のいくつかの場面で扱ってきた．ベイジアンの間でさえ，事前分布の性質について異なる意見がある．すなわち，客観的な事前分布を得ようと努力すべきか，あるいは主観的な事前分布にするかである．事前分布に関連するその他のこととして，共役性や無情報事前分布の選択などを紹介した．この章での目標は，事前分布をより体系的に扱うことである．最初に概略で3種類の事前分布，すなわち，共役 (conjugate) 事前分布，無情報 (noninformative) 事前分布，情報有り (informative) の事前分布を扱う．回帰モデルは，より特別な取り扱いを必要とするモデルの重要なクラスを構成しているので，章の終わりでこれらを扱う．

　ベイズの定理の逐次的な性質から始める．その性質はベイズ流アプローチが生活の中で知識を得る過程を真似ているということを示す．

5.2 ベイズの定理の逐次利用

　独立した一連の実験を順番に行う場合は，ベイズ流アプローチでは，各ステップで前のステップで収集した知識を次のステップの事前知識として使用することができる．すなわち，k 番目の実験で得られたパラメータの事後分布は $(k+1)$ 番目の実験でのパラメータの事前分布として使用できる．2つの実験の場合は次のようになる．$\boldsymbol{y}_k$ を k 番目 $(k=1,2)$ の実験で収集されたデータを表すとすると，$p(\theta \mid \boldsymbol{y}_1, \boldsymbol{y}_2) \propto$

$L(\theta\,|\,\boldsymbol{y}_1,\boldsymbol{y}_2)p(\theta) = L(\theta\,|\,\boldsymbol{y}_1)L(\theta\,|\,\boldsymbol{y}_2)p(\theta) \propto p(\theta\,|\,\boldsymbol{y}_1)L(\theta\,|\,\boldsymbol{y}_2)$ となり，最初の等式は 2 つの実験が独立であることから得られる．このことは，ベイズ流アプローチが人間の学習プロセスを模倣できることを示している．すなわち，新しい情報が得られると，過去から得た知識とそれを組み合わせる．さらに，m 個の独立した実験では $p(\theta\,|\,\boldsymbol{y}_1,\ldots,\boldsymbol{y}_m) \propto \prod_{k=1}^{m} L(\theta\,|\,\boldsymbol{y}_k)p(\theta)$ であるので，m が大きいと，初期の事前知識は重要でなくなってくる．そして，事前分布は「データに支配される」．上記では，実験は同じ条件のもとで実施されていると仮定していることに注意する．実験がそれほど異ならない条件のもとで実施されるときでも，逐次的な法則は成り立つ．その場合，各ステップの事前情報は，条件の変更を許容して適用することができるということである (5.5 節参照)．

例 V.1：エイムス・サルモネラ変異原性アッセイデータの分析

突然変異原誘発物質は，ある特定の DNA 塩基対から染色体レベルまで，遺伝物質の遺伝性変化をもたらす能力のある薬剤である．変異原は生殖細胞に対してその効果を発揮する．それによってヒト遺伝子プールを変化させ，遺伝性の遺伝子欠損を将来の世代に対して誘発する．いままでヒトにおける遺伝性の遺伝子損傷の誘発性に対するエビデンスはない．しかし，これらの効果を確認することは困難である．ただし，実験動物においては繰り返し実証されてきた．体細胞を攻撃する変異原は，究極的には心疾患，加齢や先天性欠損と関係があるかもしれない．最終的に，発がんに関する変異原の役割に対するエビデンスは増大している (Margolin et al. 1989 を参照).

エイムス・サルモネラ/ミクロソーム分析は，変異誘発性を見つけるために開発され，薬剤化合物の前臨床スクリーニングに広く使われている．エイムス試験は，ネズミチフス菌の栄養要求性と原栄養株の存在にもとづいている．後者は，ヒスチジンを合成する特性をもち，前者は，ヒスチジンのない環境で成長することができない．栄養要求性株は突然変異することができ，ヒスチジン独立に戻ることができる．コロニーが出現するまで，結果として生じる復帰突然変異株とその子孫は細胞分裂を引き起こすことができる．

エイムス試験では，1 つのプレートからの応答は，被覆した 108 個の微生物から生じた目に見えるコロニーの数である．通常，3 倍にしたプレートが調べられる．所定の条件 (用量レベル) に対して $r \times 3$ 枚のプレートがある．ここで r は使用される複製の数である．Margolin et al. (1989) は，キノリンの検査のデータを提供している．r は 3 で，表 5.1 で与えられる．これらのデータは，第 12 章でさらに解析される．

最初の複製は $\boldsymbol{y}_1 = \{15, 21, 29\}$，2 番目は $\boldsymbol{y}_2 = \{19, 21, 24\}$，3 番目は $\boldsymbol{y}_3 = \{14, 19, 22\}$ を生成した．実験の複製は (1,2,3) の順番に作成され，一連の実験は，アッ

5.2 ベイズの定理の逐次利用

表 5.1 キノリンの検査：エイムス試験で得られた突然変異株のカウント

複製	突然変異株のカウント		
1	15	21	29
2	19	21	24
3	14	19	22

セイ結果に関する逐次ベイジアン学習となる．

　カウントデータの分布としてポアソン分布を仮定できるが，データへの当てはまりは良くなかった．実際，ポアソン分布の平均がカウント数に対して固定されてはおらず，ある分布に従っているようにみえる．そのとき，一般的な仮定では，Gamma(α, β) 分布を平均に対してとる．まずは，事前分布は無情報で $\alpha = 0.5$ と $\beta = 0.025$ を仮定する．これは事前平均が 20 のガンマ分布だが，非常に大きな分散 800 となる．最初の実験に対して尤度は

$$L(\boldsymbol{y}_1 \,|\, \theta) = \prod_{i=1}^{3} \theta^{y_{i1}} \mathrm{e}^{-\theta}/y_{i1}!$$

で，y_{i1} ($i = 1, 2, 3$) は最初の実験からのデータを意味する．$\boldsymbol{y}_1$ を観測した後の事後分布は Gamma$(\sum y_{i1} + \alpha, 3 + \beta)$ 分布で，事後平均は $(\sum y_{i1} + \alpha)/(3 + \beta)$=21.653 となる．これは最尤推定値である 21.667 に近い．

　2 番目の実験を含める際に，その事前分布として，最初の実験からの事後分布を使うことができる．したがって，2 番目の実験の事後分布は，Gamma$(\sum y_{i2} + 65.5, 3 + 3.025)$ = Gamma(129.5, 6.025) で平均 21.494 である．3 番目の実験に対しては $\sum y_{i3} = 55$ で事後平均は 20.443 となり，それはすべての実験に対する最尤推定値と非常に近い．そしてより多くのデータが集められると，事前分布に対してデータが段階的に「支配をしている」ことになる． □

　「事前分布」の「事前」という形容詞はそれがデータが集められる前に定義すべきという印象を与えるが，これは事実でない．「事前」という用語は，事前知識は収集したデータとは独立して特定されるべきであるということを意味するだけである (Cox 1999)．比較臨床試験に対しては状況は異なる．その場合，推奨される手法は，収集したデータとの混乱を避けるために前もって事前分布を固定することである．このアプローチについては 5.5.4 節で述べる．最後に，この逐次プロセスの第 1 ステップにおいて，事前分布は最小の情報 (無情報な事前分布) かもしれないが，第 2 ステップでは，事前分布は常に情報有りとなる．

5.3 共役事前分布

事前分布の重要なクラスは共役分布族であり，Raiffa と Schlaifer (Mc Grayne 2011, p.125) によって，最初に提案された．共役事前分布 (conjugate prior distribution) は「情報有り」にも「無情報」にもなり得るので次の節でも取り扱う．この節では共役事前分布の特定に関する技術的側面に焦点をあてる．

5.3.1 1 変量分布

第 2 章で，2 項尤度はベータ事前分布と結合し，結果としてベータ事後分布となった．正規尤度 (σ は既知か未知) とポアソン尤度も，事前分布は同型の事後分布を生成した．この性質は「サンプリングに関して閉じている」と呼ばれる．より具体的に，ある確率変数 y に対して，$p(y|\boldsymbol{\theta})$ はパラメータベクトル $\boldsymbol{\theta} = (\theta_1,\ldots,\theta_d)^T$ が与えられたもとでの確率関数あるいは確率密度関数 (y のタイプに依存する) とする．すると，すべての事前分布 $p(\boldsymbol{\theta}) \in \mathfrak{S}$ に対して事後分布 $p(\boldsymbol{\theta}|y)$ もまた $\mathfrak{S}$ に属するなら，事前分布の族 $\mathfrak{S}$ はサンプリングに関して閉じているという．

重要な分布のクラスに対して，サンプリングに関して閉じているような事前分布族をどのように選ぶかという方法が存在する．$p(y|\boldsymbol{\theta})$ が次に示すような「指数型分布族 (exponetial family)」に属しているとする．

$$p(y|\boldsymbol{\theta}) = b(y)\exp\left[c(\boldsymbol{\theta})^T \boldsymbol{t}(y) + \mathrm{d}(\boldsymbol{\theta})\right] \tag{5.1}$$

ここで $\mathrm{d}(\boldsymbol{\theta})$ は $\boldsymbol{\theta}$ のスカラー関数，$b(y)$ は y のスカラー関数，$\boldsymbol{t}(y)$ は $\boldsymbol{\theta}$ に関する d 次元十分統計量，$\boldsymbol{c}(\boldsymbol{\theta}) = (c_1(\boldsymbol{\theta}),\ldots,c_d(\boldsymbol{\theta}))^T$ とする．ベクトル $\boldsymbol{\theta}$ は正準パラメータ (canonical parameter) と呼ばれる．互いに独立に同一の分布に従うランダム標本 $\boldsymbol{y} = \{y_1,\ldots,y_n\}$ の場合は，式 (5.1) は式 (5.2) で置き換えられる．

$$p(\boldsymbol{y}|\boldsymbol{\theta}) = b(\boldsymbol{y})\exp[c(\boldsymbol{\theta})^T \boldsymbol{t}(\boldsymbol{y}) + n\mathrm{d}(\boldsymbol{\theta})] \tag{5.2}$$

ここで $b(\boldsymbol{y}) = \prod_{i=1}^{n} b(y_i)$ で $\boldsymbol{t}(\boldsymbol{y}) = \sum_{i=1}^{n} \boldsymbol{t}(y_i)$ である．

表 5.2 はよく使われる指数型分布族の分布を表している．数式と他の分布の性質については付録を参照のこと．この族に属している 2 項分布とポアソン分布は次のようにみることができる．

- 2 項分布：$p(y|\theta) = \binom{n}{y}\theta^y(1-\theta)^{(n-y)}$ は $b(y) = \binom{n}{y}$, $t(y) = y$, $c(\theta) = \mathrm{logit}(\theta)$, $\mathrm{d}(\theta) = \log(1-\theta)$ とすると式 (5.2) になる．
- ポアソン分布：$p(y|\theta) = \frac{1}{y!}\theta^y \exp(-\theta)$ は $b(y) = 1/y!$, $c(\theta) = \log(\theta)$, $t(y) = y$,

5.3 共役事前分布

表 5.2 指数型分布族の主な分布と (自然) 共役事前分布

指数型分布属の分布		パラメータ	共役事前分布
1 変量			
離散型分布			
Bernoulli	$\mathrm{Bern}(\theta)$	θ	$\mathrm{Beta}(\alpha_0, \beta_0)$
Binomial	$\mathrm{Bin}(n, \theta)$	θ	$\mathrm{Beta}(\alpha_0, \beta_0)$
Negative binomial	$\mathrm{NB}(k, \theta)$	θ	$\mathrm{Beta}(\alpha_0, \beta_0)$
Poisson	$\mathrm{Poisson}(\theta)$	θ	$\mathrm{Gamma}(\alpha_0, \beta_0)$
連続型分布			
Normal-variance fixed	$N(\mu, \sigma^2)$-σ^2 fixed	μ	$N(\mu_0, \sigma_0^2)$
Normal-mean fixed	$N(\mu, \sigma^2)$-μ fixed	σ^2	$\mathrm{IG}(\alpha_0, \beta_0)$
			$\mathrm{Inv}\text{-}\chi^2(\nu_0, \tau_0^2)$
Normal*	$N(\mu, \sigma^2)$	μ, σ^2	$\mathrm{NIG}(\mu_0, \kappa_0, a_0, b_0)$
			$N\text{-}\mathrm{Inv}\text{-}\chi^2(\mu_0, \kappa_0, \nu_0, \tau_0^2)$
Exponential	$\mathrm{Exp}(\lambda)$	λ	$\mathrm{Gamma}(\alpha_0, \beta_0)$
多変量			
離散型分布			
Multinomial	$\mathrm{Mult}(n, \boldsymbol{\theta})$	$\boldsymbol{\theta}$	$\mathrm{Dirichlet}(\boldsymbol{\alpha}_0)$
連続型分布			
Normal-covariance fixed	$N(\boldsymbol{\mu}, \Sigma)$-$\Sigma$ fixed	$\boldsymbol{\mu}$	$N(\boldsymbol{\mu}_0, \Sigma_0)$
Normal-mean fixed	$N(\boldsymbol{\mu}, \Sigma)$-$\boldsymbol{\mu}$ fixed	Σ	$\mathrm{IW}(\Lambda_0, \nu_0)$
Normal*	$N(\boldsymbol{\mu}, \Sigma)$	$\boldsymbol{\mu}, \Sigma$	$\mathrm{NIW}(\boldsymbol{\mu}_0, \kappa_0, \nu_0, \Lambda_0)$

IG, 逆ガンマ分布; Inv-χ^2, スケール化逆カイ 2 乗分布;
NIG, 正規逆ガンマ分布; N-Inv-χ^2, 正規スケール化逆カイ 2 乗分布;
IW, 逆ウィッシャート分布; NIW, 正規逆ウィッシャート分布.
*は自然共役分布の拡張を示している (O'Hagan and Forster 2004, pp.140–141).

$\mathrm{d}(\theta) = -\theta$ とすると式 (5.1) に帰着する. n 個のポアソン分布のランダム標本 $\boldsymbol{y} = \{y_1, \ldots, y_n\}$ に対しては次を得る: $b(\boldsymbol{y}) = \prod_i 1/y_i!$ と $t(\boldsymbol{y}) = \sum_i y_i$.

式 (5.1) の分布に対してサンプリングに関して閉じた事前分布族 $\mathfrak{S}$ は次式で与えられる.

$$p(\boldsymbol{\theta} \mid \boldsymbol{\alpha}, \beta) = k(\boldsymbol{\alpha}, \beta) \exp\left[c(\boldsymbol{\theta})^T \boldsymbol{\alpha} + \beta \mathrm{d}(\boldsymbol{\theta})\right] \tag{5.3}$$

ここで $\boldsymbol{\alpha} = (\alpha_1, \ldots, \alpha_d)^T$ と β は超パラメータ (hyper parameter) である. 式 (5.3) は $(d+1)$ 個のパラメータの指数型分布族である. スカラー $k(\boldsymbol{\alpha}, \beta)$ は正規化定数, すなわち式 (5.3) が分布であることを保証する.

$$k(\boldsymbol{\alpha}, \beta) = 1 / \int \exp\left[c(\boldsymbol{\theta})^T \boldsymbol{\alpha} + \beta \mathrm{d}(\boldsymbol{\theta})\right] \mathrm{d}\boldsymbol{\theta}$$

式 (5.3) は式 (5.1) に対するサンプリングに関して閉じた事前分布を定義する．このことは次の理由による．互いに独立なランダム標本 y の同時確密度関数が式 (5.1) で与えられるとすると，

$$\begin{aligned}
p(\boldsymbol{\theta}\,|\,\boldsymbol{y}) &\propto p(\boldsymbol{y}\,|\,\boldsymbol{\theta})p(\boldsymbol{\theta}) \\
&= \exp\left[c(\boldsymbol{\theta})^T \boldsymbol{t}(\boldsymbol{y}) + n\,\mathrm{d}(\boldsymbol{\theta})\right]\exp\left[c(\boldsymbol{\theta})^T\boldsymbol{\alpha} + \beta\mathrm{d}(\boldsymbol{\theta})\right] \\
&= \exp\left[c(\boldsymbol{\theta})^T\boldsymbol{\alpha}^* + \beta^*\mathrm{d}(\boldsymbol{\theta})\right]
\end{aligned} \qquad (5.4)$$

となる．ここで，

$$\boldsymbol{\alpha}^* = \boldsymbol{\alpha} + \boldsymbol{t}(\boldsymbol{y}) \qquad (5.5)$$
$$\beta^* = \beta + n \qquad (5.6)$$

式 (5.3) で定義される分布族は「自然共役分布族」(natural conjugate family) と呼ばれる．O'Hagan and Forster (2004, pp.140–141) は追加のパラメータを加えて，この分布族を拡張した．これは「共役分布族」(conjugate family) と呼ばれ，これもまたサンプリングに関して閉じている (演習 5.4 も参照)．式 (5.2) を式 (5.3) と比べると，共役事前分布は尤度と同じ関数型であることがわかる．実際，指数型分布族の分布に対する共役事前分布は，データ ($\boldsymbol{t}(\boldsymbol{y})$ と n) をパラメータ ($\boldsymbol{\alpha}$ と β) で置き換えることにより得られる．共役事前分布はモデルに依存し，尤度にも依存する．

表 5.2 には指数型分布族の中の通常選択される分布に対する共役分布が示されているが，リストは完全ではない．共役事前分布は，例えば，ガンマ分布 (α を固定してもしなくても)，$f(y\,|\,\theta) = \theta y_m^\theta/y^{\theta+1}$, $y \geq y_m$, $f(y\,|\,\theta) = 1$, $y < 1$ のようなパレート分布，区間 $[0,\theta]$ の一様分布，逆正規分布 (Banerjee and Bhattacharyya 1979) に対しても与えられる．さらに，共役事前分布は回帰モデルに対しても特定することができる (5.6 節参照)．

5.3.2 節では，正規分布に対する共役分布を見る．ここでは 2 項尤度とポアソン尤度に対する共役事前分布が上述した規則を用いてどのように導出されるかを示す．

- 2 項尤度：$c(\theta) = \mathrm{logit}(\theta)$ と $\mathrm{d}(\theta) = \log(1-\theta)$ に対して，$p(\theta\,|\,\alpha,\beta) \propto \exp[c(\theta)\alpha + \beta\mathrm{d}(\theta)] = \theta^\alpha(1-\theta)^{\beta-\alpha}$ である．ここで $\alpha_0 = \alpha+1$ と $\beta_0 = \beta-\alpha+1$ で，事前分布は $\theta^{\alpha_0-1}(1-\theta)^{\beta_0-1}$ に対して比例し，ベータ分布の核となっている．事後分布は $\alpha^* = \alpha + y$ と $\beta^* = \beta + n$ によって得られる．ここで y は成功数，n は試験のサイズである．この結果は再びパラメータ $\overline{\alpha} = \alpha_0 + y$ と $\overline{\beta} = \beta_0 + n - y$ のベータ分布となる．

- ポアソン尤度：$c(\theta) = \log(\theta)$ と $\mathrm{d}(\theta) = -\theta$ に対して $p(\theta \mid \alpha, \beta) \propto \exp[c(\theta)\alpha + \beta \mathrm{d}(\theta)] = \theta^\alpha \exp(-\beta\theta)$ で，これは $\alpha_0 = \alpha + 1$ と $\beta_0 = \beta$ である $\mathrm{Gamma}(\alpha_0, \beta_0)$ 分布の核である．事後分布が再びガンマ分布になることの確認は読者の演習とする (演習 5.1)．

式 (5.1) で表される (自然) 共役事前分布を用いることは，数学的にも数値的な観点からも，また解釈の点からも便利であり，したがって利便事前分布 (convenience prior) とも呼ばれる．すなわち，

- 過去のデータ y の尤度は $\alpha = t(y)$ と $\beta = n$ とすることにより簡単に共役事前分布となる．これは 2 項尤度，正規尤度 (分散固定)，ポアソン尤度に対して第 2 章で説明した．逆に言えば，第 2 章で例示したように，自然共役分布を α と β で特徴付けられるような仮想的な実験と解釈することができる．尤度と共役事前分布の対応は 5.6 節で，回帰モデルの共役事前分布の定義に関して詳しく扱う．

- 自然共役事前分布に対して，事後平均は事前平均と標本推定値の重み付き結合となっている．これはデータだけでなく事前パラメータの事後平均への影響を示し，事後要約量の解釈にも役立つ．例えば式 (2.7)，式 (2.14) と演習 2.10 を参照のこと．

引き続き，事後要約量の解釈に関して，自然共役分布族の利便性の実際の説明に移る．

例 V.2: 食事研究：正規事前分布と t 事前分布

例 II.2 の IBBENS-2 調査で正規尤度を $\mathrm{N}(328, 100)$ の事前分布と結合した．正規分布 (分散既知) は 1 パラメータ指数型分布族に属し (5.3.4 節も参照)，正規事前分布は正規尤度の共役分布である．正規事後分布は式 (2.13) で与えられる平均と分散をもつ．正規事前分布を $t_{30}(328, 100)$ 分布で置き換えても，事後分布は実質的には変化しないままである．しかし，共役正規事前分布の 3 つの特徴を失う．すなわち，t 事前分布では，(1) 事後分布は解析的に求められない，(2) 事後分布が事前分布と同じ分布族に属さない，(3) 事後要約量が事前分布や標本要約量の簡単な関数ではない．

□

5.3.2　正規分布 — 平均と分散が未知

μ と σ^2 が未知である正規分布は 2 パラメータ指数型分布族に属する．式 (5.3) の標準的な適用によって自然な共役分布が導かれる (演習 5.4)．しかしながら，本書ではより柔軟な共役事前分布，すなわち正規逆ガンマ分布 $\mathrm{NIG}(\mu_0, \kappa_0, a_0, b_0)$ を使う．こ

の事前分布は次のように導かれる．$\boldsymbol{y} = \{y_1, \ldots, y_n\}$ を互いに独立で同一な $N(\mu, \sigma^2)$ (μ と σ^2 は未知) からの標本とする．y の同時分布は次のように分解できる．

$$p(\boldsymbol{y} \mid \mu, \sigma^2) \propto \frac{\sqrt{n}}{(\sigma^2)^{1/2}} \exp\left[-\frac{1}{2}\frac{(\overline{y}-\mu)^2}{\sigma^2/n}\right] \frac{1}{(\sigma^2)^{\nu/2}} \exp\left(-\frac{S^2}{2\sigma^2}\right) \quad (5.7)$$

ここで $S^2 = \sum_{i=1}^n (y_i - \overline{y})^2$, $\nu = n-1$ である．このように同時尤度は $N(\mu, \sigma^2/n)$ 尤度と $\chi^2(\nu, \sigma^2)$ 尤度の積に分解される．正規尤度はパラメータが 2 つだけである．したがって，式 (5.3) を使うと 3 つだけのパラメータの自然共役分布となるので，$NIG(\mu_0, \kappa_0, a_0, b_0)$ 事前分布は自然共役分布にならない．正規逆ガンマ事前分布に帰着するために，事前分布を $p(\mu \mid \sigma^2)p(\sigma^2)$ のように分解することを示している式 (5.7) を用いる．ここで $p(\sigma^2)$ は，次で与えられる逆ガンマ分布 $IG(a_0/2, b_0/2)$ である．

$$\frac{(b_0/2)^{(a_0/2)}}{\Gamma(a_0/2)} (\sigma^2)^{-(a_0+2)/2} \exp\left(-\frac{b_0}{2\sigma^2}\right) \quad (5.8)$$

さらに，2.7 節では，$p(\mu \mid \sigma^2)$ は σ^2 が既知であったので σ^2 固定の $N(\mu_0, \sigma_0^2)$ とした．ここでは事前分散 σ_0^2 は σ^2 に依存しなければならない．「事前サンプルサイズ」と解釈できる $\kappa_0 > 0$ を用いて $\sigma_0^2 = \sigma^2/\kappa_0$ とすると便利であり，これによって $p(\mu \mid \sigma^2) = N(\mu_0, \sigma^2/\kappa_0)$ となる．2 つの事前分布の部分を掛け合わせると共役事前分布 $NIG(\mu_0, \kappa_0, a_0, b_0)$ を得る．

式 (5.7) の 2 番目の部分は $\frac{1}{(\sigma^2)^{\nu/2}} \exp(-\frac{\nu s^2}{2\sigma^2})$, $s^2 = S^2/\nu$ と書き換えることができる．その場合，σ^2 に対する逆ガンマ事前分布はスケール化逆カイ 2 乗分布 (scaled inverse chi-squared distribution) に置き換えられる．これを Inv-$\chi^2(\nu_0, \tau_0^2)$ 分布と表し，次式で与えられる．

$$p(\sigma^2) \propto (\sigma^2)^{-(\nu_0/2+1)} \exp\left(-\frac{\nu_0 \tau_0^2}{2\sigma^2}\right) \quad (5.9)$$

これは式 (5.8) から，$a_0 = \nu_0$, $b_0 = \nu_0 \tau_0^2$ とおくことにより得られる．このパラメータ化では，同時事前分布は正規スケール化逆 χ^2 分布 (normal-scaled-inverse chi-squared distribution) と呼ばれ，N-Inv-$\chi^2(\mu_0, \kappa_0, \nu_0, \tau_0^2)$ と表す．したがって，事後分布は式 (4.10), (4.11), (4.12), (4.13) で定義されたパラメータをもつ N-Inv-$\chi^2(\overline{\mu}, \overline{\kappa}, \overline{\nu}, \overline{\tau}^2)$ となる．また μ が既知であるが σ^2 が未知のとき，自然共役分布は式 (5.8) または式 (5.9) で与えられる．

5.3.3 多変量分布

5.3.2 節の結果は，y を多変量ベクトル $\boldsymbol{y}$ に変えれば，ただちに多変量分布に適用できる．ここでは 2 つのよく知られた多変量モデル，(1) 多項モデル，(2) 多変量正規モデルに限定する．どちらのモデルも (そして関連するモデルも) 4.4 節で紹介した．

5.3 共役事前分布

多項分布 $\text{Mult}(n, \theta)$ は指数型分布族の分布で，その自然共役分布は以下のとおりである．

$$p(\boldsymbol{\theta} \mid \boldsymbol{\alpha}_0) = \frac{\prod_{j=1}^{k} \Gamma(\alpha_{0j})}{\sum_{j=1}^{k} \Gamma(\alpha_{0j})} \prod_{j=1}^{k} \theta_j^{\alpha_{0j}-1} \qquad (5.10)$$

これはディリクレ分布 (Dirichlet distribution) $\text{Dirichlet}(\alpha_0)$ として知られている．式 (5.10) の正規化定数を導出した (Gupta and Richards 2001)，ドイツの数学者 Peter Lejeune Dirichlet (1805–1859) にちなんで，名付けられた．事後分布もまたパラメータ $\alpha_0 + y$ のディリクレ分布であることはすぐに示せる．ベータ分布は $k = 2$ のディリクレ分布の特別な場合である．加えて，ディリクレ分布の周辺分布はベータ分布である．さらに，事前ディリクレ分布 $\text{Dirichlet}(1, 1, \ldots, 1)$ は一様分布である事前分布 $\text{Beta}(1, 1)$ を，高次元に拡張したものである．4.4.2 節では，この無情報 (NI) 事前分布は 2×2 分割表の対数オッズ比の正規無情報事前分布と関連付けられた．

p 次元多変量正規分布から導かれた標本 $\boldsymbol{y}_1, \ldots, \boldsymbol{y}_n$ の尤度は以下で与えられる．

$$p(\boldsymbol{y}_1, \ldots, \boldsymbol{y}_n \mid \boldsymbol{\mu}, \Sigma) = \frac{1}{(2\pi)^{np/2} |\Sigma|^{1/2}} \exp\left[-\frac{1}{2} \sum_{i=1}^{n} (\boldsymbol{y}_i - \boldsymbol{\mu})^T \Sigma^{-1} (\boldsymbol{y}_i - \boldsymbol{\mu})\right] \qquad (5.11)$$

Σ が既知で $\boldsymbol{\mu}$ が未知のとき，$\boldsymbol{\mu}$ に対する共役分布は事前正規分布 $\text{N}(\boldsymbol{\mu}_0, \Sigma_0)$ である．$\boldsymbol{\mu}$ も Σ も未知の場合，5.3.2 節の方法を一般化する必要がある．式 (5.7) の項 S^2 は $S = \sum_{i=1}^{n} (\boldsymbol{y}_i - \overline{\boldsymbol{y}})(\boldsymbol{y}_i - \overline{\boldsymbol{y}})^T$ で置き換えられ，$\text{Wishart}(\sigma, \nu)$ で表される自由度 $\nu = n - 1$ のウィッシャート分布となる (数学的な式については 4.4.1 節を参照)．正規分布の場合の共分散行列に対する自然な共役分布は，それゆえ逆ウィッシャート分布 $\text{IW}(\Lambda_0, \nu_0)$，自由度は $\nu_0 \geq p$ となる．ここで，Λ_0 は $p \times p$ の正定値行列である．$p = 1$ に対しては逆ウィッシャート分布はスケール化逆カイ 2 乗分布に等しくなる．$\text{N}(\boldsymbol{\mu}, \Sigma)$ の共役分布は正規逆ウィッシャート分布 $\text{NIW}(\boldsymbol{\mu}_0, \kappa, \nu_0, \Lambda_0)$ であるが，自然共役ではない (5.3.2 節で示した理由と同様)．

最小の情報有りの逆ウィッシャート分布を得るには，$\nu_0 \approx p$ が適切な選択のようである．$\nu_0 = (p + 1)$ に関して相関の事前分布は $[-1, 1]$ 上で一様であることが示せる．加えて，尺度行列 (scale matrix) Λ_0 は対角行列とすることが多い．しかし，本書では対角要素の選択については明らかにしていない．加えて，WinBUGS は少し違ったウィッシャート分布の公式を使っていて，Λ_0 は共分散行列の役割を果たしていることに注意されたい．これは Λ_0 に対して大きな対角要素をとることを示唆しているかもしれないが，こちらのページ (http://statacumen.com/2009/07/02/wishart-distribution-in-winbugs-nonstandard-parameterization/) の中では，NI 事前分布を得るためにはむしろ対角要素をゼロに近い値をとるべきということが示され

ている.

μ が既知であるが Σ が未知である場合,共分散行列 Σ の (共役) 事前分布だけが必要である.上述の理由から,この場合は Σ の共役事前分布は逆ウィッシャート分布であることが容易にわかる.

5.3.4 条件付き共役と準共役事前分布

パラメータベクトル $\boldsymbol{\theta}$ が $\boldsymbol{\phi}$ と $\boldsymbol{\nu}$ に分解されるとし,もし条件付き事後分布 $p(\boldsymbol{\phi} \mid \boldsymbol{\nu}, \boldsymbol{y})$ が同じ分布族 $\mathfrak{S}$ に属するなら,事前分布 $p(\boldsymbol{\phi}) \in \mathfrak{S}$ を条件付き共役分布 (conditional conjugate) と呼ぶ.例として μ も σ^2 も未知の正規分布 $N(\mu, \sigma^2)$ を考える.すると σ^2 が与えられたもとでの μ に対する自然共役分布は事前正規分布 $N(\mu_0, \sigma_0^2)$ となる.言い換えれば $N(\mu_0, \sigma_0^2)$ は μ の条件付き共役分布である.μ が与えられたもとでの σ^2 に対する条件付き共役分布は事前分布 (5.9) となる.事前分布 $N(\mu_0, \sigma_0^2)$ と Inv-$\chi^2(\nu_0, \tau_0^2)$ の積は,(μ, σ^2) に対する準共役事前分布 (semiconjugate prior) と呼ばれ,μ と σ^2 についての独立な事前情報が利用可能であったときの 4.3.3 節の選択であった.準共役事前分布は事後分布の解析的な解にはつながらないが,ギブス・サンプラーやマルコフ連鎖モンテカルロサンプリングには極めて便利である.

5.3.5 超事前分布

共役事前分布は事前知識を限定的にしか表していない.しかし,その柔軟性は,共役分布のパラメータに事前分布を与えることにより簡単に拡張できる.すなわち,データが分布 $p(y \mid \boldsymbol{\theta})$ に従い,未知の $\boldsymbol{\theta}$ が (共役) 事前分布 $p(\boldsymbol{\theta} \mid \boldsymbol{\phi}_0)$ で与えられるとする.パラメータ $\boldsymbol{\phi}$ を固定する代わりに,それらに (事前) 分布 $p(\boldsymbol{\phi} \mid \boldsymbol{\omega}_0)$ を与えるとき,$\boldsymbol{\phi}$ は超パラメータ (hyperparameter) と呼ばれ,$p(\boldsymbol{\phi} \mid \boldsymbol{\omega}_0)$ は超事前分布 (hyperpriors, hyperprior distribution) あるいは階層的事前分布 (hierachical prior distribution) と呼ばれる.超事前分布の効用は,$\boldsymbol{\theta}$ の実際の事前分布が次の混合事前分布になることである.

$$q(\boldsymbol{\theta} \mid \boldsymbol{\omega}_0) = \int p(\boldsymbol{\theta} \mid \boldsymbol{\phi}) p(\boldsymbol{\phi} \mid \boldsymbol{\omega}_0) \, d\boldsymbol{\phi} \tag{5.12}$$

すると,事前分布 $p(\boldsymbol{\theta} \mid \boldsymbol{\omega}_0)$ が望みの特徴をもつかどうかを評価できる.超事前分布は第 9 章で詳しく解説し,そこでは階層モデル (hierachical model) として取り扱う.簡単な説明のために,例 II.3 のガンマ分布のパラメータ α と β がそれぞれ指数型事前分布 $p(\alpha \mid \omega_{\alpha,0})$ と $p(\beta \mid \omega_{\beta,0})$ を与えられたとする.この指数型事前分布は超事前分布の例であり,α と β は超パラメータと呼ばれる.

事前分布の特定の特徴 (例えば，形状) を満たすためには，離散型超事前分布が扱いやすいかもしれない．$\boldsymbol{\theta}$ の事前分布を有限混合と仮定する．

$$q(\boldsymbol{\theta} \mid \boldsymbol{\pi}) = \sum_{k=1}^{K} \pi_k p_k(\boldsymbol{\theta}) \tag{5.13}$$

ここで $\boldsymbol{\pi} = (\pi_1, \ldots, \pi_k)^T$, $p_k(\boldsymbol{\theta})\,(k = 1, \ldots, K)$ は尤度に対して共役である．式 (5.13) の分布族を $\Im_M$ と表すと，事後分布は $p(\boldsymbol{\theta} \mid \boldsymbol{\pi}^*, \boldsymbol{y}) = \sum_{k=1}^{K} \pi_k^* p_k(\boldsymbol{\theta} \mid \boldsymbol{y})$ で $p(\boldsymbol{\theta} \mid \boldsymbol{\pi}^*, \boldsymbol{y}) \in \Im_M$ となる．事後分布に関する新たな重みは次のようになる

$$\pi_k^* = \frac{a_k \pi_k}{\sum_{j=1}^{K} a_j \pi_j}$$

ここで，$a_k = \int L(\theta \mid y) p_k(\theta) \mathrm{d}\theta$ である．この場合，超事前分布は離散型分布で確率 π は超パラメータを表す．共役事前分布 $p_k(\theta)$ も $q(\theta \mid \pi)$ も共役で，$p(\theta \mid \pi^*, y)$ は解析的に求めることができる．さらに，混合事前分布の平均は単純に混合成分の重み付き総和 (重み π_k^*) になる．加えて，式 (5.12) で与えられる $q(\theta \mid \omega_0)$ の分散は以下のようになる．

$$\mathrm{var}(\boldsymbol{\theta}) = E_{\boldsymbol{\phi}}[\mathrm{var}(\boldsymbol{\theta} \mid \boldsymbol{\phi})] + \mathrm{var}_{\boldsymbol{\phi}}[E(\boldsymbol{\theta} \mid \boldsymbol{\phi})] \tag{5.14}$$

それゆえ，離散型混合事前分布は，事前分布 $q(\theta)$ の最初の 2 つのモーメントを比較的簡単に制御することができる．さらに，豊富な分布族が (おそらく無限の) 共役事前分布の混合によってある程度近似できることが示せる．Diaconis and Ylvisaker (1985) と Dalal and Hall (1983) を参照のこと．この結果の説明は例 V.3 で与える．FirstBayes のプログラムはいくつかの有名な離散型混合共役事前分布の指定が可能になっている．

例 V.3: 虫歯研究：対数正規事前分布の近似

例 III.11 で dmft 指数の平均を表す θ に対して対数正規事前分布 (式 (3.20) を参照) を仮定した．この事前分布の欠点は，事後分布の要約量がサンプリングによってのみ導けることである．Diaconis and Ylvisaker (1985) と Dalal and Hall (1983) による上述の結果は，(おそらく大多数の) ガンマ分布の混合によってこの事前分布をよく近似できることを意味している．うまく選択された 3 つのガンマ分布の混合，すなわち $K = 3$ の性質を示す．混合分布と対数正規事前分布の間の距離を最小にするグリッド検索によって，次の混合分布の構成が与えられた：(1) $\pi_1 = 0.15, \alpha_1 = 2.5, \beta_1 = 1.75$; (2) $\pi_2 = 0.30, \alpha_2 = 3.8, \beta_2 = 0.67$; (3) $\pi_3 = 0.55, \alpha_3 = 6, \beta_3 = 0.3$. 図 5.1 より，許容できる範囲で，混合分布によって対数正規事前分布に対する近似を得られることがわかる．

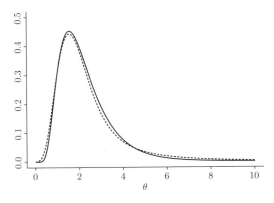

図 5.1 虫歯研究：3つの混合ガンマ事前分布 (点線) で近似された対数正規事前分布 (実線)

ガンマ分布の混合から得られる事後平均と分散は，式 (5.14) を用いるとそれぞれ 2.66 と 0.27 に等しくなる．さらに，超事前分布の重要な特徴は，事前分布の分布族を一般化する際に単純な完全条件付き分布を可能にすることである．これは第 6 章の例 VI.4 で解説する． □

5.4 無情報事前分布

5.4.1 はじめに

事前情報を統計解析に用いることはベイズ流の独特の特徴である．しかし，研究者は事前知識を使えないか，使いたくないことがよくある．例えば，事前知識がほとんどない初めての研究などである．他の例としては，ある製薬会社が第 III 相試験をもとに開発中の薬剤の規制当局の承認を得ようとする場合である．新薬の承認では「データがそれ自身を語る」必要がある．すなわち，第 III 相試験により得られた結果のみが決定に影響を及ぼすことが許されている．

情報の欠如や無知を表す事前分布は，当初は「無情報事前分布」(noninformative (NI) prior distribution) と呼ばれており，わかりやすい最初の選択としてはフラット事前分布である．しかし，この選択は連続変数において混乱を招くことになる．θ のフラット事前分布は変換されたパラメータ $\psi = h(\theta)$ に対してはフラットな分布でないからである．この結果はベイジアンでない者にとっては特に受け入れ難く，ベイジアンを「最善」の事前分布を見つけることへ駆り立てた．Kass and Wasserman (1996) のレビュー論文は，ベイジアン研究者が情報がないことを表現することに払った膨大な努力について述べている．今日では，事前分布がいかに情報がないことを表そうとしても，常に何かしらの情報があることは認めており，せいぜい情報は最小限

であることを期待するのみである．結果的に，形容詞「無情報 (noninformative)」という言葉の代わりに，nonsubjective, objective, default, reference, weak, diffuse, flat, conventional, minimally informative のような言葉がその時々の文献で使われてきた．

それぞれの事前分布は，何かしらの情報が解析の中に入り込んでいくことを意味するので，選択した無情報 (NI) 事前分布は本当に最小限の情報であることを示す必要がある．これは，簡単なことではない．特に多くのパラメータを含んだ複雑なモデルを扱うときは難しい．さらに，もっと厳密に言えば多くの NI 事前分布は分布ではなく，非正則分布 (improper) と呼ばれる (5.4.4 節参照)．非正則事前分布が非正則事後分布を導くとき，ベイズ解析は困難に陥る．例えば，事後分布から要約量を求めることができないからである．第 7 章でみるように，このような"非正則"性を検知するのは難しい．

この節では，NI 事前分布が「情報のない」ことを表現することの難しさや，そのことがいろいろな NI 事前分布の選択と混乱を説明する．この本では，形容詞的「無情報 (noninformative)」という言葉は，「弱 (weak)」や「拡散 (diffuse)」などと同じ意味と仮定する．

5.4.2 無情報

ベイズとラプラスは，事前情報をもたないとき，「無関心の原則」(principle of indifference) とも呼ばれる「不十分な理由の原則」(principle of insufficient reason) を事前分布として選択することは論理的な選択であると主張した．その原理は離散的な事象には等しい事前確率を，連続変数にはフラット事前分布を提案した (どちらもフラット事前分布と呼ぶことができる)．その原理はまた，ベイズ・ラプラスの公準 (Bayes-Laplace postulate) とも呼ばれている．

しかし，フラット事前分布は無情報ということを示しているわけではない．ここで，離散型の場合と連続型のパラメータの場合で説明する．離散型の場合で，θ が θ_1, θ_2, θ_3 の 3 つの値をとるとする．そして，θ の選択に関して無情報ということを表すためにそれぞれ等しい確率 $p(\theta_k) = 1/3\,(k=1,2,3)$ を与える．θ に関して情報がないのであれば，$\theta = \theta_1$ のとき ψ_1 に，$\theta = \theta_2$ か θ_3 のとき ψ_2 に等しくなる 2 値パラメータ ψ に関しても情報がないことになる．しかし，同様に無関心の原則を ψ に適用すると，すなわち，$p(\psi_k) = 1/2\,(k=1,2)$ であり，θ に関する無関心の原則と矛盾する．連続型のパラメータの場合として次の状況を考える．ある人が自分の体の中の微生物に関して何も情報をもっていないとする (つまり，その人は生物学や薬学を習ったこ

とがないとする). そして, その人は, 次の事前確率についてどちらかを選択するように言われたとしよう (または 100 ユーロをどちらかに賭けるように言われたとする):
(1) S_1: 50% 以下の確率でヒトは原核生物を体の中にもっている. (2) S_2: 50% より大きい確率でヒトは原核生物を体の中にもっている. 本当に情報がないとき, その人は「わからない」と答えるに違いなく, それは $p(S_1) = 0.5$, $p(S_2) = 0.5$ と主張することと同じである (50 ユーロをそれぞれに賭けることと同じである). 次に, 問いの中の 50% を 80% に変えてみると, 答えはどうなるであろうか. もし, 答えが同じであるなら (情報がないとき), やはり, それぞれ 0.5 になるであろう. しかし, そのような態度からは事前分布を設定することはできない. 一方, フラット事前分布では答えは $p(S_1) = 0.8$, $p(S_2) = 0.2$ となるであろう (そして最初の主張に 80 ユーロを賭けるであろう). 原核生物はヒトの体の消化管中に存在するバクテリアの特定のクラスを表している.

2.6 節において, 2 項分布のパラメータ θ に対する一様事前分布で, 尤度と事後分布が完全に一致するのを示したことを考えると, フラット事前分布が情報がないことを表さないことは, 奇妙にみえる. いくつかの情報が組み込まれてしまうことを示すために, 例 II.4 のように 2 項モデルが $\psi = \log(\theta)$ としてパラメータ化されているとする. 情報がないことを表すために ψ に関してフラット事前情報が与えられたとする. 変換公式 (2.26) を用いると, このフラット事前分布は θ に関してフラット事前分布にはならない. 尤度は単調変換に関しては不変であるので, 結果として得られる θ の事後分布は異なってくる. 混乱の一部は, $p(a < \theta < b)$ のような表現のみが解釈できるにもかかわらず, 密度の各点で解釈していることによるものである (Edwards 1972).

結論として, 厳密に言えば, 情報がないことを表現できる事前分布はなく, それぞれの事前分布は何らかの情報をもつ. 結果として無情報事前分布という表現は誤解のもとである. しかし, 頻度論者の方法が何の事前分布にももとづいていないという主張は正しくない. ベイジアンの結果はフラット事前分布のもとで頻度論の結果を再現することができるし, そのため, 頻度論の方法は暗に事前分布を仮定していることになるからである.

5.4.3 無情報事前分布選択の一般的原理

5.4.3.1 Jeffreys 事前分布

ベイズのフラット事前分布の提案は総じてベイズ流の方法の拒否につながった (McGrayne 2011). 例えば, フィッシャーにとっては, どのスケールに対してフラット事

前分布を仮定するかに依存するベイズ解析の結論は受け入れ難いものであった．また，フラット事前分布を適用するスケールの明確な選択基準がないことに対しても同様であった．例を挙げると，正規尤度の場合，フラット事前分布を σ に適用するべきか，σ^2 に適用するべきかである．しかし，尤度のみにもとづく推測はこの紛らわしさに悩まされることはない．

そのため，θ から $\psi = h(\theta)$ への変換をする際にベイズ解析の結果が変わらないために，事前分布に変換公式，すなわち $p(\psi) = p(h^{-1}(\phi))|\frac{\mathrm{d}h^{-1}(\psi)}{\mathrm{d}\psi}|$，を適用しなければならない．その場合，$p(\theta)\mathrm{d}\theta = p(\psi)\mathrm{d}\psi$ であり，θ にもとづく解析の結論は ψ にもとづくものと同じでなければならない．Jeffreys (1946, 1961) はどのようにスケールを定めようとも常に同じ結論を導く事前分布を構築するためのルールを提案した．彼のルールは Jeffreys の不変原理 (ルール) (Jeffreys invariance principle or rule) と呼ばれており，以下で与えられる．事前分布をフィッシャーの情報行列の平方根に比例するように定める．すなわち，

$$p(\theta) \propto \Im^{1/2}(\theta) \tag{5.15}$$

ここで，$\Im(\theta) = -E(\frac{\mathrm{d}^2 \log p(y|\theta)}{\mathrm{d}\theta^2})$ である．そのため，Jeffreys 事前分布 (族) の選択はデータの尤度に依存する．それが不変の性質を満たしているということは以下でただちに確認できる．

$$p(\psi) \propto \Im^{1/2}(\psi) = \Im^{1/2}(\theta)\left|\frac{\mathrm{d}\theta}{\mathrm{d}\psi}\right| \propto p(\theta)\left|\frac{\mathrm{d}\theta}{\mathrm{d}\psi}\right| \tag{5.16}$$

次に，与えられた尤度に対し，事前分布 $p(\psi)$ は式 (5.16) により構築されると仮定し，フラット事前分布を考えるとき，どのようにスケールをみつけるかが示されている．実際，$p(\psi)\mathrm{d}\psi = p(\theta)\mathrm{d}\theta$ と式 (5.16) から事前分布 $p(\psi)$ は，

$$\psi \propto \int \Im^{1/2}(\theta)\,\mathrm{d}\theta \tag{5.17}$$

に対してフラットになることがわかる．

式 (5.15) によって与えられたクラスに属する"フラット (平坦)"な分布は常にみつけることができ，そのフラット事前分布からの推定は同じクラスの他のどの事前分布からの推定とも同じであるので，Jeffreys のルールは無情報事前分布を構築するルールであるということができる．正式には，無情報 (NI) 事前分布選択の Jeffreys のルールは次のとおりである：「1つのパラメータ θ に対する事前分布は，事前分布がフィッシャーの情報量の平方根に比例するとき，近似的に無情報である．」

いくつかの Jeffreys 事前分布の例は以下のとおりである (2項分布モデルを除いて他のすべての事前分布は非正則分布である．5.4.4 節を参照)．

- 2項分布モデル：$p(\theta) \propto \theta^{-1/2}(1-\theta)^{-1/2}$ は，変換すると $\psi(\theta) \propto \arcsin\sqrt{\theta}$ となり，フラット事前分布に対応する (演習 5.12)．この事前分布は $\theta=0$ と 1 では定義されない．また，一様分布より大きな分散をもつ．
- ポアソンモデル：$p(\theta) \propto \theta^{-1/2}$ は，$\sqrt{\theta}$ のフラット事前分布に対応する (演習 5.1)．
- σ が既知の正規分布：$p(\mu) \propto c$
- μ が既知の正規分布：$p(\sigma^2) \propto \sigma^{-2}$ は，$\log\sigma$ のフラット事前分布に対応する．

Jeffreys のルールの複数のパラメータモデルへの拡張は，はじめに θ に対する事前分布を，

$$p(\theta) \propto |\Im(\theta)|^{1/2} \tag{5.18}$$

とすることであった．正規モデルに適用すると $p(\mu,\sigma^2) \propto \sigma^{-3}$ となる．しかし，通常の選択は，

$$p(\mu,\sigma^2) \propto \sigma^{-2} \tag{5.19}$$

とすることであり，これは，2つの独立の NI 事前分布の積である．事前分布 (5.19) は，μ と σ^2 に対する事前情報が独立してもたらされることを示し，モデルのパラメータの事前の独立性を示唆している．実際は，Jeffreys は複数パラメータに拡張されたルール (5.18) に満足ではなく，位置–尺度問題においては位置パラメータを尺度パラメータから独立して扱うことを後に提案した．この改良されたルールは，位置パラメータをフラットな事前分布とし，尺度パラメータに複数パラメータルール (5.18) を適用する．また Jeffreys の改良されたルールは正規モデルに対して事前分布 (5.19) を導く．最終的に，この事前分布は第 4 章でみたようないくつかの古典的な頻度論者の結果を再現する．NI 事前分布選択での「Jeffreys の複数パラメータルール」は，次のように与えられる．

「パラメータベクトル $(\boldsymbol{\theta},\boldsymbol{\phi})$ に対する事前分布は，事前分布が $(\boldsymbol{\theta},\boldsymbol{\phi})$ に対するフィッシャー情報行列の行列式の平方根に比例するとき，近似的に無情報である．$\boldsymbol{\theta}$ が位置パラメータベクトルであり，$\boldsymbol{\phi}$ が尺度パラメータのとき，無情報事前分布は $\boldsymbol{\theta}$ に対するフラットな事前分布と $\boldsymbol{\phi}$ のフィッシャー情報行列の行列式の平方根の積に比例する．」

Jeffreys のルールは他の原理 (データ変換尤度原理，事前分布と事後分布のカルバック・ライブラーの距離を最大にする事前分布など) から導くことができるし，多くの望ましい特徴がある．しかし，事前分布が実験 (データに対する確率モデル) における対数尤度の期待値に依存するため，尤度原理に反するという批判を受けてきた．演習 5.10 で示すように，2項分布と負の 2 項分布の共役分布は同じであるにもかかわらず，それぞれの Jeffreys 事前分布は異なっている．

Jeffreys の複数パラメータルールは他の (もっと複雑な) モデルに対しても提案されており (5.6.2 節参照), そのため, NI 事前分布を構築する重要な道具として, いまでも使われている. しかし, 盲目的に使うと必要な特徴を満たさないことがある. それは, Jeffreys のルールをモデルの一部に適用したときに起こる. 例としては, (正規) 階層モデルにおけるレベル 2 の観測値に対する分散の事前分布が, 分散に対する古典的な Jeffreys 事前分布, すなわち, $p(\sigma^2) \propto \sigma^{-2}$ であるとき, 事後分布の σ^2 は非正則分布となる.

5.4.3.2 データ変換尤度原理

Jeffreys のルールは不変原理によってフラット事前分布に対するスケールの選択を決定する. Box and Tiao (1973, pp.25–60) はデータ変換尤度原理 (data-translated likelihood principle, DTL) を用いて分布の位置 – 尺度に対する Jeffreys 事前分布を導出した. そこで彼らは, より直感的な説明を与えている. $\psi = h(\theta)$ に対して, 尤度に対するデータが尤度の位置の移行のみに影響を及ぼすと仮定すると, ψ に関するデータのすべての情報が, その尤度の位置に含まれる. このスケールに情報のある事前分布をとると, 取り得る値の範囲の値が決まり, したがって, 事後分布はこの事前分布に大きく影響される. 一方で, ψ にフラット事前分布をとるということは, ψ に関して事前に関心がないということを表している. これは DTL 原理と呼ばれる. σ 既知の正規尤度に対して, このことは μ の元のスケールに対して起こり (演習 5.9 参照), σ と μ が既知の正規尤度に対しては例 V.4 に示すように, 対数のスケールで起こることが確認できる.

例 V.4: μ が与えられたもとでの正規分布の σ の尤度への DTL 原理の適用

μ が与えられたもとでの σ に対する正規分布の尤度は,

$$L(\sigma \mid \mu, y) \propto \sigma^{-n} \exp\left(-\frac{nS^2}{2\sigma^2}\right) \tag{5.20}$$

で与えられる. ここで $S^2 = \sum_{i=1}^n (y_i - \mu)^2$ である.

$n = 10$ で標準偏差がそれぞれ $S = 5, S = 10, S = 20$ の 3 つのデータを仮定する. σ の関数としての尤度 (5.20) は s が変化すると位置と形状が変化するのに対し, $\log(\sigma)$ の関数としての尤度は S に対して位置のみが変化する (図 5.2). DTL 原理によると, 特定の位置が特に好まれるわけではないので, 対数変換においてはフラット事前分布を選択すべきである. 式 (2.26) を用いると, $\log(\sigma)$ に対するフラット事前分布は, 事前分布 $p(\sigma) \propto \sigma^{-1}$ と等しく, また $p(\sigma^2) \propto \sigma^{-2}$ であり, これらは両方とも Jeffreys 事前分布である. □

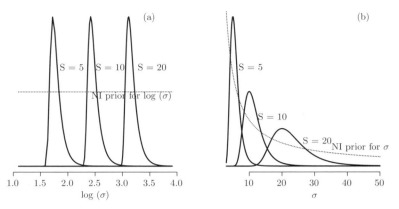

図 5.2 μ を与えたもとでの $N(\mu, \sigma^2)$ に対するデータ変換尤度原理．尤度は S の 3 つの値に対して示している．(a) $\log(\sigma)$ の関数．(b) σ の関数．

DTL 原理が正確に満たされない場合としても，その尤度が近似的にデータ変換であるようなスケール ψ が存在することがある．ある程度以上のサンプルサイズに対して，標本の対数尤度 $\log(L)$ は，MLE $\widehat{\psi}$ まわりの 2 次関数によって近似することができ，以下で与えられる．

$$\log L(\psi \mid \boldsymbol{y}) \approx \log L(\widehat{\psi} \mid \boldsymbol{y}) - \frac{n}{2}(\psi - \widehat{\psi})^2 \left(-\frac{1}{n} \frac{\partial^2 \log(L)}{\partial \psi^2} \right)_{\widehat{\psi}} \quad (5.21)$$

これは ψ の 2 次関数であり，位置と形状が変化する（$\widehat{\psi}$ の曲率が変わる）．$-\left(\frac{1}{n}\frac{\partial^2 \log(L)}{\partial \psi^2}\right)_{\widehat{\psi}}$ を $J(\widehat{\psi})$ と表記することで，以下が得られる．

$$J(\widehat{\psi}) = -\left(\frac{1}{n}\frac{\partial^2 \log(L)}{\partial \psi^2}\right)_{\widehat{\psi}} = -\left(\frac{1}{n}\frac{\partial^2 \log(L)}{\partial \theta^2}\right)_{\widehat{\theta}} \left(\frac{d\theta}{d\psi}\right)^2_{\widehat{\theta}} = J(\widehat{\theta})\left(\frac{d\theta}{d\psi}\right)^2_{\widehat{\theta}} \quad (5.22)$$

ψ に関する $\log L(\psi|y)$ の 1 次導関数は $\widehat{\psi}$ で消える．したがって，ψ が

$$\frac{d\psi}{d\theta} \propto J^{1/2}(\theta) \quad (5.23)$$

を満たす場合，ψ の 2 次の項の係数は定数となり，尤度は局所的に ψ のスケールでデータ変換となる．この場合 ψ に対してフラット事前分布が選択され，対応する θ に対する無情報 (NI) 事前分布は以下のようになる．

$$p(\theta) \propto J^{1/2}(\theta) \quad (5.24)$$

この導出は $J(\widehat{\psi})$ が $\widehat{\psi}$ のみに依存し（$\widehat{\theta}$ に対しても同等），標本 $\{y_1, \ldots, y_n\}$ 全体に依存しないことを仮定する．そうでないときは，上述の議論は $\Im(\widehat{\theta})$，すなわち標本に対するフィッシャーの情報行列に適用される．

5.4.3.3　無情報事前分布を選択するための形式的ルール

Jeffreys の不変原理は，NI 事前分布の構築に関する文献で提案されてきた多くの形式的な方法の一つであり，重要で影響力がある．その他の重要な原理は，Bernardo (1979) によるもので，事前分布と事後分布間のカルバック・ライブラー距離 (定義は式 (10.5) を参照) を最大化する NI 事前分布を使用することを提案した．Bernardo はこの提案を参照事前分布 (reference prior) と呼び，重要な例ではこの事前分布が Jeffreys 事前分布と一致するということを示した．

被覆マッチ原理 (coverage matching principle) は，頻度論における被覆性が良くなるように事前分布を選択すべきであるというものである．例えば，パラメータの $100(1-\alpha)$%CI が正しく被覆している場合，ベイズ解析は頻度論の解析とよく似たものとなる．4.3.1 節において，2 つのパラメータがともに未知である正規分布に対する (適合した) Jeffreys 事前分布が，結果として古典的な信頼区間 (CI) と一致するような平均と分散の信用区間になることがみられた．同じ節で，Agresti and Min (2005) の研究結果も報告した．彼らは 2 項パラメータ θ に対する Jeffreys 事前分布 $p(\theta) \propto 1/\sqrt{\theta(1-\theta)}$ は，一様分布の事前分布よりも，オッズ比に対する頻度論の被覆性が良いと結論付けた．また，Berger (2006) は Jeffreys 事前分布による診断検査の陽性的中率に対する優れた被覆性を報告した (演習 5.14)．加えて，彼は Jeffreys 事前分布を使用したベイズ流アプローチは，古典的頻度論アプローチよりも CI を短くするという結果を報告した．

Kass and Wasserman (1996) で，NI 事前分布につながるその他の様々な原理の報告がなされたが，それらの方法は実際の応用にはほとんど使えないものであった．最後に，多くのなじみのある NI 事前分布は共役分布の特殊な場合であるということに注意されたい．例えば 2 項分布の場合，一様事前分布である Jeffreys 事前分布と Haldane 事前分布はベータ分布の特別な場合である．負の 2 項尤度，ポアソン尤度そして (多変量) 正規尤度に対しても同様の結果が導かれる．

5.4.4　非正則事前分布

多くの無情報 (NI) 事前分布は正則な分布ではない．例えば，正規分布の平均値のパラメータ μ に対する Jeffreys 事前分布 $p(\mu) \propto c$ は，$c > 0$ の値に対して曲線下面積 (AUC) が無限となる．無限の AUC をもつ事前分布は非正則事前分布 (improper prior) と呼ばれる．技術的な観点からは，結果として得られる事後分布が正則 (AUC = 1) である限りは，非正則事前分布は許容できる．例として，(σ が与えられたもとでの正規

分布の平均値に対する) 事前分布 $p(\mu) = c$ は，正則な事後分布を与える．

$$p(\mu \mid \boldsymbol{y}) = \frac{p(\boldsymbol{y} \mid \mu)\, p(\mu)}{\int p(\boldsymbol{y} \mid \mu)\, p(\mu)\, \mathrm{d}\mu} = \frac{p(\boldsymbol{y} \mid \mu)\, c}{\int p(\boldsymbol{y} \mid \mu)\, c\, \mathrm{d}\mu}$$
$$= \frac{1}{\sqrt{2\pi}\sigma/\sqrt{n}} \exp\left[-\frac{n}{2}\left(\frac{\mu - \overline{y}}{\sigma}\right)^2\right]$$

平均が与えられたもとでの正規分布の分散に対する事前分布として $p(\sigma^2) \propto \sigma^{-2}$ を用いる場合も同様のことが成り立つ (演習 5.13)．

しかしながら，複雑なモデルに対しては，非正則事前分布が正則な事後分布を生成するかどうかはすぐにははっきりしない．よく知られている例としては，正規階層モデルのレベル 2 での観測値の分散がある．第 9 章で，レベル 2 での観測値の分散に対する Jeffreys 事前分布 $p(\tau^2) \propto \tau^{-2}$ は事後分布が非正則分布となるが，非正則事前分布 $p(\tau) \propto c$ は正則な事後分布になることを示す．事後分布の導出にマルコフ連鎖モンテカルロ法が用いられるとき，事後分布の非正則性を見出すことは難しいかもしれない (第 7 章を参照)．より複雑な状況を考慮するため，Ibrahim and Laud (1991) は非正則 Jeffreys 事前分布が，正則な事後分布を生成するが有限のモーメントをもたないという例を与えた．

たとえ非正則事前分布が推定に問題を引き起こさない場合でも，ベイズ解析の他の部分で問題は起こりうる．例えば，10.2.1 節で，非正則事前分布を用いる場合，ベイズファクターが決まらないということが示されている．その理由は上述のように，周辺尤度が正規化できない，すなわち $cp(\theta)$ が $p(\theta)$ と同値であるということである．また $p(\boldsymbol{\theta})$ が非正則分布の場合，周辺尤度 $p(\boldsymbol{y}) = \int p(\boldsymbol{y} \mid \boldsymbol{\theta}) p(\boldsymbol{\theta}) \mathrm{d}\boldsymbol{\theta}$ は非正則分布となる．

事前分布が正則分布である必要がないということは，少し奇妙に思えるかもしれない．しかし，ベイジアンの世界では実際の問題とはみなされていない．実際には非正則事前分布は，ベイジアンにとって，パラメータに対して事前情報が最小限であることを表現し，また事後分布への事前分布の影響を最小にするという，単に技術的な道具に過ぎない．それにもかかわらず，非正則事前分布は解釈上の観点から厳しく非難されてきた．ランダム化比較臨床試験 (RCT) を例にとり，$[-K, K]$ の範囲の 2 つの (真の) 治療の平均値の差 Δ に対してフラット事前分布を仮定する．専門家は真の差は $[-a, a]$ を越えないと信じていると仮定する．$K \gg a$ である場合，ほとんどの事前確率は非現実的な部分 $[-K, -a) \cup (a, K]$ に含まれる．さらに悪いことに，$k \to \infty$ の場合，非正則なフラット事前分布は，現実的ではない平均の差に，膨大な確率密度を与える．Greenland (2001) は疫学研究で用いられるほとんどの NI 事前分布が，このような不合理を引き起こすことについて言及した．同様の批判が臨床試験の領域でも起こっている．

5.4.5 弱情報/漠然事前分布

実用的には，事前分布はパラメータ値の範囲すべてにわたって一様である必要はない．事前分布が局所的に一様分布 (locally uniform) であれば十分で，これは尤度がゼロ (付近) ではない場合に近似的に区間内で一定となることを意味している．事後分布に対する局所的な一様事前分布の影響が最小であることは，ベイズの定理からすぐに導ける．すなわち $p(\theta\,|\,\boldsymbol{y}) \propto p(\boldsymbol{y}\,|\,\theta)p(\theta)$ から，$p(\boldsymbol{y}\,|\,\theta)$ がそれほど 0 に近くない場合には，事前分布の影響が小さいということである．第 2 章では，局所的に一様事前分布を用いてきた (図 2.9 参照)．ここで Box and Tiao (1968, p.28) は Jeffreys 事前分布を局所的な一様分布のように考えた．彼らは無限範囲にわたって，事前分布が一様であると仮定することは数学的に不適切であり実用的にも意味がないであろうと述べた．それゆえ彼らは Jeffreys 事前分布を局所的な一様事前分布であると述べている．

したがって，事後分布の不適切さを避けることと解釈上の目的のために，非正則一様事前分布は，実際には非正則事前分布を近似する局所的な一様事前分布に置き換えられることが多い．例として，位置パラメータに対する σ_0 が大きい正規事前分布 $N(0, \sigma_0^2)$ や，ε が小さいときの分散パラメータに対する逆ガンマ事前分布 $IG(\varepsilon, \varepsilon)$ があげられる．後者は，$\varepsilon \to 0$ の場合，事前分布は近似的に Jeffreys 事前分布 $p(\sigma^2) \propto \sigma^{-2}$ となる．このような事前分布は文字通り，漠然 (vague) あるいは弱情報 (weak) 事前分布と呼ばれる．WinBUGS は (正則) 漠然事前分布のみを扱える．WinBUGS ドキュメント Examples Vol I と Examples Vol II では，位置パラメータの事前分布はすべて $N(0, 10^6)$ で与えられ，正規モデルの分散パラメータに対しては逆ガンマ事前分布 $IG(10^{-3}, 10^{-3})$ が用いられている．ただし，レベル 2 における標準偏差の事前分布が一様分布である場合 (9.5.7 節) の階層モデルは例外である．

注意： Jeffreys 事前分布とは違い，漠然事前分布はデータのスケールの変化に対して不変ではない．例えば区間 [0, 10] 内で変化する測定値の平均値に対する正規事前分布 $N(0, 10^6)$ は漠然であるが，1000 をかけてその測定値のスケールが変わる場合 (例えばグラムをキログラムに変えるなど)，この事前分布はもはや漠然ではない．

5.5 情報のある事前分布

5.5.1 はじめに

事前分布はモデルのパラメータについての利用可能な (事前) 知識を表現している．基本的にはすべての研究において，何らかの事前知識が利用可能である．Box and Tiao (1973) は，完全に無情報の状態はほぼあり得ないと主張した．この (場合によっては少ない) 事前知識を確率の枠組みにどのように盛り込むかが課題である．問題は，

一専門家または専門家集団の信念を含めるかどうかである．これはベイズの定理の適用としては重要ではないが，ベイズ解析が支持されることや，実用性にとっては重要なことである．

本節では以下について述べる：a) 過去のデータをべき事前分布 (power prior) を用いて事前情報として形式化する，b) 過去のデータまたは専門家の知識にもとづく事前分布である臨床事前分布 (clinical prior) を概説する，c) 事前の懐疑主義や楽観主義を表す形式的ルールにもとづく事前分布を用いる．事前知識を表す事前分布の集まりは主観的 (subjective) もしくは情報のある (informative) 事前分布と呼ばれている．

5.5.2 データにもとづく事前分布

例 II.1 と例 II.2 で過去のデータは式 (5.2) に従って共役事前分布を構成するのに使われた．ここでは過去のデータは現在のデータと同じ条件下で実現されたと仮定する．過去のデータからの事前情報と現在のデータの尤度を結合することは，2つのデータを1つにまとめる (プールする) ことと同値である．この仮定は実際には強過ぎることがよくある．2.7 節では，ベルギー銀行従業員に対する地域間栄養調査 (IBBENS) の事前データの重要性を，IBBENS-2 調査の尤度に対して軽視した．これによって IBBENS 調査における事前分布の位置はそのままだったが，その分散は増大した．これは事前情報のディスカウンティング (discounting) と呼ばれる．Ibrahim and Chen はべき事前分布 (power prior distribution) で，この過程を形式化した (Ibrahim and Chen 2000, Ibrahim et al. 2003)．彼らのアプローチは非常に一般的で，ベイズ流一般化線形 (混合) モデル，生存時間モデル，非線形モデルに適用できる．ここでは簡単な統計モデルに対する彼らのアプローチを紹介する．

過去のデータを $y_0 = \{y_{01}, \ldots, y_{0n_0}\}$，$\boldsymbol{\theta}$ をモデルパラメータ，$L(\boldsymbol{\theta} \mid \boldsymbol{y}_0)$ を過去のデータの尤度とする．Ibrahim and Chen (2000) は過去のデータにもとづく次の事前分布を提案した．

$$p(\boldsymbol{\theta} \mid \boldsymbol{y}_0, a_0) \propto L(\boldsymbol{\theta} \mid \boldsymbol{y}_0)^{a_0} p_0(\boldsymbol{\theta} \mid \boldsymbol{c}_0) \tag{5.25}$$

ここで $p_0(\boldsymbol{\theta} \mid \boldsymbol{c}_0)$ はパラメータを $\boldsymbol{c}_0$ とした過去のデータに対する初期事前分布である．パラメータ a_0 は 0 と 1 の間の値をとり，はじめは既知と仮定する．さらに，現在のデータ $\boldsymbol{y} = \{y_1, \ldots, y_n\}$ の尤度が $L(\boldsymbol{\theta} \mid \boldsymbol{y})$ で与えられるとすると，上記のべき事前分布から得られる事後分布は，

$$p(\boldsymbol{\theta} \mid \boldsymbol{y}, \boldsymbol{y}_0, a_0) \propto L(\boldsymbol{\theta} \mid \boldsymbol{y}) L(\boldsymbol{\theta} \mid \boldsymbol{y}_0)^{a_0} p_0(\boldsymbol{\theta} \mid \boldsymbol{c}_0) \tag{5.26}$$

となる．$a_0 = 0$ のとき，過去のデータは無視され，一方 $a_0 = 1$ であるとき，過去の

データは現在のデータと同じ重みが与えられる．$a_0 \to 0$ のとき，事前分布の裾はより重くなり，事前分布の不確実性がより組み込まれる．

べき分布のいくつかの特別な場合は次のとおりである．(a) 2 項分布の場合：べき事前分布は $\theta^{a_0 y_0}(1-\theta)^{a_0 n_0 - a_0 y_0}$ に比例し，これは標本の大きさ $a_0 n_0$ で成功数が $a_0 y_0$ のときの尤度である．θ に対する一様事前分布と結合させると，べき事前分布は $p(\theta \,|\, y_0, a_0) = \text{Beta}(\theta \,|\, a_0 y_0 + 1, a_0(n_0 - y_0) + 1)$ となる．(b) σ^2 が与えられた正規分布の場合：初期値をフラット事前分布とすると，べき事前分布は $p(\mu \,|\, y_0, a_0) = \text{N}(\mu \,|\, \bar{y}_0, a_0^{-1}\sigma^2/n_0)$ となる．(c) ポアソン分布の場合：$p_0(\theta) \propto \theta^{-1}$ で（α と $\beta \to 0$ のときの極限としてのガンマ事前分布）べき事前分布は $\text{Gamma}(\theta \,|\, n\bar{y} + a_0 n_0, n + a_0 n_0)$ となる．

どのような a_0 を選ぶべきであるかはすぐにはわからない．a_0 の選択は主観的かもしれず，データから決められたパラメータの (ベータ) 事前分布が与えられるかもしれない．べき事前分布の適用は毒物学研究における過去の対照群の使用 (Ibrahim et al. 1998) やベイズ流変数選択 (Chen et al. 1999) にみられる（第 11 章も参照）．しかしながら，べき事前分布は，過去のデータが現在のデータと異なるモデルであるような場合には扱えない．例えば社会の中で制度的な変化が起こった場合である．

5.5.3 事前知識の抽出

5.5.3.1 抽出テクニック

専門家の知識は，過去のデータから得られる情報を置き換えたり拡大することができる．専門家から情報を抽出する過程は，事前情報の抽出 (elicitation of prior information) と呼ばれる．抽出過程の主なことは，質的であることが多い専門家の知識を確率的な言葉で言い換えることである．これは例 V.5 で説明する．抽出については O'Hagan et al. (2006) でより掘り下げている．

例 V.5: 脳卒中試験：専門家知識による第 1 回目の中間解析に対する事前分布

最初の中間解析に先立ち，rt-PA 治療患者に対する SICH の発生率 (θ) に関して，利用可能な事前情報を確立したかったが過去のデータはなかった．

専門家の知識の抽出は典型的には，2 つの情報を集めることである：(1) 専門家による，θ に対する最も当てはまりそうな値（事前分布の最頻値，平均値あるいは中央値として解釈される）．(2) θ に対する専門家の不確実性は，例えば 95% 等裾確率 CI として表現される．専門家の θ に対する事前分布の最頻値を 0.10 で事前 95% 等裾確率 CI を $[0.05, 0.20]$ と仮定する．近似的に等しい要約量をもつ共役ベータ事前分布は，計算

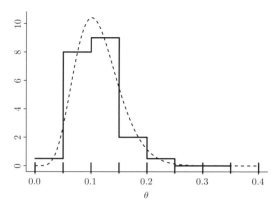

図 5.3 脳卒中試験：rt-PA 治療患者における SICH 発生率についての事前知識の抽出．離散事前分布は，区間に対する事前確率の抽出によって得られている．連続事前分布は，事前最頻値と事前 95%CI によって得られている．

可能である．簡単な探索によって，Beta(7.2, 56.2) はだいたい同様な特徴をもつことがわかる．この事前分布を図 5.3 の点線の曲線で表示する．または代わりに，専門家は $[0, 1]$ の中の各 K 部分区間 $I_k \equiv [\theta_{k-1}, \theta_k)$ の事前の信念 p_k について質問されることもある．例えば，専門家は各区間 $[0, 0.05), [0.05, 0.10), [0.10, 0.15), [0.15, 0.20), [0.20, 0.25)$ に対して事前確率を 0.025, 0.40, 0.45, 0.1, 0.025 とし，それ以外は 0 と考えたとする．この事前分布を図 5.3 に階段関数で示す．ここで，近似の共役事前分布が当てはめられ，図 5.3 で示した (ここでは故意に) 同じ連続事前分布が生成された．この例においては，専門家にベータ分布の超パラメータ α と β については直接尋ねていない．それは非常に難しいことである． □

実際，専門家の知識を引き出すことは大変であり，次の問題が指摘されている．

- 専門家の知識を確率での表現に変換すること：大抵の専門家は十分な統計の知識がなく，彼らの信念を確率の言葉に置き換えるのは大変な作業である (Andrews *et al.* 1993; Chaloner 1996; Kandane and Wolfson 1997)．
- 事前分布の構築：θ の最も良い憶測が事前分布の最頻値，平均値，中央値を表すかどうかは事前分布の決定に影響する．極端な値 (2.5% 点や 97.5% 点) やあるいはより一般的な事前分布の記述 (四分位点，平均値，標準偏差) を通して事前分布の不確実性を表現する方法を選ぶことは，専門家の知識が事前分布に変換することに影響を与えるかもしれない．Chaloner *et al.* (1993) は良い結果は極端な分位点から得られると報告したのに対し，O'Hagan (1998) は逆のことを

報告した．最終的に，Chaloner (1996) はある確率的な陳述は他よりも引き出しやすいということに言及した．これは例 V.6 で説明する．

　主観的なベイズ解析は，事前分布が単独の専門家よりも専門家集団から得られるのであれば，より評価しやすい．複数の事前分布があれば事後分布にもとづく結論の頑健性を評価することができる．しかし異なる事前の意見もまた，専門家集団の (事前の) 見解を代表する集団事前分布 (community prior) の構成に役立つ．集団事前分布を専門家の事前分布を平均して構築し，例 V.7 のように混合事前分布とする．他の可能性としては，集団事前分布は合意を通して構築されることがあり，総意事前分布 (consensus prior) と呼ばれる．

　複数パラメータの場合，専門家の意見は各パラメータに対して必要となるので，多変量事前分布の抽出が必要となる．過去のデータがあるときは，複数パラメータ事前分布は例 IV.2 のように構築することができる．しかし，いくつかのパラメータに対して同時に専門家の知識を表現することは不可能ではないにせよ，非常に難しい．例 IV.4 では通常の平均と分散に対する事前知識は別々に処理した．実際，複数パラメータモデルの事前分布は，個々のパラメータの事前分布の積になることが多い．回帰問題では，事前知識は同時に指定しなければならない．なぜなら，回帰係数の意味はモデルに含まれる他の共変量に依存するからである．これは 5.6 節で取り扱う．高次元のモデルでは，事前情報を引き出すことは不可能なことがある．例えばスプラインを含んでいるノンパラメトリック回帰モデルの場合である．この場合，どのように事前情報を組み込むかは全くはっきりせず，初期設定の事前分布が唯一の選択肢となるであろう．

　解析に事前情報を含めることは，ベイズ流アプローチの 1 つの特徴になっている．それにもかかわらず，統計的かつ医学的あるいは疫学的論文に目を通すとき，利用可能な知識を含めるというベイズ流の応用はむしろまれである．解析に事前情報を含めることを控える理由の 1 つは，ある知識を確率の枠組みに変換することが難しいからである．この理由から Johnson et al. (2010) は医学論文に投稿された方法をレビューし，臨床家から事前情報を引き出そうとした．それぞれの研究は例えば，それらの妥当性，信頼性や抽出方法から評価された．その調査によって，Johnson らは (一般の集団に) より受け入れられやすい事前分布の作り方の指針を提供した．彼らは次のように提案した．「専門家集団からのサンプリングを行い，明快な説明書と標準化された言葉を用い，例題や練習問題を提供し，シナリオやデータに固着することを避け，参加者に未治療の患者群におけるベースラインを述べさせ，その回答に対する修正の機会とフィードバックを与え，単純なグラフを用いること．」

5.5.3.2 識別可能性の問題

情報のある事前分布をうまく選ぶことにより，関心のあるパラメータの事後分布を，無情報事前分布よりも正確に述べることができる．ある状況では強力な主観的事前情報が事後の推定値に辿りつくために不可欠である．これを例 V.6 の診断テストにおいて説明する．モデルが過剰に指定されるとき，すなわち，データがモデルの全パラメータを推定するのに十分ではないとき，モデルは識別不能 (nonidentifiable) と呼ばれる．識別可能 (identifiable) モデルとは，尤度識別可能，すなわち，尤度がモデルパラメータの唯一の推定値を提供するのに十分であるという意味で用いている．強力な事前情報により全パラメータに対して合理的に正確な事後情報を得ることができるが，いくつかのパラメータはデータを集めても更新されないことがあり，これらのパラメータの推定は事前分布の選択に大きく依存することになる．

例 V.6: 嚢虫症研究：ゴールド・スタンダードがないときの有病率推定

豚は，人間に移りやすいいろいろな寄生虫や伝染病などの隠れ場所になる．この中には嚢中症が含まれる．嚢中症は中枢神経系に影響する，世界で最も広がっている寄生虫疾患である．人間への感染リスクを見積もるのには，肥育豚の嚢中有病率の比較的正確な推定値が不可欠である．いくつかの診断テストが現場で使われているが，どれもゴールド・スタンダードではなく，検査感度と特異度についての正確な情報は利用できない．

全部で 868 匹の豚が抗抗原酵素結合免疫吸着測定法 (Ag-ELISA) 診断テストでザンビアにおいて検査された (Dorny $et\ al.$ 2004 参照)．研究結果は表 5.3 に要約されている．868 匹の豚のうち，496 匹が陽性であった．研究の目的はザンビアの豚での嚢中症有病率 π を推定することであった．感度 α と特異度 β の推定値が利用可能なとき，有病率は式 (5.27) のように推定できる．

$$\widehat{\pi} = \frac{p^+ + \widehat{\beta} - 1}{\widehat{\alpha} + \widehat{\beta} - 1} \tag{5.27}$$

ここで $p^+ = n^+/n$ は陽性検査の対象者の割合で，$\widehat{\alpha}$ と $\widehat{\beta}$ はそれぞれ推定された感度と特異度である．

表 5.3 の結果だけからは π, α, β の推定はできない．推定には検査と真の結果の 2×2 分割表が必要である．実際，表 5.3 は疾病の真の状態は関係なく診断テスト結果からの数だけを示している．現場での検査に先立ち，診断テストは α と β の推定値を算出するために研究室で評価されるのが慣習的で，それによって式 (5.27) が使える．感度と特異度は診断テストの固有の質ではなく，地理的に変化するという豊富な証拠があ

5.5 情報のある事前分布

表 5.3 囊虫症研究：理論上の性質とザンビアで収集された豚の Ag-ELISA 診断テストの観測された結果

		囊虫症 (true) +	囊虫症 (true) −	観測数
診断テスト	+	$\pi\alpha$	$(1-\pi)(1-\beta)$	$n^+ = 496$
	−	$\pi(1-\alpha)$	$(1-\pi)\beta$	$n^- = 372$
合計		π	$(1-\pi)$	$n = 868$

注：π は囊虫症の真の有病率. α と β はそれぞれ Ag-ELISA 診断テストの感度と特異度. $n^+(n^-)$ は Ag-ELISA テスト陽性 (陰性) の被験者の観測数

る (Berkvens et al. 2006 を参照). したがって専門家の知識がなければ π の推定はできない. このため π, α, β について事前分布を指定する必要がある. このとき, 事後分布は次のようになる.

$$p(\pi, \alpha, \beta \mid n^+, n^-) \propto \binom{n}{n^+} [\pi\alpha + (1-\pi)(1-\beta)]^{n^+} \\ \times [\pi(1-\alpha) + (1-\pi)\beta]^{n^-} p(\pi) p(\alpha) p(\beta) \quad (5.28)$$

$p(\pi), p(\alpha), p(\beta)$ はそれぞれ π, α, β の事前分布である. ベータ事前分布であっても, 周辺事後分布は解析的には導けない. ここでは, 事後要約量と有病率の周辺事後分布のグラフ表示を作成するのに WinBUGS を用いた.

π, α, β に対して一様事前分布を用いて図 5.4(a) を作成し, π の 95% 等裾確率 CI として $[0.03, 0.97]$ を得た. 明らかに, 有病率に対する不確実性は大きい. 実際, 上記の無情報事前分布ではモデルのパラメータは, 識別可能性の問題で推定不能となる. パラメータについての追加情報が, パラメータ推定のためには不可欠である. Berkvens et al. (2006) は追加の 65 匹の豚から, 感度 (20/31) と特異度 (31/34) に対する推定値が算出されたと報告した. この事前知識を尤度と組み合わせた結果を図 5.4(b) に示す. いま, π に対する 95% 等裾確率 CI は $[0.66, 0.99]$ に短くなっている.

識別可能性問題を解決するために, まずいくつかの専門家から引き出した感度と特異度の値を用いた. しかしながら, それらは観測データと相容れないような事前分布になることがわかった. 専門家から別の方法で引き出すと, 多くの場合問題は取り除けた. つまり, 診断テストの感度・特異度に関する意見を直接聞く代わりに, 別のテストにおいて陽性または陰性の結果であった場合の陽性テスト結果となる条件付き確率を抽出した (Berkvens et al. 2006). □

例 V.6 はベイズ流アプローチの長所と短所の両方を示した. 事前知識は識別不能性

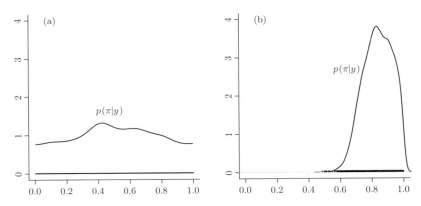

図 5.4 嚢虫症研究：(a) 無情報事前分布による π の事後密度，(b) 情報のある事前分布による事後密度．

の問題に対する実用的な回答となるが，それなりの代償が必要になる．いくつかのパラメータの事後推定値は事前情報により強く影響されるためである．この事前情報が適切でない場合は，事後情報の価値がなくなってしまう．ゴールド・スタンダードのない，診断テストを含む研究でのパラメータ推定 (感度，特異度，有病率) については多くの文献がある (Gustafson 2009)．

5.5.4　典型的な事前分布

　様々な適用領域の中でも，臨床試験はおそらくベイズ流哲学を浸透させるのが最も難しい．ベイズ流アプローチの入り口は医療機器の臨床試験からであったにもかかわらず (http://www.fda.gov/cdrh/osb/guidance/1601.pdf の FDA 指針書を参照[1])，ベイズ流の適用を第 III 相臨床試験で見つけるのは非常に難しい．確かに，それらの試験は申請しようとしている薬剤の価値について規制当局を説得させる極めて重要なステップである．新薬申請のプロセスは間違いなく保守的で，食品医薬品局 (Food and Drug Administration, FDA) や欧州医薬品審査庁 (European Agency for the Evaluation of Medicinal Products, EMEA) によって制定された規制要件によって運用されている．したがって，薬剤の第 III 相開発段階の時点では前段階 (第 I, II 相) からの多くの情報があり，他の類薬からの豊富な情報が存在することが多いにもかかわらず，通常

---

[1] ただしリンクは切れているのでこちらを参照：http://www.fda.gov/downloads/MedicalDevices/DeviceRegulationandGuidance/GuidanceDocuments/ucm071121.pdf

5.5 情報のある事前分布

は事前知識の利用については懐疑的である．新治療の研究におけるベイズ流アプローチの有用性に関する FDA 会議を報告した *Clinical Trials* の特別編集版で，Temple 博士 (FDA) が 302 ページで次のように述べている：「我々は "真実" としていたものが真実でないと判明した多くの事例を見てきた．そういうわけで，事前のエビデンスにどれだけの信用を与えるかを判断することは難しいように思える．」そのような声明に対するベイジアンの返答は次のようになるに違いない．様々な事前分布を試し，事前分布の選択で結果がどのように変わるか感度分析を行うべきである．だが，特に結論が大きく変わるときは，これは万人を満足させないだろう．Berger (2006) が議論したように，客観性を示す必要があり，そのため客観的なベイズ解析が求められる．しかし，臨床試験においては，主観的な事前分布を設定するための公式ルールを設定することも必要である．Spiegelhalter *et al.* (1994) は，漠然事前分布に加えて 2 つの典型的な事前分布を提案した．懐疑的 (skeptical) 事前分布と熱狂的 (enthusiastic) 事前分布である．

5.5.4.1 懐疑的事前分布

ある製薬会社がある疾患のための治療薬を開発したが，現在の試験の前に実施した 5 つの試験が連続して有益性を全く示すことができなかったと仮定する．現在進めている試験が良い成績とわかっても，この良い成績に対する直接的な証拠がないときは，評価委員会では疑義を残しそうである．このような場合には，科学者は自身の否定的な意見と試験結果を合わせて判断し，主張された薬剤の有益性を認めないかもしれない．このことを次の例で示す．

例 V.7：第 III 相ランダム化試験における懐疑的事前分布の利用

Ten *et al.* (2003) は 2 つの治療のどちらかでがん患者を治療する第 III 相試験を報告した．肝細胞腫瘍の標準治療は外科切除である．外科切除 (標準治療群) と外科切除 + 補助的放射性ヨウ素治療 (補助療法群) の再発率を比較するためにランダム化試験が準備された．この試験では 120 症例の組み入れが予定された．有効性に関する頻度論にもとづく中間解析が計画され，最初の中間解析では補助療法が有意に優れた結果が得られた ($p = 0.01$)．これは事前に定めた頻度論にもとづく中止基準 ($p < 0.029$) よりも小さかった．補助療法群が有意に優れた結果を示したにもかかわらず，評価委員会は補助療法の効果について懐疑的だった．結果的には，以前の単一施設での試験成績をはっきりさせるために，新たな大規模な多施設試験 (300 例) が設定された．

新たな試験を開始する前に，14 人の臨床医の事前の意見が引き出された．それぞれ

の責任医師の事前分布は，区間上に治療効果 (補助療法 vs. 標準療法) に対する事前の確信度を引き出すことにより作られた．事前分布の平均を用いて集団事前分布を導出した．一方で，5 人の懐疑的な責任医師の事前分布の平均は懐疑的事前分布と呼ばれた．Tan et al. (2003) は，この事前分布とそれ以前の試験の中間解析の結果を結合し，実験治療群の優越性に対する片側の等高確率は 0.49 であったことを示した．明らかに，もし，この懐疑的事前分布と中間解析の結果を結合したときは，有効性に関して試験を早期中止することはなかったことは明らかである． □

この事例における懐疑的事前情報の選択は，試験に参加する医師の選択に依存している．Temple 博士は，この *Clinical Trials* の特別号の 323 ページで次のように述べている：「試験を実施するときに毎回自分の事前情報を検討し，同意しなければならないというのはうんざりする．」この発言は懐疑的事前分布をより形式的に選択できないかということである．Spiegelhalter et al. (1994) の正規分布の場合の懐疑的事前分布に対する提案は，この問題に対処している．具体的には，θ が真の治療効果 (A vs. B) を表し，$\theta = 0$ は 2 つの治療効果に差がないことを意味するとする．懐疑的正規事前分布は (帰無仮説の) 値 0 の周りに集中するだろう．事前分布の分散 σ_0^2 の選択は次のように行われる．症例数設計が対立仮説 $\theta = \theta_a$ のもとで計算されたと仮定する．θ_a の選択は楽観的であることが多いので，治療効果が θ_a を超えるような事前確率 γ は小さいと仮定する．そのとき，$P(\theta > \theta_a) = 1 - \Phi(\frac{\theta_a}{\theta_0}) = \gamma$ は，$\sigma_0 = -\theta_a/z_\gamma$ であることを意味する．ただし $\gamma = \Phi(z_\gamma)$ である．

例 V.8: 脂質軽減ランダム化臨床試験：懐疑的事前分布の利用

Lescol 介入予防研究 (Lescol Intervention Preventions Study, LIPS 試験) (Serruys et al. 2002) は，最初の経皮冠動脈血行再建術 (percutaneous coronary intervention, PCI) の完了後に主要な高コレステロール血症薬の投薬をしていない冠動脈疾患の患者を対象に，フラバスタチンが主要な心臓の有害事象 (major adverse cardiac events, MACE) を抑制することを示すために計画されたプラセボ対照ランダム化臨床試験であった．症例数は PCI 実施後 3 年での MACE 発症率をプラセボ群で 25%，フラバスタチンがプラセボ群よりも 25% 減らして 18.75% となるという仮定にもとづき計算された．もとの研究は生存時間の手法を使っているが，ここでは単純化のために 3 年後の相対リスク (プラセボ/フルバスタチン) が主要なエンドポイントとして用いられていると仮定する．真の対数相対リスクを θ で表し，対数スケールが相対リスクに対する事前情報を特定するために用いられたとする．なお，対立仮説 (θ_a) のもとでの θ の値は $\log(25/18.75) = 0.288$ である．

5.5 情報のある事前分布

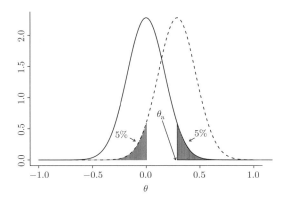

図 5.5 脂質軽減ランダム化臨床試験：$\theta_a = \log(25/18.75)$ における懐疑的 (実線) 事前分布と熱狂的 (破線) 事前分布

$\gamma = 0.05$ とし Spiegelhalter *et al.* (1994) の提案を用いると，懐疑的事前分布は計算可能で，これを図 5.5 に示す．この事前情報は θ が 0.288 を超えることはありそうにない ($P = 0.05$) ことを仮定している．LIPS 試験は頻度論的中止基準を用いたが，ベイズ流アプローチでは，あまりにも楽観的な中間結果の場合での早期中止を避けるため，懐疑的事前分布とそれぞれの中間解析での尤度の結合を用いることができる．□

演習 5.15 では，もう 1 つ別の懐疑的事前分布を利用しているが，事前情報の分散は $P(\theta > \widehat{\theta}) = 1 - \Phi(\frac{\widehat{\theta}}{\sigma_0}) = \gamma$ で決める．σ_0 は，事前に定義した結果ではなく，試験で観察された結果を用いて計算する．

5.5.4.2　熱狂的事前分布

Spiegelhalter *et al.* (1994) は，上記で定義した懐疑的事前分布と逆の，熱狂的事前分布を提案した．この場合，正規事前分布は平均 θ_a であり，σ_0^2 は $P(\theta < 0) = \gamma$ で決まる．これは，熱狂的事前分布には，真の効果が 0 以下であるとのエビデンスはほとんどないということを指定することになる．

例 V.9: 脂質軽減ランダム化臨床試験：熱狂的事前分布の利用

最初の患者が LIPS 試験に組み入れられたのは 1995 年の 4 月であった．LIPS 試験を計画した時点では，4S 試験 (The Scandinavian Simvastatin Survival Study Group (1994)) の結果が公開されていた．この試験は，スタチンが血清コレステロールのレベルを下げるだけでなく，二次予防における生命を助けることを示すことに関

して大きな一歩となった．LIPS 試験の目的は 4S 試験と同様であったが，今回は PCI の患者を対象とした．4S 試験の結果を踏まえて，プラセボ群に割り当てられたときには，患者がリスクにさらされることを考えると，ある医師は LIPS 試験が未だに必要で倫理的に可能なのかと疑問を呈した．長い議論の結果，LIPS 試験を実施するにあたり，倫理的かつ科学的な基礎はあると結論付けられた．LIPS 試験開始時の集中議論を踏まえ，熱狂的事前分布 (図 5.5) の利用が役立ったかもしれない．実際のところ，4S 試験の過去の情報と初期開発段階のフラバスタチンの肯定的な結果により，もし LIPS 試験の早期段階での中間解析がフラバスタチンの見込みのない結果を示しても (しかしながらそのようにはならなかったが)，熱狂的事前分布は，治験責任医師がうかつにも試験を中止してしまうことを避けることができる． □

5.6 回帰モデルにおける事前分布

5.6.1 正規線形回帰

4.7 節において，正規線形回帰モデル

$$y = X\beta + \varepsilon$$

を紹介した．詳細はその節を参照する．

5.6.1.1 無情報事前分布

線形回帰でよく使われる無情報事前分布は，Jeffreys の複数パラメータルールから得られる．それは回帰係数に対するフラット事前分布と尺度パラメータの古典的な Jeffreys 事前分布の積で，すなわち $p(\beta, \sigma^2) \propto \sigma^{-2}$ である．実際には，回帰係数に対して大きな分散をもつ正規分布が事前分布として選ばれ，σ^2 に対しては，ε が小さい値の逆ガンマ分布 $\mathrm{IG}(\varepsilon, \varepsilon)$ を事前分布とする．

5.6.1.2 共役事前分布

正規線形回帰モデルに対する共役事前分布は，5.3.2 節で述べた 2 つのパラメータが未知の場合の正規分布に対する共役事前分布の拡張である．式 (5.7) と同様に，同時密度 (尤度) は $\chi^2(s^2|\nu, \sigma^2)$ と $\mathrm{N}\left[\widehat{\beta} \mid \beta, \sigma^2 (X^T X)^{-1}\right]$ の積に分解できる．ここで X はデザイン行列である．したがって，この共役事前分布は回帰係数に対する正規事前分布 $\mathrm{N}(\beta_0, \sigma^2 \Sigma_0)$ と残差分散に対する逆ガンマ分布 $\mathrm{IG}(a_0, b_0)$ (または，同等な Inv-$\chi^2(\nu_0, \tau_0^2)$ 分布) と事前分布の積になる．この積は再び正規逆ガンマ事前分布

NIG($\boldsymbol{\beta}_0, \Sigma_0, a_0, b_0$) (または同等な N-Inv-$\chi^2(\boldsymbol{\beta}_0, \Sigma_0, \nu_0, \tau_0^2)$) となり，以下のような式となる．

$$\frac{(b_0/2)^{(a_0/2)}}{(2\pi)^{(d+1)/2}|\Sigma_0|^{1/2}\Gamma(a_0/2)(\sigma^2)^{(a_0+d+3)/2}}$$
$$\times \exp\left[-\frac{(\boldsymbol{\beta}-\boldsymbol{\beta}_0)^T\Sigma_0^{-1}(\boldsymbol{\beta}-\boldsymbol{\beta}_0)+b_0}{2\sigma^2}\right] \tag{5.29}$$

上述の NIG 事前分布とデータ $\boldsymbol{y}$ にもとづき，事後分布 NIG($\overline{\boldsymbol{\beta}}, \overline{\Sigma}, \overline{a}, \overline{b}$) は以下のとおりとなる．

$$\overline{\Sigma} = \left(\Sigma_0^{-1} + \boldsymbol{X}^T\boldsymbol{X}\right)^{-1} \tag{5.30}$$
$$\overline{\boldsymbol{\beta}} = \left(\Sigma_0^{-1} + \boldsymbol{X}^T\boldsymbol{X}\right)^{-1}\left(\Sigma_0^{-1}\boldsymbol{\beta}_0 + \boldsymbol{X}^T\boldsymbol{y}\right) \tag{5.31}$$
$$\overline{a} = a_0 + n \tag{5.32}$$
$$\overline{b} = b_0 + \boldsymbol{\beta}_0^T\Sigma_0^{-1}\boldsymbol{\beta}_0 + \boldsymbol{y}^T\boldsymbol{y} - \overline{\boldsymbol{\beta}}^T\overline{\Sigma}^{-1}\overline{\boldsymbol{\beta}} \tag{5.33}$$

周辺事後分布は4.3節で述べたものと同じ形式となる．例えば，$\boldsymbol{\beta}$ の周辺事後分布は，平均 $\overline{\boldsymbol{\beta}}$ をもつ多変量 t 分布となる．さらに，4.3.3節で言及したように，回帰係数に対する事前知識が残差分散に関する事前知識と関連するので，NIG 事前分布は主観事前情報を表す道具としては問題がある．

NIG 事前分布の利用には困難があるものの，ある特別な NIG 事前分布が，例えばベイズ流変数選択によく利用されるようになった．Zellner (1986) は事前分布として $\boldsymbol{\beta}|\sigma^2$, $\boldsymbol{X} \sim \mathrm{N}\left[\boldsymbol{\beta}_0, g\sigma^2(\boldsymbol{X}^T\boldsymbol{X})^{-1}\right]$ と $\sigma^2 \sim \mathrm{IG}(a_0, b_0)$ を提案した．これは，$\boldsymbol{\beta}$ に対する正規事前分布で $\Sigma_0 = g(\boldsymbol{X}^T\boldsymbol{X})^{-1}$ となる．これは Zellner の g-事前分布 (Zellner's g prior) として知られている (彼は実際には g を分母におくように提案した)．Zellner の g-事前分布は，$\boldsymbol{y}$ と同じデザイン行列 (相関構造) で，分散は $\sigma_0^2 = g\sigma^2$ である疑似データ $\boldsymbol{y}_0$ と同等の情報をもっているとみなすことができる．もっと正確には，$n \times 1$ 疑似データベクトル $\boldsymbol{y}_0 = \boldsymbol{X}\boldsymbol{\beta} + \varepsilon_0$, $\varepsilon_0 \sim \mathrm{N}(\boldsymbol{0}, \sigma_0^2)$ に，$\boldsymbol{\beta}$ に対してフラット事前分布，σ^2 に対して独立な逆ガンマ事前分布を与えると，条件付き事後分布 $p(\boldsymbol{\beta}|\sigma^2, \boldsymbol{y}_0)$ は $\mathrm{N}\left[(\boldsymbol{X}^T\boldsymbol{X})^{-1}\boldsymbol{X}^T\boldsymbol{y}_0, g\sigma^2(\boldsymbol{X}^T\boldsymbol{X})^{-1}\right]$ となる．$\boldsymbol{y}_0 = \boldsymbol{X}\boldsymbol{\beta}_0$ に関して Zellner の g-事前分布が得られる．疑似データ $\boldsymbol{y}_0$ が分散 σ^2 をもつとし，尤度は $1/g$ のべき乗であるとき，この事前分布は，5.5節で述べたべき事前分布の特別な場合とみなすことができる (Chen et al. 2000; Ibrahim and Chen 2000). 式 (5.31) から Zellner の g-事前分布と $\boldsymbol{\beta}_0 = 0$ による $\boldsymbol{\beta}$ の事後平均は，LSE に縮小因子 (shrinkage factor) $g/(g+1)$ を掛けたものとなる．g に対する別の値も提案されている．$g = n$ がよく選択される．ベイズ流変数選択に有用な漠然事前分布を与える g の他の選択は，第11章で検討する．

5.6.1.3 過去のデータと専門家知識にもとづく事前分布

1つの回帰係数に対する事前知識はあまり有用でない．その変数の意味はモデルにある他の変数に依存するからである．したがって，事前情報は，回帰係数ベクトル全体に対するものでなければならない．これは実際には非常に困難である．Kadane et al. (1980), Kadane and Wolfson (1996) がある予測抽出法を提案した．彼らは，専門家にいくつかのデザイン行列の値 (デザインポイント) を提示し，共変量の値に対する分布の50, 75と90パーセント点を提供するよう依頼した．十分なデザインポイントを与えた場合，共役事前分布のパラメータが計算可能である．Zellner の g-事前分布も過去のデータや専門家知識にもとづく事前分布を構築するのに利用可能である．これは，回帰モデルにおいて最もよく利用されている，情報のある事前分布である．

5.6.2 一般化線形モデル

標本 $\boldsymbol{y} = \{y_1, \ldots, y_n\}$ に対するベイズ流一般化線形モデル (Bayesian gernerealized linear model, BGLIM) を4.8節で紹介し，以下のとおりであった．

$$p(y_i \mid \theta_i; \phi) = \exp\left[\frac{y_i \theta_i - b(\theta_i)}{a_i(\phi)} + c(y_i; \phi)\right] \tag{5.34}$$

ここで $a_i(\phi) = \phi/w_i$，w_i は事前情報の重みで，$b(\cdot)$ と $c(\cdot)$ は既知の関数である．さらに，$E(y_i) = \mu_i = \frac{db(\theta_i)}{d\theta_i}$, $\text{var}(y_i) = a_i(\phi) V(\mu_i)$，ここで $V(\mu_i) = \frac{d^2 b(\theta_i)}{d^2 \theta_i}$ であり，$g(\mu_i) = \eta_i = \boldsymbol{x}_i^T \boldsymbol{\beta}$，正準リンクに関しては $\eta_i = \theta_i$ である．加えて，すべてのモデルのパラメータは事前分布が得られている．

5.6.2.1 無情報事前分布

回帰モデル，つまり BGLIM においてもよく用いられる回帰係数に対する事前分布は，大きな分散をもつ独立な正規事前分布の積となる．これは，おそらく BGLIM に対して，最もよく利用される無情報事前分布である．例えば，位置パラメータに対して，WinBUGS ドキュメント Examples Vol I と Vol II ではすべてこれらの無情報事前分布を利用している．しかし，ロジスティック (または他の2値変数) 回帰モデルにおいては，MCMC サンプリングでの過分散の正規事前分布に対する懸念が生じる．実際に，事前分散が非常に大きいとき，確率の小さい領域でのサンプリングがよく起こる．Gelman et al. (2008) は標準化した連続変数 (平均 = 0, SD = 0.5) に対して，事前分布として，中心 0，尺度パラメータ 2.5 とするコーシー分布を初期設定とすることを提案した．この事前分布は実際に十分弱く，分離問題に対して良い性質を示す (5.7 節を参照)．

5.6 回帰モデルにおける事前分布

別の可能性としては，Jeffreys の複数パラメータルールを利用することである．既知の ϕ に対して，Ibrahim and Laud (1991) は，BGLIM の回帰係数に対する，以下のような Jeffreys 事前分布を導出した．

$$p(\boldsymbol{\beta}) \propto \left| \boldsymbol{X}^T \mathrm{W} \mathrm{V}(\boldsymbol{\beta}) \Delta^2(\boldsymbol{\beta}) \boldsymbol{X} \right|^{1/2} \tag{5.35}$$

ここで，W は重み w_i を対角要素にもつ $n \times n$ 対角行列，$\mathrm{V}(\boldsymbol{\beta})$ は $v_i = \mathrm{d}^2 b(\theta_i)/\mathrm{d}\theta_i^2$ を対角要素にもつ $n \times n$ 対角行列，$\Delta(\boldsymbol{\beta})$ は $\delta_i = \mathrm{d}\, b(\theta_i)/\mathrm{d}\eta_i$ を対角要素にもつ $n \times n$ 対角行列である．正準リンクのとき $\Delta(\boldsymbol{\beta})$ は単位行列となる．この事前分布は式 (5.35) の ϕ^{-1} 倍である $\boldsymbol{\beta}$ のフィッシャー情報行列から得られ，それぞれの GLIM で容易に計算できる．残差分散既知の正規線形モデルの場合，$p(\boldsymbol{\beta}) \propto \left| \boldsymbol{X}^T \boldsymbol{X} \right|^{1/2}$ は非正則フラットな事前分布であるが，$\boldsymbol{\beta}$ に対する正規事後分布が得られる．これは事前分布が $\boldsymbol{\beta}$ に依存しない唯一の GLIM である．ロジスティック回帰に対しては $p(\boldsymbol{\beta}) \propto \left| \boldsymbol{X}^T \mathrm{V}(\boldsymbol{\beta}) \boldsymbol{X} \right|^{1/2}$ であり，ここで $\mathrm{V}(\boldsymbol{\beta}) = \mathrm{diag}(v_1, \ldots, v_n)$ で，$v_i = \mu_i (1 - \mu_i)$ である．正準リンクのポアソン回帰に対しては，$v_i = \mu_i$ で同じ式が得られる．Ibrahim and Laud (1991) は，いくつかの BGLIM に対して，事後分布の性質を与えた．事前分布 (5.35) は 2 つのベイズ流 SAS プロシジャで実行できる (5.6.3 節を参照)．

5.6.2.2　共役事前分布

回帰構造がなければ，分布 (4.33) は $a(\phi)$ が既知の 1 パラメータ指数型分布族に属する．したがって，共役事前分布は，式 (5.3) から導出することができる．しかし，共変量のある構造では導出が複雑になる．Chen and Ibrahim (2003) は BGLIM ための共役事前分布を提案した．回帰構造なしの場合に適用し $a_i(\phi) = 1/\phi$ が既知と仮定すると，それらは式 (5.34) に対する結合事前分布となる．

$$p(\boldsymbol{\theta} \mid \boldsymbol{y}_0, a_0, \phi) \propto \prod_{i=1}^{n} \exp\{a_0 \phi [y_{0i} \theta_i - b(\theta_i)]\} = \exp\left\{a_0 \phi [\boldsymbol{y}_0^T \boldsymbol{\theta} - \boldsymbol{j}^T \boldsymbol{b}(\boldsymbol{\theta})]\right\} \tag{5.36}$$

$a_0 > 0$ は正のスカラー事前パラメータ，$\boldsymbol{y}_0 = (y_{01}, \ldots, y_{0n})^T$ は事前パラメータのベクトル，$\boldsymbol{j}$ は $n \times 1$ の要素が 1 のベクトル，$\boldsymbol{b}(\boldsymbol{\theta}) = (b(\theta_1), \ldots, b(\theta_n))^T$ である．この事前分布は，表記を適切に変えることにより，式 (5.34) に対して共役であることを式 (5.3) から容易に導出することができる．

$\theta_i = \theta(\eta_i)$ と $\eta_i = \boldsymbol{x}_i^T \boldsymbol{\beta}$ $(i = 1, \ldots, n)$ とすることにより，回帰構造を導入する．その後，Chen と Ibrahim は (ϕ が与えられたもとでの) $\boldsymbol{\beta}$ に対する $D(\boldsymbol{y}_0, a_0)$ の事前分

布を次のように定義した.

$$p(\boldsymbol{\beta}\,|\,\boldsymbol{y}_0, a_0, \phi) \propto \exp\left\{a_0\phi[\boldsymbol{y}_0^T\boldsymbol{\theta}(\boldsymbol{\eta}) - \boldsymbol{j}^T\boldsymbol{b}(\boldsymbol{\theta}(\boldsymbol{\eta}))]\right\}$$
$$\equiv \exp\left\{a_0\phi[\boldsymbol{y}_0^T\boldsymbol{\theta}(\boldsymbol{X}\boldsymbol{\beta}) - \boldsymbol{j}^T\boldsymbol{b}(\boldsymbol{\theta}(\boldsymbol{X}\boldsymbol{\beta}))]\right\} \quad (5.37)$$

Chen and Ibrahim (2003) は $D(\boldsymbol{y}_0, a_0)$ の共役性を証明した. すなわち事後分布は, ある標本 y の尤度 (5.34) と事前分布を結合することで, $D\left(\frac{a_0\boldsymbol{y}_0+\boldsymbol{y}}{a_0+1}, a_0+1\right)$ となる. ϕ がランダムであると, 共役性を再び証明することができるが, a_0 もランダムであるとき共役性は失われる. $D(\boldsymbol{y}_0, a_0)$ を利用するには, ベクトル $\boldsymbol{y}_0$ とパラメータ a_0 が必要になる. ベクトル $\boldsymbol{y}_0$ は a_0 が事前のサンプルサイズを表すような $E(\boldsymbol{y})$ の事前分布として抽出することができる. しかし, $\boldsymbol{y}_0$ は $\boldsymbol{y}$ と同じデザイン行列, 同じ大きさでなければならない. $\boldsymbol{y}_0$ を (擬似) データかつ $\boldsymbol{\beta}\,|\,\phi$ の最初のフラット事前分布としてみると, 事前分布 $D(\boldsymbol{y}_0, a_0)$ も事後分布 $p(\boldsymbol{\beta}\,|\,a_0, \boldsymbol{y}_0, \phi)$ としてみることができる. このことにより, 共役事前分布は原理上, $n_0 = n$ という制約付きで, 過去のデータとの使用に適している.

5.6.2.3 過去のデータと専門家知識にもとづく事前分布

5.5.2 節で紹介されたべき事前分布はもともと回帰構造に対して提案された. これには以下のような利点があった. すなわち, 上述の共役事前分布とは異なり過去のデータが現在のデータと同じ大きさである必要がない.

次の 2 つの情報のある BGLIM 事前分布は, Kadane et al. (1980) と Kadane and Wolfon (1996) の意味する k 個の代表的共変量ベクトル $\boldsymbol{x}_{01}, \ldots, \boldsymbol{x}_{0k}$ で予測された応答について専門家の事前知識が導き出されていることが必要である. 2 つのアプローチは共変量ベクトルの数と選択が異なり, 共変量の値での予測分布がベイズモデルに含まれる際の方法が異なっている. 考えをまとめるために, ロジスティック回帰の場合に焦点をあてる. データ拡大事前分布と条件付き平均事前分布 (CMP) を区別する.

- データ拡大事前分布 (data augmentation prior, DAP): デザインポイント k の数は観測されたデータのサイズに等しい. $\boldsymbol{x}_{0i}\,(i=1,\ldots,n)$ は擬似観測 y_{0i} (この場合には, いわゆる事前割合 (prior proportion)) のデザインポイントを表すとする. これは専門家から導き出されたか, あるいは過去のデータから導出されうるもので, 重み n_{0i} は自身の重要性に比例する (つまり事前サンプルサイズ). 擬似標本 $\boldsymbol{y}_0 = \{y_{01}, \ldots, y_{0n}\}$ から $\prod_{i=1}^{n} F(\boldsymbol{x}_{0i}^T\boldsymbol{\beta})^{n_{0i}y_{0i}}[1 - F(\boldsymbol{x}_{0i}^T\boldsymbol{\beta})]^{n_{0i}(1-y_{0i})}$ に比例する尤度 $L_P(\boldsymbol{\beta}\,|\,\boldsymbol{y}_0)$ が得られる. その後, DAP は, $L_P(\boldsymbol{\beta}\,|\,\boldsymbol{y}_0)$ に比例するとして定義される. さらに, 観測データ $\{(y_i, \boldsymbol{x}_i, n_i),\,(i=1,\ldots,n)\}$

の尤度が $L(\boldsymbol{\beta}\,|\,\boldsymbol{y}) \propto \prod_{i=1}^n F(\boldsymbol{x}_i^T\boldsymbol{\beta})^{n_i y_i}[1-F(\boldsymbol{x}_i^T\boldsymbol{\beta})]^{n_i(1-y_i)}$ と仮定する．$\boldsymbol{x}_i = \boldsymbol{x}_{0i}$ $(i=1,\ldots,n)$ であるとき，事後分布 $p(\boldsymbol{\beta}\,|\,\boldsymbol{y})$ は以下に比例する．

$$\prod_{i=1}^n F(\boldsymbol{x}_i^T\boldsymbol{\beta})^{n_{0i}y_{0i}+n_i y_i}[1-F(\boldsymbol{x}_i^T\boldsymbol{\beta})]^{n_{0i}(1-y_{0i})+n_i(1-y_i)}$$

したがって DAP はロジスティック尤度に対して共役である．事後分布のモードは最尤法プログラムから得られるが，他の事後分布の要約量にはサンプリングアルゴリズム (例えば mcmc) が必要になることがある．この事前分布の魅力は，それが直接的に Zellner の g-事前分布と同様の方法で，擬似サンプルからの情報を含むものと解釈できることである．Clogg et al. (1991) は，疎なデータのロジスティック回帰モデルの MLE の代替として DAP を導入した．

Greenland (2001, 2003, 2007) は，疫学データのベイズ流回帰分析のために DAP を使用した．例えば，ロジスティック回帰に対して，対数オッズ比 β に対する正規事前分布は疑似データの 2×2 事前分割表になっている．オッズ比は近似的に特定された β の事前平均に等しく，疑似データのオッズ比のサンプリング分散は指定された β の事前分散に等しい．このアプローチにより，β の事後分布の近似的な決定のために標準的な頻度論的ソフトウェアを使用することができる．

- 条件付き平均事前分布 (conditional means prior, CMP)：別のアプローチが Bedrick et al. (1996) によって提案された．ロジスティック回帰に対して，彼らは以下に関する事前情報を引き出すことを提案した．$\pi_{0i} = E(y_{i0}\,|\,x_{0i})$ $(i=1,\ldots,k)$，すなわちデザインポイント x_{0i} における成功確率，例えばベータ事前分布 $\pi_{i0} \sim \text{Beta}(\alpha_i, \beta_i)$ を特定する．これは，k 個の成功確率に対する結合事前分布となる．すなわち次式となる．

$$p(\boldsymbol{\pi}_0) \propto \prod_{i=1}^k \pi_{0i}^{\alpha_i - 1}(1-\pi_{0i})^{\beta_i - 1}$$

彼らの提案では k は回帰係数の数 $d+1$ と等しく，x_{0i} $(i=1,\ldots,d+1)$ は線形独立である．変換規則を用いれば上述の事前分布は β の条件付き平均事前分布 (CMP) となる．Bedrick et al. (1996) は CMP はいくつかのケースでは DAP でもあることを示した．例えば，上記で導出された β の事前分布は DAP であり，それは尤度の関数形式をもっていることを意味する．CMP と DAP のその他の関係は Bedrick et al. (1996) でみることができる．DAP にはサンプリングが事後推測の導出に必要である．

上記でみたように，回帰パラメータに事前知識を直接的に導き出すことは，実際にはうまくいかない．GLIM については，回帰係数の意味がリンク関数とともに変化するため，特段の厳しさがある．例えば，事前知識がロジスティック回帰パラメータに対して利用可能な場合でも，次のことはすぐには明らかではない．すなわち，どのように補対数対数リンクの回帰パラメータの事前知識に翻訳されるのかである．上記のデータにもとづく事前分布が魅力的であるにもかかわらず，実際にはそれらはほとんど適用されていない．

5.6.3 ベイズ法のソフトウェアでの事前分布の特定

5.4.5 節に示したように，WinBUGS では正則な事前分布しか利用できない．WinBUGS での回帰係数にはほとんどが独立した，その影響が最小限である場合には大きな分散になる正規事前分布が与えられる．分散パラメータに対する無情報事前分布に対しては，一様事前分布と $\varepsilon = 10^{-3}$ とした逆ガンマ事前分布 $IG(\varepsilon, \varepsilon)$ が最もよく用いられる．

SAS® プログラムは，バージョン 9.2 から様々なベイズ流回帰モデルを提供しており，非正則な事前分布を含む非常に広範囲の事前分布をユーザーが与えることができる．GENMOD と MCMC プロシジャは BGLIM の当てはめを可能にしている．両方のプロシジャでは，回帰係数として Jeffreys 事前分布が設定できるので事後分布が正則であることを保証するために，Ibrahim and Laud (1991) によって導出された適切な結果が必要である．実際 SAS は，この確認をユーザーの責任に任せている．ベイズ流ソフトウェアの他の特徴は，第 8 章で扱う．

5.7 事前分布のモデル化

すべての情報のある事前分布はモデルのパラメータ推定に影響を与えるが，事前分布はモデルに対する計算上の困難さに対処したり，計算上の特性を実現したりすることもできる．これらは統計モデルの特徴を適応させることを意図しているので，これを事前分布のモデル化と呼ぶ．ここでは多重共線性，収束の問題，パラメータ制約，変数選択に対する事前分布について考慮する．

説明変数に多重共線性がある場合，すなわち $\boldsymbol{X}^T\boldsymbol{X}$ がほとんどランク落ちして，回帰係数や標準誤差が大きくなり過ぎるとき，リッジ回帰 (ridge regression) は安定した推定を行う方法の1つである．λ をリッジパラメータとし，$\boldsymbol{X}^T\boldsymbol{X}$ を $\boldsymbol{X}^T\boldsymbol{X} + \lambda \boldsymbol{I}$ ($\lambda > 0$) と置き換えると，推定量として $\widehat{\boldsymbol{\beta}}^R(\lambda) = (\boldsymbol{X}^T\boldsymbol{X} + \lambda\boldsymbol{I})^{-1}\boldsymbol{X}^T\boldsymbol{y}$ が得られる．この推定量は λ が与えられたもとで次を最小化すると得られる．

$$(\boldsymbol{y}^* - \boldsymbol{X}\boldsymbol{\beta})^T(\boldsymbol{y}^* - \boldsymbol{X}\boldsymbol{\beta}) + \lambda\boldsymbol{\beta}^T\boldsymbol{\beta} \tag{5.38}$$

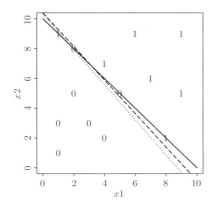

図 5.6 ロジスティック回帰における疑似完成分離：疑似完成分離の線 (実線)，分散 10^2 の正規事前分布から得られた，推定された判別ルール (点線)，Gelman *et al.*(2008) を用いた線 (破線)

ここで，$\boldsymbol{y}^* = \boldsymbol{y} - \overline{y}\boldsymbol{1}_n$ である．説明変数は中心化されていて，$\boldsymbol{X}$ は定数 1 からなるベクトルを含まないと仮定すると，これは 0 方向への回帰係数の縮小 (shrinkage) を意味する．中心化された応答変数と説明変数において，切片は縮小過程に含まれていないことに注意する．リッジ解はベイズ流正規線形回帰分析の事後最頻値からも得られる．ここで β と $\tau^2 = \sigma^2/\lambda$ については正規事前分布 $\mathrm{N}(\boldsymbol{0}, \tau^2 \mathbf{I})$ で，σ と τ は固定である．このようにベイズ法の構築において，正規リッジ事前分布 (normal ridge prior) は (高い確率で) パラメータベクトルを λ によって決定される範囲に制限する．また，リッジ推定量は $\boldsymbol{\beta} \sim \mathrm{N}(\boldsymbol{0}, \frac{\sigma^2}{\lambda}\mathbf{I})$ に関して，式 (5.31) の事後平均であることにも注意されたい．リッジ回帰は GLIM にも簡単に拡張可能である．ロジスティック回帰の例については Van Houwelingen and Le Cessie (1992) を参照のこと．リッジ推定量とその他の縮小手順については第 11 章でさらに説明する．

GLIM の利用では他にも数値上の問題が生じることがある．例えば 2 値応答モデルでは回帰係数推定値が (有限の値に) 収束しないことがある．それは診断分類が共変量空間で高度に分離しているときである．この問題は Albert and Anderson (1984)，Lesaffre and Albert (1989)，Lesaffre and Kanfmann (1992) で述べられており，特にカテゴリカルな共変量があり，症例数が小さいときに頻繁に起きる．この数値的な困難を避ける方法として，Gelman *et al.*(2008) は独立な弱い情報のあるコーシー事前分布を回帰パラメータに設定することを提案し，これらの事前分布をデフォルトとするよう勧めた．次の例で，ロジスティック回帰モデルにおいて分離問題が起きているときの数値的な問題を説明する．

例 V.10: 2 値応答モデルにおける計算上の困難

図 5.6 で，2 つの説明変数 x_1 と x_2 を用いた 2 つの診断分類間の疑似完全分離の例を示す．完全分離は 2 つの分類が共変量空間における超平面によって分割できることを意味し，疑似完全分離は超平面上にある観測値を除く全観測値が完全に分離していることを意味する．どちらの場合も，(いくつかの) 回帰パラメータ推定値が発散することがわかっている．この問題は多重共線性によるものに似ているが，違いもある (Lesaffre and Marx 1993)．

WinBUGS によるロジスティック回帰分析は，3 つすべての回帰パラメータに対して $\tau = 10^3$ とした $N(0, \tau^2)$ の拡散事前分布を用いると，ただちに停止してしまう．$\tau = 10$ とすると安定かつ合理的な判別ルールが得られ，それを図 5.6 に示す．実際，これはリッジ回帰の解である．なぜなら分離問題を起こす大きな回帰係数にはペナルティを課しているからである．さらに，Gelman et al. (2008) の提案を適用したが，WinBUGS ではコーシー分布が使用できないため，自由度 2 の t 分布を使わなければならなかった．推定された判別ルールは合理的で前の結果と近い． □

統計モデルが，パラメータにもともとの制約があるとき，パラメータ推定はこの制約のもとで実施する必要がある．実際の例として，θ_k を Signal-Tandmobiel® 研究での第 k 学年 ($k = 1, \ldots, 6$) のフランダースの子供における虫歯の経験 (過去か現在に虫歯である) を表す確率とする．虫歯の経験は累積型で定義されているので，これらの確率は $\theta_1 \leq \theta_2 \leq \cdots \leq \theta_6$ を満たさなければならない．この制約を考慮した推定手順は等調回帰 (isotonic regression) になる．この制約のもとでの最尤推定値を決定するために多くのアルゴリズムが示されている (Barlow et al. 1972, Leeuw et al. 2009)．ベイズ流アプローチでは，事前分布を以下のように選択するとパラメータ上の不等式制約を簡単に処理できる．つまり，許容できないパラメータベクトルの重みをゼロとした事前分布とする．例えば，虫歯の例での $\boldsymbol{\theta} = (\theta_1, \ldots, \theta_6)^T$ 上の事前分布において，制約に反しているすべての $\boldsymbol{\theta}$ を 0 に割り当てることは良い選択である．これは，$p(\boldsymbol{\theta} \,|\, \boldsymbol{y}) \propto p(\boldsymbol{\theta}) p(\boldsymbol{y} \,|\, \boldsymbol{\theta})$ が制約を満たしていることを保証する．さらに，ベイズ流の制約理論は，頻度論と異なり，無制約と同じになる．Chen and Deely (1996) は農業の例にこのアプローチを用い，ベイズ法の結果は頻度論の結果よりも合理的であると結論付けた．制約を扱うための方法は他にもあり，それは事後分布で許容されていない値を無視することである．事後要約量がサンプリングによって得られている場合には，特に便利である．

モデルが特定の特徴を示すような他の事前分布を指定することもできる．例えば，回帰パラメータに対する正規リッジ事前分布 $p(\beta_j) \sim N(0, \tau^2)$ を二重指数 (Laplace)

分布 $p(\beta_j) \sim \frac{\lambda}{2}\exp(-\lambda|\beta_j|)$ で置き換えると，頻度論で Tibshirani (1996) によって紹介されたベイズ流 LASSO 推定量を得る．この事前分布では，重要でない変数の回帰係数は，他の変数の回帰係数よりも縮小している．このトピックの詳細は 11.2.2 節と 11.8 節を参照のこと．

5.8 その他の回帰モデル

事前分布に関する文献は広範に及んでいるため，ここでは 2, 3 の重要なモデルのクラスに制限しなければならなかった．したがって，疫学研究で用いられる他の重要なモデルを除外した．例えば，条件付きロジスティック回帰モデル，コックス比例ハザードモデル，一般化線形混合効果モデルなどである．事前分布を構成するための上述したアプローチはこれらのモデルに拡張されてきた．例えば，Chaloner et al. (1993) は Kadane et al. (1980) と Kadane and Wolfson (1996) のアプローチを比例ハザードモデルに応用した．さらに，Bedrick et al. (1996)，Greenland and Christensen (2001) と Greenland (2003) によって，DAP と CMP が生存時間モデルに対して提案されている．

5.9 終わりに

事前分布の選択はベイズ流アプローチの肝であるが，適切な主観的かつ客観的な事前分布の特定は，複雑なモデルでは困難かもしれない．本章では，事前分布の選択に関する文献を概説してきたが，5.7 節で例示したように，事前分布は統計モデルと影響し合っている．ベイズモデルにおいては，尤度と事前分布の両方が最終モデルを形成している．

事前分布の使用はベイズ法を用いる際の主な批判として繰り返し述べられてきた．これは主観情報が推定に影響してしまうかもしれないという恐れからである．しかし，ベイジアンであれ頻度論者であれ，主観はあらゆる統計解析に潜んでいる．わかりやすい例が，スパースなデータへの平滑化アプローチの使用である．ペナルティの制約によって推定の振る舞いが制限されているときには，明らかに専門家の知識が解析に組み込まれており (Eilers and Marx 1996)，頻度論的アプローチにおいて頻繁に主張するところの，「データは語らない」である．

演習問題

演習 5.1 ポアソン尤度の平均パラメータ θ に対する Jeffreys 事前分布が $\sqrt{\theta}$ で与えられることを示せ．

演習 5.2 y を，$[0,\theta]$ 上の一様分布として，$f(y\,|\,\theta) = \theta^{-1}$ に対する共役分布を見つけよ．

演習 5.3 IBBENS 調査の尤度と組み合わせたとき，平均 328，分散 100 の正規事前分布と ν を変化させたときの t_ν 事前分布 (ただし，同じ平均と分散) がいつ劇的に異なる事後分布を与えるかを図示せよ．ただし t_ν 事前分布に対する事後分布を得るには，数値積分が必要となる．

演習 5.4 平均・分散が未知の正規モデルが 2 パラメータ指数型分布族に属することを示せ．式 (5.3) を用いて，正規分布の自然な共役事前分布を求めよ．最後に，正規逆ガンマ事前分布を算出するために拡張された共役分布族が必要であることを示せ (O'Hagan and Forster 2004, pp.140–141).

$$p(\boldsymbol{\theta}\,|\,\boldsymbol{\alpha},\beta,\boldsymbol{\gamma}) = k(\boldsymbol{\alpha},\beta,\boldsymbol{\gamma})\exp\left[c(\boldsymbol{\theta})^T\boldsymbol{\alpha} + \beta d(\boldsymbol{\theta}) + \boldsymbol{\gamma}e(\boldsymbol{\theta})\right] \qquad (5.39)$$

ここで $\boldsymbol{\alpha},\beta$ は式 (5.3) のように超パラメータで，$\boldsymbol{\gamma}$ はパラメータの拡張である．

演習 5.5 例 V.3 における混合分布の事後平均と分散を導け．

演習 5.6 例 V.3 の混合分布からのサンプリングを行い，その要約量をまとめよ．

演習 5.7 多項分布に対する自然共役分布がディリクレ分布となることを示し，Jeffreys 事前分布とその結果として導かれる事後分布を計算せよ．

演習 5.8 ディリクレ分布に対するすべての 1 次元周辺分布がベータ分布であることを証明せよ．

演習 5.9 データ変換された尤度原理が，σ が与えられたもとでの正規尤度に対する μ の元のスケールにおいても満たしていることを図で示せ．

演習 5.10 負の 2 項モデルに対する Jeffreys のルールが $\theta^{-1}(1-\theta)^{-1/2}$ となり，それゆえ，推定は観測されたデータにのみもとづくべきであるとの尤度原理に反していることを示せ．

演習 5.11 多項モデルに対して，Jeffreys のルールは無情報事前分布 $p(\boldsymbol{\theta}) \propto (\theta_1 \times \cdots \times \theta_p)^{-1/2}$ をとることを示唆することを示せ．

演習 5.12 2 値の場合の逆正弦変換が近似のデータ変換尤度を算出することを示せ．また，事前分布が，0 と 1 の近傍ではない割合に対して，元の尺度では局所的に一様であることを示せ．

演習 5.13 平均既知の正規分布の σ^2 に対する Jeffreys 事前分布が，少なくとも 2 個の観測値があるとき，正則な事後分布となることを示せ．

演習 5.14 Berger (2006) は，以下の (a), (b), (c) からの病気に対する診断テストの陽性予測値 θ の推定に対するベイズ解析を報告した．(a) 有病率 (p_0), (b) 診断

テストの感度 (p_1)，(c) 診断テストの 1-特異度 (p_2)．ベイズの定理は次のように示している．

$$\theta = \frac{p_0\,p_1}{p_0\,p_1 + (1-p_0)\,p_2}$$

2 項分布 $\mathrm{Bin}(n_i, p_i)$ に従う x_i $(i=0,1,2)$ が利用可能であるとする．Jeffreys 事前分布 $\pi(p_i) \propto p_i^{-1/2}(1-p_i)^{-1/2}$ にもとづく θ に対する等裾確率 CI の被覆が良好であることを示せ．この分布に対するサンプリングを用い，95％ 等裾確率 CI と古典的な 95％CI を比較せよ．

演習 5.15 Holzer et al. (2006) は，対照群と比較した心停止の任意抽出の生存者の内脈管冷却の有効性と安全に対する後ろ向きコホート研究を解析した．Holzer らは内脈管冷却の患者は対照群に比べて，生残時間のオッズが 2 倍高まっている (67/97 の患者対 466/941 の患者，オッズ比 2.28，95％CI は 1.45〜3.57) ことを発見した．ベースラインの不均衡の調整後，オッズ比は 1.96 (95％CI $= [1.19, 3.23]$) となった．最後のステップとして，Holzer らはこの研究が非無作為化であったという事実を考慮し，研究デザインに対する結果を割り引きたかった．もっと具体的には，コホート研究データが，対数スケール (対数オッズ比) で観測された効果が実際に 0 で，観測された効果を超える確率が 5% (懐疑的事前分布) であると仮定することによって割り引いた．対数オッズ比が正規尤度をもつと仮定して，正規懐疑的事前分布を決定し，事後分布を計算せよ．

演習 5.16 式 (4.33) の分布に対する共役事前分布を 5.3.1 節で説明したルールを用いて導け．

第6章 マルコフ連鎖モンテカルロサンプリング

6.1 はじめに

　第4章では，積分を求めることが困難なため，事後分布 (およびその要約量) の解析的な計算ができないことがよくあることを説明した．数値積分の方法を使った積分計算は，2，3個のパラメータを対象とする場合には現実的だが，実際の応用場面ではしばしば高次元になり手が出せなくなる．

　第3章と第4章では，事後分布からのサンプリングが解析的な計算に代わる方法になり得ることを説明した．標準的な1変量の分布 (正規分布，t分布，χ^2分布など) からサンプリングするためのルーチンは，R, S+, SAS® のような統計ソフトウェアで利用可能である．標準的ではない分布に対しては，例えば採択・棄却 (accept-reject) アルゴリズムのような汎用的な手順が必要である．d次元の分布からサンプリングするために，分布を1変量の周辺分布と次元が $d-1$, $d-2$, などの条件付き分布の積に分解できる場合には，合成法 (method of composition) が使える可能性がある．しかしこれらの分布は (1つを除いて) 積分の後にしか求めることができないので，このサンプリング法はほとんどの現実問題では機能しない．したがって，基本的にはそれぞれの問題に対して別のアプローチが必要である．この章では，マルコフ連鎖モンテカルロ法 (Markov chain Monte Carlro (MCMC) method) と呼ばれる，有益なサンプリングアルゴリズムを検討する．MCMC アルゴリズムは積分が不要であるため，事実上すべての (多変量の場合を含めた) 問題に適用可能である．2つの最も重要な MCMC 法は (a) ギブス・サンプラー (Gibbs sampler) と (b) メトロポリス (・ヘイスティングス)・アルゴリズム (Metropolis(-Hastings) algorithm) である．ここで紹介する2つのサンプリングアルゴリズムを実際の問題に適用することで，ベイズ統計に革新をもたらし，ベイズ統計の考えを大きく再認識させたことは間違いない．MCMC 法は最

尤法で解くことが困難である (あるいは不可能である) 統計モデル化の問題に対処することができ，その結果，応用統計家に様々な統計モデル化の手段を提供している．さらに MCMC 法の導入によって，一連の新しい統計的な研究が始まった．MCMC の発展についての歴史は Hitchcock (2003) で述べられている．

ギブス・サンプラーはメトロポリス・ヘイスティングス (MH)・アルゴリズムの数学的に特別な場合であるが，2 つの MCMC 法はサンプリングの仕組みがかなり異なるため，本書では別々に取り扱う．2 つの方法のどちらを選択するかは，この章で説明するように，そのときの特定の問題に依存することが多い．

この章の目的は，MCMC サンプリング法を紹介することである．そのため，その方法の背後にある直観的なものに焦点をあてる．最初の説明として様々な数値例を紹介し，その他のより実際的な説明は後の章で示す．MCMC 法の正当化，すなわちなぜそれが事後分布からのサンプルを与えるのかについては 6.4 節で扱う．マルコフ連鎖の用語を紹介し，事後分布から情報を引き出すための方法として MCMC が正当化される最も重要な定理を述べる．

6.2 ギブス・サンプラー

Geman and Geman (1984) は画像処理の分野に，ギブス・サンプラー (Gibbs sampler) を導入した．彼らは画像のピクセルの強度が，統計力学の分野では古典的な分布であるギブス分布 (Gibbs distribution) に従うと仮定した．この分布は解析的に扱いにくいので，彼らは分布を探索するためにサンプリングアルゴリズムを開発した．このサンプラーはその分布に因んで命名された．しかしながら，Gelfand and Smith (1990) がベイズ統計での複雑な推定の問題に対処するためにこの方法を活用したため，ギブス・サンプラーは統計学の世界で有名になった．

ここではまず 2 次元のギブス・サンプラーを扱い，3 つの簡単な例でこの方法を説明する．

6.2.1 2 変量ギブス・サンプラー

2 変量の事後分布 $p(\theta_1, \theta_2 \mid \boldsymbol{y})$ からサンプリングするために，合成法 (method of composition)(4.6 節) を使うことができる．この方法は，同時事後分布 $p(\theta_1, \theta_2 \mid \boldsymbol{y})$ は周辺分布 $p(\theta_2 \mid \boldsymbol{y})$ と条件付き事後分布 $p(\theta_1 \mid \theta_2, \boldsymbol{y})$ によって完全に決まるという性質にもとづいている．このとき，$p(\theta_1, \theta_2 \mid \boldsymbol{y})$ からのサンプルとして，まず周辺事後分布 $p(\theta_2 \mid \boldsymbol{y})$ からのサンプリングによって $\tilde{\theta}_2$ を生成し，その後で条件付き分布 $p(\theta_1 \mid \tilde{\theta}_2, \boldsymbol{y})$ から $\tilde{\theta}_1$ を生成すると，$(\tilde{\theta}_1, \tilde{\theta}_2)$ が得られる．

一方で，ギブス・サンプラーは (一般的な正則条件のもとで) 多変量分布がその条件付き分布によって一意に決まるという性質を利用している (6.2.3 節)．ベイズ統計では，これは 2 次元の分布 $p(\theta_1, \theta_2 \mid \boldsymbol{y})$ は $p(\theta_1 \mid \theta_2, \boldsymbol{y})$ と $p(\theta_2 \mid \theta_1, \boldsymbol{y})$ によって一意に決まるということを意味する．このサンプリングアルゴリズムでは，パラメータの初期値 θ_1^0 と θ_2^0 (実際には 1 つだけが必要) を使って開始し，逐次的に θ_1^k と θ_2^k ($k = 1, 2, 3, \ldots$) を生成することで事後分布を「探索する (explore)」．形式的に書くと，k 回目の反復時の θ_1^k と θ_2^k が与えられたもとで，それぞれのパラメータの $(k+1)$ 回目の値は次の反復手順によって生成される．

- $p(\theta_1 \mid \theta_2^k, \boldsymbol{y})$ から $\theta_1^{(k+1)}$ をサンプリングする
- $p(\theta_2 \mid \theta_1^{(k+1)}, \boldsymbol{y})$ から $\theta_2^{(k+1)}$ をサンプリングする

これによって，ギブス・サンプラーではベクトル $\boldsymbol{\theta}^k = (\theta_1^k, \theta_2^k)^T$ ($k = 1, 2, \ldots$) は独立でなく，連鎖を作るような値の列 $\theta_1^1, \theta_2^1, \theta_1^2, \theta_2^2, \ldots$ を生成する．この連鎖にはマルコフ性がある．マルコフ性とは，θ^k が与えられたとき，$\theta^{(k+1)}$ は $\theta^{(k-1)}, \theta^{(k-2)}, \ldots$ とは独立であるという意味である．確率の記号では $p(\theta^{(k+1)} \mid \theta^k, \theta^{(k-1)}, \ldots, \boldsymbol{y}) = p(\theta^{(k+1)} \mid \theta^k, \boldsymbol{y})$ である．

ギブス・サンプラーの目的は事後分布からのサンプルを生成することである．しかしこのサンプリング法は，以前の章で述べたサンプリング法とは異なっている．第一にサンプリングされた値の連鎖は初期値に依存する．第二に生成された値は独立ではない．したがって，ギブス・サンプラーによって事後分布からのサンプルが得られているのか，連鎖からの要約量は真の事後分布の要約量の一致推定となっているかはすぐにはわからない．マルコフ性と新しい値を生成するためにモンテカルロ法が使われていることで，ギブス・サンプラーはマルコフ連鎖モンテカルロ (Markov chain Monte Carlo) 法と呼ばれている．6.4 節では，弱い正則条件のもとで，ギブス・サンプラーが最終的に目標分布 (target distribution) と呼ばれる事後分布からサンプリングしていることを示す．ただし，バーンイン部分 (burn-in part) と呼ばれる連鎖の最初の部分は用いない．

要約すると，ギブス・サンプラーはマルコフ連鎖 $\theta^1, \theta^2, \ldots$ を生成する．これは適切な反復回数 k_0 から始まる，事後分布からの独立ではないサンプルであり，この連鎖から計算した要約量は，真の事後分布の要約量の一致推定量となる．次の 3 つの例でギブス・サンプラーの仕組みを説明する．まず，ギブス・サンプリングによって例 IV.5 の事後分布を求める．

例 VI.1：血清アルカリフォスファターゼ研究：ギブス・サンプリングによる事後分布－無情報事前分布－

例 IV.5 では，250 人の「健常な」患者での血清アルカリフォスファターゼ (serum alkaline phosphatase (alp)) の測定値にもとづく正規尤度の事後分布からサンプリングを行った．両方のパラメータには無情報事前分布を仮定した．ギブス・サンプラーを適用するために，式 (4.4) から 2 つの条件付き分布 $p(\mu \,|\, \sigma^2, \boldsymbol{y})$ と $p(\sigma^2 \,|\, \mu, \boldsymbol{y})$ を設定する必要がある．最初の条件付き分布は $\mathrm{N}(\mu \,|\, \overline{y}, \sigma^2/n)$ である．また $p(\sigma^2 \,|\, \mu, \boldsymbol{y})$ は式 (4.4) で μ を固定し，$s_\mu^2 = \frac{1}{n} \sum_{i=1}^n (y_i - \mu)^2$ である Inv-$\chi^2(\sigma^2 \,|\, n, s_\mu^2)$ 分布である．

ギブス・サンプラーは $(k+1)$ 回目の反復において以下の反復手順を使って事後分布 (4.4) を探索する．

1. $\mathrm{N}(\overline{y}, (\sigma^2)^k/n)$ から $\mu^{(k+1)}$ をサンプリングする．
2. Inv-$\chi^2(n, s^2_{\mu^{(k+1)}})$ から $(\sigma^2)^{(k+1)}$ をサンプリングする．

このように 1 つのギブス・ステップは 2 つのサブステップからなり，サンプリング手順によって (μ, σ^2) 平面でジグザグの形が作られる．最初のサブステップでは，$(\mu^k, (\sigma^2)^k)$ から $(\mu^{(k+1)}, (\sigma^2)^k)$ に移動する．次のサブステップで $(\mu^{(k+1)}, (\sigma^2)^{(k+1)})$ に移動する．連鎖に含まれるのは，2 つ目に生成されるベクトルだけである．

サンプリング手順を詳細に示すために，実際の連鎖の最初のステップを説明する．パラメータベクトル (μ, σ^2) の初期値を $(6.5, 2)$ とした．その後，$\mathrm{N}(7.11, 2/250)$ ($\overline{y} = 7.11$, $\sigma^2 = 2$) から得た $\mu^1 = 7.19$ により，途中のベクトルが $(7.19, 2)$ となった．これがギブス連鎖の最初のサブステップである．次のサブステップでは，Inv-$\chi^2(250, s^2_{7.19})$ から $(\sigma^2)^1 = 1.78$ が得られた．したがって，ギブス連鎖の最初の要素は $(7.19, 1.78)$ である．その後，同様な 3 回のギブス・ステップ (6 回のサブステップ) でベクトル $(7.20, 1.74)$，$(7.22, 1.95)$，$(7.03, 1.62)$ が得られた．サンプリングされたベクトル $(\mu^k, (\sigma^2)^k)$ ($k = 1, \ldots, 6$) の経路を図 6.1(a) に示す．ジグザグの経路は，連鎖が座標軸に沿って事後分布を探索している様子を示している．グラフでは四角の記号が連鎖の要素であり，菱形の記号が途中のベクトルを表している．

$k = 1500$ でサンプリングを中止した．最初の一部分を除いて，連鎖の要素は $p(\mu, \sigma^2 \,|\, \boldsymbol{y})$ からのサンプルである．サンプリングされたパラメータベクトルの最初の 500 個を無視したので，ここでのバーンイン部分のサイズは 500 である．残りの 1000 個のサンプリングされたベクトルを図 6.1(b) に示す．ギブス・サンプラーが正しい事後分布からサンプリングしていることを示すために，図 6.2 に $k \geq 501$ の μ^k と $(\sigma^2)^k$ のヒストグラムを解析的な方法で求めた正しい周辺事後分布とともに示す． □

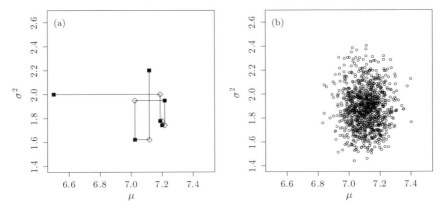

図 6.1 血清アルカリフォスファターゼ研究 (無情報事前分布)：(a) 無情報事前分布を用いた μ と σ^2 の同時事後分布のギブス・サンプリングでの最初の 6 ステップ．四角の記号はギブス連鎖の要素を表し，菱形の記号は中間の段階を表す．(b) ギブス・サンプリングによる全部の長さが 1500 個の連鎖での最後の 1000 個のパラメータベクトル (μ, σ^2)

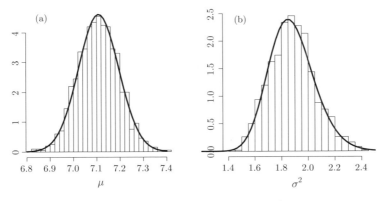

図 6.2 血清アルカリフォスファターゼ研究 (無情報事前分布)：図 6.1(b) のサンプルに対応する (a) μ と (b) σ^2 の周辺事後分布．実線は真の事後分布を表す．

ここで，連鎖の長さを 1500，バーンイン部分を 500 としたことは特別な理由があったわけではない．連鎖の長さとバーンイン部分の選択に関する一般的なガイドラインは第 7 章で扱う．これらのガイドラインによれば，上で選択した長さは適切である．次の Casella and George (1992) の例ではギブス・サンプラーがベイズ統計の分野に限定されないことを説明する．

例 VI.2: 離散分布 × 連続分布からのサンプリング

x と y の同時分布が以下のように与えられるとする.

$$f(x,y) \propto \binom{n}{x} y^{x+\alpha-1}(1-y)^{(n-x+\beta-1)}$$

ここで, x は値 $\{0,1,\ldots,n\}$ をとる離散型の確率変数, y は単位区間上の確率変数, パラメータは $\alpha, \beta > 0$ とする. 周辺分布 $f(x)$ からサンプリングするために, $f(x,y)$ からのサンプルを生成し, x に対してサンプリングされた値だけを保持することによって, ギブス・サンプラーを使うことができる. このためには, 条件付き分布 $f(x|y)$ と $f(y|x)$ が必要である. 条件付き分布 $f(x|y)$ を設定するために, $f(x,y)$ を以下のように書くと扱いやすい.

$$f(x,y) \propto \binom{n}{x} y^x(1-y)^{(n-x)} y^{\alpha-1}(1-y)^{(\beta-1)}$$

$f(x|y)$ を得るには, x に依存しない部分である $y^{\alpha-1}(1-y)^{(\beta-1)}$ を取り除く. これによって $f(x|y)$ が $\mathrm{Bin}(n,y)$ であることがわかる. 同様に $f(y|x)$ は $\mathrm{Beta}(x+\alpha, n-x+\beta)$ である. したがって $(k+1)$ 回目のギブス・サンプリングの反復手順は次のとおりである.

1. $\mathrm{Bin}(n, y^k)$ から $x^{(k+1)}$ をサンプリングする.
2. $\mathrm{Beta}(x^{(k+1)}+\alpha, n-x^{(k+1)}+\beta)$ から $y^{(k+1)}$ をサンプリングする.

真の周辺分布 $f(x)$ は, 式 (3.14) で定義されるベータ 2 項分布 $\mathrm{BB}(n,\alpha,\beta)$ であるので, サンプルによるヒストグラムと真の確率分布を比較することができる.

$n=30$, $\alpha=2$, $\beta=4$ の場合のギブス・サンプラーを説明する. 図 6.3 は $x=0$, $y=0.5$ を初期値として, 最初に x, 次に y を生成したサンプルにもとづいている. この図からサンプルのヒストグラムは, このように初期値が極端な場合でも真の分布に比較的近いことがわかる. さらに, 初期値の選択や (x,y) の生成の順序は問題ではないことを簡単に確かめることができる. □

3つ目の例では, 血清アルカリフォスファターゼ研究の話に戻る. ここでは 4.3.3 節のように, 事前情報が利用可能であると仮定する.

例 VI.3: 血清アルカリフォスファターゼ研究：ギブス・サンプリングによる事後分布－準共役 (semiconjugate) 事前分布

ここではパラメータに独立な, 情報のある事前分布を与えた場合で例 VI.1 の解析を

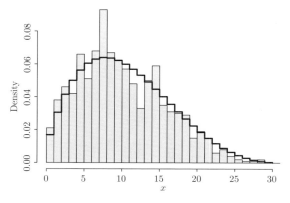

図 6.3 ベータ 2 項分布 $\mathrm{BB}(30,2,4)$：初期値を $x=0$，$y=0.5$，反復回数 1500 回，バーンイン部分 500 回にもとづくギブス・サンプリングによる x のヒストグラム．実線は真の分布を表す．

繰り返す．

- $\mu \sim \mathrm{N}(\mu_0, \sigma_0^2)$
- $\sigma^2 \sim \text{Inv-}\chi^2(\nu_0, \tau_0^2)$

μ と σ^2 の事後分布は，(ある比例定数を除いて) 2 つの独立な事前分布と尤度の積である．

$$\begin{aligned}
p(\mu, \sigma^2 \mid \boldsymbol{y}) &\propto \frac{1}{\sigma_0} e^{-\frac{1}{2\sigma_0^2}(\mu-\mu_0)^2} \\
&\times (\sigma^2)^{-(\nu_0/2+1)} e^{-\nu_0 \tau_0^2/2\sigma^2} \\
&\times \frac{1}{\sigma^n} \prod_{i=1}^n e^{-\frac{1}{2\sigma^2}(y_i-\mu)^2} \\
&\propto \prod_{i=1}^n e^{-\frac{1}{2\sigma^2}(y_i-\mu)^2} e^{-\frac{1}{2\sigma_0^2}(\mu-\mu_0)^2} (\sigma^2)^{-\left(\frac{n+\nu_0}{2}+1\right)} e^{-\nu_0\tau_0^2/2\sigma^2}
\end{aligned}$$

条件付き分布 $p(\mu \mid \sigma^2, \boldsymbol{y})$ を得るためには，上記の式で μ を含まないすべての項を取り除く．すなわち，$\prod_{i=1}^n e^{-\frac{1}{2\sigma^2}(y_i-\mu)^2} e^{-\frac{1}{2\sigma_0^2}(\mu-\mu_0)^2}$ だけが残る．これは式 (2.12) で与えられた密度関数のカーネルである．$p(\sigma^2 \mid \mu, \boldsymbol{y})$ に対しては，それが

$$\text{Inv-}\chi^2\left(\nu_0+n, \frac{\sum_{i=1}^n(y_i-\mu)^2 + \nu_0\tau_0^2}{\nu_0+n}\right)$$

のカーネルであることがわかる．したがって，ギブス・サンプリングの $(k+1)$ 回目での反復手順は次のステップからなる．

1. $\mathrm{N}(\overline{\mu}^k, (\overline{\sigma}^2)^k)$ から $\mu^{(k+1)}$ をサンプリングする．ここで，

$$\overline{\mu}^k = \frac{\frac{1}{\sigma_0^2}\mu_0 + \frac{n}{(\sigma^2)^k}\overline{y}}{\frac{1}{\sigma_0^2} + \frac{n}{(\sigma^2)^k}}, \quad (\overline{\sigma}^2)^k = \frac{1}{\frac{1}{\sigma_0^2} + \frac{n}{(\sigma^2)^k}}$$

である．$\overline{\mu}^k$ は，生成された μ の値に依存しないことに注意する．

2. $(\sigma^2)^{(k+1)}$ を以下からサンプリングする．

$$\mathrm{Inv}\text{-}\chi^2\left(\nu_0 + n, \frac{\sum_{i=1}^n (y_i - \mu^{(k+1)})^2 + \nu_0 \tau_0^2}{\nu_0 + n}\right)$$

事前分布は条件付き共役分布であるので，その積は準共役 (semiconjugate) 事前分布である (5.3.4 節を参照)．

例 IV.6 のように，独立な事前分布を設定するために過去のデータを利用した．初期値を $(5.5, 3)$，バーンイン部分のサイズを 500 とし，上記の反復手順を使ってサイズが 1500 の連鎖を作成した．事後平均や事後中央値だけでなく，μ と σ^2 の事後分布は例 IV.6 の合成法によって得られたものと近かった．95% 信用区間は多少違っており，極端な分位点では変動が大きいことを示している．ギブス・サンプラーでは，μ と σ^2 の事後平均 (95% 等裾確率信用区間) は，それぞれ 6.79 ($[6.73, 6.85]$) と 2.14 ($[2.01, 2.25]$) であった．これはおおむね合成法から得られたものと同じである．□

ここでの 3 つの例では，ギブス・サンプラーの結果を，解析的な結果または他の独立なサンプリング法から得られた結果によって確認することができる．一般的にはこれは不可能であり，正しく事後分布を探索しているかについて何らかの再確認が必要である．これは 6.4 節での理論によって行う．しかし，これらの理論的な結果からは，連鎖をどれくらいの長さにすればよいかはわからない．連鎖の長さが 1500 であるのは短過ぎるかもしれず，標本ヒストグラムは真の事後分布とはかなり異なるかもしれない．連鎖がどれくらいの速さで事後分布を探索しているかを確認するためには，トレースプロット (trace plot) と呼ばれる簡単な図を使用する．トレースプロットは，x 軸に反復回数，y 軸にサンプリングされた値をとった時系列 (インデックス) プロットである．図 6.4 に先ほどの例での両方のパラメータについてのトレースプロットを示す．この図は (a) 極端な初期値を選択したこと，(b) 両方のパラメータで連鎖が分布のあらゆる所を素早く移送していることを示している．これらのトレースプロットの不規則な振る舞いは古典的な (独立な) サンプリング手順の特徴でもある．厳密に言えば，トレースプロットでは適切に事後分布がサンプリングされているかは証明できず，それを知るためには収束診断が必要である (7.2 節を参照)．

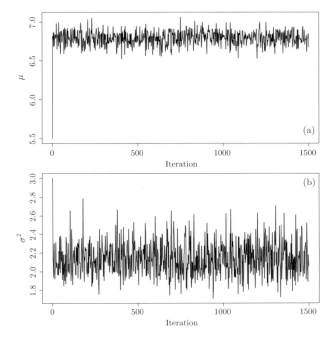

図 6.4 血清アルカリフォスファターゼ研究 (無情報事前分布)：半共役事前分布を使ったときの (a) μ と (b) σ^2 に対するトレースプロット

6.2.2 一般的なギブス・サンプラー

初期値を $\boldsymbol{\theta}^0 = (\theta_1^0, \ldots, \theta_d^0)^T$ とすると，多変量の場合のギブス・サンプラーは以下のような反復手順になる．$(k+1)$ 回目の反復で，次の d 個のステップのサンプリング手順が実施される．

1. $p(\theta_1 \mid \theta_2^k, \ldots, \theta_{(d-1)}^k, \theta_d^k, \boldsymbol{y})$ から $\theta_1^{(k+1)}$ をサンプリングする．
2. $p(\theta_2 \mid \theta_1^{(k+1)}, \theta_3^k, \ldots, \theta_d^k, \boldsymbol{y})$ から $\theta_2^{(k+1)}$ をサンプリングする．
$\vdots$
d. $p(\theta_d \mid \theta_1^{(k+1)}, \ldots, \theta_{(d-1)}^{(k+1)}, \boldsymbol{y})$ から $\theta_d^{(k+1)}$ をサンプリングする．

条件付き分布 $p(\theta_j \mid \theta_1^k, \theta_2^k, \ldots, \theta_{(j-1)}^k, \theta_{(j+1)}^k, \ldots, \theta_{(d-1)}^k, \theta_d^k, \boldsymbol{y})$ は，θ_j が他のすべてのパラメータで条件付けられているため，完全条件付き分布 (full conditional distribution，または，full conditional) と呼ばれる．6.4 節では，弱い正則条件のもとで，生成された $\boldsymbol{\theta}^k, \boldsymbol{\theta}^{(k+1)}, \ldots$ は最終的には事後分布からの観測値とみなすことができることを示す．ここでは，多変量ギブス・サンプラーを 2 つの例で説明する．まず，

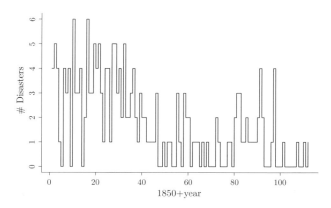

図 6.5 英国炭鉱データ：1年あたりの災害の頻度

生物統計の例ではないが，有名な変化点モデル (change-point model) の例から始める．変化点モデルは病気の発症を検出することが目的の経時的な研究で重要である．

例 IV.4: 英国炭鉱災害データ：ギブス・サンプラーを用いた変化点の発見

有名な英国の炭鉱災害のデータには，1851年から1962年までの英国の炭鉱での重大事故の数が含まれている．これまで，多くの研究者がこのデータを解析してきている (Tanner (1993) とその中の参考文献を参照)．図6.5は1年あたりの災害の頻度のプロットである．この図から40年 (+1850) 以降で災害の頻度が減少している可能性が示唆される．ここではこの主張に統計学的な根拠があるかを調べる．

i 番目の年でのカウント y_i が，変化点である k 年まで平均 θ のポアソン分布に従うと仮定する．その後 y_i は平均 λ のポアソン分布に従う．すなわち，以下で与えられる k が変化点であるポアソン過程を仮定する．

$$y_i \sim \text{Poisson}(\theta), \quad i = 1, \ldots, k$$
$$y_i \sim \text{Poisson}(\lambda), \quad i = k+1, \ldots, n$$

ここで，$n = 112$ である．θ と λ に対して条件付き共役事前分布を選択する．すなわち，

$$\theta \sim \text{Gamma}(a_1, b_1), \quad \lambda \sim \text{Gamma}(a_2, b_2)$$

で，a_1, a_2, b_1, b_2 はパラメータである．k に対する事前分布は $\{1, \ldots, n\}$ で一様分布に従う，すなわち $p(k) = 1/n$ とする．パラメータ a と b には超事前分布を与えることができるが，Tanner (1993) は b_1 と b_2 だけに以下の確率分布を仮定した．

$$b_1 \sim \text{Gamma}(c_1, d_1), \quad b_2 \sim \text{Gamma}(c_2, d_2)$$

c_1, c_2, d_1, d_2 は固定されている.

完全条件付き分布を前述のように求める. すなわち, すべての事前分布と尤度を掛けあわせ, それぞれのパラメータに対してそのパラメータに依存しない部分を取り除く. 目標としては標準的な分布 (少なくともサンプリングが可能な分布) をみつけることである. これは次のように与えられる.

$$p(\theta \mid \boldsymbol{y}, \lambda, b_1, b_2, k) = \text{Gamma}\left(a_1 + \sum_{i=1}^{k} y_i, k + b_1\right)$$

$$p(\lambda \mid \boldsymbol{y}, \theta, b_1, b_2, k) = \text{Gamma}\left(a_2 + \sum_{i=k+1}^{n} y_i, n - k + b_2\right)$$

$$p(b_1 \mid \boldsymbol{y}, \theta, \lambda, b_2, k) = \text{Gamma}(a_1 + c_1, \theta + d_1)$$

$$p(b_2 \mid \boldsymbol{y}, \theta, \lambda, b_1, k) = \text{Gamma}(a_2 + c_2, \lambda + d_2)$$

$$p(k \mid \boldsymbol{y}, \theta, \lambda, b_1, b_2) = \frac{\pi(\boldsymbol{y} \mid k, \theta, \lambda)}{\sum_{j=1}^{n} \pi(\boldsymbol{y} \mid j, \theta, \lambda)}$$

ここで, $\pi(\boldsymbol{y} \mid k, \theta, \lambda) = \exp[k(\lambda - \theta)] \left(\dfrac{\theta}{\lambda}\right)^{\sum_{i=1}^{k} y_i}$ である.

完全条件付き分布は, パラメータ a, c, d の選択とともに反復ギブス・サンプリングの枠組みを決定する. ここでは Tanner によって仮定された値, すなわち $a_1 = a_2 = 0.5$, $c_1 = c_2 = 0$, $d_1 = d_2 = 1$ を用いる. 1つのマルコフ連鎖は長さ1500で実施した. 事後分布の要約量は最後の1000個の値によって求めた. この連鎖にもとづいて, もとのパラメータと導出したパラメータの事後分布の要約量を導出することができる. 例えば図6.6(a) に, θ/λ の事後分布を示す. k の事後分布は, 1891年ごろに炭鉱災害の頻度が大幅に減少していることを示しており, その値はおよそ3.5倍である. これは θ/λ の事後平均が3.42でその95%信用区間が $[2.48, 4.59]$ であることによる. □

次の例では, 例 V.7 で合成法によって解析した骨粗しょう症研究を再解析する.

例 VI.5: 骨粗しょう症研究: ギブス・サンプラーによる事後分布の探索

4.7.1 節で特定した回帰モデルを取り上げ, 4.7.2 節のようにパラメータに無情報事前分布を与える. さらに応答 y (TBBMC) を予測するための説明変数 x (BMI) は1つだけであると仮定する. それらのデータは n 人の被験者で測定され, それを $\boldsymbol{x} = (x_1, \ldots, x_n)^T$ と $\boldsymbol{y} = (y_1, \ldots, y_n)^T$ とする. 切片 β_0, 傾き β_1, 残差分散 σ^2 の3つのパラメータに対して, 通常の方法で完全条件付き分布を導出すると以下のよう

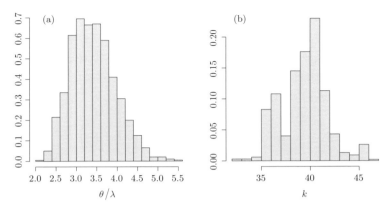

図 6.6 英国炭鉱データ：(a) θ/λ と (b) k の事後分布

になる．

$$p(\sigma^2 \mid \beta_0, \beta_1, \boldsymbol{y}) = \text{Inv-}\chi^2(n, s_{\boldsymbol{\beta}}^2)$$
$$p(\beta_0 \mid \sigma^2, \beta_1, \boldsymbol{y}) = \text{N}(r_{\beta_1}, \sigma^2/n)$$
$$p(\beta_1 \mid \sigma^2, \beta_0, \boldsymbol{y}) = \text{N}(r_{\beta_0}, \sigma^2/\boldsymbol{x}^T\boldsymbol{x})$$

ここで，$s_{\boldsymbol{\beta}}^2 = \frac{1}{n}\sum(y_i-\beta_0-\beta_1 x_i)^2$, $r_{\beta_1} = \frac{1}{n}\sum(y_i-\beta_1 x_i)$, $r_{\beta_0} = \sum(y_i-\beta_0)x_i/\boldsymbol{x}^T\boldsymbol{x}$ である．

サイズ 1500 の 1 つのマルコフ連鎖をギブス反復手順を使って生成した．上記の完全条件付き分布によってサンプリング手順が決まる．最初の 500 回の反復は捨てることとした．

表 6.1 では，収束したマルコフ連鎖から得られた事後分布の要約量を，合成法 (はじめに式 (4.29)，次に式 (4.27) からサンプリング) で得られた対応する要約量 (1000 個の独立したサンプルの値にもとづく) と比較している．2 つのサンプリング法からの要約量は比較的良く一致している．特に σ^2 はかなり一致している．この様子の違いは，パラメータのトレースプロットでわかる．

図 6.7 に合成法にもとづく，β_1 と σ^2 のサンプリングされた値のインデックスプロットを示す．値は独立にサンプリングされているので，ここでのインデックスには逐次的な意味はないことに注意する．このインデックスプロットは，独立なサンプリングの場合に期待されるグラフを示している．図 6.7 のインデックスプロットをギブス・サンプリングで得られた対応するグラフ (図 6.8) と比較すると，MCMC 法でサンプリングされた σ^2 はほとんど独立である．しかし，対照的に β_1 は (同様に β_0 も) MCMC 法でのサンプリングは独立とはいえない．β_1 のトレースプロットは，β_1^k と $\beta_1^{(k-1)}$,

表 6.1 骨粗しょう症研究：合成法とギブス・サンプラーから求めた事後分布の要約量．両者とも 1000 個のサンプルにもとづいている．

Parameter			合成法				
	2.5%	25%	50%	75%	97.5%	Mean	SD
β_0	0.57	0.74	0.81	0.89	1.05	0.81	0.12
β_1	0.032	0.038	0.040	0.043	0.049	0.040	0.004
σ^2	0.069	0.078	0.083	0.088	0.100	0.083	0.008
			ギブス・サンプラー				
	2.5%	25%	50%	75%	97.5%	Mean	SD
β_0	0.67	0.77	0.84	0.91	1.10	0.77	0.11
β_1	0.030	0.036	0.040	0.042	0.046	0.039	0.0041
σ^2	0.069	0.077	0.083	0.088	0.099	0.083	0.0077

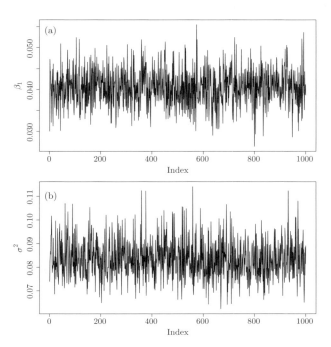

図 6.7 骨粗しょう症研究：合成法によって得られた (a) β_1 と (b) σ^2 の 1000 個のサンプリングされた値によるインデックスプロット

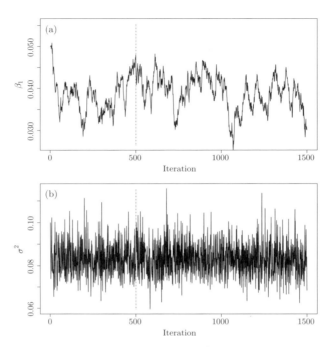

図 6.8 骨粗しょう症研究：ギブス・サンプラーによって得られた (a) β_1 と (b) σ^2 の 1500 個のサンプリングされた値によるトレースプロット (縦線はバーンイン部分の終わりを示す)

$\beta_1^{(k-2)}$, ... と比較的高い相関があること示唆している．このような場合，連鎖には高い自己相関 (autocorrelation) があるという．一般的に，高い自己相関が存在するときは，初期の反復結果はより多く捨てなければならない．さらに周辺事後分布の安定した推定値を得るために，マルコフ連鎖の残りの部分をより長くする必要がある．収束している状態では連鎖の初期値はわからなくなっているはずであるが，それは高い相関をもつ連鎖に対しては長い時間がかかることは明らかである．したがって，回帰係数に対する連鎖は σ^2 に対するものよりも長くする必要がある．これを説明するために，図 6.9 に同じマルコフ連鎖の違う部分から得られた β_1 の 2 つのヒストグラムを示す．これら 2 つの部分から得られた β_1 の要約量の違いは明らかである．逆に，σ^2 の要約量は連鎖の対応する部分で比べても本質的に違わない (結果は示さない)．7.2 節で，回帰パラメータのサンプリングの様子とより具体的な収束の難しさについてさらに説明する． □

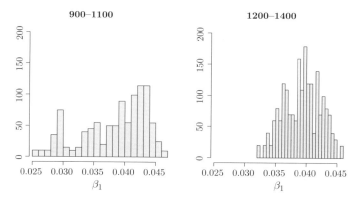

図 6.9 骨粗しょう症研究：ギブス・サンプラーで反復回数 900 から 1100 と 1200 から 1400 で得られた β_1 の事後分布

6.2.3 備考*

ギブス・サンプラーの中心となるものは，完全条件付き分布が同時分布を決定するという性質である．この結果は Besag (1974) に示されているが，1971 年の Hammersley and Clifford による未公表の結果にさかのぼるように思われる．Robert and Casella (2004) は，この定理の証明を 2 変量の場合 (定理 9.3) と一般的な場合 (定理 10.5) に対して与えた．2 変量の場合の証明をここで再現する．記号法を簡単にするために，数式内での y についての依存を省略する．

$$p(\theta_1, \theta_2) = p(\theta_2 \mid \theta_1) p_1(\theta_1) = p(\theta_1 \mid \theta_2) p_2(\theta_2),$$

$$\int \frac{p(\theta_2 \mid \theta_1)}{p(\theta_1 \mid \theta_2)} d\theta_2 = \int \frac{p_2(\theta_2)}{p_1(\theta_1)} d\theta_2 = \frac{1}{p_1(\theta_1)},$$

$$p(\theta_1, \theta_2) = p(\theta_2 \mid \theta_1) / \int [p(\theta_2 \mid \theta_1) / p(\theta_1 \mid \theta_2)] d\theta_2$$

であるので，これは 2 つの条件付き分布によって同時分布が決まることを表している．上記の証明は，同時分布が存在することを暗に仮定している．同時分布が存在するかが不明のときはより複雑になる (Arnold *et al.* 2001)．

同時分布が存在することを証明するだけでは，分布は決まらない．Casellar and George (1992) は $d = 2$ に対して，もし条件付き分布 $p(\theta_1 \mid \theta_2)$ と $p(\theta_2 \mid \theta_1)$ が既知であれば，周辺分布 $p_1(\theta_1)$ と同時分布 $p(\theta_1, \theta_2)$ を求めることができることを示している．実際に定義によって $p_1(\theta_1) = \int p(\theta_1, \theta_2) d\theta_2$ であり，$p(\theta_1, \theta_2) = p(\theta_1 \mid \theta_2) p_2(\theta_2)$ であるので，$p_1(\theta_1) = \int p(\theta_1 \mid \theta_2) p_2(\theta_2) d\theta_2$ となる．θ_2 に対しても同様の式が成り立

ち，前の式に代入すると次のようになる．

$$\begin{aligned} p_1(\theta_1) &= \int p(\theta_1 \,|\, \theta_2) \left[\int p(\theta_2 \,|\, \phi_1) p_1(\phi_1) \mathrm{d}\phi_1 \right] \mathrm{d}\theta_2 \\ &= \int \left[\int p(\theta_1 \,|\, \theta_2) p(\theta_2 \,|\, \phi_1) \mathrm{d}\theta_2 \right] p_1(\phi_1) \mathrm{d}\phi_1 \\ &= \int K_1(\phi_1, \theta_1) p_1(\phi_1) \mathrm{d}\phi_1 \end{aligned} \tag{6.1}$$

ここで $K_1(\phi_1, \theta_1) = \int p(\theta_1 \,|\, \theta_2) p(\theta_2 \,|\, \phi_1) \mathrm{d}\theta_2$ である．この結果は，もし条件付き分布が既知であれば，周辺分布 $p_1(\theta_1)$ を積分方程式の (固定点の) 解をみつけることで解くことができることを示している．ギブス・サンプラーはこの反復アルゴリズムの確率版である．

$\boldsymbol{\theta} \equiv \boldsymbol{\theta}^k$ から $\boldsymbol{\phi} \equiv \boldsymbol{\theta}^{(k+1)}$ へ移動を生成する「エンジン」は，推移カーネル (transition kernel) または推移関数 (transition function) と呼ばれる．推移カーネルは移動の確率 (密度) を表し，ギブス・サンプラーでは以下のように与えられる．

$$K(\boldsymbol{\theta}, \boldsymbol{\phi}) = p(\phi_1 \,|\, \theta_2, \ldots, \theta_d) \times p(\phi_2 \,|\, \phi_1, \theta_3, \ldots, \theta_d) \times \cdots \times p(\phi_d \,|\, \phi_1, \ldots, \phi_{(d-1)})$$

式 (6.1) の $K_1(\phi_1, \theta_1)$ も，ϕ_1 から θ_1 への移動の確率を表す推移カーネルである．ϕ_1 から θ_1 への移動は θ_2 の取り得るすべての値で起こるので，K_1 の式に積分が入っている．推移カーネルは単純に $p(\boldsymbol{\theta} \,|\, \boldsymbol{y})$ に収束するマルコフ連鎖を生成するための処方である．ギブス・サンプラーでは，メトロポリス (・ヘイスティングス)・アルゴリズムとは違って，推移カーネルは事後分布によって完全に決まる．

6.2.4 ギブス・サンプリングのまとめ

与えられた問題に対して，完全条件付き分布からサンプリングするために，ギブス・サンプラーを別のアルゴリズムと組み合わせることができる．上記の例では，完全条件付き分布は古典的な分布だったのでサンプリングは標準的なソフトウェアで実施した．一般的に，完全条件付き分布は，定数を除いてしかわからないので，3.7.2.2 節のアルゴリズムのような汎用アルゴリズムを必要とする．サンプリングアルゴリズムの選択は完全条件付き分布 (の形) に依存するが，ソフトウェア開発者の個人的な好みにも依存する．例えば，ベイズ統計の SAS プロシジャ GENMOD, LIFEREG, PHREG はすべて ARMS (adaptive rejection Metropolis sampling) アルゴリズムを使っているが，WinBUGS は実際の完全条件付き分布に依存して様々なサンプラーを使っている．

d 次元においてサンプラーがどのように移動するかによって，基本的なギブス・サンプラーにはいくつかのバージョンが存在する．

- 決定的または系統的スキャン・ギブス・サンプラー (deterministic or systematic scan Gibbs sampler)： d 次元を決められた順番に移動する．これが標準的な (上記で説明した) ギブス・サンプラーである．
- ランダム・スキャン・ギブス・サンプラー (random-scan Gibbs sampler)： d 次元をランダムな順番に移動する．
- リバーシブル (可逆)・ギブス・サンプラー (reversible Gibbs sampler)： d 次元をある特定の順番に移動し，その後逆の順番で移動する．1つのステップは $(2d-1)$ 個のサブステップからなる．
- ブロック・ギブス・サンプラー (block Gibbs sampler)： d 次元をそれぞれの大きさが $d_1, d_2, \ldots, d_m$ のパラメータとなる m 個のブロックに分割し，対応するパラメータベクトルを $\boldsymbol{\theta}_1, \boldsymbol{\theta}_2, \ldots, \boldsymbol{\theta}_m$ とする．このとき，分布 $p(\boldsymbol{\theta}_k \mid \boldsymbol{\theta}_1, \ldots, \boldsymbol{\theta}_{k-1}, \boldsymbol{\theta}_{k+1}, \ldots, \boldsymbol{\theta}_m)$ $(k = 1, \ldots, m)$ を (多くの場合) 固定した順でサンプリングする．

決定的ギブス・サンプラーが最も一般的である．パラメータの事後分布の相関が高いときは，ブロック・ギブス・サンプラーが特に有用である．例えば，例 VI.5 のギブス・サンプラーはブロック・ギブス・サンプラーに置き換えることができる．それは次の条件付き分布を使って，いくつかの要素ごとの代わりに (β_0, β_1) ベクトル全体を処理する．

1. $p(\sigma^2 \mid \beta_0, \beta_1, \boldsymbol{y})$
2. $p(\beta_0, \beta_1 \mid \sigma^2, \boldsymbol{y})$

第7章で，それぞれのパラメータを別々にサンプリングする代わりに，パラメータのブロックをサンプリングすると目標分布への収束がかなり速くなる可能性があることを示す．しかし，一般にそれぞれの反復を完了するために必要な時間は長くなる．ブロック・ギブス・サンプラーは WinBUGS に実装されていて，そこでは位置パラメータと尺度パラメータを別のブロックとして扱っている．SAS®MCMC プロシジャはブロック化を広範囲で使用しており，ユーザーがブロックを指定することができる．

6.2.5 スライス・サンプラー*

確率密度関数 $f(x)$ からサンプリングすると仮定する．$f(x) = \int_0^{f(x)} dy$ から，f は以下の領域における (2変量) 同時一様確率密度 $g(x, y)$ の (x についての) 周辺確率密度とみることができる．

$$(x, y) : 0 < y < f(x) \tag{6.2}$$

変数 y を加えることで，1変量のサンプリング問題は2変量のサンプリング問題に置き換えられる．y は補助変数 (auxiliary variable) と呼ばれる．

$f(x)$ からのサンプルは式 (6.2) の集合上での一様確率密度から (x, y) をシミュレーションすることで得られる．もし $f(x)$ が有限区間 $[a, b]$ で定義され，その上限が有限値 m であれば，$f(x)$ からのシミュレーションは長方形 $[a, b] \times [0, m]$ からの一様分布のシミュレーションを行い，式 (6.2) の制約を満たす組 (x, y) だけを残すことで実行できる．一般的な場合には，2変量ギブス・サンプリングアルゴリズムが適用できる．最初に $f(x)$ は単峰であると仮定する．この場合に，式 (6.2) の制約を満たす2つの単峰な条件付き分布から繰り返しサンプリングすることで，スライス・サンプラー (slice sampler) が構成される．

- $y \mid x \sim \mathrm{U}(0, f(x))$
- $x \mid y \sim \mathrm{U}(\min_y, \max_y)$. ここで，$\min_y, \max_y$ はそれぞれ，$y = f(x)$ の解の x の最小値と最大値である．

確率的な区間 $S(y) = [\min_y, \max_y]$ はスライス (slices) と呼ばれ，これがサンプラーの名前の由来である．スライス・サンプラーはギブス・サンプリング手順の一例であるので，比例定数を除いた密度関数だけが必要である．またギブス・サンプラーの性質を受け継いでおり，これはサンプラーが (最終的に) $f(x)$ からのサンプルを生成することを意味する．スライス・サンプラーは，有限な台 (support) で定義された (非標準の) 密度関数からサンプリングするために WinBUGS に実装されている．確率密度が多峰のときは，サンプリングにはより注意が必要である．実際，そのような確率密度には，方程式 $y = f(x)$ に対する解の全体集合を設定する必要がある．加えて，複数の区間での一様なサンプリングが必要である．

例 VI.6: スライス・サンプリングの正規分布への適用

標準正規分布からサンプリングしたいとする．したがって，スライスは

$$S(y) = \left[-\sqrt{-2\log(y)}, \sqrt{-2\log(y)} \right]$$

となり，サンプリング手順には以下の2つの条件付きサンプリングが含まれる．

- $y \mid x \sim \mathrm{U}\left(0, e^{-x^2/2}\right)$
- $x \mid y \sim \mathrm{U}\left(-\sqrt{-2\log(y)}, \sqrt{-2\log(y)}\right)$

図 6.10(a) は，上記のギブス・サンプリング手順で2つの一様分布を定義する x と y の典型的な2つの区間を示している．スライス・サンプラーによる 5000 個のサンプ

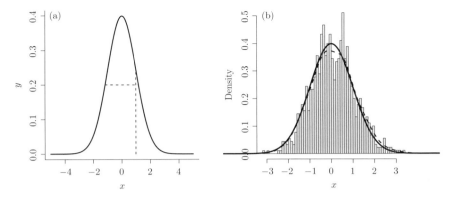

図 6.10 正規分布：(a) スライス・サンプラーのサンプリングメカニズムと (b) 5000 個のサンプリングされた値のヒストグラム (破線は平滑化したヒストグラム, 実線は真の密度)

リングされた値のヒストグラムを図 6.10(b) に示す．平滑化したヒストグラムと真の密度関数が非常に近いことがよくわかる．また，バーンインの値を除いておらず，このことからアルゴリズムの収束が速いことがわかる． □

6.3 メトロポリス (・ヘイスティングス)・アルゴリズム

　メトロポリス・ヘイスティングス・アルゴリズム (Metropolis-Hastings algorithm, MH) は，事後分布からのサンプリングを行うための一般的なマルコフ連鎖モンテカルロ法である．ギブス・サンプラーとは違って，このアルゴリズムは完全条件付き分布を必要としない．メトロポリス・アルゴリズム (Metropolis algorithm) は MH アルゴリズムの特殊な場合である．両方のアルゴリズムをともに MH アルゴリズムと呼ぶことにする．

　メトロポリス・アルゴリズムは，50 年以上前に Metropolis *et al.* (1953) によって提案された．20 年後に Hastings (1970) は，現在メトロポリス・ヘイスティングス・アプローチと呼ばれているものに拡張し，統計学の世界にその方法を導入した．しかし，(さらにその 20 年後の) Gelfand and Smith (1990) の論文が公表された後になってようやく，統計家の間で MCMC 法がよく知られるようになった．MH アルゴリズムは 3.7.2.2 節の採択・棄却 (accept-reject, AR) アルゴリズムと似ている部分がある．以下では，ギブス・サンプラーが数学的な意味で MH アルゴリズムの特別な場合であるが，様々な理由で 2 つのアルゴリズムが別々に取り扱われていることを示す．この節では，メトロポリス・アルゴリズムとメトロポリス・ヘイスティングス・アルゴリズムの背後にある考え方とその性質について詳しく述べる．

6.3.1 メトロポリス・アルゴリズム

事後分布 $p(\boldsymbol{\theta}|\boldsymbol{y})$ を探索しているとき，マルコフ連鎖が k 回目の反復で $\boldsymbol{\theta}^k$ の位置にあると仮定する．メトロポリス・アルゴリズムの背後にある一般的な考えは次のとおりである．連鎖の次の位置 $\widetilde{\boldsymbol{\theta}}$ は，通常は中心の位置が $\boldsymbol{\theta}^k$ である確率密度関数 q からサンプリングされる．しかし，$\widetilde{\boldsymbol{\theta}}$ は新しい位置を提案しているだけである (もしそれが自動的に次の位置になるなら，事後分布ではなく q を探索していることになる)．新しい位置は，事後分布の密度が高い場所であればいつも採択されるが，そうでなければある確率によって採択される．事後分布の密度が低い位置にも移動しなければならないことは明らかである．そうでなければ，アルゴリズムは事後分布を探索しているのではなく，(事後分布の) 最頻値を探していることになる．提案された位置を採択する確率は最終的にマルコフ連鎖が $p(\boldsymbol{\theta}|\boldsymbol{y})$ を探索するように設定しなければならない．確率密度関数 q は提案密度 (proposal density) と呼ばれ，反復 k における $\widetilde{\boldsymbol{\theta}}$ で評価される提案密度を $q(\widetilde{\boldsymbol{\theta}}|\boldsymbol{\theta}^k)$ と書く．提案密度が対称，すなわち $q(\widetilde{\boldsymbol{\theta}}|\boldsymbol{\theta}^k) = q(\boldsymbol{\theta}^k|\widetilde{\boldsymbol{\theta}})$ であるとき，メトロポリス・アルゴリズムという．

よく用いられる q の選択肢は，平均が現在の位置 $\boldsymbol{\theta}^k$ で分散共分散行列がユーザーが選択した $\boldsymbol{\Sigma}$ である多変量正規分布 (または多変量 t 分布) である．その場合，次の候補となる値を得るために，k 回目の反復で $N(\boldsymbol{\theta}^k, \boldsymbol{\Sigma})$ から $\widetilde{\boldsymbol{\theta}}$ をサンプリングする．提案密度の位置パラメータ $\boldsymbol{\theta}^k$ が，k によって変化することは明らかである．さらに，AR アルゴリズムのように，「提案された」$\widetilde{\boldsymbol{\theta}}$ を採択するか，棄却するかを判断するための適切な決定ルールが必要である．採択するときには，$\widetilde{\boldsymbol{\theta}}$ はマルコフ連鎖の次の値，すなわち $\boldsymbol{\theta}^{(k+1)} = \widetilde{\boldsymbol{\theta}}$ となり，$\widetilde{\boldsymbol{\theta}}$ に移動する．棄却する場合には，$\boldsymbol{\theta}^k$ にとどまることになり，$\boldsymbol{\theta}^{(k+1)} = \boldsymbol{\theta}^k$ となる．提案された値を採択する確率は事後分布に依存する．候補の値が事後分布の密度が高い場所にあるとき，すなわち $p(\widetilde{\boldsymbol{\theta}}|\boldsymbol{y})/p(\boldsymbol{\theta}^k|\boldsymbol{y}) > 1$ のとき，常に移動が行われ $\boldsymbol{\theta}^{(k+1)} = \widetilde{\boldsymbol{\theta}}$ となる．逆に候補の値が事後分布の密度が低い場所にあるとき，すなわち $p(\widetilde{\boldsymbol{\theta}}|\boldsymbol{y})/p(\boldsymbol{\theta}^k|\boldsymbol{y}) < 1$ のときは，確率 $r = p(\widetilde{\boldsymbol{\theta}}|\boldsymbol{y})/p(\boldsymbol{\theta}^k|\boldsymbol{y})$ で移動することになり，$\boldsymbol{\theta}^{(k+1)} = \widetilde{\boldsymbol{\theta}}$ となる確率は r である．この方法では，事後分布の尤度が比較的高い場所により頻繁に「移動」するようになっている．これが正しい方法であることの証明を 6.4 節で示す．上で述べた方法はメトロポリス・アルゴリズム (Metropolis algorithm) と呼ばれ，マルコフ性を満たしている．

形式的に書くと，連鎖が $\boldsymbol{\theta}^k$ のとき，メトロポリス・アルゴリズムでは以下のようにサンプリングを行う．

1. 候補の値 $\widetilde{\boldsymbol{\theta}}$ を対称な提案密度 $q(\widetilde{\boldsymbol{\theta}}|\boldsymbol{\theta})$ からサンプリングする．ここで $\boldsymbol{\theta} = \boldsymbol{\theta}^k$ である．

2. 次の値 $\boldsymbol{\theta}^{(k+1)}$ は,
   - 確率 $\alpha(\boldsymbol{\theta}^k, \widetilde{\boldsymbol{\theta}})$ で $\widetilde{\boldsymbol{\theta}}$ となる (採択する).
   - それ以外のときは $\boldsymbol{\theta}^k$ となる (棄却する). ここで,

$$\alpha(\boldsymbol{\theta}^k, \widetilde{\boldsymbol{\theta}}) = \min\left(r = \frac{p(\widetilde{\boldsymbol{\theta}} \mid \boldsymbol{y})}{p(\boldsymbol{\theta}^k \mid \boldsymbol{y})}, 1\right) \tag{6.3}$$

である. 関数 $\alpha(\boldsymbol{\theta}^k, \widetilde{\boldsymbol{\theta}})$ は「移動確率 (probability of a move)」と呼ばれる.

ここで, 血清アルカリフォスファターゼ研究を用いてメトロポリス・アルゴリズムを説明する. 具体的には, 例 VI.1 のギブス・サンプラーをメトロポリス・アルゴリズムに置き換える.

例 VI.7: 血清アルカリフォスファターゼ研究：メトロポリス・アルゴリズムを用いた事後分布の探索－無情報事前分布

例 VI.1 と同じ状況を考える. メトロポリス・アルゴリズムを使うためには, 提案密度が必要である. ここでは μ と σ^2 があるので, 2 次元の提案密度が必要になる. 提案密度を 2 変量正規分布とした. 原理上は σ^2 に対して負の値が生成されるかもしれないので, q の選択が問題になる可能性があるが, ここでは問題はなかった. 反復 k で提案密度は $N(\boldsymbol{\theta}^k, \boldsymbol{\Sigma})$ となる. ここで, $\boldsymbol{\theta}^k = (\mu^k, (\sigma^2)^k)^T$ で, $\boldsymbol{\Sigma} = \mathrm{diag}(\tau_1^2, \tau_2^2)$ である. 最初に, 提案密度の分散について $\tau_1^2 = \tau_2^2 = 0.03$ とした.

初期値を例 VI.1 と同じとし, $\boldsymbol{\theta}^0$ で提案密度を用いると, ベクトル $\widetilde{\boldsymbol{\theta}} = (6.76, 1.94)^T$ が生成され, $r = 5.86 \times 10^{-6}$ となった. 比 r が非常に小さいので, 初期値 $(6.5, 2.0)$ にとどまる. すなわち $\boldsymbol{\theta}^1 = \boldsymbol{\theta}^0$ である. 2 回目の反復では, ベクトル $\widetilde{\boldsymbol{\theta}} = (6.79, 2.41)^T$ が生成された. $r = 1{,}483{,}224$ となったので, 移動が行われた. すなわち $\boldsymbol{\theta}^2 = (6.79, 2.41)^T$ である. 3 回目の反復では, $r = 0.00049$ であったため, 移動は行われなかった. $k = 15$ までの平面上で移動した位置を図 6.11(a) に示す. ギブス・サンプラーとは違って, 任意の方向に移動が行われている. 図 6.11(b) は, マルコフ連鎖の最後の 1000 個の値を示している ($k \geq 501$).

図 6.12 に, マルコフ連鎖で保持された部分にもとづく周辺事後分布を, 真の事後分布とともに示す. 真の分布に対する当てはまりは, ギブス・サンプリングよりも悪いようにみえる. それにもかかわらず, 事後分布の要約量の値はほぼ同じである.

図 6.13 のトレースプロットでの水平線は, 提案された移動が棄却された場合を示している. 採択された移動の割合, すなわち採択率 (acceptance rate, acceptance probability) は 40% であった. したがって, 事後分布の要約量は, 約 400 の異なる値にもとづいている.

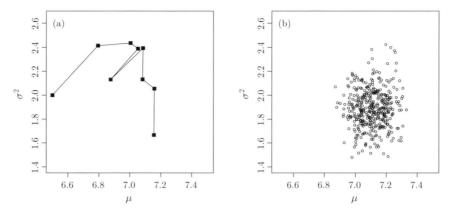

図 6.11 血清アルカリフォスファターゼ研究 (無情報事前分布)：(a) 無情報事前分布を使って μ と σ^2 の同時事後分布を探索するためにメトロポリス・アルゴリズム ($\tau_1^2 = \tau_2^2 = 0.03$) を使ったときの最初の 15 ステップ．(b) 全体のサイズが 1500 の連鎖での最後の 1000 個のパラメータベクトル (μ, σ^2)．

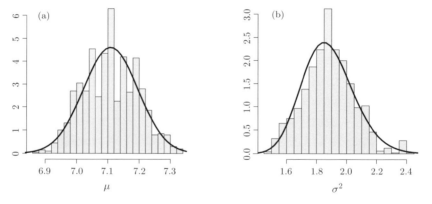

図 6.12 血清アルカリフォスファターゼ研究 (無情報事前分布)：図 6.11(b) で示したマルコフ連鎖の保持された部分に対応する μ と σ^2 の周辺事後分布．実線は，真の周辺事後分布を表す．

次に，提案密度の分散パラメータを $\tau_1^2 = \tau_2^2 = 0.001$ とした．その結果，提案密度による移動幅は小さいものだけになる．これは採択率が高くなることを意味する (移動幅が小さいと r は 1 に近いことが多い)．この場合の採択率は 84% であった．図 6.14(a) に示すように，マルコフ連鎖が事後分布を探索する速さが遅くなった．探索が遅くなることのマイナスの影響は図 6.14(b) に示すように，真の周辺分布に対するマルコフ連鎖の近似が悪くなることである． □

上の例はメトロポリス・アルゴリズムの柔軟性を示している．しかし同時に，提案

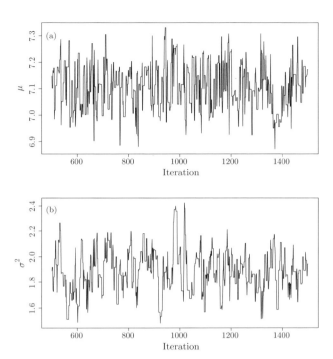

図 6.13 血清アルカリフォスファターゼ研究 (無情報事前分布)：メトロポリス・アルゴリズムにもとづく (a) μ と (b) σ^2 のトレースプロット

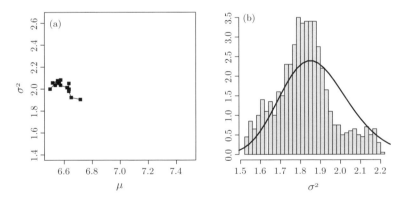

図 6.14 血清アルカリフォスファターゼ研究 (無情報事前分布)：(a) 無情報事前分布を使った μ と σ^2 の同時事後分布を探索するためにメトロポリス・アルゴリズム ($\tau_1^2 = \tau_2^2 = 0.001$) を使ったときの最初の 15 ステップ，および，(b) (a) のように生成したサンプルに対応した σ^2 の周辺事後分布．実線は真の事後分布を表す．

密度を選ぶ際には特に分散に関して注意が必要であることも強調している．6.3.4 節でこの問題に再度ふれる．

6.3.2　メトロポリス・ヘイスティングスアルゴリズム

メトロポリス・アルゴリズムでは，提案密度 $q(\widetilde{\boldsymbol{\theta}}\,|\,\boldsymbol{\theta})$ は対称である．場合によっては，非対称の提案分布を選択することがより都合が良いことがあり得る．そのような場合には，$\boldsymbol{\theta}$ から $\widetilde{\boldsymbol{\theta}}$ への移動は反対方向に移動することほど簡単ではない．事後分布のすべての場所に同じようにアクセスできることを確実にするために，提案密度の非対称の性質を埋め合わせる必要がある．Hastings (1970) は Metropolis の提案を非対称の提案分布に拡張した．このアプローチは，メトロポリス・ヘイスティングス (MH) アルゴリズム (MH algorithm) と呼ばれている．

MH アルゴリズムの最初のステップは，移動の候補を提案することである．k 回目のステップで，$\widetilde{\boldsymbol{\theta}}$ は q からサンプリングされる．メトロポリス・アルゴリズムのように，「移動する」か「留まる」かを決めなければならない．しかし，事後分布がすべての方向に同じように探索されるようにするためには，$\boldsymbol{\theta}^k$ から $\widetilde{\boldsymbol{\theta}}$ への移動が反対方向への移動よりも容易である，または困難であるという事実を補わなければならない．これは，k 回目の反復で移動する確率を次のように変えることで実現する．

1. 提案密度 $q(\widetilde{\boldsymbol{\theta}}\,|\,\boldsymbol{\theta})$ から候補 $\widetilde{\boldsymbol{\theta}}$ をサンプリングする．ここで $\boldsymbol{\theta}=\boldsymbol{\theta}^k$ である．
2. 次の値 $\boldsymbol{\theta}^{(k+1)}$ は以下のとおりである．
   - 確率 $\alpha(\boldsymbol{\theta}^k,\widetilde{\boldsymbol{\theta}})$ で $\widetilde{\boldsymbol{\theta}}$ (採択する)
   - それ以外は $\boldsymbol{\theta}^k$ (棄却する)
     ここで
     $$\alpha(\boldsymbol{\theta}^k,\widetilde{\boldsymbol{\theta}})=\min\left(r=\frac{p(\widetilde{\boldsymbol{\theta}}\,|\,\boldsymbol{y})q(\boldsymbol{\theta}^k\,|\,\widetilde{\boldsymbol{\theta}})}{p(\boldsymbol{\theta}^k\,|\,\boldsymbol{y})q(\widetilde{\boldsymbol{\theta}}\,|\,\boldsymbol{\theta}^k)},1\right) \tag{6.4}$$
     である．

$\boldsymbol{\theta}$ から $\widetilde{\boldsymbol{\theta}}$ に移動する確率が，反対方向に移動する確率と等しくなるように採択確率を変える必要があった．これは可逆条件 (reversibility condition) と呼ばれ，その結果得られる連鎖は可逆マルコフ連鎖 (reversible Markov chain) と呼ばれる．より形式的な定義は 6.3.3 節を，正当性については 6.4 節を参照．メトロポリス・アルゴリズムで生成されるマルコフ連鎖も可逆である．

非対称の提案密度の一例は，現在の位置に依存しないもの，すなわち $q(\widetilde{\boldsymbol{\theta}}\,|\,\boldsymbol{\theta}^k)\equiv q(\widetilde{\boldsymbol{\theta}})$ である．これは，$\boldsymbol{\theta}^k\neq\widetilde{\boldsymbol{\theta}}$ に対して $q(\boldsymbol{\theta}^k)\neq q(\widetilde{\boldsymbol{\theta}})$ であるので非対称である．この提案密度によって生成された値 $\widetilde{\boldsymbol{\theta}}$ は連鎖の位置に依存しないので，このサンプリングアル

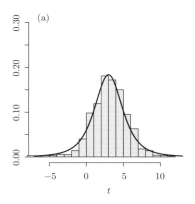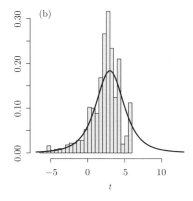

図 6.15 (a) 提案分布 $N(3, 4^2)$ を使った独立 MH アルゴリズムと (b) 提案分布 $N(3, 2^2)$ を使った独立 MH アルゴリズムにもとづく, $t_3(3, 2^2)$ 分布のサンプリング.

ゴリズムは独立 MH アルゴリズム (independent MH algorithm) と呼ばれる. 連鎖の提案される値は一つの分布から独立に生成されるが, 連鎖の要素は独立ではないことに注意する. その理由は $\widetilde{\boldsymbol{\theta}}$ を採択するかが, $\alpha(\boldsymbol{\theta}^k, \widetilde{\boldsymbol{\theta}})$ に依存するからである. ここで, $\alpha(\boldsymbol{\theta}^k, \widetilde{\boldsymbol{\theta}})$ は $\min\left(\frac{p(\widetilde{\boldsymbol{\theta}}|\boldsymbol{y})q(\boldsymbol{\theta}^k)}{p(\boldsymbol{\theta}^k|\boldsymbol{y})q(\widetilde{\boldsymbol{\theta}})}, 1\right)$ である.

次の例は, MH アルゴリズムを 1 変量分布からのサンプリングに利用している. 1 変量の問題に適用されるギブス・サンプラーは, まさに標準的な 1 次元のサンプラーである.

例 VI.8: 独立 MH アルゴリズムを使った t 分布のサンプリング

目標分布を $t_3(3, 2^2)$ 分布とする. この分布からのサンプリングを提案分布 $N(3, 4^2)$ の独立 MH アルゴリズムによって行った. 1500 個の値を生成し, 最後の 1000 個を保持した. このサンプリングでは提案された移動の 48% が採択された. サンプリングされた値のヒストグラムは真の分布を良く近似している (図 6.15(a)). しかし提案分布の分散を 2^2 に減らすと, 近似は非常に悪くなった (図 6.15(b)). このことは, MH アルゴリズムの使用には注意が必要で, それが成功するかは提案分布 (のばらつき) に依存していることを強く示している. □

6.3.3 備考*

ギブス・サンプラーと同様に, MH アルゴリズムには定数を除いた事後分布が必要である. これは式 (6.4) で確認できる. Gelman et al. (2004, p.293) と Chib and Greenberg (1995) は, ギブス・サンプラーが MH アルゴリズムの特別な場合であるこ

とを示している．また，Robert and Casella (2004, p.381) はより詳細に説明している．すなわち，ギブス・サンプラーが，採択確率をすべて 1 とした d 個の MH アルゴリズムを構成することと同じであることを示している．ここでは，Gelman et al. (2004) の証明を示す．

d 個の推移関数を定義する．

$$q_j^G(\widetilde{\boldsymbol{\theta}} \mid \boldsymbol{\theta}^k) = p(\widetilde{\theta}_j \mid \boldsymbol{\theta}_{-j}^k, \boldsymbol{y}) \quad (\widetilde{\boldsymbol{\theta}}_{-j} = \boldsymbol{\theta}_{-j}^k \text{の場合}) \tag{6.5}$$

$$= 0 \quad (\text{その他の場合}) \tag{6.6}$$

ここで $\boldsymbol{\theta}_{-j}$ は $\boldsymbol{\theta}$ で j 番目の要素を除いたものである．したがって，j 番目以外のすべての要素について $\boldsymbol{\theta}^k$ に合致するパラメータベクトル $\widetilde{\boldsymbol{\theta}}$ にのみ移動可能である．この推移関数のもとで，j 番目のサブステップでの比 r は以下のように与えられる．

$$r = \frac{p(\widetilde{\boldsymbol{\theta}} \mid \boldsymbol{y}) q_j^G(\boldsymbol{\theta}^k \mid \widetilde{\boldsymbol{\theta}})}{p(\boldsymbol{\theta}^k \mid \boldsymbol{y}) q_j^G(\widetilde{\boldsymbol{\theta}} \mid \boldsymbol{\theta}^k)} = \frac{p(\widetilde{\boldsymbol{\theta}} \mid \boldsymbol{y}) p(\theta_j^k \mid \widetilde{\boldsymbol{\theta}}_{-j}, \boldsymbol{y})}{p(\boldsymbol{\theta}^k \mid \boldsymbol{y}) p(\widetilde{\theta}_j \mid \boldsymbol{\theta}_{-j}^k, \boldsymbol{y})} \tag{6.7}$$

$$= \frac{p(\widetilde{\boldsymbol{\theta}} \mid \boldsymbol{y}) / p(\widetilde{\theta}_j \mid \boldsymbol{\theta}_{-j}^k, \boldsymbol{y})}{p(\boldsymbol{\theta}^k \mid \boldsymbol{y}) / p(\theta_j^k \mid \widetilde{\boldsymbol{\theta}}_{-j}, \boldsymbol{y})} = 1 \tag{6.8}$$

これはそれぞれの移動が採択されることを意味している．

上記の結果にもかかわらず，文献では依然として 2 つのサンプラーが区別されている．それはサンプリングの方針が両者で異なるからである．さらに，ギブス・サンプラーはそのパフォーマンスを成立させるために別の数学的な論拠が必要である MH アルゴリズムの非常に重要な限定されたものである．

$\boldsymbol{\theta}, \boldsymbol{\phi} \in \Theta$ とすると，MH アルゴリズムの推移カーネルは $\boldsymbol{\theta} \equiv \boldsymbol{\theta}^k$ から $\boldsymbol{\phi} = \boldsymbol{\theta}^{(k+1)}$ へ移動する確率を表している．この移動は 2 つのステップによって実施されるので，推移カーネルは 2 つの要素からなる．最初の要素 $K(\boldsymbol{\theta}, \boldsymbol{\phi}) = \alpha(\boldsymbol{\theta}, \boldsymbol{\phi}) q(\boldsymbol{\phi} \mid \boldsymbol{\theta})$ は $\boldsymbol{\phi} = \widetilde{\boldsymbol{\theta}}$ への移動を表す．ここで $\boldsymbol{\phi}$ は提案密度 $q(\boldsymbol{\phi} \mid \boldsymbol{\theta})$ によって提案され，確率 $\alpha(\boldsymbol{\theta}, \boldsymbol{\phi})$ で採択されるものである．しかし，提案される移動は以下の確率で棄却される．

$$r(\boldsymbol{\theta}) = 1 - \int_{\mathbb{R}^d} \alpha(\boldsymbol{\theta}, \boldsymbol{\phi}) q(\boldsymbol{\phi} \mid \boldsymbol{\theta}) \mathrm{d}\boldsymbol{\phi}$$

その結果，移動は行われずに $\boldsymbol{\phi} = \boldsymbol{\theta}$ となる．したがって，B を Θ に含まれる集合とすると，$\boldsymbol{\phi} \in B$ である確率は以下のとおりである．

$$p(\boldsymbol{\theta}, B) = \int_B K(\boldsymbol{\theta}, \boldsymbol{\phi}) \mathrm{d}\boldsymbol{\phi} + r(\boldsymbol{\theta}) I(\boldsymbol{\theta} \in B)$$

ここで，$I(\cdot)$ は指示関数である．この確率は 2 つの部分から構成されている．最初の項 $\int_B K(\boldsymbol{\theta}, \boldsymbol{\phi}) \mathrm{d}\boldsymbol{\phi}$ は，もとは B の外にあるときに B の中へ移動する確率を表し，2 番目の項は B に留まる確率を表している．

可逆マルコフ連鎖は，連鎖が事後分布に収束するための十分条件 (6.4 節) である．可逆条件には，Θ の中の任意の 2 つの集合 A と B に対して，集合 A から集合 B へ移動する確率が集合 B から集合 A へ移動する確率に等しいことが必要である．これを言い換えると以下のとおりである．

$$\int_A p(\boldsymbol{\theta}, B)\mathrm{d}\boldsymbol{\theta} = \int_B p(\boldsymbol{\phi}, A)\mathrm{d}\boldsymbol{\phi}$$

Θ の中の任意の 2 つの集合 A と B に対して，以下の詳細釣り合い条件 (detailed balance condition) が満たされているときに，上記の条件が満たされる．

$$\int_A \int_B K(\boldsymbol{\theta}, \boldsymbol{\phi})\mathrm{d}\boldsymbol{\phi}\mathrm{d}\boldsymbol{\theta} = \int_B \int_A K(\boldsymbol{\phi}, \boldsymbol{\theta})\mathrm{d}\boldsymbol{\theta}\mathrm{d}\boldsymbol{\phi} \qquad (6.9)$$

採択確率を式 (6.4) のようにとると，この条件が最適に達成されることを示すことができる (Hastings 1970)．

最後に，MH アルゴリズムが採択・棄却 (AR) アルゴリズムに類似している点を示す．実際に，両者のアルゴリズムは，サンプリングを行うためにある補助分布を利用し，サンプリングされた値を評価した後，採択するか棄却するかを判断する．最も重要な違いは，AR アルゴリズムが独立なサンプルを生成する一方で，MH アルゴリズムはマルコフ連鎖，すなわち独立ではないサンプルを生成する．MCMC 法による事後分布の探索では，同時事後分布の空間で訪問した位置の跡は除外される．つまり，MH アルゴリズムで提案された値を棄却したとき，連鎖は現在の位置で留まり，その値が記録される．一方で，AR アルゴリズムで提案された値を棄却したとき，その値は記録されない．したがって，2 つの方法は棄却の方法でも異なっており，それは生成される値にも影響する．

6.3.4 メトロポリス（・ヘイスティングス）・アルゴリズムのまとめ

提案密度の違いによる様々なメトロポリス（・ヘイスティングス）・アルゴリズムが使われている．ここでは最も一般的な 3 つのアルゴリズムを概説する．

ランダムウォーク・メトロポリス（・ヘイスティングス）・アルゴリズム (random-walk Metropolis (-Hastings) algorithm)： 提案密度は $q(\widetilde{\boldsymbol{\theta}}|\boldsymbol{\theta}) = q(\widetilde{\boldsymbol{\theta}} - \boldsymbol{\theta})$ を満たす．$q(\widetilde{\boldsymbol{\theta}} - \boldsymbol{\theta}) \equiv q(|\widetilde{\boldsymbol{\theta}} - \boldsymbol{\theta}|)$ の場合，提案密度は対称であり，メトロポリス・アルゴリズムとなる．提案分布が多変量正規分布 $\mathrm{N}_d(\widetilde{\boldsymbol{\theta}}|\boldsymbol{\theta}, c^2\boldsymbol{\Sigma})$ (WinBUGS やいくつかの SAS プロシジャで実装されている) か多変量 t 分布 (SAS PROC MCMC) を選択することが一般的である．裾の長い事後分布をサンプリングするときは，提案分布を t 分布とする方がよい．Roberts et al. (1997) は解析的な結果とシミュレーションから，

正規分布の提案分布については，$d=1$ のときは採択率を 45% 程度に，$d>1$ のときは採択率を 23.4% にすることを提案している．提案分布が正規分布の場合は，例 VI.7 で説明したように，採択率が共分散行列 $c^2\Sigma$ (Σ はしばしば単位行列になる) に強く依存する．Robert and Casella (2004) はサンプリングの性能を改善するために，提案分布の分散に反復プロセスを適用させることを提案した．この手順は提案分布の調整 (tuning the proposal density) と呼ばれ，WinBUGS で 1 次元の MH アルゴリズムを使うときに実装されている．その場合，提案密度の標準誤差は，採択率が 20% から 40% になるように，初期設定では最初の 4000 回で調整される．図 8.3 に図による説明を示す．一方で，SAS MCMC プロシジャは提案密度を何回かのループで調整する．

独立 MH アルゴリズム (independent MH algorithm)： 提案密度は連鎖の位置に依存せず，例えば $q(\widetilde{\boldsymbol{\theta}}|\boldsymbol{\theta}) = \mathrm{N}_d(\widetilde{\boldsymbol{\theta}}|\boldsymbol{\mu}, \boldsymbol{\Sigma})$ である．ここで $\boldsymbol{\mu}$ と $\boldsymbol{\Sigma}$ は固定されることもあるし，MCMC の実行を通して調整されることもある．独立 MH アルゴリズムは AR アルゴリズムと似ているが，$p(\widetilde{\boldsymbol{\theta}}|\boldsymbol{y})/q(\widetilde{\boldsymbol{\theta}}) > p(\boldsymbol{\theta}^k|\boldsymbol{y})/q(\boldsymbol{\theta}^k)$ のとき $\widetilde{\boldsymbol{\theta}}$ を採択する．AR アルゴリズムと同様に，採択率が高いことが望まれ，提案密度 $q(\theta)$ が事後分布に近いときに採択率が高くなる．提案分布を正規分布または t 分布とし，その事後最頻値を平均，フィッシャーの観測情報行列を事後最頻値で評価したものをマイナスをとったものにすると，これを達成できる．Robert and Casella (2004) はもし提案分布がすべての θ に対して，$p(\theta|\boldsymbol{y}) \leq Aq(\theta)$ を満たすならば，独立 MH アルゴリズムで生成されたマルコフ連鎖は，素晴らしい収束の性質をもっていること (定理 7.8) と，期待される採択率が AR アルゴリズムよりも高いことを示した (補助定理 7.9)．この条件は例 VI.8 では満たされていなかったことに注意する．独立 MH アルゴリズムは SAS MCMC プロシジャで実行可能なサンプラーの 1 つである．

ブロック MH アルゴリズム (block MH algorithm)： 6.2.4 節で，ブロック・ギブス・サンプラーを紹介し，それによってサンプリングプロセスがかなり速くなることを述べた．m 個のブロックの中では，(骨粗しょう症の回帰分析のように) 独立サンプリングが適用されることもあるかもしれないが，普通はメトロポリス (・ヘイスティングス)・アルゴリズムが使われる．ギブス・サンプリングと MH アルゴリズムのこの組み合わせは，ギブス内メトロポリス (Metropolis-within-Gibbs) と呼ばれる．Chib and Greenberg (1995) はこの手順が妥当であることを示した．SAS MCMC プロシジャでは，ブロックはユーザーが指定する．WinBUGS は自動的に回帰係数を 1 つのブロックに入れ (ブロッキングのオプションがオフになっていなければ)，分散パラメータは別のブロックに入る．

別の種類のサンプラーの1つに，リバーシブルジャンプMCMCアルゴリズム (reversible jump MCMC algorithm, RJMCMC) がある (6.6節参照)．このアルゴリズムはMHアルゴリズムの特殊な場合で，提案分布が通常のMHアルゴリズムのように移動を提案する他に，異なる次元間の移動も提案する．RJMCMCは，例えばベイズ流の変数選択で有用である．

6.4 MCMC法の正当性*

MCMC法は最終的に事後分布からのサンプルを生成し，その連鎖から計算した要約量が真の事後分布の要約量に対する一致推定量となるという性質がある．この章の結果は，MCMC法のこのような性質にもとづいている．これらの結果の証明はマルコフ連鎖理論に依っている．Robert and Casella (2004) は，その第4章で最も重要な結果を概説している．この話題はMeyn and Tweedie (1993) で厳密に取り扱われている．マルコフ連鎖理論の詳細は明らかにこの本の目的を越えているが，最も重要なマルコフ連鎖の概念と結果を概説することは，MCMC法に関する文献をより理解するために有益であると考える．

マルコフ連鎖は，現在の状態が与えられたもとでは，過去と将来の状態は独立であるという性質をもつ離散型あるいは連続型の確率変数 θ の列である．

$$p(\theta^{k+1}=y \mid \theta^k=x, \theta^{k-1}=x_{k-1}, \ldots, \theta^0=x_0) = p(\theta^{(k+1)}=y \mid \theta^k=x)$$

上記の確率が k に依存しないとき，マルコフ連鎖は斉時的 (時間的に一様)(homogeneous) であるという．斉時的なマルコフ連鎖では，定数である推移カーネル $K(x, A)$ は状態 x で開始したときに A の中の値を生成する確率を表す．すなわち，$K(x, A) = p(\theta^{k+1} \in A \mid \theta^k = x) = p(\theta^1 \in A \mid \theta^0 = x)$ である．言い換えると，推移カーネルは移動がどのように行われるかを表している．

k が無限大になるとき，マルコフ連鎖には何が起こるか？ もし生成された連鎖が極限分布 π をもつ場合，その分布は定常 (stationary) でもあることを示すことができる．つまり，連鎖のさらにその先の連鎖の要素も分布として π をもつことを意味する．またマルコフ連鎖が，x から y に移動する確率が y から x に移動する確率と同じである，つまり詳細釣り合い条件 (detailed balance condition) を満たしていれば，マルコフ連鎖は可逆 (reversible) であるという．さらに，もし次の3つの基準を満たしていれば，マルコフ連鎖はエルゴード基準 (ergodicity criteria) を満たしているという．(1) 既約性 (irreducibility)：初期値にかかわらず連鎖は可能な状態に到達できる．(2) 非周期性 (aperiodicity)：連鎖に周期的でない．(3) 正再帰性 (positive recurrnce)：連鎖はすべての可能な状態を無限回訪れ，特定の結果に戻るための期待時間は，連鎖の開始

場所に関係なく有限である．ある特定の条件では，エルゴード性は連鎖が事後分布を余すところなく探索することを意味する．

大数の法則 (law of large numbers, LLN) と中心極限定理 (central limit theorem, CLT) は統計学の理論において重要であり，すべての統計家が知っている．しかしこれらの結果は互いに独立に同一の分布の確率変数にもとづいている．重要な疑問は，これらの結果をどのように，マルコフ連鎖のように確率変数が独立でない場合に適用するのかである．確率論や統計学の文献では，LLN と CLT を独立でない場合に一般化するような多くの結果が示されている．Meyn and Tweedie (1993)，Tierney (1994) あるいは Robert and Casella (2004) を参照されたい．以下で，3 つの最も重要な結果を示す．

定理 6.4.1 $(\theta^k)_k$ が定常分布 π のエルゴード的なマルコフ連鎖であるとき，その極限分布も π である． □

さらに，$t(\theta)$ を以下のような θ の関数と仮定する．例えば，$t(\theta) = \theta$，$t(\theta) = \theta^2$，$t(\theta) = I(\theta = x)$ で $I(a)$ は a が真のとき 1，その他のときに 0，のような関数である．このとき，k までのマルコフ連鎖にもとづく $t(\theta)$ の標本平均はエルゴード平均 (ergodic average) と呼ばれ，以下のように定義される．

$$\bar{t}_k = \frac{1}{k} \sum_{j=1}^{k} t(\theta^j)$$

観測値が独立ではないときに，古典的な大数の法則と同等であることを示すことができる．

定理 6.4.2（マルコフ連鎖の大数の法則） $t(\theta)$ の期待値が有限であるエルゴード的なマルコフ連鎖に対して，$\bar{t}_k$ は真の平均に収束する． □

定理 6.4.2 は，適切なマルコフ連鎖に対しては，その連鎖の標本平均が真の平均値の推定に利用可能であることを意味している．したがって，標本平均，標本中央値，標準偏差などはそれらの真の値の推定値であり，$k \to \infty$ のときは，より良い推定となる．これは未知の (定常) 分布について推測を行うために収束したマルコフ連鎖を用いることができるということを意味しているので，最も重要な結果であることは明らかである．

マルコフ連鎖の要素は直前の値を与えたもとで条件付き独立であるが，条件なしでは独立ではない．マルコフ連鎖 $(t^k)_k \equiv (t(\theta)^k)_k$ のラグ m $(m \geq 0)$ の自己共分

散 (autocovariance of lag m) は $\gamma_m = \mathrm{cov}(t^k, t^{k+m})$ と定義される．$(t^k)_k$ の分散は，$m=0$ に対する自己共分散と定義され，γ_0 と書く．また，ラグ m の自己相関 (autocorrelation of lag m) は $\rho_m = \gamma_m/\gamma_0$ で定義される．

もしマルコフ連鎖が可逆で，さらに，極限分布への収束が初期値によらず十分に速い (幾何学的な，あるいは一様なエルゴード性) という性質があるとき，マルコフ連鎖に対する以下の中心極限定理が成り立つ．

定理 6.4.3 (マルコフ連鎖の中心極限定理)　一様な (あるいは幾何的な) エルゴード的マルコフ連鎖に対して，$t^2(\theta)$ (あるいは幾何的な場合は，ある $\epsilon > 0$ に対して $t^{2+\epsilon}(\theta)$) が π に関して積分可能であるとすると，$k \to \infty$ のとき，

$$\sqrt{k}\frac{\bar{t}_k - E_\pi[t(\theta)]}{\tau}$$

は $\mathrm{N}(0,1)$ に分布収束する．ここで，

$$\tau^2 = \gamma_0 \left(1 + 2\sum_{m=1}^{\infty} \rho_m\right) \tag{6.10}$$

である． □

定理 6.4.3 により，$\bar{t}_k$ にもとづいて $t(\theta)$ の真の平均に対する古典的な信頼区間を構成することができる．

上の結果は離散マルコフ連鎖に対して成り立つ．Tierney (1994) は，適切な正則条件のもとで一般的なマルコフ連鎖に対して定理 6.4.2 と定理 6.4.3 を証明した．さらに実際にこれらの定理が適用されるかを知るためには，正則条件が満たされているかを確認する必要がある．幸いなことに，これは多くの場合で満たされている．

6.4.1　MH アルゴリズムの特徴

MH アルゴリズムは可逆マルコフ連鎖，すなわち詳細釣り合い条件を満たすマルコフ連鎖を生成する．ここでは離散の場合について説明する．一般的な場合の証明は，例えば Chib and Greenberg (1995) や Robert and Casella (2004, 定理 7.2) に示されている．証明は次のとおりである：π を，とり得る値 $S = \{x_1, x_2, \ldots, x_r\}$ であり $\pi_j = p(\theta = x_j)$ である離散型分布とする．さらに，$Q = (q_{ij})_{ij}$ は移動を表す行列，すなわち連鎖が状態 x_i にあるとき，状態 x_j になる推移する確率は q_{ij} とする．ここで x_i から異なる x_j に移動するか，x_i に留まるかのどちらかが可能である．離散型の

MH アルゴリズムでは以下の確率で移動する.

$$\alpha_{ij} = \min\left(1, \frac{\pi_j q_{ji}}{\pi_i q_{ij}}\right) \tag{6.11}$$

したがって x_i から x_j に移動する確率は $p_{ij} = \alpha_{ij} q_{ij}$ である. 以下のとおり, 詳細釣り合い条件 $\pi_i p_{ij} = \pi_j p_{ji}$ が満たされている.

$$\begin{aligned}
\pi_i p_{ij} &= \pi_i \alpha_{ij} q_{ij} = \pi_i \min\left(1, \frac{\pi_j q_{ji}}{\pi_i q_{ij}}\right) q_{ij} \\
&= \min(\pi_i q_{ij}, \pi_j q_{ji}) = \min\left(1, \frac{\pi_i q_{ij}}{\pi_j q_{ji}}\right) \pi_j q_{ji} \\
&= \pi_j p_{ji}
\end{aligned}$$

さらに, マルコフ連鎖の可逆性は π がその連鎖の定常分布であるということを示すことができる. その結果として, MH アルゴリズムは目標分布も定常分布であるマルコフ連鎖を生成する.

Hastings (1970) は上記の α_{ij} がマルコフ連鎖を可逆にする唯一のものではないことを指摘している. しかし, Peskun (1973) は (要約量のサンプリング分散の観点で) 最適な選択は式 (6.11) で与えられることを証明している.

適切な関数 $t(\theta)$ に定理 6.4.1 と定理 6.4.2 を適用するためには, マルコフ連鎖はエルゴード的でなければならない. これに対する十分 (で弱い) 条件は ϕ と θ が近い場合に, $q(\phi\,|\,\theta)$ が正になることである (より形式的な条件は, Robert and Casella (2004) の補助定理 7.6 と系 7.7 を参照). 例 VI.7 と例 VI.8 でこの条件が満たされていることを示すことは容易である. しかし, 上の結果は目標分布への収束が速いことを意味しているわけではない. これは例 VI.7 の 2 つ目の提案分布によって説明されている.

定理 6.4.3 は, 幾何的なあるいは一様なエルゴード性が成り立つときに適切な関数 $t(\theta)$ に適用される. 独立 MH アルゴリズムでは, Robert and Casella (2004, 定理 7.8) はすべての有限な θ と A に対して, $p(\theta\,|\,\boldsymbol{y}) \leq Aq(\theta)$ のときはいつでも一様なエルゴード性が成り立つことを示している. しかしこの結果の他に, 幾何的なあるいは一様なエルゴード性に対する一般的な実際上の条件で利用できそうなものはない.

6.4.2 ギブス・サンプラーの特徴

ギブス・サンプラーが (適切な関数 $t(\theta)$ に対して) 定理 6.4.1 と定理 6.4.2 が成り立つようなマルコフ連鎖を生成していることを示すためには, 目標分布は定常分布と等しくなければならない. これはギブス・サンプラーによって生成されるエルゴード的なマルコフ連鎖に対する, Robert and Casella (2004) の定理 10.10 で一般的に示さ

れている．Robert and Casella (2004) は，完全条件付き分布が正であるときに連鎖のエルゴード性が成り立つことも示している (形式的でより制約のない条件に対する，Robert and Casella (2004) の補助定理 10.11 を参照)．例 VI.1 から例 VI.5 で，収束の必要条件が成り立つことを確認することができる．

6.5 サンプラーの選択

ギブス・サンプラーと MH アルゴリズムが利用可能な場合，2 つのアルゴリズムのどちらかを選択しなければならない．特に，完全条件付き分布からサンプリングすることが比較的簡単なときには，自動的にギブス・サンプラーを選択するかもしれない．メトロポリス (・ヘイスティングス)・アルゴリズムの一般性によって，いつもそのアルゴリズムが好まれるかもしれない．2 つの方法のそれぞれに対しては，さらに選択を行わなければならない．例えば，MH アルゴリズムでは提案分布を選ぶ必要があり，一方でギブス・サンプラーでは完全条件付き分布に対するサンプリングアルゴリズムを選ばなければならない．実際には，利用可能なソフトウェアによって選択が決まることが多い．しかしサンプラーの最終的な選択は，多くの場合その収束の性能，すなわちそのアルゴリズムでどれくらい速く事後分布の要約量を求めることができるかに依存する．事実，完全条件付き分布からのサンプリングが簡単なためギブス・サンプラーが選ばれたとしても，全体的に非効率ならばギブス・サンプラーは選択肢にならない (骨粗しょう症の例を参照)．

次の例では，ベイズ流ロジスティック回帰の問題に対して，3 つのサンプリングアプローチを説明する．最初のアルゴリズムは自作の R プログラム，2 つ目は WinBUGS プログラム，3 つ目は SAS プロシジャによるものである．

例 VI.9: 虫歯研究：ロジスティック回帰に対する MCMC 法

Signal-Tandmobiel® 研究の最初の 1 年の歯科検診における $n = 500$ 人の子供の部分集団で，ベイズ流のサンプリング手順を説明する．小学校の最初の学年では，男児に比べて女児の虫歯発症のリスクが異なるかを知りたいとする．この解析では，虫歯発症 (caries experience, CE) の変数を，$dmft > 0$ のとき CE = 1，$dmft = 0$ のとき CE = 0 となるように 2 値化した．500 人の子供の中で，51% が女児で 53.6% が最初の検診で虫歯を発症していた．ある解析 (Mwalili et al. 2005) では，CE に東西で変化が見られた (フランダースの東で高かった)．この結果を我々の解析でも確認したい．そのためロジスティック回帰モデルに x 座標 (子供の学校の市町村の重心) を加えた．

最初の n_1 人の子供が CE = 1 であると仮定し，i 番目の子供の 2 値反応 (CE) を y_i とする．ここでのロジスティック回帰モデルには，3 つの共変量 x_{1i} (定数 = 1)，x_{2i}

(性別)，x_{3i} (x 座標) がある．したがってロジスティック回帰の尤度は以下のとおりである．

$$L(\boldsymbol{\beta} \mid \boldsymbol{y}) \propto \prod_{i=1}^{n_1} \exp(\boldsymbol{x}_i^T \boldsymbol{\beta}) \prod_{i=1}^{n} \left[\frac{1}{1 + \exp(\boldsymbol{x}_i^T \boldsymbol{\beta})} \right] \qquad (6.12)$$

ここで $\boldsymbol{\beta} = (\beta_1, \beta_2, \beta_3)^T$ である．回帰係数には独立な正規分布の事前分布，すなわち $\beta_j \sim \mathrm{N}(\beta_{j0}, \sigma_{j0}^2)$ $(j = 1, 2, 3)$ を選択した (ここで $\beta_{j0} = 0$, $\sigma_{j0} = 10$ である)．j 番目の完全条件付き分布は，事後分布で β_k $(k \neq j)$ を固定することで得られ，以下のようになる．

$$p(\beta_1 \mid \widetilde{\beta}_2, \widetilde{\beta}_3, \boldsymbol{y}) \propto \prod_{i=1}^{n_1} \exp(\beta_1 x_{1i}) \prod_{i=1}^{n} \left[\frac{1}{1 + \exp(\beta_1 x_{1i})\widetilde{\alpha}_{1i}} \right] \times \exp \left[-\frac{(\beta_1 - \beta_{10})^2}{2\sigma_{10}^2} \right] \qquad (6.13)$$

ここで $\widetilde{\alpha}_{1i} = \exp(\widetilde{\beta}_2 x_{2i}) \exp(\widetilde{\beta}_3 x_{3i})$ であり，$\widetilde{\beta}_2, \widetilde{\beta}_3$ は，MCMC アルゴリズムの直前の反復で得られた他の 2 つの回帰係数パラメータの値である．完全条件付き分布は古典的な分布関数に全く対応がないので，汎用的なサンプラーが必要である．

ベイズ流の解を得るために，3 つの MCMC プログラムを利用した．

- R プログラム： グリッド上で (式 (6.13) のような) 完全条件付き分布を評価するギブス・サンプラーにもとづく，自作の R プログラム．関数 (6.13) は AUC $= 1$ となるようにグリッド上で標準化すると，cdf いわゆる F は数値的に求められる．F からサンプリングするために ICDF 法 (3.7.2.2 節参照) を用いた．これは単純だが，比較的時間のかかるアプローチである．なぜならそれぞれの反復において，すべてのグリッド点で完全条件付き分布を計算する必要があるからである．すべての回帰係数に対して，区間 $[\widehat{\beta}_j - 4\widehat{\mathrm{SE}}(\widehat{\beta}_j), \widehat{\beta}_j + 4\widehat{\mathrm{SE}}(\widehat{\beta}_j)]$ 上に 50 個のグリッド点を取った．ここで $\widehat{\beta}_j$ は j 番目の回帰係数の MLE で，$\widehat{\mathrm{SE}}(\widehat{\beta}_j)$ は頻度論でのその漸近標準誤差である．

- WinBUGS： (ロジスティック) 回帰の問題に対して，WinBUGS のデフォルトオプションはすべての回帰係数を同時にサンプリングする多変量 MH アルゴリズムである (blocking mode をオン)．blocking mode をオフにすることで，別のサンプリングアプローチを行うことが可能であり，その場合は微分を用いない ARS アルゴリズム (derivative-free adaptive rejection sampling (ARS) algorithm) が使われる．

- SAS PROC MCMC： このプロシジャでは MH アルゴリズムが使われ，異なる提案分布を設定することが可能である．ここではデフォルトのサンプラーはランダムウォーク MH アルゴリズムで，提案分布を平均がパラメータの現在の

表 6.2 虫歯研究 (500 人の子供のランダム標本)：性別と子供が通っている学校の地理的な場所 (x-coord) から虫歯発症 (CE) を予測する 3 つのベイズ流ロジスティック回帰のプログラムで得られた要約量の比較．MLE とも比較する．

Program	Parameter	Mode	Mean	SD	Median	MCSE
MLE	Intercept	−0.5900		0.2800		
	gender	−0.0379		0.1810		
	x-coord	0.0052		0.0017		
R	Intercept		−0.5662	0.2809	−0.5539	0.0086
	gender		−0.0587	0.1856	−0.0481	0.0061
	x-coord		0.0051	0.0017	0.0052	4.448E-5
WinBUGS	Intercept		−0.5930	0.2869	−0.5494	0.0107
	gender		−0.0322	0.1788	−0.0318	0.0056
	x-coord		0.0052	0.0018	0.0053	6.295E-5
SAS	Intercept		−0.6513	0.2600	−0.6452	0.0317
	gender		−0.0319	0.1954	−0.0443	0.0208
	x-coord		0.0055	0.0016	0.0055	0.00016

MCSE, Monte Carlo standard error.

値．共分散行列が単位行列の定数倍とした 3 次元の正規分布とし，MCMC の実行の間チューニングした．

MCMC アルゴリズムの収束を改善するために共変量を標準化 (平均 = 0, SD = 1) したが，結果は元のスケールで報告する．収束は速かった．すべての MCMC 解析でバーンインを 500 回とし，残りの 1000 回の反復にもとづいて要約量を求めた．事後分布の SD を考慮すると，3 つのサンプラーの事後平均，事後中央値は (MLE に) 近い．しかし，事後平均の精度はかなり違っており (精度が高い = MCSE (Monte Carlo standard error) が小さい)，SAS のアルゴリズムが最も精度が低く，WinBUGS と R プログラムが最も精度が高かった．

ここでの解析による臨床的な結論は同じであった．すなわち，女児は男児と異なるリスクはなく，フランダースの東部の子供は CE のリスクが高いように見える． □

前述の例から，サンプラーによってかなり効率が違う可能性が示唆される．しかし，実際の問題にどの MCMC サンプラーを使うべきかを，前もって想定することは難しいかもしれない．ギブス・サンプラーと MH アルゴリズムの選択が自然に行われる例として，例 VII.9 を参照する．

6.6 リバーシブルジャンプ MCMC アルゴリズム*

リバーシブルジャンプ MCMC アルゴリズム (reversible jump MCMC algorithm, RJMCMC) は，次元が変化する空間上の目標分布からサンプリングすることを可能にするために，Green (1995) によって提案された標準的な MH アルゴリズムの拡張である．これはトランスディメンショナルケース (trans-dimentional case) と呼ばれる．RJMCMC が有用な事例は，(a) 成分の数が未知な隠れマルコフモデルの混合，(b) 変化点の数と (または) 場所が未知な変化点問題，(c) モデルと変数選択問題，(d) 量的形質座位 (quantitative trait locus, QTL) データの解析，である．

Hastie and Green (2012) では，RJMCMC アルゴリズムとより結び付くように標準的な MH アルゴリズムが説明されている．ここではそのアプローチを用いる．他には Waagepetersen and Sorensen (2001) に詳しく書かれている．

標準的な MH アルゴリズム： Θ を d 次元とし，$\boldsymbol{\theta} \in \Theta$ とするとき，$p(\boldsymbol{\theta} \mid \boldsymbol{y})$ からサンプリングすることが目的である．状態 $\boldsymbol{\theta}$ のとき，提案密度 $q(\cdot \mid \boldsymbol{\theta})$ は採択確率 $\alpha(\boldsymbol{\theta}, \widetilde{\boldsymbol{\theta}})$ で $\widetilde{\boldsymbol{\theta}}$ を生成する．このサンプリング方法は，次のように別の形式で書くことができる．

$\boldsymbol{\theta}$ が与えられたとき，r 個 ($< d$) の乱数のベクトル $\boldsymbol{u}$ が分布 g に従って生成され，$h(\boldsymbol{\theta}, \boldsymbol{u}) = \widetilde{\boldsymbol{\theta}}$ によって新しい状態 $\widetilde{\boldsymbol{\theta}}$ が得られる．関数 h は可逆性をもつために，望ましい性質がなければならない．しかし，以前に定義したように，h は $(d+r)$ 次元空間から d 次元空間に移動する．可逆性は $\boldsymbol{\theta}$ から $\widetilde{\boldsymbol{\theta}}$ への移動が $\widetilde{\boldsymbol{\theta}}$ から $\boldsymbol{\theta}$ へと同じように容易でなければならないことを意味するので，関数 h は，$h(\boldsymbol{\theta}, \boldsymbol{u}) = (\widetilde{\boldsymbol{\theta}}, \widetilde{\boldsymbol{u}})$ と，$\widetilde{g}$ によって生成された r 次元の乱数ベクトル $\widetilde{\boldsymbol{u}}$ と組み合わせた逆関数 $\widetilde{h}$ となる全単射になるように設定する．例えば，ランダムウォーク MH アルゴリズムは $\widetilde{\boldsymbol{u}} = -\boldsymbol{u}$ とすると，$\widetilde{\boldsymbol{\theta}} = \boldsymbol{\theta} + \boldsymbol{u}$，$\boldsymbol{\theta} = \widetilde{\boldsymbol{\theta}} + \widetilde{\boldsymbol{u}}$ を満たし，g，$\widetilde{g}$ は平均 $\boldsymbol{0}$，選択した共分散行列による正規分布である．

可逆条件を達成するために，式 (6.9) が満たされている必要がある．これは次を満たす $(d+r)$ 次元の積分に置き換えられる．

$$\int_{(\boldsymbol{\theta}, \widetilde{\boldsymbol{\theta}}) \in A \times B} p(\boldsymbol{\theta} \mid \boldsymbol{y}) g(\boldsymbol{u}) \alpha(\boldsymbol{\theta}, \widetilde{\boldsymbol{\theta}}) \mathrm{d}\boldsymbol{\theta} \mathrm{d}\boldsymbol{u} = \int_{(\boldsymbol{\theta}, \widetilde{\boldsymbol{\theta}}) \in A \times B} p(\widetilde{\boldsymbol{\theta}} \mid \boldsymbol{y}) \widetilde{g}(\widetilde{\boldsymbol{u}}) \alpha(\widetilde{\boldsymbol{\theta}}, \boldsymbol{\theta}) \mathrm{d}\widetilde{\boldsymbol{\theta}} \mathrm{d}\widetilde{\boldsymbol{u}} \tag{6.14}$$

h と $\widetilde{h}$ の両方とも微分可能であれば，変数変換の方法から条件 (6.14) が以下のときに満たされることがわかる．

$$p(\boldsymbol{\theta} \mid \boldsymbol{y}) g(\boldsymbol{u}) \alpha(\boldsymbol{\theta}, \widetilde{\boldsymbol{\theta}}) = p(\widetilde{\boldsymbol{\theta}} \mid \boldsymbol{y}) \widetilde{g}(\widetilde{\boldsymbol{u}}) \alpha(\widetilde{\boldsymbol{\theta}}, \boldsymbol{\theta}) \left| \frac{\partial (\widetilde{\boldsymbol{\theta}}, \widetilde{\boldsymbol{u}})}{\partial (\boldsymbol{\theta}, \boldsymbol{u})} \right|$$

ここで最後の項は $(\boldsymbol{\theta}, \boldsymbol{u})$ から $(\widetilde{\boldsymbol{\theta}}, \widetilde{\boldsymbol{u}})$ への変換のヤコビアンである．6.3.3 節から以下のときにこれが起こることがわかる．

$$\alpha(\boldsymbol{\theta}, \widetilde{\boldsymbol{\theta}}) = \min\left(1, \frac{p(\widetilde{\boldsymbol{\theta}} \mid \boldsymbol{y})\widetilde{g}(\widetilde{\boldsymbol{u}})}{p(\boldsymbol{\theta} \mid \boldsymbol{y})g(\boldsymbol{u})} \left|\frac{\partial(\widetilde{\boldsymbol{\theta}}, \widetilde{\boldsymbol{u}})}{\partial(\boldsymbol{\theta}, \boldsymbol{u})}\right|\right) \tag{6.15}$$

標準的な MH アルゴリズムについてこの少し異なる説明を用いると，RJMCMC がより良く理解できる．

リバーシブルジャンプ MH アルゴリズム： ここでより複雑パラメータ空間を考える．例えば，2 つ (あるいはそれ以上) の統計モデルの選択肢があるとする．以下では，Signal-Tandmobiel® 研究の dfmt 指数がポアソン分布に従うのか，負の 2 項分布に従うのかを調べる．前者の分布は 1 パラメータだが，後者は 2 パラメータである．したがって，2 つのパラメータ空間の次元は異なっている．両方の分布からサンプリングする必要があるサンプリングアルゴリズムは，次元の異なるモデル間を移動できなければならない．

ここでパラメータ空間が $\Theta = \bigcup_m (m, \Theta_m)$ で与えられるとし，関心のある事後分布を $p(m, \boldsymbol{\theta}_m \mid \boldsymbol{y})$ とする．したがって，モデル選択とモデルのパラメータの両方について同時に推測を行いたい．標準的な MH アルゴリズムと同様に，$h_{m,\widetilde{m}}: R^d \times R^r \to R^{\widetilde{d}} \times R^{\widetilde{r}}$ は，$(d+r)$ 次元ベクトル $\boldsymbol{\psi}_m = (m, \boldsymbol{\theta}_m)$ を $(\widetilde{d}+\widetilde{r}) = (d+r)$ 次元ベクトル $\widetilde{\boldsymbol{\psi}}_{\widetilde{m}} = (\widetilde{m}, \widetilde{\boldsymbol{\theta}}_{\widetilde{m}})$ に変換すると仮定する．さらに $h_{m,\widetilde{m}}$ は逆関数が $\widetilde{h}_{\widetilde{m},m}$ の全単射関数で，微分可能であるとする．$(\widetilde{d}+\widetilde{r}) = (d+r)$ は次元マッチング条件 (dimension matching condition) と呼ばれる．$\boldsymbol{\psi}_m$ から $\widetilde{\boldsymbol{\psi}}_{\widetilde{m}}$ へ移動するための提案分布を $j_{(m,\widetilde{m})}(\boldsymbol{\psi}_m \mid \widetilde{\boldsymbol{\psi}}_{\widetilde{m}})$ と書くこととする．このとき，A から B への移動の確率 (どちらも Θ に含まれる集合) には，(A の異なるサブモデル m から B の異なるサブモデル $\widetilde{m}$ への) 移動について式 (6.16) の左辺で与えられる項の和が含まれる．式 (6.14) から，これらの移動の可逆条件は以下を満たす．

$$\begin{aligned} &\int_{(\boldsymbol{\psi}_m, \widetilde{\boldsymbol{\psi}}_{\widetilde{m}}) \in A \times B} p(\boldsymbol{\psi}_m \mid \boldsymbol{y}) j_{(m,\widetilde{m})}(\boldsymbol{\psi}_m \mid \widetilde{\boldsymbol{\psi}}_{\widetilde{m}}) g(\boldsymbol{u}) \alpha(\boldsymbol{\psi}_m, \widetilde{\boldsymbol{\psi}}_{\widetilde{m}}) \mathrm{d}\boldsymbol{\psi}_m \mathrm{d}\boldsymbol{u} \\ = &\int_{(\boldsymbol{\psi}_m, \widetilde{\boldsymbol{\psi}}_{\widetilde{m}}) \in A \times B} p(\widetilde{\boldsymbol{\psi}}_{\widetilde{m}} \mid \boldsymbol{y}) j_{(\widetilde{m},m)}(\widetilde{\boldsymbol{\psi}}_{\widetilde{m}} \mid \boldsymbol{\psi}_m) \widetilde{g}(\widetilde{\boldsymbol{u}}) \alpha(\widetilde{\boldsymbol{\psi}}_{\widetilde{m}}, \boldsymbol{\psi}_m) \mathrm{d}\widetilde{\boldsymbol{\psi}}_{\widetilde{m}} \mathrm{d}\widetilde{\boldsymbol{u}} \end{aligned} \tag{6.16}$$

このとき，採択確率が以下のように与えられれば，詳細釣り合い条件が満たされている．

$$\alpha(\boldsymbol{\psi}_m, \widetilde{\boldsymbol{\psi}}_{\widetilde{m}}) = \min\left(1, A_{m,\widetilde{m}}(\boldsymbol{\psi}_m, \widetilde{\boldsymbol{\psi}}_{\widetilde{m}})\right) \tag{6.17}$$

ここで，

$$A_{m,\widetilde{m}}(\boldsymbol{\psi}_m, \widetilde{\boldsymbol{\psi}}_{\widetilde{m}}) = \frac{p(\widetilde{\boldsymbol{\psi}}_{\widetilde{m}} \mid \boldsymbol{y}) j_{(\widetilde{m},m)}(\widetilde{\boldsymbol{\psi}}_{\widetilde{m}} \mid \boldsymbol{\psi}_m) \widetilde{g}(\widetilde{\boldsymbol{u}})}{p(\boldsymbol{\psi}_m \mid \boldsymbol{y}) j_{(m,\widetilde{m})}(\boldsymbol{\psi}_m \mid \widetilde{\boldsymbol{\psi}}_{\widetilde{m}}) g(\boldsymbol{u})} \left|\frac{\partial(\widetilde{\boldsymbol{\theta}}_m, \widetilde{\boldsymbol{u}})}{\partial(\boldsymbol{\theta}_m, \boldsymbol{u})}\right| \tag{6.18}$$

ヤコビアンは ψ_m から $\widetilde{\psi}_{\widetilde{m}}$ への推移を表し，移動の種類に依存する．

上記は，関数 $h_{m,\widetilde{m}}$ を選択しなければならないので部分的にではあるが，RJMCMC アルゴリズムを説明している．$h_{m,\widetilde{m}}$ の実際の選択は，RJMCMC アルゴリズムの性能に非常に影響する．考え方をまとめるために，ここで Hastie and Green (2012) の例での RJMCMC アルゴリズムを，例 II.3 の Signal-Tandmobiel® 研究の dmft 指数に適用して説明する．

例 VI.10：虫歯研究：RJMCMC を用いたポアソン分布と負の 2 項分布の選択

例 II.3 では，dmft 指数をポアソン分布で解析した．dmft 指数の平均は 2.24 だが，分散は 7.93 なので，過分散であることがわかっている．過分散のカウントデータへの当てはめの候補としては，負の 2 項分布がある．したがって，dmft 指数にもとづくポアソン分布と負の 2 項分布の選択に RJMCMC を適用した．

n 人の dmft 指数に対するポアソン尤度は，式 (2.20) から以下のように導出される．

$$L(\lambda \mid \boldsymbol{y}) = \prod_{i=1}^{n} \frac{\lambda^{y_i}}{y_i!} \exp(-n\lambda)$$

負の 2 項分布にはいくつかのパラメータ設定が存在するが，ここでは式 (3.15) と若干異なり，以下のように負の 2 項分布の尤度を表す．

$$L(\lambda, \kappa \mid \boldsymbol{y}) = \prod_{i=1}^{n} \frac{\Gamma(1/\kappa + y_i)}{\Gamma(1/\kappa) y_i!} \left(\frac{1}{1+\kappa\lambda}\right)^{1/\kappa} \left(\frac{\lambda}{1/\kappa + \lambda}\right)^{y_i} \quad (6.19)$$

上記の式は，$\kappa = 1/\alpha$, $\lambda = \alpha/\beta$ という関係を使って式 (3.15) から導出している．パラメータ λ は両方の分布の平均であるが，負の 2 項分布の分散は $\lambda(1+\kappa\lambda)$ である．つまり κ が過分散の程度を表し，$\kappa = 0$ であればポアソンモデルが得られる．

次の 2 つのモデルを考える．$m=1$ として $\theta_1 \equiv \lambda$ である Poisson(λ)，$m=2$ として $\boldsymbol{\theta}_2 = (\theta_{21}, \theta_{22}) \equiv (\lambda, \kappa)$ である NB(λ, κ) である．したがって，$\psi_1 = (1, \theta_1)$ と $\psi_2 = (2, \boldsymbol{\theta}_2)$ の間で次元の移動 (trans-dimensional move) がある．モデルの設定を完了するためには，パラメータに事前分布を与えなければならない．まずモデルパラメータには次のようにガンマ分布を仮定した：θ_1 と θ_{21} は Gamma$(\alpha_\lambda, \beta_\lambda)$，$\theta_{22}$ は Gamma$(\alpha_\kappa, \beta_\kappa)$．次にモデルに対する事前確率は等しくした：$p(m=1) = p(m=2) = 0.5$．このとき事後分布は 2 つの事後分布に分かれる．

- $(m=1)$: $p(1, \theta_1 \mid \boldsymbol{y}) = 0.5\,\text{Gamma}(\alpha_\lambda, \beta_\lambda) L(\lambda \mid \boldsymbol{y})$
- $(m=2)$: $p(2, \boldsymbol{\theta}_2 \mid \boldsymbol{y}) = 0.5\,\text{Gamma}(\alpha_\lambda, \beta_\lambda)\text{Gamma}(\alpha_\kappa, \beta_\kappa) L(\lambda, \kappa \mid \boldsymbol{y})$

超パラメータは $\alpha_\lambda = \overline{y} \times a$, $\beta_\lambda = a$ と $\alpha_\kappa = (2/\overline{y}) \times a$, $\beta_\kappa = a$ としている．この設定では，λ の事前平均は観測された dmft 指数の平均に等しい．β_λ と β_κ の選択

は平均のパラメータ λ についての事前知識で決まる.ここでは $a=1$ としたが,a を 0.5 から 10 に変化させても同様な結果であった.最後に α_κ は,観測された分散が観測された平均のおよそ 3 倍であるということを考慮して選択している.追加の情報と R プログラムは 'chapter 6 dmft index Poisson vs negative bin.R' にある.

以下の 4 種類の移動がある:(1) ポアソン分布からポアソン分布,(2) ポアソン分布から負の 2 項分布,(3) 負の 2 項分布からポアソン分布,(4) 負の 2 項分布から負の 2 項分布.(2) と (3) の移動だけに次元の変化がある.(1) と (4) の移動は標準的なサンプリングアプローチによって行われる.

移動 (2) では,1 次元から 2 次元にジャンプするためにパラメータベクトルの次元を増やす必要がある.マルコフ連鎖が状態 $(1, \theta_1)$ であると仮定すると,負の 2 項分布へのジャンプは分布 g,例えばうまく選択した σ を固定した $N(0, \sigma^2)$ から u を生成し,$(2, \widetilde{\boldsymbol{\theta}}_2)$ を提案するためにそれを θ_1 と組み合わせることによって行うことができる.Hastie and Green (2012) は μ を固定し,$\widetilde{\boldsymbol{\theta}}_2 = (\widetilde{\theta}_1, \widetilde{\theta}_2) = h_{1,2}(\theta_1, u) = (\theta_1, \mu \exp(u))$ を提案した.この選択は,モデル間を移動するときにパラメータ λ を固定したままにしている.過分散パラメータ κ は μ の周りを変動する対数正規確率変数である.逆の移動である (3) では,ポアソン分布の空間に戻るが $h_{2,1}$ が $h_{1,2}$ の逆関数になるようにする必要がある.これは $h_{2,1}(\widetilde{\boldsymbol{\theta}}_2) = (\widetilde{\theta}_1, \log(\widetilde{\theta}_2/\mu)) = (\theta_1, u)$ で達成される.ヤコビアンは $\mu \exp(u)$ である.ここで,2 つの採択確率が使われる.移動 (2) では,$\min(1, A_{1,2})$ で,

$$A_{1,2} = \frac{p(2, \widetilde{\boldsymbol{\theta}}_2 \mid \boldsymbol{y})}{p(1, \theta_1 \mid \boldsymbol{y})} \left[\frac{1}{\sqrt{2\pi\sigma^2}} \exp\left(-\frac{u^2}{2\sigma^2}\right) \right]^{-1} \mu \exp(u) \quad (6.20)$$

であり,逆の移動 (3) では $\min(1, A_{2,1})$ で,

$$A_{2,1} = \frac{p(1, \theta_1 \mid \boldsymbol{y})}{p(2, \widetilde{\boldsymbol{\theta}}_2 \mid \boldsymbol{y})} \frac{1}{\sqrt{2\pi\sigma^2}} \exp\left[-\frac{(\log(\widetilde{\theta}_2/\mu))^2}{2\sigma^2}\right] \frac{1}{\widetilde{\theta}_2} \quad (6.21)$$

である.

RJMCMC を完成させるためには,σ と μ を選ぶ必要がある.移動 (3) では,κ は μ の周りを変動する右に裾が長い分布からサンプリングされた.σ と μ はおおよそデータから観測されたことを反映していなければならない.そうでなければ,現実的でない κ の値が多く選ばれ過ぎたり (両方のパラメータとも大き過ぎる),あるいはサンプリングされた負の 2 項分布がポアソン分布とそれほど違わない (両方のパラメータとも小さ過ぎる) ことになる.σ の 3 つの値,0.5,1,2 を調べた.κ の平均がデータから得られた値と等しくなるか,または 2 倍になるように,μ と 6 つの組み合わせを設定した.4 つのシナリオのそれぞれに対して,10000 回の反復を生成し,最初の 2000 回の反復を除いた.

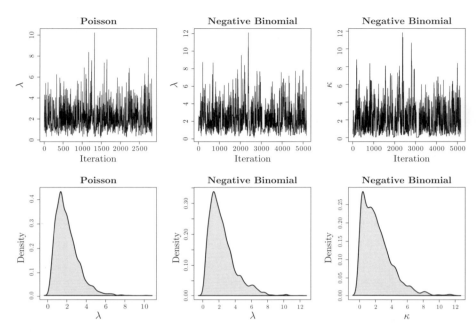

図 6.16 虫歯研究：RJMCMC アプローチを用いたポアソン分布と負の 2 項分布の選択．トレースプロットと確率密度は連鎖の収束した部分にもとづいており，モデルに特有なものである．

　4 つのシナリオのそれぞれに対して，負の 2 項分布が好ましかった．好ましさはモデル 1 (ポアソン分布) あるいはモデル 2 (負の 2 項分布) におけるマルコフ連鎖がモデルの中にいた回数の割合によって決定した．モデル 2 に対する選択は 56% から 74% の間で変動した．意外にもいくつかのシナリオでは，この選択は圧倒的ではない．しかしながら，すべてのシナリオでモデル 1 からモデル 2 へ提案された移動は，常に採択された．2 つのモデルでの λ の中央値はおよそ 2 であり，これは dmft 指数の観測された平均値と近いものである．κ の中央値は 0.78 から 1.75 の間で変動していたので，設定にかなり依存していることが示された．次元の移動の割合は 32% から 55% の間で変動した．1 つのシナリオに対する空間内の移動のトレースプロットとパラメータの事後分布を図 6.16 に示す．パラメータ λ に関する図は 2 つあり，1 つはポアソンモデルに対して，1 つは負の 2 項モデルに対してである．

　dmft 指数には負の 2 項分布が最良のようにみえるが，その根拠は絶対的ではない．さらに，RJMCMC アルゴリズムは σ と μ の選択にかなり敏感であった． □

　要約すると，RJMCMC アルゴリズムの背景にある考えは，異なる次元の空間の間の

ジャンプを同じ次元だがより大きい次元の空間でのジャンプに置き換えることである．この理由のため，RJMCMC アルゴリズムは，行われるそれぞれの移動の可逆性を確保するような全単射の関数が必要である．一般に，RJMCMC アルゴリズムは，古典的な MH アルゴリズムに対応する現在の空間の中での移動，同じ次元の異なる空間の間の移動，異なる次元の空間の間の移動を含んでいる．後者の2つの場合では，RJMCMC アルゴリズムには古典的な MH アルゴリズムの拡張が必要である．RJMCMC はジャンプの構成にかなりの柔軟性を認めている．例えば，全単射関数 $h_{m,\tilde{m}}$，次元 r，関数 g を特定しないなどである．これは多くの自由度と同時に，改良や拡張の可能性が生まれるが，最適な選択をみつけるためにしばしば多くのチューニングが必要になる．第 11 章の変数選択で再度 RJMCMC アルゴリズムの話をする．

6.7 終わりに

マルコフ連鎖モンテカルロ法によって，現在 (ベイズ流の) 統計学的方法で取り組むことができる問題は大幅に拡大した．しかし，それには支払うべき代償がある．すなわち，しばしば実行するのに (非常に) 長い時間が必要になり，尤度アプローチに比べてアルゴリズムの収束を確認することがより難しくなっている．それにもかかわらず，データへのモデルの当てはめのための柔軟性を得るために，(すべてではないが) 多くが，この代償を支払う準備ができている．

演習問題

演習 6.1 以下の方法で骨粗しょう症研究 (データは osteop.txt にある) で $(\beta_0, \beta_1, \sigma^2)$ の事後分布を (この章と同じ無情報事前分布を用いて) 導出せよ：(a) ギブス・サンプラー，(b) $(\beta_0, \beta_1, \log(\sigma))$ について提案分布 $N(\boldsymbol{\theta}^k, c^2 \boldsymbol{I})$ とし，c の値を変化させたランダムウォーク・メトロポリス・サンプラー．また，2つのサンプラーの性能を比較せよ．

演習 6.2 例 VI.4 の完全条件付き分布を導出し，すべてのパラメータと例えば $\theta-\lambda$ のような導出されたパラメータの事後要約量を導出せよ．Raftery and Akman (1986) は θ と λ の事前分布として以下を使っている．

$$\theta \sim \text{Gamma}(a_1, b_1), \quad \lambda \sim \text{Gamma}(a_2, b_2)$$

ここで，$a_1 = a_2 = 0.5$，$b_1 = b_2 = 0$ である．このベイズモデルが実質的に Tanner (1993) によって行われた解析の事後要約量と同じものを与えることを示せ．

演習 6.3 正の値 (y_1, y_2, y_3) に対して以下で定義される Besag (1974) の自己指数モデル (auto-exponential model) からサンプリングせよ．

$$f(y_1, y_2, y_3) \propto \exp[-(y_1 + y_2 + y_3 + \psi_{12}y_1y_2 + \psi_{13}y_1y_3 + \psi_{23}y_2y_3)]$$

ここで ψ_{ij} は既知で $\psi_{ij} > 0$ である．

演習 6.4 6.2.4 節で紹介したリバーシブル・ギブス・サンプラーの R プログラムを書け．骨粗しょう症データ (演習 6.1 も参照) に方法を適用し，基本的なギブス・サンプラーの性能をリバーシブルなものと比較せよ．

演習 6.5 6.2.4 節で紹介したランダムスキャン・ギブス・サンプラーのプログラムを書け．骨粗しょう症データ (演習 6.1 も参照) に方法を適用し，基本的なギブス・サンプラーの性能をランダムスキャンのものと比較せよ．

演習 6.6 6.2.4 節で紹介したブロック・ギブス・サンプラーを骨粗しょう症データ (演習 6.1 も参照) に適用せよ．ブロックは (β_0, β_1) と σ^2 とする．その性能を基本的なギブス・サンプラーと比較せよ．

演習 6.7 スライス・サンプラーをベータ分布に適用せよ．その性能を R に含まれている古典的なサンプラー rbeta と比較せよ．また二峰性を示すような 2 つのベータ分布の混合にもスライス・サンプラーを適用せよ．

演習 6.8 例 VI.9 の虫歯データ (caries.txt にある) に同じ事前分布を用いて，ベイズ流ロジスティック回帰を実行せよ．基本的なギブス・サンプラーを適用するために R 関数 ars を使用せよ．同様にプロビット回帰を行え．

演習 6.9 ランダムウォーク・メトロポリス・アルゴリズムを用いて，演習 6.8 を繰り返せ．

演習 6.10 古典的な無情報事前分布を用いて，以下の 3 つの方法による，年齢，身長，体重，BMI について TBBMC のベイズ流回帰を実行せよ (データは osteoporosismultiple.txt にある)．

- 基本的なギブス・サンプラーと，回帰パラメータを 1 つのブロック，残差分散パラメータをもう 1 つのブロックにしたブロック・ギブス・サンプラー．
- 回帰パラメータに対するブロック・ランダムウォーク・メトロポリス・サンプラー．さらに提案分布の正規分布を多変量 t_3 分布に置き換えたもの．
- 回帰パラメータに対するブロック独立 MH サンプラー．提案分布として，平均が MLE で共分散行列が MLE におけるヘシアン行列の逆行列のマイナスをとったものに比例する正規分布を使用せよ．適切な比例係数を探せ．

6.7 終わりに

演習 6.11 例 VI.10 の RJMCMC プログラムにおいて，事前分布の設定を変化させ，結果の感度を評価せよ．σ と μ の選択に対する結果の依存性も評価せよ．

演習 6.12 リバーシブルジャンプ MCMC アルゴリズムのより詳しい説明を与えている Waagepetersen and Sorensen (2001) を調べよ．その論文で，例 4.2 は正の値をとる確率変数にガンマ分布と対数正規分布を選ぶために RJMCMC を利用している．演習 6.11 の R プログラムを上記の場合に適合させ，例 11.2 の IBBENS 調査データ diet.txt に適用せよ．

第7章 マルコフ連鎖の収束の評価と改善

7.1 はじめに

　MCMC サンプリング手法は，一般性はあるがコストがかかる．事後分布からすぐにはサンプリングできず，マルコフ連鎖の収束評価は尤度の場合よりも困難である．さらに，事後要約量が十分な精度で計算されることを保証するために，連鎖をモニターする必要がある．第6章での収束定理は，MCMC アルゴリズムによって生成されたマルコフ連鎖が (弱い正則条件のもとで) 事後分布に収束することを保証する一方で，複雑なモデルが含まれる場合には，特に実際の特定の問題に対して満たされる条件がすぐには明確にならないことがある．その上，いつ収束するかは，収束定理ではわからない．第6章の例では，バーンインのサイズと連鎖全体のサイズの選択についてはふれなかった．本章では，連鎖の収束を評価するための様々なグラフによる診断と形式的な診断に目を向ける．

　収束が遅い場合には，MCMC をより長く実行するか，あるいはアルゴリズムを速めることができる．本章では，MCMC サンプリング手法を加速するための汎用的な手法について述べる．第9章では，階層モデルに対する加速法について議論する．

　Dempster *et al.* (1977) により紹介された，有名な尤度にもとづく EM アルゴリズムはデータ拡大 (data augmentation) の特殊な場合である．データ拡大は，標準的ではない元の尤度を標準的なものに再定式化する．問題を再定式化することで，データ拡大はサンプリング手順も速めることができるが，サンプリング手順を単純化するものはごくわずかである．本章では，データ拡大のベイズ流の方法に注目する．

　ほとんどの説明に対して，WinBUGS と CODA を合わせて用いた．いくつかの例においては，最近公開された SAS® のベイズ解析用のプログラムを用いた．

7.2 マルコフ連鎖の収束の評価

7.2.1 マルコフ連鎖に対する収束の定義

言うまでもなく，事後分布が解析的に求まる場合には，収束は問題とはならない．3.7.1 節で挙げたような数値計算が含まれる場合には，収束は積分の計算の精度のみが問題になる．また，尤度にもとづく手順に対する収束とマルコフ連鎖に対する収束の違いを理解することが重要である．前者の場合，収束はどの程度 MLE に近づくかということと関係があり，一方で MCMC アルゴリズムに対する収束は，どの程度真の事後分布に近づくかを確認するということである．

より形式的に，MCMC における収束とは，$k \to \infty$ に対して θ^k の分布 $p_k(\theta)$ が目標分布 $p(\theta \mid y)$ になるというマルコフ連鎖に対する漸近的性質のことである．言い換えると，大きい k と小さい ε に対して，2 つの分布 f と g の距離を $d(f,g)$ とすると，$d_k \equiv d[p_k(\theta), p(\theta \mid y)] < \varepsilon$ となるということである．理論的研究は，収束を保証できる条件を証明することに焦点をあてている．いくつかの単純な場合には，$k > k_0$ に対して $d_k < \varepsilon$ となるような k_0 に対する式を与えることができる．例えば，Jones and Hobert (2001) は，未知の μ と σ^2 をもつ正規分布の場合について，2 つの分布間の全変動 (total variation) の乖離の指標，すなわち $d(f_k, f) = \frac{1}{2} \int |f_k(\theta) - f(\theta)| d\theta$ に対して k_0 を特定することができることを示した．しかし，そのような理論的結果はほとんどの実際的な事例において証明することが困難である (Jones and Hobert 2001). ほとんどの場合，連鎖の収束を評価することは，周辺事後分布の収束を確認することを伴う．これは，1 つのパラメータごとに注目するということを意味している．記号法を簡便にするために，このパラメータを θ で表す．事後分布 $p(\theta \mid y)$ は，パラメータに対する周辺事後分布を，$p_k(\theta)$ はその成分の周辺標本分布を表している．

収束診断 (convergence diagnostics) によって収束を確認するための様々な実用的な方法が提案されている．この診断は 2 つの側面がある：連鎖の定常性 (stationarity) を確認することと事後要約量の精度 (accuracy) を検証することである．定常性を確認するステップでは，$k \geq k_0$ に対する繰り返し数 k_0 を決める．ここで，θ^k は正しい事後分布からサンプリングされる．これはマルコフ連鎖 ($k = 1, \ldots, k_0$) のバーンイン部分を評価することと等しい．ほとんどの (グラフによる，あるいは形式的な) 収束診断は収束した連鎖の定常性に関するものである．精度を検証するステップでは，θ^k ($k = k_0 + 1, \ldots, n$) にもとづいた関心のある事後要約量が，要求される精度を伴って計算されたかが検証される．通常，要約量は連鎖の収束した部分 (すなわち $k > k_0$ である θ^k に対して) のみにもとづいている．これは厳密に言うと，必ずしもエルゴード定理に従っていないが，実際は，特に分散のパラメータに対してより安定した推定

値が得られるため，そのようにすることが推奨される．

7.2.2 マルコフ連鎖の収束の判定

理論的な発展の実務面への影響は限定的であった．むしろ (どのようにそのアウトプットが得られるかは無視して) マルコフ連鎖のアウトプットにもとづく方法が用いられている．これらの方法は連鎖の定常性を確認し，ある場合には精度の確認と組み合わされて，Ripley (1987) によってアウトプット解析 (output analysis) と呼ばれた．この方法の比較検討は，Ripley (1987)，Cowles and Carlin (1996)，Brooks and Roberts (1998)，Mengersen et al. (1999) でみることができる．彼らの結論は，(a) 収束を評価するための確実な方法はないので，収束の評価をするために一連の診断が必要であり，(b) 多くの診断は実際に利用するには複雑過ぎて，うまくいっているのはほとんどなく，(c) 実際には，簡単に使えるソフトウェアにある診断だけが使われる，ということである．10 年以上経っても，使われているのはほんの一握りの診断のみであり，すなわちこれらは WinBUGS (または関連ソフトウェア) に実装されているものである．単一連鎖 (single chain) および多重連鎖 (multiple chain) の診断の両方が用いられている．

ここでは主として WinBUGS，CODA，BOA，ベイズ解析用の SAS プロシジャに実装されている収束診断に限定する．診断は 2 つに区別できる：グラフィカルなものと，形式的なものである．例 VI.5 で紹介した骨粗しょう症試験を用いて両方の方法を説明する．

真の事後平均に対して $\bar{\theta}$ を用いてきたが，サンプリングでは事後平均の推定値しか利用することができない．したがって 1 つの MCMC 連鎖から得られた事後平均に対する正確な表記は $\hat{\bar{\theta}}$ とするべきである．しかしながら，記法を簡単にするため，サンプリングされた事後平均は引き続き $\bar{\theta}$ のように書く．すなわち $\bar{\theta} = (1/n) \sum_{k=1}^{n} \theta^k$ である．

7.2.3 収束を評価するためのグラフを用いた方法

トレースプロット： トレースプロット (trace plot)(6.2 節) をみると，マルコフ連鎖の本質的な特徴がわかる．トレースプロットはそれぞれのパラメータに対して別々に生成し，連鎖の評価を 1 つずつ行うが，マルコフ連鎖を同時に，すなわちパラメータベクトル $\boldsymbol{\theta}$ をモニターすることも有用である．これは尤度あるいは事後密度関数の対数をモニターすることによって実行できる．WinBUGS では，$-2 \times \log$(尤度) であるデビアンスが自動的に生成され，SAS ではサンプリングされた値が含まれるアウト

プットファイルを要求すると，事後分布の対数である変数 LogPost がデフォルトで追加される．定常状態の場合，トレースプロットは水平な板のように見え，個々の推移はほとんど識別できない．これはシックペン検定 (thick pen test; Gelfand and Smith 1990) の土台となるものである．この検定には太いペンでトレースプロットを覆うことができるかを確認することが含まれている．図 6.8 のトレースプロットはこの検定を通過した．定常性からの大幅な逸脱，例えば初期状態に対する連鎖の依存性は，トレースプロットでの初期の (上昇あるいは下降の) 傾向から容易にみつけることができる．さらに，トレースプロットはどのぐらい早く連鎖が事後分布を探索するのか，すなわち連鎖の混合率 (mixing rate) も示す．シックペン検定は依然として定常性を主張するための一般的な方法であり，一部の人たちにとってはおそらく実際に適用できる唯一の検定である．

自己相関プロット： 連鎖の将来の位置が現在の位置から簡単に予測できるとき，事後分布の探索は遅くなり，連鎖の混合率が低い (low mixing rate) という．混合率は異なるラグの自己相関 (autocorrelation) によって測る．ラグ m の自己相関 ρ_m は θ^k と $\theta^{(k+m)}$ ($k = 1, \ldots$) の相関として定義され，ピアソン相関係数または時系列アプローチ (6.4 節参照) によって容易に推定することができる．自己相関関数 (autocorrelation function, ACF) は m と $\widehat{\rho}_m$ ($m = 0, 1, \ldots$) を関連付ける関数であり，自己相関プロット (autocorrelation plot) にグラフ化される．ラグの増加に伴って，自己相関がゆっくりとしか減少しない場合には混合率は低い．自己相関プロットは，連鎖の初期値を「忘れる」ための最小の反復回数を示すこともできる．

自己相関プロットは有用なツールであるが，収束診断としては用いることができない．実際，たとえ大きな m に対して ρ_m が相対的に高くても，これは収束しないことを意味するのではなく，単に混合が遅いだけである．加えて，一度収束すると，自己相関の大きさに関係なく ACF はそれ以上変化しない．すべての自己相関がゼロに近い場合には，MCMC サンプリングはほとんど独立な状態で行われており，すぐに定常状態に達する．

移動平均プロット： k_0 で定常になると，$p_k(\theta)$ の平均 (および他のすべての要約量) は $k > k_0$ で安定する．移動平均 (running mean) またはエルゴード平均 (ergodic mean) プロットは，この安定性を表示することができる．それは k 回目の反復までにサンプリングされたすべての値の平均である，移動平均 $\overline{\theta}^k$ の時系列プロットである．移動平均プロットの初期のばらつきは，(たとえ正しい事後分布からサンプリングしても) 比較的大きいが，定常状態では k の増加に伴って安定する．

7.2 マルコフ連鎖の収束の評価

Q-Q プロット: 定常状態では，連鎖の分布がどの部分を見ても安定していることが期待される．Gelfand and Smith (1990) は，連鎖の最初の半分を x 軸に，連鎖の残りの半分を y 軸に描く Q-Q プロットを提案した．Q-Q プロットを二分する線からの逸脱は，連鎖の定常性が満たされていないことを示唆する．

Brooks プロット: Brooks (1998) は定常性を評価するために，累積和 (cusum) にもとづく2つのプロットを提案した．最初の提案は以下の累積和の時系列プロットである．

$$T_m = \sum_{k=1}^{m}(\theta^k - \overline{\theta}) \quad (m = 1, 2, \ldots, n) \tag{7.1}$$

ここで $T_0 \equiv 0$ である．(0 に戻る前に) T_m の大きな変動がみられる滑らかなプロットは，連鎖の変化が遅い，すなわち混合が低いことを意味し，一方で毛状のプロット (hairy plot) は混合が良いことを示す (Brooks 1998)．プロットが「滑らかである」と呼ぶのは主観的であるので，より明確にするために Brooks は $D_t = \frac{1}{t-k_0-1}\sum_{m=k_0+1}^{t-1} d_m$ ($k_0 + 2 \leq t \leq n$) にもとづく時系列プロットを提案した．ここで，点 (m, T_m) が局所最小あるいは最大である場合には $d_m = 1$ で，それ以外の場合は 0 となる．D_t は t 回の繰り返しまでに θ^k が $\overline{\theta}$ と交差する回数の平均値である．マルコフ連鎖の要素が互いに独立に同一の分布に従い，$\overline{\theta}$ 周りで分布が対称であると仮定することで，Brooks は実際に (t, D_t) のプロットを評価するのではなく，(近似の) 境界を導出した．このような方法で，D_t 統計量は近似的に定常性を評価するための形式的な診断となる．

相互相関プロット: θ_1^k と θ_2^k ($k = 1, \ldots, n$) の相関は θ_1 と θ_2 の相互相関 (cross-correlation) と呼ばれる．θ_2^k に対する θ_1^k の散布図は相互相関プロット (cross-correlation plot) となる．このプロットは，モデルパラメータが強く相関しているかを示すような，収束問題に有用であるため，当てはめ過ぎのモデルに対する診断となる．

例 VII.1: 骨粗しょう症研究：グラフによる収束の評価

WinBUGS では 3 番目のモニター変数が事実上自動的に計算されたデビアンスと等しく，一方で SAS では変数 LogPost がこの情報を提供する．例 IV.7 で，TBBMC の BMI への回帰分析を行った．この解析では 3 つのパラメータがある．2 つの回帰係数 β_0(切片) と β_1(BMI の回帰係数) と残差分散 σ^2 である．ここで，β_1，σ^2 と log(事後分布) である $\log[p(\boldsymbol{\beta}, \sigma^2 \mid \boldsymbol{y})] \propto -0.5[(n+2)\log(\sigma^2) + (\boldsymbol{y} - \boldsymbol{\beta}^T \boldsymbol{x})^T(\boldsymbol{y} - \boldsymbol{\beta}^T \boldsymbol{x})/\sigma^2]$ をモニターした．前に述べたように，切片のプロットは傾きと似たような動きをしているので，切片に関するプロットはほとんど示していない．

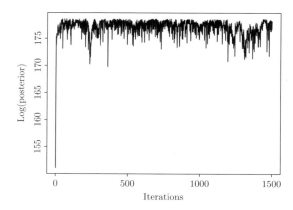

図 7.1 骨粗しょう症研究: WinBUGS から得られ CODA の関数 trace plot によってプロットされた log(事後分布) に対するトレースプロット

　図 6.8 のトレースプロットでは，分散パラメータと回帰パラメータのサンプリングの挙動がかなり異なっている．実際に，回帰パラメータに対するトレースプロットは混合が低いが，分散パラメータは混合が早い．したがって σ^2 の方向では事後分布の探索が速いが，(β_0, β_1) 部分空間では探索が遅い．図 7.1 の log(事後分布) のトレースプロットは，いくらか良い挙動をしている．すなわち，初期値から急増した後に (事後分布のエビデンスが低い領域に向かっていくらかの逸脱があるが) 比較的安定したパターンになっている．相互相関プロットは図 4.6(c) と似ており，BMI と切片の共線性を強調している．

　図 7.2 の自己相関プロットから，β_1 に対する低い混合と σ^2 に対する良い混合が確認できる．β_1 に対する自己相関は，$m = 200$ より先でほぼ 0 となる．σ^2 に対しては，自己相関はすぐに 0 になり，σ^2 のサンプリングがほとんど独立であることを示している．初期状態は，ほぼすぐに影響がなくなっている．したがって σ^2 に対しては，バーンイン部分を最初の 500 個にすることは過剰に見えるが，回帰パラメータに対してはそうは見えない．しかしながら，正式な診断法によって，これを確認したい．最終的に，ACF が 150000 回の繰り返しの後でも同じに見えるので，自己相関プロット自身は収束の指標とはならないことがわかる．

　log(事後分布) と σ^2 に対する移動平均プロットと対照的に，β_1 の移動平均プロットは不安定な挙動を示している．(ここでは示していない) Q-Q プロットから，2 つの回帰パラメータのサンプリングされた分布は，前半の半分と後半の半分でかなり異なっており，ここでも非定常性が示されていると推測できる．

　Brooks のプロットは β_1 に対しては非定常性を示すが，σ^2 に対しては最初から良

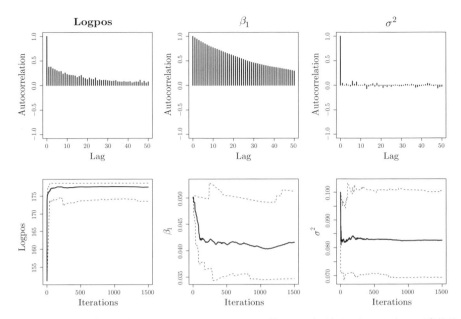

図 7.2 骨粗しょう症研究：WinBUGS+CODA から得られた自己相関プロットと log(事後分布), β_1, σ^2 の移動平均プロット

い挙動を示している (図 7.3 を参照).

結論として，回帰パラメータが定常に達するのは遅いが，σ^2 に対してはほとんどすぐに定常性が得られている．より形式的な診断法を適用するまでは最終的な結論を先延ばしにする． □

グラフによる方法に加えて，より定式的なガイドラインが，連鎖の定常性と求めた事後平均の精度を結論付けるために有用である．

7.2.4 形式的な診断法 (formal diagnostic test)

$(\boldsymbol{\theta}^k)_k$ を MCMC 法から得られたマルコフ連鎖とする．定常性や精度を評価するための 4 つの診断法をここで紹介する．初めの 3 つの方法は 1 つの連鎖の収束を評価し，マルコフ連鎖の時系列または確率過程の性質にもとづいている．4 番目の方法は，非定常性を検出するために複数のマルコフ連鎖間の違いを評価する．2 つの診断は，定常性 (バーンイン部分の大きさ k_0) と精度 (追加の繰り返し数 k_1) を評価する．すべての方法は，全体の連鎖または初期の部分が自動的に取り除かれた連鎖に適用することができる．個々のパラメータ θ に対しても診断法を適用する．

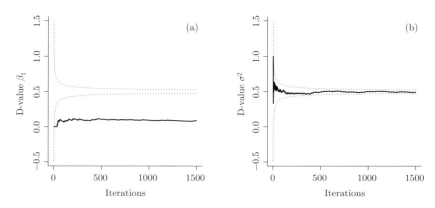

図 7.3 骨粗しょう症研究: (a) β_1 と (b) σ^2 に対する Brooks のプロット

Geweke 診断: この診断法は k_0 にのみ注目する．Geweke (1992) は (頻度論の) 有意差検定を用いて連鎖の前半と後半部分の平均値を比較することによって，マルコフ連鎖の定常性を検定することを提案している．n 個の θ^k の値が互いに独立で同一の分布に従う2つの異なる部分，n_A 個の要素からなる A (前半部分) と n_B 個の要素からなる B (後半部分) に分割した場合，それぞれの (事後) 平均 $\overline{\theta}_A$ と $\overline{\theta}_B$ を，以下で与えられる対応のない Z 検定によって比較することができる．

$$Z = \frac{\overline{\theta}_A - \overline{\theta}_B}{\sqrt{s_A^2/n_A + s_B^2/n_B}} \tag{7.2}$$

ここで s_A^2 と s_B^2 はそれぞれの分散の古典的な推定値である．n_A と n_B が大きいとき，Z は標準正規分布と比較して評価される．しかしながら，マルコフ連鎖の要素が独立ではない場合，(a) 平均値 $\overline{\theta}_A$ と $\overline{\theta}_B$ は独立ではなく，(b) s_A^2/n_A (s_B^2/n_B) は $\overline{\theta}_A$ ($\overline{\theta}_B$) の分散を過小推定することが知られている (Ripley 1987)．実際，$\overline{\theta}$ の極限分散 $\text{var}(\overline{\theta})$ は，式 (6.10) で与えられる τ^2 をもつ τ^2/n と等しくなる．

したがって，式 (7.2) において $\text{var}(\overline{\theta})$ の別の推定量が必要となる．バッチ平均法が1つの方法である (7.2.5 節を参照)．ここでは時系列の方法にもとづく推定量に目を向ける．時系列の中心となる概念は，周波数領域内の時系列を特徴付ける，スペクトル密度 (spectral density) $f(\cdot)$ であり，これは以下で与えられる．

$$f(\omega) = \frac{\gamma_0}{2\pi} \sum_{m=-\infty}^{\infty} \rho_m \cos(m\omega)$$

$2\pi f(0) = \tau^2$ であるので (Diggle 1990)，時点 0 でのスペクトル密度は $\overline{\theta}$ の分散となる．スペクトル密度はピリオドグラムによって連鎖から推定することができる (Diggle

1990). τ^2 の時系列推定値はスペクトルウィンドウ (spectral window) と呼ばれる 0 周りのウィンドウ内のピリオドグラムを評価することによって得られる．これが Geweke の方法である．

式 (7.2) の検定統計量を用いるためには，2 つの平均値 $\bar{\theta}_A$ と $\bar{\theta}_B$ が独立でなければならない (上述の主張 (a))．Geweke (1992) は，2 つの平均の差を評価するために，A として繰り返し数の最初の 10% の部分 ($n_A = n/10$) と B として最後の 50% の部分 ($n_B = n/2$) をとることを提案している．

要約すると，式 (7.2) の分母の時系列による推定値と，$(n_A + n_B)/n < 1$ で $n \to \infty$ とすると，Z スコアは標準正規分布に従い，マルコフ連鎖の定常性を検定するために用いることができる．

全体の Z 検定が $\alpha = 0.05$ で有意である場合には，バーンイン部分 (すなわち k_0) が小さ過ぎることや，連鎖の全体が短過ぎることを示す．Geweke 診断の動的なバージョンも，より良い k_0 の値を見つけるのに役立つ可能性がある．この方法の動的なバージョンでは，連鎖の繰り返しの最後の $100(K-m)/K\%$ ($m = 0, \ldots, K$) に Z 検定が適用される．これによって作られる Z_m ($m = 0, \ldots, K$) 検定統計量を，時系列プロットする．

Heidelberger-Welch (HW) 診断： Heidelberger and Welch (1983) は，連鎖の定常性 (k_0) を検定し，連鎖の長さがパラメータの事後平均に対して望む精度を保証するために十分であるか (k_1) を評価する完全に自動化された方法を提案した．この方法の多変量かつ複数の連鎖への拡張については，Brooks and Roberts (1998) に述べられている．

ステップ 1　定常性の確認： $m = 1, 2, \ldots, n$ と $S_0 \equiv 0$ に対して，累積和を $S_m = \sum_{k=1}^{m} \theta^k$ とする．定常であれば，S_m は $m\bar{\theta}$ 周りでランダムに変動するはずである．これは 0 の周りで変動する式 (7.1) の T_m と同じである．この変動は m によって変わり，$m = 0$ と $m = n$ に対しては 0 でなければならない．$0 \leq t \leq 1$ に対して，m を nt の整数部分である $[nt]$ と等しいとする．HW は $T_{[nt]}$ を正規化した以下の式を用いた．すなわち，

$$B_n(t) = \frac{S_{[nt]} - [nt]\bar{\theta}}{\sqrt{n}\tau}, \quad 0 \leq t \leq 1 \tag{7.3}$$

であり，これは Brooks のプロットと関連している．定常状態では，$B_n = \{B_n(t), 0 \leq t \leq 1\}$ は，$n \to \infty$ のときブラウン橋 (Brownian bridge) $B = \{B(t), 0 \leq t \leq 1\}$ に分布収束をする．つまり，ブラウン橋 B (Ross 2000, 10 章) は，(a) それぞれの t に対して $B(t)$ が正規分布に従う，(b) $B(0) = B(1) = 0$ となる，(c) $s < t < 1$ に対し

て $\text{cov}(B(s), B(t)) = s(1-t)$ となることを満たす.

　非定常性を見つけるために, Heidelberger と Welch は以下で与えられる Cramer-Von Mises 統計量を用いることを提案した.

$$\int_0^1 B_n(t)^2 dt = \frac{1}{n} \sum_{m=1}^{n-1} \frac{(S_m - m\overline{\theta})^2}{n\tau^2} \tag{7.4}$$

その漸近分布が定常性のもとで既知であるからである. 0 から大きく逸脱する状況が起きた場合に, 例えば有意水準 $\alpha_0 = 0.05$ で定常性は棄却される. 実際には, ピリオドグラムから得られる $\widehat{\tau}$ によって, $B_n(t)$ は以下のように置き換えられる.

$$\widehat{B}_n(t) = \frac{S_{[nt]} - [nt]\overline{\theta}}{\sqrt{n}\widehat{\tau}}, \ 0 \leq t \leq 1 \tag{7.5}$$

ステップ2　精度の決定:　定常性が確立された場合には, 連鎖 (の残りの部分) の大きさを, 推定された事後平均の望まれる精度を確実なものとするために十分大きくするべきである. よってここでは, k_0 を超える追加の繰り返し数 k_1 を見つけるが, 記号法を簡単にするために連鎖の定常部分の大きさを n と表す.

　$\widehat{d}(\alpha_1, \theta) = z_{(1-\alpha_1/2)} \widehat{\tau}/\sqrt{n}$ を θ の真の事後平均に対する (古典的な) $100(1-\alpha_1/2)\%$ 信頼区間の幅とする. ここで, $z_{(1-\alpha_1/2)}$ は $\alpha_1 = 0.05$ のとき 1.96 である. Heidelberger と Welch は精度を確かなものとするために, この区間の幅の半分を使用することを提案した.

$$\text{ERHW}(\alpha_1, \theta) = \frac{1/2 \widehat{d}(\alpha_1, \theta)}{\overline{\theta}}$$

希望する精度が (ERHW $< \varepsilon$) を満たさない場合, 追加の繰り返しが必要となる.

　実際には, 連鎖の 10% ずつに (初めの) 非定常性に対する検定が行われる. まず, 連鎖の最初の 10% に対して定常性が検定される. 非定常性の根拠がある場合には, 連鎖の残りの 90% に対して検定が繰り返される. この手順は (10% ごとに) 残りの連鎖が検定を通過するまで, あるいは繰り返し数の 50% 以上が捨てられるまで続けられる. 前者の場合には, この手順は次のステップに移行する. 後者の場合には, この手順は中止となりマルコフ連鎖は検定を通過しない.

Raftery-Lewis (RL) 診断:　ここまでの収束診断はすべて事後平均にもとづいていた. しかし, 事後分布が歪んでいる場合には, 要約量は事後中央値が好ましい. さらに, 95% 信用区間には 0.025 分位点と 0.975 分位点の計算が必要である. これは, 推定した事後分位点の精度を確かなものとするような診断を見つける動機付けとなる.

Raftery and Lewis (1992) は，望まれる精度で事前に指定した q に対して，$P(\theta < u_q \mid y) = q$ で定義される事後分位点 u_q を推定するための手順を提案した．$\hat{u}_q$ を u_q の推定値とすると，この手順によって，(頻度論の) 確率 $(1-\alpha)$ (例えば 0.95) で，区間 $[q-\delta, q+\delta]$ (例えば δ は 0.005) 内で $P(\theta < \hat{u}_q \mid y) = \hat{q}$ となるために必要な繰り返し数を求めることができる．精度は，$\hat{u}_q$ に対してではなく $\hat{q}$ に対して指定される．

RL 診断は 2 つの手順にもとづいている．初めの手順では，連鎖の定常性を $Z^k = I_{(\theta^k < \hat{u}_q)}$ を用いて元のマルコフ連鎖から導かれる 2 値化された連鎖 Z^k によって確認する．2 値の連鎖 $(Z^k)_k$ がマルコフ性を満たさないため，著者らは再び (近似的に) マルコフ性を満たすために副鎖 (subchain) をとることを提案した (7.3 節の「間引き (thinning)」も参照されたい)．すなわち，$m = 1, 1+s, 1+2s, \ldots$ とする副鎖 $(Z^m)_m$ に対して，1 次のマルコフモデルが，2 次のマルコフモデルよりも BIC (第 10 章参照) で好ましくなるような最も小さな s の値を選択する．この 2 値の副鎖についてバーンイン回数 n_0 を決定することは容易であり，元の連鎖に対しては $k_0 = s \times n_0$ となる．次の手順で，追加の繰り返し数 (k_1) を推定された事後分位点が望まれる精度に達するように計算する．$\hat{q}$ の漸近正規性にもとづき，$P(q-\delta \leq \hat{q} \leq q+\delta) = (1-\alpha)$ を満たすように追加の繰り返し数 k_1 を選択する．

最後に，Raftery と Lewis は望まれる精度に達するために，独立な Z^k に対して必要な連鎖の大きさを計算した．その場合，破棄するための繰り返しは必要ではなく ($k_0 = 0$)，$n_{\min}$ で表される最小の連鎖数を求めるための「間引き」も必要ない ($s = 1$)．比 $(k_0 + k_1)/n_{\min}$ は従属因子 (dependence factor) と呼ばれ，2 つの数列における依存度合の「ダメージ」を定量化する．著者らの経験では，従属因子が 5 以上になると，連鎖に問題があることが示唆される (悪い初期値，高い自己相関，など)．

Brooks-Gelman-Rubin (BGR) 診断：事後分布が複峰の場合には，単一のマルコフ連鎖は，局所的な最頻値の周辺から長期間抜け出せなくなる恐れがある．局所最頻値への収束は，古典的な最適化ルーチンにおいてよく知られている問題である．この問題を避けるためには，様々な初期状態から最適化ルーチンを始めることが勧められる．同じような考えで，Gelman and Rubin (1992) は，(事後分布と比較して)「過分散の」初期状態による複数の連鎖にもとづく収束診断を提案した．彼らの診断は，連鎖が群の役割を担うような分散分析 (ANOVA) の考え方にもとづいている．この診断をここでは「形式的」とするが，「図式的」とすることもできる．

Gelman and Rubin (GR) ANOVA 診断： M 個の広い範囲での初期置 θ_m^0 ($m = 1, \ldots, M$) をとり，繰り返し数を $2n$ 回として M 個の連鎖を並列に実行すると仮定する．バーンインとして最初の n 回の繰り返しは破棄する．長さ n の M 個の連鎖

$(\theta_m^k)_k$ $(m=1,\ldots,M)$ の平均は $\overline{\theta}_m = (1/n)\sum_{k=1}^{n} \theta_m^k$ $(m=1,\ldots,M)$ である．(すべての連鎖にわたる) 全体の平均は $\overline{\theta} = (1/M)\sum_m \overline{\theta}_m$ である．古典的な ANOVA のように，連鎖内と連鎖間のばらつきを以下のように計算する．

$$W = \frac{1}{M}\sum_{m=1}^{M} s_m^2 \qquad \text{ここで } s_m^2 = \frac{1}{n}\sum_{k=1}^{n}(\theta_m^k - \overline{\theta}_m)^2$$

$$B = \frac{n}{M-1}\sum_{m=1}^{M}(\overline{\theta}_m - \overline{\theta})^2$$

目標分布での θ^k の事後分散の2つの推定値を，W と B から構成することができる．最初に，定常性が成り立つ場合 (すべての $\overline{\theta}_m$ が真の事後平均の不偏推定値である場合)，

$$\widehat{V} \equiv \widehat{\text{var}}(\theta^k \mid \boldsymbol{y}) = \frac{n-1}{n}W + \frac{1}{n}B$$

は分散の不偏推定値となる．しかしながら，M 個の連鎖が良く混合していない場合には，$\widehat{V}$ は $\text{var}(\theta^k \mid \boldsymbol{y})$ を過剰推定し，連鎖が目標分布の全体を探索できていない限りは，しばしば W はこの分散を過小推定する．$n \to \infty$ の場合，$\widehat{V}$ と W はともに $\text{var}(\theta^k \mid \boldsymbol{y})$ に近づく．ただし，反対方向からである．そのため，Gelman と Rubin は比

$$\widehat{R} = \frac{\widehat{V}}{W}$$

を収束診断として提案した．$\widehat{R}$ が1を大幅に越える場合には，$\widehat{V}$ を減らす，あるいは W を増加させるためにさらなる繰り返しが必要となるので，$\widehat{R}$ は推定された潜在尺度減少因子 (estimated potential scale reduction factor, PSRF) と呼ばれる．分散の推定値のサンプリングのばらつきを考慮するために，$\widehat{d} = 2\widehat{V}/\widehat{\text{var}}(\widehat{V})$ によって修正された $\widehat{R}_c = (\widehat{d}+3)/(\widehat{d}+1)\widehat{R}$ が提案された．さらに，$\widehat{R}_c$ の 97.5% 上側信頼限界を計算することができる．Gelman と Rubin は $\widehat{R}_c$ が 1.1 または 1.2 より小さくなるまでサンプリングを続けることを提案した．その場合，M 個の連鎖の混合は良くなり，事後分布に収束する．さらに，Gelman と Rubin は $\widehat{V}$ と W をモニターし，それらの両方ともが安定する必要があることを提言した．収束する場合には，事後要約量は連鎖全体の後半分から得られる．

この診断の動的な (あるいはグラフによる) バージョンは，Brooks and Gelman (1998) で提案された．M 個の連鎖を，長さ b のバッチに分割し，$\widehat{V}^{1/2}(s)$，$W^{1/2}(s)$，$\widehat{R}_c(s)$ を長さ $2sb$ の (累積) 連鎖の後ろ半分をもとに計算する．ここで $s = 1,\ldots,[n/b]$ である．さらに，97.5% 上側信頼限界を計算する．GR 診断は R パッケージの CODA と BOA に実装されている．$\widehat{R}$ の多変量バージョンを含むその他の診断が Brooks and

Gelman (1998) によって提案されている．これらの拡張の 1 つが WinBUGS に実装されているので次の段落で議論する．

Brooks-Gelman-Rubin (BGR) 区間診断： ANOVA 診断はサンプリングされたパラメータの値が正規分布に従うと仮定する．正規分布の分散，σ^2 に対しては，GR 診断の適用前に対数変換する必要がある．別の方法として，以下のような GR 診断のノンパラメトリックバージョンを使用することが考えられる．それぞれの連鎖から経験 $100(1-\alpha)\%$ 区間，すなわち長さ $2n$ の M 個の連鎖の後半 n 回の繰り返しの $100\alpha/2\%$ 点と $100(1-\alpha/2)\%$ 点をとる．これにより M 個の連鎖内区間が得られる．このとき，区間にもとづく $\widehat{R}_I$ を得るために M 個の区間の平均を，すべての連鎖を合わせたものから同じ方法で得られた経験 $100(1-\alpha)\%$ 区間と比較する．

$$\widehat{R}_I = \frac{\text{連鎖の合計の区間の長さ}}{\text{連鎖内区間の長さの平均}} \equiv \frac{\widehat{V}_I}{W_I}$$

WinBUGS では，$\widehat{R}_I$ の動的なバージョンが実行される．$\alpha = 0.20$ とし，連鎖を繰り返し数 $1-100$, $1-200$, $1-300$ などにもとづく累積副鎖に分割する．それぞれの部分に対して，WinBUGS は副鎖の後半分に対して，(a) $\widehat{R}_I$, (b) $\widehat{V}_I/\max(\widehat{V}_I)$, (c) $W_I/\max(W_I)$ を計算する．その結果，3 つの曲線が生成される．GR 診断に関して 3 つの曲線がモニターされ，収束する場合には事後要約量は全体の連鎖の後ろ半分から得られる．

本書の後半で，BGR 診断のような複数の連鎖の診断にふれる．次の例で，骨粗しょう症データに形式的な診断法を適用する．

例 VII.2: 骨粗しょう症研究：形式的な診断法を使った収束の評価

最初に，例 VII.1 では長さ 1500 の連鎖の収束を評価した．この解析には R の CODA パッケージを用いた．(最初の) 10% と (後半の) 50% の標準的な設定のもとでは，R プログラム `geweke.diag` は収束しなかった．最初の部分を 20% とすることで，β_1 と σ^2 に対する Geweke 診断の結果はそれぞれ $Z = 0.057$ と $Z = 2.00$ となった．意外にも，この診断では σ^2 に対する定常性は棄却されたが，β_1 に対しては棄却されなかった．($K = 20$ とした場合の) Geweke 診断の動的バージョンを図 7.4 に示す．β_1 に対するほとんどの Z 値は非定常性を示す区間 $[-1.96, 1.96]$ の外にある．$\log$(事後分布) に対しても同様であり，トレースプロットで見られる挙動は，定常性を結論付けるのにまだ十分安定していないことを示唆している．σ^2 に対しては，最初の部分を除くすべての値が区間 $[-1.96, 1.96]$ 内に収まった．

(95% 信頼区間が得られる) $\alpha_0 = 0.05$ と $\alpha_1 = 0.05$ のデフォルトの設定で，R プログラム `heidel.diag` を実行し，HW 診断を適用した．σ^2 だけが定常性の検定をパスし

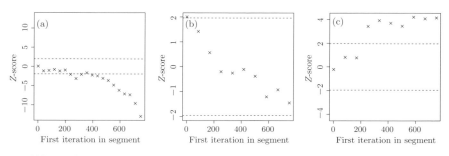

図 7.4 骨粗しょう症研究: WinBUGS+CODA から得られた (a) β_1, (b) σ^2, (c) log(事後分布) に対する Geweke 診断の動的なプロット

た ($P = 0.29$). さらに, 幅の半分が 0.000504 であったので half-width 検定もパスした. よって, 望まれる相対的な精度で σ^2 の事後平均が推定されていた. log(事後分布) に対して適用した half-width 検定は, 実用的に意味がないことに注意する.

R プログラム `raftery.diag` を用いて, 標準的な設定 $\delta = 0.005$, $\alpha = 0.05$, $\varepsilon = 0.001$ (推定されるバーンイン部分による精度) によって, $q = 0.025$ と $q = 0.975$ に対する RL 診断を計算した. 望まれる精度に達するためには, 少なくとも $3746 = n_{min}$ 回の繰り返しが必要であることに注意する.

BGR 診断では, パラメータの初期値を広い範囲で設定することを提案するために, 古典的な線形回帰分析の出力を使った. すなわち, 3 つのパラメータの 99.9% 信頼区間の 8 つの端を初期値とした. 8 つの連鎖のそれぞれに対して 1500 回の繰り返しを行った. CODA プログラム `gelman.diag` では, β_1 に対して $\widehat{R}_c = 1.06$ であった (ここで 97.5% 上側限界は 1.12 である). したがって, β_1 に対する $\widehat{R}_c$ は閾値を下回るが, 97.5% 上側限界は 1.1 を上回る. σ^2 に対する $\widehat{R}_c$ は $\widehat{R}_c = 1.00$ であり, ここで 97.5% 上側限界は 1 である. このすべてが, 回帰パラメータに対して混合が悪いことを示している. 図 7.5 に, GR ANOVA 診断の動的なバージョンを示す. このプロットは 20 個のバッチにもとづいている. $\widehat{R}_c$ のプロットは, σ^2 に対しては早く安定するが, β_1 に対するプロットは 1500 回の繰り返し以降もまだ安定せず, $\widehat{R}$ の 0.975 分位点は 1.2 周りを変動している. さらなる繰り返しが必要である.

図 7.6 に, WinBUGS から得られる GR 区間診断の動的なバージョンを示す. 3 つの曲線が示されており, 一番上の曲線は $\widehat{R}_I$, 真ん中の曲線は連鎖全体の 80% 信頼区間, 一番下の曲線は連鎖内の 80% 信頼区間の平均を表している. WinBUGS では, $\widehat{R}_I$ の分母と分子に対して出力される値が標準化される. (BGR グラフ上でコントロールキーを押しながらマウスを左クリックすることで得られる) β_1 に対する $\widehat{R}_I$ の値は, 繰り返し数を増やすことによってすぐに 1.1 を下回り, 600 回以降の繰り返しから 1.03

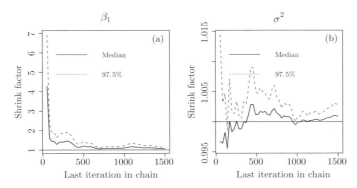

図 7.5 骨粗しょう症研究: WinBUGS+CODA から得られた (a) β_1 と (b) σ^2 に適用した GR ANOVA 診断プロットの動的なバージョン

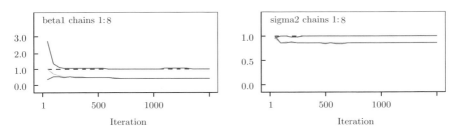

図 7.6 骨粗しょう症研究：WinBUGS による β_1 と σ^2 に対する Brooks-Gelman-Rubin 診断プロット

周りで変動した．また，500 回以降の繰り返しから 3 本の曲線は安定した．したがって，いまは追加の繰り返しは必要なさそうであり，事後要約量は 500 回以降の繰り返しから得ることができる．σ^2 に対する，$\widehat{R}_I$ はすぐに 1.003 周りの値となり，曲線はほとんどすぐに安定した．

結論として，長さ 1500 の単一の連鎖は，回帰パラメータの収束のためには不十分であると思われる．したがって，繰り返し数を 15000 回まで増やした．そうすることで収束はしたが，特定の分位点を正確に推定するためには，マルコフ連鎖の長さはまだ十分ではなかった．考えうる最も単純なモデルのもとでは，この収束に関する問題はおかしく見える．この理由は，古典的な回帰分析における計算上および統計的な問題の原因となる多重共線性の問題である (例 IV.7 を参照). □

7.2.5 モンテカルロ標準誤差の計算

MCMC アルゴリズムは独立ではない確率変数を生成する．したがって，事後平均のモンテカルロ標準誤差 (MCSE) を推定するために，事後標準偏差 s と連鎖の長さ

n としたときの古典的な平均値の標準誤差 $s/\sqrt{(n)}$ を用いることはできない. $\overline{\theta}$ のモンテカルロ漸近分散は, 式 (6.10) で与えられた τ をもつ τ^2/n となり, 時系列のアプローチで推定する.

バッチ平均法 (method of batch means) は, $\overline{\theta}$ のモンテカルロ分散を推定するためのもう 1 つの方法である. マルコフ連鎖 $(\theta^k)_k$ が収束しているという仮定のもとで, この連鎖をそれぞれの大きさが m の b 個のバッチ $\{\theta^1, \theta^2, \ldots, \theta^m\}, \{\theta^{(m+1)}, \ldots, \theta^{2m}\}, \ldots,$ $\{\theta^{(b-1)m+1}, \ldots, \theta^{bm}\}$ に分割する. ここで, $bm = n$ である. それぞれのバッチに対して, バッチ内の θ の値の平均をとると, バッチ平均 $\{\overline{\theta}^1, \ldots, \overline{\theta}^b\}$ が得られる. 事後平均 $\overline{\theta}$ は b 個のバッチ平均の平均でもあることに注意する. バッチ平均間の自己相関は, 一般的に元の連鎖の要素の自己相関より小さく, バッチの大きさに伴って減少するはずである. $\overline{\theta}^k$ と $\overline{\theta}^{(k+1)}$ 間の相関が例えば 0.1 未満など小さくなるように m を選択するとする. これらのバッチ平均が事実上無相関であるので (これは暗に独立であることを仮定している), 事後平均の標準誤差は,

$$s_{\overline{\theta}}^B = \sqrt{\frac{\sum_{k=1}^{b}(\overline{\theta}^k - \overline{\theta})^2}{(b-1)b}} \quad (7.6)$$

によって近似することができる. 式 (7.6) の計算は m と b の選択が影響する. 元の連鎖内での自己相関が高いほど, 相関係数が < 0.1 を満たすためには, m を大きくし, b を小さくする必要があり, 真の事後平均の推定される精度は悪くなるはずである. 古典的な 95% 信頼区間

$$[\overline{\theta} - 1.96 s_{\overline{\theta}}^B, \overline{\theta} + 1.96 s_{\overline{\theta}}^B]$$

から, 望む精度を得るための連鎖の長さを計算することができる. バッチ平均法は, 時系列の方法よりも精度が悪いと考えられる.

連鎖内の非独立によるモンテカルロ標準誤差の増大を測定するために, RL 診断は従属因子を示す. 高い値はサンプリングが独立ではないことを示唆する. 同じ種類の指標として有効サンプルサイズ (effective sample size, ESS) がある. 独立な場合には $\widehat{\mathrm{var}}(\overline{\theta}) = s^2/n$ となる. 式 (6.10) から連鎖内の非独立性は, この分散を少なくとも $\widehat{\mathrm{var}}(\overline{\theta}) = (s^2/n) \times (1 + 2\sum_{m=1}^{\infty} \rho_m)$ まで増加させる. したがって, $|\widehat{\rho}_M|$ が十分小さくなるように M を選択すると, 有効サンプルサイズは $n/(1 + 2\sum_{m=1}^{M} \widehat{\rho}_m)$ で推定される.

時系列の方法にもとづくモンテカルロ推定値は SAS の MCMC プロシジャに実装されており, 一方でバッチ平均法は WinBUGS に実装されている. CODA と BOA は両方の推定値を出力する.

例 VII.3: 骨粗しょう症研究：事後平均のモンテカルロ標準誤差の計算

マルコフ連鎖がゆっくりとしか収束しないため，合計 40000 回の繰り返しを行い最初の 20000 回の繰り返しを破棄した．さらに，WinBUGS, CODA, SAS の 3 つのプログラムを用いて β_1 に対するモンテカルロ標準誤差を計算した．(1) WinBUGS では MCSE = 2.163E−4 (バッチ平均法)，(2) SAS では MCSE = 6.270E−4 (時系列の方法)，(3) CODA では計算上の問題でバッチ平均に対する推定値は得られなかったが，時系列の方法に対しては，推定値 MCSE = 1.788E−4 が得られた．CODA で得られた有効サンプルサイズは 312 であったが，SAS では 22.9 であった．したがって，両方の場合とも独立なサンプリングと比較して，独立ではないサンプリングアルゴリズムによる情報の多大な損失がある．

WinBUGS, CODA, SAS の間で MCSE と ESS は大幅に違った．この違いは，回帰パラメータに対する極端に遅い収束と相まって，WinBUGS (ギブス) と SAS (メトロポリス) のサンプリング手順が異なることによる．実際に，HW 診断と Geweke 診断は SAS では定常性を示さなかった．500000 回のバーンインと追加の 500000 回の繰り返しの後でのみ，2 つの診断法によって定常性が示された (もっと早く定常性に達する可能性もあったが，何度も SAS を実行するのにうんざりした). □

7.2.6 形式的な診断法の実際の経験

ここでは，(骨粗しょう症データに限らない) 数多くのベイズ解析にもとづく，それぞれの診断に対する我々の経験をまとめる．

Geweke 診断： この方法は一般的で理解することが容易である．しかしながら，特に高い自己相関が存在する際には，連鎖の前半部分と後半部分の選択に強く依存する．このため，さらに動的なバージョンを探索することを推奨する．τ^2 を決める場合には，この診断はスペクトルウィンドウを計算するための方法にも強く依存するため，実行するソフトウェアが異なると診断結果が異なる．

HW 診断： この方法は k_0 と k_1 の両方を決定すると，比較的容易に実行できる．Heidelberger and Welch (1983) は，広く彼らの方法を検証し，初期の一時的な部分が連鎖の実行部分の長さより長い場合には，良い性能を期待できると結論付けた．

RL 診断： Brooks and Roberts (1999) は，特に分位点として 0.025 が用いられる場合に，この方法が k_0 を過小推定する傾向があることから，興味の対象が 4 分位範

囲に含まれない場合の RL 法について批判した．95%CI がベイズ流仮説検定にもとづく場合には，分位点が極端な値かどうかを検定するべきであるため，RL 法へのこの批判は残念と言えよう．

GR 診断： 収束を評価するために複数の連鎖を用いるかどうかには，活発な議論がある．Gelman と共著者らは，単一の連鎖が局所的なモードから抜け出せなくなることを避けるために，広範な初期値による複数の連鎖を推奨している．我々の経験では，BGR 診断が特に複雑なモデルでの収束を検証する一部となるべきであると考えている．さらなる例については第 9 章を参照のこと．この方法による唯一の問題は，広範な初期値だけでなく現実的な初期値をどのように選択するのかが明確ではないことである．

現実的には収束を証明することはできない．Geyer (1992) は階層モデルの MCMC 解析について報告した．しかし彼の論文が出版された時点において，彼の無情報事前分布では非正則な事後分布にならざるを得なかった．それを見出すために，100 万回の繰り返しでも十分ではなかった．WinBUGS のマニュアルが以下の警告を含んでいるのには理由がある．すなわち，(WinBUGS は非正則な事前分布を認めていないが)「MCMC サンプリングは危険なものとなり得る！」．次章の解析では，数千回の繰り返しまでなら連鎖が良い挙動を示すが，その後悪化し始めることも時折見られた．この挙動の例は，図 7.7 に示す．これは，15.4 節のジョイントモデルの 1 つで，ある回帰係数のトレースプロットである．初期は挙動が良く，その後，事後分布の別の部分に逸脱し，最終的に元の安定した挙動になるマルコフ連鎖が観測できる（これはすべてのパラメータで起こった）．このトレースプロットはその後 500000 回の繰り返しまでは安定していた（間引きは 10）が，この連鎖がその後で逸脱を始めないという保証はない．これは恐ろしい考えであるが現実である（演習 9.17 も参照する）．

7.4 節では，収束を確認するためのいくつかの実用的な方法について話題を広げる．ここでは，回帰分析の例のように収束が極めて遅い場合に収束を早めるための方法を説明する．

7.3 収束の加速

7.3.1 はじめに

この節では，収束を加速させるためのいくつかの簡単な方法を紹介する．それらはすべての状況で動作するわけではないが，うまくいけば大幅に収束を加速させる可能性がある．収束を加速させるための方法は，(a) より良い初期値の選択，(b) 変数変換，

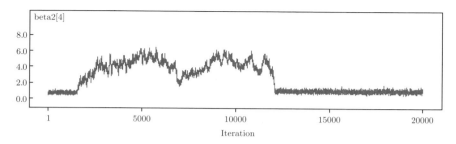

図 7.7 AZT 臨床試験：(間引き=10 の) 200000 回の繰り返しにもとづく WinBUGS から得られた 1 つの回帰係数のトレースプロット

(c) ブロック化，(d) MCMC サンプルの完全にランダムな変動を制御するアルゴリズム，(e) パラメータの再パラメータ化，に分類することができる．ここでは WinBUGS や SAS のような標準的なソフトウェアと組み合わせて用いることができる方法に焦点をあてる．Green and Han (1990)，Gustafson (1998b)，Barone *et al.* (2002) で紹介されているような革新的な MCMC アルゴリズムは，その他の MCMC アルゴリズムより洗練されており，さらに収束を加速させることができる．しかしながら，これらの方法は本書の対象を超えている．

7.3.2 加速の方法

些細であるが重要なことは，収束速度は選択するモデルに大きく依存するということである．実際に別のモデルに変えると，混合率は完全に変わる．これは，演習 7.3 で取り上げられている．そこでは，WinBUGS マニュアル Vol I の Mice example でのワイブル生存時間分布を対数正規生存時間分布に置き換えている．ラグを増加させるにつれ，後者の分布での自己相関は急速に 0 に向かって下がった．

以下の方法でマルコフ連鎖の収束を加速させることができる．

より良い初期値を選択する： 事後確率が低くなる区間において初期値を選択した場合，最初の位置から抜け出すのに長時間かかり，初めは混合が低くなる可能性がある．これはトレースプロットに増加または減少する傾向で見つけることができる．単純かつ明快な改善法は他の初期値を試してみることである．

データを変換する： 回帰変数の値の大きさが非常に異なるとき，古典的な (頻度論の) 回帰分析での計算が困難になる恐れがある．このため，回帰変数の標本標準偏差によって回帰変数の値を割り，単位に依存しない変数にすることが推奨される．この

方法は MCMC の計算でも同様である．収束速度に影響を及ぼすもう 1 つの問題は，(回帰変数間の) 多重共線性である．X を回帰モデルのデザイン行列とすると，多重共線性が生じる場合には $|X^T X| \approx 0$ となる．これは，多重共線性が回帰モデルの条件付き分布 (4.28) と周辺事後分布 (4.30) に影響を与える際に見られる．しかし $X^T X$ の固有値の 1 つが 0 に近いため，$|X^T X| \approx 0$ が，表面上に事後分布が頂点 (ridge) をもつことも示唆している．その場合には，事後分布を探索する際にギブス・サンプラーだけでなく MH アルゴリズムも遅々としたものとなる可能性がある．高い相関を避けるための古典的な解法は，中心化あるいはより一般的にはグラム・シュミットの直交化法である．これらの方法は，特に線形回帰の問題 (例 VII.4 を参照) におけるマルコフ連鎖の収束を加速させるために役立つ可能性がある．非線形回帰モデルにおいても機能する可能性があるが (演習 7.4 および演習 8.1)，より収束を遅くするかもしれないため，注意が必要である (演習 8.4)．この問題を解決するためのもう 1 つの方法はブロック化である．これについては以下を参照する．

間引き (thinning)： 加速法の目的は，自己相関を低くすることである．自己相関を低くするための単純な方法は，連鎖の間引き (thinning) と呼ばれ，連鎖の M 番目ごとの値のみを保持することである．実際，間引かれたマルコフ連鎖は，ラグが 1 より大きいとき，すべての自己相関が 0 となるような連鎖に変えることができる．これは間引きの数を元のマルコフ連鎖で自己相関が (ほぼ) 0 となるラグに取ることで実施される．しかしながら，間引かれたマルコフ連鎖のモンテカルロ誤差は元のマルコフ連鎖よりも大きい．実際ほとんどすべての場合で，コンピュータ・ストレージの割には，得られるものは少ない (例 VII.4 を参照)．

ブロック化 (blocking)： 6.2.3 節で，ギブス・サンプラーをパラメータのブロックに適用するブロック・ギブス・サンプラーを紹介した．回帰モデルにおいては，回帰係数を 1 つのブロックとし，分散パラメータをもう 1 つのブロックにすることが多い．(残差分散を与えたもとで) 回帰係数の条件付き事後分布が式 (4.30) で与えられる多変量正規分布である正規線形回帰で，この方法の利点が現れる．この条件付き分布から回帰係数のベクトル全体をサンプリングすることは簡単であり，サンプリングは事後分布の局面の尾根 (ridge) によってサンプリングは影響を受けない．実際，多変量正規サンプラーを用いることによって，回帰係数のベクトルは独立にサンプリングされる．この例から，ブロックサンプリングはギブス・サンプラーの収束を大幅に加速させる可能性があることは明らかである．しかしながら，収束を加速させるための必要条件はブロックを上手く選択することである．例えば，ブロックの選択を誤ると劇的に収

束速度が減少する例については 8.2.2 節を参照されたい．WinBUGS では，ブロック化のオプションが有効なときは，プログラムがブロックを選択する．一方で SAS の MCMC プロシジャではユーザーがブロックを指定する．

過緩和 (overrelaxation)： 自己相関が高い（かつ正の値である）場合には，マルコフ連鎖での次の値を現在の位置から容易に予測することができ，事後分布の探索は遅くなる．過緩和 (overrelaxation) はこの高次の正の相関を断つことができる．正規分布に対する方法が Adler (1981) によって紹介された．現在の値を θ^k とし，θ の完全条件付き分布を $N(\mu, \sigma^2)$ とすると，Adler (1981) は次の値を $\theta^{k+1} = \mu + \alpha(\theta^k - \mu) + \sigma(1-\alpha^2)^{1/2}\nu$ のようにとることを提案した．ここで，$\nu \sim N(0,1)$ で，パラメータ α は -1 と 1 の間の値である．α が負の場合，θ^{k+1} は μ の反対側になる．$\alpha = 0$ のとき，この方法はギブス・サンプリングと等しい．Neal (1995) の順序付き過緩和の方法は似た概念にもとづいているが，すべての条件付き分布に適用することができ，WinBUGS に実装されている．$(k+1)$ 回目のステップで，(20 前後の) M 個の値 $\theta^{k+1,1}, \theta^{k+1,2}, \ldots, \theta^{k+1,M}$ をサンプリングし，現在の値 θ^k をこの集合に追加する．この $(M+1)$ 個の値を並び替え，順位 $0, 1, 2, \ldots, M$ を与える．連鎖の次の値 θ^{k+1} はこの集合から選ばれ，m が θ^k の順位である場合にこの値の順位は $(M-m)$ となる．したがって，順序付き過緩和の方法は上記の集合から θ^k と左右対称の値を取ることによって，現在の値との相関を減らす．過緩和の方法は，条件付き分布を不変のままにする．これは重要であり，さもないと間違った分布からサンプリングする可能性がある．過緩和の効果は，自己相関プロットでわかる．一連の正と負の交互の自己相関が見られるかもしれない．しかしながら，過緩和の方法は M 倍多いサンプリング値のうち 1 つだけを残すことによって，間引きに似た役割を果たし，また，正の自己相関がないという利点をもつ．基本的な過緩和の方法のいくつかの拡張が提案されている (Barone et al. 2002)．負の相関を導く別の方法は，正反対のサンプリング (antithetic sampling) をもとにしたものである．(例えば，μ と反対の) 2 つの関連した値 θ^{k+1} と $\theta^{*,k+1}$ が同時にサンプリングされることを導く．この話題の一般的な取扱いについては Ripley (1987) を，最近発案されたいくつかの方法については Green and Han (1990) と Gustafson (1998b) を参照されたい．

再パラメータ化 (reparameterization)： 線形回帰モデル $y = \beta_0 + \beta_1 x + \varepsilon$ の回帰変数を中心化することは，$\beta_0^* = \beta_0 + \beta_1 \bar{x}$ とし，$\boldsymbol{\theta} = (\beta_0, \beta_1, \sigma)^T$ から $\boldsymbol{\theta}^* = (\beta_0^*, \beta_1, \sigma)^T$ にパラメータを変換することを表す．これを，再パラメータ化 (reparameterized) されたモデルと呼ぶ．再パラメータ化は，パラメータの制約を取り除くのに有用である．

例えば，対数変換は分散パラメータを実数軸に写す．ロジット変換は有限区間で制約されたパラメータに対して同様の役割を果たす．ギブス・サンプリングにおいては，変換次第では完全条件付き分布が同じままであるため，完全条件付き分布をサンプリングすることによって，再パラメータ化を容易に実行することができる．MH 法に対しては，そのような再パラメータ化はサンプリングを単純化することが可能であり (例えば正規分布または t 分布のような提案分布)，あり得ないパラメータ値を生み出すことを回避することができる．しかし収束速度に影響があるため，パラメータを同時に変換しなければならない．例 VII.5 は，単純な同時再パラメータ化が MCMC 法の収束に対して重要な影響を及ぼす可能性があることを示している．正規分布のような事後分布あるいは対数凹事後分布の再パラメータ化に対して，種々の提案が行われているが (Hills and Smith 1992)，それらを実際に適用することは難しい．

その他の加速法： Roberts and Sahu (1997) は目標分布が正規分布の場合に，様々な種類の (系統的な，可逆の，そしてランダムスキャン) ギブス・サンプラー，重点サンプリング，データ拡大法では収束速度が異なる可能性があることを示した．したがって収束を加速させるためには，既存の方法を改善しようとする代わりに，異なるサンプリング方法を選ぶこともできる．残念なことに，Roberts and Sahu (1997) は正規モデルに対して，最も良い方法は，正規分布の真の相関構造に依存すると結論付けた．Wilks and Roberts (1996) は，例えばヒットエンドラン・アルゴリズム (hit-and-run algorithm) とその一般化などの様々なギブス・サンプラーと，重点サンプリングとデータ拡大法の一般化などの定常分布を修正する方法について述べた．これらの改良のほとんどは，さらなる追加プログラミングが必要なため，本書の目的を超えている．

MH アルゴリズムに対する採択率は収束速度に対する指標となることをみてきた．WinBUGS では，メトロポリス・アルゴリズムはギブス・サンプラーに組み込まれており，採択率が 20% から 40% の間で変化するように提案密度関数を調整するために，初期設定で 4000 回の繰り返しが用いられる (8.1.2 節を参照)．SAS の MCMC プロシジャは，最適な採択率となるように提案分布を動的に調節する．

例 VII.4：骨粗しょう症研究：収束の加速

再度，単純な線形回帰モデルによって TBBMC を BMI で回帰することを考える．まず，悪い初期値の影響を説明するために，両方の回帰係数に対する初期値を 100 とする．これは約 200 回の繰り返しで，すべてのパラメータのトレースプロットが単調な挙動を示した．

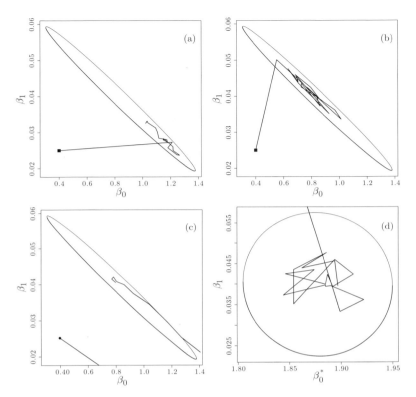

図 7.8 骨粗しょう症研究：(a) 元のギブス・サンプリング，(b) ブロック・ギブス・サンプリング，(c) 過緩和によるギブス・サンプリング，(d) 中心化された BMI によるギブス・サンプリングにもとづくベイズ流線形回帰に対して WinBUGS から得られた連鎖の最初の 20 個の値（初期値は四角で示されている）

図 7.8 で，3 つの方法での事後分布の探索を図を用いて説明する．図 7.8(a) は収束を早める方法を使わないときの，WinBUGS から得られた最初の 20 回の繰り返しを示している．事後密度は「切片との多重共線性」と呼ばれる現象によって生じた曲面の尾根 (ridge) をもつ．この問題は，回帰変数 BMI の値が 20 から 30 の間に集中しており，相対的に原点から「遠い」ことである．曲面の尾根は，ギブス・サンプラーを後続のステップ間で高い相関を生成する小さなステップをとるようにする．WinBUGS のブロック化モードを有効にすると，σ^2 に対してサンプリングされた値で条件付けられた 2 つの回帰パラメータの独立したサンプリングを行う．元のグラフよりさらに拡散している図 7.8(b) の最初の 20 個の位置から，ブロック化のオプションによるサンプリングのほうがより良いように見える．過緩和の影響は図 7.8(c) に示されている．WinBUGS での過緩和の方法は，このサンプラーで $M = 16$ としたときの Neal (1995)

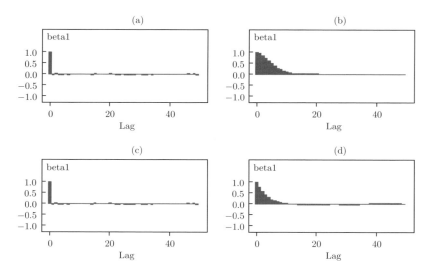

図 7.9 骨粗しょう症研究：WinBUGS から得られた，(a) ブロック・ギブス・サンプリング，(b) 過緩和によるギブス・サンプリング，(c) 中心化された BMI によるギブス・サンプリング，(d) 10 個の因子による間引きの使用，をもとにした自己相関プロット

の方法にもとづいている (8.1.2 節を参照)．これは事後分布の曲面探索を速める．しかしながら，最初の 10 回の繰り返しは図から外れており，この連鎖が多少制御不能な探索をする可能性があることを示唆している．最後に，回帰変数が中心化されている場合，事後分布の曲面の等高線プロットは円形となり，回帰係数は独立にサンプリングされていた (図 7.8(d) を参照)．図 7.9 に，自己相関関数について収束を早める方法の効果の違いを示す．明らかに，ブロック・ギブス・サンプリングと BMI の中心化が自己相関を最も減少させている．

さらに，MCSE に対する加速方法の影響を比較した．この結論は以下のとおりである．まず，中心化とブロック化は β_0 と β_1 の MCSE に対して同じ影響をもつ．次に，過緩和も MCSE を減少させるが，元の解析よりも収束するのに多くの時間を必要とせずにすむ代わりに適用範囲が狭い．間引きが用いられる場合には，回帰係数の MCSE は増加する．

単純な方法は連鎖の収束を劇的に早めることができるかもしれないが，すべての方法が同じ結果を示すとは限らない． □

以下の例で，モデルの単純な再パラメータ化が収束速度を劇的に変えることができる可能性があるということを説明する．

例 VII.5: 収束に対する再パラメータ化の効果

2つの指数分布, (a) $f_1(x) = \lambda e^{-\lambda x}$ と (b) $f_2(x) = \phi e^{-\phi x}$ を考え, パラメータ $\psi = \lambda/\phi$ に関心があるとする.

$\lambda = 3$ と $\phi = 1$ とし, それぞれの分布から 20 個の観測値をサンプリングする. 2つのモデルをデータに当てはめる. 最初のモデルはパラメータ λ と ϕ にもとづく. 2つ目のモデルでは, $f_2(x)$ が $f_2^*(x) = (\lambda/\psi)e^{-(\lambda/\psi)x}$ で置き換え, 興味のあるパラメータを λ と ψ とする. したがって, 2つのモデルはパラメータ化のみが異なる. これらのパラメータを推定するために WinBUGS を用いた. それぞれのモデルに対してバーンインを 1000 回とし, 11000 回の繰り返しを実行した. 最初のモデルのサンプリングから, ψ に対して MCSE = 0.01484 が得られた. 2つ目のモデルでは, 事後要約量は最後の 7000 回の繰り返しのみで求めた. この理由は, WinBUGS がギブス・サンプラー内でメトロポリス・ステップを用いており, 採択率を調整するための繰り返し数の初期設定が 4000 のためである. ψ に対して, ψ の MCSE = 0.07901 であり, これは最初のモデルの約 5 倍であった. 最初のモデルで 7000 回の繰り返しを行った場合, MCSE = 0.01649 が得られた. この例は, 良いパラメータ化の重要性と, マルコフ連鎖の収束速度に対するその影響を説明している. □

7.4 収束の評価と加速のための実践的な手引き

実際には, 収束の評価には非常に多くの時間と労力を要する. 統計モデルを構築するには, あるモデルから別のモデルへの変更を非常に円滑に行わなければならないため, 新しいモデルを当てはめるそれぞれの時点で収束を確認することは現実的ではない. したがってこの節では, マルコフ連鎖が逸脱しない確率が妥当であることを保証する実践的な手順を取り上げる. それは, 実際には経験豊かなベイジアンがどのように収束を評価するかということを理解するための説明に役立つ. Kass *et al.*(1998) は, 1996 年に開催されたパネルディスカッションで収束の確認について報告した. 最初に読んだときは, 何名かの討論者が単にトレースプロットと自己相関を調べることや, 非常に限られた数の収束診断のみを用いることによって, マルコフ連鎖をモニターすることを認めていたということに驚かされた. 例えば, Geyer(1992) は「実行した連鎖の最初の 1% や 2% を機械的に破棄することで通常は十分である」と述べた. 別の著者はシックペン検定のみを用いていることを報告した.

多数の統計モデルを検討する場合には, 無駄を省くことが必要である. したがって, 合理的な時間でマルコフ連鎖の収束を評価し改善することを目的とした, いくつかの手引きを以下に提案する. ベイズ解析用の SAS プロシジャによる収束の確認は基本的

に含まれているため，いくつかの手引きは WinBUGS/OpenBUGS の使用を念頭においている．提案は以下のとおりである．

- あまりにも離れた初期値を使うなどの，何らかの些細な問題を素早く見つけるために，最初に試験的に実行してみるのがよい．比較的単純な問題については単一の連鎖の解析で十分かもしれないが，経験的に複数の (3–5 個) 連鎖をとることで，しばしば問題が早期に浮き彫りとなることがある．次に，より長い連鎖を実行したとき，そのトレースプロットと (例えば BGR プロットなどの) その他のプロットを指針として使用するべきである．

- それぞれのパラメータの収束を別々にあるいは同時に確認することができる．log(尤度) (WinBUGS では deviance によって)，または log(事後分布) (SAS では LogPost によって) をモニタリングすることによって，すべてのパラメータを同時に評価することができる．

- トレースプロットが良い混合を示す場合，例えばシックペン検定を通過した場合に限り，より形式的な収束の評価を開始する．単一の連鎖に対しては Geweke 診断および HW 診断を用い，一方で複数の連鎖に対してはそれらに加えて BGR 診断を用いることを推奨する．

- 収束が遅い場合には，前に述べた収束を加速させる方法のどれかが役に立つかを確認する．標準化がこの方法の 1 つであることを常に念頭に入れておくべきである．

- すべての方法で収束に達することができない場合には，サンプラーを長く実行し，蓄積された情報量を減らすために間引きを適用することが必要かもしれない．あるいはソフトウェアを変更する，あるいは自らサンプラーを書く必要があるかもしれない．

- 様々な方法で収束を確認することは，モデル構築を行う際には現実的ではないことが多い．その場合，最終的なモデルを選択する前にシックペン検定を用いることで大抵は十分である．

- 興味のあるパラメータに対して，希望するモンテカルロ誤差を規定し，必要とされる精度を満たす限りは連鎖を実行する．経験では，モンテカルロ誤差が，多くても事後標準偏差の 5% となるまでマルコフ連鎖を実行する．

- 例えば階層モデルのように多くのパラメータが含まれる場合には，収束に対してそれらのすべてをモニターすることは困難である．WinBUGS マニュアルでは，関連のあるパラメータからランダムに選択し，モニターすることが勧められている．例えば，ランダム効果のベクトルの要素ごとに収束を確認するの

ではなく，ランダムに部分集合をとる．

選択するモデルによっては，関心のあるパラメータの収束だけに焦点をあてることで十分かもしれない．例えば，骨粗しょう症データの回帰分析において関心のあるパラメータが残差分散である場合，最大で 1000 回の繰り返しによる単一の連鎖で十分であろう．その理由は，回帰係数の収束の悪さとは関係なく分散パラメータは早く収束するからである．これがその他のモデルにも当てはまるかは，関心のあるパラメータが局外母数とどのように直交するかにかかっている．9.7 節では，関心のあるマルコフ連鎖の収束を改善するためのパラメータ拡張の方法を説明する．この目的のために，追加のパラメータが生成されるがそれらを推定することはできない．追加されたパラメータの連鎖が収束することはないが，関心のあるパラメータがより早く収束することになるので，これは問題とはならない．

7.5 データ拡大

データ拡大 (data augmentation, DA) は，仮想のデータによって観測されたデータを拡大する (頻度論またはベイズ流の) 推定方法に対して用いられる用語である．厳密には仮想のデータが欠測値である必要はないが，欠測データとみなされることが多い．DA 法は収束するまで繰り返される 2 つの部分からなる反復法である．最初の部分では，欠測データ z が利用可能であり，すべての (完全な) データ $w = \{y, z\}$ を利用できると仮定する．ここで，y は実際に観測されたデータを表す．2 番目の部分では，(完全な) ベクトル w の一部が利用できないことを考慮に入れる．DA 法を用いることの動機は，大幅に推定法を単純化できるかもしれないことにある．

EM (Expectation-Maximization) アルゴリズム (Dempster et al. 1977) は，尤度にもとづく DA 法である．欠測値がある場合には，欠測のあるデータに対して尤もらしい値を決定し (E ステップ)，尤度にこれらの尤もらしい値を補完し，あたかもそれらが観測されたかのようなすべてのデータ (観測されたデータと仮想のデータ) での完全な尤度 (completed likelihood) を最大化する (M ステップ) 反復法である．欠測値の尤もらしい値は，観測されたデータとパラメータの現在の値が与えられたもとで，欠測データの期待値をとることによって得られる．

Tanner and Wong (1987) は反復法における事後分布を計算するためのベイズ流の DA 法を提案した．実は，「データ拡大」という用語は彼らによって紹介された．ベイズ流 DA 法を用いることに対する議論は，尤度による場合での EM アルゴリズムを用いることのそれと似ている．つまり $p(\theta \mid y, z)$ からのサンプリングが $p(\theta \mid y)$ からのサンプリングより簡単であることが多いということである．E ステップはここでは

条件付き分布 $p(z\,|\,\boldsymbol{\theta},\boldsymbol{y})$ から欠測値 z をサンプリングすること，また M ステップは $p(\boldsymbol{\theta}\,|\,\boldsymbol{y},z)$ から $\boldsymbol{\theta}$ をサンプリングすることに置き換えられる．したがって，Tanner and Wong (1987) の DA 法は，$p(\boldsymbol{\theta}\,|\,\boldsymbol{y},z)$ と $p(z\,|\,\boldsymbol{\theta},\boldsymbol{y})$ からのサンプリングの繰り返しからなる．これは実際にはブロック・ギブス・サンプラーであるため，欠測データを追加のパラメータのようにみなし，補助変数 (auxiliary variable) とも呼ぶ．Tanner and Wong (1987) の原著の方法では，z に対して 2 つ以上の値を生成していた．それらを $\boldsymbol{\theta}$ に対する 1 つの値と組み合わせて，収束時に事後分布の推定を行う．

様々な場面で，データ拡大法は有用である．欠測データがあることが明らかな場合に加えて，例えば観測値が打ち切られたあるいは誤って分類されているとき，および混合モデルであるときに DA 法が推奨される．第 9 章の階層モデルでは，DA 法は潜在的な (未観測の) ランダム効果を通じて非常に自然な形で入ってくる．頻度論では，ランダム効果は周辺尤度を最大化するために積分されるが，ベイズ流では，ランダム効果は $p(z\,|\,\boldsymbol{\theta},\boldsymbol{y})$ の形をとる完全条件付き分布からサンプリングされる．以下で，DA 法が単純化されたギブス・サンプリング手順を意味する 3 つの例を取り扱う．最初の例は Rao (1973) によって紹介された有名な遺伝子連鎖の例であり，その後多くの人々によって用いられた (Tanner 1993, p.368 参照)．この例では欠測データはないが，さらに多くのデータが利用できると仮定すると，ギブス・サンプラーが単純化される．

例 VII.6: 遺伝子連鎖研究：DA 法を用いた組み換え割合の推定

2 つの因子が組み換え割合 π と関連がある場合，交雑受精 $Ab/aB \times Ab/aB$ (相反) は以下の確率になる．(a) AB に対して $0.5+\theta/4$, (b) Ab に対して $(1-\theta)/4$, (c) aB に対して $(1-\theta)/4$, (d) ab に対して $\theta/4$. ここで $\theta = \pi^2$ である．ある試験で，上記の 4 つのクラスに分類することができる n 個の実験材料を集め，頻度 $\boldsymbol{y} = \{y_1, y_2, y_3, y_4\}$ が観測されたと仮定する．ここで $\sum_k y_k = n$ である．この頻度は多項分布 $\mathrm{Mult}(n, (0.5+\theta/4, (1-\theta)/4, (1-\theta)/4, \theta/4))$ に従う．$\boldsymbol{y} = (125, 18, 20, 34)^T$ の 197 匹の動物にもとづいて，Tanner (1993) は θ を推定した．θ に対してフラット事前分布を仮定する $p(\theta\,|\,\boldsymbol{y})$ は $(2+\theta)^{y_1}(1-\theta)^{y_2+y_3}\theta^{y_4}$ に比例する．$p(\theta\,|\,\boldsymbol{y})$ は θ の単峰型の関数であるにもかかわらず標準的ではない式となり，事後分布を得るためには特定のサンプラーを必要とする．

次のような情報があったと仮定する．最初の細胞は確率 $1/2$ と $\theta/4$ によって 2 つの細胞に分割し，それに対応する頻度 (y_1-z) と z を観測したとする．したがって (完全な) 頻度のベクトルは，$\boldsymbol{w} = (y_1-z, z, y_2, y_3, y_4) = (125-z, z, 18, 20, 34)^T$ となる．z が既知であると仮定すると，事後分布 $p(\theta\,|\,\boldsymbol{w})$ は，単純な 2 項分布 $\theta^{z+y_4}(1-\theta)^{y_2+y_3}$

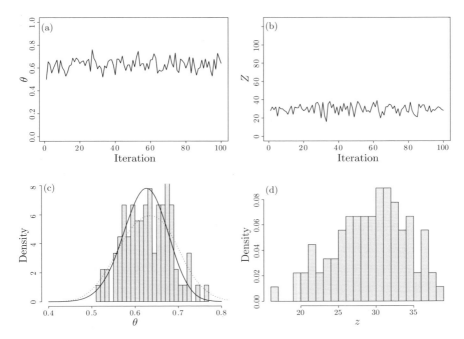

図 7.10 遺伝子連鎖研究：(a) θ のトレースプロット，(b) z のトレースプロット，(c) θ のヒストグラム (数値的に計算された事後分布 (実線) とヒストグラムの平滑化されたバージョン (点線) を重ねた)，(d) z のヒストグラム

に比例する．一方で，θ と観測されたデータが与えられたもとで，z の事後分布は $p(z\,|\,\theta, \boldsymbol{y}) = \mathrm{Bin}(y_1, \theta/(2+\theta))$ となる．これら 2 つの事後分布は，θ に対するフラット事前分布による頻度 $(125-z, z, 18, 20, 34)$ にもとづく多項尤度 $\mathrm{Mult}(n, (0.5, \theta/4, (1-\theta)/4, (1-\theta)/4, \theta/4))$ と，集合 $\{0, 1, \dots, 125\}$ における z に対する離散型一様事前分布の組み合わせから得られる完全条件付き事後分布である

ギブス・サンプラーは，上記で導出された完全条件付き分布から行われる．初期値 $\theta_0 = 0.5$ と $z_0 = 50$ を用いると，収束が早くなった．最初の 10 回の繰り返しを除いた後の 100 回の繰り返しで，θ と z に対する事後平均はそれぞれ 0.6250 (Tanner (1993) で得られた事後モードは 0.6268) と 28.63 となった．図 7.10 に，周辺事後密度とともに θ と z のトレースプロットを示す． □

例 VII.7：囊虫症研究：ゴールド・スタンダードがない場合の有病率の推定

例 V.6 で，囊虫症の有病率と Ag-ELISA 診断法の感度と特異度を推定するために事前情報が必要であることを示した．この解析は，WinBUGS 1.4.3 で実行した．ここ

表 7.1 嚢虫症研究：理論的特性及びザンビアで収集された豚に対する Ag-ELISA 診断法の観測された結果

		Disease (true)		Observed		
		+	−	+	−	Total
Test	+	$\pi\alpha$	$(1-\pi)(1-\beta)$	z_1	$y-z_1$	$y=496$
	−	$\pi(1-\alpha)$	$(1-\pi)\beta$	z_2	$(n-y)-z_2$	$n-y=372$
Total		π	$(1-\pi)$			$n=868$

注：π は嚢虫症の真の有病率を表す．α と β はそれぞれ Ag-ELISA 診断法の感度と特異度を表す．$y(n-y)$ は，Ag-ELISA 法で陽性 (陰性) の結果をもつ観測された豚の数を表す．z_1 と z_2 は欠測の頻度を表す．

で，どのようにデータ拡大が MCMC 法を単純化することができるのかについて示す．

Ag-ELISA 診断法によってザンビアで合計 868 匹の豚が検査され，496 匹の豚が陽性の結果を示した例を再び扱う．ザンビアでの豚の嚢虫症の有病率を π，Ag-ELISA 診断法の感度と特異度をそれぞれ α と β とおく．表 7.1 で表 5.3 を再掲したが，(a) 欠測情報を表す 2 列を追加し，(b) いくらかの記法を変えた．

パラメータに対して以下のベータ事前分布を選択した．π に対して $\text{Beta}(\nu_\pi, \eta_\pi)$，$\alpha$ に対して $\text{Beta}(\nu_\alpha, \eta_\alpha)$，$\beta$ に対して $\text{Beta}(\nu_\beta, \eta_\beta)$ である．事後分布は，ベータ事前分布と表 7.1 に示す確率をもつ多項尤度の積となる．一方で，完全なデータにもとづく事後分布は，

$$\pi^{z_1+z_2+\nu_\pi-1}(1-\pi)^{n-z_1-z_2+\eta_n-1}\alpha^{z_1+\nu_\alpha-1}(1-\alpha)^{z_2+\eta_\alpha-1}$$
$$\times \beta^{(n-y)-z_2+\nu_\beta-1}(1-\beta)^{y-z_1+\eta_\beta-1}$$

に比例し，有病率に対する周辺事後分布は $\text{Beta}(z_1+z_2+\nu_\pi, n-z_1-z_2+\eta_\pi)$ となる．

観測されたデータにのみもとづく完全条件付き分布が複雑であるが，完全なデータにもとづく完全条件付き分布は標準的，すなわち，

$$z_1 \,|\, y, \pi, \alpha, \beta \sim \text{Bin}\left(y, \frac{\pi\alpha}{\pi\alpha + (1-\pi)(1-\beta)}\right),$$
$$z_2 \,|\, y, \pi, \alpha, \beta \sim \text{Bin}\left(n-y, \frac{\pi(1-\alpha)}{\pi(1-\alpha)+(1-\pi)\beta}\right),$$
$$\alpha \,|\, y, z_1, z_2, \pi, \nu_\alpha, \eta_\alpha \sim \text{Beta}(z_1+\nu_\alpha, z_2+\eta_\alpha),$$
$$\beta \,|\, y, z_1, z_2, \pi, \nu_\beta, \eta_\beta \sim \text{Beta}((n-y)-z_2+\nu_\beta, y-z_1+\eta_\beta),$$
$$\pi \,|\, y, z_1, z_2, \pi, \nu_\pi, \eta_\pi \sim \text{Beta}(z_1+z_2+\nu_\pi, n-z_1-z_2+\eta_\pi)$$

である．π に対して事前分布 $\text{Beta}(1,1)$，α に対して事前分布 $\text{Beta}(21,12)$，β に対

して事前分布 Beta(32,4) を選択した．作成した R プログラムでは，収束するためには 100000 回の繰り返し (バーンイン=10000 回) が必要であった．有病率に対する事後平均は 0.84 で，95% 等裾確率信用区間は $[0.65, 0.99]$ であった．感度に対しては 0.66 ($[0.57, 0.80]$) が，特異度に対しては 0.88 ($[0.76, 0.97]$) が得られた．これらは基本的には WinBUGS から得られるものと同じ結果である．しかし，第 5 章での WinBUGS プログラムは DA 法を使用していない．そのため，サンプラーは共役となっていない．これがどのようにしてわかるかについては 8.1.2 節で示す．WinBUGS で DA 法の使用を強制することも可能である．ファイル 'chapter 7 prevalence Ag Elisa test Cysticercosis.odc' には 2 つのプログラムが含まれている：1 つは DA 法を用いるプログラムで，もう 1 つは (第 5 章で用いた) DA 法を用いないプログラムである．DA 法が用いられる場合にはすべてのサンプラーは共役となる．

この問題では，別の識別性問題が起こることに注意する．すなわち，π, α, β を $1-\pi$, $1-\alpha$, $1-\beta$ で置き換えると，同じモデルだが，「罹患した」と「陽性の結果」の定義が修正されたモデルになる．この問題を避けるために，単位区間の半分に π, α, β を制限する必要がある． □

例 VII.8：虫歯研究：区間打ち切りデータの解析

Signal-Tandmobiel® 研究の児童に，口腔衛生の状態について毎年検査が実施された．フランダース出身の子供達の永久歯の発生の分布を記録することに関心があった．ここで口内の左上箇所に生えている 22 番の歯 (切歯) に注目し，計算時間の制約のため 500 名の児童のランダム標本を抽出した．しかし発生時間の真の分布は，発生が正確に記録されることがないため，観測されたデータからはわからない．初めての検査より前に歯がすでに生えていた (左側打ち切り (left-censored)) 児童や，最後の検査の時点で歯がまだ生えていない (右側打ち切り (right-censored)) 児童がいたが，ほとんどの児童では，発生が 2 つの検査の間で記録された (区間打ち切り (interval-censored))．したがって，i 番目の児童では L_i (ある年の検査) と R_i (次の年の検査) の間に 22 番の歯が生えたということだけが観測された．よって 22 番の歯の真の発生時間 y_i は，区間 (L_i, R_i) 内に存在しており，左側打ち切りに対しては L_i は $-\infty$ で，右側打ち切りに対しては R_i は ∞ となる．

データ拡大法は完全なデータ y_i ($i = 1, \ldots, n$) にもとづく．探索的な検討で，潜在的な真の発生時間に対して正規分布が妥当な選択であることがわかった．したがって，i 番目の児童に対して $y_i \sim N(\mu, \sigma^2)$ を仮定した．ギブス・サンプラーは 2 種類の完全条件付き分布にもとづく．1 つ目は，真の発生時間 y_i が既知であると仮定したモデルパラメータの条件付き分布である．2 つ目は，(L_i, R_i) と実際に打ち切られた正規分

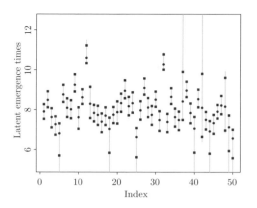

図 7.11 虫歯研究：最初の 50 名の児童の 22 番の歯の区間打ち切り発生時間．灰色のバーは区間 (L_i, R_i) を表している．● は連鎖の収束した部分にもとづく予測された発生時間の平均を，■ は真の発生時間の 2.5% 予測分位点と 97.5% 予測分位点をそれぞれ表している．

布のモデルパラメータを与えたもとでの y_i の完全条件付き分布である．

データ拡大の原理にもとづく R プログラム (chapter 7 interval censoring.R) を作成した．WinBUGS はこの種のデータも容易に取り扱うことができる．発生時間の打ち切りの特徴 (左側，右側，区間) は，WinBUGS ではプログラムのデータ部分で与えた境界値による指示関数 I で指定する．

初期の探索で混合が早いことが示唆された．したがって 10000 回の繰り返しと 2000 回のバーンイン部分の単一の連鎖の解析を実施した．古典的な収束診断によって収束を確認した．連鎖の収束した部分にもとづき，μ と σ の事後平均 (標準偏差) はそれぞれ 8.03 (0.044) と 0.90 (0.037) となる．潜在的なデータ y_i がデータ拡大アルゴリズムの副産物として生成されるため，連鎖の収束した部分から予測発生時間 (及び 95% 予測区間) を得た．図 7.11 に，区間 (L_i, R_i) とともにこの試験における最初の 50 名の児童に対するこれらの予測を示す． □

最後の例で，ギブス・サンプラーあるいは MH アルゴリズムを選択するのはいつかという質問を再度扱う．この質問は非常に学術的であるが WinBUGS や SAS のようなベイズ解析用のソフトウェアを用いるときには，これらのソフトウェアが内蔵しているサンプラーを用いるので，この問題が重要になるのはユーザーが自らサンプラーを記述するときである．次の例で，時としてその選択が自然であることを示す．この例は再度 DA アプローチの説明である．

例 VII.9: プロビット回帰モデルの問題に対する MCMC アプローチ

例 VI.9 で，ロジスティック回帰モデルのパラメータを推定するために MCMC アプローチを適用した．ここでは，プロビット回帰モデルに焦点をあて，ギブス・サンプラーの選択がこの場合には自然であることを示す．プロビット回帰モデルでは，i 番目の被験者の成功確率は $P(y_i = 1 \mid \boldsymbol{x}_i) = \Phi(\boldsymbol{x}_i^T \boldsymbol{\beta})$ である．ここで y_i は 2 値の反応変数，$\boldsymbol{x}_i$ は共変量のベクトル，Φ は標準正規分布の累積分布関数を表す．

Albert and Chib (1993) は，正規分布に従う潜在確率変数と 2 値の反応変数との関係を用いて，プロビット回帰モデルからサンプリングするためのデータ拡大アプローチを提案した．n 個の独立な連続型確率変数 $z_i = \boldsymbol{x}_i^T \boldsymbol{\beta} + \varepsilon_i$ $(i = 1, \ldots, n)$ を仮定する．ここで，$\varepsilon_i \sim N(0, 1)$ である．さらに，$z_i \leq 0 (> 0)$ のとき $y_i = 0 (1)$ と仮定すると，$P(y_i = 1 \mid \boldsymbol{x}_i) = P(z_i > 0) = 1 - \Phi(-\boldsymbol{x}_i^T \boldsymbol{\beta}) = \Phi(\boldsymbol{x}_i^T \boldsymbol{\beta})$ となる．

潜在変数 (latent variable) が存在するときは，事後分布を探索するためにギブス・サンプラーとデータ拡大アプローチを併用して使用できる可能性がある．具体的には，Albert and Chib (1993) は (1) $\boldsymbol{z}$ が与えられたもとでの $\boldsymbol{\beta}$ と，(2) $\boldsymbol{\beta}$ が与えられたもとでの $\boldsymbol{z}$ を交互にサンプリングすることを提案した．彼らのギブス・サンプラーの詳細は以下のとおりである．

$\boldsymbol{z}$ が与えられたもとでの $\boldsymbol{\beta}$： $\boldsymbol{z} = \{z_1, z_2, \ldots, z_n\}$ で条件付けた $\boldsymbol{\beta}$ は正規分布に従い $\boldsymbol{\beta} \sim N(\boldsymbol{\beta}_{LS}, (\boldsymbol{X}^T \boldsymbol{X})^{-1})$ となる．これは $\sigma^2 = 1$ と $\boldsymbol{\beta}_{LS} = (\boldsymbol{X}^T \boldsymbol{X})^{-1} \boldsymbol{X}^T \boldsymbol{Z}$ のベイズ流回帰分析であり，ここで $\boldsymbol{X}$ と $\boldsymbol{Z}$ は，それぞれ共変量と潜在変数のデザイン行列である．このステップでは多変量正規分布からのサンプリングが含まれる．

$\boldsymbol{\beta}$ を与えたもとでの $\boldsymbol{z}$： $\boldsymbol{\beta}$ と y_i を与えたもとでの z_i の完全条件付き分布は，(1) $y_i = 0$ に対しては $\phi_{\boldsymbol{x}_i^T \boldsymbol{\beta}, 1}(z) I(z \leq 0)$ に，(2) $y_i = 1$ に対しては $\phi_{\boldsymbol{x}_i^T \boldsymbol{\beta}, 1}(z) I(z > 0)$ に比例する．ここで ϕ_{μ, σ^2} は平均 μ と分散 σ^2 の正規分布の確率密度関数であり，条件 a が満たされる場合には $I(a) = 1$ となる．このステップでは，切断正規分布からサンプリングが行われる．

上記の手順はモデルのわずかな変化，例えばここではプロビット・リンクをロジット・リンクで置き換えることが，好ましいサンプラーの選択に影響することを示している．実際にはロジット・リンクでは，「$\boldsymbol{z}$ が与えられたもとでの $\boldsymbol{\beta}$」のステップはより複雑となる． □

7.6 終わりに

マルコフ連鎖モンテカルロ法は，特に複雑な統計学的問題で事後分布の推論を行うための，今日では最も一般的なベイズ解析のツールである．しかし，MCMC法は実行時間が長くなることが多いことが知られている．統計モデルを構築するときには，モデルを迅速に切り替えなければならないため，より速いサンプラーや加速法が求められる．Rue et al. (2009) は，事後周辺分布の正確な近似を直接計算するために，統合されネストされたラプラス近似を用いることを提案し，ソフトウェア INLA (第8章参照) にこの方法を実装した．この方法が適用可能な問題では，より速くなるように思われる．しかし，サンプリングにもとづく手法の利点は，あらゆる問題に適用可能なことである．したがって，MCMC法は，この先もベイズ解析のツールであり続けるだろう．

演習問題

演習 7.1 演習問題6.1のベイズ流回帰分析のパラメータの初期値を，極端な値とせよ．例えば，'beta0=100, beta1=100, tau=1/0.05' とし，トレースプロットの初期の単調な挙動を観察せよ．

演習 7.2 演習問題7.1で得られたマルコフ連鎖をCODAまたはBOAにエクスポートし，連鎖の定常性を探索せよ．モンテカルロ標準誤差が回帰パラメータの事後標準偏差の最大でも5%で収束するのに十分な長さのギブス・サンプラーを実行せよ．

演習 7.3 WinBUGSドキュメント Examples Vol I の Mice Example のデータをRで読み込め．Mice Example で指定されたモデルに対するギブス・サンプラーを実行するRプログラムを記述せよ．そして対数正規分布によってワイブル分布を置き換え，自己相関関数を比較せよ．また，元のWinBUGSプログラムを使用せよ．

演習 7.4 'osteoporosismultiple.txt' のデータをRで読み込み，年齢と身長から肥満 (overweight, BMI > 25) を予測するために，例VII.9のDA法を用いてベイズ流プロビット解析を実行せよ．正規拡散事前分布を回帰パラメータに与えよ．CODAまたはBOAによってマルコフ連鎖の収束を評価し，必要ならばそれらの収束速度を改善せよ．

演習 7.5 演習問題6.1のサンプリングアルゴリズムに間引き (=10) を適用し，それらの収束の性質を評価せよ．BMIを中心化したときのそれらの性能も評価せよ．

演習 7.6 演習問題6.6のブロック・ギブス・サンプラーの収束の性質を評価せよ．

7.6 終わりに

演習 7.7 交雑受精 $AB/ab \times AB/ab$ (カップリング) に対する例 VII.6 の解析を再度実行せよ．その場合 (Rao (1973) 参照)，これらの確率は (a) AB に対して：$(3-2\pi+\pi^2)/4$, (b) Ab に対して：$(2\pi-\pi^2)/4$, (c) aB に対して：$(2\pi-\pi^2)/4$, (d) ab に対して：$(1-2\pi+\pi^2)/4$ であり，ここで π は組み換え割合である．DA 法を用いて事後分布を導出せよ．

演習 7.8 Joseph *et al.* (1995) は，8 か月の間にモントリオールに到着したすべてのカンボジア人難民の調査から得られたデータを用いて糞線虫症の有病率を推定することを試みた．著者らは 2 つの診断法を考案した．血清診断法について，125 名の被験者が陽性の結果を示した一方で，37 名の被験者は陰性の結果を示した．文献と専門家の知識から抽出した情報は，感度と特異度に対してそれぞれ 95% 等裾確率信用区間 $[0.65, 0.95]$ と $[0.35, 1.00]$ を与えた．事前分布を抽出し，DA 法を用いて例 VII.7 の解析を再度実行せよ．

演習 7.9 例 VI.9 で解析された虫歯のデータセット (caries.txt) に対して例 VII.9 のギブス・サンプラーを適用し，例 VI.9 の MCMC 解析結果と比較せよ．WinBUGS プログラム 'chapter 7 caries.odc' から得られた結果と比較することもできる．

第8章 ソフトウェア

　20年前にはベイズ統計のソフトウェアは基本的には存在していなかったが，**B**ayesian inference **U**sing **G**ibbs **S**ampling (BUGS)，とりわけ WinBUGS の導入によって状況は劇的に変化した．MCMC法の導入とともに WinBUGS は，ベイズ流の方法を用いるにあたって革新をもたらし，実際に (その関連ソフトウェアとともに) いまなお標準的なベイズ統計のソフトウェアである．WinBUGS の開発とは別に，この10年間で主に R によって記述されたベイズ解析専用のソフトウェアが数多く見られる．統計ソフトウェアの大企業 SAS® も，ベイズ統計のソフトウェアの開発を開始することを決めた．それ故に実務者のためのベイズ統計のツールは急速に拡大している．したがって本章で説明するような最新の手法はすぐに過去の物となるだろう．

　この章では，ベイズ統計のソフトウェアの実用面について述べる．WinBUGS, OpenBUGS，関連ソフトウェアについて紹介する．さらに，近年開発されたベイズ統計のSASプロシジャを利用した例を紹介し，最後に R言語で開発されたベイズ統計のプログラムについて簡単に紹介する．

　この章の目的は，読者にベイズ統計のソフトウェアの基礎を理解してもらうことである．この目的のために，例として骨粗しょう症データの回帰モデルの問題を主に用いる．本書の後半で，ソフトウェアのさらなる側面について重ねて言及する．参考となる重要な情報源はパッケージのマニュアルである．例題集 Example manual I と Example manual II とともに WinBUGS のマニュアルおよび SAS のマニュアル SAS-STAT はともにより詳細を知るための素晴らしい情報源である．WinBUGS については Lawson et al. (2003) と Ntzoufras (2009) の書籍も推奨する．

8.1 WinBUGS と関連ソフトウェア

WinBUGS は BUGS プログラムの Windows 版である．WinBUGS は MCMC 法を用いて統計的な問題に対するベイズ推測を行う．その開発は BUGS とともにケンブリッジ大学 MRC 生物統計学ユニットにおいて 1989 年に始まった (Gilks et al. 1994). 本書を書いている時点では，30000 人を超える登録されたユーザーが WinBUGS の開発をしており，複雑なベイズ解析を実施するための最も一般的な (だけでなく最も万能の) パッケージであることは間違いない．Lunn et al. (2009a) では，パッケージの開発者達がプログラムの歴史の要約，その基本理念，その先行き，その限界と危険について述べている．WinBUGS の最終版はバージョン 1.4.3 で，その開発は終了した．後継の OpenBUGS は WinBUGS のオープンソース版である．しかし，WinBUGS 1.4.3 が未だにベイズ解析のための最も人気のあるプログラムであるため，本書では推奨ソフトウェアとしている．どちらのソフトウェアパッケージも無料で利用することができる．

使い方を段階的に説明する．まずは基本的な WinBUGS の操作から始める．

8.1.1 最初の解析

WinBUGS では **.ods** ファイルを用いる．これはプログラム，データ，MCMC を実行するための初期値を含む基本的なテキストファイルである．しかし .odc ファイルは，様々な種類の情報 (文章，表，式，プロット，図，その他) を含む複合文書でもある．ファイルにアクセスするためには，WinBUGS を起動し，**File** をクリックし **Open...** をクリックする．WinBUGS コマンドは R と同一ではないが似た言語である．図 8.1 に，骨粗しょう症データに対してベイズ流回帰分析を実行するための WinBUGS コマンド (の一部) を示す．この WinBUGS プログラムは，'chapter 8 osteoporosis.ods' にある．まず，WinBUGS プログラムの 3 つの基本的な要素について述べる．

Model: 'for' ループ内で TBBMC を BMI で回帰する正規線形回帰モデルの尤度を記述する．このループを 1 からこの試験の観測値の合計である N まで実行する (N の値はこのデータの一部)．コマンド `tbbmc[i] ~ dnorm (mu[i],tau)` は i 番目の被験者の TBBMC が平均 `mu[i]`，精度 `tau` の正規分布に従うことを意味している．WinBUGS は，精度 (= 1/分散) の項でばらつきを表すことに注意する．さらに `mu[i] <- beta0+beta1*bmi[i]` は，平均が BMI の 1 次関数であることを指定している．これらの二つのコマンドで正規線形回帰尤度を決定する．BUGS 言語は宣言型 (declarative) であり，記述の順番は問わない．これは式の中で使用されるより前に変数を最初に定

```
model
{for (i in 1:N){
    tbbmc[i] ~ dnorm(mu[i],tau)
    mu[i] <- beta0+beta1*bmi[i]}
    sigma2 <- 1/tau
    sigma <- sqrt(sigma2)
    beta0 ~ dnorm(0,1.0E-6)
    beta1 ~ dnorm(0,1.0E-6)
    tau ~ dgamma(1.0E-3,1.0E-3)}
list(tbbmc=c(1.798, 2.588, 2.325, 2.236, 1.925, 2.304, 2.183, 2.010,
......
1.728, 2.183, 1.703, 1.505, 1.850),
bmi=c(23.61, 30.48, 27.18, 34.68, 26.72, 25.78, 29.24, 30.76, 21.64,
......
37.46, 21.79, 18.99, 28.30), N=234)
list(beta0=0.4,beta1=0.025,tau=1/0.05)
```

図 8.1 骨粗しょう症試験：WinBUGS プログラム

義しなければならないほとんどのプログラミング言語との重要な違いである．プログラムの中で宣言された変数だけに対して WinBUGS はパラメータの事後の情報を与えることに注意する．例えば，残差分散の事後要約量を得たい場合，新たなパラメータとして sigma2 <- 1/tau を加える必要がある．また，sigma <- sqrt(sigma2) を指定すると，残差分散と標準偏差の両方をモニターすることができる．すなわち，必要であれば追加で定義した 2 つのパラメータに対する MCMC の出力も生成される．残念なことに，WinBUGS には 'if-then-else' コマンドがない．代わりに WinBUGS では $x \geq 0$ の場合は step(x) = 1 となり，それ以外の場合は 0 となる関数 'step' と，x1 = x2 の場合は equals(x1,x2) = 1 となり，それ以外の場合は 0 となる 'equals' が用意されている．これら二つの関数は if-then-else の条件を作り出すために利用できる．

次の 3 行は回帰パラメータの事前分布を指定している．beta0 ~ dnorm(0,1.0E-6) によって，切片に対しては拡散事前分布，すなわち平均 0，分散 10^6 の正規分布を選択する．傾きに対しても同様にする．WinBUGS はほとんどの解析に非正則 (improper) 事前分布を認めていない．唯一の例外は，一様分布を表す関数 'dflat' である．精度に対する事前分布は tau ~ dgamma(1.0E-3,1.0E-3) によって指定する．これは σ^2 に対する事前分布を $IG(10^{-3}, 10^{-3})$ と仮定している．

Data: モデルを指定した後で，データをリストの形式で与える．スペースの都合上データの一部をドットで置き換えていることに注意する．データを与えるために異なるフォーマット (矩形，リスト，など) を利用することもできる．

Initial values: `list(beta0=0.4,beta1=0.025,tau=1/0.05)` によって，切片，傾き，残差精度に対する初期値を指定する．

事後分布のサンプルを得るために，3 つの WinBUGS ツールが必要である：(a) **Specification Tool**, (b) **Sample Monitor Tool**, (c) **Update Tool** である．求めたい事後分布の情報を得るために以下のように実行する．

Specification Tool: メニューバーの **Model** オプションをクリックし，**Specification...** を選択する．**Specification Tool** ボックスが現れる．カーソルをプログラム内の任意の場所に置き，**check model** をクリックする．構文エラーがない場合には，WinBUGS は 'model is syntactically correct' のメッセージを画面の左下の隅に表示し (WinBUGS からのすべてのメッセージが表示される場所)，それ以外の場合にはエラーメッセージを表示する．エラーメッセージの一覧は WinBUGS マニュアルの *Tips and Troubleshooting* の節で確認することができる．データを読み込むためには，データの 'list' コマンドの箇所をハイライトし，**load data** をクリックする．WinBUGS は 'data loaded' のメッセージ (あるいはエラーメッセージ) を返し，**check model** と **load data** の 2 つのボタンを無効にする．その後 **compile** をクリックする．'model compiled' のメッセージが表示されたら，**load inits** をクリックし初期値を取り込む．初期値のみが確率変数のノードに与えられることに注意する (確率変数のノードの定義については以下を参照)．例えば，回帰モデルのプログラムにおいて，`sigma2` に対する初期値を与えることはできないが，`tau` に対する初期値を与えることはできる．'model is initialized' メッセージが表示されればサンプリングを開始することができる．すべての確率変数のノードに対して初期値が与えられている場合には，**load inits** ボタンと **geninits** ボタンがクリックできなくなる．それ以外の場合には，2 つのボタンはクリックできる状態のままであり，**geninits** ボタンをクリックすることで WinBUGS は残りのパラメータに対して初期値を生成する．すべてのランダム効果に対して初期値を与えることが非常に面倒である場合，特に階層モデルに対してこれは興味深いツールである．しかし，分散/精度のパラメータに対してこのオプションを使用することは望ましくない．例えば，*tau* に対する初期値が与えられていない場合に，初期値を生成しようと試みるとエラーメッセージが表示される．多くの初期値を生成するように WinBUGS に求めると，非常に長い時間が必要になることがある．すべてが良好な場合，WinBUGS はサンプリングを開始する準備ができているが，この段階では MCMC サンプラーがうまく動作する保証はない．実際，実行してエラーが発生することがある．

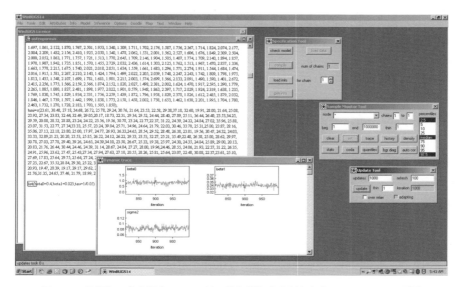

図 8.2 骨粗しょう症研究：1000 回の繰り返しを実行した後の WinBUGS 画面

Sample Monitor Tool: サンプリングの準備のために，メニューバーの **Inference** オプションをクリックし，**Sample Monitor Tool** ボックスを表示させるために **Samples...** を選択する．node の隣には興味のあるパラメータのみを入力する，例えば，ここでは 'beta0' とし **set** をクリックする．'beta1' と 'sigma2' に対して同様のことを実行する．WinBUGS と有向非巡回グラフ (directed acyclic graph, DAG) は密接に結びついているため，'node' という用語が用いられる (8.1.6 節を参照)．最後に '*' を入力して，**set** をクリックすると，WinBUGS はサンプリングしている間にこれら 3 つのパラメータを観測する．trace をクリックすると，それぞれのパラメータに対する動的トレースプロット (dynamic trace plot)(この段階では空である) が画面に現れる．

Update Tool: MCMC の繰り返し数を選択するために，メニューバーの **Model** オプションをクリックし，**Update...** を選択する．**Update Tool** ボックスが現れる．繰り返し数を指定する．サンプリングを開始するために **update** をクリックし，動的トレースプロットの挙動を確認する．1000 個のサンプルを生成した後の画面を図 8.2 に示す．

追加の繰り返しが必要な場合には，再び **update** をクリックし，追加の繰り返し数を指定する．連鎖から最初の x 回のバーンインを除くために，**Sample Monitor**

Tool の **beg** ボックス内に $x+1$ を入力する．密度関数を見るためには **density** をクリックし，事後要約量を見るには **stats** をクリックする．**stats** ボックスからノード，事後平均と事後標準偏差，モンテカルロ誤差，事後 2.5 パーセント点，事後 50 パーセント点，事後 97.5 パーセント点，(繰り返しの) 開始値とサンプリング数 (要約量の計算での繰り返し数) を読みとることができる．

Sample Monitor Tool の **auto cor** をクリックすると，自己相関関数によって図 7.9 に示すようなグラフが得られる．サンプル値間の自己相関が高い場合に，マルコフ連鎖内の依存を減らすための簡単な方法は，(情報の損失を伴うが) 間引き (thinning) を適用することである．WinBUGS では 2 つの異なる間引きの方法を使用することができる．サンプリングされる値の 10 パーセントのみを残しておきたい場合には，**Update Tool** の thin の隣に '10' を入力する．一方で，すでにサンプリングした値の 90 パーセントを破棄したい場合には，**Sample Monitor Tool** の thin の隣に '10' を入力する．最初の間引きの方法では，必要とする数の 10 倍を超える値がサンプリングされることに注意する．

以上で骨粗しょう症データの WinBUGS による最初の解析は完了である．この演習はあくまでも読者に WinBUGS の基本操作を示すためのものである．

8.1.2 サンプラーに関する情報

初期設定では WinBUGS はブロック・ギブズ・サンプラーを使用する．使用中のブロックは，メニューバーの **Options** をクリックし **Blocking options...** をクリックすると確認できる．**Blocking Options** ボックス内の 'fixed effects' にチェックが入っている場合には，WinBUGS は Gamerman (1997) のアルゴリズムにもとづくブロック・ギブズ・サンプラーを採用する．この方法は 1 つのブロック内のすべての回帰パラメータをサンプリングする．完全条件付き分布に対するサンプラーを調べるためには，メインメニューの **Info** をクリックし，**Node Info...** をクリックする．**Node Tool** ボックスが出現する．node の中に 'beta0' を入力し，**methods** をクリックする．ログファイルに 'beta0 UpdaterGLM.NormalUpdater' のメッセージが出現し，ここでも Gamerman の GLM 法の使用が指定されていることがわかる．

8.1.1 節では，ブロック化のオプションはオンにされていた．ブロック化のオプションをオフにするためにはプログラムを再度コンパイルする．このとき WinBUGS は 'the new model will replace the old one' に対して 'ok' かどうかを尋ねてくる．'ok' をクリックし，メニューバーの **Options** から **Blocking Options...** を選択し，fixed effects をオフにする．事後分布からサンプリングするために，8.1.1 節のように続け

る．サンプラーが変更されたかどうかは **Node Info** オプションによって確認することができる．ログファイル内に，それぞれの回帰パラメータに対して別々の正規サンプラーを用いることを意味する 'beta0 UpdaterNormal.StdUpdater' メッセージが現れる．ブロック化のオプションをオフにした場合は，(beta0 と beta1 の間の) 多重共線性の問題により混合が悪くなる．

WinBUGS プログラムで使用される 1 変量のサンプラーのそれぞれの標準的な設定は，**Options** メニューから **Update Options...** をクリックすると得られる．**Updater options** ウィンドウがそれぞれのサンプラーに対する初期設定のオプションとともに現れる．骨粗しょう症の例では，2 つのサンプラーがウィンドウに表示される．(σ^2 に対して用いられる共役のサンプラー) 'UpdaterGamma' と (ブロック化のオプションがオンになっている場合に付帯する回帰パラメータに対する) 'UpdaterGLM' である．それぞれのサンプラーをクリックすると，そのサンプラーに対するデフォルトのオプションが現れる．例えば，'UpdaterGLM' の場合，overrelaxation オプション (7.3.2 節を参照) は，連鎖の後続値を生成するために 16 個の候補値の中から選択する．現在実行している連鎖に対してこれらのオプションを変更することができるが，実行には注意が必要である．ここで，これらのオプションを変更すると，連鎖の収束に驚くべき影響がある例を示す．

第 12 章で，エイムス突然変異誘起性試験データを解析するための最も適切なモデルを探索する．いくつかのモデルを WinBUGS でプログラミングする．詳細は 12.3 節を参照のこと．$\theta = 1$ の短期毒性モデルに対する WinBUGS プログラムはメトロポリス・サンプラーを利用する．上述のような Update Options を用いると，正規サンプラーを調整するために WinBUGS が 4000 回の繰り返しを必要とすることが確認できる．図 8.3(上) に，20000 回の繰り返しが完了した際の，メトロポリス・サンプラーの採択率を示す．このグラフはメインメニューの **Model** オプションから **Monitor Met** を選択すると得られる．4000 回前後の繰り返しでは，採択率は 20% から 40% の範囲にあることは明らかである．いま，初期のサンプリング過程を速くするために，この調整期を 750 回まで減らすことを考える．その場合，図 8.3(下) は採択率が最適な範囲から遠ざかることを示す．実際に，パラメータの時系列プロットは，マルコフ連鎖が収束しないことを示している (ここで図示はしていない)．

8.1.3 収束の診断と加速

WinBUGS でどのようにマルコフ連鎖の収束を確認できるかについて説明する．最初の解析では 1 つの初期値のみを用いたが，ここでは複数の初期値を用いる場合を考

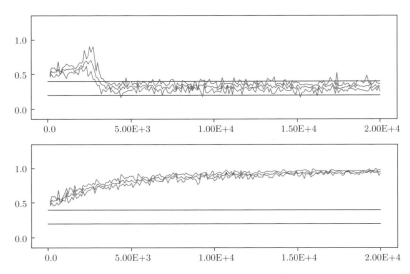

図 8.3 エイムス試験 IPCS データ (バイオアッセイの章)：調整に 4000 回の繰り返しを用いた場合 (上) と調整に 750 回の繰り返しを用いた場合 (下) の，20000 回の繰り返しから得られた $\theta = 1$ の短期毒性モデルにもとづく WinBUGS のメトロポリス採択率の観測

える．WinBUGS プログラムにおいて，8つの連鎖を実行するために (実際には2から4の連鎖で十分である) 初期値を含む8つのリスト文を与える．初期値は「過分散」な方法 (例 VII.2 を参照) で選択する．プログラムをコンパイルする前に **Specification Tool** ボックスに '8' を入力する必要があることに注意する．そうすると初期値を8回入力するように促される．図 8.4 の傾きの標本の時系列プロットでは，8つの連鎖が良く混合しているが，それぞれの連鎖の混合が遅いことがわかる．前の解析のように，すべての連鎖あるいは連鎖の一部のいずれかにもとづいて，事後要約量を得ることができる．連鎖は **Sample Monitor Tool** ボックスで選択する．WinBUGS で使用できる収束診断は，Brooks-Gelman-Rubin (BGR) 診断法のみである．この診断を有効にするためには，**Sample Monitor Tool** の **bgr diag** をクリックする．図 7.6 に上記の8つの連鎖にもとづく BGR 診断を示す．分子と分母の数値は，カーソルが BGR ウィンドウ内にある場合はマウスの左ボタンをダブルクリックし，その後コントロールキーを押した状態でマウスの右ボタンをクリックすることで得ることができる．収束の正式な評価を得るためには，連鎖を S+ または R に転送する必要がある．そのためには **coda** ボタンをクリックする．'CODA index' ウィンドウには，保存されている連鎖に関して以下の管理情報が含まれる．

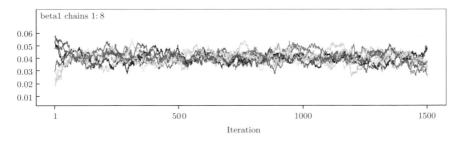

図 8.4 骨粗しょう症研究：1500 回の繰り返しと 8 つの拡散した初期状態をもとにした WinBUGS から得られた時系列プロット

```
beta0    1       1500
beta1    1501    3000
sigma2   3001    4500
```

上記の 3 行は，'Coda for chain x' ウィンドウ内のパラメータの位置を単に指している．ここで x は 1 から 8 までである．メインメニュー内の **File** をクリックし **Save as...** を選択することで，.txt としてそれぞれのウィンドウを保存する．例えば，'CODA index' ウィンドウ内の中身を 'ind.txt' のように保存し，他のウィンドウ内の連鎖の値を 'out8.txt', 'out7.txt', ..., 'out1.txt' のように保存することができる．これらのファイルは R の CODA パッケージによって後から処理をすることができる．

骨粗しょう症データの回帰分析の収束の評価に対する CODA 関数は，R プログラム 'chapter 8 osteoporosis BGR-CODA.R' に含まれている．CODA のアウトプットの一部を第 7 章に示した．収束を改善するための単純な方法は，共変量を中心化 (と標準化) することである．これは mu[i] <- beta0+beta1*(bmi[i]-mean(bmi[]))/sd(bmi[]) によって，平均を表すモデルを置き換えることによって実行できる．ここで mean(bmi[]) は BMI の平均を，sd(bmi[]) は BMI の標準偏差を計算する．beta0 と beta1 の高い事後相関は，メインメニューの **Inference** オプションから **Correlation Tool** によって得られる相互相関によって確認できる．図 8.6 に示す．bmi はベクトルすなわち bmi[] という特有な方法で示すことに注意する．より複雑な設定では，他の方法も必要となる可能性がある．例えば過緩和 (overrelaxation) は **Update Tool** の **over relax** にチェックを入れることによって WinBUGS で呼び出すことができる．

8.1.4　ベクトルと行列の操作

図 8.5 に，年齢，体重，身長，BMI，筋力の測定値で TBBMC を回帰するための WinBUGS プログラムを示す．これらの測定値に欠測値がない 186 名の高齢女性のサブ

```
model{
for (i in 1:N){
    tbbmc[i] ~dnorm(mu[i],tau)
    x[i,1]<-1; x[i,2]<-age[i]; x[i,3]<-weight[i]; x[i,4]<-length[i]
    x[i,5]<-bmi[i]; x[i,6]<- strength[i]
    mu[i] <- inprod(beta[],x[i,])
}
    sigma2 <- 1/tau
    sigma <- sqrt(sigma2)
    for (r in 1:6) { mu.beta[r] <- 0.0}
    c <- 1.0E-6
    for (r in 1:6) { for (s in 1:6){
    prec.beta[r,s] <- equals(r,s)*c
    }}
    beta[1:6] ~ dmnorm(mu.beta[], prec.beta[,])
    tau ~ dgamma(1.0E-3,1.0E-3)
  }
list(N=186)

age[]          length[]        weight[]        bmi[]           strength[]      tbbmc[]
71.00          157.00          67.00           27.18           96.25           2.325
73.00          163.00          71.00           26.72           85.25           1.925
...........................
86.00          155.00          68.00           28.30           70.25           1.850
END
list(beta = c(0,0,0,0,0,0), tau=1)
```

図 8.5 骨粗しょう症研究：回帰モデルにおけるベクトルと行列の表記

グループに注目する．ファイル 'chapter 8 osteomultipleregression.ods' は，WinBUGSコマンドを含む複合文書である．本節の目的は，WinBUGSにおけるベクトルと行列の記法と操作について紹介をすることである．

いま，(定数 '1' を含む) すべてのデータが186行6列の行列 x の形で保存され，回帰係数はベクトル beta の中に保存されている．コマンド mu[i] <- inprod(beta[], x[i,]) は，データのベクトル x[i,] と回帰係数のベクトル beta[] の内積を計算し，平均値 mu[i] (i 番目の被験者に対する TBBMC の平均) に代入している．さらに for (r in 1:6) {mu.beta[r] <- 0.0} によって，回帰係数の事前平均が0に固定される．2つの 'for-loop' は回帰係数の事前精度の行列の要素を定義する．最後に，beta[1:6] ~ dmnorm(mu.beta[], prec.beta[,]) は，回帰係数にパラメータとして平均のベクトルと精度の行列を指定する．多変量正規分布が使われていることを示している．

データの記述は2つの部分から構成される．最初の部分は被験者数を指定するリス

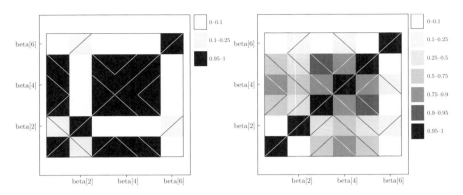

図 8.6 骨粗しょう症研究：漠然正規回帰事前分布 (LHS) とリッジ回帰事前分布 (RHS) による回帰パラメータの相互相関行列

ト文で構成され，2つ目の長方形の部分は回帰変数と応答変数の値で構成される．回帰係数のデータはベクトルの形式で保存される．データの記述は END 文によって終了する．WinBUGS にデータを入力するためには，両方のデータ構造を **load data** の度にクリックする必要がある．

ブロック化モードを無効にして回帰分析を実行した．そのため，収束率が悪くなると予想したが，そのようにはならなかった．その理由は，WinBUGS は回帰係数 `beta[]` を1つのオブジェクトのように扱い，ブロック・ギブス・サンプラーを自動的に選択するからである．これは **Node Info** をクリックすると確認できる．メッセージ `beta[1] UpdaterMVNormal.Updater` は，回帰パラメータが同時に取り扱われることを意味する．しかし，これは回帰パラメータ間での相互相関が低くなければならないということを意味しているわけではない．図 8.6(a) は，切片と体重，身長，BMI の回帰係数の相互相関が高いというだけではなく，体重と身長が含まれていることで体重，身長，BMI の回帰係数も高い相互相関をもつことを示している．相互相関が高いにもかかわらず，収束を良くすることができる．これはまさにサンプラーの選択に依存する．

多重共線性は統計的な問題を引き起こす (回帰係数の推定に問題が生じる)．多重共線性に対処する方法は，リッジ回帰 (ridge regression) を適用することである．5.7 節より，$\boldsymbol{\beta}$ に正規事前分布 $N(\mathbf{0}, \tau^2 I)$ を与えると，リッジパラメータ $\lambda = \sigma^2/\tau^2$ をもつ古典的なリッジ回帰分析を適用するのと同様の効果をもつことが知られている．したがって，図 8.5 の c の値を 5 に置き換えた．これによって，実際にリッジ回帰分析を適用した．λ に対する事後平均は 0.2 となり，これは許容可能な小さな値である．図 8.6(b) の相互相関行列は，多重共線性の問題が解決していることを示している．

5.6.1 節と 11.5 節で，変数選択における Zellner の g-逆事前分布の有用性について説明

```
        c <- 1/N
        for (r in 1:6) { mu.beta[r] <- 0.0}
        for (r in 1:6) { for (s in 1:6){
        prec.beta[r,s] <- inprod(x[,r],x[,s])*tau*c
        }}
```

図 8.7 骨粗しょう症研究：Zellner の精度行列を指定するための WinBUGS コマンド

```
osteo.sim <- bugs(data, inits, parameters, "osteo.model.txt",
                 n.chains=8, n.iter=1500,
                 bugs.directory="c:/Program Files/WinBUGS14/",
                 working.directory=NULL, clearWD=FALSE);
print(osteo.sim)
plot(osteo.sim)
```

図 8.8 骨粗しょう症研究：R2WinBUGS を用いて WinBUGS を呼び出す

する．この事前分布は精度行列を定義するコマンドを図 8.7('chapter 8 osteomultiple-ginverse.odc' を参照) のコマンドで置き換えることで得られる．

8.1.5 バッチモード

何度も WinBUGS を実行するのは非常に手間がかかる．しかしながら，必ずしもコマンドを指定，クリックしなくても WinBUGS を実行できる．このためには WinBUGS スクリプトを使用する．この方法により，WinBUGS を他のプログラムの中から呼び出すことができる．例えば，R2WinBUGS プログラム (Sturts et al. 2005) は，R と WinBUGS 間のインターフェースを提供する．R2WinBUGS の利点は，WinBUGS から R へのオブジェクトの変換を容易にし，それによって R の機能を有効に使うことができることである．R2WinBUGS パッケージの詳細は，Sturtz et al. (2005) または R2WinBUGS マニュアル (http://cran.r-project.org/) に記載されている．

図 8.8 は，骨粗しょう症データの回帰分析の事例で，どのように R2WinBUGS の関数 **bugs** によって R から WinBUGS を呼び出すのかを示している．ファイル 'chapter 8 osteoporosis-R2WB.R' にはコマンドが含まれている．**bugs** の中に，WinBUGS に渡されるパラメータが記載されている．引数 **data** は，作業ディレクトリ内のデータの列名によってリストオブジェクトを参照する．ここでは data <- list ("tbbmc", "bmi", "N") であるので tbbmc と bmi が R にベクトルの形で作られる．**inits** オプションは，モデルパラメータの初期値のリストオブジェクトを参照し，**parameters** はパラメータ名をもつリストオブジェクトである．ファイル osteo.model.txt には，例 VII.1 で示した WinBUGS コードが含まれている．それぞれ 1500 回の繰り返しによる 8 つの連鎖が実行される．さらに，実行可能な WinBUGS ファイルが

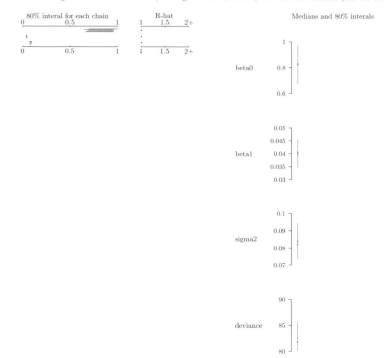

図 8.9 骨粗しょう症研究：R2WinBUGS によって生成された図

`bugs.directory="c:/Program Files/WinBUGS14/"` にある．8 つの coda ファイルが作業ディレクトリにある．オプション **ClearWD=FALSE** はこれらのファイルを削除せずに，CODA によって後ほど処理できるということを意味している．関数 **print** によって，事後情報 (平均，中央値，その他) を含む表が作られる．関数 **plot** は連鎖の収束を評価するための BGR 診断を提示する (図 8.9 を参照)．WinBUGS ログファイルには，実行されたコマンド，事後要約量，トレースプロットのリストが保存される．直接 R2WinBUGS から得られるのは，限られた組み合わせのプロットと解析だけである点に注意する．例えば，Geweke 診断のようなより正式な収束診断を得るには CODA を使用しなければならない．

8.1.6 トラブルシューティング

構文の確認，データの読み込み，コンパイル，初期値の付与，サンプリングの実行のそれぞれの段階においてエラーが生じうる．例えば，WinBUGS が実行時エラーを発

見すると，トラップウィンドウが現れる．この場合には，プログラムはサンプリングを中止する．このトラップウィンドウは，エラーが発生したときに，プログラムの状態を出力するものである．これが現れたら，プログラムを再開するためにupdateボタンを2回クリックする．これで解決しない場合には，プログラムまたは初期値を変更する必要がある．残念ながら，多くの場合，トラップウィンドウは曖昧で，デバッグには，ほとんど役に立たない．WinBUGSマニュアルの *Tips and Troubleshooting* の節では，よく現れるエラーメッセージが一覧になっている．同じ節では，特定の問題を解決するための説明がある．例えば，'probit'関数は桁あふれの問題を起こすことが多いことが述べられている．'logit'関数でも，同様の桁あふれ問題に直面した．これは時として `logt(x) <- p` を `p <- exp(x)/(1+exp(x))` に置き換えるとよい．もう1つの方法は，'x'の値を制限するために，ロジット関数と関数'min'および'max'を組み合わせることである．

8.1.7 有向非巡回グラフ

グラフィカルモデルは，確率変数を表すノードと，確率変数間の従属関係を表す線分によって統計モデルを図示したものである．統計モデルの図示は複雑なモデルを小さな(単純な)部分に分解することで，非統計家に要点を伝えるのに，また局所的な計算に対する基礎を与えるのに有用である．

ベイジアンネットワーク (Bayesian network) とも呼ばれる有向非巡回グラフ (directed acyclic graph, DAG) では，すべてのつながりに向きがある．すなわち，線分と矢印で子のノードが親のノードに依存することを示すが，その逆は成り立たない．加えて，巡回が認められないということは，(矢印の方向に向かって進むが)開始時点に戻る道が存在しないことを意味する．有向局所マルコフ性 (directed local Markov property) または条件付き独立の仮定 (conditional independence assumption) が成り立つ場合，それぞれのノード v はその親を与えるとその非子孫とは独立である．例えば，確率変数 A, B, C, D を含む確率モデル V を仮定する．また，子 D，親 C，祖父母 A, B として，図8.10のような系統樹に変数を書くと仮定する．このグラフは C が与えられたもとでの A, B と D の条件付き独立を示しており，これを $A \perp D|C$ と $B \perp D|C$ のように書く．この条件付き独立は $p(A, B, C, D) = p(A)p(B)p(C \mid A, B)p(D \mid A, B)$ を意味する．しかしながら，有向線分で A と D を結ぶと，このモデルはDAGではあるが条件付き独立ではなくなる．

上記の条件付き独立のDAGでは，$p(V) = \prod_{v \in V} p(v \mid 親\,[v])$ と完全条件付き分布

8.1 WinBUGS と関連ソフトウェア

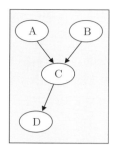

図 8.10 有向非巡回グラフの例

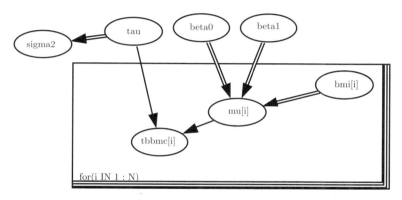

図 8.11 骨粗しょう症研究：反応変数 TBBMC と説明変数 BMI による単純な線形回帰に対するグラフ

は以下のようになる．

$$p(v \mid V \setminus v) = p(v \mid 親[v]) \prod_{w \in 子[v]} p(w \mid 親[v])$$

これは，ベイズ流の計算に対して関心のある DAG を生成する完全条件付き分布を分割する．

WinBUGS の Doodle オプションは，(ベイジアン) モデルを DAG として視覚化し，条件付き独立性を仮定する．図 8.11 の，骨粗しょう症データの回帰モデルの DAG の図は，Doodle オプションで得られた．ここでは，3 種類のノードが存在する．(デザインによって固定された) 定数ノード，確率ノード：分布が与えられた変数 (観測されたもの＝データ，または，観測されていないもの＝パラメータ)，論理ノード：他のノードの論理関数である．tbbmc[i] と beta は確率ノードであるが sigma2 は論理ノードである．また，単線と複線の2種類の有向線分が存在する．単線は確率的な関係を表している一方で，複線は論理的な関係を表している．最後に，これらの関係のいくつ

かは被験者全体に亘って繰り返され，板 (plate) と呼ばれる長方形の中に位置する．

WinBUGS のノードに関する詳細を以下に示す．

- 確率ノード (stochastic node)： WinBUGS では例えば，ベルヌーイ分布，指数分布，スチューデントの正規分布と多変量正規などの単変量と多変量の様々な分布を取り扱え，また切り捨てや打ち切りも取り扱える．WinBUGS は多変量事前分布も与える．

- 論理ノード (logical node)： WinBUGS では例えば，絶対値，コサイン，ロジット，ステップ，等式などの様々な論理式を取り扱える．WinBUGS では 'if-then-else' ステートメントは使用できない．

8.1.8　モジュールの追加：GeoBUGS と PKBUGS

完全を期すために，ここで WinBUGS に追加できる 2 つのモジュールについて手短に紹介する．

GeoBUGS は，疾病地図とその他の空間モデルから得られる地図の生成，空間平滑化を実行するためのインプットとして必要とされる隣接行列を生成・操作するためのインターフェースを与える，WinBUGS への追加のモジュールである．

PKBugs は，複雑な母集団薬物動態学/薬力学 (PK/PD) モデルを記述するための WinBUGS の追加のモジュールである．被験者の投与履歴の複雑さ，それぞれの用量への複雑な非線形モデルの必要性，時間依存共変量，観測値の打ち切り，観測値の外れ値の存在により，WinBUGS はそのようなモデルに対しては非効率に思える．PKBugs はこれに対する解法を与えることを目的としている．

8.1.9　関連ソフトウェア

OpenBUGS： OpenBUGS の開発は 2004 年にヘルシンキで始まった．WinBUGS と OpenBUGS はともに，Pascal の構成要素にもとづく BUGS 言語を使用している．OpenBUGS の最新版である，OpenBUGS 3.2.1 (http://www.openbugs.info/w/) は，WinBUGS に似た性能を有している．しかしながら，特別な場合 (収束が困難となるような場合) には，2 つのプログラムは全く異なる挙動を示す可能性がある．OpenBUGS と WinBUGS の主な違いは，エキスパートシステムがそれぞれのノードの完全条件付き分布を分類するための更新アルゴリズムを選択する方法である．すなわち，WinBUGS はそれぞれの考えられる分類に対して 1 つのアルゴリズムを定義するが，OpenBUGS では利用可能なアルゴリズムの分類が非常に多い．これは，OpenBUGS が WinBUGS と比較すると柔軟性と拡張性が高いということである．OpenBUGS はブロック化の

アルゴリズムも改良しているが，ブロック化のオプションを指定することはできない．
　OpenBUGS にはいくつかの新しい関数と分布が追加されている．さらに，WinBUGS とは違うオプションの機能が拡張されている．例えば，WinBUGS では関数 "I (下限, 上限)" によって打ち切りを扱うが，切り捨てを扱うことはできない．OpenBUGS では，打ち切りは "C (下限, 上限)" によって，切り捨ては "T (下限, 上限)" によって扱うことができる．OpenBUGS では一般的な尤度と事前分布にゼロ・ポアソン法を使用するために dloglik 分布が追加されている．OpenBUGS は初期設定でサンプラーに関する詳細も与える．

JAGS： 　JAGS は，マルコフ連鎖モンテカルロ法を用いたベイズモデルを当てはめるために使用することができるもう 1 つのソフトウェアである．JAGS は独立したプラットフォームであり，C++ によって書かれている．JAGS は Martyn Plummer によって開発された．バージョン 3.1.0 を http://www-fis.iarc.fr/ martyn/software/jags/allows からダウンロードすることができる．JAGS は，mexp() (行列式)，sort() (要素を並び替える)，%*% (行列の掛け算) のようないくつかの追加の関数を提供する．OpenBUGS と全く同じように，切り捨てと打ち切りを扱うことができる．WinBUGS と OpenBUGS は行で並び変えたデータを保存するが，JAGS は列で並び変えた配列の値を保存する．BUGS ファミリーに対する JAGS の主な利点は，そのプラットフォームの独立性にある．したがって，Linux ディストリビューションの多くの保管場所の一部を，ユーザーが記述した (C++) モジュールによって容易に拡張することができる．

WinBUGS, OpenBUGS, JAGS のインターフェース： 　いくつかの有名パッケージに対するインターフェースが WinBUGS とともに開発されてきた．R2WinBUGS は，R と WinBUGS を結びつけるソフトウェアの一例である．インターフェースは，SAS, STATA®, MATLab® のようなその他のパッケージに対しても開発されている．R と OpenBUGS をつなぐ 2 つのプログラム BRugs と R2OpenBUGS (http://openbugs.info/w/UserContributedCode) が提供されている．また，R2jags (http://cran.r-project.org/web/packages/R2jags/index.html) は JAGS と R のインターフェースである．

8.2　SAS を用いたベイズ解析

　SAS はデータベースの構築，一般的なデータの取扱い，統計プログラミング，統計解析のためのツールを提供する汎用なプログラムパッケージである．SAS は製薬企

業で働く統計家にとっては標準的なツールである．SAS での統計解析はプロシジャ (PROC と省略する) によって実行される．SAS は様々な統計プロシジャを提供するが，頻度論の方法が主である．SAS バージョン 9.2 ではベイズ解析のオプションが，PROC GENMOD (離散反応変数の解析)，PROC LIFEREG (パラメトリックな生存時間モデル)，PROC MI (多重補完法)，PROC MIXED (線形混合効果モデル)，PROC PHREG (比例ハザード回帰) などの既存の頻度論のプロシジャに追加された．SAS バージョン 9.2 では，様々なベイズモデルの当てはめの MCMC プロシジャが導入されたが，まだ試用版であった．バージョン 9.3 で，MCMC プロシジャは正式な SAS プロシジャとなった．

ベイズ流回帰分析のためには，PROC GENMOD と PROC MCMC の 2 つの SAS プロシジャが利用できる．WinBUGS と同様に，骨粗しょう症データの線形回帰分析によって，いくつかの SAS ベイズ流プロシジャの使用方法について紹介する．SAS プログラムは，'chapter 8 osteoporosis.sas' に含まれている．本節のすべての計算にはバージョン 9.3 を用いた．本書の後半では SAS の使用方法をさらに解説する．SAS ステートメントとオプションの詳細は，SAS マニュアルまたはウェブサイト：http://support.sas.com/documentation/ を参照する．

8.2.1　GENMOD プロシジャを用いた解析

背景：　SAS の GENMOD プロシジャは，1 変量の相関しているデータに一般化線形モデル (GLIM) を当てはめることができる．PROC GENMOD のベイズオプションは，ギブス・サンプリングにもとづいており，対数凹完全条件付き分布に対して Gilks and Wild (1992) の ARS アルゴリズムを用いる．その他の条件付き分布に対しては ARMS アルゴリズムを用いる．

構文：　図 8.12 は，ベイズ流線形回帰分析を実行するための典型的な PROC GENMOD プログラムを示している．このプロシジャは，高品質のグラフィックを生成するための ODS (Output Delivery System) 環境に組み込まれている．ステートメント `proc genmod data=osteoporosis;` は，作業ディレクトリ内の 'osteoporosis' と呼ばれるデータセットを探すようにプロシジャに指示している．ステートメント `model tbbmc=bmi/dist=normal;` は，応答変数が正規分布に従うと仮定し，TBBMC を BMI で回帰することを表している．`bayes` から始まる次の行は，ベイズオプションを呼び出すためのものである．オプションの `seed=777` は，異なる実行を同じシードから開始することを確実にするためのものである．さらに `nbi=5000 nmc=10000` は，5000

8.2 SAS を用いたベイズ解析

```
ods graphics on;
proc genmod data=osteoporosis;
model tbbmc = bmi / dist=normal;
bayes seed =777 nbi=5000 nmc=10000 cprior=jeffreys sprior=improper
diagnostics=all plots(fringe smooth) = all outpost=osteout;
run;
ods graphics off;
```

図 8.12 骨粗しょう症研究：SAS によるベイズ流線形回帰分析を実行するための PROC GENMOD ステートメント

回のバーンインと 10000 回の追加の繰り返しを指示している．回帰パラメータに対して，Jeffreys 事前分布を選択した (オプション cprior=jeffreys)．

PROC GENMOD は，回帰パラメータに対して 3 種類の事前分布を用意している：(a) 一様分布，$p(\boldsymbol{\beta}) \propto c$ (cprior=uniform)，(b) 正規分布 (cprior=normal)，$p(\boldsymbol{\beta}) \propto N(\boldsymbol{\mu}, \Sigma)$，ここで $\boldsymbol{\mu}$ および Σ は様々な方法で定義することができる，(c) Jeffreys 事前分布，$p(\boldsymbol{\beta}) \propto |\phi^{-1} I(\boldsymbol{\beta})|^{1/2}$．ここで ϕ はベイズ流一般化線形モデル (BGLIM) の分散パラメータである (4.8 節を参照)．この値を 1 に固定するか，連鎖内の ϕ の現在の推定値をとることができる．BGLIM に対する Jeffreys 事前分布の詳細は，5.6.2 節に示した．分散部分に対する事前分布は以下のものを指定することができる：(a) 分散パラメータ (ϕ)(dprior)，(b) 尺度パラメータ ($\phi^{1/2}$)(sprior)，(c) 精度パラメータ (ϕ^{-1})(pprior)．sprior=improper によって，尺度パラメータに対して Jeffreys 事前分布 $p(\phi^{1/2}) \equiv p(\sigma) \propto \sigma^{-1}$ が指定される．WinBUGS と対照的に，非正則事前分布を用いることができる．したがって，ユーザーは非正則事後分布が避けられているかを確かめるべきである．

図 8.12 のオプション diagnostics=all は，ラグ 1，5，10，50 の自己相関，有効サンプルサイズ，4 つの診断 (Geweke, Gelman-Rubin, Heidelberger-Welch, Raftery-Lewis) を計算するように指示している．コマンド plots(fringe smooth) = all によって，すべてのモデルパラメータに対して，トレースプロット，自己相関プロット，カーネル密度プロットが生成される．'fringe' を指定すると x 軸上に密度の点が追加され，オプション 'smooth' は実際のトレースプロットに平滑化トレースプロットを重ねる．さらに，outpost=osteout の指定は，nmc=10000 でサンプリングされたパラメータの値と事後分布の対数を取ったものを osteout の名前でユーザーが定義したファイル内に保存する．このファイルは，PROC GENMOD によってサポートされていない事後要約量やプロットを生成するために，後で加工することができる．最後に，run ステートメントは，プロシジャの実行を指示する．追加のオプションを指定することができ，例えば，thinning=10 はマルコフ連鎖の 10% だけを保存するように

指示する．オプションの指定がない場合には，デフォルトの設定となる．例えば，図8.12のプログラムではデフォルトによって間引き (thinning) は 1 となる．

出力： PROC GENMOD は最尤法から始まり，選択した事前分布と初期値を出力する (ここでは，出力は示していない)．プログラムはそれぞれのパラメータに対して 3 つの初期値を自動的に選択する．さらに，このプログラムはモデル評価のために，デビアンス情報量基準 (DIC) と p_D 値 (第 10 章を参照) を出力する．

最高事後密度 (HPD) 区間を含む事後要約量が，パラメータの事後相関行列とともにそれぞれのパラメータに対して示される．この行列から切片と傾きの事後相互相関係数は -0.987 となり (出力は示していない)，モデル内に多重共線性の問題が存在することを確認することができる．図 8.13 に，傾きのトレースプロット，自己相関 (ACF) プロット，密度プロットを示す．ブロック化をしない WinBUGS での解析によって得られたもののように，回帰パラメータに対して高い自己相関が予想された．しかしながら，事後自己相関はほぼ独立なサンプリングであることを示している．その理由は，多重共線性の問題をサンプリングする前に解決するように，PROC GENMOD が最初に (自動的に) 共変量を中心化するためである (しかしながらこれはマニュアルには記されていない)．出力では，結果は元のスケールに戻される．

Gelman-Rubin, Geweke, Heidelberger-Welch 診断によると，(標準的な設定で) 収束は棄却されないが，Raftery-Lewis 診断によると連鎖の長さは十分ではなかった (ここでは，出力は示していない)．

図 8.14 は，3 つのパラメータに対して推定された有効サンプルサイズ (7.2.5 節参照) がおよそ 10000 であることを示している．これは BMI を中心化した効果である．自己相関時間 (autocorrelation time) は，有意な自己相関を 0.05 より大きいと定義すると，マルコフ連鎖の有意な自己相関の和として考えることができる．ここで，大きな自己相関がないことが重要であり，したがって自己相関時間はすべて 1 であった．効率は有効サンプルサイズ ESS とマルコフ連鎖の大きさ n の比，すなわち ESS/n として定義される．最後に，サンプリングされた (モンテカルロ) 平均の標準偏差に等しい，モンテカルロ標準誤差 (MCSE) ($MCSE = SD/\sqrt{ESS}$) を利用して，真の事後平均に対する古典的な 95% 信頼区間を計算することができる．例えば，β_1 に対するこの区間は，$0.0401 \pm 1.96 \times 0.000043 = [0.0400, 0.0402]$ となる．比 $MCSE/SD \approx 1/100$ から，事後のばらつきの 1% のみがシミュレーションに起因するものであると推察できる．

追加の特徴： PROC GENMOD では，他に 2 項分布，ガンマ分布，幾何分布のよ

8.2 SASを用いたベイズ解析

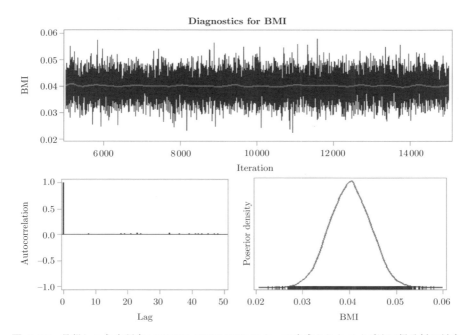

図 8.13 骨粗しょう症研究：PROC GENMOD によって生成されたベイズ流回帰分析に対する傾きのトレースプロット，自己相関 (ACF) プロット，密度プロット

うな分布と，リンク関数として，identity, log, logit などを利用できる．bayesオプションには，もともと頻度論の統計解析のみを実行するプロシジャに組み込まれているため，(多くはないが) いくつかの既存のオプションをベイズオプションと組み合わせることができる．

8.2.2 MCMC プロシジャを用いた解析

背景： MCMC プロシジャは，様々な事前分布を組み合わせて様々な統計モデルを適切に当てはめるために MCMC サンプリングを行うための汎用なプログラムである．PROC MCMC は，ユーザー定義の事前分布，対数尤度関数，サンプラーのプログラミングも取り扱える．しかし，このプロシジャはモデルに DAG を仮定しないため，際限なく何度もシンボル (またはノード) を用いる．このプロシジャは，非常に様々な提案分布を組み合わせたブロック・メトロポリス・ヘイスティング・サンプラーに依存している．バージョン 9.3 の PROC MCMC に追加された RANDOM ステートメントは，階層モデルの当てはめに対する収束率を大きく改善した．この新たな機能は第 9 章で説明する．

Effective sample sizes			
Parameter	ESS	Autocorrelation Time	Efficiency
Intercept	10322.3	0.9688	1.0322
BMI	10347.7	0.9664	1.0348
Scale	10000.0	1.0000	1.0000

Monte Carlo standard errors			
Parameter	MCSE	Standard deviation	MCSE/SD
Intercept	0.00115	0.1166	0.00984
BMI	0.000043	0.00437	0.00983
Scale	0.000133	0.0133	0.0100

図 8.14 骨粗しょう症研究：PROC GENMOD によって推定されたベイズ流回帰分析のパラメータとその精度

構文： 図 8.15 は，PROC MCMC を用いて骨粗しょう症データのベイズ流回帰分析をするためのコマンドを示している．その他の SAS プロシジャと同様に，入力データセット全体に明確なループが存在する．言い換えると，変数名に適用される MODEL ステートメントは，WinBUGS での N (データの数) 回の for ループと同じである．この仮定によって，WinBUGS でそれぞれの変数 (ノード) に対してインデックス付けをする必要はない．統計学的な観点から，これはすべての観測値が独立であると仮定することと同じであり，PROC レベルの JOINTMODEL オプションによって解除することができるが，そのためにはさらなるプログラミングが必要である．複数の MODEL ステートメントを用いることができ，それらは反応変数に対する同時分布または周辺＋条件付き分布を宣言するために用いることができる．すべてのプログラミングステートメントは，WinBUGS での N 回にわたる for ループ内に囲まれていると考える必要がある．シミュレーションでは，観測値ごとにそれが実行される．それらをデータループの外に置きたい場合には，BEGINNODATA ステートメントと ENDNODATA ステートメントを使用する必要がある．

いま，モデルに 2 次の項 (bmi2 ≡ BMI^2) を加える．さらに，出力の見た目を良くする (小数点以下の余分なゼロを除くため) ために，BMI を 10 で割る．オプション outpost=osteout によって，nbi=10000 のバーンインサンプル後の nmc=20000 のパラメータのサンプル値 (と事後分布の対数) が保存される．オプション nthin=10 は，10 番目ごとの値のみを保存することを意味しており，ここでは実際には連鎖の 2000 個の

8.2 SASを用いたベイズ解析

```
ods graphics on;
 proc mcmc data=osteoporosis outpost=osteout nbi=10000 nmc=20000
   nthin=10
            monitor=(beta0 beta1 beta2 sigma2 sigma) init=pinit
              mchist=detailed
            diag=all plots=(TRACE AUTOCORR DENSITY) seed=7771;
      parms beta0 0 beta1 0 beta2 0 sigma2 1;
      prior beta0 beta1 beta2 ~ normal(0, var = 10000);
         prior sigma2 ~ igamma(0.0001,scale=0.0001);
         sigma =sqrt(sigma2);
      mu = beta0 + beta1*bmi + beta2*bmi2;
      model tbbmc ~ normal (mean=mu,var= sigma2);
   run;
ods graphics off;
```

図 8.15 骨粗しょう症研究：ベイズ流回帰分析を実行するための PROC MCMC コマンド

値のみが実際に保存されることになる．これは 200000 個の値が生成され，20000 個の値が保存される WinBUGS とは対照的である．オプション monitor=(beta0 beta1 beta2 sigma2 sigma) は，回帰パラメータ，残差分散，残差標準偏差をそれぞれ観察するために指定する．このステートメントは, monitor=(_parms_ sigma) とも書ける．ここで _parms_ はすべてのモデルパラメータを省略した表現であることに注意する．提案密度は，最適な採択率を達成するためのチューニング期間で適用される．オプション init=pinit は，チューニング期後のパラメータの値を表にする．このオプションは，メトロポリス・アルゴリズムで使用したチューニングされた提案パラメータも表にする．オプション mchist=detailed は，チューニング，バーンイン，およびスケール値，採択率，ブロック化の情報が含まれるサンプリング履歴のような，MCMC サンプリング手順の様々な面の詳細な出力を生成する．

オプション diag=all は，すべての診断 (自己相関，有効サンプルサイズ，モンテカルロ誤差，Geweke, Raftery-Lewis, Heidelberger-Welch の収束診断) を出力する．PROC MCMC は Gelman-Rubin 診断を出力しないことに注意する．オプション plots=(TRACE AUTOCORR DENSITY) で，ODS グラフ (トレースプロット，ACF プロット，事後密度プロット) が得られる．'parms' には，2 つの目的がある：(1) すべてのパラメータに初期値を与える．(2)(条件付き) 共役サンプラーによってサンプリングされたパラメータを除いて，ブロック MH サンプラーのブロックを定義する．例えば，ステートメント parms beta0 0 beta1 0 beta2 0 sigma2 1; は，すべてのパラメータを (1 つのブロックで) 同時にサンプリングすることを要求する．しかし初期設定では，分散パラメータはサンプラーとして逆ガンマ (共役) 分布で別にサンプリン

Proposal covariance for block 2			
Parameter	beta0	beta1	beta2
beta0	0.2720	−0.2006	0.0361
beta1	−0.2006	0.1493	−0.0271
beta2	0.0361	−0.0271	0.0050

図 8.16 骨粗しょう症研究：PROC MCMC による 3 つの回帰パラメータに対する正規提案密度

グされる．したがってこのプロシジャは，すべての回帰パラメータに対するブロックと分散パラメータに対するブロックの 2 つのブロックを設定する．オプション sigma =sqrt(sigma2); は，残差標準偏差についても検討するために (モニターオプションと合わせて) 記述する．尤度は，2 つのステートメント：mu = beta0 + beta1*bmi + beta2*bmi2; と model tbbmc ~ normal (mean=mu,var= sigma2); によって指定される．初期設定では，正規サンプラーが用いられるが，PROC MCMC ステートメントにオプション propdist = t(3) を加えると，自由度 3 の多変量 t 分布に変更することができる．PRIOR ステートメントは事前分布を指定する．これは WinBUGS の ~ と同じであり，データ全体の for ループの外にある．MODEL ステートメントのように，複数の PRIOR ステートメントをパラメータ全体の分布が同時分布か，周辺＋条件付きかを指定するために用いることができる．

出力： サンプリング手順は，3 つの回帰パラメータからなるブロックと分散パラメータからなるもう 1 つのブロックによるブロック・メトロポリス・サンプラーである．最初のブロックに対して，3 次元正規提案密度を選択し，分散パラメータは逆ガンマ・サンプラーでサンプリングされた．提案密度が，$N_3(\boldsymbol{\theta}^k | c^2 \Sigma)$ である．c と Σ は，採択率 0.234 を達成するために，チューニング期で調整した．チューニング期の最後の時点における提案密度の分散共分散行列 $c^2 \Sigma$ は，オプション init=pinit によって得られ，これを図 8.16 に示す．すべてのラグに対して事後自己相関は低かった．すべてのパラメータに対するトレースプロットは良い混合を示した．さらに，Geweke 診断と Heidelberger-Welch 診断は良い混合を示したが，Raftery-Lewis 診断に対しては連鎖が小さ過ぎた．回帰パラメータに対する有効サンプルサイズは 1600 前後であったが，分散パラメータに対しては 2000 を超えた．モンテカルロ誤差は，すべて事後標準偏差の 5% 以下であった．最後に，事後要約量から，BMI の回帰係数は正，BMI^2 の回帰係数は負であることが示された．それぞれの信用区間は，0 を含まなかった．

ブロック化の効果を説明するために，2つの異なる parms ステートメントで上記の解析を再実行した．以下の2つの parms ステートメント parms beta0 0 beta1 0 beta2 0; parms sigma2 1; を与えた場合，予想通り何も変わらなかった．しかしながら，以下の4つの parms ステートメント parms beta0; parms beta1 0; parms beta2 0; parms sigma2 1; では，サンプリングの質が低下した．収束診断から，回帰パラメータの収束に重大な逸脱が示唆された (しかし，分散パラメータに関しては収束した)．さらに，回帰パラメータに対する有効サンプルサイズはおおよそ6まで落ちた．これは良いブロックを選択すること (と PROC MCMC の組合せ) の重要性を示唆するものである．

追加の特徴： 欠測値，切り捨てデータおよび打ち切りデータを取り扱うことができる．

8.2.3 その他のベイズ解析用プログラム

以下の2つの SAS プロシジャにもベイズ解析のオプションが含まれる：

1. PROC LIFEREG： パラメトリックな生存時間解析に用いることができる．サンプラーは PROC GENMOD のものと同じであり，ほぼ同じようなベイズオプションが提供される．

2. PROC PHREG： よく知られているセミパラメトリック Cox 比例ハザードモデルのベイジアン版に相当する．このプロシジャは，回帰パラメータと区分 (piecewise) ハザードモデルパラメータにギブス・サンプリングを用いる．PROC LIFREG とほぼ同じベイズオプションを利用できる．

GENMOD プロシジャ，LIFEREG プロシジャ，PHREG プロシジャでは複数の連鎖と Gelman-Rubin 診断を利用できるが，MCMC プロシジャは単連鎖の方法にもとづいている．

他にも2つの SAS プロシジャ，PROC MI と PROC MIXED がベイズ解析のオプションを備えている．前者のプロシジャは，MCMC 法を用いて欠測データを補完し，観測値に多変量正規分布を仮定する．このプロシジャは，ギブス・サンプラーを使用しているようだが，その詳細はわからない．後者のプロシジャは，頻度論の方法でデータに対して混合効果モデルを当てはめる，最近の SAS プロシジャで最もよく利用されているものの1つである．SAS バージョン 9.2 において，PRIOR ステートメントが PROC MIXED のオプションに追加された．この機能は現在では，正規階層モデルに対するベイズ解析に用いることができる．このプロシジャは，初期設定では独立なメトロポリス・ヘイスティングズ・アルゴリズム (6.3.4 節参照) を用いるが，

他に 3 つのサンプリングアルゴリズムが利用できる．

8.3 その他のベイズ解析用ソフトウェアとその比較

8.3.1 その他のベイズ解析用ソフトウェア

First Bayes は，ベイズ流の方法を初めて学生に教室で教えるには素晴らしいプログラムである．このパッケージは O'Hagan によって開発され，www.firstbayes.co.uk/ からマニュアルとともにダウンロードできる．

近年，主に R と Matlab で書かれているベイズ解析用プログラムが急増しており，包括的にベイズ解析用ソフトウェアの概要を示すことはできない．R パッケージについては，CRAN ウェブサイト (http://cran.r-project.org/) が参考になる．その他にも，International Society for Bayesian Analysis (http://bayesian.org/) や，単に Google で Web 検索もある．以下は本書で検討されたモデルを当てはめるために役立つと考えられるいくつかのベイズ解析用ソフトウェアを個人的に選択したものである．これらのパッケージは，すべてベイズ流の解を得るために MCMC 法を用いている．

- *MLwiN* パッケージ (http://www.bristol.ac.uk/cmm/software/mlwin/) は，階層データのモデリングのための専用ソフトウェアである．このパッケージは，頻度論と MCMC アルゴリズムをもとにしたベイズ流アプローチを有している．このパッケージについては，Rasbash *et al.* (2009) または Lawson *et al.* (2003) が参考になる．

- *MCMCglmm* (CRAN ウェブサイトを参照)：MCMC 法を用いて一般化線形混合モデルを当てはめるための R パッケージである．通常用いられる分布だけでなく，ゼロ過剰ポアソン分布や多項分布のようなあまりなじみのない分布も取り扱うことができる．欠測値と左側，右側，区間打ち切りが，全ての分布に対応している．このパッケージは，様々な残差分散構造とランダム効果分散構造を利用できる．

- *MNP* (CRAN ウェブサイトを参照)：ベイズ流多項プロビットモデルを当てはめるための R パッケージである．

- *MCMCpack* (http://mcmcpack.wustl.edu/)：IRT モデルや変化点モデルのような，社会科学者にとって有用な，数種類のモデルを当てはめるための R パッケージである．生物統計学者にとっても有用である．

- *msm* (CRAN ウェブサイトを参照)：多状態モデルを当てはめるための R パッケージである．

- *BACC* (http://www2.cirano.qc.ca/~bacc/bacc2003/index.html)：計量経済学者だけでなく生物統計家にとっても有用な，幅広いプログラム．R，S+，Matlabによる異なるプラットフォームが利用可能である．
- *BayesX* (http://www.stat.uni-muenchen.de/~bayesx/bayesx.html)：一般化加法モデル (GAM)，一般化加法混合モデル (GAMM)，係数変動モデル (VCM) などのような，様々な高度な構造をもつ加法回帰モデルを推定するためのRパッケージである．
- *BNT* (http://code.google.com/p/bnt/)：有向グラフィカルモデルのためのMatlabパッケージである．グラフィカルモデルを当てはめるための多種多様なプログラムに対するウェブサイト，http://www.cs.ubc.ca/~murphyk/Software/bnsoft.html も参考になる．

ネストされたラプラス近似 (integrated nested Lapalace approximstion, INLA) パッケージをまとめたアプローチ (http://www.r-inla.org/home) は，根本的に異なる．INLA は高度なラプラス近似 (Rue et al. 2009) にもとづいている．このパッケージは，変換によって，あるいは潜在的に (基本的な) 正規モデルと考えられるモデルに対して適用できる．サンプリングを行わないため，パラメータの事後推定値の精度が高く保たれると同時にMCMCアルゴリズムより非常に早く計算結果が実行される．

Rパッケージを利用するために非常に有用であり，無料で利用できるソフトウェアツールが，**RStudio v0.94** (http://rstudio.org/) である．RStudio は Windows，Mac OS X，Linux を含むすべての主要なプラットフォームで利用可能である．RStudio は画面を4つの画面に分割する．エディタ，コンソール，ワークスペースと履歴を表示する画面，および4番目の画面ではプロットの出力とRパッケージのインストール，ロード，アップデートをすることができる．

8.3.2 ベイズ解析用ソフトウェアの比較

WinBUGS と SAS のプログラミング環境は明らかに異なる．WinBUGS は，S+やRプログラミングに似た (しかしより制限のある) オープンエンド型の環境を有しているが，SAS はより手続き型の環境を提供し，プログラミング環境を有しているプロシジャもある．WinBUGS とベイズ解析用の SAS プログラムの徹底的な比較は，注意して実施する必要がある．なぜなら，両方のパッケージが非常に幅広い統計モデルを取り扱うことができ，パッケージの果たす役割が大きいからである．ここではそれほど徹底した比較を想定していたのではなく，むしろ2つのプログラムの操作がどのように異なるかについて，いくつかの基本的な例を用いて説明した．しかし，ロジス

ティック混合効果モデル (第9章) のような特定の階層モデルに対しては，WinBUGS 1.4.3，SAS PROC MCMC バージョン 9.2，MLwiN 2.13 (Li *et al.* 2011) に含まれるいくつかの頻度論とベイズ解析用の統計パッケージを比較し，2つの重要な結論が得られた．1つ目は，パッケージのプログラミング環境と統計的な問題について対処する柔軟性が大幅に異なるので，WinBUGS と SAS が非常に多くの種類の問題を扱うことができるということである．2つ目は，パッケージの計算効率に関しても大幅に異なる．はっきり述べると，MLwinN は明らかに優れており，SAS PROC MCMC バージョン 9.2 はどうしようもないほど非効率である．バージョン 9.3 の RANDOM ステートメントの導入により，階層モデルのサンプリングは現在はより一層効率的になっており，WinBUGS とほとんど同じである．

8.4 終わりに

この章では，主として WinBUGS と SAS の2つのベイズ解析用プログラムの機能に焦点をあててきた．現在のところ，ベイズ流の解析の大部分は WinBUGS と専用の R パッケージを用いて実施されている一方で，ベイズ解析用の SAS プロシジャは SAS ユーザーだけでなく，さらに一般の応用統計家にも高い評価を得るであろう．

演習問題

演習 8.1 WinBUGS でブロック化のオプションを有効および無効とした両方の場合で演習 7.1 と演習 7.2 の解析を実行せよ．

演習 8.2 ブロック化のオプションを無効にした場合の，WinBUGS サンプラーの演習 8.1 での収束率を改善するために，いくつかの加速テクニックを適用せよ．

演習 8.3 SAS の PROC GENMOD および PROC MCMC を用いて，演習 7.1 と演習 7.2 の解析を実行せよ．

演習 8.4 WinBUGS ドキュメント Examples Vol I の Mice Example を実行し，またワイブル分布を対数正規分布に置き換えて実行せよ．両方の場合での自己相関関数を生成せよ．また，いくつかの加速手法を試せ．

演習 8.5 WinBUGS ドキュメント Examples Vol I の Mice Example を，SAS の PROC LIFEREG と PROC MCMC のベイズオプションを用いて実行せよ．PROC MCMC で異なる MH サンプラーを試せ．SAS プロシジャだけでなく WinBUGS でも収束速度と事後要約量を比較せよ．その次に，ワイブル分布を対数正規分布に置き換え，再度サンプラーの性能を評価せよ．

演習 **8.6** WinBUGS を用いて演習 7.7 の解析を実行せよ．PROC MCMC によってその解析を再度実行せよ．

演習 **8.7** SAS の PROC MCMC を用いて演習 7.8 の解析を実行せよ．

演習 **8.8** PROC GENMOD と PROC MCMC によって，例 VII.9 の虫歯研究のデータを解析せよ．PROC MCMC で異なる MH サンプラーを試せ．SAS プロシジャだけでなく WinBUGS でも収束速度と事後要約量を比較せよ．

演習 **8.9** WinBUGS ドキュメント Examples Vol I の Kidney Example を行え．最初のイベントのみに着目せよ．(すなわち，モデルとデータ構造を変更せよ．) WinBUGS プログラムを実行し，収束率を改善できるかどうかを調べよ．

演習 **8.10** SAS の LIFEREG プロシジャおよび MCMC プロシジャのベイズオプションによって，WinBUGS ドキュメント Examples Vol I の Kidney Example における最初のイベントを解析せよ．

演習 **8.11** WinBUGS および PROC MCMC によって，(ファイル 'chapter 7 interval censoring.R' に含まれる) 区間打ち切りデータを解析せよ．

演習 **8.12** WinBUGS ドキュメント Examples Vol II の Dugongs Example に取り組み，年齢の共変量を中心化した際に何が起こるかを観察せよ．どのような結論が得られるか？

演習 **8.13** WinBUGS ドキュメント Examples Vol II の Dugongs Example に取り組み，γ に対する事前分布を (a) Beta(1,3) と (b) Beta(3,1) に変更した際に何が起こるかを観察せよ．

第II部 統計モデルのための ベイズ法

第9章 階層モデル

9.1 はじめに

　この章では，ベイズ流階層モデル (Bayesian hierarchical model, BHM) を紹介する．BHM は階層的構造をもつデータに対するベイズ統計モデルである．これらのデータはクラスター化された (clustered) ともいう．クラスター化されたデータは医学研究に多く存在する．例としては，同じ被験者に対する経時測定データ，歯の表面と口の中の歯ような空間的な階層にあるデータ，多施設臨床試験データ，施設が無作為に選ばれるクラスター無作為化試験，メタ解析などある．

　クラスター化されたデータに対して適切な統計解析を行うため，データの相関を考慮する必要がある．相関のあるデータを扱うため，様々な頻度論的アプローチが提案されている．一般化推定方程式 (generalized estimating equation, GEE) は Liang and Zeger (1986) により提案され，よく利用されているアプローチである．このアプローチは，経時測定における相関構造を局外パラメータとして扱うことで，分布に関して最低限の仮定をおいている．分布に対して何らかの仮定を取り入れたい場合，データの相関構造を調べることは有益である．明示的に相関をモデルに取り入れる頻度論的パラメトリックモデルは，混合効果モデル (mixed effects model) であり，それらは，マルチレベルモデル (multilevel model)，あるいは，(頻度論的) 階層モデル ((frequentist) hierarchical model) とも呼ばれる．これらのモデルにおいては，固定効果 (fixed effect) と変量効果 (random effect) が区別されている．固定効果は定数パラメータであり，被験者の母集団に特有の母集団 (population) 効果を表す．一方，変量効果は，被験者によって変化する個人特有の効果を表すパラメータである．代替用語「マルチレベルモデル」は，被験者がいくつかのレベルにクラスター化されている階層的な構造をもつデータを表現している．

BHM は階層モデルであり，すべてのパラメータに事前分布が与えられている．ベイズの枠組みにおいてすべてのパラメータが確率変数として処理されているため，BHM に対しては，固定効果を変量効果と区別する必要がないように思える．しかし，その区別が有用であることが示されているため，ここでは区別することにしておく．頻度論的階層モデルの性質の多くが BHM にも適用できるうえ，BHM は実務家により多くのことを可能にする．まず，ベイズ流アプローチは自動的にモデルにおけるパラメータの不確実性を考慮することになる．また，MCMC アルゴリズムは，ほとんどの頻度論的階層モデルによく見られるパラメータに対する強い仮定を緩め，大きな柔軟性を提供する．

2つの例，ポアソン・ガンマモデルと正規階層モデルを通して，BHM を紹介する．この2つの例は，ある程度の解析的な結果を示すことができ，パラメータがどのように推定されているかの見通しを与える．また，完全ベイズ流アプローチ (full Bayesian approach) と経験ベイズ流アプローチ (Empirical Bayesian approach) を比較する．ベイズ流混合モデルの一般形は，正規階層モデルを特別な場合とするベイズ流線形混合モデル (Bayesian linear mixed model, BLMM) を含んでおり，次の話題である．ベイズ流一般化線形混合モデル (Bayesian generalized linear mixed model, BGLMM) はより大きな BHM のクラスを構成する．BGLMM のさらなる拡張も示唆されるが，ここでは紙面の制限で扱わない．無情報事前分布が適切な事後分布を導くことを保証するのは容易ではない．特別な場合は，BHM におけるレベル 2 の分散に対する無情報事前分布の選択である．この問題が非常に興味深いので，この章で取り扱う．さらに，階層モデルにおけるマルコフ連鎖の収束性を評価し，または加速法に関する専門的な技術を説明する．最後に，頻度論的階層モデルとベイズ流階層モデルアプローチの性能を比較する．

ほとんどの解析は WinBUGS 1.4.3 と OpenBUGS 3.2.1 で実行した．一部の例は SAS 9.3 の MCMC プロシジャを用いて解析した．この章はプログラム文の詳細をほとんど示さず，代わりに本書のホームページで掲載しているプログラムを参照する．マルコフ連鎖の収束を確認するため，トレースプロットを視覚的に調べる．多重連鎖を起動し，Brooks-Gelman-Rubin (BGR) を利用して収束検定を行う．多くの場合，一連の収束診断量が最終確認として利用される．最後に，MC 誤差が事後 SD の 5% より小さくなるまで連鎖を実行する．

9.2 ポアソン・ガンマ階層モデル

9.2.1 はじめに

ベイズ流階層モデル (Bayesian hierarchical models, BHM) の導入をポアソン・ガンマモデルを用いて行う．まず，共変量がないモデルから始める．

例 IX.1：口唇がん研究：概要

空間的なリスク評価は今日の公衆衛生における大きな焦点の1つである．疾病の有病率 (prevalence) と罹患率 (incidence) に関する地理的な分布は，その病因を理解するのに重要な役割を果たしている．このような地理的あるいは空間的，疫学的研究の例としては，ベルリンを含む旧ドイツ民主共和国 (German Democratic Republic, GDR) における男性口唇がんの死亡率に関する調査がある．この地区では 1961 年から調査が始められた (Möhner et al. 1994)．1989 年に，195 の GDR 地域において，2342 例の男性口唇がん死亡が記録された．各地域において，観察死亡度数 y_i ($i = 1, \ldots, n = 195$) が記録され，期待度数 e_i が以下のように計算される．標準集団はこの場合 GDR 全体だが，10 歳ごとの年齢層で分けられている．各年齢層において，標本男性口唇がん死亡率が計算される．各年齢層の観察された死亡率が各地域におけるその年齢層の人口で掛け算される．GDR のすべての地域において男性口唇がんのリスクが等しいのであれば，その積和 e_i が該当地域の真の死亡度数の推定値となる．疾病有病率が調査されるとき，比 $\text{SMR}_i = y_i/e_i$ は，標準化死亡率 (standardized mortality (or morbidity) rate) と呼ばれる．SMR_i は，真の相対リスク (relative risk, RR)，すなわち，i 番目の地域の死亡率を表す θ_i の推定値となる．図 9.1(a) は，GDR の 195 地域における男性口唇がんの標準化死亡率のヒストグラムを示している．標準集団が GDR 全体であるため，$\theta > 1$ は，GDR 全体と比べて口唇がん死亡リスクの増加を示し，$\theta \leq 1$ は，リスクが増加していないか，減少していることを示す．Banuro (1999) は様々な空間ベイズモデルをこのデータに適応した．ここでは，単純な BHM を考える．□

SMR を疾病地図 (disease map) と呼ばれる地図で表示すると，死亡リスク増加の地域を視覚的に示すことができる．しかし，SMR_i は，相対的に過疎地域においては θ_i の信頼できる推定値ではない．したがって，疾病地図を描くにあたっては，θ_i に対して，より安定した推定値を用いることが望ましい．これから示すように，BHM にもとづく推定値は，頑健性がある．

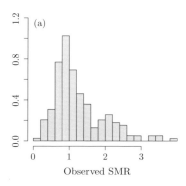
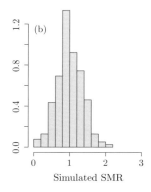

図 9.1 口唇がん研究：(a) 標本 SMR のヒストグラム, (b) GDR の 195 地域が同じリスクをもつという仮定のもとでシミュレーションした標本 SMR のヒストグラム

9.2.2 モデルの指定

口唇がん死亡率データはクラスター化されている．すなわち，男性口唇がん被験者が GDR の地域でクラスター化されている．地域に対してどのような仮定をおくべきか？ 具体的には，y_i と θ_i に関してどのような仮定が妥当であるか？

例 IX.2: 口唇がん研究：基本仮定

第 1 段階 (レベル 1) のデータは死亡数 y_i である．$y_i \sim \text{Poisson}(\theta_i e_i)$ $(i = 1, \ldots, n)$ とし，θ_i が与えられたもとで，y_i が独立であると仮定する．これは，各地域の男性が独立に観察度数に寄与することを意味する．この仮定は多くの場合に妥当であるが，9.5 節に見られるようにベイズの枠組みでは緩めることができる．

第 2 段 (レベル 2) の (潜在的 (latent)) データ，すなわち，地域あるいは θ_i に対して，少なくとも 3 つの仮定を考えることができる．

A1: n 個の地域は一意的で，互いに関係していない．この仮定のもとで，θ_j $(j \neq i)$ に関する地域 j からの情報は θ_i に対して何も情報を与えない．これによって，θ_i の最尤推定量は SMR_i となり，その漸近分散は θ_i/e_i となる．この場合，過疎地域 (小さい e_i をもつ) に対応する SMR_i が大きな変動を示し，θ_i に対するベイズ推定値は y_i のみに依存する．

A2: カウント $y_1, y_2, \ldots, y_n$ を GDR (または超母集団 (super population)) からのランダム標本とすると，各 SMR_i は同じリスク θ を推定する．GDR 全体が標準地域となるため，$\theta_1 = \cdots = \theta_n = \theta = 1$ となる．外部に標準地域がある場合，$\theta \neq 1$ となり，このポアソン分布の仮定のもとで，θ の最尤推定値は

$\sum_i y_i / \sum_i e_i$ となる．

A3: これらの地域は，特に地理的に互いに近いときに，共通の環境条件をもつ．例えば，気候条件，大気汚染，生活様式などは，これらの地域において大きな変化がない．これは，θ_i が相関していることを意味する．それを表現するため，$\{\theta_1, \ldots, \theta_n\}$ を分布 $p(\theta\,|\,\cdot)$ から得られた標本と仮定する．ここで，$p(\theta\,|\,\cdot)$ は θ の事前分布と呼ばれる．

仮定 A1 と A3 との選択は，主観的な見解に大きく依存する．例えば，各地域は一意的 (独特) であるという主張がよくなされる．しかし，それは，これらの地域が同じような気候を共有し，同じような工業汚染を受け，ほぼ同様な食事行動を示す住民をもつことを無視することとなる．

仮定 A2 に対しては統計的な検定を行うことができる．ここでは，簡単なシミュレーションを用いてこの仮定を確認する．すなわち，口唇がん死亡率データに対して仮定 A2 を確認するため，$y_i \sim \text{Poisson}(e_i)$ から標本 SMR を抽出し，それを図 9.1(b) のように示す．視覚的な印象から，観察された SMR が標本 SMR よりもかなり変動していることがわかる．これは，真の RR に異質性があることを示唆している．したがって，仮定 A3 が妥当であると考えられ，ここで利用することとする． □

仮定 A3 は A1 と A2 の妥協案であり，$\theta_1, \ldots, \theta_n$ が共通の分布 $p(\theta\,|\,\psi)$ をもつことを意味する．ただし，ψ は超パラメータ (hyper parameter) のベクトルである．この仮定のもとで，集合 $\boldsymbol{\theta} = \{\theta_1, \ldots, \theta_n\}$ は 3.5 節で述べた交換可能であると呼ばれる．さらに，被験者は，地域内では交換可能であるが，地域間では交換可能でない．したがって，交換可能性は，ここで階層の 2 つのレベルに適用されている．交換可能性は θ_i がすべての地域から得られた情報を利用して推定することを意味する．この現象を (他の地域から)「説得力の借用 (borrowing strength)」と呼ぶ．

仮定 A3 の場合，どのような事前分布 $p(\theta\,|\,\psi)$ を選ぶべきか？計算上便利な選択はポアソン分布の共役分布である．すなわち，$\theta_i\ (i = 1, \ldots, n)$ は互いに独立に同一の分布に従い，ガンマ分布 $\text{Gamma}(\alpha, \beta)$ に従うと仮定する．よって，θ_i の事前平均と事前分散は，それぞれ，α/β と α/β^2 となる．

超パラメータ α, β に対して事前分布を特定しなければ，前述したモデルは頻度論的階層モデルとなる．一般的に，超事前分布 $p(\alpha, \beta)$ の選択は超パラメータに対する事前信念に依存する．場合によっては，過去のデータが利用でき，情報のある事前分布が設定可能である．しかし，通常は漠然事前分布が選ばれる．超パラメータを選択することによって BHM の設定が完了する．モデルの階層的な構造は図 9.2 に示され

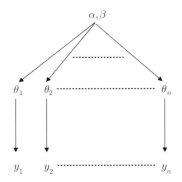

図 9.2 口唇がん研究:データの階層的な構造

ている.注意したいのは,レベル 1 の変数 (y_i) は観測されるが,レベル 2 の変数 (θ_i) は潜在的な変数で観測できないことである.ポアソン・ガンマモデルは以下のような 2-レベル階層モデルである.

- レベル 1:$y_i \mid \theta_i \sim \text{Poisson}(\theta_i e_i), i = 1, \ldots, n$
- レベル 2:$\theta_i \mid \alpha, \beta \sim \text{Gamma}(\alpha, \beta), i = 1, \ldots, n$
- 事前分布:$(\alpha, \beta) \sim p(\alpha, \beta)$

θ_i の分布は,ベイズ統計の文献では,パラメータと潜在確率変数を区別しないので,事前分布と呼ばれている.しかし,データの階層構造を強調するため,ここ (および本書の残りの部分) では,θ_i の分布をモデルの記述の一部分とみなす.

上記のポアソン・ガンマモデルは口唇がん研究から考えられた.より一般的な場合として,θ_i に対して m_i 個の観察死亡度数 y_{ij} を考えることがある.この場合,前述の 2-レベル階層モデルの第 1 段階は以下のようになる.

- レベル 1:$y_{ij} \mid \theta_i \sim \text{Poisson}(\theta_i e_i), j = 1, \ldots, m_i; i = 1, \ldots, n$

9.2.3 事後分布

上で述べた分布の仮定にもとづき,事後分布が得られる.$\boldsymbol{y}$ を観察度数 $\{y_1, \ldots, y_n\}$ のベクトルとすると,同時事後分布は以下のように得られる.

$$p(\alpha, \beta, \boldsymbol{\theta} \mid \boldsymbol{y}) \propto \prod_{i=1}^{n} p(y_i \mid \theta_i, \alpha, \beta) \prod_{i=1}^{n} p(\theta_i \mid \alpha, \beta) p(\alpha, \beta)$$

$y_i \sim \text{Poisson}(\theta_i e_i)$ とし,階層的に独立と仮定すると,以下になる.

$$p(\alpha, \beta, \boldsymbol{\theta} \mid \boldsymbol{y}) \propto \prod_{i=1}^{n} \frac{(\theta_i e_i)^{y_i}}{y_i!} \exp(-\theta_i e_i) \prod_{i=1}^{n} \frac{\beta^\alpha}{\Gamma(\alpha)} \theta_i^{\alpha-1} e^{-\beta \theta_i} p(\alpha, \beta) \quad (9.1)$$

ギブス・サンプリングでは，完全条件付き分布を確定する必要がある．この例では，超パラメータに対して独立な指数事前分布，$p(\alpha) = \lambda_\alpha \exp(-\lambda_\alpha \alpha)$ と $p(\beta) = \lambda_\beta \exp(-\lambda_\beta \beta)$ を選ぶとする．この選択に対して，完全条件付き分布は以下のようになる．

$$p(\theta_i \mid \boldsymbol{\theta}_{(i)}, \alpha, \beta, \boldsymbol{y}) \propto \theta_i^{y_i + \alpha - 1} \exp[-(e_i + \beta)\theta_i] \quad (i = 1, \ldots, n),$$

$$p(\alpha \mid \boldsymbol{\theta}, \beta, \boldsymbol{y}) \propto \frac{(\beta^n \prod \theta_i)^{\alpha-1}}{\Gamma(\alpha)^n} \exp(-\lambda_\alpha \alpha),$$

$$p(\beta \mid \boldsymbol{\theta}, \alpha, \boldsymbol{y}) \propto \beta^{n\alpha} \exp\left[-\left(\sum \theta_i + \lambda_\beta\right)\beta\right].$$

ここで，$\boldsymbol{\theta}_{(i)}$ は要素 θ_i を除いた $\boldsymbol{\theta}$ である．ポアソン・ガンマモデルの DAG は図 9.4 で示している．

1 番目と 3 番目の完全条件付き分布はガンマ分布である．ガンマ分布がポアソン分布の条件付き共役分布であることから，1 番目のガンマ分布が得られる．明らかに，$p(\theta_i \mid \boldsymbol{\theta}_{(i)}, \alpha, \beta, \boldsymbol{y}) \equiv p(\theta_i \mid \alpha, \beta, y_i)$ であり，したがって，超パラメータが与えられたもとで，これらの完全条件付き分布は i 番目の地域の度数と相対リスクだけに依存する．注意したいのは，$p(\alpha \mid \boldsymbol{\theta}, \beta, \boldsymbol{y}) \equiv p(\alpha \mid \boldsymbol{\theta}, \beta)$ と $p(\beta \mid \boldsymbol{\theta}, \alpha, \boldsymbol{y}) \equiv p(\beta \mid \boldsymbol{\theta}, \alpha)$ である．

完全条件付き分布からのサンプリングの代わりに，(1) $\boldsymbol{\theta} \mid \alpha, \beta, \boldsymbol{y}$ と (2) $\alpha, \beta \mid \boldsymbol{\theta}, \boldsymbol{y}$ との間でブロック・サンプリングを交互に実行することもできる．$\boldsymbol{\theta}$ の条件付き分布は n 個の独立なガンマ分布の積であり，サンプリングは問題なくできるはずである．しかし，$p(\alpha, \beta \mid \boldsymbol{\theta}, \boldsymbol{y})$ からのサンプリングは標準的なサンプリングアルゴリズムではできないが，ギブス・サンプラーが役に立つ (演習 9.3 を参照)．

9.2.4 パラメータの推定

ここでは，パラメータ α, β と $\boldsymbol{\theta}$ は MCMC アプローチで推定しているため，原則的にその推定値の解析的な表示式の必要はない．しかし，もし解析的な表示式が存在すれば，MCMC 推定に対する理解が深められる．ポアソン・ガンマモデルでは，次のような結果が得られる．

- $p(\theta_i \mid \alpha, \beta, y_i) = \mathrm{Gamma}(\alpha + y_i, \beta + e_i)$ であるため，α と β が与えられたもとで，θ_i の事後平均は，$E(\theta_i \mid \alpha, \beta, y_i) = (\alpha + y_i)/(\beta + e_i)$ となる．以下のように変形する．

$$\frac{\alpha + y_i}{\beta + e_i} = B_i \frac{\alpha}{\beta} + (1 - B_i) \frac{y_i}{e_i} \tag{9.2}$$

ここで，$B_i = \beta/(\beta + e_i)$ は縮小係数 (shrinkage factor) で，観察された SMR_i の代わりに事後平均が使われるときの総平均へ縮小した程度を示す．この現象は第 2 章でみたことと類似している．

```
model
  {
  for( i in 1 : n ) {
# Poisson likelihood for observed counts
  observe[i]~dpois(lambda[i]) ; lambda[i] <- theta[i]*expect[i]
  smr[i] <- observe[i]/expect[i]
  theta[i] ~dgamma(alpha,beta)
# Shrinkage factor
  B[i] <- beta/(beta + expect[i])
# Distribution of future observed counts from region i
  predict[i] ~ dpois(lambda[i])
  }
# Distribution of future observed counts for a particular
expected count 100
  theta.new ~dgamma(alpha,beta); lambda.new <- theta.new*100
  predict.new ~ dpois(lambda.new)
# Prior distributions for "population" parameters
  alpha ~ dexp(0.1); beta ~ dexp(0.1)
# Population mean and population variance
  mtheta <- alpha/beta; vartheta <- alpha/pow(beta,2);
sdtheta <- sqrt(vartheta)
  }
```

図 **9.3** 口唇がん研究：WinBUGS プログラム

- θ_i の周辺事後分布は以下のようになる.

$$p(\theta_i \mid \boldsymbol{y}) = \int p(\theta_i \mid \alpha, \beta, y_i) p(\alpha, \beta \mid \boldsymbol{y}) \mathrm{d}\alpha \mathrm{d}\beta \qquad (9.3)$$

ただし，$p(\alpha, \beta \mid \boldsymbol{y})$ は式 (9.4) で与えられる．式 (9.2) でみられた α と β が与えられたもとでの縮小は，パラメータの事後分布に対する周辺分布にも適用できる．$\overline{\theta}_i$ は，観察された SMR_i と比べて極端でなくなる．したがって，ここでも総平均への縮小 (shrinkage) がみられる．

- α と β の周辺事後分布は以下のようになる.

$$p(\alpha, \beta \mid \boldsymbol{y}) \propto \prod_{i=1}^{n} \frac{\Gamma(y_i + \alpha)}{\Gamma(\alpha) y_i!} \left(\frac{\beta}{\beta + e_i} \right)^{\alpha} \left(\frac{e_i}{\beta + e_i} \right)^{y_i} p(\alpha, \beta) \qquad (9.4)$$

事後分布 $p(\theta_i \mid \alpha, \beta, y_i)$ だけが解析的に決められることに注意する．他の事後分布とその要約は数値計算する必要がある．MCMC 法以外には，他の数値計算方法も可能である．例えば，Gelman et al. (2004) は，α と β に対する格子 (grid) 上での計算と θ_i に対する合成法 (method of composition) を組み合わせている.

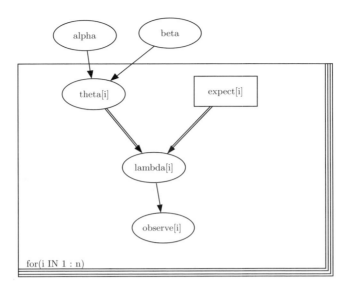

図 9.4 口唇がん研究：WinBUGS の Doodle オプションで生成したポアソン・ガンマモデルの DAG

例 IX.3: 口唇がん研究：WinBUGS による解析

図 9.3 に，上で導いたモデルを用いて口唇がん死亡率データを解析する WinBUGS プログラムを示した (ファイル 'chapter 9 lip cancer PG.odc' を参照)．超パラメータに対する漠然事前分布として，2 つの指数分布の積，

$$p(\alpha, \beta) = 0.1\exp(-0.1\alpha) \times 0.1\exp(-0.1\beta)$$

が利用される．WinBUGS は，θ_i と β ノードに対してガンマ・サンプラーを利用し，α ノードに対しては適応的棄却 (adaprive rejection) サンプリングを利用している (8.1.2 節を参照)．

連鎖の数を 3，繰り返し数を 10000 として実行した．WinBUGS の BGR プロットは，超パラメータ α と β に対する自己相関はラグ 20 に対して 0.5 前後であるが，急速に収束することを示した．θ_i は基本的に独立にサンプリングされていた．これらの連鎖を CODA にエクスポートして，一連の収束診断を行うことができる．全体的な Geweke 検定は，連鎖 1 に対しては有意であった．すべての連鎖に対して，動的 Geweke プロットは，-2 と 2 の限界線からいくつかの逸脱を示した．一方，すべての連鎖は，α と β について，Heidelberger-Welch 検定を通過した．追加の確認として，10000 の繰り返しで実行したところ，パラメータの推定での変化はなかった．

表 9.1 口唇がん研究：図 9.3 で示している WinBUGS プログラムから得られた事後要約量

Node	Mean	sd	MC error	2.5%	Median	97.5%	Start	sample
Alpha	5.844	0.8656	0.04197	4.325	5.786	7.712	5001	15000
Beta	4.91	0.7728	0.03763	3.563	4.861	6.573	5001	15000
mtheta	1.193	0.04556	7.557E-4	1.107	1.191	1.287	5001	15000
sdtheta	0.4976	0.04384	0.002051	0.4194	0.4951	0.5906	5001	15000
vartheta	0.2496	0.04443	0.002071	0.1759	0.2451	0.3488	5001	15000

繰り返し 5001–10000 にもとづいた事後要約量は表 9.1 に示した．θ_i の推定値は 1.19 で，正確に推定された（モンテカルロ誤差：7.557E−4）．θ_i の推定した標準偏差は約 0.5 で，真のリスク変動を示している．CODA の計算結果として，α の 95%HPD 区間は [4.275, 7.692] で，95% 等裾確率信用区間は [4.373, 7.814] であった．

事後平均 $\bar{\theta}_i$ にもとづく疾病地図は SMR_i にもとづく疾病地図よりは不規則でない．WinBUGS では 'Sample Monitor Tool' で指定すればノード θ の事後要約量を計算することができる．'Inference > Comparison Tool' オプションでは，箱ひげ図またはキャタピラ・プロット (caterpillar plot) を利用して，θ_i を視覚的に調べられる．図 9.5 には，キャタピラプロットとして $\bar{\theta}_1, \ldots, \bar{\theta}_{30}$ とそれぞれの 95% 等裾確率区間を示している．GDR の疾病地図において，事後推定量のプロットも得られる．これは，WinBUGS に GDR の地図がインポートされている場合にのみ，Map オプションで実行できる．多くの空間的なモデルについてはさらに第 16 章で述べる．

縮小効果を説明するため，図 9.6(a) に $\bar{\theta}_i$ と SMR_i の散布図を示す．明らかに，$\bar{\theta}_i$ が少ない変動を示し，総事後平均へ縮小している．縮小係数 B_i は B[i] <- beta/(beta+expect[i]) により得られる．B_i の事後平均の $\log(e_i)$ に対するプロットは図 9.6(b) に示している．このグラフは，期待度数が小さいとき，縮小が大きいことを示している．この場合，リスクの推定は総平均に大きく依存し，よってすべての他の地域に依存する．これが「説得力の借用 (borrowing strength)」ということである．

9.5.7 節では，正規階層モデルの分散パラメータに対する超事前分布の選択に注意する必要があることを説明している．したがって，感度分析として別の 2 つの超事前分布を利用する．すなわち，(1) α と β に対して区間 [0, 100] での独立な一様事前分布，(2) θ_i の平均 α/β に対して $N(0, 10^3)$ と，分散 α/β^2 に対する $IG(10^{-1}, 10^{-3})$ との積となる事前分布を検討する．しかし，実質的な違いは観察されなかった．

今度は，仮定 A1 と A2 のもとでのベイズ解析を調べていく．WinBUGS を利用し，仮定 A1 のもとで口唇がんデータを解析するため，すべての地域が一意的であることを表す必要がある．超パラメータ α と β に関するコマンドを解除し，θ_i に関する分布

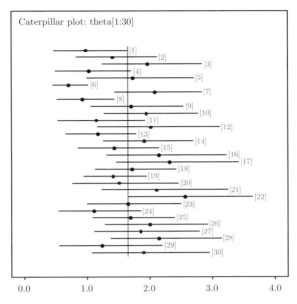

図 9.5 口唇がん研究：図 9.3 で示している WinBUGS プログラムから得られた $\bar{\theta}_1, \ldots, \bar{\theta}_{30}$ の事後推定値 (キャタピラ・プロット)

の仮定を，theta[i] ~ dunif(0,100) を置き換えることで実現できる．θ_i の事後平均は観察された SMR と近く，これは「説得力の借用」が存在しないことを表す．仮定 A2 のもとで，期待度数が GDR 全体にもとづいているため，共通の θ が 1 となる．θ は異なる地域の相対リスクを用いて推定される．仮定 A2 の場合，WinBUGS プログラムは 2 つの変更が必要となる．lambda[i] <- theta*expect[i] と θ に対して，ループの外側で theta ~ dunif(0,100) を指定する．θ の事後平均は 0.95 となる．□

口唇がんデータは SAS 9.3 MCMC プロシジャでも解析した．RANDOM ステートメントを除き，一部のコマンドとオプションはすでに第 8 章で解説した．RANDOM ステートメントは，ある記号を変量効果として宣言するが，内部的には PROC MCMC が変量効果パラメータベクトルを生成し，その名前はその記号と SUBJECT = variable で指定した値を連結させて作成する．しかし，その記号がプログラムに現れると，PROC MCMC は変量効果パラメータの中から識別し，適切に置換する．さらに，RANDOM ステートメントは，変量効果パラメータの分布を指定する．これは，WinBUGS における変量効果パラメータの配列に対するプログラミング for-loop 部分に相当する．RANDOM ステートメントがあるため，ユーザーはクラスターのレベル ('SUBJECT='

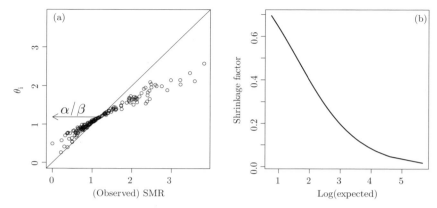

図 9.6 口唇がん研究：(a) θ_i の事後平均と SMR_i および α/β の事後平均；(b) 縮小因子と期待度数の対数

部分で処理される) を把握する必要がない．クラスターは，WinBUGS のように 1 から N で示す必要がない．RANDOM ステートメントで指定された記号をプログラムに入力したら，自動的に各クラスターに従って正しく変量効果パラメータと関連付けされる．これは，WinBUGS における u[index[i]] の機能に相当する．ただし，データ for-loop の外部にある u[] はすべての変量効果パラメータの配列で，index はクラスターを示すデータセット変数で，i はデータレベルのループに使われる．

例 IX.4: 口唇がん研究：SAS による解析

図 9.7 は SAS 9.3 MCMC プロシジャを用いて口唇がん死亡率データを解析するプログラムを示している．subject=index オプションが変量効果を示す変数，ここでは theta を指定する．monitor=(theta_1 - theta_10) オプションは，θ の最初の 10 個の値に対して，事後要約量と診断 (プロットに追加) を出力する．α と β に対する出力は自動的に生成される．最後に，内蔵マクロ %cater は θ に対するキャタピラ・プロットを生成する．マクロ %cater において，'theta_:' というステートメントは，'DATA=' で指定されるデータセット (ここでは lipout) 内の theta_ で始まるすべての変数を表す略記である．このプログラムはファイル 'chapter 9 lipcancer PG.sas' にある．

PROC MCMC は多重連鎖を指定することができない．前に実行した WinBUGS と比較するため，繰り返し数を 30000，その中 15000 回の繰り返しをバーンインとして設定した．パラメータ α と β は正規メトロポリスを用いて，同じブロックにおいてサンプリングした．α と β に対して，Geweke 診断が有意であった．収束のため，

```
proc mcmc data=lipcancer outpost=lipout nmc=15000 nbi=15000 seed=7;
parms alpha beta;
random theta ~ gamma(shape=alpha,iscale=beta) subject=index
monitor=(theta_1 - theta_10);
prior alpha beta: ~ expon(iscale=0.1);
mu = e * theta;
model o ~ poisson(mu);
run;
/* the CATER autocall macro produces caterpillar plot */
%cater(data=lipout, var=theta_:);
```

図 9.7　口唇がん研究：SAS 9.3 MCMC プロシジャ

nmc を 30000 まで増やした．α と β に対する事後平均 (標準偏差) は，それぞれ，5.84 (0.89) と 4.91 (0.79) であった．95% 等裾確率信用区間と HPD 区間は，α に対しては，$[4.2462, 7.7176]$ と $[4.1104, 7.5102]$ となり，β に対しては，$[3.4930, 6.6245]$ と $[3.3268, 6.4110]$ となった．すべてのモニターされるパラメータに対して，モンテカルロ誤差が事後標準偏差の 5% より小さくなった．2 つの超パラメータともやや高い自己相関 (ラグ=10 に対して 0.5 近辺) があるため，相対効率 (700 くらい) はやや低かった．

最後に，SAS 9.2 の MCMC プロシジャは，階層モデルには全く役に立たなかったことを付記しておく．実際，PROC MCMC の前のバージョンでは，固定効果と変量効果を区別できず，したがって，ポアソン・ガンマモデルにおける条件付き独立を利用することができなかった．これは，データの特性を利用することの有無によってプログラミングの性能にかかわるよい例である． □

9.2.5　事後予測分布

観測度数 y をもとにして，ポアソン・ガンマモデルから将来の度数を予測したいとする．2 つの場合を考える．まず，195 の地域の中の 1 つにおいて，将来口唇がんで死亡する男性の数を予測することに興味がある場合である．次に，これまで考えていなかった新しい地域における口唇がん死亡率を予測したいとする場合である．2 つの場合においても，観察度数と将来の度数とのある種の交換可能性を仮定する必要がある．ベイズ予測の基本理論は，3.4.2 節で述べている．

例 IX.5: 口唇がん研究：事後予測分布

期待死亡度数 $\widetilde{e}_i$ をもつ i $(1 \leq i \leq 195)$ 番目の地域における口唇がんで死亡する男性の数を予測したいとする．計算のため，期待度数が与えられたもとで将来の度数 $\widetilde{y}_i$ が現在の度数 y_i と交換可能と仮定する．この予測は，i 番目の応答に対する事後予測

分布 (posterior predictive distribution, PPD), $p(\widetilde{y}_i \,|\, \boldsymbol{y})$ を計算する．階層独立を利用すると，PPD は以下のように得られる．

$$p(\widetilde{y}_i \,|\, \boldsymbol{y}) = \int_\alpha \int_\beta \int_{\theta_i} p(\widetilde{y}_i \,|\, \theta_i) p(\theta_i \,|\, \alpha, \beta, \boldsymbol{y}) p(\alpha, \beta \,|\, \boldsymbol{y}) \,\mathrm{d}\theta_i \,\mathrm{d}\alpha \,\mathrm{d}\beta \tag{9.5}$$

ただし，$p(\widetilde{y}_i \,|\, \theta_i) = \mathrm{Poisson}(\widetilde{y}_i \,|\, \theta_i \widetilde{e}_i)$, $p(\theta_i \,|\, \alpha, \beta, \boldsymbol{y}) = \mathrm{Gamma}(\theta_i \,|\, \alpha + y_i, \beta + \widetilde{e}_i)$ であり，$p(\alpha, \beta \,|\, \boldsymbol{y})$ は式 (9.4) で与えられる．上の積分には解析的な解がなく，サンプリング法が役に立つ．例えば，$p(\widetilde{y}_i, \theta_i, \alpha, \beta \,|\, \boldsymbol{y})$ からサンプリングした $\widetilde{y}_i$ だけを保持する．これは，4.6 節に述べられている独立サンプリングアルゴリズムを利用して実現することができる．すなわち，まず，$p(\alpha, \beta \,|\, \boldsymbol{y})$ からサンプリングし，次に，$p(\theta_i \,|\, \alpha, \beta, \boldsymbol{y})$ からサンプリングし，最後に，$p(\widetilde{y}_i \,|\, \theta_i)$ からサンプリングする．最後の 2 つは標準的な分布のサンプリングとなる．α と β のサンプリングは，Gelman *et al*.(2004) に示されている格子 (grid) 上の離散的な近似で得られる．

ここで WinBUGS を利用して式 (9.5) に示されている PPD をサンプリングする．i 番目の地域に対する PPD がコマンド `predict[i] ~ dpois(lambda[i])` で得られる．地域 1 ($y_1 = 5, e_1 = 6$) に対する結果，$\widetilde{y}_1$ の事後平均 (標準偏差) は 6.0 (3.0) であった．一方，地域 195 ($y_{195} = 110, e_{195} = 288$) に対する結果，$\widetilde{y}_{195}$ の事後平均 (標準偏差) は 114.0 (15.4) となった．2 つの地域とも，予測度数は観測度数に近いようである．しかし，相対的な意味で違いを調べると，話は別である．すなわち，期待度数が最小となる 184 番目の地域は，観測度数が 0 で，予測度数が 3.5 で，最大の相対的な差をもつ．ここで，$\widetilde{y}_i$ と y_i ($i = 1, \ldots, n$) との比較はモデルの適合度検定を生成する (10.3.4 節を参照)．

2 番目の場合として，GDR(旧東ドイツ) より旧西ドイツにおける男性口唇がん死亡率を予測することを考える．ここで 2 つの地域が交換可能と仮定する．その場合，新しい地域における相対リスクが 195 個の GDR 地域と同じガンマ分布に従うと仮定する．期待死亡度数 $\widetilde{e}$ をもつ $\widetilde{y}$ に対する PPD は以下のようになる．

$$p(\widetilde{y} \,|\, \boldsymbol{y}) = \int_\alpha \int_\beta \int_{\widetilde{\theta}} p(\widetilde{y} \,|\, \widetilde{\theta}) p(\widetilde{\theta} \,|\, \alpha, \beta, \boldsymbol{y}) p(\alpha, \beta \,|\, \boldsymbol{y}) \,\mathrm{d}\widetilde{\theta} \,\mathrm{d}\alpha \,\mathrm{d}\beta \tag{9.6}$$

ここで，$p(\widetilde{y} \,|\, \widetilde{\theta}) = \mathrm{Poisson}(\widetilde{y} \,|\, \widetilde{\theta} \widetilde{e})$, $p(\widetilde{\theta} \,|\, \alpha, \beta, \boldsymbol{y}) = \mathrm{Gamma}(\widetilde{\theta} \,|\, \alpha + y, \beta + \widetilde{e})$ であり，$p(\alpha, \beta \,|\, \boldsymbol{y})$ は式 (9.4) で与えられる．$\widetilde{\theta}$ は α, β の周辺事後分布を通して過去のデータに間接的に依存する．

式 (9.6) の PPD は再び合成法を利用することができる．しかし，以下のような 3 つの文を追加するだけでよいので，ここでは WinBUGS を用いる．

```
theta.new ~ dgamma(alpha,beta)
```

```
lambda.new <- theta.new*100
predict.new ~ dpois(lambda.new)
```

$\tilde{e} = 100$ の場合，$\tilde{y}$ に対する事後平均 (標準偏差) は 118.8 (50.7) であり，事後中央値は 111 である． □

SAS においても，PPD にもとづく予測値を得るには，1 つのステートメントを追加すればよい．`preddist outpred=lout;` を用いて，予測値を計算して `lout` というワークファイルとして保存される．詳細はファイル 'chapter 9 lipcancer PG.sas' を参照する．

9.3 完全ベイズ流アプローチと経験ベイズ流アプローチ

9.2 節に述べたベイズ解析は，経験ベイズ解析 (empirical Bayesian analysis, EB analysis) と対比して，完全ベイズ解析 (full Bayesian analysis, FB analysis) と呼ばれることがある．前述の階層モデルにおけるレベル 2 の観測値である変量効果を推定する頻度的アプローチは経験ベイズ推定となる．経験ベイズ流アプローチに対する幅広い検討は Carlin and Louis (2009) を参照する．ここで，経験ベイズ流アプローチをポアソン・ガンマ分布の口唇がんデータに適用し，完全ベイズ流アプローチとの違いを示す．

口唇がん死亡率データに対する経験ベイズ流アプローチは，α と β に対する周辺尤度を最大化することで推定する必要がある．α と β の周辺尤度は同時尤度から θ_i に対する積分をすることによって得られる．式 (9.4) において α と β に対するフラット事前分布，すなわち，$p(\alpha, \beta) \propto c$ を選択すると，周辺尤度が得られる．式 (9.4) を最大化する (α, β) の値が，$\overline{\alpha}_{EB}, \overline{\beta}_{EB}$ と表記され，周辺最尤推定値 (marginal maximum likelihood estimate, MMLE) と呼ばれる．第 2 ステップにおいて，θ_i に対する事後分布の式に $\overline{\alpha}_{EB}$ と $\overline{\beta}_{EB}$ を代入する．したがって，$p(\theta_i | \overline{\alpha}_{EB}, \overline{\beta}_{EB}, y_i) = \mathrm{Gamma}(\overline{\alpha}_{EB} + y_i, \overline{\beta}_{EB} + e_i)$ となり，よって，すべての事後要約量が得られる．経験ベイズ流アプローチにおいては，ガンマ分布のパラメータ α と β は，それぞれ，値 $\overline{\alpha}_{EB}$ と $\overline{\beta}_{EB}$ で固定される．超パラメータが経験的な結果 (データ) で推定されているため，得られている事後要約量の推定値が経験ベイズ推定値 (empirical Bayes estimate) と呼ばれる．経験ベイズ流アプローチに対する批判は超パラメータがデータから推定されている点である．その後の計算で MMLE を超パラメータに設定することは，パラメータ推定の不確実性を無視していることを意味する．口唇がんデータを利用して，θ_i の FB 推定と EB 推定，およびそれらの 95%CI を比較する．

例 IX.6：口唇がん研究：経験ベイズ解析

$\overline{\alpha}_{EB} = 5.66$ と $\overline{\beta}_{EB} = 4.81$ が得られ，よって θ_i の平均に対する EB 推定値は 1.18 となり，その FB 推定値の 1.19 (表 9.1 を参照) に近くなっている．ここで，個々の θ_i に対する FB 推定 (事後平均) と EB 推定 (点推定と区間推定) はわずかな違いしかない．次に，最初の 30 の地域に対する解析に限定する．FB 推定結果と EB 推定の結果をよりよく比較するため，α と β に対して $[0, 100]$ におけるフラット事前分布を利用した (このとき，MLE は近似的に事後最頻値と等しい)．α と β に対する事後平均 (中央値) は，9.74 (8.67) と 4.87 (4.30) となる．これは，対応する EB 推定値である 7.30 と 3.62 よりやや大きい．FB と EB による点推定と区間推定は図 9.8 に示されている．FB と EB による 95%CI はさほど変わらないが，すべての FB 事後標準偏差は対応する EB 事後標準偏差より大きい． □

ブートストラップは MMLE のサンプリングの変動を考慮した頻度論的アプローチである (Biggeri *et al.* 1993)．しかし，ベイズ法はもっと自然にパラメータの不確実性を取り入れ，サンプリングアルゴリズムの副産物として直接利用できる．

ポアソン・ガンマモデルを選択する主な理由は，モデルパラメータの推定の洞察を与えるからである．しかし，データ解析の実際には，その理由は動機としては不十分である．9.5.5 節に θ_i に対するガンマ分布以外の事前分布が検討されている．しかし，その事前分布は，θ_i の間の空間的な相関を考慮していないため，この死亡データを的確にモデル化するにはまだ不十分である．これは距離的に近い地域に対応する θ の間の相関が，離れている地域に対応する θ の間の相関より高いこと意味する．9.5.5 節でポアソン・ガンマモデルの拡張を取り扱い，空間モデルは第 16 章まで待つこととなる．

9.4　正規階層モデル

9.4.1　はじめに

正規階層モデルは，各レベルにおける分布が正規分布となる階層モデルである．ここでは，共変量を含まない変量効果モデル (random effects model)，分散成分モデル (variance component model) を調べる．もし，固定効果 (共変量) も含まれる場合，線形混合モデル (linear mixed model) と呼ぶ．

ベイズ流正規階層モデルは，ベイズ流線形モデル (Bayesian linear model) として知られている．Lindley と Smith の一連の影響力のある研究 (Lindley (1971), Lindley and Smith (1972), Smith (1973b), Smith (1973a)) は，現在のベイズ流正規階層アプローチの基礎となっている．実際，式 (9.8) は，最初に Lindley (1971) により導出

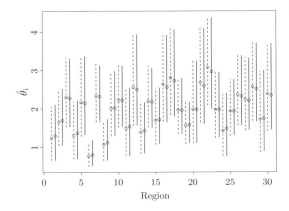

図 9.8 口唇がん研究：最初の 30 の地域に対する FB 事後中央値と θ_i の EB 推定値および 95%信用区間 (実線：FB, 破線：EB)

され，その後に続く論文で一般化されている．これから，2.7 節で導入したベルギー銀行従業員に対する地域間栄養調査 (IBBENS) を用い，正規階層モデルの導出を説明する．

9.4.2 正規階層モデル

2-レベルのベイズ階層正規モデルは以下の分布の仮定をおく．

- レベル 1：$y_{ij} \mid \theta_i, \sigma^2 \sim \mathrm{N}(\theta_i, \sigma^2)$, $j = 1, \ldots, m_i$; $i = 1, \ldots, n$
- レベル 2：$\theta_i \mid \mu, \sigma_\theta^2 \sim \mathrm{Gamma}(\alpha, \beta)$, $i = 1, \ldots, n$
- 事前分布：$\sigma^2 \sim p(\sigma^2)$; $(\mu, \sigma_\theta^2) \sim p(\mu, \sigma_\theta^2)$

超パラメータ μ と σ_θ^2 に対して通常は独立な事前分布，$p(\mu, \sigma_\theta^2) = p(\mu)p(\sigma_\theta^2)$ が選択される．別のモデル化として $\theta_i = \mu + \alpha_i$ と $\alpha_i \sim \mathrm{N}(0, \sigma_\theta^2)$ とすることがある．σ^2 に対しても事前分布を特定する必要がある．超事前分布 $p(\mu, \sigma_\theta^2)$ の選択については後で述べる．$\boldsymbol{y} = \{y_{ij}, j = 1, \ldots, m_i; i = 1, \ldots, n\}$ と $\boldsymbol{\theta} = \{\theta_1, \ldots, \theta_n\}$ とし，上の分布の仮定にもとづき，同時事後分布は以下のようになる．

$$p(\boldsymbol{\theta}, \sigma^2, \mu, \sigma_\theta^2 \mid \boldsymbol{y}) \propto \prod_{i=1}^{n} \prod_{j=1}^{m_i} \mathrm{N}(y_{ij} \mid \theta_i, \sigma^2) \mathrm{N}(\theta_i \mid \mu, \sigma_\theta^2) p(\mu) p(\sigma_\theta^2) \tag{9.7}$$

ここでも，y_{ij} と超パラメータが階層的に独立であると仮定する．すなわち，θ_i と σ^2 が与えられたもとで，y_{ij} は μ と σ_θ^2 に依存しないとする．

9.4.3 パラメータの推定

ポアソン・ガンマモデルの場合と同様に,問題の本質は,データからどのように θ_i と超パラメータを推定するか,またどのように縮小推定をこれに応用するかを知ることである.そのため,σ^2 を固定し,ここで得られる結果を,2.7 節で得られている結果,すなわち,式 (2.13) と関連付ける.σ^2 を固定すると,同時事後分布は y_{ij} ($j = 1, \ldots, m_i$) とし,標本平均 $\overline{y}_i$ を通して観察データのみに依存する.$\sigma_i^2 = \sigma^2/m_i$ を i 番目の標本平均の分散,2.7 節と同様なアプローチを利用すると,μ と σ_θ^2 (そして,既知の σ^2 とデータ) が与えられたもとでの θ_i の事後分布は,正規分布 $\mathrm{N}(\overline{\theta}_i, \overline{\sigma}_{\theta_i}^2)$ となる.ただし,

$$\overline{\theta}_i = \frac{\frac{1}{\sigma_\theta^2}\mu + \frac{1}{\sigma_i^2}\overline{y}_i}{\frac{1}{\sigma_\theta^2} + \frac{1}{\sigma_i^2}}, \quad \overline{\sigma}_{\theta_i}^2 = \frac{1}{\frac{1}{\sigma_\theta^2} + \frac{1}{\sigma_i^2}} \tag{9.8}$$

上の結果は,$\overline{\theta}_i = B_i\mu + (1-B_i)\overline{y}_i$ と表すことができる.ただし,$B_i = \frac{1}{\sigma_\theta^2}/\left(\frac{1}{\sigma_\theta^2} + \frac{1}{\sigma_i^2}\right)$ は縮小係数 (shrinkage factor) である.i 番目のクラスターに対応する縮小 (shrinkage) は,m_i が小さいとき,大きくなる.その場合,$\overline{\sigma}_{\theta_i}$ で表す θ_i に対する事後的な不確実性は,i 番目のクラスターのデータだけを利用した場合よりかなり小さくなる.一方,$\sigma_\theta \to \infty$ の場合,$\overline{\theta}_i \to \overline{y}_i$ となる.縮小係数は $ICC = \frac{\sigma_\theta^2}{\sigma_\theta^2 + \sigma^2}$ として定義されている級内相関係数 (intraclass correlation coefficient, ICC) と関係している.特に m_i が小さいとき,低い ICC に対して,縮小 $B_i = \sigma^2/(\sigma^2 + m_i\sigma_\theta^2)$ が大きくなる.

σ_θ^2 と σ^2 が与えられた条件のもとで,μ のフラットな事前分布に対して,θ_i の分布の周辺分布として,μ の事後分布は正規分布 $\mathrm{N}(\overline{\mu}, \overline{\sigma}_\mu^2)$ となる (Gelman et al. (2004)).ただし,

$$\overline{\mu} = \frac{\sum_{i=1}^n \frac{1}{\sigma_i^2 + \sigma_\theta^2}\overline{y}_i}{\sum_{i=1}^n \frac{1}{\sigma_i^2 + \sigma_\theta^2}}, \quad \overline{\sigma}_\mu^2 = \frac{1}{\sum_{i=1}^n \frac{1}{\sigma_i^2 + \sigma_\theta^2}}$$

となる.事後平均 $\overline{\mu}$ は大きなクラスターに影響される.

例 IX.7: 食事研究:WinBUGS を用いたコレステロールの摂取量に関する支店間比較

IBBENS 調査の目的の 1 つとしては,8 支店の従業員の食習慣の変動について調べることと,その食習慣を死亡率と関連付けることであった.コレステロールの摂取量 (変数:*chol*, 単位:mg/day) について,支店間変動と支店内変動とを比較する.各支店の *chol* は,Shapiro-Wilk 正規性検定で有意であり,正規性から少し逸脱しているが,正規確率プロットがほとんど直線となっているため,ここでは正規分布を仮定した.表 9.2 に支店ごとの *chol* の標本平均を示している.

9.4 正規階層モデル

表 9.2 食事研究：支店ごとのコレステロールの摂取量の観察平均 (SE) と標準偏差 (SD)

Sub	m_i	Mean(SE)	SD	FBW(SD)	FBS(SD)	EML(SE)	EREML(SE)
1	82	301.5(10.2)	92.1	311.8(12.6)	312.0(12.0)	313.8(10.3)	312.2(11.3)
2	51	324.7(17.1)	122.1	326.4(12.7)	326.6(12.7)	327.0(11.7)	326.7(12.3)
3	71	342.3(13.6)	114.5	336.8(11.7)	336.6(11.7)	335.6(10.7)	336.4(11.6)
4	71	332.5(13.5)	113.9	330.8(11.6)	330.9(11.5)	330.6(10.7)	330.8(11.6)
5	62	351.5(19.0)	150.0	341.2(12.8)	341.3(12.6)	339.5(11.1)	340.9(11.8)
6	69	292.8(12.8)	106.4	307.3(14.2)	307.8(13.5)	310.7(10.8)	308.4(11.6)
7	74	337.7(14.1)	121.3	334.1(11.4)	334.2(11.2)	333.4(10.6)	333.9(11.5)
8	83	347.1(14.5)	132.2	340.0(11.4)	340.0(11.4)	338.8(10.2)	340.0(11.2)

注：FBW(SD)，FBS(SD) は完全ベイズ流アプローチを用い，それぞれ，WinBUGS と SAS MIXED プロシジャで計算した事後平均 (事後 SD) である．EML(SE) は経験ベイズ流アプローチの最尤法で計算した事後平均 (事後標準誤差) である．EREML(SE) は経験ベイズ流アプローチの制限付き最尤法で計算した事後平均 (事後標準誤差) である．

WinBUGS のプログラム 'chapter 9 dietary study chol.odc' を用いて，ベイズ流正規階層モデルを，8 支店のコレステロールの摂取量データに当てはめた．

図 9.9 は，階層独立性の仮定に関するモデルの DAG を示している．事前分布として，$\mu \sim N(0, 10^6)$，$\sigma^2 \sim IG(10^{-3}, 10^{-3})$，$\sigma \sim U(0, 100)$ を用いた．分散の事前分布の選択については，9.5.7 節を参照する．連鎖の数を 3，繰り返し数を 10000 として実行した．WinBUGS の BGR プロットは，ほとんどすぐに収束することを示している．これらの連鎖を CODA にエクスポートして，一連の収束診断検定に適用した．Geweke 検定の計算に数値的な問題があった (他の例題でもよく発生する)．他のすべての検定では収束性が確認できた．したがって，最後の 5000 の繰り返しにもとづき事後要約量を計算した．

μ の事後平均は 328.3 で，事後標準偏差は 9.44 となっている．σ の事後中央値は 119.5 で，σ_θ の事後中央値は 18.26 となっている．θ_i $(i = 1, \ldots, n)$ の事後平均は表 9.2 に示している．これらの値からグループ平均が支店内変動にそれ程関連していないことが推測できる．次に，ICC は，事後中央値 0.022 で低くなっている．最後に，B_i $(i = 1, \ldots, n)$ の事後中央値は 0.33 と 0.45 の間で変動している．これは，主にすべての m_i が比較的大きいことから，全体平均に対して比較的一様に，ほどほどの縮小があることを示している． □

例 XI.7 の解析は仮定 A3 にもとづき行っている．仮定 A1 と A2 のもとでのベイズ解析は読者に委ねる (演習 9.5 を参照)．

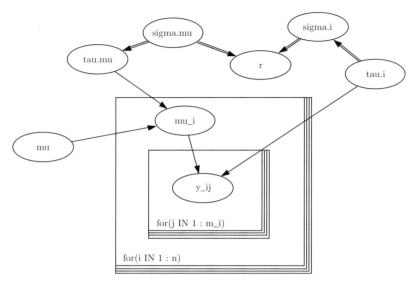

図 9.9 食事研究：WinBUGS の Doodle オプションで生成したベイズ流正規階層モデルの DAG．ノード theta.i, sigma.i, sigma.mu, tau.mu, r は，それぞれ，θ_i, σ, σ_θ, $\frac{1}{\sigma_\theta^2}$ と ICC に対応

```
proc mixed data=d.dietary;
class subsidiary;
model chol = / s;
random intercept/subject=subsidiary s;
prior jeffreys / nsample=30000 seed=34875770 out=sample;
run;
```

図 9.10 食事研究：SAS MIXED プロシジャ

SAS の MIXED プロシジャは主に頻度論の最尤推定に使われているが，最近ではベイズ流アプローチも実行できるようになった．食事習慣データにベイズオプションを適用する．

例 IX.8: 食事研究：SAS を用いたコレステロールの摂取量に関する支店間比較

SAS の MIXED プロシジャの PRIOR オプションでベイズ解析を行う．図 9.10 に示しているのは，コレステロールデータに対してベイズ流正規階層モデルにもとづく解析を行うプログラム ('chapter 9 dietary study chol.sas') である．分散パラメータに対するデフォルトは，Jeffreys 事前分布である．明示的にオプション 'Jeffreys' で指定することもできる．他のオプションには，一様分布に対応する 'flat' と過去のデータから事前分布を決める 'data= ' がある．様々なサンプリング法 (重点サンプリング，

棄却サンプリング，ランダムウォーク）が利用できる．しかし，デフォルトのサンプラーは事後分布に提案分布をマッチさせた独立メトロポリス・ヘイスティングスアルゴリズムである．様々なオプションが利用可能である．図 9.10 には，サイズが 30000 の連鎖を指定し，サンプリングした値をファイル 'sample' にエクスポートしている．表 9.2 に支店平均の事後平均（標準偏差）を示している．明らかに，2 つのベイズプログラム（WinBUGS と MIXED）は同様の結果を与えている．なお，採択率は 0.98 であった (6.3.4 節を参照). □

9.4.4 事後予測分布

次に，将来の銀行従業員のコレステロール摂取量の分布を求める．ポアソン・ガンマモデルと同様に 2 つの場合を考える：(1) 8 支店の中の 1 つで働く銀行員，(2) 同じ銀行の新支店で働く銀行員である．この 2 つの場合でも，事後予測分布 (PPD) が必要であり，式 (9.5) と (9.6) と同様の計算を行う必要がある（演習 9.6）．ここで PPD を決める明示的な式がないので，MCMC 法を利用する．

例 IX.9: 食事研究：WinBUGS を用いた事後予測分布
(1) 最初の支店の銀行員の個人の新しい値の PPD と 82 個の新しい観測値の平均の PPD，(2) 新しい支店の観測値の PPD（個人の値と 82 の観測値 (nnew=) の平均値）を作成するため，いくつかの追加コマンドが必要となる．これらのコマンドは上記の WinBUGS ファイルから見つけることができる．最初の支店の新しい銀行員の平均予測値と新しい支店の 82 の観測値の平均に対する事後予測平均（標準偏差）は，それぞれ，312.2 (18) と 328.6 (27.39) である．明らかに，予測平均は事後平均に近い．しかし，事後予測分布の方が標準偏差は大きい． □

9.4.5 完全ベイズ流アプローチと経験ベイズ流アプローチの比較

経験ベイズ流アプローチでは，まず，μ と σ_θ^2 の周辺尤度を決め，それから，その周辺最尤推定値 (marginal maximum likelihood estimate, MMLE) を計算する．μ と σ_θ^2 の MMLE が与えられたもとで計算した $\overline{\theta}_i$ を事後平均とする．σ^2 を固定する場合，前述のように，$\overline{\theta}_i$ が総平均と標本平均の重み付き平均となり，解析的な式が利用できる．一方，σ^2 が未知の場合，明示的な式が得られない．例 IX.10 において，経験ベイズ流アプローチを用いて，SAS の MIXED プロシジャで $\overline{\theta}_i$ を計算する．頻度論の文献には，これらの推定値は経験最良線形不偏予測 (empirical best linear unbiased prediction, EBLUP) 推定値と呼ばれる (Carlin and Louis 2009)．

例 IX.10: 食事研究：SAS PROC MIXED を用いた経験ベイズ解析

SAS の MIXED プロシジャは，正規階層モデルに対して，最尤推定 (ML) と制限付き最尤推定 (restricted maximum likelihood, REML) を与える．変量効果の推定値は，ML と REML のどちらにもとづいても，EBLUP 推定値である．表 9.2 から，$\overline{\theta}_i$ の推定値は，頻度論とベイズ法で近いことがわかる．しかし，標準偏差では，ベイズ法が経験ベイズ法より大きい．例 IX.22 で，再度頻度論とベイズ法との比較を行う．□

9.5 混合モデル

9.5.1 はじめに

この節では様々なベイズ流混合モデル (Bayesian mixed model) を説明する．まず，ベイズ流線形混合モデル (Bayesian linear mixed model, BLMM) の特別な場合であるベイズ流正規階層モデル (Bayesian-Gaussian hierachical model) を紹介する．次に，重要かつ豊富であるベイズ流階層モデル (Bayesian hierachical model, BHM) のクラスを，ベイズ流一般化線形混合モデル (Bayesian generalized linear mixed models, BGLMM) によって与える．この拡張は，4.8 節に紹介している一般化線形モデル (generalized linear model, GLIM) にもとづいている．2 値と計数データを用いて BGLMM を説明する．しかし，ポアソン・ガンマモデルは，GLIM から階層モデルへの拡張の特別な場合であり，この節で説明する．最後に，さらなる一般化，ベイズ流非線形混合モデル (Bayesian nonlinear mixed model) でこの節を終える．

9.5.2 線形混合モデル

正規階層モデルは線形混合モデル (linear mixed model, LMM) の特別な場合である．LMM は，i 番目の被験者に対する j 番目の観測値が以下のようになる．

$$y_{ij} = \boldsymbol{x}_{ij}^T \boldsymbol{\beta} + \boldsymbol{z}_{ij}^T \boldsymbol{b}_i + \varepsilon_{ij} \quad (j=1,\ldots,m_i; i=1,\ldots,n) \tag{9.9}$$

ベクトル記号を利用すると以下のようになる．

$$\boldsymbol{y}_i = \boldsymbol{X}_i^T \boldsymbol{\beta} + \boldsymbol{Z}_i^T \boldsymbol{b}_i + \boldsymbol{\varepsilon}_i \quad (i=1,\ldots,n) \tag{9.10}$$

ここで，$\boldsymbol{y}_i = (y_{i1},\ldots,y_{im_i})^T$ は $m_i \times 1$ 応答変数ベクトルである．$\boldsymbol{X}_i = (\boldsymbol{x}_{i1},\ldots,\boldsymbol{x}_{im_i})^T$ は $m_i \times (d+1)$ デザイン行列であり，$(d+1) \times 1$ 回帰係数ベクトル $\boldsymbol{\beta} = (\beta_0, \beta_1, \ldots, \beta_d)^T$ に対応している．$\boldsymbol{\beta}$ は，固定効果 (fixed effects) とも呼ばれている．$\boldsymbol{Z}_i = (\boldsymbol{z}_{i1}^T,\ldots,\boldsymbol{z}_{im_i}^T)^T$ は $m_i \times q$ デザイン行列であり，$q \times 1$ 変量効果 (random effects) ベクトル $\boldsymbol{b}_i$ に対応している．$\boldsymbol{\varepsilon}_i = (\varepsilon_{i1},\ldots,\varepsilon_{im_i})^T$ は $m_i \times 1$ 誤差ベクトルである．

通常は，次のような正規分布を仮定する：$\boldsymbol{b}_i \sim \mathrm{N}_q(\boldsymbol{0}, \mathrm{G})$．G は $q \times q$ 行列である．G は変量効果の分散共分散行列のため，(j,k) 番目の要素を，$j \neq k$ のとき，記号 $\sigma_{b_j b_k}$ で，$j = k$ のとき，$\sigma_{b_j}^2$ で表す．さらに，$\boldsymbol{\varepsilon}_i \sim \mathrm{N}_{m_i}(\boldsymbol{0}, \mathrm{R}_i)$，$\mathrm{R}_i$ は $m_i \times m_i$ 共分散行列である．$\mathrm{R}_i = \sigma^2 \mathrm{I}_{m_i}$ とする場合が多い．また，$\boldsymbol{b}_i$ と $\boldsymbol{\varepsilon}_i$ $(i = 1,\ldots,n)$ は互いに独立とする．これらの仮定は以下を意味する．

$$\boldsymbol{y}_i \mid \boldsymbol{b}_i \sim \mathrm{N}_{m_i}(\boldsymbol{X}_i\boldsymbol{\beta} + \boldsymbol{Z}_i\boldsymbol{b}_i, \mathrm{R}_i) \tag{9.11}$$

$$\boldsymbol{y}_i \sim \mathrm{N}_{m_i}(\boldsymbol{X}_i\boldsymbol{\beta}, \boldsymbol{Z}_i\mathrm{G}\boldsymbol{Z}_i^T + \mathrm{R}_i) \tag{9.12}$$

LMM は正規分布に従う非規則的な時点からなる経時的データの解析によく利用されている．その場合，$\boldsymbol{y}_i$ は被験者 i に対する m_i 個の時点 $t_{i1},\ldots,t_{im_i}$ で繰り返し測定した応答である．デザイン行列 $\boldsymbol{X}_i$ の j 番目の行からなるベクトルは，一般的に $\boldsymbol{x}_{ij} = (1, x_{ij1}, x_{ij2}, \ldots)^T$ となる．ここで，$x_{ij1}, x_{ij2}, \ldots$ はベースラインでの年齢や性別のような時間に依存しない共変量，または，時間に依存する共変量，例えば，j 番目の測定時間，あるいは時間によって変化する他の共変量を表す．$\boldsymbol{x}_{ij} = (1, t_{ij})^T$ とすると，$\boldsymbol{X}_i\boldsymbol{\beta}$ の j 番目の要素は $\beta_0 + \beta_1 t_{ij}$ であり，母集団の線形的な推移を表す．さらに，$\boldsymbol{Z}_i$ の j 番目行を $\boldsymbol{z}_{ij} = (1, t_{ij})^T$ とする．$\boldsymbol{Z}_i\boldsymbol{b}_i$ の j 番目の要素は $b_{0i} + b_{1i}t_{ij}$ であり，i 番目の被験者の推移の，母集団の平均的な推移からのずれを表す．よって，LMM は変量切片・傾きモデル (random intercept and slope model) と呼ばれる．b_{1i} を除くと，変量切片モデル (random intercept model) となる．LMM のすべてのパラメータに対して事前分布を与えると，BLMM が得られる．要約すると，正規分布を仮定する BLMM は以下のようになる (共変量に対する依存は明示しない)．

- レベル 1：$y_{ij} \mid \boldsymbol{\beta}, \boldsymbol{b}_i, \sigma^2 \sim \mathrm{N}(\boldsymbol{x}_{ij}^T\boldsymbol{\beta} + \boldsymbol{z}_{ij}^T\boldsymbol{b}_i, \sigma^2)$, $j = 1,\ldots,m_i$; $i = 1,\ldots,n$
- レベル 2：$\boldsymbol{b}_i \mid \mathrm{G} \sim \mathrm{N}_q(\boldsymbol{0}, \mathrm{G})$, $i = 1,\ldots,n$
- 事前分布：$\sigma^2 \sim p(\sigma^2)$, $\boldsymbol{\beta} \sim p(\boldsymbol{\beta})$ と G $\sim p(\mathrm{G})$

BLMM に対する同時事後分布は，以下のようになる．

$$\begin{aligned} &p(\boldsymbol{\beta}, \mathrm{G}, \sigma^2, \boldsymbol{b}_1, \ldots, \boldsymbol{b}_n \mid \boldsymbol{y}_1, \ldots, \boldsymbol{y}_n) \\ &\propto \prod_{i=1}^{n}\prod_{j=1}^{m_i} p(y_{ij} \mid \boldsymbol{b}_i, \sigma^2, \boldsymbol{\beta}) \prod_{i=1}^{n} p(\boldsymbol{b}_i \mid \mathrm{G}) p(\boldsymbol{\beta}) p(\mathrm{G}) p(\sigma^2) \end{aligned} \tag{9.13}$$

Lindley and Smith (1972) と Fearn (1975) は，分散が既知の場合，解析的に，変量効果と固定効果の事後分布が正規分布であることを示した．分散が未知の場合，解析

な解が存在せず，事後分布を得るため，数値計算が必要となる．固定効果 $\boldsymbol{\beta}$, 変量効果 $\boldsymbol{b}_i$ と分散成分 G, σ^2 に対する完全条件付き分布は簡単な形となり，ギブス・サンプリングが利用できる．頻度論的アプローチでは，LMM に対して変量効果を積分して消去することで，解析的な式が得られ，積分して得られた周辺尤度を最大化することによってパラメータの最尤推定値が得られる．一方，ベイズ流アプローチでは，変量効果は固定効果と一緒にサンプリングされる．固定効果に対する周辺的な推測は，サンプリングされた変量効果を「忘れる」ことによって得られる (9.8 節を参照)．9.4.2 節の正規階層モデルは BLMM の特別な場合であることが容易にわかる．

2 つの例を用いて BLMM を説明する．まず，食事研究の例に共変量を導入する．2 番目の例は経時データである．

例 IX.11: 食事研究：年齢と性別を考慮したコレステロールの摂取量に関する支店間比較

支店のコレステロールの摂取量の変動がどのくらい年齢と性別で説明できるかに関心があるとする．以下のようなモデルを仮定する．

$$y_{ij} = \beta_0 + \beta_1 \,\text{age}_{ij} + \beta_2 \,\text{gender}_{ij} + b_{0i} + \varepsilon_{ij}$$

ここで，y_{ij} は j 番目の支店における i 番目の従業員のコレステロール摂取量である．gender は指示変数で，女性の場合，値 0 をとる．さらに，$b_{0i} \sim N(0, \sigma_{b_0}^2)$ と $\varepsilon_{ij} \sim N(0, \sigma^2)$ とする．すべてのパラメータに対して漠然事前分布を利用する．WinBUGS プログラムはファイル 'chapter 9 dietary study chol age gender.odc' にある．連鎖の数を 3，繰り返し数を 10000 として実行すると，すぐに収束に達した．5000 のバーンインの値を取り除いた後，β_1 と β_2 の事後平均 (標準偏差) は，それぞれ，-0.69 (0.57) と -62.67 (10.67) となった．よって，年齢はコレステロール摂取量に大きな影響はなく，女性銀行員のコレステロール摂取量が男性より低いことがわかる．σ と σ_{b_0} に対する事後中央値は，それぞれ，116.3 と 14.16 となる．一方，共変量がないモデル (例 IX.7) では，それぞれ，119.5 と 18.3 であった．したがって，共変量は支店間変動を減少させるが，支店内変動には影響を与えない．級内相関係数の事後平均は 0.015 までに減少している． □

2 つ目の例は，例 I.1 において簡単に紹介した皮膚科に関する臨床試験である．例 I.1 では，試験の最終時点における応答を比較した．しかし，この試験は経時的な研究の例である．ここで，ベイズ流変量切片・傾きモデルを用いてこの試験のデータを解析する．

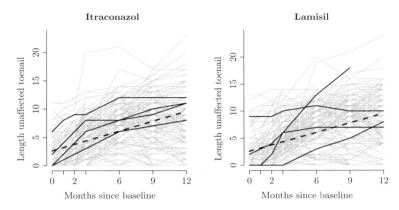

図 9.11 足指の爪 RCT：治療群別の被験者の影響を受けていない爪の長さのプロファイル（一部の被験者のプロファイルを強調）．破線の直線は，治療群別の固定効果の事後平均から得られた平均的な推移

例 IX.12：足指の爪 RCT：ベイズ流線形混合モデルへの当てはめ

二重盲検多施設ランダム化臨床試験 (36 施設) において，スポーツマンと高齢者に足指の爪の皮膚糸状菌爪真菌症のため，2 つの経口薬のどちらかが投与された．2 つの経口薬は，Itraconazol (1 日投与量：250 mg) (treat = 0) と Lamisil (1 日投与量：250 mg) (treat = 1) であった．患者は 12 週の治療を受け，時点 0, 1, 2, 3, 6, 9 と 12 ヶ月において評価された (De Backer et al. 1996)．298 名の被験者のサブグループの足の親指の爪に関して，影響を受けていない爪の長さを評価指標とした．図 9.11 は，治療群別に被験者のプロファイルを示している．そのプロファイルからは，治療が平均的に効いているように見える．標準偏差が時間の推移に伴い 2.5 mm から 5 mm へと増加していることから，変量切片・傾きモデルが良いことを示唆する (Verbeke and Molenberghs 2000)．

WinBUGS ('chapter 9 toenail LMM.odc') を用いて以下のモデルを当てはめる．

$$y_{ij} = \beta_0 + \beta_1 t_{ij} + \beta_2 t_{ij} \times \text{treat}_i + b_{0i} + b_{1i} t_{ij} + \varepsilon_{ij}$$

ここで，y_{ij} は影響を受けていない爪の長さである．t_{ij} は時間であり，値 0, 1, 2, 3, 6, 9, 12 ヶ月をとる．treat_i は治療群を表す変数である．この試験のランダム化の性質を踏まえ，ベースラインでの治療の効果がゼロであるようにしているため，治療群を主効果としてモデルに入れていない．このモデルの有向非巡回グラフ (DAG) を図 9.12 に示している．

前に指定したように変量効果に対しては正規分布を仮定している．固定効果のパラメータに対して，漠然事前分布が与えられている．変量切片・傾きの共分散行列に対

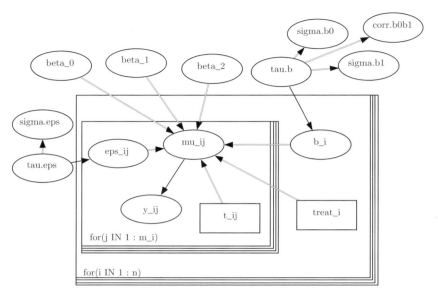

図 9.12 足指の爪 RCT：WinBUGS の Doodle オプションで生成した影響を受けていない爪の長さの BLMM の DAG

しては，事前分布として，自由度 2 の逆ウィッシャート分布，すなわち，IW(D, 2)，D = diag(0.1, 0.1) が与えられている．

連鎖の数を 3，繰り返し数を 10000 として実行した．混合率はすぐ良くなり，事後要約量は最後の 5000 回の繰り返しにもとづいている．β_1 と β_2 に対して，事後平均 (標準偏差) は，それぞれ，0.58 (0.043) と 0.057 (0.058) となった．分散パラメータに対する事後中央値は，それぞれ，$\sigma_{b_0} : 2.71, \sigma_{b_1} : 0.48, \mathrm{corr}(\sigma_{b_0}, \sigma_{b_1}) = -0.39, \sigma : 1.78$ となっている．したがって，結論としては，時間の推移に伴い影響を受けていない爪の長さが増加しているが，2 つの治療の違いはない．頻度論的な解析では，SAS MIXED プロシジャを用いて得られる最尤推定値はベイズ推定値に近い値を得る．□

上の 2 つの例に対して，頻度論的解析は基本的にベイズ解析と同様な数値結果を与える．よって，哲学的な違いは別として，ベイズ流アプローチから何を得られるかはすぐにはわからない．しかし，MCMC アプローチと WinBUGS パッケージと組み合わせ，モデルの変量効果に対して他の分布を選ぶことができる (9.5.5 節を参照)．

9.5.3 一般化線形混合モデル

2-レベル階層データ，すなわち，i 番目のクラスターにおける j 番目の被験者の応答 y_{ij} $(j = 1, \ldots, m_i; i = 1, \ldots, n)$ を再度考える．4.8 節に従い，一般化線形モデル (GLIM) において，応答 y_{ij} の分布は以下になる．

$$p(y_{ij} \mid \theta_{ij}; \phi_{ij}) = \exp\left[\frac{y_{ij}\theta_{ij} - b(\theta_{ij})}{a(\phi_{ij})} + c(y_{ij}; \phi_{ij})\right] \tag{9.14}$$

ここで，$a(\phi_{ij}) > 0$ は既知の尺度パラメータの関数であり，θ_{ij} は未知の正準パラメータである．通常の GLIM において，$\mu_{ij} = E(y_{ij} \mid \theta_{ij})$ は，リンク関数を通して，共変量 $\boldsymbol{x}_{ij}$ の関数で表す．すなわち，$g(\mu_{ij}) = \boldsymbol{x}_{ij}^T \boldsymbol{\beta}$ である．ベイズ流一般化線形モデル (BGLIM) では，すべてのパラメータに対して事前分布を与える．しかし，BGLIM の問題点は，データがクラスター化されていることを無視していることである．

ベイズ流線形混合モデル (BLMM) の自然な拡張が，線形モデルから GLIM への一般化によって得られる．9.5.2 節の記号を利用して，ベイズ流一般化線形混合モデル (BGLMM) が以下のように定義できる．

$$g(\mu_{ij}) = \boldsymbol{x}_{ij}^T \boldsymbol{\beta} + \boldsymbol{z}_{ij}^T \boldsymbol{b}_i \quad (j = 1, \ldots, m_i; i = 1, \ldots, n) \tag{9.15}$$

一般的には，$\boldsymbol{b}_i$ は互いに独立に同一の分布に従い，分布 $F_\mathbf{b}$ をもち，θ_{ij} の分布を決める．変量効果が正規分布 $N_q(\mathbf{0}, G)$ に従うと仮定することはよくある (Molenberghs and Verbeke 2005)．正準リンク関数を利用する場合，$\theta_{ij} \sim N(\boldsymbol{x}_{ij}^T \boldsymbol{\beta}, \boldsymbol{z}_{ij}^T G \boldsymbol{z}_{ij})$ となる．したがって，BGLMM は以下のように与えられる．

- レベル 1：$y_{ij} \mid \theta_{ij}, \phi_{ij} \sim \exp\left[\frac{y_{ij}\theta_{ij} - b(\theta_{ij})}{a(\phi_{ij})} + c(y_{ij}; \phi_{ij})\right]$ $(j = 1, \ldots, m_i; i = 1, \ldots, n)$
- レベル 2：$g(\mu_{ij}) = \boldsymbol{x}_{ij}^T \boldsymbol{\beta} + \boldsymbol{z}_{ij}^T \boldsymbol{b}_i$, $\boldsymbol{b}_i$ は互いに独立に同一の分布に従い，$N_q(\mathbf{0}, G)$ に従う．$i = 1, \ldots, n$
- 事前分布：$\boldsymbol{\beta} \sim p(\boldsymbol{\beta})$ と $G \sim p(G)$

ただし，G は $q \times q$ 共分散行列である．

ベイズ流一般化線形混合モデル (BGLMM) の 1 つの例として，経時 2 項分布データによく利用されるロジスティック正規 2 項分布モデルがある．このモデルでは，$\text{logit}(\pi_{ij}) = \boldsymbol{x}_{ij}^T \boldsymbol{\beta} + b_{0i}$ とし，π_{ij} は，i 番目の被験者が時点 t_{ij} で成功する確率であり，b_{0i} は変量切片である．このモデルは，$E[\text{logit}(\pi_{ij})] = \boldsymbol{x}_{ij}^T \boldsymbol{\beta}$ を意味する．回帰係数は個人特有 (subject-specific) であると解釈できる．すなわち，β_j は，b_{0i} が与えられたもとで，共変量 x_{ij} の 1 単位の増加に伴い，$g(\mu_{ij})$ の増加することを表している．

別の解釈として，$\exp(\boldsymbol{x}_{ij}^T\boldsymbol{\beta})$ は「成功」確率と $\boldsymbol{x}_{ij}^T\boldsymbol{\beta}$ との関係を表している．完全条件付き分布は，簡単な形となり，特に WinBUGS ソフトウェアを利用すると事後分布を比較的容易的に得ることができる．

ここでは口唇がん試験を利用して BGLMM を説明する．農業 (agriculture)，林業 (forestry) と漁業 (fisheries) に従事する人の割合 AFF の線形関数として $\log(RR)$ を用いてモデル化する．有病率に対する日光にさらされることによる影響を表す変数が含まれる．それに加えて，地域の特徴を示す未知の共変量を表す変量切片をモデルに入れる．

例 IX.13: 口唇がん研究：ポアソン・対数正規モデルにおける AFF の調整

口唇がん死亡率の空間的な変動がどのくらい AFF によるものかを知りたいとする．死亡度数 y_i がポアソン分布に従い，$y_i | \mu_i \sim \text{Poisson}(\mu_i)$ とする．ただし，$\mu_i = \theta_i e_i$ である．以下のように μ_i が AFF_i と関連しているとする．

$$\log(\mu_i/e_i) = \beta_0 + \beta_1 \text{AFF}_i + b_{0i}$$

ここで，AFF_i は中心化されていて，$b_{0i} \sim \text{N}(0, \sigma_{b_0}^2)$ は変量切片で異なる地域間の相関を制御する．このモデルは WinBUGS で容易に実行できる (ファイル 'chapter 9 lip cancer PLNT with AFF.odc' を参照)．

回帰係数に対して独立な漠然正規事前分布を与え，σ_{b_0} に対しては $[0, 100]$ の一様事前分布を与えた．連鎖の数を 3，各連鎖の繰り返し数を 20000 として実行した．全部で 30000 のバーンインの繰り返しを取り除いた．β_1 に対して，事後平均 (標準偏差) は，2.33 (0.33) であり，95% 等裾確率 CI は $[1.55, 2.93]$ となる．σ_{b_0} に対する事後中央値は 0.38 である．結論としては，AFF は口唇がん死亡率に対する予測子であることがわかる．さらに，AFF を除いたモデルでは，σ_{b_0} に対する事後中央値は 0.44 である．よって，AFF は変量切片の変動の約 25% を「説明している」． □

2 番目の例は，例 IX.12 で導入した経時足指の爪データを解析する．ただしここでは 2 値応答とする．ロジスティック変量切片・傾きモデルで当てはめるのは論理的のようにみえる．なぜなら，変量切片は被験者特有な潜在的なレベルを表し，変量傾きは被験者特有の疾病経過の推移を表すことができる．しかし，結局この解析は難しいことがわかる．したがって，まずロジスティック変量切片モデルを利用する．

例 IX.14: 足指の爪 RCT：ベイズ流変量切片モデル

この試験の副次的な評価項目の 1 つは，足指の爪の感染による，爪床から爪甲の分

9.5 混合モデル

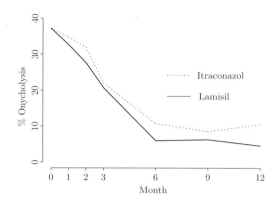

図 9.13 足指の爪 RCT：試験期間中爪甲離床症治療 Itraconazol または Lamisil を受けた被験者の割合

離度 (爪甲離床症) である．298 名の被験者のうち 294 名に対して測定された．この解析のため，応答を，"0=なしまたは軽度"，"1=中程度または重度" と 2 値化する．図 9.13 は，2 つの治療のもとで爪甲離床症の患者数が大きく減少し，Lamisil の効果がより大きいことを示している．知りたいのは，その減少が本当の治療の効果かあるいはランダムな変動かである．そのため，以下のようなロジスティック変量切片モデルを当てはめる．

$$\mathrm{logit}(\pi_{ij}) = \beta_0 + \beta_1 t_{ij} + \beta_2 t_{ij} \times \mathrm{treat}_i + b_{0i}$$

ただし，π_{ij} は i 番目の被験者が時点 t_{ij} において爪甲離床症を発症する確率である．b_{0i} が i 番目の被験者の変量切片である．b_{0i} に対して，漠然事前分布として一様分布 $U(0, 100)$ が与えられ，回帰係数に対しては，独立な漠然正規事前分布が与えられている．WinBUGS プログラムはファイル 'chapter 9 toenail RI BGLMM.odc' にある．

連鎖の数を 3，各連鎖に繰り返し数を 10000 として実行した．最後の 5000 の繰り返しを用いて事後要約量を計算した．固定効果 β_0, β_1 と β_2 に対して，事後平均 (標準偏差) は，それぞれ，$-1.74\ (0.34)$，$-0.41\ (0.045)$ と $-0.17\ (0.069)$ となった．$\sigma_{b_0}^2$ に対する事後中央値は 17.44 となっている．ロジスティック変量切片モデルに対する級内相関係数 (intracluster correlation coefficient, ICC) は ICC $= \sigma_{b_0}^2/(\sigma_{b_0}^2 + \pi^2/3)$ となり，0.84 とかなり高い値となっているので，応答にはっきりとしたトラッキングを示している．治療の効果に関しては，Lamisil が Itraconazol より大きな発症の減少を導く．

SAS GLIMMIX プロシジャを用いた頻度論的な解析は，数値的に上の結果と非常に似ている結果となる．SAS プログラムはファイル 'chapter 9 toenail binary GLIMMIX and MCMC.sas' から見つけることができる．このファイルは SAS 9.2 版の MCMC

コマンドを含んでいる．このモデルに対してそのプログラムを実行し，サンプリングするのは非常に効率が悪いことがわかる．SAS 9.3 プログラムは次の例で説明する．□

上の 2 値データにロジスティック変量切片・傾きモデルを当てはめるのはもっと困難であった．次の例でこのことを示す．

例 IX.15: 足指の爪 RCT：ベイズ流ロジスティック変量切片・傾きモデル

ロジスティック変量切片・傾きモデルは，より妥当である可能性の高いモデルである．ここで変量傾きは，被験者ごとに異なる被験者特有な (subject-specific) 傾きを表す．前述の記号を利用すると以下のようになる．

$$\text{logit}(\pi_{ij}) = \beta_0 + \beta_1 t_{ij} + \beta_2 t_{ij} \times \text{treat}_i + b_{0i} + b_{1i} t_{ij}$$

ただし，b_{1i} が i 番目の被験者の変量傾きである．ここで，独立な変量効果の場合と従属な変量効果の場合を考える．独立な変量効果の場合は，変量切片と傾きの標準偏差に対して独立な一様事前分布 U(0, 100) を与える．従属な変量効果の場合は，例 IX.12 と同じ事前分布を利用する．2 つの WinBUGS プログラムはファイル 'chapter 9 toenail RI+RS BGLMM.odc' から見つけることができる．

WinBUGS から解析を始めるのは非常に問題がある．まずは SAS PROC GLIMMIX を用いて尤度にもとづく解析で，初期値を生成する．

始めに得られたモデルパラメータの最尤推定値で WinBUGS を実行する．すぐにエラーメッセージ 'undefined real result' が出てくる．これは数値的なオーバーフローを意味する．初期値の絶対値を小さくしても役に立たなかった．`logit(p[iobs]) <- beta[1] + beta[2]*time[iobs] +...` の代わりに `p[iobs] <- exp(beta[1] + beta[2]*time[iobs] + ...` を利用することで，この問題を解決することができなかったが，減少させることはできた．また関数 'min' と 'max' を利用することで，数値的なオーバーフローを防ぐことができた．

独立な変量効果の場合と従属な変量効果の場合の両方に対して，3 つの初期値が与えられ，各連鎖に繰り返し数を 10000，間引きを 10 (したがって，実際各連鎖に 100000 回の繰り返し) として実行した．ここでは従属な変量効果の場合だけを示す．WinBUGS の BGR プロットは β_2 に対して相対的に早い収束を示した．最後の 3×5000 の繰り返しを用いて事後要約量を計算した．β_2 に対する事後平均 (標準偏差) は -0.38 (0.19) で，95% 等裾確率 CI は $[-0.78, -0.039]$ となっている．モンテカルロ誤差は 0.0054 であった．したがって，2 つの治療効果が異なることを示している．変量切片と傾きは負の相関があると示されている (事後中央値:-0.58，95%CI: $[-0.74, -0.33]$)．変

量切片と変量傾きに対する事後中央値 (95%CI) は, それぞれ, 73.61 ([42.93, 127.1]) と 1.18 ([0.62, 2.02]) となっている. 連鎖を CODA にエクスポートし追加情報を得ることができる. 分散パラメータに対する自己相関は相対的に高いが, β_2 に対しては, ラグが 10 と 50 のとき, それぞれ, 0.28 と 0.01 となっている. β_2 に対する Geweke 診断量は有意ではなく, その動的バージョンでは時々限界値を超えた. 全体の収束性が明らかに棄却されたわけではないが, これは他のすべてのパラメータにも当てはまることではない. なお, β_2 は 2 つの Heidelberger-Welch 検定を通過した.

SAS MCMC プロシジャを用いた解析も行った. プログラムはファイル 'chapter 9 toenail RI+RS BGLMM.sas' を参照する. MCMC プロシジャは多重連鎖を実行することができないので, WinBUGS と比較するため, 300000 の繰り返しの 1 つの連鎖を間引き 10 で実行した. ただし, SAS と WinBUGS とでは, 間引きの意味合いが異なることに注意する必要がある. SAS では, 数値的なオーバーフローのような計算上の問題はない. また, 連鎖の繰り返しの半分を除いて事後要約量を計算する. β_2 に対する自己相関は, ラグが 10 と 50 のとき, それぞれ, 間引きの後でも, 0.93 と 0.70 で, かなり高かった. しかし, すべてのパラメータは Geweke 検定を通過した. すべてのパラメータが 1 つ目の Heidelberger-Welch 検定を通過したが, 2 つ目は通過しなかった. β_2 に対する事後平均 (標準偏差) は -0.0110 (0.0227) で, 95% 等裾確率 CI は $[-0.055, 0.036]$ となっている. これは治療効果がないことを示している. β_2 は, 有効サンプルサイズが 51 で, 低い精度で推定されている. 治療効果に対する頑健な結果を得るため, SAS プロシジャはより長い連鎖が必要となる.

WinBUGS と SAS は, このデータに対して同じサンプラーを使用しているのに, なぜ収束性能がかなり異なるかはまだ不明である. □

ベイズ流一般化線形混合モデル (BGLMM) に対する拡張は, 以下のように残差項を追加することである (Sun *et al.* 2000).

$$g(\mu_{ij}) = \boldsymbol{x}_{ij}^T \boldsymbol{\beta} + \boldsymbol{z}_{ij}^T \boldsymbol{b}_i + \varepsilon_{ij} \quad (j=1,\ldots,m_i; i=1,\ldots,n)$$

ここで, $E(\varepsilon_{ij}) = 0$, または, $E[\exp(\varepsilon_{ij})] = 1$ であり, $\boldsymbol{b}_i$ と ε_{ij} は互い独立である. 残差項の導入は, モデルの当てはまりの不足や説明できない余分な変動とずれを考慮するためである.

レベル 1 の共変量がない場合, 別のモデル化が Albert (1988) により提案されている. その提案されたモデルにおいて, 正準パラメータ θ_i は独立で以下のような指数型分布族に属する分布に従う.

$$p(\theta_i \,|\, \zeta_i, \lambda) = \exp\{\lambda[\theta_i \zeta_i - b(\theta_i)] + k(\zeta_i; \lambda)\} \tag{9.16}$$

ただし，$E(\mu_i) = E\left[\frac{db(\theta_i)}{d\theta_i}\right] = \zeta_i$ であり，λ が超パラメータである．上の式において λ の代わりに $1/\lambda$ を利用すると，古典的な GLIM の表現となる．しかし，式 (9.16) では解析的な利点がある (Albert 1988)．ζ_i は標本平均 μ_i の事前平均である．さらに分布 (9.16) は式 (9.14) で定義されている分布族の共役分布になっている．よって，θ と ϕ の添え字 j を除くことができる (演習 5.16 を参照)．Albert (1988) は，以下のように μ_i の代わりに ζ を利用して共変量と関連させることを提案した．

$$g(\zeta_i) = \boldsymbol{x}_i^T \boldsymbol{\beta} \quad (i = 1, \ldots, n) \tag{9.17}$$

要約すると，Albert (1988) より提案されている 2 レベル・ベイズ流階層モデル (BHM) は以下を仮定している．

- レベル 1 : $y_{ij} \mid \theta_i, \phi_i \sim \exp\left[\frac{y_{ij}\theta_{ij} - b(\theta_i)}{a(\phi_i)} + c(y_{ij}; \phi_i)\right]$ $(j = 1, \ldots, m_i; i = 1, \ldots, n)$
- レベル 2 : $\theta_i \mid \zeta_i, \lambda \sim \exp\{\lambda[\theta_i\zeta_i - b(\theta_i)] + k(\zeta_i; \lambda)\}$, $g(\zeta_i) = \boldsymbol{x}_i^T \boldsymbol{\beta}$ $(i = 1, \ldots, n)$
- 事前分布：$(\boldsymbol{\beta}, \lambda) \sim p(\boldsymbol{\beta}, \lambda)$

Albert のモデルは変量効果 θ_i の平均を共変量 $\boldsymbol{x}_i$ の関数として表し，回帰係数に母集団平均 (population-averaged) の意味を与える．したがって，β_j が共変量 x_i の 1 単位の増加に伴い被験者母集団における ζ_i (リンク関数の部分を除いて) の増加を表す．よって，Albert のモデルは頻度論の文献では周辺モデル (marginal model) と呼ばれている (Molenberghs and Verbeke 2005)．

Kahn and Raftery (1996) は，Albert のモデルの特別な場合を利用し，i 番目の病院の共変量とメディケア脳卒中患者の高度看護施設への退院確率 π_i とを関連させ，ベータ・2 項ロジットモデル (beta binomial-logit model) と呼んだ．このモデルの 1 つの利点は，共変量が確率 π_i に対する周辺効果を表していることである．すなわち，$\text{logit}[E(\pi_i)] = \boldsymbol{x}_i^T \boldsymbol{\beta}$ となっている．一方，前述の BGLMM の場合，$E[\text{logit}(\pi_i)] = \boldsymbol{x}_i^T \boldsymbol{\beta}$ となっているため，共変量は条件付き効果を表している．Albert のモデルを，被験者特有の共変量が存在する場合へ拡張する方法は，まだ明らかにされていない．以下では，口唇がん死亡率データについて，Albert のモデルを説明する．

例 IX.16: 口唇がん研究：Albert のモデルにおける AFF の調整

Albert のモデルを口唇がん死亡率データに適用する．中心化した AFF を共変量として $\log(RR)$ の異質性を説明する．前に導入した記号を用いて，度数 y_i はポアソン分布に従い，$y_i \mid \mu_i \sim \text{Poisson}(\mu_i)$ としている．ただし，$\mu_i = \theta_i e_i$ である．さらに，

$\theta_i | \zeta_i, \lambda \sim \text{Gamma}(\zeta_i \lambda, \lambda)$ とする．λ は，ばらつきの (dispersion) パラメータである．ここで，ガンマ分布の分散は ζ_i/λ である．最終的に以下のようにモデル化する．

$$\log(\zeta_i) = \beta_0 + \beta_1 \text{AFF}_i$$

WinBUGS プログラムはファイル 'chapter 9 lip cancer PG Albert with AFF.odc' で与えられている．回帰係数に対して独立な漠然正規事前分布を用いた．9.5.7 節の結果より，$1/\sqrt{\lambda}$ に対しては，$[0, 100]$ 上の一様事前分布を用いた．この事前分布の影響を確認するため，代わりに，λ に対する漠然事前分布も考えた．連鎖の数を 3，各連鎖に繰り返し数を 10000 として実行した．トレースプロットは高い混合率を示しており，BGR 診断プロットにより早い収束を確認した．したがって，最後の 5000 の繰り返しにもとづき事後要約量を計算した．事後平均 (標準偏差) は，β_0 と β_1 に対して，それぞれ，0.162 (0.035) と 1.92 (0.31) であった．β_1 に対する 95% 等裾確率 CI は $[1.29, 2.51]$ となっている．尺度パラメータに対する事後中央値は 6.05 で，95% 等裾確率 CI は $[4.35, 8.53]$ であった．λ に対する他のいくつかの事前分布に対しても，この結果は頑健であった．

この解析は，$\log(\text{mean}RR)$ に対して行っているが，再び AFF の強い効果を示している．Albert のモデルでの傾きに対する推定は，例 IX.13 で得られている結果より小さい．違いの一部はモデルの選択によるものである．頻度論の文献から，母集団平均の傾きの絶対値は被験者特有の傾きより小さいことがわかっており，ここでも同じことが言える．　　　　　　　　　　　　　　　　　　　　　　　　　　　　　　　　□

実際には，上のモデルより柔軟なモデルが必要となる．例えば，古典的な BGLMM における変量効果の正規性の仮定は 1 つの制限として考えられる．それらの仮定に対する拡張は部分的には既存のソフトウェアで扱うことができる．例えば，以下に示すように，ポアソン・対数正規モデルにおける変量効果の正規性の仮定は WinBUGS を用いて，容易に緩めることができる．手元の問題に対応する既存のソフトウェアが存在しない場合，専用のプログラムを開発する必要がある．その場合は，すでに紹介してきたように MCMC 法が大きく役に立つ．

例 IX.17：口唇がん研究：対数正規モデルにおける正規性の仮定の緩和

前述の例においては，変量切片の対数が正規分布すると仮定している．ほとんどの頻度論的ソフトウェアでは変量効果が正規分布しか仮定できない．しかし，WinBUGS は (ファイル 'chapter 9 lip cancer PLNT with AFF.odc' を参照)，1 つのコマンドを変更するのみで，正規分布の代わりに t-分布を利用することができる．このモデル

にもとづき，連鎖の数を 3，各連鎖に繰り返し数を 20000，バーンイン数を 10000 として実行した．事後平均 (標準偏差) は，β_0 と β_1 に対して，それぞれ，0.11 (0.035) と 2.20 (0.36) であった．$\sigma_{b_0 i}$ に対する事後中央値は 0.26 で，$\sqrt{3}$ (標準 t_3-分布の SD) をかけると，変量切片の標準偏差となり，$\sqrt{3} \times 0.257 = 0.44$ となった．

このモデルのさらなる一般化としては，t 分布の自由度 k を固定せず，WinBUGS を用いて計算することとなる．この拡張に対しては，k が離散的な値をとる一様分布と仮定する．WinBUGS プログラムは同じファイルで見つけることができるが，基本的には同じ結果が得られている．しかし，k の事後分布が拡散するため，最良の k の値を決めることは難しい (演習 9.9 を参照)． □

その他にも，WinBUGS は容易に変量効果または測定誤差に対して，標準的でない分布を仮定するベイズモデルを当てはめることができる (Arellano-Valle *et al.* 2007)．

9.5.4 非線形混合モデル

ベイズ流線形混合モデル (BLMM) の他の一般化は反復測定データに対するベイズ流非線形混合モデル (Bayesian nonlinear mixed model) である．このモデルにおいて，i 番目の被験者に対する j 番目の観察値に対して，以下のような仮定をする．

$$y_{ij} = f(\boldsymbol{\phi}_i, \boldsymbol{x}_{ij}) + \varepsilon_{ij} \quad (j = 1, \ldots, m_i; i = 1, \ldots, n) \tag{9.18}$$

ここで，f は共変量ベクトル $\boldsymbol{x}_{ij}$ と長さが r のパラメータベクトル $\boldsymbol{\phi}_i$ の非線形関数である．伝統的に残差項 ε_{ij} は正規分布 $N(0, \sigma^2)$ に従うと仮定する．パラメータベクトル $\boldsymbol{\phi}_i$ は被験者に依存する．この依存関係は次のように表される．

$$\boldsymbol{\phi}_i = \boldsymbol{W}_i \boldsymbol{\beta} + \boldsymbol{Z}_i \boldsymbol{b}_i \tag{9.19}$$

ここで，$\boldsymbol{W}_i$ は $r \times (d+1)$ デザイン行列であり，$\boldsymbol{\beta}$ は，$(d+1) \times 1$ 回帰係数ベクトルである．$\boldsymbol{Z}_i$ は $r \times q$ デザイン行列であり，i 番目の $q \times 1$ 変量効果ベクトル $\boldsymbol{b}_i$ に対応している．伝統的に $\boldsymbol{b}_i \sim N(\boldsymbol{0}, G)$ と仮定をする．一般的に，デザイン行列 $\boldsymbol{W}_i$ はパラメータに対応するグループの構造を特定し，$\boldsymbol{W}_i$ は被験者特有の共変量に対応するデザイン行列 $\boldsymbol{X}_i$ と同じである必要はない．リンク関数 g は 1 変数 (スコア $\boldsymbol{x}_i^T \boldsymbol{\beta}$) の関数であり，一般的な関数 f より制限が多いため，モデル式 (9.18) は BGLMM より一般化されている．

特に Lindstrom and Bates (1990) の影響力の大きい論文の発表後，非線形混合モデルは統計学者の注目を浴びている．非線形混合モデルは様々な応用で用いられてい

る.1つの重要な応用領域は薬物動態学 (pharmacokinetics) である.薬物動態学の目的は薬物濃度を決める薬物体内動態,すなわち,吸収,分布,排泄を理解することである.さらに,薬物動態の個体間変動を探索することに興味がある.HIV 研究においては,非線形混合モデルを利用して HIV 治療後のウイルス量の低下とリバウンドとで表現される HIV ウイルスと免疫システム間の交互作用のメカニズムを特定する.他の応用領域としては,酪農研究,野生生物研究,漁業研究,成長曲線などである.このモデルの最新の文献として Davidian and Giltinan (2003) を参照されたい.

ベイズ流非線形混合モデル (Bayesian nonlinear mixed model, BNLMM) は非線形混合モデルとすべてのパラメータに対する事前分布と結合することで以下のように特定される.

- レベル 1 : $y_{ij} \mid \phi_i, \bm{x}_{ij}, \sigma^2 \sim \mathrm{N}\left[f(\phi_i, \bm{x}_{ij}), \sigma^2\right]$ $(j = 1, \ldots, m_i; i = 1, \ldots, n)$
- レベル 2 : $\phi_i \mid \bm{W}_i, \bm{Z}_i, \bm{\beta} \sim \mathrm{N}(\bm{W}_i\bm{\beta}, \bm{Z}_i \mathrm{G} \bm{Z}_i^T)$ $(i = 1, \ldots, n)$
- 事前分布 : $\bm{\beta} \sim p(\bm{\beta}), \sigma^2 \sim p(\sigma^2), \mathrm{G} \sim p(\mathrm{G})$

Davidian and Giltinan (2003) が指摘しているように,f が一般的な関数であるため,WinBUGS を用いてこのモデルを当てはめることはときに困難である.しかし,標準的な薬物動態解析に対して,WinBUGS インターフェースである PKBugs が利用できる.細動脈硬化のマウスに関する試験を利用して BNLMM を説明する.

例 IX.18:細動脈硬化試験:大腿動脈閉塞後の再還流モデル

動脈閉塞性疾患に起因する組織虚血の予防と回復は重要である.免疫反応が動脈形成に重要な役割を担っているため,van Weel *et al.* (2007) は免疫システムの細胞成分およびその動脈形成に対する影響を調べた.

van Weel *et al.* (2007) において,異なる遺伝子組み換えマウスが 1 本の足の下肢主動脈をブロックする外科手術を受け,その手術が虚血を引き起こす効果について,0, 3, 7, 14, 21, 28 日目に測定した.各測定において手術を受けた下肢と手術を受けていない下肢における還流を比較することで,虚血と非虚血との還流比 (ischemic/nonischemic perfusion ratio, IPR) が経時的に得られる.ここで,2 つの群,C57BL/6 マウスと MHC クラス II−/− マウスに関する再解析を行うこととした.C57BL/6 マウスは人間の疾病のモデルとして研究室で最もよく利用されているマウス株である.一方,2 番目の群のマウスは,MHC クラス II 細胞欠如の遺伝子組み換えマウスであった.2 つの群における個々のマウスの IPR のプロファイルを図 9.14 に示す.van Weel *et al.* (2007) は,IPR を表す応答変数 y_{ij} に対して以下の非線形混合モデルを提案した.

$$y_{ij} = \phi_{1i}\{1 - \exp[-\exp(\phi_{2i} t_j)] + \varepsilon_{ij}\} \quad (j = 1, \ldots, 6; i = 1, \ldots, n) \quad (9.20)$$

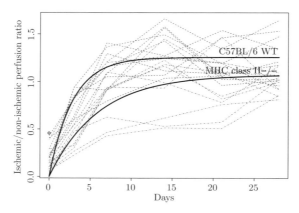

図 9.14 細動脈硬化試験：2 つの群における個々のマウスの IPR のプロファイル．実線は BNLMM からの固定効果の予測あり．点線 (破線) は C57BL/6 WT(MHC class II−/−) の個々のマウス．

ここで，$t_j = 0, 3, 7, 14, 21, 28$ であり，群 1 と群 2 のマウスに対して，それぞれ，$\phi_{1i} = \beta_1$ と $\phi_{1i} = \beta_2$ となる．また，群 1 と群 2 の i 番目のマウスに対して，それぞれ，$\phi_{2i} = \beta_3 + b_i$ と $\phi_{2i} = \beta_4 + b_i$ となる．1 つ目のパラメータ ϕ_1 は時間の推移に伴う基本的な IPR を表している．一方，2 番目のパラメータ ϕ_2 は，最終 IPR の達成率を表す．ϕ_1 と ϕ_2 のうち，ϕ_2 だけが異質であると仮定する．差 $\beta_3 − \beta_4 = \delta$ に関心がある．

行列記号を利用すると，群 1 における i 番目のマウスに対して，モデルは以下のようになる．

$$\boldsymbol{\phi}_i = \boldsymbol{W}_i \boldsymbol{\beta} + \boldsymbol{b}_i \equiv \begin{pmatrix} 1 & 0 & 0 & 0 \\ 0 & 0 & 1 & 0 \end{pmatrix} \begin{pmatrix} \beta_1 \\ \beta_2 \\ \beta_3 \\ \beta_4 \end{pmatrix} + \begin{pmatrix} 0 \\ b_i \end{pmatrix}$$

ここで，$\boldsymbol{\phi}_i \equiv (\phi_{1i}, \phi_{2i})^T$ である．群 2 のマウスに対応する $\boldsymbol{W}_i$ の行ベクトルは 2 番目と 4 番目の β パラメータからなる．最後に，$\varepsilon_{ij} \sim N(0, \sigma^2)$ と $b_i \sim N(0, \sigma_b^2)$ を仮定する．

β パラメータに対して独立な漠然正規事前分布を与え，σ と σ_{b_0} に対しては [0, 100] の一様事前分布を与える．WinBUGS プログラムはファイル 'chapter 9 arterio study.odc' から見つけることができる．連鎖の数を 3，各連鎖に繰り返し数を 10000 として実行した．混合が良く，伝統的な診断量にもとづき，後ろの 5000 個の繰り返しを用いて事後要約量を計算することとした (演習 9.17)．δ に対して，事後平均 (標準偏差) は，0.70 (0.37) であり，95% 等裾確率 CI は [−0.002, 1.47] となる．結論とし

では，2つのタイプのマウスの間には，明確な違いの根拠はない. □

9.5.5 さらなる拡張

実践ではこれまでに述べてきたモデルより，もっと多くのモデルが必要である．例えば，足指の爪試験データは，反応を離散化しない場合，順序ロジスティック変量効果モデルが必要となる．柔軟な変量効果分布をもつベイズ流順序変量効果モデルについては，Mansourian et al. (2012) を参照する．1つ以上の反応が記録されている経時データには，多変量反復測定モデルを拡張する必要がある (Wilks et al. 1993 を参照). 他の重要な例としては，変量効果を含む生存時間解析モデルであるフレイルティモデルがある．これらのモデルについては，第14章と第15章で取り扱う．

9.5.6 変量効果と事後予測分布の推定

ベイズ流アプローチには，変量効果と固定効果がともに確率変数とみなされているため，推定方法も似ている．経時的な研究には，よく個人の経時曲線を推定/予測することに関心がある．これは，以下の固定効果と変量効果の線形結合を推定することになる．

$$\boldsymbol{\lambda}_\beta^T \widehat{\boldsymbol{\beta}} + \boldsymbol{\lambda}_b^T \widehat{\boldsymbol{b}}_i$$

ここで，$\widehat{\boldsymbol{\beta}}$ と $\widehat{\boldsymbol{b}}_i$ は，それぞれのパラメータの事後平均，中央値または最頻値である．変量効果に対する探索は，分布の仮定が妥当かどうかや，データに外れ値があるかどうかを明らかにするのに有用である．ポアソン・ガンマモデルに対する PPD は式 (9.5) と式 (9.6) に示していた．これらの式で θ_i の代わりに $\boldsymbol{b}_i$ を利用すると，BGLMM の場合となる．ここで，新しい観測値とは，新しい被験者のすべての測定値，または，すでにモデルに含まれている被験者の将来の観測値を表す．Fearn (1975) は，分散パラメータが既知の場合の BGLMM の PPD の明示的な式を導いた．MCMC 法と WinBUGS のようなソフトウェアを使用すれば，将来の観測値の PPD を決めることは容易である．

次の例は連続変数である足指の爪試験データにおける変量効果を探索する．変量効果の正規性の仮定を確認し，被験者の予測を行う．

例 IX.19: 足指の爪 RCT：ベイズ流線形混合モデルにおける変量効果の探索

例 IX.12 の BLMM の変量切片・傾きに対する事後平均は図 9.15 に示している．変量切片のヒストグラムが右へ歪んでいることが変量切片の正規性仮定に対する疑いを投げかけている．正規性からの逸脱はいろいろな理由から生じる．例えば，重要な共変量の省略などがある．Verbeke and Lesaffre (1996) は変量効果の推定は縮小推定量

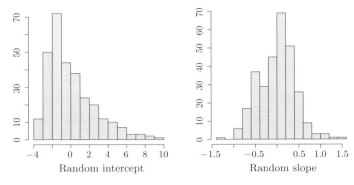

図 9.15 足指の爪 RCT：BLM から得られた変量切片と変量傾きのヒストグラム

であり，その非正規性を検出することは困難であることを示した．したがって，推定された変量効果に非正規性があるなら，真の変量切片の分布が正規分布でない可能性がある．

ベイズ流線形混合モデル (BLMM) の場合，i 番目の被験者の推移に対する予測は線形結合 $\boldsymbol{x}_{ij}^T \widehat{\boldsymbol{\beta}} + \boldsymbol{z}_{ij}^T \widehat{\boldsymbol{b}}_i$ $(j = 1, \ldots, m_i)$ となる．個々の被験者の予測プロファイルは WinBUGS の統計表から簡単に得られる．同時に予測曲線の 95% 信頼限界も与える．この統計表が R にエクスポートでき，グラフを生成することができる．しかし，R の中で WinBUGS を処理できる R2WinBUGS を利用するともっと有効である．

患者の将来の観測値の PPD を得るためには，追加プログラムが必要となる．例えば，被験者 id[iobs] の将来の観測値の PPD を得るため，コマンド newresp[iobs] ~ dnorm(mean[iobs], tau.eps) を追加する必要がある．一方，新しい患者のプロファイルの分布を得るためには，異なる方法に従う必要がある．なぜなら，変量効果はその正規事前分布から直接サンプリングする必要があるためである．これは，例 IX.5 における新しい地域の死亡率を予測する場合に似ている．図 9.16 において，Itraconazol が投与された患者 3 の将来のプロファイルの平均とその 95% 限界プロファイルをプロットしている．

最後の例として，共変量 $\boldsymbol{x}_{m,1}, \ldots, \boldsymbol{x}_{m,j}$ と $\boldsymbol{z}_{m,1}, \ldots, \boldsymbol{z}_{m,j}$ をもつ過去の応答 $y_{m1}, \ldots, y_{mj}$ が与えられたもとで，共変量 $\boldsymbol{x}_{i,j+1}$ と $\boldsymbol{z}_{i,j+1}$ をもつ i 番目の被験者の将来の反応 $y_{i,j+1}$ を予測する．ただし，$m = 1, \ldots, n$ である．WinBUGS を利用するとこれを簡単に実行できる．Itraconazol を投与した最初の患者の 12 ヶ月における反応（いまは欠測）を予測したいとする．この予測を行うため，応答ベクトルに欠損値 'NA' を追加する．すなわち，ベクトル (4, 6, 7, 9, 13, 0) から (4, 6, 7, 9, 13, 0, NA) へ拡大する．同時に共変量ベクトルに対しても適切に拡大する．この方法を用いて，事後

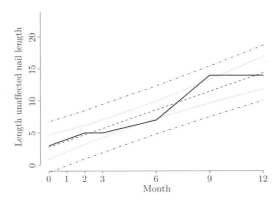

図 9.16 足指の爪 RCT：観察プロファイル (実線)；予測プロファイル (破線)；予測平均に対する 95% 限界線 (点線)；例 IX.5 で開発した BLM から得られた Itraconazol が投与された患者 3 の新しい反応に対する 95% 限界線 (1 点鎖線)

平均を 6.073 とその 95%CI を $[0.92, 11.28]$ と得られた．

被験者曲線に対する正しい予測値と PPD はモデルの分布の仮定に依存する．実際，変量切片が正規分布に従わないと結論の正しさに影響することがある． □

9.5.7 レベル 2 の分散の事前分布の選択

ベイズ流正規線形回帰モデルに対して，Jeffreys 事前分布 $p(\sigma^2) \propto 1/\sigma^2$ が分散パラメータに対する無情報事前分布を表す伝統的な選択である．正規階層モデルに対して，レベル 2 の分散パラメータに対する適切な漠然事前分布はすぐにはわからない．Hill (1965) と Tiao and Tan (1965) は 40 年以上も前にすでに正規階層モデルにおいてレベル 2 の分散 σ_θ^2 に対して Jeffreys 事前分布が非正則事後分布をもたらすことを証明した．Gelman (2006) はなぜこの現象が起こるかについて直感的な解釈を与えた．すなわち，$1/\sigma_\theta^2$ の事前分布に対して，σ_θ がゼロに近づくにつれ，周辺密度 $p(\boldsymbol{y} \,|\, \sigma_\theta)$ はゼロでない値に近づく．しかし，$1/\sigma_\theta^2$ はゼロの近くで密度が無限大に達するため，事後密度がゼロの周辺で無限大な密度をとることとなる．さらに，特にレベル 2 観測値が少なく，σ_θ に関する情報が少ししか得られない場合，階層モデルにおける潜在的な変数のゼロ分散を除外することができない．

非正則な事後分布を避けるため，WinBUGS は Jeffreys 事前分布の正規な近似，$IG(\varepsilon, \varepsilon)$ のみを利用する．ただし，ε は小さい値である．しかし，$IG(\varepsilon, \varepsilon)$ は，パラメータの事後分布が ε の選択に強く依存するため，Jeffreys 事前分布を置き換えることは解決策にならない．Jeffreys 事前分布 (とその近似) の強い影響が σ_θ の事後

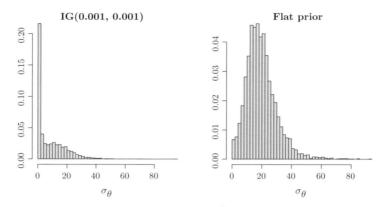

図 9.17 修正した食事研究：σ_θ の事後分布：σ_θ^2 に対して事前分布 $IG(10^{-3}, 10^{-3})$ を利用する場合，σ_θ に対して一様事前分布 $U(0, 100)$ を利用する場合

分布の二峰形状においてはっきりみえる．Jeffreys 事前分布 (とその近似) の振る舞いの悪さが適切な漠然分布 $p(\sigma_\theta)$ に対する様々な提案を触発した．関連する文献は，Seltzer (1993)，Seltzer et al. (1996) と Browne and Draper (2006) などがある．Liu and Hodges (2003) は，事後分布の二峰性は，データと事前分布の間の矛盾の結果であることを指摘している．Spiegelhalter et al. (2004) はいくつかの正則な無情報事前分布を探索し，σ_θ に対して一様事前分布 $U(0, c)$ が勧められるという結論を得た．同様な結論が Gelman (2006) によっても得られている．

ここからは，σ_θ^2 に対する $IG(\varepsilon, \varepsilon)$ を利用する場合と σ_θ に対する一様事前分布 $U(0, c)$ を利用する場合の性能を比較して，この問題を説明する．また，Gelman (2006) により提案されているパラメータ拡張 (parameter expanded) モデルの性能を説明する．計算は，事後分布が事前分布に依存することをより良く説明するために，修正した IBBENS 栄養調査データを利用する．

例 IX.20: 食事研究：レベル 2 の分散に対する正則な事前分布の選択

IBBENS 調査の食事性コレステロールの摂取量データに平均 0，標準偏差 20 の正規変数を支店平均に追加する ('chapter 9 dietary study chol2.odc' を参照)．図 9.17 には，σ_θ^2 に対する事前分布 $IG(10^{-3}, 10^{-3})$ を利用する場合と σ_θ に対する一様事前分布 $U(0, 100)$ を利用する場合の σ_θ の事後分布を示している．1 つ目の事前分布は σ_θ の事後分布をゼロへ縮小する．したがって，この事前分布が σ_θ の事後分布に対して強い影響を及ぼすことを示している．

他のパラメータの推定の，σ_θ の事前分布に対する依存度も調べた．図 9.18 におい

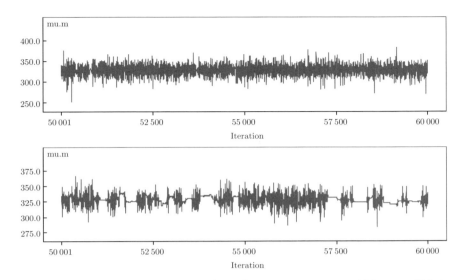

図 9.18 修正した食事研究：μ (mu.m) の事後分布のトレースプロット．上図は σ_θ に対する一様事前分布 $U(0, 100)$ を利用する．下図は σ_θ^2 に対する事前分布 $IG(10^{-3}, 10^{-4})$ を利用する

て，θ_i の全体平均のトレースプロットが結果を要約している．全体的に，フラット事前分布のもとでの μ のサンプリングは受け入れられるが，逆ガンマ事前分布のもとでの連鎖が周期的に stuck at zero エラーとなった．注意すべきは，フラット事前分布のもとでも場合によって stuck at zero エラーとなる．さらに，σ_θ の事前分布が個々の θ_i の推定値に対して大きな影響を及ぼした．

最後に，9.7 節で説明しているが，Gelman (2006) より提案される事前分布 (詳細は 9.7 節に参照) を適用する．この事前分布を利用した WinBUGS プログラムはファイル 'chapter 9 dietary study chol2 fold.odc' から見つけることができる．パラメータ ξ に対して，分散 10^2 の事前正規分布が与えられ，パラメータ σ_η^2 に対して，事前逆ガンマ分布 $IG(0.5, 0.5)$ が与えられる．この選択は基本的に一様事前分布の場合と同様な結果を与える．注意すべきは，μ の事後平均は分散に対する事前分布の選択には大きな影響を受けないことである．同様な結論が Browne and Draper (2006) よりシミュレーション研究で示されている． □

上の検討は変量切片の分散のみに関するものであった．しかし，もし変量切片と変量傾きの両方がある場合どうなるか？ これに関連して，Natarajan and Kass (2000) が分散成分に対するデフォルトの事前分布 (逆ガンマ分布または逆ウィッシャート分布) をとることが間違った推測を導く可能性があることをシミュレーション研究で示

し，報告した．したがって，変量切片と変量傾きに対して漠然事前分布をとった前述の例は問題があるかもしれない．しかし，標準的な選択であるため，それらの事前分布を選択した．階層モデルにおいて，高いレベルの階層の観測値に対する共分散行列に対して，適切な正則漠然事前分布が必要である．しかし，2次元の場合，例えば，変量切片と変量傾きに対して，両方の標準偏差に一様事前分布を与え，またそれらの相関係数にも一様事前分布を与える (演習 9.15 を参照)．演習 9.15 の結論は，変量切片と変量傾きに対する事前分布，逆ウィッシャート分布 IW(D, 2) において，尺度行列 D の対角要素に小さい値をとると，モデルのすべてのパラメータの推定値は頻度論での結果に近くなるというものである．また，逆ウィッシャート事前分布は，変量効果の標準偏差と相関係数に対して一様事前分布の場合と近い結果を得る．しかし，D の対角要素が大きい値をとる場合，変量効果の共分散行列の推定値はかなり異なる．これらの結果から，5.3.3 節の主張を確認できる．一様事前分布を WinBUGS で利用する欠点は，事後分布からのサンプリングは逆ウィッシャート事前分布より相当時間がかかることである．逆ウィッシャート事前分布は正規モデルに対して条件付き共役であるため，このことは簡単に説明できる．最後に，Gelman et al. (2008) はパラメータ拡張を利用することを提案している Gelman (2006) を一般化した．

9.6 事後分布の適切性

いくつかの理論的な文献で非正則事前分布の事後分布に対する影響が扱われている．これらの結果は非正則事前分布が利用可能な SAS MCMC プロシジャのユーザーにとっては重要である．しかし，σ_θ に対して正則な事前分布の場合でも，9.5.7 節でみたように事前分布が事後分布に対して過度に影響しないかについて注意する必要がある．一般的な階層モデルに対して事後分布の適切性を証明するのは不可能であるが，特別な階層モデルに限っては，必要十分な適切性条件を得ることが可能である．Hobert and Casella (1996) は正規なベイズ流線形混合モデル (BLMM) において，固定効果に対するフラット事前分布，分散パラメータに対する $(\sigma^2)^{-(a+1)}$ 事前分布に関する適切性の条件を導いた．彼らは，非正則事後分布が正則な完全条件付き分布と正常に動作するマルコフ連鎖を生成できることにも注意した．古典的な収束診断量はこの問題を検出することができないので，これは非常に厄介である．Sun et al. (2001) は適切性条件を相関のある変量効果の場合へ一般化した．Ghosh et al. (1998), Gelfand and Sahu (1999) と Natarajan and Kass (2000) は，非正則事前分布を利用したベイズ流一般化線形混合モデル (BGLMM) の事後分布の性質を調べた．ロジスティックまたはプロビット変量効果モデルに対して，適切性条件は比較の確認しやすい．これらの

適切性条件は Albert and Anderson (1984) と Lesaffre and Albert (1989) により導かれた分離性条件と関連している.

9.7 収束の評価と加速

　原則的には,階層モデルにおけるマルコフ連鎖の収束性に対する確認は他のモデルの場合と同様である.唯一の問題は,変量効果の導入に伴い,収束性の観察と確認が必要となるパラメータの数が大きくなることである.したがって,現実的に困難になるかもしれず,少数の変量効果 (b_i) を選択して,選択した変量効果のみに対してマルコフ連鎖の収束性を確認することが提案される.

　しかし,ベイズ流階層モデル (BHM) のみに適用できるマルコフ連鎖の収束性を加速する特別な手法が存在する.ここで,ソフトウェア WinBUGS と SAS に応用できるこれらの手法のみを述べる.まず,第7章で述べていた手法,例えば,共変量の中心化,標準化と過緩和などはここでも有益である.BHM に対する特別な加速手法は,階層中心化 (hierarchical centering),掃き出しパラメータ化 (reparameterization by sweeping) とパラメータ拡張 (parameter expansion) である.

(a) 階層中心化: 頻度論での一般化線形混合モデル (GLMM) の文献とソフトウェアにおいて,変量効果は通常利便性のため 0 の周りで中心化されているが,中心化するか否かは重要でない.ベイズ流の場合では状況が変わる.変量効果が 0 の周りで中心化される場合,非中心 (uncentered) BHM と呼ばれる.0 の周りに中心化することが混合率を著しく悪化させることについて,BLMM に対しては Gelfand et al. (1995) により,BGLMM への一般化に対しては Gelfand et al. (1996) より示されている.

　非中心正規階層モデルは以下のようになる.

$$y_{ij} = \mu + \alpha_i + \varepsilon_{ij}, \quad \alpha_i \sim \mathrm{N}(0, \sigma_\alpha^2) \tag{9.21}$$

ただし,$j = 1, \ldots, m_i; i = 1, \ldots, n, \varepsilon_{ij} \sim \mathrm{N}(0, \sigma^2)$ である.

　σ^2 と σ_α^2 は既知とし,μ に対してフラット事前分布を与える.Gelfand et al. (1995) は $m_i = m$ とし,レベル 2 観測値,すなわち,変量効果 α_i の事後相関係数を以下のように与えている.

$$\rho_{\mu, \alpha_i} = -\left(\frac{\sigma_\alpha^2/n}{\sigma_\alpha^2/n + \sigma^2/m} \right)^{\frac{1}{2}} \tag{9.22}$$

$$\rho_{\alpha_i, \alpha_j} = -\left(\frac{\sigma_\alpha^2/n}{\sigma_\alpha^2/n + \sigma^2/m} \right) \tag{9.23}$$

ただし，$i \neq j$ である．階層中心化では，9.4.2 節の正規階層モデルが以下のようになる．

$$
\begin{aligned}
y_{ij} &= \theta_i + \varepsilon_{ij} \\
\theta_i &\sim \mathrm{N}(\mu, \sigma_\alpha^2)
\end{aligned}
\tag{9.24}
$$

ただし，$\varepsilon_{ij} \sim \mathrm{N}(0, \sigma^2)$ である．この場合，Gelfand et al. (1995) は事後相関係数を以下のように与えている．

$$
\rho_{\mu, \alpha_i} = -\left(\frac{\sigma^2}{\sigma^2 + mn\sigma_\alpha^2}\right)^{\frac{1}{2}}
\tag{9.25}
$$

$$
\rho_{\alpha_i, \alpha_j} = -\left(\frac{\sigma^2}{\sigma^2 + mn\sigma_\alpha^2}\right)
\tag{9.26}
$$

ただし，$i \neq j$ である．$\sigma_\alpha^2 > \sigma^2/m$ のとき，階層中心化のもとでの事後相関係数が低いことが容易に確認できる．Gelfand et al. (1995) の結果は分散既知の場合で得られたため，$\sigma_\alpha^2 > \sigma^2/m$ を満たすかどうかは計算する必要がある．分散の最終推定値がわかれば，中心化が必要かどうかの結論が変わる可能性がある．Gelfand et al. (1995) は階層中心化が多重レベルの場合と BLMM に対して有益であることを示している．Gelfand et al. (1996) は，彼らの主張を BGLMM へ拡張した．

実際には，最小 2 乗法を用いて分散を推定し，2 つの中心化法のうちの 1 つを決める．

(b) 掃き出し再パラメータ化： Vines et al. (1996) はベイズ流混合モデルの再パラメータ化に対して別の方法を提案した．彼らの方法の動機は，モデル式 (9.21) が本質的に超過パラメータ化していることであった．つまり，ある定数 a を μ に追加し，各 α_i から引いてもデータの尤度が変わらないということである．よって，$\overline{\alpha} = \frac{1}{n}\sum_i \alpha_i$ とし，Vines et al. (1996) は $\phi_i = \alpha_i - \overline{\alpha}$, $\nu = \mu + \overline{\alpha}$, $\delta = \mu - \overline{\alpha}$ のように再パラメータ化することを提案した．平均が変量効果から掃き出され，μ に組み入れられているため，この方法は掃き出し (sweeping) と呼ばれている．さらに，$\sum_i \phi_i = 0$ のため，識別性の問題も解決される．以下の再パラメータ化が提案されている．

$$
\begin{aligned}
y_{ij} &= \nu + \phi_i + \varepsilon_{ij} \\
\phi_{-n} &\sim \mathrm{N}_{n-1}(\mathbf{0}, \sigma_\alpha^2 \mathbf{K}_{n-1}) \\
\phi_n &= -\sum_{i=1}^{n-1} \phi_i
\end{aligned}
\tag{9.27}
$$

ただし，$\phi_{-n} = (\phi_1, \phi_2, \ldots, \phi_{n-1})^T$，$\mathbf{K}_{n-1}$ は $(n-1) \times (n-1)$ で，主対角要素が $1 - \frac{1}{n}$ で，その以外の要素が $-\frac{1}{n}$ である．掃き出し演算より，以下の事後相関が得ら

れる.

$$\rho_{\nu,\phi_i} = 0, \quad \rho_{\phi_i,\phi_j} = -\frac{1}{n}$$

ただし，$i \neq j$ である．$n \geq 10$ のとき，この相関係数が小さいことを確認できる．よって，連鎖の混合率を改善できる．

経験的に，この方法が有効に混合率を改善できるが，コストとしては，各繰り返しはより多くの時間がかかり，場合によっては多数の追加プログラミングが必要となる．

(c) パラメータ拡張法： Gelman (2006) がモデル式 (9.21) に対して以下のように再定式化した．

$$y_{ij} \sim N(\theta_i, \sigma^2)$$

ただし，$\theta_i = \mu + \alpha_i = \mu + \xi\eta_i$, $\eta_i \sim N(\theta_i, \sigma_\eta^2)$ である．パラメータ η に対して，拡散正規事前分布が与えられている．Gelman は σ_η^2 に対して，逆ガンマ事前分布 IG(0.5, 0.5) を提案した．この方法は，変量効果 α_i をパラメータ ξ と変量効果 η_i とに分割しているため，パラメータ拡張 (parameter expansion) と呼ばれる．この超過パラメータ化が階層モデルにおけるパラメータ間の従属性を減らし，MCMC の収束性を改善する．この方法は，Liu *et al.* (1998), Liu and Wu (1999) と van Dyk and Meng (2001) の研究にもとづいている．

例 IX.21：食事研究：収束の改善

以下のすべての場合において，繰り返し 10000 の 1 つの連鎖を実行した．最後の 5000 個の繰り返しにもとづき推定を行った．

(a) 階層中心化： 簡単なデータの解析により支店内分散 $\sigma^2 \approx 14500$, 支店間分散 $\sigma_\alpha^2 \approx 450$ であることが示された．平均支店数が 70 くらいで，$\sigma_\alpha^2 > \sigma^2/70 \approx 210$ となるため，階層中心化により低い事後相関係数を得ることが期待できる．非中心解析と階層中心化による解析が IBBENS 調査の食事性コレステロールデータに対して行われた (chapter 9 dietary study chol hierarchical centering.odc)．収束に関しては，非中心の場合，相関係数の推定値，ρ_{μ,α_i} と ρ_{α_i,α_j} は，それぞれ，-0.48 と 0.26 となり，階層中心化解析の場合，それぞれ，0.35 と 0.081 となった．さらに，階層中心化が μ に対するモンテカルロ誤差を減らし，非中心の場合のモンテカルロ誤差が 0.32 で，階層中心化解析のモンテカルロ誤差が 0.23 であった．

(b) 掃き出し再パラメータ化： Vines *et al.* (1996) (chapter 9 dietary study chol sweeping.odc) の掃き出し法を適用すると，収束に関しては，μ に対するモンテカル

ロ誤差が 0.15 であり，大きな改善を示す．ν に対しては，モンテカルロ誤差が 0.078 でさらに低かった．しかし，支払う代価として，プログラムを実行するのに 15 倍以上の時間がかかった．

(c) パラメータ拡張法： モデルが前述のように特定され，事前分布は例 IX.10 と同様に指定された．同じマルコフ連鎖の大きさを利用し，μ に対するモンテカルロ誤差は 0.22 であり，非中心の場合の約半分となった．

9.8 ベイズ流と頻度論的階層モデルの比較

この章のいくつかの例において，ベイズ流と頻度論を用いたパラメータの推定値を比較した．この節では，正規階層モデルにおける 2 つの方法を比較する解析的およびシミュレーションの結果をまとめる．

9.8.1 レベル 2 分散の推定

真の値が小さいとき，σ_θ^2 を推定するには，問題があることがある．これは，頻度論の文献においても，特にモーメント法 (MINVQUE) を利用する場合，指摘されている．この方法は，レベル 2 の観測値の変動が小さい場合，σ_θ^2 に対して推定値が負となることもあり得る．この場合，分散の推定値は ML 推定と REML 推定の値が 0 となることがある．これは，仮説検定と信頼区間の計算において困難を引き起こす．Hill (1965), Tiao and Tan (1965), Box and Tiao (1973) は，無情報事前分布にもとづき，解析的に変量効果 ANOVA パラメータの周辺事後分布を得た．彼らは，ベイズ流の枠組みにおいて，$\sigma_\theta^2 \ll \sigma^2$ は，事後分布が正則か否かに関係なく，問題がないと結論した．実際，ベイズ推定，例えば，最頻値がゼロであっても，事後分布が定義でき，信用区間が容易に得られる．ベイズ流のマイナスの面としては，もし，分散パラメータの真の値がゼロであれば，その 95% 信用区間はパラメータを含むことがない．最終的に，Browne and Draper (2006) が大規模なシミュレーション研究から，分散パラメータの事後最頻値と事後中央値が平均平方誤差 (Mean-Squared-Error) の観点から望ましいと結論付けた (Lambert 2006 も参照)．

9.8.2 ML 推定，REML 推定とベイズ推定の比較

パラメータにフラットな事前分布が与えられている場合，分散パラメータの MLE が同時事後分布の最頻値から得られる．さらに，Harville (1974) が，正規測定誤差をもつ BLMM において，分散成分の REML 推定量が回帰パラメータが積分で消去された

周辺事後分布の最頻値と等しいことを証明した．したがって，分散パラメータの事後分布がおおむね対称の場合，分散パラメータの周辺事後分布の平均が近似的に REML 解となる．この対応関係は，フラット事前分布と線形モデルのみ証明されている．しかし，ベイズ流では，周辺事後推定値が他のパラメータを積分で消去して得られる．したがって，他の混合モデルに対しても，ベイズ流アプローチが REML のような解を得ることが期待できる．変量効果に対する頻度論的推定値とベイズ推定値の間には密接な関係がある．9.3 節では，最良線形不偏予測 (BLUP) 推定量がモデルパラメータの周辺推定値をモデルに代入する場合のベイズ推定量における特別な場合であることを確認した．

ここで，1 つの例を利用し，分散パラメータの頻度論的推定とベイズ推定の対応関係を説明する．このため，再度例 IX.13 のコレステロール摂取データを利用する．

例 IX.22: 食事研究：頻度論的推定と比較

ここで，分散成分に対して，ML 推定，REML 推定とベイズ推定の間の対応関係を詳しくみる．SAS PROC MIXED プロシジャを利用すると，σ と σ_θ の MLE は，それぞれ，119.4 と 14.4 となり，REML 推定値は，それぞれ，119.4 と 16.3 となった．μ に対して漠然事前分布，σ_θ に対して一様事前分布，σ^2 に対して逆ガンマ分布 $IG(10^{-3}, 10^{-3})$ が与えられた場合，ベイズ推定値が表 9.2 に与えられている．表 9.2 の推定値 θ_i をみると，σ_θ に対する，ML 推定と REML 推定はベイズ推定とは全く異なることがわかる．実際，σ_θ の事後中央値は 8.26 であった．しかし，これは，上で述べた ML 推定，REML 推定とベイズ推定と同値性の主張を無効にするわけではない．なぜなら，ベイズ推定はすべてのパラメータに対するフラット事前分布が与えられ，事後最頻値で得られたためである．σ に対する事前分布を $[0, 1000]$ での一様分布に変え，サンプリング値の平滑な密度から得られた事後最頻値からこの関係をグラフ的に確認できる． □

上からは，2 つのアプローチは背景となる哲学が異なることは別として，どのアプローチを利用して階層モデルを解析するのかはそれ程重要でないと結論できるようにみえる．この結論は部分的にのみ正しい．まず，ベイズ流アプローチは分布の仮定に対して，古典的なアプローチより緩いことをみてきた．次に，頻度論的アプローチでは，線形混合モデルと一般化線形混合モデルにおける固定効果の推定量の標準誤差は，行列 G と R のサンプリング的な変動を考慮していない．さらに，このサンプリング的な変動を考慮することはかなり困難である．そのため，SAS MIXED と GLIMMIX プロシジャはこの問題を t 分布と F 分布の自由度を推定することで処理している．繰

り返しみてきたように，ベイズ流アプローチはパラメータに対するすべての不確実性を余分な労力なしに考慮することができる．さらに，無情報事前分布にもとづくベイズ流 $100(1-\alpha)\%$CI の頻度的な被覆率は $100(1-\alpha)\%$ に近くなる．

9.9 終わりに

この章は，ベイズ流階層/混合モデルの入門であった．これは刺激的な分野であり，理論的にも，実践的にも本章で扱った方法よりもっといろいろなことができる．さらなる展開については，Dey et al. (2000) の本を参照する．さらに，すべての考慮したモデルは尤度にもとづいており，したがって，ベイズ推定はランダムな欠測に対して頑健である (Daniels and Hogan 2008)．第 15 章において，欠測メカニズムについて詳しく述べ，ある特別なランダムでない欠測に対する解析を示す．

演習問題

演習 9.1 9.2.2 節で仮定 A2 のもとでパラメータ θ の MLE が $\sum_i y_i / \sum_i e_i$ となることを示せ．また，θ に対する次の事前分布のもとで事後要約量を求めよ：(1) フラット事前分布；(2) Jeffreys 事前分布；(3) 平均 1，分散 10^2 の正規事前分布．

演習 9.2 口唇がんデータの GDR にもとづき，ポアソン・ガンマ階層モデルからギブス・サンプリングを行う R 関数を書け．

演習 9.3 WinBUGS プログラム 'chapter 9 dietary study chol.odc' にあるノード μ, θ_i, σ^2 と σ_θ^2 のサンプラーを WinBUGS で求めよ．

演習 9.4 仮定 A1 と A2 のもとで食事性コレステロールデータを解析する WinBUGS プログラムを書け．

演習 9.5 例 IX.8 に対するベイズ解析と頻度論的解析を比較して，結果が非常に類似していることを確認せよ．

演習 9.6 例 IX.12 の解析と治療が主効果としてモデルに含まれる場合の解析を比較せよ．

演習 9.7 例 IX.17：Gelman and Meng (1996, p.193) は自由度 (ν) に対する一様事前分布が本質的にすべての確率を無限大に対応させることを議論した．さらに別の方法として事前分布 $p(\nu) \propto 1/\nu^2$ を利用することを著者らが提案した．この提案法を WinBUGS で実行し，パラメータの事後推定値の変化を評価すること．著者らの主張に対して自分の見解を述べよ．

演習 9.8 例 IX.14 の解析と治療が主効果としてモデルに含まれる場合の解析を比較せよ．

演習 9.9 例 IX.14 でのロジスティック変量切片モデルの変量切片が二峰分布に従うことを示せ．ただし，1 つの最頻値が -2.4 の周辺となる．また，変量切片の推定値が -2.4 の周辺となる被験者が試験期間中での反応頻度がゼロであることを示せ．

演習 9.10 例 IX.18 での BNLMM に対して予測プロファイルと将来の観測値の分布を計算せよ．データにある欠測応答を推定せよ．

演習 9.11 WinBUGS プログラム 'chapter 9 dietary study chol2.odc' を用いて σ_θ の事後要約量と無情報事前分布として逆ガンマ分布 $\mathrm{IG}(\varepsilon, \varepsilon)$ の中の ε の選択との関係を調べよ．

演習 9.12 WinBUGS プログラム 'chapter 9 generated.odc' において，Tiao and Tan (1965) からの仮想データを用いて，1 つのベイズ流正規階層モデルが与えられている．このデータは σ_θ^2 の頻度論的推定値が負であるように生成されている．実際にそうなっているかを確認せよ．さらに，σ_θ^2 をベイズ推定せよ．

演習 9.13 例 IX.12：事前分布のパラメータを変えることにより，変量切片と変量傾きの共分散行列に対する逆ウィッシャート事前分布の選択がモデルパラメータの推定に与える影響を調べよ．その結果と次の事前分布を利用したときの解析結果と比較せよ：変量切片の標準偏差，変量傾きの標準偏差，変量切片と変量傾きのの相関係数に対する 3 つの一様事前分布の積．プログラム 'chapter 9 toenail LMM.odc' を利用すること．

演習 9.14 Gelman (2006) が以下のような正規階層モデルを提案した．

$$y_{ij} \sim \mathrm{N}(\mu + \xi \eta_i, \sigma^2)$$

$$\xi \sim \mathrm{N}(0, \sigma_\eta^2)$$

WinBUGS プログラム 'chapter 9 dietary study chol folded.odc' においてオリジナルの IBBENS 調査データが上記のモデルにもとづき，σ_θ に対して尺度パラメータ 25 とする半コーシー (half-Cauchy) 事前分布，ξ に対して $\mathrm{N}(0, 5^2)$，σ_η^2 に対して $\mathrm{IG}(0.5, 0.5)$ をとり，解析された．事前分布パラメータを変化させて再解析し，事後分布 $p(\sigma_\theta | \boldsymbol{y})$ への影響を調べよ．Gelman (2006) は，正規階層モデルに対して上記のように再定式化することでサンプリングされたパラメータの自己相関を減らすことができると主張している．σ_θ の挙動に関するこの主張を確認せよ．

演習 9.15 例 IX.18：最初の 10000 回の繰り返しにおけるトレースプロットの動きはよいが，さらに連鎖を実行すると，分散パラメータ σ がある連鎖に対して stuck at zero エラーとなることが明らかになる．9.7 節のパラメータ拡張法 (プログラム 'chapter 9 arterio study.odc') を利用してこのパラメータの収束性を改善せよ．この変化が臨床試験の結論に影響するかについて述べること．

演習 9.16 R プログラム 'chapter 9 dietary study-R2WB.R' は R2WinBUGS プログラムを利用して食事試験データを解析している．このプログラムを実行して独自のトレースプロット，ヒストグラムと散布図などを生成せよ．

第10章 モデル構築とモデル評価

10.1 はじめに

ここでは，モデル構築とモデル評価のためのベイズ流アプローチを概説する．選択したいいくつかの良い候補モデルがあると考える．したがって，本章で基本的に概説するモデル選択の基準は，2つずつモデルを比較する．多くの候補モデルに関するモデル選択と変数選択の方法は，第11章の主題となる．

統計モデルは，トップダウン方式(生物学や経済学の調査などのすでに発展した理論があるような，理論からデータへ)，あるいはボトムアップ方式(医学や疫学の研究でしばしば生じるような，データからモデルへ)によって，大体は構築される．しかしながら，最良の統計モデルを考え出すレシピは存在しない．Box がかつて「モデルはすべて間違っている．しかし，いくつか有用なモデルもある」と論じたように，真実のモデルがいずれ見つかるだろうと仮定することさえ現実的ではない．統計解析において，最終モデルは，変数選択，モデル選択，モデル評価の結果である．モデルは，推測と予測の性能に関して評価される．本章では，モデル化の実践の側面から，モデル構築とモデル評価に焦点をあてる．頻度論の統計モデリングにおける課題と問題は，次の2つを除いてベイズアプローチのそれと似ている．(1) ベイズ流モデルは尤度と事前分布の結合である．したがって，モデル化には2つの選択を要する．(2) 頻度論的アプローチでは漸近的推測が最も一般的なのに対し，ベイズ推測は (最近では) MCMC にもとづいている．

最終的な統計モデルを構築するために，実質的な議論は変数選択，変数変換，モデルの適合度の確認などの組み合わせである．さらに，おそらく最も重要なことは，最終モデルの選択は，誰が何の目的で解析するのかに依存するということである．

本章では，少数の統計モデルから選ぶ規準を概説する．第3章で導入されたベイ

ズファクターはこの作業に対する候補であることは明らかだが，理論的，実践的障害がある．しかしながら，ベイズファクターは変数選択の不可欠な手段である (第 11 章参照)．ここで，ベイズファクターへの 2 つの近似を扱う：擬似ベイズファクター (pseudo-Bayes factor) とベイズ情報量規準 (Bayesian information criterion, BIC) である．赤池情報量規準 (Akaike's information criterion, AIC) とともに，BIC は最も頻繁に用いられている頻度論の理論的情報量規準である．AIC はデビアンス情報量規準 (deviance information criterion, DIC) の導入に役立つので詳細に説明する．この規準はベイズ流のモデル選択でよく用いられる手段であるが，ときに奇妙な結果となり，WinBUGS のフォーラムでは多くの議論を引き起こした．また，事後予測評価，外れ値や影響の大きい観察値を特定するようなベイズ流の適合度の手法も概説する．最後に，モデルの拡張にもとづく適合度の手法を概説する．まとめると，当てはめたモデルを確認し，改善する探索の方法を本章では解説する．

10.2 モデル選択に関する指標

この節では，少数の候補から最も適切なモデルを選択するためのベイズ流の規準を概説し例示する．基本的に 2 つのモデルの比較のみを説明する．

10.2.1 ベイズファクター

10.2.1.1 モデル選択における利用

ベイズファクターは，仮説検定や入れ子および非入れ子モデルのベイズ流の手段として，3.8.2 節で説明した．ここでは，モデル選択におけるその利用を説明する．データ y に関して，2 つの候補のモデル (のクラス) があると仮定する．パラメータ θ_1 をもつ M_1 とパラメータ θ_2 をもつ M_2 である．与えられたデータに対して最も適切なモデルを選ぶためには，θ_1 と θ_2 の実現値は未知なので，各モデルのもとで周辺 (平均) 尤度を必要とする．モデル M_m に関して，

$$p(\boldsymbol{y} \mid M_m) = \int p(\boldsymbol{y} \mid \boldsymbol{\theta}_m, M_m)\, p(\boldsymbol{\theta}_m \mid M_m)\, \mathrm{d}\boldsymbol{\theta}_m \quad (m = 1, 2)$$

と計算する．これは，モデル M_m に関する事前予測分布でもある (3.4.2 節)．モデル M_m の事後確率，

$$\begin{aligned}p(M_m \mid \boldsymbol{y}) &= \frac{p(\boldsymbol{y} \mid M_m)\, p(M_m)}{p(\boldsymbol{y})} \\ &= \frac{p(\boldsymbol{y} \mid M_m)\, p(M_m)}{p(\boldsymbol{y} \mid M_1)\, p(M_1) + p(\boldsymbol{y} \mid M_2)\, p(M_2)} \quad (m = 1, 2)\end{aligned}$$

10.2 モデル選択に関する指標

は2つのモデルのうち，どちらがデータによって最も支持されるかを表している．さらに，ベイズファクター

$$BF_{12}(\boldsymbol{y}) = p(\boldsymbol{y} \,|\, M_1)/p(\boldsymbol{y} \,|\, M_2)$$

は，事前確率 $p(M_1)$ と $p(M_2)$ に関わりなく，モデル M_2 と比較してモデル M_1 に関するデータにおけるエビデンスを要約する（どのモデルが比較されるか示すために第3章でのベイズファクターの記法を変更したことに注意されたい）．$BF_{12}(\boldsymbol{y})$ が1よりも大きいとき，M_1 に関する事後オッズは事前オッズに比べて大きい．事前確率が等しい場合は，ベイズファクターにもとづくモデル選択は，上記の事後確率にもとづいたモデル選択と同じになる．

次の例では，例題 II.3 の Signal-Tandmobiel® 研究の dmft 指数に関して，2つのモデル間の選択のためにベイズファクターを計算する．

例 X.1：虫歯研究：dmft 指数に関するポアソン分布と2項分布の選択

次の2つのモデルのどちらが dmft 指数の分布に最も適合するかを確認したいとする．(a) モデル M_1：ポアソン分布 Poisson(θ_1)，θ_1 が平均 dmft 指数を表す．あるいは (b) モデル M_2：2項分布 Bin($20, \theta_2$)，θ_2 は口内乳歯が虫歯となる確率を表す．平均尤度を計算するために，θ_1 と θ_2 の事前分布を選ぶ必要がある．θ_1 はガンマ分布に，θ_2 はベータ分布に従うことが正当化されているとする．そのとき，$n = 4351$ の児童たちの標本に関して，平均尤度はそれぞれ次のようになる．

1. $p(\boldsymbol{y} \,|\, M_1) = \prod_{i=1}^{n} \int \text{Poisson}(y_i \,|\, \theta_1) \, \text{Gamma}(\theta_1 \,|\, \alpha_{1,0}, \beta_{1,0}) \, d\theta_1$
2. $p(\boldsymbol{y} \,|\, M_2) = \prod_{i=1}^{n} \int \text{Bin}(y_i \,|\, 20, \theta_2) \, \text{Beta}(\theta_2 \,|\, \alpha_{2,0}, \beta_{2,0}) \, d\theta_2$

2つのモデルでは，積分を解析的に行うことができる．モデル M_1 については，応答 y_i をもつ i 番目の児童の寄与は負の2項分布 NB($y_i \,|\, \alpha_{1,0}, \beta_{1,0}$) であるが，モデル M_2 はベータ2項分布 BB($y_i \,|\, 20, \alpha_{2,0}, \beta_{2,0}$) である．$\alpha_{1,0}$，$\beta_{1,0}$，$\alpha_{2,0}$，$\beta_{2,0}$ は，ユーザーによって与えられる．ポアソン尤度については，平均 dmft 指数が約3で事前の95%の不確実性の範囲が0.62から7.2であることを反映して，$\theta_1 \sim \text{Gamma}(3, 1)$ を仮定する（例 II.3）．ポアソン分布については，dmft 指数は独立な虫歯イベントの合計であると仮定する．その場合，$\theta_1/20$ は，歯に虫歯がある確率 θ_2 に近似的に対応する．θ_2 に関する事前分布は Beta(2.9, 16.5) であり，θ_2 の尺度においてほとんど完全に Gamma(3, 1) と重なり合う．したがって，$p(\boldsymbol{y} \,|\, M_1)$ は NB(3, 1) 尤度の積であり，また，$p(\boldsymbol{y} \,|\, M_2)$ は BB(20, 2.9, 16.5) 尤度の積である．ポアソンモデルのもとでの平均尤度を L_1 とし，2項分布モデルのもとでの平均尤度を L_2 と表記する

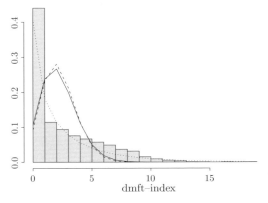

図 10.1 虫歯研究：dmft 指数のヒストグラムとポアソン分布 (実線), 2 項分布 (破線), 負の 2 項分布 (点線) の当てはめ

と, $\log L_1 = -9781.793$ と $\log L_2 = -10065.36$ を得る. $\log BF_{12}(\boldsymbol{y}) = 283.57$ であり, ポアソンモデルの方が 2 項モデルより「とても強く」望ましいことを示している.

ベイズファクターがポアソン分布を支持していることは, 図 10.1 で示すようにポアソン分布が適切であるということではない. さらに, ポアソンモデルが強く支持されているが, ポアソン分布の当てはめは 2 項分布の当てはめよりかろうじて優れているだけである. □

ときに, ベイズファクターは解析的に求めることができるが, 一般には数値計算が必要である. 単純な数値計算の例を次の例題で示す.

例 X.2: 虫歯研究：ベイズファクターによる dmft 指数に関する 3 つの分布からの選択

いま, y_i に関して, 3 番目の候補モデル M_3 を考える. つまり, 式 (3.15) による負の 2 項分布 $\mathrm{NB}(y_i\,|\,\alpha,\beta)$ である. 最尤法にもとづいて, 最良の当てはまりとして得られた負の 2 項分布 $\mathrm{NB}(0.56, 0.25)$ を図 10.1 に示す. 負の 2 項分布の当てはまりは良いので, ベイズファクターはモデル M_1 およびモデル M_2 よりもモデル M_3 を支持することが期待される. 例 VI.10 では, リバーシブルジャンプ MCMC (RJMCMC) アプローチを用いて, 負の 2 項分布がポアソン分布よりも望ましかったことを思い出されたい.

2 つのパラメータがモデル M_3 に含まれている. つまり, $(\theta_3, \theta_4) \equiv (\alpha, \beta)$ であり, 2

変量の事前分布を必要とする．この例題では，3つのモデルすべてに，フラット事前分布を考えた．つまり，(a) モデル $M_1 : \theta_1 \sim$ U$(0, 20)$，(b) モデル $M_2 : \theta_2 \sim$ U$(0, 1)$，(c) モデル $M_3 : \theta_3 \sim$ U$(0, 1)$，$\theta_4 \sim$ U$(0, 1)$ である．解析的な式はここでは利用できないため，数値近似を用いる．低い次元の問題においてのみ利用できる直接的方法は，事前分布 $p(\boldsymbol{\theta}_m \mid M_m)$ より無作為に $\boldsymbol{\theta}_m^1, \ldots, \boldsymbol{\theta}_m^K$ をサンプルしてきて，次のように積分を近似することである．

$$p(\boldsymbol{y} \mid M_m) = \int p(\boldsymbol{y} \mid \boldsymbol{\theta}_m, M_m) \, p(\boldsymbol{\theta}_m \mid M_m) \, \mathrm{d}\boldsymbol{\theta}_m \approx \frac{1}{K} \sum_{k=1}^{K} p(\boldsymbol{y} \mid \boldsymbol{\theta}_m^k, M_m) \quad (10.1)$$

式 (10.1) にもとづいて，$\log L_1 = -13040.75$，$\log L_2 = -13246.82$ および $\log L_3 = -10499.42$ を得る．やはり，ポアソンモデルは2項分布モデルより支持されるが，一様事前分布により異なるベイズファクター（つまり $\log BF_{12}(\boldsymbol{y}) = 206.07$）が得られた．一方，$\log BF_{31}(\boldsymbol{y}) = 2541.33$ と $\log BF_{32}(\boldsymbol{y}) = 2747.40$ より，モデル M_3 に対する強いエビデンスが明らかになった．

最後に，ベイズファクターが事前分布の選択に依存することをさらに例示するために，θ_3 と θ_4 に関して，一様事前分布 U$[0,10]$ によるモデル M_3 の周辺尤度を求めた．この事前分布については，$\log L_3 = -15186.84$ であり，見たところモデル M_3 は3つのモデル中で最悪のようである． □

10.2.1.2 ベイズファクターの計算

ベイズファクターは，しばしば数値計算による周辺尤度の計算を必要とする．Kass and Raftery (1995) は直接的にベイズファクターを計算するための様々なアプローチを概説している．Ntzoufras (2009) は，最も単純なアルゴリズムのうちのいくつかの WinBUGS プログラムを提供している．しかし，最も有望なアルゴリズムは，パラメータの推定に関して，おそらくは MCMC アルゴリズムよりさらに計算上の困難さを伴う．第 11 章で，間接的計算から，つまり MCMC アルゴリズムの副産物として，ベイズファクターを得ることができることを説明する．ここでは，これらの直接的アプローチのうちのいくつかを簡潔に概説する．最初に，3.7.1 節の求積法のような汎用的な数値積分の手法がある．それらは，5 から 10 次元までは良い性能を示す．第 2 のアプローチは，事前分布あるいは事後分布からのサンプリングである．事前分布からのサンプリングは例 X.2 で行われたが，事前分布はしばしば事後分布より広範に分布していて，事前分布からのサンプリングは，多くのサンプリングされた $\boldsymbol{\theta}$ が式 (10.1) の合計にあまり寄与しないことを示唆する．それらの尤度の寄与が 0 に近いからである．事後分布からのサンプリングでは，主として $\boldsymbol{\theta}$ を現実的な値に制限する．次の等式を

用いる.

$$
\frac{1}{p(\boldsymbol{y}\mid M_m)} = \int \frac{1}{p(\boldsymbol{y}\mid \boldsymbol{\theta}_m, M_m)} \frac{p(\boldsymbol{y}\mid \boldsymbol{\theta}_m, M_m) p(\boldsymbol{\theta}_m \mid M_m)}{p(\boldsymbol{y}\mid M_m)} \mathrm{d}\boldsymbol{\theta}_m
$$
$$
= \int \frac{1}{p(\boldsymbol{y}\mid \boldsymbol{\theta}_m, M_m)} p(\boldsymbol{\theta}_m \mid \boldsymbol{y}, M_m) \mathrm{d}\boldsymbol{\theta}_m
$$

Newton and Raftery (1994) は,周辺尤度に関する推定値として,次の尤度の調和平均 (harmonic mean of likelihoods) を提案した.

$$
\left(\frac{1}{K}\sum_{k=1}^{K}\frac{1}{p(\boldsymbol{y}\mid \boldsymbol{\theta}_m^k, M_m)}\right)^{-1}
$$

しかしながら,この推定量には問題があり,改良が提案されている (Ntzoufras 2009). さらに,重点サンプリング,ブリッジ・サンプリングや MCMC サンプリングのような他のサンプリング法も提案されている.Ntzoufras (2009) とその参考文献を参照されたい.

10.2.1.3　ベイズファクターの賛否

　ベイズファクターはデータの周辺尤度にもとづいているので,$\boldsymbol{\theta}$ の尤度は事前分布 $p(\boldsymbol{\theta})$ によって与えられるその不確実性に対して平均化されている.興味深いことに,周辺尤度はデータにモデルを当てはめることを必要としない.これは,推定と検定手順が密接に関係している頻度論的アプローチとは明らかに対照的である.実際,ベイズファクターはモデルに関する頻度論の尤度比検定に相当するのにもかかわらず,2 つのモデルを当てはめるベイズ流のモデル化からは得られない.しかしながら,現実的に多くの制限がある中でのモデル選択では,それは正しい方法である.Kass and Raftery (1995) は,彼らの概説論文で,ベイズファクターの賛否を要約した.それらのうちのいくつかは,例 X.1 と例 X.2 においてすでに説明している.

　ベイズファクターを支持する議論は,(1) 第 3 章で見たように,ベイズファクターは H_0 を支持するエビデンスを評価するための方法を提供する.(2) 外部情報を組み込むことができる.(3) 非標準のモデルや非入れ子のモデルを考慮できる.そして (4) パラメータ変換に対する不変性がある (この後で言及する情報量理論のアプローチとは対照的である).しかしながら,ベイズファクターの使用は適切な事前分布 $p(\boldsymbol{\theta})$ の選択という困難さのため,実際上簡単ではない.実例として,例 X.2 で事前分布を変化させたときの影響を参照されたい.モデル M_3 に関する周辺尤度における重要な問題は,多くの現実的でない $\boldsymbol{\theta}$ について負の 2 項分布を平均する事前分布 $p(\theta_3, \theta_4) \propto \mathrm{U}(0,10) \times \mathrm{U}(0,10)$ によって引き起こされる.これは,3.8.3 節ですでに確認しており,入れ子のモデルの

Bartlett-Lindley パラドックスを引き起こす．事前分布の選択におけるベイズファクターの依存性は，事後分布のように標本数の増加に伴って，減少するわけではない．さらに，異なるパラメータ数や異なる種類のパラメータを比較するときに，例 X.2 で例示したようにマッチする事前分布の選択は，簡単に明らかになるようなものでもない．別の例として，正の確率変数 y に関して，ガンマ分布と Box-Cox 変換モデル，つまり $(y^\lambda - 1)/\lambda \sim N(\mu, \sigma^2)$ との選択を考える．最初のモデルには 2 つのパラメータがあり，一方で第 2 のモデルには異なる性質の 3 つのパラメータがある．さらに問題なことは，非正則事前分布にベイズファクターを使用することができないということである．実際，非正則事前分布は正則な事後分布を導くかもしれないが，非正則事前分布は常に非正則な周辺分布となる (5.4.4 節参照)．そのような場合，ベイズファクターは決定できなくなる．次に，この不定性を示す簡単な例を提示する．正規分布 (M_1) と t_3 分布 (M_2) をベイズファクターを用いて比較する．どちらも位置パラメータ μ は未知で，尺度パラメータは既知とする．μ に関して非正則フラット事前分布を仮定し，2 つのモデルに関して等しい事前確率を与える．

$$\frac{p(M_1 \mid \boldsymbol{y})}{p(M_2 \mid \boldsymbol{y})} = \frac{p(\boldsymbol{y} \mid M_1)}{p(\boldsymbol{y} \mid M_2)} \frac{p(M_1)}{p(M_2)}$$

$$= \frac{\int p(\boldsymbol{y} \mid \mu, M_1) p(\mu \mid M_1) \, d\mu}{\int p(\boldsymbol{y} \mid \mu, M_2) p(\mu \mid M_2) \, d\mu}$$

$$= \frac{\int p(\boldsymbol{y} \mid \mu, M_1) c_1 \, d\mu}{\int p(\boldsymbol{y} \mid \mu, M_2) c_2 \, d\mu} \propto \frac{c_1}{c_2}$$

非正則事前分布では，c_1 と c_2 のどちらの定数をとるかは重要ではない．定数の選択の恣意性を仮定すると，ベイズファクターはそのような事前分布に関して定義されない．さらに，O'Hagan and Forster (2004, p.179) は，事前分布が特に弱くなく，データが強い場合でさえ，ベイズファクターが事前分布の選択に敏感であることを示した．

結局のところ，最初に見たように，ベイズファクターの数値計算は簡単なわけではない．

したがって，モデル選択の道具としてベイズファクターの価値にベイジアンの意見が分かれることは驚くべきことではない．Gelfand (Gilks *et al.* 1996, p.149) は，「… ベイズファクターの利用は，しばしば実際の応用では不適当なようである」と書いている．Gelman *et al.*(2004) では，ベイズファクターには 2 ページ足らずしか割かれておらず，ベイズファクターが有用であると考えられる例と混乱を引き起こす別の例を示している．一方で，O'Hagan (2006) は「ベイズファクターは応用ベイズ統計の重要な道具の一部である」と論じた．この問題にもかかわらず，Albert (1999) はモデル構築においてベイズファクターの利用の素晴らしい例とポアソン・ガンマ階層モデル

への評論を示した．

ベイズファクターに対する2つの近似が頻繁に使用されている．BIC と擬似ベイズファクターである．最初に，擬似ベイズファクターについて議論する．

10.2.1.4　様々なベイズファクター：擬似ベイズファクター

ベイズファクターの主要な問題点は，非正則事前分布に対して利用できないことである．この問題を回避するための様々な提案がなされている．1つのアプローチは，データの一部を用いて非正則事前分布を正則事後分布に更新し，その後，この事後分布にもとづいてベイズファクターを求める方法である．これは次のように行う (Gelfand and Dey 1994)．データ $\boldsymbol{y} = \{y_1, \ldots, y_n\}$ を学習部分 $\boldsymbol{y}_L = \{y_i \, (i \in L)\}$ と検証部分 $\boldsymbol{y}_T = \{y_i \, (i \in T)\}$ に分割する．L と T は $\{1, \ldots, n\}$ の重複しない部分である．さらに，$\{1, \ldots, n\}$ のサブセット S を

$$L(\boldsymbol{\theta}_m \mid \boldsymbol{y}_S, M_m) = \prod_{i \in S} p(y_i \mid \boldsymbol{\theta}_m, M_m)$$

とし，条件付き密度を次のように定義する．

$$\begin{aligned} p(\boldsymbol{y}_T \mid \boldsymbol{y}_L, M_m) &= \int L(\boldsymbol{\theta}_m \mid \boldsymbol{y}_T, M_m)\, p(\boldsymbol{\theta}_m \mid \boldsymbol{y}_L, M_m)\, \mathrm{d}\boldsymbol{\theta}_m \\ &= \frac{\int L(\boldsymbol{\theta}_m \mid \boldsymbol{y}_T, M_m)\, L(\boldsymbol{\theta}_m \mid \boldsymbol{y}_L, M_m)\, p(\boldsymbol{\theta}_m \mid M_m)\, \mathrm{d}\boldsymbol{\theta}_m}{\int L(\boldsymbol{\theta}_m \mid \boldsymbol{y}_L, M_m)\, p(\boldsymbol{\theta}_m \mid M_m)\, \mathrm{d}\boldsymbol{\theta}_m} \end{aligned} \quad (10.2)$$

式 (10.2) は，$\boldsymbol{y}_L$ によって更新された $\boldsymbol{\theta}_m$ に関する事前分布に対して $\boldsymbol{y}_T$ の結合密度を平均化する予測密度となる．$p(\boldsymbol{y} \mid M_m)$ を $p(\boldsymbol{y}_T \mid \boldsymbol{y}_L, M_m)$ に置き換えると，ベイズファクターの変形として，

$$BF_{12}^*(\boldsymbol{y}) = p(\boldsymbol{y}_T \mid \boldsymbol{y}_L, M_1) / p(\boldsymbol{y}_T \mid \boldsymbol{y}_L, M_2) \quad (10.3)$$

が得られる．この，ベイズファクターは学習部分の選択に明らかに依存する．L と T の選択により，内因性ベイズファクター (intrinsic Bayes factor) や事後ベイズファクター (posterior Bayes factor) などの有名なベイズファクターになる (Gelfand and Dey 1994)．$BF_{12}^*(\boldsymbol{y})$ の $BF_{12}(\boldsymbol{y})$ を上回る利点は，事後分布が正則である限り，非正則事前分布で計算できることである．しかし，学習部分の分割を要するため，その選択が大いに恣意的である．

$T_i = \{i\}$ と $L_i = \{1, \ldots, i-1, i+1, \ldots, n\}$ と選択すると，n 個の学習セットと検証セットが得られる．つまり，$\boldsymbol{y}_{L_i} \equiv \boldsymbol{y}_{(i)} = \{y_1, \ldots, y_{i-1}, y_{i+1}, \ldots, y_n\}$ と $\boldsymbol{y}_{T_i} \equiv y_i$ である．これは Geisser (1980) によって導入されたクロスバリデーション

密度 $p(y_i \mid \boldsymbol{y}_{(i)}, M_m)$ となり，条件付き予測オーディネイト (conditional predictive ordinate, CPO_i) とも呼ばれる．Geisser and Eddy (1979) は，モデル M_1 とモデル M_2 を比較するための擬似ベイズファクター (pseudo-Bayes factor, PSBF) を次のように定義した．

$$\text{PSBF}_{12} = \frac{\prod_i p(y_i \mid \boldsymbol{y}_{(i)}, M_1)}{\prod_i p(y_i \mid \boldsymbol{y}_{(i)}, M_2)} = \frac{\prod_i \text{CPO}_i(M_1)}{\prod_i \text{CPO}_i(M_2)} \qquad (10.4)$$

PSBF_{12} は，式 (10.3) とは別物であり，式 (10.3) における ($\boldsymbol{y}_L$ の条件付き) 周辺尤度は条件付き密度の積によって置き換えられている．これは，$p(\boldsymbol{y} \mid M_m)$ の代替として $\prod_i p(y_i \mid \boldsymbol{y}_{(i)}, M_m)$ を用いた Geisser and Eddy (1979) の提案から得られる．Gelfand and Dey (1994) は，擬似ベイズファクターが近似的に AIC と関連しており，Lindley のパラドックスに悩まされないことを示した．

PSBF_{12} の計算は，$p(y_i \mid \boldsymbol{y}_{(i)}, M_m)$ と，$\text{CPO}_i(M_m)$ の計算が必要である．MCMC サンプリングによりどのようにこれを行うかを，10.3 節に示す．WinBUGS (または R2WinBUGS) を使って実行可能であることも示す．ここで，$\text{CPO}_i(M_m)$ が計算可能であるとし，その推定値を $\widehat{\text{CPO}}_i(M_m)$ と表記する．PSBF_{12} は，$m = 1, 2$ に関して n 個の観測値を通しての $\widehat{\text{CPO}}_i(M_m)$ を積算し，それらの比を取ることによって計算される．Signal-Tandmobiel 研究における dmft 指数に関して，3 つの離散型分布間の選択に PSBF を利用する例を示す．

例 X.3: 虫歯研究：擬似ベイズファクターによる dmft 指数に関する 3 つの分布からの選択

例 X.2 の設定のもとで，ポアソン分布 (M_1)，2 項分布 (M_2)，負の 2 項分布 (M_3) の中から選択するために，PSBF を計算する．'chapter 10 PSBF dmft index.odc' で，3 つの計数モデルに関する $1/\widehat{\text{CPO}}_i(M_m)$ ($i = 1, \ldots, n$) を計算する．プログラム 'chapter 10 PSBF dmft index.R' は出力にもとづき，ベイズファクターを計算する．結果的に，$\sum_i \log \widehat{\text{CPO}}_i(M_1) = -12241$, $\sum_i \log \widehat{\text{CPO}}_i(M_2) = -11468$, $\sum_i \log \widehat{\text{CPO}}_i(M_3) = -8575$ となり，したがって，$\log(\widehat{\text{PSBF}}_{12}) = 772$, $\log(\widehat{\text{PSBF}}_{13}) = -2893$, $\log(\widehat{\text{PSBF}}_{23}) = -3665$ である．結論は，通常のベイズファクターと同じで，負の 2 項分布が支持されている． □

CPO あるいは一般的に予測分布は，ベイズ流アプローチによる外れ値の検出にも有用である．それについては，10.3 節でふれる．

10.2.2 モデル選択のための情報量理論の指標

モデル選択のための2つの非常に有名な頻度論の情報量規準はAICとBICである.しかし,厳密に言えば,BICは情報量理論の概念にもとづいておらず(Anderson and Burnham 1999), むしろベイズファクターの特殊なケースである. BICを1.2.1節ではなくここで扱うのは, AICとBICが文献の中でしばしば一緒に説明されるという事実からである. BICはベイズ流の概念ではあるが,頻度論での応用の方が一般的である.

AICとBICは,モデルの当てはまりとモデルの複雑さとのバランスを取っている.モデルの複雑さは,自由なモデルのパラメータ数として定義され,有効自由度 (effective degrees of freedom) とも呼ばれる.有効自由度は,モデル中の自由に変化できるパラメータ数 (p) と一致することが多い.平滑化モデルや階層モデルでは,その自由度は p 未満となる.この節では,モデルの複雑さもまた,情報量規準の選択を決定するモデルの焦点に依存することを示す.まず,デビアンス情報量規準 (deviance information criterion, DIC) の背景として役立つAICの概説から始める. DICはモデル選択において最も有名なベイズ流規準であり,AICのベイズ流の一般化である.

10.2.2.1 AICとBIC

モデル選択のための頻度論の指標で最も有名なものは,赤池弘次によって開発され,彼が「another information criterion」と呼んだAICである (Akaike 1974). AICは,モデルの複雑さに対する罰則付きのモデル当てはめの指標であり,非入れ子の統計学的モデルの選択において,特に有用である. AICの土台は, 2つの密度関数 f と g との間のカルバック・ライブラー (K-L) 距離 (Kullback-Leibler distance) であり,次のように定義される.

$$I(f,g) = \int \log\left[\frac{f(x)}{g(x)}\right] f(x)\,dx \tag{10.5}$$

$\boldsymbol{y}$ の真の密度 p^t と, p 次元パラメータベクトル $\boldsymbol{\theta} \in \Theta$ によってパラメータ化される提案モデル $p_{\boldsymbol{\theta}}(\boldsymbol{y}) \equiv p(\boldsymbol{y}\,|\,\boldsymbol{\theta})$ とのK-L距離は,

$$I(p^t, p_{\boldsymbol{\theta}}) = E^t\left[\log p^t(\boldsymbol{y})\right] - E^t\left[\log p_{\boldsymbol{\theta}}(\boldsymbol{y})\right] \geq 0$$

となる. E^t は p^t に関して期待値をとることを表している. $\boldsymbol{\theta}^t$ は $I(p^t, p_{\boldsymbol{\theta}})$ を最小化する値と定義する. K-L距離は, p^t を正確に $p(y\,|\,\boldsymbol{\theta}^t)$ と書けるときのみ, 0 となる.

$I(p^t, p_{\boldsymbol{\theta}^t})$ は,モデルのクラス $\mathfrak{F} = \{p_{\boldsymbol{\theta}}\,|\,\boldsymbol{\theta} \in \Theta\}$ がどれくらい良くデータに当てはまっているかを測る. 2つのクラス $\mathfrak{F}_1, \mathfrak{F}_2$ と対応するK-L距離 I_1, I_2 に関して,最小値をもつものが支持される. I_1 と I_2 を比較する際には, K-L距離の式の2つ目の項

10.2 モデル選択に関する指標

だけが必要である.実際には,$\boldsymbol{\theta}^t$が未知であり,それにもかかわらず,(将来の)データに最も良く当てはまるモデルを知りたいとする.データ$\boldsymbol{y}$にもとづく$\boldsymbol{\theta}$の最尤推定値を$\widehat{\boldsymbol{\theta}}(\boldsymbol{y})$とし,$\log p(\boldsymbol{y}\mid\widehat{\boldsymbol{\theta}}(\boldsymbol{y}))$によって$E^t[\log p(\boldsymbol{y}\mid\boldsymbol{\theta}^t)]$を推定する.一般的な正則条件のもとで$n\to\infty$のとき,$\widehat{\boldsymbol{\theta}}(\boldsymbol{y})\to\boldsymbol{\theta}^t$のため,この指標が良い性能をもっていると考えるかもしれない.しかしながら,$\log p(\boldsymbol{y}\mid\widehat{\boldsymbol{\theta}}(\boldsymbol{y}))$においてデータは,(1) 1回目は$\boldsymbol{\theta}$の推定に,(2) 2回目は当てはめたモデルの予測性能の計算に,2回利用されている.したがって,この方法は新しいデータに関するモデルの性能を推定することができない.実際,$E^t E^{t*}[\log p(\boldsymbol{y}^*\mid\widehat{\boldsymbol{\theta}}(\boldsymbol{y}))]$が必要である.$E^{t*}$は,$\boldsymbol{y}$とは独立で同一の分布$p^t$をもつ新しいデータ$\boldsymbol{y}^*$の期待値である.$\log p(\boldsymbol{y}\mid\widehat{\boldsymbol{\theta}}(\boldsymbol{y}))$をとることによる負の偏りは,次の (真のモデルのもとでの) 期待値である.

$$\log p(\boldsymbol{y}\mid\boldsymbol{\theta}^t) - \log p(\boldsymbol{y}\mid\widehat{\boldsymbol{\theta}}(\boldsymbol{y}))$$

当てはめたモデルの偏りを表現するため,

$$\mathrm{d}\left[\boldsymbol{y},\boldsymbol{\theta}^t,\widehat{\boldsymbol{\theta}}(\boldsymbol{y})\right] = -2\log p\left(\boldsymbol{y}\mid\boldsymbol{\theta}^t\right) + 2\log p(\boldsymbol{y}\mid\widehat{\boldsymbol{\theta}}(\boldsymbol{y})) \tag{10.6}$$

と定義する.真のモデルのもとでの$\mathrm{d}[\boldsymbol{y},\boldsymbol{\theta}^t,\widehat{\boldsymbol{\theta}}(\boldsymbol{y})]$の期待値は,

$$E^t\left\{\mathrm{d}\left[\boldsymbol{y},\boldsymbol{\theta}^t,\widehat{\boldsymbol{\theta}}(\boldsymbol{y})\right]\right\} \approx \rho = \mathrm{tr}\left[\mathfrak{K}(\boldsymbol{\theta}^t)\mathfrak{I}(\boldsymbol{\theta}^t)^{-1}\right] \tag{10.7}$$

である.ここで,

$$\mathfrak{I}(\boldsymbol{\theta}^t) = -E^t\left[\frac{\partial^2\log p(\boldsymbol{y}\mid\boldsymbol{\theta}^t)}{\partial\boldsymbol{\theta}^2}\right],$$

$$\mathfrak{K}(\boldsymbol{\theta}^t) = E^t\left[\frac{\partial\log p(\boldsymbol{y}\mid\boldsymbol{\theta}^t)}{\partial\boldsymbol{\theta}}\frac{\partial\log p(\boldsymbol{y}\mid\boldsymbol{\theta}^t)}{\partial\boldsymbol{\theta}}^T\right]$$

である.

$p^t(\boldsymbol{y}) = p(\boldsymbol{y}\mid\boldsymbol{\theta}^t)$のとき,$\rho = p$であり,$-2\,E^t E^{t*}[\log p(\boldsymbol{y}^*\mid\widehat{\boldsymbol{\theta}}(\boldsymbol{y}))]$(文献には,係数$-2$が伝統的に含まれている) は次によって推定される.

$$\mathrm{AIC} = -2\log p(\boldsymbol{y}\mid\widehat{\boldsymbol{\theta}}(\boldsymbol{y})) + 2p = -2\log\mathrm{L}(\widehat{\boldsymbol{\theta}}(\boldsymbol{y})\mid\boldsymbol{y}) + 2p \tag{10.8}$$

最大化された$-2\times$対数尤度に,データへの過剰適合のための罰則項$2p$を組み入れているため,AIC は罰則付きモデル選択規準 (penalized model selection criterion) と呼ばれる.候補モデル中で最小の AIC をもつモデルが支持されることになる.より多くのパラメータが含まれているほどモデルは複雑になるので,罰則項は「モデルの複雑さ (model complexity)」とも呼ばれる.さらに,AIC は$-2\,E^t E^{t*}[\log p(\boldsymbol{y}^*\mid\widehat{\boldsymbol{\theta}}(\boldsymbol{y}))]$を推定するので,モデルの予測能力を測っている.

罰則はモデル中のパラメータ数に伴い増加する．実際，複雑なモデルは単純なモデルよりデータにより良く当てはまることを反映している．しかし，この当てはまりは与えられたデータに関する特有のものであり，将来のデータにおいては，当てはまりの質は十分でないことが多いと考えられる．

例 X.4: 理論的例題：線形回帰モデルに関する AIC

(定数項を含む) $(d+1)$ 個の回帰変数をもつ正規回帰モデルに関して，$AIC = n\log(\widehat{\sigma}^2) + 2p + C$ である．ここで，$\widehat{\sigma}^2 = \sum \widehat{\varepsilon}_i^2/n$ であり，$\widehat{\varepsilon}_i$ は i 番目の被験者の残差の推定値である．$p = d+2$ で，回帰係数と残差分散を表している．例 X.5 では定数 $C = n\log(2\pi) + n$ を使用するが，AIC はモデルの比較に関してのみ使用されるので，実際には重要ではない． □

提案モデルと真のモデルがさほど変わらなく，標本数が大きいときには，式 (10.8) の近似は良い．標本数が小さいときは，p を $p(\frac{n}{n-p-1})$ によって置き換えることで AIC に対する修正 (corrected) AIC_c を用いる．クラス $\mathfrak{I}$ が真の分布を含んでいないとき，罰則項は $2\,\mathrm{tr}[\mathfrak{K}(\boldsymbol{\theta})\mathfrak{I}(\boldsymbol{\theta})^{-1}]$ となり，竹内情報量規準 (Takeuchi's information criterion, TIC) が得られる．

Schwarz (1978) によって提案された BIC は，もう 1 つの有名な罰則付きモデル選択規準である．BIC の式は以下のとおりである．

$$\mathrm{BIC} = -2\log \mathrm{L}(\widehat{\boldsymbol{\theta}}(\boldsymbol{y})\,|\,\boldsymbol{y}) + p\log(n) \qquad (10.9)$$

AIC と同様，BIC の値が小さいモデルが好ましい．BIC は頻度論では一般的になっているが，ベイズ流の指標である．ここで，Raftery (1995) と Kuha (2004) が示した，BIC が周辺尤度に対するラプラス近似から得られることの証明の概略を説明する．この導出は，第 11 章において変数選択の手法を理解するのに有用である．記号を単純化するため，下付き文字の m を省略する．モデル M に関する式 $g(\boldsymbol{\theta}) = \log[p(\boldsymbol{y}\,|\,\boldsymbol{\theta},M)p(\boldsymbol{\theta}\,|\,M)]$ は p 次元事後最頻値 $\boldsymbol{\theta}_M$ において，次のように展開できる．

$$\log p(\boldsymbol{y}\,|\,M) = \log p(\boldsymbol{y}\,|\,\boldsymbol{\theta}_M, M)$$
$$+ \log p(\boldsymbol{\theta}_M\,|\,M) + (p/2)\log(2\pi) - (1/2)\log|A| + O(n^{-1})$$

$A = -\ddot{g}(\boldsymbol{\theta}_M)$ であり，$\ddot{g}$ はそのパラメータに関しての 2 回微分を表している．$O(n^{-1})$ は $n \to \infty$ のとき，$1/n$ と同じ速さで 0 に収束する項を表している．

大標本においては，$\boldsymbol{\theta}_M \approx \widehat{\boldsymbol{\theta}}$ (最尤推定値) であり，$A = \mathfrak{I}(\widehat{\boldsymbol{\theta}})$ である．これにより，$\log p(\boldsymbol{y}\,|\,M) = \log p(\boldsymbol{y}\,|\,\widehat{\boldsymbol{\theta}}, M) - (p/2)\log n + O(1)$ で，$O(1)$ は $n \to \infty$ のとき 0 に

ならない項である．($O(n^{-1/2})$ の) より良い近似は，事前分布 $p(\boldsymbol{\theta} \mid M)$ が次の単位情報事前 (unit information prior) 分布

$$\mathrm{N}\left(\boldsymbol{\theta} \mid \widehat{\boldsymbol{\theta}}, n\widehat{V}\right) \tag{10.10}$$

のときに得られる．ここで，$\widehat{V} = \Im(\widehat{\boldsymbol{\theta}})^{-1}$ である (あるいは，観察されたフィッシャー情報行列に置き換えられる)．この事前分布は，1つの観察値と (平均して) 同じ情報量を含んでいる．このとき，$\log p(\boldsymbol{y} \mid M) = \log p(\boldsymbol{y} \mid \widehat{\boldsymbol{\theta}}, M) - (p/2)\log n + O(n^{-1/2})$ であり，

$$-2\log BF_{12}(\boldsymbol{y}) = -2\{\log p(\boldsymbol{y} \mid M_1) - \log p(\boldsymbol{y} \mid M_2)\}$$
$$\approx -2\{\log p(\boldsymbol{y} \mid \widehat{\boldsymbol{\theta}}_1, M_1) - \log p(\boldsymbol{y} \mid \widehat{\boldsymbol{\theta}}_2, M_2)\} + (p_1 - p_2)\log n + O(n^{-1/2})$$

であるので，近似的に $\mathrm{BIC}_1 - \mathrm{BIC}_2$ となる．要約すれば，特定の事前分布をもつ BIC は大標本の場合のベイズファクターである．Raftery (1995, 1999) はモデル選択や変数選択では，単位情報事前分布を推奨している．AIC は，尤度と同様な事前分布をもつときのベイズファクターの特別な場合とみなせる (Kass and Raftery 1995)．

　AIC と BIC は2つの異なる原則に由来しているが，「ある事柄を説明するために，必要以上に多くを仮定するべきでない」という英国の論理学者 William Occam (1285–1347) の有名な声明に由来したオッカムの剃刀原理 (Occam's Razor principle) に，ともに忠実である (Forster 2000 を参照)．ここでは，次のように解釈する．2つのモデルが観察値に対して同程度に当てはまっている場合，より単純なものを選ぶべきということである．実際に，2つの指標はどのモデルを選ぶべきかという大まかな目安を提供するだけである．伝統的には，5以上の違いがあれば最小の AIC か BIC をもつモデルを選択するかなりの証拠とみなされ，10以上の違いがあれば強い証拠を表していることになる．式 (10.8) や式 (10.9) から n が大きい場合 ($n \geq 8$)，BIC は AIC より単純なモデルを支持することが推測できる．AIC と BIC の性能は，実際のデータセットおよびシミュレーションの解析による様々な応用分野で比較された (Kuha 2004; Lin and Dayton 1997; Ward 2008 とその参考文献)．完全な勝者はいないという意味で，これらの文献からの結論は様々である．しかし，すべての文献で BIC が，特に大きな標本において，AIC より単純なモデルを選ぶ傾向をもっていることを示している．BIC が単純なモデル (したがって，保守的) を支持する理由は，BIC が単位情報事前分布をもつベイズファクターへの近似であるという事実からわかる．つまり，BIC が Lindley のパラドックスが起こるほどに，あまりにも広範囲なのかもしれない (したがって，モデルに対する実際の知識を表さない)．

　階層モデルでは，AIC の計算に有効な自由度を決定する際に注意が必要である．実

際，階層モデルでは，固定効果と変量効果があり，後者は自由に変化しない．したがって，階層モデルにおける有効パラメータ数は，パラメータの総数より小さくなる．さらに，階層モデルでは，AIC の計算のための土台として (変量効果を与えたもとでの) 条件付き尤度あるいは周辺尤度 (変量効果に関して積分) のどちらかを選ばなければならない．正規階層モデルでこれらの問題を次の例で示す．

例 X.5: 理論的例題：線形混合モデルの条件付き尤度と周辺尤度

頻度論の枠組みで，例 IX.7 の正規階層モデルを考える．例で用いた仮定と同じ表記を用いて，変量効果を与えたもとでの条件付き尤度は，

$$L_C(\boldsymbol{\theta}, \sigma \,|\, \boldsymbol{y}) = \prod_i^n \prod_j^{m_i} \mathrm{N}(y_{ij} \,|\, \theta_i, \sigma^2)$$

である．変量効果に対する積分は周辺尤度 L_M を導く．周辺尤度は次によって与えられる：$y_{ij} \sim \mathrm{N}(\mu, \sigma^2 + \sigma_\theta^2)$ $(j = 1, \ldots, m_i; i = 1, \ldots, n)$, $j \neq j', i = i'$ なら $\mathrm{corr}(y_{ij}, y_{i'j'}) = \sigma^2$, $i \neq i'$ なら 0．正規階層モデルの場合，AIC の罰則項は自由に変化するパラメータ数となる．周辺モデルの場合，この数は 3 である．条件付きモデルにおいては，変量効果に関するパラメータが n 個あり，全部で $n+3$ である．$\sigma_\theta = \infty$ のとき，すべてのクラスターは無関連と考えられ，変量効果は n 個の自由なパラメータであるとみなされるのに対し，$\sigma_\theta = 0$ のとき，変量効果の寄与は 1 までに減る．□

Hodges (1998) と Hodges and Sargent (2001) は，(非直交) 射影行列のトレースとして，正規線形混合モデルにおける有効パラメータ数を定義し，ρ と表記した．このようにして，ρ は有効自由度の伝統的な解釈に相当する予測応答の有効次元となる．Lu et al. (2007) は彼らの提案を一般化線形混合モデルに拡張した．

例 X.6: 理論的例題：線形混合モデルの有効自由度

例 X.5 における $m_i = m$ $(i = 1, \ldots, n)$ の正規階層モデルにおいて，Hodges and Sargent (2001) は条件付きモデルに対して $\rho = 1 + (n-1)m/(m+\psi)$ を得た．ただし，$\psi = \sigma^2/\sigma_\theta^2$ である．したがって，ρ はクラスター内とクラスター間のばらつきの比に依存する．$\psi \to 0$ のとき，つまり，クラスター間のばらつきがクラスター内のばらつきに比べて大きいとき，$\rho \to n$ である．この場合，n 個の異なる θ_i は共通の分布をもたないと解釈する (経験ベイズ推定量は縮小しない)．$\psi \to \infty$ のとき，クラスター内のばらつき (σ^2) はクラスター間 (σ_θ^2) のばらつきと比較して大きくなり，当てはめた θ_i は $\rho \to 1$ になるにつれて，μ に縮小する．□

次に，階層モデルの場合の AIC の計算における尤度の選択を考える必要がある．重要な疑問は，AIC の計算で条件付きあるいは周辺のいずれの尤度を利用すべきかということである．この疑問は，DIC に対しても生じる．この選択は統計モデルの利用目的を反映することに注意する．これを理解するためには，AIC が統計モデルの予測能力の指標であることを思い出してほしい．正規階層モデルの場合，周辺尤度は μ, σ_θ^2, σ^2 のみが含まれ，クラスターに関するパラメータを明示的に取り入れていない．したがって，周辺尤度にもとづく AIC は，$N(\mu, \sigma_\theta^2)$ 分布の将来のクラスターから観察値が得られるときの，モデルの予測能力を評価することに用いられる．一方で，条件付き尤度は θ_i $(i = 1, \ldots, n)$ を伴うので，条件付き尤度にもとづく AIC は，現在のクラスターからの観察値の予測を評価する．例 IX.9 では，食事試験において同じ子会社の将来の被験者のコレステロール摂取を予測した．この場合，モデルの予測能力を評価するためには条件付き尤度を使用しなければならない．別の子会社からの被験者のコレステロール摂取 (新規にサンプルされる) に関心があるときには，AIC は周辺尤度にもとづく．したがって，AIC の計算する際の条件付きおよび周辺モデルの選択は，モデルの利用目的に依存する．既存のクラスターからの将来の観察値か，あるいは将来のクラスター (つまり，クラスターの母集団) からの将来の観察値のいずれかを予測するかということである．目的がクラスターレベルにあるとき，Vaida and Blanchard (2005) は，古典的な AIC が不適切な実例を示した．さらに，彼らは正規線形混合モデルのための条件付き AIC を導出した．

10.2.2.2　デビアンス情報量規準

ここでは，ベイズ流の枠組みにおけるモデル選択のための手段として Spiegelhalter et al. (2002) によって提案された DIC を扱う．重要な問題は，ベイズ流の枠組みで，特に複雑なモデルにおいて，どのように有効パラメータ数を定義するかである．

ベイズ流の枠組みでの，モデルの複雑さを定義するため，Spiegelhalter et al. (2002) は式 (10.6) における $\boldsymbol{\theta}^t$ を確率変数 $\boldsymbol{\theta}$ によって置き換え，事後分布 $p(\boldsymbol{\theta} \mid \boldsymbol{y})$ を通しての式 (10.6) の期待値をとった．これにより複雑さに対するベイズ流の指標 p_D を定義する．具体的には，

$$p_D = E_{\boldsymbol{\theta} \mid \boldsymbol{y}} \left\{ \mathrm{d} \left[\boldsymbol{y}, \boldsymbol{\theta}, \overline{\boldsymbol{\theta}}(\boldsymbol{y}) \right] \right\} = E_{\boldsymbol{\theta} \mid \boldsymbol{y}} \left[-2 \log p(\boldsymbol{y} \mid \boldsymbol{\theta}) + 2 \log p(\boldsymbol{y} \mid \overline{\boldsymbol{\theta}}(\boldsymbol{y})) \right] \tag{10.11}$$

$\overline{\boldsymbol{\theta}}(\boldsymbol{y})$ は事後平均である．p_D は次のようにも書ける．

$$p_D = \overline{D(\boldsymbol{\theta})} - D(\overline{\boldsymbol{\theta}}) \tag{10.12}$$

ここで，$D(\boldsymbol{\theta}) = -2 \log p(\boldsymbol{y} \mid \boldsymbol{\theta}) + 2 \log f(\boldsymbol{y})$ で，ベイジアン・デビアンス (Bayesian deviance) と呼ばれる．$\overline{D(\boldsymbol{\theta})}$ は $D(\boldsymbol{\theta})$ の事後平均であり，$D(\overline{\boldsymbol{\theta}})$ はパラメータの事後平均においての $D(\boldsymbol{\theta})$ の評価値である．$f(\boldsymbol{y})$ の項は，パラメータと独立であり，DIC を計算するために導入される．例えば，$E(\boldsymbol{y}) = \boldsymbol{\mu}(\boldsymbol{\theta})$ なる指数型分布族について，Spiegelhalter らは $f(\boldsymbol{y}) = p(\boldsymbol{y}|\boldsymbol{\mu}(\boldsymbol{\theta}) = \boldsymbol{y})$ を提案する．しかしながら，p_D の式では $f(\boldsymbol{y})$ の項は，打ち消しあう．なお，WinBUGS において $f(\boldsymbol{y})$ の項は計算されない．

多くの p_D の妥当性は，分散パラメータを固定し，平均パラメータがフラット事前分布と結合した正規尤度に対する，頻度論の複雑さの指標に p_D が一致する事実に帰着している．AIC の算出における ρ との類似性は，式 (10.7) と式 (10.11) との比較から得られる．実際，真のモデルに対する頻度論の期待値は，事後分布に対するベイズ流の期待値によって置き換えられる．通常の場合，p_D と ρ はかなり異なるかもしれない (Lu et al. 2007)．

Spiegelhalter et al. (2002) はベイズ流のモデル選択の基準として，次のように定義した DIC を提案した．

$$DIC = \overline{D(\boldsymbol{\theta})} + 2p_D = \overline{D(\boldsymbol{\theta})} + p_D \qquad (10.13)$$

$f(\boldsymbol{y})$ は DIC の計算に含まれているが (WinBUGS では含まれない)，モデル選択には寄与しない．p_D と DIC の魅力は，$\boldsymbol{\theta}$ と $D(\boldsymbol{\theta})$ をモニタリングすることで MCMC から両方とも容易に計算することができることである．$\boldsymbol{\theta}^1, \ldots, \boldsymbol{\theta}^K$ を収束したマルコフ連鎖とする．そのとき，$\overline{D(\boldsymbol{\theta})}$ は $\frac{1}{K}\sum_{k=1}^{K} D(\boldsymbol{\theta}^k)$ によって近似され，$D(\overline{\boldsymbol{\theta}})$ は $D(\frac{1}{K}\sum_{k=1}^{K} \boldsymbol{\theta}^k)$ によって近似される．p_D と DIC は WinBUGS で利用できるので，その利用はかなり促進されている．

モデル選択で DIC を使用する大まかな規則は，AIC と BIC とほぼ同じである．つまり，DIC の差が 5 未満なら明確な勝者はいないし，差が 10 以上あれば DIC の高いモデルは選択されない．MCMC の出力にもとづくので，DIC はサンプリングのばらつきの影響を受ける．

いくつかの例によって，最良のモデルを選択する際の p_D と DIC の使用方法と間違った使用方法を紹介する．これらの限界のうちのいくつかは，すでに Spiegelhalter et al. (2002) の考察部分で言及されている．それらは，WinBUGS 利用者に相当な混乱を引き起こした．特に，新規の使用者に対して，これらの実例がわかりやすくなっていることを望む．WinBUGS のウェブサイトではさらなる説明と例を見つけることができる．さらに，Zhu and Carlin (2000) によって証明された非階層モデルに関する AIC と DIC の漸近的な同等性など，AIC と DIC との関係に関する理論的結果を例示する．

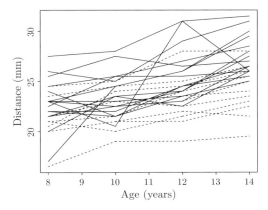

図 10.2 Potthoff & Roy 成長曲線研究：脳下垂体の中心から翼上顎裂までの距離 (mm) のプロファイル，性別によって分類した (実線=少年，破線=少女)

例 X.7: 骨粗しょう症研究：p_D と DIC および p と AIC の比較

例 IV.7 の BMI と TBBMC の回帰モデルは，非階層的モデルの例である．$n = 234$，$p = 3$，$\sigma^2 = 0.082$ なので，頻度論の回帰分析では AIC = 85.6，AIC_c = 85.7，BIC = 95.4 となる．WinBUGS により p_D と DIC を得るためには，連鎖が収束しなければならない．メニューバーの **Inference** オプションをクリックし，**DIC** を選ぶ．**DIC Tool** ウィンドウが現れる．**set** をクリックすると，p_D と DIC をモニターするように WinBUGS が準備される．1000 回の追加の反復にもとづき **DIC** をクリックすると，WinBUGS は，$\text{Dbar}(\overline{D(\boldsymbol{\theta})}) = 82.619$，$\text{Dhat}(D(\overline{\boldsymbol{\theta}})) = 79.582$，$p_D = 3.038$ および DIC = 85.657 を **DIC** ウィンドウに示す．これらの結果は，非階層的モデルに関する，AIC と DIC の漸近関係の数値例を示している (Zhu and Carlin 2000)．

さらに Dhat がデビアンスの事後平均であることを確認することができる．例えば，内蔵の論理ノード 'deviance' ($D(\boldsymbol{\theta})$ に等しい) のモニタリングによってである．　□

次の例題は，ベイズ流の線形混合モデルにおける p_D と DIC の適用である．

例 X.8: Potthoff & Roy 成長曲線研究：p_D と DIC を用いたモデル選択

ここでは，Potthoff and Roy (1964) が最初に解析した有名なデータセットについて考える．脳下垂体の中心から翼上顎裂までの距離 (mm) による歯の成長測定が，8，10，12，14 の年齢 (歳) で少女 11 人と少年 16 人から得られた．変数は性別 (1=少女，0=少年) と年齢である．個々の被験者のプロファイルを図 10.2 に示す．

経時的プロファイルに対していくつかの (正規) 線形混合モデルを当てはめた．'chapter

10 Potthoff-Roy growthcurves.odc' に，様々な WinBUGS プログラムがある．次のモデルを調べた．

- モデル M_1： $y_{ij} = \beta_0 + \beta_1 \text{age}_j + \beta_2 \text{gender}_i + \beta_3 \text{gender}_i \times \text{age}_j + b_{0i} + b_{1j}\text{age}_j + \varepsilon_{ij}$．ここで y_{ij} は i 番目の被験者の $2(j+3)$ $(j = 1, 2, 3, 4)$ 歳時の距離，$\boldsymbol{b}_i = (b_{0i}, b_{1i})^T$ は正規分布 $\mathrm{N}((0,0)^T, G)$，$G = \begin{pmatrix} \sigma_{b0}^2 & \rho\sigma_{b0}\sigma_{b1} \\ \rho\sigma_{b0}\sigma_{b1} & \sigma_{b1}^2 \end{pmatrix}$ である切片と傾きの変量効果．ε_{ij} は少年なら $\mathrm{N}(0, \sigma_0^2)$，少女なら $\mathrm{N}(0, \sigma_1^2)$ である．
- モデル M_2： モデル M_1，$\rho = 0$ を仮定
- モデル M_3： モデル M_2，$\sigma_0 = \sigma_1$ を仮定
- モデル M_4： モデル M_1，$\sigma_0 = \sigma_1$ を仮定
- モデル M_5： モデル M_1，変量効果は 2 変量スケール化 t_3 分布を，測定誤差はスケール化 t_3 分布を仮定
- モデル M_6： モデル M_1，測定誤差の分布のみにスケール化 t_3 分布を仮定
- モデル M_7： モデル M_1，変量効果は 2 変量スケール化 t_3 分布を仮定

入れ子のモデル比較は次のとおりである：(a) モデル M_1, M_2, M_3；(b) モデル M_1, M_2, M_4；(c) モデル M_5, M_6, M_7．その他のモデル比較は入れ子構造ではない．モデル M_1 における総パラメータ数は 63 で，4 個の固定効果のパラメータと 54 個の変量効果，3 個の変量効果に関する分散パラメータ，2 個の測定誤差に関する分散パラメータである．

すべてのパラメータについて，漠然事前分布を考えた．すなわち，回帰係数は $\mathrm{N}(0, 10^6)$，測定誤差分散には $\mathrm{IG}(10^{-3}, 10^{-3})$ とした．モデル M_1 では，G の事前分布として，3 つの逆ウィッシャート分布を検討した．さらに，変量切片と変量傾きの標準偏差，その相関係数に関して一様分布を仮定した．つまり，$\sigma_{b0}, \sigma_{b1} \sim \mathrm{U}(0, 100)$，$\rho \sim \mathrm{U}(-1, 1)$ である．演習 10.2 の結論と Natarajan and Kass (2000) におけるシミュレーション結果にもとづき，この例題において検討したすべてのモデルに関して，一様分布を選んだ．

すべてのモデルにおいて，3 つの連鎖を生成し，各連鎖の反復回数は 20000 とした．WinBUGS の Brooks-Gelman-Rubin (BGR) 診断量により，10000 回の反復はバーンインとし，除外した．DIC と p_D は，後半の 10000 回の反復により計算した．必要に応じて，結果の安定性を保証するために連鎖をより長くした (例えば，モデル M_5)．

表 10.1 において，モデル M_1 の有効パラメータ数は約 34 であり，変量効果中の制約が存在することが示されている．モデル M_1 と M_2 との比較により，変量効果の相

10.2 モデル選択に関する指標

表 10.1 Potthoff & Roy 成長曲線研究：p_D と DIC を用いた線形混合モデルの評価に関する WinBUGS の出力

モデル	Dbar	Dhat	p_D	DIC
M1	343.443	308.887	34.556	377.999
M2	344.670	312.216	32.454	377.124
M3	376.519	347.129	29.390	405.909
M4	374.065	342.789	31.276	405.341
M5	328.201	290.650	37.552	365.753
M6	343.834	309.506	34.327	378.161
M7	326.542	288.046	38.047	364.949

表 10.2 Potthoff & Roy 成長曲線研究：WinBUGS から得られたモデル M_1 と M_5 のパラメータ推定値

ノード	モデル M_1				モデル M_5			
	平均	SD	2.5%	97.5%	平均	SD	2.5%	97.5%
β_0	16.290	1.183	14.010	18.680	17.040	0.987	15.050	18.970
β_1	0.789	0.103	0.589	0.989	0.694	0.086	0.526	0.867
β_2	1.078	1.453	−1.844	3.883	0.698	1.235	−1.716	3.154
β_3	−0.309	0.126	−0.549	−0.058	−0.243	0.106	−0.454	−0.035
σ_{b0}	1.786	0.734	0.385	3.381	1.312	0.541	0.341	2.502
σ_{b1}	0.139	0.065	0.021	0.280	0.095	0.052	0.007	0.209
ρ	−0.143	0.500	−0.829	0.931	−0.001	0.503	−0.792	0.942
σ_0	1.674	0.183	1.362	2.074	1.032	0.154	0.764	1.365
σ_1	0.726	0.111	0.540	0.976	0.546	0.101	0.382	0.783

関性に関する証拠があまりないことがわかる．これは 95%CI が $\rho = [-0.829, 0.931]$ ということでも示されている．モデル M_1 から M_4 までの事後要約量から，少年と少女は測定誤差に関して異なる分散をもつことが明らかになった．これは，図 10.1 でも通常とは異なるプロファイルをもつ少年が 1 人いることがわかる．

次の疑問は，変量効果と測定誤差に関してデフォルトの正規分布が正当化されるかどうかである．これを調べるために，モデル M_5 から M_7 がデータに当てはめられた．表 10.1 より，スケール化 t_3 分布が，特に測定誤差において，より適切であることがわかる．より外れ値の観察に適応するという意味で，小さい自由度をもつ t 分布はより頑健な誤差分布を提供することが知られている (Lange et al. 1989 参照)．モデル M_5 と M_7 との間の DIC の差はあまりない．p_D がモデル M_5 から M_7 の間で異なる理由は，例 X.7 で扱う．表 10.2 に，モデル M_1 と M_5 の事後要約量を示す．t 分布の選択は，固定効果の事後要約量に影響するようにもみえるが，分散パラメータに関しては，さらに影響を受けそうである．

最後に，例えば，モデル M_7 では変量効果の分散パラメータが 0 となることが多かった．この問題を改善するために，9.7 節のパラメータ拡張アプローチを適用した．WinBUGS ファイルのモデル M_{7b} を参照されたい．この対処により収束は加速したが，事後要約量には影響を与えなかった． □

上述のモデルは SAS® の MCMC プロシジャを用いても当てはめることができる（演習 10.4 参照）．同じデータを用いて，統計解析の「関心」の意味と，それが p_D と DIC に与える影響を例示する．また，p_D と DIC を頻度論の p と AIC と比較する．

例 X.9: Potthoff & Roy 成長曲線研究：条件付き DIC と周辺 DIC

例 X.8 におけるすべてのモデルは条件付きで指定されている（プログラムは 'chapter 10 Potthoff-Roy growthcurves.odc' にある）．例えば，モデル M_4 は，

$$y_{ij} \mid \boldsymbol{b}_i \sim \mathrm{N}(\mu_{ij}, \sigma^2) \quad (j=1,\ldots,4; i=1,\ldots,27)$$

であり，

$$\mu_{ij} = \beta_0 + \beta_1 \, \mathrm{age}_j + \beta_2 \, \mathrm{gender}_i + \beta_3 \, \mathrm{gender}_i \times \mathrm{age}_j + b_{0i} + b_{1i} \, \mathrm{age}_j$$

である．これは条件付きモデルで，デビアンスは，

$$D_C(\boldsymbol{\mu}, \sigma^2) \equiv D_C(\boldsymbol{\beta}, \boldsymbol{b}, \sigma^2) = -2 \sum_i \sum_j \log \mathrm{N}(y_{ij} \mid \mu_{ij}, \sigma^2)$$

である．ここで，$\boldsymbol{\mu}$ はすべての μ_{ij} のベクトルであり，$\boldsymbol{\beta} = (\beta_0, \beta_1, \beta_2, \beta_3)^T$，$\boldsymbol{b}$ はすべての $\boldsymbol{b}_i$ を縦に並べたベクトルである．このモデルにおいて，関心は直近の 27 個の $\boldsymbol{b}_i$ であるので条件付き DIC (conditional DIC) が必要となる．これは WinBUGS で報告される DIC である．このモデルに関して，$p_D = 31.282$ と DIC $= 405.444$ を得たことを思い出されたい．

もし，周辺 DIC が必要であれば，まず変量効果 $\boldsymbol{b}_i$ の分布を通しての条件付きモデルを周辺化する必要がある．周辺化された M_4 は次によって与えられる．

$$\boldsymbol{y}_i \sim \mathrm{N}_4 \left(\boldsymbol{X}_i \boldsymbol{\beta}, \boldsymbol{Z} \boldsymbol{G} \boldsymbol{Z}^T + \mathrm{R} \right) \quad (i = 1, \ldots, 27) \tag{10.14}$$

ここで，$\boldsymbol{y}_i = (y_{i1}, y_{i2}, y_{i3}, y_{i4})^T$ であり，

$$\boldsymbol{X}_i = \begin{pmatrix} 1 & 8 & \mathrm{gender}_i & 8 \times \mathrm{gender}_i \\ 1 & 10 & \mathrm{gender}_i & 10 \times \mathrm{gender}_i \\ 1 & 12 & \mathrm{gender}_i & 12 \times \mathrm{gender}_i \\ 1 & 14 & \mathrm{gender}_i & 14 \times \mathrm{gender}_i \end{pmatrix}, \quad \boldsymbol{Z} = \begin{pmatrix} 1 & 8 \\ 1 & 10 \\ 1 & 12 \\ 1 & 14 \end{pmatrix}, \quad \mathrm{R} = \sigma^2 \mathrm{I}_4$$

である．この周辺化されたモデルに対応するデビアンスは，

$$D_M(\boldsymbol{\beta}, \sigma^2, G) = -2 \sum_i \log N_4 \left(\boldsymbol{y}_i \mid \boldsymbol{X}_i \boldsymbol{\beta}, \boldsymbol{Z} G \boldsymbol{Z}^T + R \right) \tag{10.15}$$

となる．周辺モデルでは，b_i は共分散構造をモデル化する役割を果たす．しかし，この b_i には関心はない．もし周辺モデルの式 (10.14) を使用すると，この周辺 DIC も WinBUGS から得ることができる．$p_D = 7.072$, DIC $= 442.572$ であった．条件付きの出力と周辺の出力との違いは関心の違いを表している．周辺モデルの関心は固定効果であり，将来の児童に対する予測であるのに対し，条件付きの (階層的) モデルの関心は，この研究の 27 人の児童に対する予測を備えた変量効果にある．

最後に，SAS の MIXED プロシジャによる頻度論の混合モデル解析 ('chapter 10 Potthoff-Roy growthcurves.sas' 参照) は，AIC $= 443.8$, $p = 8$ であり，ここでも非階層モデルに関する AIC と DIC は対応している．AIC と DIC は，無情報事前分布で，既知の分散パラメータ，大標本においてのみ，正確に一致することを思い出されたい． □

前の例において，モデルの選択に DIC を使用することは，統計解析の関心に依存するという主張 (Spiegelhalter et al. 2002) を説明した．Millar (2009) は別の例を提示した．すなわち，過剰分散の計数データに関して，ポアソン・ガンマモデルを選択した．しかし，ガンマ変量効果に関して平均化すると，このモデルは単に負の 2 項分布である．このことは，WinBUGS でポアソン・ガンマモデルを選択した場合，条件付き DIC が得られ，負の 2 項分布を選択した場合，周辺 DIC が得られることを意味している．したがって，データへの 2 つのモデルの当てはめはそっくりではあるが，p_D と DIC は 2 つの場合 (演習 10.5) で，全く異なるであろう．したがって，ポアソン・ガンマ分布の DIC と負の 2 項分布の DIC とを比較することは不適切である (演習 10.8 参照)．

次の例では，p_D が変量効果のばらつきに依存することを示す．さらに，AIC と同様に DIC が応答の尺度に依存することを例示する．

例 X.10: 食事研究：変量効果のばらつきと応答の尺度による p_D と DIC への影響

例 IX.8 の解析は，表 10.3 の最初の行に対応し，総パラメータ数は 11 であるが，有効パラメータ数が約 7 であることを示している．差の 4 は，変量効果間の制約を定量化している．ここで，$\log(\sigma_\theta)$ を 5 から -1 まで 1 ずつ小さくなる事前に特定した値で固定する．表 10.3 より，$\log(\sigma_\theta) = -1$ のときすべての $\overline{\theta}_i$ は $\overline{\mu} = 327.3$ に等しくなるようになり，最終的に p_D は約 2 になることがわかる．WinBUGS のプログラムは 'chapter 10 dietary study chol DIC sigmas.odc' で与えられている．

表 10.3 食事研究:変量効果のばらつきによる p_D と DIC への影響

$\log(\sigma_\theta)$	Dbar	Dhat	p_D	DIC
推定値	6984.150	6977.250	6.902	6991.060
5	6983.430	6974.500	8.937	6992.370
4	6983.100	6974.550	8.546	6991.640
3	6982.860	6976.230	6.632	6989.490
2	6987.900	6984.440	3.459	6991.360
1	6991.780	6989.530	2.248	6994.030
0	6992.530	6990.510	2.018	6994.550
-1	6992.560	6990.680	1.880	6994.440

もとの尺度において (*chol* が正規分布に従うと仮定して), $p_D = 6.928$ および DIC $= 6991.30$ である.しかしながら,*chol* の分布は右に裾を引いている.対数正規分布に従うこと,あるいは $\log(chol)$ が正規分布に従うことを指定することにより,WinBUGS で対数正規分布を *chol* に当てはめられる.統計モデル化には関係ないが,尺度の選択は DIC に対して重要である.最初のケースでは,DIC は *chol* の尤度にもとづいている一方,第 2 のケースは DIC は $\log(chol)$ の尤度にもとづいている.最初のケースでは,WinBUGS の出力は,$p_D = 6.285$ と DIC $= 6909.670$ であり,第 2 のケースでは,$p_D = 6.285$ と DIC $= 457.525$ が得られた.明らかに,p_D は実行結果において不変であるが,DIC は (AIC と同様に) 強い影響を受けた.しかし,もとの尺度で得られた DIC に匹敵するようにするためには修正 DIC が必要である.修正 DIC は式 (10.34) から得られる.この修正により,最初のケースと同じような DIC を得た.したがって,対数変換された応答をもつ正規階層モデルは食事試験データに良い当てはまりをすると結論を下すことができる (演習 10.6 も参照). □

p_D と DIC の両方とも適切に機能するようである.つまり,p_D はより複雑なモデルにはより高く,また DIC は,正しいモデルを選択するようである.しかし,この手法は WinBUGS の利用者に極めて人気があるだけでなく,多くの混乱も引き起こしている.Spiegelhalter *et al.* (2002) や WinBUGS ウェブサイトでは,提案に関するいくつかの潜在的な問題点を報告している.

- P_D と DIC はモデルのパラメータ化に依存する.つまり,θ を非線形な単調変換 h より $\psi = h(\theta)$ に変換するとき,p_D と DIC は変化する (Spiegelhalter *et al.* 2002).しかし,デビアンス (つまり 'Dbar') はパラメータ変換に関して不変である.

- 式 (10.12) と Jensen の不等式から,もし尤度が θ の対数凹関数で $\overline{\theta}$ で評価さ

れるなら，$p_D \geq 0$ である．負の p_D は対数凹関数でないとき (例 X.11) や，事前分布がデータに矛盾しているとき (演習 10.9) に生じるかもしれない．事後平均が良い要約量であるとき，つまり事後分布がほぼ左右対称で単峰のとき，正の p_D が生じやすい．これが特定の尺度，例えば $\psi = h(\boldsymbol{\theta})$ において起こるとすると，そのとき ψ は WinBUGS において確率的なノードとして取ることができる．これが可能でないとき，$\boldsymbol{\theta}$ にもとづくマルコフ連鎖を ψ の事後平均における 'Dhat' を計算するためにエクスポートすることができる．

- p_D と DIC は，$\overline{\boldsymbol{\theta}}$ が通常それらの値の1つを取らないので，離散的な ψ のときは定義されない．確率的ノードの1つが離散的であるとき，例えば混合モデルをデータに当てはめたとき，WinBUGS において DIC は灰色になる．例は演習 10.7 を参照のこと．

Rao (1973, pp.368–369) が解析した，よく知られた遺伝子連鎖のモデルにおいて，p_D と DIC がパラメータ化に依存することを例示する．さらに，p_D が負になりえることを示す．この例題は，WinBUGS のウェブサイトで DIC に関するスライドを参考にした．

例 X.11：遺伝子連鎖研究：負の p_D

2つの因子が組換え割合 θ で連鎖しているとき，異系交配 $AB/ab \times AB/ab$ (交配) では AB に関する期待割合は次のとおりである：$(3 - 2\theta + \theta^2)/4$，$Ab : (2\theta - \theta^2)/4$，$aB : (2\theta - \theta^2)/4$，$ab : (1 - 2\theta + \theta^2)/4$．観察された頻度，125, 18, 20, 34 より，多項分布の対数尤度は θ の対数凹関数であり，$\psi = \theta^\alpha$ $(\alpha \geq 4)$ に関してはそうではない．事前分布 $\theta \sim \text{Beta}(1,1)$ に関して，$\psi = \theta^\alpha$ の事前分布は $\text{Beta}(1/\alpha, 1)$ である．α のそれぞれの値に関して，ψ を確率的ノードとして，このパラメータ化を用いて WinBUGS を実行した．表 10.4 は α，すなわち確率的ノードに関する p_D と DIC の従属性を示している．大きな α に関して，$p_D < 0$ となっており，明確な解釈ができない (例題に関する演習 10.7 を参照のこと)．(WinBUGS プログラムは 'chapter 10 genetic linkage.odc' にある．) □

10.2.2.3 モデル選択の情報量規準の評価と最近の発展

いくつかの論文において，理論的に，あるいはシミュレーション研究で，モデル選択に関する情報量規準の性能が比較された．Zhu and Carlin (2000) は，AIC と非階層モデルの周辺 DIC との漸近的同等性を証明し，Vaida and Blanchard (2005) は AIC と既知分散の線形混合効果モデルの DIC との同等性を証明した．'http://www.mrc-

表 10.4　遺伝子連鎖研究：θ の関数としての p_D と DIC

べき	p_D	DIC
1	0.963	17.043
5	0.798	16.816
10	0.436	16.494
20	0.047	15.948
30	−0.470	15.752

bsu.cam.ac.uk/bugs/winbugs/DIC-slides.pdf' において，Spiegelhalter は AIC と DIC の対応を利用して，関心が周辺分布にあり，したがって同じレベル 2 の分布に属する将来の被験者の応答の予測に関心があるとき，ベイズ流の枠組みにおける AIC の利用を提案している．シミュレーション研究は Lin and Dayton (1997), Burnham and Anderson (2002) にあり，Spiegelhalter *et al.* (2002), Ando (2007), Ward (2008) にいくつかの考察がある．これらの著者らは次のように結論付けている．(a) AIC と DIC は BIC に比べて複雑過ぎるモデルを選ぶ傾向にある．(b) DIC は理想的なモデルを選択をすることが多いが，その理論的基礎は不可解である．Ward (2008) は，ベイズファクターは適切なモデルを選択していることが多いようであり，複雑過ぎるモデルに自然な形で罰則を与えていると主張した．このことは Dawid (2002) でも言及されている．Dawid (2002) は，モデルが複雑なときには不確実性が大きくなるが，不確実性はすべて周辺尤度では積分されているという事実から，罰則が与えられているということを論じている．

Robert and Titterington (2002), Richardson (2002), Ando (2007) や Plummer (2008) は，観察値を 2 回利用することによる DIC の楽観的な特性に対する懸念を示している．一度は事後分布の構成で，もう一度は期待対数尤度の計算である．この問題を回避するため，Pourahmadi and Daniels (2002) は BIC のような DIC の変形，つまり，標本サイズ n で，DIC $= D(\overline{\theta}) + p_D \log(n)$ を提言した．Ando (2007) は最初の原理から考え，ベイズ流予測情報量規準 (Bayesian predictive information criterion, BPIC) はデータの 2 回利用を考慮していることを示した．Plummer (2008) は，ベイズ流モデル比較に関する罰則付き損失関数を提案した．損失関数として期待デビアンスを用いて，罰則付き期待デビアンス (penalized expected deviance, PED) を利用することで，この楽観性を減らすことを提案した．つまり，p_D における最初の部分

$$D^e \equiv E_{\boldsymbol{\theta} \mid \boldsymbol{y}}[-2 \log p(\boldsymbol{y} \mid \boldsymbol{\theta})]$$
$$= -2 \sum_{i=1}^{n} D_i^e(y_i \mid \boldsymbol{y}) = -2 \sum_{i=1}^{n} \int \log p(y_i \mid \boldsymbol{\theta}) p(\boldsymbol{\theta} \mid \boldsymbol{y}) \mathrm{d}\boldsymbol{\theta}$$

は楽観的過ぎる (小さ過ぎる). より良い推定値は次によって与えられる.

$$D_{CV}^e = -2\sum_{i=1}^{n} D_{CV,i}^e(y_i \mid \boldsymbol{y}_{(i)}) = -2\sum_{i=1}^{n}\int \log p(y_i \mid \boldsymbol{\theta})p(\boldsymbol{\theta} \mid \boldsymbol{y}_{(i)})\mathrm{d}\boldsymbol{\theta}$$

差 $D^e - D_{CV}^e = p_{\mathrm{opt}} = \sum_{i=1}^{n} p_{\mathrm{opt},i}$ は，データを 2 回使うことによる楽観性を表現している．罰則付き期待デビアンスは，PED $= D^e + p_{\mathrm{opt}}$ となる．n 個の観察値に応じて p_{opt} は分割可能なので，p_{opt} の推定は，各実行において 1 つの観察値を削除する n 個の別々の MCMC 連鎖から得ることができる．この手順は極めて時間が掛かるので，Plummer は重点サンプリングを利用した代替のアプローチを提案した．この規準は R2jags で，実装されている．

DIC に対するその他の批判は，それが一般化線形モデル (generalized linear models, GLIM) 以外では理論的基礎を欠くということである．この問題を対処するため，Celeux et al. (2006) は欠測値をもつモデルで使用される DIC の 7 つのタイプを提案した (例えば変量効果モデル，混合モデル). Plummer (2008) は，$p_D \ll n$ については，DIC をデビアンスにもとづいた損失関数への近似とみなせることを示した．一連の文献において，Hodges らは有効自由度に注目し，それを当てはめた値の次元と定義した. Lu et al. (2007) はモデルの当てはめが悪い場合は p_D に影響を与えることを示した．その結果，与えられたモデルは，2 つのデータセットに当てはめたときは完全に同じように平滑な当てはめ値を与えるかもしれないが，モデルがデータセットのうちの 1 つに当てはまりが悪い場合，異なる p_D を与える．したがって，p_D は，当てはめた空間の次元として解釈することができない．それは私たちも経験したことでもある. Cui et al. (2010) はモデルの複雑性の指標としての p_D のその他の問題を要約した．さらに，彼らはモデルの複雑性とモデル比較は別々に扱われるべきであると主張した (Plummer 2008 も参照のこと).

最近になって，Aitkin (2010) はモデル比較に関するデビアンスの差の全体の事後分布をみることを提案した．モデル M_1 と M_2 の比較について，事後分布 $p(\boldsymbol{\theta} \mid \boldsymbol{y}, M_j)$ からの標本 $\boldsymbol{\theta}_j^k$ $(j = 1, 2)$ を抽出し，$\{D_j^k = -2\log \mathrm{L}(\boldsymbol{\theta}_j^k),\ k = 1,\ldots,K\}$ を計算することを提案した．これは，モデル M_j のもとでのデビアンスの事後分布からの標本を与える．このとき，$\{D_{1,2}^k = D_1^k - D_2^k,\ k = 1,\ldots,K\}$ は，デビアンスの差の事後分布からの標本である．この標本の中央値は，モデル M_1 がモデル M_2 より良いという事後確率を推定する．$D_{1,2}^k$ の 95%CI は，この信用区間が 0 の右にある場合，モデル M_2 よりモデル M_1 が「有意に優れている」ことを示している．

最後に，R2WinBUGS が WinBUGS に比べて，DIC において異なる値を報告することに注意されたい．さらなる詳細について R2WinBUGS の寸描と WinBUGS で報

告される DIC との比較に関する例 X.12 を参照されたい.

10.2.3 予測損失関数にもとづくモデル選択

AIC と DIC はカルバック・ライブラー規準にもとづくモデルの予測能力の指標である.当てはめ値および予測値と観察された結果を比較する適合度は,他にもいくつかアプローチがある.応答を y_i とし,与えられたモデルのもとでの「当てはめ」値を $\widehat{y}_i$ とすると,モデルを比較するための単純で一般的なアプローチは y_i と $\widehat{y}_i$ の距離の指標を構築し,すべての観察値に関して平均することである.ベイズ流アプローチではない中で頻繁に用いられている例は,平均 2 乗誤差 (mean squared error, MSE) である.これは n 個の観察値に関して,以下で与えられる.

$$\mathrm{MSE} = \frac{1}{n}\sum_{i=1}^{n}(y_i - \widehat{y}_i)^2$$

つまり,平方残差の平均である.MCMC 解析において,この指標を利用するためには,$\widehat{y}_i$ の事後分散を評価する必要がある.例えば,モデルの当てはまりを表すために $\widehat{y}_i$ の事後平均を用いる.したがって,ベイズ流の枠組みにおいて,モデルの MSE は次のように定義できる.

$$\mathrm{MSE} = \frac{1}{n}\sum_{i=1}^{n}(y_i - \overline{\widehat{y}}_i)^2$$

$\overline{\widehat{y}}_i = \sum_{k=1}^{K}\widehat{y}_i^k/K$ であり,$\widehat{y}_i^k$ は収束したマルコフ連鎖 $(\boldsymbol{\theta}^k)_k$ から得られる y_i の予測値である.別のアプローチとしては各反復においての差異を評価する.

$$\mathrm{MSE} = \frac{1}{K}\frac{1}{n}\sum_{k=1}^{K}\sum_{i=1}^{n}(y_i - \widehat{y}_i^k)^2 = \frac{1}{K}\sum_{k=1}^{K}\mathrm{MSE}_k$$

$\widehat{y}_i^k$ は k 回目の反復における当てはめ値で,MSE_k は k 回目の反復における MSE である.

ベイズ流のアプローチにおいて利用される別の指標は,事後予測分布 (posterior predictive distribution, PPD) にもとづくものである.事後予測損失 (posterior predictive loss, PPL) と平均 2 乗予測誤差 (mean-square predictive error, MSPE) が,Laud and Ibrahim (1995) と Gelfand and Ghosh (1998) によって提案されている.本質的には,損失関数 (平方誤差など) を観察値とその予測値との間で設定する.この予測値を得るために,当てはめたモデルからのシミュレーションを利用する.つまり,PPD より $\widetilde{y}_i$ を発生させる.この値を,PPL 関数を通して観察値と比較する.平方誤差損失として,

$$\mathrm{MSPE} = \frac{1}{n}\sum_{i=1}^{n}(y_i - \widetilde{y}_i)^2 \tag{10.16}$$

を得る．絶対値の損失は，次のようになる．

$$\mathrm{MAPE} = \frac{1}{n} \sum_{i=1}^{n} |y_i - \widetilde{y}_i|$$

MSE の場合と同様に，MCMC の枠組みで，どのように予測値を推定するかを決定しなければならない．通常，サンプラーの各反復ごとに指標を計算し，その後サンプルを平均する．したがって，最終的な式は，

$$\mathrm{MSPE} = \frac{1}{K} \sum_{k=1}^{K} \mathrm{MSPE}_k \tag{10.17}$$

となる．MSPE_k は，MCMC 過程の k 回目の反復において式 (10.16) によって計算される．Gelfand and Ghosh (1998) は生存時間モデルや一般化線形 (混合) モデルなどのような，その他のクラスのモデルにこれらの指標を拡張した．

予測分布はサンプリングされた直近のパラメータを与えたもとでのデータの分布からのシミュレーション値に過ぎないので，WinBUGS で予測分布を発生させることは簡単である．例えば，正規分布に関しては，次の WinBUGS のコードによって導かれる．

```
y[i] ~ dnorm(mu[i],tauy); ytilde[i] ~ dnorm(mu[i],tauy)
```

ytilde[i] は，各反復における y[i] の予測値で満たされた n 次元未観察パラメータベクトルの i 番目の要素である．

MSPE は常に利用可能な指標であり，DIC の負の値をとる p_D の問題を受けない．しかし，MSPE はモデルの複雑さに関して補正されていない．このことについては，すでに Spiegelhalter et al. (2002) で簡単に言及されている．Banerjee (未出版) は，モデルパラメータを周辺化したときの正規線形回帰モデルに関して，これを示している．したがって，MSPE は DIC よりもデビアンスにより等しい．しかし，DIC のように，MSPE は応答の尺度に依存する．最後に，MSPE は 10.3.4 節で紹介する事後予測評価とは異なるものであることに注意されたい．ここでは，骨粗しょう症データセットについて，MSPE を計算する．

例 X.12: 骨粗しょう症研究：モデルの予測評価

'chapter 10 osteo multiple regression.R' において，TBBMC は，年齢，BMI，体重，身長，caint (カルシウム摂取)，menost (閉経からの年数)，および igfi (インシュリンに分子構造において類似しているホルモンである IGF-1) によって回帰推定される．R2WinBUGS を用いて，4 つのモデルを当てはめた．モデル M_1：すべての回帰変数，

モデル M_2：身長と体重を除外，モデル M_3：年齢，caint と menost をさらに除外，モデル M_4：BMI だけを含める．各モデルについて，DIC, p_D および MSPE を報告する．すべての実行において，15000 回の反復の単一連鎖解析を実行し，最初の 7500 回の反復を除外した．次の結果が 4 つのそれぞれのモデルで得られた：DIC (-12.800, 36.491, 31.785, 58.218)，p_D (10.02, 8.07, 5.06, 3.03)，MSPE (20.0, 26.34, 26.10, 30.40)．

DIC によれば，モデル M_3 が最良である．一方，MSPE ではモデルの複雑さに関して罰則が（ほとんど）ないので，M_2 と M_3 のモデル間に明確な違いはない．しかしながら，両方の指標とも，BMI だけをもつモデルが最悪であることを示している．　□

DIC との MSPE の比較の別の例は Song *et al.*(2010) にも紹介されている．

10.3　モデル評価

10.3.1　はじめに

10.2 節で紹介した情報量規準は，候補モデルの中からモデルを選ぶときに有用である．しかしながら，選択されたモデルが必ずしも意味があるわけではなく，また，データによく当てはまっているかは保証しない．統計モデルの評価は，概して次のような多くの探索が必要である．(i) 選ばれたモデルからの推論が合理的であることの確認，(ii) モデルがデータを再生可能であることの確認，(iii) モデルの様々な側面を変更することによる感度分析．これらの作業はベイズ流であろうと，頻度論であろうと当てはまるが，ベイズ流のアプローチでは事前分布への配慮が必要である．そして，ベイズ流のモデル評価の手法はサンプリングにもとづく手法が主である．ここでは，ベイズ流のモデル評価のための方法について簡潔に概略を説明する．これらの話題は，この節の中でさらに詳しく述べる．

(i) モデルが合理的であることの確認は，背景知識を利用する事後分布の結果に対する重要な点検である．例えば，事前分布がデータと矛盾しないことが望まれる．ベイズ解析では，さらにデータから学習することになっている．事前分布と事後分布が位置において大きく異なるかどうかを (事前分布の SD を考慮して) 確認することにより，最初の問題を見つけることができる．次の問題は，パラメータの事後分散が事前分散に近いことである．これは，識別可能性の問題を示唆し，データから何も学習していないということを示している．

(ii) 与えられたデータの適切な予測が，良い確率モデルには期待される．Stern and Sinharay (2005) は，これを自己一貫性確認 (self-consistency check) と呼んでいる．個々の被験者の観察値に対して考えられるモデルのもとで観察値と期待値を対比することは，外れ値の検出手段と同種のものである．外れ値を検出する初期のベイズ流アプローチは，残差の正確な事後分布にもとづいているが，最近の手法では MCMC 手法の結果にもとづいている．さらに，モデルから予測されたものと観察された要約量の対比に興味があるかもしれない．これは，頻度論の適合度有意差検定を拡張し，頻度論のサンプリング法にもとづく事後予測評価になる．

(iii) ベイズ流感度分析では，事前分布と尤度が推論にどれほど影響を与えるかを調べる．例 IX.17 では，パラメータの推定値が変量効果の分布に依存することを検討する感度分析を行った．ベイズ流一般化線形モデル (Bayesian generalized linear model, BGLIM) におけるリンク関数を変えたときの影響を評価することは，感度分析の 1 つの例である．観察値を除外したり，変化させたりしたときのパラメータ推定値の感度を評価することもできる．これは，影響力のある観察値の探索も含んでいる．影響度診断は頻度論の文脈において，様々なモデルに関して開発されてきた．いくつかのモデルについては，解析的結果や 1 次近似によって，簡単に探索できる．残念ながら，ベイズ法においてそうはならず，線形の場合でさえ，数値計算を要することになる．3.7.2 節で紹介した重点サンプリング手法が助けとなる．モデル拡張 (つまり，より大きなクラスのモデルへの現行モデルの当てはめ) は，モデルの感度に対する別の手段である．

モデル評価の方法の多くでは，MCMC 出力に対する後処理が必要である．そのときには，WinBUGS より恵まれたプログラミング環境において，解析を行うことが都合が良い．これは，R2WinBUGS パッケージを利用して，R の内部からの WinBUGS を実行したり，ベイズの SAS プロシジャを利用することによって可能になる．何十年もの間，統計学研究の話題であるので，最初に線形回帰モデルにおける頻度論の適合度手法を簡単に概説する．その後，モデル評価のための様々なベイズ流手法をみていく．例題は，WinBUGS と R2WinBUGS で主として解析されるが，SAS プロシジャについても注意を払う．

10.3.2 モデル評価の手法

10.3.2.1 頻度論のモデル評価

古典的な正規線形回帰モデルは，(1) 共変量と応答に直線関係，(2) 誤差項の正規性，(3) 誤差項の分散の均質性を仮定する．Myers (1998) や Cook and Weisberg (1982) のような教科書には，これらの構造 (例えば，共変量に関する線形性) や分布の仮定 (例えば，応答の正規性) の適切性を確認するために様々な形式的，図式的手法が記述されている．例えば，残差プロットは，応答がそのモデルによって上手く予測されない被験者を識別することができる．正規性の仮定は，Kolmogorov-Smirnov 検定などの形式的検定や，正規確率プロット (normal probability plot, NPP) のような図式的手段によって確認することができる．また，共変量に関する線形性の構造的仮定の評価のために，様々なグラフが提案されている．例えば，偏回帰プロット，偏残差プロット，拡張偏残差プロットなどである．影響力のある観察値 (つまり，除外したり変化させたときにパラメータ推定に影響を与える観察値) は，Cook の距離のような影響度指標によって，検出することができる (Cook 1977)．

一般化線形モデル (GLIM) では，構造的仮定を検定するためにリンク関数 (ときに分散関数) を確認することがさらに必要である．ピアソン残差やデビアンス残差は分布の仮定を評価するために使用される．それらの有限の標本の標本分布は多くの場合，扱いにくく，正規確率プロットのまわりの信頼区間を求めるためにはブートストラップのようなサンプリング手法が必要かもしれない．2 項回帰モデルについては，単純な図式的評価さえうまくいかない (Albert and Chib 1995)．影響力のある観察値の調査のため，1-ステップ診断量が Pregibon (1981) によって提案された．非線形モデル (Seber and Wild 1989) および相関のあるモデルと階層データ (Verbeke and Molenberghs 2000) については，より複雑なものとなる．

10.3.2.2 ベイズ流の外れ値の検出

ベイズ法では，残差の事後分布を調べることによってそれぞれの被験者のモデルの当てはまりを評価する．残差が大きな被験者，すなわち外れ値は，適切に応答を予測するのにモデルが不十分であることを示している．外れ値を検出するためのいくつかのベイズ流のアプローチが利用可能である．ベイズ統計学と頻度論の分布理論の違いを強調するために初歩的な解析的アプローチから始める．

(i) ベイズ流の残差分析： 残差 $\varepsilon_i = y_i - \mu_i$ で観察された応答 y_i の予測応答 μ_i からの逸脱を測る．実際，μ_i は未知であるので，ベイズの手法により，その事後期待値

を算出する．予備のデータセット，例えば z を利用してこの期待値を計算するのが好ましく，μ_i に対して $\mathrm{E}(y_i\,|\,z)$ とする．しかし，追加のデータが利用可能であることは稀である．代わりに，$\mathrm{E}(y_i\,|\,\boldsymbol{y})$ をとり，ベイズ流残差を次のように定義する．

$$\varepsilon_i = y_i - \mathrm{E}(y_i\,|\,\boldsymbol{y})$$

4.7.1 節の Jeffreys 事前分布をもつ正規回帰モデルは，$\mathrm{E}(y_i\,|\,\boldsymbol{y}) = \boldsymbol{x}_i^T \widehat{\boldsymbol{\beta}}$ で，$\widehat{\boldsymbol{\beta}}$ は $\boldsymbol{\beta}$ の最小 2 乗推定量である．もし，ε_i が大きければ，i 番目の観察値の当てはまりは良くない．i 番目の被験者を外れ値とする決定は $\varepsilon_i = y_i - \boldsymbol{x}_i^T \boldsymbol{\beta}$ の事後分布に依存する．Chaloner and Brant (1988) は事前情報を $\varepsilon_i \sim \mathrm{N}(0, \sigma^2)$ として，事後確率 $p(|\varepsilon_i| > k\sigma\,|\,\boldsymbol{y})$ を計算した．ここで k は，(サンプルにおいて) 外れ値がない事前確率が大きいように選ぶ．そして，この確率が対応する事前確率を超えたとき，観察値は外れ値として決定する．

Zellner (1975) と Chaloner and Brant (1988) は，ε_i の事後分布が，平均 $\widehat{\varepsilon}_i = y_i - \boldsymbol{x}_i^T \widehat{\boldsymbol{\beta}}$，平方尺度パラメータ $s^2 h_{ii}$ の非心 t_{n-d-1} 分布であることを導出した．s^2 は古典的な残差分散であり，$h_{ii} = \boldsymbol{x}_i^T (\boldsymbol{X}^T \boldsymbol{X})^{-1} \boldsymbol{x}_i$ は古典的なてこ比の指標である．ε_i の標本分布と ε_i の事後分布間の違いに注意する．前者は繰り返されるデータのサンプリングのもとでの分布であり (したがって，$\boldsymbol{y}$ と $\widehat{\boldsymbol{\beta}}$ は分布をもつ)，一方後者は残差の事後分布である ($\boldsymbol{y}$ を与えたもとでの $\boldsymbol{\beta}$ の事後分布より得られる)．例えば，当てはまりの良いモデルでは，$\widehat{\varepsilon}_i / s_{(i)} \sqrt{1 - h_{ii}}$ は，t_{n-d-1} の標本分布になる．ここで $s_{(i)}$ は i 番目の観察値を除いたサンプルにもとづく標準偏差 (SD) である．さらに，Chaloner and Brant (1988) は，$\boldsymbol{\varepsilon} = (\varepsilon_1, \ldots, \varepsilon_n)^T$ の同時事後分布が $(d+1)$ 次元パラメータベクトル $\boldsymbol{\beta}$ の事後分布に依存するので，$(d+1)$ 次元であることを示した．一方で，$\widehat{\boldsymbol{\varepsilon}}$ の標本分布は $(n-d-1)$ 次元である．別の解析的な外れ値の検出方法は，Box and Tiao (1968) と Abraham and Box (1978) によって導出されている．

実践において，外れ値の決定はそれほど厳格でない基準にもとづき決定されることが多く，例えば以下の標準化残差が絶対値 2 を超えるときである．

$$t_i = \frac{y_i - \mathrm{E}(y_i\,|\,\boldsymbol{y})}{\sqrt{\mathrm{Var}(y_i\,|\,\boldsymbol{y})}} \tag{10.18}$$

線形回帰の問題では，式 (10.18) の分母に σ か $\sigma \sqrt{1 - h_{ii}}$ を使うかもしれない．これらの結果を骨粗しょう症試験を用いて例示する．

例 X.13: 骨粗しょう症研究：外れ値の検出

R2WinBUGS を用いて，例 VI.5 で解析した回帰モデルのベイズ流の通常の残差を計算した．プログラムは 'chapter 10 osteo study-outliers.R' にある．$\varepsilon_i\ (i = 1, \ldots, n)$

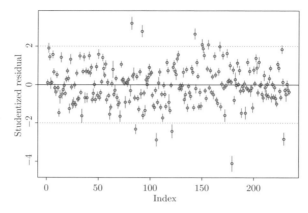

図 10.3 骨粗しょう症研究：$t_i = (y_i - \boldsymbol{x}_i^T\boldsymbol{\beta})/(\sigma\sqrt{1-h_{ii}})$ の事後平均と 95%CI のインデックスプロット

の事後平均と 95%CI の MCMC 結果は，Zellner (1975) や Chaloner and Brant (1988) の解析結果と基本的に等しい．図 10.3 では，インデックスプロットの中で，スチューデント化残差 $t_i = (y_i - \boldsymbol{x}_i^T\boldsymbol{\beta})/(\sigma\sqrt{1-h_{ii}})$ の事後平均の分布を示している．観察値の約 5% は |2| を超えており，残差の最大は被験者 179 (BMI = 23.23, TBBMC = 0.579) に対応する．いくつかのグラフは，WinBUGS からも得られる．例えば，通常の残差および標準化残差の事後平均のインデックスプロットは，メニュー・オプション **Compare** から 'caterpillar' オプションを用いて得られる．しかしながら，WinBUGS でスチューデント残差を生成するには，h_{ii} 値，つまり初歩的な古典的回帰分析が必要である．実例に関しては，'chapter 10 osteo study-outliers.odc' を参照されたい． □

離散 (2 値) の場合，ピアソン残差とデビアンス残差の標本分布も事後分布も知られていない．解析的結果がなくても，MCMC 計算は実施可能である．Albert and Chib (1995) は，外れ値を決定するために MCMC アルゴリズムを利用することを提案した．y_i $(i = 1,\ldots,n)$ は n 個の 2 値応答とし，$\pi_i = p(y_i = 1) = F(\boldsymbol{x}_i^T\boldsymbol{\beta})$ は成功確率で，$F(\cdot)$ は既知の累積分布関数とする．$p(\boldsymbol{\beta}\,|\,\boldsymbol{y})$ から収束したマルコフ連鎖 $\boldsymbol{\beta}^1,\ldots,\boldsymbol{\beta}^K$ が利用可能とすると，$\varepsilon_i^k = y_i - \pi_i^k$ の事後分布は直ちに得られる．ここで，$\pi_i^k = F(\boldsymbol{x}_i^T\boldsymbol{\beta}^k)$ である．ε_i^k の分位点と π_i の事後平均のプロットから，外れ値の観察値がわかるかもしれない (演習 10.12)．t_i の計算では，観察データ $\boldsymbol{y}$ は 2 回使用される．しかし，式 (10.18) の $\mathrm{E}(y_i\,|\,\boldsymbol{z})$ を計算するために，独立のデータ $\boldsymbol{z}$ は利用できないことがある．このとき，代わりになる方法はクロスバリデーションのアプローチを用いることである．つまり，$r_i^* = y_i - \mathrm{E}(y_i\,|\,\boldsymbol{y}_{(i)})$ を計算する．$\mathrm{E}(y_i\,|\,\boldsymbol{y}_{(i)})$ は i

番目を除いたすべての観察値からの事後分布にもとづく i 番目の応答の期待値である. 同様に, 標準化残差は, $t_i^* = [y_i - \mathrm{E}(y_i \mid \boldsymbol{y}_{(i)})]/\sqrt{\mathrm{var}(y_i \mid \boldsymbol{y}_{(i)})}$ となる. 古典的な回帰では, クロスバリデーション残差はすぐに計算できる. しかしながら, この簡単な場合でも, ベイズ法では, 計算が大変である. 簡単なモデルについては, ちょっとしたコツで WinBUGS において妥当な時間内で実行可能になるかもしれないが, 複雑なモデルやデータが多い場合にはこの手法を使うことは推奨できない.

例 X.14: 骨粗しょう症研究：WinBUGS を用いたクロスバリデーション残差

'chapter 10 osteo study-cross validation.odc' において, クロスバリデーション残差を計算した. 最初に, すべてのデータを解析した. その後, 234 のマルコフ連鎖の並列処理を行った. 各観察値に関する指示変数を生成し, 線形構造にこの変数を加えることによって, これらの連鎖は, 各時点でそれぞれの観察値を除外することに対応している. このようにして, 234 個の線形回帰モデルが平行して適用された. さらに, WinBUGS プログラム内で 234 個のデータのコピーが生成される. 予想していた通り, クロスバリデーション残差は, (サンプリングのばらつきを除外して) 通常の残差より常に絶対値が大きかった (結果は示さない). □

(ii) 外れ値の検出のための予測アプローチ: y_i において評価される式 (3.9) の事後予測分布 (PPD) は, 事後予測縦オーディネイト (posterior predictive ordinate, PPO_i) と呼ばれる. つまり,

$$\mathrm{PPO}_i = p(y_i \mid \boldsymbol{y}) = \int p(y_i \mid \boldsymbol{\theta}) p(\boldsymbol{\theta} \mid \boldsymbol{y}) d\boldsymbol{\theta} \qquad (10.19)$$

は y_i における PPD の値である. PPO_i の小さい観察値は確率密度関数の裾部分となる. 値が小さ過ぎると判断した場合, i 番目の観察値を外れ値の候補と決定する. PPO_i の値は簡単には測ることはできず,「小さい」ということを決めるは難しい. $\mathrm{rPPO}_i = \mathrm{PPO}_i / \max\{\mathrm{PPO}_i\}$ のような簡単な標準化は, 外れた観察値を見つけ出すのに役立つかもしれない. i 番目の PPO は MCMC から推定可能で,

$$\widehat{\mathrm{PPO}_i} = \widehat{p}(y_i \mid \boldsymbol{y}) = \frac{1}{K} \sum_{k=1}^{K} p(y_i \mid \boldsymbol{\theta}^k) \qquad (10.20)$$

となる. $\{\boldsymbol{\theta}^1, \ldots, \boldsymbol{\theta}^K\}$ は, $p(\boldsymbol{\theta} \mid \boldsymbol{y})$ からの収束したマルコフ連鎖である.

PPO は $\boldsymbol{y}$ を 2 回利用している. 1 回目は事後分布の決定において, 2 回目は y_i における確率密度関数の評価においてである. 観察データを 2 回利用することを回避するために, Geisser (1980) は CPO を提案した. これは y_i の極端さのクロスバリデーションによる指標であり, $\boldsymbol{y}_{(i)}(y_i$ を除いた標本) にもとづく事後分布を y_i において評

価する．つまり，$\mathrm{CPO}_i = p(y_i \mid \boldsymbol{y}_{(i)}) = \int p(y_i \mid \boldsymbol{\theta})p(\boldsymbol{\theta} \mid \boldsymbol{y}_{(i)})d\boldsymbol{\theta}$ である．擬似ベイズファクターを構成するために，10.2.1 節で CPO が使用されているが，ここでは，予期しない観察値を見つけ出すために使用する．Geisser (1985) は，データの一部を用いてパラメータを推定し，データの残りで当てはめたモデルを評価する手法を，外れ値を検出するための予測アプローチ (predictive approach to outlier detection) と呼んだ．CPO の解析的な性質は，特に正規分布に関して，Pettitt (1990) によって調べられている (その参考文献も参照されたい)．観察値に関する CPO が開発される一方 (Pettitt 1990)，Weiss (1996) は CPO_i がベイズファクターとして表現できることを示した (式 (10.23b) を参照)．

ここで，MCMC の出力を用いて CPO を計算することに関心があるとする．CPO_i の計算方法を示す．

$$\frac{1}{p(y_i \mid \boldsymbol{y}_{(i)})} = \frac{p(\boldsymbol{y}_{(i)})}{p(\boldsymbol{y})} = \int \frac{p(\boldsymbol{y}_{(i)} \mid \boldsymbol{\theta})p(\boldsymbol{\theta})}{p(\boldsymbol{y})} d\boldsymbol{\theta} = \int \frac{1}{p(y_i \mid \boldsymbol{\theta})} p(\boldsymbol{\theta} \mid \boldsymbol{y}) \mathrm{d}\boldsymbol{\theta}$$
$$= \mathrm{E}_{\boldsymbol{\theta} \mid \boldsymbol{y}} \left(\frac{1}{p(y_i \mid \boldsymbol{\theta})} \right)$$

この導出は $\boldsymbol{\theta}$ を与えたもとでの y_i の条件付きの独立性を利用している．この結果は，CPO_i が調和平均として推定できることを示している．つまり，

$$\widehat{\mathrm{CPO}}_i = \left(\frac{1}{K} \sum_k \frac{1}{p(y_i \mid \boldsymbol{\theta}^k)} \right)^{-1} \tag{10.21}$$

である．CPO_i は各 i の確率的なノード $1/p(y_i \mid \boldsymbol{\theta}^k)$ を見ることにより，WinBUGS において推定可能であるが (Ntzoufras 2009, pp.359, 375)，最終計算は後処理が必要である．Pettit and Smith (1985) と Weiss (1996) は，修正 CPO_i を提案した．しかしながら，外れ値の見当を付けるのに用いる限りでは，修正は必要ではないかもしれない．実際，$1/\widehat{\mathrm{CPO}}_i$ は外れた観察値で大きく，容易にインデックスプロットで見当を付けることができる．調和平均 (10.21) の問題は，分散が無限になり，CPO_i の推定が信用できなくなることがあることである．$p(y_i \mid \boldsymbol{\theta}^k)$ が分母にあるので，この問題は非常に外れた観測値がある場合に起こる．CPO_i の信頼できる推定には，純粋なクロスバリデーション (つまり，効率的に i 番目の観察値を削除し，$z = y_i$ での確率密度関数 $p(z \mid \boldsymbol{y}_{(i)})$ を評価すること) が必要かもしれない．

例 X.15: 虫歯研究：外れ値を検出するための事後予測オーディネイト

R プログラム 'chapter 10 caries with residuals.R' は，500 人の児童の dmft 指数にポアソンモデルを当てはめるために R2WinBUGS を使用している．モデルにおけ

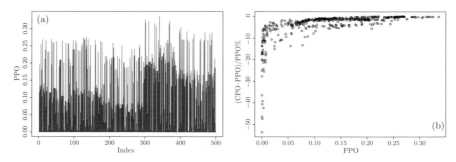

図 10.4 虫歯研究：(a) PPO のインデックスプロットと (b) CPO と PPO の相対差

る共変量は演習 10.12 に示している．PPO_i を計算するためのコマンドを WinBUGS プログラムに追加する．

```
ppo[i]<- exp(-lambda[i] + dmft[i]* log(lambda[i]) -
              logfact(dmft[i]))
```

ppo[i] の事後平均は R にインポートされ，追加の R コマンドで図 10.4(a) を生成する．特に外れ値の児童は見当たらないが，多くの児童が比較的小さい PPO 値であるので，モデルの当てはまりの悪さを示しているのかもしれない．標準化された $rPPO_i$ も計算したが，さらなる洞察は得られなかった．icpo[i] < -1/ppo[i] により，CPO_i の逆数を，事後平均を用いて推定し，式 (10.21) を計算するために R にエクスポートした．図 10.4(b) では，特に外れた観察値に関して，CPO_i が常に，PPO_i より小さくなることが示されている． □

(iii) DIC 診断量： Spiegelhalter *et al.* (2002) は DIC と p_D を n 個の要素に分割することを提案した．標本のデビアンス，つまり $D(\boldsymbol{\theta}) = -2\log p(\boldsymbol{y}\,|\,\boldsymbol{\theta}) + 2\log f(\boldsymbol{y})$ は次のように n 人の被験者の寄与に分割することができる．

$$D(\boldsymbol{\theta}) = \sum_{i=1}^{n} D_i(\boldsymbol{\theta}) \tag{10.22}$$

$D_i(\boldsymbol{\theta}) = -2\log p(y_i\,|\,\boldsymbol{\theta}) + 2\log f(y_i)$ である．同様に，DIC と p_D を DIC$= \sum_{i=1}^{n} \text{DIC}_i$ と $p_D = \sum_{i=1}^{n} p_{Di}$ にそれぞれ分割する．$\text{DIC}_i = \overline{D_i(\boldsymbol{\theta})} + p_{Di}$ であり，$p_{Di} = \overline{D_i(\boldsymbol{\theta})} - D_i(\overline{\boldsymbol{\theta}})$ である．DIC は全体のモデルの当てはまり診断として使用され，相対的に大きな値は当てはまりが悪いことを示している．したがって，もし DIC_i が大きければ，そのモデルは i 番目の観察値に関してよく当てはまっていない．さらに，p_{Di} は i 番目の観察値のてこ比を示す．これは，正規線形回帰モデルでは，$p_D = \sum_i p_{Di} = tr(H)$

であることからわかる．ここで，H はハット行列である (Spiegelhalter et al. 2002, p.592)．$\overline{D_i(\boldsymbol{\theta})}$ は外れ値の観察値も示すが，その符号は，$y_i - E(y_i | \overline{\boldsymbol{\theta}})$ の符号に依存するため，むしろ，$dr_i = \pm \sqrt{\overline{D_i(\boldsymbol{\theta})}_i}$ が使用される．Wheeler et al. (2010) は，HIV データセットにいくつかの (疾患地図) モデルを探索するために，DIC にもとづいた診断を利用した．次では，例 IX.1 の口唇がん試験に診断量を適用する．

例 X.16: 口唇がん研究：PPO，CPO，DIC 診断による外れ値の探索

例 IX.13 では，口唇がんデータにポアソン対数正規分布を当てはめた．ここではポアソン対数正規モデルで様々な外れ値診断法を使用して，外れ値を検出するために探索を行う．PPO と CPO を計算するための SAS の使用法を説明するために，'chapter 10 lipcancer P lognormal.sas' プログラムを提供している．このプログラムには，モデルを当てはめるための MCMC ステートメントと出力を処理するための SAS コマンドが含まれている．PPO，CPO，ICPO のインデックスプロットは WinBUGS から得られたものと全く同じである (例えば，図 10.5(a))．

WinBUGS では DIC と p_D が利用可能であるが，それらの個々の要素は利用できない．R2WinBUGS の使用することで，DIC_i，dr_i および p_{Di} 診断量を計算した．'chapter 10 lip cancer with residuals.R' を参照のこと．ここでも 3 つの連鎖が各 20000 回の反復で行われ，バーンイン部分としてその半分を除外した．図 10.5 に，3 つの診断量および変量効果の切片の事後平均が示されている．$1/\widehat{CPO_i}$ のインデックスプロットは，明らかに 2 つの外れ値 (つまり 118 と 169) を示している．118 と 169 では，それぞれ観察度数は 10 と 22 で，期待度数は 33.49 と 102.16 である．さらに，これらの 2 つの外れ値は変量効果の切片 $\widehat{b_{0i}}$ のインデックスプロットにおいても際立っている．DIC_i と dr_i のインデックスプロットでも，これらの外れ値の特徴が確認できるが，程度は小さいが他の外れ値も示している．それにもかかわらず，DIC 診断と CPO 値は高い相関がある (Spearman の相関係数 = 0.95)．最後に，上記の 2 つの外れ値はどちらも p_{Di} 値によれば，てこ比は高くない (プロットは省略した)．　　□

10.3.3　感度分析

感度分析 (sensitivity analysis) の目的は，もとの統計モデルから逸脱したときに統計解析の結論がどれくらい変わるかを確認することである．ベイズ法では，これは，尤度と事前分布に対する変化 (摂動) で，その影響を評価する．様々な変化を考える．1 つとしては，モデルの分布の特徴を変える．例えば，ベイズ流混合効果モデル (BLMM または BGLMM) では，変量効果あるいは測定誤差の分布を変更するかもしれない．

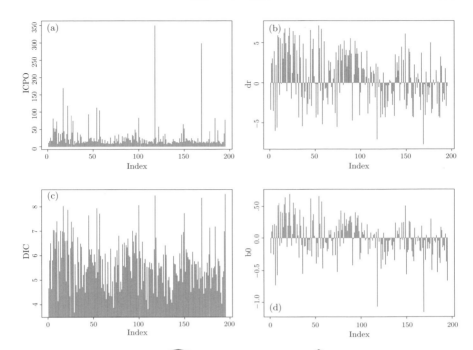

図 10.5 口唇がん研究：(a) $1/\widehat{\mathrm{CPO}}_i$, (b) dr_i, (c) DIC_i, (d) $\widehat{b}_{0i}$ のインデックスプロット

また，BGLMM では，異なるリンク関数を選んだときの影響を調べるかもしれない．応答あるいはある共変数の値をわずかに変更したり，単一あるいは被験者のセットを削除したりする変化に興味があるかもしれない．いくつかの代替モデルが考えられる場合，例 X.8 やこれまでの章の中の例で行われたように，設定を変えたベイズ解析を単に繰り返すことが，おそらく最も簡単な方法である．変更したモデルから事後要約量を得る別の方法は，3.7.2 節で例示したように，この連鎖からサンプリングすることにより，マルコフ連鎖を再利用することである．このアプローチは，観測値を削除する診断量が必要なときにも有用である．

感度分析はあらゆる (ベイズ) 統計解析の一部であるべきだが，多くの計算を必要とせずに実現可能でなければならず，また作業はかなり速やかに遂行されるべきである．しかしながら，これはベイズ流の枠組みでは，自明ではないかもしれない．これから概説する様々な計算手順が提案されている．これらのすべての手法において，一般的な統計ソフトウェアと基礎的な MCMC ソフトウェアを組み合わせることが重要である．

ここでは，重点サンプリングと重点サンプリング・リサンプリングを，どのように感度分析に応用できるかを概説する．その後，これらの手法を用いて，影響のある観察値の検出を扱う．

(i) 摂動関数によるベイズ流感度分析: 最初のモデル M_0 は確率密度関数 $p_0(y\,|\,\boldsymbol{\theta},\boldsymbol{x})$ と事前分布 $p_0(\boldsymbol{\theta})$ からなるとする. 共変量 $\boldsymbol{x}_i$ $(i=1,\ldots,n)$ をもつ標本 y_i $(i=1,\ldots,n)$ が利用可能と仮定し, そのとき事後分布は,

$$p_0(\boldsymbol{\theta}\,|\,\boldsymbol{y},\boldsymbol{X}) \propto \prod_{i=1}^{n} p_0(y_i\,|\,\boldsymbol{\theta},\boldsymbol{x}_i)p_0(\boldsymbol{\theta})$$

となる. $\boldsymbol{X}$ は共変量値の行列である. ベイズ流感度分析はモデル M_0 を変化させたときの事後分布における変化を評価する. これを評価する形式的なアプローチは Kass et al. (1989) によって提案されている摂動関数 (perturbation function) を利用することである. 異なる摂動関数を選択すると異なる感度分析となる. 摂動関数 $h(\boldsymbol{\theta}) \equiv h(\boldsymbol{\theta},\boldsymbol{y},\boldsymbol{X})$ を $p_0(\boldsymbol{\theta}\,|\,\boldsymbol{y},\boldsymbol{X})$ に掛けて, モデル M_1 と事後分布 $p_1(\boldsymbol{\theta}\,|\,\boldsymbol{y},\boldsymbol{X})$ を生成する. Weiss (1996) はいくつかの摂動関数を考えた. 例えば, $h_{1i}(\boldsymbol{\theta}) \propto 1/p_0(y_i\,|\,\boldsymbol{\theta},\boldsymbol{x}_i)$ は i 番目の観察値を尤度から除くことに対応している. 他の例として, (1) $h_2(\boldsymbol{\theta}) \propto q(\boldsymbol{\theta})/p_0(\boldsymbol{\theta})$ は $p_0(\boldsymbol{\theta})$ から $q(\boldsymbol{\theta})$ に事前分布を変更することに対応する. (2) y_i の値に対する感度を $h_{3i}(\boldsymbol{\theta},\delta) \propto p_0(y_i+\delta\,|\,\boldsymbol{\theta},x_i)/p_0(y_i\,|\,\boldsymbol{\theta},\boldsymbol{x}_i)$ によって評価する. (3) $\boldsymbol{x}_i$ に対する感度に関して, $h_{4i}(\boldsymbol{\theta},\boldsymbol{\delta}) \propto p_0(y_i\,|\,\boldsymbol{\theta},\boldsymbol{x}_i+\boldsymbol{\delta})/p_0(y_i\,|\,\boldsymbol{\theta},\boldsymbol{x}_i)$ をとる. 表記を簡単にするため, 共変量への従属性をここでは無視する. 変化させた事後分布は次に等しいことが簡単にわかる.

$$p_1(\boldsymbol{\theta}\,|\,\boldsymbol{y}) = p_0(\boldsymbol{\theta}\,|\,\boldsymbol{y})h(\boldsymbol{\theta})/E_0\,[h(\boldsymbol{\theta})\,|\,\boldsymbol{y}] \tag{10.23}$$

$E_0[h(\boldsymbol{\theta})\,|\,\boldsymbol{y}]$ は, $p_0(\boldsymbol{\theta}\,|\,\boldsymbol{y})$ のもとでの $h(\boldsymbol{\theta})$ の期待値である. Weiss (1996) は式 (10.23) を摂動に関するベイズの定理と呼んでいる. さらに, Weiss は次を示した.

$$B(M_0,M_1) = \frac{p(\boldsymbol{y}\,|\,M_0)}{p(\boldsymbol{y}\,|\,M_1)} = \frac{\int p_0(\boldsymbol{y}\,|\,\boldsymbol{\theta})p_0(\boldsymbol{\theta})\mathrm{d}\boldsymbol{\theta}}{\int p_0(\boldsymbol{y}\,|\,\boldsymbol{\theta})p_0(\boldsymbol{\theta})h(\boldsymbol{\theta})\mathrm{d}\boldsymbol{\theta}} = \frac{1}{E_0\,[h(\boldsymbol{\theta})\,|\,\boldsymbol{y}]}$$

これは, $E_0[h(\boldsymbol{\theta})\,|\,\boldsymbol{y}]$ をベイズファクターに関連付けている. 加えて, $h_{1i}(\boldsymbol{\theta})$ に関して, $B(M_0,M_1) = p_0(\boldsymbol{y})/p_0(\boldsymbol{y}_{(i)})$ であり, CPO_i がベイズファクターであることを示している.

摂動 (perturbation) の影響は, 2つの事後分布間の相違 (divergence) の指標によって評価可能である. このような相違の指標に関するよくある選択は, 式 (10.5) によって定義されたカルバック・ライブラー (K-L) 距離である. K-L 距離 $I(p_0(\boldsymbol{\theta}\,|\,\boldsymbol{y}),p_1(\boldsymbol{\theta}\,|\,y)) \equiv I_{0,1}(\boldsymbol{\theta})$ は, すべてのパラメータへの摂動の影響を測定し, $I_{0,1}(\tau(\boldsymbol{\theta})) = I(p_0(\tau(\boldsymbol{\theta})\,|\,\boldsymbol{y}), p_1(\tau(\boldsymbol{\theta})\,|\,\boldsymbol{y}))$ はパラメータベクトルの一部または関数である $\tau(\boldsymbol{\theta})$ の摂動の影響を評価する. Weiss (1996) は, $I_{0,1}(\tau(\boldsymbol{\theta})) \leq I_{0,1}(\boldsymbol{\theta})$ を示し, これは摂動のパラメータ全体に対する影響がパラメータの一部に対する影響よりも常に大きいことを意味している. 正規線形モデルに関して, $I_{0,1}(\boldsymbol{\theta})$ は古典的なてこ比, 残差量および Cook の距離のよ

うな影響度指標 (influence measure) から書くことができる (Geisser 1985; Guttman and Peña 1993; Johnson and Geisser 1983 参照). しかしながら, 絶対的な意味で, $I_{0,1}(\boldsymbol{\theta})$ を解釈することは困難である. 別の影響度指標として L_1-距離や χ^2-相違度を利用することもできる.

(ii) 影響度指標の計算: 以下に説明するように, 摂動アプローチによる感度分析は計算上複雑になることがある. これらの複雑な計算を回避するための実践的なアプローチは, 影響のある観察値を示すために古典的な影響度診断を使用することである. 線形モデルについて, Cook (1977) は回帰推定値に対する個々の被験者の影響度を表す解析的な式を与え, GLIM については, Pregibon (1981) がワンステップ影響診断量を提案した. 両方の診断とも標準的なソフトウェアで利用可能であり, 尤度に対する観察値の影響を評価するために使用できる. もちろん, ベイズ流の観点からは, この方法が良いわけではなく, さらにこれらの診断は事前分布の役割を無視している. より重要なことは, この方法は最尤法が簡単ではないようなより複雑なモデルでは, 機能しないことである.

ケース除外のベイズの定理 (式 (10.23) を $h_{1i}(\boldsymbol{\theta})$ に適用した) から, 次を示すことは容易である.

$$\frac{p(\boldsymbol{\theta} \mid \boldsymbol{y}_{(i)})}{p(\boldsymbol{\theta} \mid \boldsymbol{y})} = \frac{\mathrm{CPO}_i}{p(y_i \mid \boldsymbol{\theta})} = h_{1i}(\boldsymbol{\theta})$$

さらに, 収束マルコフ連鎖 $\boldsymbol{\theta}^1, \ldots, \boldsymbol{\theta}^K$ にもとづく $p(\boldsymbol{\theta} \mid \boldsymbol{y})$ と $p(\boldsymbol{\theta} \mid \boldsymbol{y}_{(i)})$ に関する相違度指標 $I_{0,1}(\boldsymbol{\theta})$ は, $\widehat{I}_i(h_1) = \frac{1}{K} \sum_{k=1}^{K} \{-\log h_{1i}(\boldsymbol{\theta}^k)\}$ によって推定される. この方法は, 全体に影響のあるケース, つまり $\boldsymbol{\theta}$ に大きな影響をもつケースを特定することができる. 不等式 $I_{0,1}(\boldsymbol{\tau}(\boldsymbol{\theta})) \leq I_{0,1}(\boldsymbol{\theta})$ は, 全体に影響のあるケースだけを探索する必要があることを示している. 他の摂動法に関しても, 同様の方法を取ることができる.

診断量 $\widehat{I}_i(h_1)$ は, 次の例 X.17 で示しているように, 影響の大きいケースに特に不安定となる $\widehat{\mathrm{CPO}}_i$ に依存する. 重点サンプリングは MCMC の技術と組み合わせて影響のあるケースを見つけるための代わりとなるアプローチである (Hastings 1970).

$\boldsymbol{\theta}^1, \ldots, \boldsymbol{\theta}^K$ を $p(\boldsymbol{\theta} \mid \boldsymbol{y})$ からの (独立でない) サンプルとすると, 反復 k の i 番目の被験者の除外することに対する重点重みは, $w_i^{*k} \equiv h_{1i}(\boldsymbol{\theta}^k)$ であり, 標準化した重みは $w_i^k = \sum_{i=1}^{n} w_i^{*k}$ である. ケース i を除いた後の要約量 $t(\boldsymbol{\theta})$ の事後平均は重み付き標本平均によって推定される.

$$\widehat{t(\boldsymbol{\theta})}_i = \sum_{k=1}^{K} w_i^k t(\boldsymbol{\theta}^k) \tag{10.24}$$

CPO_i の推定が悪いとき，これらの重みに対しても影響することは明らかである．実際，このことは 3.7.2 節ですでに言及していた．マルコフ連鎖にもとづく有限の重点重みに対する十分 (一般的な) 条件が Doss (1994) によって導出された．Peruggia (1997) はベイズ流の線形モデルに関する簡単に確認できる条件を与え，またてこ比が高い点では，重みの分散が無限になることを示した．Epifani et al. (2008) は，その他のモデルに関する十分条件を検討した．

重みの分散が大きいとき，少数の重み w_i^k が $\widehat{t(\boldsymbol{\theta})}_i$ を支配する．Gelman et al. (2004, p.316) は，非復元リサンプリングによる重み付きサンプリング・リサンプリング (weighted sampling-resampling, SIR) アルゴリズムを使用することを提案した．つまり，いったん選択された $\boldsymbol{\theta}^k$ は，SIR アルゴリズムの第 2 サンプリング段階の集合から取り除かれる．このようにして，大きな重みの影響を大幅に小さくする．これらのすべての手法に対して，低い自己相関 (それは間引き (thinning) によって得ることができる) のマルコフ連鎖が非常に有用であることに注意されたい．Bradlow and Zaslavsky (1997) は階層モデルに関して，代替の重み付けの方法を提案し，安定した重点重みをもつ重み付けを選択するため，(しばしば仮定される) 条件付き独立を利用した．さらに，彼らは階層が異なるレベルでのケース除外を調べた．

ベイズ法において，影響のある観察値の検出は活発な研究領域 (Millar and Stewart 2007; Peruggia 2007 参照) であるだけでなく，それらの手法には，日々利用するには負担となる計算上の困難を伴っていることを結論として述べておく．ここでは，骨粗しょう症試験の影響力のあるケースを探索する．

例 X.17：骨粗しょう症研究：影響のある観察値の検出

影響のある観察値の検出に関して，ベイズ流の技術をより良く説明するため，被験者 197 の応答 (TBBMC) を 2 だけ増加させた．この被験者は，大きな残差のため，てこ比が比較的大きい $h_{197,197} = 0.02$ となり (サンプル中の h_{ii} の最大値は 0.05)，Cook 距離が大きくなっている．図 10.6(a) に，BMI と TBBMC の散布図を 2 つの当てはめた回帰線 (被験者 197 がある場合とない場合で) とともに示す．すべての計算は，バーンインを 750 回とした，1500 回の単連鎖にもとづく．R のプログラムは，'chapter 10 osteo-study influence.R' で与えられる．

最初に，各ケースの全体的な影響を評価するために $\widehat{I}_i(h_1)$ $(i = 1, \ldots, 234)$ を計算した．図 10.6(b) において，被験者 197 が影響力の高いケースとして特定されることは明らかである．図 10.6(c) では，その被験者に関する重点重みの分散が (マルコフ連鎖の値を通して) 最も大きいことを示している．つまり，$\widehat{I}_{197}(h_1)$ が適切に求められなかったことを示唆している．図 10.6(d) において，少数の重点重みが被験者 197 の事

後要約量の重点サンプリング推定値を支配することがわかる.図10.6(e) と図10.6(f) では,それぞれの観察値を除外することによる切片 β_0 と傾き β_1 の標準化された変化を示す.つまり,傾きに関して,$\widehat{\text{DFBETA}}_{1i} = (\overline{\beta}_{1,(i)} - \overline{\beta}_1)/\widehat{\overline{\sigma}}_{\beta_1}$ で,$\overline{\beta}_1$ は総サンプルにもとづく傾きの事後平均の推定値,$\overline{\beta}_{1,(i)}$ は i 番目の被験者をサンプルから除外したときの β_1 の事後平均の推定値,$\overline{\sigma}_{\beta_1}$ は総サンプルにもとづく β_1 の事後標準偏差の推定値を示す.$\overline{\beta}_{1,(i)}$ は式 (10.24) を用いて計算される.やはり,被験者 197 は際立っている.最後に,例 X.14 で用いた方法で各観察値を物理的に除外することによる正確な変化と重点サンプリングによる推定された変化を比較した.重みの不均衡にもかかわらず,回帰係数の推定値は基本的に同じ変化となることを観察した(結果は示さない). □

ここで,動脈硬化試験において影響のある観察値を調べる.これらのデータは階層構造をもつので,ここでは,影響のある被験者と(被験者ごとに)影響のある観察値を探すべきである.

例 X.18:動脈硬化試験:影響のある観察値の検出

例 IX.18 では,非線形混合モデル (9.20) の解析が,1 つの観察値に強く依存していたことを懸念した.このため,ケース除外によってモデルの安定性を確認することは有用である.特に,δ の推定の感度に関心をもっている(δ の解釈については例 IX.18 を参照のこと).ここで,ケース除外には,2 つの意味がある.観察値診断 (observation diagnostics) が 1 つの観察値を除外する効果を測るのに対して,ケースは対象全体のことを指すので,対象診断 (subject diagnostics) を意味する.対象診断では,CPO と重点重みは,全体の対象に関係する(20 人の対象でそれぞれ,最大で 6 回の反復測定).一方,観察値診断では,個々の観察値を除外する影響を測る(1 人の対象が欠測値なので $120 - 1 = 119$ 個の観察値).R コマンドは,'chapter 10 arterior study-influence.R' にある.収束は比較的速かったが(演習 9.17 を参照),PPO 診断および CPO 診断の信頼できる推定にはより多くの反復が必要であった.100 の間引きによる 3×100000 回の反復を実行し,必要な情報の処理するため後半の半分を保持した.

もとのデータセットに対する影響度診断では,影響力が高い特別な対象あるいは観察値は見つからなかった.このような小規模のデータセットにおいては,すべての対象および観察値に高い影響力があるかもしれない.前の例題のように,より良い診断手順を例示するために,1 つの観察値を変化させる.つまり,4 番目の対象の 2 番目の測定(観察値 20)を 0.76 から 1.76 まで増加させた.全体的な影響度診断は,確かに 4 番目の対象が影響があり,さらに観察値 20 が影響があることを示している.観察値

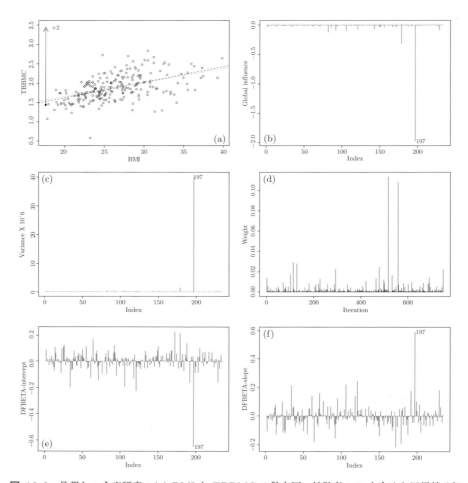

図 10.6 骨粗しょう症研究:(a) BMI と TBBMC の散布図,被験者 197 を含めた回帰線 (実線) と除いた回帰線 (破線),(b) $\widehat{I_i}(h_1)$ のインデックスプロット,(c) $\mathrm{var}(w_i)$ のインデックスプロット,(d) 重点重み w_{197}^k のインデックスプロット,(e) $\widehat{\mathrm{DFBETA}}_0$ のインデックスプロット,(f) $\widehat{\mathrm{DFBETA}}_1$ のインデックスプロット (ともに重点サンプリングより得た)

20 の重みのばらつきは極めて高かったが,4 番目の対象があまりに極端というわけではなかった.対象および観察値レベルでの δ への影響は図 10.7 からわかる.もとの解析と比較して,観察値 20 の変化により,δ の推定値が標準誤差のおよそ半分増加し,非常に顕著である.

次に,それぞれの対象と観察値の δ への影響を 3 つの手法で比較した.すなわち,(1) 重点サンプリング,(2) 復元抽出による SIR アルゴリズム,(3) 非復元抽出による SIR アルゴリズムである.SIR アルゴリズムについて,もとの連鎖からの毎回 1000 回

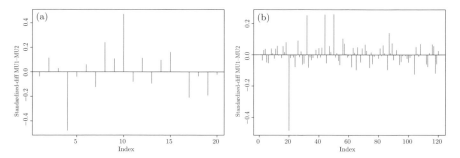

図 10.7 動脈硬化試験：(a) 被験者を除外したしたときの ($\overline{\text{DFBETA}_i}$)．(b) 観察値を除外したときの ($\overline{\text{DFBETA}_{ij}}$)．$\delta$ への影響を示すインデックスプロット

のサンプリングを行った．重点サンプリングと復元抽出による SIR アルゴリズムは，同様の結果となり，観察値 20 の影響を示した．一方，復元抽出のない SIR アルゴリズムからは，そのような特徴は得られなかった．この解析から，一般的な結論は導くことはできないが，復元抽出および非復元抽出 SIR アルゴリズムの両方を適用することは賢明なようである． □

(iii) 事前分布に対する感度： ここではモデルの不適切性の検出に集中し，モデルの当てはまりの欠如が部分的に事前分布の誤った選択によることは無視した．Gelman et al. (1996) は，それほど強過ぎない事前分布を有する妥当なサイズの試験では，事前分布の選択に対する結論の感度は，ごく小さいものになりがちであることを論じている．それにもかかわらず，漠然事前分布の選択が実際に無情報であるかどうかは常に明らかとは限らないので，最終の結論を導く前に事前分布を変化させることが望ましい．

10.3.4 事後予測確認

ここで，適合度 (goodness of fit, GOF) の大域的な指標を説明する．仮説 H_0 のもとで，標本 $\boldsymbol{y} = \{y_1, \ldots, y_n\}$ に関するモデル $M_0 : p(y \mid \boldsymbol{\theta})$ を仮定する．それにより，データからパラメータ $\boldsymbol{\theta} \in \Theta_0$ は推定される．頻度論では，H_0 は適合度検定統計量 $T(y)$ を用いて，検定する．$T(y)$ の大きな値は，モデルの当てはまりが良くないことを示すとし，H_0 のもとで，Θ_0 はただ 1 つの値からなるとする．つまり，$\Theta_0 \equiv \boldsymbol{\theta}_0$ である．頻度論の場合，適合度検定は H_0 のもとでの $T(\boldsymbol{y})$ の標本分布を求め，次の計算を行う．

$$p_C(\boldsymbol{y}, \boldsymbol{\theta}_0) = P(T(\widetilde{\boldsymbol{y}}) \geq T(\boldsymbol{y}) \mid \Theta_0, H_0) \tag{10.25}$$

ここで，$\tilde{\boldsymbol{y}} = \{\tilde{y}_1, \ldots, \tilde{y}_n\}$ は M_0 からの標本である．p_C が小さい場合は，H_0 を棄却する．p_C の計算は (漸近) 確率理論を利用して行われることが多い．しかし，H_0 のもとで $\tilde{\boldsymbol{y}}$ を発生させ，それにより $T(\tilde{\boldsymbol{y}})$ が $T(\boldsymbol{y})$ を超える回数の割合を決定するシミュレーション実験は可能である．しかしながら，Θ_0 が局外パラメータを含むとき，どのようにシミュレーションを行うか (局外パラメータのどの値を取るべきか) は明確ではなく，p_C の決定が漸近的な論議に依存する．ピボタル統計量 (pivotal statistic) $T(\boldsymbol{y})$ については，$T(\boldsymbol{y})$ の標本分布は局外パラメータに依存せず，また，p_C はここでも (シミュレーションあるいは確率論の利用によって) 決定することができる．例えば，$y_i \ (i = 1, \ldots, n)$ は多項分布 $\mathrm{Mult}(k, \boldsymbol{\eta})$ に従うカウントとする．ここで，$\sum_i y_i = k$，$\boldsymbol{\eta}$ は n 分類確率を表すとする．$\boldsymbol{\eta}$ が n 次元空間より低い次元に属することを確認するのに関心があると仮定する．つまり，$\boldsymbol{\eta} = t(\boldsymbol{\theta})$ で，$\dim(\boldsymbol{\theta}) = d < \dim(\boldsymbol{\eta}) = n$ である．この仮定を検証するためによく用いられる適合度検定は，次の χ^2 検定統計量である．

$$X^2(\boldsymbol{y}, \boldsymbol{\theta}) = \sum_{i=1}^n \frac{[y_i - \mathrm{E}(y_i \mid \boldsymbol{\theta})]^2}{\mathrm{var}(y_i \mid \boldsymbol{\theta})} \tag{10.26}$$

$\boldsymbol{\theta}$ が最尤法により推定されるとき，$X^2(\boldsymbol{y}, \boldsymbol{\theta})$ は漸近的に $\chi^2(n - d)$ 分布に従う．したがって，$X^2 = (\boldsymbol{y}, \boldsymbol{\theta})$ は漸近的にピボタル統計量である．同様に，2つのネストされたモデルの検定に関する対数尤度比検定統計量 $\mathrm{LLR}(\boldsymbol{y})$ は，H_0 のもとで漸近的にピボタル統計量である．なぜなら，大きな n に対して $\mathrm{LLR}(\boldsymbol{y})$ が，最尤法によって推定された局外パラメータに対して χ^2 分布に従うからである．適合度検定統計量の (漸近) 分布を導出するのが困難なときは，ブートストラップ法が役立つであろう．

この節では，ベイズ法において適合度をどのように検定するかの問題に焦点をあてる．ここで，上の仮説を検定したいとする．そのとき，

$$\int X^2(\boldsymbol{y}, \boldsymbol{\theta}) p(\boldsymbol{\theta} \mid \boldsymbol{y}) \, \mathrm{d}\boldsymbol{\theta} \tag{10.27}$$

を評価できる．ここで，χ^2 統計量はパラメータの不確かさで平均される．これは妥当なベイズ流の手続きであるが，このアプローチの問題は基準値の設定が難しいことである．別のアプローチは仮定したモデルからサンプリングを行い，観察された X^2 値の極端さと仮定したモデルのもとでのサンプル値と比較することである．これは，事後予測 P 値 (posterior predictive P-value, PPP-value) や事後予測確認 (posterior predictive check, PPC) と呼ばれるものの背後にある基本的な考え方である．

(i) 適合度を検定する予測アプローチ： 適合度検定のための予測アプローチは $T(\boldsymbol{y})$ と $T(\tilde{\boldsymbol{y}})$ を対比させることである．$\tilde{\boldsymbol{y}}$ は予測事後分布 (PPD) $p(\tilde{\boldsymbol{y}} \mid \boldsymbol{y})$ からの互いに独

立に同一の分布からのサンプルであり，その極端さを評価する．この考えの予備的なものは，Guttman (1967) によるものである．しかし，PPC の概念を定式化したのは Rubin (1984) である．Meng (1994) と Gelman et al. (1996) は，この提案を実際の手順にさらに発展させた．

PPC のより形式的な定義は次のとおりである．$T(\widetilde{\boldsymbol{y}})$ はデータのみに依存する古典的な適合度検定統計量とする．例えば，$T_{\min} = \min(\boldsymbol{y})$ および $T_{\max} = \max(\boldsymbol{y})$ は，離れた値がどれほどモデルによく当てはまっていたかを測る．さらに，観測されたデータ $\boldsymbol{y}$ は分布 $p(y \mid \boldsymbol{\theta}^*)$ から発生したとする．$\boldsymbol{\theta}^* \in \Theta_0$ は固定だが，未知のパラメータベクトルである．複製データ (replicated data) とも呼ばれる将来のデータ $\widetilde{\boldsymbol{y}}$ は同一の分布からサンプリングされていると仮定する．PPC に関して，次のように定義される事後予測 P 値を評価する．

$$\begin{aligned}
p_T &= P(T(\widetilde{\boldsymbol{y}}) \geq T(\boldsymbol{y}) \mid \boldsymbol{y}, H_0) \\
&= \int I[T(\widetilde{\boldsymbol{y}}) \geq T(\boldsymbol{y})] p(\widetilde{y} \mid \boldsymbol{y}) \, \mathrm{d}\widetilde{\boldsymbol{y}} \\
&= \int \int I[T(\widetilde{\boldsymbol{y}}) \geq T(\boldsymbol{y})] p(\widetilde{\boldsymbol{y}} \mid \boldsymbol{\theta}) p(\boldsymbol{\theta} \mid \boldsymbol{y}) \, \mathrm{d}\widetilde{\boldsymbol{y}} \, \mathrm{d}\boldsymbol{\theta} \\
&= \int p_C(\boldsymbol{y}, \boldsymbol{\theta}) p(\boldsymbol{\theta} \mid \boldsymbol{y}) \, \mathrm{d}\boldsymbol{\theta} \quad (10.28)
\end{aligned}$$

ここで，I は指示関数である．p_T の値が小さい場合はデータへのモデルの当てはまりが悪いことを示している．上の導出の最後の行において，真のパラメータが $\boldsymbol{\theta}$ ならば上式は p_C の計算に要約されるので，式 (10.25) を用いた．もし事後分布が $\boldsymbol{\theta}_0$ に集中するならば，$p_T \approx P_C$ であり，PPC は古典的適合度検定に帰着する

もし適合度検定統計量が局外パラメータに依存するならば，前のアプローチを適応させる必要がある．ベイズ流の枠組みにおいて，最大化は積分に置き換えられる．Meng (1994) は，データとパラメータの両方の関数である不一致指標 (discrepancy measure) $D(\boldsymbol{y}, \boldsymbol{\theta})$ へ PPD を拡張するために，このアプローチを提案した．PPP 値は，次のように計算される．

$$\begin{aligned}
p_D &= P(D(\widetilde{\boldsymbol{y}}, \boldsymbol{\theta}) \geq D(\boldsymbol{y}, \boldsymbol{\theta}) \mid \boldsymbol{y}, H_0) \\
&= \int \int I[D(\widetilde{\boldsymbol{y}}, \boldsymbol{\theta}) \geq D(\boldsymbol{y}, \boldsymbol{\theta})] p(\widetilde{\boldsymbol{y}} \mid \boldsymbol{\theta}) p(\boldsymbol{\theta} \mid \boldsymbol{y}) \, \mathrm{d}\widetilde{\boldsymbol{y}} \, \mathrm{d}\boldsymbol{\theta} \quad (10.29)
\end{aligned}$$

多項分布に従う y_i ($i = 1, \ldots, n$) に関して式 (10.26) によって定義される χ^2 不一致指標は，このような不一致指標の例である．この指標を式 (10.29) に適用することで，

PPP 値を算出する.

$$
\begin{aligned}
p_{X^2} &= \iint I[X^2(\widetilde{\boldsymbol{y}}, \boldsymbol{\theta}) \geq X^2(\boldsymbol{y}, \boldsymbol{\theta})] p(\widetilde{\boldsymbol{y}} \mid \boldsymbol{\theta}) p(\boldsymbol{\theta} \mid \boldsymbol{y}) \,\mathrm{d}\widetilde{\boldsymbol{y}} \,\mathrm{d}\boldsymbol{\theta} \\
&\approx \int P\left[X^2 \geq X^2(\boldsymbol{y}, \boldsymbol{\theta})\right] p(\boldsymbol{\theta} \mid \boldsymbol{y}) \,\mathrm{d}\boldsymbol{\theta}
\end{aligned}
\quad (10.30)
$$

X^2 は $\chi^2(n-d)$ 分布に従う確率変数を表す. 式 (10.30) は, $\widetilde{\boldsymbol{y}}$ に関して積分することと $X^2(\widetilde{\boldsymbol{y}}, \boldsymbol{\theta})$ が H_0 のもとで漸近的に $\chi^2(n-d)$ に従うという事実とによって得られる. 式 (10.30) と式 (10.27) の比較は, データへのモデルの当てはまりに関する基準値の定義が PPC アプローチで, より簡単であることを示している.

任意の不一致指標への PPC の一般化によって, 本質的な議論にもとづく統計量を選ぶことが可能になる. つまり, 古典的な適合度検定のようなピボタル統計量に制限される必要はない. さらに, PPC では, 反復のときにデータのいくつかの特徴を固定することができる. 例えば, 階層モデルにおいて, そのクラスターにおける分布の仮定を確認するために, 特定クラスターに反復を制限できるかもしれない. 平均と標準偏差が標本から求められる正規分布などのように, いくつかのパラメータを, 観察されたデータから得られる推定値に固定することができる. その場合, 事後分布から反復は行われない.

PPC の変形は, 事前予測 P 値を算出し, データと事前分布の矛盾を確認するのに使用する事前予測確認 (prior predictive check) である (Box 1980). 多くの場面で事前分布はあまりに漠然であり, 多くの非現実的なパラメータ値の平均化をすることにより不一致をもたらすので, このアプローチは適合度手順ほど用いられていない. しかしながら, 事前分布がデータにより良く当てはまっているなら, このアプローチは有用かもしれない (2 重シミュレーション法による PPP 値の計算に関しては下記を参照のこと).

関心のある任意のモデルの逸脱を検定できる柔軟性と MCMC 手順によって実行が簡単であることから, PPC は多く利用されてきたことを述べておく. このアプローチは広く適用されてきている.

(ii) PPC の計算: 不一致指標 $D(\boldsymbol{y}, \boldsymbol{\theta})$ (または検定統計量 $T(\boldsymbol{y})$) に関する PPP 値の計算は次のように行う.

1. $\boldsymbol{\theta}^1, \ldots, \boldsymbol{\theta}^K$ は $p(\boldsymbol{\theta} \mid \boldsymbol{y})$ からの収束したマルコフ連鎖とする.
2. $D(\boldsymbol{y}, \boldsymbol{\theta}^k)\, (k=1, \ldots, K)$ を計算する ($T(\boldsymbol{y})$ に関して一度のみ行う必要がある).
3. $p(\boldsymbol{y} \mid \boldsymbol{\theta}^k)$ から反復データ $\widetilde{y}^k$ をサンプルする (それぞれサイズ n).
4. $D(\widetilde{\boldsymbol{y}}^k, \boldsymbol{\theta}^k)\, (k=1, \ldots, K)$ を計算する.

5. $\overline{p}_D = \frac{1}{K} I[D(\widetilde{\boldsymbol{y}}^k, \boldsymbol{\theta}^k) \geq D(\boldsymbol{y}, \boldsymbol{\theta}^k)]$ によって p_D を推定する.

$\overline{p}_D$ が小さい場合, $D(\boldsymbol{y}, \boldsymbol{\theta})$ で測定されるように, モデルがデータに良く当てはまっていないことを示している.「小さい」とは, 古典的な頻度論のように, ここでも $\overline{p}_D \leq 0.05$ とするかもしれないが, 0.05 という選択は単に目安である. Gelman は, PPC の結果の評価にグラフィカルな出力の利用を提案している (Gelman and Meng 1996; Gelman 2003; Gelman 2004 参照). 検定統計量 $T(\boldsymbol{y})$ について, 反復値 $T(\widetilde{\boldsymbol{y}}^k)$ のヒストグラムは, 観察された $T(\boldsymbol{y})$ と重ねて表示することができる. 当てはまりの悪いモデルは, グラフ上の観察された $T(\boldsymbol{y})$ の極端さによって直ちにわかる. 不一致指標については, そのようなプロットは不可能で, 45 度ラインを追加した X-Y プロットが提案されている. 45 度の上側にある点の割合が p_D である.

ここで, 骨粗しょう症の例を用いて, PPC の使用を例示する.

例 X.19: 骨粗しょう症研究：PPC による分布の仮定の確認

TBBMC の正規性の確認において, 検定統計量と不一致指標との間の違いを例示する.'chapter 10 osteo study-PPC.R' において, 6 つの PPC がプログラムされている. ここでは, データの歪度と尖度の確認に焦点をあてる. 平均と分散パラメータをそれぞれ $\overline{y}$ と s^2 に固定することで, 2 つの検定統計量は次のようになる.

$$T_{\text{skew}}(\boldsymbol{y}) = \frac{1}{n}\sum_{i=1}^n \left(\frac{y_i - \overline{y}}{s}\right)^3, \quad T_{\text{kurt}}(\boldsymbol{y}) = \frac{1}{n}\sum_{i=1}^n \left(\frac{y_i - \overline{y}}{s}\right)^4 - 3$$

平均と分散がパラメータ (したがって, ベイズ法において確率変数) のとき, 不一致指標が得られる. つまり,

$$D_{\text{skew}}(\boldsymbol{y}, \boldsymbol{\theta}) = \frac{1}{n}\sum_{i=1}^n \left(\frac{y_i - \mu}{\sigma}\right)^3, \quad D_{\text{kurt}}(\boldsymbol{y}, \boldsymbol{\theta}) = \frac{1}{n}\sum_{i=1}^n \left(\frac{y_i - \mu}{\sigma}\right)^4 - 3$$

である. ここで, $\boldsymbol{\theta} = (\mu, \sigma)^T$ である.

各々に対する指標は, 観測データより反復データが極端な値を与える回数の割合である. 観察された歪度と尖度は 0.19 と 0.49 であった. PPC では, $\overline{p}_{T_{\text{skew}}} = 0.13$, $\overline{p}_{T_{\text{kurt}}} = 0.055$, $\overline{p}_{D_{\text{skew}}} = 0.27$, $\overline{p}_{D_{\text{kurt}}} = 0.26$ を得た. T_{kurt} だけが非正規性を示したが, これは D_{kurt} によっては確認されなかった. 不一致指標 $D_{\text{skew}}, D_{\text{kurt}}$ は, Ntzoufras (2009, p.367) によっても指摘されたように $T_{\text{skew}}, T_{\text{kurt}}$ より保守的のようである. この保守性は, 不一致指標でより大きなばらつきとなる μ と σ の事後分布の不確実性によって引き起こされる. 図 10.8(a) に, 観察された尖度とともに $T_{\text{kurt}}(\widetilde{\boldsymbol{y}})$ のヒストグラムを示す. 図 10.8(b) に, 45 度線とともに $D_{\text{kurt}}(\widetilde{\boldsymbol{y}}, \widetilde{\boldsymbol{\theta}})$ と $D_{\text{kurt}}(\boldsymbol{y}, \widetilde{\boldsymbol{\theta}})$

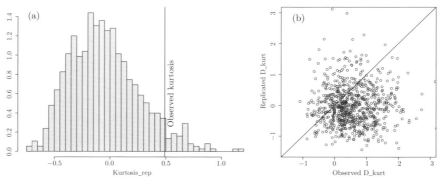

図 10.8 骨粗しょう症研究：(a) 観察された尖度と $T_{\text{kurt}}(\widetilde{\boldsymbol{y}})$ のヒストグラム，(b) $D_{\text{kurt}}(\widetilde{\boldsymbol{y}}, \widetilde{\boldsymbol{\theta}})$ と $D_{\text{kurt}}(\boldsymbol{y}, \widetilde{\boldsymbol{\theta}})$ の散布図

の散布図を示す．$\widetilde{\boldsymbol{\theta}}$ は発生させた $\boldsymbol{\theta}^1, \ldots, \boldsymbol{\theta}^K$ のいずれかであり，$\widetilde{\boldsymbol{y}}$ は対応する反復データである．

TBBMC の共変量による正規線形回帰からの残差の正規性の仮定を調べるため，同様の不一致指標を標準化残差 $\widehat{r}_i = (y_i - \widehat{y}_i)/\widehat{\sigma}$ に適用する．さらに，Ntzoufras (2009) は Kolmogorov-Smirnov 不一致指標を提案した．

$$D_{KS}(\boldsymbol{y}, \boldsymbol{\theta}) = \max_{i \in \{1, \ldots, n\}} [\Phi(y_i \mid \mu, \sigma) - (i-1)/n, i/n - \Phi(y_i \mid \mu, \sigma)]$$

ここで，$\Phi(\cdot \mid 0, 1)$ は標準正規分布の累積分布関数であり，ギャップ不一致指数 (gap discrepancy measure) は，

$$D_{\text{gap}}(\boldsymbol{y}, \boldsymbol{\theta}) = \max_{i \in \{1, \ldots, (n-1)\}} (y_{(i+1)} - y_{(i)})$$

となる．$y_{(i)}$ は $\boldsymbol{y}$ の i 番目の順序統計量の観察値である．簡単な不一致指標は $D_{0.05}(\boldsymbol{y}, \boldsymbol{\theta}) = \sum_{i=1}^{n} I(|y_i| > 2)$ であり，絶対値で 2 より大きい残差の割合を測っている．'chapter 10 osteo study2-PPC.R' のコマンドを用いて，例 X.12 の回帰分析においてこれらの指標を適用することができる．また，Ntzoufras (2009, pp.363–364) で述べられた手順を用いて外れ値の探索も行った．これから，残差が急尖的 (leptokurtic) 分布であるという意味で非正規性を示した． □

次の例題では，口唇がんデータに PPC を適用する．

例 X.20: 口唇がん研究：ポアソン (・ガンマ) モデルの事後予測確認

図 9.1 では，$\text{SMR}_i = y_i/e_i$ $(i = 1, \ldots, n)$ で，y_i が平均 $\mu_i = \theta e_i$ のポアソン分

布から発生したかどうかを確認した．これは計数 $y_i \sim \text{Poisson}(\theta e_i)$ のサンプリングをし，観察されたデータのヒストグラムと，反復データからの 1 つサンプルのヒストグラムを比較することによって行われた．$\theta = 1$ の仮定のもとで，これは一種の PPC であった．ここで，純粋な PPC を行い，θ を推定する．'chapter 10 lip cancer PGM PPC.odc' において，1 つのポアソン分布 (平均に関して対数尺度でオフセット値 e_i をもつ) の適切性を検定するために 4 つの PPC をプログラムした．R から WinBUGS を呼び出す R プログラムにこのプログラムを組み入れることは，読者への演習としておく．はじめに，$T_{1,\text{var}}(\boldsymbol{y}) = \text{Var}(\text{SMR})$ と $D_{2,\text{var}}(\boldsymbol{y},\theta) = \sum_{i=1}^{n}(y_i - \mu_i)^2/\mu_i$ によって，超過分散を確認した．後者の指標は，頻度論で $\chi^2(n-1)$ に対して評価されるピアソン検定を表している．次に，デビアンスにもとづく不一致指標を利用した．(1) θ のサンプルされた値に関して観察値において評価される $-2 \log L$ である $D_{1,dev}(\boldsymbol{y},\theta) = -2\sum_{i=1}^{n}[\mu_i + y_i \log(\mu)]$，(2) 飽和モデルと当てはめたモデルを比較するデビアンス残差からなる $D_{2,dev}(\boldsymbol{y},\theta) = -2\sum_{i=1}^{n}[(y_i - \mu_i) + y_i \log(\mu_i/y_i)]$ である．$D_{2,dev}$ を計算するために，0 のカウントは，小さな値で置き換えなければならない．最後に，SMR_i の観察分散と理論値 $\sum_{i=1}^{n} \mu_i/e_i$ とを比較した．

単純なポアソンモデルでは，すべての PPC で強く棄却された (すべての PPP 値は基本的に 0 であった)．2 つ目のステップにおいて (同じ .odc ファイルを参照)，$i = 1, \ldots, n$ に関して $\theta_i \mid \alpha, \beta \sim \text{Gamma}(\alpha, \beta)$ を仮定するポアソン・ガンマ階層モデルが妥当であるか検証した．不一致指標をこれに適応し，つまり，θ を $\boldsymbol{\eta} = (\theta_1, \ldots, \theta_n, \alpha, \beta)^T$ で置き換えた．例えば，$D_{1,dev}(\boldsymbol{y},\theta)$ は $D_{1,dev}(\boldsymbol{y},\boldsymbol{\eta})$ に等しく，$\mu_i = \theta_i e_i$ である．ポアソン・ガンマモデルについて，$D_{1,dev}$ と $D_{2,dev}$ の PPP 値は，0.14 と 0.51 の範囲にあり，このモデルを否定するエビデンスがないことを示している．もちろん，これはポアソン・ガンマモデルが適切であるという証拠とはならない．しかし，ポアソン・ガンマモデルは，超過分散を適切に評価しているようにみえる． □

例 X.19 および例 X.20 での，不一致指標は頻度論の検定統計量が着眼点であったが PPC はあらゆる不一致指標を使って定義できる．しかし，適切ではない指標もある．例えば，正規モデルにおける平均や標準偏差のような十分統計量は，モデルが正確にそのような指標に当てはめるので誤った選択である．最良の不一致指標をどのように選択するかについての一般的指針は，有用ではあるが，存在しない．

(iii) 階層モデルにおける事後予測確認：　口唇がんの例における PPC で，観測データ (レベル 1 データ) が階層モデルによく当てはまっているかどうかを評価する．しかし，階層モデルでは，分布の仮定はレベルの階層ごとにあるので，それぞれの不一致指

数が必要となる．例えば，例X.20では，Kolmogorov-Smirnov不一致指標$D(\boldsymbol{\theta},\boldsymbol{\phi})$にもとづくPPCによって，レベル2の潜在観察値のガンマ分布を確認できるかもしれない (演習10.24を参照)．ここで，$\boldsymbol{\theta}=(\theta_1,\ldots,\theta_n)^T$であり，$\boldsymbol{\phi}=(\alpha,\beta)^T$である．正規階層モデルについて，Sinharay and Stern (2003)は$\boldsymbol{\theta}$に仮定した正規分布の対称性を検定するために，$D_{SS}(\boldsymbol{y},\boldsymbol{\theta},\boldsymbol{\phi})=|\theta_{\max}-\theta_{\text{med}}|-|\theta_{\min}-\theta_{\text{med}}|$を提案した．他の検定とともに，この不一致指標を次の例で使用する．

例X.21：口唇がん研究：ポアソン・対数正規モデルの事後予測確認

例IX.13で，$\log(\mu_i/e_i)=\beta_0+\beta_1\text{AFF}_i+b_{0i}$を仮定した．ここで，$b_{0i}\approx N(0,\sigma_{b_0}^2)$は$\theta_i$の役割を果たす．変量切片効果の正規性の仮定を確認したいとする．b_{0j}に関して，不一致指標$D_{\text{skew}}(\boldsymbol{\theta},\boldsymbol{\phi})$，$D_{\text{kurt}}(\boldsymbol{\theta},\boldsymbol{\phi})$，$D_{\text{KS}}(\boldsymbol{\theta},\boldsymbol{\phi})$，$D_{\text{gap}}(\boldsymbol{\theta},\boldsymbol{\phi})$，$D_{\text{SS}}(\boldsymbol{\theta},\boldsymbol{\phi})$を適用する．ここで，$\boldsymbol{\theta}=(b_{01},\ldots,b_{0n})^T$，$\boldsymbol{\phi}=(\beta_0,\beta_1,\sigma_{b_0}^2)$である．記号を単純化するだけでなく，PPCは間接的に$\boldsymbol{y}$へ依存するので，$\boldsymbol{y}$に関する従属性を省略した．それぞれの場合において，次のようにPPP値を計算した：(1) 事後分布から$\tilde{\boldsymbol{\phi}}$をサンプリングし，$\tilde{\boldsymbol{\phi}}$が与えられたもとでの$\tilde{\boldsymbol{\theta}}$を算出する．それから，$D(\tilde{\boldsymbol{\theta}},\tilde{\boldsymbol{\phi}})$を計算する；(2) $N(0,\tilde{\sigma}_{b_0}^2)$から$\tilde{\tilde{b}}_{0i}$をサンプリングし，$D(\tilde{\tilde{\boldsymbol{\theta}}},\tilde{\boldsymbol{\phi}})$を算出する；(3) $D(\tilde{\tilde{\boldsymbol{\theta}}},\tilde{\boldsymbol{\phi}})$が$D(\tilde{\boldsymbol{\theta}},\tilde{\boldsymbol{\phi}})$より大きい割合を計算する．PPCは，'chapter 10 lip cancer PLN PPC.odc'により実行される．どのPPP値も非正規性は示さなかった (結果は未掲載)．

潜在変数に関してPPCの検出力をみるために，歪度が1.4，尖度が1.7をもつ位置尺度$\chi^2(2)$分布からのb_{0i}のシミュレーションのための人工データセットを作成し，これらを$\log(\mu_i/e_i)$に関して代入した (先のodcファイルにおける'simulated data'を参照)．驚くことに，正規性からの逸脱を示す不一致指標はなかった． □

前の例の階層モデルに適用したPPP値は，Gelman et al. (2005)が最初に提案し，Steinbakk and Storvik (2009)によって，拡張PPP値 (extended PPP-values)と呼ばれた．Sinharay and Stern (2003)は，彼らの不一致指標D_{SS}と一緒にして階層的設定に対して古典的なPPCの違う拡張を提案した．すなわち，$\boldsymbol{\phi}$の各サンプルされた値に関して，$D_{SS}(\boldsymbol{y},\boldsymbol{\theta},\boldsymbol{\phi})$の事後期待値を計算し，$D^m(\boldsymbol{y},\boldsymbol{\phi})=E[D_{SS}(\boldsymbol{y},\boldsymbol{\theta},\boldsymbol{\phi})\,|\,\boldsymbol{y}]$を得た．次のステップでは，PPP値は$D^m(\boldsymbol{y},\boldsymbol{\phi})$にもとづいた．つまり，古典的な (非階層) PPCを使用し，またSteinbakk and Storvik (2009)によるところの周辺化PPP値 (marginalized PPP-value)を得た．このようにして，潜在的なレベル2の観察値は最終計算から取り除かれる．二重のサンプリングを含んでいるので，このアプローチには多くの計算が必要である．最初は$\boldsymbol{\phi}$のサンプリング，そして各サンプル値に関して$\boldsymbol{\theta}$のサンプリングとその事後平均の算出のためである．より重要なことは，

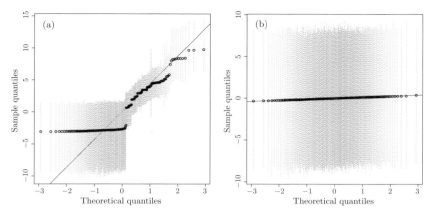

図 10.9 足指の爪試験：(a) 変量切片の事後平均の正規確率プロットと (b) シミュレーションによる変量切片の正規確率プロット

Sinharay and Stern (2003) は例題とシミュレーションにおいて，非正規性を検出するための $D^m(\boldsymbol{y}, \boldsymbol{\phi})$ の検出力は極めて低いことを明らかにしている．Dey et al. (1998) は，Sinharay and Stern (2003) の例題において，各 b_{0i} につき観察応答 y_i が1つだけであるから，この検出力が低いと述べた．

次の例は，レベル2の観察値について多数の観察値を有する階層モデルである．ここでも，変量効果の正規性の仮定を検定したい．

例 X.22: 足指の爪ランダム化比較試験：ロジスティック変量切片モデルにおける変量切片の正規性の確認

前の例で定義した不一致指標を用いて，例 IX.14 の足指の爪モデルの変量切片の正規性の仮説を検定した．'chapter 10 toenail study-PPC.R' において，不一致指標を計算するためにR2WinBUGSとRの関数を利用した．どの不一致指標も非正規性を示していない．これは，図 10.9(a) の，変量切片の (事後平均の) 正規確率プロットにおいて示される明確な非正規性を考えると驚くべきである．図 10.9(b) の正規確率プロットは，正規性を仮定して，シミュレーションによる変量切片の事後平均を示している (点ごとの95%CIとともに)．予想通り，正規性からの逸脱はなかった．しかしながら，サンプリングされた変量切片は変動が大きい．これは，σ_{b_0} の事後平均が約4であるということから説明される．この大きな変動により，PPCはデータの正規性からの逸脱を検出することがなかった． □

例 X.21 と例 X.22 より，PPCはレベル2の観察値に関して，極めて検出力が低い

のかもしれない．ここで，この問題をより詳細に調べる．

(iv) PPP 値の解釈： 古典的 P 値 p_C は H_0 のもとで，一様分布に従う．これは，任意の $0 \leq \alpha \leq 1$ に対して，連続的な検定統計量の場合，$P(p_C \leq \alpha) = \alpha$ であり，H_0 のもとで仮想的な試験の $\alpha\%$ で $p_C \leq \alpha$ が起こることを意味する．本書では，PPP 値もしばしば古典的 P 値として解釈する．実際，これはベイズ流 P 値 (Bayesian P-value) と呼ばれている．しかし，これは正当化することができないかもしれない．むしろ，PPP 値は式 (10.31) に例示されたように $\boldsymbol{\theta}$ の事後的な不確実性に関して，古典的 P 値の平均をとったものである．事前予測 P 値に関して，Meng (1994) は p_D の分布は一様分布でないことを示している．また，PPP 値も一様分布に従わず (Robins et al. 2000)，計算が難しい．Steinbakk and Storvik (2009) は，階層的な設定への PPP 値の拡張に関して，同じことを結論付けている．PPC の 2 つ目の問題点は，データの 2 重使用のため，検出力不足になることである．このことは，特定の状況における解析的結果も導出した Steinbakk and Storvik (2009) によって，いくつかの研究で示されている．PPP 値を修正するため，Steinbakk and Storvik (2009) は，変量効果の分布の仮定からの逸脱を検出するため，より大きな検出力を有する，一様分布をもつベイズ流 P 値を算出する 2 重シミュレーションの方法を提案している．このアプローチは次のとおりである．

- 古典的な PPP 値 $\bar{p}_D$ を計算する．これは，下記シミュレーションからの p_D とは区別するため「観測 p_D」と呼ばれる．
- 帰無・帰無 (null-null) モデルと呼ばれるものからサンプリングを行う．つまり，事前分布 $p(\boldsymbol{\phi})$ から $\boldsymbol{\phi}^*$，$p(\boldsymbol{\theta}\,|\,\boldsymbol{\phi}^*)$ から $\boldsymbol{\theta}^*$，$p(\boldsymbol{y}\,|\,\boldsymbol{\theta}^*)$ から $\boldsymbol{y}^*$ をサンプリングする．
- それぞれのシミュレーションからのデータセットにより $\bar{p}_D$ を計算し，これを p^* と呼ぶ．これを S 回繰り返し，$p_1^*, \ldots, p_S^*$ を算出する．
- $p_S = \frac{1}{S} \sum_{s=1}^{S} I(p_s^* < \bar{p}_D)$ を計算する．

このアプローチは，適度に広いが超パラメータに対する現実的な値をカバーする正則な事前分布 $p(\boldsymbol{\phi})$ を必要とする．提案されたアプローチは極めて有望ではあるが，次の例は必要な計算量が並外れたものになることを示している．

例 X.23: 足指の爪ランダム化臨床試験：Steinbakk and Storvik (2009) のアプローチの例

Steinbakk and Storvik のアプローチを実行するため，R2jags プログラムを利用す

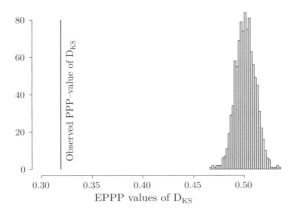

図 10.10 足指の爪試験：シミュレーションからの PPP のヒストグラムと $\bar{p}_D = 0.32$

る．古典的な不一致指標は，正規性の仮定の逸脱を示さないことを思い出されたい．ここでは，Kolmogorov-Smirnov 不一致指標だけをみる．「観測 p_D」は 0.32 である．

最初に，$\phi_1^*, \ldots, \phi_S^*$ をサンプリングする．$\phi_s^* = (\beta_{0s}^*, \beta_{1s}^*, \beta_{2s}^*, \beta_{3s}^*, \sigma_{0s}^{*2})^T$, $S = 1000$ である．ϕ_s^* に関する事前分布は，平均 = 0，分散 = 10^4 である回帰係数に関する独立な正規事前分布と，σ_{0s}^* に関しては，$[0,100]$ の一様事前分布の積である．その他のシミュレーションの値は，特定のロジスティック変量切片モデルから得られる．つまり，さらに $\theta_1^*, \ldots, \theta_S^*$ と $y_1^*, \ldots, y_S^*$ をシミュレーションする．ここで，$\theta_s^* = (b_{01s}^*, \ldots, b_{0ns}^*)^T$ であり，y_s^* は s 番目のシミュレーションの応答である．s 番目に発生したデータセットに関して，PPP 値 p_s^* を算出するために，Kolmogorov-Smirnov 不一致指標 $D_{KS}(\theta_s^*, \phi_s^*)$ を適用する．それぞれの解析において，2000 回の反復を行い，バーンインの 1000 回を削除する．図 10.10 において，「観測 p_D」とともに，$p_1^*, \ldots, p_S^*$ のヒストグラムを示した．帰無・帰無モデルのもと，p_D は，0.32 とはかけ離れた 0.50 付近に集中している．したがって，変量切片の正規性からの強い逸脱が示されている．シミュレーションからの PPP 値の計算は，極めて時間を食い，クラスター計算環境において約 24 時間掛かったことを述べておく． □

ベイズ流 P 値を修正するために必要な並外れた計算ができれば，もともとの PPC は多くの応用で選択肢として残される．階層モデルでは，この方法は変量効果の事後推定値にもとづく診断プロットも生成する．代案として，その他のシミュレーションにもとづくアプローチが研究されている (Marshall and Spiegelhalter 2007 と Green et al. 2009 を参照)．

10.3.5 モデルの拡張

10.3.5.1 はじめに

パラメータを追加してモデルを拡大させたり，現行モデルを含んだより大きなクラスのモデルにすることを，モデルの拡張 (model expansion) と呼ぶ．モデルの拡張はモデルを構築する方法であるが，またモデルの適合度を検定する方法でもある．回帰分析におけるモデルの拡張の例は次のとおりである：(1) 仮定する応答の分布を含む一般的な分布のクラスを考えること，(2) 多項式や交互作用項を系統的な部分に加えたり，モデルにスプラインを導入することにより，共変数の線形性の仮定を緩めること，(3) リンク関数の仮定などを緩めること，などである．現行モデルを拡張する方法は，無数にあることは明らかである．想像力と計算力によって制限されているだけであるが，もちろん，最終モデルは本質的な視点からみて意味があるべきである．

10.3.5.2 分布の仮定の一般化

モデルにおける分布の仮定は，それを含んだより大きな分布のクラスを考えることで，緩めることができる．例えば，正の確率変数 y に関して，正規分布は，Box and Cox (1964) によって提案された修正べき変換族に組み込むことができる．これは，λ が存在し，

$$y^{(\lambda)} = (y^\lambda - 1)/\lambda \qquad (10.31)$$

が正規分布 $N(\mu, \sigma^2)$ に従うことを仮定することである．その場合，y は，Box-Cox 分布 (Box-Cox distribution) に従うという．変換パラメータ λ はデータから推定する必要があるので，-2 と 2 の間の値をとることが多い確率変数となる．$\lambda = 1$ のとき y は正規分布である，$\lambda = 0$ のとき y は対数正規分布である．他の変換族も，文献で提案されている．例えば，Bickel and Doksum (1981) は，負もありえる y に関して，$\lambda > 0$ である $(|y|^\lambda \mathrm{sgn}(y) - 1/\lambda)$ という変換を提案した．その他の回帰係数とともに λ を推定することは，実際の尺度が不確かなとき，何が起こるかをより良く反映している．

Box-Cox 分布は，WinBUGS でも SAS でもサポートされていない．その分布が標準ではないとき，WinBUGS では 0 トリック (zeros trick) や 1 トリック (ones trick) を試みることができる．0 トリックは次の全尤度の分解を用いる．

$$L = \prod_{i=1}^{n} L_i = \prod_{i=1}^{n} \exp[\log(L_i)] = \prod_{i=1}^{n} \frac{\exp(-[-\log(L_i)])[-\log(L_i)]^0}{0!} \qquad (10.32)$$

これは，平均が $-\log(L_i)$ ですべての観察値が 0 であるポアソン分布に従う確率変数のサンプルの尤度としてみることができる．あるいは，1 トリックを適用することも

できる．つまり，

$$L = \prod_{i=1}^{n} L_i = \prod_{i=1}^{n} L_i^{z_i}(1-L_i)^{(1-z_i)} \tag{10.33}$$

である．ここで，すべての i に関して $z_i = 1$ である．このとき，尤度はベルヌーイ分布のそれに似ている．両方の場合において，サンプルは擬似的な確率変数からなるが，トリックは WinBUGS を使うために役立つかもしれない．0 トリックに関して，すべての L_i が正であることを保証するために，大きな定数を加える必要があるかもしれない．1 トリックに関しては，大きな正の定数によって分ける必要があるかもしれない．

最良の λ を決定するためのより単純な別のアプローチは，集合 $\{-2, -1.5, -1, -0.5, 0, 0.5, 1, 1.5, 2\}$ からべき λ を選択していくつかのベイズ解析を行うことである．それぞれ選択した λ に対して，DIC_λ と表記する DIC を得る．しかしながら，様々な DIC_λ を比較するために，応答のもとの尺度に戻すのに修正項が必要である．修正 DIC 値を $DIC(\lambda)$ とすると，

$$DIC(\lambda) = DIC_\lambda - 2\sum_{i=1}^{n} \log|J_i(\lambda)| = DIC_\lambda - 2(\lambda-1)\sum_{i=1}^{n} \log(y_i) \tag{10.34}$$

ここで $J_i(\lambda)$ は y_i の $y_i^{(\lambda)}$ への変換のヤコビアンである．次の例では，データからパラメータ λ を推定する目的で，食事試験における応答に Box-Cox 分布を仮定する．

例 X.24: 食事研究：応答の Box-Cox 変換の推定

例 X.10 から，$6909.666 = DIC(0) < DIC(1) = 6991.300$ なので，コレステロール摂取量はもとの尺度よりも対数尺度の方がふさわしいことがわかる．

0 トリックと 1 トリックの両方を適用したが，WinBUGS (と OpenBUGS) (プログラム 'chapter 10 dietary study chol Box-Cox.odc') では収束しなかった．SAS のマルコフ連鎖も収束しなかった．問題は，σ (測定誤差の SD) と λ の事後相関にある．図 10.11 は，1 つの連鎖からの σ^k と λ^k の散布図で，σ^k と λ^k 間に強い相関関係があることを示している．これは λ^k が増加すると，測定誤差の分散もまた増加するということから説明できる．しかし，WinBUGS や SAS を利用しての解決法は簡単には見つからない． □

10.3.5.3 リンク関数の一般化

ベイズ流一般化線形モデル (BGLM) で通常使用されるリンク関数は，より一般的なクラスに含めることができる．例えば，ポアソン回帰モデルにおける対数リンク $g(\mu) = \log(\mu)$ は，$g_\lambda(\mu) = (\mu^{(\lambda)} - 1)/\lambda$ の $\lambda = 0$ のときの特別な場合である．2 値

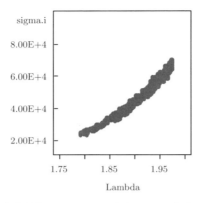

図 10.11 食事研究：WinBUGS を利用した σ^k と λ^k の散布図

の場合，つまり，ロジスティック回帰では，2種類の一般化を考えることができる．1つ目は，ロジスティックリンクの逆関数は累積ロジスティック分布関数となり，他の分布を検討したり，より大きなクラスへ現状の累積分布関数を含めることでリンク関数を一般化することができる．2つ目は，ロジスティックリンク関数をリンク関数の族に含めることである．例えば，$g_\lambda(\pi) = \frac{1}{\lambda}\{[\pi/(1-\pi)]^\lambda - 1\}$ である (Guerrero and Johnson 1982). ここでは，異なる DIC_λ 値を調整する必要がないことに注意されたい．

10.3.5.4 線形性の仮定の緩和

共変量の非線形効果を考慮するため，多項式と積の項を導入する．または，共変量のいくつかに Box-Cox 変換を適用することができるかもしれない．これは Box-Tidwell 変換として知られている (Box and Tidwell 1962). Royston and Altman (1994) は，共変量 x の正しい尺度を見つけるために分数多項式 (fractional polynomials) を提案した．共変量 x に関する次数 m の分数多項式は，関数 $\phi_m(x, \boldsymbol{\alpha}, \lambda) = \alpha_0 + \alpha_1 x^\lambda + \sum_{j=2}^m \alpha_j x^\lambda [\log(x)]^{j-1}$ である．パラメータ $\alpha_0, \ldots, \alpha_m$ はデータから推定される．これが，すべての候補となる共変数に関して行われる．モデルはそれぞれもとの共変量 x_j を，分数多項式と共変量の推定値に置き換えていくことによって，徐々に複雑になる．モデルの系統的な構成要素で線形性の仮定を緩和するための一般的なアプローチは，平滑化 (smoothing) あるいはノンパラメトリック関数推定である (nonparametric function estimation). 平滑化は探索的データ解析のための確立した手段であり，Green and Silverman (1994), Ruppert *et al.* (2003), Lee *et al.* (2006, pp.267–291) で包括的に扱われている．平滑化と混合モデルの関係を簡単に紹介する (式 (10.37) とその

後の段落を参照のこと; Gurrin et al.(2005)).ここでは,最初に古典的アプローチを説明する.

考えを理解するため,1つの回帰変数 x をもつ 5.6.1 節で説明した線形回帰モデルを例として挙げる.

$$y_i = \beta_0 + \beta_1 x_i + \varepsilon_i \quad (i=1,\ldots,m)$$

関係を平滑化することは,線形関係を次のように置き換えることを意味する.

$$y_i = m(x_i) + \varepsilon_i \quad (i=1,\ldots,m) \tag{10.35}$$

$m(x)$ は任意の平滑化関数である.平滑化関数は,しばしばスプライン (spline) を利用してモデル化される.様々なスプラインがあるが,ここでは 2 つのタイプを考える.(a) 切断多項式にもとづくスプラインと (b) B スプラインである.最初のタイプでは,平滑化関数は次数 d の区分的多項式である.

$$m(x;\boldsymbol{\beta},\boldsymbol{b}) = \beta_0 + \beta_1 x + \cdots + \beta_p x^d + \sum_{k=1}^{K} b_k (x-\kappa_k)_+^d$$

$c > 0$ のとき $c_+ = c$ であり,それ以外のときは $c_+^d = (c_+)^d$ である.$\boldsymbol{\beta} = (\beta_0,\ldots,\beta_d)^T$, $\boldsymbol{b} = (b_1,\ldots,b_K)^T$ は回帰係数のベクトルである.$m(x;\boldsymbol{\beta},\boldsymbol{b})$ の中の $(x-\kappa_k)_+^d$ を $|x-\kappa_k|^d$ で置き換えると式 (10.35) は $m(x)$ の低ランク薄板スプラインと呼ばれる.関数 $m(x;\boldsymbol{\beta},\boldsymbol{b})$ は x の値の範囲をカバーする区間 $[a,b]$ に関して構築され,(内部) 節点 ((inner) knot) κ_k,つまり $(a<)\,\kappa_1<\kappa_2<\ldots<\kappa_k\,(<b)$ で線分に分割される.節点はしばしば $K \ll n$ の等距離か,x 値の $k/(K+1)$ 点をとる.$m(x;\boldsymbol{\beta},\boldsymbol{b})$ は $(d-1)$ 次連続導関数をもつ.関数 $1, x, \ldots, x^d, (x-\kappa_1)_+^d, \ldots, (x-\kappa_K)_+^d$ は基底関数 (basis function) と呼ばれる.一般的に d は 2 (2 次スプライン) と 3 (3 次スプライン) が選ばれる.多項式と切断多項式部分に関して,異なる次数を仮定するかもしれない.単純に,すべての係数 $\boldsymbol{\beta}$ と $\boldsymbol{b}$ は,最大尤度によって,ギザギザな推定関数 $\widehat{m}(x;\boldsymbol{\beta},\boldsymbol{b})$ を算出する.係数は隣り合う線分 $[\kappa_{k-1},\kappa_k]$ 間の勾配の変化を表しているので,$m(x;\boldsymbol{\beta},\boldsymbol{b})$ の滑らかさをコントロールする標準的なアプローチは,係数 $b_1,\ldots,b_K$ を制限することである.これは,すべてのパラメータに関して次の罰則付き最小 2 乗の最小化によって行うことができる.

$$\frac{1}{\sigma_\varepsilon^2} \sum_{i=1}^{n} [y_i - m(x_i;\boldsymbol{\beta},\boldsymbol{b})]^2 + \frac{\lambda}{\sigma_\varepsilon^2} \boldsymbol{b}^T \mathrm{D} \boldsymbol{b} \tag{10.36}$$

式 (10.36) において,σ_ε^2 の項は固定であることを仮定しているが,その有用性は以下で明らかになる.行列 D は罰則を表している.リッジ罰則 (ridge penalty) は D =

diag$(1,\ldots,1)$ で得られるが，他の罰則も利用する．$\lambda=0$ のとき，平滑化はなく，ギザギザな関数を算出する一方，$\lambda\to\infty$ のとき，解は次数 $(d-1)$ の多項式であり，最も滑らかな解である．推定は，λ に依存する．最適な λ を探すために，λ の様々な固定値を選択し，最も AIC の低い，あるいはクロスバリデーションによって応答の最良の予測を提供するものを選択することができる．しかし，平滑化と混合モデルの関連を利用すると，より洗練された手法となる．$(s=1,\ldots,d)$ に関して，$\boldsymbol{y}=(y_1,\ldots,y_n)^T$, $\boldsymbol{x}^s=(x_1^s,\ldots,x_n^s)^T$, $\boldsymbol{1}$ は要素が 1 のベクトル，$\boldsymbol{\varepsilon}=(\varepsilon_1,\ldots,\varepsilon_n)^T$, $\boldsymbol{X}=(\boldsymbol{1},\boldsymbol{x}^1,\ldots,\boldsymbol{x}^p)$ (p は d とは異なることもある)，$\boldsymbol{Z}=((\boldsymbol{x}-\kappa_1\boldsymbol{1})_+^d,\ldots,(\boldsymbol{x}-\kappa_K\boldsymbol{1})_+^d)$ とする．このとき，モデル $y_i=m(x_i;\boldsymbol{\beta},\boldsymbol{b})+\varepsilon_i,(i=1,\ldots,n)$ は次のように書ける．

$$\boldsymbol{y}=\boldsymbol{X}\boldsymbol{\beta}+\boldsymbol{Z}\boldsymbol{b}+\boldsymbol{\varepsilon} \qquad (10.37)$$

混合モデルと平滑化との形式的同値性は，式 (10.36) を混合モデルの対数尤度と解釈することによって得られる．ここで，$\boldsymbol{b}\sim N(\boldsymbol{0},\frac{\sigma_\varepsilon^2}{\lambda}D^{-1})$ である．リッジ罰則は $b_k\sim N(0,\sigma_b^2)$ $(k=1,\ldots,K)$, $\sigma_b^2\equiv\sigma_\varepsilon^2/\lambda$ であり，古典的な線形混合モデルを得る．その他の D の選択でも，再パラメータ化により，やはり線形混合モデルが導かれる (例 X.25 を参照)．平滑化の再定式化の利点は，混合モデルのソフトウェアを使用することが可能になり，「最良の」λ を (罰則付き) 最尤法により得ることができるということである．Gurrin et al. (2005) は，滑らかな曲線を得るために b_k を固定効果とするよりも変量効果とみなすべきという興味深い説明をしている．つまり，推定された b_k は，0 に縮小し，したがって，より小さい分散を示すと知られている最良線形不偏予測量 (BLUP) である．

5.7 節では，リッジ回帰とベイズ流の正規事前分布をもつ正規線形回帰分析との類似点を説明した．同様に，モデル (10.37) で，$\boldsymbol{b}$ に正規事前分布 $N(\boldsymbol{0},\frac{\sigma_\varepsilon^2}{\lambda}D^{-1})$ を与え，その他のパラメータには古典的な漠然事前分布とすると，混合モデルとベイズ流モデルとを関連付けることができる．そして，MCMC 法を (特に，複雑な平滑化に関して) 用いて，すべてのパラメータを推定することができる．次の例では，骨粗しょう症データセットに対して，線形性の仮定を確認する．

例 X.25: 骨粗しょう症研究：3 次スプラインを用いた TBBMC と BMI の関係の平滑化

例 IV.7 で仮定した線形回帰モデルが正しいかどうかを評価する．'chapter 10 osteo study thin plate.R' では，BMI と TBBMC との間のスムーズな関係を探索する．このために，Crainiceanu et al. (2005) が開発した WinBUGS プログラムを適用する．ここでは，$m(x;\boldsymbol{\beta},\boldsymbol{b})=\beta_0+\beta_1 x+\sum_{k=1}^{K}b_k|x-\kappa_k|_+^3$ を仮定する．罰則行列の (r,s)

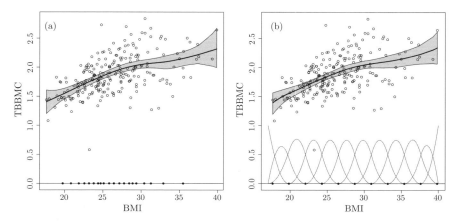

図 10.12 骨粗しょう症研究：TBBMC と BMI の平滑化した関係. (a) 節点 20 のベイズ流切断 3 次スプライン, (b) 節点 10 と罰則を科したベイズ流 B スプライン. 太線は $m(x)$ の事後平均を表し，境界線は点ごとの 95% 等裾確率 CI を表す．下部の円は節点の位置を表す．

の要素は, $(D)_{r,s} = |\kappa_r - \kappa_s|^3$ である．再パラメータ化 $\boldsymbol{b}^* = D^{1/2}\boldsymbol{b}$, $\boldsymbol{Z}^* = \boldsymbol{Z}D^{-1/2}$ により，古典的線形混合モデルが得られる．20 の節点が選ばれ，各区分はデータの大体 $100 \times (1/21)\%$ が含まれる．プログラム設定に関する詳細 (反復回数，バーンイン部分，連鎖の数など) は，R プログラムで確認できる．$\lambda = 5799$ の罰則パラメータに対する，大きな事後中央値により，図 10.12(a) の平滑化曲線の曲率は小さいことがわかる．よって，BMI と TBBMC の関係は，ほとんど線形であると結論する．平滑化モデルの有効自由度は DIC $= 78.3$ より $p_D = 5.96$ と推定された．□

平滑化スプライン関する別の一般的な選択は，B スプライン (B-spline) である．平滑関数 $m(x)$ の B スプラインは，

$$m(x; \boldsymbol{b}, r) = \sum_{q=1}^{Q} b_q B_q(x; r)$$

である．ここで，基底関数 $B_q(x; r)$ は，データの範囲をカバーする等距離の節点に関する r 次の区分的多項式であり，r 次の B スプライン (B-splines of degree r) と呼ばれる．つまり，1 次 B スプラインは節点で変化した線形関数からなる．2 次 B スプラインは 2 次関数からなる．3 次 B スプラインは 3 次関数からなる．節点の数と B スプラインの次数が関連していることに注意されたい．B スプラインの数学的記述は多少複雑となってしまう．したがって，技術的詳細に関しては，de Boor (1978) を参照する．3 次の B スプライン (次数 = 3) のグラフ描写は，図 10.12(b) を参照する．B スプラインによる平滑化は，回帰係数 b_q に罰則を科さずに低い Q をとることによって行われ

る．他に，Eilers and Marx (1996) は，多数の等距離の節点をとり，かつ r 番目の差にもとづいた b_q に差の罰則を置くことを提案した．これは P スプライン・アプローチ (P-splines approach) と呼ばれる．例えば，回帰係数の 1 次の差は，$\Delta_q = b_q - b_{q-1}$ によって与えられ，2 次の差は，$\Delta_q^2 \equiv \Delta_1 - \Delta_{q-1} = b_q - 2b_{q-1} - b_{q-2}$ によって与えられる．この考えは，これら s 次の差の大きな値に罰則を科すことである．つまり，単純な回帰モデルに関して，次を最小化する．

$$\frac{1}{\sigma_\varepsilon^2} \sum_{i=1}^n [y_i - m(x_i; \boldsymbol{b}, \boldsymbol{r})]^2 + \frac{\lambda}{\sigma_\varepsilon^2} \boldsymbol{b}^T \mathrm{D}_s \boldsymbol{b} \qquad (10.38)$$

ここで，D_s は s 次の差を表す正の半定値行列である．式 (10.38) は，混合モデルの対数尤度として認識される．つまり，$\boldsymbol{y} = \boldsymbol{Z}\boldsymbol{b} + \boldsymbol{\varepsilon}$ ($\boldsymbol{X}$ 部分はない) で，$\boldsymbol{b}$ は平均 0，精度行列 $\sigma_b^{-2} \mathrm{D}_s$ をもつ正規分布で，$\lambda = \sigma_\varepsilon^2 / \sigma_b^2$ は平滑化パラメータである．最適な λ は，そのときの分散パラメータの推定値から決定される．

ベイズ流の B スプライン平滑化と P スプライン平滑化は 3 次平滑化スプラインと同様に得られる．次の例では，骨粗しょう症研究に両方の平滑化の手順を当てはめる．

例 X.26: 骨粗しょう症研究：B スプラインを用いた TBBMC と BMI の関係の平滑化

'chapter 10 osteo study B-splines.R' において，3 次の B スプライン平滑化と次の P スプライン平滑化のプログラム設定の詳細を見ることができる．5 つの内部節点を有する B スプライン平滑化では，TBBMC と BMI との間の関係は，BMI = 30 まで線形である．その後，曲線は曲がる．平滑化モデルの有効自由度は $p_D = 9.02$，DIC = 80.7 と推定された．10 個の内部節点と 2 次オーダーの罰則を有する P スプライン平滑化を図 10.12(a) に極めて似た図 10.12(b) に示す．これは，$\lambda = 35.1$ で，有効自由度は $p_D = 5.8$，DIC = 77.6 と推定される．したがって，2 次罰則アプローチは基本的に同じ滑らかなモデルを生成する． □

ノンパラメトリック回帰モデル (nonparametric regression model)(10.35) は様々な方法で拡張されてきた．セミパラメトリック回帰モデル (semiparametric regression model) では，応答はいくつかの共変量と関係があり，あるものは線形に，またあるものは滑らかに関係している．共変量の平滑化関数を含めるための一般化線形モデル (4.8 節参照) の拡張は，Hastie and Tibshirani (1986) によって導入され，一般化線形加法モデル (generalized linear additive model, GLAM) と呼ばれる．より具体的には，GLAM に関して，モデル (4.33) における線形予測子 $g(\mu) = \eta = \beta_0 + \sum_{j=1}^d \beta_j x_j$ は

$g(\mu) = \eta = \beta_0 + \sum_{j=1}^{d} \beta_j m_j(x_j)$ によって置き換えられる. $m_j(x_j)$ は x_j の平滑化関数である. Crainiceanu et al. (2004) は, 平滑化の方法で共変量に依存する分散パラメータを許容することによって GLAM をさらに拡張した. 平滑化は, 階層モデルにも適用されるかもしれない. 例えば, Crainiceanu et al. (2005) は, ベイズ流経時モデルに利用することを例示し, 平滑化は時間関数 (固定効果) として全体の曲線と個々の曲線 (ランダム効果) に適用された. Kooperberg et al. (1995) は, セミパラメトリックな生存時間モデルにおいて, ベースラインハザード関数を平滑化することを提案した. Sharef et al. (2010) は, フレイルティモデルと呼ばれる混合効果生存時間モデルに平滑化を適用することを提案した. それらは, ベースラインハザード関数だけでなく, フレイルティ Cox 比例ハザードモデルにおけるフレイルティの分布も平滑化した. Komárek and Lesaffre (2008) は, 区間打ち切り応答とともに高次元生存時間問題において, 平滑化を適用した. Eilers and Marx (1996) の P スプラインのアプローチは, ベイジアンの R のパッケージ BayesX (http://www.stat.uni-muenchen.de/~bayesx/bayesx.html) を開発した Lang and Brezger (2004) によって, 空間モデルにも拡張された. これは物語の終わりではない. 実際, 平滑化はますます複雑な問題に取り組むまさに活発な研究領域である.

次の例では, 一般化線形混合モデルにおける 3 次スプライン平滑化を例示する.

例 X.27: 食事研究：ロジスティック変量効果モデルにおける 3 次スプライン平滑化

年齢, 性別, 身長, 体重とアルコール摂取との関係の探索に興味がある. さらに, 支店 (8 支店) には正規分布を仮定した. 予備データによる調査で, アルコール摂取の確率 (p_A) と年齢の間にロジット尺度における非線形な関係が示唆された. この非線形関係を確認するために, 次のモデルを WinBUGS で当てはめた.

$$\text{logit}(p_{A_{ij}}) = \beta_0 + \beta_1 \text{age}_{ij} + \beta_2 \text{male}_{ij} + \beta_3 \text{length}_{ij} + \beta_4 \text{weight}_{ij}$$
$$+ \sum_{k=1}^{10} b_k (\text{age}_{ij} - \kappa_k)_+^3 + b_{\text{sub}_i}$$

ここで $j = 1, \ldots, n_i;\ i = 1, \ldots, 8$ である. 10 個の節点 $\kappa_k\ (k = 1, \ldots, 10)$ は年齢の分位点にもとづいている. 変量切片 $b_{\text{sub}_i} \sim \text{N}(0, \sigma_{\text{sub}}^2)$ は支店効果を表している. 上述のとおり, $b_k \sim \text{N}(0, b)$ である. 'chapter 10 dietary study cubic-splines.R' は, ベイズ流平滑化解析を行う R2WinBUGS プログラムである.

線形モデルにおいては ($p_D = 7.7$, DIC $= 642.9$), 有意に男性の方がアルコールを摂取していたが, 他の共変量は有意な影響はなかった. 次のステップでは, 年齢の影響を平滑化する. 図 10.13(a) には, 年齢と年齢成分の平滑化関数をプロットした. 年齢

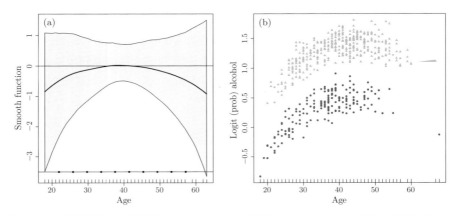

図 10.13 食事研究：3 次平滑化スプラインを利用した $\mathrm{logit}(p_A)$ と年齢の平滑化関係：(a) $\sum_{k=1}^{10} \widehat{b}_k (\mathrm{age}_{ij} - \kappa_k)_+^3$ と年齢の表示，点ごとの 95% 等裾確率 CI，および b_k の事後平均 $\widehat{b}_k$，(b) アルコール摂取の予測確率 (丸が女性，三角が男性)

にわずかな 2 次の効果があるようである．しかしながら，その信頼幅は広い．性別は，ここでも唯一有意な共変量であり，このモデルでは $p_D = 10.2$，DIC $= 641.7$ である．したがって，線形モデルに比べて平滑化による有意な改善はない．図 10.13(b) は，年齢に対するアルコール摂取の予測確率 (の事後平均) のロジットを示している．　□

この節では，パラメトリックなベイズモデルにおける仮定を緩和することをねらいとした．WinBUG での当てはめモデルは，基本的にはすべてパラメトリックである．ノンパラメトリック・ベイジアン・モデル (nonparametric Bayesian method) と呼ばれるノンパラメトリックなベイズモデルは，本書の対象外である．第 17 章で，重要な参考文献を与える．

10.4　終わりに

本章ではベイズ流の探索的な手法を概説した．実際のところ，モデル構築とモデル評価のためのベイズ流の手段を説明した．これらの手法のうちのいくつかでは，妥当なデータのサイズにもかかわらず，時間が多くかかり過ぎる．さらに，WinBUGS のような柔軟なベイズのソフトウェアがあるにもかかわらず，モデル診断のためのベイズのソフトウェアは散在している．したがって，モデル評価のためのベイズ流の手法を備えた用途の広いソフトウェア・パッケージは歓迎されるであろう．

演習問題

演習 10.1 例 X.8：'chapter 10 PotthoffRoy growthcurves.odc' を利用して経時解析を行え．このプログラム中にある他の解析も実行せよ．さらに，変量効果の正規性が合理的なようなので，測定誤差の様々な分布と b_i の2変量正規分布とを結合せよ．p_D と DIC により，モデルを評価せよ．モデルの最終選択を報告せよ．

演習 10.2 例 X.8：モデル M_1 において，変量効果の共分散行列 G に関して逆ウィシャート事前分布 IW(D, 2) に関する 3 つの選択．(a) D = diag(0.001, 0.001)，(b) D = $\begin{pmatrix} 2 & -0.1 \\ -0.1 & 0.02 \end{pmatrix}$，(c) D = diag(100, 100) を仮定せよ．3 つのギブス・サンプラーの収束率を評価し，事後推定値を SAS の MIXED プロシジャを利用して得られる頻度論解析の結果と比較せよ．'chapter 10 Pothoff-Roy growthcurves.odc' を利用し，結論を述べよ．

演習 10.3 例 X.8：モデル M_1 において (a) 変量効果の分散を無限大になるように，または (b) 変量効果の分散を 0 になるように仮定せよ．これは WinBUGS におけるそれぞれの分散を (a) 大きい値に (b) 小さい値に固定することによって実行できる．p_D と DIC により，モデルを評価せよ．2 つの極端なケースに関して，どれくらいエビデンスがあるだろうか？これらの 2 つの極端なケースをどう解釈するか？

演習 10.4 例 X.8：モデル M_1 から M_7 のパラメータ推定値を得るための MCMC プロシジャにもとづく SAS プログラムを書け．MIXED プロシジャはベイズ流の混合効果の解析を可能にする．このプロシジャが利用できる場合を評価し，MCMC プロシジャの出力と比較せよ．

演習 10.5 'chapter 10 dmft scores full data set.odc' において，ポアソン・ガンマ分布と負の 2 項分布を Signal-Tandmobiel 研究の 4352 人の 7 歳児の dmft 指数に当てはめよ．負の 2 項分布において，論理ノード「alpha」と「beta」は，ポアソン・ガンマ分布との関連を示すために生成される．式 (3.15) と WinBUGS のマニュアルを利用してこの対応を確認せよ．p_D と DIC が負の 2 項分布とポアソン・ガンマモデルとではかなり異なることを確認せよ．

演習 10.6 例 X.10 において，θ に関して別の分布を仮定せよ．DIC を用いて，$chol$ または $\log(chol)$ に関して正規分布と組み合わせて最良のモデルを選択せよ．

演習 10.7 'chapter 10 Poisson models on dmft scores.odc' において，4 つのモデルのどれが最も良く dmft 指数に当てはまるかを評価せよ：(1) ポアソンモデ

ル，(2) ポアソン・ガンマモデル，(3) ゼロ強調 (zero-inflated) ポアソンモデル，(4) 4つのポアソンモデルの混合．WinBUGS はモデル (3) と (4) に関しては，p_D と DIC に対応していないことに注意されたい．

演習 10.8 例 X.7 のデータにもとづいて，DIC を利用して，次のリストの中から最良の当てはまりのモデルを選択せよ：(1) ポアソンモデル，(2) 負の 2 項分布，(3) ポアソン・ガンマモデル，(4) ポアソン・対数正規モデル，(5) ポアソン・対数ロジスティックモデル．

演習 10.9 データと合わないポアソンモデルに関して，例 X.7 における事前分布を選択せよ．p_D と DIC における変化を観察せよ．

演習 10.10 例 X.11：$\phi = 1/\theta^\alpha$ とする．θ の事前分布が一様分布 $[0,1]$ のとき，ϕ の事前分布が Pareto$(\alpha, 1)$ であることを示せ．α が 1 から 5 に増加したときの p_D と DIC における変化をみよ．

演習 10.11 例 X.13：正の残差の事後分布が，実際に t_{n-d-1} 分布であることを確認せよ．図 10.3 に似た (追加の) グラフを生成せよ．

演習 10.12 'chapter 10 caries with residuals.odc' において，いくつかの追加の共変量を用いて例 VI.9 の Signal-Tandmobiel 研究の CE データにロジスティック回帰を当てはめる．つまり，児童の性別 (1=girl)，児童の年齢，学校へお菓子を持っていくかどうか，頻繁に歯を磨くかどうかを加える．プログラムを適用し，ε_i にもとづく様々なプロットを生成するために，**Compare** オプションを用いよ．

演習 10.13 'chapter 10 caries with residuals.R' において，R2WinBUGS を用いて，dmft 指数にポアソン回帰モデルを当てはめる．演習 10.12 のアプローチを用いて，もしあれば外れ値を探せ．

演習 10.14 'chapter 10 osteo study-outliers.R' において，骨粗しょう症データに線形回帰を適用した PPO_i と CPO_i を計算する．このプログラムを適用せよ．加えて，被験者 179 を除いた $\widehat{PPO}_{179}$ と $\widehat{CPO}_{179}$ を比較せよ．

演習 10.15 例 X.13：SAS の GENMOD プロシジャを利用して，様々なベイズ流残差分析を実施せよ．

演習 10.16 例 X.15：SAS の GENMOD プロシジャを利用して，様々なベイズ流残差分析を実施せよ．

演習 10.17 例 X.16：'chapter 10 lip cancer with residuals.R' を利用し，図 10.5 を再生成せよ．対数 t 回帰モデルとグラフが異なるかどうかを確認せよ．

10.4 終わりに

演習 10.18 例 IX.18：測定誤差分散 (σ^2) の事前分布と ψ_{2i} における変量切片の分散 (σ_b^2) の事前分布を変化させたときの影響を評価せよ．(1) $\sigma^2 \sim \text{IG}(10^{-3}, 10^{-3})$, $\sigma_b^2 \sim \text{IG}(10^{-3}, 10^{-3})$, (2) $\sigma^2 \sim \text{IG}(10^{-3}, 10^{-3})$, $\sigma_b^2 \sim \text{U}(0, 10)$, (3) $\sigma^2 \sim \text{IG}(10^{-3}, 10^{-3})$, $1/\sigma_b^2 \sim \text{U}(0, 10)$.

演習 10.19 例 X.18：測定誤差の分布を変化させたときの影響を評価せよ．t 分布，ロジスティック分布などを検討する．これらのモデルと例 IX.18 の基礎モデルとを比較せよ．R2WinBUGS を利用すること．

演習 10.20 WinBUGS における caterpillar オプションは正規確率プロットを構成するのに利用できることを示し，骨粗しょう症データセットに適用せよ．

演習 10.21 例 X.8：7 つのモデルに関する感度分析を実行せよ．より具体的には，変量効果の分布と測定誤差の分布を変化させたときのパラメータ推定値への影響を評価せよ．影響の高い観察値および被験者を確認せよ．

演習 10.22 例 X.19：観察値と標準正規分布からの期待順序統計量とのピアソン相関係数の計算からなる Shapiro-Francia 検定 (Shapiro and Francia 1972) により正規性を検定せよ．また，残差の事後平均とシミュレーション残差の事後平均との Q-Q プロット生成せよ．

演習 10.23 演習 10.12：'chapter 10 caries with residuals.odc' において，dmft 指数にポアソンモデルも当てはめよ．ポアソン仮定を評価するために χ^2 不一致指標をもつ PPC を適用せよ．

演習 10.24 例 X.20：'chapter 10 lip cancer PGM PPC theta.odc' において，θ のガンマ分布の仮定を様々な指標を用いて評価せよ．R2WinBUGS を利用すること．

演習 10.25 例 X.18：PPC を用いて 2 つのグループそれぞれにおける測定誤差と変量効果に関する正規性の仮定を確認せよ．

演習 10.26 例 X.22：WinBUGS を用いて，足指の爪データセットにおいて，ロジスティックリンク関数の選択を確認せよ．

演習 10.27 例 X.25：BMI における線形性の仮定がある場合，またはない場合に，年齢の関数として，TBBMC の回帰モデルの線形性を確認せよ．

演習 10.28 例 X.27：B スプラインと 3 次スプライン・アプローチを用いて，アルコール摂取の予測確率において，身長，体重，年齢の線形性を確認せよ．

第11章 変数選択

11.1 はじめに

本章では，観察研究における，(ベイズ流) 部分集合選択法 (subset selection techniques) とも呼ばれる，ベイズ流変数選択法を概説する．探索的研究では，説明変数を用いた応答変数の説明あるいは予測を調べる．その目的が応答変数を「説明」することである場合には，応答と共変量との間に実在しているが未知である関係を調べる．その関係を十分に理解するためには，関係する共変量のみを選択することが重要である．予測が目的である場合には，データへの当てはまりが良いのであれば，共変量の実際の選択にはあまり関心がない．しかしこの場合にも，重要な共変量のみを選択することが，(将来のデータの) 予測誤差の観点で好ましい．特に候補となる変数の数が研究の大きさと比較して多い場合には，変数選択はまさに最初に行うべきことである．サンプルサイズが予測因子の数より非常に多い場合には，時として変数を選択せずにすべての説明変数を用いる完全なモデルを用いるほうが良い場合がある (Draper 1999).

形式上，正規線形回帰の枠組みでの変数選択は，0 である回帰係数 β_k を取り除くことによって，モデル

$$y_i = \alpha + \sum_{k=1}^{d} \beta_k x_{ki} + \epsilon_i \quad (i = 1, \ldots, n) \tag{11.1}$$

を単純にすることである．行列の表記では，線形回帰モデルは，

$$\boldsymbol{y} = \mathbf{1}_n \alpha + \boldsymbol{X}\boldsymbol{\beta} + \boldsymbol{\epsilon} \tag{11.2}$$

であり，$\boldsymbol{y}$ は応答変数を縦に並べたベクトル，$\mathbf{1}_n$ は全要素が 1 の $n \times 1$ ベクトル，$\boldsymbol{X}$ は $n \times d$ のフルランクのデザイン行列，$\boldsymbol{\epsilon} \sim \mathrm{N}(\mathbf{0}, \sigma^2 \mathbf{I})$ は $n \times 1$ の誤差項のベクトルである．式 (11.2) において，切片 α はその他の回帰変数と区別する．これは，モデル内

の切片を固定し，実際の回帰変数に焦点をあて，変数選択をするという古典的な方法を表している．しかしながら，いくつかのベイズ流変数選択の方法は回帰係数のベクトル全体にもとづいている．その場合，$\boldsymbol{\beta}^* = (\alpha, \boldsymbol{\beta}^T)^T$ と $\boldsymbol{X}^* = (\boldsymbol{1}_n, \boldsymbol{X})$ を用いる．さらに，これは共変量が平均 0，ノルム 1 をもつように標準化することが通常行われる．このとき，切片はすべてのモデルで共通であり，$\boldsymbol{X}^T\boldsymbol{X}$ は標本相関行列となる．

変数選択にはサブモデルの探索が含まれる．$\boldsymbol{\gamma}$ を k 番目の要素が $\beta_k = 0$ の場合には $\gamma_k = 0$ で $\beta_k \neq 0$ の場合には $\gamma_k = 1$ である $d \times 1$ の指示ベクトルとし，$d_{\gamma} = \sum_{k=1}^{d} \gamma_k$ とする．さらに，$\boldsymbol{\beta}_{\gamma}$ を $\gamma_k \neq 0$ $(k = 1, \ldots, d)$ に対応する $\boldsymbol{\beta}$ の d_{γ} 次元のサブベクトルとし，$\boldsymbol{X}_{\gamma}$ を対応するデザイン行列と置く．また $\boldsymbol{\beta}_{\gamma}^* = (\alpha, \boldsymbol{\beta}_{\gamma}^T)^T$，$\boldsymbol{X}_{\gamma}^* = (\boldsymbol{1}_n, \boldsymbol{X}_{\gamma})$ とする．したがって，正規線形回帰モデル M_{γ} は $\boldsymbol{y} = \boldsymbol{1}_n \alpha + \boldsymbol{X}_{\gamma}\boldsymbol{\beta}_{\gamma} + \boldsymbol{\epsilon}$ で与えられる．$\boldsymbol{\gamma} = \boldsymbol{0}$ のとき，切片モデルが得られる．様々な $\boldsymbol{\gamma}$ の数を K で表すと，d 変数のとき，$K = 2^d$ となる．明らかに K は早く増加する，例えば $d = 15$ とすると $K = 32768$ の候補となるモデルを評価しなければならない．探索的研究では，数百の回帰変数が存在することは稀なことではない．ゲノムワイド関連 (GWA) 解析での，250 万個の一塩基多型 (SNP) でさえ，それらの表現形に対する調査が必要となる．したがって，すべての考えられるモデルあるいは少なくとも最も見込みのあるモデルを探索するための効率的な探索アルゴリズムが必要である．これは変数選択の自動化につながる．最終的なモデルに対して，元の回帰変数の相互作用項，応答や共変量の変換の探索，測定誤差の分布の確認，その他のことを考慮することも必要であろう．これらのすべては，問題の複雑さに拍車をかけることになる．さらに，「見込みのある」の定義が必要であり，すなわち与えられたモデルの質を判断するための適切な基準が必要であるということである．

自動化された変数選択手順には多くの批判があり，多くの統計家は理論とデータが一致する統計的モデルを構築することを好むため，臨床研究者と密接に交流をしている (Gelman and Rubin 1995)．これは共変量の数が限られている際に，しばしば可能であるが，臨床研究では，通常は応答変数を決定すると考えられる非常に多くの説明変数がある．しかし，事前に取り除いておくべき共変量の明確な基準がない．すなわち，臨床研究では，多数のデータが存在するがそのデータの背後にある理論が明確ではないということがしばしばある．そのようなことから最初の選択は必要である．

本章では，変数選択のためのベイズ流の方法だけでなくモデル選択についても概観する．選択は第 10 章で紹介した規準を基にしている．ベイズ流の場合でも同じような問題に直面することから，変数選択の古典的な手法の簡単な説明から始める．ベイズ流モデル選択，特に部分集合選択ではない方法が遺伝学的研究からの刺激を受けてこの 20 年間で急激に開発されている．この後の節では，部分集合選択のための様々なべ

イズ流の方法を，数学的な導出よりもむしろ，この後の手法の背後にある直感的な考え方に焦点をあて概観する．この章を通じて，共変量の構造には欠損値が存在しないと仮定する．

11.2 古典的な変数選択

古典的な頻度論において開発された変数選択法の概観を述べる．ここでは正規線形回帰のみを取り扱う．

11.2.1 変数選択法

「変数選択」は「自動化された」変数選択を意味することが多い．つまり，K 個のモデルから，良い性能，例えば，予測能力が良いモデル M_γ を探す手順である．よく知られ，未だに頻繁に用いられる自動選択手順は，増加 (forward) 法，減少 (backward) 法，ステップワイズ (stepwise) 法，総当たり (all subsets) 選択法である．F 値や P 値に加えて，その他の規準として例えば Malows の C_p 規準や PRESS 残差を導く予測のための平均 2 乗誤差 (MSE) などを，部分集合選択のために用いることができる．また，例えば赤池情報量規準 (AIC) やベイズ情報量規準 (BIC) などの尤度あるいは尤度をもとにした規準を用いることもできる．

Efron et al. (2004) で用いられた有名な糖尿病データセットを用いて古典的な方法を説明する．解析にはソフトウェア SAS® を使用する．

例 XI.1：糖尿病研究：古典的な自動選択方法

Efron et al. (2004) は，縮小回帰推定量の性能を説明するために，糖尿病データセットを解析した．このデータセットはその後，多くの人によって解析されている．この試験では，442 名の糖尿病患者で 10 個のベースライン変数を測定した．すなわち，年齢，性別 (0=女性，1=男性)，BMI，血圧 (bp)，$s1, s2, \ldots, s6$ のように表される 6 つの血清検査所見である．目的はベースライン時点から 1 年後の疾患の進行についての指標 (応答 y) とこれらがどのように関連しているのかということであった．選択されたモデルが将来の患者に対する応答の正確なベースラインによる予測を生み出すことと，モデル式が疾患の進行に対してどの共変量が重要であるかを示唆することを期待した．変数選択をする前に応答ではなく説明変数を標準化した．

表 11.1 に，SAS の REG プロシジャによる回帰分析の実行結果を示す．最初の解析はすべてのベースライン変数をもとにし，変数選択を適用しなかった．このモデルは R^2 が 0.52 となり，調整済み R^2 (R_a^2) は 0.51 となる．いくつかの非常に大きい分散

表 11.1 糖尿病研究:回帰係数の推定値 (SE)

Cov	LSE	(SE)	VIF	FW/BW/SW	RI	BRI	LA	BLA
int	152.13	(2.6)	0	152.13	152.13	152.13	152.13	152.13
age	−0.48	(2.9)	1.22		−0.17	−0.23		−0.11
gender	−11.42	(2.9)	1.28	−10.68	−10.79	−10.75	−9.42	−9.96
BMI	24.75	(3.2)	1.51	25.23	24.34	24.44	24.87	24.93
bp	15.44	(3.1)	1.46	15.58	14.93	15.00	14.15	14.44
$s1$	−37.72	(19.8)	59.20	−36.09	−7.69	−10.00	−4.95	−8.00
$s2$	22.70	(16.1)	39.19	25.65	−0.012	0.85		−0.14
$s3$	4.81	(10.1)	15.40		−7.94	−6.94	−10.66	−7.60
$s4$	8.43	(7.7)	8.89		5.43	5.68		4.46
$s5$	35.77	(8.2)	10.08	38.29	23.63	24.65	24.51	24.52
$s6$	3.22	(3.1)	1.48		3.69	3.58	2.69	3.11

FW, 増加選択; BW, 減少選択; SW, ステップワイズ選択; RI, リッジ回帰; BRI, ベイズ流リッジ回帰; LA, LASSO 回帰; BLA, ベイズ流 LASSO 回帰. VIF, 分散拡大係数.
注:古典的な LSE の解法は,すべてのベースラインの共変量をもとにしており,SAS の REG プロシジャによって計算される.自動化された変数選択は,リッジ回帰のように REG プロシジャによって有意水準 0.15 で実行された.SAS の GLMSELECT プロシジャが古典的な LASSO 推定のために用いられるが,ベイズ流リッジ回帰とベイズ流 LASSO 回帰は R の 'monomvn' パッケージにもとづく.

拡大係数 (VIF) は,相関係数が 0.09 から 0.74 であるいくつかの共変量の間に従属性があることを示している.

加えて,自動化された変数選択法を実行した.増加法,減少法,ステップワイズ法 (すべて有意水準 0.15 であるが,0.05 としても同じ選択が得られた) である.3 つの選択法は異なる結果となることが多いが,ここでは 3 つの方法のすべてにおいて同じモデルが選択された (表 11.1 を参照).規準 R_a^2 による総当たり選択手順は,最良モデルにおいて変数 gender, BMI, bp, $s1$, $s2$, $s4$, $s5$, $s6$ を選択し $R_a^2 = 0.51$ となった.しかし,おおよそ 20 個の異なるモデルで R_a^2 はほとんど同じであった.このプログラムは 'chapter 11 CVS diabetes study.sas' にある. □

部分集合選択手順では,予測に対して MSE を最小とするためにバイアスと分散との間のトレードオフを探索する.しかしながら,それらはデータに対して,非常に楽観的な当てはめによってモデルを選択する (Miller 2002, p.147).自動選択手順においては,全体の (ファミリーワイズ) 誤差率を制御できないことがよく知られている.大規模試験では,データセットをトレーニングデータ,バリデーションデータ,テス

トデータに分割することで非常に楽観的となるモデルの選択を制御することができる．トレーニングデータでモデルを推定することができ，バリデーションデータで変数選択の最終的な決定を行い，テストデータを用いて，新たなデータに対する選択されたモデルの性能を定量化する．残念なことに，実際にはこの理想的な手順を可能とするようなデータセットの大きさであることは稀である．

11.2.2 頻度論における正則化

バイアスと分散のおりあいを見つけるための別の方法は，個々の回帰係数を縮小させることである．このような方法の有名な例が，5.7 節で説明したリッジ回帰 (ridge regression) である．式 (5.37) より，$\boldsymbol{\beta}$ のリッジ回帰推定量 $\widehat{\boldsymbol{\beta}}^R(\boldsymbol{\lambda})$ は，

$$(\boldsymbol{y}^* - \boldsymbol{X}\boldsymbol{\beta})^T(\boldsymbol{y}^* - \boldsymbol{X}\boldsymbol{\beta}) + \lambda \sum_{k=1}^{d} |\beta_k|^r \tag{11.3}$$

を最小化することで得られる．ここで $r = 2$ のとき，L_2 ノルムを含んでおり，$\boldsymbol{y}^* = \boldsymbol{y} - \overline{y}\boldsymbol{1}_n$ であり，$\lambda \geq 0$ は回帰係数の「大きさ」を制御するための罰則 (penalty) パラメータである．これは (共変量が標準化されるため) $\widehat{\boldsymbol{\beta}}^R(\boldsymbol{\lambda}) = (\boldsymbol{X}^T\boldsymbol{X} + \lambda \boldsymbol{I})^{-1}\boldsymbol{X}^T\boldsymbol{y}$ と $\widehat{\alpha} = \overline{y}$ という結果となる．$\lambda = 0$ のとき，最小 2 乗推定値 (LSE) が得られる．式 (11.3) を最小化することと，

$$(\boldsymbol{y}^* - \boldsymbol{X}\boldsymbol{\beta})^T(\boldsymbol{y}^* - \boldsymbol{X}\boldsymbol{\beta}) \quad \left(\sum_{k=1}^{d} |\beta_k|^r \leq t \text{ を満たす} \right) \tag{11.4}$$

を最小化することが同値であるという事実から，リッジ回帰推定量の大きさが制限される．ここで t は λ と反比例する．リッジ回帰のさらなる情報については，Hastie et al. (2009) の 3.4 節を参照する．一般的に，リッジ回帰は回帰係数の推定について MSE を減少させ，良い予測性質を有している．

変数選択と推定を同時に行うためのもう 1 つの縮小法が Tibshirani (1996) によって提案された．この推定法は，LASSO (least absolute shrinkage and selection operator) と呼ばれ，式 (11.3) と (11.4) での $r = 1$ とし，L_2 ノルムを L_1 ノルムによって置き換えたものになる．λ を増やす (t を減らす) ことによって，式 (11.4) の制約がより厳しくなり，いくつかの回帰係数は 0 となる可能性がある．λ を大きくすると「スパース」モデルが得られる．これはこの方法を用いる主な動機である．λ が十分大きいと，LASSO 法も LSE 推定量より予測に対する小さな MSE となる推定量を与える (Rosset and Zhu 2004)．

推定された回帰係数は λ の選択に依存する．リッジ回帰における共通した手法は，リッジトレース (ridge trace)($\widehat{\boldsymbol{\beta}}^R(\lambda)$ に対する λ のプロット) と VIF 値のプロットか

ら λ を選択することである.そして,VIF が低い値で回帰係数が安定するような λ の最も小さな値を $\hat{\lambda}$ の値とする.これは回帰係数に対するリッジ回帰推定値 $\hat{\beta}^R(\hat{\lambda})$ を与える.もう1つの方法として,VIF を制御しながら R^2 を最大化あるいは BIC を最小化させる $\hat{\lambda}$ を選択するということもある.一般的に,両方の正則化法はデータを2回使用するため,λ の偏った推定値を生成する.したがって,Tibshirani (1996) はクロスバリデーション (あるいは一般化クロスバリデーション) から LASSO $\hat{\lambda}$ を求めることを提案した.これは適応的 (adaptive) な LASSO モデル選択を与える.

両方の方法とも回帰係数の縮小を意味するが,L_2 罰則は回帰係数を一様に縮小させるのに対して,L_1 罰則は異なる縮小を意味し,特に大きな λ でいくつかの回帰係数を 0 とする.パラメータ推定量の標準誤差の計算において,古典的な方法では問題が発生する可能性がある.計算の困難さが原因で,標準誤差は利用できない可能性があるが,偏りのある推定回帰係数の標準誤差が有用かどうかのコンセンサスも存在しない (Kyung et al. 2010).

リッジ回帰と LASSO 回帰はともに,変数選択のために用いることができる.しかし,λ の増加によって,0 となる回帰係数が増加するため,LASSO 回帰は変数選択のためのより人気のある方法である.

最後に,様々な種類の LASSO 法が特にここ 10 年間で提案されている.これらの方法は線形モデルの拡張 (例えば一般化線形モデル (GLIM) や生存時間モデル) に適用できるが,これらの手法のほとんどは線形回帰モデルをもとに理論的な研究がされている.最近の頻度論とベイズ流の LASSO 法の概説については,Kyung et al. (2010) を参照.11.8.1 節で,ベイジアン LASSO 法を取り扱う.ここでは,糖尿病の例を用いて 2 つの縮小法を説明する.

例 XI.2: 糖尿病研究:縮小回帰推定値

SAS の REG プロシジャで,λ の値を 0 から 0.10 まで 0.002 ずつ変え,リッジ回帰を実行した.おおよそ $\lambda = 0.04$ で,回帰係数と VIF が安定した (すべての共変量に対して 7 を下回る)(図 11.1 を参照).表 11.1 において,リッジ回帰係数が絶対値で LSE 推定値より小さいことがわかる.

最近リリースされた GLMSELECT プロシジャ (プログラム 'chapter 11 CVS diabetes study.sas') は,様々な選択の手法と選択規準による線形モデルに対する変数選択機能の拡張を提供している.LASSO 法は制約 t を変化させて変数増加法を生み出すが,最良の性質を有するモデルを選択するための基準が必要である.BIC によって,性別,BMI,bp,$s1$,$s3$,$s5$,$s6$ の変数が選択された.表 11.1 に示すように,このモデルは増加法,減少法,ステップワイズ法による選択とは異なる.同じ表におい

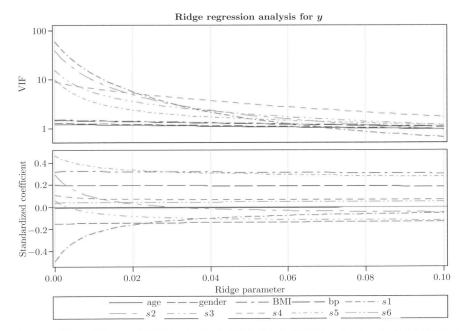

図 11.1 糖尿病研究：λ の関数として VIF と標準化された係数のリッジトレース (SAS の REG プロシジャからのアウトプット)

て，必ずしも常にこのような結果になるわけではないが，LASSO 推定値の絶対値は対応する LSE 推定値より小さい．図 11.2 において，対応する回帰変数がモデルから外れる場合には，LASSO の変数選択手順は 0 から広がる曲線で表現される．縦線は，BIC が最大で，選択されたモデルを示す． □

GLMSELECT は，選択法を評価するためだけではなくトレーニングデータでの選択法の推定や，テストデータを評価するためのクロスバリデーションを提供する．一方で，ソフトウェア R は様々な回帰モデルに対する正則化推定を実行するための豊富なプロシジャを提供する (R パッケージ `lars`, `penalized`, `monomvn` を参照)．

11.3 ベイズ流変数選択：概念と課題

ここ 20 年でベイズ流変数選択 (Bayesian variable selection, BVS) のための手法が急増している．George (2000) と Miller (2002) は，2000 年までの古典的な方法と BVS 法の概説を与えている．

本節では，BVS 法の原理に焦点を当てる．ここでは，変数の選択にのみ興味がある

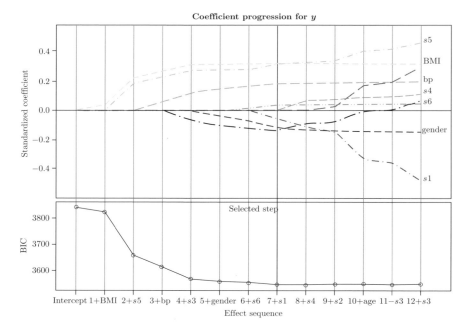

図 11.2 糖尿病研究：t の関数として LASSO 推定によって決定された係数プロットと BIC (SAS の GLMSELECT プロシジャからのアウトプット)

が，最良なモデルを選択することは，そのモデルの他の側面の変化も含む可能性があることを心に留めておきたい．確かに，統計モデル自身に関して不明確である場合に選択法を適用している．

K 個のモデルを $\gamma_1, \ldots, \gamma_K$ によって表す．ベクトル γ_k は，デザイン行列 $\boldsymbol{X}_{\gamma_k}$ と対応する回帰ベクトル $\boldsymbol{\beta}_{\gamma_k}$ による回帰モデルで，どの変数が含まれるかを表す．場合によっては，以下の別の記法を用いることもある．すなわち，回帰モデルを $M_1, \ldots, M_K$ のようにも表す．ここでモデルを表す連番を $m(\gamma)$ とし，$M_m \equiv M_{m(\gamma)} \equiv M_\gamma$ とする．モデル M_m のパラメータの k_m 次元ベクトルを $\boldsymbol{\theta}_m$ とし，σ^2, α, d_m からなる線形回帰に対して，回帰係数 $\boldsymbol{\beta}_m$ はデザイン行列 $\boldsymbol{X}_m$ に対応する (したがって $k_m = d_m + 2$)．

原則として，ベイズ流変数 (とモデル) 選択の問題は比較的単純であり，事後モデル確率 (posterior model probability) の計算のみを含んでいる．$p(M_m)$ をモデル M_m に対する事前確率とすると，その事後確率は，

$$p(M_m \mid \boldsymbol{y}) = \frac{p(\boldsymbol{y} \mid M_m)p(M_m)}{\sum_{j=1}^{K} p(\boldsymbol{y} \mid M_j)p(M_j)} \tag{11.5}$$

であり，ここで，

$$p(\boldsymbol{y} \mid M_m) = \int p(\boldsymbol{y} \mid \boldsymbol{\theta}_m, M_m) p(\boldsymbol{\theta}_m \mid M_m) \mathrm{d}\boldsymbol{\theta}_m \tag{11.6}$$

は，モデルのパラメータの取り得る値で平均化した m 番目のモデルの周辺分布である．このベイズ流の原理では，最も高い事後確率によってモデルを選択することになり，最大事後確率 (maximum a posteriori, MAP) モデルと呼ばれる．事後確率の式は，

$$p(M_m \mid \boldsymbol{y}) = \frac{\mathrm{BF}_{mk} p(M_m)}{\sum_{j=1}^{K} \mathrm{BF}_{jk} p(M_j)} \tag{11.7}$$

とも書くことができる．ここで $\mathrm{BF}_{jk} = p(\boldsymbol{y} \mid M_j)/p(\boldsymbol{y} \mid M_k)$ はモデル M_j とモデル M_k を比較したときのベイズファクターであり，M_k は参照モデル (例えば，飽和モデルまたは帰無モデル) と呼ばれる．MAP モデルだけではなく，その他の見込みのあるすべてのモデルを見つけることにも関心がある．

ベイズの定理は最も見込みのあるモデルをどのように選べばよいかを教えてくれるが，変数 (とモデル) 選択の実用的な実行に対して，以下に示す重要ないくつかの問題に対処する必要がある．

- $p(M_m)$ に対する事前確率として何を選んだらよいのか？ 専門家の知識を用いることができるか？ あるいは例えば等確率 $p(M_m) = 1/K$ のような事前分布を機械的に用いるべきか？
- 式 (11.7) は，事後確率がベイズファクターを含むことを表しており，これは事前分布 $p(\boldsymbol{\theta}_m \mid M_m)$ に非常に依存することが知られている．したがって，そのことがモデル選択に大きな影響を及ぼさないような事前分布の選択を考えることが重要である．
- これらの積分は通常は高次であるが，どのように効率的な方法で周辺尤度 $p(\boldsymbol{y} \mid M_m)$ を計算することができるのか？ 重要なことは，$p(\boldsymbol{y} \mid M_m)$ を，解析的あるいは数値的な手法により上手く近似することができるような，事前分布 $p(\boldsymbol{\theta}_m \mid M_m)$ を選択することである．このことは事前分布を機械的に選択することにつながる．
- K が大きい場合には，最も見込みのあるモデルを早く探すためにどのような探索法を実施することができるのであろうか？

さらに，本節でふれられている古典的な変数選択に関する問題に対処する必要がある．例えば，選択されたモデルによる基本的な統計的予測は意味のあるものであろうか？ そして，その他のモデルを考慮するべき場合には，どのようにすればよいだろうか？

次の2つの節では，モデル空間 (model space) 法を採用する BVS 法について述べる．これは変数選択が直接周辺尤度をもとにしていることを意味している．11.4 節では，ほとんどの方法が周辺尤度に対して BIC 近似をもとにしている．11.4 節は，BVS の様々な概念の入門でもある．11.5 節では，$p(\boldsymbol{y}\,|\,\boldsymbol{\theta}_m, M_m)$ への重要な共役事前分布である Zellner の g-事前分布に焦点をあてる．11.6 節は変数選択のためのリバーシブルジャンプ MCMC の適用を扱う．11.7 節では，BVS に対する様々な階層モデルをもとにした手法を概説する．例えばベイズ流 LASSO 法を含むベイズ流正則化法を 11.8 節で検証する．11.9 節では，d が n より大きい重要な事例について簡単に述べる．11.10 節では，(ベイズ流)変数選択法が，変数選択以外にも適用できることについて示す．最後に，11.11 節では，ベイズ流モデル平均化 (Bayesian model averaging, BMA) 法について述べる．

本章より前の章では，ほとんどの計算を WinBUGS (または関連したソフトウェア) あるいは SAS によって実行したが，本章では様々な専用の R パッケージの使用が必要であることがわかる．多くの例は WinBUGS をもとにしているが，専用の R プログラムは，R のプログラミング環境ならではの大幅な高速化と利点がある．

11.4 ベイズ流変数選択入門

11.4.1 小さな K に対する変数選択

K が小さい場合，すなわち限られた数の共変量が含まれる場合についてまず説明する．10.2 節での目的は「最良のモデル」を選択することであったが，ここでの目的は高いモデル確率をもつモデルを選択することである．事後モデル確率 (11.5) を計算するために，通常は多次元の積分の評価を含む $p(\boldsymbol{y}\,|\,M_m)$ を必要とする．式 (10.9) で定義された BIC にもとづいた，BIC 近似 (式 (10.10) の下の段落を参照) を用いることで計算速度を上げることができる．$-2\log \mathrm{BF}_{jk} \approx \mathrm{BIC}_j - \mathrm{BIC}_k$ であるため，式 (11.7) を以下のように書き直すことができる．

$$p(M_m\,|\,\boldsymbol{y}) \approx \frac{\exp(-\Delta \mathrm{BIC}_m/2) p(M_m)}{\sum_{j=1}^{K} \exp(-\Delta \mathrm{BIC}_j/2) p(M_j)} \tag{11.8}$$

ここで $\Delta \mathrm{BIC}_j = \mathrm{BIC}_j - \mathrm{BIC}_{\min}$ であり，$\mathrm{BIC}_{\min}$ は K 個のモデルの最小の BIC である．BVS の概念を説明するために，式 (11.2) で定義される正規線形回帰モデルにまず注目する．ただし BIC 近似は，パラメータ数と比較してサンプルサイズが大きい場合，および比較的単純なモデルに対してのみ良い働きを示すことに注意する (Berger and Pericchi 2001).

以下のほとんどの変数選択法とは対照的に，ここでは切片を区別して扱わないため，

ベクトル $\boldsymbol{\beta}_m^*$ と対応するデザイン行列 $\boldsymbol{X}_m^*$ を用いる. 10.2.2 節の結果によると, 正規線形回帰モデル M_m に対する BIC は, $\boldsymbol{\beta}_m^*$ の MLE (LSE) が $\hat{\boldsymbol{\beta}}_m^*$, σ^2 の MLE が $\hat{\sigma}^2$ であるとき, $p(\boldsymbol{\beta}_m^* \mid M_m) = \mathrm{N}\left(\hat{\boldsymbol{\beta}}_m^*, n\hat{\sigma}^2(\boldsymbol{X}_m^{*T}\boldsymbol{X}_m^*)^{-1}\right)$ の仮定にもとづいている. この事前分布は, (観測されたデータと同じデザイン行列をもつ) 大きさ 1 のサンプルと同じ情報をもっているため, 特定の事前分布に対応するモデル/変数選択に対する BIC を用いる. 式 (11.8) を計算するために, 事前確率 $p(M_m)$ を与えなければならない. 第一候補として $p(M_m) = 1/2^d$ と仮定することが考えられる.

多くのモデルが良い働きをすることがあるため, 最も尤もらしいモデルだけを探索することは賢明ではないと言えよう. 良いモデルを探すにあたって, モデルを一意である順番に並べる必要がある. 以下のモデル指標を, 2 値のベクトル $\boldsymbol{\gamma}$ から変換する (Ntzoufras 2009).

$$m(\boldsymbol{\gamma}) = 1 + \sum_{k=1}^{d} \gamma_k 2^{k-1} \tag{11.9}$$

例えば, 切片のみを含むモデルを考える場合, $m = 1$ である. 糖尿病研究において, MAP モデル (例 XI.3 を参照) に対する $d = 10$ の指示ベクトルは, $\boldsymbol{\gamma} = (0, 1, 1, 1, 0, 0, 1, 0, 1, 0)^T$ であり, これは $m = 1 + 2 + 4 + 8 + 64 + 256 = 335$ に対応する. m に対応するベクトル $\boldsymbol{\gamma}(m)$ を見つけるために, (例 XI.3 で述べたソフトウェア R に含まれる) 自ら書いたアルゴリズムを用いる.

$p(M_m) = 1/2^d$ の仮定は, すべてのモデルが事前に (1) 独立であり, (2) 同様に確からしい, ということを意味している. 2 つの仮定は実際には非現実的である恐れがある. 例えば 2 つの共変量が, 心不全の予測における収縮期血圧と拡張期血圧のように相関が高いと仮定する. 2 つのモデルが血圧以外は同じ共変量を有する場合, 収縮期血圧または拡張期血圧を入れてもほとんど同じモデルとなる. もう 1 つの例は, 交互作用項が含まれる場合である. Good statistical practice は, 交互作用項を含む場合は常に主効果が含まれるべきであるが, このことは独立ではない変数選択を用いていることになる. 等しくかつ独立な事前確率は, 様々なモデルを選択するためにはよいかもしれないが, 変数選択にはより注意が必要である.

モデルの中に含まれる変数に対して, 事前確率をそれぞれ $1/2$ とした場合, すなわち $p(\gamma_k = 1) = 0.5$ $(k = 1, \ldots, d)$ とし, 独立であると仮定すると, それぞれの $\boldsymbol{\gamma}$ に対する事前確率は $1/2^d$ となることにまず注意する. しかし, $d_{\boldsymbol{\gamma}} \sim \mathrm{Bin}(d, 0.5)$ であるため, 事前に期待されるモデルの大きさは $d/2$ である. このことは, 事前分布 $p(M_m) = 1/2^d$ がモデルの大きさに対して情報を有しており, $d/2$ の大きさのモデルが好ましいことを意味しているが, モデルが非常に複雑となり得る.

モデル事前分布を選択するための別の2つの方法が提案されている. 最初の提案は,

$$p(M_{m(\boldsymbol{\gamma})}) \equiv p(\boldsymbol{\gamma}\,|\,\omega) = \omega^{d_\gamma}(1-\omega)^{d-d_\gamma}, \quad \omega \in (0,1) \qquad (11.10)$$

である独立なベルヌーイ事前分布をとり, $\beta_k \neq 0$ の割合, すなわち ω に事前の推測を代入することである. 例えば ω を 0 に近くにすることで, GWA 試験のために有用なスパースなモデルにとって好ましい事前分布が示される. $\omega = 1/2$ とすると, 一様分布 $p(\boldsymbol{\gamma}\,|\,\omega) = 1/2^d$ が再び得られる. したがって, パラメータ ω はモデル内の共変量の数を制御する. もう 1 つの提案は, 事前分布 ω を与え, それを式 (11.10) と組み合わせることである (George and McCulloch (1993) と Scott and Berger (2010) を参照). $\omega \sim \text{Beta}(\alpha_\omega, \beta_\omega)$ によって, $\boldsymbol{\gamma}$ に対する周辺事前分布は,

$$p(\boldsymbol{\gamma}) = \int_0^1 p(\boldsymbol{\gamma}\,|\,\omega)p(\omega)\mathrm{d}\omega = \frac{B(\alpha_\omega + d_\gamma, \beta_\omega + d - d_\gamma)}{B(\alpha_\omega, \beta_\omega)} \qquad (11.11)$$

となる. 一般的には, $\alpha_\omega = \beta_\omega = 1$ とし, それによって $p(\boldsymbol{\gamma}) = \frac{1}{d+1}\begin{pmatrix} d \\ d_\gamma \end{pmatrix}^{-1}$ となる. この事前分布はモデルの大きさに対して一様である. Scott and Berger (2010) は事前分布 (11.11) を,「完全なベイジアン (fully Bayesian)」バージョンの変数選択の事前分布と呼んだが, 従属事前分布 (dependent prior) として知られている. Scott and Berger (2010) は「多重性」に対してこの事前分布の修正を行った. 多重性に対する修正は, 古典的に偽陽性に対する統計学的手順の修正を意味する. したがって, それは誤って選択される変数 (正しくは $\gamma_k = 0$) の数を制約する必要があることを意味する. 例えば, Swartz and Shete (2007) は, ある疾患の遺伝子マーカーを探索する場合に, 事前分布 (11.11) で $\omega = 0.5$ とすることで, 偽陽性率が増加することを報告した ($\omega = 0.25$ の場合は増加しない).

最後に, モデルに共変量 x_k が含まれる周辺確率を事後モデル確率から導出することができる. これは変数 x_k に対する (周辺) 事後包含確率 ((marginal) posterior inclusion probability) と呼ばれ,

$$q_k = p(\gamma_k = 1\,|\,\boldsymbol{y}) = \sum_{m:\gamma_k=1} p(M_m\,|\,\boldsymbol{y}) \qquad (11.12)$$

で与えられる. 事後包含確率は, すべてのモデルが小さな事後確率をもつ場合に有用である. これらの確率はメジアン確率 (median probability (MP)) モデルを決定するために用いられる. これは事後包含確率が少なくとも 1/2 の変数で構成されているモデルである. Barbieri and Berger (2004) は, MP モデルが予測に対して MAP モデルより良いことが多いことを報告した.

例 XI.3 で, 糖尿病データで上記の概念を説明する.

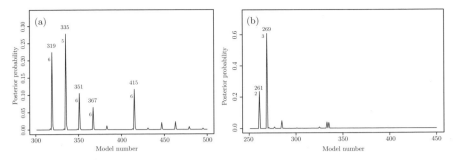

図 11.3 糖尿病研究：BIC 近似にもとづく BVS から得られた事後モデル確率のインデックスプロット．(a) 事前モデル確率の等しい独立なモデル事前分布 ($\omega = 0.5$) の場合．(b) $\omega = 0.01$ の場合．モデルの大きさ (変数の数) は，モデルの垂線の左に示した

例 XI.3: 糖尿病研究：BIC 近似にもとづく BVS

作成した R プログラム 'chapter 11 BIC and Zellner diabetes.R' で BIC 近似を用いて，糖尿病データに対して BVS を実行した．等しい事前モデル確率によって，MAP モデルには性別，BMI，bp，$s3$，$s5$ が含まれる．MAP モデルは，$s1$ と $s2$ ではなく $s3$ を選択する古典的な変数選択手順によって選ばれる最良のモデルとは異なっている．しかし，これらモデルは競合しており R_a^2 の小数点第 3 位のみが異なる．

さらに，その R プログラムではすべての事後モデル確率を求めている．図 11.3(a) に，$p(M_m) = 1/2^{10}$ による式 (11.8) によって得られた事後モデル確率 (の一部) を示す．事後確率が 0.05 以上である 5 つのモデルを強調した．MAP モデルは $m = 335$ で事後確率が 0.28 となり，一方で古典的な変数選択手順によって選択されたモデルは，$m = 319$ で事後確率が 0.22 となる．メジアン確率モデルを見つけるためには，周辺事後含有確率が必要である．周辺事後含有確率は，年齢：0.05，性別：0.98，BMI：1.0，bp：1.0，$s1$：0.57，$s2$：0.38，$s3$：0.57，$s4$：0.20，$s5$：1.0，$s6$：0.07 であった．したがって，MP モデルは性別，BMI，bp，$s1$，$s3$，$s5$ からなり，MAP モデルと同じになる．

最初の変数選択は，$\omega = 0.5$ とした事前分布 (11.10) をもとにした．次の手順では，超事前分布 $p(\gamma|\omega)$ の影響を説明するために ω を変化させた．小さな値の ω では，事前にスパースモデルにより大きな重み付けをする一方で，大きな値の ω に対しては逆になる．$\omega = 0.01$ とすると，この MAP モデルには 事後確率 $= 0.61$ である 3 つの共変量 (BMI, bp, $s5$) が含まれ，次に最も尤もらしいモデルには 2 つの共変量が含まれる (事後確率 $= 0.24$)．$\omega = 0.99$ とすると，この MAP モデルにはすべての共変量が含まれた (事後確率 $= 0.50$)．図 11.3 に，2 つの ω の値に対する事後確率を示す．ここで，従属事前分布 (11.11) は，$\omega = 0.5$ に対する MAP モデルと同じである．

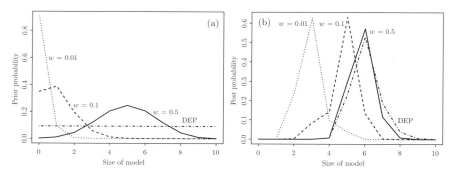

図 11.4 糖尿病研究：様々なモデル事前分布に対するモデルの大きさの (a) 事前確率と (b) 事後確率 (DEP = 従属事前分布).

さらに図 11.4 に，モデルサイズに対して事前確率と事後確率がモデルに与える影響を示す．明らかに，モデルサイズに対してそれぞれの事後分布と従属事後分布を比較することによって見ることができるように，従属事前分布はより小さいモデルとより大きいモデルに対する事後確率を増加させる．　　　　　　　　　　　　　　□

BVS 原理は，すべての回帰モデルに適用できる．周辺尤度への BIC 近似によって，最良のモデルは比較的早く決定できる．このことを後にプロビット回帰モデルで示す．プロビットの選択は，ソフトウェアの利便性だけでなく，WinBUGS のロジスティックリンク (第 8 章と例 XI.7 を参照) の計算の難しさからなされている．プロビットリンクを選択するもう 1 つの理由は，離散化された正規確率変数の潜在的な表現にある．これは Albert and Chib (1993) が最初に提案し，例 VII.9 で説明した．11.8 節と 11.9 節で，この表現の有用性にさらに焦点をあてる．

例 XI.4: 関節リウマチ研究：BIC 近似にもとづく BVS

関節リウマチ (RA) は慢性滑膜炎と関節の軟骨と骨の破壊が特徴である自己免疫疾患である．ロッテルダム早期コホート研究 (Rotterdam Early CoHort Study, REACH) は，関節機能障害の早期兆候が見られる被験者の RA の進行を調査するために 2004 年に開始された．ベースライン時点での基本的な患者特性，血清学測定，疾患のパターンに関する情報を，合計 681 名の被験者に対して集めた．REACH 試験の詳細は，Geuskens *et al.* (2008) と Alves *et al.* (2011) を参照．

以下の 12 個の因子が RA の進行 (2 値) と関係しているのかを知ることに関心があった：$accp$ (環状シトルリン化ペプチド抗体)，age (年齢)，esr (赤血球沈降速度)，dc (日で表す病状期間)，$stiffness$ (分で表す朝の強張りの期間)，rf (リウマチ因子),

$gender$ (性別), sym (関節炎の左右対称性 はい/いいえ), sjc (関節膨張数), tjc (圧痛関節数), $bcph$ (両手の圧痛 はい/いいえ), $bcpf$ (両足の圧痛 はい/いいえ). 共変量間のスピアマンの相関係数は, $\mathrm{cor}(accp, rf) = 0.67$ と $\mathrm{cor}(sym, sjc) = 0.86$ を除いてすべて比較的低い値 (絶対値で 0.25 以下) であった. 古典的なプロビット回帰にもとづいて, 有意水準 0.05 の F-to-out 変数減少法では, 以下の変数をもつモデルとなった: $accp$, esr, dc, sym, sjc, $bcph$. rf と $stiffness$ の 2 つの追加の変数を含むモデルを, 包括的に評価した後で, AIC の値が最も好ましいモデルを選択した.

R プログラム 'chapter 11 BIC and Zellner REACH.R' は, BIC 近似を用いてプロビット回帰モデルの変数を選択する. この実行には等しいモデル確率を用いた. その結果を表 11.3 の列 BF に示す. MAP モデルに含まれる変数は $accp$, esr, sym, $bcph$ の 4 つである. 古典的な変数減少法によって得られた最良のモデルは, 5 つの最良のモデルの中にあることに注意する. □

この節の結論として, BIC 近似にもとづく変数選択は以下の評価を通じて行われる.

- 事後モデル確率 (posterior model probability) $p(M_m \mid \boldsymbol{y}) \equiv p(\boldsymbol{\gamma}(m) \mid \boldsymbol{y})$: これは MAP モデルと, 観測データの観点から尤もらしいその他のすべてのモデルを与える.
- (周辺) 事後含有確率 ((marginal) posterior inclusion probability) (11.12): これは事後含有確率が 0.5 を超える回帰変数によって MP モデルを与える.

11.4.2 大きい K に対する変数選択

ここでは, モデル空間が大きい場合に目を向ける. 周辺尤度 (とそのベイズファクター) を解析的に決定できるときでも, 2^d 個のすべてのモデルの探索は d が大きければ不可能である. 探索手順には最も可能性の高いモデルを探すことが組み込まれる必要がある. 最初にモデル集合の制限と組み合わせた決定論的な方法を概説する.

(定数を除けば) 既知の $p(M_m \mid \boldsymbol{y})$ と $p(M_m)$ とともに, すべての M_m に対して, 効率的に $p(\boldsymbol{y} \mid M_m)$ を計算することができると仮定する. Raftery and Madigan (1994) は, 2 つの原理にもとづくベイズ流モデル平均化 (11.11 節を参照) の枠組みでの決定論的な変数選択法を提案した. 最初の原理では高い事後確率によるモデルに選択を狭める. これは以下を満たすモデルの集合になる.

$$A' = \left\{ M_m : \frac{p(M_m \mid \boldsymbol{y})}{\max_k p(M_k \mid \boldsymbol{y})} \geq C \right\} \qquad (11.13)$$

ここで C はユーザーが選択する定数である. 2 つ目の原理は, 10.2.2 節で紹介した

「オッカムの剃刀」として知られており，これはデータによる支持が少ないモデルをすべて除外する単純な原理である．それは，

$$B = \{M_m : \exists M_k \in A', \ M_k \subset M_m, \ p(M_k \mid \boldsymbol{y}) \geq p(M_m \mid \boldsymbol{y})\} \tag{11.14}$$

内のモデルが集合から除外されるということである．ここで $M \subset N$ は，モデル N が少なくとも 1 つの追加の共変量を含むことを意味する．考慮するモデルの集合は，$A = A' \backslash B$ となり，これは除外されたモデルが事後確率のごく一部に関与していると仮定していることになる．その場合，式 (11.5) とモデル A の集合にもとづいて計算された事後確率 $p(M_m \mid \boldsymbol{y})$ は，すべてのモデルにもとづく真の事後確率の良い近似になる．

このアルゴリズムの概念は次のとおりである (Hoeting et al. 1999a)．2 つのネストされたモデルに対して，単純なモデルが完全に棄却される場合には，アルゴリズムは単純なモデルのサブモデルも棄却する．次に，M_1 のサブモデルを M_0 とし，$O_R \geq 1$ のとき $p(M_0 \mid \boldsymbol{y})/p(M_1 \mid \boldsymbol{y}) > O_R$ であれば，M_1 は棄却される．$O_L < 1$ で小さいとき，$p(M_0 \mid \boldsymbol{y})/p(M_1 \mid \boldsymbol{y}) < O_L$ である場合，M_0 は棄却される．$O_L < p(M_0 \mid \boldsymbol{y})/p(M_1 \mid \boldsymbol{y}) < O_R$ である場合，どちらのモデルも棄却されない．区間 $[O_L, O_R]$ は「オッカムの窓 (Occam's window)」と呼ばれ，これはこの方法の名前にもなっている．Raftery et al. (1996) は，$O_R = 20$ と $O_L = 1/20$ とすることを勧めた．Raftery and Madigan (1994) にさらに詳細が述べられている．彼らは 1 つの変数だけが異なるモデルに対する減少法と増加法によるモデル探索のアルゴリズムを提案した．実際の探索には両方の組み合わせとして実行される．

オッカムの窓のような完全に決定論的な方法に対する別の方法は，確率的探索にもとづく．これらの方法は探索にいくつかの確率的要素を導入しているので，モデル空間にとらわれにくい．確率論的方法について，ここではベイズ流モデル平均化の枠組みで Madigan et al. (1995) によって提案された方法について再度考える．この方法は，すべてのモデルに対して $p(\boldsymbol{y} \mid M_m)$ が効率的に決定されると仮定して，事後モデル分布 $p(M_m \mid \boldsymbol{y})$ からサンプリングするために MCMC 法を用いる．この方法は MC^3 として知られるようになり，「MCMC を用いたモデルの合成」を意味する．

サンプリングはモデル空間での古典的な MH アルゴリズムによって実行される．モデル $\{M^k ; k = 1, \ldots\}$ のマルコフ連鎖あるいは同等の $\boldsymbol{\gamma}$ は，現在のモデルの近傍に局所的に移動する．現在の位置 M_m が与えられたもとで，モデル M_{m^*} は，提案分布 $q(M_{m^*} \mid M_m) = 1/d$ によって M_m の近傍でサンプリングされる．したがって，その近傍のすべてのモデルは同じ確率で利用でき，対応する $\boldsymbol{\gamma}$ と $\boldsymbol{\gamma}^*$ の位置が異なる．し

たがって，サンプリングされたモデル M^* は，

$$\min\left(1, \frac{p(M_{m^*} \mid \boldsymbol{y})}{p(M_m \mid \boldsymbol{y})}\right) \tag{11.15}$$

のときに採択され，それ以外の場合では連鎖はモデル M_m に留まる．オッカムの窓による方法より改良されているが，MC^3 法によるサンプリングはゆっくりと進んでいるため，連鎖の混合は理想的とはならない可能性がある．

MC^3 アルゴリズムは，すべての呼び出されたモデルと選択したモデル M_m の割合をとることによって，$p(M_m \mid \boldsymbol{y})$ の経験推定値を与える，すなわち，

$$\widehat{p}(M_m \mid \boldsymbol{y}) = \frac{1}{L}\sum_{l=1}^{L} I(M^l = M_m) \tag{11.16}$$

であり，ここで M^l はマルコフ連鎖の繰り返し l において呼び出されたモデル，$I(\cdot)$ は指示関数，L は MCMC の繰り返し数の合計である．さらに，事後含有確率 (11.12) は，$p(M_m \mid \boldsymbol{y})$ を (11.16) に置き換えることで計算される．

R パッケージ BMA は，ベイズ流モデル平均化におけるオッカムの窓と MC^3 にもとづく変数選択のための関数を与える．線形モデルに対して，回帰係数に対する共役 NIG 事前分布が，最小限の情報をもつ事前分布とともに選択される (Raftery et al. 1997)．GLIM に対して，Raftery (1996) は，$h(\boldsymbol{\theta}_m) = \log\{p(\boldsymbol{y} \mid \boldsymbol{\theta}_m, M_m)p(\boldsymbol{\theta}_m \mid M_m)\}$ に関してラプラス近似 (3.19) を適用した (10.2.2 節参照)．これによって，帰無仮説 ($\boldsymbol{\beta}_m = \boldsymbol{0}$) に対する周辺尤度とベイズファクターの近似が，ユーザーに定義された最小限の情報をもつ事前分布に対して得られる．さらなる近似は GLIM アウトプットをもとにしている．ここで，糖尿病データで BMA パッケージの使用方法を説明する．

例 XI.5：糖尿病研究：オッカムの窓と MC^3 法にもとづく BVS

R のパッケージ BMA にはいくつかの BVS 関数があるが，事前モデル確率に対するオプションは限られている．この例では，bic.glm と MC3.REG 関数を適用した．最初の関数はオッカムの窓とベイズファクターに対する古典的な BIC 近似を組み合わせており，GLIM での変数選択を提供する．MC3.REG は MC^3 をもとにしているが，線形モデルにのみ用いることができ，$p(\boldsymbol{\beta}_m^* \mid M_m)$ に対する共役 NIG 事前分布にもとづいている．2 つのプログラムはモデル平均化のツールを提供するが，ここでは変数選択アルゴリズムに焦点をあてる．

プログラム 'chapter 11 Occam diabetes.R' で糖尿病データに対する BVS を実行した．このプログラムは bic.glm と MC3.REG にもとづいている．この実行結果を表 11.2 に示す．(a) 5 つの最良のモデルに対する事後モデル確率が不等式 $BO \geq B \geq BF$ を

表 11.2　糖尿病研究：最良なモデルの選択

Covariates	BF	BO	B	MC^3	G
2,3,4,7,9	0.278	0.326	0.286	0.381	0.281
2,3,4,5,6,9	0.224	0.253	0.223	0.269	0.224
2,3,4,5,8,9	0.116	0.133	0.117	0.080	0.116
2,3,4,5,7,9	0.105	0.120	0.106	0.063	0.105
2,3,4,7,8,9	0.023	0.027	0.023	0.019	0.022

注意：事後モデル確率による 5 つの最良な線形回帰モデルは，すべてのモデルの完全な探索による BIC 近似 (BF)，オッカムの窓による BIC 近似 (OR = 20)(BO) とオッカムの窓によらない BIC 近似 (B)（いずれも 'bic.glm' を用いる），MC3.REG を用いた 2000 回の繰り返しにもとづく MC^3，Zellner の g-事前分布 (G) から得た．変数は以下の数字によって省略される：age(1)，sex(2)，BMI(3)，bp(4)，$s1$(5)，$s2$(6)，$s3$(7)，$s4$(8)，$s5$(9)，$s6$(10)．

満たし（記号の意味は表 11.2 を参照），これは考慮する一連のモデルが BO から BF まで増加することで説明され，(b) $p(M_m \mid \boldsymbol{y})$ の MC^3 推定値は，より良く当てはまるモデルを識別するということを示している．事後モデル確率で多少の違いがあるにもかかわらず，5 つの最良のモデルの相対的な順位は同じである．(bic.glm から得られた) 各モデルに対して選択された変数の図を図 11.5 に示す．　　□

結論として，オッカムの窓と MC^3 にもとづく変数選択は，$\widehat{p}(M_m \mid \boldsymbol{y})$ の評価を通じて行われ，これは MAP モデルを与える．式 (11.16) によって計算される事後含有確率から，MP モデルが得られる．

11.5　Zellner の g-事前分布にもとづく変数選択

3.8.3 節と 10.2.1 節から，変数選択では事前分布 $p(\boldsymbol{\theta}_m \mid M_m)$ を注意して選択することが必要であることがわかる．実際には，非正則事前分布は不定なベイズファクターの原因となる．一方で，情報のある事前分布によってモデル選択を決定付けることはリスクがあると考えられる．したがって，適切な事前分布は，無情報事前分布と情報有りの事前分布のバランスが必要である．さらに，ベイズファクターを求めるには周辺尤度が必要なことから，計算が困難なことも多い．問題があるにもかかわらず，BVS における正規線形回帰モデルの回帰係数に対するよく知られている事前分布は 5.6.1 節の共役正規逆ガンマ (NIG) 事前分布である．この事前分布は周辺尤度の解析的な式を与える．より具体的には，σ^2 を与えたもとで，$\boldsymbol{\beta}^*$ に対する共役事前分布は $\mathrm{N}(\boldsymbol{\beta}_0^*, g\sigma^2 \Sigma_0^*)$ である．Σ_0^* は，単位行列と $(\boldsymbol{X}_m^{*T} \boldsymbol{X}_m^*)^{-1}$ がよく選ばれる．後者は，$\sigma^2 \sim \mathrm{IG}(a_0, b_0)$ と組み合わせた場合の Zellner の g-事前分布に対応する．5.6.1 節で示したように，Zellner

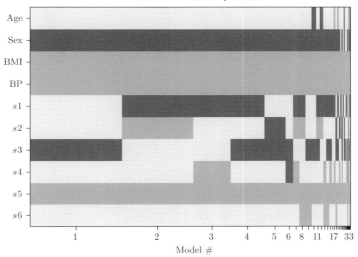

図 11.5 糖尿病研究：(オッカムの窓のオプションを切った状態の)'bic.glm' から得られる選択されたモデルに含まれる共変量．このモデルは事後確率によって (x 軸に対して) 降順で並び替えられる．水平な帯は正/負 (灰色/黒) の回帰係数をもつモデルに含まれる変数を示している．

の g-事前分布は，現在の標本と分散 $g\sigma^2$ において同じデザイン行列 $\boldsymbol{X}_m^*$ と仮想の標本 $\boldsymbol{y}_0$ ($\boldsymbol{\beta}^* = \boldsymbol{0}$ に対して $\boldsymbol{y}_0 = \boldsymbol{0}$) から事後分布のように解釈することができる魅力的な性質をもっている．

ベクトル $\boldsymbol{\beta}^*$ と連動することで，すべての回帰係数と切片 α も縮小させると考えられる．GLIM に関して大抵は，α は縮小させたくないと考える．したがって，その他の回帰係数と違って，切片は別に取り扱うのが通常である．これはモデル $\boldsymbol{y} = \boldsymbol{1}\alpha + \boldsymbol{X}_m\boldsymbol{\beta}_m + \boldsymbol{\varepsilon}$ を使うことになる．さらに，$\boldsymbol{X}_m$ の列がベクトル $\boldsymbol{1}$ と直交するため，α がすべてのモデルに対して共通であると仮定する場合で共変量は中心化される．BVS においてよく知られている g-事前分布は以下で与えられる (Liang *et al.* 2008)．

$$p(\alpha, \sigma^2) \propto \sigma^{-2} \tag{11.17}$$
$$p(\boldsymbol{\beta}_m \,|\, \sigma^2, M_m) = \mathrm{N}(\boldsymbol{0}, g\sigma^2(\boldsymbol{X}_m^T\boldsymbol{X}_m)^{-1}) \tag{11.18}$$

式 (11.18) において，g はパラメータ $\boldsymbol{\beta}_m$ の大きさを制御する．回帰パラメータが線形モデルの分散と直交するため，σ^2 の事前分布はすべてのモデルに対して同じものを取りうる (Berger and Pericchi 2001)．この g-事前分布は，もはや (条件付き) 共役で

ないが，以下の周辺尤度の閉じた式を導く．

$$p(\boldsymbol{y} \mid M_m, g) = \frac{\Gamma\left(\frac{n-1}{2}\right)}{(\pi n)^{(n-1)/2}} \frac{1}{\left(\sum_{i=1}^{n}(y_i - \bar{y})^2\right)^{(n-1)/2}} \frac{(1+g)^{(n-1-d_m)/2}}{(1+g(1-R_m^2))^{(n-1)/2}} \quad (11.19)$$

ここで R_m^2 はモデル M_m の通常の決定係数である．帰無モデル M_k に関して，ベイズファクター $R_k^2 = 0$ と $d_k = 0$ によるモデル M_m と M_k の比較は，

$$\mathrm{BF}_{mk} = \frac{p(\boldsymbol{y} \mid M_m)}{p(\boldsymbol{y} \mid M_k)} = (1+g)^{(n-d_m-1)/2}[1+g(1-R_m^2)]^{-(n-1)/2} \quad (11.20)$$

となる．式 (11.19) と (11.20) の導出方法の詳細については Liang et al. (2008) を参照．Zellner の g-事前分布は，g に対する値を必要とする．よく知られているのは $g = n$ と選択することであり，これは単位情報事前分布となる (Kass and Wasserman 1996) が，以下に示すような別の値が提案されている．事後モデル確率にたどり着くために，Zellner の g-事前分布を，ω または従属事前分布 (11.11) の特定の選択に対するモデル事前分布 (11.10) と組み合わせることができる．変数の数が比較的少ない場合には，Zellner の g-事前分布にもとづく BVS は包括的なモデル探索と組み合わせることができ，それ以外の場合には確率的探索アルゴリズムを用いるべきである．

最小の情報をもつ Zellner の g-事前分布を定義するために，多くの g の「最適な」選択が調べられてきた．一般に，小さな値の g は非常に強い事前分布となる一方で，非常に大きな値の g は帰無モデルに対して好ましいため，Lindley-Bartlett のパラドックスを引き起こす (Smith and Kohn (1996))．しかし Smith and Kohn (1996) は，この結果は g の値が 10 から 1000 の間では違いが小さかったことを報告した．George and Foster (2000) は，σ^2 を固定すると，AIC (例えば $\omega = 0.5$ で $g \approx 3.92$) と BIC (例えば $\omega = 0.5$ で $g = n$) のようなよく知られているモデル選択規準にもとづく変数選択法によって選択された最も良いモデルに対応する Zellner の g-事前分布から得られる MAP モデルのように式 (11.10) の g と ω を調整することができることを示した．理論的な考察とシミュレーションによって，Fernandez et al. (2001) は，$g = \max(n, d^2)$ が正しいモデルを漸近的に選択するという結果をもたらすことを示した．この性質はモデル選択の一致性 (model selection consistency) と呼ばれる．George and Foster (2000) は，ω と g を前もって選択することの困難さについて言及し，経験ベイズ法を用いてデータからこれらを推定することを提案した．代わりに，Liang et al. (2008) は g に対する事前分布を提案し，良い選択がされた事前分布では BVS 法がモデル選択の一貫性を成し得ることを示した．これらの変数選択法は，より優れているようにみえる．最後に，Krishna et al. (2009) は式 (11.18) の代わりとして事前分布 $\mathrm{N}(\boldsymbol{0}, g\sigma^2(\boldsymbol{X}_m^T \boldsymbol{X}_m)^\lambda)$ を提案した．この拡張によって，相関がある予測子全体を制御することができる．す

なわち $\lambda > 0$ は，高次に共線性を有する予測子をモデルに入れる，または除くことを同時に行い，$\lambda < 0$ はそれとは反対の影響をもつ．

Zellner の g-事前分布の拡張が GLIM のようなその他のモデルに対して定義されている．Fouskakis et al. (2009) は $p(\boldsymbol{\beta}_m \mid M_m) = \mathrm{N}(\mathbf{0}_{d_m}, g\Im(\mathbf{0}_{d_m})^{-1})$ を提案した．ここで $g = n$ であり，$\Im(\boldsymbol{\beta}_m)$ は $\boldsymbol{\beta}_m$ において評価されたフィッシャーの (期待値) 情報行列，$\mathbf{0}_{d_m}$ は次元 d_m のゼロベクトルである．これはロジスティック回帰では $p(\boldsymbol{\beta}_m \mid M_m) = \mathrm{N}(\mathbf{0}_{d_m}, 4n(\boldsymbol{X}_m^T \boldsymbol{X}_m)^{-1})$ となる．その他の提案は (観測または期待) 情報行列の選択の点で異なる (さらなる概要については Sabanés Bové and Held (2011b) を参照)．著者らは Chen and Ibrahim (2003) の共役事前分布 (5.35) の修正を考案し，(5.6.2 節の記法での) 以下の式を提案した．

$$p(\boldsymbol{\beta}_m \mid \boldsymbol{y}_0, g, M_m) \propto \exp\left\{\frac{1}{g\phi}\sum_{i=1}^{n}[h(0)w_i\theta_i - w_i b(\theta_i)]\right\} \tag{11.21}$$

ここで $h(0) = \mathrm{d}b/\mathrm{d}\theta(0)$ であり，w_i は重みである．$n \to \infty$ に対して，この事前分布は一般化 Zellner の g-事前分布

$$\boldsymbol{\beta}_m \mid g, M_m \sim \mathrm{N}\left(\mathbf{0}_{d_m}, g\phi c(\boldsymbol{X}_m^T \boldsymbol{W} \boldsymbol{X}_m)^{-1}\right) \tag{11.22}$$

に収束する．ここで $c = \mathrm{d}^2 b/\mathrm{d}\theta^2$ (と $(\mathrm{d}b/\mathrm{d}\theta)^{-1}$) はゼロで評価され，$\boldsymbol{W} = \mathrm{diag}(w)$ である．これは，言い換えると $g = n$ と $c = 4$ の場合の Fouskakis et al. (2009) のロジスティック回帰 g-事前分布ということになる．一方で，プロビット回帰に対しては $c = \pi/2$ である．g を特定の値に対して固定すると，変数選択の際，モデルによっては一致しない可能性があることが示唆される．代わりとして，Sabanés Bové and Held (2011b) は g に対する超事前分布 $p(g)$ を特定し，一般化超 g-事前分布 (generalized hyper-g-prior) と呼んだが，それでもまだ $\boldsymbol{\gamma}$ に対する事前分布が必要である．彼らの BVS アルゴリズムは，R パッケージ `glmBfp` で以下の手順で実行される．最初に，周辺尤度 $p(\boldsymbol{y} \mid M_m) \equiv p(\boldsymbol{y} \mid \boldsymbol{\gamma})$ を，ラプラス近似と適応的ガウス求積法の組み合わせによって近似する．$p(\boldsymbol{y} \mid \boldsymbol{\gamma})$ にもとづく MH アルゴリズムは列 $\boldsymbol{\gamma}^1, \ldots, \boldsymbol{\gamma}^k, \ldots$ を生成する．さらに (BVS 手順部分ではないが)，$\boldsymbol{\gamma}$ が与えられたもとで $\log(g)$ に対する独立な提案密度を組み合わせ，α と $\boldsymbol{\beta}$ のサンプリングを行う．

例 XI.6: 関節リウマチ研究：一般化 Zellner の g-事前分布にもとづく BVS

R パッケージ `glmBfp` によって，ベイズ流一般化線形モデル (BGLIM) の変数選択を行うことができる．REACH データに対するプロビット回帰モデルにおける重要な共

表 11.3 関節リウマチ研究：最良なモデルの選択

Covariates	BF	BO	B	L	G	RJ	SVSS2	SVSS4
1,3,8,11	0.250	0.316	0.255	0.273	0.027	0.170	0.310	0.058
1,3,8,9,11	0.133	0.168	0.136	0.115	0.046	0.139	0.168	0.061
1,3,4,8,11	0.105	0.133	0.107	0.109	0.033	0.074	0.077	0.029
1,3,6,8,11	0.059	0.075	0.060	0.076	0.019	0.043	0.069	0.043
1,3,5,8,11	0.051	0.065	0.053	0.055	0.016	0.036	0.048	0.022

注：すべてのモデル (BF) の完全な探索による BIC 近似から得られたそれらの事後確率による 5 つの最良なプロビット回帰モデル：オッカムの窓による BIC 近似 (OR = 20)(BO) と，オッカムの窓によらない BIC 近似 (B)（ともに 'bic.glm' を用いる）；'glib' を用いての Raftery のラプラス近似 (L)；'glmBfp' を用いての一般超 g-事前分布；WinBUGS へのジャンプインターフェースを用いての RJMCMC (RJ)；シナリオ 2 にもとづく SSVS アプローチ (SSVS2) とシナリオ 4 にもとづく SSVS アプローチ (SSVS4)．変数は以下の数字によって省略される：accp(1), age(2), esr(3), dc(4), stiffness(5), rf(6), gender(7), sym(8), sjc(9), tjc(10), bcph(11), bcpf(12).

変量を選択するためにこのパッケージを用いた．このパッケージは様々な超事前分布 $p(g)$ と事前分布 (11.22) の組み合わせにもとづいている．ここでは，IG(0.1, 0.1) とした．さらに，γ に対して異なる事前分布が利用できる．$\omega = 0.5$ の事前分布 (11.10) と $\alpha_\omega = \beta_\omega = 1$ の事前分布 (11.11) を選択した．最後に，確率的探索にもとづく解法と包括的探索にもとづく解法を比較した．このコマンドは R プログラム 'chapter 11 BIC and Zellner REACH.R' に含まれており，このプログラムにはパッケージ glmBfp を組み込んでいる．glmBfp パッケージで得られた事後モデル確率によって選ばれた 5 つの最良モデルを表 11.3 に示す．

超 g-事前分布によって見つけられる最良のモデルを比較するために，オッカムの窓によるものとよらない BIC 近似にもとづく BMA ルーティン bic.glm を適用した．この変数選択の結果を表 11.3 の BF 列，BO 列，B 列に示す．常に同じ MAP モデル（例 XI.4 と同じになる）によって $BO \geq B \geq BF$ となることに再度注意する．この BMA ルーティン glib は周辺尤度に対するより正確なラプラス近似にもとづいており (Raftery 1996)，REACH データの L 列に対して適用した．すべてのプログラムは 'chapter 11 BMA REACH.R' に含まれている．

その他の BVS アルゴリズムと比較して，glmBfp パッケージで得られた事後モデル確率は，あまりはっきりしない．このアルゴリズムは確率的探索か包括的探索かに関係なかったが，結果はマルコフ連鎖の大きさに依存した．さらに，$\alpha_\omega = \beta_\omega = 1$ で事前分布 (11.10) から事前分布 (11.11) に変えた場合，事後確率はモデルの大きさに依存して比例することが見てとれる．g の事後中央値は 28.3 (95%CI = [21.5, 39.7]) で，

これは単位情報事前分布によるもの (g=681) よりおおよそ 25 倍小さかった.   □

11.6 リバーシブルジャンプ MCMC にもとづく変数選択

MC^3 法はモデル空間内のみを移動する MCMC 連鎖を生成する. すなわち MH アルゴリズムが $p(\boldsymbol{y} \mid M_m)$ にもとづいているため, 回帰係数の選択をせずモデル M_m からモデル M_{m^*} に値が移動するということである. したがって, モデル M_{m^*} を選択した後で, パラメータ $\boldsymbol{\theta}_{m^*}$ を推定することが必要である. パラメータ $\boldsymbol{\theta}_m$ とモデル M_m を同時にサンプリングする, いわゆる MH 法を用いて MC^3 法を一般化することができる. 現在の値 $(\boldsymbol{\theta}_m, M_m)$ が与えられたもとで, $(\boldsymbol{\theta}_{m^*}, M_{m^*})$ をパラメータベクトルの空間とモデルの識別子を合わせた値をとる提案分布 $q(\boldsymbol{\theta}_{m^*}, M_{m^*} \mid \boldsymbol{\theta}_m, M_m)$ から生成することができる. したがってこの提案は確率

$$\begin{aligned}
\alpha_{MH} &= \min\left(1, \frac{p(\boldsymbol{\theta}_{m^*}, M_{m^*} \mid \boldsymbol{y})q(\boldsymbol{\theta}_m, M_m \mid \boldsymbol{\theta}_{m^*}, M_{m^*})}{p(\boldsymbol{\theta}_m, M_m \mid \boldsymbol{y})q(\boldsymbol{\theta}_{m^*}, M_{m^*} \mid \boldsymbol{\theta}_m, M_m)}\right) \\
&= \min\left(1, \frac{p(\boldsymbol{y} \mid \boldsymbol{\theta}_{m^*}, M_{m^*})p(\boldsymbol{\theta}_{m^*} \mid M_{m^*})p(M_{m^*})q(\boldsymbol{\theta}_m, M_m \mid \boldsymbol{\theta}_{m^*}, M_{m^*})}{p(\boldsymbol{y} \mid \boldsymbol{\theta}_m, M_m)p(\boldsymbol{\theta}_m \mid M_m)p(M_m)q(\boldsymbol{\theta}_{m^*}, M_{m^*} \mid \boldsymbol{\theta}_m, M_m)}\right)
\end{aligned}$$

で採択される. ここで 2 行目はベイズの定理から得られる. この提案は,

$$q(\boldsymbol{\theta}_{m^*}, M_{m^*} \mid \boldsymbol{\theta}_m, M_m) = q(M_{m^*} \mid \boldsymbol{\theta}_m, M_m)q(\boldsymbol{\theta}_{m^*} \mid \boldsymbol{\theta}_m, M_{m^*}, M_m)$$

で表される M_{m^*} に対する提案と $\boldsymbol{\theta}_{m^*}$ に対する提案の 2 つのステップによって実行される. ここで, モデル $(\boldsymbol{\theta}_m, M_m)$ からモデル $(\boldsymbol{\theta}_{m^*}, M_{m^*})$ への移動がその逆の移動と同程度容易にできる詳細釣り合い条件 (6.4 節を参照) を保証する必要がある. しかしながら, 変数選択とともにモデルの次元が変化する場合, この条件をどのように保証するかはすぐにはわからない. 可逆性は 6.6 節で紹介したリバーシブルジャンプ MCMC 法 (Green 1995) によって保証される. ここでは Lunn et al. (2009b) で述べられているリバーシブルジャンプ法について説明する. これは, Reversible Jump to WinBUGS (RJWinBUGS と省略する) で実装されている. この方法の魅力は, WinBUGS によって実行することが極めて容易であるという点にある. 特定の目的に対しては, 変数選択のためにその他の RJMCMC 法が好ましい場合もある. 例えば, R パッケージ monomvn は, 線形回帰における BVS の効率的な RJMCMC にもとづく方法である (Gramacy and Pantaleoy 2010). この RJWinBUGS 法は, 多くのその他の RJMCMC 法に対してもある程度典型的なものとなっている (Chen et al. 2011 を参照).

一般的な方針: $\boldsymbol{\theta}_m$ をモデル M_m のパラメータの k_m 次元ベクトルとする. この方法の主要な点は, $(\boldsymbol{\theta}_m, M_m)$ から $(\boldsymbol{\theta}_{m^*}, M_{m^*})$ へ移動するための適切な提案分布の推

定である．次元が変わる場合 ($k_m \neq k_{m^*}$) には，提案分布の構造には可逆性を確実とするために細心の注意が必要である．MC^3 法と元の RJMCMC 法に対して，移動は 1 つの変数のみを追加あるいは除外することに限定されており，これは Green (1995) の元の論文における「出生 (birth)」と「死滅 (death)」に対応するものである．空間のより速い探索を可能とするために，Lunn et al. (2009b) は RJMCMC 法と提案された 3 種類の移動を一般化した．(1)「次元移動」：2 つの次元転換，すなわち「出生」と「死滅」を表しているが，一般的に 2 回以上次元が変化する．(2)「構造移動」：数個の変数をランダムに抽出し，同じ数のその他の変数によってそれらを置き換える．(3)「係数移動」：標準的なサンプリング法によってモデル係数を更新する．

移動：　次元移動 (dimension moves) だけが次元転換である．RJWinBUGS はこれに対して MH アルゴリズムを用いる．最初に，無作為に抽出された整数 δ に k_m を加える (あるいは引く) ことによって次元を更新することが提案されている．ここでは変数を選択することに焦点をあてるため，検討することは k_m が実際に d_m であるような d_m 個の回帰係数についてである．次の手順は，新しい回帰ベクトルがその完全条件付き分布からのサンプリングによって提案される (共役完全条件付き分布のみが利用できる)．提案密度のような完全条件付き分布によって，Lunn et al. (2009b) は採択確率が回帰係数とは独立となるが，事前共分散行列には依存のままであるということを示した．この後者の非独立性は，回帰係数の事前分布の選択の精度と非独立なサンプリング手順をするため，適切な値を選択することが重要である．構造移動 (configuration moves) では，次元は同じままであるが新しい回帰ベクトルがサンプリングされる．最後に，係数移動 (coefficient moves) では回帰係数のみが更新される．これらの移動のすべてにおいて，6.6 節で定義されたような全単射関数 h が明示的あるいは暗示的に構成される．

インターフェース：　WinBUGS で RJMCMC 変数選択法を実行することができるようにするために最初に RJWinBUGS をインストールしなければならない．このインターフェースをインストールするための指示は，http://www.winbugs-development.org.uk/rjmcmc.html にある．オプションの *Jump* が，RJMCMC 解析の要約を得るためにメニューに追加される．RJWinBUGS では WinBUGS で利用可能なコマンドより多くの新しいコマンドを用いる．

例 XI.7: 関節リウマチ研究：RJMCMC を用いた BVS

WinBUGS プログラム 'chapter 11 RJMCMC REACH.odc' には REACH 試験に対して RJMCMC 法を用いてプロビット回帰モデルでの重要な変数を選択するため

11.6 リバーシブルジャンプ MCMC にもとづく変数選択

のコマンドが含まれている．R2WinBUGS にもとづく R プログラムについては演習 11.4 を参照されたい．このソフトウェアはロジスティック回帰モデル (完全条件付き分布は利用できない) をサポートしておらず，2値化された正規確率変数のように表された反応に対しては，プロビットモデルのみを用いることができる．共変量の数：0, 3, 6, 9, 12 に対する初期値とともに 5 つの連鎖を実行した．それぞれの連鎖では 5000 回のバーンインと 10000 回の反復を実行した．変数選択手順の2つの側面，モデルの指標 id と推定された回帰係数ベクトル e をモニターした (WinBUGS プログラムを参照)．事後要約量はオプション **Jump** から得られる．ボックス **Jump Summary Tool** 内の 'table' オプションは，最も見込みのあるモデルを表示する．この解析の結果を図 11.6 に示す．ユーザーは変数 'razor' を修正することで，それぞれのモデルの画面を制限することができる点に注意する．

最小情報事前分布を与えるために回帰係数の精度に対する適切な値を取ることが重要である．回帰係数に対する事前精度として，式 (11.22) の精度行列 $\frac{2}{n\pi}\left(\boldsymbol{X}_m^T \boldsymbol{X}_m\right)$ の共通の対角成分をとった．ここでは $\tau_\beta^2 = 0.64$ であった．したがって β_k に対して独立な事前分布 $N(0, 1/\tau_\beta^2)$ を仮定した．最も頻繁に出現したモデルを図 11.6 に示す．連鎖の 17% 以上において，MAP モデルを作るモデル 101000010010 (変数 1, 3, 8, 11) が出現した．アウトプットの 2 番目の部分から，それは MP モデルでもあった．事後モデル確率は，その他の BVS 法に比べて卓越した値ではなかった．さらに，$\tau_\beta^2 = 0.2, 0.4, 0.8$ に対して BVS を適用することで感度解析を行った．最良のモデルは τ_β^2 の値が異なっても基本的に同じであったが，事後モデル確率は τ_β^2 の増加に伴って常に同じ MAP モデルと MP モデルを生成するはっきりしないものであった．

ジャンプ機能は標準的な WinBUGS の機能と組み合わせることができる．例えば，トレースプロットは連鎖の混合と次元転換の移動を表す．密度プロットは事後の情報を要約する．図 11.7 は sjc の回帰係数の周辺 (事後) 密度を示している．回帰変数を組み入れるあるいは取り除く場合，ジャンプによって二峰性の密度が生成される．これはベイズ流モデル平均化の 1 つの例である (11.11 節を参照)． □

最後に，RJMCMC アルゴリズムによって生成された連鎖の収束を確かめることは，次元が変わることが原因で標準的な MCMC アルゴリズムよりも複雑である．

Brooks-Gelman 診断を実行するアルゴリズムは，Brooks and Giudici (2000), Castelloe and Zimmerman (2002) で述べられているが，ソフトウェアはまだ利用できる状態とは思えない．

RJMCMC によって，BVS は単に MCMC のアウトプットの探索にもとづいており，モデルと回帰係数を組み合わせた空間でサンプリングされるため，回帰係数の事

Model structure	Posterior prob.	Cumulative prob.
101000010010	0.16984	0.16984
101000011010	0.1388	0.30864
101100010010	0.07436	0.383
101100011010	0.07364	0.45664
101001011010	0.07044	0.52708
101001010010	0.04256	0.56964
101010010010	0.03616	0.6058

Variable no.	Marginal prob.
1	1.0
2	0.0446
3	0.99668
4	0.30388
5	0.17468
6	0.27052
7	0.04212
8	1.0
9	0.4708
10	0.06724
11	0.99796
12	0.10688

図 11.6 関節リウマチ研究：β_k の事前精度が 'razor = 0.60' によって $\tau_\beta^2 = 0.64$ である場合の RJWinBUGS からのアウトプット．このアウトプットは (合計で) 25000 回の繰り返しにもとづいている (5000 回の繰り返しによる 5 つの連鎖).

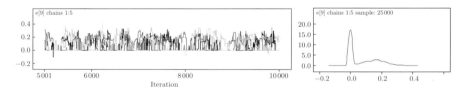

図 11.7 関節リウマチ研究：RJWinBUGS を用いたときの sjc の回帰係数のトレースプロットと周辺事後密度

後の情報を直接利用することができる．

11.7 スパイク・スラブ事前分布

スパイク・スラブ事前分布 (spike and slab priors) として有名な，変数選択事前分布 (variable selection priors) を利用した回帰パラメータの推定と変数選択を合わせた方法がよく知られるようになってきている．これらの事前分布は，正規線形回帰モデルによる BVS に対して，Mitchell and Beauchamp (1988) によって初めて提案さ

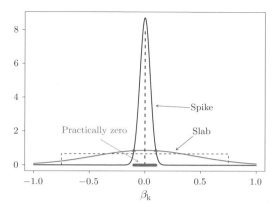

図 11.8 スパイク・スラブ事前分布：点線は Mitchell and Beauchamp (1988) のオリジナルの方法，実線は George and McCulloch (1993) の正規混合に対応.

れた．スパイク・スラブ事前分布は帰無仮説 $H_0 : \beta_k = 0$ $(k = 1, \ldots, d)$ での正の事前確率を導く．Mitchell and Beauchamp (1988) による元の式では，スパイク・スラブ事前分布は，ゼロに集中したディラック測度と一様拡散成分の混合として定義される．この混合を図 11.8 の点線によって示す．ここでは George and McCulloch (1993) によるスパイク・スラブ事前分布の式に焦点をあてる．この事前分布の選択は計算上の利点があり，ギブス・サンプラーによって容易に実行することができる．以下でスパイク・スラブ事前分布にもとづく 2 つの BVS 法，確率的探索変数選択 (Stochastic Search Variable Selection) とギブス変数選択 (Gibbs Variable Selection) について詳しく述べる．すべての方法で，切片 α にはフラット事前分布か大きな σ_α^2 をもつ非正則正規事前分布 $\mathrm{N}(0, \sigma_\alpha^2)$ を仮定した．

11.7.1 確率的探索変数選択

確率的探索変数選択 (stochastic search variable selection, SSVS) は，線形回帰の変数選択のために George and McCulloch (1993) によって提案された．彼らの変数選択法について，2 つの方法が広まっている．最初の方法では，線形予測子は以下で与えられる．

$$\alpha + \sum_{k=1}^{d} \beta_k x_k \tag{11.23}$$

さらに，回帰係数 β_k に対してはスパイク・スラブ正規成分の混合事前分布であると仮定する．モデル内の変数の除外を反映して，スパイク (尖った) の要素はゼロの周りに集中し，Mitchell and Beauchamp (1988) の一点集中の事前分布の近似とみなすこ

とができる ($\gamma_k = 0$). スラブ (平たい) の要素は,「非ゼロ」の係数が, 大きな値にわたって広がっている ($\gamma_k = 1$) ため, 十分大きな分散をもっている. $\tau_k^2 > 0$ がスパイクの要素での分散で, $c_k^2 \tau_k^2 > 0$ がスラブの要素での分散である場合に, 2 つの要素間の分離度は 2 つのチューニングパラメータ τ_k と c_k によって調節される (図 11.8 参照). τ_k と c_k の選択方法を導くために, $\delta_k = \sqrt{2(\log c_k)c_k^2/(c_k^2 - 1)}$ である場合に, 点 $\pm \varepsilon_k = \tau_k \delta_k$ において 2 つの正規密度関数が交わることに注意すると役に立つ. 点 ε_k は, 区間 $[-\varepsilon_k, \varepsilon_k]$ に含まれるすべての係数がゼロであると解釈できる場合に,「実質的に有意」と宣言するための閾値とみなすことができる. パラメータ c_k が与えられたもとで, 交点が実践面で有意性の知見を反映するような分散 τ_k^2 が選択される. したがって SSVS 階層事前分布設定の数式は, $k = 1, \ldots, d$ に対して以下によって定義される.

$$\beta_k \,|\, \sigma_{\beta_k}^2 \sim \mathrm{N}(0, \sigma_{\beta_k}^2) \tag{11.24}$$

$$\sigma_{\beta_k}^2 \,|\, \tau_{0k}^2, \tau_{1k}^2, \gamma_k \sim (1-\gamma_k)\delta_{\tau_{0k}^2}(\cdot) + \gamma_k \delta_{\tau_{1k}^2}(\cdot) \tag{11.25}$$

$$\sigma^2 \sim \mathrm{IG}(a_0, b_0) \tag{11.26}$$

$$\gamma_k \,|\, \omega_k \sim \mathrm{Bern}(\omega_k) \tag{11.27}$$

$$\omega_k \sim U(0, 1) \tag{11.28}$$

ここで $a_0 = \nu_\gamma/2$ で $b_0 = \nu_\gamma \varsigma_\gamma/2$ である. さらに $\tau_{0k}^2 = \tau_k^2$ で $\tau_{1k}^2 = c_k^2 \tau_k^2$ である. γ_k は (γ_0 に対して k 番目の回帰係数が「事実上ゼロである」) 混合の要素を示している. $\delta_x(\cdot)$ は, x におけるクロネッカーのデルタである. ν_γ と ς_γ は, γ に依存している可能性があり, ω_k は β_k がゼロではないと考えられるときの事前分布である.

(式 (11.24) と式 (11.25) を組み合わせた) 回帰係数に対する事前分布を構成するために, George and McCulloch (1993) は β に多変量正規分布を用いた. すなわち,

$$\boldsymbol{\beta} \,|\, \boldsymbol{\gamma} \sim \mathrm{N}(\boldsymbol{0}, \mathrm{D}_\gamma \mathrm{R} \mathrm{D}_\gamma) \tag{11.29}$$

である. ここで $\boldsymbol{\gamma} = (\gamma_1, \ldots, \gamma_d)^T$, R は事前相関行列, $\mathrm{D}_\gamma = \mathrm{diag}(a_1 \tau_1, \ldots, a_d \tau_d)$, $\gamma_k = 0$ の場合は $a_k = 1$, $\gamma_k = 1$ の場合は $a_k = c_k$ である. 相関行列 R は単位行列 (以下の例で用いられている) または $\mathrm{R} \propto (\boldsymbol{X}^T \boldsymbol{X})^{-1}$ で, これは Zellner の g-事前分布の一般化である.

事前分布 (11.27) と (11.28) を指定することは, 独立ではない事前分布 (11.11) を仮定することと同値である. 事前分布 (11.11) が好まれる (11.4.1 節を参照) 一方で, George and McCulloch (1997) は, $\omega = 0.5$ としたモデルの事前分布はしばしば理に適った結果となり, 要求される計算量を大幅に減らすことにふれた. したがって, こ

こでの例のほとんどは後者の事前分布をもとにしているが，従属事前分布とのいくつかの比較を実行した．

SSVS によってモデルは常に最大となるので，RJMCMC でのような次元転換はないということに注意することが重要である．厳密に述べると，SSVS はすべての変数をモデルに入れるような変数選択法ではないが，γ_k をゼロに向けて縮小する．

事前分布の非共役性のため，事後分布 $p(\beta_k\,|\,\boldsymbol{\gamma})$ と $p(\gamma_k\,|\,\boldsymbol{\gamma})$ の解析的な単純化は難しい．George and McCulloch (1993) は，回帰係数のマルコフ連鎖とモデル $(\boldsymbol{\beta}^0, \sigma^0, \boldsymbol{\gamma}^0)$, ..., $(\boldsymbol{\beta}^K, \sigma^K, \boldsymbol{\gamma}^K)$ を生成するギブス・サンプラーを用いた事後分布に対する MCMC 近似を提案した．

Ishwaran and Rao (2003) は，感度を超パラメータのチューニングによって小さくするために，回帰係数よりはむしろ分散に対して，スパイク・スラブの要素を下の階層に移動させることを提案した．彼らの方法は，NMIG (normal mixture of inverse gammas) として呼ばれ，(自由度 $2a$ でそれぞれの尺度が $s_1 = \sqrt{\frac{b\nu_0}{a}}$ と $s_2 = \sqrt{\frac{b\nu_1}{a}}$ に) 規準化された t 分布によるスパイク・スラブ事前分布と同じになる．実例として演習 11.7 と演習 11.8 を参照．

SSVS はそれほど苦労せずに GLIM に拡張することができる (George et al. 1996)．実際に，ϖ の適切な事前分布によって，階層事前分布の追加のパラメータを $p(\sigma^2)$ に置き換えることで，SSVS 事前分布をモデル $f(y\,|\,\boldsymbol{X}\boldsymbol{\beta}, \varpi)$ へ拡張する．しかしその他のすべての事前分布は同じままである．ここで，REACH データセットへのプロビット回帰モデルに対する SSVS 法の適用を説明する．

例 XI.8: 関節リウマチ研究：SSVS を用いた BVS

'chapter 11 SVVS REACH.R' では，REACH データから変数選択するためにプロビット回帰モデルに対してSSVS法を適用した．さらに元の12個の共変量に対して，選択の性質を確認するために8つの標準化されたノイズ変数を加えた(詳細についてはファイルを参照)．4つのシナリオを実行した．(1) $\varepsilon = 0.01, \tau^2 = 1.1 \times 10^{-05}, c^2\tau^2 = 0.11$, (2) $\varepsilon = 0.05, \tau^2 = 0.00027, c^2\tau^2 = 2.7$, (3) $\varepsilon = 0.10, \tau^2 = 0.001, c^2\tau^2 = 10$, (4) $\varepsilon = 0.10, \tau^2 = 0.0021, c^2\tau^2 = 0.21$ である．最初のシナリオは，事前分布が近似的にゼロの周りであることを表している．すべてのシナリオに対して混合は良く，5000 回のバーンインと 10000 回の反復が必要であった．この4つのシナリオに対する包含確率を図 11.9 に示す．ノイズ変数が MP モデルに含まれるシナリオはないということがわかる．さらに，シナリオ1においてのみ MP モデルで変数 rf と sjc が選択された．このシナリオでは ε は最も小さく，モデルに入れる変数を比較的容易に表現する．表 11.3 に元の 12 個の変数のみを用いたシナリオ 2 と 4 にもとづくモデル事後確

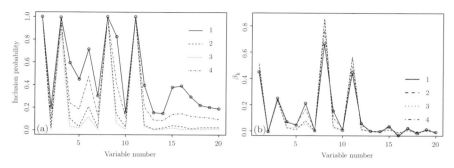

図 11.9 関節リウマチ研究：4 つのシナリオにもとづく SSVS から得られた，(a) 周辺事後包含確率と (b) 回帰係数の事後平均の比較 (詳細については例 XI.8 を参照)

率を示す. □

　結論として，SSVS 変数選択法の事後モデル確率は，スパイク・スラブ事前分布の分散の選択に依存する．これは Rockova et al.(2012) によるシミュレーション試験の結論でもあった．しかしながら，周辺事後包含確率，回帰係数の周辺事後要約量，MP モデルはすべての設定にわたって安定している．George and McCulloch (1997) は，スパイク要素の分散をゼロ (τ_{0k}^2) とし，スパイク事前分布を質点事前分布に置き換えることで，SSVS 法の変形を紹介した．そのような事前分布に対して，実際にモデル (11.30) に $\gamma_k = 0$ を適用すると，k 番目の回帰変数はモデル (11.23) から効率的に除かれる．さらに著者らは $\beta_k|\sigma_{\beta_k}^2, \sigma^2 \sim \mathrm{N}(0, \sigma^2\sigma_{\beta_k}^2)$ と仮定することによって，共役バージョンのスパイク・スラブ事前分布に対するアルゴリズムを提案した．σ^2 に対する逆ガンマ事前分布によって，周辺事前分布 $\beta_k|\sigma_{\beta_k}^2$ は t 分布の混合となる．この方法の利点は，定数以外の $p(\boldsymbol{\gamma}|\boldsymbol{y})$ を得るために，同時事後分布から $\boldsymbol{\beta}$ と σ^2 を統合できることである．この周辺事後分布にもとづいて，MCMC の列 $\boldsymbol{\gamma}^1, \ldots, \boldsymbol{\gamma}^K$ を生成するギブス・サンプリング法を構築することができる．もう 1 つの方法として，彼らは現在のモデルから回帰変数をランダムに選択または削除するために，MC^3 アルゴリズムを用いることを提案した．パラメータ $\boldsymbol{\beta}_{\boldsymbol{\gamma}}$ と σ^2 は，$\boldsymbol{\gamma}$ が与えられたもとでの追加の手順でサンプリングすることができる．多くの変数が含まれる場合には，近年このバージョンの SSVS が注目されている (11.9 節を参照)．非共役の場合には，著者らは Carlin and Chib (1995) (11.7.2 節を参照) のサンプリング法や RJMCMC アルゴリズムのサンプリング法を提案した．

　どちらの SSVS の実行においても，RJMCMC のように MCMC のアウトプットの評価によって BVS が実行されるが，特に最初に提案された SSVS にはいくつかの違

いがある. 最初に提案された SSVS では, γ の値にかかわらず, すべての回帰変数はモデルに残ったままである. $\gamma_k = 0$ に対応する回帰変数は, 実質上ゼロになると考えられるので, MAP と MP モデルの定義が変わることを意味する. しかしながら回帰変数がモデルから決して取り除かれない一方で, β_k の周辺事後分布は, RJMCMC のように常に二峰性となる可能性がある. 変数を含めることに反対する強いエビデンスが存在する場合, スパイク要素が事後分布を支配し, 事後平均はゼロに向かって縮小する. 係数 (例えば事後平均) の推定値の絶対値が何らかの閾値 (例えば交点 ε) を超えるときしか変数が含まれないとする場合には, 厳格な閾値あるいは選択縮小 (hard thresholding/selection shrinkage) によって, 変数をモデルに組み入れるかどうかを決定することができる (実質的に有意). 最後に, SSVS の 2 つめの実行が RJMCMC と似たような特色をもつことが見られた.

11.7.2 ギブス変数選択

スパイク・スラブ事前分布にもとづく BVS のための別の方法が Dellaportas et al. (2003) によって提案された. 彼らの方法はギブス変数選択 (Gibbs variable selection, GVS) と呼ばれており, 指示変数がモデルに導入される. すなわち, モデルの線形予測子は,

$$\alpha + \sum_{k=1}^{d} \gamma_k \beta_k x_k \tag{11.30}$$

となる. 回帰変数の除外を考慮した関連する変数選択法が, George and McCulloch (1997) (2 つめの SSVS 版), Carlin and Chib (1995), Kuo and Mallick (1998) によって提案された. ここで, 異なるスパイク・スラブ事前分布のアルゴリズムの完全条件付き分布を詳しく見てみる. 最初に, 回帰パラメータを取り扱う (例えば σ^2 のような追加のパラメータを無視する). β_k に対して,

$$\begin{aligned} p(\boldsymbol{y}, \boldsymbol{\beta}, \boldsymbol{\gamma}) &= p(\boldsymbol{y}, \beta_k, \boldsymbol{\beta}_{(k)}, \boldsymbol{\gamma}) \\ &= p(\boldsymbol{y} \mid \boldsymbol{\beta}, \boldsymbol{\gamma}) p(\beta_k \mid \boldsymbol{\beta}_{(k)}, \boldsymbol{\gamma}) p(\boldsymbol{\beta}_{(k)} \mid \boldsymbol{\gamma}) p(\boldsymbol{\gamma}) \end{aligned} \tag{11.31}$$

と書くことができ, $\boldsymbol{\beta}_{(k)}$ は β_k を除く回帰係数のベクトルである. 最初に提案された SSVS では, $p(\beta_k \mid \boldsymbol{\beta}_{(k)}, \boldsymbol{\gamma}) = p(\beta_k \mid \gamma_k)$ と仮定し, $\gamma_k = 1$ または $\gamma_k = 0$ にかかわりなく β_k は常に $p(\boldsymbol{y} \mid \boldsymbol{\beta}, \boldsymbol{\gamma})$ に含まれる. 式 (11.31) の定数項を取り除くことによって, 回帰パラメータに対する完全条件付き分布は, $p(\beta_k \mid \boldsymbol{y}, \boldsymbol{\gamma}, \boldsymbol{\beta}_{(k)}) \propto p(\boldsymbol{y} \mid \boldsymbol{\beta}, \boldsymbol{\gamma}) p(\beta_k \mid \gamma_k)$ となる.

Kuo and Mallick (1998) は, $\boldsymbol{\beta}$ の事前分布は $\boldsymbol{\gamma}$ から独立していると仮定した. すなわち $p(\boldsymbol{\beta})$ は $p(\beta_k \mid \boldsymbol{\beta}_{(k)}, \boldsymbol{\gamma}) = p(\beta_k \mid \boldsymbol{\beta}_{(k)})$ である. ここで, $\gamma_k = 1$ のとき $p(\boldsymbol{y} \mid \boldsymbol{\beta}, \boldsymbol{\gamma})$

は β_k のみを含む. 定数項を取り除くことで, 以下の 2 つの式が得られる.

$$p(\beta_k \,|\, \boldsymbol{y}, \boldsymbol{\gamma}, \boldsymbol{\beta}_{(k)}) \propto \begin{cases} p(\boldsymbol{y}\,|\,\boldsymbol{\beta}, \boldsymbol{\gamma})p(\beta_k\,|\,\boldsymbol{\beta}_{(k)}), & \gamma_k = 1 \text{ の場合} \\ p(\beta_k\,|\,\boldsymbol{\beta}_{(k)}), & \gamma_k = 0 \text{ の場合} \end{cases} \tag{11.32}$$

GVS では, 再度 β_k は γ_k にのみ依存する, すなわち $p(\beta_k\,|\,\boldsymbol{\beta}_{(k)}, \boldsymbol{\gamma}) = p(\beta_k\,|\,\gamma_k)$ と仮定する. さらに Dellaportas et al. (2002) は, $\tau_{0k}^2 \ll \tau_{1k}^2$ と μ_{0k}, μ_{1k} を適切に選択するために,

$$p(\beta_k\,|\,\gamma_k) = (1 - \gamma_k)\mathrm{N}(\mu_{0k}, \tau_{0k}^2) + \gamma_k \mathrm{N}(\mu_{1k}, \tau_{1k}^2) \tag{11.33}$$

とすることを提案した. $\mu_{0k} = \mu_{1k} = 0$ の場合, 式 (11.33) は式 (11.24) と式 (11.25) と同値になる.

$\gamma_1 = 1$ のときのみ $p(\boldsymbol{y}\,|\,\boldsymbol{\beta}, \boldsymbol{\gamma})$ が β_k を含み, 事前分布 (11.33) と組み合わせることで β_k に対する完全条件付き分布が,

$$p(\beta_k\,|\,\boldsymbol{y}, \boldsymbol{\gamma}, \boldsymbol{\beta}_{(k)}) \propto \begin{cases} p(\boldsymbol{y}\,|\,\boldsymbol{\beta}, \boldsymbol{\gamma})\mathrm{N}(\mu_{1k}, \tau_{1k}^2), & \gamma_k = 1 \text{ の場合} \\ \mathrm{N}(\mu_{0k}, \tau_{0k}^2), & \gamma_k = 0 \text{ の場合} \end{cases} \tag{11.34}$$

となることに注意する. 分布 $\mathrm{N}(\mu_{0k}, \tau_{0k}^2)$ は事前分布 $p(\beta_k\,|\,\gamma_k = 0)$ であり疑似事前分布 (pseudo-prior) と呼ばれる. この事前分布は事後分布に影響を及ぼさないが, サンプラーの性能を高めるための 'linking density' とみなされる (Carlin and Chib 1995). 実際には, 例えばここでは μ_{1k} と τ_{1k}^2 に対する最適な値を選択するように, サンプリングが最適となるようにこの結合密度を選択するべきである. しかし実際には, そのようにすることは難しいと考えられる. SSVS 法でのように Ntzoufras の WinBUGS プログラムでは, $\mu_{1k} = 0$ であるが, スパイク・スラブ事前分布の分散が選択される.

最後に, γ_k に対する完全条件付き分布は, 成功確率が $O_k/(1+O_k)$, オッズ O_k が

$$\frac{p(\gamma_k = 1\,|\,\boldsymbol{\gamma}_{(k)}, \boldsymbol{\beta}, \boldsymbol{y})}{p(\gamma_k = 0\,|\,\boldsymbol{\gamma}_{(k)}, \boldsymbol{\beta}, \boldsymbol{y})} = \frac{p(\boldsymbol{y}\,|\,\boldsymbol{\beta}, \gamma_k = 1, \boldsymbol{\gamma}_{(k)})}{p(\boldsymbol{y}\,|\,\boldsymbol{\beta}, \gamma_k = 0, \boldsymbol{\gamma}_{(k)})} \frac{p(\boldsymbol{\beta}\,|\,\gamma_k = 1, \boldsymbol{\gamma}_{(k)})p(\gamma_k = 1, \boldsymbol{\gamma}_{(k)})}{p(\boldsymbol{\beta}\,|\,\gamma_k = 0, \boldsymbol{\gamma}_{(k)})p(\gamma_k = 0, \boldsymbol{\gamma}_{(k)})} \tag{11.35}$$

であるベルヌーイ分布である. 式 (11.35) はこれらのアプローチの違いを再び説明するものである. 例えば SSVS 法に対して, 式 (11.35) の右辺の最初の項が相殺されるが, Kuo and Mallick (1998) の方法に対しては 2 番目の項が相殺される. GVS に対してのみ全体の式が必要となる.

完全条件付き分布から, 回帰変数が γ_k によってモデルから事実上取り除かれるが, すべての β_k は MCMC 過程にそのまま残るため, モデルの次元は変わらないと結論付けられる. これは計算手順に対して重要である. 演習 11.9 では, REACH データを GVS 法を用いて解析する. 演習 11.10 では, Kuo and Mallick (1998) の方法を適用する.

11.7.3 SSVS を用いた従属変数選択

11.4 節では，多重性の調整を正しく行うために従属事前分布 (11.11) を紹介したが，モデルに含まれる変数の特定の順序を考慮するべき場合には，この事前分布は正則化を行わない．Chipman (1996) は，回帰変数間の関係に関する信念を表す数学的な方法を提案した．すなわち，モデル内の，交互作用項，高次多項式，グループ化された説明変数，競合する説明変数，説明変数の数の制約に対する信念の度合いを与える事前分布を提案した．$p(\boldsymbol{\gamma})$ がモデルの大きさ $d_{\boldsymbol{\gamma}} = \sum_{k=1}^{d} \gamma_k$ の関数である場合には，事前分布 (11.11) は最後のクラスの一例である．

主効果が含まれている場合に限り，モデル内に交互作用項を含み，r 次の多項式の項がモデルに含まれている場合には，$(r-1)$ 次，$(r-2)$ 次の多項式の項も含めるべきであるということを，Good statistical practice は指示している．BVS アルゴリズムでは，これらの原則を順守した変数選択はない．Chipman (1996) は，特定の順番に従うようにするために事前分布 $p(\boldsymbol{\gamma})$ をどのように分解するかを示した．すなわち，2 つの回帰変数 x_1 ($\gamma_1 = 1$)，x_2 ($\gamma_2 = 1$) が存在し，それらの交互作用が $x_3 = x_1 \times x_2$ ($\gamma_3 = 1$) である場合に，彼は，

$$p(\gamma_1, \gamma_2, \gamma_3) = p(\gamma_1, \gamma_2) p(\gamma_3 \mid \gamma_1, \gamma_2) = p(\gamma_1) p(\gamma_2) p(\gamma_3 \mid \gamma_1, \gamma_2) \tag{11.36}$$

を提案した．ここで，主効果は独立であるが主効果に対して交互作用項は独立ではないと仮定している．$p(\gamma_3 \mid \gamma_1, \gamma_2)$ に対して，交互作用項を含むための 4 つの確率：$p(\gamma_3 = 1 \mid \gamma_1 = 0, \gamma_2 = 0) = \pi_{00}$，$p(\gamma_3 = 1 \mid \gamma_1 = 1, \gamma_2 = 0) = \pi_{10}$，$p(\gamma_3 = 1 \mid \gamma_1 = 0, \gamma_2 = 1) = \pi_{01}$，$p(\gamma_3 = 1 \mid \gamma_1 = 1, \gamma_2 = 1) = \pi_{11}$ が存在する．Good statistical practice では $\pi_{00} = \pi_{01} = \pi_{10} = 0$，$\pi_{11} = \pi$ であるが，Chipman (1996) はその他の場合も検討している．この事前分布はいくつかの追加のコマンドを含めることによって WinBUGS に実装することができる．すなわち，γ_1，γ_2 は，例えば，確率 $\omega = 0.5$ の独立なベルヌーイ分布で与えることができる一方で，γ_3 は確率 $0.5 \gamma_1 \gamma_2$ のベルヌーイ分布で与えられる．Kuo and Mallick (1998) は別の解法を提案した．それは回帰係数としてそれぞれ $\beta_1 [1 - (1 - \gamma_1)(1 - \gamma_3)]$，$\beta_2 [1 - (1 - \gamma_2)(1 - \gamma_3)]$，$\beta_3 \gamma_3$ を選択することによって，積の項が選択されると回帰変数 x_1，x_2 がモデルに含まれるということである．REACH データに対するプロビット回帰モデルの交互作用の検定については演習 11.12 を参照．さらに，Chipman (1996) はグループ化回帰変数あるいは競合する回帰変数を選択するための事前分布を提案した．これは WinBUGS によって容易に実行することができる (演習 11.13 を参照)．

本節の最後に，従属な変数を選択するためのより最新の方法を報告する．

11.8 ベイズ流正則化

古典的な LASSO 法は，回帰係数の L_1 罰則付き推定値を与え，徐々に罰則項 λ を増加させることによって変数増加法となる．モデル空間が最も尤もらしいモデルを見つけるために探索されるため，BVS は計算が大変になる．この探索が推定によって置き換えることができる場合には，計算時間を減らせる可能性がある．

11.8.1 ベイズ流 LASSO 回帰

正規事前分布 (5.7 節) による正規線形回帰モデルの古典的なリッジ推定量と MAP の関係は，このような関係が LASSO 法に対しても存在することを示唆する．実際には，Tibshirani (1996) は σ^2 と λ が与えられたもとで，LASSO 推定は回帰係数に対して独立で同一なラプラス事前分布による正規線形回帰モデルの MAP であることを示した．Park and Casella (2008) はこの結果を導いたが，若干異なる事前分布を提案した．彼らは以下の条件付きラプラス事前分布を選択することを提案した．

$$p(\boldsymbol{\beta}\,|\,\sigma^2) = \prod_{k=1}^{d} \frac{\lambda}{2\sigma} e^{-\lambda|\beta_k|/\sigma} \tag{11.37}$$

この事前分布は，σ を含むため Tibshirani の事前分布とは異なる．σ で条件付けることによって β_k $(k=1,\ldots,d)$ の事後分布の単峰性が保証される．

しかしながら，この事前分布にもとづくギブス・サンプリングは，式 (11.37) の絶対値 $|\beta_k|$ が含まれていることから，あまり知られていない完全条件付き分布となる．潜在パラメータ τ^2 を用いると，指数分布の密度を混合することで正規混合分布として事前分布 (11.37) を書き直すことができる (Andrews and Mallows 1974).

$$\frac{\lambda}{2} e^{-\lambda|y|} = \int_0^\infty \frac{1}{\sqrt{2\pi\tau^2}} e^{-y^2/(2\tau^2)} \frac{\lambda^2}{2} e^{-\lambda^2\tau^2/2} d\tau^2, \ \lambda > 0 \tag{11.38}$$

これは事前分布の構造の階層的な表現を導く，すなわち，

$$\begin{aligned}
\beta_k\,|\,\sigma^2_{\beta_k} &\sim \mathrm{N}(0, \sigma^2_{\beta_k}) \quad (k=1,\ldots,d) \\
\sigma^2_{\beta_k} &= \sigma^2 \tau_k^2 \\
\tau_k^2 &\sim \frac{\lambda^2}{2} e^{-\lambda^2 \tau_k^2/2} \quad (k=1,\ldots,d) \\
\sigma^2 &\sim p(\sigma^2)
\end{aligned} \tag{11.39}$$
$$\tag{11.40}$$

式 (11.2) によって与えられる正規線形回帰モデルの尤度とともに，これはベイズ流 LASSO (Bayesian LASSO) の基本である．Park and Casella (2008) は，σ^2 に対して

11.8 ベイズ流正則化

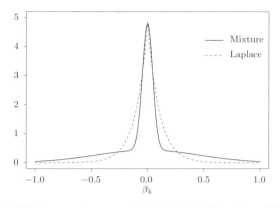

図 11.10 (正規混合) スパイク・スラブ事前分布と近似的ラプラス事前分布の比較.

Jeffreys 事前分布または逆ガンマ事前分布を用いることを提案した. これらの事前分布とともに固定された λ に対して, ベイズ流 LASSO の事後最頻値は古典的な LASSO の MLE と同じとなる. これは 5.6.1 節の導出から得られる.

LASSO 事前分布, スパイク・スラブ事前分布はともに正規混合分布である. 前者の事前分布は正規分布の連続混合であり, 後者の事前分布は分散に対する離散混合である. 図 11.10 は LASSO 事前分布がスパイク・スラブ事前分布に対して近似を与えることを示している. したがって, LASSO 事前分布が回帰係数をゼロに向かって縮小させることを期待することができる. しかしながら, 古典的な LASSO がいくつかの係数をゼロに縮小させる一方で, ベイズ流 LASSO では (σ の固定とともに) 事後最頻値に関してだけそのようになる. したがって, 図 11.2 は事後平均または事後中央値に対してでなく, 事後最頻値に対するベイズ流 LASSO による図のみを示している.

λ にどのような値を選択するべきか? 古典的な LASSO では, 最適な λ はクロスバリデーションから得られるが, ベイズ流 LASSO でのより自然な方法は, λ に超パラメータを与えることである. Park and Casella (2008) は以下の λ に漠然 (vague) ガンマ超事前分布を与えることを提案した.

$$p(\lambda^2) = \frac{\delta^r}{\Gamma(r)}(\lambda^2)^{r-1}\mathrm{e}^{-\delta\lambda^2} \tag{11.41}$$

λ^2 に対してガンマ超事前分布を選択することで, (11.40) とともに λ に対する条件付き共役事前分布が保証される. 著者らは r と δ に対して小さな値を提案した. 回帰係数の事後推定値に対して, λ の事後分布全体の平均は, より安定したパラメータの推定値となる.

古典的な LASSO 法に対して, 計算上の問題 (標準誤差がしばしば 0 として推定さ

れる) と統計的な問題が見られる. 例えば R の `penalized` パッケージは標準誤差を出力しない. しかしながら, Kyung et al. (2010) は予測には標準誤差が必要とされることに言及した. 数値的な観点から, MCMC 法が自動的に標準誤差の事後推定値の良い挙動を与えるので, ベイズ流 LASSO 法によって標準誤差を計算しない理由はない (Kyung et al. 2010).

ここで, 糖尿病データでベイズ流 LASSO 回帰を説明する. 古典的な LASSO 回帰を提供する R パッケージがいくつか存在するが, ベイズ流 LASSO を実行するものはわずかしかない. ここでは, R パッケージ `monomvn` を用いて説明する.

例 XI.9: 糖尿病研究：ベイズ流 LASSO を用いた BVS

'chapter 11 Lasso and Blasso diabetes.R' では, R パッケージ `monomvn` によって罰則付き推定法を適用する. `blasso` プログラムは R パッケージの一部であり, Park and Casella (2008) の方法を用いたベイズ流 LASSO 回帰を提供する. このパッケージは古典的なベイズ流リッジ回帰も提供する.

ここでは糖尿病データに対して, ベイズ流リッジ回帰, 古典的な LASSO 回帰, ベイズ流 LASSO 回帰を実行する. 推定された回帰係数を表 11.1 に示す.

古典的な LASSO の解がマローズの C_p 統計量にもとづく leave-one-out クロスバリデーションによって得られた. ベイズ流 LASSO には, 事前分布に対して WinBUGS プログラムと互換性をもつ `blasso` を適用した. 1 つの連鎖は 2000 個のバーンインで長さ 10000 とした. 図 11.11 で, リッジ, LASSO (事後中央値と事後最頻値), OLS (ordinary least squares) 推定値はベイズ流推定値と比較してある. この図において, グラフの視認性を高めるために応答変数も中心化した. LASSO MAP は回帰係数の周辺事後最頻値 (λ^2 にわたって事後分布を周辺化した) にもとづく. 以下の結果を導くことができる. (1) ベイズ流 LASSO 推定値はしばしば古典的な LASSO 推定値と近い値となる, (2) 古典的な LASSO 推定値とベイズ流 LASSO 推定値は OLS 推定値から大幅に逸れることがある, (3) さらにリッジ法では一様な縮小が見られる. ベイズ流 LASSO (周辺モード) の MAP は, 回帰係数の推定値をゼロに縮小しないので古典的な LASSO 推定とは一致しない. λ^2 の事後中央値は 0.080 で, 95%CI = $[0.021, 0.25]$ である. しかしながら, 古典的な λ の推定値とベイズ流の λ の推定値の比較は, プログラムの設定が異なるため有用ではない. さらに, 同様の設定で WinBUGS ('chapter 11 Blasso diabetes.odc') でベイズ流 LASSO を実行した. その事後回帰推定値は `blasso` から得られたそれとほとんど同じだったが, 処理時間が WinBUGS では 763 秒であったのに対して `blasso` では 5 秒であった.

11.2.2 節で, LASSO 法が λ の値を変化させることにより変数選択手順を与えるこ

11.8 ベイズ流正則化

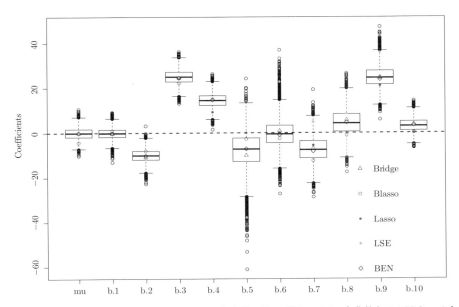

図 11.11 糖尿病研究：回帰係数の MCMC 推定値の箱ひげ図．LSE，古典的な LASSO，ベイズ流リッジ (Bridge，事後平均)，ベイズ流エラスティックネット (BEN，事後平均) の推定値と比較したときの回帰係数のベイズ流 LASSO 推定値 (MAP)．'mu' は切片，'b.x' は x 番目の回帰係数を表している．

とを見てきた (図 11.2 を参照)．同様のグラフをベイズ流 LASSO 法によって作ることができるが，このオプションは monomvn ではサポートされていない．自作の R プログラムで，回帰係数の事後中央値にもとづく図 11.12(b) のグラフを作成した．R パッケージ lars によって生成された図 11.12(a) の LASSO グラフと非常に良く一致している．一般には，事後中央値あるいは事後平均にもとづく場合には，ベイズ流 LASSO のプロットはより滑らかになることに注意する．

最後に，推定された λ に対する λ^2 のガンマ超事前分布の設定の影響を評価するために，$p(\lambda^2)$ のパラメータを変化させた．パラメータの選択は直感的に明確でないが，曖昧さを保証するため小さくする必要がある．集合 $\{0.01, 0.05, 0.5, 1\}$ から r と δ の 16 通りの組み合わせを選択した．λ の事後中央値がその他の事後要約値よりさらに安定した結果を示したので，非常に好ましいと結論付けた．　□

古典的な LASSO をベイズ流 LASSO に拡張したいと強く思うかもしれないが，解を得るために非常に多くの時間がかかる可能性があるため，ベイズ流の方法を用いる利点は何であろうか？　その利点を先の例から判断することはできないが，シミュレー

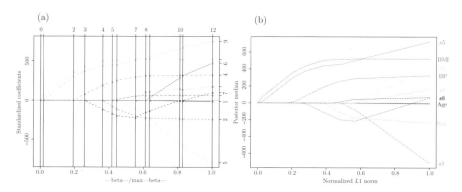

図 11.12 糖尿病研究：λ の値の変化に対する (a) 古典的な LASSO 推定値 (MLE) と (b) ベイズ流 LASSO 推定値 (中央値) の軌跡

ションあるいは解析的な計算から考えるべきである．これは Kyung et al. (2010) によって実施された．彼らはテストデータによって評価された平均 2 乗予測誤差がベイズ流 LASSO (とその変形) では，しばしば小さくなることを示した．

　古典的な LASSO 法は変数選択とパラメータ推定を同時に実行する．Zou (2006) と Zhao and Yu (2006) は，古典的な LASSO 法がオラクル性 (oracle property) を有さないことを示した．これは，$n \to \infty$ のときに真の値に収束する回帰係数の推定値によって正しいモデルが選択されることが保証されないことを意味する．この理由は，(重要ではない回帰変数に対応する) いくつかの回帰係数を他の回帰係数よりさらに縮小する必要があるからだ．この問題を解決するために，Zou (2006) は式 (11.3) の $\lambda \sum_{k=1}^{d} |\beta_k|$ を $\lambda \sum_{k=1}^{d} w_k |\beta_k|$ で置き換える適応的 LASSO (adaptive LASSO) 法を提案した．ここで $w_k = 1/|\widehat{\beta}_k^\nu|$，$\widehat{\beta}_k$ は β_k の OLS 推定値，$\nu > 0$ は任意に選択された定数である．彼は (いくつかの正則条件のもとで) 適応的 LASSO がオラクル性を満たすことを証明した．τ_k^2 に異なる事前分布を認める，すなわち式 (11.40) を置き換えた，

$$\tau_k^2 \sim \frac{\lambda_k^2}{2} e^{-\lambda_k^2 \tau_k^2 / 2} \quad (k = 1, \ldots, d)$$

に適応的ベイズ流 LASSO は従う (Leng et al. 2009)．λ_k の事後分布の大きい値は，β_k の比較的大きな縮小と関連付けられる．Leng et al. (2009) は，彼らの例のいくつかにおける変数選択に関する重要な改善点にふれた．

　適応的ベイズ流 LASSO を実行する R パッケージは存在していないが，ベイズ流 LASSO の WinBUGS プログラムを適応的ベイズ流 LASSO に利用することは非常に容易である．この例については演習 11.14 を参照する．プロビット回帰へのベイズ流 LASSO の拡張は，Bae and Mallick (2004) で述べられている．彼らはプロビットモデ

ルを表すために, $\sigma = 1$ に対する Park and Casella (2008) の設定と $Y = 1 \Leftrightarrow Z > 0$, $Z \sim N(\boldsymbol{x}^T\boldsymbol{\beta}, 1)$ を組み合わせて用いた. 同様の方法により, 適応的ベイズ流 LASSO を GLIM に拡張することができる. これも利用可能なソフトウェアは存在しないが, WinBUGS プログラムによって容易に実行することができる.

11.8.2　エラスティックネットとベイズ流 LASSO のさらなる拡張

より複雑なデータ構造に対する罰則付きの方法を一般化する試みが, 近年 LASSO 法のいくつかの考えにおいて具現化されている. これらの新しい方法は, まず古典的な統計学において発案され, その後ベイズ流において類似の方法が与えられる. 線形回帰の設定において Tibshirani et al. (2005) は, 罰則が係数に対する L_1 罰則と 1 次の差に対する L_1 罰則の線形結合となるような自然な順序が存在する予測子に対する融合 LASSO (Fused LASSO) を提案した. そのような罰則は, 近傍の回帰係数に似たような結果をもたらす. 回帰係数間のグループ化が疑われるが未知である場合, Zou and Hastie (2005) は, LASSO とリッジの罰則を 1 つの罰則に組み合わせ, 推定される係数がほぼ同じになるような関連した変数をグループとしてモデルに保持する傾向があるエラスティックネット (Elastic Net) を提案した. この方法はモデリングにおいて良い性質をもっており, 例えば, 関連のある遺伝子の遺伝子発現データをグループとしてモデルに組み入れることができる.

予測子のグループが未知である場合 (例えば, ダミー変数またはスプライン係数のグループ), Yuan and Lin (2006) は, それぞれのグループに対する係数の楕円ノルムを罰則とするグループ化 LASSO (Grouped LASSO) を提案した. これらの LASSO をベイズ流に代用したものは, 事前分布 (11.37) を様々な罰則に適用し, 通常の混合分布のようにこれらの事前分布を再度表現し直すことで表される (Kyung et al. 2010; Li and Lin 2010).

線形回帰において Zou and Hastie (2005) および Li and Lin (2010) によって提案されたベイズ流エラスティックネット (Bayesian elastic net, BEN) は, LASSO とリッジ回帰がもっている 2 つの利点の妥協で構成されている. ゼロで微分不可能なため, エラスティックネットの事前分布は LASSO からのスパースな性質を継承し, それと同時にリッジ回帰の事前分布に対して特有のグループ化をすることが推奨される.

Zou and Hastie (2005) の「単純」エラスティックネットに対する頻度論の罰則項 L_{net} は, L_1 罰則と L_2 罰則の線形結合である. $L_{net}(\boldsymbol{\beta}) = \lambda_1 \sum_{k=1}^{d} |\beta_k| + \lambda_2 \sum_{k=1}^{d} \beta_k^2$ である. BEN に対して, $\boldsymbol{\beta}$ に対する事前分布は, ベイズ流 LASSO と同じような理

由で σ に依存する：

$$p(\boldsymbol{\beta}\,|\,\sigma^2) \propto \left\{-\frac{\lambda_1}{\sigma}\sum_{k=1}^{d}|\beta_k| - \frac{\lambda_2}{2\sigma^2}\sum_{k=1}^{d}\beta_k^2\right\} \qquad (11.42)$$

潜在パラメータ $\tau_1^2,\ldots,\tau_d^2$ と式 (11.38) を用いることで，事前分布の構造の階層表現を得る．すなわち，

$$\begin{aligned}
\beta_k\,|\,\sigma_{\beta_k}^2 &\sim N(0,\sigma_{\beta_k}^2) & (k=1,\ldots,d) \\
\sigma_{\beta_k}^2 &= \sigma^2(\tau_k^{-2}+\lambda_2)^{-1} & (k=1,\ldots,d) \\
\tau_k^2 &\sim \frac{\lambda_1^2}{2}e^{-\lambda_1^2\tau_k^2/2} & (k=1,\ldots,d) \\
\sigma^2 &\sim p(\sigma^2) &
\end{aligned} \qquad (11.43)$$

である．2つの罰則パラメータ λ_1 と λ_2 に対する拡散超事前分布が，それらの選択の不確実性を避けるために式に加えられる．LASSO パートに付随する λ_1 のように，λ_1^2 にガンマ事前分布が与えられる一方で，(σ^2/λ_2 が β_k の事前分布の分散の役割を果たす) λ_1 が割合のような役割を果たすため，λ_2 にガンマ事前分布が与えられる．Ghosh (2007) は，エラスティックネット法が通常のベイズ流 LASSO にもとづきオラクル性を満たすことができないため，エラスティックネット法に懸念を示した．そのため，適応的エラスティックネット (adaptive elastic net) を提案した．ベイズ流適応的エラスティックネット (Bayesian adaptive elastic net) は，d 個の回帰変数に対する異なる d 個の λ で (11.43) の λ_1 を置き換えることで構成される．

最後に，近年 LASSO 事前分布を MCMC 法と組み合わせるハイブリッドアルゴリズムが提案されている．例えば，Hans (2009) はゼロでの一点集中分布で LASSO 事前分布を補完し，Park and Casella (2008) の方法の代わりとしての (RJMCMC と組み合わせた) ギブス・サンプリングの考え方を与えた．また，R パッケージ monomvn は，ハイブリッドサンプリングアルゴリズムを提供する．

例 XI.10: 糖尿病研究：ベイズ流 LASSO 法の拡張を用いた BVS

図 11.9 に示したベイズ流エラスティックネットからの結果は，WinBUGS プログラム 'chapter 11 BEN diabetes.odc' から得ることできる．ほとんどの回帰係数の事後平均がリッジ推定値と近くなるが，重要な回帰変数に対して BEN 推定値はさらなる縮小を示す．2つの罰則パラメータは (事後中央値) $\widehat{\lambda}_1 = 3.94$ と $\widehat{\lambda}_2 = 8.94$ と推定された．

RJMCMC によるベイズ流 LASSO を組み合わせる R パッケージ monomvn のオプ

ションも適用したが，基本的に同じ事後要約統計量が得られた．RJMCMC オプションによって，変数が効率的にモデルから選択や除外される．　□

11.9　多数の回帰変数がある場合

回帰変数が多い (d が大きい)，特に $d > n$ の場合の応用は，計算的・統計的に挑戦的なテーマである．そのような応用例は，(1) 数千の遺伝子変数が表現型 (物理的特性，ヒト，動物，植物などの疾患の有無) に関連している場合の GWA 試験，(2) 脳画像データとノードの数から脳を効果的に接続するモデルを構築することを目的とする場合の機能的磁気共鳴画像法 (fMRI) データ，(3) 膨大なデータベースにもとづく有害事象のモニタリング，などである．このような応用に対して，(古典的・ベイズ流) BVS 法をすぐに適用することはできないが，(若干) 計算手順に手を加えることで適切に取り扱うことができる．完全条件付き分布における計算上の問題は，ギブス・サンプリングにもとづく手順によって容易に対処することができる．ベイズ流 LASSO によって，回帰係数の完全条件付き分布には，回帰係数 (のブロック) に関する分散共分散行列の逆行列が含まれる (Kyung et al. 2010)．100 以上の変数が含まれる場合には，計算が不安定となる ($d \approx n$) か，サンプリングが不可能となる ($d \gg n$)．Chen et al. (2011) は，ベイズ流 LASSO 法と RJMCMC 法を組み合わせることを提案し，そこではモデルの大きさは範囲 $0 - d$ で切り捨てられたポアソン事前分布で与えられる．それにもかかわらず，それぞれのステップは変数の一部にのみ有効であるため，$d > n$ の場合でも変数選択が可能である．組み合わされた LASSO-RJMCMC 法のもう 1 つの例が，R パッケージ monomvn によって与えられている．

近年開発された変数選択法のほとんどが，(膨大な量の) 遺伝子発現プロファイルから表現型を分類・予測することが目的である DNA マイクロアレイの試験に端を発している．その例は，Lee et al. (2003)，Sha et al. (2004)，Yi et al. (2005)，Tadesse et al. (2005)，Swarts et al. (2006)，Pikkuhookana and Silanpää (2009) で述べられている．

最近公表された 2 つの方法は，Yang and Song (2010) と Kwon et al. (2011) の潜在正規表現を用いたプロビット回帰モデルにもとづいている．Yang and Song (2010) の方法は，George and McCulloch (1997) の SSVS 法の拡張であり，West (2000) によって最初に提案された事前分布にもとづいている．これは $\boldsymbol{X}_\gamma^T \boldsymbol{X}_\gamma$ の逆行列を含む $\boldsymbol{\beta}_\gamma$ の完全条件付き分布を確認することができる (George and McCulloch 1993)．したがって，$d_\gamma > n$ の場合にはこの計算は成り立たず，$\boldsymbol{\beta}_\gamma$ に対する Zellner の g-事前分布にも同様に起こる．Yang and Song (2010) の拡張は，古典的な逆行列 $(\boldsymbol{X}_\gamma^T \boldsymbol{X}_\gamma)^{-1}$

をムーアペンローズ型一般化逆行列 $(\boldsymbol{X}_\gamma^T\boldsymbol{X}_\gamma)^+$ で置き換えることで構成される．別の一般化が Kwon et al. (2011) によって提案されている．彼らは，相関にもとづく探索アルゴリズムと，SSVS を相関がある高次の回帰変数に拡張したハイブリッド CBS (hybrid-CBS) を提案した．変数の追加，削除，交換は，回帰変数の相関を考慮した SSVS のように実行される．これは，(ランダムに選ばれた) すでにモデルに存在する相関が小さい回帰変数が選択され，相関が大きい回帰変数が削除されるような方法であり，近年開発されたこれらの方法は，明らかに SSVS (または GVS)，RJMCMC，ベイズ流 LASSO のような (巧みな方法で) 既存のアルゴリズムを組み合わせたアルゴリズムである．

例 XI.11：神経膠腫研究：$d > n$ である場合の BVS

神経膠腫は形態不均一および予後変化を伴うごくありふれた原発性脳腫瘍である．被験者の治療は，主として組織学的分類と臨床的指標に依存して決定する．しかしながら，組織学的分類とグレードの差がわずかであると，神経膠腫の分類は観察者間のばらつきに大きく依存することになる．現在の標準的な分類法を改善するために，Gravendeel et al. (2009) は，すべての組織学的亜型とグレードに関して，1989 年から 2005 年までに Erasmus University Medical Center (ロッテルダム，オランダ) で手術を受けた 276 名の患者の神経膠腫サンプルのコホートにおける遺伝子発現プロファイルと，それに関連する (手術してから死亡するまでの時間として定義された) 被験者の生存時間を評価している．ここでの例のために，標本間で比較的高いばらつきを示す 115 個の遺伝子発現量を解析するために，100 名の被験者を選んだ．多数のメッセンジャー RNA の転写に対応するそれぞれの遺伝子発現の強さを定量化している．

患者の 15% にしか打ち切りが起こらなかったため，これは無視した．サンプルには，打ち切りは 1 名の患者だけであった．さらに，生存時間の対数スケールをとったものは，遺伝子発現量を表す変数を共変量とする回帰モデルにおいて正規分布に従う．この例の目的は，生存時間と関連する遺伝子のサブセットを決定することである．この目的のために，3 つの変数選択法を適用した (R プログラム 'chapter 11 glioma data analysis.R' を参照)．

LASSO： 古典的な LASSO 変数選択を，R パッケージ `penalized` で実行した．罰則項 $\widehat{\lambda} = 1.09$ は，高密度のグリッドで評価されたクロスバリデーションされたプロファイル尤度の局所最大化によって見つけられた．それにもかかわらず，LASSO 変数選択にはいくつかの欠点がある．つまり，$d > n$ の設定では，モデル内における n より多くの変数を選択することができず (しかしながら，この問題は極端な場合であ

る), 最適な罰則パラメータの選択には時間がかかり, (必要な場合には) 標準誤差の計算が容易ではない. $\hat{\lambda} = 1.09$ による LASSO で選択された変数は, $X11075$, $X55800$, $X2861$, $X81031$, $X117154$, $X166752$, $X10643$, $X25834$, $X158763$ であった.

ベイズ流 LASSO: ベイズ流 LASSO 変数選択を, RJMCMC オプションを用いて R パッケージ monomvn で実行した. 長さ 1000 のバーンインと 10000 回の繰り返しにもとづき, 事後包含確率を計算した. それを図 11.13 に示す. MP モデル規準にもとづき, 42 個の遺伝子を選択した. このベイズ流 LASSO モデル推定値 (RJMCMC 機能によらない事後平均) を図 11.13 に示す.

スパイク・スラブ: スパイク・スラブモデルは BMA 推定値を与える R パッケージ spikeslab から得られる. BMA 推定値はスパイク・スラブモデルの再スケール化にもとづいており, スパイク・スラブモデルを変えることで, サンプルサイズとは独立な非ゼロの罰則が与えられる (Ishwaran and Rao 2005). 古典的なスパイク・スラブモデルでは, サンプルサイズ n を増加させ, モデル選択に影響を与える事前分布の影響を小さくするような尤度によって罰則の影響が無効となる. 代わりに, スパイク・スラブモデルの再スケール化において, y 個の反応が $\sqrt{n}$ 個の再スケール化された値によって置き換えられる. これは, サンプルサイズの増加に伴う非ゼロの罰則の効果を維持する事前分布に対して可能となる. 最初のステップで, BMA 推定値は再スケール化されたスパイク・スラブモデルを用いて計算する. 2 番目のステップで, d 個の (それぞれの係数に対して唯一の) 罰則パラメータが, 一般化リッジ推定値が BMA 推定値に近い値になるように決定する. 3 番目のステップでは, L_1 正則化パスを R パッケージ lars を用いて決定する. 最適な L_1 罰則パラメータ λ_1 は, AIC を最小化する値として得られる. この罰則によっては, 遺伝子 $X11075$, $X55800$, $X81031$, $X166752$, $X10643$, $X25834$, $X158763$, $X9118$, $X358$ が含まれた. したがってその他の 2 つの解法とかなり重複している.

さらに検定が現実に想定される遺伝子を見つけるために通常は必要とされるが, これは (データ部分にのみもとづいた) この例の目的ではない. □

ここでの説明から BVS の領域が急速に発展していることが明らかであるに違いない. 過去 10 年にわたって, 新たな手法が急増している. この傾向がすぐには止みそうにないことを以下で説明する. ここでは, BVS を最適化するためのその他の方法について述べる.

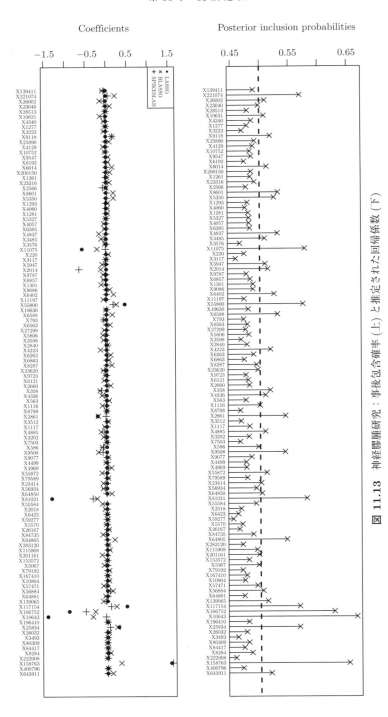

図 11.13 神経膠腫研究：事後包含確率（上）と推定された回帰係数（下）

母集団にもとづく MCMC： 古典的なメトロポリス・ヘイスティングまたはギブスにもとづく確率的な変数選択法の限界は，局所事後分布の頂点から離れる，あるいはモデル空間の関連しているが分離されている箇所を探索することができないことにある．多峰性の事後分布の形に伴う問題は，母集団にもとづく MCMC アルゴリズム (Jasra *et al.* 2007b) によって克服することができる．このアイデアは，特に目標とする分布の「heated/tempered」バージョンと関連がある複数の連鎖を同時に実行させることである．モデル選択では，目標分布はモデル空間全体における事後分布である．ベイズファクターの BIC 近似を用いることで，事後モデル確率 $p(\gamma\,|\,\boldsymbol{y})$ が近似的に $\exp(-\frac{1}{2}\mathrm{BIC}_\gamma)$ に比例する．ここで BIC_γ は，モデル γ の BIC を表している．よって t_i で heated 分布 $p_i(\gamma\,|\,\boldsymbol{y})$ は，

$$\exp\left(-\frac{1}{2t_i}\mathrm{BIC}_\gamma\right)$$

に比例すると定義される．このテンパリング (tempering) は，真の目標分布の頂点を平らにする．テンパリングされた標的密度のより高い t_i は，連鎖が急な頂点から逃れることを容易とする．さらに，並行な連鎖は，より効率的なモデル空間の探索をするために互いに作用し合う．この作用はそれぞれの MCMC 繰り返しにおける異なるテンパリングをもつ連鎖間 (あるいは連鎖内) のモデルの構造を変換 (あるいは交換) することによって得られる．次元を変える設定をするための母集団にもとづく MCMC の拡張が，Jasra *et al.* (2007a) と Fouskakis *et al.* (2009) によって考えられた．Liang and Wong (2000) は，進化的 MCMC (Evolutionary MCMC, EMC) と呼ばれる方法において遺伝的アルゴリズムと同時にテンパリングするというアイデアを組み合わせたハイブリッド法を提案した．ベイズ流モデル選択における EMC の適用については Bottolo and Richardson (2010) も参照する．

並行してテンパリングすることは，シミュレートされたアニーリング (simulated annealing) と密接な関係がある (Kirkpatrick *et al.* 1983)．シミュレートされたアニーリングでは単一の連鎖のみが，様々な同時分布と目標分布からサンプリングするために用いられる．そこでは，「ゼロ」テンパリングの値のみが記録される．

ショットガン確率的探索： 平行テンパリング法の代わりとして，Hans *et al.* (2007) は回帰モデルの広大な離散空間からサンプリングする能力をもつショットガン確率的探索 (shotgun stochastic search, SSS) を提案した．SSS はオッカムの剃刀の原理とメトロポリス・ヘイスティング MCMC の構成要素を併せ持つハイブリッドな方法とみなすことができる．オッカムの窓と同じように，SSS は点推定値を求めることに焦点をあてるのではなく，事後モデル分布を厳密に近似することを目的とするのでもな

い．その目的はどちらかと言うと，最良のモデルのより大きな集合を決定することである．オッカムの窓とは反対に，探索されるモデルが (MH ルーチンと同様の) 無作為化された提案方法となるので，この探索は完全に決定論的ではない．MC^3 と比較にすると，SSS では現在の状態の近傍からのすべてのモデルが評価され，それぞれの繰り返しにおいて複数のモデルが保存される．オッカムの窓と直接並行して，それぞれの繰り返し時点における最良のモデルの集合は，近傍に見られるより良いモデルによって決定的に更新される．

11.10　ベイズ流モデル選択

　モデルは単に含まれる共変量だけで異なるわけではない．例えば，GLIM はリンク関数と分布の構成要素の選択の点で異なる可能性がある．Ntzoufras et al. (2003) はリンク関数と共変量が未知である GLIM のモデル選択を考えた．彼らは，いろいろなリンク関数，共変量，回帰係数を選択するための RJMCMC アルゴリズムを提案した．リンク関数が変化する場合には回帰係数の意味が変わることから，事前分布の特定についてはいくつか注意が必要である．事前分布は $p(\boldsymbol{\beta}^*_{\boldsymbol{\gamma},L}, \boldsymbol{\gamma}, L) = p(\boldsymbol{\beta}^*_{\boldsymbol{\gamma},L} \mid \boldsymbol{\gamma}, L) p(\boldsymbol{\gamma} \mid L) p(L)$ のように階層的に指定される．ここで $\boldsymbol{\beta}^* = (\alpha, \boldsymbol{\beta}^T)^T$，$p(L)$ は考えられたリンク関数 L に対する一様分布である．事前分布 $p(\boldsymbol{\gamma} \mid L)$ は，前もって記述されたいずれかの (独立，非独立などの) 事前モデル関数である．問題は $p(\boldsymbol{\beta}^*_{\boldsymbol{\gamma},L} \mid \boldsymbol{\gamma}, L)$ の特定にある．実際，事前分布が $\boldsymbol{\beta}^*_{\boldsymbol{\gamma},L} \mid \boldsymbol{\gamma}, L \sim \mathrm{N}(\boldsymbol{\beta}^*_{0\boldsymbol{\gamma},L}, \Sigma_{\boldsymbol{\gamma},L})$ であると仮定することで，これがどのように事前分布 $\boldsymbol{\beta}^*_{\boldsymbol{\gamma},L'} \mid \boldsymbol{\gamma}, L' \sim \mathrm{N}(\boldsymbol{\beta}^*_{0\boldsymbol{\gamma},L'}, \Sigma_{\boldsymbol{\gamma},L'})$ と関係するかという問題が起こる．Ntzoufras et al. (2003) は，リンク関数を変化させる場合に，ゼロではない切片 α に対する変換ルールを考案した．$\boldsymbol{\beta}^*_{0\boldsymbol{\gamma},L}$ を通常はゼロとするため，本物の回帰係数に対する変換ルールは $\boldsymbol{\beta}_{\boldsymbol{\gamma},L}$ の事前共分散構造に対して定義される．しかしながら，これを実施するためのソフトウェアはない．

　Sabanés Bové and Held (2011a) は，分数多項式 (fractional polynomial)(Royston and Altman 1994) を用いて共変量に対する変数選択と適切な次元の大きさを選択する方法を組み合わせた方法を提唱した (10.3.5 節も参照)．それぞれの共変量 x_k に対して，たかだか 2 つのべきの値が ($x_k^0 \equiv \log(x_k)$ によって) 集合 $\{-2, -1, -1/2, 0, 1/2, 1, 2, 3\}$ から選択され，$\boldsymbol{p}_k = (p_{k1}, p_{k2})^T$ に含まれる．これに対応する回帰係数はベクトル $\boldsymbol{\alpha}_k$ に含まれ，これは $\boldsymbol{\alpha}_k^T \boldsymbol{x}_k^{\boldsymbol{p}_k}$ の項を生成する．例えば，$\boldsymbol{x}_k^{\{2,0\}}$ は，2 つの回帰変数 x_k^2 と $\log(x_k)$ を表し，$\boldsymbol{\alpha}_k^T \boldsymbol{x}_k^{(2,0)} = \alpha_{k1} x_k^2 + \alpha_{k2} \log(x_k)$ となる．$p_{k1} = p_{k2}$ の場合には，$\boldsymbol{\alpha}_k^T \boldsymbol{x}_k^{(2,2)} = \alpha_{k1} x_k^2 + \alpha_{k2} x_k^2 \log(x_k)$ となる．$\boldsymbol{p}_k = \boldsymbol{0}$ の場合に x_k がモデルには含まれないため，変数選択はこの枠組みに組み込まれる．そうすると，それぞれのモデル

は $\boldsymbol{\gamma} = (\boldsymbol{p}_1^T, \ldots, \boldsymbol{p}_d^T)^T$ によって定義され，その共変量は $\boldsymbol{x}_1^{p_1}, \ldots, \boldsymbol{x}_d^{p_d}$ であり，回帰係数のベクトルは $\boldsymbol{\beta}_{\boldsymbol{\gamma}} = (\boldsymbol{\alpha}_1^T, \ldots, \boldsymbol{\alpha}_d^T)^T$ によって与えられる．この変数を選択するための方法とそれらの適切な尺度を見つけるための方法の組み合わせを REACH データによって説明する．

例 XI.12　関節リウマチ研究：BVS および共変量の適切な尺度の選択

R パッケージ glmBfp で，REACH データの共変量の非線形従属を確認することができる．変数選択のステップにおいて，事後モデル確率は分数多項式を考慮することで決定される．しかし，最初の 50 個の最も尤もらしいモデルの事後分布のうち，5 つのモデルのみがいくらかの非線形性を示す．すなわち，$DC^{-2}\log(dc)$ と esr^3 に対して何らかの (小さな) エビデンスがあるということである．最初の変数は，対数変換による計算をできるようにするために線形変換をすることが必要であるという点に注意する．このプログラムは，(非) 線形関係を図示することもできる．そのコマンドは 'chapter 11 Zellner REACH FP.R' を参照する．　□

変数選択とモデル検証を同時に実行するその他の方法の例として，例えば，Hoeting et al. (2002) や Gottardo and Raftery (2009) は線形回帰における応答変数あるいは共変量の両者に対して変数選択と変数変換を組み合わせることを提案した．Hoeting et al. (1996) は，変数選択と (BMA パッケージの関数 MC3.REG によって実行される) 外れ値の検出を同時に行う方法を提案した．最近開発された R パッケージ spikeSlabGAM は，現在最も進んでいる幅広くモデル選択を行えるソフトウェアであるが，$d < n$ の場合に限られている．このパッケージは，Ishwaran and Rao (2005) の方法を拡張したスパイク・スラブ事前分布の構造によって BVS とモデル選択を行い，1 つの係数だけでなく一般化加法混合モデルに対する係数のブロックも同様に選択することができる．正規分布，2 項分布，ポアソン分布に従う応答変数は，変量効果とそれらの交互作用が共変量として存在しているもとでの平滑化関数としてモデル化できるが，このパッケージは空間モデルに当てはめることもできる (Scheipl 2011)．

11.11　ベイズ流モデル平均化

最終的に，真のモデルを見つけることができると考えるのは神話である．それでも実際にはそうなることを望んでいる．真のモデルを見つけるということではなく，せいぜいいくつかの良いモデルを見つけることになるという様々な事例を説明する．したがって，ただ 1 つのモデルに関して最終的な結論を築くことは，それによってモデルの不確実性を無視することになり，良いやり方ではないかもしれない．その代わり

に，多くのモデルについて考慮し，それぞれのモデルに対して興味ある指標を推定し，考慮されたモデルにわたってこの指標を平均化し，統計的なばらつきを決定する．この方法はモデル平均化 (model averaging) と呼ばれる．具体的に言うと，考えられるモデルの全体の集合を $\{M_1, \ldots, M_K\}$ と仮定し，例えば将来の応答などの興味の対象 Δ を推定することに関心がある．さらに，モデル確率 $p(M_m \mid \boldsymbol{y})$ ($k = 1, \ldots, K$) を利用することができると仮定すると，Δ の事後分布は，

$$p(\Delta \mid \boldsymbol{y}) = \sum_{m=1}^{K} p(\Delta \mid \boldsymbol{y}, M_m) p(M_m \mid \boldsymbol{y}) \tag{11.44}$$

となる．ここで $p(\Delta \mid \boldsymbol{y}, M_m)$ は周辺化によってモデルパラメータの事後分布 $p(\boldsymbol{\theta}_m \mid \boldsymbol{y}, M_m)$ から得られる．しばしば Δ の事後平均と事後分散のみが必要とされる．

$$E(\Delta \mid \boldsymbol{y}) = \sum_{m=1}^{K} \widehat{\Delta}_m p(M_m \mid \boldsymbol{y}) \tag{11.45}$$

$$\mathrm{Var}(\Delta \mid \boldsymbol{y}) = \sum_{m=1}^{K} \left[\mathrm{Var}(\Delta \mid \boldsymbol{y}, M_m) + \widehat{\Delta}_m^2 \right] p(M_m \mid \boldsymbol{y}) - E(\Delta \mid \boldsymbol{y})^2 \tag{11.46}$$

ここで，$\widehat{\Delta}_m = E(\Delta \mid \boldsymbol{y}, M_m) = \int \Delta(\boldsymbol{\theta}_m) p(\boldsymbol{\theta}_m \mid \boldsymbol{y}, M_m) \mathrm{d}\boldsymbol{\theta}_m$ である (Raftery et al. 1997)．式 (11.46) を分解すると $\mathrm{var}(x) = E_y[\mathrm{var}(x \mid y)] + \mathrm{var}_y[E(x \mid y)]$ となる．ここで，(式 (5.13)) y は離散値である．

モデル平均化は，頻度論の考え方 (Claeskens and Hjort 2008) およびベイズ流の考え方の両方で提案されている．後者では，これは BMA (Bayesian model averaging) と呼ばれる．頻度論では，モデル確率 $p(M_m \mid \boldsymbol{y})$ は，AIC，BIC，あるいはその他の情報量規準のいずれかを用いて一般的には式 (11.8) のように表される．これはモデルの数があまり多くない場合にのみ，可能である．d が大きいと，モデル確率が Δ の平均と分散の計算に非常に大きな影響を及ぼすため，最も高いモデル確率をもつモデルに限定する必要がある．ベイズ流においては，確率的探索アルゴリズムが最も見込みのあるモデルを決定する．Δ の平均と分散は，変数選択を行う中で求まる．すなわち Δ はそれぞれのモデルの中で推定され，平均と分散はモデル間で計算される．しかしながら，複数のモデルでの回帰係数の平均というのは解釈が困難である (Draper 1999 を参照)．実際に，いくつかの古典的な回帰分析の教科書で，回帰係数の解釈はモデル内のその他の独立変数で条件付けていることが知られている．BMA の使用において，(a) x_k を用いてモデル全体で β_k を平均化するがその他の回帰変数はモデル内で変化する方法と，(b) x_k を用いずにモデル全体で β_k を平均化する方法がある．MCMC に関して，x_k の除外は図 11.14 のサンプリングされた $\widetilde{\beta}_k$ の密度の中のスパイクで見ら

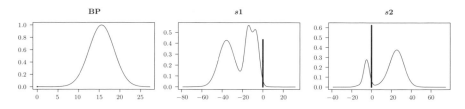

図 11.14 糖尿病研究: bic.glm から得られた 3 つの回帰係数の周辺事後密度

れる.しかし,Hoeting *et al.*(1999b) は回帰係数の BMA を実行するための議論を与え,いくつかの文献 (Gottardo and Raftery 2009; Hoeting *et al.* 1996, 2002) で,回帰係数の要約指標を計算した.事後包含確率は,解釈が容易であり,中央確率モデルを決定するために用いられている.さらに,独立変数がモデル内で何回必要であると考えられるかを表すので,古典的な P 値を置き換えることができる.

Δ が新しい被験者の予測された応答を表す場合には問題はない.実際に,BMA の予測をもとにするための動機の多くは,この方法が任意の 1 つのモデル M_l に対してよりも,対数で表されたスコア化のルールによって測定されるようなより良い予測の能力を有していることにある.これは,

$$-E\left\{\log\left[\sum_{m=1}^{K}p(\Delta\,|\,\boldsymbol{y},M_m)p(M_m\,|\,\boldsymbol{y})\right]\right\}\leq -E[\log p(\Delta\,|\,\boldsymbol{y},M_l)]\ (l=1,\ldots,K) \tag{11.47}$$

を意味し,カルバック・ライブラーの不等式から得られる (Raftery *et al.* 1997).モデル平均化をするためのベイズ流の方法の魅力的な特徴は,その一般性にある.例えば,モデルの不確実性を考慮するための事後予測分布の概念を一般化することができる (Clyde and George 2004).すなわち,

$$p(\widetilde{y}\,|\,\boldsymbol{y})=\sum_{m}p(\widetilde{y}\,|\,\boldsymbol{y},M_m)p(M_m\,|\,\boldsymbol{y}) \tag{11.48}$$

である.

例 XI.13: 糖尿病研究:ベイズ流モデル平均化

再び例 XI.5 の解析に戻る.BMA パッケージ内の R の関数 bic.glm は,線形回帰の問題に対してベイズ流モデル平均化を実行することができる.すべての検索によって 36 個のモデルが実行された.図 11.14 は,bic.glm から得られた図の出力の一部を示している.この図は 3 つの回帰係数の周辺密度関数を示している.bp については,bp がすべてのモデルに含まれるため,この密度関数は単峰型である.その他の 2 つの

表 11.4 糖尿病研究：オッカムの窓と徹底的な調査にもとづく bic.glm を用いたベイズ流モデル平均化

x_k	Occam's window on (OR = 20)			Occam's window off		
	$E(\beta\,|\,\boldsymbol{y})$	$SD(\beta\,|\,\boldsymbol{y})$	$P(\beta \neq 0\,|\,\boldsymbol{y})$	$E(\beta\,|\,\boldsymbol{y})$	$SD(\beta\,|\,\boldsymbol{y})$	$P(\beta \neq 0\,|\,\boldsymbol{y})$
int	0.000	2.576	1.00	0.000	2.576	1.00
age	0.000	0.000	0.0	-0.012	0.584	0.04
gender	-10.958	2.877	1.00	-10.761	3.175	0.98
BMI	25.294	3.139	1.00	25.355	3.161	1.00
bp	15.599	3.002	1.00	15.546	3.024	1.00
s1	-13.317	15.962	0.55	-13.244	15.793	0.57
s2	7.065	12.464	0.37	6.748	12.477	0.38
s3	-7.633	7.119	0.57	-7.414	7.140	0.57
s4	1.787	5.004	0.18	1.950	5.202	0.20
s5	28.253	7.394	1.00	28.232	7.346	1.00
s6	0.132	0.898	0.04	0.216	1.141	0.07

　回帰係数に対して，垂直なバーをゼロのところで表示しており，その高さは，対応する回帰変数を含んでいないモデルの割合となっている．したがって，独立変数 $s1$ と $s2$ はすべてのモデルには含まれず，モデルにそれらが含まれる場合にはその回帰係数はモデル内のその他の独立変数によって劇的に変化する．

　回帰係数の事後平均と事後標準誤差は，bic.glm からも得られる．(すべての選択されたモデルにわたって周辺) 条件なしと (独立変数を含むモデルに限定されている) 条件付き事後要約量の両方が利用可能である．表 11.4 において，オッカムの窓を有効にした場合 (9つのモデル) と，この機能を無効とした場合の2つのプログラムの実行にもとづくすべての回帰係数の周辺平均と周辺SEを比較した．これらの推定値は1つの「最良の」モデルにもとづく推定値よりも好ましいことが示された．しかしながら，ほとんどの場合には研究者はただ1つの最良なモデルを見つけたいと考えており，そのために P 値によって個々の共変量の重要度を表す．さらにここで $\frac{1}{n}\sum_{i=1}^{n}(y_i - \widehat{y}_i)^2$ と定義された平均2乗予測誤差 (MSPE) を計算した．ここで予測された値 $\widehat{y}_i$ は選択されたモデルの MLE か BMA 予測のいずれか一方から得られる (この MSPE の定義は 10.2.3 節でのものとは異なることに注意する)．図 11.15 において，BMA が推定したモデルは小さな MSPE になるが，モデル全体で最も小さいわけではないことがわかる．しかしながら，異なる尺度をここでは用いているので，式 (11.47) とは矛盾していない．また，データが2回使用されるため何より MSPE は個々のモデルに対して非常に楽観的になる．この R プログラムは，'chapter 11 BMA diabetes.R' にある．□

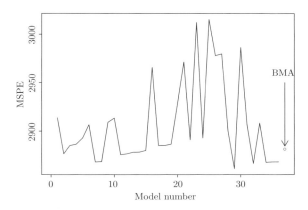

図 11.15 糖尿病研究：オッカムの窓を無効にし，かつ BMA 推定値にもとづく MSPE による bic.glm から得られた 36 個のモデルに対する MSPE

11.12 終わりに

変数選択とモデル選択は，統計学において常に最も複雑な問題の 1 つである．ベイズ流の理論的枠組みでもこのことは事実であるが，ベイズ流の方法では多くの可能性がある．実際にベイジアンの世界では，適切な事前分布を指定した場合には，事後モデル確率を用いて候補となるモデルを的確に比較することができる．

加えて，多数の (新しく) 開発された方法は，$d < n$ の場合には豊富な BVS 法を与える．しかし様々な方法に対して実務者はガイドを必要としており，それがなければ，増加法，減少法，ステップワイズ法のような過去の標準的な方法に後戻りしてしまう恐れがある．数多くの経験的な研究が，信頼できる方法を見つけるために必要とされている．Rockova et al. (2011) は，ベイズ流正則化法とスパイク・スラブ事前分布による方法を比較するためのシミュレーション研究を行った．考慮された方法は事前分布の設定に対して不安定であるため，実用的な結論の目処は立っていない．

BVS 法の広範な概要に対して，ここでの概要は包括的とは言えない．例えば，ここでは変数選択をするための予測的な方法 (Gelfand and Ghosh 1998 を参照) および CART 法を用いた変数モデル選択も取り扱わなかった．CART 法の改善 (BART, Chipman et al. 2010 を参照) は，応答に関係がある重要な共変量を選択する場合に，統計モデルを仮定しない．この方法は R パッケージ `Bayes Tree` に実装され，素晴らしい変数選択の性質を有している．

本書では，多くのソフトウェアに実装されている Kiiveri (2003) のような方法については論じていない．これらの方法，例えば Chipman et al. 2001, Clyde and George

2004, Kadane and Lazar 2004, O'Hara and Sillanpää 2009 などの論文のレビューに記述されている．最後に，ベイズ流モデル選択法のより数学的な取り扱いについては，Ando (2010) を参照する．

演習問題

演習 11.1 食事療法研究：年齢，性別，身長 (cm)，体重 (kg)，および，次の1日消費量から得られる食物摂取量の変数，アルコール (g/day)，カルシウム (mg/day)，コレステロール (mg/day)，プロテイン (g/day)，鉄 (mg/day)，カリウム (mg/day)，1糖と2糖 (g/day) および多糖 (g/day) を含む炭水化物 (g/day)，脂肪摂取量 (合計脂肪摂取量 (g/day)，1価不飽和脂肪 (g/day)，多価不飽和脂肪 (g/day)，飽和脂肪 (g/day)，多価不飽和/飽和脂肪の比 (PS)，単価+多価不飽和/飽和脂肪の比 (US))，ナトリウム (mg/day)，リン (mg/day)，繊維 (mg/day)，エネルギー摂取量 (kcal/day) から BMI (kg/m^2) を予測せよ（このデータについてはエクセルファイル 'IBBENS.xls' を参照）．加えて，すべての変数を使用し，完全な線形回帰分析をするために古典的な変数選択法を用いる：増加法，減少法，ステップワイズ法，リッジと LASSO の縮小法．データに対して最良の当てはまりを示すモデルを決定せよ．これを行うための適切な R 関数を検索せよ．

演習 11.2 糖尿病研究：R 関数 `bic.glm` と `MC3.REG` を用いて MP モデルを見つけよ．

演習 11.3 関節リウマチ研究：R 関数 `bic.glm` と `MC3.REG` を用いて MP モデルを見つけよ．

演習 11.4 関節リウマチ研究：回帰係数の精度に対する解の従属，すわなち回帰係数に対する MAP と MP モデル，周辺確率，事後要約量を確認するために，WinBUGS プログラム 'chapter 11 RJMCMC REACH.odc' を用いよ．そしてこれを行うために R 内から WinBUGS を呼び出せ．

演習 11.5 糖尿病研究：RJMCMC 法を用いて最も重要な変数を選択するために R2WinBUGS を用い，R プログラム `monomvn` を適用してその解を比較せよ．すべての (45個の) 積の項と2次の項を加えることによって共変量の集合を拡張し，R プログラム `monomvn` を適用せよ．

演習 11.6 糖尿病研究：線形回帰モデルにおいて変数を選択するために WinBUGS プログラム 'chapter 11 SSVS REACH.R' を応用し，糖尿病データに対してこれを適用せよ．スパイク・スラブ分散を変えることで感度解析を実行せよ．

演習 11.7 関節リウマチ研究：Ishwaran and Rao (2003) の方法を用いることで，ロジスティック回帰モデルとプロビット回帰モデルにおける変数選択をするため

に 'chapter 11 NMIG REACH.odc' にもとづく R2WinBUGS を用いよ. スパイク・スラブ分散を変えることで感度解析を実行せよ.

演習 11.8 糖尿病研究：糖尿病研究データに対して演習 11.7 を適用し，その他の BVS 法によって選択されたモデルを比較せよ.

演習 11.9 関節リウマチ研究：GVS 法を用いてプロビット回帰モデルで変数を選択するために，WinBUGS プログラム 'chapter 11 GVS REACH.odc' を適用せよ. その他の BVS 法によって選択されたモデルを比較せよ.

演習 11.10 関節リウマチ研究：Kuo and Mallick (1998) の方法によって WinBUGS プログラム 'chapter 11 GVS REACH.odc' を適用せよ.

演習 11.11 糖尿病研究：糖尿病研究データに演習 11.9 を適用せよ.

演習 11.12 関節リウマチ研究：dc (日で表した病気の期間) によるすべての独立変数の積の項の重要性を確認するために WinBUGS プログラム 'chapter 11 GVS REACH.odc' を適用せよ. Chipman (1996) の方法を用いよ.

演習 11.13 関節リウマチ研究：Chipman (1996) によって提案された変数選択の方法を用いることによって，sjc (腫脹関節数) を対数変換，ルート変換，逆変換するべきかどうかを確認するために，WinBUGS プログラム 'chapter 11 GVS REACH.odc' を適用せよ.

演習 11.14 糖尿病研究：糖尿病研究データに対してベイズ流適応的 LASSO 推定を実行するために，WinBUGS プログラム 'chapter 11 blasso adaptive diabetes.odc' を適用せよ.

演習 11.15 関節リウマチ研究：REACH データに対して以下のベイズ流縮小回帰法を適用せよ：リッジ，LASSO，適応的 LASSO，エラスティックネット. これに対してプロビットモデルの潜在的な表現を用いよ. SSVS と GVS よりさらに縮小を示すこれらの方法を示せ. また，BL, ABL, BEN が異なる縮小結果を示す一方で，リッジ回帰がより一様な縮小を導くことを示せ.

演習 11.16 関節リウマチ研究：REACH データに対して演習 11.14 を適用せよ.

演習 11.17 糖尿病研究：反応 y によって非線形な関連を見つけるために R プログラム `glmBfp` を適用せよ.

演習 11.18 糖尿病研究：回帰係数と予測された応答の値のモデル平均を生成するために，いずれかの BVS 法を適用せよ. 実行結果を `bic.glm` から得られた結果と比較せよ.

第III部 ベイズ法の応用

第12章 バイオアッセイ

バイオアッセイ (生物定量法，生物検定) は，「生物学の分析 (biological assay)」の短縮形であり，関心のある物質の効果を分析するために，その物質を生体に取り込む科学的実験の一種である．古典的な例は，新薬や化合物が細胞に変化 (例えば変異) を引き起こすかどうかを調べるために，プレート上の培養細胞株に取り込むことである．物質の効果の定量化は定量的なバイオアッセイとなり，その応用は主に薬剤開発や環境汚染調査の分野である．環境バイオアッセイは一般的に広範囲の毒性調査であり，一方，薬剤開発における焦点は，変異原性，発がん，催奇形成，毒性にある．後者の分野では，早期前臨床の薬剤試験で細胞株の変異，がん誘発 (発がん) を発見しようとしたり，生殖欠陥 (奇形) の検出に分析 (アッセイ) の利用が必要になる．以下では，主に薬剤開発環境で生じるバイオアッセイに焦点をあてる．環境バイオアッセイは Piegorxch and Bailer (2005) で検討されている．

12.1 バイオアッセイの要点

バイオアッセイの基本的な考え方は非常に単純である．ある化合物の異なる用量をある生物学的な物質に投与する，管理された実験を準備し，実験の進捗とともに生物学的な物質への変化を観察する．

12.1.1 細胞アッセイ

生物学的な物質は細胞株の場合，モニターされる評価項目は細胞への変化である．そのような分析は，試験管やプレート培養での実験を含んでいるため，in vitro と呼ばれることが多い．有名な例としてエイムス・サルモネラ試験 (SAL)(Morteimans and Zeiger 2000) がある．その分析で検査される評価項目は，突然変異生成 (細胞の突然

変異)であり，これは発がん可能性の指標となり得る．あるいは発がん現象(発がん性)の可能性が直接分析されるかもしれない．関心のある評価項目によって，これらの形式の変形が非常に多く存在する．以下では2つの特別な分析，エイムス・サルモネラ変異原性テスト(Ames salmonella mutagenicity assay)とマウスリンフォーマ突然変異誘起性試験(mouse lymphoma mutagenic assay)を検討する．これらの分析の焦点は異なっており，エイムス試験は短期の生物学的反転突然変異生成に，マウスリンフォーマは哺乳動物細胞の突然変異に焦点をあてている．

12.1.2　動物アッセイ

動物アッセイは哺乳動物のような完全な生命体で実施されることからin vivo(生体内)と呼ばれる．これらのアッセイは，多くの場合，in vitro 分析に続いて実施し，その後，より大きな生命体(ヒトなど)に拡大される．化合物が一連の in vitro 試験を通過すると，次いで，動物アッセイを通じて検討される．動物アッセイは，通常，ヒトまたは獣医学用途において有用になり得る標的薬物または化合物に対して実施される．したがって，それらは試験宿主を目標とする生命体へ合致させるために慎重に選択する必要がある．例えば，薬剤サリドマイドを検査するには不適切な動物モデルのために，ヒトにおけるその薬剤の使用が結果的に先天異常につながった．

ここでは試験に関する規制要件を詳しく説明することは目的ではないが，医薬品申請においては重要な試験が3つあることに注意する．毒性試験に使用される致死量のアッセイ(例えば，LD50 など)，化合物に対して先天性欠損症の可能性を検討する催奇形性試験，大規模長期縦断動物研究で腫瘍の出現を監視するために設定する発がん性試験である．ここでは，毒性試験に単独で焦点をあてる．

ある特定の分析は，他の効果(例えば突然変異や発がん性の可能性)を試験する前に，ある化合物の毒性を立証する必要性から行われる．毒性は多くの場合，化合物の異なる用量水準を生物学的材料(例えば動物)に投与し，それぞれの用量水準に対して決められた時間の経過後に死亡した対象の数を記録する実験で立証する．これらのデータから生存曲線を計算し，対象の50%が死に至る致死用量(LD50)の推定値を得る．この変形として ED50 がある．すなわち，対象の50%が評価項目を達成する(ED 50%)ような効果のある用量である．評価項目は「治癒」やあるいは何らかの改善の状態かもしれない．ED50 は臨床試験の用量探索に利用され，LD50 は毒性試験として前臨床で利用される．

ここで，ある有名な昔の LD50 試験の例をあげる．Bliss (1935) の甲虫の死亡率データである．この試験では甲虫(ヒラタコクヌストモドキ)の集団に異なる濃度の二硫

12.1 バイオアッセイの要点

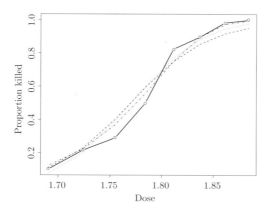

図 12.1 Bliss の甲虫致死率データ：用量に対する致死率のプロット．ロジットリンク (破線)，プロビットリンク (点線)，c-loglog リンクにもとづく予測確率曲線 (鎖線)

化炭素を与えた．各用量群の甲虫の数は異なり，(範囲は 56 匹から 63 匹)，毒物への 5 時間の曝露中に死んだ割合が記録された．この実験で，死んだ甲虫の数は 2 項分布に従うと仮定する．$N=8$ 群あり，r_i を各群 n_i 匹のうちの死んだ甲虫の数と定義する．ここで添字 i は群を表す ($i=1,\ldots,N$)．用量水準 x_i は群レベルで測定された共変量である．用量が上がると死ぬ数が増え，最高用量では全甲虫が死亡していることに注意する．表 12.1 にこれらのデータを示す．図 12.1 にこのデータでの死んだ割合 (r_i/n_i) を示す．

死亡数に対するモデルを次のように仮定する．

$$r_i \sim \text{Bin}(n_i, p_i)$$

ここで p_i は i 群での死亡する確率である．この確率を用量水準と関連付けたいので，p_i を x_i と関連付けるリンク関数を使用する．この例では，リンク関数の選択が非常に重要であり，3 つの異なるリンク関数，ロジット，プロビット，補対数対数 (c-loglog) を検討する．リンク関数は主に裾での振る舞い (低用量か高用量) が異なり，当てはまりの良さ (Goodness of Fit, GOF) の指標はかなり違う．

検討したモデルは次のとおりである．

$$\text{logit}(p_i) = \beta_0 + \beta_1 x_i \quad (12.1)$$

$$\text{probit}(p_i) = \beta_0 + \beta_1 x_i \quad (12.2)$$

$$\text{cloglog}(p_i) = \beta_0 + \beta_1 x_i \quad (12.3)$$

モデル式 (12.1) は，$p_i = \exp(\beta_0 + \beta_1 x_i)/[1+\exp(\beta_0+\beta_1 x_i)]$ となる．モデル式 (12.2)

表 12.1 Bliss の甲虫致死率データ：二硫化炭素の用量濃度 (x_i) と甲虫致死率. n_i が暴露された甲虫の数, r_i が甲虫の死亡数

x_i	n_i	r_i
1.6907	59	6
1.7242	60	13
1.7552	62	18
1.7842	56	28
1.8113	63	52
1.8369	59	52
1.8610	62	61
1.8839	60	60

```
model
    {
    for (i in 1:N ) {
    r[i] ~ dbin(p[i],n[i])
    logit(p[i]) <- alpha.star + beta*(x[i] - mean(x[]))
    rhat[i] <- n[i]*p[i]
    }
    alpha <- alpha.star - beta*mean(x[])
    beta ~ dnorm(0.0,tauB)
    alpha.star ~ dnorm(0.0,tauA)
    tauB <- pow(sdB,-2)
    sdB ~ dunif(0,5)
    tauA <- pow(sdA,-2)
    sdA ~ dunif(0,5)
    }
```

図 12.2 Bliss 甲虫致死率データ：WinBUGS のロジットバイオアッセイモデルのモデルプログラム

では $p_i = \Phi$ となり，ここで Φ は標準正規分布の累積分布関数である．そして式 (12.3) においては $p_i = 1 - \exp[-\exp(\beta_0 + \beta_1 x_i)]$ となる．図 12.2 では，logit のバイオアッセイモデルに対する WinBUGS コードを示す．logit(p[i]) <- alpha.star + beta * (x[i] - mean(x[ ]) でロジットモデルを指定する．logit(p[i]) を probit(p[i]) で置き換えるとプロビットリンクに関するコードが得られ，c-loglog リンクに対しては cloglog(p[i]) で置き換える．さらに，WinBUGS コードでは，予測変数 rhat[i] が計算され，異なる用量水準で当てはめられた r の値が表示される．

2つの連鎖をバーンイン 12000 で開始し，標本数を 5000 とした．収束診断から，収束と連鎖の混合が良いことが示唆された．当てはめた結果を表 12.2 に示す．リンク関数の選択が当てはまりの良さ (GOF) に影響していることは明らかである．デビアンス

12.1 バイオアッセイの要点

表 12.2 Bliss 甲虫致死率データ：異なるリンクモデルでの r の推定値 rhat の比較

r_i	Logit	Probit	c-loglog
6	6.45	4.50	7.28
13	13.73	12.14	13.39
18	24.99	24.28	22.95
28	33.24	33.50	31.22
52	47.26	48.49	47.26
52	50.47	52.18	52.98
61	56.9	58.78	60.34
60	57.19	58.73	59.76

情報量規準 (DIC) を使ってモデルの比較をし，次の結果が得られた．(1) ロジットモデル：DIC $= 48.95$, $p_D = 1.809$，(2) プロビットモデル：DIC $= 41.46$, $p_D = 1.957$，(3) c-loglog モデル：DIC $= 35.02$, $p_D = 1.727$ である．c-loglog モデルが最良のモデルの当てはまり (GOF) を示していることは明らかである．表 12.2 から c-loglog モデルが観測データに非常に一致していることがわかる．このことは図 12.1 の 3 モデルのグラフ表示でも確認できる．この図は，3 つの当てはめられた曲線が，中用量から低用量にかけて観測データから緩やかに逸脱していることも示している．c-loglog モデルの LD50 は，$\log(-\log(0.5)) = \beta_0 + \beta_1 x_i$，つまり $\beta_0 + \beta_1 x_i = -0.3665$ で求められる．この場合，LD50 の事後平均は，1.776 (95%CI [1.768, 1.784]) となる．事後平均推定値，β_0 (-35.28), β_1 (19.66) を用いた当てはめ値 1.7758 は，この値に非常に近くなっている．

バイオアッセイでは様々なベイズ流の開発が提案されている．Gelfand and Kuo (1991) は，パラメトリック形式を仮定する代わりにトレランス分布 (tolerance distribution) の推定に対する一般ノンパラメトリック・ベイズ流アプローチを提案した (最終章も参照)．この研究の中では，順序ディリクレ事前分布と積ベータ事前分布が致死確率に対して検討された．Ramgopal et al. (1993) はこの研究を，トレランス分布の特定の特徴に対する制約付きノンパラメトリック事前分布に拡張した．例えば，有毒作用が見られる前に，ある用量がある水準に達していなければならないような，毒性に対する閾値モデルを検討する可能性がある．同様に，検討しなければならない閾値が複数水準あることもあり得る．多変量検定と競合リスクの多重評価項目は，明らかな拡張である．

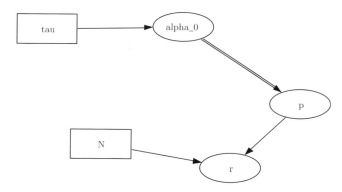

図 12.3 一般的 in vitro 試験：一般 2 項ロジット生物定量法モデルの有向非巡回グラフ

12.2 一般的な in vitro の例

　前臨床の in vitro 変異原性実験を，新薬 (薬剤 A) の変異原性の可能性を調べるために実施する．その薬剤のある用量 (L mg/L) を試験管内 (in vitro) の $N = 1000$ 個の細胞に適用する．細胞を一定時間 (T) そのままにし，変異原性形質転換を調べる．2値の確率変数 y_i を T 時間後の i 番目の細胞の状態と定義する (0：転換なし，1：転換あり)．これらの独立した細胞状態の和は形質転換確率 p の 2 項確率変数 ($r = \sum y_i$) である．p の最尤推定値は単純に $\hat{p} = r/N$ である．この例では，$r = 9$ であったので $\hat{p} = 0.009$ となった．それゆえ薬剤 A は変異原性の可能性は非常に低いようである．

　ベイズ解析では，p に事前分布を与え，多くの場合ベータ分布を仮定する．つまり $p \sim \text{Beta}(\alpha, \beta)$ である．よって p の事後期待値は，$E(p \mid r) = (r + \alpha)/(N + \alpha + \beta)$ である．無情報事前分布 $\alpha = \beta = 1$ では，$10/1002 = 0.00998$ となる．一方，p に対してより洗練されたモデルを仮定することもできる．共変量を含むとすれば，線形予測子へのリンクが必要である．これらの最も一般的なものは，単純な切片パラメータ (α_0) に対するロジットリンクで，これは超事前分布をもつ．つまり，

$$\text{logit}(p) = \alpha_0$$
$$\alpha \sim N(0, \sigma_{\alpha_0}^2)$$

この精度は $\tau_{\alpha_0} = \sigma_{\alpha_0}^{-2}$ である．これは図 12.3 のような有向非巡回グラフ (directed acyclic graph) で表現される階層モデルを示している．

　パラメータ α_0 を複数パラメータからなる線形予測子 (おそらく共変量や変量効果も) で置き換えると，より一般的な形を表す．単回投与の予測子に対する用量反応パラメータを β_0 と β_1 で表し，正規事前分布の分散 (精度) をそれぞれ $\sigma_{\beta_0}^2$ ($\tau_{\beta_0}^{-1}$) と $\sigma_{\beta_1}^2$ ($\tau_{\beta_1}^{-1}$)

12.2 一般的な in vitro の例

で表す．単回投与の予測子 (D_i) を含む線形予測子は $\mathrm{logit}(p_i) = \beta_0 + \beta_1 D_i$ である．異なる設定で，この例をさらに拡張する．まず，回帰パラメータと精度の両方に対する事前分布の変更が考えられる．事前分布の設定の感度は重要で，(β_0 と β_1 に関する) 正規分布の設定が適切なのか，σ_*^2 を固定したものが適切なのかを考慮する必要がある．正規分布の変形は平均 0 の t 分布や歪んだ正規分布 (O'Hagan and Leonard 1976) やあるいは非対称ラプラス分布のような非対称分布がある．分散パラメータ (σ_*^2) に対する超事前分布の指定も考慮する必要のある重要なものである．さらに，選択されたリンク関数 (今回はロジット) は c-loglog リンクがいくつかの例で，より良い結果が出るとわかれば変更されることもある (例えば上述の甲虫の例)．

別の状況では，さらに修正が必要になることもある．例えばヒストリカルコントロールと実対照を研究に含む必要があるかもしれない．あるいは複数の対照群がときには推奨されるかもしれない (マウスリンフォーマ試験 (mouse lymphoma assay, MLA))．過去のデータは 5.6 節にあるように事前分布とそれらのパラメータを更新する．このような動的な更新はベイズ流の理論的枠組みの基礎的な特徴である．

用量に関して異なった薬や物質の効果を比較することが必要になることがよくある．例えば，同じ薬での新しい検査 (繰り返し試験) や，ある薬物と他剤との毒性の比較などである．i 番目の患者の j 番目の薬に対するカウント数の結果が y_{ij} で与えられるような，2 変量ベイズ流一般化線形モデル (Bayesian generalized linear model, BGLM) やベイズ流線形混合モデル (Bayesian generalized linear mixed model, BGLMM) が提案されている (4.6 節と 9.5.3 節参照)．つまり，

$$E(y_{ij}) = \mu_{ij}$$
$$g(\mu_{ij}) = \beta_{0j} + \beta_{1j} D_{ij} \quad (\mathrm{BGLM})$$

あるいは，

$$g(\mu_{ij}) = \beta_{0j} + \beta_{1j} D_{ij} + \gamma_{ij} \quad (\mathrm{BGLMM})$$

である．ここで，$\gamma_{ij} \sim \mathrm{N}(\gamma_j, \sigma_{\gamma_j}^2)$ は用量水準と薬剤の効果を組み合わせた変量効果である．薬剤比較は例えば $d_i = \mu_{i1} - \mu_{i2}, \beta_{01} - \beta_{02}$ あるいは $\beta_{11} - \beta_{12}$ のような事後関数の検定を通して行われる．複数薬剤や質の比較は自然に多変量モデルの検討につながる．

以降の節では，2 つの分析法とその解析方法，SAL と MLA について簡単に議論する．

12.3 エイムス・サルモネラ変異原性分析

第5章の例 V.1 でエイムス・サルモネラ分析を紹介し，この分析での複製カウントに対する簡単な解析を議論した．エイムス・サルモネラ/ミクロソーム分析は変異原性を検出するために開発されたものである (Breslow 1984; Kim and Margolin 1999; Krewski *et al.* 1993; Margolin *et al.* 1989; Tarone 1982)．

様々な研究者がエイムス試験の用量反応データを調べた．そこでは水準は，複製されたプレートの組に，ある化合物の用量が与えられ，復帰突然変異株のコロニー数が結果として得られる．データレベルでは，

$$y_{ij} \mid \mu_{ij} \sim \text{Poisson}[\mu_{ij}(D_i)] \quad (i=1,\ldots,N; j=1,\ldots,n_i)$$

である．ここで y_{ij} は i 番目の用量における n_i 個の複製中の j 番目の複製での復帰突然変異株数である．期待カウント数に対して選択されたモデルは様々な方法で構造化され，用量 D_i の関数であると仮定される．生物学的考察により Krewski *et al.* (1993) は，ヒット理論を用いて2つの異なるモデルを提案した．

1. 短期毒性：$\mu_{ij}(D_i) = (\beta_{0i} + \beta_1 D_i)\exp(-\beta_2 D_i^\theta)$
2. 長期毒性：$\mu_{ij}(D_i) = (\beta_{0i} + \beta_1 D_i)[2 - \exp(-\beta_2 D_i^\theta)]$

パラメータ θ は閾値のための低用量調整である．$\theta > 1$ と仮定されるが，多くの場合 $\theta = 2$ の値が仮定される．

Krewski *et al.* (1993) は平均・分散関係を考慮したが，それ以上のパラメトリックな仮定を置かない疑似尤度を用いた．ここで，データレベルで ij 番目の水準に対して，条件付き独立ポアソン分布を仮定した．はじめに，$\beta_{0i} = \beta_0$ を固定と仮定した．当然ながら，モデルの過剰分散を考慮するために，階層の高水準での事前分布を設定し，ポアソン分布のデータレベルの仮定に制限されないようにした．ベイズ流の結果を Krewski *et al.* (1993) と比較するために，国際化学物質安全性計画 (International Programme on Chemical Safety, IPCS) による共同研究で報告された 1-ニトロピレン，TA 100-S9，ラボラトリ 10，ラウンド3 (用量は μg) に対してデータを解析した．表 12.3 と図 12.4 にこれらのデータを示す．この場合，$n_1 = n_2 = 2$ の複製，そして $N = 6$ の用量水準である．

上述の2つのモデルを固定値 θ と変量 θ に対して当てはめた．変量モデルでは，θ に関して1で切断される事前分布 Exp(1) を仮定した．さらに，$\boldsymbol{\beta}$ パラメータには平均0の正規事前分布を仮定し，標準偏差に対しては一様超事前分布とした (5.7 節と第9章を参照のこと)．

12.3 エイムス・サルモネラ変異原性分析

表 12.3 IPCS データのエイムス試験：用量と複製の総数

Dose	Rep 1	Rep 2
0.00	169	159
0.75	359	426
1.50	679	571
3.00	572	716
4.50	649	423
6.00	299	129

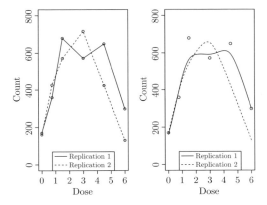

図 12.4 IPCS データのエイムス試験：複製 1 と 2 に対する散布図. 左の図はともに平滑化なしの複製を示し，右図が複製 1 のデータと各複製に対するカーネル回帰平滑化を示している

表 12.4 と図 12.5 にモデルを IPCS データに当てはめた結果を示す．短期毒性モデルでは $\theta = 2$ のときが他のモデルに比べて，DIC と平均 2 乗予測誤差 (mean-square predictive error, MSPE) が最小になることは明らかである．このモデルは他のモデルに比べて，かなり小さい DIC を算出している．それに対し，長期毒性モデルに関しては，MSPE にもとづくと，$\theta = 1$ かあるいは変量 θ がこれらのデータに対して最も適切のようである．

$\theta = 2$ の短期毒性モデルに対する事後中央値の回帰パラメータ推定値 (と標準誤差) は，$\widehat{\beta}_0 = 120.1 \ (3.534), \widehat{\beta}_1 = 144.6 \ (3.498), \widehat{\beta}_2 = 0.02883 \ (0.00115)$ である．事後平均と事後中央値の推定値はこのモデルの当てはめに関しては，同じである．推定された K 回の繰り返しサンプルから得られた事後中央値を用いた用量反応曲線 $\widehat{\mu}_{ij}(D_i) = \mathrm{med}_K[(\beta_{0i}^k + \beta_1^k D_i) \exp(-\beta_2^k D_i^2)]$ を図 12.6 に示す．

結論として，IPCS データに対して短期モデルは変動を比較的良く表現し，DIC をかなり改善しているようである．結果として，推定された復帰突然変異株の平均と用量の関連は，比較的狭い 95% 信用区間となっている．

表 12.4 IPCS データのエイムス試験：IPCS データに対する長期と短期モデルの DIC, p_D と MSPE における包括的適合度の比較

モデル：短期	p_D	DIC	MSPE
$\theta = 1$	1.77	1984.6	59990.0
$\theta = 2$	1.98	1309.9	38960.0
θ random	1.57	6613.8	141300.0
モデル：長期	p_D	DIC	MSPE
$\theta = 1$	1.50	13300.5	170500.0
$\theta = 2$	1.41	13355.5	170600.0
θ random	1.62	13306.7	170500.0

```
Node      Mean     sd        MC error  2.5%     Median   97.5%    start  sample
b0        120.1    3.534     0.06278   112.9    120.1    127.2    10001  20000
b1        144.6    3.498     0.07987   137.8    144.6    151.4    10001  20000
b2        0.02883  0.001148  1.89E-05  0.02657  0.02883  0.03109  10001  20000
Deviance  1308     41.42     0.7515    1228     1308     1391     10001  20000
```

図 12.5 IPCS データのエイムス試験：$\theta = 2$ の短期毒性モデルにもとづく回帰パラメータの事後推定値．WinBUGS の出力

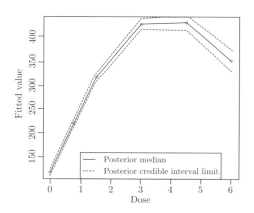

図 12.6 IPCS データのエイムス試験：$\theta = 2$ の短期毒性モデルにもとづく平均復帰突然変異株水準の事後平均と 95%CI

12.4 マウスリンフォーマ試験 (L5178Y TK+/-)

DNA 細胞構造の変化に関心があるときは，別の分析が必要である．マウスリンフォーマ試験 (mouse lymphoma assay, MLA) は塩基対の変化，フレームシフトと小さな欠失によって生じたチミジンキナーゼ遺伝子座変異に焦点をあてている (Clements 2000, Moore et al. 2003). チミジンキナーゼは最終的には DNA に取り込まれる遊離チミ

ジン (recycles free thymidine) を再生する組織の一部である．トリフルオロチミジン (TFT) は毒物チミジン誘導体で，DNA 代謝を妨げ，細胞を殺してしまう．しかしながら，変異を通して TK 遺伝子の複製機能が失われてしまえば，TFT は代謝されず，毒性はなくなる．

　L5178Y 細胞培養は代謝毒物生産のエンハンサーの存在・非存在下の両方で，試験化合物の様々な濃度で処置される．複製培養が各実験ポイントで使われる．通常，少なくとも 4 用量水準の化合物が分析される．このとき，最高用量は，小規模の予備試験にもとづき 80–90% の生存率減少が期待される状態か，無毒性化合物に対しては 5 mg/mL の標準制限か，溶解度を制限した状態である．処置された細胞は，変異が固定するのに必要な発現期間培養される．

　上記ですでに説明した統計的モデル化の原則の多くはこの分析 (と実に多くの変形) に適用する．通常，固定用量での細胞の数を観測し，被験物質の用量反応を推定したい．MLA の結果は，突然変異頻度 (MF)(10^4 生存者のうちの) として表されることが多く，これをカウントとして考えることができる．MF は，他の分析のように被験物質の濃度を，予測子としてモデル化できる．陽性対照と陰性対照の両方を用いることが多く，これらは要因効果によってモデル化することができる．

　最後に，これらの突然変異の分析の多くは，発がん性の証拠を提供するとみなされ，抗がん剤の予備試験として組み合わせて使用されるということは，注目に値する．これらの試験の比較は，Tennant et al. (1987) に出ており，細胞分析に関わる一般的統計手法の説明は Kirkland (2008) で提供されている．

12.5　終わりに

　この短い概説では，生物定量法データの解析で判明した問題を紹介しようと試みた．主題のあらゆる側面をカバーしようとはせず，より複雑な問題，例えば同腹にもとづく先天異常研究で見られるような問題は考慮しなかった．しかし，実用的な観点から LD50 推定値の重要な問題はリンクの適合度の評価として甲虫分析で紹介した．エイムス試験では繰り返し投与の更新，そしてヒット理論による長短期毒性も検討した．これがベイズ流アプローチの利点を検討する前臨床試験 (in vitro および in vivo の両方) を研究する人々に動機を与えていると考える．

　すべての解析は WinBUGS で行ったが，SAS® プロシジャを使用しても行うことができる．具体的には，GENMOD プロシジャは甲虫データの解析に利用可能で，エイムズ試験には MCMC プロシジャが必要である．

第13章 測定誤差

　幅広い生物統計学の応用の中では，適用するモデリングアプローチは興味のある変数に対して観測される誤差に依存する．最も単純な場合には，例えば平均 μ と精度 τ をもつ正規分布に従う確率変数 (y) の無作為標本は，以下のようなモデル階層の最初のレベルによって次のように表されると仮定できる．

$$y_i \sim \mathrm{N}(\mu, \sigma^2)$$

ここで精度は $\tau = \sigma^{-2}$ で与えられる．したがって，確率変数の誤差は，

$$y_i = \mu + \nu_i$$

の関係から明らかであり，ここで $\nu_i \sim \mathrm{N}(0, \sigma^2)$ である．この単純な場合において，平均が 0 の誤差項を加えることによって，y_i の真値 μ は誤差を含んだものとなる．これは測定誤差の基本概念を表している．誤差を伴って観測されると考えられる任意の変数は，真値と誤差項の組み合わせとして表すことができる．この考え方の重要性は，次節の例でより明らかになる．13.1 節では，連続型の測定誤差の場合について検討する．その次に，離散型の測定誤差モデルを取り扱う．この分野の総括に関しては，Gustafson (2004), Carroll *et al.* (2006), Buonaccorsi (2010) を参照．

13.1　連続型の測定誤差

　第 4 章では，単純な階層回帰モデルについて検討した．ここでは，まず予測子 (predictor) x が誤差を伴って測定される状況にこのモデルを拡張する．

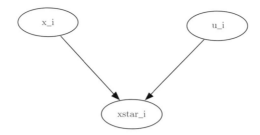

図 13.1 連続型のデータによる古典的な測定誤差の問題を表したグラフィカルモデル (DAG). ここで,このモデルは $x_i^* = x_i + u_i$ である.

13.1.1 変数の測定誤差

変数が誤差を伴って測定される,すなわち変数が記録される際に i 番目の被験者において測定された変数に対する真値 x_i と誤差 u_i とし $x_i^* = x_i + u_i$ と仮定する.また,$u_i \sim \mathrm{N}(0, \sigma_u^2)$ と仮定する.この仮定は以下のモデルのように書き直すことができる.

$$x_i^* \sim \mathrm{N}(x_i, \sigma_u^2) \tag{13.1}$$

したがって,$E(x_i^*) = x_i$ となる.それ故に,観測された値は真値に誤差を含んだものとみなされる.したがって,観測された変数は代理測定 (surrogate measurement) とも呼ばれる.この誤差は,分散 σ_u^2 で対称であると仮定する.これは古典的な測定誤差として知られている.図 13.1 に古典的な測定誤差の問題に対する DAG を示す.

u_i に異なる形式の誤差を仮定することで,このモデルを拡張することができる.例えば,被験者が繰り返し測定される場合,2 種類の誤差が発生する可能性がある.被験者固有の誤差と純粋な測定誤差である.そのように誤差を2つに分解することが,栄養学の試験 (Kipnis *et al.* 1999, 2001, 2003) での食物頻度アンケート (FFQ) の解析において,Kipnis とその共著者らによって提案された.FFQ の j 回目の繰り返し時点での i 番目の被験者から得られた変数に対する彼らのモデルは以下で与えられる.

$$\begin{aligned} x_{ij}^* &= \alpha_0 + \alpha_1 x_i + \nu_{ij}, \\ \nu_{ij} &= u_i + u_{ij} \end{aligned}$$

ここで,u_i は被験者固有の測定誤差,u_{ij} は純粋な測定誤差を表し,ともに正規分布に従う.正規分布に従わない誤差および非対称の誤差に対する別の方法が,FFQ データに対して提案されている (Song *et al.* 2010).

13.1.2 線形モデルと非線形モデルの予測子における 2 種類の測定誤差

いま，x_i^* が説明変数として回帰モデルに含まれると仮定すると，モデル式内に x_i に対する測定誤差をどのように取り入れるかを考える必要がある．最初に古典的な測定誤差モデルを考え，その後 Berkson 誤差モデルを考える．

最初に測定誤差が存在しないと仮定すると，従属変数 y_i は単回帰モデルによって x_i に関連していると考えられる．

$$y_i = \beta_0 + \beta_1 x_i + \varepsilon_i \tag{13.2}$$

ここで $\varepsilon_i \sim N(0, \sigma_y^2)$ は回帰直線周りでの y_i のばらつきを表している．いま，y_i と x_i に測定誤差が存在していると仮定し，y_i を $y_i^* = y_i + \nu_i$ で x_i を $x_i^* = x_i + u_i$ で置き換える．さらに，応答変数と予測子に関する線形回帰モデルであると再度仮定することで，以下のモデルを得る．

$$y_i^* = \beta_0^* + \beta_1^* x_i^* + \varepsilon_i^* \tag{13.3}$$

ここで，$\varepsilon_i^* \sim N(0, \sigma_y^{*2})$ である．このとき，上記のモデルにおける傾き β_1^* は，我々が知りたい反応変数と予測子の間の真の関係を表していない．

以下に紹介する IRAS 多施設共同試験から抜粋した例を考える．被験者から血液を採取し，高比重コレステロール (hdl) と血中低比重コレステロール (ldl) を測定する．大抵の場合，hdl と ldl は誤差を伴って測定される．hdl と ldl の間の真の潜在的な関係は ldl(x_i) と hdl(y_i) の真の値にもとづいており，観測値そのものにもとづいているわけではないと考えるのが自然である．図 13.2 に最小 2 乗推定値 (LSE) の解とともにこれらのデータの散布図を示す．

モデル (13.2) から，測定誤差が y_i に対してのみ存在していたら，ばらつきを ε_i の分散に組み入れることができるということがわかる．すなわち問題は，予測子の誤差が推定された傾きに対しての影響は何かということである．言い換えると，モデル (13.3) の β_1^* は何を推定するのか？推定された回帰係数に対する測定誤差の影響を調べるために，応答変数 y_i^* と x_i^* による 2 変量正規モデルの MLE を計算することができる (Carroll *et al.* 2006)．この計算によってモデル (13.3) で推定される傾きが，モデル (13.2) で推定される傾きと比較して緩やかであることがわかる．すなわち，β_1 を推定するのではなく，$\beta_1^* = \lambda \beta_1$ を推定する．ここで，

$$\lambda = \frac{\sigma_x^2}{\sigma_x^2 + \sigma_u^2} \tag{13.4}$$

であり，σ_x^2 は予測子の個体間変動である．したがって，予測変数の誤差は推定された回帰係数にバイアスを生じさせる．このバイアスは減衰バイアス (attenuation bias)

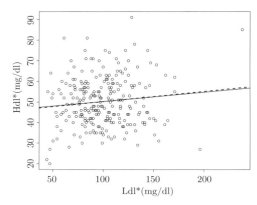

図 13.2 hdl-ldl の例：254 名の試験参加者に対する血中コレステロール測定値 (hdl, ldl) の散布図．LSE (実線) と (測定誤差に対する) 修正された回帰直線 (点線) を加えた．

として知られている．さらに，残差分散が σ_y^2 から $\sigma_y^2 + \beta_1^2 \sigma_u^2 \left(\frac{\sigma_x^2}{\sigma_u^2 + \sigma_x^2} \right)$ に増加することを示すことができる．したがって，増加した残差分散によって，予測子の測定誤差は検出力の低下の原因にもなる．

測定誤差は別の方法でも生じうる．すなわち，$x_i = x_i^* + u_{Bi}$ の場合に Berkson 誤差 (Berkson error) が発生する．ここで $u_{Bi} \sim N(0, \sigma_{Bu}^2)$ である．言い換えると Berkson 誤差の場合には $E(x_i) = x_i^*$ となり，これは古典的な測定誤差モデルと逆の状況である．例えば工業プロセスでの場合にこれが起こる．特定のレベル (x_i^*) で温度や圧力を制御したいと思っても，実際のレベル (x_i) はその周辺で変動する (Carroll et al. 2006)．モデル (13.3) が以下のように書かれる (反応変数内の誤差は ε^* に組み込まれる)．

$$y_i = \beta_0 + \beta_1 x_i^* + \beta_1 u_{Bi} + \varepsilon_i^*$$

$E(u_{Bi}) = 0$ であるため，Berkson 誤差モデルには減衰バイアスはないが，残差分散は $\sigma_y^2 + \beta_1^2 \sigma_{Bu}^2$ まで増加すると考えられる．

測定誤差を伴う予測子が 2 つ以上モデルに含まれる場合には，さらに複雑になると考えられる．すなわち，誤差を伴って測定された x と正確に測定された z によって，モデルには 2 つの予測子があり，x の回帰係数に減衰が存在するだけではなく，z の回帰係数も歪められている恐れがある．

非線形モデル内における古典的な測定誤差の影響は正規線形モデルと大体同じで，回帰係数の推定値における相関やバイアスを検定するための検出力が減少する．しかしながら，Berkson 誤差は線形モデルでは回帰係数の推定は不偏だが，一般的に非線形モデルの場合にはこれは当てはまらない．さらに，回帰モデルにおけるその他のパ

ラメータ (例えば形状パラメータ) の測定誤差の影響は単純ではない.

13.1.3 予測子の測定誤差の調整

単一の予測子 x_i の誤差に対する調整には 2 つの基本的な方法がある.

1. 構造モデリング (structural modeling): y_i と x_i^* の観測データが与えられているもとで, 関連する 2 つのモデルを考えることができる. (1) y_i と x_i を結びつける構造モデル (13.3) と, (2) 観測値 x_i^* と x_i を結びつける測定誤差モデル (13.1) である. これら 2 つのモデルを同時に当てはめ, x_i を潜在 (latent) 変数として推定する. これは 2 つの成分をもつ構造方程式モデルの一例である.

   構造モデル: $\quad y_i \sim \mathrm{N}(\beta_0 + \beta_1 x_i, \sigma_y^2)$
   測定誤差モデル: $\quad x_i^* \sim \mathrm{N}(x_i, \sigma_u^2)$

   パラメータを推定できるようにするために, 利用可能なデータや事前情報に応じていくつかの方法が適用できる. 例えば, 強い考えをもっていれば, σ_u^2 の強い事前情報や, あるいは, Gössl and Küchenhoff (2001) で行われたように, この分散を固定することにつながる. 13.2.3 節のように, x_i と x_i^* に関する検証データが利用可能な場合には, 同時モデリングが必要である. さらなる情報が利用できない場合には, モデルは特定の事前分布 $p(x_i\,|\,\gamma)$ の選択に対して認定可能であるとみなすことができる. 非正値に対してこれを適用できるとするような高度な制約を設けない限り, x_i に対して正規事前分布を仮定することは通常望ましくない. しかし正規誤差モデルと組み合わされる場合には, この選択も認定不可能なモデルを導く可能性がある. 代わりに, 例えば真の共変量に対して平均 γ/c で分散 $1/c^2$ の $x_i \sim \mathrm{Gamma}(\gamma^2, c\gamma)$ のようなガンマ事前分布が現実的である場合には, 構造モデルのパラメータと同様に測定誤差モデルのパラメータが推定可能である. また, 超パラメータも指定することができる. 図 13.3 に構造方程式に対するグラフィカルモデルを図示する.

2. ランダム効果モデリング (random effects modeling): もう 1 つの方法は, モデルが以下になるように線形関係 $y_i = \beta_0^* + \beta_1^* x_i^* + \varepsilon_i^*$ にランダム効果を加えた単純なものである.
$$y_i = \beta_0 + \beta_1 x_i^* + u_i + \varepsilon_i$$
ここで, $u_i \sim \mathrm{N}(0, \sigma_u^2)$ と $\varepsilon_i \sim \mathrm{N}(0, \sigma_y^2)$ である.

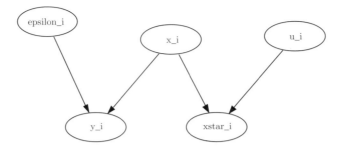

図 13.3 潜在変数 x_i による構造方程式モデルに対するグラフィカルモデル

このモデルでは，推定が必要な 2 つの変動の要素が存在する．さらに，全体のノイズは 2 つの誤差の間で交換できるのでこれら 2 つの要素の特定には関心がある．Kipnis モデルは本質的に同じであるが，繰り返し測定誤差の項 (u_{ij}) を有し，これは同定に役立つ可能性がある．

13.1.3.1　hdl-ldl の例の解析

IRAS 多施設共同試験で収集された，コレステロール試験の 254 名の試験参加者に対する hdl-ldl データを解析した．図 13.4 に構造モデリングの方法による hdl-ldl データを解析するための WinBUGS コードを示す．今回は，ガンマパラメータ gamma2 と分散成分の超パラメータにも，拡散事前分布を仮定した．30000 回のバーンインと 70000 回の繰り返しの単連鎖が実行された．図 13.6 に，図 13.4 のモデルに対するいくつかの主なパラメータに対する事後期待値の結果を示す．図 13.6 から，λ の事後平均が 0.9834，SD = 0.03488 であるので減衰バイアスはわずかであることがわかる．実際，修正されていない β_1 の事後平均は 0.0478 であるが，修正済み事後平均は 0.0451 までしか増加しない．図 13.5 は減衰バイアスの事後周辺密度の推定値を示しており，減衰バイアスが極めて 1 に近いことが確認できる．これはモデル全体の誤差 (sdldl) が ldl 予測子の誤差 (sdldlu) と比較して極めて大きいことを示唆している．図 13.2 では，修正済み回帰直線が LSE と近いことがわかる．事後標本のそれぞれの観測値に対する標準偏差が小さいため，真の ldl がうまく推定されていることがわかる．図 13.7 は ldl の事後期待値の密度推定を図示している．

ランダム効果の方法に対する WinBUGS コードを図 13.8 に与える．(ここには示していないが) この解析の結果は，一般的なランダム変動がモデル全体の誤差より非常に大きいことを示唆している．しかしこの場合は別の問題，すなわち階層内の同じレベル (ユニットレベル) での 2 つの異なる加法誤差の非認定可能性 (nonidentifiability)

```
model
    {
      for (i in 1:N) {
      hdl[i] ~ dnorm(mu[i], tau.e)
      mu[i] <- beta0 + beta1*ldl[i]
      ldlstar[i] ~ dnorm(ldl[i],tau.u)
      ldl[i] ~ dgamma(gamma2,cgamma)
      }
    gamma2 <-gamma*gamma
    cgamma <- c*gamma
    c2 <- tau.ldl
    c <- pow(c2,0.5)
    gamma ~ dgamma(0.05,0.005)
    tau.e ~ dgamma( 0.05,0.005)
    tau.u ~ dgamma(0.05,0.005)
    tau.ldl ~ dgamma(0.05,0.005)
    sige <- 1/tau.e
    sigldlu <- 1/tau.u
    sigldl <- 1/tau.ldl
    sde <- pow(sige,0.5)
    sdldlu <- pow(sigldlu,0.5)
    sdldl <- pow(sigldl,0.5)
    lambda <- sigldl/(sigldl+sigldlu)
    beta0 ~ dnorm(0,0.00001)
    beta1 ~ dnorm(0,0.001)
    }
```

図 13.4 hdl-ldl の例：構造モデリングに対する WinBUGS コード

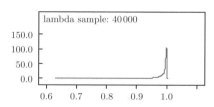

図 13.5 hdl-ldl の例：構造モデリングに対する減衰バイアス

について考えるべきである．したがって，変量効果の分散が非常に大きいと考えることによって，Rat の事後期待値が非常に小さい (0.00119) 一方で，非認定可能性がこの結果に影響を及ぼす可能性があるということを心に留めておくべきである．認定可能性については第 9 章で，より詳細な議論をする．

```
Node    Mean    sd       MC error  2.5%      Median  97.5%   Start  Sample
beta0   45.79   2.801    0.017     40.26     45.81   51.23   30001  40000
beta1   0.04511 0.02709  1.637E-4  -0.007479 0.045   0.0986  30001  40000
lambda  0.9834  0.03488  0.002154  0.8814    0.996   1.0     30001  40000
sde     11.96   0.5319   0.002729  10.97     11.94   13.06   30001  40000
sdldl   27.99   1.472    0.04518   25.13     27.97   30.94   30001  40000
sdldlu  2.566   2.545    0.1678    0.09351   1.789   9.61    30001  40000
```

図 13.6 hdl-ldl の例：図 13.4 のモデルの主要なパラメータに対する WinBUGS による事後要約統計量

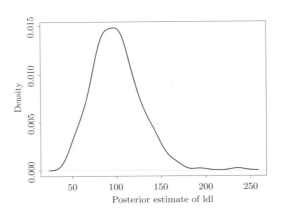

図 13.7 hdl-ldl の例：254 名の試験参加者全体の (真の) 潜在変数 ldl の事後期待値の密度推定

```
model
  {
  for (i in 1:N) {
  hdl[i] ~ dnorm(mu1[i],tau.e)
  mu1[i] <- beta0 + beta1*ldl[i]+eps[i]
  eps[i] ~ dnorm(0,tau.eps)
  }
  tau.e ~ dgamma( 0.05,0.005)
  tau.eps ~ dgamma(0.05,0.005)
  sige <- 1/tau.e
  sigeps <- 1/tau.eps
  Rat <- sige/(sige+sigeps)
  beta0 ~ dnorm(0,0.00001)
  beta1 ~ dnorm(0,0.001)
}
```

図 13.8 hld-ldl の例：コレステロールデータに対する単位レベルでのランダム効果モデル

13.1.4 非加法誤差 (nonadditive error) とその他の拡張

先の議論では，加法誤差だけに注目した．多くの状況において，これは自然な仮定である．しかしながら，誤差が加法的ではないということは十分起こりえる．例えば，誤差が測定された変数のレベルに依存するということが考えられ，例えば，

$$x_i^* = x_i \times u_i$$

のような誤差，あるいは，

$$x_i^* = x_i^{u_i}$$

のような誤差となる可能性が十分ある．実際にはモデルが例えば，

$$x_i^* = l(x_i)$$

のような別の形に変換されることがある．ここで $l(z) = \beta_0 + \beta_1 z^\gamma$ である．特に加法誤差の仮定が誤っている場合には，誤差内の非線形性が解析に問題を引き起こす可能性がある．

最後に，多くの試験で，測定誤差はサンプリング単位内の反応変数間で独立ではなく，誤差に対する独立な事前分布の仮定が適切ではない可能性がある．例えば，アンケート調査では異なる質問に対する反応の間に相関があるかもしれず，同時事前分布を仮定する必要が考えられる．さらに，測定誤差はサンプリング単位間でも相関している可能性がある．例えば，内在しているが観測されていない層によって，層間で相関をもった反応の誤差を引き起こすことがある．しかしながらこれらの問題のさらなる議論は，本書の範囲を超えるものである．

13.2 離散型の測定誤差

13.2.1 誤分類の原因

離散型の尺度で結果あるいは予測子が誤差を伴って測定される場合に，離散型の測定誤差が発生する．その場合，測定誤差は誤分類 (misclassification) とも呼ばれる．おそらくこの最もよく目にする例は，考えられる回答が整数値をとる場合の質問紙票の回答である．これらの回答結果には，順序がある場合 (順序変数) と順序がない場合 (名義変数) とがある．回答が正しくない場合には，何種類かの形式の誤差がある．これの単純な例は，質問が"はい/いいえ"の回答の場合である．この場合，(真の) 正しい回答がはい (yes)(1) であるのに，回答者がいいえ (no)(0) と回答した場合に誤差が入り込む．より一般的には，k 個のレベルをもつマルチレベル反応変数に対して，真

の応答変数が l の場合，任意の応答 $l^* \neq l$ は誤差である．2 値の反応変数が誤分類されうる場合には，誤分類に対する修正が必要であり，y の測定誤差がモデルの一部と仮定される連続型の場合のように無視することはできない．

離散型変数における誤差は様々な原因に起因する．単に誤って記録することで，応答が間違うこともある．アンケート調査の場合では，原因は面接バイアスかもしれず，交換システムの場合では，原因は操作の誤りかもしれない．多くの場合で，誤差が故意によるものではないと仮定することで，比較的ランダムな誤差と考えることができる．しかしながら，これらの誤差の中には系統的なバイアスとなるものもある．例えば特定の回答者の記録が，彼らの話し方によって影響を受ける可能性があるので，複数の誤差が調査全体にわたって生じ得る．様々な時間に様々な操作が行われる場面で，交換システム内に同じように系統的誤差が発生する．例えば，気象条件はいくつかのシステムの操作に影響を与える可能性があり，系統的誤差を生じさせうる．

自己報告によって得た情報に対して，知覚誤差や意図的な誤差によって応答にバイアスが生じる場合には，別の誤差原因があると考えられる．例えば，調査の対象者が実際には大量に食事をとる場合に，高脂肪食品の摂取量を減らそうと考える可能性がある．また，栄養が高い食品を摂取しているとみられたいために，高脂肪食品の摂取を過小に見積もることがある．この「悪い」食品の摂取を過小に見積もり，「良い」食品の摂取を過大に見積もることは，社会的に望まれる考えに通ずるものである (Crowne and Marlowe 1960; Fisher 1993)．社会的に望まれることは，他者の視点から社会的に許容できると見られる必要があるので，特定の問いに関する回答に歪みを生じさせることになる．

最終的にバイアスの様々な原因は，変数の誤分類バイアスにつながり，それらは 1 つの研究にまとめられる．例えば食事摂取の自己申告は，社会的に望ましい考えが原因で誤差を伴う可能性があり，インタビューを受ける人間によってさらなるバイアスが誘発されて記録されることがある．回帰モデルでは，このような誤って分類された誤差の影響によって，反応と予測の関係を歪めてしまう (Neuhaus 1999; Mwalili *et al.* 2005 を参照)．

13.2.2　2 値予測因子の誤分類

ここでは，離散型 2 値共変量が連続型の応答をもつ線形モデルに含まれる単純な場合について検討する．より複雑な設定については Gustafson (2004) で述べられている．

独立な 2 値変数を x_i として定義し，モデル (13.2) を仮定する．つまり，$E(y|x) = \beta_0 + \beta_1 x_i$ となることを表している．いま観測された予測因子を x_i^* と仮定する．ま

13.2 離散型の測定誤差

た,x_i^* の分布は x_i にのみ依存し,y_i には依存しないと仮定する.その場合,測定誤差が非区別的 (nondifferential) であるという.この仮定のもとで,判別の感度 $S_n = p(x^* = 1 \mid x = 1)$ と特異度 $S_p = p(x^* = 0 \mid x = 0)$ によって誤分類を要約することができる.上記の線形モデルのもとで,$E(y \mid x^*) = \beta_0^* + \beta_1^* x_i^*$ と表すことができる.ここで,$\beta_0^* = \beta_0 + \beta_1 p(x = 1 \mid x^* = 0)$ であり,(割合として表される)減衰バイアスは以下で与えられる.

$$\frac{\beta_1^*}{\beta_1} = 1 - p(x = 0 \mid x^* = 1) - p(x = 1 \mid x^* = 0) \tag{13.5}$$

式 (13.5) は,見かけの分類を与えたもとで,バイアスの度合いが誤分類の度合いに依存することを示している.

$$\frac{\beta_1^*}{\beta_1} = (S_n + S_p - 1) \frac{\psi(1-\psi)}{\psi^*(1-\psi^*)}$$

ここで $\psi = p(x = 1)$,$\psi^* = p(x^* = 1) = (1 - S_p) + (S_n + S_p - 1)\psi$ である.この結果から,$S_n = S_p = 1$ の場合には直ちに減衰割合が 0 に,S_n または S_p が増加する場合には直ちに減衰割合が増加すると解釈できる.

離散型測定誤差に対応するためのベイズ流アプローチには,通常はモデルの要素に対する分布の形に特定の仮定が含まれる.いま,結果変数を y とし,連続型の予測変数 ($\boldsymbol{z}$) のベクトル,2 値の暴露変数 x をもつような例に目を向ける.単純な例として,2 値の結果 y に対するロジスティック回帰が考えられる.つまりそれは 1 つの観測値に対して,

$$\text{logit}\, p(y = 1 \mid x, \boldsymbol{z}) = \beta_0 + \beta_1 x + \boldsymbol{\beta}_2^T \boldsymbol{z} \tag{13.6}$$

となり,

$$\text{logit}\, p(x = 1 \mid \boldsymbol{z}) = \rho_0 + \boldsymbol{\rho}_1^T \boldsymbol{z} \tag{13.7}$$

となる.ここで $\boldsymbol{\beta}_2$ と $\boldsymbol{\rho}_1$ は連続型の共変量に関する回帰ベクトルである.これら 2 つの関係は,$y, x \mid \boldsymbol{z}$ の同時分布と y と $\boldsymbol{z}$ を与えたもとでの x の条件付き分布を定義する.以下のように表すことも容易である.

$$\text{logit}\, p(x = 1 \mid y, \boldsymbol{z}) = \rho_0 + \rho_1 y + \boldsymbol{\rho}_1^T \boldsymbol{z} + h(\boldsymbol{z}, \boldsymbol{\beta}) \tag{13.8}$$

これは「曝露が与えられたもとでの応答」モデルの観点から問題を構成している.最後の非線形項 $h(\boldsymbol{z}, \boldsymbol{\beta})$ を無視することで,単純化された y と $\boldsymbol{z}$ の線形モデルとなる.式 (13.7) と式 (13.6) か式 (13.8) にもとづくモデルの応答を与えたもとでの単純化された曝露のいずれかを用いることができる.

表 13.1 IRAS 試験：共変量 Glychem (FG = 空腹時血糖 × 10^{-1}) とともに測定された血圧 (CurrBPMd) と，自己申告の食事摂取 (CurrD) と運動 (CurrE) からなる誤分類される可能性がある離散型の共変量．

CurrD	CurrE	FG	CurrBPMd
1	1	10.90	1
1	1	7.56	1
1	1	9.18	1
2	1	7.72	1
2	1	12.92	2
1	1	6.02	1

13.2.2.1　例：IRAS 多施設共同試験

IRAS (インスリン抵抗性とアテローム性動脈硬化症試験) 多施設共同試験において (Liese et al. 2004)，インスリン抵抗性と循環器疾患 (CVD) の間の関係およびベースライン時の年齢が 40–69 歳である 3 人種 (アフリカ系アメリカ人，ヒスパニック，非ヒスパニック系白人) のリスク因子を調べた．加えて，インスリン抵抗性と内臓脂肪症の遺伝的決定因子を特定することが目的であった．

ここで血圧 (CurrBPMd) と栄養摂取および運動の間の関係に注目する．参加者は現状の 2 つの 2 値の質問に対する回答を尋ねられた．1 つ目は現在健康的な食事を摂っているか (CurrD: yes(2)/no(1)) であり，2 つ目は現在の身体活動レベル (CurrE: low(1)/high(2)) である．これらの質問は自己評価のため誤分類が起こりやすい．関心のある被験者の結果は，現在の血圧の状態 (CurrBPMd: high(2)/low(1)) であり，連続型の血液化学の共変量 (FG：空腹時血糖 × 10^{-1}) も測定された．

試験参加者は 152 名であった．表 13.1 にデータの一部を示す．CurrD と CurrE を「健康的な生活様式 (healthy lifestyle)」の応答に対する代替的測定値とみなす．したがって，それらはともに「健康的な」生活様式の行動の様子を表しており，代替的測定値として妥当であると考えられる．この例では，53 名/152 名が運動をし，63 名/152 名が健康的な食事を摂っている．また，29 名/152 名の参加者で高血圧が記録された．健康的な生活様式の反応に対する割合は，この試験で「暴露した」被験者の割合の推定値である．図 13.9 にこのデータセットの変数の様々な周辺プロットと条件付きプロットを示す．空腹時血糖は，CurrBPMd のレベルと若干関係があるように見えるが，条件付きプロットも多少関係があることを示唆している．

例として WinBUGS を用いてこのデータに 2 つのモデルを当てはめる．簡単にするために，1 つの暴露代替的測定値 (現在の食生活) のみを調べる．しかしながら，この解析は (この場合のように) 代替的測定値をさらに組み込むことで拡張することがで

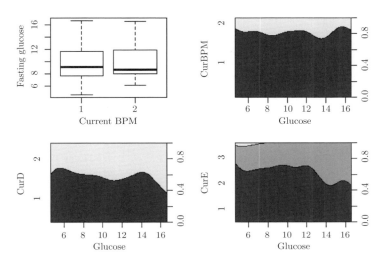

図 13.9 IRAS 試験：(1) 左上: CurrBPMd に対するブドウ糖の箱ひげ図と (2) ブドウ糖に対する離散型予測因子と結果の 3 つの条件付きプロット

きる．1 番目のモデルは以下の同時代替モデルである．

$$\text{logit}\, p(y=1\,|\,x,z) = \beta_0 + \beta_1 x + \beta_2 z$$
$$\text{logit}\, p(x^*=1\,|\,x,z) = \alpha_0 + \alpha_1 x + \alpha_2 z$$

x は真の現在の食生活 (潜在変数のように振る舞う)，x^* は観測された現在の食生活，y は現在の血圧，z は連続型の空腹時血糖 $\times 10^{-1}$ である．2 番目のモデルは暴露が与えられたもとでの応答のモデルである．具体的には，同時に曝露が与えられたもとでの応答モデルとして，

$$\text{logit}\, p(x^*=1\,|\,x,y,z) = \beta_0 + \beta_1 x + \beta_2 y + \beta_3 z$$
$$\text{logit}\, p(x=1\,|\,y,z) = \alpha_0 + \alpha_1 y + \alpha_2 z$$

を考える．これら 2 つのモデルをデータに当てはめた結果を表 13.2 に示す．両方のモデルに対して，20000 回の繰り返しによってデビアンスが収束するだけではなく，個々のパラメータに対しても収束が見られる．両方のモデルからの収束したサンプルに対するパラメータの事後中央値の推定値を表 13.2 に示す．どちらのモデルにおいても，モデル 1 で血圧 (blood pressure) とブドウ糖 (glucose) および食生活 (diet) とブドウ糖 (glucose) の関係には強いエビデンスがあるにもかかわらず，β_2 と α_2 を与えたもとでの結果と連続型の共変量の関係が有意であるというエビデンスはわずかである．

表 13.2 IRAS 試験：モデル 1 とモデル 2 に対する収束した MCMC サンプラーからのモデルパラメータの事後推定値：中央値と 95% 信用区間

Model 1	Estimate (95% CI)	Model 2	Estimate (95% CI)
β_0	-0.5394 $(-1.796, 0.3486)$	β_0	-0.10230 $(-0.7467, 0.2606)$
β_1	-0.2069 $(-1.775, 0.8136)$	β_1	-0.04419 $(-0.7472, 0.4456)$
β_2	-0.0759 $(-0.179, 0.0440)$	β_2	-0.06642 $(-0.6505, 0.2793)$
		β_3	-0.00496 $(-0.0560, 0.0561)$
α_0	-0.3898 $(-1.447, 0.4475)$	α_0	5.27E-4 $(-0.6365, 0.6475)$
α_1	0.1590 $(-1.712, 0.9114)$	α_1	0.00105 $(-0.6194, 0.6359)$
α_2	0.0185 $(-0.071, 0.1231)$	α_2	0.00259 $(-0.6208, 0.6138)$

13.2.3　2 値応答変数の誤分類

カテゴリカルな応答変数に誤分類誤差があると疑われる場合には，これも反応変数と共変量の間の関係に影響を及ぼすと考えられる．ここで Signal-Tandmobiel® 研究を用いてこれを説明する．

13.2.3.1　例：Signal-Tandmobiel® 研究における虫歯の既往を得点化する際の誤分類誤差

例 II.3 で Signal-Tandmobiel® 研究を紹介した．ここでは，全体のサンプルから無作為に抽出された 100 人の子供達の 2001 年に収集されたデータについて考える．この研究の目的の 1 つは，虫歯の罹患 (CE) の予測子に対する調査を実施することであった．CE は口内レベル，すなわち口内のどこかに虫歯があるか否か (ある=1, ない=0) をもとに解析することができる．しかしながら，歯科医師達のさらなる興味は歯の表面において CE の予測子を探すこと，すなわち表面に CE があるかどうかである．データは 3 レベルの構造をもっている．(1) 歯の表面，(2) 歯の内部，(3) 口内，である．したがって，被験者レベル，歯レベル，表面レベルでの予測子の影響を探索するためにマルチレベルロジスティック回帰モデルを検討した．被験者レベルでの共変量は診察時点での年齢 (おおよそ 11 歳で子供達は診察されるが，それでも様々な年齢の子供達がいると考えられることに注意する) と性別であった．歯が乳歯 (deciduous) なのか永久歯 (permanent) なのかを意味する歯レベルを共変量の 1 つと考えた．表面レベルに関して，4 つの 2 値の共変量が含まれる．(1) 舌 (lingual) 面 (舌の表面)，(2) 近心 (mesial) 面 (顔の中心の線に最も近い側面から見ることができる表面)，遠心 (distal) 面 (顔の中心の線から最も離れた側面から見ることができる表面)，(3) 咬合 (occlusal) 面 (歯と歯が噛み合わされる面)．頬面 (前面) を基準面として選択した．小臼歯および

表 13.3 Signal-Tandmobiel 研究:誤分類の表

		基準	
		0	1
評価者	0	4684	146
	1	87	428

臼歯のみが 5 つの面を有しており,その他の歯は 4 つの面を有している.

口腔衛生調査で,CE の検出はいくつかの理由によって誤分類する傾向があり,その結果得られたデータの質に影響を及ぼす.したがって,歯の評価者の採点方法を評価し改善することを目的とした評価方法のトレーニングが計画された.評価方法のトレーニング中は,誤分類確率をともなって推定されることを認めたうえで,基準となる採点者と歯の評価者によって子供達の歯のサンプルが調べられた.この誤分類情報は主要データを訂正するために利用できる.

このサンプルには年齢の平均値 (SD) が 11.6 (0.36) 歳である 53 人の少年がいた.合計 10800 の表面のうち 311 の表面が CE であった.ほとんどの虫歯が咬合面から見つかった (162/311).問題を単純化するために,ここでは歯の評価者が 1 人だけである (したがって合計 16 名の歯の評価者を 1 人にまとめた) と仮定した.評価方法のトレーニングから得られた誤分類の表 13.3 から,$S_n(= 428/(428+146) = 0.75)$ と $S_p(= 4684/(4684+146) = 0.98)$ が得られる.誤分類率に違いはない,すなわち誤分類の確率は歯の表面の真の状態にのみ依存すると仮定した.

表面レベルに対するマルチレベルロジスティック回帰モデルは以下のように定義される.被験者 $m = 1, \ldots, M$ の歯 $t = 1, \ldots, T$ の表面 $s = 1, \ldots, S$ とし,基準となる評価者から得られた真の 2 値の CE の結果を y_{mts} と書く.このモデルには 2 つのランダム効果が含まれる.口内レベルに対する $b_m \sim N(0, \sigma_m^2)$ と,歯レベルに対する $b_t \sim N(0, \sigma_t^2)$ である.誤分類がない場合のマルチレベルロジスティック回帰モデルは以下で与えられる.

$$\text{logit}\left[p(y_{mts} = 1 \mid \boldsymbol{x}_{mts}, \boldsymbol{b})\right] = \boldsymbol{x}_{mts}^T \boldsymbol{\beta} + b_m + b_t$$

ここで $\boldsymbol{\beta}$ は固定効果を表す.歯の評価者から得られた誤分類された可能性がある 2 値のスコアを y_{mts}^* のように表す.上記の誤分類の表から S_n と S_p が利用可能である.(誤分類に対する修正済みの) 修正済みマルチレベルロジスティック回帰モデルは以下で与えられる.

$$p(y_{mts}^* = 1 \mid \boldsymbol{x}_{mts}, \boldsymbol{b}) = (1 - S_p) + [S_n + S_p - 1]\left[\text{expit}(\boldsymbol{x}_{mts}^T \boldsymbol{\beta} + b_m + b_t)\right]$$

表 13.4 Signal-Tandmobiel 研究：修正済みおよび未修正のマルチレベルロジスティックモデルのパラメータ推定値

Parameter	Uncorrected estimate (SD)	95%CI	Corrected estimate (SD)	95%CI
Fixed effects				
Intercept	$-5.973(0.558)$	$[-7.250, -5.112]$	$-9.378(1.205)$	$[-11.592, -6.894]$
Gender				
Girls	$-0.043(0.476)$	$[-1.024, 0.851]$	$-0.266(0.885)$	$[-1.951, 1.374]$
Boys	...	...	...	...
Age	$0.370(0.273)$	$[-0.161, 0.879]$	$0.600(0.571)$	$[-0.536, 1.790]$
Dentition type				
Permanent	$-2.550(0.308)$	$[-3.151, -1.969]$	$-4.273(0.610)$	$[-5.588, -3.169]$
Deciduous	...	...	...	...
Surface type				
Distal	$0.407(0.299)$	$[-0.162, 0.997]$	$1.107(0.626)$	$[-0.027, 2.440]$
Mesial	$0.847(0.291)$	$[0.299, 1.435]$	$2.153(0.618)$	$[1.062, 3.517]$
Lingual	$0.294(0.297)$	$[-0.265, 0.868]$	$1.093(0.617)$	$[-0.041, 2.429]$
Occlusal	$3.755(0.286)$	$[3.224, 4.322]$	$6.806(0.837)$	$[5.313, 8.505]$
Buccal	...	...	...	...
Random effects				
σ_m^2	$4.946(1.530)$	$[2.810, 8.747]$	$16.836(5.632)$	$[8.275, 30.907]$
σ_t^2	$4.450(0.730)$	$[3.226, 6.114]$	$11.540(2.646)$	$[7.194, 16.879]$

ここで $expit$ はロジット関数の逆関数を表している．真の CE の結果と共変量の間の関係を表す回帰係数 β を推定するために，S_n と S_p に対して得られた値を代入する．

回帰係数 β に対して漠然正規事前分布，すなわち平均 0，分散 10^6 の正規分布を仮定した．ランダム効果の標準偏差に対する事前分布を，$\sigma_m \sim U(0, 100)$ および $\sigma_t \sim U(0, 100)$ のような一様分布とした．この解析は JAGS3.1.0 を用いて実行された．2 つのモデルに対して，それぞれ 2000 回の繰り返しと 200 回のバーンインの 3 つの MCMC 連鎖を実行した．Brooks-Gelman-Rubin (BGR) 診断 ($\widehat{R}$) を用いて収束を評価し，すべてのパラメータに対して 1 に近い値となった．表 13.4 にパラメータの事後推定値を示す．

age と $gender$ が CE に対して全く寄与していないことがわかる．永久歯は乳歯に比べて CE が少なく，これは乳歯が酸生成細菌により長期間にわたって曝露しているという事実から説明することができる．さらに頬面と比べると，近心面と咬合面はより多く CE となっている．加えて，口と歯の変異が重要であるということを表している．最後に，すべての修正済み回帰係数が対応する未修正の回帰係数より絶対値での

値が大きいことがわかる．これは測定誤差による減衰効果が示唆される．

　この解析において，誤分類確率 S_n と S_p が既知であると仮定していることに注意する．しかしながら，推定した修正項の不確実性を考慮した適切な解析を行うべきである．これはプログラム (WinBUGS, JAGS, その他) に適切な変更を行うことで容易に実行することができる．どのようにしてこれを実行することができるかと，その他のカテゴリカルモデルでの誤分類に対する修正に対する詳細は，Mwalili et al. (2005), Lesaffre et al. (2004), Mwalili et al. (2008), Lesaffre et al. (2009), Mutsvari et al. (2010), Garcia-Zattera et al. (2010) を参照する．

13.3　終わりに

　この測定誤差の概要では，結果に対して単純なモデルを用いた簡単な例について説明してきた．測定誤差と測定誤差に対する具体的なベイズ流のアプローチは，比較的多くの文献において最近取り上げられる幅広い話題である．読者がこの重要な話題のさらなる詳細を網羅するためには，Gustafson (2004), Carroll et al. (2006), Buonaccoursi (2010) を直接参照するとよい．最後に，測定誤差を含む多くの問題に対して，例えば WinBUGS のような強力なソフトウェアとベイズ流の方法の組み合わせは，未観測の，あるいは潜在的な誤差の影響を取り扱うだけでなく，事前分布を用いて誤差の影響を適切に制御する理想的な方法だと言えよう．多くの測定誤差の問題は，慣例的な頻度論の方法を用いても取り扱うことは容易ではない．最後に，すべての例は SAS の MCMC プロシジャでも解析できるということに注意する．

第14章 生存時間解析

生存時間解析は現代生物統計学の基本的な分野である．生存時間解析は，「イベントまでの時間」(time to event) というタイプのデータ，すなわち，時間 (time) 自身を興味の対象の変数とするデータの解析に焦点をあてている．このようなデータに関しては，例えば，信頼性試験 (機器が故障するまでの時間)，金融 (満期残存期間)，臨床試験 (回復や有害事象までの時間) などがある．生物統計学の実践では，イベントまでの時間は，被験者のグループが治療を受け，その後，追跡されるような臨床試験によく見られる．これらの臨床試験では，異なる治療法を受ける患者の生存情報と関連するその他の治療結果を調査することに興味がある．

母集団レベルでの生存時間データは，がん登録から見つけることができる．がん登録には，症例ごとに診断日，生存情報が記録されている．現在，多くの国はがんのような疾患に対して登録を行っていて，がんの発症は国レベルの登録から探すことができる．がん登録データは，通常，症例特定記録からなり，診断日，がん種，進行程度と基礎的な人口統計データが記録されている．さらに，症例記録が (バイタル) 情報とリンクされているため，罹患期間も記録されることとなる．このタイプのデータでは，(バイタル) 結果の日だけでなく，診断日もエンドポイントとみなされることがある．

14.1 基本用語

確率変数 T をイベントの終点 (死亡，治癒，状態変化など) までの時間と定義する．死亡時間 (failure time) またはエンドポイント (endpoint) の密度関数 $f(t)$ と，それに関連する変数に焦点をあてる．関数 $f(t)$ はエンドポイントまでの時間 (以後，生存時間と呼ぶ) の確率密度関数である．この確率密度関数と関係する特別な関数がいくつか存在し，生存時間解析に有用である．

生存時間の累積分布関数を $F(t) = \int_0^t f(u)\mathrm{d}u$ と定義し，生存関数を $S(t) = 1 - F(t)$ と定義する．別の重要な関係としては，$f(t) = -\mathrm{d}S(t)/\mathrm{d}t$ およびハザード関数 $h(t)$ である．ハザード関数は時間 t まで生存しているという条件のもとでの瞬間死亡率として定義され，以下のようになる．

$$h(t) = f(t)/S(t)$$

ハザード関数は，$h(t) = -d\log(S(t))/\mathrm{d}t$ のように，直接，生存関数から導くことができる．累積ハザード関数は，$H(t) = \int_0^t h(u)\mathrm{d}u = -\log(S(t))$ と定義される．これらの関係から，以下の重要な表現が得られる．

$$\begin{aligned} S(t) &= \exp[-H(t)] = \exp\left[-\int_0^t h(u)\,\mathrm{d}u\right] \\ f(t) &= h(t)S(t) = h(t)\exp\left[-\int_0^t h(u)\,\mathrm{d}u\right] \end{aligned}$$

被験者 (測定単位) の生存時間の標本 $\{t_i\}$ $(i = 1, \ldots, n)$ が得られているとする．ここでは，まず，これらの生存時間は正確に得られているとする．さらに，これらの仮定に加えて，i 番目の被験者に対して共変量ベクトル $\boldsymbol{x}_i$ が記録されるとする．これらの共変量は個体的または環境的な変数である．ベイズ生存時間解析の概説に関しては，Gustafson (1998a) と Ibrahim et al. (2000) を参照する．ベイズ比例ハザードモデルに関しては，Carlin and Hodges (1999) を参照する．

14.1.1 生存時間の分布

生存時間の分布は通常，R^+ 上の正の実数で定義される分布から選ばれる．よくある選択としては，ワイブル分布，極値分布，対数正規分布，またはガンマ分布である．したがって，パラメトリック生存時間モデルに対して，階層モデルの第 1 レベルにおけるデータモデル部分が生存時間分布からなる．最初にワイブル分布を仮定する．ワイブル分布では，時点 t_i における密度関数は以下のようになる．

$$f(t_i) = \rho\mu t_i^{\rho-1} \exp(-\mu t_i^\rho) \tag{14.1}$$

ただし，$\rho > 0$, $\mu > 0$ である．生存関数とハザード関数は以下のように得られる．

$$\begin{aligned} S(t_i) &= 1 - \int_0^{t_i} f(u)\,\mathrm{d}u = \exp(-\mu t_i^\rho) \\ h(t_i) &= f(t_i)/S(t_i) = \rho\mu t_i^{\rho-1} \end{aligned}$$

上のパラメータ化は μ を通して分布の平均の関数でモデル化することを強調している．この表現を用いることで，ワイブル分布に対して，モデル成分を直接解釈することが

できる．共変量 (と状況効果，14.1.3 節を参照) は μ の中に含めることができ，ρ は形状パラメータとして解釈できる．モデル化はよく密度関数ではなくハザード関数に対して行われる．ワイブル分布の場合，2 つの成分に分けることができる．

$$h(t_i) = h_0(t_i) \times h_1(t_i) = \rho t_i^{\rho-1} \times \mu_i$$

ここで，$h_0(t_i)$ はベースラインハザードである．一方，$h_1(t_i)$ は，ほとんどの場合にモデル化の焦点となる非ベースライン成分である．通常，予測項はパラメータ μ_i にリンクされていると仮定される．各被験者において，共変量に依存してパラメータ μ_i が異なる．例えば，対数線形モデルの場合，以下のように仮定する．

$$\log(\mu_i) = \boldsymbol{x}_i^T \boldsymbol{\beta} \tag{14.2}$$

ここで，$\boldsymbol{x}_i$ は各被験者の共変量であり，$\boldsymbol{\beta}$ はパラメータベクトルに対応する．ベースラインにおけるリスクは，$\rho < 1$，$\rho = 1$ と $\rho > 1$ のとき，それぞれ，減少，定数と増加となる．ハザード関数は以下のように共変量で調整される．

$$h(t_i) = \rho t_i^{\rho-1} \exp(\boldsymbol{x}_i^T \boldsymbol{\beta})$$

注意点は，ワイブルモデルは比例ハザード (proportionality of hazard) と呼ばれる特徴を示している．すなわち，ベースラインハザードが乗法的に (対数線形) 共変量により関連づけられている．これは，14.1.5 節で詳細に検討する比例ハザード (proportional hazard, PH) モデルの例である．

ワイブル分布は柔軟な分布ではあるが，比例ハザード性を必要としない別なモデルが多く存在する．広い分布型を含むモデルは加速 (accelerated failure time, AFT) モデルである．加速モデルでは，生存関数とハザード関数における時間 t_i に対して，$t_i \exp(\boldsymbol{x}_i^T \boldsymbol{\beta})$ のように，共変量の関数で関連づける．これは，共変量がリスクを加速または減速することとなる．ワイブルモデルは一般的な加速モデルの特別な場合である．加速モデルは時間の対数に対する線形モデルである．

$$\log(t_i) = \alpha + \boldsymbol{x}_i^T \boldsymbol{\beta} + \varepsilon_i$$

ただし，ε_i は誤差項で，$\boldsymbol{x}_i$ はゼロに関して中心化する必要はない．α は切片である．

14.1.2 打ち切り

生存時間が正確に観察できないとき，打ち切り (censoring) が発生する．打ち切りは生存時間解析において常に重要な課題となる．例えば，最も多いタイプである右側打

ち切りでは，試験が終了してもイベントが発生していない．つまりデータは，打ち切りを受けない正確な時間 (t_u) の観測値と打ち切りを受けた時間 (t_c) の観測値の 2 種類に分けられる．右側打ち切りの場合，打ち切り時間とは，その時点までイベントを起こしていないというもので，これは，脱落や試験の終了時となる．パラメトリックモデルに対して，これは生存関数と尤度の積で表すことができる．例えば右側打ち切りの場合，尤度は以下のようになる．

$$L = \prod_u f(t_u) \prod_c S(t_c)$$

ただし，u はイベント，c は打ち切りを表す．$S(\cdot)$ は打ち切りを受ける時間 t_c を越えて生存する確率を表している．γ を，打ち切りなら値 0，イベントなら値 1 をとる指示変数とすると，尤度は以下のように単純化できる．

$$L = \prod_{all\ t} h(t)^\gamma S(t)$$

別の打ち切りメカニズムに対する尤度も同様に得られる．

14.1.3 変量効果の特定

ほとんどの生存時間データが被験者レベルで観測されているため，被験者に関連する共変量 (covariate)，変量効果 (random effect) または状況効果 (contextual effect) が存在するかもしれない．例えば，被験者の年齢は個人の共変量であり，被験者の住所の位置座標も個人の共変量である．さらに，被験者間のフレイルティ (frailty) を考慮する被験者レベルの変量効果があるかもしれない．ここで相関があるかもしれないし，ないかもしれない．データに対するグループ分け，例えば，同じ地域または層が相関をもたらすかもしれない．被験者フレイルティを取り入れている生存時間モデルはフレイルティモデル (frailty model) と呼ばれる．

フレイルティモデルの例としては，モデル式 (14.2) に変量切片を追加することで得られる．すなわち，以下のようになる．

$$\log(\mu_i) = \boldsymbol{x}_i^T \boldsymbol{\beta} + v_i \tag{14.3}$$

ここで，v_i は無相関の変量効果であり，事前分布 $v_i \sim N(0, \sigma_v^2)$ が与えられている．ただし，$\sigma_v^2 = \tau_v^{-1}$ である．このモデルは Carlin and Hodges (1999) より提案されている．ここで，対数線形予測に追加する効果を考えてこのモデルを以下のように拡張

する．

$$\begin{aligned} \log(\mu_i) &= \boldsymbol{x}_i^T \boldsymbol{\beta} + \Omega_i \\ \Omega_i &= v_i + u_i + \cdots \end{aligned} \quad (14.4)$$

ここで，Ω_i は観測単位特有の変量効果項である．これらの効果は被験者レベルであり，または，階層における母集団グループ，地域，または，他の層に関連するものかもしれない．この場合比例ハザード仮定はもはや満たされなくなる．

加速モデルも，変量効果を追加することで，以下のようなフレイルティモデルへ拡張できる．

$$\log(t_i) = \alpha + \boldsymbol{x}_i^T \boldsymbol{\beta} + \Omega_i + \varepsilon_i$$

ここで Ω_i は式 (14.4) と同様な変量効果である．

14.1.4 一般的なハザードモデル

がん登録データに対して，Banerjee and Carlin (2003) はワイブルモデルの条件を緩和し，以下のようなセミパラメトリックモデルを提案した．j 番目のグループ (郡) における i ($i = 1, \cdots, n_j$) 番目の被験者に対して，

$$h(t_{ij} \mid \boldsymbol{x}_{ij}) = h_{0j}(t_{ij}) \exp(\boldsymbol{x}_{ij}^T \boldsymbol{\beta} + v_j)$$

ここで，h_{0j} は郡特有のベースラインハザードを表す．被験者ごとの打ち切り指示変数 γ_{ij} (生存なら 0，死亡なら 1) を利用すると，尤度は以下のようになる．

$$h(t_{ij}; \boldsymbol{x}_{ij})^{\gamma_{ij}} \exp[-H_{0j}(t_{ij}) \exp(\boldsymbol{x}_{ij}^T \boldsymbol{\beta} + v_j)]$$

ここで，$H_{0j}(t_{ij}) = \int_0^{t_{ij}} h_{0j}(u) du$ は郡特有の累積ベースラインハザード関数であり，共変量は時間に独立である (time-independent) と仮定している．ベースラインハザードは尤度に現れ，推定する必要がある．ベースラインハザードを推定するため様々なアプローチが提案されている．1 つのアプローチはパラメトリック累積ハザードの関数となるガンマ過程を仮定している (Ibrahim *et al.* 2000; Lawson and Song 2010 を参照)．別のアプローチはベータ混合分布を使用する方法である (Banerjee and Carlin 2003)．関連する空間モデルは Bastos and Gamerman (2006) より提案された．これは，短い時間区間において時間依存共変量が固定であると仮定され，相関のある空間フレイルティモデルとなる．しかし，これらのモデルは，異なるベースラインでのリスクを仮定していない．

14.1.5 比例ハザードモデル

生存時間解析においてはよく比例ハザード性を仮定する．打ち切りを受けない順序生存時間データ $\{t_{(1)}, \ldots, t_{(m)}\}$ に対して，Cox (1972) は，以下のようなベースラインハザードを含まない部分尤度を提案した．

$$\prod_i \exp(\boldsymbol{x}_{(i)}^T \boldsymbol{\beta}) / \sum_{j \in R_i} \exp(\boldsymbol{x}_j^T \boldsymbol{\beta})$$

ここで，R_i は i 番目の死亡時間の直前におけるリスクにさらされる被験者の集合である．このアプローチでは，回帰パラメータは推定されるが，ベースラインハザードは推定する必要がない．なぜなら，ベースラインハザードは尤度から取り除かれている．このセミパラメトリックモデルはコックス回帰モデル (Cox model) と呼ばれる．さらに，もし，ベースラインハザードを推定する必要がある場合，ノンパラメトリック推定を利用することができる．比例ハザードモデルに対しては，以下の式を利用して共変量が与えられるもとでの生存関数を推定することができる．

$$S(t \mid \boldsymbol{x}_i) = S_0(t)^{\exp(\boldsymbol{x}_i^T \boldsymbol{\beta})}$$

ここで，$S_0(t)$ は別に推定する必要がある．

14.1.6 変量効果を含むコックス回帰モデル

コックス比例ハザードモデルは，Henderson *et al.* (2002) により，空間的に相関がある場合に応用されている．変量効果を含むようにリスク強度 (intensity) を表す項 $\exp(\boldsymbol{x}_i^T \boldsymbol{\beta})$ を拡張して状況効果をモデルに入れる．

$$\exp(\boldsymbol{x}_i^T \boldsymbol{\beta} + v_i) \tag{14.5}$$

ここで，v_i は，層，地域，または，他のグループ単位のような統合レベルにおける変量状況効果である．さらに，これらの効果は純粋に被験者に関するものかもしれない (状況でなくフレイルティの意味となる)．

14.2 ベイズモデル

ベイズモデル化は，柔軟な事前分布を特定し，$h_0(t)$ または $S_0(t)$ を通して，部分尤度ではなく完全尤度を仮定する．例えば，ガンマ過程や，ハザードに対してベータ分布の混合を仮定する (Banerjee and Carlin 2003; Dunson and Herring 2005; Ibrahim *et al.* 2000)．このようなベイズモデルの2つの例は，被験者レベルでの変量効果をも

つワイブルモデルと，比例ハザード性を必要としないモデル，すなわち変量効果をもつ加速モデルである．

14.2.1 ワイブル生存時間モデル

上で導入したワイブルモデルの一般的な表現は以下のようになる．

$$h(t_{ij} \mid \boldsymbol{x}_{ij}) = \rho t_{ij}^{\rho-1} \exp(\boldsymbol{x}_{ij}^T \boldsymbol{\beta} + \Omega_i)$$

ここで，Ω_i は実際の適用に依存する効果を表す．例えば，被験者と治療グループ効果が重要な場合，$\Omega_i = v_i + \lambda_{i(i \in j)}$ が考えられ，v_i が被験者効果であり，$\lambda_{i(i \in j)}$ がグループ効果で，j 番目のグループの中で共通の効果となる．

WinBUGS は，分布の定義の中で打ち切りメカニズムを指定して実行する機能がある．その機能は，打ち切り変数を利用して打ち切りのタイプ (右，左，区間) に応じて打ち切りを受ける時間を表示することができる．一般的に，時間変数 t[i] と分布 dist() に対して，以下のように定義する．

$$\text{t[i]} \sim \text{dist()I(,)}$$

指示変数記号は打ち切りメカニズム限界値を定義する．I (lower, upper) は，観測下限と上限を指定する．例えば，右側打ち切りで，打ち切りベクトル Tlow に対して，I(Tlow,) と指定する．右側打ち切りをもつワイブル分布に対する指定は以下になる．

$$\text{t[i]} \sim \text{dweib(rho,lambda[i])I(tcen[i],)}$$

ただし，rho は形状パラメータであり，lambda[i] はパラメータ化した非ベースラインハザードである．tcen は打ち切りを受けた生存時間ベクトルである．簡単なワイブルモデルに対するプログラムの例は以下となる．

```
for(i in 1:  n)
t[i] ~ dweib(rho,lambda[i])I(tcen[i],)
lambda[i] <- exp(beta0+v[i])
v[i] ~ dnorm(0,tauv)
median[i] <- pow((log(2) /lambda[i]), 1/rho)
log(surv[i]) <- -lambda[i]*pow(t[i],rho)
```

ここで，n 人の被験者がイベント時間 t[i] または打ち切り時間 tcen[i] をもつとする．非ベースラインハザードが対数線形であり，定数項 beta0 をもつとする．被験者レベルでの変量効果 v[i] が平均 0 の正規事前分布をもち，v[i] ~ dnorm(0,tauv) とする．ワイブル分布に対しては，生存時間の中央値と生存関数は解析的な解が得ら

れ，MCMC サンプラーで計算できる．生存時間の中央値は

$$\mathrm{med}(S_i) = \left[\log(2)/\exp\left(\boldsymbol{x}_{ij}^T\boldsymbol{\beta} + \Omega_i\right)\right]^{1/\rho}$$

で与えられ，線形予測 $\boldsymbol{x}_{ij}^T\boldsymbol{\beta} + \Omega_i$ に対して，以下のプログラムで計算できる．

```
median[i] <- pow((log(2) /lambda[i]), 1/rho)
```

生存関数または対数生存関数は線形予測に対して，$\log(S_{ij}) = -[\exp(\boldsymbol{x}_{ij}^T\boldsymbol{\beta} + \Omega_i)]t_{ij}^\rho$ のように簡単に指定できる．プログラミングは

```
log(surv[i]) <- -lambda[i]*pow(t[i],rho)
```

となる．打ち切りメカニズムに対して，2つのベクトルを指定する必要がある．これを説明するため，簡単な例を利用する．10人の被験者で，2人は打ち切りを受け，8人はイベントが観察されたとする．WinBUGS では，打ち切りと欠測値に対して，NA と指定する必要がある．打ち切りベクトルには，打ち切りの場合，打ち切り時間が指定され，イベントの場合，0 が指定される (右側打ち切り)．この例では，2つの打ち切り時間が 6.0 とする．したがって，以下のように list でデータを読み込む．

```
list(t=c(2.3,2.3,NA,NA,3.5,4.1,4.5,4.5,5.4,5.6),
tcen=c(0,0,6.0,6.0,0,0,0,0,0,0),...)
```

初期値の段階では，ベクトル t の欠測値は「信頼できる」初期値を与える必要がある．打ち切り時間が 6.0 であるため，初期値は 6.0 以上とする必要がある．したがって，WinBUGS は以下のように指定する必要がある．

```
list(...,t=c(NA,NA,7.0,7.0,NA,NA,NA,NA,NA,NA),...)
```

ここで，観測された時間は NA で示し，打ち切りデータに対しては初期値で与える．

この例に対する完全な WinBUGS プログラムは図 14.1 で与えられている．このプログラムにおいて，パラメータに対しては相対的に無情報事前分布 $\rho \sim \mathrm{Gamma}(1.0, 1.0 \times 10^{-4})$，$\beta_0 \sim N(0, 1.0 \times 10^{-4})$，$v_i \sim N(0, \sigma_v^2)$，$\tau_v = \sigma_v^{-2}$，$\sigma_v \sim U(0, 10)$ をとっている．

14.2.2 ベイズ加速モデル

比例ハザード性を仮定しない別のモデルが望ましい場合がある．そのようなモデルの1つは加速モデルである．簡単な加速モデルとしては以下のようになる．

$$\log(t_{ij}) = \alpha + \boldsymbol{x}_{ij}^T\boldsymbol{\beta} + \Omega_{ij} + \sigma\varepsilon_i$$

14.2 ベイズモデル

```
model{
    for (i in 1:10){
    t[i] ~ dweib(rho,lambda[i])I(tcen[i],)
    lambda[i] <- exp(beta0+v[i])
    v[i] ~ dnorm(0,tauv)
    median[i] <- pow((log(2) /lambda[i]), 1/rho)
    log(surv[i]) <- -lambda[i]*pow(t[i],rho)
    }
 beta0 ~ dnorm(0,0.0001)
 rho ~ dgamma(1.0,0.0001)
 tauv <- pow(sdv,-2)
 sdv ~ dunif(0,10)
}
# data
 list(t=c(2.3,2.3,NA,NA,3.5,4.1,4.5,4.5,5.4,5.6),
 tcen=c(0,0,6.0,6.0,0,0,0,0,0,0))
# inits
 list(v=c(0,0,0,0,0,0,0,0,0,0),
 t=c(NA,NA,7.0,7.0,NA,NA,NA,NA,NA,NA),
 sdv=0.1,rho=0.1,beta0=0.1)
```

図 14.1 生存時間例題の WinBUGS プログラム：対数線形予測，切片，ゼロ平均の正規変量効果

ここで，$\alpha + \boldsymbol{x}_{ij}^T \boldsymbol{\beta}$ は，切片と回帰予測変量とパラメータからなる線形予測であり，Ω_{ij} は変量効果である．ε_i は誤差項である．$f(\cdot)$ を t の密度関数，$f_0(\cdot)$ を ε の密度関数とする．$f(\cdot)$ と $f_0(\cdot)$ に対応して，$S(\cdot)$ と $S_0(\cdot)$ は，それぞれ，生存関数であり，$h(\cdot)$ と $h_0(\cdot)$ は，それぞれ，ハザード関数である．したがって，以下になる．

$$\begin{aligned}
f(t_{ij}\,|\,\lambda_{ij}) &= \frac{1}{\sigma t_{ij}} f_0\left(\frac{\log(t_{ij}) - \lambda_{ij}}{\sigma}\right) \\
S(t_{ij}\,|\,\lambda_{ij}) &= S_0\left(\frac{\log(t_{ij}) - \lambda_{ij}}{\sigma}\right) \\
h(t_{ij}\,|\,\lambda_{ij}) &= \frac{1}{\sigma t_{ij}} h_0\left(\frac{\log(t_{ij}) - \lambda_{ij}}{\sigma}\right)
\end{aligned}$$

よって，尤度関数は以下のようになる．

$$L = \prod_{i=1}^{n}\prod_{j=1}^{n_i}\left[\frac{1}{\sigma t_{ij}}f_0\left(\frac{\log(t_{ij})-\lambda_{ij}}{\sigma}\right)\right]^{\delta_{ij}} S_0\left(\frac{\log(t_{ij})-\lambda_{ij}}{\sigma}\right)^{1-\delta_{ij}} \quad (14.6)$$

ここで，$\lambda_{ij} = \alpha + \boldsymbol{x}_{ij}^T \boldsymbol{\beta} + \Omega_{ij}$ である．$f_0(\cdot)$ と $S_0(\cdot)$ はベースライン密度関数と対応する生存関数である．$f_0(\cdot)$ は，正規分布，ロジスティック分布，極値分布など，様々である．ロジスティック分布の場合，$S_0(\varepsilon) = \frac{1}{1+\exp(\varepsilon)}$ であり，したがって，$S(t_{ij}|\lambda_{ij}) = S_0\left(\frac{\log(t_{ij})-\lambda_{ij}}{\sigma}\right) = \frac{1}{1+[t_{ij}\exp(-\lambda_{ij})]^{1/\sigma}}$ となる．また，$f(t_{ij}|\lambda_{ij}) =$

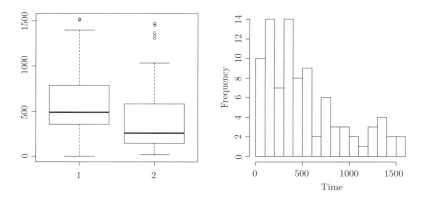

図 14.2 胃がん試験：治療群ごとの箱ひげ図と生存時間のヒストグラム

$S_0 \left(\frac{\log(t_{ij}) - \lambda_{ij}}{\sigma} \right)^2 \exp \left(\frac{\log(t_{ij}) - \lambda_{ij}}{\sigma} \right)$ である．ロジスティック加速モデルは14.3.1節において胃がんデータに適用する．

14.3 応用例

14.3.1 胃がん試験

この例において，もともと Moreau et al. (1985) により解析されたデータセットを吟味する．このデータセットは，T. Therneau より http://cancercenter.mayo.edu/mayo/research/biostat/therneau-book.cfm で提供されている．このデータセットは90人の胃がん患者の生存時間からなる．2つの治療法 (治療群：化学療法あるいは化学療法と放射線療法) に加えて1つの共変量がある．生存時間は個々に打ち切りを受けるとし，打ち切り指示変数は死亡なら値1，打ち切りなら値0をとる．図14.2は治療群ごとの箱ひげ図と生存時間に対するヒストグラムを示している．全体的なばらつきは類似しているが，治療群間の中央値は明らかに異なる．図14.3はカプラン・マイヤー法で推定した2つの群の生存曲線を示している．

特に初期段階において群効果があるようにみえる．ここで，ワイブルモデルと加速モデルの両方で群効果を調べる．群効果，変量効果と生存率に対する様々な指定のモデル化を行う．表14.1は，様々なワイブルモデルをこのデータセットに当てはめたときの，DIC，$\overline{D}$，有効なパラメータの数 (p_D) と MSPE に関する結果を示している．1つ目のモデル (モデル1) は，単純に $t_i \sim \text{Weibull}(\rho, \lambda_i)$ と指定し，生存率パラメータは $\log(\lambda_i) = \beta_0 + \mu_{j(i \in j)}$ $(j = 1, 2)$ と定義する．この生存率は i 番目の患者の属する j 番目の群効果に関する全体的な率である．階層モデルの残りの指定としては以

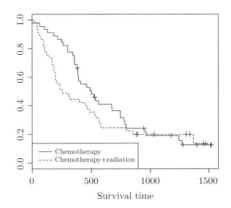

図 14.3　胃がん試験：治療群ごとのカプラン・マイヤー生存曲線

下になる．

$$\beta_0 \sim N(0, \sigma_\beta^2)$$
$$\mu_j \sim N(0, \sigma_\mu^2), \quad \forall j$$
$$\log(\rho) \sim N(0, \sigma_\rho^2)$$

ただし，すべての精度に対して，一様な σ の事前分布 (Gelman 2006) を指定する．すなわち，$\sigma_* \sim U(0,c)$, $c=5$ である．2番目のモデル (モデル 2) は，個人レベル変量効果 (フレイルティ) を追加することで1番目のモデルを拡張した．すなわち，$\log(\lambda_i) = \beta_0 + \mu_{j(i \in j)} + v_i$, $\nu_i \sim N(0, \sigma_v^2)$, $\tau_v = \sigma_v^{-2}$, $\sigma_v \sim U(0,c)$, $c=5$ である．表 14.1 から明らかなように，変量効果の追加は，平均的なデビアンス (deviance, $\overline{D}$) を小さくする．しかし，パラメータの増加に伴い，モデル 1 よりわずかに大きい DIC となっている．また，小さい MSPE を得ている．次のモデルは，形状パラメータ ρ を被験者によって変化させている．すなわち，$t_i \sim \text{Weibull}(\rho_i, \lambda_i)$ である．このモデルにおいて，ρ_i に対して，対数正規事前分布を与える．すなわち，$\log(\rho_i) \sim N(0, \sigma_\rho^2)$ である．しかし，個人レベルの変量効果を考慮しない．このモデルは形状の変化を考慮している．このモデルは，胃がんデータに当てはめると，大きい $\overline{D}$, DIC と MSPE を得るため，データをできるだけ簡潔に記述するという視点からは望ましくない．最後のモデル (モデル 4) は，形状パラメータを治療群の関数とし，$t_i \sim \text{Weibull}(\rho_{j(i \in j)}, \lambda_i)$ である．この場合，DIC がモデル 1 に近い値となり，わずかに小さい $\overline{D}$ が得られ，少し大きい p_D が得られる．モデル 1 と 2 より大きい MSPE が得られる．したがって，DIC にもとづく場合，モデル 1, 2 と 4 が望ましい．できるだけ簡潔なモデルが良いという原則にもとづく場合，モデル 1 が望ましい．しかし，予測精度の視点からは，モ

表 14.1 胃がん試験：ワイブルモデルの適合度．モデル 1: intercept + treatment effect；モデル 2: モデル 1 + 変量効果；モデル 3: モデル 2 + 尺度パラメータ

モデル	p_D	$\overline{D}$	DIC	MSPE
1	3.00	1043.60	1046.54	213900.0
2	12.03	1035.40	1047.04	204200.0
3	4.50	1053.70	1058.30	453800.0
4	3.55	1043.00	1046.55	230800.0

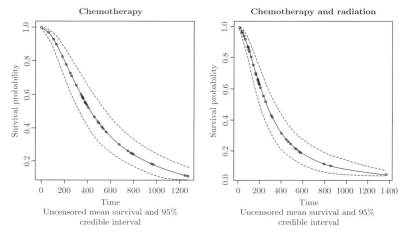

図 14.4 胃がん試験：ワイブルモデルの当てはめ (モデル 1)：事後平均生存率と 95% 信用区間 (破線) (非打ち切りデータのみ)

デル 2 が相対的に小さい MSPE をもつため望ましい．

図 14.4 は，ワイブルモデル 1 (最も小さい DIC) を利用し，死亡時間に対する事後平均を示している．このモデルが μ_j の事後平均に対してうまく推定できていないことに注意する．しかし，モデル 4 において，形状パラメータが治療群ごとに指定され，$\hat{\rho}_1$:1.525 (SD = 0.2073)，$\hat{\rho}_2$:1.19 (SD = 0.137) とよく推定されている．

このデータは比例ハザード性が成り立たない可能性があるため，加速モデルも考えてみる．ベースライン分布をロジスティック分布とすると，生存関数は $\frac{1}{1+[t_{ij}\exp(-\lambda_{ij})]^{1/\sigma}}$ となる．さらに，尤度は式 (14.6) で得られる．WinBUGS でこのモデルを当てはめるため，任意の尤度 (0 トリックか 1 トリック) に対して利用可能なプログラミング上のトリックを利用する．このトリックは 10.3.5 節で説明されている．この例題における 0 トリックは図 14.5 で示されている．任意の尤度は L[i] で定義されている．生存確率は S[i] であり，indic[i] は 2 値打ち切り指示変数である．率 (lam[i]) に対する対数線形モデル $\beta_0 + \mu_{j(i \in j)}$ をとる．ただし，$\sigma \sim U(0,5)$ とする．

```
    C <- 10000
    for (i in 1:90) {
    temp[i] <- (log(timeF[i]+0.01)-log(lam[i]))/sigma
    log(lam[i]) <- beta0+mu[treat[i]]
#logistic
    s[i]<-1/(1+exp(temp[i]))
    f[i]<-exp(temp[i])*pow(s[i],2)
# log likelihood
    L[i]<-indic[i]*log(f[i]/(sigma*(timeF[i]+0.01)))+(1-indic[i])*
log(s[i])
# Poisson zeroes trick
    zeros[i] <- 0
    new[i]  <- -L[i]+C
    zeros[i] ~ dpois(new[i])
    }
```

図 14.5 胃がん試験：WinBUGS プログラムで 0 トリックを利用して打ち切りを受ける AFT 生存密度からサンプリングする

次に考えられるモデルは，個人レベルの変量効果 $v_i \sim N(0, \sigma_v^2)$ を含む．すでに注意したように，ワイブル分布の場合，個人レベル変量効果の追加は，全体の DIC の変化はほとんどなく，あまり優位性がない．さらに，クロスバリデーションによる適合度の指標となる疑似周辺尤度は $M_{pl} = \sum_i \log(CPO_i)$ で推定される．ただし，CPO_i は i 番目の観測値に対する条件付き予測値である (10.2.1 節と Ibrahim et al. 2000, 6.3 章を参照)．一般的に，M_{pl} が大きいほどモデルは望ましい．異なるデータセットに対しては，平均値 M_{pl}/n が利用できる．胃がんデータに加速モデルを適用すると，M_{pl}/n の結果は，モデル 1：−466.1，モデル 2：−527.1，モデル 3：−527.1 となる．よって，クロスバリデーションによる予測からみると，モデル 1 が最も良いモデルに見える．モデル 1 において，事後サンプラーから生存率の事後平均と 95% 信用区間が得られる．

図 14.6 は MH 更新にもとづいたモデル 1 の結果を示している．治療群ごとの推定平均率パラメータ ($\mu_{j(i \in j)}$) は 2.132 (SD = 1.151) と 1.652 (SD = 1.129) である．群間差の全体事後平均 ($\mu_1 - \mu_2$) は 0.4969 (SD = 0.1964) であり，平均的な処理効果を示している．

上で説明したワイブルモデルと加速モデルの両方とも，治療法が生存率に影響し，単独化学療法の方が化学療法と放射線療法併用と比べて，生存時間を延長していることを示している．

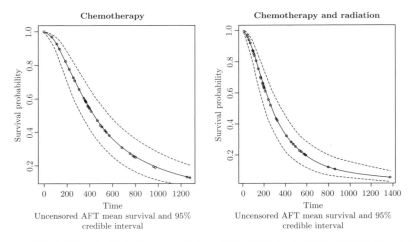

図 14.6 胃がん試験：AFT モデルを用いたサンプリングにもとづく推定：平均生存率の $1/[1+(t_{ij}\exp(-\lambda_{ij}))^{1/\sigma}]$ と 2.5% および 97.5% 信用限界値

14.3.2 Louisiana 州における前立腺がん研究：空間加速モデル

アメリカは，多くの州が SEER (Surveillance, Epidemiology and End Results) のがん登録を指定している．SEER は連邦政府によってすべての報告されるがんに対して標準登録を行う．州政府による登録は，新しいがん診断が，診断日，年齢，性別，婚姻状態，がん進行度 (グレード，ステージ) と住所のような患者に関連する情報と一緒に記録される．この登録は場合によって生存結果とリンクする．

Louisiana 州は，2001 年から SEER 登録し，現在まで継続している．この例では，生存変数の状況モデルの可能性を示す．特に，地理的な状況 (居住している郡) が生存モデルに取り入れられ，生存リスクの空間的な変動を説明する．ここで説明するモデル成分の一部は，第 16 章で紹介される．この例に対する完全な記述は Zhang and Lawson (2011) を参照する．

t_{ij} を j 番目の郡に住む i 番目の患者の診断後の生存時間とする．$\boldsymbol{x}_{ij}$ は t_{ij} に対応するリスク因子を表す．ただし，$i=1,\ldots,n_j$, $j=1,\ldots,n$ である．加速モデルは以下のように表現することができる．

$$\log(t_{ij}) = \mu + \boldsymbol{x}_{ij}^T\boldsymbol{\beta} + \sigma\varepsilon_{ij}$$

ここで，$\boldsymbol{\beta}$ は未知の係数ベクトルであり，μ と σ は，それぞれ，形状パラメータと尺度パラメータである．ε_{ij} は測定誤差である．

空間的な構造とモデルの詳細は第 16 章で述べる．ここでは，位置または居住郡を表

表 14.2 空間加速モデルによく利用される分布

$$\lambda = \mu + \boldsymbol{x}_{ij}^T \boldsymbol{\beta} + W_j$$

分布	$S_0(\cdot)$	$S(\cdot)$
正規	$1 - \Phi(\varepsilon)$	$1 - \Phi\left(\frac{\log(t)-\lambda}{\sigma}\right)$
極値	$\exp(-\exp(\varepsilon))$	$\exp\left[-\exp(-\lambda)t\right]^{\frac{1}{\sigma}}$
ロジスティック	$\frac{1}{1+\exp(\varepsilon)}$	$\frac{1}{1+[\exp(-\lambda)t]^{1/\sigma}}$

す変量効果を加速モデルに追加することで空間構造を考慮する．この空間加速モデル(AFT spatial model)は以下のように指定する．

$$\log(t_{ij}) = \mu + \boldsymbol{x}_{ij}^T \boldsymbol{\beta} + W_j + \sigma \varepsilon_{ij} \tag{14.7}$$

ここで，$W_j \equiv W_{j(i \in j)}$ は空間変量効果である．空間加速モデルは，生存時間の対数に対して共変量と空間変量因子を用いて回帰モデル化を行うことで，生存時間に対する空間的リスクを容易に解釈できる利点がある．

よって，以下を得る．

$$\begin{aligned} f(t_{ij} \,|\, W_j) &= \frac{1}{\sigma t_{ij}} f_0 \left(\frac{\log(t_{ij}) - \mu - \boldsymbol{x}_{ij}^T \boldsymbol{\beta} - W_j}{\sigma} \right) \\ S(t_{ij} \,|\, W_j) &= S_0 \left(\frac{\log(t_{ij}) - \mu - \boldsymbol{x}_{ij}^T \boldsymbol{\beta} - W_j}{\sigma} \right) \end{aligned}$$

生存関数の関係から，空間変量効果が生存確率に対して直接に影響を及ぼすことがわかる．ハザード率は空間変量効果が固定のときでも時間とともに変化する．一方，比例ハザードモデルでは，特定の地域において同じ割合で変化する．同じ位置において，ハザード率が時間とともに変化する仮定は合理的である．

$S_0(\cdot)$ は一般に標準正規分布，標準極値分布，または，ロジスティック分布から選ばれる．より一般化した分布は Komárek et al. (2005) より提案されている．表 14.2 は $S_0(\cdot)$ と対応する $S(\cdot)$ の表現をまとめている．ただし，$\lambda = \mu + \boldsymbol{x}_{ij}^T \boldsymbol{\beta} + W_j$ であり，$\Phi(\cdot)$ は標準正規分布の累積分布関数である．

ε の分布に対応して，生存時間 T の分布が対数正規分布，ワイブル分布，または，パラメータ λ と σ をもつ対数ロジスティック分布に従う．

ここで，生存時間データ $(t_{ij}, \delta_{ij}, \boldsymbol{x}_{ij})$ を考える．ただし，δ_{ij} は打ち切り指示変数である．打ち切りは独立で無情報であると仮定する．また，$\mathbf{W} = (W_1, \ldots, W_n)$ と $\boldsymbol{\phi} = \{\mu, \sigma, \boldsymbol{\beta}\}$ は推定されるパラメータを表す．

空間変量効果が与えられたもとでの尤度関数は以下のようになる．

$$L(t\mid\phi,\mathbf{W}) = \prod_{j=1}^{n}\prod_{i=1}^{n_j} f(t_{ij})^{\delta_{ij}} S(t_{ij})^{1-\delta_{ij}}$$

空間確率誤差は郡の間で相関することもある．ここで，互いに無相関な郡特有な効果を空間的な無相関非均等性 (spatially uncorrelated heterogeneity) と呼ぶ．$W_{1j}\sim N(0,\sigma_v^2)$ のように，空間的に無相関な非均等性を独立な正規分布でモデル化する．独立な場合の加速空間モデルは，正規変量効果をもつ加速フレイルティモデルと類似している．相関のある場合，条件付き自己回帰 (conditional autoregressive, CAR) モデルを考える．CAR モデルは第 16 章でさらに詳しく検討し，疾病地図の平滑化に利用する．変量効果に相関を仮定できるモデルは，近傍構造に従って以下になる．

$$W_{2j}\mid(\{W_{2k}\},\sigma_s^2) \sim N(\overline{W}_{2\delta_j},\sigma_s^2/n_{\delta_j})$$

ただし，$\overline{W}_{2\delta_j}$ は j 番目の領域の近傍 δ_j に対する平均である．近傍の数は n_{δ_j} である．CAR モデルの事前分布を特定するとき，W_{2j} を空間的に相関のある非均等性 (spatially correlated heterogeneous) と呼ぶ．空間的相関と無相関の変量効果の両方を 1 つのモデルに取り入れる ($W_j = W_{1j} + W_{2j}$)．これにより変量効果の独立性と純粋な局所的な空間構造の依存性と変換 (trade-off) できるようになる (Besag $et\ al.$ 1991)．空間的な相関と無相関な非均等性は空間的な変動分散 σ_s^2/n_{δ_j} をもつ畳み込み事前分布を生成する．

ここで，加速空間モデルにおいて，異なる空間的相関によって次の 3 つの場合を検討する．

- ケース 1：W_j は空間的無相関．すなわち，W_j は平均ゼロの正規分布に従う．
- ケース 2：W_j は空間的相関あり．すなわち，W_j は CAR モデルに従う．
- ケース 3：$W_j = W_{1j} + W_{2j}$．ただし，W_{1j} は空間的無相関な変量効果であり，W_{2j} は空間的相関な変量効果．この場合は空間的な相関と無相関変量効果の両方を考える．

複数の連鎖を実行し，最初の 10000 個の繰り返しを収束前のバーンインとし，残りの 10000 個の繰り返しを事後サンプルとして利用する．3 つのモデルに対する DIC と p_D を表 14.3 に示している．

表 14.3 は正規誤差をもつ加速モデルの結果だけを示している．この表からは，ベースライン分布が正規分布のとき，空間的相関な変量効果をもつモデルが 3 つの中で一番良いことがわかる．それは，最も小さい DIC と p_D の値をとっている．ケース 2 に対するパラメータの推定値は表 14.4 に要約されている．

表 14.3 前立腺がん研究：空間加速モデルとその3つの場合における適合度 (DIC, p_D) の比較

$S_0(\cdot)$ の分布	DIC	p_D
Normal AFT	11950.0	6.133
Normal+case 1	11960.0	65.42
Normal+case 2	11930.0	17.59
Normal+case 3	12000.0	85.01

表 14.4 前立腺がん研究：当てはまりの最も良い空間加速モデル (ケース 3) の事後平均, 標準偏差とパーセント点

	平均	標準偏差	MC 誤差	2.5%	50%	97.5%
年齢	−0.0336*	0.00184	0.0001	−0.0374	−0.0335	−0.0301
婚姻	−0.0096	0.0299	0.0016	−0.0688	−0.0100	0.0494
人種	0.1843*	0.0360	0.0019	0.1171	0.1835	0.2553
ステージ	−0.9643*	0.0569	0.0025	−1.080	−0.9617	−0.8578

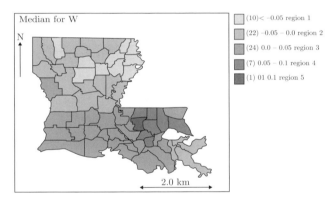

図 14.7 前立腺がん研究：空間変量効果をもつ空間加速モデル (ケース 2) から得られた中央値, Louisiana 州

表 14.4 からは, 年齢, 人種とステージが, 前立腺がん (PrCA) の生存率に対して有意な影響をもつことがわかる (∗ で表示されている). 婚姻状態は有意ではない. 75% 以上の患者が既婚であるため, 婚姻状態の効果を示すエビデンスが十分ではない可能性がある.

空間的な効果を示すため, 図 14.7 に空間変量効果の事後中央値を示す. 州の中東部地域において無視できない空間的な構造が存在することがわかる.

説明のため, 各地域での生存曲線が空間変量効果の影響を受けるため, 図 14.7 で示した5つの地域に対して推定した生存曲線を比較する. 空間加速モデルにもとづく異なる人種に対する生存曲線の推定値と異なる地域に対するカプラン・マイヤー推定値を, 地域1と5に対して示している. カプラン・マイヤー法において人種効果のみを

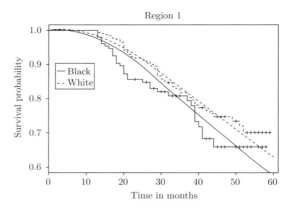

図 14.8 前立腺がん研究：空間加速モデルでカプラン・マイヤー法から得られた地域 1 に対する生存曲線

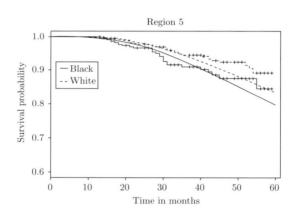

図 14.9 前立腺がん研究：空間加速モデルでカプラン・マイヤー法から得られた地域 5 に対する生存曲線

考える．空間加速モデルには，年齢の中央値，婚姻状態と各人種におけるステージ，各地域における空間変量効果の中央値を考える．地域 1 と 5 に対する生存曲線は図 14.8 と 14.9 で示されている．

最初の結論としては，まず，空間加速モデルからの生存曲線はカプラン・マイヤー法で推定したものと類似しているため，空間加速モデルがこのデータセットに当てはまりの良いことを示している．次に，すべての地域において，白人の生存率が黒人より高いことがわかる．この結果は，黒人群の前立腺がん (PrCA) が白人群より悪性であることと一致する．最後に，生存率が地理的な地域に影響を受けることがわかる．例えば，地域 1 での黒人の 60 ヵ月の生存率は，空間加速モデルから 0.6 であり，カプラ

ン・マイヤー法から 0.67 である．一方，地域 5 では，それぞれ，0.8 と 0.83 である．
他の地域も同様な効果であった．

14.4　終わりに

　この章において，臨床研究と観察研究の両方に応用する様々な生存時間モデルを分析した．これらのモデル化はいくつかの方法で拡張することができる．まず，もっと複雑な打ち切り構造が起こることがある．次に，異なる層やグループにおける状況効果の階層構造を考えることがある．ここでは被験者レベルと郡レベルの効果しか考えていない．最後に，線形項の代わりに平滑化項を共変量としてモデル化するセミパラメトリックモデルを利用することができる．

　最後に，この章で述べたベイズ解析の一部は SAS の LIFEREG プロシジャ，PHGLM プロシジャ，MCMC プロシジャで利用できる．

第15章　経時的解析

　経時データ (longitudinal data) は臨床の場や母集団レベルの両方で，多くの生物統計の応用場面でみることができる．ここでは，「経時的」(longitudinal) を，個々の研究単位 (例えば患者，地域，画像) で時間に対して繰り返し測定されるあらゆるデータを意味することと定義する．通常，研究の焦点は時間に対して臨床試験における群間などに変化が生じているかを決定することや，時間に対するシステムの挙動をモデル化することにある．最も単純なレベルとして，2つの期間における患者群のマーカーの比較は，経時的問題の解析の一例である．複数の時点が想定されるときや，または観測時間が確率変数そのものであるときには，より複雑になる．この章では，経時データ解析のためのベイズ法に焦点をあてる．正規応答と非正規応答モデルの両方を調べる．加えて，参照イベントデータについて述べる．また一般論として，欠測値データも扱う．非ランダム欠測プロセスの複雑な場合について実際的な例を説明する．これは，経時変化および脱落過程の同時モデリングによって行われる．

　この分野で一般的な参考文献として，読者に以下を紹介する：Gelfand et al. (1990), Gelfand et al. (1992), Lange et al. (1992), Chib and Carlin (1999), Daniels and Hogan (2008), Clayton (1994), Ishawaran and James (2004), Cook and Lawless (2007)．これらに続き，経時的方法の典型的な解析例を与える．

　第9章で経時的研究のいくつかの例を検討した．この章では，より複雑な性質のその他の例を調べる．

15.1 固定期間

15.1.1 はじめに

個々の (観察の) 実験単位 (被験者) が繰り返して測定されたと仮定する．これらの測定値を，i が個々を，j が時間を表すとし，y_{ij} とする．$i = 1, \ldots, n$ を被験者，$j = 1, \ldots, m_i$ を時期と定義する．この節では，事前に計画された時期 t_{ij} で評価が行われると仮定する．ここでは，すべての被験者が，同じ期間，すなわち $t_{ij} \equiv t_j$ で評価されると仮定する．欠測の応答がなければ $m_1 = m_2 = \cdots = m_n$ である．この場合，データは釣り合い型 (balanced) という．繰り返しデータの不釣り合いは起こり得る．なぜなら，何人かの被験者がいくつかの時点で測定されなかったり，後の時点で脱落したりするからである．他にも，被験者が異なった期間に来ることもある．後者の場合は 15.2 節で検討する．

$\{y_{ij}\}_{j=1,\ldots,m_i}$ の列は，それぞれの被験者単位の繰り返し測定の時系列である．各々の観察の平均パラメータを μ_{ij} とする．経時的な設定では，時間独立 (time-independent) と時間依存 (time-dependent) の共変量の関数として平均構造 μ_{ij} をモデル化することが焦点である．時間独立な共変量の例は年齢 (研究の開始時)，性別，処置などで，時間依存的な共変量のわかりやすい例が時間であるが，研究の間も変動する共変量はすべてこのクラスに属する．μ_{ij} のモデルは，事例に依存して変化する．例えば，期間が 2 つの研究 ($j = 1, 2$) では μ_{i1}, μ_{i2} の評価に通常興味があり，時点間の単純な線形関係 $\mu_{ij} = \alpha \mu_{i,j-1}$ を仮定することができる．あるいは，期間 1 と期間 2 での差に関心があるかもしれない (すなわち $\delta_{\mu_i} = \mu_{i2} - \mu_{i1}$)．標本の平均をとったとき，この差は臨床の場でよく見られる対応のある 2 群比較に似ている．研究内の被験者をさらに細かく分割することに，興味があることもある．例えば，臨床試験には，たいてい用量群がある．解析中の群分けには，2 つの可能性，すなわち群間の効果と時間の効果がある．これらの効果は平均化されるか，群特有になる．さらなる共変量がモデルに加えられるとき，処置効果は共変量の値での条件付きの推定となる．主要な関心が平均構造にあっても，応答の共分散行列 V_i をモデル化することも，経時的な問題では重要である．例えば，適切な共分散構造は，検出力を増加させる．さらに，欠測値データが含まれるときには，適切な共分散を設定することの重要性が増す (15.3 節を参照).

主として第 9 章で説明した混合モデルを考える．これは次のモデルである．

$$y_{ij} \mid \mu_{ij} \sim N(\mu_{ij}, \sigma^2)$$

$$\mu_{ij} = \boldsymbol{x}_{ij}^T \boldsymbol{\beta} + \boldsymbol{z}_{ij}^T \boldsymbol{b}_i$$

ここで $\boldsymbol{x}_{ij}^T \boldsymbol{\beta}$ は線形予測子，$\boldsymbol{z}_{ij}^T \boldsymbol{b}_i$ は j 番目の時点での i 番目の個人の変量効果であ

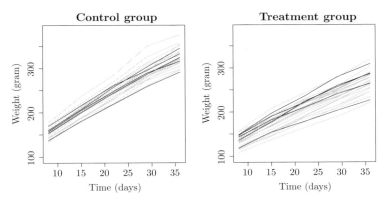

図 15.1　ラット実験：対照群と治療群からの 30 匹のラットの体重データ (5 匹のラットがランダムにハイライトされている)(Gelfand *et al.* 1990)

る．変量効果は線形構造に影響を与えるが，それらは共分散行列 V_i の特定の形も示唆している．変量効果によって現れる患者間の変動とは別に，患者内の変動も共分散行列に関与し，残差項の共分散行列によって表される．この節では，Gelfand *et al.* (1990) で最初に解析された有名な成長曲線データを通じて，経時的研究の典型的なモデル化を検討する．

15.1.2　古典的な成長曲線の例

例 IX.18 と例 X.8 で成長曲線解析の例を扱った．Gelfand *et al.* (1990) は，2 つのグループ (対照と処置) の各々 30 匹のラットを 36 日間にわたって繰り返し重さを測る体重増加実験を検討した．5 つの観察時点 (8, 15, 22, 29, 36 日) を，$t_{ij} \equiv t_j$ $(j = 1, \ldots, 5)$ とした．$m_1 = \ldots, m_5 = 30$ であるので，データセットは釣り合い型である．ここではデータが釣り合い型であるという性質を部分的に利用するだけである．実際に，この解析において考慮する方法の大部分は，非釣り合い型の繰り返し測定データセットにも適用可能である．

この例での，関心は経時的な体重増加である．図 15.1 にラットに対する実験でのコントロール群と処置群の時間的な体重プロファイルを示す．

応答変数が平均体重 μ_{ij} で中心化された正規分布に従うと仮定する．したがって，

$$y_{ij} \mid \mu_{ij} \sim N(\mu_{ij}, \sigma^2)$$

である．以下では，繰り返し測定に対して適切な平均と分散構造を求める．

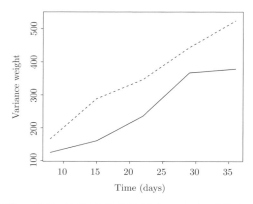

図 15.2 ラット実験：対照群 (実線) と治療群 (点線) における各検査での測定体重の変化

15.1.2.1　線形構造

最初に，体重の増加は近似的に時間に対して線形であると仮定する．図 15.2 は分散が時間とともに増加していることを示している．9.5.2 節によれば，これは切片がランダム，傾きがランダムの線形混合モデルを示唆している可能性がある．したがって，最初のモデルとして，以下を用いる．

$$y_{ij} = \mu_{ij} + \varepsilon_{ij} = \beta_0 + \beta_1 t_j + b_{0i} + b_{1i} t_j + \varepsilon_{ij}$$

ここで b_{0i} は全体の切片に対する i 番目のラットの切片の偏差，b_{1i} は全体の傾きに対する i 番目のラットの傾きの偏差である．β_0 が 8 日目の全体切片を意味するように，時間変数から 8 を引いた．したがって，各ラットは 8 日目での切片と傾きが異なり，それぞれ $\beta_{0i} = \beta_0 + b_{0i}$，$\beta_{1i} = \beta_1 + b_{1i}$ となる．しかしながら，このモデルは 2 群 (コントロールと処置) が同じ共通切片と傾きをもつことを仮定しているが，図 15.1 によればそのような状況ではなさそうである．したがって，平均構造は以下のものを考える．

$$\mu_{ij} = \beta_{01} + \Delta_0 treat_i + \beta_{11} t_j + \Delta_1 treat_i \times t_j + b_{0i} + b_{1i} t_j \tag{15.1}$$

ここで，処置群であれば $treat_i = 1$ で，その他は 0 である．$\beta_{02} = \beta_{01} + \Delta_0$，$\beta_{12} = \beta_{11} + \Delta_1$ とすると，β_{0i} の平均は対照群のラットに対しては β_{01}，処置群に対しては β_{02} となる．また傾きに対しても同様とする．

モデル (15.1) の時間に対する線形性を，緩めることができる．例えば，モデルの固定効果や変量効果の部分に，多項式の項を導入できる．ここでは固定部分にのみ，それ

ぞれの群において 3 次多項式関係を検討した．グラフによる検討により，ラットデータに対しては，変量効果構造の線形性を仮定できることがわかった．

10.3.5 節で示すように，モデル (15.1) はさらに拡張することもできる．例えば，固定効果や変量効果の部分に，分数多項式モデルを当てはめることができる．あるいは，スプラインを用いて平均構造をモデル化できる．しかし，ラットのデータセットは均衡しており，5 つの時点だけしか含まれていないので，平滑化アプローチを適用するためには自由度が十分ではない．

15.1.2.2 共分散構造

上記の線形構造は，変量効果も，残差誤差項のいずれも分布の仮定を指定しない．9.5.2 節では，線形混合モデルに対する古典的な分布の仮定が次であることを述べた．

$$\boldsymbol{b}_i \equiv \begin{pmatrix} b_{0i} \\ b_{1i} \end{pmatrix} \sim N(\boldsymbol{0}, G) \qquad (i = 1, \ldots, n)$$

ここで G は変量切片と傾きの共分散行列で，要素 $G_{11} = \sigma_{\beta_0}^2, G_{22} = \sigma_{\beta_1}^2, G_{12} = \sigma_{\beta_0,\beta_1}$ である．これに加えて，残差誤差は変量効果とは独立で，正規分布 $\varepsilon_{ij} \sim N(0, \sigma^2)$ に従うと仮定される．9.5.2 節で述べたように，これらの仮定は応答の分散が時間とともに 2 次曲線的に増加することを意味する．しかし，図 15.2 では，ラットデータに対して，線形傾向がみられる．したがって，古典的な BLMM をさらに拡張することが必要かもしれない．

最初の拡張は，$\boldsymbol{b}$ の分散共分散行列は 2 群で異なる，すなわち対照群は G_1，治療群は G_2 と仮定することである．もう 1 つの拡張は，2 つの残差分散があると仮定することである．すなわち，対照群は σ_1^2，治療群は σ_2^2 とする．さらに拡張するには，例えば残差分散も時間とともに変化し，2 群で異なると仮定することができる．しかし，この一般化はここでは扱わない．

上記のモデルすべてにおいて，誤差項は無相関であると仮定した．この仮定は，すべての経時データで適切という訳ではないかもしれず，相関のある誤差も扱えるようにしたい．最も単純な相関モデルは残差が独立であることに相当し，それは上記のモデルで仮定した．誤差項に対する共分散行列を R とすると，独立モデルでは，単純な対角行列となる．4 時点では以下のとおりである．

$$R = \sigma^2 C = \begin{pmatrix} \sigma^2 & 0 & 0 & 0 \\ 0 & \sigma^2 & 0 & 0 \\ 0 & 0 & \sigma^2 & 0 \\ 0 & 0 & 0 & \sigma^2 \end{pmatrix}$$

ここで C は残差の (独立) 相関行列である．一般に，相関モデルの非対角要素はゼロではない．経時的解析においては 2 つのよく知られた相関モデルがある．1 つ目は 1 時点前の誤差に対して自己回帰の従属性を仮定する．

$$y_{ij} = \mu_{ij} + \varepsilon_{ij}$$

$$\varepsilon_{ij} \sim \mathrm{N}(\psi \varepsilon_{i,j-1}, \sigma_\psi^2)$$

ここで $0 \leq \psi < 1$ である．もし $\psi = 1$ なら正規ランダムウォーク事前分布となることに注意する．このラグ 1 の自己回帰を仮定すると，次の相関行列である「AR(1) 相関モデル」(AR(1) correlation model) となる．

$$C = \begin{pmatrix} 1 & \psi & \psi^2 & \psi^3 \\ \psi & 1 & \psi & \psi^2 \\ \psi^2 & \psi & 1 & \psi \\ \psi^3 & \psi^2 & \psi & 1 \end{pmatrix}$$

このように，AR(1) モデルでは，残差の相関が，ラグとともに幾何学的に減少する．「複合対称 (CS) 相関モデル」(compound symmetry (CS) correlation model) では，相関がラグ差に関係なく同じままであると仮定する．4 時点の相関行列は次のようになる．

$$C = \begin{pmatrix} 1 & \psi & \psi & \psi \\ \psi & 1 & \psi & \psi \\ \psi & \psi & 1 & \psi \\ \psi & \psi & \psi & 1 \end{pmatrix}$$

ここで $0 \leq \psi < 1$ である．相関のある誤差構造と一般的な共分散行列 G の組み合わせを当てはめることは，頻度論だけでなくベイズ法においても難しいことが多い．

共分散行列をさらにモデル化することもできる．例えば，相関行列と残差分散を連続値の共変量に依存させることができる．しかし，この拡張はこの章の範囲を超えているので，そのようなモデルについては Pourahmadi and Daniels (2002), Daniels and Pourahmadi (2002) を参照する．

第 10 章では，変量効果や残差項についての正規性の仮定はベイズ法ソフトウェアでは簡単に緩められるということを示した．しかし，ここではモデルを緩めることについて，これ以上述べない．

15.1.2.3 事前分布

ベイズ流の枠組みでは，変量効果の分布は，事前分布として言及されることが多い．しかし，この事前分布は実際にはモデルの尤度部分に属しているので，前節で扱った．ラットデータに対するモデルでは，次の事前分布が必要となる．回帰係数，変量効果の共分散行列，残差分散，そして適用できるならば，残差の相関構造である．

回帰係数には漠然事前分布，すなわち $N(0,10^6)$ を割り当てた．残差の標準偏差には，$[0,20]$ の一様事前分布を用いた．誤差の相関には，$\psi \sim U(0,1)$ である AR(1) と CS モデルを仮定した．変量効果の共分散行列については，G に対する事前分布を指定する 2 つの方法を調べた．最初に，精度行列 (G^{-1}) に対する無情報ウィッシャート事前分布，すなわち $G^{-1} \sim \text{Wishart}(D, \nu_0)$ を仮定できる．5.3.3 節によると，ν_0 は無情報事前分布では小さくなければならない．ラットデータに対しては $\nu_0 = 2$ と考えた．これは，行列のランクと等しい．さらに行列 D は単位行列の ε 倍とした．ε は小さい値で，ここでは $\varepsilon = 10^{-6}$ とした．2 つ目の可能性は，D の対角要素と相関行列 C に対して別の事前分布を与えることである．ラットデータでは，G は 2×2 の行列である．分散部分については事前分布として次を選んだ．変量切片と傾きの標準偏差それぞれに，$\sigma_{\beta_0} \sim U(0,20)$ と $\sigma_{\beta_1} \sim U(0,20)$ である．誤差項の相関には，$\rho \sim U(-1,1)$ を仮定した．

15.1.2.4 ラットデータへの適用

様々なモデルを探索し，それらのデータへの当てはまりを調査した．すべてのモデルに対して，30000 回の繰り返しの単連鎖を実行し，10000 回のバーンイン繰り返しを捨て，最後の 10000 回の繰り返しでDICと p_D を求めた．さらに，ここで $\sum_{ij}(y_{ij} - \tilde{y}_{ij})^2$ の平均として定義した MPSE を計算した．

はじめに，モデル式 (15.1) を検討した．これをモデル 1 と呼ぶ．このモデルに対しては，DIC = 1950.75，p_D = 104.2，MSPE = 16580 となった．モデル 2 では，変量効果の共分散行列が群に依存するようにした．すなわち対照ラットは G_1，処置を受けたラットは G_2 とする．これは，DIC = 1952.18，p_D = 105.0，MSPE = 16670 という結果になった．明らかに，モデル 2 はモデル 1 を改善していないので，$G_1 = G_2$ を仮定した．モデル 3 では残差分散が 2 群間で異なることを考慮し，DIC = 1952.18，p_D = 105.0，MSPE = 16750 となった．DIC によれば，モデル 3 はモデル 1 に対して改善しているが，MSPE はモデル 1 のものよりも大きくなっている．この矛盾は，別の方法で説明できる．すなわち，観測値の外れ値を 2 つの予測方法で考慮に入れることである．モデル 4 ではモデル 3 に AR(1) 相関を追加した．しかし，すぐに計算上

のエラー処理が生じた．モデル3にCS相関モデルを組み合わせたモデル5でも同様であった．この理由は，i番目の応答の共分散行列$\boldsymbol{V}_i = \boldsymbol{Z}_i \boldsymbol{G} \boldsymbol{Z}_i^T + \boldsymbol{R}_i$の変量効果の非対角要素が，残差相関部分と競合しているためである．これを説明するために，変量切片と傾きが独立と仮定されるモデルを当てはめ，AR(1)相関モデルと組み合わせた．すると計算上の問題は生じなくなった．しかしこのモデルは前のモデルよりも悪く，DIC = 2108.6, p_D = 39.6 であった．CS相関のモデルに対しても同様であった．したがって，この2つのモデルのどちらもこれ以上は検討しなかった．

一般的には，はじめに平均構造をできるだけ複雑にすることを勧める．ここでは，図15.1に示される特徴から単純な線形構造から始めることを選んだ．それでも，平均モデルを2次，3次項へ拡張することで，モデル3の線形構造を調べることにした．モデル6では，これらの追加の項が2つの群で異なる影響があると仮定した．DIC = 1775.5, p_D = 115.7, MSPE = 9231 となり，このモデルは，ここまでで最良の当てはまりとなっている．モデル6の回帰推定は，処置群には2次と3次の項のみが必要であることを示唆しており，それはモデル7となる．このモデルは，モデル6より当てはまりが悪かった (DIC = 1870.5, p_D = 109.5, MSPE = 14600)．変量切片と変量傾きの相関はモデル6では低く，事後平均 (SD) は -0.13 (0.14) であった．したがって，モデル8で変量効果の独立性を仮定し，DIC = 1775.4, p_D = 114.2, MSPE = 9290.0 となった．よって，モデル8を選択した．

このモデルのパラメータ推定値 (SD) を表15.1に示す．モデルパラメータとは別に5時点での平均体重応答の差も推定した (Δ_x, $x = 8, 15, 22, 29, 36$).

最後に最終モデルでの変量効果と残差項の分布の仮定をチェックした．図15.3に各群における変量切片と傾きの事後平均にもとづく正規確率プロットを示す．変量効果は各群において正規分布に従っていると結論付けた．残差誤差 ε_{ij} についても同様の結論ができた (プロットは示していない).

15.1.3 その他のデータモデル

ここまでは応答が正規分布に従うと仮定してきた．WinBUGSやベイズ流SAS®プロシジャでは，別の応答分布を簡単に利用できる．例えば，正の応答では，次のようなガンマ分布の誤差を考慮できる．

$$y_{ij} \sim \mathrm{Gamma}(\alpha, \beta)$$

したがって，$E(y_{ij}) = \alpha/\beta$ で分散は $\alpha/\beta^2 = E(y_{ij})/\beta$ となる．つまり，平均を指定すると分散も指定することになる．非対称あるいは歪んだ正規分布 (Song et al. 2010) のような別のモデルを検討することも可能である．第9章で述べたように，

表 15.1 ラット実験：最終モデルの事後平均推定値と SD

Parameter	Estimate	SD
Control group		
β_{01} (intercept)	95.65	5.207
β_{11} (linear)	7.106	0.819
β_{21} (quadratic)	0.0037	0.0407
β_{31} (cubic)	$-6.62\text{E}-4$	$6.13\text{E}-4$
σ_1	4.373	0.332
Treatment group		
β_{02} (intercept)	81.97	4.317
β_{12} (linear)	7.235	0.645
β_{22} (quadratic)	-0.0915	0.0320
β_{32} (cubic)	0.0010	$4.81\text{E}-4$
σ_2	3.453	0.262
Random effects		
σ_{b_0} (intercept)	0.5455	0.0568
σ_{b_1} (slope)	12.78	1.319
Comparison means		
Δ_8	-13.68	6.731
Δ_{15}	-27.47	3.906
Δ_{22}	-38.97	4.495
Δ_{29}	-48.91	5.268
Δ_{36}	-53.82	6.099

ベイズ流の枠組みの中では，連続データに限らない多くのモデルと尤度が指定可能である．

離散型応答には，一般的にポアソンモデルまたは 2 項モデルを仮定するので，これらはベイズ流一般化線形モデル (BGLM) の枠組みに入る．これらのモデル内の過剰分散または余分なばらつきは，モデルの変更 (負の 2 項分布またはベータ 2 項分布) を必ずしも必要とするわけではない．そのような過剰分散は，モデルの階層のより高いレベルの中で収めることができる．さらに，経時データに対して非線形モデルを考慮することができる (Bennett et al. 1996)．

15.1.3.1 てんかんの例

離散型経時データの 1 つの例が，Thall and Vail (1990) によって最初に検討されたてんかん試験である．この臨床試験では，59 人のてんかん患者が 2 つの異なる治療を受けた．すなわち 28 人がプラセボで，31 人が抗けいれん療法を受けた．各患者の発

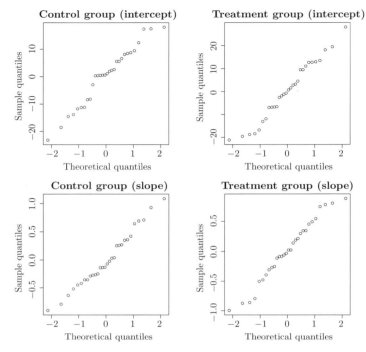

図 15.3 ラット実験：対照群と治療群に対する (事後平均の) 切片と傾きの推定値の正規確率プロット

作回数は 4 回の来院でモニターされ，y_{ij} ($i = 1, \ldots, 59; j = 1, \ldots, 4$) と表す．したがって，$y_{ij}$ は離散型応答である．開始時の発作回数 ($x_{1i} : z_i = \log(x_{1i}/4)$ としてモデルに含めた)，治療 (x_{2i}) と年齢 (x_{3i}) も測定された．発作回数の個々のプロフィールを図 15.4 に，治療群ごとに示す．

この場合，どの時点の発作回数もポアソン分布 $y_{ij} \sim \text{Poisson}(\mu_{ij})$ に従うと仮定できるので，

$$\log(\mu_{ij}) = \beta_0 + \beta_1 z_i + \beta_2 x_{2i} + \beta_3 x_{3i} + \beta_4 z_i x_{2i} + b_{ij}$$

とした．ベースラインの回数と群の交互作用 $z_i x_{2i}$ を含めた．ここで，変量効果項 b_{ij} は個々のフレイルティ項 κ_i と個人-来院の交互作用項 ψ_{ij} からなる．パラメータに仮定した事前分布は $\beta_* \sim \text{N}(0, \sigma_*^2)$，$\sigma_* \sim \text{U}(0, c)$ である．そして，変量効果の正規事

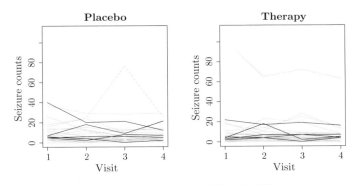

図 15.4 てんかん研究：治療群ごとの発作回数の個別プロフィール

前分布は平均 0 で次のとおりである．

$$\kappa_i \sim \mathrm{N}(0, \sigma_\kappa^2)$$
$$\psi_{ij} \sim \mathrm{N}(0, \sigma_\psi^2)$$

個々の変量切片に時間的な相関を許すことにより，このモデルを拡張することができる．例えば，

$$\gamma_j \sim \mathrm{N}(\lambda \gamma_{j-1}, \sigma_\gamma^2) \tag{15.2}$$

を加法的な効果とすると，$b_{ij} = \kappa_i + \gamma_j + \psi_{ij}$ となり，これは AR(1) 変量効果である．上述のモデルでこのような効果の有無を検討し，DIC 規準を用いて適合度を比較した．

各々のモデルのためにそれぞれ 40000 回の繰り返しの 3 つの連鎖を開始し，3 × 20000 回の繰り返しを無視した．DIC は，最後の 3 × 10000 回の繰り返しにもとづいて算出した．AR(1) 効果なしのモデルは，DIC = 1156.0，p_D = 121.3 で，AR(1) 効果モデルの DIC = 1156.5，p_D = 122.0 よりわずかに DIC が低かった．したがって，AR(1) 相関なしのモデルを選んだ．パラメータ推定値については表 15.2 を参照せよ．ベースラインの発作と，ベースラインでの発作と治療交互作用が有意であることは，注目に値する．さらに，ベースラインでの発作回数を考慮しているにもかかわらず，治療の効果も有意であり，負になることは，ベースラインの発作回数で調整したうえで，試験期間とともに治療がプラセボに比べて有意に発作の回数を減らしていることを示唆している．

そのあと，個人の変量効果 (κ_i) と個人-来院の交互作用変量効果 (ψ_{ij}) の分布の仮定をチェックした．図 15.5 に κ_i の正規確率プロットを示す．正規性の仮定からの逸脱はなさそうである．同様に ψ_{ij} についても行った (プロットは示さない)．正規性か

表 15.2　てんかん研究：個別と変量効果のモデルに対する事後平均パラメータ推定値と SD

Parameter	Estimate	SD
β_0 (intercept)	-1.403	1.262
β_1 (log baseline seizure)	0.884	0.138
β_2 (treatment)	-0.939	0.413
β_3 (log age)	0.342	0.210
β_4 (base-treat interaction)	0.476	0.371
σ_κ (SD individual RE)	0.372	0.0434
σ_ψ (SD interaction RE)	0.507	0.0727

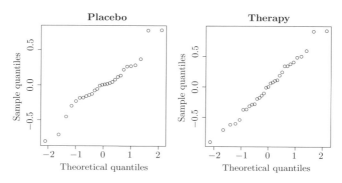

図 15.5　てんかん研究：2 治療群における個々の変量効果 (κ_i) の正規確率プロット

らの逸脱が少し認められるものの，憂慮すべきほどではない．モデルの項目ごとの当てはまりを調べるために，このモデルからの各来院に対する事後平均標準化残差も調べた．図 15.6 にこれらの残差 $r_{ij} = \mathrm{ave}_k[(y_{ij} - \mu_{ij}^k)/\sqrt{\mu_{ij}^k}]$ を示す．全体的に，当てはまりは両群で妥当なようである．個々の来院について，逸脱している患者がいるが，系統的な振る舞いはなさそうである．

15.2　ランダムなイベント時間

前節では，試験時間は一定で，時点が規則的であるとして検討した．多くの場合，試験時間は不規則であり，そのように扱われなければならない．1 つの例は Jimma 子供研究である．これは，1992/9/11 から 1993/9/10 の間で実施された，エチオピアでの研究である．この研究は，幼児の生死に影響を及ぼしている危険因子を特定することと，多くの子供の幼児期の生死に関係する，社会経済，母親および育児の要因を調査するために開始された．出生年から，身長，体重，腕円周のような身体測定値で測定される子供の成長を記録することにも関心があった．

Jimma 町の 1501 人の出生児を，生後 1 年間で，2 ヵ月ごとに調べた．Lesaffre et

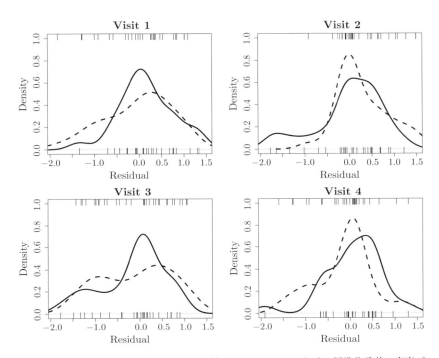

図 15.6 てんかん研究：個々と交互作用変量効果のみのモデルにおける標準化残差の密度プロット．実線はプラセボ群を表し，点線は治療群に対応する．一番下の目盛はプラセボ群，上は治療群に対応する．

al. (1999) では，495 人の子供たちの部分集団で，その子供たちの出生年の体重増加を調べた．しかし，実際の検査時点には相当な変動があった．$0, 2, \ldots, 12$ ヵ月と固定された時点を仮定してこの変動を無視することは，生後間もない子供たちの成長が早いことから，あまりにも雑な解析となる．子供の出生年の体重プロファイルを，図 15.7 にプロットする．実際の検査時点にばらつきがあることがわかる．しかし，検査時点の不規則性は，子供たちの体調とは関係がなかった．したがって，変量切片と傾きを含んでいる混合効果モデルが，10.3.5 節の平滑化法と合わせて，この体重プロフィールの解析に対する最初の選択となる．

上述の成長研究では，来院の時期は，子供たちやその親によってではなく，検査技師が規定していた．これは被験者が自分たちの来院を決めているのとは異なる状況である．この場合，検査時点のパターンがそれ自身，応答の情報になるかもしれない．また，それゆえイベントの時期が，興味の焦点になるかもしれない．1 つの例は，一般開業医への来院のパターンである．つまり，来院の時期と回数は被験者の健康状態を表す．一般的に，イベントの点過程は各個人に対して生じるので各個人に対してイベ

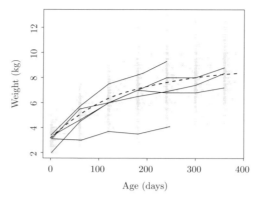

図 15.7 Jimma 子供研究：体重測定値×年齢．ランダムに選ばれた子供のプロファイルと平均との関係を説明するための LOESS 平滑化 (点線)．(Jimma: ジマ．エチオピアの地名)

ントの時系列が利用可能になる．これらのデータは情報が最も詳細であり，実際，観測個体を一定期間で集約すると，カウントデータになる．それゆえ，集約したデータは，例えば変量効果ポアソンまたは2項モデルのような，標準的な離散データに対する BGLMM で解析される．ある治療が平均的に他の治療よりも検査回数が多いかどうかを確かめるために，これらの分布の平均を治療のような共変量に依存するようにすることができる．

ランダムな時間については，固定の観測点あるいは区間はないので2項時系列は生じない (間欠的な欠測値がある場合のように：15.3節参照)．かわりに，データはイベント時間 $\{t_{ij}\}(i=1,\ldots,n; j=1,\ldots,m_i)$ そのものである．ほとんどの場合 m_i は異なる．

このようなデータの基本的なモデルは「ポアソン過程モデル」(Posisson process (PP) model) であり，イベントの強度は時間とともに変化することができる強度関数 (intensity function) $\lambda(t)$ で表される．この強度関数は，過程の局所的比率を表し，多くのモデル構築の焦点である．PP モデルを仮定すると，イベント時間は独立に分布することになる．T 時間 (=固定の総合時間) で m_i 回イベントが観察された条件のもとで，ある時間 t でのイベントの確率は，$\lambda(t)/\int_T \lambda(u)du$ となる．もし m_i での条件を付けずに，時間とイベント回数もモデル化したいときには，無条件確率も利用できる．i 番目の個体に対する正規化条件付き分布を $p_i(t\,|\,m_i) = \lambda_i(t)/\int_T \lambda_i(u)du$ と定義する．このモデルに対する同時尤度は以下のように定義できる．

$$L(\boldsymbol{t}\,|\,\boldsymbol{m}) = \prod_{i=1}^{n} \prod_{j=1}^{m_i} p_i(t_{ij}\,|\,m_i)$$

15.2 ランダムなイベント時間 517

ここで対数尤度は,

$$\ell(\boldsymbol{t}\,|\,\boldsymbol{m}) = \sum_{i=1}^{n}\left[\sum_{j=1}^{m_i}\log\lambda_i(t_{ij}) - m_i\log(\Lambda_i)\right]$$

で, $\Lambda_i = \int_T \lambda_i(u)du$ である. この尤度は $\lambda_i(t_{ij})$ の定義と Λ_i の積分の評価に依存する. この型は標準の分布ではないが, 評価するのは比較的簡単である. まず積分は次のいずれかで近似できる. 固定の重み付き合計による数値計算 (すなわち, $\Lambda_i \approx \sum w_{ij}\lambda_{ik}$ で λ_{ik} は第 k 評価点での $\lambda_i(t)$ の値と w_{ik} は対応する重みとなる), または $\lambda_i(u)$ の値をシミュレーションして平均をとるようなモンテカルロ積分である. 単純な求積法が Λ_i の評価に使える. そして, WinBUGS の (0 トリックか 1 トリック) 任意尤度モデル機能で, この尤度は簡単に評価できる.

あとは, $\lambda_i(t_{ij})$ の指定が必要である. この指定には, 対数リンクを線形予測子か非線形予測子にすることを検討するのが一般的である. したがって, 例えば次を仮定する.

$$\lambda_i(t_{ij}) = \exp\left[\boldsymbol{x}_{ij}^T\boldsymbol{\beta} + f_i(t_{ij}) + b_{ij}\right]$$

ここで $\boldsymbol{x}_{ij}$ は個人レベルの予測子 (おそらく時間的に変化する), $\boldsymbol{\beta}$ はパラメータベクトル, $f_i(t_{ij})$ は時間の関数, b_{ij} は変量効果である. 共通の群効果は個人全体で入れ子になった添字によって含むことができる. この状況ではイベント時間に対する内部構造をモデル化することと, この指定ではベースラインの効果は含まれないことは, 明らかである. その代わりに, この指定で全体的なベースラインの強度を含めると,

$$\lambda_i(t_{ij}) = \lambda_0(t_{ij})\exp\left[\boldsymbol{x}_{ij}^T\boldsymbol{\beta} + f_i(t_{ij}) + b_{ij}\right] \quad (15.3)$$

となる. 追加の情報あるいはベースラインの効果に関連するデータがないとき, 時間的な変動を許すような事前分布を仮定しなければならない. ガンマ過程はこの仕様に対し便利であり (Ibrahim *et al.* 2000), それによって, ベースラインの影響の増加は, 時間間隔に依存するガンマ分布に従う.

$$\lambda_0(s+t) - \lambda_0(s) \sim \text{Gamma}(\alpha,\beta)$$

パラメータ α, β は超事前分布を設定することができるので, 推定可能である. 別の方法としては, $\log[\lambda_0(s+t)] \sim \text{N}[\log[\lambda_0(s)], \sigma_\lambda^2 t]$ となるように $\log(\lambda_0(t_{ij}))$ が正規ランダムウォームに従うと仮定することである. これにより, 分散が時間とともに増加することを考慮できる. 他には, 式 (15.3) の関数形式が, 通常の BGLMM を定義し

たものに従うとすることである．ただし，時間が一定間隔ではないので，いずれの時間依存効果も，単位時間で規準化しなければならないという制約がある．ここでは，これらのモデルについてはこれ以上先に進まないが，さらなる検討とさらに発展したモデルの種類については Clayton (1994), Ishawaran and James (2004), Cook and Lawless (2007) を参照せよ．

15.3 欠測データの対応

15.3.1 はじめに

　この節では，観測値の欠測問題と，その経時データ解析への影響についてより詳しく検討する．欠測データ (missing data) は経時的研究のほぼすべてにおいて発生する．例えば，臨床試験に登録した患者が検査を受けに来院することができないかもしれない．それゆえ，(例えば) 5 回の来院間隔の試験では，すべての検査に来た患者を「完了者」(completers) と呼び，試験からの「脱落」(dropout) は検査に来るのをやめたことを意味し，検査を逃したけれども試験には戻ってきた場合には「間欠的欠測」(intermittent missingness) となる．少しだけ試験に参加するような患者も現れる場合があるかもしれない．以前の章で，例えば足爪ランダム化臨床試験，Signal-Tandmobiel 研究，Jimma 子供研究などのような欠測データを含む多くの試験を解析してきた．どれも，様々な理由で多くの来院を逃した被験者や，試験から脱落した被験者がいた．

　常にではないにしても，ほとんどの場合，利用可能なデータを最大限に生かすことが重要である．実際，ランダム化臨床試験で使用されている ITT (Intent to Treat) の原則 (Fisher et al. 1990) は，試験で利用可能な妥当なデータは，脱落が起きた場合でも，使われるべきであると要求している．ある患者が検査を逃したときには，全データが欠測になってしまうが，データはその他の理由でも欠測することがある．例えば，被験者がアンケートに答えるように要求されたとき，公にしにくい質問には回答を拒否するかもしれない．その場合，データの一部は欠測となる．

　欠測データは様々な方法で処理されている．ほとんどすべての統計パッケージのデフォルトでは，どこかに欠測値がある被験者は解析から除外することになっている．これは明らかに不十分な処置であり，偏りのある推定となる可能性がある．これは「完了例解析」(complete-case analysis) と呼ばれる．欠測データに対処する他のアプローチは，欠測データを補完することである．場当たり的でかつ未だによく使われる経時的解析の手法が，そして特に臨床試験で多いのが，LOCF (last observation carried forward) アプローチである．このアプローチでは欠測の応答は，その応答の最後に観測された値で置き換えられる．これは補完の単純型とみることができる．しかし，その

方法は結果が一定の過程をたどるという仮定をしており，その仮定は，通常の臨床試験ではあまりに強く，応答のばらつきを過小評価してしまう．より知的な補完方法がある．頻度論者の間でかなり認められている手法は，多重補完法 (multiple imputation) である (Little and Rubin 2002)．多重補完法アプローチでは，統計モデル (必ずしも経時的モデルに関連していなくてよい) を用いて，欠測データに M 個の多重値を補完する．実際には，$M=3$ から $M=5$ 回，各欠測値に値を補完することが多く，これによって観察されたデータのばらつきを模倣する．その後，(M 個) の完全なデータセットに対して，M 回の統計解析を実行し，式 (5.13) を使ってパラメータ推定値の標準誤差を計算する．上記の補完アプローチは，「明示的な補完」(explicit imputation) を行う．ここでは，「潜在的な補完」(implicit imputation) アプローチをみていく．応答が欠測しているのか，予測子が欠測しているのかにより，欠測の過程は「応答/結果欠測」(response/outcome missingness) か共変量/予測子欠測 (covariate/predictor missingness) と呼ばれる．

15.3.2 応答欠測

i 番目の個人の j 番目の時点における応答を y_{ij} とする．欠測の指示変数 r_{ij} を以下のとおりとする．

$$r_{ij} = \begin{cases} 1 & y_{ij} \text{ が観測されたとき} \\ 0 & \text{上記以外} \end{cases}$$

i 番目の個人に対するベクトル表記は，応答ベクトルが $\boldsymbol{y}_i$ で，欠測値の標識ベクトルは $\boldsymbol{r}_i$ である．完全データはすべての応答 (欠測と観測値) と欠測に関する情報からなる．したがって，完全データの密度関数は次で与えられる．

$$p(\boldsymbol{y}_i, \boldsymbol{r}_i \mid \boldsymbol{x}_i, \boldsymbol{z}_i, \boldsymbol{w}_i, \boldsymbol{\theta}, \boldsymbol{\psi}) \tag{15.4}$$

ここで $\boldsymbol{x}_i, \boldsymbol{z}_i, \boldsymbol{w}_i$ はそれぞれ i 番目の被験者の固定効果，変量効果，欠測メカニズムに関する共変量である．さらに $\boldsymbol{\theta}$ には固定パラメータと変量パラメータが含まれ，$\boldsymbol{\psi}$ は欠測のパラメータベクトルである．

完全データの密度関数がどのように分解されているかに依存して，「選択モデル」(selection model) と「パターン混合モデル」(pattern-mixture model) を区別する．

- 選択モデル：

$$p(\boldsymbol{y}_i, \boldsymbol{r}_i \mid \boldsymbol{x}_i, \boldsymbol{z}_i, \boldsymbol{w}_i, \boldsymbol{\theta}, \boldsymbol{\psi}) = p(\boldsymbol{y}_i \mid \boldsymbol{x}_i, \boldsymbol{z}_i, \boldsymbol{\theta}) p(\boldsymbol{r}_i \mid \boldsymbol{y}_i, \boldsymbol{w}_i, \boldsymbol{\psi})$$

ここで $p(\boldsymbol{y}_i \mid \boldsymbol{x}_i, \boldsymbol{z}_i, \boldsymbol{\theta})$ は経時的モデルを表現している．したがって，これは，上述

の例で経時データを当てはめるために用いたモデルである．関数 $p(\boldsymbol{r}_i|\boldsymbol{y}_i,\boldsymbol{w}_i,\boldsymbol{\psi})$ は欠測のメカニズムを表す．これは $\boldsymbol{y}_i$ の関数であることに注意する．

- パターン混合モデル：

$$p(\boldsymbol{y}_i,\boldsymbol{r}_i\,|\,\boldsymbol{x}_i,\boldsymbol{z}_i,\boldsymbol{w}_i,\boldsymbol{\theta},\boldsymbol{\psi})=p(\boldsymbol{y}_i\,|\,\boldsymbol{r}_i,\boldsymbol{x}_i,\boldsymbol{z}_i,\boldsymbol{\theta})p(\boldsymbol{r}_i\,|\,\boldsymbol{w}_i,\boldsymbol{\psi})$$

ここでは欠測が応答を含まずに直接モデル化され，応答は欠測のパターンによる条件付きでモデル化されていることに注意されたい．それゆえ，前のモデルとはかなり違うモデル化になっている．

最後に，「共有パラメータモデル」(shared parameter model) がある．この場合，同時モデル (15.4) が次のように書けると仮定する．

$$p(\boldsymbol{y}_i,\boldsymbol{r}_i\,|\,\boldsymbol{x}_i,\boldsymbol{z}_i,\boldsymbol{w}_i,\boldsymbol{\theta},\boldsymbol{\psi})=\int p(\boldsymbol{y}_i\,|\,\boldsymbol{x}_i,\boldsymbol{z}_i,\boldsymbol{\theta},\boldsymbol{b}_i)p(\boldsymbol{r}_i\,|\,\boldsymbol{w}_i,\boldsymbol{\psi},\boldsymbol{b}_i)d\boldsymbol{b}_i \qquad (15.5)$$

言い換えれば，このモデルでは，$\boldsymbol{b}_i$ で定義される潜在的変量構造を与えたもとで測定過程が欠測過程と独立であることを仮定している．後者の 2 つのアプローチは魅力的ではあるものの，これ以上は論じないので，Daniels and Hogan (2008) を参照されたい．

$\boldsymbol{y}_i$ の観測部分 $\boldsymbol{y}_i^o$ と欠測部分 $\boldsymbol{y}_i^m$ を区別することが重要である．選択モデルに対しては，

$$p(\boldsymbol{r}_i\,|\,\boldsymbol{y}_i,\boldsymbol{w}_i,\boldsymbol{\psi})=p(\boldsymbol{r}_i\,|\,\boldsymbol{y}_i^o,\boldsymbol{y}_i^m,\boldsymbol{w}_i,\boldsymbol{\psi})$$

である．さらに，測定モデルと欠測モデルのパラメータは共通部分はないと仮定する．ベイジアンの用語では，$\boldsymbol{\theta}$ と $\boldsymbol{\psi}$ が事前独立，すなわち $p(\boldsymbol{\theta},\boldsymbol{\psi})=p(\boldsymbol{\theta})p(\boldsymbol{\psi})$ である．

15.3.3　欠測メカニズム

15.3.3.1　完全なランダム欠測 (MCAR, missing completely at random)

応答が欠測のメカニズムに関連しない場合は，完全ランダム欠測 (MCAR) メカニズムと呼ぶ．つまり，

$$p(\boldsymbol{r}_i\,|\,\boldsymbol{y}_i,\boldsymbol{w}_i,\boldsymbol{\psi})=p(\boldsymbol{r}_i\,|\,\boldsymbol{w}_i,\boldsymbol{\psi})$$

である．この場合，結果は欠測過程に関連しないので，

$$p(\boldsymbol{y}_i,\boldsymbol{r}_i\,|\,\boldsymbol{x}_i,\boldsymbol{z}_i,\boldsymbol{w}_i,\boldsymbol{\theta},\boldsymbol{\psi})=p(\boldsymbol{y}_i\,|\,\boldsymbol{x}_i,\boldsymbol{z}_i,\boldsymbol{\theta})p(\boldsymbol{r}_i\,|\,\boldsymbol{w}_i,\boldsymbol{\psi})$$

である．したがって，観測データは欠測過程からは独立なので，

$$p(\boldsymbol{y}_i^o,\boldsymbol{r}_i\,|\,\boldsymbol{x}_i,\boldsymbol{z}_i,\boldsymbol{w}_i,\boldsymbol{\theta},\boldsymbol{\psi})=p(\boldsymbol{y}_i^o\,|\,\boldsymbol{x}_i,\boldsymbol{z}_i,\boldsymbol{\theta})p(\boldsymbol{r}_i\,|\,\boldsymbol{w}_i,\boldsymbol{\psi}) \qquad (15.6)$$

となる．これはモデルの予測子が与えられたもとでの観察された結果の解析では欠測の過程を無視できることを意味している．実際，MCARメカニズムで発生する欠測データの唯一の影響が効率の損失であることを示すことができる．記述統計量や$p(\boldsymbol{y}_i^o|\boldsymbol{x}_i,\boldsymbol{z}_i,\boldsymbol{\theta})$にもとづく統計解析は適切である．MCAR欠測過程の例として，血清コレステロールに対する2つの脂質低下剤の効果を比較するためのRCTを取り上げる．ここでのMCARメカニズムの例は以下のとおりである．(a) 患者の採血管を落としてしまったため，その来院での値を記録しなかった，(b) 患者が足を骨折したため来院しなかった．これらの例は直接的な具体例である．はっきりしない例としては，2群に脱落率が異なるが，各々の群において脱落の理由が応答とは無関係である場合である．

欠測の過程を確証することは決してできないが，Signal-Tandmobiel研究の欠測データがMCARプロセスで発生したと仮定することは合理的にみえる．実際に，子供たちが検査を逃す理由は，以下のとおりだった．他の場所へ引っ越したか，学校をやめたか，検査の日に病気であったである．しかし，彼らが歯の問題のため，来なかったことはありそうもない．

15.3.3.2 ランダム欠測 (MAR, missing at randam)

この場合は，観測されたデータを与えたもとで，欠測の確率は未観測データと条件付き独立

$$p(\boldsymbol{r}_i|\boldsymbol{y}_i,\boldsymbol{w}_i,\boldsymbol{\psi}) = p(\boldsymbol{r}_i|\boldsymbol{y}_i^o,\boldsymbol{w}_i,\boldsymbol{\psi})$$

であるので，

$$p(\boldsymbol{y}_i^o,\boldsymbol{r}_i|\boldsymbol{x}_i,\boldsymbol{z}_i,\boldsymbol{w}_i,\boldsymbol{\theta},\boldsymbol{\psi}) = p(\boldsymbol{y}_i^o|\boldsymbol{x}_i,\boldsymbol{z}_i,\boldsymbol{\theta})p(\boldsymbol{r}_i|\boldsymbol{y}_i^o,\boldsymbol{w}_i,\boldsymbol{\psi}) \tag{15.7}$$

となる．2つのパラメータベクトル $\boldsymbol{\theta}$ と $\boldsymbol{\psi}$ は共通するものがないので，欠測過程は「無視可能」(ignorable) と呼ばれ，観測されたデータのみによる尤度もしくはベイズ解析は妥当な結果となる．記述統計量ではパラメータの情報が正しく伝わらない点に注意されたい．ランダム欠測 (MAR) 過程の説明のために，再度，脂質低下剤のランダム化臨床試験 (RCT) を取り上げる．試験医師が研究から患者を除く理由がその患者の過去のプロファイルが血清コレステロール低下を少しも示さないからであると仮定しよう．もしそうなら，欠測メカニズムはMARである．

欠測過程はMCARだが経時モデルが誤特定されている，つまり共変量が省略されていると，欠測メカニズムはよりMAR過程のようにみえる．同じことは，正しいモデルのもとでのMARである過程についてもいえる．正しくないモデルがデータに当てはめられると，欠測過程は次のMNAR過程にさらに似る可能性がある．このため，

経時過程，すなわち平均と分散構造は注意してモデル化することが重要である．第9章で当てはめた経時的モデルは MAR 過程にもとづいていた．

多くの場合，欠測メカニズムが単に MAR であり，次で述べるような，より複雑な MNAR でないと確信することはできない．しかし，すべての古典的な混合効果解析は MAR 仮定にもとづいており，例えば足指の爪 RCT 解析でも MAR を仮定した．足指の爪 RCT の研究において MAR を仮定したのは病気がゆっくり進行するからである．そして，治療の失敗か成功，それゆえ脱落の可能性は過去の患者のプロファイルから簡単に予測できるかもしれないからである．

15.3.3.3　非ランダム欠測 (MNAR, missing not at random)

この場合は応答が欠測する確率は「観測されていない (unobserved)」応答 y^m に依存する．一般的に，観測データと欠測の過程は次のように畳み込みがなされる．

$$p(\boldsymbol{y}_i^o, \boldsymbol{r}_i \mid \boldsymbol{x}_i, \boldsymbol{z}_i, \boldsymbol{w}_i, \boldsymbol{\theta}, \boldsymbol{\psi}) = \int p(\boldsymbol{y}_i \mid \boldsymbol{x}_i, \boldsymbol{z}_i, \boldsymbol{\theta}) p(\boldsymbol{r}_i \mid \boldsymbol{y}_i, \boldsymbol{w}_i, \boldsymbol{\psi}) d\boldsymbol{y}_i^m \quad (15.8)$$

この場合，欠測をモデル化しなければならない．脂質低下剤試験の場合での，非ランダム欠測 (MNAR) メカニズムの例は，試験の運営に関与していない一般開業医が，患者に研究から脱落するように提案するときである．このことが試験医師に知らせることなく起こっていると (そして患者の最後の血清コレステロールは記録されなかった)，患者は観測されない応答のため脱落したことになる．

実際の場でよくありそうな欠測データや脱落の理由は様々で，応答と全く無関係の場合 (MCAR) もあれば，過去から予測可能な場合 (MAR) もあれば，予想もできないこともある (MNAR)．Jimma 子供研究での来院忘れや研究からの脱落には，以下のような様々な理由があった．検査技師が家に着いたときに両親が単にそのときいなかった，両親が別の地域に引っ越した，あるいはもっと劇的には，子供が亡くなった，などである．研究開始時に組み込まれた1501人の出生から，12か月時点で研究に残っていたのは1152人の子供であり，141人は出生年に亡くなった．子供の体重プロファイルをみてみると，全員ではないが何人かは予想可能な死亡で，MNAR の脱落と解釈できる．これに加えて，死亡は絶対的な状態だが，不完全データ解析に用いられる古典的な，例えば混合モデルのような統計モデルでは，欠測データは暗に補完されている．死亡の場合，そのような補完は自然ではない．この問題はここでは取り扱わないが，Daniels and Hogan (2008) を参照されたい．

MNAR のもとでの統計解析は MAR 下の解析よりもはるかに複雑である．15.4 節では，MNAR 脱落メカニズムを含んでいる経時データを解析するためのあるアプローチを扱う．そのアプローチは，経時データを解析することと，脱落時間に対する生存

時間モデルを仮定することを同時に行うことにもとづく．しかし，これは可能なアプローチの1つに過ぎないことを強調しておく．一般には，欠測モデルの様々な特徴を変えて感度分析を実行し，それらの影響を評価することが推奨される．

15.3.4 ベイズ流の検討

欠測データのメカニズムの分類を，主に頻度論的な内容で述べてきた．欠測データの問題へのベイズ流アプローチも，非常に類似していて，パラメータに対する事前分布の追加だけが異なる．欠測データに対するベイズ的な問題に関する本格的な議論は，Daniels and Hogan (2008) にある．

最後に，ベイズ流アプローチでは，事後予測分布を通して仮定したモデルのもとで欠測値を生成することが容易である．前に見たように，これはWinBUGSとSASを用いてすぐに行える．

15.3.5 予測子の欠測

予測子の欠測は，経時的解析だけでなく多くの解析に共通である．ほとんどの解析モデルが予測子に条件付けを仮定しているので，通常予測子がランダム変動を有するとは考えない．しかし，予測子に欠測が生じるとき，欠測データの推定をするためには，あるメカニズムが必要である．これはベイズ流の枠組みで，予測変数に対して事前分布を仮定することによって可能になる．これは，ベイズモデルでは，未観測パラメータにはすべて事前分布を割り当てられなければならないということと同じ方法で正当化される．結果的に，これによって予測子の欠測値は事後サンプリングアルゴリズム内のパラメータとして補完されることが可能になる．さらなる詳細についてはDaniels and Hogan (2008) を参照されたい．

15.4 経時応答と生存時間応答の同時モデリング

15.4.1 はじめに

同時モデリングは，2つ以上のモデルの共通パラメータを同時に推定する統計手法である．同時モデリングに関する最初のアプローチは，主に90年代にAIDS臨床試験で開発された．その研究では経時データと生存データを統合した (Tsiatis *et al.* 1995; Wulfsohn and Tsiatis 1997 参照)．その手法は，定期的に測定され，かつ測定誤差を含んでいる時間依存共変量を伴う生存時間解析の枠組みで提案された．しかしながら，生存時間が脱落までの時間として取られているような，情報のある脱落のモデルへのアプローチともみることができる (Guo and Carlin 2004; Ibrahim *et al.* 2001)．同

時モデルはモデルの生存時間部分に対して，より偏りなく，より効率的な治療効果の推定値を与え，生存時間の評価項目が脱落までの時間である場合には，経時的部分でも同様である (Ibrahim *et al.* 2001 も参照).

ここで，同時モデル化のアプローチを経時データに使用する．欠測データの過程，つまりここでの脱落過程は，非ランダム欠測 (MNAR) と考える．観察された経時データおよび生存データの同時モデルが次式によって与えられると仮定する.

$$\begin{aligned}
&p(\boldsymbol{y}_i^o, d_i \mid \boldsymbol{x}_i, \boldsymbol{z}_i, \boldsymbol{w}_i, \boldsymbol{\theta}, \boldsymbol{\psi}) \\
&= \int \int p(\boldsymbol{y}_i \mid \boldsymbol{x}_i, \boldsymbol{z}_i, \boldsymbol{\theta}, \boldsymbol{b}_i) \, p(d_i \mid \boldsymbol{w}_i, \boldsymbol{\psi}, \boldsymbol{b}_i) \, \mathrm{d}\boldsymbol{y}_i^m \, \mathrm{d}\boldsymbol{b}_i \\
&= \int p(\boldsymbol{y}_i^o \mid \boldsymbol{x}_i, \boldsymbol{z}_i, \boldsymbol{\theta}, \boldsymbol{b}_i) \, p(d_i \mid \boldsymbol{w}_i, \boldsymbol{\psi}, \boldsymbol{b}_i) \, \mathrm{d}\boldsymbol{b}_i
\end{aligned} \tag{15.9}$$

ここで，d_i は脱落時間を表し，例えば $r_i = (1,1,0,0,\ldots)$ のとき $d_i = 3$ である．式 (15.9) において，潜在ベクトル $\boldsymbol{b}_i$ の条件付きで，測定値と脱落過程は独立であると仮定する.

15.4.2 例題

ここで検討する例題は最初に Guo and Carlin (2004) が解析した．彼らは，治療に対する経時的モデルと治療中の患者の生存に対するモデルを結合した．2 つの抗 HIV 薬の有効性と安全性を比較する臨床試験で，ジドブジン (AZT) 治療に失敗したか，過敏症の患者を対称とした．この例題では，(選択・除外基準を満たした) 467 人の HIV 感染患者が組み入れられ，2 つの治療群にランダムに割り当てられた．ディダノシン (*didanosine* ddI) か，ザルシタビン (*zalcitabine* ddC) である．CD4 の数が開始時，2，6，12，18 ヵ月の 5 時点で記録された．図 15.8 に時間に対する応答の個々の経時的プロファイルを示す．図 15.9 は 2 つの治療群 (ddI と ddC) に対するカプラン・マイヤー生存曲線を示している.

時間 j での i 番目の個人の $\sqrt{CD4}$ の数を y_{ij} ($i=1,\ldots,n=467; j=1,\ldots,m_i$) とする．解析には 4 つの説明変数を含めた．薬剤 (ddI=1, ddC=0)，性別 (男性=1, 女性=−1)，試験参加時の感染歴 (AIDS と診断されていれば prev=1 でそれ以外は −1)，そして層 (AZT 失敗=1, AZT 過敏症=−1) である.

ここから，利用された経時モデルと生存モデルを別々に議論する.

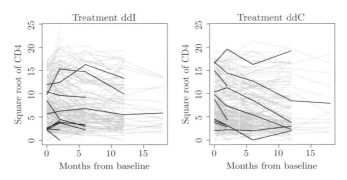

図 15.8 AZT 臨床試験：個々の $\sqrt{CD4}$ 経時的プロファイル

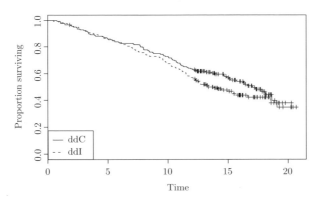

図 15.9 AZT 臨床試験：2つの治療群 (ddI と ddC) に対するカプラン・マイヤー生存時間曲線

15.4.2.1 経時モデル

経時的モデルは次式で与えられると仮定する．

$$y_{ij} \mid \mu_{ij} \sim \mathrm{N}(\mu_{ij}, \sigma^2)$$

ここで $\mu_{ij} = \bm{x}_{ij}^T \bm{\beta} + \bm{z}_{ij}^T \bm{b}_i$ で，第 9 章で説明した線形混合モデルに対応する．i 番目の個人に対する観測時間を s_{ij} と表す．すると，

$$\bm{x}_{ij}^T \bm{\beta} = \beta_{10} + \beta_{11} s_{ij} + \beta_{12} s_{ij} \times \mathrm{drug}_i + \beta_{13} \mathrm{gender}_i + \beta_{14} \mathrm{prev}_i + \beta_{15} \mathrm{stratum}_i$$

$$\bm{z}_{ij}^T \bm{b}_i = W_{1i}(s_{ij})$$

となり，ここで $W_{1i}(s_{ij}) = b_{0i} + b_{1i} s_{ij}$ である．2 つの変量効果は変量切片と時間に対する変量傾きを表す．それらは古典的に共分散が G，すなわち $\bm{b}_i \sim \mathrm{N}(\bm{0}, \mathrm{G})$ の 2 変量正規事前分布に従うと仮定する．

回帰パラメータは平均ゼロの無情報多変量正規事前分布に従うと仮定した．一方，σ^2 に

は逆ガンマ分布を仮定し $\sigma^2 \sim \text{IG}(0.1, 0.1)$ とした．G の事前分布には，3つの選択肢を評価した．(a) IW(D, 2), $D = \text{diag}(0.001, 0.001)$; (b) IW($D$, 2), $D = \text{diag}(100, 100)$，これは Guo and Carlin (2004) における選択である．そして，(c) 変量切片と傾きの標準偏差に対しては一様事前分布，それらの相関は $\sigma_{b_0} \sim \text{U}(0, 20), \sigma_{b_1} \sim \text{U}(0, 20), \rho \sim \text{U}(-1, 1)$ である．実行したすべての解析で，一様事前分布は選択 (b) の次に低い DIC 値となった．したがって，ここでは一様事前分布にもとづく結果のみを報告する．

15.4.2.2 生存モデル

生存モデルでは，死亡時間のベースライン分布に一般化ワイブルモデルを考慮した．i 番目の個人の死亡時間を t_i と表す．イベント時間データを解析するためにコックス比例ハザードモデルを用いる．このモデルは第 14 章で議論された．ワイブル分布は2つのパラメータをもつ．すなわち，尺度 ϕ と平均 ψ で，

$$t_i \sim \text{Weibull}(\phi, \psi_i)$$

である．$\phi = 1$ のときは，指数モデルとなり，時間に対して一定のハザードモデルを意味する．次の対数による指定も考える．

$$\log(\phi_i) = \boldsymbol{x}_{2i}^T \boldsymbol{\beta}_2 + W_{2i}$$

ここで，線形予測子は

$$\boldsymbol{x}_{2i}^T \boldsymbol{\beta}_2 = \beta_{20} + \beta_{21}\, \text{drug}_i + \beta_{22}\, \text{gender}_i + \beta_{23}\, \text{prev}_i + \beta_{24}\, \text{stratum}_i$$

で，変量効果項は

$$W_{2i} = \gamma_0 b_{0i} + \gamma_1 b_{1i}$$

と定義される．

経時的部分と同様に，回帰パラメータに無情報ゼロ平均多変量正規事前分布を仮定した．ワイブルパラメータ ϕ には Gamma$(1, 1)$ 事前分布を与えた．生存時間データに指数分布も当てはめた．

15.4.2.3 結合モデル

2つのモデルの結合は，2つの別々の要素からなされる．最初に，共通の共変量を各々のモデルに含めた．それゆえ，生存時間と CD4 カウントの両方に，薬剤，性別，感染歴と層別因子が関連すると考える．2番目は，共通の変量効果項の利用である．この場合，b_{0i} と b_{1i} が両方のモデルで現れると仮定した．しかし，生存時間モデルでは，パラメータ γ_0 と γ_1 によってスケール化されている．これは，これらの効果が2つのモデルで同時に推定されることを意味する．

表 15.3 臨床試験：ワイブルと指数型生存モデルにもとづく結合モデルの適合度の比較．下付き文字 'L' はモデルの経時的部分の GOF 測定値，'S' はモデルの生存時間部分，'T' は合計を参照している．

Model	DIC_L	$p_{D,L}$	DIC_S	$p_{D,S}$	DIC_T	$p_{D,T}$
Weibull	6128	517.6	931	204.4	7059	722.1
Exponential	6115	545.8	1665	82.5	7780	628.3

どの同時モデルに対しても，単連鎖によって，合計の長さが 200000 回，間引き因子 (thinning's factor) = 10 で最初の 100000 回繰り返しを除いた．

15.4.2.4 結果

ここで報告するモデルは，経時データに対する線形混合モデルと同時に当てはめた生存時間モデルからなる．生存時間モデルは，最初はワイブルモデル (ϕ は推定した) で，次が指数モデル ($\phi = 1$) である．WinBUGS を解析に用いて，Guo and Carling のモデル XI のみを検討した．

表 15.3 に DIC による適合度を示す．Guo and Carlin はワイブルモデルの ϕ パラメータと回帰パラメータの間に負の相関があるので，原著の論文では，指数モデルの結果のみを報告した．それゆえ，定数ハザードが仮定された．この解析では，ワイブルモデルの DIC は指数モデルよりも小さかった．表 15.4 にワイブルモデルに対する事後平均パラメータ推定値を示す．

このモデルの経時的部分では，時間と感染歴に CD4 細胞数に対する有意な負の効果があることがわかった．ここで「有意性」はベイズ法の意味で解釈しなければならない (95%CI がゼロを含まない)．これは，CD4 細胞数は開始時に AIDS と診断された患者に対して低くなっていて，時間とともにさらに減少することを意味している．薬剤×時間の交互作用については有意な効果はなかった．変量効果の事後相関推定値は基本的にゼロであった．モデルの生存時間部分では，感染歴だけが正の有意性を示している．すなわち，AIDS と診断されて試験に参加した患者は平均余命が短いことを意味する．両方のリンクパラメータ γ_0 と γ_1 は負で有意であり，2 つのサブモデル間の関連性に強いエビデンスを与え，CD4 カウントの初期レベルと傾きの両方が死亡のハザードと負に関連していることを示している．ワイブル分布の尺度パラメータは大きく，指数モデルからは除いている．原著論文の解析とは異なり，モデルは収束した．ただし Guo and Carlin (2004) よりも多くの繰り返しを費やしている．

モデルの分布の仮定を，さらに探索した．例えば，変量切片と変量傾きの分布を検証した．これには事後平均の正規確率プロットを用いた．どの治療群に対しても，正規性があることを確認した．

表 15.4 　AZT 臨床試験：ワイブル部分との結合モデルの事後平均推定値と 95% 信用区間

Parameter	Estimate	95%CI
経時的解析		
Intercept	7.979	(7.264, 8.692)
Time	−0.2426	(−0.2855, −0.2011)
Time × drug	−0.00153	(−0.0591, 0.0557)
Gender	−0.05209	(−0.6975, 0.6072)
Prev	−2.367	(−2.835, −1.889)
Stratum	−0.1331	(−0.6087, 0.3453)
G_{11}	16.07	(13.9, 18.56)
G_{22}	0.04304	(0.02989, 0.05757)
$\rho = G_{12}/\sqrt{G_{11}G_{12}}$	−0.01534	(−0.1626, 0.1348)
σ^2	3.152	(2.846, 3.486)
生存解析		
Intercept	−21.64	(−26.39, −16.06)
Drug	1.106	(−0.3265, 2.695)
Gender	−1.013	(−2.479, 0.3493)
Prev	3.556	(2.275, 4.991)
Stratum	0.1696	(−0.7694, 1.005)
γ_0	−1.035	(−1.417, −0.6713)
γ_1	−33.67	(−43.77, −23.44)
ϕ	6.238	(4.552, 7.672)

15.5　終わりに

　この最後の経時的解析の例題は，同時モデリングの柔軟性と WinBUGS の能力を際立たせるのに役立った．WinBUGS はそのプログラミング機能の範囲内で複雑なデータ構造に対応する．モデル指定 (特に，事前分布の指定) に対する感度を簡単に確認できることは，このパッケージの大きな特徴でもある．解析において設定した仮定を直接テストすることができないとき，これらのより複雑なモデルに対して，そのような感度を検討することは常に重要である．類似した感度分析が SAS の MCMC プロシジャで簡単に実行可能であることも述べておかなければならない．どのパッケージが使われるかは，ユーザーのプログラミング技術に依存するであろう．

　最後に，経時的解析の分野は非常に奥が深い．さらに複雑にすることは簡単である．例えば，以下のようなモデルがある．多変量応答の経時的モデル (ただし 3 から 4 次元を超えない)，追加の多水準構造が埋め込まれた経時的モデル，打ち切り応答の経時的モデル，などである．

第16章 空間データへの応用：疾病地図と画像解析

16.1 はじめに

この章では，空間モデル (spatial model) を柱にしてベイズ解析の分野で非常に注目されている2つの研究領域への取り組みを概説する．疾病地図 (disease mapping) と画像解析 (image analysis) である．この2つの領域はともに，ベイズ解析でのモデル化とベイズモデルの事後分布のサンプリングに対するアルゴリズムの開発において，早い時期から発展してきたことが特徴である．実際，ギブス・サンプラーの統計学での最初の応用は画像分割の問題であった (Geman and Geman 1984; Besag et al. 1999 を参照).

16.2 疾病地図

ベイズ流の疾病地図 (disease mapping) は幅広いテーマであり，疾病の地理的な，あるいは空間的な分布が重要性をもつ一連の話題を包含している．以下では，公衆衛生 (公共医療サービス調査，健康増進あるいは教育など) の側面とは対照的なものとして疾病解析に注目する．そのようなデータに対して考案された，特殊な空間統計学 (spatial statistics) の方法を使用する必要がある．この分野で直面するデータの基本的な特徴は，患者の空間的な位置，あるいは指定された地理的な領域の中での疾病のカウントなど，その離散的な性質である．したがって，クリギング (Kriging; Schabenberger and Gotway 2004, Chapter 5) のような連続的な空間過程に対して開発された方法は直接適用できないか，もしくは近似的にのみ妥当である．しばしば，興味のある地理的な仮説は，患者の居住地が疾病の原因に何らかの洞察を与えるか，あるいはある地域に局所的に (疾病リスクの局所的な増加によって示されるような) 健康上有害なものが存在するかに焦点があたる．例えば，サルディニアにおけるマラリアの地方的流

行と糖尿病の関係についての研究では，強い負の関連が見つかった (Bernardinelli *et al*. 1995; Lawson 2006, Chapter 9). この関係には空間的な式があり，マラリアの地理的な分布は，関係を説明するモデルを作る際に重要であった．公衆衛生では，疾病の患者数の期待値よりも多くの患者を有する局所的な地域が，何らかの潜在的な環境要因と関係しているかを評価できることがかなり重要である．したがって，患者と原因のつながりについての空間的な根拠は，解析において欠かせないものである．ハザードが想定される (putative) 原因からの距離によるリスクの減少や，望ましい方向でのリスクの上昇などの根拠は，この点で重要である．

16.2.1 一般的な空間疫学的な問題

疾病の空間的分布の研究を考える前に，考慮すべきいくつかの基本的な疫学的考え方がある．

16.2.1.1 相対リスク

ある地理的な領域の中で，症例の局所的な密度を研究することがある．これによって疾病の局所的な変動についての情報が得られるため，調査が望まれることが多い．もし人口調査標準地域であれば，特定の疾病の症例数は興味のあるデータである．疾病の粗度数は，それ単独では使うことはできない．症例の密度はその領域の人口の変動によって影響されるからである．症例のアドレス (症例の住宅の住所) または小さい領域内で集約した度数の観測でも，これは当てはまる．

したがって，疾病発生率の基盤は，その疾病の母集団「リスク集合」における変動である．この母集団は，その構成 (年齢，性別，感受性のグループ) と空間的な位置に伴う密度で変化する．つまり，この変動は疾病発生のあらゆる解析で考慮されなければならない．(病弱な母集団で) 感染性の高い地域が疾病発生の高い地域と一致しても，(有害な疾病の存在という観点で) 感染性が低く疾病発生が高い地域よりも，この地域には興味がないことは明らかである．短期間 (e.g. 月や年) での疾病の局所的な発生を罹患率 (発病率)(incidence) と呼ぶ．疾病症例の長期間の蓄積をしばしば有病率 (prevalence) と呼ぶ．ここでは，罹患率という用語を最後まで使用する．一般的に，有病率は罹患率と同様に解析することができる．

最初に議論を単純化するために，疾病を観察するのは小さい行政上の地域 (人口調査標準地域，郵便番号別地域，郡など) であるとする．疾病の観測度数と基盤の母集団で起こり得る頻度を比較したいことがある．これによって局所的な地域に何らかの過度の疾病リスクが存在するかがわかる．研究する領域には $i = 1, \ldots, n$ 個の地域，あ

るいは小さな領域があると仮定する．i 番目の地域での母集団から求められる期待度数 e_i に対する，観測度数 y_i の比が，過度のリスクを調べるために使われることが多い．i 番目の地域内での疾病の相対リスク (relative risk) は y_i/e_i で推定することができる．この比は，局所的な母集団からその地域でみられるはずのものに比較した相対的なリスクを表している．これをパラメータ θ_i で与えられるものと考えることが多いので，ある地域の相対リスクのおおよその推定値は $\widehat{\theta_i} = y_i/e_i$ である．通常は，度数 y_i は政府の公衆衛生データソースから利用可能であり，期待度数 (あるいは率) は (年齢や性別で分けられた) 母集団の部分集団での，その疾病に対する既知の率から計算される．これは標準化 (standardization) として知られている．期待率の計算は大変重要であり，計算方法が異なると，疾病リスクについて違う結論になる可能性がある．この相対リスクの定義はリスクに対する乗法モデルを意味していることに注意する．これは疫学では一般的な仮定である．

16.2.1.2 標準化

　小領域あるいは地域での期待率 $\{e_i\}$ は，局所的な母集団の構成から計算 (推定) される．ここでは期待率の標準化の種々の手法については考えないが，この先の議論では固定されていると仮定する．詳細については Elliott *et al.*(2000) を参照する．期待率は一般に，カウントデータが観測されているときに，母集団効果を考慮するために使われる．カウントデータは政府の情報から容易に利用可能であることが多い．しかし目的によっては，より細かいレゾリューションでの症例の空間的な分布を調べる必要がある．一般には，得られる最も細かいレゾリューションの水準は症例の住居住所である．通常は，これは小さい地理的な研究地域を調査するときに関係がある．この場合には，データは空間点過程を形成する．カウントデータについては，この空間設定情報でのリスクを調べるときに，母集団変動を考慮に入れる必要がある．

　期待率は通常，統合された地理的な単位 (人口調査標準地域または同様の地域) でのみ利用可能で，細かいレゾリューションでは母集団変動をコントロールするために効果的に使うことができない．代替案は，研究地域内での対照疾病 (control disease) の罹患率を使うことである．対照疾病は関心のある疾病のリスク構成に密接にマッチされているが，調査中の罹患効果を示してはならない．例えば，クラスター研究で，小児白血病に対する対照として生存出生児を使うことができる．その場合，すべての出生の住所位置を母集団の代用として使うことになる．これは 2 つの点過程になる．(1) 白血病症例の分布と (2) 生存出生児の分布である．もちろん生存出生児は疾病でなく，この場合には母集団の指標となる．この対照疾病は地理的な (geographical) 対照であ

り，特定の症例とマッチしていない．それぞれの対照疾病に共通な性質は，関心のある効果に関係していてはならないということである．外部の情報源からの期待率ではなく，これらの対照を使用することについては論争がある．

16.2.1.3 交絡因子と貧困指標

すべての疾病地図には，標準化された率あるいは対照疾病で説明できない，局所的な母集団に作用する変数の影響が含まれている．これらの効果を2つの方法で考慮することができる．

1. 説明変数の効果を考慮するために期待率あるいは回帰モデルに，できるだけ多くの説明変数を含める．これらの変数は既知の交絡因子 (known confounder) と呼ばれる．
2. 変量効果 (random effect) を使って測定されていない交絡因子の影響を含める．

最初の方法では，より多くの変動を説明できるように，結果に影響を与えるできる限り多くの変数を含めることが解決策になる．もちろん，(現実的な) 試験の限界によって，すべての既知の交絡因子を含めることは簡単には実現できないかもしれない．測定されていない交絡因子 (既知か未知かによらない) を考慮するために，回帰モデルに変量効果を加えることが可能である．これらは，様々な種類のさらなる変動を含めるような，追加の観察されていない変数である．

有害な疾病の罹患率は，貧困に関係する様々な説明変数，例えば失業状態，住宅の種類，生活保護の状況，自家用車の保有などに関係することが多いことが知られている．つまり，これらの変量によって低所得や貧困が示唆されるような地域では，有害なリスクが測定されることが期待される．これらの変数は，国勢調査から利用可能であることが多い．そのような変数を，貧困指標 (deprivation index) と呼ばれる合成指標に併合することが試みられてきた (Carstairs 1981)．北米では，しばしば都会指標 (urbanicity index) と呼ばれる．現在では，貧困指標は政府の人口調査データ組織から日常的に利用可能であり，1つの共変量として，あるいはオフセット項として疾病地図に直接組み込むことができる．

16.2.2 いくつかの空間統計学的な問題

解析に利用可能な地理参照データ (geo-reference data) の基本的な性質は，普通は離散であること (点過程あるいは計数過程のいずれでも) であり，関心のある症例は，空間的密度と関心のある疾病への感染性の点で異なる，局所的なヒトの母集団の中で発生する．つまり，あらゆるモデルや検定手順は，この背景 (撹乱) 母集団効果を考慮

しなければならない．背景母集団効果は，様々な方法で考慮することができる．カウントデータに対しては，局所的な母集団の年齢・性別の構造にもとづいて，関心のある疾病の期待 (expected) 率を得ることが普通であり (Elliott *et al.* 2000，第 3 章を参照)，局所的な相対リスクのおおよその推定値は期待カウントに対する観測カウントの比から計算されることが多い (例えば，標準化死亡/罹患 (発病) 比：standardized mortality/incidence ratio, SMR)．症例のイベントデータに対しては，症例の位置のレゾリューションでは期待率がわからず，対照疾病の空間分布の利用が推奨されていた．その場合には，関心のある疾病の空間的な変動を，対照疾病の空間的変動と比較する．この方法の主な問題は，対照疾病の正しい選択である．関心のある疾病の年齢・性別構造にマッチしているが，関心のある特性に影響されないコントロールを選ぶことが重要である．例えば，想定される健康上のハザードでの症例の解析では，対照疾病はそのハザードに影響を受けてはならない．カウントデータを解析するときは，期待率の代わりに対照疾病の症例のカウントも使うことができる．以下では，カウントデータモデルとそのベイズ流の実行に焦点をあてる．症例イベントデータは，Lawson (2009) と Lawson and Banerjee (2010) でより詳細に検討されている．

16.2.3 カウントデータモデル

図 16.1 に典型的なカウントデータの例を示す．東ドイツの県 (行政上の地域) での男性の口唇がんの死亡率である．示されているのは，195 の県に対する標準化死亡比 (SMR) 地図である．この例は最初に第 9 章で登場した．

空間疫学でのカウントデータの解析に関しては，多くの文献が公表されている (Banerjee *et al.* 2004; Lowson 2006; Lawson and Banerjee 2010 のレビューを参照)．

地域カウント $\{y_i, i = 1, \ldots, n\}$ の解析に通常適用されるモデルは，カウントが独立なパラメータ $\{\lambda_i, i = 1, \ldots, n\}$ のポアソン確率変数であることを仮定している．通常，期待カウントは以下のようにモデル化される．

$$E(y_i) = \lambda_i = e_i \theta_i \qquad (i = 1, \ldots, n)$$

よって，データレベルモデルは次のとおりである．

$$y_i \sim \text{Poisson}(e_i \theta_i)$$

このモデルで関心のあるパラメータは相対リスク (θ_i) である．対数相対リスク $(\log(\theta_i)$, $i = 1, \ldots, n)$ に対する事前分布を導入すると，観測されていない地域間の異質性を含むようにこのモデルを拡張できる．そのような異質性の組み込みは一般的な方法になっ

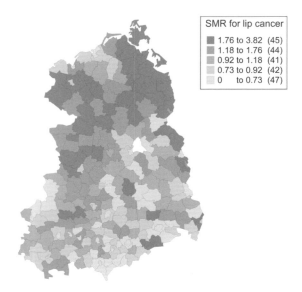

図 16.1 口唇がん研究：東ドイツの県での 1989 年の男性口唇がんに対する標準化死亡比の地図表示

ており，現在では Besag, York and Mollié (BYM) 畳み込みモデルが標準的なモデルである (Mollié 1999)．このモデルを使った完全なベイズ解析は WinBUGS で実行可能である．

16.2.4　応用分野：疾病地図・リスク推定

この分野での焦点は，ランダムなノイズを取り除くための疾病地図 (disease mapping) の作成である．健康サービス調査での応用ではしばしば，相対リスクの「正確な」地図を作成することが必要になる．相対リスクに対するモデルは，単純な標準化死亡比 (SMR) からベイズモデルによる事後分布の期待推定値まで多岐にわたる．カウントデータの場合には，観測されるカウントに対して以下のモデルを定義する．

$$y_i \sim \text{Poisson}(e_i \theta_i)$$

$$\log(\theta_i) = \boldsymbol{x}_i^T \boldsymbol{\beta} + \text{ランダム項}$$

ここで $\boldsymbol{x}_i^T$ は共変量デザイン行列の i 番目の行であり，$\boldsymbol{\beta}$ は回帰パラメータベクトルである．

最も単純なモデルは共変量あるいはランダム項と関連がないことを仮定し，θ_i の MLE は SMR, すなわち $\widehat{\theta_i} = y_i/e_i$ である．多くの場合は，そしてより一般的には，$\log(\theta_i)$

16.2 疾病地図

は共変量と回帰パラメータを含んだ線形予測子 ($\boldsymbol{x}_i^T\boldsymbol{\beta}$) と等しいと仮定する．最終的な拡張はランダム効果の項を含め，過分散 (無相関異質性；uncorrelated heterogeneity, UH：v_i) と空間相関異質性 (correlated heterogeneity, CH：u_i) を考慮することである．このときモデルは次のとおりとなる．

$$\log(\theta_i) = \boldsymbol{x}_i^T\boldsymbol{\beta} + v_i + u_i$$

共変量がない場合に率の平滑化が必要なときには，より単純な切片変量効果モデルが使われる．

$$\log(\theta_i) = \alpha_0 + v_i + u_i$$

このモデルはノイズを 2 つの要素，UH と CH に割り当てており，一方で α_0 によって全体の率を特定している．両方のランダム要素は通常，存在していると考えられるすべてのノイズ要素を捉えるために当てはめられる．これは BYM 畳み込みモデルと呼ばれることが多い．これらの要素を推定できるように，それぞれの要素に事前分布を仮定する．通常，過分散に対しては無相関で平均が 0 の正規分布とする．

$$v_i \sim \mathrm{N}(0, \sigma_v^2) \tag{16.1}$$

ここで $\tau_v = \sigma_v^{-2}$ は精度であり，CH 要素に対する空間相関事前分布である．これは様々な方法で選択することができる．一般的にはマルコフ確率場 (Markov random field, MRF) が仮定される．地域効果の条件付き平均がその地域の近傍のみにもとづくとき，内因性特異正規 (intrinsic singular Gaussian) 分布 (Besag et al. 1991; Kunsch 1987; Rue and Held 2005) が使われる．

$$u_i | \ldots \sim \mathrm{N}(\overline{u}_{\delta_i}, \sigma_u^2/n_{\delta_i}) \tag{16.2}$$

ここで δ_i は i 番目の地域の近傍，n_{δ_i} は i 番目の近傍の地域数，$\sigma_u^2 = \tau_u^{-1}$ は平滑化の程度を調整する分散パラメータである．この分布は，事後分布のサンプリングアルゴリズムを使って，比較的簡単にサンプリングすることができる．これとは別の指定方法は，CH に対して完全にパラメータ化された共分散と多変量正規分布を仮定することである．

$$\boldsymbol{u} \sim \mathrm{N}_n(\boldsymbol{0}, \boldsymbol{\Sigma})$$

ここで $\boldsymbol{\Sigma}$ の要素は $\sigma_{ij} = \mathrm{cov}(u_i, u_j)$ である．これは $\boldsymbol{u}$ に対する同時モデルであり，上記の MRF モデルよりもより高度にパラメータ化されていて，$n \times n$ 共分散行列の逆行列も必要になる．もちろんこれによって，より詳細な共分散のモデル化が可能になっている．

表 16.1 口唇がん：様々なモデルの当てはまりの良さ

$\log(\theta_i)$ のモデル	DIC	p_D
(1) $\alpha_0 + v_i$	1122.19	125.6
(2) $\alpha_0 + u_i$	1090.08	103.6
(3) $\alpha_0 + v_i + u_i$	1092.96	107.5
(4) $\alpha_0 + v_i + \alpha_1(x_i - \overline{x})$	1109.90	114.8
(5) $\alpha_0 + v_i + u_i + \alpha_1(x_i - \overline{x})$	1091.25	100.3

ベイズ解析では，すべてのパラメータ ($\boldsymbol{\beta}$, $\boldsymbol{u}$, $\boldsymbol{v}$, σ_*,...) に事前分布が割り当てられ，通常は MCMC アルゴリズムによるパラメータの事後分布のサンプリングが必要になる．

上記の口唇がんの例に対して，これらの方法を例示するために様々な基本的なモデルを当てはめた．表 16.1 に，このような狭い地域の健康データに仮定される典型的なモデルを当てはめた結果を示す．最初の 10000 回の繰り返しをバーンインとした．これらのモデルの収束は，個々のパラメータについては Brooks-Gelman-Rubin (BGR) 統計量を使い，また全体の指標としてデビアンスによって確認した．その後，デビアンス情報量規準 (DIC) を計算するために 5000 個のサンプルを使った．この例では，平均平方予測誤差 (mean-square predictive error, MSPE) も計算することができたが，ここでの関心は単純に全体の当てはまりの良さとパラメータ化の調整であるので，計算しなかった．

これらのモデルを定義するときの方針は，地図上の相対リスクを単純に記述したいというものである．この目的を達成するために，異なる変量効果の項を含め，また共変量として AFF (農業 (Agriculture)，漁業 (Fisheries)，林業 (Forestry) で雇用されている割合 (%)) を含めることを検討した．この共変量は太陽光への曝露に関係するため，口唇がんのリスクを高めると考えられた．最初のモデル (UH のみ) では相対リスクは $\log(\theta_i) = \alpha_0 + v_i$ で定義される．ここで事前分布として $\alpha_0 \sim N(0, c)$ で $c = 10^6$，$v_i \sim N(0, \sigma^2)$ で $\sigma \sim U(0, 10)$ と定義した．このモデルでは，全体の率は (e^{α_0}) と仮定され，交換可能な変量効果が定義されている．切片と変量効果の両方が平均 0 の正規分布に従う．切片の分散は固定で大きい値だが，一方で変量効果の分散はパラメータ化され，その標準偏差は広い区間での一様分布に従うと仮定する．他のモデルは変量効果と共変量の異なる組み合わせからできている．モデル 2 では，空間的に相関のある変量効果を仮定し，それに (16.2 節で定義したような) 内因性正規事前分布を導入している．この事前分布は中心が 0 であるが，近傍効果による相関と平滑化を考慮している．分散は σ_u^2 で $\sigma_u \sim U(0, 10)$ である．モデル 3 は，無相関の変量

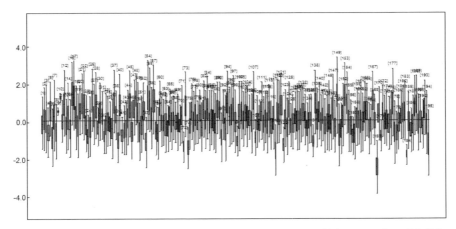

図 16.2 口唇がん研究：条件付き自己相関 (CAR) のみのモデルに対する 5000 個の事後分布のサンプルからの標準化残差の箱ひげ図

効果と相関のある変量効果が加法的に含まれた畳み込み (convolution) モデルの例である．最後にモデル 4 と 5 は両方とも，平均中心化した効果 (mean-centered effect) として共変量 ($AFF: x_i$) を含んでいる．この中心化によって，7.3 節で示したように，しばしばサンプラーの収束を早くすることができる．α_1 の事前分布も平均が 0 である正規分布 $\alpha_1 \sim N(0, c)$ を仮定する．表 16.1 から DIC が最も小さいモデルはモデル 2, 3, 5 であることは明らかである．それらはすべて DIC の違いで 3 以内にあり，最も小さいのは「CAR のみのモデル」で，続いて僅差で「共変量のある畳み込みモデル」である．共変量そのものが良いモデルを提供することはないことは注目に値する．また AFF のみを含み変量効果のないモデルは，DIC が 1424.49 で p_D は 2.03 である．したがって，DIC の観点からは，これは相対リスクの変動を記述するために価値あるモデルではなく，この場合は AFF は真のリスクの説明に寄与しない．最も DIC が小さいモデル (モデル 2) に対する，5000 個の事後分布のサンプルの標準化残差 ($r_i = (y_i - \widehat{\lambda})/\sqrt{\widehat{\lambda}}$) の箱ひげ図を図 16.2 に示す．事後分布の平均標準化残差の地図を図 16.3 に示す．残差の空間的なパターンは北部のエリアに高い正の残差があることを示唆しているが，合理的なランダムパターンを示しているようにみえる．

このモデルに対する WinBUGS のコードを図 16.4 に示す．1 つの文の中で，多変量のノードに対して非正則 CAR モデルが定義されていることに注意する．

```
b1[1:n] ~ car.normal(adj[],weights[],num[],tau.u)
```

このステートメントは，num で指定される近傍の数とベクトル adj で定義される近傍の地域で CAR 事前分布を定義している．重み行列 (weight matrix) weights も含

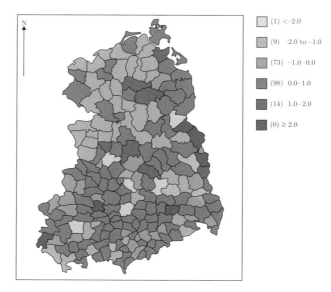

図 16.3　口唇がん研究：事後分布の平均標準化残差

まれており，この例ではすべての近傍の対の組み合わせに対して 1 としている．このモデルを使用した例は，WinBUGS の GeoBUGS ユーザーマニュアルにより詳しく書かれている．

　この解析に考えられる別の方法は，共変量が総計のレベルで健康に関する結果に関係しているかに焦点をあてることである．その場合には，最も当てはまりの良いモデル，あるいは「真の」相対リスクを最も良く記述するモデルには重点を置かず，変量効果によって交絡を考慮しながらパラメータ α_1 がうまく推定できるかが重要とされる．しばしばこれに対するエビデンスは，95% 信用区間から得られる．区間が 0 をまたいでいれば，パラメータの値が負と正のレベルでサンプリングされていたので，予測効果に対するエビデンスはないことを示唆しており，一方で区間が完全に正または負であれば，予測効果に対するより強いエビデンスを示唆している．上記のモデル (5) は，AFF 予測子を含む最も当てはまりの良いモデルであり，そのモデルでは事後平均の推定値は 0.831 で 95% 信用区間は (0.0982, 1.536) であった．これは空間的に相関のある変量効果を考慮しても，県のレベルで AFF 予測子と口唇がんの間には正の関連があるエビデンスがあることを示唆している．もちろん，このモデルは DIC の観点で最も当てはまりの良いモデルではない．

```
model
    {
    for (i in 1:n ) {
    # Poisson likelihood for observed counts
    observe[i] ~ dpois(lambda[i])
    lambda[i] <- theta[i]*expect[i]
    # SMR
    smr[i] <- observe[i]/expect[i]
    aff1[i] <- aff[i]
    # Relative risk without hierarchical centering
    log(theta[i]) <- ab[i]
    ab[i] <- beta0+b1[i]
    pex[i] <- step(theta[i]-1)
    r[i] <- (observe[i]-lambda[i])/sqrt(lambda[i])
    }
b1[1:n] ~ car.normal(adj[],weights[],num[],tau.u)
    for(k in 1:sumNumNeigh)
    {weights[k] <- 1}
tau.u <- pow(sdu,-2)
sdu ~ dunif(0,10)
# Prior distributions for "population" parameters
beta0 ~ dnorm(0,1.0E-6)
}
```

図 16.4 口唇がん研究：CARだけのモデル (モデル 2) に対する WinBUGS のコード

16.2.5 応用分野：疾病クラスタリング

この分野での焦点はノイズの減少ではなく，地図のクラスタリングの傾向の評価，特にある地図のどの領域がクラスタリングを示しているかの評価である．ここでは，クラスタリングは既知のハザードがあると想定される場所の周囲に存在するか (フォーカスドクラスタリング (focused clustering))，またはクラスタリングの場所は未知である (ノンフォーカスドクラスタリング (nonfocused clustering))．

クラスターにベイズモデルを考えることが可能である．一般に，モデル式は相対リスクの推定のときとそれほど違わず，クラスターの定義とクラスタリングに大きく依存する．

16.2.5.1 フォーカスドクラスタリング

フォーカスドクラスタリングは最も単純な場合であり，通常はある (既知の) 固定点 (ハザードが想定される場所) の周囲で発生しているリスクが何らかの距離の形で減少することを仮定している．例えば，カウントデータモデルは以下のように定義するこ

とができる.

$$y_i \sim \text{Poisson}(e_i\theta_i)$$
$$\log(\theta_i) = \log[1 + \exp(-\alpha d_i)] + \boldsymbol{x}_i^T\boldsymbol{\beta} + \boldsymbol{z}_i^T\boldsymbol{\gamma}$$

ここで d_i は (煙突, 携帯電話のアンテナ塔, ゴミ捨て場のような) フォーカス点から小さい地域まで測定された距離である. 追加の共変量は $\boldsymbol{x}_i$ に含まれ, $\boldsymbol{z}_i$ は変量効果を表し, $\boldsymbol{\gamma}$ は単位ベクトルである. この場合, 焦点があたるのは α についての推測であり, これは距離の関連を定義するものである. $\boldsymbol{x}_i$ の中に, $\cos(\phi)$ や $\sin(\phi)$ のような方向の項も存在するかもしれない. ここで ϕ は地域 (重心) とフォーカス点の間の角度である. これは, リスクに何らかの方向的な高低があるかを検出するために使うことができる (特にもし大気汚染のリスクがあり得るなら重要になる). このような種類の方法についての詳細は Wakefield and Morris (2001), Lawson (2009) の第 7 章に示されている.

すべてのパラメータ (α, β など) には事前分布を仮定し, 通常, 事後分布はサンプリングされる. 使われる事前分布の典型的な例は, 回帰パラメータに対しては平均 0 の正規分布, 標準偏差については一様分布である.

$$\alpha \sim \text{N}(0, \sigma_\alpha^2)$$
$$\sigma_\alpha \sim \text{U}(0, 10)$$
$$\beta_* \sim \text{N}(0, \sigma_{\beta_*}^2)$$
$$\sigma_{\beta_*} \sim \text{U}(0, 10)$$

16.2.5.2　ノンフォーカスドクラスタリング

クラスターの場所が未知のときは, 統計学的により難しくなる. 想定されるクラスターの場所が未知なだけでなく, その数や大きさも事前に定義されていない. この分野はさらに, ある地域のクラスターへの全体的な傾向を評価するような, 一般的 (general) クラスタリングと, クラスターの場所を評価するような特定 (specific) クラスタリングに分割することができる. ここでは, 特定クラスタリングのみを調べる.

この問題に対するベイズ流ではないアプローチでは, 検定手順 (SatScan のような: Kulldorff and Nagarwalla 1995) に焦点があたることが多い. 特定のクラスタリングのベイズ流のモデル化は様々な方法でアプローチすることができる. まず, もし過度のリスクについてのクラスタリングが単純に, そして平等に, 地図上のどこかに存在する重要な過度のリスク (significant excess risk found anywhere on a map) とみなせるならば, 地点ごとに過度かどうかを決定していくことができる. これはホットス

ポットクラスタリング (hotspot clustering) として知られている．例えば，カウントデータに対して次のように仮定することができる．

$$y_i \sim \text{Poisson}(e_i \theta_i)$$

そして，(i) θ_i の推定値の特異な性質 (普通は有意に上昇した値)，または (ii) 当てはめたモデルから得られる以下の残差，のいずれかを調べることができる．

$$\widehat{r}_i = y_i - e_i \widehat{\theta}_i$$

この残差はモデルを当てはめた後，モデルによって説明できない地域があるかを調べている．

最初の方法はリスクに対するモデルを仮定し，そのモデルのもとである種のクラスターの特定を行うことができる．別の方法として，単にノイズを取り除くモデルを検討することがある．すなわち，$\log(\theta_i)$ のモデルを，$\log(\theta_i) = \boldsymbol{x}_i^T \boldsymbol{\beta} + v_i$ のように仮定する．このモデルは共変量の調整と変動部分の追加を考慮しているが，単一地域レベルのリスクの異常を検出する能力が低下しているかもしれないので，CH (平滑化) をモデル化していない．モデルを当てはめた後，$\widehat{\theta}_i$ の有意性の評価を行うことができる．多くの場合は，収束した事後分布のサンプルから $(\theta_i > 1)$ を数えることで，$P(\theta_i > 1)$ の推定値が得られる．図 16.5 にこの方法の例を示す．この例では，サンプルから $\sum_{g=1}^{G} I(\theta^g > 1)/G$ として計算した $I(\theta_i > 1)$ の事後分布の平均値が，超過確率 (exceedence probability) の推定値として利用できることを示している．北部地域の多く (28) が確率 > 0.99 となっており，北部地域のリスクが非常に高いことを示唆していることは注目に値する．

ホットスポットを検出するこの方法は，Richardson et al. (2004) と Abellan et al. (2008) によって提唱された．しかしながら，この超過確率の使用には懸念がある．それは相対リスク分布の上側の裾から推定されるので，モデルの仮定に非常に敏感であるということである (Ugarte et al. 2009 を参照)．実際に，モデルが異なると超過の空間的分布がかなり違ってくる場合がある．この問題の例として，他のデータの例を以下に示す．この例では，米国南カリフォルニアの 46 郡の中で郡レベルの先天性異常の死亡率を調べる．図 16.6 は 1990 年の州全体の異常率から計算した期待度数にもとづく 1990 年の標準化死亡比を示している．図 16.7 にこのデータの周辺ヒストグラムと箱ひげ図を示す．図から，州の北部に特にリスクが高い地域 (> 4.0) が 1 つと，相対リスクが 2.0 を超える地域が他に 2 つあることが示唆される．

図 16.8 は超過確率の空間分布を示している．これらは，以下に示す郡の重心の (x, y) 座標での単純な空間的傾向のモデルに対して，収束したサンプラーから得られたもの

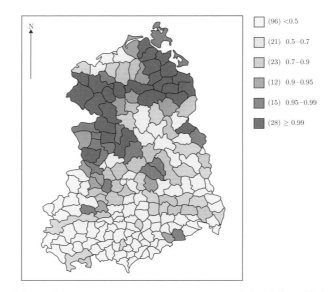

図 16.5 口唇がん研究：CAR のみのモデル（モデル 2）に対する事後の平均超過確率地図

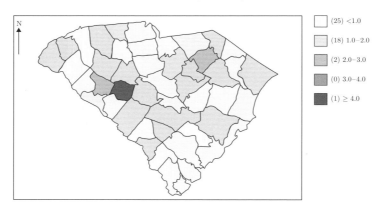

図 16.6 南カリフォルニア研究：1990 年の郡レベルの先天性異常死亡率．年齢 × 性別の層別なしに州全体の率を利用した標準化死亡率 (Standardized Mortality Ratio, SMR) 地図

であり，$\log(\theta_i) = \alpha_0 + \alpha_1 x_i + \alpha_2 y_i$ で，$\alpha_0 \sim N(0.0, 1000)$，$\alpha_1 \sim N(0.0, 1000)$，$\alpha_2 \sim N(0.0, 1000)$ である．超過確率が最も高い地域は，最も高い相対リスクが見られる北西の地域である．図 16.9 は無相関の変量効果だけを含むモデルに対する超過地図 (exceedence map) を示している ($\log(\theta_i) = \alpha_0 + v_i$；$\alpha_0 \sim N(0.0, 1000)$，$v_i \sim N(0, \sigma^2)$，$\sigma \sim U(0, 10)$ である)．ここで，相対リスクは特定の傾向を仮定せずに，研究地域全体をランダムに変動すると仮定する．この場合，超過地図は，傾向モデルのも

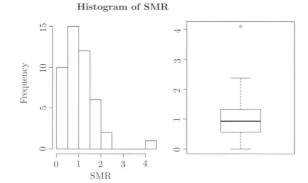

図 16.7 南カリフォルニア研究：標準化死亡率のヒストグラムと箱ひげ図

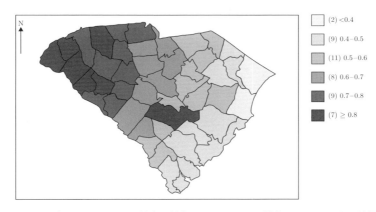

図 16.8 南カリフォルニア研究：傾きのみのモデルに対する $p(\theta_i > 1)$ の地図

とでのものとは，かなり異なる空間パターンを示す．図 16.10 に加法的な無相関と関連のある効果を含んだ畳み込みモデルに対する超過地図を示す ($\log(\theta_i) = \alpha_0 + v_i + u_i$；$\alpha_0 \sim N(0.0, 1000)$，$v_i \sim N(0, \sigma_v^2)$，$\sigma_v \sim U(0, 10)$，$u_i \sim \text{CAR}(\tau_u)$，$\tau_u = \sigma_u^{-2}$，$\sigma_u \sim U(0, 10)$)．この地図は，より高い超過がよりランダムに分布している無相関の地図に類似している．表 16.2 に示すように，これらの異なるモデルはすべて DIC の値でお互いに 3 以内であり，傾きのみのモデル (モデル 1) が DIC と p_D が最も小さかった．(170.9, 2.42) に注意する．この影響の懸念は明らかである．超過はモデルに高度に依存しており，畳み込みモデルの選択はクラスタリングの振る舞いの安定した推定にはならない可能性がある．もし単純な傾きモデルが，ここで検討する可能性のあるモデルに含まれるのであれば，最も当てはまりが良く，違う超過地図を生成する．

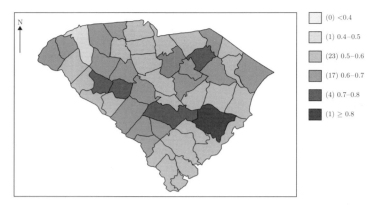

図 16.9 南カリフォルニア研究：傾きなしの無相関異質性モデルに対する $p(\theta_i > 1)$ の地図

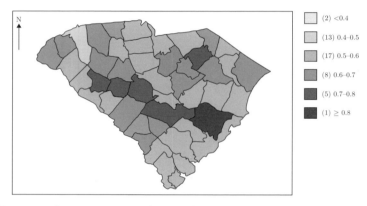

図 16.10 南カリフォルニア研究：畳み込みモデルのもとでの $p(\theta_i > 1)$ の地図

16.2.5.3　フォーマルモデル

一方で，もしクラスターに特定の構造が仮定されるなら，フォーマルクラスタリングモデル (formal clustering model) を仮定できる．相対リスクの推定 (θ_i の推定に焦点があたる) と有意な超過に対する θ_i の推定値を調べることの間に曖昧な部分がある．もしある種のクラスターの特定がモデルに含まれるならば，クラスターの位置とサイズに対する確認を行うことができる．これはデータがスパースで，他のグローバル CH モデルがクラスターを記述できないときに有用になり得る．隠れた (観測されていない) クラスターの位置の集合に関係するリスクに対する 1 つの提案は以下である．

$$\log(\theta_i) = \boldsymbol{x}_i^T \boldsymbol{\beta} + v_i + \log\left[1 + \sum_{k=1}^{K} h(\boldsymbol{s}_i; \xi_k)\right]$$

表 16.2 　南カリフォルニア研究：モデルの DIC の結果

モデル	DIC	p_D
(1) $x+y$	170.9	2.42
(2) $x+y+v_i$	173.3	7.60
(3) v_i	170.9	4.98
(4) v_i+u_i	172.6	7.90

ここで，位置が $\{\xi_k\}$ である K 個の未知のクラスターが存在し，s_i は i 番目の小地域の重心で，$h(s_i;\xi_k)$ はあるクラスターの位置と任意の点の関係を記述するクラスター分布関数である．通常，$h(s_i;\xi_k)$ は ξ_k からの距離とともにリスクが減少するように作られるが，様々な形式が利用可能である．残念なことに，K は未知であり，パラメータを推定するために解析時に多くの仮定をしなければならない．リバーシブルジャンプ MCMC が使われることが多い (Gangnon 2006; Lawson and Clark 1999; Lawson and Denison 2002 を参照)．

もしノイズ減少モデルが $\widehat{\theta}_i$ の推定に使われるなら，$\widehat{r}_i = y_i - e_i\widehat{\theta}_i$ のような残差を調べる第 2 の方法が有用かもしれない．しかし，残差はいつもクラスタリングと関連のない何らかのノイズを含んでいる．完全なモデルでも真のリスク $e_i\theta_i$ の周りにいつもポアソンノイズが存在する．したがって，可能な限り残差に現れるようなクラスタリング効果のみを考慮するために，リスクモデルを注意深く特定することが重要になる．「特異な」残差は，予測分布を用いてモンテカルロ法によって調べることができる．

最後に地域内や近傍でクラスターを定義するような別のアプローチを考えることができ，これらの診断が提案されている (Hossain and Lawson 2006)．

16.2.6 　応用分野：生態学的解析

この分野では，疾病発生と説明変数の関係が焦点であり，これは通常，小地域での度数のような集合体レベルで実行される．バイアスと誤分類の多くの問題が，生態学的データに生じる可能性があり，興味のある読者は Wakefield (2004)，Wakefield and Shaddick (2006)，Gustafson (2004) を参照する．

2 つの重要な関心分野がスケール統合問題に関連している：MAUP と MIDP である．修正可能地域単位問題 (modifiable areal unit problem, MAUP) はモデルの拡張性と，異なる空間的スケールでモデルが妥当かどうかが懸念である．一般的に，これは通常わからないフラクタル共分散になるので，共分散構造に関する限り問題になりそうもない．しかし，モデルの関連性のスケールのラベリングは重要であり，モデルをスケール化できる範囲は多くの応用事例で関係がある．関連があるが異なる問題は，

1つの解析でスケールが異なるデータの利用方法である．例えば，個人レベルのデータを集合体のデータよりも優先して使うべきか，それらを統合できるのか，ということである．これは現在の研究の焦点である．

MIDP は最後の問題に関係があるが，厳密に言えば，1つの段階で解析するために異なる空間的スケールからのデータを統合することの問題を対処する．例えば，健康に関する結果 (疾病発生など) は人口調査標準地域の中で観察され，研究地域の周りのモニタリング場所で公害の指標が利用可能であるかもしれない．健康に関する結果についての推測を行うために，人口調査標準地域に関する公害データを使いたいとき，1つの簡単な解決法は，それぞれの地域に対するブロック推定値を与えるために，公害データを区割りする (Banerjee et al. 2004, 第 6 章を参照)．これはもちろん公害データの補完におけるエラーを無視しており，より良い方法は，モデルの中で真の曝露をモデル化するが，公害モデルを同時に推定するようなモデルを検討することである (Kim et al. 2010 を参照)．

16.3 画像解析

画像に対するベイズモデルには比較的長い歴史がある．最近の 10 年では，イメージテクノロジーでの技術的革新とリンクした方法が発展してきた．1980 年代には，ポジトロン放出断層撮影法 (positoron emission tomography, PET) と単光子放出型コンピュータ断層撮影法 (single photon emission computerized tomography, SPECT) での，ベイズ流のモデル化に多くの注目が集まった．さらに最近では，機能的磁気共鳴画像法 (functional magnetic resonance imaging, fMRI) が開発され，より高い空間レゾリューションが得られている．fMRI は，脳と脊髄の神経作用に関連する血流力学の反応 (血流量) を測定するために使われる．それは現代の神経画像検査で不可欠なものである．fMRI は断層撮影法 (CAT, PET, SPECT) とは違い，侵襲性が少なく放射線曝露の必要がないのである程度一般的になっている．

画像からは，格子として解析することができる規則的な配列データが得られる．画像上の様々な特徴に関心がある．例えば，「真の」状態を得るために単にノイズを除去したいことがある．非常に初期のベイズ流のモデル化は，画像のこの側面に焦点をあてていた (Besag 1974, Besag 1977, Besag 1986, Ripley 1988, Molina and Ripley 1989, Besag and Green 1993)．さらに，画像の中の物体を特定することが重要な場合がある．これには，関心のある物体に関連する，ある種の検出限界や境界，あるいは空間的な事前分布が必要になる．例えば，テンプレート事前 (template prior) 分布 (Hasen et al. 2002)，マルコフ抑制 (Markov inhibition) 事前分布 (Baddeley and M.

van Lieshout 1993), ランドマーク (landmark) モデル (Dryden and Mardia 1997) などである.

画像データの重要な課題の1つは，配列要素あるいはサイト (ピクセルあるいはボクセル) の間の相関が必然的に発生するという事実である．したがって通常，モデルではそのような相関を考慮しなければならない．尤度レベルでは，観測値の同時分布が標本点の密度の単純な積として定式化できないので，これは困難なことである．階層のこのレベルで相関のあるモデルを仮定するとき，扱いにくい正規化定数が生じることが普通である．この問題に対する一般的な解は，画像内の関心のある特徴がより高いレベルでの事前分布によって完全に特定することができると仮定することで，データレベルでの条件付き独立の仮定を認めることである．この方法では，より高いレベルに限定された要素の相関とデータレベルでの条件付き独立の仮定によって，従来の尤度モデルを仮定することができる.

相関モデルは特別な空間的に定義された事前分布によって記述されることが多い．1つの一般的なモデルは，隠れた構造 (いわゆる x) が $x \sim N(\mu_x, \Sigma)$ のような多変量正規分布に従う値をもつと仮定することである．ここでサイト間の相関はそれらの間の距離に依存するとする．したがって，Σ の要素，つまり共変量 σ_{ij} は d_{ij} をサイト間距離とすると，$\sigma_{ij} = f(d_{ij})$ で定義される．このような空間的な共分散の一般的な例は，指数関数 $\sigma_{ij} = \tau \exp(-\rho d_{ij})$ である．ここで，τ はフィールドの変動を表し，ρ は距離依存または相関である．このタイプのモデルは，特に環境や農業の応用事例での連続的なフィールドに対して仮定されることが多い (R の spBayes と geoRglm パッケージを参照)．これらの事例では，通常は測定サイトの数が比較的少ない．この完全多変量正規モデルは，推定に共分散行列の逆行列が必要であり，この点は重要な検討事項である．事実，もしベイズモデルを仮定すると，MCMC サンプラーのそれぞれの反復で必要になる．これらのモデルの計算上の負荷を減らすために，様々な定式化が提案されている：予測プロセス (predictive process) モデル (Banerjee et al. 2008)，プロセス畳み込み (process convolution)(Higdon 2002)，減少ランククリギング (reduced rank Kringing) あるいはスプライン (spline)(Kim et al. 2010) である．画像では，近傍への局所的な依存のみを仮定するマルコフ確率場 (Markov random field, MRF) モデルを用いることが多い．図 16.11 は 25 個のサイトメッシュを示している．ここでサイト 13 には 8 個の (すぐに) 隣接するサイト，4 個の主な隣接サイト，24 個の 2 次の隣接サイトがある．MRF モデルでは，依存度は純粋に近傍の値による条件付きで定義される.

1	2	3	3	5
6	7	8	9	10
11	12	13	14	15
16	17	18	19	20
21	22	23	24	25

図 16.11 25 サイトの格子網：サイト 13 には 8 個の隣接するサイト (1 次)：$\{7, 8, 9, 12, 14, 17, 18, 19\}$ と 24 個の 2 次の隣接サイト (すべての他のサイト) がある．

例えば，正規 1 次 MRF は要素 $\{u_i\}$ に対して以下のように定義される．

$$u_i | \{u_j\}_{j \neq i} \sim N(\gamma \overline{u}_{\delta_i}, \sigma_\tau^2 / n_{\delta_i})$$

ここで $\sigma_\tau^2 = \tau^{-1}$ で，δ_i は i 番目のサイトの隣接サイト，n_{δ_i} は i 番目のサイトの隣接サイト数，$\overline{u}_{\delta_i}$ は i 番目のサイトの隣接サイトに対する値の平均である．ピクセルやボクセルの整然とした配列では，端以外では 1 次については $n_{\delta_i} = 8$ である．端では $n_{\delta_i} = 5$ であり，打ち切りが発生する．したがって，端の領域のサイトでは変動が大きくなる．パラメータ γ は近傍の相関の指標である．要素は条件付きで定義され，近傍の値の平均にのみ依存することに注意する．もし $\gamma = 1$ ならば，非正則な CAR モデルとなる．そのモデルでは，推定のときに共分散行列の逆行列は必要ないので，これは他のモデルよりも重要な利点である．このモデルは通常，疾病地図の応用事例でも仮定される (16.2 節参照)．このモデルを CAR(γ, τ) と書くことにする．これらのモデルの一般的なレビューは Rue and Held (2005) にある．画像に対する MRF モデルのレビューは Winkler (2006) にある．

画像のベイズ流のモデル化には様々な応用事例があり，それらはそれぞれ特別な要件がある．例えば，PET は脳の糖力学を検出するため (アルツハイマー病の早期発見) や，オンコロジーの腫瘍型の検出にも使われる．PET データは，放射線ラベルされたトレーサーによって活性化される光源から放出された光子のカウントとなる．この領域の初期のベイズ解析は EM アルゴリズムの解に焦点があたっていた (Green 1990 参照)．最近では，MRI が神経科学での応用事例で，より関心を引くようになった．次では，fMRI に関連するモデル化の問題を議論する．

16.3.1 fMRI のモデル化

ここでは，ベイズ流のモデル化の側面から fMRI 画像の解析に関連するいくつかの問題を検討する．fMRI データの解析では，広く文献が増えており，統計学的な問題の最近のレビューについては，Lazar (2008) を参照するとよい．機能的 MRI は診断医学，特に神経科学の領域では重要なツールになっている．ここでの議論では，fMRI 画像の後処理は実行済みで，得られた BOLD ボクセル画像か，BOLD 画像配列あるいは時系列を解析しようとしていると仮定する．画像の後処理の詳細と問題はここでは議論しないが，現実の解析では仮定するモデルとこれらの関連を検討しなければならない．BOLD は blood oxygenation level dependent の略で，血液の磁気感受性と酸素化の間を直接結びつけるものである．fMRI で測定される BOLD 反応は (行動や認知機能活動を反映する) 局所的なニューロンの活動を反映している．したがって，BOLD 値の上昇している場所はニューロン活動がより高いことに相当する．機能的脳画像の解析に対する一般的で包括的な情報は Friston et al. (2007) にあり，そのパート 5 はベイズ流アプローチに焦点をあてている．

BOLD 画像は $t \times p \times m \times n$ のボクセルで構成されていると仮定する．ここで p は脳のスライス数，t は時間であり，個々の被験者に対して $m \times n$ 次元の空間的なボクセル配列があるとする．さらに，次の節では $t = 1$ の期間で，時間は固定されていると仮定する．後で，時間的なモデルも検討する．

図 16.12 は指タッピング試験での BOLD 画像の 1 スライスを示す．活性化している領域 (シグナル) は暗く，一方で活性が低い，またはない領域は明るくなっている．この画像は 69×79 ボクセルの配列からなっている．

16.3.1.1 空間モデル

BOLD 値は連続尺度で測定され，0 から離れた範囲であるので，BOLD データに正規モデルを仮定することは，最初の仮定として妥当である．あるスライス (例えば $p = 1$) と時間 ($t = 1$) に対する単純な空間モデルは，j, k 番目の場所/ボクセルに対して以下のようにすることができる．

$$y_{jk} = \beta_0 + w_{jk} + e_{jk}$$

ここで正規誤差 $e_{jk} \sim N(0, \sigma_y^2)$ を仮定する．切片と変量効果 (w_{jk}) は，無相関ノイズと相関のある (空間的に構造化された) ノイズの両方を構成することができる．変量効果に対してはしばしば畳み込み (convolution) が仮定される．そのとき $w_{jk} = v_{jk} + u_{jk}$ であり，$v_{jk} \sim N(0, \sigma_v^2)$ で $u_{jk}|\{u_{lm}\}_{l,m \neq j,k} \sim \text{CAR}(\gamma, \tau_u)$ である．これによって，

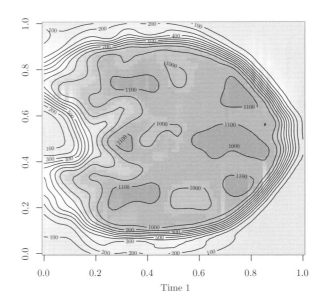

図 16.12 fMRI BOLD 画像：指タッピング試験

単一スライスの画像に対する基本的なモデルとして以下のモデルが得られる．

$$y_{jk} = \beta_0 + v_{jk} + u_{jk} + e_{jk} \tag{16.3}$$

このようなモデルは，spatio-temporal (ST) の枠組みではあるが，Gossl et al. (2001) によって仮定された．いままでのところ，平滑化モデルのみを検討しており，個体効果も刺激効果も含まなかった．

より一般的なモデルは個体レベルのデータと，グループ化されたデータも含む (Lange 2003)．まず，スキャンされた i 番目の被験者が $m \times n$ 要素のボクセル配列の単一スライスをもつと仮定する．j, k 番目のボクセルでの BOLD 応答を y_{ijk} ($i = 1, \ldots, N$; $j = 1, \ldots, m$; $k = 1, \ldots, n$) と定義する．したがって，以下となる．

$$y_{ijk} = \mu_{ijk} + e_{ijk}$$

このレベルでの誤差項は無相関のランダムなノイズであるとして以下を仮定する．

$$e_i \sim \mathrm{N}(\mathbf{0}, \sigma^2 \mathbf{I})$$

さらに，潜在的な平均レベル μ_{ijk} はデータ y_{ijk} の平滑化されたものであると仮定する．その場合，i 番目の個体と l 番目のグループに対するモデルは以下のとおりである．

$$y_{ijkl} = \boldsymbol{x}_{ijkl}^T \boldsymbol{\beta} + \boldsymbol{z}_{ijk}^T \boldsymbol{b}_{il} + e_{ijkl} \tag{16.4}$$

ここで $\boldsymbol{x}_{ijkl}$ は，個体，ボクセル，グループによって指定される予測ベクトルであり，$\boldsymbol{\beta}$ は関連するパラメータ，$\boldsymbol{z}_{ijk}^T \boldsymbol{b}_{il}$ は個体とグループレベルの変量効果，$e_{ijkl} \sim \mathrm{N}(0, \sigma_y^2)$ は全体の誤差項である．

ここで i 番目の被験者での平均 BOLD レベルに対するモデルを仮定する．以下のような一般的な混合効果モデルを仮定する．

$$\mu_{ijk} = \boldsymbol{x}_{ijk}^T \boldsymbol{\beta} + \boldsymbol{z}_{ijk}^T \boldsymbol{b}_i$$

共変量が存在するとき，それらは空間的に変動しているかもしれないし，単に (個体の人口統計学的情報のような) ベースラインの測定値かもしれない．特に，空間的に参照される刺激が存在するとき，通常はその刺激と BOLD シグナルをマッチさせることが可能なリンク関数が使われる．このために，血流力学的な反応関数がよく使われる $(h(s,\theta))$．ある時間ラグで得られた刺激値が z_{ijk} であると仮定すると，ラグを s として，リンク関数は $x_{ijk}^* = \sum_s h(s,\theta) z_{ijks}$ とすることが多い．このとき x_{ijk}^* は μ_{ijk} のモデルに線形あるいは非線形に加えられる．

以下では，共変量はないと仮定する．したがって線形予測子 $\boldsymbol{x}_{ijk}^T \boldsymbol{\beta} = \beta_0$ は全体平均を表す定数の切片項である．第 2 項は変量効果を含み，空間的な相関を含むことが可能である．複雑さが異なる以下のモデルが可能である．

1. 相関のないボクセルノイズモデル：
   $\mu_{ijk} = \beta_0 + v_{jk}; v_{jk} \sim \mathrm{N}(0, \sigma_v^2)$
2. 相関のない個人のボクセルレベルモデル：
   $\mu_{ijk} = \beta_0 + b_i + v_{jk}; b_i \sim \mathrm{N}(0, \sigma_b^2), \ v_{jk} \sim \mathrm{N}(0, \sigma_v^2)$
3. 無相関と相関のあるボクセルノイズモデル：
   $\mu_{ijk} = \beta_0 + v_{jk} + u_{jk}; v_{jk} \sim \mathrm{N}(0, \sigma_\psi^2), u_{jk} \sim \mathrm{CAR}(\gamma, \tau_u)$
4. 重み付き混合分布モデル：
   $\mu_{ijk} = \beta_0 + p_{jk} v_{jk} + (1-p_{jk}) u_{jk}; p_{jk} \sim \mathrm{Beta}(1,1)$
5. ジャンプオナリング (jump honoring) を伴う拡張重み付き混合分布モデル：
   $\mu_{ijk} = \beta_0 + p_{jk} v_{jk} + (1-p_{jk})\{q_{jk}[u_{jk}] + (1-q_{jk})[u_{jk}^*]\};$
   $q_{jk} \sim \mathrm{Beta}(1,1), \ u_{jk}^* | \{u_{lm}^*\}_{l,m \neq jk} \sim \mathrm{CAR}.L1(u_{jk}^*)$

モデル 1 は構造的な仮定を全く含まないので，最も重要ではない．モデル 2 は個体レベルの効果とボクセルにもとづく効果の両方が含まれている．モデル 3 は一般的に畳み込みモデルと呼ばれており，空間的な変動を単純に記述する．図 16.13 は指データに対する，モデル 3 でのある一人の被験者の μ_{ijk} の事後平均を示している．モデル 3 では，空間的な不均質の要素 (u_{jk}) の事後平均も得られる．

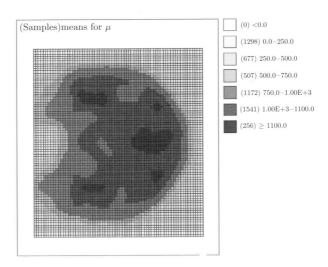

図 16.13 指タッピング試験：1つのスライスとある時間での畳み込みモデルによる μ_{ijk} の事後平均の推定値

図 16.14 と図 16.15 は変量効果を示している．モデル 4 は，エッジ効果 (図 16.16) としてランダムなノイズが最も高いエッジ領域を主に反映する，混合パラメータフィールド p_{jk} (無相関の効果と相関のある効果の間) を示している．

拡張混合分布モデル (モデル 5) では，p と q フィールドと全体の μ_{ijk} の推定値を示す (図 16.17, 16.18, 16.19)．確率場を示すために事後分布の汎関数 (超過確率) を使っていることに注意する (16.2.5 節も参照)．事後分布のサンプル $\{p_{1,1}^g,\ldots,p_{m,n}^g\}$, $g=1,\ldots,G$ から，それぞれのボクセルに対して

$$P_{jk} = \widehat{\Pr}(p_{jk} > 0.5) = \sum_{g=1}^{G} I(p_{jk}^g > 0.5)/G$$

が得られる．0.95 や 0.99 のような P_{jk} の適切な閾値が使われる．この考えは，BOLD 活性が最も高い領域を探し出すため，活性が高いクラスターを検出するために，より一般的に使うことができる．

最近では，混合にもとづくより複雑なベイズモデルが提案されている (Xu et al. 2009; Zhang et al. 2010)．ベイズ流の空間モデル化に代わる方法として，交換可能性の仮定にもとづくもの (Bowman et al. 2008) や，結合性の応用で事前に定義した領域にもとづくもの (Derado et al. 2010) も提案されている．

機能的結合は神経画像検査での関心のある主要な領域である (Lange 2003)．脳の領域間の結合あるいは関連を対象としている．したがって，活動レベルの関連が焦点で

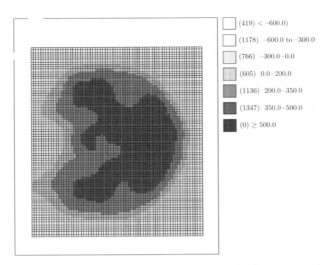

図 16.14 指タッピング試験：1つのスライスとある時間での畳み込みモデルによる u_{jk} の事後平均の推定値

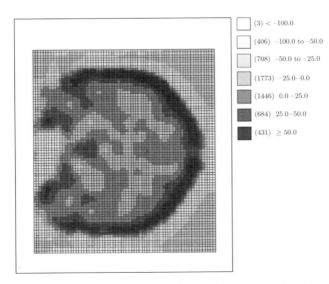

図 16.15 指タッピング試験：1つのスライスとある時間での畳み込みモデルによる v_{jk} の事後平均の推定値

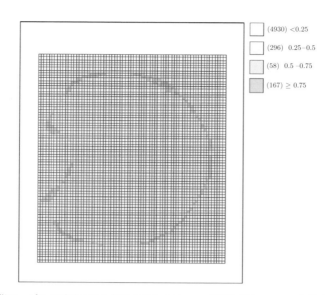

図 16.16 指タッピング試験：混合分布モデルでの p_{jk} の事後平均フィールド推定値 (モデル 4)

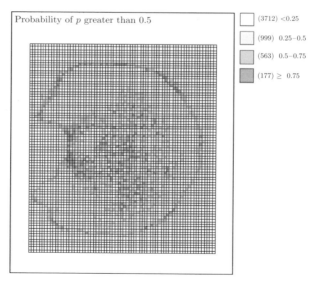

図 16.17 指タッピング試験：拡張混合分布モデル (モデル 5) での $p_{jk} > 0.5$ の事後超過確率

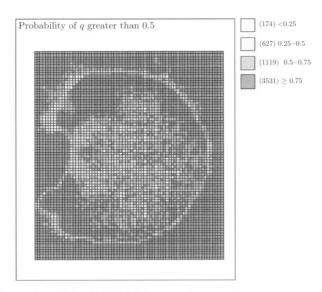

図 16.18 指タッピング試験：拡張混合分布モデル (モデル 5) での $q_{jk} > 0.5$ の事後超過確率

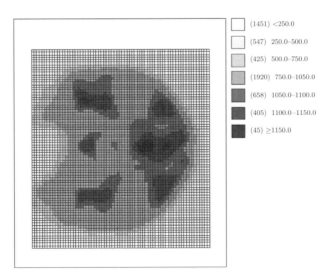

図 16.19 指タッピング試験：拡張混合分布モデル (モデル 5) での平滑化平均フィールドの事後平均 μ_{ijk}

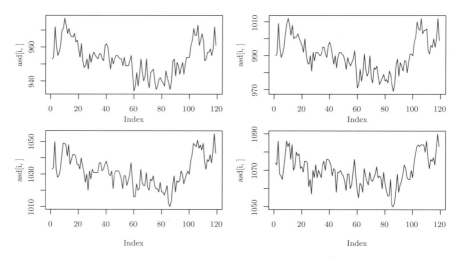

図 16.20 指タッピング試験：指データ (スライス = 20) での 4 つの隣接するボクセルの経時推移のプロット

あるが，ある距離で離れていても機能的な依存のため，ある領域は同調してシグナルを送るかもしれない．遅延した一時的な効果が，結合性の複雑さの主要な役割を担うのは明らかである．この話題をこれ以上検討することは，この章の目的を超えているが，次の節でいくつか関連する領域について検討する．関心領域 (regions of interest, ROI) は機能的挙動と関連して特に関心のある脳の領域である．次の節ではこれらの領域に関連したモデル化のアプローチを簡単に検討する．機能的結合についてのさらなる情報については，興味のある読者は Lange (2003)，Stanberry et al. (2008) を参照されたい．より一般的には Lazar (2008) を参照のこと．

16.3.1.2 時間的な (temporal) モデル

図 16.20 は 4 つの隣接するボクセルでの BOLD 値の経時推移を示している．

時系列に対しては経時的研究で検討したものと同様な，様々なモデルを考えることができる (第 15 章参照)．しかし経時的研究とは違って，特にボクセル同士が近いときには，これらの時系列データは空間的に関連がありそうである．もちろん，距離が離れるほどそのような相関は減少するが，機能的結合とは，離れたボクセルが機能的結合によって相関することも意味する．

4 つのボクセルの時系列データに対して，以下のような多くの変動をとらえられるようなモデルを考えた．y_{ijk} は i 番目の時点での j, k 番目のボクセルの BOLD 反応

表 16.3　4 つのボクセルの時系列：モデルパラメータの事後平均の推定値

パラメータ	推定値	SD
α_0	772.1	14.44
c_1	126.7	23.68
c_2	128.4	23.39
c_3	133.1	23.36
c_4	130.7	22.98
c_T	133.9	28.20
ρ	0.997	0.002

を表し，以下のような自己回帰依存モデルを仮定する．

$$y_{ijk} \sim \mathrm{N}(\mu_{ijk}, \sigma^2); \quad \mu_{ijk} = \alpha_0 + c_{jk} + g_{ijk}$$
$$\alpha_0 \sim \mathrm{N}(0, \sigma_0^2)$$
$$g_{ijk} \sim \mathrm{N}(\rho g_{i-1,jk}, \sigma_g^2)$$
$$c_{jk} \sim \mathrm{N}(c_T, \sigma_c^2); \quad c_T \sim \mathrm{N}(0, \sigma_{ct}^2)$$
$$\sigma_* \sim \mathrm{U}(0, c), \quad \rho \sim \mathrm{Beta}(1, 1)$$

パラメータ α_0 と c_{jk} は全体と時系列固有の切片を表している．一方で時間的な相関は g_{ijk} についての AR(1) (ラグ 1 の自己回帰モデル) によってモデル化される．時間的相関のパラメータは ρ である．図 16.20 の例に対して，事後平均の推定値 (と標準偏差) を表 16.3 に示す．

表 16.3 から，このモデルでは，AR(1) モデルが実質的には共通な相関が $\rho \approx 1.0$ であるランダムウォークであることがわかる．時系列固有の要素は 126.7 から 130.7 に及んでおり，共通の平均は 133.90 である．より複雑な時間的，空間的な依存を考慮するようなさらに複雑なモデルを考えることもできる．これは時空間解析になる．

16.3.1.3 時空間 (spatio-temporal) モデル

画像列は時空間 (space-time, ST) モデルによって解析できる．ST モデルを検討するときに ROI がよく焦点になるので，画像の空間的な部分集合が使われる．ST 画像列のベイズ解析についての文献は増えてきている (Woolrich *et al.* 2004; Gossl *et al.* 2001; Quiros *et al.* 2010; Derado *et al.* 2010 を参照)．ここでは，この領域の包括的なレビューを行うつもりはない．代わりに，疾病地図で適用できるいくつかのモデル化の原理が，画像解析においても適切であると考えられる．i 番目の時間における j, k 番目のボクセルでの BOLD 値を y_{ijk} とする．モデル化の 1 つの方法は，空間 (S),

時間 (T), 時空間 (ST) 要素をもつ混合モデルを考えることができると仮定することである. S と T を主効果, ST を交互作用と考えることができる. 画像列に対するモデルを, 固定効果を除いて以下のように定義する.

$$y_{ijk} \sim N(\mu_{ijk}, \sigma_y^2)$$
$$\mu_{ijk} = \alpha_0 + S + T + ST$$

ここで,

$$S = v_{jk} + u_{jk}$$
$$T = g_i + h_i$$
$$ST = \psi_{ijk}$$

である.

よって, 時空間の挙動についての単純な記述は, $g_i \sim N(0, \sigma_g^2)$ と $h_i \sim N(\rho h_{i-1}, \sigma_h^2)$ による時間的な構造 (無相関または相関がある場合), $v_{jk} \sim N(0, \sigma_v^2)$ と $u_{jk} \sim CAR(\gamma, \tau_u)$ による空間的な構造 (無相関または相関がある場合), $\psi_{ijk} \sim N(0, \sigma_\psi^2)$ により定義される交互作用, からなる. このモデルでは, 交互作用を主効果 S と T を当てはめた後の, ある種の残差とみなす. 近傍の定義には多くの問題が生じる. 時間的なドメインを一度, 空間的解析に含めると, 近傍は (1) 時間をさかのぼること, (2) 時間とともに動的に変化でき, また, 依存性は流体力学または流量の勾配にもとづいて定義される. したがって, これらの拡張モデルは非常に複雑になる. この種のモデル化の最近の例は, Quiros *et al.* (2010) で確認できる. ここではこれ以上はふれない.

画像それ自身に対するモデルの観点だけではなく, 個体が治療を受けているときの時間に対する治療の観察のように, 画像に適用するベイズ流アプローチの発展には多くの可能性があることが想像できる. したがって, 最終的には画像の経時的な ST 治療グループの解析が可能になるだろう. これらの拡張に関連する多くの問題は, いまのところ研究されていない.

16.3.2　ソフトウェアについての注意

処理をしなければならないデータ配列が大きいことが, ベイズ流 fMRI 解析の妨げとなる. このため, コンピュータ集約的な MCMC は最近まで使われていなかった. したがって, 特定の目的のためのプラットフォーム上で解析を実施することが普通である. Matlab は, Matlab ベースの統計的なパラメータマッピング (statistical parameter mapping, SPM) パッケージとしてよく使われている. 特定の目的のために書かれたコードも存在する.

FMRIB ソフトウェアライブラリ (FSL) もいくつかの解析に利用可能である．R パッケージにはベイズ流画像解析のための機能が存在する．すなわち，`AnalyseFMRI` パッケージは，ANALYSE と FIFTI フォーマットの画像ファイルを扱うのに便利であり，いくつかの限られたベイズ解析の機能を提供する (例えば，Hartvig and Jensen 2000 の混合分布モデル)．

WinBUGS は理想的なプラットフォームだが，配列サイズが非常に大きいと事後分布のサンプリングが遅くなる．Windows XP の Dell Latitude 830 で WinBUGS 1.4.3 を実行し，上記で議論した基本的な空間畳み込みモデルを，1 つの fMRI スライス (5451 ボクセル) にあてはめると，10000 回の反復で 564 秒かかった．

第17章 最終章

17.1 本書で取り上げたもの

本書の前半の11章(第I部と第II部)において,哲学,言葉,計算法と統計モデルなどのベイズ流の方法論を概説した.そのために,横断的研究,縦断的研究,簡単な空間疫学研究と基本的な比較臨床試験など,様々な例を利用した.さらに,成長曲線,診断テストとバイオインフォマティクスの簡単な例を取り上げた.応用領域は,食事調査,リウマチ,脳卒中研究,口腔内健康調査,動物研究,糖尿病とがん研究が含まれる.その後の5章(第III部)では,バイオアッセイ,測定誤差,誤分類,疾病地図と画像解析,生存時間解析と経時的な研究においてベイズ統計の応用をみてきた.

医学研究の各領域において,ベイズ流アプローチの新たな発展が急増している.したがって,本書は理論と応用の両方において,生物統計に対するベイズ流アプローチを理解するための,基礎となるテーマを扱っている.ここで詳細に取り上げられなかったさらなる発展や話題については,重要な参考文献を挙げて簡単に概説する.

17.2 さらなる発展

方法論的な発展は特別な応用領域で起こる場合がある.また,すべての領域で応用できる理論的な発展もある.ここでは深入りせず,2種類の発展を概説する.

17.2.1 医学における意思決定

医学での意思決定 (medical decision making) の目的は,ヘルス・ケアにおける意思決定プロセスを合理化し改善することであり,結果的に,患者の予後を改善することとなる.この領域においてベイズ流アプローチが特に有用である.なぜなら,最適な意思決定は通常様々な情報源が必要であり,しかも,これらの情報は全部数量化で

きるわけではない．Parmigiani (2002) はベイズの視点から医学での意思決定におけるモデル化を行っている．これは次のような話題を含む．1.3.2 節で述べた個人予測，例えば，ベイズ流意思決定アプローチを用いたがんのスクリーニングプログラムの費用対効果を評価するため，仮想コホートの被験者データを生成するシミュレーションモデルや，QOL 調査，メタ解析などである．Spiegelhalter et al. (2004) は同様の応用を取り扱ったが，臨床試験の方法論により重点をおいた．

ここで，医学的意思決定の重要な 1 つであるメタ解析は割愛する．ベイズ流メタ解析は，単に，個々の試験からレベル 2 の観測値が得られるベイズ流階層モデルであるとだけ述べておく．ベイズ流アプローチを含むメタ解析に対する詳細は Arends et al. (2008) とその参考文献を参照する．

もう 1 つの意思決定の情報源は診断テストである．ゴールド・スタンダードの費用がかなり高いかまたは時間がかなりかかる場合，完璧ではないテストが実際に利用される．診断テストは完璧でない機器の評価を取り扱う．完璧でない機器の性能はゴールド・スタンダードの存在のもとでは，感度と特異度で表現することができる．別な方法では，カッパ統計量のような一致性検定で評価する．ベイズ流アプローチと MCMC 法を組み合わせると，マルチレベルモデル (13.2.3 節を参照) または事前分布を補完する必要があるときのような標準でない場合，これらのより良い性能指標を計算できる．この問題に対する一般的なベイズ的な処理に対しては，Broemeling (2007) を参照する．

17.2.2　臨床試験

約 20 年前，O'Quigley et al. (1990) がベイズ流アプローチを第 I 相臨床試験へ導入した．しかし，用量設定試験以降，特に第 III 相臨床試験において，ベイズ法を取り入れる臨床試験が増えつつある．これは第 5 章で説明された．しかし，ベイズ法はよく医療機器の評価に使用される．以下は FDA の医療機器の評価に対してベイズ流アプローチを利用するガイドラインを載せているウェブサイトである．

```
http://www.accessdata.fda.gov/cdrh_docs/pdf/P970033b.pdf
http://www.accessdata.fda.gov/cdrh_docs/pdf/P970015b.pdf
http://www.fda.gov/MedicalDevices/DeviceRegulationandGuidance/
GuidanceDocuments/ucm106757.htm
http://www.accessdata.fda.gov/cdrh_docs/pdf/P980048b.pdf
```

ベイズ法の第 II 相と第 III 相臨床試験での使用に対する抵抗は，適応試験 (adaptive trial) の出現により徐々に消えていく可能性がある．簡単に言うと，適応試験が試験

デザインに柔軟性をもたらすと言える．例えば，適応デザインの目指すことの1つは第II相と第III相臨床試験の推移を滑らかでかつ早くすることである．この領域は頻度論の文献において多くの進展がみられている．最近，この研究領域はベイズ研究者へ興味をもたらせてきた．臨床試験に対するベイズ流適応法に対する一般的な概説はBerry et al. (2011) を参照する．

17.2.3 ベイジアンネットワーク

ベイジアンネットワークは有向非巡回グラフ (directed acyclic graph, DAG) モデルの別の表現である．DAG が WinBUGS の基礎であった．第5章から，DAG が確率変数とその条件従属性を表す確率グラフであることがわかる．例えば，ベイジアンネットワークが疾患と症状の間の確率関係を表している．症状が与えられたもとで，このネットワークは様々な疾患が発生する確率を計算することができる．したがって，ベイジアンネットワークは因果関係を調べることに利用でき，よって問題の範囲の理解と治療介入との因果関係の予測に有用である．この問題の背景などについては Neal (1996), Borgelt and Kruse (2002), Korb and Nicholson (2004), Williamson (2005) から見ることができる．

17.2.4 バイオインフォマティクス

高速大量処理遺伝子データの解析は過去10年大きな進展がみられた．第11章は，ベイズ流変数選択法を遺伝子表現データに適用した．遺伝子研究においては，非常に多くの遺伝子を調査する必要があり，そのことが高速な変数選択技術の開発に刺激を与えた．しかし，これは遺伝子研究によって刺激された統計手法の1つの例に過ぎない．バイオインフォマティクスにおけるベイズ法の詳しい取り扱いは，Do et al. (2006), Sorensen and Gianola (2002), Mallick et al. (2009), Dey et al. (2011) を参照する．

17.2.5 欠測データ

すべてではないが，多くの研究は欠測データに悩まされている．一般的に，欠測データが存在する場合，適切なデータ解析は簡単ではない．第15章は，経時的な研究において欠測値の取り扱いの基本的な論点について簡単に概説した．一部の解析は欠測値と脱落を考慮している．しかし，欠測値の取り扱いについて用いた手法より望ましい様々な手法も存在する．さらに，欠測プロセスに対する仮定に変化があった際には感度分析を行う必要がある．Daniels and Hogan (2008) はいくつかの欠測データを取り扱うベイズ流アプローチを取り上げている．事前情報のすべてを推定プロセスに取り

入れるので，ベイズ流アプローチは感度分析に適している．欠測データに対するその他のベイズ法については，Tan et al. (2010) を参照する．

17.2.6　混合分布モデル

混合分布モデル (mixture model) は統計学において，理論と計算の視点から重要かつ高度な領域である．混合分布モデルは，例えばクラスター解析，変化点モデルを含んでいる．第6章で取り上げたリバーシブルジャンプMCMCアプローチは混合分布を取り扱うベイズ流アプローチの1つである．本書において混合分布モデルを取り上げたが，深入りはしなかった．例えば，MCMC計算において，よく知られている'label-switching'（ラベル・スイッチング）問題は無視した．この問題に関する例は，有病率，感度と特異度を曖昧に定義した例VII.7を参照する．Jasra et al. (2005) は，どのようにこの問題を処理するかについて一般的な概説を与えている．McLachlan and Peel (2000) あるいは Böhning (2003) は，頻度論的アプローチに焦点をあてているが，混合分布モデルに関する標準的な文献である．ベイズの枠組みでは，Denison et al. (2002) による分類に関する書籍がある．

17.2.7　ノンパラメトリックなベイズ法

本書で取り扱ったすべてのアプローチはパラメトリック法である．ベイズ流アプローチを，MCMCアプローチとベイズソフトウェアとを一緒に用いて，複雑な様々なパラメトリックモデルを当てはめることができ，すぐには限界を感じることがない．それにもかかわらず，ノンパラメトリックベイズ法 (nonparametric Bayesian method) と呼ばれるベイズ流アプローチもあり，さらなる柔軟なモデル法を与える．この方法は，急速に進展するベイズ法のクラスを構成し，豊富かつ潜在的により現実的なモデルを与える．ノンパラメトリックという用語は誤解すべきではない．この種のベイズ法は依然パラメトリックであるが，サンプルサイズによってパラメータ数は増加する．ノンパラメトリックなベイズ法は実際，無限次元空間における確率モデルである．このアプローチは，統計モデルをより柔軟に指定でき，変量効果分布，リンク関数などモデル成分はデータから推定される．しかし，このアプローチの数学的な背景は複雑で，本書の範囲を超えている．興味のある読者は特別号 Statistical Modelling, Volume 8, Number 1, 2008 を参照するとよい．さらなる詳細は Ghosh and Ramamoorthi (2003) と Hjort et al. (2010) を参照する．また，Peter Orbanz による2つのビデオ特集を見ることもできる (http://videolectures.net/mlss09uk_orbanz_fnbm/).

17.3 他の著書

ベイズに関する著書は多く存在する．それらの一部はこれまでの章においてすでに参照している．さらに関心のある読者には，以下の追加書の一覧を与える．

- Marin and Robert (2007) の本は，ベイズ法において，一般化線形モデル (GLIM)，捕獲・再捕獲実験，混合分布モデル，動的モデルと画像解析など，様々なモデルに対する計算手順の概説を与えている．数学的及び統計学の基本的な背景を与え，R プログラムも提供している．

- 1 つの素晴らしいシリーズの本 (Congdon 2003, 2006, 2007, 2010) において，著者は大量の統計モデルの応用を記述し，それらの分析の WinBUGS のコードを提供している．

- 本書よりもっと初歩的内容が必要な読者，あるいは，ベイズの概念を理解したい生物医学の研究者には次のような一覧がある．Moyé (2008) は，生物統計においてベイズ法に対して一般的な基礎を紹介している．McCarthy (2007) は生態学におけるベイズ法の紹介であり，King et al. (2009) は同じ領域におけるより高等なテキストである．Taroni et al. (2010) は，法医科学におけるベイズ法の紹介であり，Colosimo and del Castillo (2006) は，ベイズプロセス制御と調査関連の話題である．

付録：確率分布

A.1 はじめに

　この付録では，パラメトリックなベイズ流アプローチで使われる一般的な分布をまとめる．1変量分布はグラフィカルにも表示する．いくつかの分布，例えば逆ガンマ分布では，同じグラフ上により良く知られている，同じパラメータ値をもつガンマ分布も示す．さらにこれらの分布を呼び出すためのR, WinBUGS, JAGS, SASのMCMCプロシジャでのコマンドを提示する．'-' という表示は，そのソフトウェアにその分布が存在しないことを意味する．

　多くの場合，WinBUGSのコマンドはJAGSと同じであるが，一部異なることがある．JAGSではいくつか追加の分布を使うことができる．すなわち，F分布，非心カイ2乗分布，ベータ2項分布，非心超幾何分布である．これらの分布では基本的にJAGSのマニュアルを参照する．SASでも追加の分布が利用できる．例えば，θがガンマ分布に従うとき$\log(\theta)$の分布である指数ガンマ分布のような，様々な分布の指数版が利用可能である．MCMCプロシジャのSASマニュアルを参照せよ．

　多くの分布には2つのパラメータ化がある．1つはスケールパラメータscaleで，もう1つはレートパラメータrate = 1/scaleによるものである．どちらかを選択すると他方はscaleを1/rateに置き換えることで，逆の場合も同様に求めることができる．関数の呼び出しでは，パラメータparamの逆数はiparamで示す．最後に，JAGSとSASには他の統計ソフトウェアとの混乱を防ぐために，いくつかの分布にエイリアスがある．詳細はそれぞれのマニュアルを参照せよ．

A.2　1変量連続型分布

図 A.1　ベータ分布 (Beta distribution): Beta(α, β)

Model	Examples
$p(\theta) = \dfrac{1}{B(\alpha,\beta)} \theta^{\alpha-1}(1-\theta)^{\beta-1}$ with $B(\alpha,\beta) = \dfrac{\Gamma(\alpha)\Gamma(\beta)}{\Gamma(\alpha+\beta)}$ Condition: $\alpha > 0, \beta > 0$ Range:　　[0, 1] Parameters: α, β: shape	($\alpha=4, \beta=1$; $\alpha=0.2, \beta=6$; $\alpha=3, \beta=3$; $\alpha=0.7, \beta=0.7$; $\alpha=1, \beta=1$)

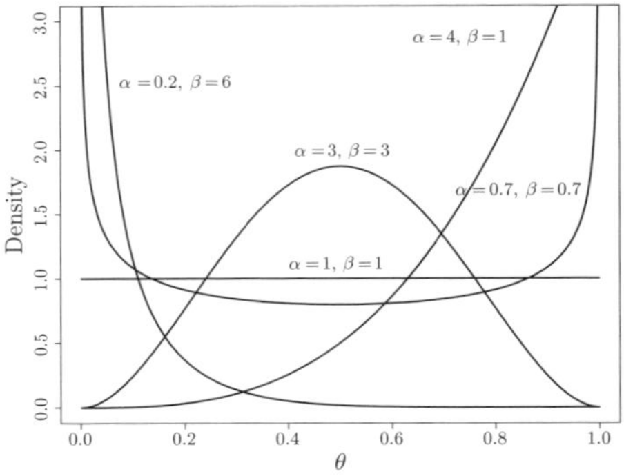

Moments		Program commands	
Mean:	$\dfrac{\alpha}{(\alpha+\beta)}$	R:	`dbeta(theta,alpha,beta)`
Mode:	$\dfrac{\alpha-1}{\alpha+\beta-2}$	WB/JAGS:	`theta ~ dbeta(alpha,beta)`
Variance:	$\dfrac{\alpha\beta}{(\alpha+\beta)^2(\alpha+\beta+1)}$	SAS:	`theta ~ beta(alpha,beta)`

図 A.2　コーシー分布 (Cauchy distribution): Cauchy(μ, σ)

Model	Examples
$p(\theta) = \dfrac{1}{\pi}\left(\dfrac{\sigma}{\sigma^2 + (\theta-\mu)^2}\right)$ Condition: $\sigma > 0$ Range:　　$(-\infty, \infty)$ Parameters: μ: location, σ: scale	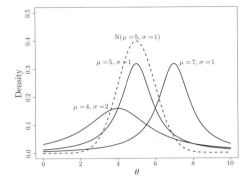

Moments		Program commands	
Mean:	-	R:	`dcauchy(theta,mu,sigma)`
Mode:	μ	WB/JAGS:	-
Variance:	-	SAS:	`theta ~ cauchy(mu,sigma)`

Note:
コーシー分布は位置・尺度 t 分布の特別な場合である：
Cauchy$(\mu, \sigma) = t_1(\mu, \sigma)$

図 A.3　カイ 2 乗分布 (Chi-squared distribution): $\chi^2(\nu)$

Model	Examples
$p(\theta) = \dfrac{1}{\Gamma(\nu/2)2^{\nu/2}} \theta^{(\nu/2)-1} e^{-\theta/2}$ Condition: $\nu > 0$ Range:　　$\nu = 2 : [0, \infty)$ 　　　　　otherwise: $(0, \infty)$ Parameters: ν: degrees of freedom	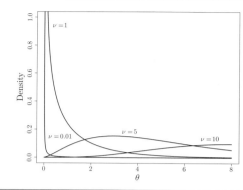

Moments		Program commands	
Mean:	ν	R:	`dchisq(theta,nu)`
Mode:	$\nu - 2$ ($\nu \geq 2$), otherwise -	WB/JAGS:	`theta ~ dchisqr(nu)`
Variance:	2ν	SAS:	`theta ~ chisq(nu)`

Note:

χ^2 分布はガンマ分布の特別な場合である：
$\chi^2(\nu) = \text{Gamma}(\alpha = \nu/2,\ \beta = 1/2)$ (rate).

JAGS では，非心 χ^2 分布が提供されている：
'theta ~ dnchisqr(nu, delta)', $\delta > 0$ noncentrality parameter.

JAGS では，F 分布が提供されている (独立な χ^2 分布の比)：
'theta ~ df(nu1, nu2)', with nu1, nu2 = dfs of numerator and denominator, respectively.

図 A.4 指数分布 (Exponential distribution): $\exp(\lambda)$

Model	Examples
$p(\theta) = \lambda \mathrm{e}^{-\lambda \theta}$ Condition: $\lambda > 0$ Range: $[0, \infty)$ Parameters: λ: rate	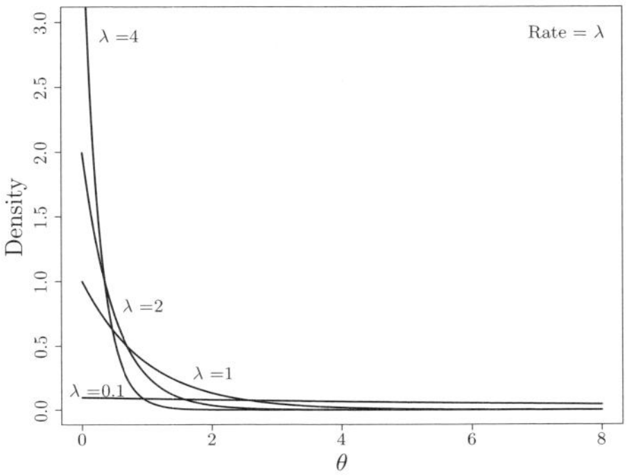 (density plot for $\lambda = 0.1, 1, 2, 4$; Rate $= \lambda$)

Moments		Program commands	
Rate:	λ		
Mean:	$\dfrac{1}{\lambda}$	R:	dexp(theta,lambda)
Mode:	0	WB/JAGS:	theta ~ dexp(lambda)
Variance:	$\dfrac{1}{\lambda^2}$	SAS:	theta ~ expon(iscale=lambda)
		(scale)	theta ~ expon(scale=ilambda)

Note:
指数分布はガンマ分布の特別な場合である:
$\exp(\lambda) = \mathrm{Gamma}(\alpha = 1, \lambda)$.

図 A.5　ガンマ分布 (Gamma distribution): Gamma(α, β)

Model   Examples

$$p(\theta) = \frac{\beta^\alpha}{\Gamma(\alpha)} \theta^{(\alpha-1)} e^{-\beta\theta}$$

Condition: $\alpha > 0$, $\beta > 0$
Range:　　$\alpha = 1 : (0, \infty)$
　　　　　otherwise: $[0, \infty)$
Parameters:
α: shape, β: rate

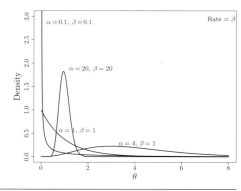

Moments		Program commands	
Rate:	β		
Mean:	$\dfrac{\alpha}{\beta}$	R:	dgamma(theta,alpha,rate=beta)
		(scale)	dgamma(theta,alpha,scale=ibeta)
Mode:	$\dfrac{\alpha-1}{\beta}$ $(\alpha \geq 1)$	WB/JAGS:	theta ~ dgamma(alpha,beta)
Variance:	$\dfrac{\alpha}{\beta^2}$	SAS:	theta ~ gamma(alpha,iscale=beta)
		(scale)	theta ~ gamma(alpha,scale=ibeta)

Note:
WB と JAGS では，一般化ガンマ分布が提供されている．*GenGamma*：
$\theta \sim \text{GenGamma}(\alpha, \beta^*, \lambda) \Leftrightarrow \theta^{1/\lambda} \sim \text{Gamma}(\alpha, \beta)$, with $\beta^* = \beta^{1/\lambda}$.
WB/JAGS command: 'theta $\sim$ dgen.gamma(alpha, beta, lambda)'.

図 A.6 逆カイ 2 乗分布 (Inverse chi-squared distribution): Inv-$\chi^2(\nu)$

Model	Examples
$p(\theta) = \dfrac{1}{\Gamma(\nu/2)2^{\nu/2}} \theta^{-(\nu/2+1)} e^{-1/(2\theta)}$ Condition: $\nu > 0$ Range: $(0, \infty)$ Parameters: ν: degrees of freedom	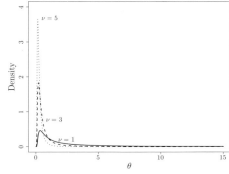

Moments		Program commands	
Mean:	$\dfrac{1}{\nu - 2}\ (\nu > 2)$	R:	`dchisq(1/theta,nu)/theta^2`
Mode:	$\dfrac{1}{\nu + 2}$	WB/JAGS:	`theta <- 1/itheta;` `itheta ~ dchisqr(nu)`
Variance:	$\dfrac{2}{(\nu-2)^2(\nu-4)}\ (\nu > 4)$	SAS:	`theta ~ ichisq(nu)`

Note:
逆 χ^2 分布は逆ガンマ分布の特別な場合である.
Inv-$\chi^2(\nu)$ = IG($\alpha = \nu/2, \beta = 1/2$)(rate).
逆 χ^2 分布は $\nu s^2 = 1$ のスケール化逆 χ^2 分布の特別な場合である.

図 A.7 逆ガンマ分布 (Inverse gamma distribution): $\mathrm{IG}(\alpha, \beta)$

Model	Examples
$p(\theta) = \dfrac{1}{\beta^\alpha \Gamma(\alpha)} \theta^{-(\alpha+1)} e^{-\beta/\theta}$ Condition: $\alpha > 0,\ \beta > 0$ Range: $(0, \infty)$ Parameters: α: shape, β: rate	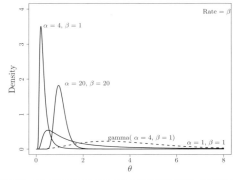

Moments		Program commands	
Rate:	β		
Mean:	$\dfrac{\beta}{(\alpha-1)}\quad (\alpha > 1)$	R:	dgamma(1/theta,alpha,rate=beta)/theta^2
		(scale)	dgamma(1/theta,alpha,scale=ibeta)/theta^2
Mode:	$\dfrac{\beta}{(\alpha+1)}$	WB/JAGS:	theta <- 1/itheta; itheta ~ dgamma(alpha,beta)
Variance:	$\dfrac{\beta^2}{(\alpha-1)^2(\alpha-2)}\quad (\alpha > 2)$	SAS:	theta ~ igamma(alpha,iscale=beta)
		(scale)	theta ~ igamma(alpha,scale=ibeta)

Note:
$\theta \sim \mathrm{IG}(\alpha, \beta) \Leftrightarrow 1/\theta \sim \mathrm{Gamma}(\alpha, \beta)$.

図 A.8　ラプラス分布 (Laplace distribution): Laplace(μ, σ)

Model	Examples
$p(\theta) = \dfrac{1}{2\sigma} e^{-|\theta-\mu|/\sigma}$ Condition: $\sigma > 0$ Range: $(-\infty, \infty)$ Parameters: μ: location, σ: scale	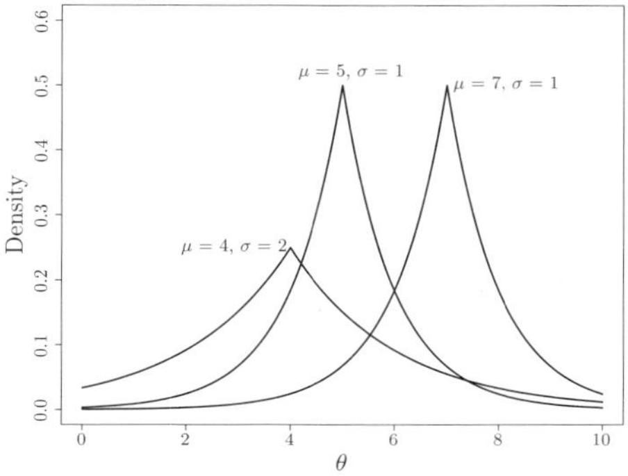 (density plots shown for $\mu=5, \sigma=1$; $\mu=7, \sigma=1$; $\mu=4, \sigma=2$)

Moments		Program commands	
Scale:	σ		
Mean:	μ	R:	dlaplace(theta,mu,sigma)
Mode:	μ	WB/JAGS:	-
		(rate)	theta ~ ddexp(isigma)
Variance:	$2\sigma^2$	SAS:	theta ~ laplace(mu,scale=sigma)
		(scale)	theta ~ laplace(mu,iscale=isigma)

Note:
ラプラス分布は2重指数分布 (double exponential distribution) と呼ばれることもある.
R 関数 dlaplace は R パッケージ 'VGAM' にある.

図 A.9 ロジスティック分布 (Logistic distribution): Logistic(μ, σ)

Model	Examples
$p(\theta) = \exp\left(-\dfrac{\theta - \mu}{\sigma}\right) \left[\sigma \exp\left(-\dfrac{\theta - \mu}{\sigma}\right)\right]^2$ Condition: $\sigma > 0$ Range: $(-\infty, \infty)$ Parameters: μ: location, σ: scale	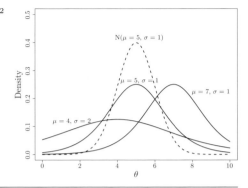

Moments		Program commands	
Mean:	μ	R:	`dlogis(theta,mu,sigma)`
Mode:	μ	WB/JAGS:	`theta ~ dlogis(mu,isigma)` (rate)
Variance:	$\dfrac{\pi^2 \sigma^2}{3}$	SAS:	`theta ~ logistic(mu,sigma)`

図 A.10　対数正規分布 (Lognormal distribution): $\text{LN}(\mu, \sigma^2)$

Model

$$p(\theta) = \frac{1}{\theta \sigma \sqrt{2\pi}} \exp\left(-\frac{(\log(\theta) - \mu)^2}{2\sigma^2}\right)$$

Condition: $\sigma > 0$
Range:　　$(0, \infty)$
Parameters:
μ: location, σ: scale

Examples

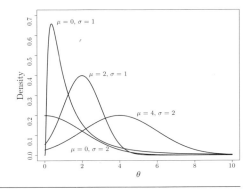

Moments

Mean:　　　$\exp(\mu + \sigma^2)$
Mode:　　　$\exp(\mu - \sigma^2)$
Variance:
$\exp(2(\mu + \sigma^2)) - \exp(2\mu + \sigma^2)$

Program commands

R:　　　　`dlnorm(theta,mu,sigma)`
WB/JAGS:　`theta ~ dlnorm(mu,isigma2)`
SAS:　　　`theta ~ lognormal(mu,sd=sigma)`
　　　　　`theta ~ lognormal(mu,var=sigma2)`
　　　　　`theta ~ lognormal(mu,prec=isigma2)`

図 A.11 正規分布 (Normal distribution): $\mathrm{N}(\mu, \sigma^2)$

Model	Examples
$p(\theta) = \dfrac{1}{\sigma\sqrt{2\pi}} \exp\left(-\dfrac{(\theta-\mu)^2}{2\sigma^2}\right)$ Condition: $\sigma > 0$ Range: $(-\infty, \infty)$ Parameters: μ: location, σ: scale	(density plots for $\mu=5, \sigma=1$; $\mu=7, \sigma=1$; $\mu=4, \sigma=2$)

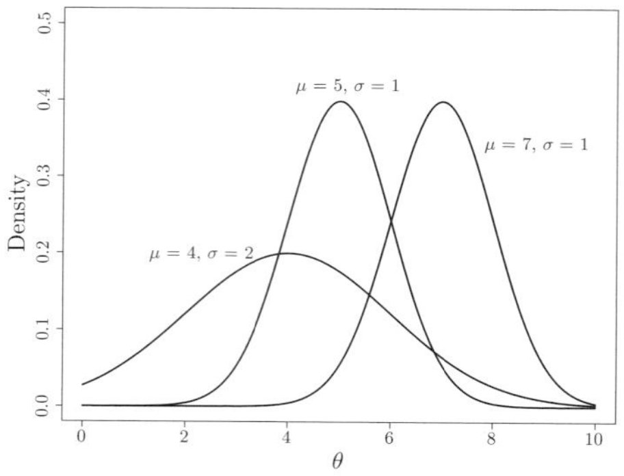

Moments			Program commands	
Mean:	μ	R:	`dnorm(theta,mu,sigma)`	
Mode:	μ	WB/JAGS:	`theta ~ dnorm(mu,isigma2)`	
Variance:	σ^2	SAS:	`theta ~ normal(mu,sd=sigma)`	
			`theta ~ normal(mu,var=sigma2)`	
			`theta ~ normal(mu,prec=isigma2)`	

図 A.12 t 分布 (Location-scale t-distribution): $t_\nu(\mu, \sigma)$

Model	Examples
$p(\theta) = \dfrac{\Gamma\left(\dfrac{\nu+1}{2}\right)}{\Gamma\left(\dfrac{\nu}{2}\right)\sigma\sqrt{\nu\pi}} \left(1 + \dfrac{(\theta-\mu)^2}{\nu\sigma^2}\right)^{-\frac{\nu+1}{2}}$ Condition: $\sigma > 0$, $\nu > 0$ Range: $(-\infty, \infty)$ Parameters: μ: location, σ: scale ν: degrees of freedom	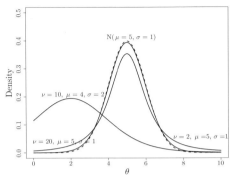

Moments		Program commands	
Mean:	μ (if $\nu > 1$)	R:	dt(nu,(theta-mu)/sigma)/sigma
Mode:	μ	WB/JAGS:	theta ~ dt(mu,isigma2,nu)
Variance:	$\dfrac{\nu}{\nu-2}\sigma^2$ (if $\nu > 2$)	SAS:	theta ~ t(mu,sd=sigma,nu)
			theta ~ t(mu,var=sigma2,nu)
			theta ~ t(mu,prec=isigma2,nu)

図 A.13 パレート分布 (Pareto distribution): Pareto(α, β)

Model	Examples
$p(\theta) = \dfrac{\alpha}{\beta} \left(\dfrac{\beta}{\theta}\right)^{\alpha+1}$ Condition: $\alpha > 0$, $\beta > 0$ Range: (β, ∞) Parameters: α: shape, β: location	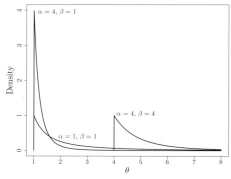

Moments		Program commands	
Mean:	$\dfrac{\alpha\beta}{\alpha-1}$ (if $\alpha > 1$)	R:	dpareto(theta,beta,alpha)
Mode:	β	WB/JAGS:	theta ~ dpareto(alpha,beta)
Variance:	$\dfrac{\alpha\beta^2}{(\alpha-1)^2(\alpha-2)}$ (if $\alpha > 2$)	SAS:	theta ~ pareto(alpha,beta)

Note:
R 関数 dpareto は R パッケージ 'VGAM' にある.

図 A.14 スケール化逆カイ2乗分布 (Scaled inverse chi-squared density): Inv-$\chi^2(\nu, s^2)$

Model	Examples
$p(\theta) = \dfrac{(\nu/2)^{\nu/2}}{\Gamma(\nu/2)} s^\nu \theta^{-(\nu/2+1)} e^{-\nu s^2/(2\theta)}$ Condition: $\nu > 0,\ s > 0$ Range: $(0, \infty)$ Parameters: ν: degrees of freedom, s^2: scale	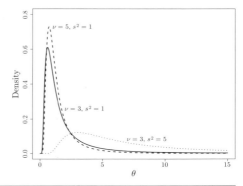

Moments		Program commands	
Mean:	$\dfrac{\nu}{\nu-2} s^2\ (\nu > 2)$	R:	`dchisq(nu*s^2/theta,nu)` `*nu*s^2/theta^2`
Mode:	$\dfrac{\nu}{\nu+2} s^2$	WB/JAGS:	`theta <- nu*s^2/itheta;` `itheta ~ dchisqr(nu)`
Variance:	$\dfrac{2\nu^2}{(\nu-2)^2(\nu-4)} s^4\ (\nu > 4)$	SAS:	`theta ~ sichisq(nu,s)`

Note:
スケール化逆 χ^2 分布は逆ガンマ分布の特別な場合である:
Inv-$\chi^2(\nu, s^2)$ = IG($\alpha = \nu/2, \beta = \nu s^2/2$) (rate).

図 A.15　ワイブル分布 (Weibull distribution): Weibull(α, β)

Model	Examples
$p(\theta) = \dfrac{\alpha}{\beta}\left(\dfrac{\theta}{\beta}\right)^{(\alpha-1)} \exp(-(\theta/\beta)^\alpha)$ Condition: $\alpha > 0,\ \beta > 0$ Range:　　$\alpha = 1 : [0, \infty)$ 　　　　　otherwise: $(0, \infty)$ Parameters: α: shape, β: scale	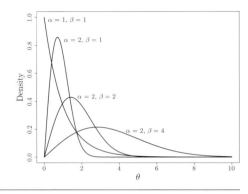

Moments		Program commands	
Mean:	$\beta\Gamma(1 + 1/\alpha)$	R:	`dweibull(theta,alpha,beta)`
Mode:	$\beta(1 - 1/\alpha)^{1/\alpha}$ (if $\alpha > 1$)	WB/JAGS:	`theta ~ dweib(alpha,beta)`
Variance:			
	$\beta^2\left[\Gamma(1 + 2/\alpha) - \Gamma^2(1 + 2/\alpha)\right]$	SAS:	`theta ~ weibull(0,alpha,beta)`

Note:
SAS: 追加のパラメータ $\mu > 0 = $ 範囲の下限をもつワイブル (general Weibull) 分布：
'weibull(mu,alpha,beta)', with θ/β in Weibull distribution replaced by $(\theta - \mu)/\beta$.

図 A.16 一様分布 (Uniform distribution): $U(\alpha, \beta)$

Model	Examples
$p(\theta) = \dfrac{1}{\beta - \alpha}$ Condition: $\beta > \alpha$ Range: $[\alpha, \beta]$ Parameters: α: lower limit, β: upper limit	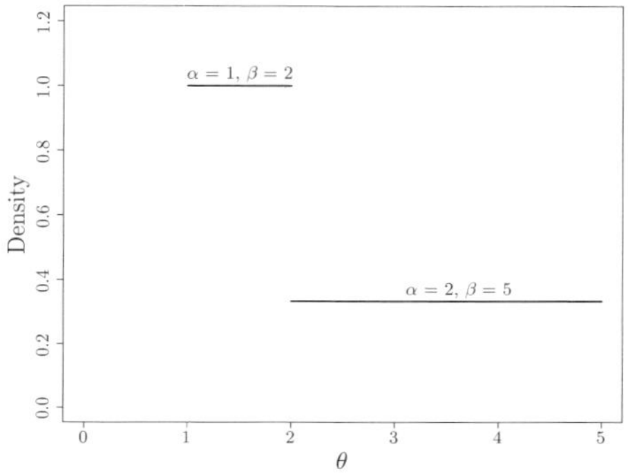

Moments		Program commands	
Mean:	$\dfrac{\alpha + \beta}{2}$	R:	dunif(theta,alpha,beta)
Mode:	-	WB/JAGS:	theta ~ dunif(alpha,beta)
Variance:	$\dfrac{(\beta - \alpha)^2}{12}$	SAS:	theta ~ uniform(alpha,beta)

Note:
一様分布はベータ分布の特別な場合である:$U(0,1) = \text{Beta}(1,1)$.

A.3 1変量離散型分布

図 A.17 2項分布 (Binomial distribution): $\mathrm{Bin}(n, \pi)$

Model	Examples
$p(\theta) = \binom{n}{\theta} \pi^\theta (1-\pi)^{n-\theta}$ Condition: $n = 0, 1, 2, \ldots$ $0 \leq \pi \leq 1$ Range: $\theta \in \{0, 1, \ldots, n\}$ Parameters: n: sample size π: probability of success	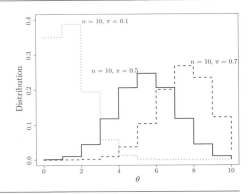

Moments		Program commands	
Mean:	$n\pi$	R:	dbinom(theta,n,pi)
Mode:	$\lfloor (n+1)\pi \rfloor$	WB/JAGS:	theta ~ dbin(pi,n)
Variance:	$n\pi(1-\pi)$	SAS:	theta ~ binomial(n,pi)

Note:
$\lfloor (n+1)\pi \rfloor = $ 値を超えない最大整数.
ベルヌーイ分布は 2 項分布の特別な場合である. $\mathrm{Bern}(\pi) = \mathrm{Bin}(1, \pi)$
Commands Bernoulli dist: R: dbern(pi), WB: dbern(pi), SAS: binary(pi).

図 A.18　カテゴリカル分布 (Categorical distribution): $\text{Cat}(\pi)$

Model

$p(\theta) = \pi_\theta$

Condition:
$\pi_\theta > 0, \sum \pi_\theta = 1$
Range:　　$\theta \in \{0, 1, \ldots, n\}$
Parameters:
π_θ: class probabilities

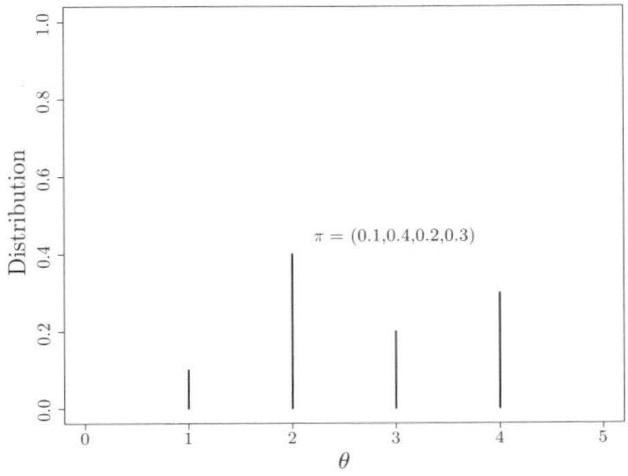

Examples

$\pi = (0.1, 0.4, 0.2, 0.3)$

Moments

Mean:	-	
Mode:	-	
Variance:	-	

Program commands

R:	`dmultinom(theta,size=1,pi)`
WB/JAGS:	`theta ~ dcat(pi)`
SAS:	`theta ~ multinom(pi)`

Note:
カテゴリカル分布は $n = 1$ の多項分布の特別な場合である.
JAGS では, π_θ が正である必要があるが, 総和が 1 になる必要はない.

図 A.19　負の 2 項分布 (Negative binomial distribution): $\mathrm{NB}(n, \pi)$

Model	Examples
$p(\theta) = \binom{\theta + n - 1}{\theta} \pi^n (1 - \pi)^\theta$ Conditions: $n = 0, 1, 2, \ldots$ $0 \le \pi \le 1$ Range:　　$\theta \in \{0, 1, \ldots, n\}$ Parameters: n: number of successes π: probability of success	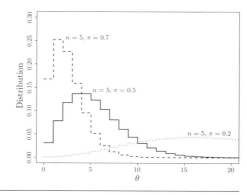

Moments		Program commands	
Mean:	$\mathrm{round}\left(\dfrac{n(1-\pi)}{\pi}\right)$	R:	`dnbinom(theta,n,pi)`
Mode:	$\mathrm{round}\left(\dfrac{(n-1)(1-\pi)}{\pi}\right)$	WB/JAGS:	`theta ~ dnbinom(pi,n)`
Variance:	$\dfrac{n(1-\pi)}{\pi^2}$	SAS:	`theta ~ negbin(n,pi)`

Note:
幾何分布は負の 2 項分布の特別な場合である：$\mathrm{geom}(p) = \mathrm{NB}(1, \pi)$.
他の表現による負の 2 項分布：
Expression (3.15): $\pi = \beta/(1+\beta)$ and $n = \alpha$ a real value.
Expression (6.19): $\pi = 1/(1+\kappa\lambda)$ and $n = 1/\kappa$ a real value.

図 A.20 ポアソン分布 (Poisson distribution): Poisson(λ)

Model	Examples
$p(\theta) = \dfrac{\lambda^\theta}{\theta!} \exp(-\lambda)$ Condition: $\lambda \geq 0$ Range: $\theta \in \{0, 1, \ldots, \infty\}$ Parameters: λ: average number of counts	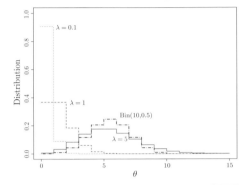

Moments		Program commands	
Mean:	λ	R:	dpois(theta,lambda)
Mode:	round(λ)	WB/JAGS:	theta ~ dpois(lambda)
Variance:	λ	SAS:	theta ~ poisson(lambda)

A.4 多変量分布

図 A.21 ディリクレ分布 (Dirichlet distribution): Dirichlet($\boldsymbol{\alpha}$)

Model	Program commands
$p(\boldsymbol{\theta}) = \dfrac{\Gamma\left(\sum_{j=1}^{J}\alpha_j\right)}{\prod_{j=1}^{J}\Gamma(\alpha_j)} \prod_{j=1}^{J} \theta_j^{\alpha_j-1}$	R: ddirichlet(vtheta,valpha)
Condition: $\alpha_j > 0\ (j=1,\ldots,J)$	WB/JAGS: vtheta[] ~ ddirich (valpha[])
Range: $\theta_j > 0,\ \sum_{j=1}^{J}\theta_j = 1$	SAS: vtheta ~ dirich(valpha)
Parameters:	
α_j: probabilities	

Moments			
Mean:	$\alpha_j / \sum_{j=1}^{J}\alpha_j$	Mode:	$(\alpha_j - 1)/\sum_{j=1}^{J}\alpha_j$
Variances:	$\dfrac{\alpha_j\left(\sum_m \alpha_m - \alpha_j\right)}{\left(\sum_m \alpha_m\right)^2 \left(\sum_m \alpha_m - \alpha_j\right)}$	Covariances:	$-\dfrac{\alpha_j \alpha_k}{\left(\sum_m \alpha_m\right)^2 \left(\sum_m \alpha_m + 1\right)}$

図 A.22 逆ウィッシャート分布 (Inverse Wishart distribution): IW(R, k)

Model	Program commands
$p(\Sigma) = c \det(R)^{k/2} \det(\Sigma)^{-(k+p+1)/2}$ $\exp\left[-\dfrac{1}{2}\mathrm{tr}(\Sigma^{-1}R)\right]$	R: diwish(Sigma, k, Rinv) (Rinv = R^{-1} in MCMCpack)
with	
$c^{-1} = 2^{kp/2}\pi^{p(p-1)/4}\prod_{j=1}^{p}\Gamma\left(\dfrac{k+1-j}{2}\right)$	
Condition: R pos definite, $k > 0$	WB/JAGS: -
Range: Σ symmetric	SAS: Sigma ~ iwishart(k,R)
Parameters:	
k: degrees of freedom &	
R: inverse of cov matrix	

Moments	
Mean: $R/(k-p-1)$ (if $k > p+1$)	Mode: $R/(k+p+1)$

図 A.23 多項分布 (Multinomial distribution): Mult$(n, \boldsymbol{\pi})$

Model	Program commands
$p(\boldsymbol{\theta}) = \dfrac{n!}{\theta_1! \theta_2! \ldots \theta_k!} \prod_{j=1}^{k} \pi_j^{\theta_j},$	R: `dmultinom(theta,size=n,prob=vpi)`
Condition: $\sum_{j=1}^{k} \pi_j = 1$	WB/JAGS: `vtheta[] ~ dmulti(pi[],n)`
Range: $\theta_j \in \{0, \ldots, n\}$ with $\sum_{j=1}^{k} \theta_j = n$	SAS: `vtheta ~ multinom(vpi)`
Parameters: π_j: probabilities	
Moments	
Mean: $n \cdot \boldsymbol{\pi}$	
Variances: $n\pi_j(1-\pi_j)$	Covariances: $-n\pi_j \pi_k$

図 A.24 多変量正規分布 (Multivariate normal distribution): $\mathrm{N}_p(\boldsymbol{\mu}, \Sigma)$

Model	Program commands
$p(\boldsymbol{\theta}) = \dfrac{1}{(2\pi)^{p/2} \det(\Sigma)^{1/2}}$ $\times \exp\left[-\dfrac{1}{2}(\boldsymbol{\theta}-\boldsymbol{\mu})^T \Sigma^{-1}(\boldsymbol{\theta}-\boldsymbol{\mu})\right]$	R: `mvrnorm(vtheta,vmu,S)` (MASS)
Condition: Σ positive definite	WB/JAGS: `vtheta[] ~ dmnorm(vmu[],S[,])`
Range: $-\infty < \theta_j < \infty$	SAS: `vtheta ~ mvn(vmu,S)`
Parameters: $\boldsymbol{\mu}$: mean vector & Σ: $p \times p$ covariance matrix	
Moments	
Mean: $\boldsymbol{\mu}$	Mode: $\boldsymbol{\mu}$
Variances: Σ_{jj}	Covariances: Σ_{jk}

図 A.25 多変量 t 分布 (Multivariate t-distribution): $T_\nu(\boldsymbol{\mu}, \Sigma)$

Model	Program commands
$p(\boldsymbol{\theta}) = c \det(\Sigma)^{-1/2}$ $\times \left[1 + \dfrac{1}{\nu}(\boldsymbol{\theta}-\boldsymbol{\mu})^T \Sigma^{-1}(\boldsymbol{\theta}-\boldsymbol{\mu})\right]^{-(\nu+p)/2}$ with $c = \dfrac{\Gamma[(\nu+p)/2]}{\Gamma(\nu/2)(k\pi)^{p/2}}$	R: -
Condition: Σ positive definite, $\nu > 0$	WB/JAGS: vtheta[] ~ dmt(vmu[],S[,],nu)
Range: $-\infty < \theta_j < \infty$	SAS: -
Parameters: $\boldsymbol{\mu}$: mean vector Σ: $p \times p$ covariance matrix ν: degrees of freedom	

Moments			
Mean:	$\boldsymbol{\mu}$ (if $\nu > 1$)	Mode:	$\boldsymbol{\mu}$
Variances:	$\dfrac{\nu}{\nu-2}\Sigma_{jj}$ (if $\nu > 2$)	Covariances:	$\dfrac{\nu}{\nu-2}\Sigma_{jk}$ (if $\nu > 2$)

図 A.26 ウィシャート分布 (Wishart distribution): Wishart(R, k)

Model	Program commands
$p(\Sigma) = c \det(R)^{-k/2} \det(\Sigma)^{(k-p-1)/2}$ $\times \exp\left[-\dfrac{1}{2}\mathrm{tr}(R^{-1}\Sigma)\right]$ with $c^{-1} = 2^{kp/2} \pi^{p(p-1)/4}$ $\prod_{j=1}^{p} \Gamma\left(\dfrac{k+1-j}{2}\right)$	R: dwish(Sigma, k, Rinv) (Rinv = R^{-1} in MCMCpack)
Condition: R positive definite, $k > 0$	WB/JAGS: Sigma[,] ~ dwish(R[,],k)
Range: Σ symmetric	SAS: -
Parameters: k: degrees of freedom, R: covariance matrix	

Moments	
Mean: kR	Mode: $(k-p-1)R$ (if $k > p+1$)
Variances:	Covariances:
$\mathrm{Var}(\Sigma_{ij}) = k(r_{ij}^2 + r_{ii}r_{jj})$	$\mathrm{Cov}(\Sigma_{ij}, \Sigma_{kl}) = k(r_{ik}r_{jl} + r_{il}r_{jk})$

Note:
WinBUGS はウィシャート分布の別の表現を使用している.
R を R^{-1} として共分散行列を表している.

参考文献

Abellan J, Richardson S and Best N 2008 Use of space-time models to investigate the stability of patterns of disease. *Environmental Health Perspectives* **116**, 1111–1118.

Abraham B and Box G 1978 Linear models and spurious observations. *Journal of the Royal Statistical Society: Series C (Applied Statistics)* **27**, 131–138.

Adler S 1981 Over-relaxation methods for the Monte Carlo evaluation of the partition function for multiquadratic actions. *Physical Review D* **23**, 2901–2904.

Agresti A 1990 *Categorical Data Analysis*. John Wiley & Sons, New York.

Agresti A and Min Y 2005 Frequentist performance of Bayesian confidence intervals for comparing proportions in 2×2 contingency tables. *Biometrics* **61**, 515–523.

Aitchison J 1964 Bayesian tolerance intervals. *Journal of the Royal Statistical Society: Series B* **26**, 161–175.

Aitchison J 1966 Expected-cover and linear utility tolerance intervals. *Journal of the Royal Statistical Society: Series B* **28**, 57–62.

Aitkin M 2010 *Statistical Inference: An Integrated Bayesian/Likelihood Approach*. Chapman and Hall/CRC Press, Boca Raton.

Akaike H 1974 A new look at the statistical model identification. *IEEE Transactions on Automatic Control* **19**, 716–723.

Albert A and Anderson J 1984 On the existence of maximum likelihood estimates in logistic regression models. *Biometrika* **71**, 1–19.

Albert J 1988 Computational methods using a Bayesian hierarchical generalized linear model. *Journal of the American Statistical Association* **83**, 1037–1044.

Albert J 1999 Criticism of a hierarchical model using Bayes factors. *Statistics in Medicine* **18**, 287–305.

Albert J and Chib S 1993 Bayesian analysis of binary and polychotomous response data. *Journal of the American Statistical Association* **88**, 669–679.

Albert J and Chib S 1995 Bayesian residual analysis for binary response regression models. *Biometrika* **82**, 747–759.

Alves C, Luime J, van Zeben D, Huisman A, Weel A, Barendregt P and Hazes J 2011 Diagnostic performance of the ACR/EULAR 2010 criteria for rheumatoid arthritis and two diagnostic algorithms in an early arthritis clinic (REACH). *Annals of Rheumatology Diseases* **70**, 1645–1647.

Anderson D and Burnham K 1999 Understanding information criteria for selection among capture–recapture or ring recovery models. *Bird Study* **46**, S14–S21.

Ando T 2007 Bayesian predictive information criterion for the evaluation of hierarchical Bayesian and empirical Bayes models. *Biometrika* **94**, 443–458.

Ando T 2010 *Bayesian Model Selection and Statistical Modeling*. Chapman and Hall/CRC, Boca Raton.

Andrews D and Mallows C 1974 Scale mixtures of normal distributions. *Journal of the Royal Statistical Society: Series B* **36**, 99–102.

Andrews R, Berger J and Smith A 1993 Bayesian estimation of fuel economy potential due to technology improvements. In: *Case Studies in Bayesian Statistics*, vol.1 (C.Gatsonis et al., eds.). Springer-Verlag, New York, pp.1–77.

Arellano-Valle RB, Bolfarine H and Lachos VH 2007 Bayesian inference for skew-normal linear mixed models. *Journal of Applied Statistics* **34**, 663–682.

Arends L, Hamza T, Van Houwelingen J, Heijenbrok-kal, Hunink M and Stijnen T 2008 Multivariate random effects meta-analysis of ROC curves. *Medical Decision Making* **28**, 621–638.

Arnold B, Castillo E and Sarabia J 2001 Conditionally specified distributions: An introduction. *Statistical Science* **16**, 249–274.

Ashby D, Hutton J and McGee M 1993 Simple Bayesian analyses for case-control studies in cancer epidemiology. *The Statistician* **42**, 385–397.

Baddeley A and M. van Lieshout 1993 Stochastic geometry models in high-level vision. In: *Statistics and Images* (Mardia K, ed.). Carfax, Abingdon, pp.233–258.

Bae K and Mallick B 2004 Gene selection using a two-level hierarchical Bayesian model. *Bioinformatics* **20**, 3423–3430.

Banerjee A and Bhattacharyya G 1979 Bayesian results for the Inverse Gaussian distribution with an application. *Technometrics* **21**, 247–251.

Banerjee S and Carlin B 2003 Semiparametric spatio-temporal frailty modeling. *Environmetrics* **14**, 523–535.

Banerjee S, Carlin B and Gelfand A 2004 *Hierarchical Modeling and Analysis for Spatial Data*. CRC Press, London.

Banerjee S, Gelfand A, Finley A and Sang H 2008 Gaussian predictive process models for large spatial data sets. *Journal of the Royal Statistical Society: Series B* **70**, 825–848.

Banuro F 1999 *Relative Risks for Disease Mapping: A New Approach Using a Spatial Mixture Model*. Doctoral Thesis: Catholic University of Leuven.

Barbieri M and Berger J 2004 Optimal predictive model selection. *Annals of Statistics* **32**, 870–897.

Barlow RE, Bartholomew D, Bremner JM and Brunk HD 1972 *Statistical Inference Under Order Restrictions: The Theory and Application of Isotonic Regression.* John Wiley & Sons, New York.

Barone P, Sebastiani G and Stander J 2002 Over-relaxation methods and coupled Markov chains for Monte Caarlo simulation. *Statistics and Computing* **12**, 17–26.

Bartlett M 1957 A comment on D.V. Lindley's statistical paradox. *Biometrika* **44**, 533–534.

Bastos L and Gamerman D 2006 Dynamical survival models with spatial frailty. *Lifetime Data Analysis* **12**, 441–460.

Bedrick E, Christensen R and Johnson W 1996 A new perspective on priors for generalized linear models. *Journal of the American Statistical Association* **91**, 1450–1460.

Bennett J, Racine-Poon A and Wakefield J 1996 Markov Chain Monte Carlo in Practice. *MCMC for Nonlinear Hierarchical Models* (WR Gilks, S Richardson, and D Spiegelhalter, eds.). CRC Press, London.

Berger J 2006 The case for objective Bayesian analysis. *Bayesian Analysis* **1**, 285–402.

Berger J and Pericchi L 2001 *Objective Bayesian Methods for Model Selection: Introduction and Comparison*, vol.38. IMS Lectures Notes – Monograph Series.

Berger J and Sellke T 1987 Testing a point null hypothesis: The irreconcilability of p values and evidence. *Journal of the American Statistical Association* **82**, 112–122.

Berger J and Wolpert R 1984 *The Likelihood Principle.* Lecture Notes – Monograph Series, Vol 6, Institute of Mathematical Statistics.

Berkvens D, Speybroeck N, Praet N, Adel A and Lesaffre E 2006 Estimating disease prevalence in a Bayesian framework using probabilistic constraints. *Epidemiology* **17**, 145–153.

Bernardinelli L, Clayton D, Pascutto C, Montomoli C, Ghislandi M and Songini M 1995 Bayesian analysis of space-time variation in disease risk. *Statistics in Medicine* **14**, 2433–2443.

Bernardo J 1979 Reference posterior distributions for Bayesian inference (with discussion). *Journal of the Royal Statistical Society: Series B* **41**, 113–147.

Bernardo J and Smith A 1994 *Bayesian Theory.* John Wiley & Sons, Chichester.

Berry S, Carlin B, Lee J and Müller P 2011 *Bayesian Adaptive Methods for Clinical Trials.* Chapman and Hall/CRC, Boca Raton.

Besag J 1974 Spatial interaction and the statistical analysis of lattice systems. *Journal of the Royal Statistical Society: Series B* **36**, 192–236.

Besag J 1977 Some methods of statistical analysis for spatial data. *Bulletin of the International Statistical Institute* **47**, 77–92.

Besag J 1986 On the statistical analysis of dirty pictures. *Journal of the Royal Statistical Society: Series B* **48**, 259–302.

Besag J and Green PJ 1993 Spatial statistics and Bayesian computation. *Journal of* the Royal Statistical Society: Series B **55**, 25–37.

Besag J, York J and Mollié A 1991 Bayesian image restoration with two applications in spatial statistics. *Annals of the Institute of Statistical Mathematics* **43**, 1–59.

Bickel P and Doksum K 1981 An analysis of transformations revisited. *Journal of the American Statistical Association* **76**, 296–311.

Biggeri A, Braga M and Marchi M 1993 Empirical Bayes interval estimates: An application to geographical epidemiology. *Journal of Italian Statistical Society* **3**, 251–267.

Bliss C 1935 The calculation of the dosage mortality curve. *Annals of Applied Biology* **22**, 134–167.

Böhning D 2003 *Computer-Assisted Analysis of Mixtures and Applications: Meta-Analysis, Disease Mapping and Others*. Chapman and Hall/CRC Press, Boca Raton.

Boonen S, Lesaffre E, Aerssens J, Pelemans W, Dequeker J and Bouillon R 1996 Deficiency of the growth hormone-insulin-like growth factor-i axis potentially involved in age-related alteration of body composition. *Gerontology* **42**, 330–338.

Borgelt C and Kruse R 2002 *Graphical Models: Methods for Data Analysis and Mining*. John Wiley & Sons, New York.

Bottolo L and Richardson S 2010 Evolutionary stochastic search for Bayesian model exploration. *Bayesian Analysis* **5**, 583–618.

Bowman FD, Caffo B, Bassett S and Kilts C 2008 A Bayesian hierarchical framework for spatial modeling of fMRI data. *NeuroImage* **35**, 146–156.

Box G 1980 Sampling and Bayes' inference in scientific modelling and robustness (with discussion). *Journal of the Royal Statistical Society: Series A* **143**, 383–430.

Box G and Cox D 1964 An analysis of transformations (with discussion). *Journal of the Royal Statistical Society: Series B* **26**, 211–252.

Box G and Tiao G 1968 A Bayesian approach to some outlier problems. *Biometrika* **55**, 119–129.

Box G and Tiao G 1973 *Bayesian Inference in Statistical Analysis*. Addison-Wesley, Reading, MA. Reprinted by Wiley in 1992 in the Wiley Classics Library Edition.

Box G and Tidwell P 1962 Transformation of the independent variables. *Technometrics* **4**, 531–550.

Bradlow E and Zaslavsky A 1997 Case influence analysis in Bayesian inference. *Journal of Computational and Graphical Statistics* **6**, 314–331.

Breslow N 1984 Extra-Poisson variation in log-linear models. *Journal of the Royal Statistical Society: Series C (Applied Statistics)* **33**, 38–44.

Broemeling L 2007 *Bayesian Biostatistics and Diagnostic Medicine*. Chapman and Hall/CRC, Boca Raton.

Brooks S 1998 Quantitative convergence assessment for Markov Chain Monte Carlo via cusums. *Statistics and Computing* **8**, 267–274.

Brooks S and Gelman A 1998 General methods for monitoring convergence of iterative simulation. *Journal of Computational and Graphical Statistics* **7**, 434–455.

Brooks S and Giudici P 2000 MCMC convergence assessment via two-way ANOVA. *Journal of Computational and Graphical Statistics* **9**, 266–285.

Brooks S and Roberts G 1998 Convergence assessment techniques for Markov Chain Monte Carlo. *Statistics and Computing* **8**, 319–335.

Brooks S and Roberts G 1999 On quantile estimation and Markov Chain Monte Carlo. *Biometrika* **86**, 710–717.

Brophy J and Joseph L 1995 Placing trials in context using Bayesian analysis. GUSTO revisited by reverend Bayes. *JAMA* **273**, 871–875.

Browne W and Draper D 2006 A comparison of Bayesian and likelihood-based methods for fitting multilevel models. *Bayesian Analysis* **1**, 473–514.

Buonaccorsi J 2010 *Measurement Error: Models, Methods and Applications*. Springer, Boca Raton.

Burnham K and Anderson D 2002 *Model Selection and Multimodel Inference: A Practical Information-Theoretic Approach* (2nd edition). Springer, New York.

Carlin B and Chib S 1995 Bayesian model choice via Markov Chain Monte Carlo methods. *Journal of the Royal Statistical Society: Series B* **57**, 473–484.

Carlin B and Hodges J 1999 Hierarchical proportional hazards regression models for highly stratified data. *Biometrics* **55**, 1162–1170.

Carlin B and Louis T 2009 *Bayes and Empirical Bayes Methods for Data Analysis*. Chapman and Hall/CRC Press, Boca Raton.

Carroll R, Ruppert D, Stefanski L and Crainiceanu C 2006 *Measurement Error in Nonlinear Models* (2nd edition). Chapman and Hall/CRC Press, Boca Raton.

Carstairs V 1981 Small area analysis and health service research. *Community Medicine* **3**, 131–139.

Casella G and Berger R 1987 Reconciling Bayesian and frequentist evidence in the one-sided testing problem. *Journal of the American Statistical Association* **82**, 106–111.

Casella G and George E 1992 Explaining the Gibbs sampler. *The American Statistician* **46**, 167–174.

Castelloe J and Zimmerman D 2002 Convergence assessment for Reversible Jump MCMC samplers. *Technical Report 313*.

Celeux G, Forbes F, Robert C and Titterington D 2006 Deviance information criteria for missing data models. *Bayesian Analysis* **1**, 651–705.

Chaloner K 1996 Elicitation of prior distributions. In: *Bayesian Biostatistics* (DA Berry and DK Stangl, eds.). Marcel Dekker, New York, pp.141–156.

Chaloner K and Brant R 1988 A Bayesian approach to outlier detection and residual analysis. *Biometrika* **75**, 651–659.

Chaloner K, Church T, Louis T and Matts J 1993 Graphical elicitation of a prior distribution for a clinical trial. *The Statistician* **42**, 341–353.

Chen MH and Deely J 1996 Bayesian analysis for a constrained linear multiple regression problem for predicting the new crop of apples. *Journal of Agricultural, Biological, and Environmental Statistics* **1**, 467–489.

Chen MH and Ibrahim J 2003 Conjugate priors for generalized linear models. *Statistica Sinica* **13**, 461–476.

Chen MH and Shao QM 1999 Monte Carlo estimation of Bayesian credible intervals and HPD intervals. *Journal of Computational and Graphical Statistics* **8**, 69–92.

Chen MH, Ibrahim J and Shao Q 2000 Power prior distributions for generalized linear models. *Journal of Statistical Planning and Inference* **84**, 121–137.

Chen MH, Ibrahim J and Yiannoutsous C 1999 Prior elicitation, variable selection and Bayesian computation for logistic regression models. *Journal of the Royal Statistical Society: Series B* **61**, 223–242.

Chen X, Wang Z and McKeown M 2011 A Bayesian Lasso via reversible-jump MCMC. *Signal Processing* **91**, 1920–1932.

Chib S and Carlin B 1999 On MCMC sampling in hierarchical longitudinal models. *Statistics and Computing* **9**, 17–26.

Chib S and Greenberg E 1995 Understanding the Metropolis-Hastings algorithm. *The American Statistician* **49**, 327–335.

Chipman H 1996 Bayesian variable selection with related predictors. *The Canadian Journal of Statistics* **24**, 17–36.

Chipman HA, George EI and McCulloch RE 2010 BART: Bayesian additive regression trees. *Annals of Applied Statistics* **4**, 266–298.

Chipman H, George E, McCulloch R, Clyde M, Foster D and Stine R 2001 *Model Selection*, vol.38. IMS Lecture Notes – Monograph Series, Beachwood OH: Institute of Mathematical Statistics.

Claeskens G and Hjort N 2008 *Model Selection and Model Averaging*. Cambridge University Press, Cambridge.

Clayton D 1994 Some approaches to the analysis of recurrent event data. *Statistical Methods in Medical Research* **3**, 244–262.

Clements J 2000 The mouse lymphoma assay. *Mutation Research* **455**, 97–110.

Clogg C, Rubin D, Schenker N, Schultz B and Weidman L 1991 Multiple imputation of industry and occupation codes in census public-use samples using Baysian logistic regression. *Journal of the American Statistical Association* **86**, 68–78.

Clyde M and George E 2004 Model uncertainty. *Statistical Science* **19**, 81–94.

(Colosimo B and del Castillo E eds.) 2006 *Bayesian Process Monitoring, Control and Optimization*. Chapman and Hall/CRC Press, Boca Raton, pp.81–94.

Congdon P 2003 *Applied Bayesian Modelling*. John Wiley & Sons, New York.

Congdon P 2006 *Bayesian Models for Categorical Data*. John Wiley & Sons, New York.

Congdon P 2007 *Bayesian Statistical Modelling*. John Wiley & Sons, New York.

Congdon P 2010 *Applied Bayesian Hierarchical Methods*. Chapman and Hall/CRC, Boca Raton.

Cook R 1977 Detection of influential observations in linear regression. *Technometrics* **19**, 15–18.

Cook R and Lawless J 2007 *The Statistical Analysis of Recurrent Events*. Springer, New York.

Cook R and Weisberg S 1982 *Residuals and Influence in Regression*. Chapman and Hall, New York.

Cordani L and Wechsler S 2006 Teaching independence and exchangeability. *Proceedings of ICOTS-7*, July 2–6, 2006, Salvador, Brazil, pp.1–5.

Cornfield J 1966 Sequential trials, sequential analysis and the likelihood principle. *The American Statistician* **April**, 18–23.

Cornfield J 1967 Bayes theorem. *Review of the International Statistical Institute* **35**, 34–49.

Cowles M and Carlin B 1996 Markov Chain Monte Carlo convergence diagnostics: A comparative review. *Journal of the American Statistical Association* **91**, 883–904.

Cox D 1972 Regression models and life-tables (with discussion). *Journal of the Royal Statistical Society: Series B* **34**, 187–220.

Cox D 1999 Discussion of 'Some statistical heresies'. *The Statistician* **48**, 30.

Crainiceanu C, Ruppert D and Wand M 2004 Spatially adaptive Bayesian P-splines with heteroscedastic errors. *Paper 61.* Johns Hopkins University, Department of Biostatistics Working Papers.

Crainiceanu C, Ruppert D and Wand M 2005 Bayesian analysis for penalized spline regression using WinBUGS. *Journal of Statistical Software* **14**, 1–24.

Crowne D and Marlowe D 1960 A new scale of social desirability independent of psychopathology. *Journal of Consulting Psychology* **24**, 349–354.

Cui Y, Hodges J, Kong X and Carlin B 2010 Partitioning degrees of freedom in hierarchical models and other richly parameterized models. *Technometrics* **52**, 124–136.

Dalal S and Hall W 1983 Approximating priors by mixtures of natural conjugate priors. *Journal of the Royal Statistical Society: Series B* **45**, 278–286.

Daniels M and Hogan J 2008 *Missing Data in Longitudinal Studies. Strategies for Bayesian Modeling and Sensitivity Analysis*. Chapman and Hall/CRC, Boca Raton.

Daniels M and Pourahmadi M 2002 Bayesian analysis of covariance matrices and dynamic models for longitudinal data. *Biometrika* **89**, 553–566.

Davidian M and Giltinan D 2003 Nonlinear models for repeated measurements data: An overview and update. *Journal of Agricultural, Biological, and Environmental Statistics* **8**, 387–419.

Dawid A 2002 Discussion of Bayesian measures of model complexity and fit (DJ Spiegelhalter, NG Best, BP Carlin, and A van der Linde, 2002). *Journal of the Royal Statistical Society: Series B* **64**, 624–625.

De Backer M, De Keyser P, De Vroey C and Lesaffre E 1996 A 12-week treatment for dermatophyte toe onycholysis: terbinafine 250 mg/day vs. itraconazole 200 mg/day – a double-blind comparative trial. *British Journal of Dermatology* **134**, 16–17.

de Boor C 1978 *A Practical Guide to Splines*. Springer, Berlin.

de Finetti B 1937 Foresight: Its logical laws, its subjective sources. In: *Studies in Subjective Probability* (HE Kyburg and HE Smokler, eds.). John Wiley & Sons, New York, pp.55–187.

de Finetti B 1974 *Theory of Probability (two volumes)*. John Wiley & Sons, New York.

de Leeuw J, Hornik K and Mair P 2009 Isotone optimization in R: Pool-adjacent-violators (PAVA) and active set methods. *Journal of Statistical Software* **32**, 1–24.

Dellaportas P, Forster J and Ntzoufras I 2002 On Bayesian model and variable selection using MCMC. *Statistics and Computing* **12**, 27–36.

Dempster A, Laird N and Rubin D 1977 Maximum likelihood from incomplete data via the EM algorithm. *Journal of the Royal Statistical Society: Series B* **39**, 1–38.

Den Hond E, De Schryver M, Muylaert A, Lesaffre E and Kesteloot H 1994 The Inter regional Belgian Bank Employee Nutrition Study (IBBENS). *European Journal of Clinical Nutrition* **48**, 106–117.

Denison D, Holmes C, Mallick B and Smith A 2002 *Bayesian Methods for Nonlinear Classification and Regression*. John Wiley & Sons, New York.

Derado G, Bowman FD and Kilts C 2010 Modeling the spatial and temporal dependence in fMRI data. *Biometrics* **66**, 949–957.

Dey D, Gelfand A, Swartz T and Vlachos P 1998 A simulation-intensive approach for checking hierarchical models. *Test* **79**, 325–346.

Dey D, Ghosh S and Mallick B (eds.) 2000 *Generalized Linear Models: A Bayesian Perspective*. Marcel Dekker, Inc., New York.

Dey D, Ghosh S and Mallick B (eds.) 2011 *Bayesian Modeling in Bioinformatics*. Chapman and Hall/CRC, Boca Raton.

Diaconis P and Ylvisaker D 1985 Quantifying prior opinion. In: *Bayesian Statistics* (JM Bernardo *et al.*, eds.). North Holland, Amsterdam, vol.2, pp.133–156.

Diggle P 1990 *Time Series. A Biostatistical Introduction*. Oxford Science Publications, Oxford.

Do KA, Müller P and Vannucci M (eds.) 2006 *Bayesian Inference for Gene Expression and Proteomics*. Cambridge University Press, Cambridge.

Donnan G, Davis S and Chambers B 1996 Streptokinase for acute ischaemic stroke with relationship to time administration. *Journal of the American Medical Association* **276**, 961–966.

Dorny P, Phiri I, Vercruysse J, Gabriel S, Willingham A, Brandt J, Victor B, Speybroeck N and Berkvens D 2004 A Bayesian approach for estimating values for prevalence and diagnostic test characteristics of porcine cysticercosis. *International Journal for Parasitology* **34**, 569–576.

Doss H 1994 Markov chains for exploring posterior distributions. *The Annals of Statistics* **22**, 1728–1734.

Draper D 1999 Comment in: Bayesian model averaging: A tutorial. *Statistical Science* **14**, 405–409.

Draper D, Hodges J, Mallows C and Pregibon D 1993 Exchangeability and data analysis. *Journal of the Royal Statistical Society: Series A* **156**, 9–37.

Dryden I and Mardia K 1997 *The Statistical Analysis of Shape*. John Wiley & Sons, New York.

Dunson D and Herring A 2005 Bayesian model selection and averaging in additive and proportional hazards models. *Lifetime Data Analysis* **11**, 213–232.

Edwards A 1972 *Likelihood*. Cambridge University Press, Cambridge.

Edwards A 1997 What did Fisher mean by 'inverse probability' in 1912–1922? *Statistical Science* **3**, 177–184.

Efron B, Hastie T, Johnstone I and Tibshirani R 2004 Least angle regression. *The Annals of Statistics* **32**, 407–451.

Eilers P and Marx B 1996 Flexible smoothing with B-splines and penalties. *Statistical Science* **11**, 89–121.

Elliott P, Wakefield J, Best N and Briggs D (eds.) 2000 *Spatial Epidemiology: Methods and Applications*. Oxford University Press, London.

Epifani I, MacEachern S and Peruggia M 2008 Case-deletion importance sampling estimators: Central limit theorems and related results. *Electronic Journal of Statistics* **2**, 774–806.

Fearn T 1975 A Bayesian approach to growth curves. *Biometrika* **62**, 89–100.

Fernandez C, Ley E and Steel M 2001 Benchmark priors for Bayesian model averaging. *Journal of Econometrics* **100**, 381–427.

Fisher L and van Belle G 1993 Biostatistics. *A Methodology for the Health Sciences*. John Wiley & Sons, New York.

Fisher L, Dixon D, Herson J, Frankowski R, Hearon M and Pearce K 1990 Intention to treat in clinical trials. In: *Statistical Issues in Drug Research and Development* (K Pearce *et al.*, eds.). Marcel Dekker, New York, pp.331–350.

Fisher R 1922 On the mathematical foundations of theoretical statistics. *Philosophical Transaction of the Royal Statistical Society A* **222**, 309–368.

Fisher R 1925 *Statistical Methods for Research Workers*. Oliver and Boyd, Edinburgh.

Fisher R 1935 *The Design of Experiments*. Oliver and Boyd, Edinburgh.

Fisher R 1959 *Statistical Methods and Scientific Inference* (2nd edition, revised). Oliver and Boyd, Edinburgh.

Fisher R 1993 Social desirability bias and the validity of indirect questioning. *The Journal of Consumer Research* **20**, 303–315.

Forster M 2000 Key concepts in model selection: performance and generalizability. *Journal of Mathematical Psychology* **44**, 205–231.

Fouskakis D, Ntzoufras I and Draper D 2009 Population-based reversible jump Markov Chain Monte Carlo methods for Bayesian variable selection and evaluation under cost limit restrictions. *Journal of the Royal Statistical Society: Series C (Applied Statistics)* **45**(58), 311–354.

Friston K, Ashburner J, Kiebel S, Nichols T and Penny W (eds.) 2007 *Statistical Parameter Mapping: The analysis of Functional Brain Images.* Academic Press, New York.

Gamerman D 1997 Sampling from the posterior distribution in generalized linear mixed models. *Statistics and Computing* **7**, 57–68.

Gangnon R 2006 Impact of prior choice on local Bayes factors for cluster detection. *Statistics in Medicine* **25**, 883–895.

Garcia-Zattera M, Mutsvari T, Jara A, Declerck D and Lesaffre E 2010 Correcting for misclassification for a monotone disease process with an application in dental research. *Statistics in Medicine* **29**, 3103–3117.

Geisser S 1980 Discussion of Sampling and Bayes' inference in scientific modelling and robustness (Box, 1980). *Journal of the Royal Statistical Society: Series A* **143**, 416–417.

Geisser S 1985 On the prediction of observables: A selective update. In: *Bayesian Statistics 2* (JM Bernardo et al., eds.). North Holland, Amsterdam, pp.203–230.

Geisser S and Eddy W 1979 A predictive approach to model selection. *Journal of the American Statistical Association* **74**, 153–160.

Gelfand A and Dey D 1994 Bayesian model choice: Asymptotics and exact calculations. *Journal of the Royal Statistical Society: Series B* **56**, 501–514.

Gelfand A and Ghosh S 1998 Model choice: A minimum posterior predictive loss approach. *Biometrika* **85**, 1–11.

Gelfand A and Kuo L 1991 Nonparametric Bayesian bioassay including ordered polytomous response. *Biometrika* **78**, 657–666.

Gelfand A and Sahu S 1999 Identifiability, improper priors, and Gibbs sampling for generalized linear models. *Journal of the American Statistical Association* **94**, 247–253.

Gelfand A and Smith A 1990 Sampling-based approaches to calculating marginal densities. *Journal of the American Statistical Association* **85**, 398–409.

Gelfand A, Carlin B and Smith A 1992 Hierarchical Bayesian analysis of change point problems. *Journal of the Royal Statistical Society: Series C (Applied Statistics)* **41**, 389–405.

Gelfand A, Hills S, Racine-Poon A and Smith A 1990 Illustration of Bayesian inference in normal data models using Gibbs sampling. *Journal of the American Statistical Association* **85**, 972–985.

Gelfand A, Sahu S and Carlin B 1995 Efficient parametrisations for normal linear mixed models. *Biometrika* **82**, 479–488.

Gelfand A, Sahu S and Carlin B 1996 Efficient parametrisations for generalized linear mixed models. In: *Bayesian Analysis 5* (JM Bernardo *et al.*, eds). Clarendon Press, Oxford, pp.165–180.

Gelman A 2003 A Bayesian formulation of exploratory data analysis and goodness-of-fit testing. *International Statistical Review* **71**, 369–382.

Gelman A 2004 Exploratory data analysis for complex models. *Journal of Computational and Graphical Statistics* **13**, 755–779.

Gelman A 2006 Prior distributions for variance parameters in hierarchical models. *Bayesian Analysis* **1**, 515–533.

Gelman A and Meng XL 1996 Model checking and model improvement In: *Markov Chain Monte Carlo in Practice* (WR Gilks, S Richardson and DJ Spiegelhalter, eds), pp.189–201. Chapman and Hall, London.

Gelman A and Rubin D 1992 Inference from iterative simulation using multiple sequences. *Statistical Science* **7**, 457–511.

Gelman A and Rubin D 1995 Avoiding model selection in Bayesian social research. Discussion of 'Bayesian model selection in social research', by A Raftery. *Sociological Methodology* **25**, 165–173.

Gelman A, Carlin J, Stern H and Rubin D 2004 *Bayesian Data Analysis* (2nd edition). Chapman and Hall/CRC, Boca Raton.

Gelman A, Jakulin A, Pittau MG and Su YS 2008 A weakly informative default prior distribution for logistic and other regression models. *The Annals of Applied Statistics* **2**, 1360–1383.

Gelman A, Meng X and Stern H 1996 Posterior predictive assessment of model fitness via realized discrepancies. *Statistica Sinica* **6**, 733–807.

Gelman A, van Dyk AA, Huang Z and Boscardin JW 2008 Using redundant parameters to fit hierarchical models. *Journal of Computational and Graphical Statistics* **17**, 95–122.

Gelman A, Van Mechelen I, Verbeke G, Heitjan D and Meulders M 2005 Multiple imputation for model checking: completed-data plots with missing and latent data. *Biometrics* **61**, 74–85.

Geman S and Geman D 1984 Stochastic relaxation, Gibbs distributions, and the Bayesian restoration of images. *IEEE Transactions on Pattern Analysis and Machine Intelligence* **6**, 721–741.

Gentle J 1998 *Random Number Generation and Monte Carlo Methods*. Springer, New York.

George E 2000 The variable selection problem. *Journal of the American Statistical Association* **95**, 1304–1308.

George E and Foster D 2000 Calibration and empirical Bayes variable selection. *Biometrika* **87**, 731–747.

George E and McCulloch R 1993 Variable selection via Gibbs sampling. *Journal of the American Statistical Association* **88**(423), 881–889.

George E and McCulloch R 1997 Approaches for Bayesian variable selection. *Statis-

tica Sinica **7**, 339–373.

George E, McCulloch R and Tsay R 1996 Two approaches to Bayesian model selection with applications. In: *Bayesian Analysis and Environmetrics* (DA Berry, KM Chaloner and JK Geweke, eds.). John Wiley and Sons, New York, pp.339–347.

Geuskens G, Hazes J, Barendregt P and Burdorf A 2008 Work and sick leave among patients with early inflammatory joint conditions. *Arthritis Rheumatology* **59**, 1458–1466.

Geweke J 1989 Bayesian inference in econometric models using Monte Carlo integration. *Econometrica* **57**, 1317–1339.

Geweke J 1992 Evaluating the accuracy of sampling-based approaches to the calculation of posterior moments. In: *Bayesian Statistics 4* (JM Bernardo *et al.*, eds.). Clarendon Press, Oxford, pp.169–193.

Geyer C 1992 Practical Markov Chain Monte Carlo. *Statistical Science* **7**, 473–511.

Ghosh J and Ramamoorthi R 2003 *Bayesian Nonparametrics*. Springer, New York.

Ghosh M, Natarajan K, Stroud T and Carlin B 1998 Generalized linear models for small-area estimation. *Journal of the American Statistical Association* **93**, 273–282.

Ghosh S 2007 Adaptive elastic net: An improvement of elastic net to achieve oracle properties, pp.1–26 (http://www.math.iupui.edu/research/preprint/2007/pr07-01.pdf).

Gilks W and Wild P 1992 Adaptive rejection sampling for Gibbs sampling. *Journal of the Royal Statistical Society: Series C (Applied Statistics)* **41**, 337–348.

Gilks W, Richardson S and Spiegelhalter D 1996 *Markov Chain Monte Carlo in Practice*. Chapman and Hall, London.

Gilks W, Thomas A and Spiegelhalter D 1994 A language and program for complex Bayesian modelling. *The Statistician* **43**, 169–177.

Gilks, WR, Best NG and Tan KKC 1995 Adaptive rejection Metropolis sampling with Gibbs Sampling. *Journal of the Royal Statistical Society: Series C (Applied Statistics)* **44**, 455–472.

Good I 1978 A. Alleged objectivity: a threat to the human spirit?. *International Statistical Review* **46**, 65–66.

Good I 1982 46556 varieties of Bayesians (letter). *The American Statistician* **25**, 62–63.

Goodman S 1993 P values, hypothesis tests, and likelihood: Implications for epidemiology of a neglected historical debate. *American Journal of Epidemiology* **137**(5), 485–500.

Goodman S 1999a Toward evidence-based medical statistics. 1: The p-value fallacy. *Annals Internal Medicine* **130**, 995–1004.

Goodman S 1999b Toward evidence-based medical statistics. 2: The Bayes factor. *Annals Internal Medicine* **130**, 1005–1013.

Gössl C and Küchenhoff H 2001 Bayesian analysis of logistic regression with an unknown change point and covariate measurement error. *Statistics in Medicine* **20**, 3109–3121.

Gössl C, Auer D and Fahrmeir L 2001 Bayesian spatio-temporal inference in functional magnetic resonance imaging. *Biometrics* **57**, 554–562.

Gottardo R and Raftery A 2009 Bayesian robust transformation and variable selection: a unified approach. *The Canadian Journal of Statistics* **37**, 361–380.

Gramacy R and Pantaleoy E 2010 Shrinkage regression for multivariate inference with missing data, and an application to portfolio balancing. *Bayesian Analysis* **5**, 237–262.

Gravendeel A, Kouwenhoven M, Gevaert O, De Rooi J, Stubbs A, Duijm E, Daemen A, Bleeker F, Bralten B, Kloosterhof N, De Moor B, Eilers P, van der Spek P, Kros J, Sillevis Smitt P, van den Bent M and French P 2009 Intrinsic gene expression profiles of gliomas are a better predictor of survival than histology. *Cancer Research* **69**, 9065–9072.

Green MJ, Medley GF and Browne WJ 2009 Use of posterior predictive assessments to evaluate model fit in multilevel logistic regression. http://dx.doi.org/10.1051/vetres/2009013

Green P 1990 Bayesian reconstructions from emission tomography data using a modified EM algorithm. *IEEE Transactions on Medical Imaging* **9**, 84–93.

Green P 1995 Reversible jump Markov chain Monte Carlo computation and Bayesian model determination. *Biometrika* **82**, 711–732.

Green P and Han X 1990 Metropolis methods, Gaussian proposals and antithetic variables In: *Stochastic Models, Statistical Methods and Algoritihms in Image Analysis*, vol.74 (P Barone, A Frigessi and M Picconi, eds.). Springer-Verlag, Berlin, pp.142–164.

Green P and Silverman B 1994 *Nonparametric Regression and Generalized Linear Models. A Roughness Penalty Approach.* Chapman and Hall, London.

Greenland S 2001 Putting background information about relative risks into conjugate prior distributions. *Biometrics* **57**, 663–670.

Greenland S 2003 Generalized conjugate priors for Bayesian analysis of risk and survival regressions. *Biometrics* **59**, 92–99.

Greenland S 2007 Prior data for non-normal priors. *Statistics in Medicine* **26**, 3578–3590.

Greenland S and Christensen R 2001 Data augmentation priors for Bayesian and semi-Bayesian analyses of conditional-logistic and proportional hazards regression. *Statistics in Medicine* **20**, 2421–2428.

Guerrero V and Johnson R 1982 Use of the Box-Cox transformation with binary response models. *Biometrika* **69**, 309–314.

Guo X and Carlin B 2004 Separate and joint modeling of longitudinal and event time data using standard computer packages. *The American Statistician* **58**, 1–9.

Gupta R and Richards DSP 2001 The history of the Dirichlet and Liouville distributions. *International Statistical Review* **69**, 433–446.

Gurrin L, Scurrah K and Hazelton M 2005 Tutorial in biostatistics: spline smoothing with linear mixed models. *Statistics in Medicine* **24**, 3361–3381.

Gustafson P 1998a Flexible Bayesian modelling for survival data. *Lifetime Data Analysis* **4**, 281–299.

Gustafson P 1998b A guided walk Metropolis algorithm. *Statistics and Computing* **8**, 357–364.

Gustafson P 2004 *Measurement Error and Misclassification in Statistics and Epidemiology*. Chapman and Hall/CRC Press, Boca Raton.

Gustafson P 2009 What are the limits of posterior distributions arising from non-identified models, and why should we care? *Journal of the American Statistical Association* **104**, 1682–1695.

Guttman I 1967 The use of the concept of a future observation in goodness-of-fit problems. *Journal of the Royal Statistical Society: Series B* **29**, 83–100.

Guttman I and Peña D 1993 A Bayesian look at diagnostics in the univariate linear model. *Statistica Sinica* **3**, 367–390.

Hacke W, Kaste M, Bluhmki E, Brozman M, Dávalos A and al. 2008 Thrombolysis with Alteplase 3 to 4.5 hours after acute ischemic stroke. *New England Journal of Medicine* **13**, 1317–1329.

Hacke W, Kaste M, Fieschi C, Toni D, Lesaffre E, von Kummer R, Boysen R, Bluhmki E, Höxter G, Mahagne M and Hennerici M 1995 Intravenous thrombolysis with recombinant tissue plasminogen activator for acute hemispheric stroke. The European Cooperative Acute Stroke Study (ECASS). *Journal of the American Medical Association* **274**, 1017–1025.

Hacke W, Kaste M, Fieschi C, von Kummer R, Davalos T, Meier D, Larrue V, Bluhmki E, Davis S, Donnan G, Schneider D, Diez-Tejedor E and Trouillas P 1998 Randomised double-blind placebo-controlled trial of thrombolytic therapy with intravenous alteplase in acute ischaemic stroke (ECASS II). *The Lancet* **352**, 1245–1251.

Hald A 2007 *A History of Parametric Statistical Inference from Bernoulli to Fisher, 1713–1935*. Springer, New York.

Hans C 2009 Bayesian lasso regression. *Biometrika* **96**, 835–845.

Hans C, Dobra A and West M 2007 Shotgun stochastic search for 'large p' regression. *Journal of the American Statistical Association* **102**, 507–516.

Hansen M, Møller J and Tøgersen F 2002 Bayesian contour detection in a time series of ultrasound images through dynamic deformable template models. *Biostatistics* **3**, 213–228.

Hartvig N and Jensen J 2000 Spatial mixture modelling of fMRI data. *Human Brain Mapping* **11**, 233–248.

Harville D 1974 Bayesian inference for variance components using only error contrasts. *Biometrika* **61**, 383–385.

Hastie D and Green P 2012 Model choice using Reversible Jump Markov Chain Monte Carlo. *Statistica Neerlandica* **66**, accepted for publication.

Hastie T and Tibshirani R 1986 Generalized additive models. *Statistical Science* **1**, 297–318.

Hastie T, Tibshirani R and Friedman J 2009 *The Elements of Statistical Learning. Data Mining, Inference and Prediction.* New York, Springer.

Hastings W 1970 Monte Carlo sampling methods using Markov chains and their applications. *Biometrika* **57**, 97–109.

Hedeker D and Gibbons R 1994 A random-effects ordinal regression for multilevel analysis. *Biometrics* **50**, 933–944.

Heidelberger P and Welch P 1983 Simulation run length control in the presence of an initial transient. *Operations Research* **31**, 1109–1144.

Held L 2004 Simultaneous posterior probability statements from Monte Carlo output. *Journal of Computational and Graphical Statistics* **13**, 20–35.

Held L 2010 A nomogram for P values. *BMC Medical Research Methodology.* **10**:21. doi:10.1186/1471-2288-10-21.

Henderson R, Shimakura S and Gorst D 2002 Modeling spatial variation in leukaemia survival data. *Journal of the American Statistical Association* **97**, 965–972.

Higdon D 2002 Space and space-time modeling using process convolutions. In: *Quantitative Methods for Current Environmental Issues* (C Anderson, V Barnett, P Chatwin, A El-Shaarawi, eds.). Springer, London, pp.37–54.

Hill B 1965 Inference about variance components in the one-way model. *Journal of the American Statistical Association* **60**, 806–825.

Hill B 1996 Discussion of Posterior predictive assessment of model fitness via realized discrepancies (Gelman, Meng and Stern, 1996). *Statistica Sinica* **6**, 767–773.

Hills S and Smith A 1992 Parametrization issues in Bayesian inference. In: Bayesian Analysis, vol.4. (JM Bernardo, J Berger, AP Dawid and AFM Smith, eds.) Oxford University Press, Oxford, pp.227–246.

Hitchcock D 2003 A history of the Metropolis-Hastings algorithm. *The American Statistician* **57**, 254–257.

Hjort NL, Holmes C, Müller P and Walker S (eds.) 2010 *Bayesian Nonparametrics.* Cambridge University Press, London.

Hobert J and Casella G 1996 The effect of improper priors on Gibbs sampling in hierarchical linear mixed models. *Journal of the American Statistical Association* **91**, 1461–1473.

Hodges J 1998 Some algebra and geometry for hierarchical models, applied to diagnostics. *Journal of the Royal Statistical Society: Series B* **60**, 497–536.

Hodges J and Sargent D 2001 Counting degrees of freedom in hierarchical models and other richlyparametrised models. *Biometrika* **88**, 367–379.

Hoeting J, Madigan D, Raftery A and Volinsky C 1999a Bayesian model averaging: A tutorial (with discussion). *Statistical Science* **14**, 382–417.

Hoeting J, Madigan D, Raftery A and Volinsky C 1999b Rejoinder: Bayesian model averaging: A tutorial. *Statistical Science* **14**, 412–417.

Hoeting J, Raftery A and Madigan D 1996 A method for simultaneous variable selection and outlier detection. *Journal of Computational Statistics* **22**, 251–271.

Hoeting J, Raftery A and Madigan D 2002 Bayesian variable and transformation selection in linear regression. *Journal of Computational and Graphical Statistics* **11**, 429–467.

Holzer M, Müllner M, Sterz F, Robak O and Kliegel A 2006 Efficacy and safety of endovascular cooling after cardiac arrest: Cohort study and Bayesian approach. *Stroke* **37**, 1792–1797.

Hossain M and Lawson A 2006 Cluster detection diagnostics for small area health data: With reference to evaluation of local likelihood models. *Statistics in Medicine* **25**, 771–786.

Howard J 1998 The 2 × 2 table: A discussion from a Bayesian viewpoint. *Statistical Science* **13**, 351–367.

Hubbard R and Bayarri M 2003 Confusion over measures of evidence (p's) versus errors (α's) in classical statistical testing. *The American Statistician* **57**(3), 171–182.

Ibrahim J and Chen MH 2000 Power prior distributions for regression models. *Statistical Science* **15**, 46–60.

Ibrahim J and Laud P 1991 On Bayesian analysis of generalized linear models using Jeffrey's prior. *Journal of the American Statistical Association* **86**, 981–986.

Ibrahim J, Chen M and Sinha D 2000 *Bayesian Survival Analysis*. Springer, New York.

Ibrahim J, Chen MH and Sinha D 2003 On optimality properties of the power prior. *Journal of the American Statistical Association* **98**, 204–213.

Ibrahim J, Chu H and Chen L 2001 Basic concepts and methods for joint models of longitudinal and survival data. *Journal of Clinical Oncology* **28**, 2796–2801.

Ibrahim J, Ryan L and Chen MH 1998 Using historical controls to adjust for covariates in trend tests for binary data. *Journal of the American Statistical Association* **93**, 1282–1293.

Ioannidus J 2005 Why most published research findings are false. *PLoS Medicine* (www.plosmedicine.org) **2**, 696–701.

Ishwaran H and James L 2004 Computational methods for multiplicative intensity models using weighted gamma processes: Proportional hazards, marked point processes, and panel count data. *Journal of the American Statistical Association* **99**, 175–190.

Ishwaran H and Rao J 2003 Detecting differentially expressed genes in microarrays using Bayesian model selection. *Journal of the American Statistical Association* **98**, 438–455.

Ishwaran H and Rao J 2005 Spike and slab variable selection: Frequentist and

Bayesian strategies. *The Annals of Statistics* **33**, 730–773.

Jasra A, Holmes C and Stephens D 2005 Markov Chain Monte Carlo Methods and the label switching problem in Bayesian mixture modeling. *Statistical Science* **20**, 50–67.

Jasra A, Stephens D and Holmes C 2007a On population-based simulation for static inference. *Statistics and Computing* **17**, 263–279.

Jasra A, Stephens D and Holmes C 2007b Population-based reversible Jump Markov Chain Monte Carlo. *Biometrika* **94**, 787–807.

Jeffreys H 1946 An invariant form for the prior probability in estimation problems. *Proceedings of the Royal Statistical Society: Series A* **186**, 453–461.

Jeffreys H 1961 *Theory of Probability* (3rd edition). Oxford University Press, Oxford.

Jennison C and Turnbull B 2000 *Group Sequential Methods with Applications to Clinical Trials*. Chapman and Hall/CRC, Boca Raton.

Johnson S, Tomlinson G, Hawker G, Granton J and Feldman B 2010 Methods to elicit beliefs for Bayesian priors: A systematic review. *Journal of Clinical Epidemiology* **63**, 355–369.

Johnson W and Geisser S 1983 A predictive view of the detection and characterization of influential observations in regression analysis. *Journal of the American Statistical Association* **78**, 137–144.

Jones G and Hobert J 2001 Honest exploration of intractable probability distributions via Markov Chain Monte Carlo. *Statistical Science* **16**, 312–334.

Joseph L, Gyorkos T and Coupal L 1995 Bayesian estimation of disease prevalence and the parameters of diagnostic tests in the absence of a gold standard. *American Journal of Epidemiology* **141**, 263–272.

Kadane J and Lazar N 2004 Methods and criteria for model selection. *Journal of the American Statistical Association* **99**, 279–290.

Kadane J and Wolfson L 1996 Priors for the design and analysis of clinical trials. In: *Bayesian Biostatistics* (DA Berry and DK Stangl, eds.). Marcel Dekker, New York, pp.157–184.

Kadane J and Wolfson L 1997 Experiences in elicitation. *The Statistician* **46**, 1–17.

Kadane J, Dickey J, Winkler R, Smith W and Peters S 1980 Interactive elicitation of opinion for a normal linear model. *Journal of the American Statistical Association* **75**, 845–854.

Kahn H and Marshall A 1953 Methods of reducing sample size in Monte Carlo computations. *Journal of the Operations Research Society of America* **1**, 263–278.

Kahn M and Raftery A 1996 Discharge rates of Medicare stroke patients to skilled nursing facilities: Bayesian logistic regression with unobserved heterogeneity. *Journal of the American Statistical Association* **91**, 29–41.

Kaldor J, Day N, Clarke E and Van Leeuwen F 1990 Leukemia following Hodgkin's disease. *New England Journal of Medicine* **322**, 7–13.

Kass R and Raftery A 1995 Bayes factors. *Journal of the American Statistical Association **90**, 773–795.

Kass R and Wasserman L 1996 The selection of prior distributions by formal rules. *Journal of the American Statistical Association* **91**, 1343–1370.

Kass R, Carlin B, Gelman A and Neal R 1998 Markov Chain Monte Carlo in practice: A roundtable discussion. *The American Statistician* **52**, 93–100.

Kass R, Tierney L and Kadane J 1989 Approximate methods for assessing influence and sensitivity in Bayesian analysis. *Biometrika* **76**, 663–674.

Kiiveri H 2003 A Bayesian approach to variable selection when the number of variables is very large. *Lecture Notes-Monograph Series. Statistics and Science: A Festschrift for Terry Speed* **40**, 127–143.

Kim B and Margolin B 1999 Statistical methods for the Ames Salmonella assay: A review. *Mutation Research: Reviews in Mutation Research* **436**, 113–122.

Kim JI, Lawson A, McDermott S and Aelion C 2010 Bayesian spatial modeling of disease risk in relation to multivariate environmental risk fields. *Statistics in Medicine* **29**, 142–157.

King R, Morgan B, Gimenez O and Brooks S 2009 *Bayesian Analysis for Population Ecology*. Chapman and Hall/CRC Press, Boca Raton.

Kipnis V, Carroll R, Freedman L and Li L 1999 A new dietary measurement error model and its application to the estimation of relative risk: Application to four validation studies. *American Journal of Epidemiology* **150**, 642–651.

Kipnis V, Midthune D, Freedman L, Bingham S, Schatzkin A, Subar A and Carroll R 2001 Empirical evidence of correlated biases in dietary assessment instruments and its implications. *American Journal of Epidemiology* **153**, 394–403.

Kipnis V, Subar A, Midthune D, Freedman L, Ballard-Barbash L, Troiano R, Bingham S, Schoeller D, Schatzkin A and Carroll R 2003 The structure of dietary measurement error: Results of the OPEN biomarker study. *American Journal of Epidemiology* **158**, 14–21.

Kirkland DJ (eds.) 2008 *Statistical Evaluation of Mutagenicity test Data*. Cambridge University Press, New York.

Kirkpatrick S, Gelatt CD and Vecchi MP 1983 Optimization by simulated annealing. *Science* **220**, 671–680.

Kloek T and van Dijk H 1978 Bayesian estimates of equation system parameters: An application of integration by Monte Carlo. *Econometrica* **46**, 1–20.

Komárek A and Lesaffre E 2008 Bayesian accelerated failure time model with multivariate doubly-interval-censored data and flexible distributional assumptions. *Journal of the American Statistical Association* **103**, 523–533.

Komárek A, Lesaffre E and Hilton J 2005 Accelerated failure time model for arbitrarily censored data with smoothed error distribution. *Journal of Computational and Graphical Statistics* **14**, 726–745.

Kooperberg C, Stone C and Truong Y 1995 Hazard regression. *Journal of the American Statistical Association* **90**, 78–94.

Korb K and Nicholson A 2004 *Bayesian Artificial Intelligence*. Chapman and Hall/CRC, Boca Raton.

Krause R, Anand V, Gruemer HD and Willke T 1975 The impact of laboratory error on the normal range: A Bayesian model. *Clinical Chemistry* **21**, 321–324.

Krewski D, Leroux BG, Bleuer S and Broekhoven L 1993 Modeling the Ames Salmonella/Microsome Assay. *Biometrics* **49**, 499–510.

Krishna A, Bondell H and Ghosh S 2009 Bayesian variable selection using an adaptive powered correlation prior. *Journal of the Statistical Planning and Inference* **139**, 2665–2674.

Krishnamoorthy K and Mathew T 2009 *Statistical Tolerance Regions*. John Wiley & Sons, New York.

Kuha J 2004 AIC and BIC: Comparisons of assumptions and performance. *Sociological Methods and Research* **33**, 188–229.

Kulldorff M and Nagarwalla N 1995 Spatial disease clusters: Detection and inference. *Statistics in Medicine* **14**, 799–810.

Kunsch H 1987 Intrinsic autoregressions and related models on the two-dimensional lattice. *Biometrika* **74**, 517–524.

Kuo L and Mallick B 1998 Variable selection for regression models. *The Indian Journal of Statistics: Series B* **60**, 65–81.

Kwon D, Landi M, Vannucci M, Issaq H, Prieto D and Pfeiffer R 2011 An efficient stochastic search for Bayesian variable selection with high-dimensional correlated predictors. *Computational Statistics and Data Analysis* **55**, 2807–2818.

Kyung M, Gill J, Ghosh J and Casella G 2010 Penalized regression, standard errors, and Bayesian Lassos. *Bayesian Analysis* **5**, 369–412.

Lambert P 2006 A comment on the article of Browne and Draper. *Bayesian Analysis* **1**, 543–546.

Lang S and Brezger A 2004 Bayesian P-splines. *Journal of Computational and Graphical Statistics* **13**, 183–212.

Lange KL, Little R and Taylor J 1989 Robust statistical modeling using the t-distribution. *Journal of the American Statistical Association* **84**, 881–896.

Lange N 2003 What can modern statistics offer imaging neuroscience? *Statistical Methods in Medical Research* **12**, 447–469.

Lange N, Carlin B and Gelfand A 1992 Hierarchical Bayes models for the progression of HIV infection using longitudinal CD4+ counts (with discussion). *Journal of the American Statistical Association* **87**, 615–632.

Laud P and Ibrahim J 1995 Predictive model selection. *Journal of the Royal Statistical Society: Series B* **57**, 247–262.

Lawson A 2006 *Statistical Methods in Spatial Epidemiology* (2nd edition). John Wiley & Sons, New York.

Lawson A 2009 *Bayesian Disease Mapping: Hierarchical Modeling in Spatial Epidemiology*. Chapman and Hall/CRC, New York.

Lawson A and Banerjee S 2010 Bayesian spatial analysis. In: *Handbook of Spatial Analysis* (S Fotheringham and P Rogerson, eds.). Sage, New York, Chapter 9.

Lawson A and Clark A 1999 Markov chain Monte Carlo methods for clustering in case event and count data in spatial epidemiology. In: *Statistics and Epidemiology: Environment and Clinical Trials* (ME Halloran and D Berry, eds.). Springer-Verlag, New York, pp.193–218.

Lawson A and Denison D 2002 Spatial cluster modelling: An overview. In: *Spatial Cluster Modelling* (AB Lawson and D Denison, eds.). CRC Press, New York, Chapter 1, pp.1–19.

Lawson A and Song H-R 2010 Semiparametric space-time survival modeling of chronic wasting disease in deer. *Environmental and Ecological Statistics* **17**, 559–571.

Lawson A, Browne W and Vidal Rodeiro C 2003 *Disease Mapping with WinBUGS and MLwiN, v2.10*. John Wiley & Sons, New York.

Lazar N 2008 *The Statistical Analysis of Functional fMRI Data*. Springer, New York.

Lee K, Sha N, Dougherty E, Vannucci M and Mallick B 2003 Gene selection: A Bayesian variable selection approach. *Bioinformatics* **19**, 90–97.

Lee Y, Nelder J and Pawitan Y 2006 *Generalized Linear Models with Random Effects. Unified Analysis via H-Likelihood*. Chapman and Hall/CRC, Boca Raton.

Leng C, Tran M and Nott D 2009 Bayesian adaptive Lasso. *Technical Report*: http://arxiv.org/abs/1009.2300, pp.1–18.

Lesaffre E and Albert A 1989 Partial separation in logistic discrimination. *Journal of the Royal Statistical Society: Series B* **51**, 109–116.

Lesaffre E and Kaufmann H 1992 Existence and uniqueness of the maximum likelihood estimator for a multivariate probit model. *Journal of the American Statistical Association* **87**, 805–811.

Lesaffre E and Marx B 1993 Collinearity in generalized linear regression. *Communications in Statistics, Theory and Methods* **22**, 1933–1952.

Lesaffre E and Spiessens B 2001 On the effect of the number of quadrature points in a logistic random-effects model: An example. *Journal of the Royal Statistical Society: Series C (Applied Statistics)* **50**, 325–335.

Lesaffre E and Willems J 1988 Measuring the certainty of a decision rule with applications in electrocardiography. *Methods of Information in Medicine* **27**, 155–160.

Lesaffre E, Asafa M and Verbeke G 1999 Assessing the goodness-of-figt of the Laird and Ware model – An example: The Jimma Infant Survival Differential Longitudinal Study. *Statistics in Medicine* **18**, 835–854.

Lesaffre E, Küchenhoff H, Mwalili S and Declerck D 2009 On the estimation of the misclassification table for finite count data with an application in caries research. *Statistical Modelling* **9**, 99–118.

Lesaffre E, Mwalili S and Declerck D 2004 Analysis of caries experience taking interobserver bias and variability into account. *Journal of Dental Research* **83**, 951–955.

Li B, Lingsma H, Steyerberg E and Lesaffre E 2011 Logistic random effects regression models: A comparison of statistical packages for binary and ordinal outcomes. *BMC Medical Research Methodology* **11**: 77. doi:10.1186/1471-2288-11-77.

Li Q and Lin N 2010 The Bayesian Elastic Net. *Bayesian Analysis* **5**, 151–170.

Liang F and Wong WH 2000 Evolutionary Monte Carlo: Applications to Cp model sampling and change point problems. *Statistica Sinica* **45**, 311–354.

Liang F, Paulo R, Molina G, Clyde M and Berger J 2008 Mixtures of g-priors for Bayesian variable selection. *Journal of the American Statistical Association* **103**, 410–423.

Liang K and Zeger S 1986 Longitudinal data analysis using generalized linear models. *Biometrika* **73**, 13–22.

Liese A, Schulz M, Moore C and Mayer-Davis E 2004 Dietary patterns, insulin sensitivity and adiposity in the multi-ethnic Insulin Resistance Atherosclerosis Study population. *British Journal of Nutrition* **92**, 973–84.

Lin T and Dayton CM 1997 Model selection information criterion criteria for non-nested latent class models. *Journal of Educational and Behavioral Statistics* **22**, 249–264.

Lindley D 1957 A statistical paradox. *Biometrika* **44**, 187–192.

Lindley D 1971 The estimation of many parameters. *Foundations of Statistical Inference* (VP Godambe and DA Sprott, eds.), pp.435–455, Toronto: Holt, Rinehart and Winston.

Lindley D 2006 *Understanding Uncertainty*. John Wiley & Sons, New York.

Lindley D and Smith A 1972 Bayes estimates for the linear model (with discussion). *Journal of the Royal Statistical Society: Series B* **34**, 14–46.

Lindstrom M and Bates D 1990 Nonlinear mixed effects models for repeated measures data. *Biometrics* **46**, 673–687.

Little R and Rubin D 2002 *Statistical Analysis with Missing Data* (2nd edition). John Wiley & Sons, New York.

Liu C and Wu Y 1999 Parameter expansion for data augmentation. *Journal of the American Statistical Association* **94**, 1264–1274.

Liu C, Rubin D and Wu Y 1998 Parameter expansion to accelerate EM: The PX-EM algorithm. *Biometrika* **85**, 755–770.

Liu J and Hodges J 2003 Posterior bimodality in the balanced one-way random effects model. *Journal of the Royal Statistical Society: Series B* **65**, 247–255.

Lu H, Hodges J and Carlin B 2007 Measuring the complexity of generalized linear hierarchical models. *The Canadian Journal of Statistics* **35**, 69–87.

Lunn D, Best N and Whittaker J 2009a Generic reversible jump MCMC using graphical models. *Statistics and Computing* **19**, 395–408.

Lunn D, Spiegelhalter D, Thomas A and Best N 2009b The BUGS project: evolution, critique and future directions. *Statistics in Medicine* **25**, 3049–3067.

Madigan D, York J and Allard D 1995 Bayesian graphical models for discrete data. *International Statistical Review* **63**, 215–232.

Mallick B, Gold D and Balandandaythapani V 2009 *Bayesian Analysis of Gene Expression Data*. John Wiley & Sons, New York.

Mansourian M, Kazemnejad A, Kazemi I, Zayeri F and Soheilian M 2012 Bayesian analysis of longitudinal ordered data with flexible random effects using McMC: Application to diabetec macular Edema data. *Journal of Applied Statistics* **39**, 1087–1100.

Margolin B, Kim B and Risko K 1989 The Ames Salmonelle/Microsome Mutagenicity Assay: Issues of Inference and Validation. *Journal of the American Statistical Association* **84**, 651–661.

Marin JM and Robert C 2007 *Bayesian Core: A Practical Approach to Computational Bayesian Statistics*. Springer, New York.

Marshall E and Spiegelhalter D 2007 Identifying outliers in Bayesian hierarchical models: A simulation-based approach. *Bayesian Analysis* **2**, 409–444.

Mc Grayne S 2011 *The Theory That Would Not Die. How Bayes' Rule Cracked the Enigma Code, Hunted Down Russian Submarines & Emerged Triumphant from Two Centuries of Controversy*. Yale University Press, New Haven and London.

McCarthy M 2007 *Bayesian Methods for Ecology*. Cambridge University Press, Cambridge.

McCullagh P and Nelder J 1989 *Generalized Linear Models* (2nd edition). Chapman and Hall, London.

McLachlan G and Peel D 2000 *Finite Mixture Models*. John Wiley & Sons, New York.

Meng X 1994 Posterior predictive p-values. *The Annals of Statistics* **22**, 1142–1160.

Mengersen K, Knight S and Robert C 1999 MCMC: How do we know when to stop? *Proceedings of the 52nd Bulletin of the International Statistical Institute. Book 1*, Helsinki, Finland.

Metropolis N, Rosenbluth A, Rosenbluth M, Teller A and Teller E 1953 Equations of state calculations by fast computing machines. *Journal of Chemical Physics* **21**, 1087–1092.

Meyn S and Tweedie R 1993 *Markov Chains and Stochastic Stability*. Springer-Verlag, London.

Millar R 2009 Comparison of hierarchical Bayesian models for overdispersed count data using DIC and Bayes' factors. *Biometrics* **65**, 962–969.

Millar R and Stewart W 2007 Assessment of locally influential observations in Bayesian models. *Bayesian Analysis* **2**, 365–384.

Miller A 2002 *Subset Selection in Regression*. Chapman and Hall/CRC Press, Boca Raton.

Mitchell T and Beauchamp J 1988 Bayesian variable selection in linear regression. *Journal of the American Statistical Association* **83**(404), 1023–1032.

Möhner M, Stabenow R and Eisinger B 1994 *Atlas der Krebsinzidenz in der DDR 1961–1989*. Berlin: Ullstein Mosby.

Molenberghs G and Verbeke G 2005 *Models for Discrete Longitudinal Data*. Springer, New York.

Molina R and Ripley B 1989 Using spatial models as priors in astronomical image analysis. *Journal of Applied Statistics* **16**, 193–206.

Mollié A 1999 Bayesian and empirical Bayes approaches to disease mapping. In: *Disease Mapping and Risk Assessment for Public Health* (A Lawson, and A Biggeri, D Boehning, E Lesaffre, J-F Viel and R Bertollini, eds.). John Wiley & Sons, Chichester, Chapter 2, pp.15–29.

Moore M, Honma M and Clements Jea 2003 Mouse lymphoma thymidine kinase gene mutation assay: International workshop on genotoxicity tests workgroup report – Plymouth, UK 2002. *Mutation Research* **540**, 127–140.

Moreau T, O'Quigley J and Mesbah M 1985 A global goodness-of-fit statistic for the proportional hazards model. *Journal of the Royal Statistical Society: Series C (Applied Statistics)* **34**, 212–218.

Mortelmans K and Zeiger E 2000 The Ames Salmonella/microsome mutagenicity assay. *Mutation Research* **455**, 29–60.

Moyé L 2008 *Elementary Bayesian Biostatistics*. Chapman and Hall/CRC, Boca Raton.

Mutsvari T, Lesaffre E, Garcia-Zattera M, Diya L and Declerck D 2010 Factors that influence data quality in caries experience screening: A multi-level modeling approach. *Caries Research* **44**, 438–444.

Mwalili S, Lesaffre E and Declerck D 2005 A Bayesian ordinal logistic regression model to correct for inter-observer measurement error in a geographical oral health study. *Journal of the Royal Statistical Society: Series C (Applied Statistics)* **54**, 77–93.

Mwalili S, Lesaffre E and Declerck D 2008 The zero-inflated negative binomial regression model with correction for misclassification: An example in caries research. *Statistical Methods in Medical Research* **17**, 123–139.

Myers R 1998 *Classical and Modern Regression Analysis with Applications*. PWS-Kent Publishing Company.

Natarajan R and Kass R 2000 Reference Bayesian methods for generalized linear mixed models. *Journal of the American Statistical Association* **95**, 227–237.

Naylor J and Smith A 1982 Applications of a method for the efficient computation of posterior distributions. *Journal of the Royal Statistical Society: Series C (Applied Statistics)* **31**, 214–225.

Neal R 1995 Suppressing random walks in Markov chain Monte Carlo using ordered overrelaxation. *Technical Report 9508* (http://www/statslab.cam.ac.uk/mcmc/).

Neal R 1996 *Bayesian Learning for Neural Networks*. Springer, New York.

Neuhaus J 1999 Bias and efficiency loss due to misclassified responses in binary regression. *Biometrika* **86**, 843–855.

Newton M and Raftery A 1994 Approximate Bayesian inference with the weighted likelihood bootstrap. *Journal of the Royal Statistical Society: Series B* **56**, 3–48.

Neyman J and Pearson E 1928a On the use and interpretation of certain test criteria for purposes of statistical inference. Part I. *Biometrika* **20A**, 175–240.

Neyman J and Pearson E 1928b On the use and interpretation of certain test criteria for purposes of statistical inference. Part II. *Biometrika* **20A**, 263–294.

Neyman J and Pearson E 1933 On the problem of the most efficient tests of statistical hypotheses. *Philosophical Transactions of the Royal Society of London, Seriesi A* **231**, 289–337.

Niinima A and Oja H 1999 Multivariate median. In: *Encyclopedia of Statistical Sciences*, vol.3 (S Kotz, CB Read and D Banks, eds.). John Wiley & Sons, New York.

Ntzoufras I 2009 *Bayesian Modeling Using WinBUGS*. John Wiley & Sons, New York.

Ntzoufras I, Dellaportas P and Forster J 2003 Bayesian variable and link determination for generalized linear models. *Journal of Statistical Planning and Inference* **111**, 165–180.

O'Hagan A 1998 Eliciting expert beliefs in substantial practical applications. *The Statistician* **47**, 21–35.

O'Hagan A and Forster J 2004 Bayesian Inference. In: *Bayesian Inference in the series Kendall's Advanced Theory of Statistics*, vol.2B. Arnold, London.

O'Hagan A and Leonard T 1976 Bayes estimation subject to uncertainty about parameter constraints. *Biometrika* **63**, 201–202.

O'Hagan A, Buck C, Daneshkrah A, Eiser J, Garthwaite P, Jenkinson D, Oakly J and Rakow T 2006 *Uncertain Judgments: Eliciting Expert's Probabilities*. John Wiley & Sons, New York.

O'Hagan T 2006 Bayes Factors. *Significance* **3**, 184–186.

O'Hara R and Sillanpää 2009 A review of Bayesian variable selection methods: What, how and which. *Bayesian Analysis* **4**, 85–118.

O'Quigley J, Pepe M and Fisher L 1990 Continual reassessment method: A practical design for phase I clinical trials in cancer. *Biometrics* **46**, 33–48.

Park T and Casella G 2008 The Bayesian Lasso. *Journal of the American Statistical Association* **103**, 681–686.

Parmigiani G 2002 *Modeling in Medical Decision Making: A Bayesian Approach*. John Wiley & Sons, New York.

Pawitan Y 2001 *In All Likelihood: Statistical Modelling and Influence Using Likelihood*. Oxford Science Publications, New York.

Peruggia M 1997 On the variability of case-deletion importance sampling weights in the Bayesian linear model. *Journal of the American Statistical Association* **92**, 199–207.

Peruggia M 2007 Bayesian model diagnostics based on artificial autoregressive errors. *Bayesian Analysis* **2**, 817–842.

Peskun P 1973 Optimum Monte-Carlo sampling using Markov chains. *Biometrika*

60, 607–612.

Pettit L and Smith A 1985 Outliers and influential observations in linear models. In: *Bayesian Statistics 2* (JM Bernardo et al., eds.). North Holland, Amsterdam, pp.473–494.

Pettitt L 1990 The conditional predictive ordinate for the normal distribution. *Journal of the Royal Statistical Society: Series B* **52**, 175–184.

Pham-Gia T 2004 Bayesian Inference. In: *Handbook of Beta Distribution and Its Applications* (A Gupta and S Nadarajah, eds.). Marcel Dekker, New York, pp.361–422.

Piegorsch W and Bailer J 2005 *Analyzing Environmental Data*. John Wiley & Sons, New York.

Pikkuhookana P and Silanpää M 2009 Correcting for relatedness in Bayesian models for genomic data association analysis. *Heredity* **103**, 223–237.

Plummer M 2008 Penalized loss functions for Bayesian model comparison. *Biostatistics* **9**, 523–539.

Popper KR 1959 *Logic of Scientific Discovery*. Hutchinson, London.

Potthoff R and Roy S 1964 A generalized multivariate analysis of variance model useful especially for growth curve problems. *Biometrika* **5**, 313–326.

Pourahmadi M and Daniels M 2002 Dynamic conditionally linear mixed models for longitudinal data. *Biometrics* **58**, 225–231.

Pregibon D 1981 Logistic regression diagnostics. *The Annals of Statistics* **9**, 705–724.

Press J 2003 *Subjective and Objective Bayesian Statistics. Principles, Models and Applications*. John Wiley & Sons, New York.

Press S and Tanur J 2001 *The Subjectivity of Scientists and the Bayesian Approach*. John Wiley & Sons, New York.

Quiros A, Diez RM and Gamerman D 2010 Bayesian spatiotemporal model of fMRI data. *NeuroImage* **40**, 442–456.

Raftery A 1995 Bayesian model selection in social research. *Sociological Methodology* **25**, 111–163.

Raftery A 1996 Approximate Bayes factors and accounting for model uncertainty in generalized linear models. *Biometrika* **83**, 251–266.

Raftery A 1999 Bayes factors and BIC. *Sociological Methods & Research* **27**, 411–427.

Raftery A and Akman V 1986 Bayesian analysis of a Poisson process with a changepoint. *Biometrika* **73**, 85–89.

Raftery A and Lewis S 1992 How many iterations in the Gibbs sampler? In: *Bayesian Statistics 4* (JM Bernardo et al., eds.). Clarendon Press, London, pp.765–776.

Raftery A and Madigan D 1994 Model selection and accounting for model uncertainty in graphical models using Occam's window. *Journal of the American Statistical Association* **89**, 1535–1546.

Raftery A, Madigan D and Hoeting J 1997 Bayesian model averaging for linear regression models. *Journal of the American Statistical Association* **92**, 179–191.

Raftery A, Madigan D and Volinsky C 1996 Accounting for model uncertainty in survival analysis improves predictive performance (with discussion). In: *Bayesian Statistics 5* (JM Bernardo et al., eds.). Oxford Science Publications, Oxford, pp.323–349.

Ramgopal P, Laud P and Smith A 1993 Nonparametric Bayesian bioassay with prior constraints on the shape of the potency curve. *Biometrika* **80**, 489–498.

Rao C 1973 *Linear Statistical Inference and Applications*. John Wiley & Sons, New York.

Rasbash J, Steele F, Browne W and Goldstein H 2009 *A Users Guide to MLwiN, v2.10*. Centre for Multilevel Modelling, University of Bristol.

Richardson S 2002 Discussion of Bayesian measures of model complexity and fit (DJ Spiegelhalter, NC Best, BP Carlin and A van der Linde, 2002). *Journal of the Royal Statistical Society: Series B* **64**, 626–627.

Richardson S, Thomson A, Best N and Elliott P 2004 Interpreting posterior relative risk estimates in disease mapping studies. *Environmental Health Perspectives* **112**, 1016–1025.

Ripley B 1987 *Stochastic Simulation*. John Wiley & Sons, New York.

Ripley B 1988 *Statistical Inference for Spatial Processes*. Cambridge University Press, Cambridge.

Robert C and Casella G 2004 *Monte Carlo Statistical Methods*. Springer Texts in Statistics, New York.

Robert C and Titterington D 2002 Discussion of Bayesian measures of model complexity and fit (DJ Spiegelhalter, NG Best, BP Carlin and A van der Linde, 2002). *Journal of the Royal Statistical Society: Series B* **64**, 621–622.

Roberts G and Sahu S 1997 Updating schemes, correlation structures, blocking and parametrization for the Gibbs sampler. *Journal of the Royal Statistical Society: Series B* **59**, 291–317.

Roberts G, Gelman A and Gilks W 1997 Weak convergence and optimal scaling of random walk Metropolis algorithms. *Annals Applied Probability* **7**, 110–120.

Robins J, van der Vaart A and Ventura V 2000 The asymptotic distribution of p-values in composite null models. *Journal of the American Statistical Association* **95**, 1143–1172.

Rockova V, Lesaffre E, Luime J and Löwenberg B 2012 Hierarchical Bayesian formulations for selecting variables in regression models. *Statistics in Medicine (accepted)*. DOI: 10.1002/sim.4439.

Ross S 2000 *Introduction to Probability Models* (7th edition). Academic Press, San Diego.

Rosset S and Zhu J 2004 Corrected proof of the results of 'a prediction error property of the lasso estimator and its generalization' by Huang (2003). *Australian and New Zealand Journal of Statistics* **46**, 505–510.

Rowe D 2003 *Multivariate Bayesian Statistics*. Chapman and Hall/CRC Press, London.

Royall R 1997 *Statistical Evidence: A Likelihood Paradigm*. Chapman and Hall, London.

Royston P and Altman D 1994 Regression using fractional polynomials of continuous covariates: Parsimonious modelling. *Journal of the Royal Statistical Society: Series C (Applied Statistics)* **43**, 429–467.

Rubin D 1984 Bayesian justifiable and relevant frequency calculations for the applied statistician. *The Annals of Statistics* **12**, 1151–1172.

Rubin D 1988 Using the SIR algorithm to simulate posterior distributions. In: *Bayesian Statistics 3* (JM Bernardo et al., eds.). Clarendon Press, Oxford, pp.395–402.

Rue H and Held L 2005 *Gaussian Markov Random Fields: Theory and Applications*. Chapman and Hall/CRC Press, New York.

Rue H, Martino S and Chopin N 2009 Approximate Bayesian inference for latent Gaussian models by using integrated nested Laplace approximations (with discussion). *Journal of the Royal Statistical Society: Series B* **71**, 319–392.

Ruppert D, Wand M and Carroll R 2003 *Semiparametric Regression*. Cambridge University Press, Cambridge.

Sabanés Bové D and Held L 2011a Bayesian fractional polynomials. *Statistics and Computing* **21**, 309–324.

Sabanés Bové D and Held L 2011b Hyper-g-priors for generalized linear models. *Bayesian Analysis* **6**, 387–410.

Schabenberger O and Gotway C 2004 *Statistical Methods for Spatial Data Analysis*. Chapman and Hall/CRC Press, Boca Raton.

Scheipl F 2011 spikeSlabGAM: Bayesian variable selection, model choice and regularization for generalized additive mixed models in R. *Journal of Statistical Software* **43**, 1–24.

Schwarz G 1978 Estimating the dimension of a model. *Annals of Statistics* **6**, 461–464.

Scott J and Berger J 2010 Bayes and empirical-Bayes multiplicity adjustment in the variable selection problem. *The Annals of Statistics* **38**, 2587–2619.

Seber G and Wild C 1989 *Nonlinear Regression*. John Wiley & Sons, New York.

Sellke T, Bayarri M and Berger J 2001 Calculation of p values for testing precise null hypotheses. *The American Statistician* **55**, 62–71.

Seltzer M 1993 Sensitivity analysis for fixed effects in the hierarchical model: A Gibbs sampling approach. *Journal of Educational and Behaviorial Statistics* **18**, 207–235.

Seltzer M, Wong W and Bryk A 1996 Bayesian analysis in applications of hierarchical models: Issues and methods. *Journal of Educational and Behaviorial Statistics* **21**, 131–167.

Serruys P, de Feyter P, Macaya C, Kokott N, Puel J, Vrolix M, Branzi A, Bertolami

M, Jackson G, Strauss B and Meier B 2002 Fluvastatin for prevention of cardiac events following successful first percutaneous coronary intervention. A randomised controlled trial. *Journal of the American Medical Association* **287**, 3215–3222.

Sha N, Vannucci M, Tadesse M, Brown P, Dragoni I, Davies N, Roberts T, Contestabile A, Salmon M, Buckley C and Falciani F 2004 Bayesian variable selection in multinomial probit models to identify molecular signatures of disease stage. *Biometrics* **60**, 812–819.

Shapiro S and Francia R 1972 An approximate analysis of variance test for normality. *Journal of the American Statistical Association* **67**, 215–216.

Sharef E, Strawderman R, Ruppert D, Cowen M and Halasyamani L 2010 Bayesian adaptive B-spline estimation in proportional hazards frailty models. *Electronic Journal of Statistics* **4**, 606–642.

Sinharay S and Stern H 2003 Posterior predictive model checking in hierarchical models. *Journal of Statistical Planning and Inference* **111**, 209–221.

Smith A 1973a Bayes estimates in one-way and two-way models. *Biometrika* **60**, 319–329.

Smith A 1973b A general Bayesian linear model. *Journal of the Royal Statistical Society: Series B* **35**, 67–75.

Smith A and Gelfand A 1992 Bayesian statistics without tears: A sampling-resampling perspective. *The American Statistician* **46**, 84–88.

Smith M and Kohn R 1996 Nonparametric regression using Bayesian variable selection. *Journal of Econometrics* **75**, 317–343.

Song HR, Lawson A and Nitcheva D 2010 Bayesian hierarchical models of dietary assessment via food frequency. *Canadian Journal of Statistics* **38**, 506–516.

Sorensen D and Gianola D 2002 *Likelihood, Bayesian, and MCMC Methods in Quantitative Genetics*. Springer, New York.

Spiegelhalter D, Abrams K and Myles J 2004 *Bayesian Approaches to Clinical Trials and Health-Care Evaluation*. John Wiley & Sons, New York.

Spiegelhalter D, Best N, Carlin B and van der Linde A 2002 Bayesian measures of model complexity and fit (with discussion). *Journal of the Royal Statistical Society: Series B* **64**, 583–639.

Spiegelhalter, DJ, Freedman L and Myles J 1994 Bayesian approaches to randomised trials. *Journal of the Royal Statistical Society: Series A* **57**, 357–387.

Stanberry L, Murua A and Cordes D 2008 Functional connectivity mapping using the ferromagnetic Potts spin model. *Human Brain Mapping* **29**, 422–440.

Steinbakk G and Storvik G 2009 Posterior predictive p-values in Bayesian hierarchical models. *Scandinavian Journal of Statistics* **36**, 320–336.

Stern H and Sinharay S 2005 Bayesian model checking and model diagnostics. *Handbook of Statistics* **25**, 171–192.

Sturtz S, Ligges U and Gelman A 2005 R2WinBUGS: A package for running WinBUGS from R. *Journal of Statistical Software* **12**, 1–16.

Sun D, Speckman P and Tsutakawa R 2000 Random Effects in Generalized Linear Mixed models (GLMMs). In: *Generalized Linear Models: A Bayesian Perspective* (DK Dey, SK Ghosh and BK Mallick, eds.). Marcel Dekker, Inc., New York, pp.23–39.

Sun D, Tsutakowa R and He Z 2001 Propriety of posteriors with improper priors in hierarchical linear mixed models. *Statistica Sinica* **11**, 77–95.

Swartz M and Shete S 2007 The null distribution of stochastic search gene suggestion: a Bayesian approach to gene mapping. *BMC Proceedings* **1**(S113), 1–5.

Swartz M, Kimmel M, Mueller P and Amos C 2006 Stochastic search gene suggestion: A Bayesian hierarchical model for gene mapping. *Biometrics* **62**, 495–503.

Tadesse M, Sha N and Vannucci M 2005 Bayesian variable selection in clustering high-dimensional data. *Journal of the American Statistical Association* **100**, 602–617.

Tan SB, Chung YF, Tai BC, Cheung YB and Machin D 2003 Bayesian approaches to randomised trials. *Controlled Clinical Trials* **24**, 110–121.

Tan T, Tian GL and Ng KW 2010 *Bayesian Missing Data Problems. EM, Data Augmentation and Noniterative Computation*. Chapman and Hall/CRC, Boca Raton.

Tanner M 1993 *Tools for Statistical Inference* (2nd edition). Springer Series in Statistics, Springer-Verlag, New York.

Tanner M 1996 *Tools for Statistical Inference* (3rd edition). Springer Series in Statistics, Springer-Verlag, New York.

Tanner M and Wong W 1987 The calculation of posterior distributions by data augmentation (with discussion). *Journal of the American Statistical Association* **82**, 528–550.

Tarone R 1982 The use of historical control information in testing for a trend in Poisson means. *Biometrics* **38**, 457–462.

Taroni F, Bozza S, Biedermann A, Garbolino P and Aitkin C 2010 *Data Analysis in Forensic Science: A Bayesian Decision Perspective*. John Wiley & Sons, New York.

Tennant R, Margolin B, Shelby M, Zeigler E, Haseman J, Spalding J, Caspary W, Resnick M, Stasiewicz S, Andersob B and Minor R 1987 Prediction of chemical carcinogenicity in rodents from in vitro genetic toxicity assays. *Science* **236**(4804), 933–941.

Thall P and Vail S 1990 Some covariance models for longitudinal count data with overdispersion. *Biometrics* **46**, 657–671.

The GUSTO Investigators 1993 An international randomized trial comparing four thrombolytic strategies for acute myocardial infarction. *New England Journal of Medicine* **329**, 673–682.

The Scandinavian Simvastatin Survival Study Group 1994 Randomized trial of cholesterol lowering in 4444 patients with coronary heart disease: The Scandinavian

Simvastatin Survival Study (4S). *The Lancet* **344**, 1383–1389.

Tiao G and Tan W 1965 Bayesian analysis of random-effect models in the analysis of variance. I.: Posterior distribution of variance components. *Biometrika* **52**, 37–53.

Tibshirani R 1996 Regression shrinkage and selection via the Lasso. *Journal of the Royal Statistical Society: Series B* **58**, 267–288.

Tibshirani R, Saunders M, Rosset S, Zhu J and Knight K 2005 Sparsity and smoothness via the fused Lasso. *Journal of the Royal Statistical Society: Series B* **67**, 91–108.

Tierney L 1994 Markov chains for exploring posterior distributions (with discussion). *Annals of Statistics* **22**, 1701–1762.

Topal B, Van de Moortel M, Fieuws S, Vanbeckevoort D, Van Steenbergen W, Aerts R and Penninckx F 2003 The value of magnetic resonance cholangiocreatography in predicting common bile duct stones in patients with gallstone disease. *British Journal of Surgery* **90**, 42–47.

Tsiatis A, Gruttola V and Wulfsohn M 1995 Modeling the relationship of survival to longitudinal data measured with error. Applications to survival and CD4 counts in patients with AIDS. *Journal of the American Statistical Association* **90**, 27–37.

Ugarte M, Goicoa T, Ibanez B and Militano A 2009 Evaluating the performance of spatio-temporal Bayesian models in disease mapping. *Environmetrics* **20**, 647–665. DOI: 10.1002/env.969.

Vaida F and Blanchard S 2005 Conditional Akaike information for mixed-effects models. *Biometrika* **92**, 351–370.

van Dyk D and Meng X 2001 The art of data augmentation (with discussion). *Journal of Computational and Graphical Statistics* **10**, 1–111.

Van Houwelingen J and Le Cessie S 1992 Ridge estimators in logistic regression. *Journal of the Royal Statistical Society: Series C (Applied Statistics)* **41**, 191–201.

van Weel V, Toes R, Seghers L, Deckers M, de Vries M, Eilers P, Sipkens J, Schepers A, Eefting D, van Hinsbergh V, van Bockel J and Quax P 2007 Natural killer cells and $CD4^+$ T-cells modulate collateral artery development. *Artheriosclerosis, Thrombosis, and Vascular Biology* **27**, 2310–2318.

Vanobbergen J, Martens L and Declerck D 2001 Caries prevalence in Belgian children: A review. *International Journal of Paediatric Dentistry* **11**, 164–170.

Vanobbergen J, Martens L, Lesaffre E and Declerck D 2000 The Signal-Tandmobiel® project – a longitudinal intervention health promotion study in Flanders (Belgium): Baseline and first year results. *European Journal of Paediatric Dentistry* **2**, 87–96.

Verbeke G and Lesaffre E 1996 A linear mixed-effects model with heterogeneity in the random-effects population. *Journal of the American Statistical Association* **91**, 217–221.

Verbeke G and Molenberghs G 2000 *Linear Mixed Models for Longitudinal Data.* Springer, New York.

Vines S, Giks W and Wild P 1996 Fitting Bayesian multiple random effects models. *Statistics and Computing* **6**, 337–346.

Waagepetersen R and Sorensen D 2001 A tutorial on reversible jump MCMC with a view toward applications in QTL-mapping. *International Statistical Review* **69**, 49–61.

Wakefield J 2004 A critique of statistical aspects of ecological studies in spatial epidemiology. *Environmental and Ecological Statistics* **11**, 31–54.

Wakefield J and Morris S 2001 The Bayesian modeling of disease risk in relation to a point source. *Journal of the American Statistical Association* **96**, 77–91.

Wakefield J and Shaddick G 2006 Health-exposure modeling and the ecological fallacy. *Biostatistics* **7**, 438–455.

Ward E 2008 A review and comparison of four commonly used Bayesian and maximum likelihood model selection tools. *Ecological Modelling* **211**, 1–10.

Weinberg C 2001 It's time to rehabilitate the P-value. *Epidemiology* **12**, 288–290.

Weiss R 1996 An approach to Bayesian sensitivity analysis. *Journal of the Royal Statistical Society: Series B* **58**, 739–750.

West M 2000 Bayesian factor regression models in the large p small n paradigm. In: *Bayesian Statistics 7* (JM Bernardo et al., eds.). Oxford University Press, Oxford, pp.733–742.

Wheeler D, Hickson D and Waller L 2010 Assessing local model adequacy in Bayesian hierarchical models using the partitioned deviance information criterion. *Computational Statistics and Data Analysis* **54**, 1657–1671.

Wilks W and Roberts G 1996 Strategies from improving MCMC. In: *Markov Chain Monte Carlo in Practice* (WR Gilks, S Richardson and DJ Spiegelhalter, eds.). Chapman and Hall, London, pp.89–113.

Wilks W, Wang C, Yvonnet B and Coursager P 1993 Random-effects models for longitudinal data using Gibbs sampling. *Biometrics* **49**, 441–453.

Williamson J 2005 *Bayesian Nets and Causality*. Oxford University Press, Oxford.

Winkler G 2006 *Image Analysis, Random Fields and Markov Chain Monte Carlo Methods* (2nd edition). Springer, New York.

Woolrich M, Jenkinson M, Brady J and Smith S 2004 Fully Bayesian spatio-temporal modeling of fMRI data. *IEEE Transactions on Medical Imaging* **2**, 213–231.

Wulfsohn M and Tsiatis A 1997 A joint model for survival and longitudinal data measured with error. *Biometrics* **53**, 330–339.

Xu L, Johnson T, Nichols T and Nee D 2009 Modeling inter-subject variability in fMRI activation location: A Bayesian hierarchical spatial model. *Biometrics* **65**, 1041–1051.

Yang AJ and Song XY 2010 Bayesian variable selection for disease classification using gene expression data. *Bioinformatics* **26**, 215–222.

Yi N, Yandell B, Churchill G, Allison D, Eisen E and Pomp D 2005 Bayesian model selection for genomic-wide epistatic quantitative trait loci analysis. *Genetics* **170**,

1333–1344.

Yuan M and Lin Y 2006 Model selection and estimation in regression with grouped variables. *Journal of the Royal Statistical Society: Series B* **68**, 49–67.

Zellner A 1975 Bayesian analysis of regression error terms. *Journal of the American Statistical Association* **70**, 138–144.

Zellner A 1986 On assessing prior distributions and Bayesian regression analysis with g-prior distributions. In: *Bayesian Inference and Decision Techniques: Essays in Honor of Bruno de Finetti* (PK Goel and A Zellner, eds.). North Holland, Amsterdam, pp.223–243.

Zhang J and Lawson AB 2011 Accelerated failure time spatial model and its application to prostate cancer. *Journal of Applied Statistics* **38**(3), 591–603.

Zhang X, Johnson T, Little R and Cao Y 2010 Longitudinal image analysis of tumour-healthy brain change in contrast uptake induced by radiation. *Journal of the Royal Statistical Society: Series C (Applied Statistics)* **59**, 821–838.

Zhao P and Yu B 2006 On model selection consistency of Lasso. *Journal of Machine Learning Research* **7**, 2541–2563.

Zhu L and Carlin B 2000 Comparing hierarchical models for spatio-temporally misaligned data using the deviance information criterion. *Statistics in Medicine* **19**, 2265–2278.

Zou H 2006 The adaptive Lasso and its oracle properties. *Journal of the American Statistical Association* **101**, 1418–1429.

Zou H and Hastie T 2005 Regularization and variable selection via the Elastic Net. *Journal of the Royal Statistical Society: Series B* **67**, 301–320.

索引

【A】
AFT 485
AIC 332, 340
AR 80
AR(1) 相関モデル 508
AR(1) モデル 557
ARMS 184
ARS 81
AUC 22

【B】
BACC 275
BayesX 275
BEN 435
Benferroni の方法 7
Berkson 誤差モデル 467
BGLIM 122, 158, 359, 385
BGLM 459, 511
BGLMM 282, 307, 311, 317, 366, 459
BGR 282
BHM 281, 283, 312, 323
BIC 332, 342, 406
BLMM 282, 307, 318, 366
BMA 406, 444
BNT 275
BOA 86, 215, 228
Box-Cox 分布 384
Box-Cox 変換 337, 385, 386
BPIC 354

Brooks-Gelman-Rubin (BGR) 診断 223, 225
Brooks プロット 217
BUGS 250
BVS 403

【C】
CAR 498
CH 535
CI 56, 59
CLT 198
CMP 161
CODA 86, 215, 228, 257, 261
CPO 339, 363
CR 診断 230

【D】
DA 239
DAG 253, 262, 563
DAP 160
DIC 332, 346
DIC 診断量 365

【E】
ECASS 59
ED50 454
EMEA 152
EM アルゴリズム 239

【F】

FCASS1 試験　30
FCASS2 試験　31
FDA　152
FirstBayes　60, 135
Fmri　546
FMRIB　559
GEE　281

【G】

Gelman and Rubin (GR) ANOVA 診断　223
GENMOD　162, 266
GeoBUGS　264
Geweke 診断　220229
GLAM　390
GLIM　120, 121, 360, 369, 417, 442
GOF　373
GVS　427
g-逆事前分布　259, 414
g-事前分布　157, 161

【H】

Haldane 事前分布　111
Heidelberger-Welch (HW) 診断　221
HPD　100
HPD 区間　59
HPD 信用区間　103
HPD 領域　100
HW 診断　229

【I】

IBBENS 調査　38, 59
ICDF 法　80
IRAS 多施設共同試験　467, 470, 476
ITT　518

【J】

JAGS　265
Jeffreys 事前分布　110, 139, 319
Jeffreys の不変原理　139, 143

【K】

Kaldor's et al. (1990) のケース・コントロール研究　7, 72, 110

【L】

LASSO　401
LASSO 回帰　430
LD50　454
LIFEREG　273, 501
LLN　198
LLR　374
LOCF　518
LP　13
LSE　116, 118, 157

【M】

MAP　405
MAPE　357
MAR　521
Matlab　558
MAUP　545
MCAR　520
MCMC　162, 197, 214, 228, 250, 269, 501
MCMCglmn　274
MCMpack　274
MCSE　227
Merseyside 登録　8
MH アルゴリズム　192, 204
MI　273
MINVQUE　326
MIXED　273
MLA　459, 462
MLE　12
MLwiN　274
MMLE　295
MNAR　522
MNP　274
MSE　356
msn　274
MSPE　446, 536

【N】

NI　37, 137
NIG　157
NP　5, 9, 10
NPP　360

【O】

ods ファイル　250
OpenBUGS　249, 250, 264, 282

索　引　　625

【P】
Pascal 分布　15
PED　354
PET　546
PH　485
PHGLM　501
PHREG　273
PKBUGS　264
PPC　374, 376
PPD　103, 317, 356, 363, 374
PPI　64
PPL　356
PPO　363
PPP 値　374, 380, 382
protocol　17
PSBF　339
P 値　5, 10, 11, 91, 382

【Q】
Q-Q プロット　217

【R】
R　60, 201, 202, 406, 432
R2WinBUGS　260, 355, 359
RCT　4
Reftery-Lewis (RL) 診断　222
REG　399
REML　326
RJMCMC　197, 204, 334, 419, 442
RJWinBUGS　419
RL 診断　229
RR　283, 285
RSRF　224

【S】
SAL　453
SAS　184, 202, 215, 228, 249, 265, 291, 292, 300, 302, 359
Simpsom の公式　76
SIR　83, 370
SMR　283, 285, 533
SSS　441
SSVS　423
ST　557

【T】
TIC　342

【U】
UM　535

【V】
VIF　402

【W】
WinBUGS　86, 145, 151, 162, 184, 186, 202, 215, 249, 282, 346, 359

【ア行】
赤池情報量規準 (AIC)　332, 340
足指の爪 RCT　4, 6,, 9, 22, 305, 308, 317, 381, 382

胃がん試験　492
意思決定　561
位置　56
一様事前分布　110
一様分布　130, 145
一般化推定方程式　281
一般化線形加法モデル　390
一般化線形混合モデル　307
一般化線形モデル　120, 360
遺伝子連鎖試験　353
移動平均プロット　216

ウィッシャート分布　108, 133, 158
打ち切り　485

影響度指数　369
英国炭鉱災害データ　178
エイムズ・サルモネラ変異原性アッセイデータ　126
エイムス・サルモネラ試験　453, 460
エビデンス区間　14, 60
エラスティックネット　435
エルゴード　197
エルゴード平均　198, 216

オッカムの剃刀原理　343, 412
重み付きサンプリング・リサンプリング法　83, 370

【カ行】
懐疑的事前分布 153
階層中心化 323
階層的事前分布 134
階層的独立 64
階層モデル 134, 379
階層モデル効果 281
$\chi^2(n-1)$ 分布 102
χ^2 検定 8
χ^2 検定統計量 374
ガウス求積法 76
カウントデータ 43, 533
過緩和 233
可逆 192, 197
可逆マルコフ連鎖 192, 195, 199
確率的探索変数選択 423
確率変数変換の公式 48, 139
画像解析 529, 546
加速モデル 485
カルバック・ライブラー距離 340, 368
関節リウマチ研究 410, 417, 420, 425, 443
完全条件付き分布 177
完全なランダム欠測 520
完全ベイズ解析 295
感度 19, 150, 475
感度分析 366
ガンマ分布 46, 86, 127, 134, 484

疑似ベイズファクター 339
ギブス・サンプラー 170, 200
ギブス・サンプリング 171
ギブス変数選択 423, 427
帰無仮説 5, 10
逆ウィッシャート分布 108, 129, 133
逆確率 19, 51
逆ガンマ事前分布 145, 156
逆ガンマ分布 103, 129, 132, 156
逆正規分布 130
逆累積分布関数法 78, 80
客観確率 27
客観ベイジアン 50
級内相関係数 298
共役事前分布 35, 41, 47, 128, 156, 159
共有パラメータモデル 520
局外母数 100
極値分布 484

空間疫学 530
空間加速モデル 496
空間モデル 529, 549
区間推定量 55
クラスター 281, 284
繰り返しデータ 504
クリギング 529
クロスバリデーション密度 338
群逐次デザイン 7

経験最良線形不偏予測 301
経験ベイズ解析 295, 296
経験ベイズ推定値 295
経時データ 503
計数データ 43, 533
血清アルカリフォスファターゼ研究 65, 104, 106, 114, 115, 172, 174, 189
欠測データ 518, 563
決定的または系統的スキャン・ギブス・サンプラー 185
検出力 10
減少法 399

交換可能 35, 55, 70
口唇がん研究 283, 289, 292, 293, 296, 308, 312, 313, 366, 378, 380
合成法 112, 119
構造モデリング 469
甲虫の死亡率データ 454
交絡因子 532
コックス回帰モデル 488
骨粗しょう症研究 116, 119, 179, 217, 225, 229, 234, 346, 357, 361, 363, 370, 377, 388, 390
固定効果 281, 302
誤分類 473
混合効果モデル 281, 551, 564
混合モデル 388
混合率 216

【サ行】
最高事後密度区間 59, 100
最小2乗推定値 116, 118
最大事後確率 405
採択・棄却アルゴリズム 80
動脈硬化試験 315
再パラメータ化 233

細胞アッセイ 453
最尤推定 12, 31, 116
残差分析 360
残差平方和 116
サンプリングに関して閉じている 128

時間的なモデル 556
時間的に一様 197
識別可能 150
時空間モデル 557
事後確率 17, 25
自己共分散 198
事後区間推定 59
事後最頻値 56
事後精度 41
自己相関 182, 199, 216
事後中央値 56, 57
事後標準偏差 58
事後分散 58
事後分布の要約量 56
事後平均 56, 57
事後包含確率 408
事後モデル確率 404, 411
事後要約量 86
事後予測確認 374
事後予測区間 64
事後予測損失 356
事後予測オーディネイト 363
事後予測 P 値 374
事後予測分布 63, 103, 293, 301, 317, 356, 363, 374
指数型事前分布 134
指数型分布族 122, 128, 131, 133, 159
事前確率 17, 25
自然共役分布族 130
事前情報 43
事前情報の抽出 147
事前精度 40
事前分布 100
事前予測確認 376
事前予測分布 55
シックペン検定 216
実験計画書 17
疾病クラスタリング 539
疾病地図 283, 529, 534
実用的なベイジアン 50

死亡時間 483
弱情報事前分布 145
修正 AIC 342
修正可能地域単位問題 545
修正 DIC 値 385
収束の加速 230
収束の診断 214, 255
収束の評価 237, 323
重点サンプル 82
周辺確率 18
周辺最尤推定値 295
周辺事後含有確率 411
周辺事後分布 100
主観確率 27
主観事前分布 36, 42
主観ベイジアン 50
縮小 105, 163
縮小因子 157
縮小係数 287, 298
手術実験 12
準共役事前分布 134
条件付き確率 18
条件付き自己回帰 498
条件付き分布 177
条件付き平均事前分布 161
条件付き予測オーディネイト 339
詳細釣り合い条件 195, 197, 199, 419
情報量規準 353
食事研究 37, 59, 60, 131, 298, 300, 301, 302, 304, 320, 325, 327, 351, 391
ショットガン確率的探索 441
神経膠腫研究 438
信用区間 87
信頼区間 9, 31, 56, 59

推移カーネル 184
推移関数 184
数値積分 76
スキャン・ギブス・サンプラー 185
スケール化逆カイ 2 乗分布 102, 132
ステップワイズ法 399
スパイク・スラブ事前分布 422
スプライン 387
スペクトル密度 220
スライス・サンプラー 185

正規階層モデル 282, 296

正規確率プロット　360
正規逆ウィッシャート分布　133
正規逆ガンマ分布　129, 131
正規近似　72
正規スケール化逆 χ^2 分布　103, 105, 132
正規線形回帰　397
正規線形回帰モデル　116, 156, 360, 365, 422
正規分布　37, 64, 65, 101, 113, 131, 140, 147, 156, 186
斉時的　197
正準パラメータ　122
生存関数　484
生存時間　483
生存時間解析　483
生態学的解析　545
成長曲線研究　347, 350, 505
精度　40, 214
青年調査　109
摂動関数　368
切片変量効果モデル　535
セミパラメトリック回帰モデル　390
全確率の法則　19
線形回帰モデル　342
線形混合モデル　296, 302, 344, 506
潜在的データ　284
潜在変数　469
選択モデル　519
専門家の知識　147, 160
前立腺がん研究　496

総当たり選択法　399
増加法　399
相互相関プロット　217
相対リスク　283, 531, 533
測定誤差　466

【タ行】
第 1 種の過誤　10
台形法　76
対数正規分布　484
対数正規モデル　313
大数の法則　78, 198
対数尤度　13
対数尤度検定統計量　374
第 2 種の過誤　10
対立仮説　10

竹内情報量規準 (TIC)　342
多項分布　109, 133
多施設試験　4
多重補完法　519
多重連鎖　215
多変量正規分布　107, 133
多変量 t 分布　108, 119
単一連鎖　215
中間解析　6
中心　56
中心極限定理　38, 55, 75, 78, 111, 198
長期的頻度　26
超事前分布　134
超パラメータ　134, 285
t 検定　5
定常　197, 214
t 分布　102, 193
ディリクレ分布　109, 133
データ拡大　160, 239
データ変換尤度原理　140
適応型棄却サンプル　81
適合度　373
適合度検定　374
的中率　19
デビアンス　355
てんかん研究　511
等高確率　87
同時事後分布　100
等裾確率信用区間　59, 103
動脈硬化試験　371
糖尿病研究　399, 402, 409, 413, 432, 436, 445
動物アッセイ　454
特異度　19, 150, 475
独立性　69
独立 MH アルゴリズム　193, 196
トレースプロット　176, 180, 189, 215, 282

【ナ行】
内因性ベイズファクター　338

2 項分布　12, 30, 64, 67, 109, 128, 140, 147
二重指数分布　164
2 値変数　474

ネイマン 52
ネイマン・ピアソン 5
熱狂的事前分布 155

脳卒中研究 30, 56, 58, 61, 67, 79, 147
囊中症研究 150, 241
ノード 262
ノンパラメトリック回帰モデル 390
ノンパラメトリック・ベイジアン・モデル 392
ノンパラメトリックベイズ法 564
ノンフォーカスドクラスタリング 540

【ハ行】
バーイン部分 171
バイオアッセイ 453
掃き出し再パラメータ化 324
漠然事前分布 145
ハザード関数 484
外れ値 360, 361
パターン混合モデル 519
罰則 401
罰則付き期待デビアンス 354
バッチ平均法 228
バッチモード 260
発病率 530
ばらつき 56
パラドックス 93
パラメータ拡張法 325

ピアソン 10
非加法誤差 473
非正則事前分布 143
非線形混合モデル 314
被覆マッチ原理 143
表現定理 71
標準化 531
標準化死亡率 283
標準化尤度 13
標本精度 40
非ランダム欠測 522
比例ハザード 485
比例ハザードモデル 488
頻度論 9, 111
頻度論的アプローチ 17, 49, 56, 62

フィッシャー 5, 9, 52
フィッシャーの情報行列 139

フィッシャーの正確検定 8
不一致指数 375
フォーカスドクラスタリング 539
フォーマルクラスタリングモデル 544
複合対称相関モデル 508
負の 2 項分布 15
部分集合選択手順 400
フラット事前分布 37, 52, 57, 137
フレイルティモデル 391, 486
ブロック MH アルゴリズム 196
ブロック化 232
ブロック・ギブス・サンプラー 185, 254
プロビットモデル 122, 245
プロファイル尤度 100
分散関数 122
分散成分モデル 296

平滑化 386
平均 2 乗誤差 356
平均 2 乗予測誤差 356, 446, 536
平均尤度 29
平行群間デザイン 4
ベイジアン許容区間 64
ベイジアン・デビアンス 345
ベイジアンネットワーク 262, 563
ベイズ階層正規モデル 297
ベイズ加速モデル 490
ベイズ情報量規準 332
ベイズ推定値 57
ベイズの定理 18, 19, 25, 28, 51
ベイズファクター 55, 88, 91, 332, 338
ベイズ流 LASSO 430
ベイズ流アプローチ 17, 48, 63
ベイズ流一般化線形混合モデル 282, 307, 311
ベイズ流一般化線形モデル 122, 158, 359, 385, 459, 511
ベイズ流エラスティックネット 435
ベイズ流階層モデル 281, 283, 312, 323
ベイズ流仮説検定 86
ベイズ流感度分析 359, 368
ベイズ流混合効果モデル 366
ベイズ流混合モデル 302
ベイズ流正規階層モデル 302
ベイズ流線形回帰モデル 117
ベイズ流線形混合モデル 282, 302, 307, 318, 459,

ベイズ流線形モデル 296
ベイズ流の中心極限経理 74
ベイズ流変数選択 403
ベイズ流変量切片モデル 308
ベイズ流モデル平均化 406
ベイズ流予測情報量規準 354
ベイズ流ロジスティック変量切片・傾きモデル 310
平方損失 57
ベースラインハザード 487
ベータ事前分布 151
ベータ2項分布 174
ベータ・2項ロジットモデル 312
ベータ分布 33, 111, 133
べき事前分布 146
べき変換 384
変化点モデル 178
変換公式 139
変数選択 399
変量効果 281, 302, 532
変量効果モデル 296
変量切片・傾きモデル 303
変量切片モデル 303

ポアソン過程モデル 516
ポアソン・ガンマモデル 282, 293, 351
ポアソン・対数正規モデル 308, 380
ポアソン分布 43, 64, 69, 127, 128, 140, 147
ポアソンモデル 378, 385
補助分布 80
補助変数 240
ホットスポットクラスタリング 540

【マ行】

マウスリンフォーマ試験 459, 462
間引き 232
マルコフ確率場 535
マルコフ連鎖 197
マルコフ連鎖の大数の法則 198
マルコフ連鎖の中心極限定理 199
マルコフ連鎖モンテカルロ 55, 171
マルチレベルモデル 281
虫歯研究 44, 69, 75, 77, 84, 135, 201, 206, 243, 333, 334, 339, 364, 478
無情報事前分布 37, 104, 105, 117, 133, 136, 137, 156, 158

無情報同時事前分布 101
無情報分布 110
名目有意水準 7
メトロポリス・アルゴリズム 187, 188
メトロポリス・ヘイスティングスアルゴリズム 187, 192

盲検試験 4
目標分布 171
モデル選択 332, 353
モデル選択規準 341
モデル平均化 411, 444
モンテカルロ誤差 79
モンテカルロ推定量 78
モンテカルロ積分 78
モンテカルロ標準誤差 227
モンテカルロ分散 228

【ヤ行】

薬物動態学 315

有意水準 10
有効自由度 340
有向非巡回グラフ 262
尤度関数 12
尤度原理 13
尤度比 14, 90
尤度論的アプローチ 48
有病率 19

陽性(陰性)的中率 19
要約量 55
予測区間 63
予測分布 62

【ラ行】

ラプラス 51, 137
ランダムウォーク・メトロポリス(・ヘイスティング)・アルゴリズム 195
ランダム化比較臨床試験 4
ランダム欠測 521
ランダム効果モデリング 469
ランダム・スキャン・ギブス・サンプラー 185

リッジ回帰 162, 259, 388, 401
リッジトレース 401
リッジ罰則 387

リッジパラメータ　162
リバーシブル・ギブス・サンプラー　185
リバーシブルジャンプ MCMC アルゴリズム
　　197, 204, 419
リンク関数　121, 385
累積ハザード関数　484
累積分布関数　80
レベル1　284

レベル2　284
ロジスティック回帰　201, 386, 475
ロジスティック変量切片モデル　381
ロジスティックモデル　122, 158, 161, 479

【ワ行】
ワイブル生存時間モデル　489
ワイブル分布　484

Memorandum

Memorandum

[監訳者]

宮岡　悦良
東京理科大学理学部数学科・教授・Ph.D.

[訳　者]

遠藤　輝・安藤　英一
鎗田　政男・中山　高志
グラクソ・スミスクライン株式会社
バイオメディカルデータサイエンス部 所属

医薬データ解析のための
ベイズ統計学
*Bayesian
Biostatistics*

2016年2月25日　初版1刷発行

監訳者　宮岡　悦良　 Ⓒ 2016

訳　者　遠藤　輝
　　　　安藤　英一
　　　　鎗田　政男
　　　　中山　高志

発行者　南條　光章

発行所　共立出版株式会社
〒112-0006
東京都文京区小日向 4-6-19
電話　03-3947-2511（代表）
振替口座 00110-2-57035
URL http://www.kyoritsu-pub.co.jp/

印　刷　錦明印刷株式会社
製　本　ブロケード

検印廃止
NDC 417, 350.1
ISBN 978-4-320-11114-1

一般社団法人
自然科学書協会
会員

Printed in Japan

JCOPY ＜出版者著作権管理機構委託出版物＞
本書の無断複製は著作権法上での例外を除き禁じられています．複製される場合は，そのつど事前に，出版者著作権管理機構（TEL：03-3513-6969，FAX：03-3513-6979，e-mail：info@jcopy.or.jp）の許諾を得てください．

Rで学ぶデータサイエンス

金 明哲 編　［全20巻］

本シリーズは、Rを用いたさまざまなデータ解析の理論と実践的手法を、読者の視点に立って「データを解析するときはどうするのか?」「その結果はどうなるか?」「結果からどのような情報が導き出されるのか?」をわかりやすく解説。

❶ カテゴリカルデータ解析
藤井良宜著　カテゴリカルデータ/カテゴリカルデータの集計とグラフ表示/割合に関する統計的な推測/二元表の解析/他…192頁・本体3300円

❷ 多次元データ解析法
中村永友著　統計学の基礎的事項/Rの基礎的コマンド/線形回帰モデル/判別分析法/ロジスティック回帰モデル/他…264頁・本体3500円

❸ ベイズ統計データ解析
姜 興起著　Rによるファイルの操作とデータの視覚化/ベイズ統計解析の基礎/線形回帰モデルに関するベイズ推測他…248頁・本体3500円

❹ ブートストラップ入門
汪 金芳・桜井裕仁著　Rによるデータ解析の基礎/ブートストラップ法の概説/推定量の精度のブートストラップ推定他…248頁・本体3500円

❺ パターン認識
金森敬文・竹之内高志・村田 昇著　判別能力の評価/k-平均法/階層的クラスタリング/混合正規分布モデル/判別分析他…288頁・本体3700円

❻ マシンラーニング 第2版
辻谷將明・竹澤邦夫著　重回帰/関数データ解析/Fisherの判別分析/一般化加法モデル(GAM)による判別/樹形モデルとMARS他　288頁・本体3700円

❼ 地理空間データ分析
谷村 晋著　地理空間データ/地理空間データの可視化/地理空間分布パターン/ネットワーク分析/地理空間相関分析他…254頁・本体3700円

❽ ネットワーク分析
鈴木 努著　ネットワークデータの入力/最短距離/ネットワーク構造の諸指標/中心性/ネットワーク構造の分析他………192頁・本体3300円

❾ 樹木構造接近法
下川敏雄・杉本知之・後藤昌司著　分類回帰樹木法とその周辺/検定統計量に基づく樹木/データピーリング法とその周辺他…232頁・本体3500円

❿ 一般化線形モデル
粕谷英一著　一般化線形モデルとその構成要素/最尤法と一般化線形モデル/離散的データと過分散/擬似尤度/交互作用他…222頁・本体3500円

⓫ デジタル画像処理
勝木健雄・蓬来祐一郎著　デジタル画像の基礎/幾何学的変換/色、明るさ、コントラスト/空間フィルタ/周波数フィルタ他　258頁・本体3700円

⓬ 統計データの視覚化
山本義郎・飯塚誠也・藤野友和著　統計データの視覚化/Rコマンダーを使ったグラフ表示/Rにおけるグラフ作成の基本/他　236頁・本体3500円

⓭ マーケティング・モデル 第2版
里村卓也著　マーケティング・モデルとは/R入門/確率・統計とマーケティング・モデル/市場反応の分析と普及の予測他…200頁・本体3500円

⓮ 計量政治分析
飯田 健著　政治学における計量分析の役割/統計的推測の考え方/回帰分析1・2/パネルデータ分析/ロジット/他………160頁・本体3500円

⓯ 経済データ分析
野田英雄・姜 興起・金 明哲著　統計学の基礎/国民経済計算/Rに基本操作/時系列データ分析/産業連関分析/回帰分析他………続　刊

⓰ 金融時系列解析
川﨑能典著　時系列オブジェクトの基本操作/一変量時系列モデル/非定常性時系列モデル/時系列回帰分析/他………………続　刊

⓱ 社会調査データ解析
鄭 躍軍・金 明哲著　R言語の基礎/社会調査データの特徴/標本抽出の基本方法/社会調査データの構造/調査データの加工他　288頁・本体3700円

⓲ 生物資源解析
北門利英著　確率的現象の記述法/統計的推測の基礎/生物学的パラメータの統計的推定/生物学的パラメータの統計的検定他………続　刊

⓳ 経営と信用リスクのデータ科学
董 彦文著　経営分析の概要/経営実態の把握方法/経営成果の予測と関連要因/経営要因分析と潜在要因発見/他………248頁・本体3700円

⓴ シミュレーションで理解する回帰分析
竹澤邦夫著　線形代数/分布と検定/単回帰/重回帰/赤池の情報量基準(AIC)と第三の分散/線形混合モデル/他………238頁・本体3500円

【各巻】B5判・並製本・税別本体価格
（価格は変更される場合がございます）

共立出版

http://www.kyoritsu-pub.co.jp/
https://www.facebook.com/kyoritsu.pub